千島列島の植物

Plants of the Kuril Islands

高橋英樹［著］
Hideki Takahashi

北海道大学出版会
Hokkaido University Press

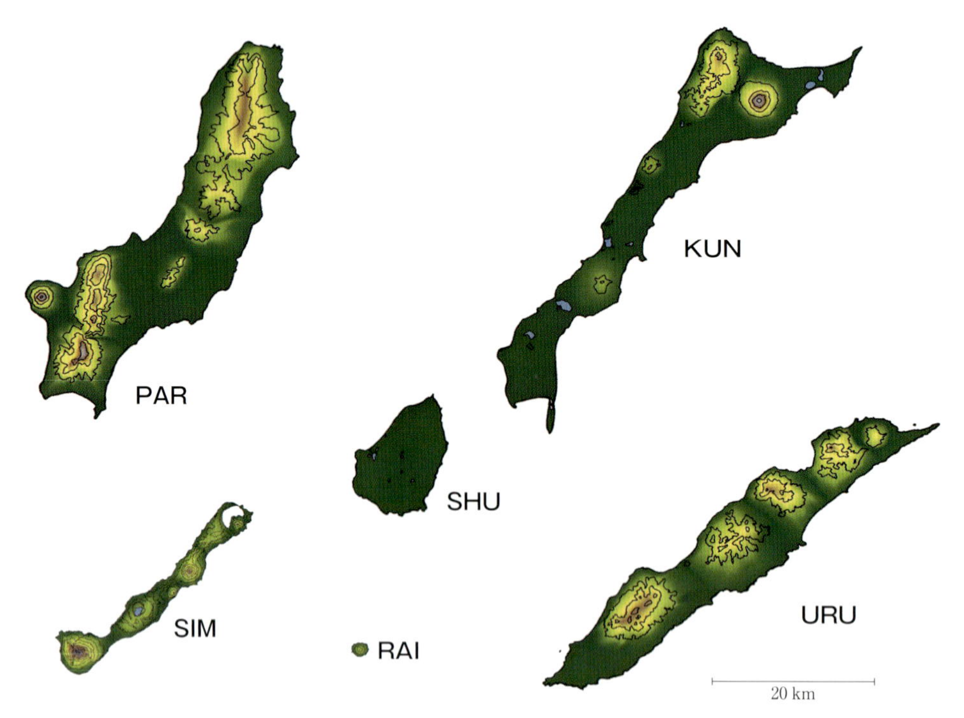

［千島列島を構成する島々 1］ KUN：国後島，PAR：パラムシル島，RAI：ライコケ島，SHU：シュムシュ島，SIM：シムシル島，URU：ウルップ島

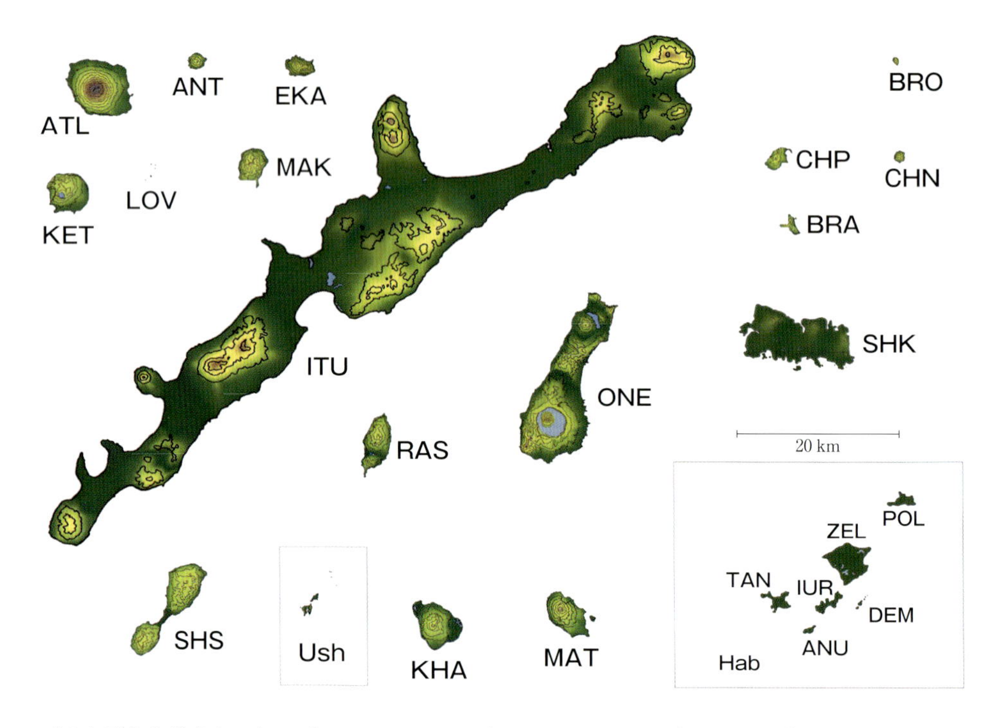

［千島列島を構成する島々 2］ ATL：アライト島，ANT：シリンキ島，BRA：ブラットチルポイ島，BRO：ブロトン島，CHN：チリンコタン島，CHP：チルポイ島，EKA：エカルマ島，Hab：歯舞群島（ANU：秋勇留島，DEM：ハルカリモシリ島，IUR：勇留島，POL：多楽島，TAN：水晶島，ZEL：志発島），ITU：択捉島，KET：ケトイ島，KHA：ハリムコタン島，LOV：ロブシュキ岩礁，MAK：マカンル島，MAT：マツワ島，ONE：オネコタン島，RAS：ラシュワ島，SHK：色丹島，SHS：シャシコタン島，Ush：ウシシル島（北島，南島）

Plate 1 ［色丹島 1］ 1：クラップ岬南の海岸，2：松ヶ浜のシカギク，3：斜古丹山から南西側丘陵地を望む，4：斜古丹山山頂，国後島爺々岳を遠望，5：斜古丹山山麓のわい生ミヤマビャクシン群落，6：イネモシリ湾〜斜古丹村の峠付近のトドマツ林，7：斜古丹山中腹のキンロバイ，シャコタン湾を遠望，8：色丹松原のグイマツ疎林

Plate 2 ［色丹島 2］ 1：グイマツ(色丹松原)，2：シコタンハコベ(クラップ岬南側海岸)，3：ダイモンジソウ(斜古丹山)，4：チシマウスユキソウ(クラップ岬北側海岸台地)，5：ウルップソウとカタオカソウ(マスバ山)，6：外来種オニハマダイコン(松ヶ浜)

Plate 3 ［色丹島 3］ 1：ミヤマノキシノブ(マスバ山)，2：ハナヒリノキ(松ヶ浜～色丹松原)，3：ハンゴンソウ(クラップ岬南の海岸草原)，4：ナガバキタアザミ(斜古丹山)，5：ヒダカミヤマノエンドウ(斜古丹山)，6：外来種ワタゲゴボウ(穴澗村の空地)，7：カラフトゲンゲ(斜古丹山)，8：コタヌキモ(ノトロ湾)，9：モイワシャジン(マタコタン湾南海岸)

Plate 4 ［国後島 1］ 1：ケラムイ半島南端の海浜，2：ケラムイ湖畔のアッケシソウ・オオシバナ群落，3：ケラムイ湖畔広葉草原のトウゲブキ(黄色)，4：一菱内湖(右)湖畔のハイマツ，左手奥にポントウ湖，5：東沸湖北西〜二本岩間の日あたりよい沿岸岩崖地のツタウルシ，6：セイカラホール崎西のエゾマツ・トドマツ林のツルアジサイ，7：東沸湖南東湿原，8：東沸湖南東湿原の河畔のハンノキ小林分

Plate 5 ［国後島 2］ 1：東沸湖北西オホーツク海側の砂丘列，2：東沸湖北西オホーツク海側砂浜に定着した外来種オニハマダイコン群落，3：オホーツク海側アリゲル湖畔から羅臼山を遠望，4：太平洋側セオイ川河口付近の海岸草原(自然保護区)から爺々岳を遠望，5：太平洋側セオイ川河畔のオオバヤナギ，6：太平洋側野塚川河口付近に定着した外来種オオハンゴンソウ群落

1
2
3
4
5
6
7

Plate 6　[国後島 3]　1：トウゲシバ(セオイ川)，2：アカエゾマツ(東沸湖南東湿原)，3：エゾマツ(セオイ川)，4：ウマノミツバ(セオイ川)，5：エゾユズリハ(ヤイタイコタンへの峠)，6：オオバセンキュウ(東沸湖南東湿原)，7：外来種オニハマダイコン(東沸湖北西オホーツク海側の砂浜)

Plate 7［択捉島 1］ 1：オホーツク海側塘路の沿岸草原，2：オホーツク海側ビラ漁場，3.：オホーツク海側のビヨノツ漁場から散布連山を遠望，4：オホーツク海側塘路沼畔，5：指臼山の硫気孔原植生，6：内保湾よりアトサヌプリを望む，7：太平洋側単冠湾中央部砂浜から東側を望む

Plate 8 ［択捉島 2］ 1：ビヨノツ漁場砂浜のハマボウフウ，2：曽木谷湾砂浜のエゾノコウボウムギ，3：留別周辺の海岸台地上広葉草原に侵入したフランスギク(白色)，4：紗那郊外に定着した外来種オオアワダチソウ群落，5：年萌～紗那間の山間の峠に生える高木性グイマツ，6：単冠湾北側ササ草原中の風衝型低木グイマツ(右)とハイマツ(左)

Plate 9 ［択捉島 3］ 1：外来種アメリカオニアザミ（別飛の民家そば），2：ツルシキミ（指臼山南西部温泉地周辺），3：フタマタタンポポ（西単冠山），4：チシマクロクモソウ（別飛北側ニュモイの海岸岩崖地），5：タマミクリ（留別付近の湖沼），6：ウド（塘路沼畔），7：ユキワリコザクラ（別飛北側ニュモイの海岸岩崖地），8：エゾモメンヅル（塘路沼北側の海岸草原）

Plate 10 ［ウルップ島 1］ 1：鐘(つりがね)湾から北東側の鐘山を遠望，2：鐘湾から南西側を見る，遠くにウルップ富士，3：チェルノブルカ湾，4：チェルノブルカ川を遡行，5：ウクロムナヤ湾の奥，小尾根より上流を見る，6：シロヨモギ(床丹湾)，7：湿原のハイマツ(アリュートカ湾)，8：リシリビャクシン(ウクロムナヤ湾)

Plate 11 ［ウルップ島 2］ 1：テガタチドリ(床丹湾)，2：タチギボウシ(アリュートカ湾湿原)，3：サワギキョウ(テチャエヴァ湾河畔湿地)，4：ツルリンドウ(ウクロムナヤ湾)，5：アカミノエンレイソウ(ウクロムナヤ湾)，6：シロバナチシマゲンゲ(テチャエヴァ湾)，7：チシマシオガマ(床丹湾)

Plate 12 ［ブラットチルポイ島，チルポイ島，ブロトン島］ 1：ブラットチルポイ島北の上陸地点から北東のチルポイ島を望む，2：チルポイ島の台地草原から北北西のブロトン島を望見，3：チルポイ島の台地草原から南西の溶岩流岩塊地を見る，4：チルポイ島の台地草原から西の大崩山を見る，5：ネムロシオガマ(ブラットチルポイ島)，6：カタオカソウ(チルポイ島台地草原)，7：カラフトイソツツジ(チルポイ島溶岩流岩塊地)

Plate 13 ［シムシル島，ケトイ島］ 1：手前の砂礫地に点在するチシマヒナゲシ(黄色)，奥にブロトン湾の湾口を望む(シムシル島)，2：ブロトン湾横の三日月山(シムシル島)，3：ストチニー川からケトイ湖方向を見る(ケトイ島)，4：チシマヒナゲシ(シムシル島ブロトン湾)，5：シロバナチシマアザミ(シムシル島中泊)，6：ウルップトウヒレン(シムシル島ブロトン湾)，7：オンタデ(シムシル島ブロトン湾)

Plate 14 ［ウシシル南島 1］ 1：ウシシル南島の山稜からクラテルナヤ湾（暮田湾）を見下ろす，2：ウシシル南島の噴気孔，3：チシマノキンバイソウ群落（クラテルナヤ湾斜面），4：チシマノキンバイソウ（クラテルナヤ湾斜面），5：クロユリ（山稜近く）

Plate 15 ［ウシシル南島 2，ウシシル北島］ 1：リンネソウ(ウシシル南島)，2：イワヒゲ(ウシシル南島)，3：ウシシル南島の山稜から北東を望む，砂州でつながる北島とその先にラシュワ島・マツワ島，4：ウシシル北島台地上の地衣類・わい生低木群落，5：わい生のタカネナナカマド(ウシシル北島)，6：チシマタネツケバナ(ウシシル北島)

Plate 16 ［ラシュワ島，マツワ島］ 1：ラシュワ島ヨリキ浜，2：マツワ島全景，3：マツワ島大和湾，向かいの磐城島を望む，4：大和湾近くの道路とミヤマハンノキ林(マツワ島)，5：打ち棄てられた軍用車両とエゾツツジ(赤)の高山草原(マツワ島見晴台)，6：ロシア国境警備隊基地近くの裸地に生える外来種シロツメクサ(白)とアキノタンポポモドキ(黄)(マツワ島)，7：ヒメモメンヅル(マツワ島見晴台)，8：リシリオウギ(マツワ島見晴台)

Plate 17　［ライコケ島，ロブシュキ岩礁］ 1：ライコケ島の北東斜面，2：海鳥の巣の上縁部に生えていたイシノナズナ（ライコケ島），3：岩石海岸（ライコケ島），4：斜面下部のミヤマハンノキ小林分（ライコケ島），5：ロブシュキ岩礁

Plate 18 ［シャシコタン島，エカルマ島］ 1：シャシコタン島乙女湾の海岸，2：アキタブキ（シャシコタン島乙女湾），3：チシマエンレイソウ（シャシコタン島乙女湾），4：クルマユリ（シャシコタン島乙女湾），5：エカルマ島，6：シロバナエゾツツジ（シャシコタン島乙女湾），7：ガンコウラン（シャシコタン島乙女湾）

Plate 19　［チリンコタン島，ハリムコタン島 1］　1：チリンコタン島，2：チリンコタン島の涸沢を直登，3：ハリムコタン島西鶴沼周辺，4：ハリムコタン島西鶴沼周辺，5：ハリムコタン島西鶴沼周辺の池沼，6：ハリムコタン島西鶴沼周辺の池沼，エカルマ島を遠望

Plate 20 ［ハリムコタン島２］ 1：イワブクロ群落(西鶴沼周辺湖畔砂礫斜面)，2：イワブクロ(春牟古丹錨地)，3：シロバナイワブクロ(西鶴沼周辺砂礫地)，4：チシマクモマグサ(西鶴沼周辺湖畔砂礫斜面)，5：キタヨツバシオガマとシロバナキタヨツバシオガマ(西鶴沼周辺)，6：イワブクロとハマハコベの共存(春牟古丹錨地)

Plate 21 ［オネコタン島 1］ 1：ネモ川中流よりネモ湾を見下ろす，2：ネモ川南の台地からネモ川河畔を見下ろす，3：ネモ川南の台地上の構造土とわい生低木群落，4：ネモ川の涸れ沢岩塊地のわい生ミヤマハンノキ，5：ネモ川上流側から下流を見る，左手上が台地，6：幽仙湖，7：大泊から幽仙湖までの登山路沿いのミヤマハンノキ林

Plate 22 ［オネコタン島２，マカンル島］ １：ウコンウツギ（オネコタン島ネモ川），２：エゾコザクラ（オネコタン島ネモ川），３：チシマイワブキ（オネコタン島ネモ川），４：シュムシュクワガタ（オネコタン島ネモ川），５：タカオカソウ（オネコタン島ネモ川），６：マカンル島の丘陵地，７：わい生のミヤマハンノキ（奥）とオニク（左手前）（マカンル島）

Plate 23　［シリンキ島，パラムシル島 1］　1：シリンキ島(雲を被る)とパラムシル島(遠方)，2：シリンキ島の海岸，3：後鏃岳(右)と千倉岳(左)(パラムシル島)，4：ウテスニイ川周辺(パラムシル島)，5：倶楽部崎(パラムシル島)，6：倶楽部崎(パラムシル島)，7：乙前湾(パラムシル島)，8：ウテスナヤ湾の水湿地(パラムシル島)

Plate 24 ［パラムシル島 2］ 1：エリゲロン・ペレグリヌス(倶楽部崎)，2：オオチシマトリカブト(倶楽部崎)，3：チシマゼキショウ(倶楽部崎)，4：アオノツガザクラ(鯨湾の雪渓横)，5：ハリナズナ(倶楽部崎)，6：イトキンポウゲ(倶楽部崎)，7：ミヤマハンノキ(倶楽部崎)，8：ヒメカンバ(倶楽部崎)

Plate 25　[パラムシル島 3]　1：ヒメハナワラビ(ウテスニイ川)，2：シロウマチドリ(倶楽部崎)，3：ミヤマアキノキリンソウ(ウテスニイ川)，4：シコタンキンポウゲ(倶楽部崎)，5：チシマイチゴ(ウテスニイ川)，6：ヤチシオガマ(倶楽部崎)，7：チシマハクサンイチゲ(倶楽部崎)

Plate 26 ［シュムシュ島 1］ 1：小泊崎，2：片岡湾の草原と廃墟，3：別飛沼，4：タカネイワヤナギ(広義)とサリックス・アークティカ・クラッシユリスの中間個体(小泊崎海岸段丘斜面)，5：チシマリンドウ(別飛)，6：キョクチハナシノブ(小泊崎海岸段丘斜面)，7：エゾオオヤマハコベ(別飛湿地)

Plate 27 ［シュムシュ島 2］ 1：ヒメコウゾリナ(小泊崎海岸段丘斜面)，2：アツモリソウ(別飛)，3：チシマヒエンソウ(小泊崎海岸段丘上)，4：チシマハマカンザシ(小泊崎海岸段丘上)，5：ジンヨウスイバ(小泊崎海岸段丘斜面)，6：エリゲロン・ケスピタンス(別飛)，7.：シュムシュトウヒレン(小泊崎海岸段丘上)

Plate 28 ［アライト島］ 1：ミヤマハンノキが枯死した火山砂礫スロープより武富島を見る，2：アライト島遠望，3：武富島と汽水湖，4：火山砂礫スロープのミヤマハンノキ林最前線，5：ハハコヨモギ(火山砂礫スロープ)，6：アライトヨモギ(火山砂礫スロープ)，7：コウノソウ(火山砂礫スロープ)，8：アライトヒナゲシ(汽水湖近くの火山砂礫上)

Plate 29 ［千島列島産植物タイプ標本(SAPS 1)］ 1：シコタントリカブト *Aconitum kurilense* Takeda, 2：チシマシャジン *Adenophora kurilensis* Nakai, 3：ツルカコソウ *Ajuga shikotanensis* Miyabe et Tatew., 4：ヒサマツチドリ *Amitostigma hisamatsui* Miyabe et Tatew.

Plate 30 ［千島列島産植物タイプ標本(SAPS 2)］1：カワカミモメンヅル *Astragalus kawakamii* Matsum.，2：チシマオウギ *Astragalus kurilensis* Matsum.，3：チシマチャヒキ *Bromus paramushirensis* Kudô，4：ケトイミミナグサ *Cerastium tatewakii* Miyabe

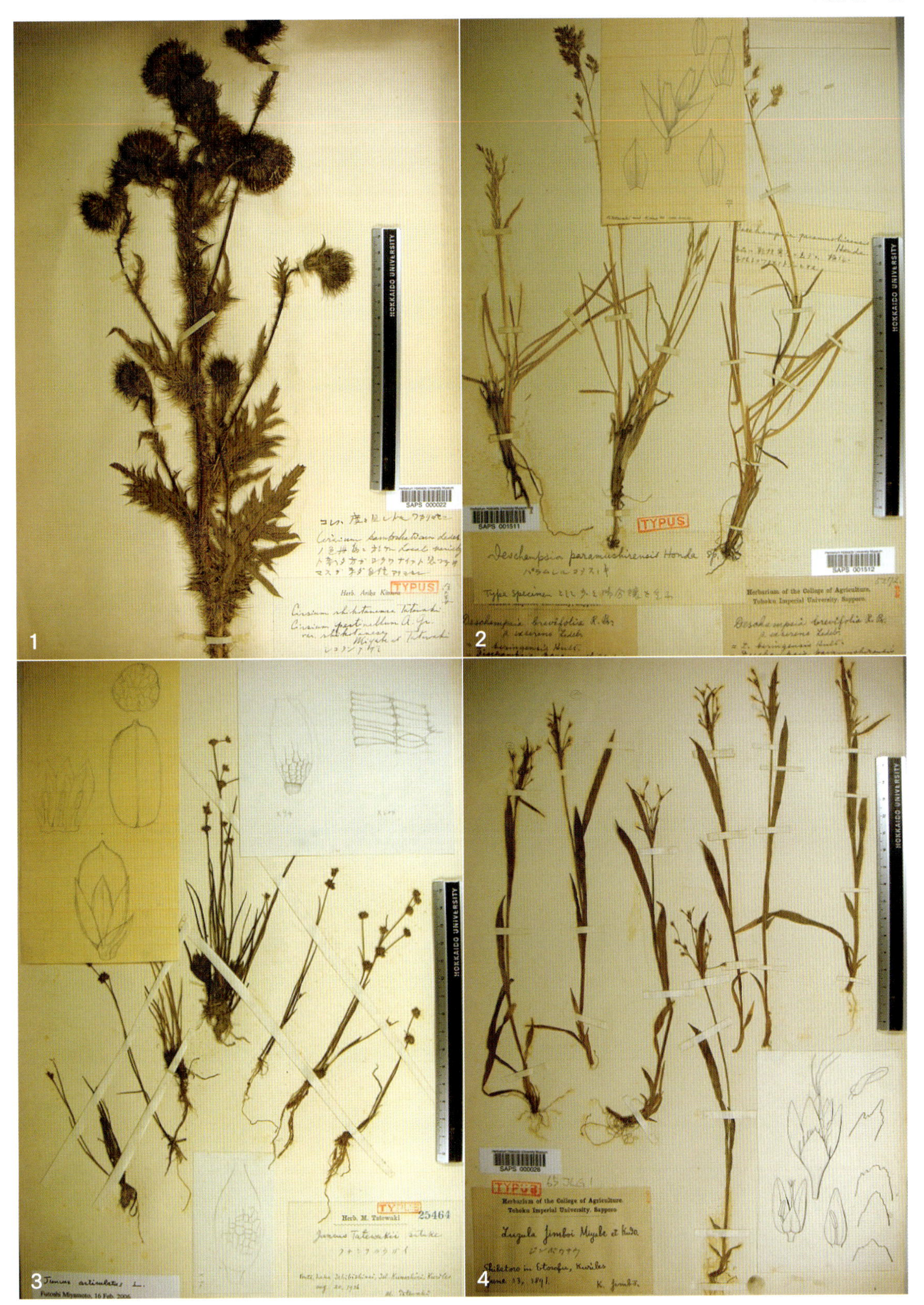

Plate 31 ［千島列島産植物タイプ標本(SAPS 3)］1：シコタンアザミ *Cirsium pectinellum* A.Gray var. *shikotanense* Miyabe et Tatew.，2：パラムシルコメススキ *Deschampsia paramushirensis* Honda，3：クナシリコウガイ *Juncus tatewakii* Satake，4：ジンボソウ *Luzula jimboi* Miyabe et Kudô

Plate 32 ［千島列島産植物タイプ標本(SAPS 4)］1：ウルップオウギ *Oxytropis itoana* Tatew.，2：コダマソウ *Oxytropis retusa* Matsum.，3：チシマヒナゲシ *Papaver miyabeanum* Tatew.，4：ケトイイチゴツナギ *Poa ketoiensis* Tatew. et Ohwi

Plate 33 ［千島列島産植物タイプ標本(SAPS 5)］1：チシマザクラ *Prunus ceraseidos* Maxim. var. *kurilensis* Miyabe，2：チシマオノエヤナギ *Salix paramushirensis* Kudô，3：チシマヤナギ *Salix aquilonia* Kimura ♂，4：チシマヤナギ *Salix aquilonia* Kimura ♀

Plate 34 ［千島列島産植物タイプ標本(SAPS 6)］1：ケトイヤナギ *Salix ketoiensis* Kimura ♂，2：ケトイヤナギ *Salix ketoiensis* Kimura ♀，3：シムシルヤナギ *Salix phanerodictya* Kimura，4：チシマイワヤナギ *Salix pulchroides* Kimura

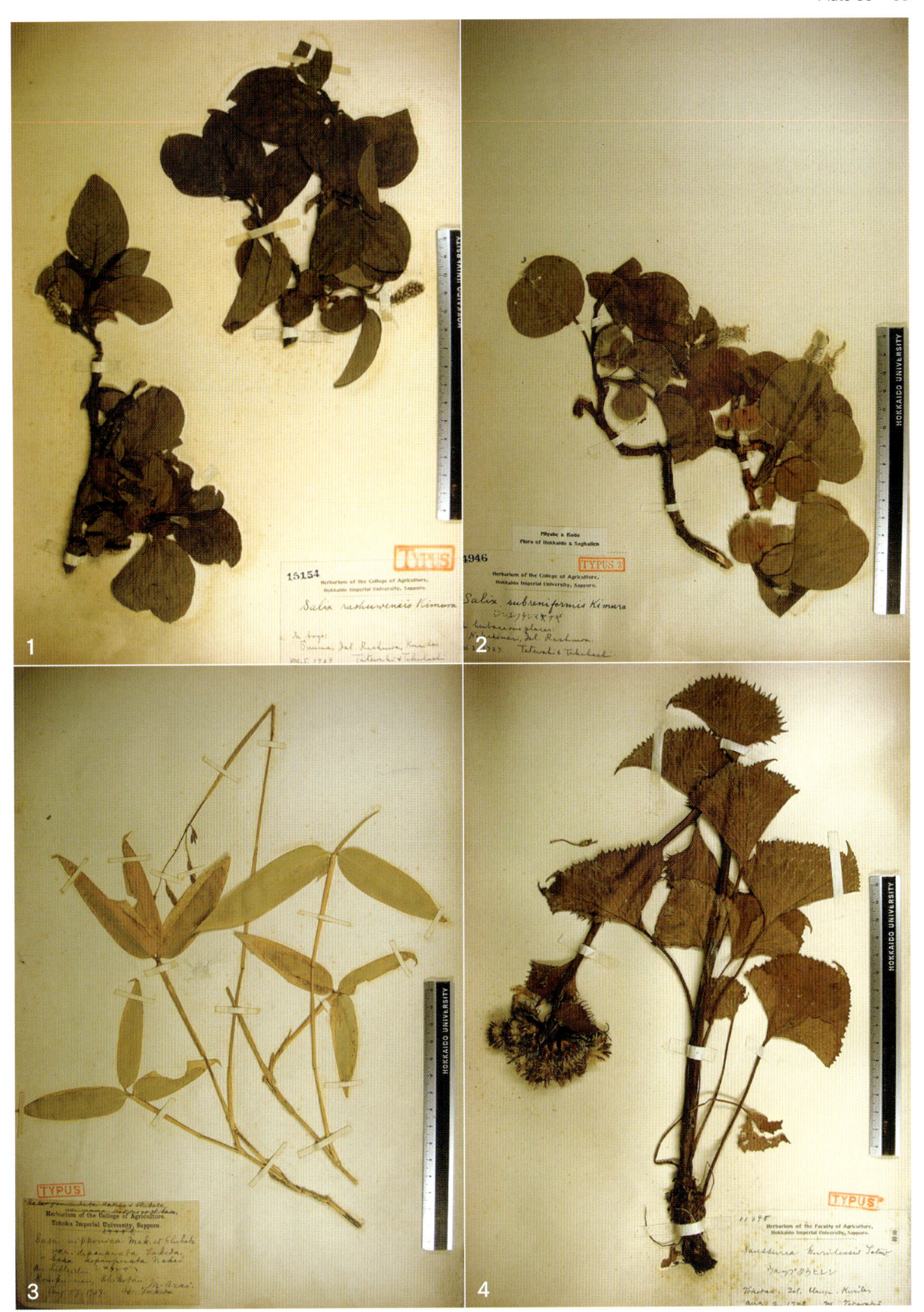

Plate 35 ［千島列島産植物タイプ標本(SAPS 7)］1：ラシュワヤナギ *Salix rashuwensis* Kimura，2：ジンヨウチシマヤナギ *Salix subreniformis* Kimura，3：シコタンザサ *Sasa depauperata* (Takeda) Nakai，4：ウルップトウヒレン *Saussurea kurilensis* Tatew.

Plate 36 ［千島列島産植物タイプ標本(SAPS 8)］1：ケトイタンポポ *Taraxacum ketoiense* Tatew. et Kitam.，2：キタチシマタンポポ *Taraxacum kudoanum* Tatew. et Kitam.，3：シムシルタンポポ *Taraxacum shimushirense* Tatew. et Kitam.，4：オオタカネスミレ *Viola crassa* Makino var. *vegeta* Nakai

Plate 37 ［千島列島産植物タイプ標本(KYO 1)］1：シコタンシャジン *Adenophora onoi* Tatew. et Kitam.，2：エトロフヨモギ *Artemisia insularis* Kitam.(1)，3：エトロフヨモギ *Artemisia insularis* Kitam.(2)，4：クシロチャヒキ *Bromus yezoensis* Ohwi

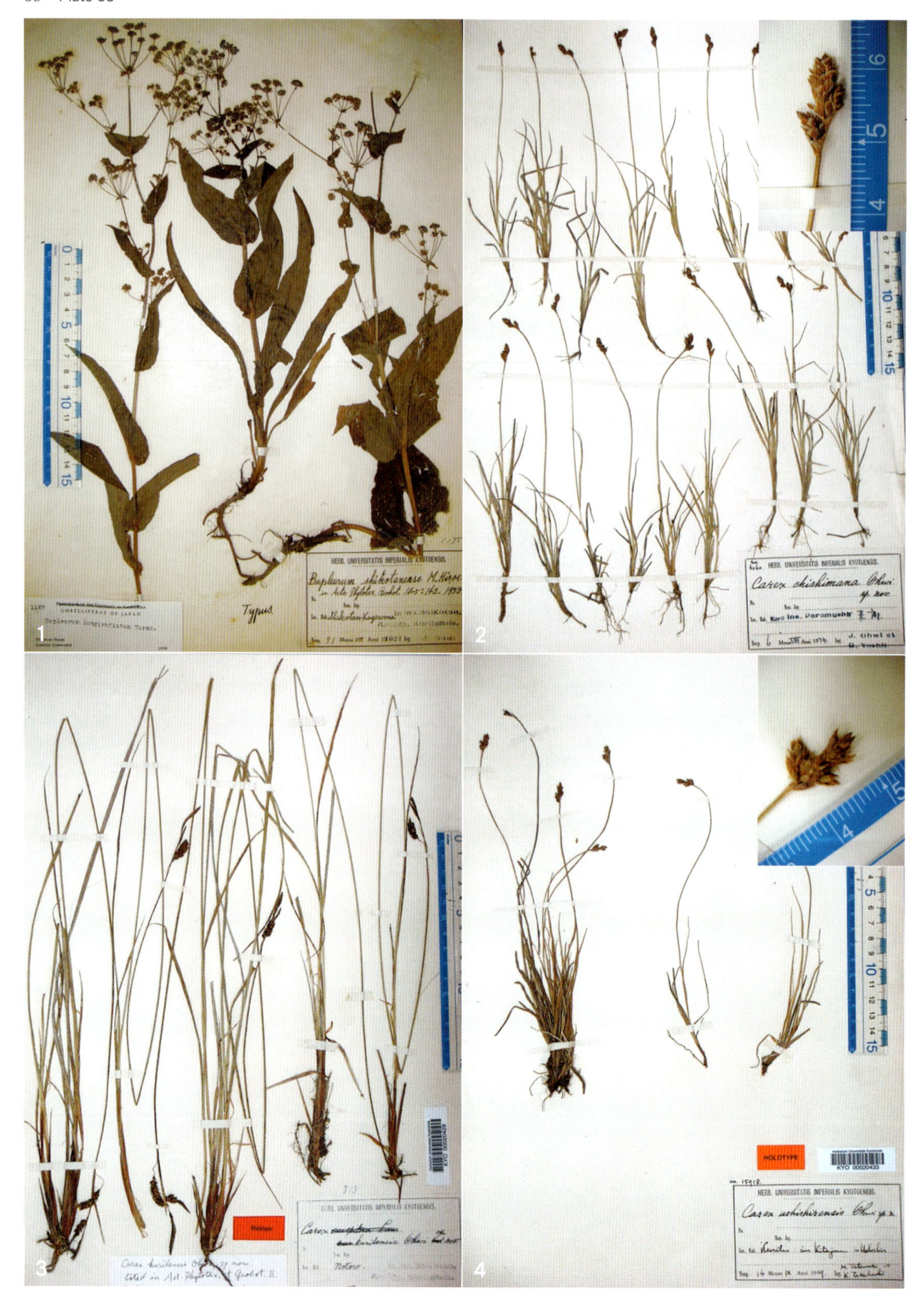

Plate 38 ［千島列島産植物タイプ標本(KYO 2)］ 1：コガネサイコ *Bupleurum shikotanense* M.Hiroe, 2：ベットブスゲ *Carex chishimana* Ohwi, 3：ノトロスゲ *Carex kurilensis* Ohwi, 4：ウシシルスゲ *Carex ushishirensis* Ohwi

Plate 39 ［千島列島産植物タイプ標本(KYO 3)］1：クナシリオヤマノエンドウ *Oxytropis kunashiriensis* Kitam.，2：ヒナソモソモ *Poa shumushuensis* Ohwi(1)，3：ヒナソモソモ *Poa shumushuensis* Ohwi(2)，4：チシマクロクモソウ *Saxifraga fusca* Maxim. var. *kurilensis* Ohwi

Plate 40 ［千島列島産植物タイプ標本(KYO 4)］ 1：コタンポポ *Taraxacum kojimae* Kitam.，2：シコタンタンポポ *Taraxacum shikotanense* Koidz. et Kitam.，3：シュムシュタンポポ *Taraxacum shumushuense* Kitam.，4：エトロフタンポポ *Taraxacum yetrofuense* Kitam.

Plate 41　［千島列島産植物タイプ標本(VLA 1)］ 1：ヒメイワタデモドキ　*Aconogonon pseudoajanense* Barkalov et Vyschin，2：パラムシルカンバ　*Betula paramushirensis* Barkalov，3：ヤマカモジグサ *Brachypodium sylvaticum* (Huds.) P.Beauv. subsp. *kurilense* Prob.，4：エゾマミヤアザミ　*Cirsium charkeviczii* Barkalov

Plate 42 ［千島列島産植物タイプ標本(VLA 2)］1：クナシリクルマバナ *Clinopodium kunashirense* Prob.，2：シコタンアズマギク *Erigeron schikotanensis* Barkalov，3：カラフトゲンゲ *Hedysarum sachalinense* B.Fedtsch. subsp. *austrokurilensis* N.S.Pavlova，4：チシマゲンゲ *Hedysarum sachalinense* B.Fedtsch. subsp. *confertum* N.S.Pavlova

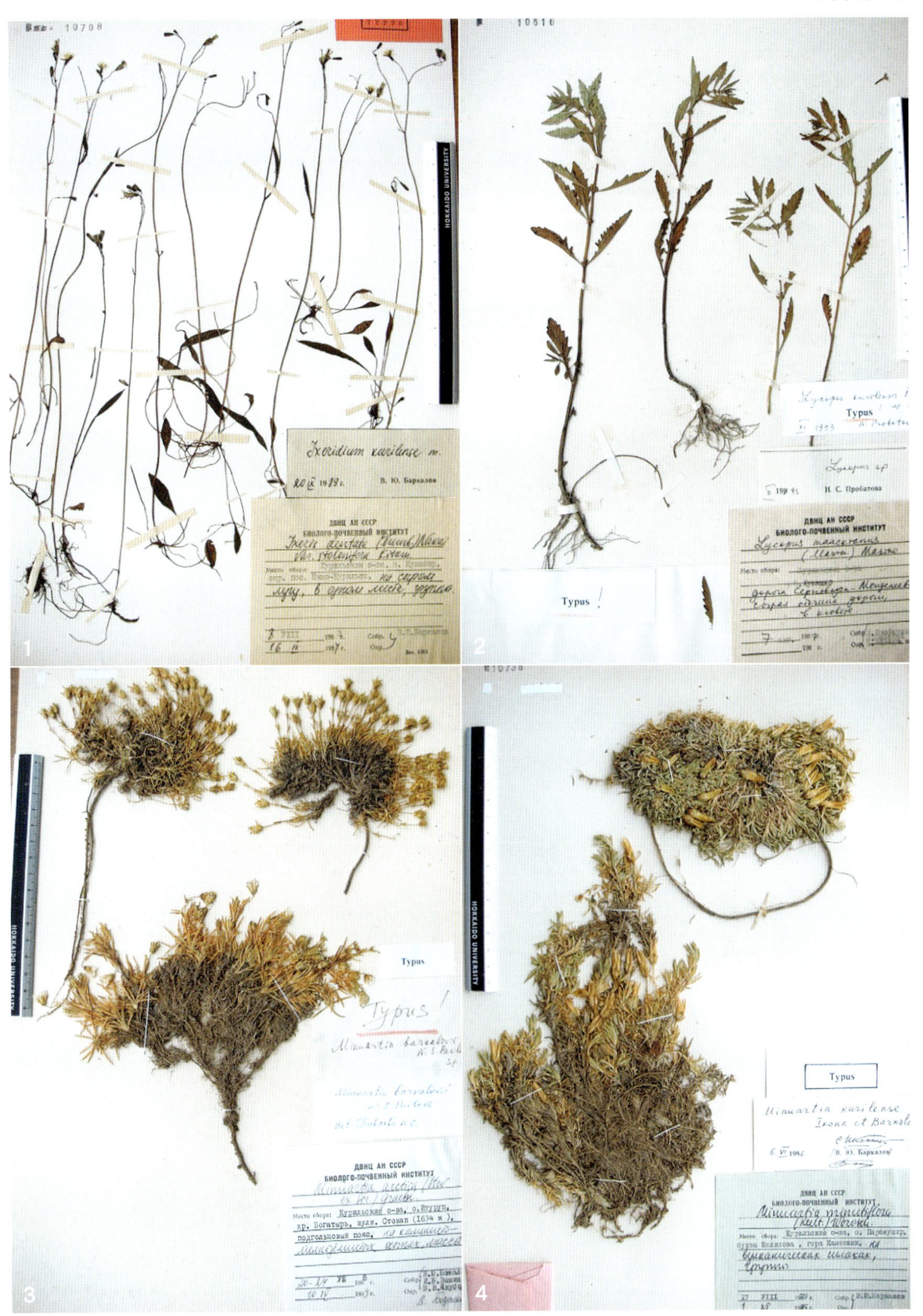

Plate 43 ［千島列島産植物タイプ標本(VLA 3)］ 1：チシマニガナ *Ixeridium kurilense* Barkalov，2：チシマシロネ *Lycopus kurilensis* Prob.，3：エゾタカネツメクサ *Minuartia barkalovii* N.S.Pavlova，4：アライトミヤマツメクサ *Minuartia kurilensis* Ikonn. et Barkalov

Plate 44 ［千島列島産植物タイプ標本(VLA 4)］1：シレトコスミレ *Viola bezdelevae* Worosch.，2：ツボスミレ *Viola vorobievii* Bezdeleva(全体)，3：ツボスミレ *Viola vorobievii* Bezdeleva(一部拡大)，4：ツボスミレ *Viola vorobievii* Bezdeleva(ラベル拡大)

Plate 45　［千島列島産植物標本(VLA 5)］　1：ウシタキソウ　*Circaea cordata* Royle，2：ミズタマソウ　*Circaea mollis* Siebold et Zucc.，3：ユークリディウム・シリアクム　*Euclidium syriacum* (L.) R.Br.，4：アマチャヅル　*Gynostemma pentaphyllum* (Thunb.) Makino

Plate 46 ［千島列島産植物標本(VLA 6)］ 1：ハマウツボ *Orobanche coerulescens* Stephan ex Willd.，2：パパウェル・ミクロカルプム *Papaver microcarpum* DC.，3：クリンソウ *Primula japonica* A.Gray，4：モイワボダイジュ *Tilia maximowicziana* Shiras. var. *yesoana* (Nakai) Tatew.

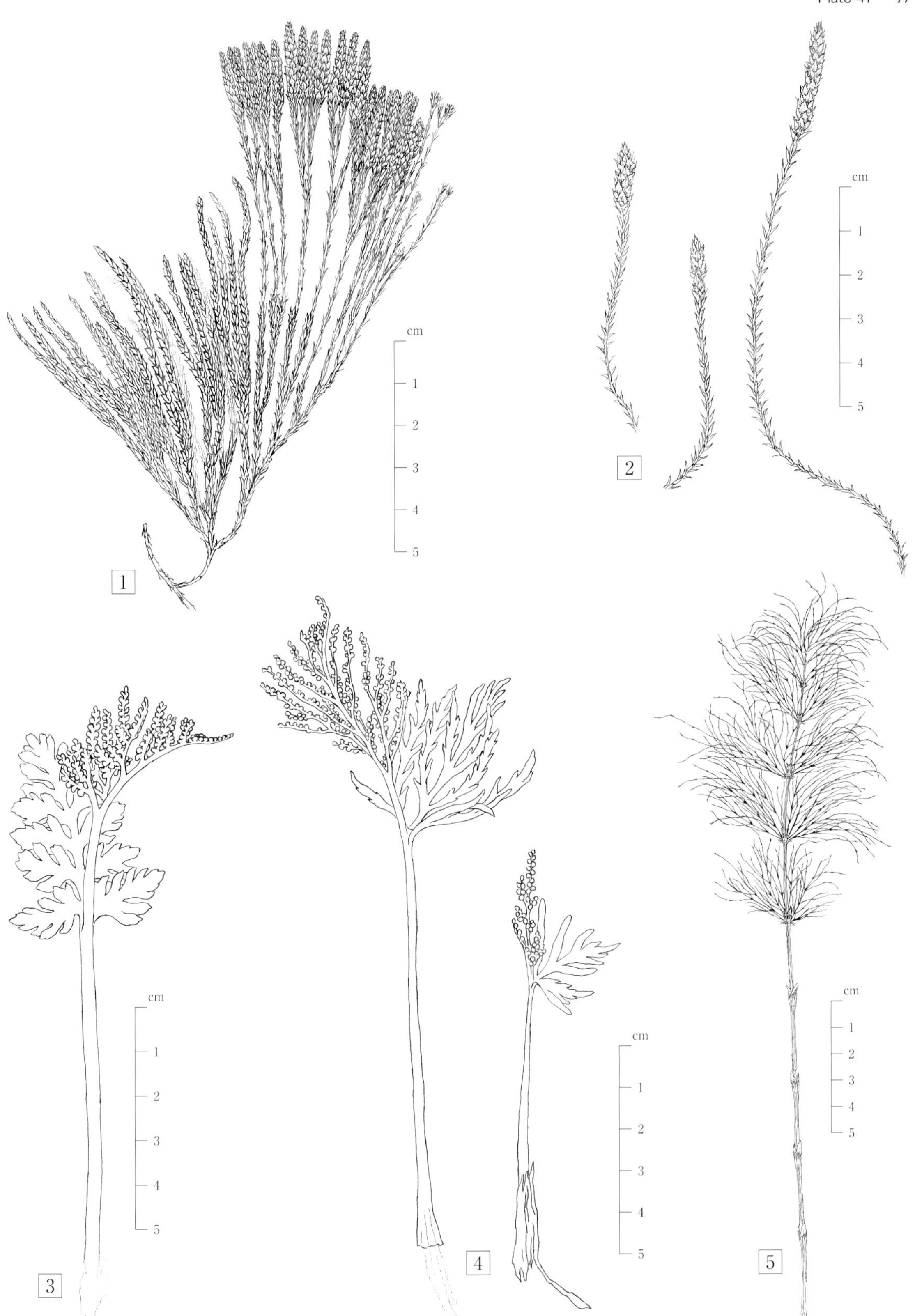

Plate 47 1: チシマヒカゲノカズラ *Diphasiastrum alpinum*/ マツワ島 / 新岡幸子, 2: コケスギラン *Selaginella selaginoides*/ パラムシル島 / 新岡幸子, 3: タカネハナワラビ *Botrychium boreale*/ パラムシル島 / 北口澪子, 4: ミヤマハナワラビ *Botrychium lanceolatum*/ パラムシル島 / 北口澪子, 5: フサスギナ *Equisetum sylvaticum*/ シュムシュ島 / 北口澪子

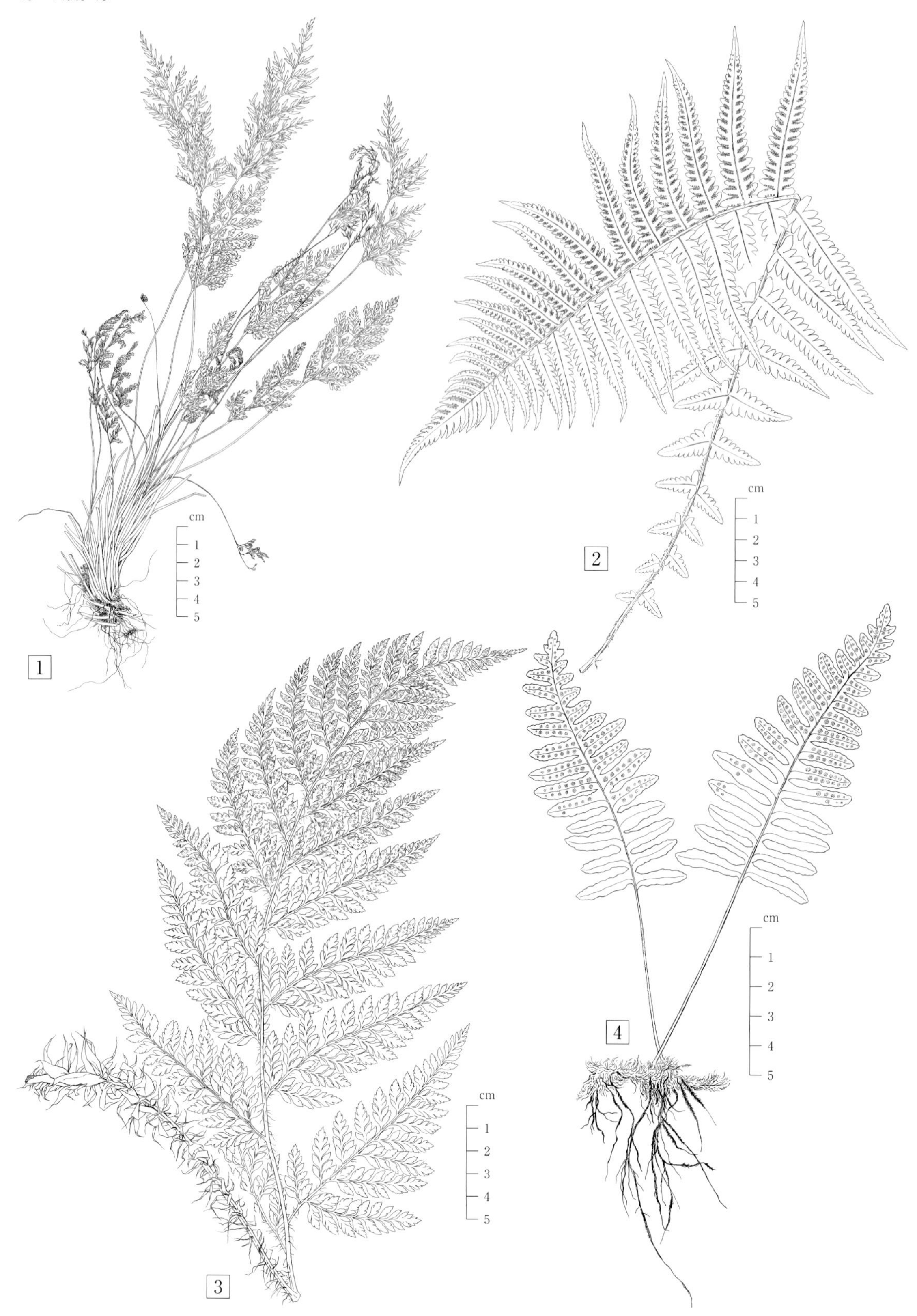

Plate 48　1：リシリシノブ　*Cryptogramma crispa*／色丹島／北口滞子，2：オオバショリマ　*Thelypteris quelpaertensis*／パラムシル島／北口滞子，3：シノブカグマ　*Arachniodes mutica*／択捉島／北口滞子，4：オオエゾデンダ　*Polypodium vulgare*／ウルップ島／北口滞子

Plate 49 1：グイマツ *Larix gmelinii*/ 色丹島 / 酒井得子，2：ミヤマビャクシン *Juniperus chinensis* var. *sargentii*/ 択捉島 / 酒井得子，3：リシリビャクシン *Juniperus communis* var. *montana*/ ウルップ島 / 酒井得子，4：チョウセンゴミシ *Schisandra chinensis*/ 択捉島 / 酒井得子，5：ホオノキ *Magnolia hypoleuca*/ 国後島 / 酒井得子

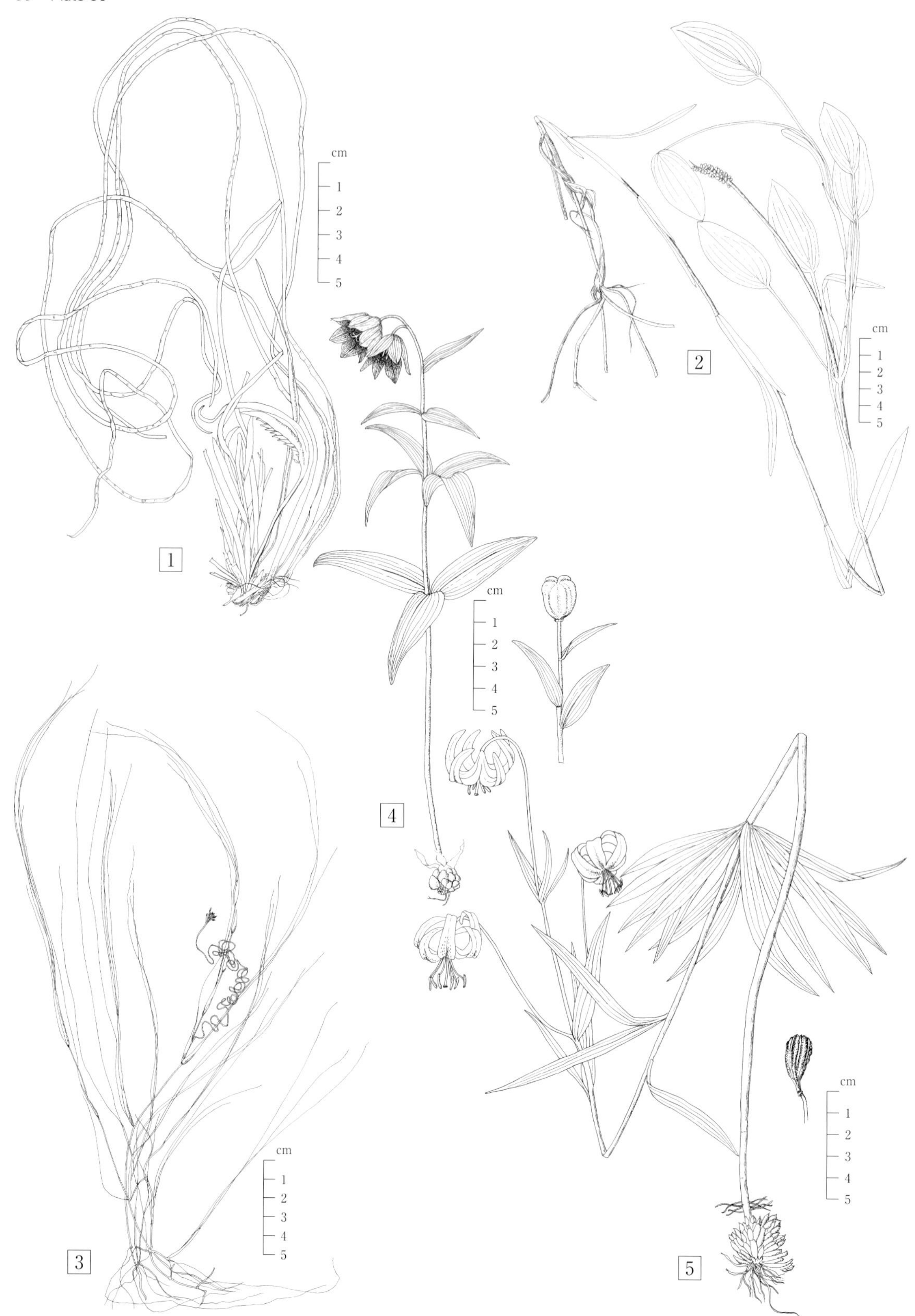

Plate 50 1：スガモ *Phyllospadix iwatensis*/ 択捉島 / 酒井得子，2：フトヒルムシロ *Potamogeton fryeri*/ ウルップ島 / 酒井得子，3：ヤハズカワツルモ *Ruppia occidentalis*/ アライト島 / 酒井得子，4：クロユリ *Fritillaria camschatcensis*/ パラムシル島，果実：ウシシル島 / 酒井得子，5：クルマユリ *Lilium debile*/ シュムシュ島，果実：ウルップ島 / 酒井得子

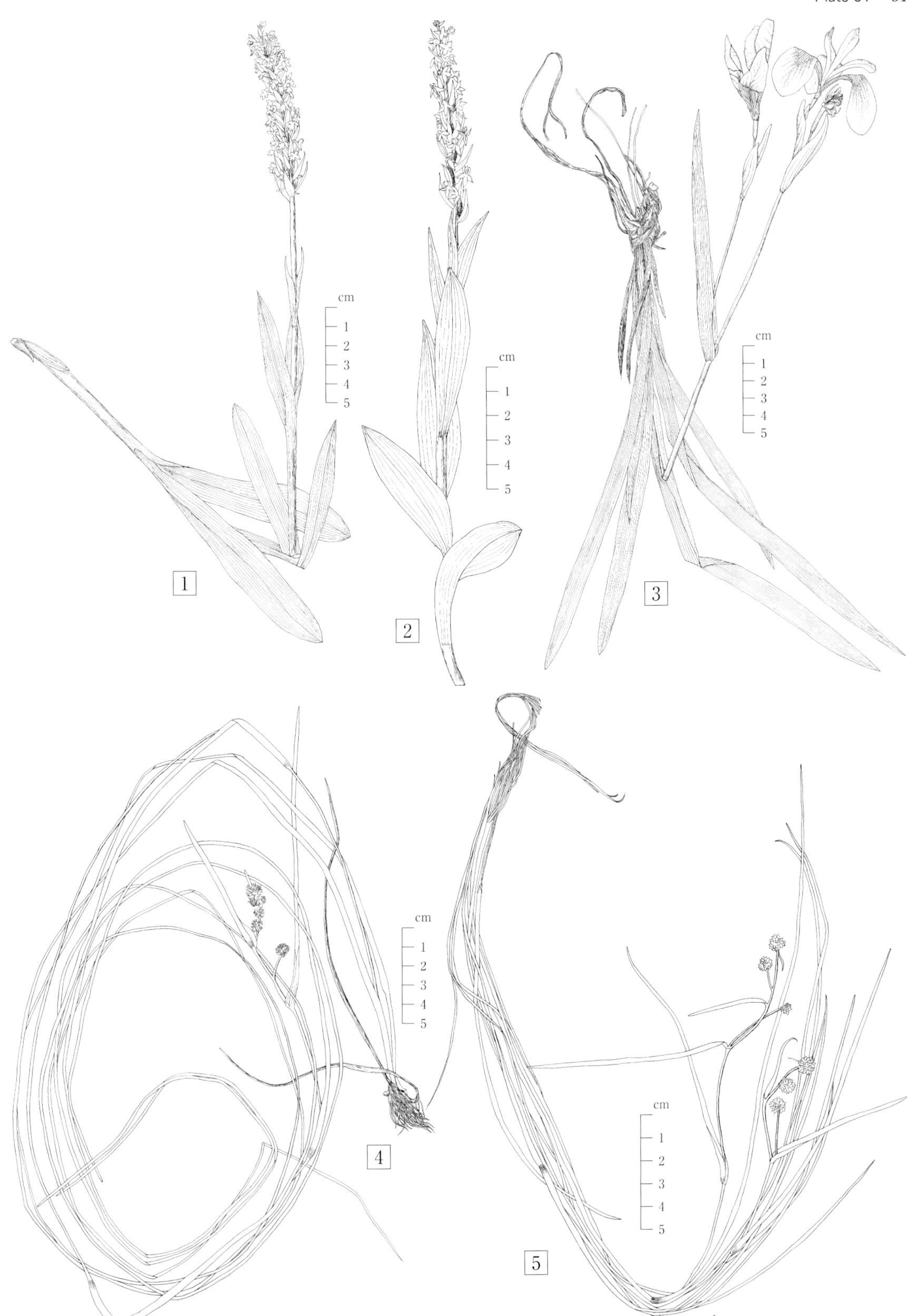

Plate 51 1:テガタチドリ *Gymnadenia conopsea*/ウルップ島/酒井得子, 2:シロウマチドリ *Limnorchis convallariifolia*/ラシュワ島/酒井得子, 3:ヒオウギアヤメ *Iris setosa*/パラムシル島/酒井得子, 4:ホソバウキミクリ *Sparganium angustifolium*/パラムシル島/酒井得子, 5:チシマミクリ *Sparganium hyperboreum*/パラムシル島/酒井得子

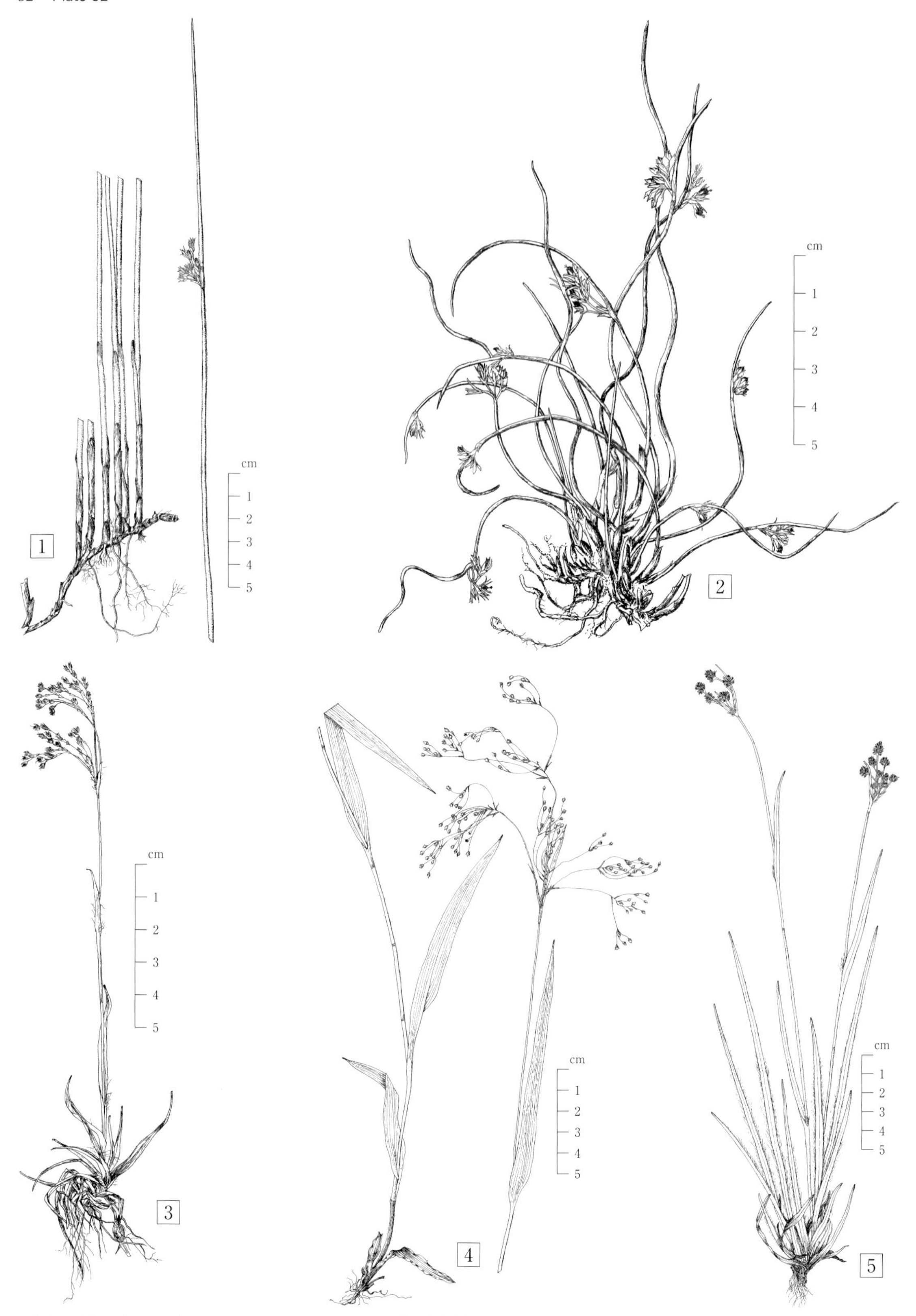

Plate 52 1：ハマイ *Juncus haenkei*/ パラムシル島 / 酒井得子，2：ハマイ *Juncus haenkei*/ ねじれ型 / ウシシル島 / 酒井得子，3：コゴメヌカボシ *Luzula piperi*/ パラムシル島 / 酒井得子，4：セイタカコゴメヌカボシ *Luzula parviflora*/ ラシュワ島 / 酒井得子，5：チシマスズメノヒエ *Luzula kjellmanniana*/ シムシル島 / 酒井得子

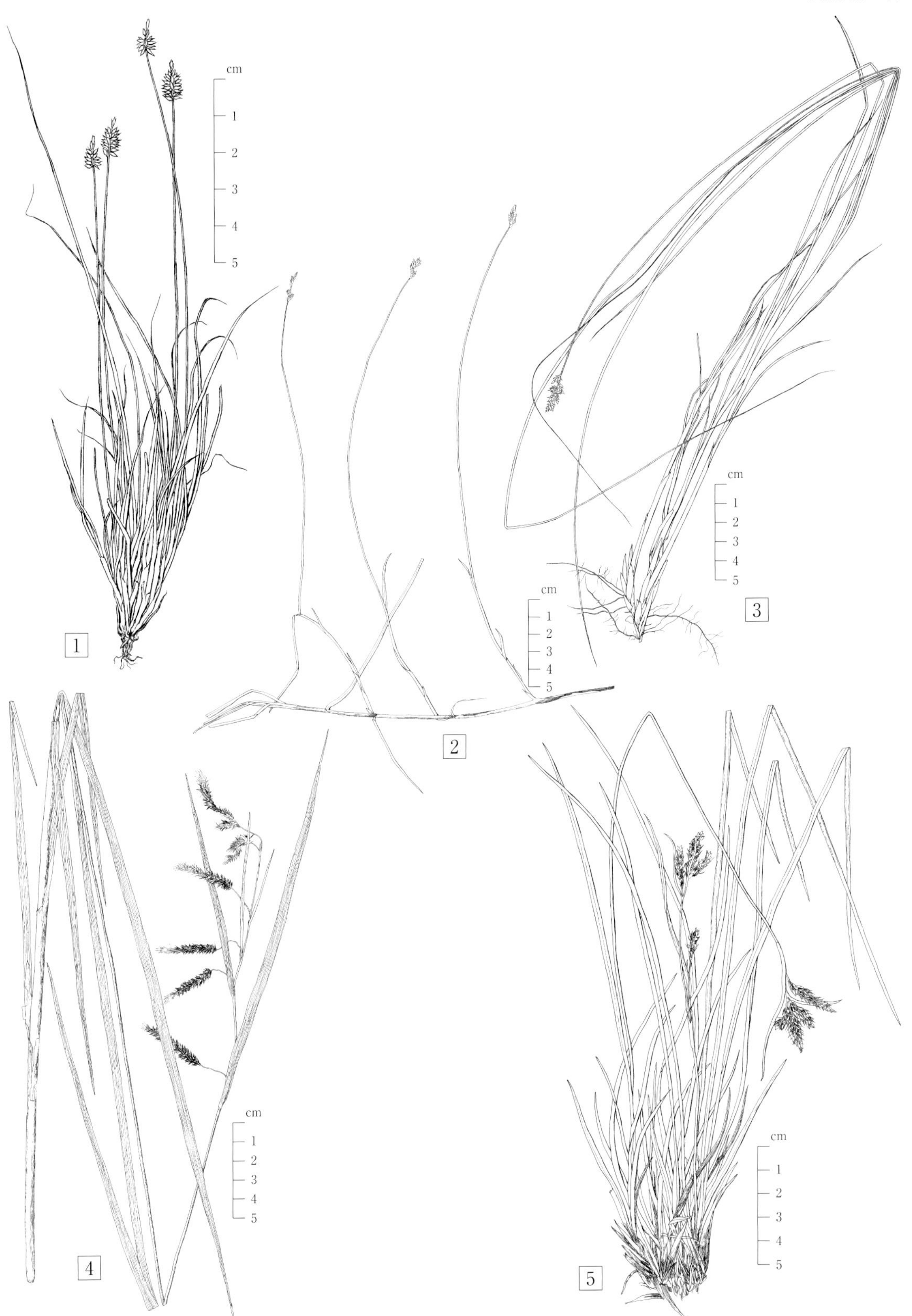

Plate 53 1：コキンスゲ *Carex micropoda*/ パラムシル島 / 北口澪子, 2：ツルスゲ *Carex pseudocuraica*/ 国後島 / 酒井得子, 3：クリイロスゲ *Carex diandra*/ 国後島 / 北口澪子, 4：ヤラメスゲ *Carex lyngbyei*/ パラムシル島 / 酒井得子, 5：ネムロスゲ *Carex gmelinii*/ ウルップ島 / 酒井得子

Plate 54 1：ヒメタヌキラン *Carex misandra*/ シュムシュ島 / 新岡幸子, 2：ヤチスゲ *Carex limosa*/ 国後島 / 酒井得子, 3：ムセンスゲ *Carex livida*/ パラムシル島 / 北口澪子, 4：チシマスゲ *Carex rariflora*/ マカンル島 / 酒井得子, 5：サヤスゲ *Carex vaginata*/ シャシコタン島 / 酒井得子, 6：ミタケスゲ *Carex michauxiana* subsp. *asiatica*/ ウルップ島 / 酒井得子

Plate 55 1：シュムシュワタスゲ *Eriophorum angustifolium*/ パラムシル島 / 北口澪子，2：ヒメワタスゲ *Trichophorum alpinum*/ パラムシル島 / 北口澪子，3：チシマガリヤス *Calamagrostis stricta* subsp. *inexpansa*/ ウルップ島 / 酒井得子，4：ミヤマノガリヤス *Calamagrostis sesquiflora*/ パラムシル島 / 酒井得子，5：ミヤマアワガエリ *Phleum alpinum*/ マカンル島 / 酒井得子，6：ムラサキソモソモ *Poa malacantha*/ ウシシル島 / 酒井得子

Plate 56 1：オニイチゴツナギ *Poa eminens*/ シュムシュ島 / 酒井得子，2：チシマカニツリ *Trisetum sibiricum*/ シュムシュ島 / 酒井得子，3：リシリカニツリ *Trisetum spicatum* subsp. *alascanum*/ シュムシュ島 / 酒井得子，4：コマクサ *Dicentra peregrina*/ 国後島 / 酒井得子，5：アライトヒナゲシ *Papaver alboroseum*/ アライト島 / 酒井得子

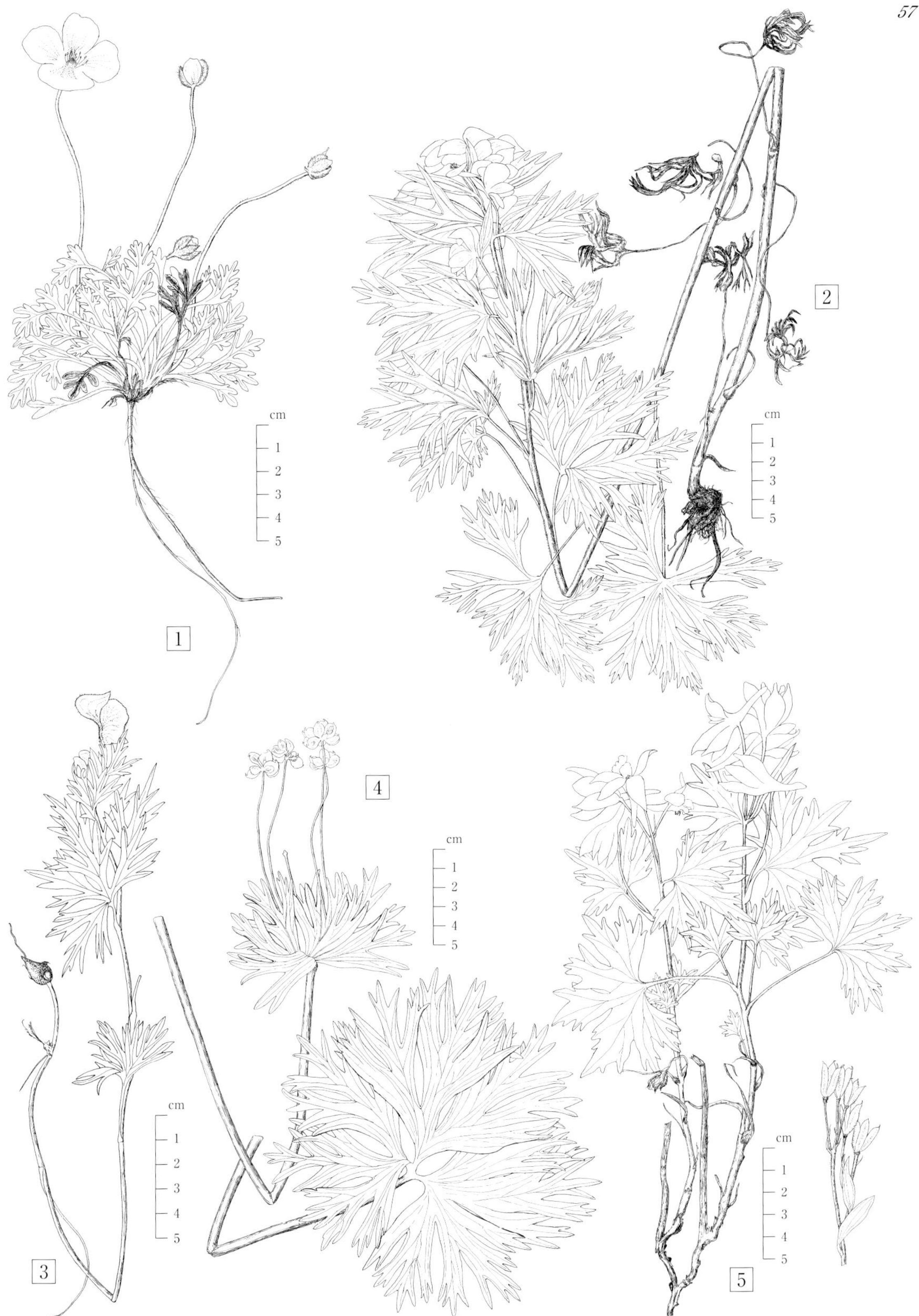

Plate 57　1：チシマヒナゲシ　*Papaver miyabeanum*/ シムシル島 / 酒井得子，2：オオチシマトリカブト　*Aconitum maximum* subsp. *maximum*/ パラムシル島 / 酒井得子，3：シコタントリカブト　*Aconitum maximum* subsp. *kurilense*/ 色丹島 / 酒井得子，4：チシマハクサンイチゲ　*Anemone narcissiflora* subsp. *villosissima*/ チルポイ島 / 酒井得子，5：チシマヒエンソウ　*Delphinium brachycentrum*/ シュムシュ島 / 酒井得子

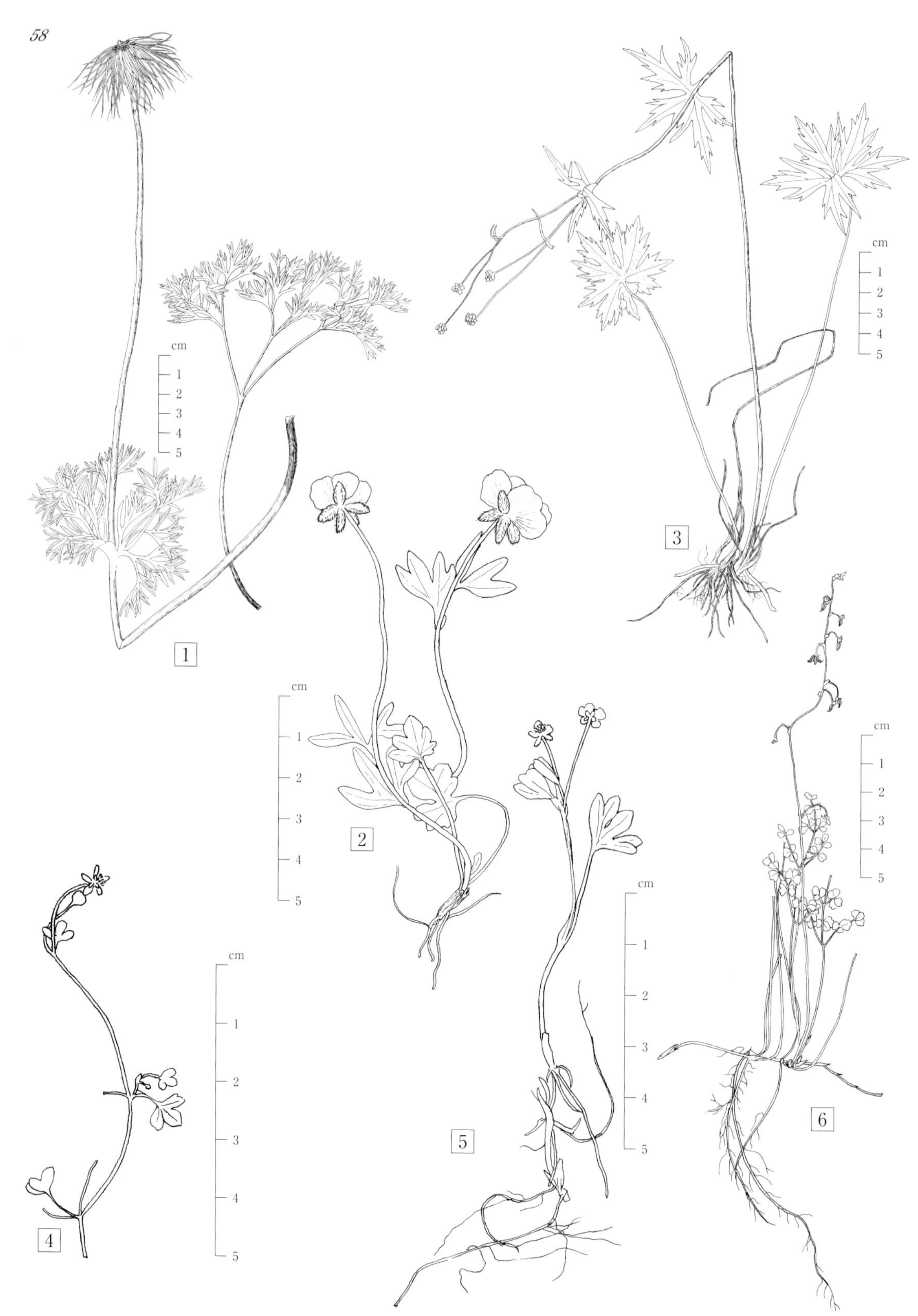

Plate 58　1：カタオカソウ　*Pulsatilla taraoi*／チルポイ島／酒井得子，2：チシマヒキノカサ　*Ranunculus altaicus* subsp. *sulphureus*／シュムシュ島／酒井得子，3：シコタンキンポウゲ　*Ranunculus grandis* var. *austrokurilensis*／ウルップ島／酒井得子，4：ハイヒキノカサ　*Ranunculus hyperboreus*／シュムシュ島／酒井得子，5：クモマキンポウゲ　*Ranunculus pygmaeus*／パラムシル島／酒井得子，6：チシマヒメカラマツ／パラムシル島／酒井得子

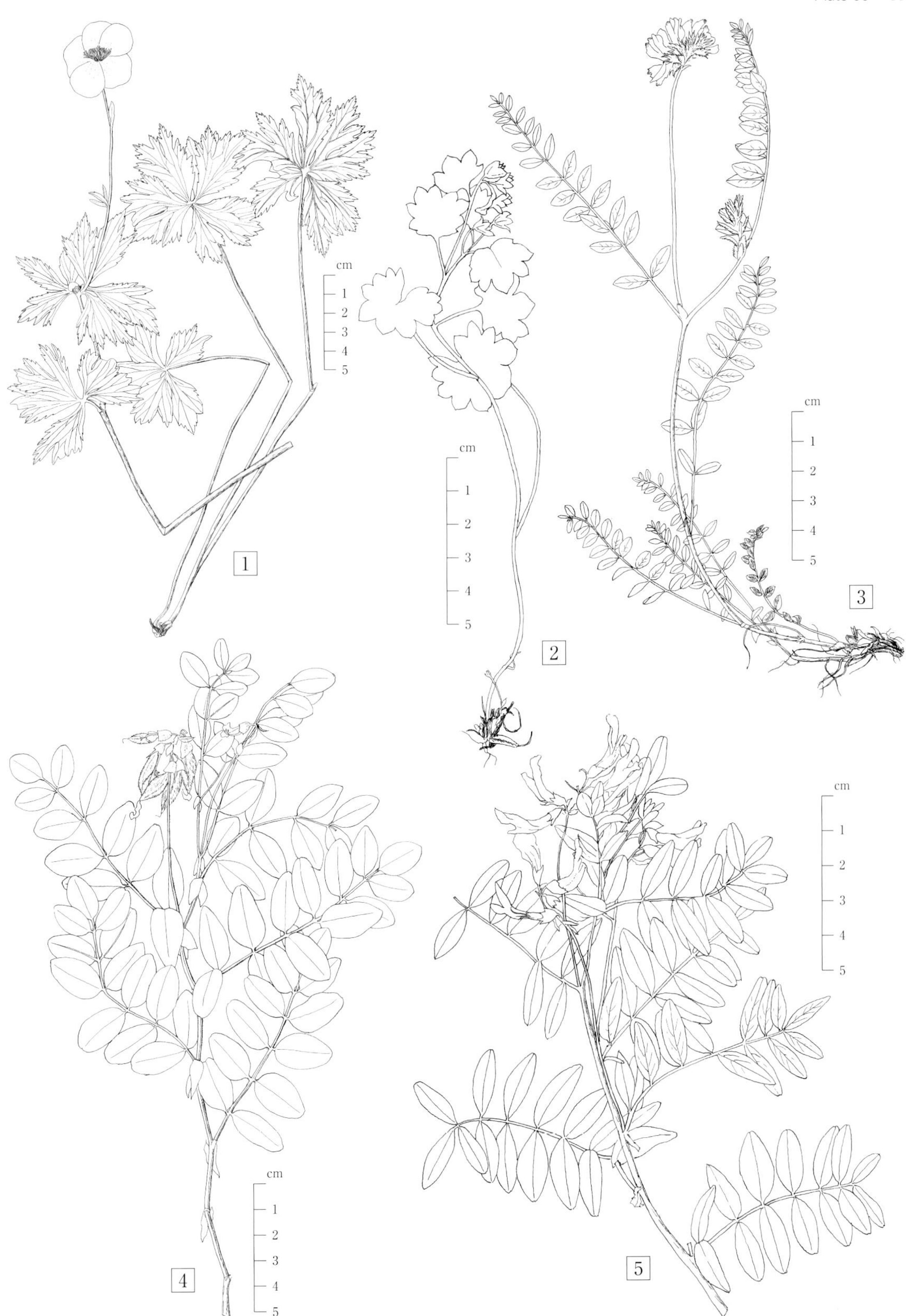

Plate 59　1：チシマノキンバイソウ　*Thalictrum alpinum*/ オネコタン島 / 酒井得子，2：キヨシソウ　*Saxifraga bracteata*/ ハリムコタン島 / 酒井得子，3：ヒメモメンヅル　*Astragalus alpinus*/ エカルマ島 / 酒井得子，4：リシリオウギ　*Astragalus frigidus* subsp. *parviflorus*/ ラシュワ島 / 酒井得子，5：カワカミモメンヅル　*Astragalus kawakamii*/ 択捉島 / 酒井得子

Plate 60　1：エゾモメンヅル　*Astragalus japonicus*/ 択捉島 / 酒井得子，2：チシマゲンゲ　*Hedysarum hedysaroides* forma *neglectum*/ アライト島 / 酒井得子，3：ウルップオウギ　*Oxytropis itoana*/ 択捉島 / 酒井得子，4：コウノソウ *Oxytropis pumilio*/ パラムシル島 / 酒井得子

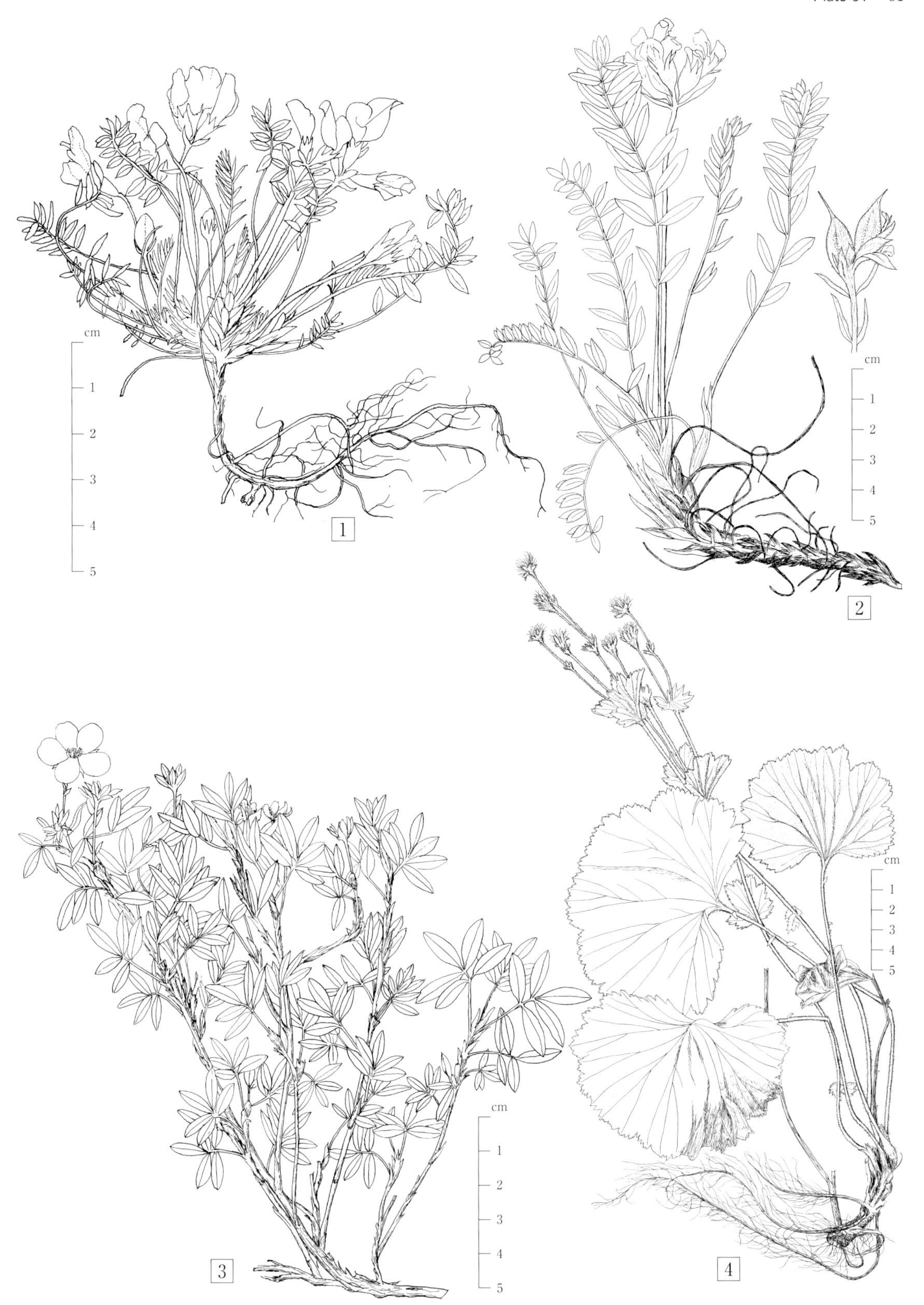

Plate 61　1：ヒダカゲンゲ　*Oxytropis revoluta*/ アライト島 / 酒井得子，2：ヒダカミヤマノエンドウ　*Oxytropis retusa*/ チルポイ島 / 酒井得子，3：キンロバイ　*Dasiphora fruticosa*/ シュムシュ島 / 酒井得子，4：ミヤマダイコンソウ　*Geum calthifolium*/ ウシシル南島 / 酒井得子

Plate 62　1：キタホロムイイチゴ　*Rubus chamaemorus* var. *chamaemorus*/ パラムシル島 / 酒井得子，2：チシマイチゴ　*Rubus arcticus*/ パラムシル島 / 酒井得子，3：ヤマグワ　*Morus australis*/ 国後島 / 酒井得子，4：エゾイラクサ　*Urtica platyphylla*/ アライト島 / 酒井得子

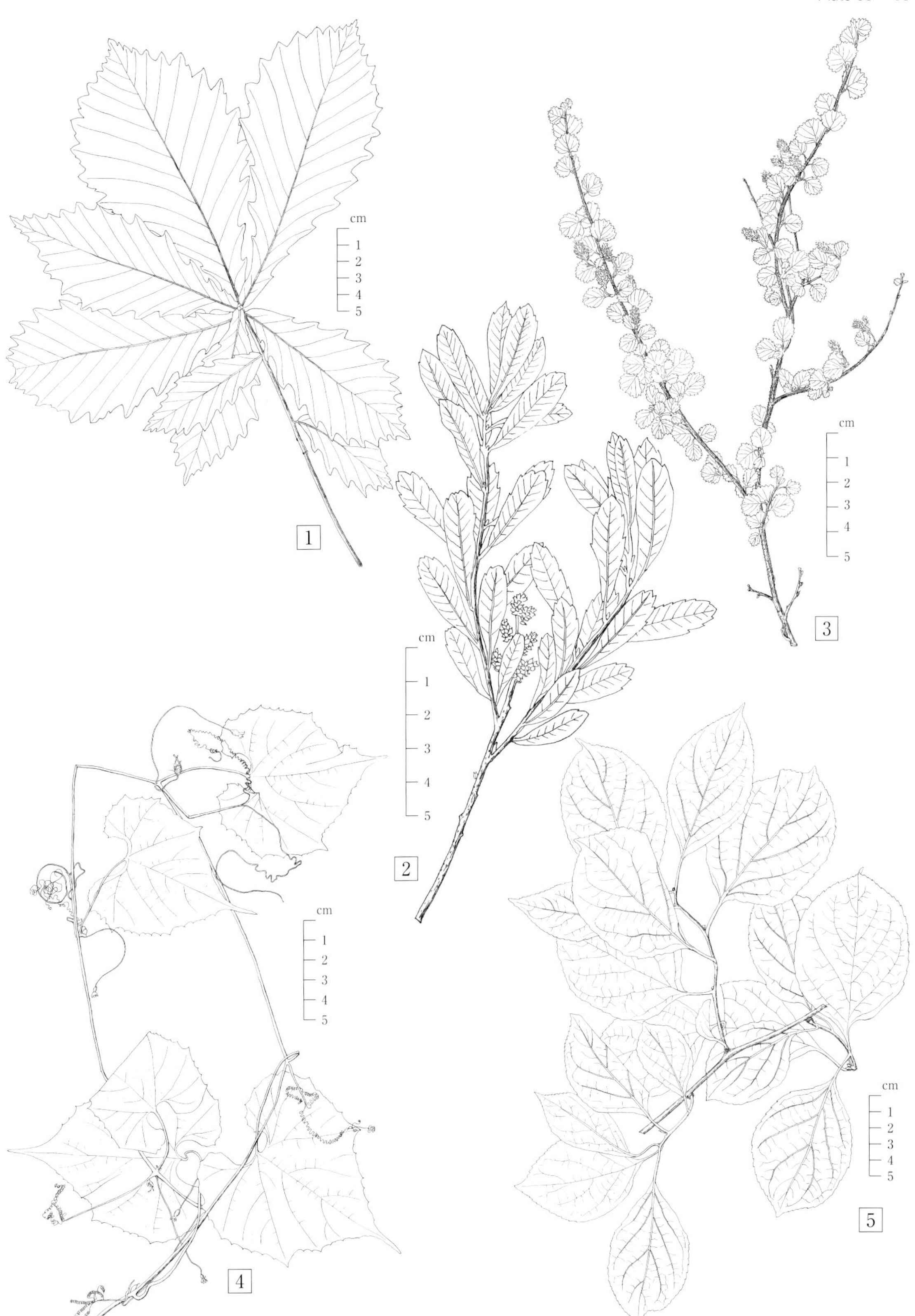

Plate 63 1：ミズナラ *Quercus crispula*/ 国後島 / 酒井得子，2：ヤチヤナギ *Myrica gale* var. *tomentosa*/ 択捉島 / 酒井得子，3：ヒメカンバ *Betula exilis*/ パラムシル島 / 酒井得子，4：ミヤマニガウリ *Schizopepon bryoniifolius*/ 国後島 / 酒井得子，5：オニツルウメモドキ *Celastrus orbiculatus* var. *strigillosus*/ 択捉島 / 酒井得子

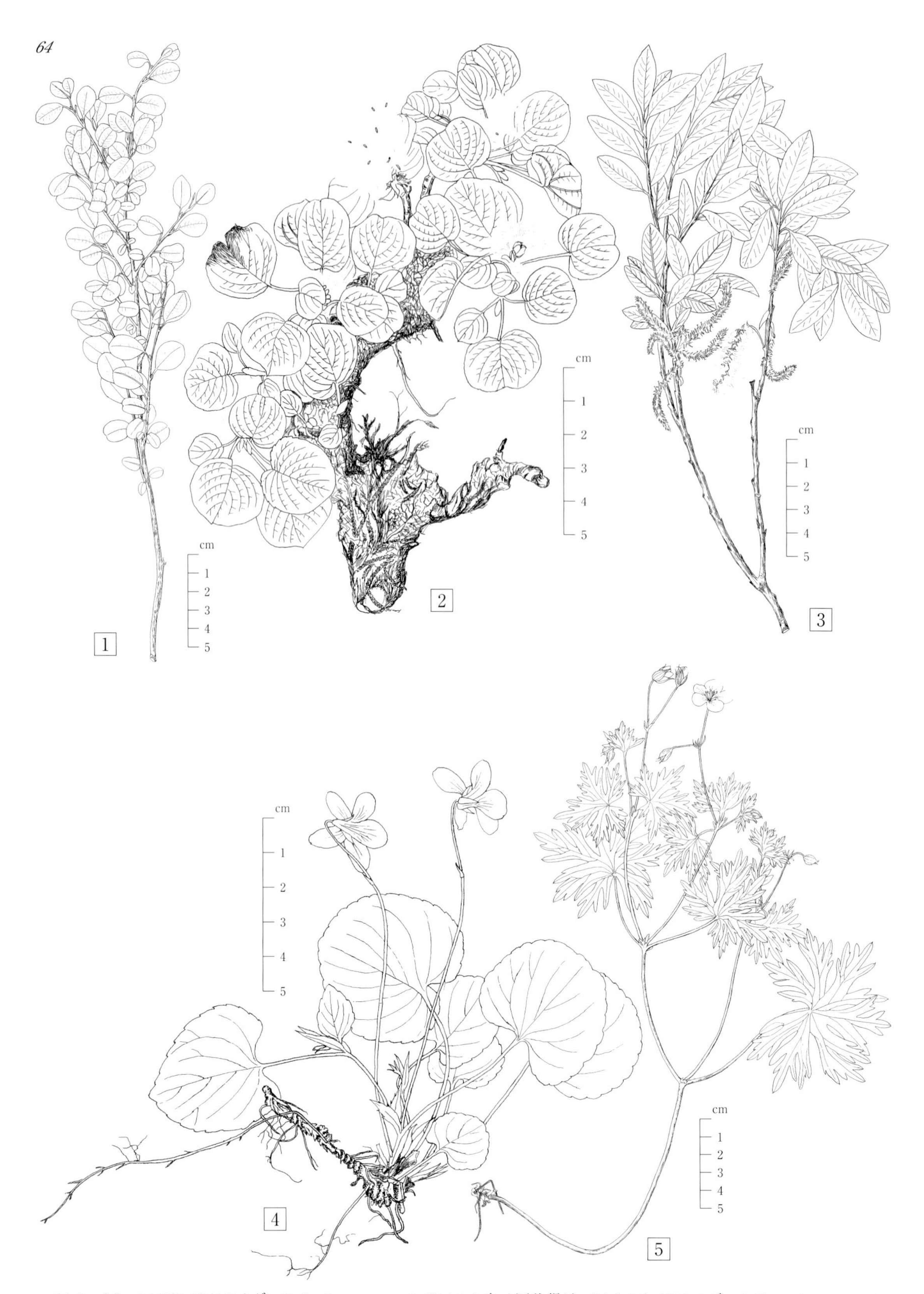

Plate 64　1：ミヤマヤチヤナギ　*Salix fuscescens*/ パラムシル島 / 酒井得子，2：タカネイワヤナギ　*Salix nakamurana*/ ヒダカミネヤナギ型 / ラシュワ島 / 酒井得子，3：サリックス・プルクラ・パラレリネルウィス　*Salix pulchra* subsp. *parallelinervis*/ パラムシル島 / 酒井得子，4：タカネタチツボスミレ　*Viola langsdorfii* subsp. *langsdorfii*/ パラムシル島 / 酒井得子，5：エゾフウロ　*Geranium yesoense*/ 択捉島 / 酒井得子

Plate 65 1：エゾミソハギ *Lythrum salicaria*/ 色丹島 / 酒井得子, 2：ヤナギラン *Chamaenerion angustifolium*/ 択捉島 / 酒井得子, 3：ホソバアカバナ *Epilobium palustre*/ パラムシル島 / 酒井得子, 4：カラフトアカバナ *Epilobium ciliatum*/ パラムシル島 / 酒井得子, 5：ヒメアカバナ *Epilobium fauriei*/ ウルップ島 / 酒井得子

Plate 66 1：ヤマウルシ *Toxicodendron trichocarpum*/ 択捉島 / 酒井得子, 2：エゾイタヤ *Acer pictum* subsp. *mono*/ 択捉島 / 酒井得子, 3：キハダ *Phellodendron amurense*/ 択捉島 / 酒井得子, 4：ハナタネツケバナ *Cardamine pratensis*/ シュムシュ島 / 酒井得子, 5：チシマタネツケバナ *Cardamine umbellata*/ ウシシル北島 / 酒井得子

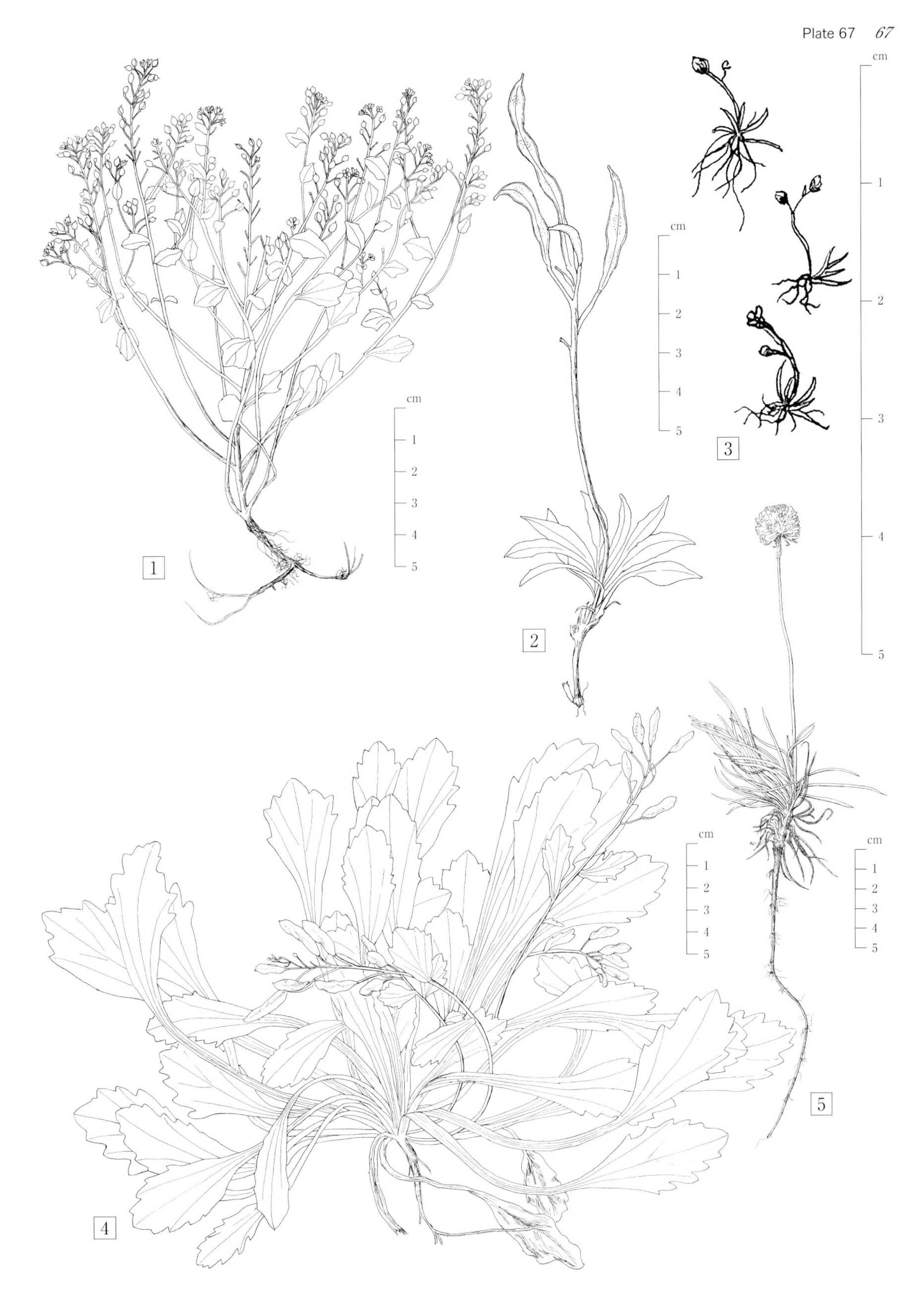

Plate 67 1：トモシリソウ *Cochlearia officinalis* subsp. *oblongifolia*/ シムシル島 / 酒井得子，2：グンジソウ *Parrya nudicaulis*/ シュムシュ島 / 酒井得子，3：ハリナズナ *Subularia aquatica*/ パラムシル島 / 酒井得子，4：イシノナズナ *Draba grandis*/ ライコケ島 / 酒井得子，5：チシマハマカンザシ *Armeria maritima*/ シュムシュ島 / 酒井得子

Plate 68 1：チシマミチヤナギ *Koenigia islandica*/ シュムシュ島 / 酒井得子, 2：ジンヨウスイバ *Oxyria digyna*/ シリンキ島 / 酒井得子, 3：カラフトノダイオウ *Rumex gmelinii*/ 択捉島 / 酒井得子, 4：ナガバノモウセンゴケ *Drosera anglica*/ ラシュワ島 / 酒井得子, 5：チシマツメクサ *Sagina saginoides*/ シュムシュ島 / 酒井得子, 6：アライトツメクサ *Sagina procumbens*/ シュムシュ島 / 酒井得子

Plate 69 1：カラフトマンテマ *Silene repens*/ アライト島 / 酒井得子, 2：タカネマンテマ *Silene uralensis*/ パラムシル島 / 酒井得子, 3：カンチヤチハコベ *Stellaria calycantha*/ ウシシル南島 / 酒井得子, 4：チシマハコベ *Stellaria crassifolia*/ パラムシル島 / 酒井得子, 5：シコタンハコベ *Stellaria ruscifolia*/ アライト島 / 酒井得子

Plate 70 1：オカヒジキ *Salsola komarovii*/ 国後島 / 酒井得子, 2：ヒメハナシノブ *Polemonium boreale*/ パラムシル島 / 酒井得子, 3. キョクチハナシノブ *Polemonium caeruleum* subsp. *campanulatum*/ パラムシル島 / 北口澪子, 4：トチナイソウ *Androsace chamaejasme* subsp. *capitata*/ ウルップ島 / 酒井得子

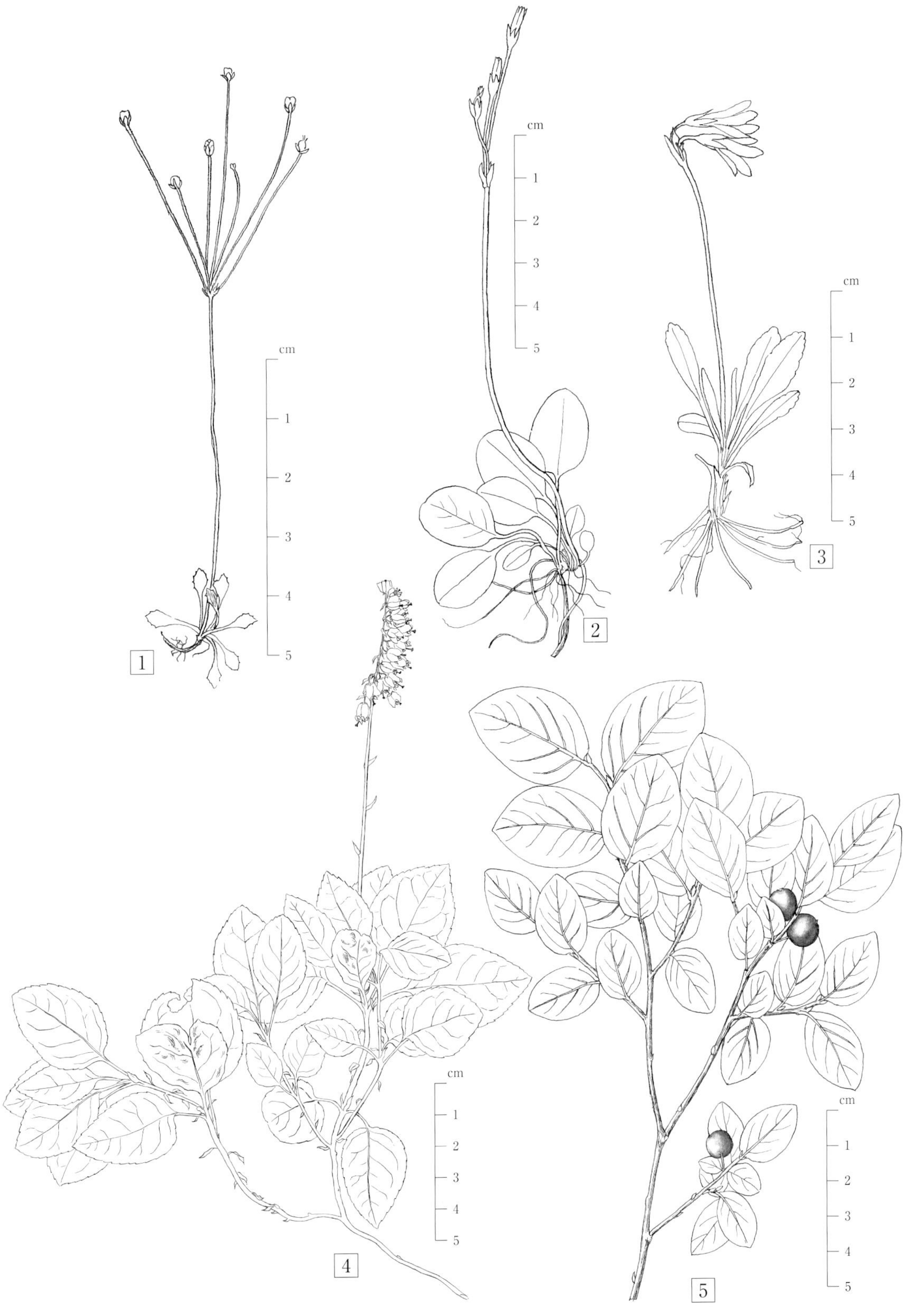

Plate 71 1：サカコザクラ *Androsace filiformis*／パラムシル島／酒井得子，2：ラシュワコザクラ *Primula nutans*／ラシュワ島／酒井得子，3：エンドウコザクラ *Primula tschuktschorum*／シュムシュ島／酒井得子，4：コイチヤクソウ *Orthilia secunda*／択捉島／北口澪子，5：クロウスゴ *Vaccinium ovalifolium*／ウルップ島／酒井得子

Plate 72 1：ツルリンドウ *Tripterospermum japonicum*/ ウルップ島 / 酒井得子，2：イケマ *Cynanchum caudatum*/ 色丹島 / 酒井得了，3：アロカリア・オリエンタリス *Allocarya orientalis*/ パラムシル島 / 酒井得子，4：スギナモ *Hippuris vulgaris*/ パラムシル島 / 酒井得子

Plate 73 1：ウルップソウ *Lagotis glauca*/ ウルップ島 / 酒井得子，2：キタミソウ *Limosella aquatica*/ パラムシル島 / 酒井得子，3：チシマヒメクワガタ *Veronica stelleri*/ ラシュワ島 / 北口滲子，4：シュムシュクワガタ *Veronica grandiflora*/ オネコタン島 / 北口滲子，5：ツルカコソウ *Ajuga shikotanensis*/ 色丹島 / 酒井得子

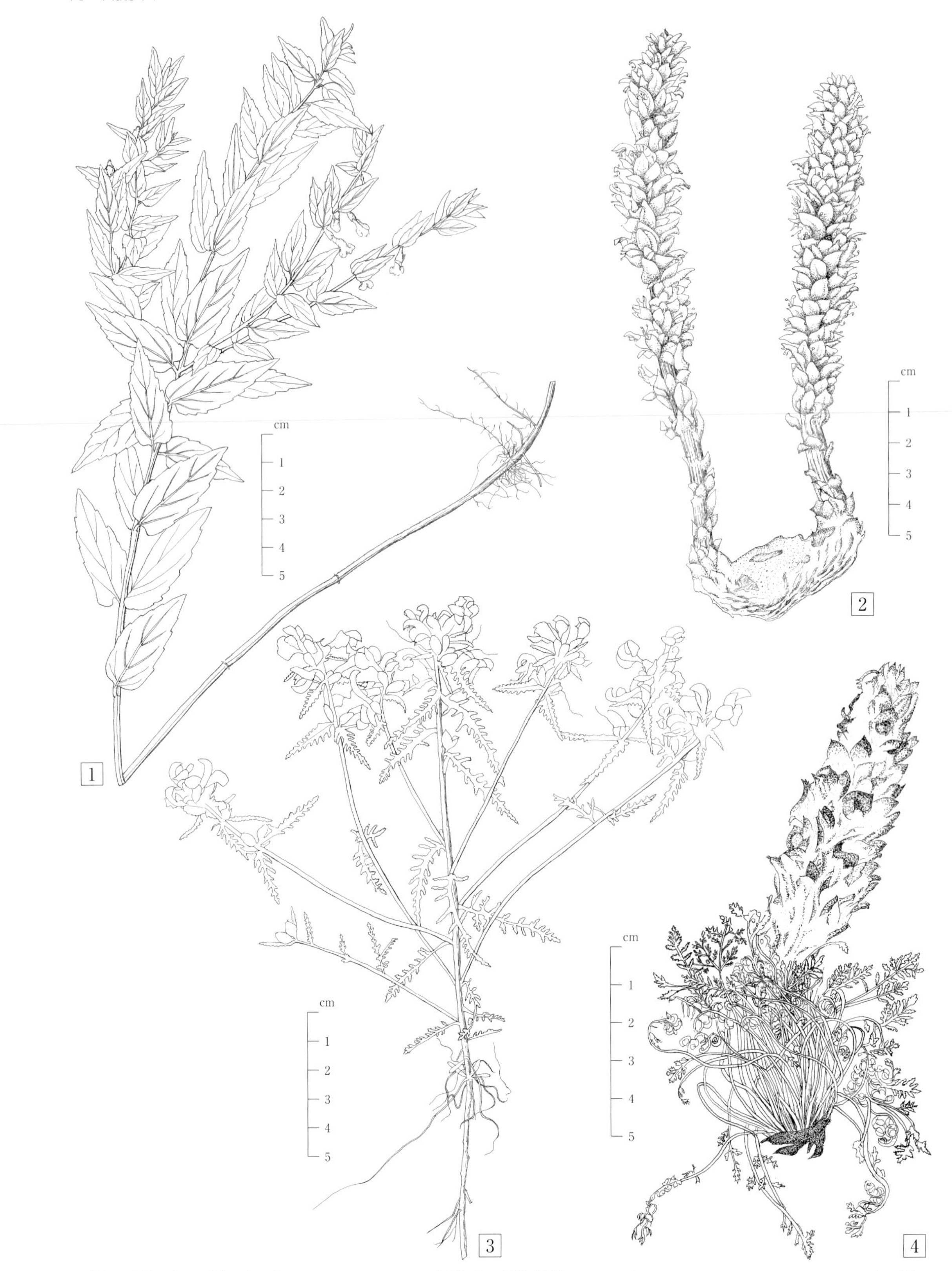

Plate 74 1：エゾナミキ *Scutellaria yezoënsis*/ 国後島 / 酒井得子, 2：オニク *Boschniakia rossica*/ マカンル島 / 酒井得子, 3：ペディクラリス・アダンカ *Pedicularis adunca*/ パラムシル島 / 酒井得子, 4：アイザワシオガマ *Pedicularis lanata* subsp. *pallasii*/ オネコタン島 / 酒井得子

Plate 75　1：チシマシオガマ　*Pedicularis labradorica*/ウルップ島/酒井得子，2：タマザキシオガマ　*Pedicularis capitata*/パラムシル島/酒井得子，3：ツルツゲ　*Ilex rugosa*/ウルップ島/酒井得子，4：チシマギキョウ　*Campanula chamissonis*/チルポイ島/酒井得子，5：シュムシュノコギリソウ　*Achillea alpina* subsp. *camtschatica*/マカンル島/酒井得子，6：エゾノチチコグサ　*Antennaria dioica*/パラムシル島/酒井得子

Plate 76　1：アライトヨモギ　*Artemisia borealis*/ アライト島 / 酒井得子, 2：ハハコヨモギ　*Artemisia glomerata*/ パラムシル島 / 酒井得子, 3：イワヨモギ　*Artemisia iwayomogi*/ 色丹島 / 酒井得子, 4：シコタンヨモギ　*Artemisia tanacetifolia*/ 択捉島 / 酒井得子, 5：タカスギク　*Aster sibiricus*/ アライト島 / 酒井得子, 6：エリゲロン・ペレグリヌス *Erigeron peregrinus*/ パラムシル島 / 酒井得子

Plate 77 1：アキノタンポポモドキ *Leontodon autumnalis*/ 択捉島 / 酒井得子, 2：チシマウスユキソウ *Leontopodium kurilense*/ 色丹島 / 酒井得子, 3：カンチコウゾリナ *Picris hieracioides* subsp. *kamtschatica*/ シムシル島 / 酒井得子, 4：ウルップトウヒレン *Saussurea kurilensis*/ ウルップ島 / 酒井得子, 5：シュムシュトウヒレン *Saussurea oxyodonta*/ パラムシル島 / 酒井得子, 6：ヒメコウゾリナ *Stenotheca tristis*/ パラムシル島 / 酒井得子

Plate 78 1：シコタンタンポポ *Taraxacum shikotanense*/ マツワ島 / 酒井得子, 2：アライトタンポポ *Taraxacum perlatescens*/ シュムシュ島 / 酒井得子, 3：コタンポポ *Taraxacum kojimae*/ パラムシル島 / 酒井得子, 4：カラフトニンジン *Conioselinum chinense*/ エカルマ島 / 酒井得子, 5：ミヤマセンキュウ *Conioselinum filicinum*/ 択捉島 / 酒井得子

目　次

Plate　*1*
要　約　1
序　3

第1章　千島列島の概要　7

1. 地理・地形・地史　9
2. 気　候　16

第2章　千島列島の植物　23

1. 植物研究史　25
2. 植　生　30
森林植生 31/*コラム1　ハイマツとグイマツ* 32/海岸植生 33/わい性低木群落(ヒース植生) 34/イネ科草原 34/草原植生 34/火山礫原植生 34/水生植物群落 34/沼沢湿原 34
3. 島ごとの地形と植物の特徴　35
歯舞群島 35/色丹島 37/*コラム2　色丹島から見る礼文島* 39/国後島 39/択捉島 41/ウルップ島 42/ブラットチルポイ島 43/チルポイ島 43/ブロトン島 44/シムシル島 44/ケトイ島 45/ウシシル島 47/ラシュワ島 48/マツワ島 49/*コラム3　植物和名に見る人名* 49/ライコケ島 51/シャシコタン島 51/エカルマ島 51/チリンコタン島 53/ハリムコタン島 53/オネコタン島 54/マカンル島 55/シリンキ島 56/パラムシル島 56/シュムシュ島 58/アライト島 58/*コラム4　植物学名の国際問題* 59

第3章　千島列島の植物リスト　61

凡　例 63
シダ植物　65
F1. ヒカゲノカズラ科　65
アスヒカズラ属 65/コスギラン属 65/ヒカゲノカズラ属 66
F2. イワヒバ科　67
イワヒバ属 67
F3. ミズニラ科　68
ミズニラ属 68
F4. ハナヤスリ科　68
ハナワラビ属 68/ハナヤスリ属 69
F5. マツバラン科　69

マツバラン属 69
F6. トクサ科　70
トクサ属 70
F7. ゼンマイ科　71
ゼンマイ属 71/ヤマドリゼンマイ属 71
F8. コケシノブ科　72
コケシノブ属 72/ハイホラゴケ属 72
F9. キジノオシダ科　72
キジノオシダ属 72
F10. コバノイシカグマ科　72
ワラビ属 72
F11. イノモトソウ科　73
ホウライシダ属 73/イワガネゼンマイ属 73/リシリシノブ属 73
F12. チャセンシダ科　73
チャセンシダ属 73
F13. ヒメシダ科　74
ヒメシダ属 74
F14. イワデンダ科　75
メシダ属 75/ナヨシダ属 76/オオシケシダ属 76/ウサギシダ属 77/イワデンダ属 77
F15. シシガシラ科　77
ヒリュウシダ属 77
F16. コウヤワラビ科　77
クサソテツ属 77/コウヤワラビ属 78/イヌガンソク属 78
F17. オシダ科　78
カナワラビ属 78/オシダ属 78/イノデ属 79
F18. ウラボシ科　80
ノキシノブ属 80/エゾデンダ属 80
裸子植物　81
G1. マツ科　81
モミ属 81/カラマツ属 81/トウヒ属 82/マツ属 83
G2. ヒノキ科　83
ネズミサシ属 83
G3. イチイ科　84
イチイ属 84
被子植物・基底群　85
AB1. スイレン科　85
コウホネ属 85/スイレン属 85
AB2. マツブサ科　85
マツブサ属 85
AB3. センリョウ科　86
チャラン属 86
AB4. ウマノスズクサ科　86
カンアオイ属 86

AB5.　モクレン科　86
モクレン属 86
被子植物・単子葉類　87
AM1.　ショウブ科　87
ショウブ属 87
AM2.　サトイモ科　87
テンナンショウ属 87/ヒメカイウ属 88/コウキクサ属 88/ミズバショウ属 88/ウキクサ属 89/ザゼンソウ属 89
AM3.　チシマゼキショウ科　89
チシマゼキショウ属 89
AM4.　オモダカ科　90
サジオモダカ属 90
AM5.　ホロムイソウ科　90
ホロムイソウ属 90
AM6.　シバナ科　91
シバナ属 91
AM7.　アマモ科　91
スガモ属 91/アマモ属 91
AM8.　ヒルムシロ科　92
ヒルムシロ属 92/イトクズモ属 94
AM9.　カワツルモ科　94
カワツルモ属 94
AM10.　キンコウカ科　94
ソクシンラン属 94
AM11.　ヤマノイモ科　95
ヤマノイモ属 95
AM12.　シュロソウ科　95
ツクバネソウ属 95/エンレイソウ属 95/シュロソウ属 96
AM13.　イヌサフラン科　97
ホウチャクソウ属 97
AM14.　ユリ科　97
ウバユリ属 97/ツバメオモト属 97/カタクリ属 98/バイモ属 98/キバナノアマナ属 98/ユリ属 99/タケシマラン属 100
AM15.　ラン科　100
ヒナラン属 100/キンラン属 100/サンゴネラン属 101/サイハイラン属 101/アツモリソウ属 101/ハクサンチドリ属 102/イチヨウラン属 102/サワラン属 102/コイチヨウラン属 102/カキラン属 103/オニノヤガラ属 103/シュスラン属 103/テガタチドリ属 104/ミズトンボ属 104/シロウマチドリ属 104/クモキリソウ属 104/ホザキイチヨウラン属 105/アリドオシラン属 105/ノビネチドリ属 105/サカネラン属 105/ミヤマモジズリ属 106/コケイラン属 107/ツレサギソウ属 107/トキソウ属 108/ネジバナ属 108
AM16.　アヤメ科　109
アヤメ属 109/ニワゼキショウ属 109
AM17.　ススキノキ科　110

ワスレグサ属 110
AM18. ヒガンバナ科　110
ネギ属 110/スイセン属 111
AM19. キジカクシ科　111
キジカクシ属 111/スズラン属 111/ギボウシ属 112/マイヅルソウ属 112/アマドコロ属 112
AM20. ツユクサ科　113
ツユクサ属 113
AM21. ガマ科　113
ミクリ属 113/ガマ属 115
AM22. ホシクサ科　115
ホシクサ属 115
AM23. イグサ科　115
イグサ属 115/スズメノヒエ属 120
AM24. カヤツリグサ科　122
スゲ属 122/カヤツリグサ属 143/ハリイ属 143/ワタスゲ属 145/テンツキ属 146/ヒゲハリスゲ属 146/ミカヅキグサ属 146/フトイ属 146/アブラガヤ属 147/ヒメワタスゲ属 147
AM25. イネ科　148
ヌカボ属 148/スズメノテッポウ属 149/ハルガヤ属 150/トダシバ属 151/カラスムギ属 151/カズノコグサ属 151/ヤマカモジグサ属 152/スズメノチャヒキ属 152/ホガエリガヤ属 153/ノガリヤス属 153/クシガヤ属 156/カモガヤ属 156/コメススキ属 156/メヒシバ属 157/ヒエ属 157/エゾムギ属 158/シバムギ属 159/ウシノケグサ属 159/ドジョウツナギ属 160/コウボウ属 161/シラゲガヤ属 162/オオムギ属 162/テンキグサ属 162/ホソムギ属 163/コメガヤ属 163/イブキヌカボ属 164/ススキ属 164/ヌマガヤ属 164/ネズミガヤ属 164/タツノヒゲ属 164/キビ属 164/クサヨシ属 165/アワガエリ属 165/ヨシ属 165/イチゴツナギ属 166/チシマドジョウツナギ属 171/ササ属 171/フォーリーガヤ属 173/エノコログサ属 174/ハネガヤ属 174/ハイドジョウツナギ属 174/カニツリグサ属 175/タカネコメススキ属 175
AM26. マツモ科　176
マツモ属 176
被子植物・真正双子葉類　176
AE1. ケシ科　176
クサノオウ属 176/キケマン属 177/コマクサ属 177/ヒナゲシ属 178
AE2. メギ科　179
ルイヨウボタン属 179/サンカヨウ属 179
AE3. キンポウゲ科　179
トリカブト属 179/ルイヨウショウマ属 180/フクジュソウ属 180/イチリンソウ属 181/オダマキ属 182/リュウキンカ属 182/サラシナショウマ属 182/センニンソウ属 183/オウレン属 183/オオヒエンソウ属 184/オキナグサ属 184/キンポウゲ属 184/カラマツソウ属 187/モミジカラマツ属 188/キンバイソウ属 188
AE4. ボタン科　189
ボタン属 189
AE5. カツラ科　189
カツラ属 189
AE6. ユズリハ科　189

ユズリハ属 189
AE7. スグリ科　190
スグリ属 190
AE8. ユキノシタ科　190
チダケサシ属 190/ネコノメソウ属 191/ユキノシタ属 192
AE9. ベンケイソウ科　195
ムラサキベンケイソウ属 195/イワレンゲ属 195/キリンソウ属 195/イワベンケイ属 196/アズマツメクサ属 196
AE10. アリノトウグサ科　197
フサモ属 197
AE11. ブドウ科　197
ノブドウ属 197/ブドウ属 197
AE12. マメ科　198
ヤブマメ属 198/ゲンゲ属 198/イワオウギ属 199/レンリソウ属 200/ハギ属 200/ハウチワマメ属 201/イヌエンジュ属 201/シナガワハギ属 201/オヤマノエンドウ属 202/ハリエンジュ属 203/センダイハギ属 203/シャジクソウ属 204/ソラマメ属 205
AE13. バラ科　205
キンミズヒキ属 205/ハゴロモグサ属 206/アズキナシ属 206/ヤマブキショウマ属 206/サクラ属 207/クロバナロウゲ属 207/サンザシ属 207/キンロバイ属 208/チョウノスケソウ属 208/シモツケソウ属 208/オランダイチゴ属 209/ダイコンソウ属 209/リンゴ属 210/ウワミズザクラ属 210/キジムシロ属 211/バラ属 213/キイチゴ属 213/ワレモコウ属 215/タテヤマキンバイ属 216/メアカンキンバイ属 216/チングルマ属 216/ホザキナナカマド属 216/ナナカマド属 216/シモツケ属 217
AE14. グミ科　217
グミ属 217
AE15. ニレ科　218
ニレ属 218
AE16. アサ科　218
カラハナソウ属 218
AE17. クワ科　219
クワ属 219
AE18. イラクサ科　219
ヤブマオ属 219/ムカゴイラクサ属 219/ミズ属 219/イラクサ属 220
AE19. ブナ科　220
コナラ属 220
AE20. ヤマモモ科　221
ヤチヤナギ属 221
AE21. クルミ科　221
クルミ属 221
AE22. カバノキ科　221
ハンノキ属 221/カバノキ属 222
AE23. ウリ科　223
アマチャヅル属 223/ミヤマニガウリ属 223

AE24. ニシキギ科　224
ツルウメモドキ属 224/ニシキギ属 224/ウメバチソウ属 225
AE25. カタバミ科　225
カタバミ属 225
AE26. トウダイグサ科　226
エノキグサ属 226/トウダイグサ属 226
AE27. ヤナギ科　226
ヤマナラシ属 226/ヤナギ属 227
AE28. スミレ科　233
スミレ属 233
AE29. オトギリソウ科　237
オトギリソウ属 237/ミズオトギリ属 238
AE30. フウロソウ科　239
オランダフウロ属 239/フウロソウ属 239
AE31. ミソハギ科　240
ミソハギ属 240
AE32. アカバナ科　240
ヤナギラン属 240/ミズタマソウ属 241/アカバナ属 241/マツヨイグサ属 244
AE33. ウルシ科　245
ウルシ属 245
AE34. ムクロジ科　245
カエデ属 245
AE35. ミカン科　246
キハダ属 246/ミヤマシキミ属 247
AE36. アオイ科　247
ゼニアオイ属 247/シナノキ属 247
AE37. ジンチョウゲ科　247
ジンチョウゲ属 247
AE38. アブラナ科　248
シロイヌナズナ属 248/ヤマハタザオ属 248/セイヨウワサビ属 249/ヤマガラシ属 249/アブラナ属 249/オニハマダイコン属 250/ナズナ属 250/タネツケバナ属 251/エゾハタザオ属 252/トモシリソウ属 252/イヌナズナ属 253/エゾスズシロ属 253/ユークリディウム属 253/ワサビ属 253/ハナスズシロ属 254/タイセイ属 254/グンジソウ属 254/ダイコン属 254/イヌガラシ属 255/キバナハタザオ属 255/ハリナズナ属 255/グンバイナズナ属 255/ハタザオ属 256
AE39. ビャクダン科　256
カナビキソウ属 256
AE40. イソマツ科　256
ハマカンザシ属 256
AE41. タデ科　256
オンタデ属 256/イブキトラノオ属 258/ソバ属 258/ソバカズラ属 258/チシマミチヤナギ属 259/ジンヨウスイバ属 259/イヌタデ属 259/ミチヤナギ属 262/ギシギシ属 263
AE42. モウセンゴケ科　266
モウセンゴケ属 266

AE43. ナデシコ科　266
ノミノツヅリ属 266/ミミナグサ属 267/ナデシコ属 268/ハマハコベ属 268/タカネツメクサ属 268/オオヤマフスマ属 269/ツメクサ属 269/サボンソウ属 270/マンテマ属 270/オオツメクサ属 271/ウシオツメクサ属 272/ハコベ属 272
AE44. ヒユ科　274
ヒユ属 274/ハマアカザ属 274/アカザ属 275/アッケシソウ属 276/オカヒジキ属 276
AE45. ヌマハコベ科　276
ヌマハコベ属 276
AE46. ミズキ科　277
サンシュユ属 277
AE47. アジサイ科　277
アジサイ属 277/イワガラミ属 278
AE48. ツリフネソウ科　278
ツリフネソウ属 278
AE49. ハナシノブ科　278
クサキョウチクトウ属 278/ハナシノブ属 279
AE50. サクラソウ科　279
トチナイソウ属 279/サクラソウモドキ属 280/オカトラノオ属 280/サクラソウ属 281
AE51. イワウメ科　282
イワウメ属 282
AE52. マタタビ科　283
マタタビ属 283
AE53. ツツジ科　283
ヒメシャクナゲ属 283/コメバツガザクラ属 284/ウラシマツツジ属 284/チシマツガザクラ属 284/イワヒゲ属 284/ヤチツツジ属 285/ウメガサソウ属 285/ホツツジ属 285/ガンコウラン属 285/ハナヒリノキ属 286/シラタマノキ属 286/ジムカデ属 287/シャクジョウソウ属 287/ミネズオウ属 287/ヨウラクツツジ属 287/イチゲイチヤクソウ属 288/ギンリョウソウ属 288/コイチヤクソウ属 288/ツガザクラ属 289/イチヤクソウ属 289/ツツジ属 291/エゾツツジ属 292/スノキ属 292
AE54. アカネ科　294
ヤエムグラ属 294/ツルアリドオシ属 297/アカネ属 297
AE55. リンドウ科　297
リンドウ属 297/チシマリンドウ属 298/ハナイカリ属 298/ホソバノツルリンドウ属 298/センブリ属 299/ツルリンドウ属 299
AE56. キョウチクトウ科　300
イケマ属 300/ガガイモ属 300
AE57. ムラサキ科　300
アロカリア属 300/ルリヂシャ属 300/オオルリソウ属 300/ミヤマムラサキ属 301/ハマベンケイソウ属 301/ワスレナグサ属 302/ヒレハリソウ属 302
AE58. ヒルガオ科　303
ヒルガオ属 303/セイヨウヒルガオ属 303
AE59. ナス科　303
ナス属 303
AE60. モクセイ科　304

トネリコ属 304/イボタノキ属 304/ハシドイ属 304
AE61. オオバコ科　305
アワゴケ属 305/ジギタリス属 305/スギナモ属 305/ウルップソウ属 305/キタミソウ属 306/ウンラン属 306/イワブクロ属 306/オオバコ属 307/クワガタソウ属 308
AE62. ゴマノハグサ科　310
ゴマノハグサ属 310
AE63. シソ科　310
カワミドリ属 310/キランソウ属 310/クルマバナ属 310/ムシャリンドウ属 311/ナギナタコウジュ属 311/チシマオドリコソウ属 312/オドリコソウ属 312/シロネ属 313/ハッカ属 313/イヌコウジュ属 314/イヌハッカ属 314/ウツボグサ属 314/タツナミソウ属 314/イヌゴマ属 315/ニガクサ属 315/イブキジャコウソウ属 316
AE64. ハエドクソウ科　316
ミゾホオズキ属 316/ハエドクソウ属 316
AE65. ハマウツボ科　317
オニク属 317/コゴメグサ属 317/オドンティテス属 318/ハマウツボ属 318/シオガマギク属 318/キヨスミウツボ属 320/オクエゾガラガラ属 321
AE66. タヌキモ科　321
ムシトリスミレ属 321/タヌキモ属 322
AE67. モチノキ科　323
モチノキ属 323
AE68. キキョウ科　323
ツリガネニンジン属 323/ホタルブクロ属 324/ツルニンジン属 325/ミゾカクシ属 325/タニギキョウ属 325
AE69. ミツガシワ科　325
ミツガシワ属 325/イワイチョウ属 326
AE70. キク科　326
ノコギリソウ属 326/ノブキ属 327/ヤマハハコ属 327/エゾノチチコグサ属 328/ゴボウ属 328/ウサギギク属 328/ヨモギ属 329/シオン属 332/ヒナギク属 332/センダングサ属 333/ヤブタバコ属 333/ヤグルマギク属 333/キク属 334/イヌヂシャ属 334/アザミ属 334/イズハハコ属 336/タカサゴトキンソウ属 336/フタマタタンポポ属 336/ムカシヨモギ属 336/ヒヨドリバナ属 338/コゴメギク属 338/ヒメチチコグサ属 339/ヒマワリ属 339/ヤナギタンポポ属 339/オグルマ属 340/ニガナ属 340/ノニガナ属 341/チシャ属 341/センボンヤリ属 341/カワリミタンポポモドキ属 342/ウスユキソウ属 342/フランスギク属 342/メタカラコウ属 342/コシカギク属 343/コウモリソウ属 343/フキ属 344/コウゾリナ属 344/コウリンタンポポ属 344/アキノノゲシ属 345/オオハンゴンソウ属 345/トウヒレン属 346/ノボロギク属 347/アキノキリンソウ属 348/ノゲシ属 349/ヒメコウゾリナ属 349/ヨモギギク属 350/タンポポ属 350/オカオグルマ属 354/シカギク属 354/ウラギク属 354/オナモミ属 355
AE71. レンプクソウ科　355
レンプクソウ属 355
AE72. スイカズラ科　355
リンネソウ属 355/スイカズラ属 356/ウコンウツギ属 357/オミナエシ属 357/ニワトコ属 357/カノコソウ属 358/ガマズミ属 358
AE73. ウコギ科　358

タラノキ属 358/ハリギリ属 359
AE74. セリ科　359
エゾボウフウ属 359/シシウド属 360/シャク属 361/ホタルサイコ属 361/ヒメウイキョウ属 361/ドクゼリ属 362/ミヤマセンキュウ属 362/ドクニンジン属 362/ミツバ属 362/ニンジン属 363/ハマボウフウ属 363/ハナウド属 363/チドメグサ属 363/マルバトウキ属 363/セリ属 364/ヤブニンジン属 364/ハクサンボウフウ属 364/オオカサモチ属 365/ウマノミツバ属 365/ムカゴニンジン属 365/ヅーエソウ属 365/ヤブジラミ属 366

第4章　千島列島の植物分類地理　367

1. 種数と多様性　369
2. 分類群構成と生育形　371
千島列島と近隣地域との比較 371/生育形 372
3. 北方系と南方系の分布境界線　374
4. 北方系植物の移動経路—サハリンルートとの比較　375
5. 地理分布パターン　377
分布型・分布要素 377/ *コラム5　北を見る目・南を見る目* 378/欠落分布とスポット分布 379
6. 植物の移動と種分化の実験場　379
普通種と固有種 379/分子系統地理研究 379/交雑と種子分散 382
7. 千島列島の保全植物学—絶滅危惧種と外来種　383
絶滅危惧種 384/ *コラム6　オニハマダイコンの侵入* 384/外来種 385

Appendix　389

Appendix 1　千島列島での植物標本採集者記録　391
Appendix 2　千島列島植物採集地名日ロ対照表　398
Appendix 3　千島列島産維管束植物分布表　406
Appendix 4　ロシア側の見解による千島列島の絶滅危惧維管束植物リスト　430
Appendix 5　千島列島の外来維管束植物リスト　433
Appendix 6　Plate データ一覧　439

引用文献　443
おわりに　459
事項(人名・地名を含む)索引　461
和名索引　463
学名索引　481

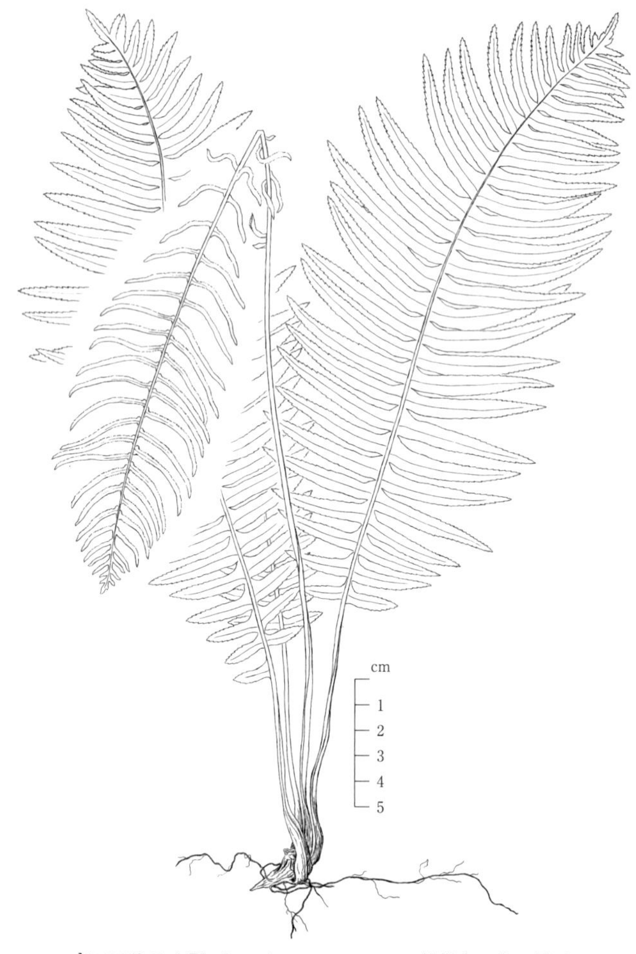

ヤマソテツ / *Plagiogyria matsumurana* / 択捉島 / 北口澪子

要　　約

千島列島はサハリンとともに，北日本のフロラを形成するうえで大きな役割を果たした。千島列島のフロラは，第二次世界大戦前の宮部金吾，舘脇操による研究を経て，ロシアのV. Yu. Barkalovにより一定の成果に達した。現在千島列島の維管束植物として，在来1,218種，外来193種が記録されている。島ごとの植物種数は，島のサイズや地形，種供給源にあたる北海道ないしカムチャツカ半島からの距離，噴火履歴などに影響されている。植物地理区から見ると千島列島は温帯系の東アジア区と北方系の周北区との境界地域に位置し，ウルップ島とシムシル島の間のブッソル海峡「ブッソル線」が，植物地理区の境界線にあたる。植物群落から見ると，択捉島とウルップ島の間の「宮部線」が，温帯系の落葉広葉樹林や高木性針葉樹林の分布限界となっている。このため地史を反映した植物分類学的な境界「ブッソル線」は，現在の気候を反映した植物生態学的な境界「宮部線」よりも北に位置している。サハリンに比べると属ランクなど高位分類群での固有性は低いが，特に固有種は択捉島周辺に集中して見られる。タンポポ属で多数の固有分類群が報告され，イネ科やヤナギ属では交雑種や交雑由来種が記録されている。千島列島では活発な火山活動により，植物集団の分断と融合による種分化・種内分化が促進されたと考えられるが，これらに関する種分類学・進化学研究は不十分である。日ロ間で相違する植物種学名を対応させ整理し，本書では種内分類群なども含めて在来1,129種類，外来198種類をリストしたが，これについても両国間でのさらなる比較検討が必要である。南千島は北海道経由で東進した温帯植物の北東限地帯に，またサハリン経由で北海道に南下した北方系植物の遺存地帯にあたっている。特に低地の湿原植物で道東・南千島とサハリンとの間で共通性が高い。北千島はカムチャツカ経由で南下した北方系植物の南限地帯にあたる。北千島と南千島に共通の種が分布し，中千島に欠落する「両側分布」の地理分布型が見られる。最近の活発な経済活動により，特に南千島において外来植物の侵入が増加しており，脆弱な島生態系に悪影響が及ばないよう注視する必要がある。

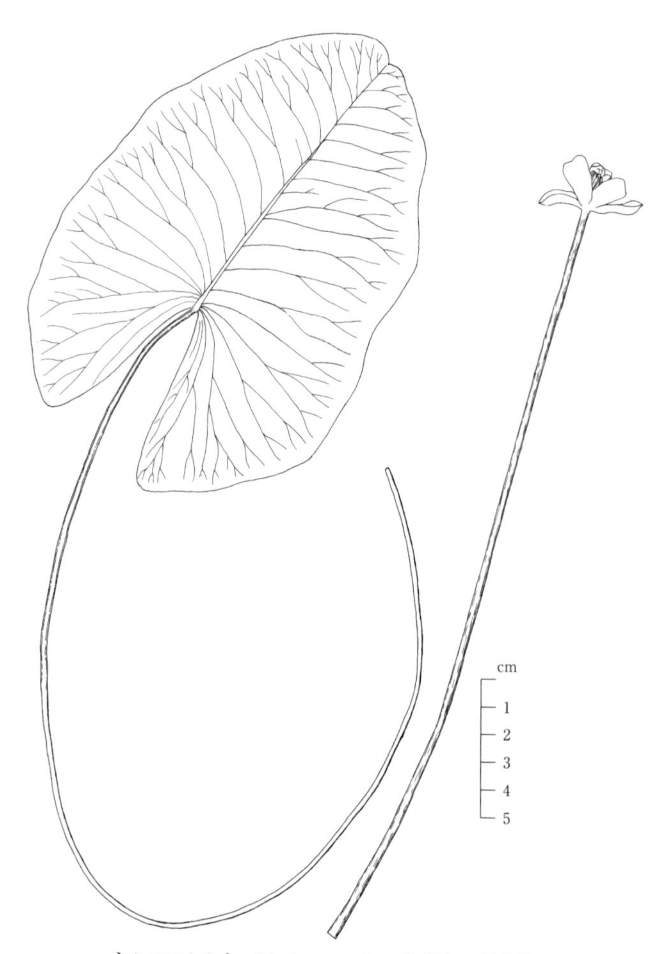

ネムロコウホネ　*Nuphar pumila* / 色丹島 / 酒井得子

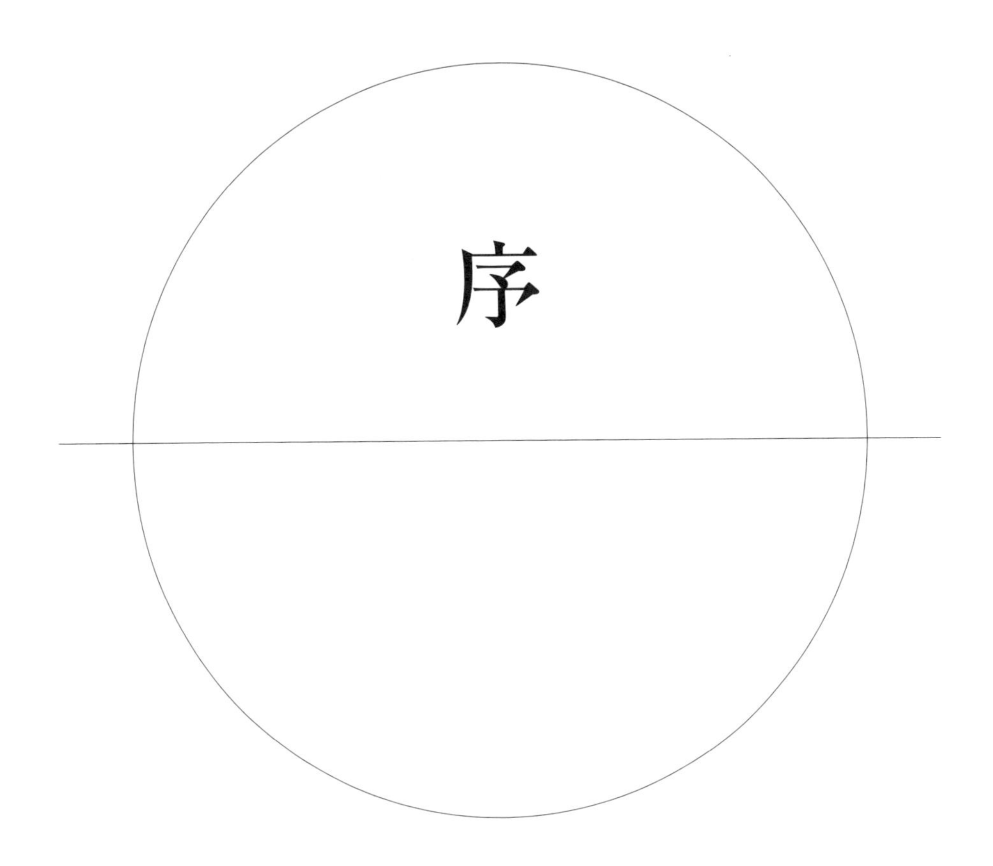

序

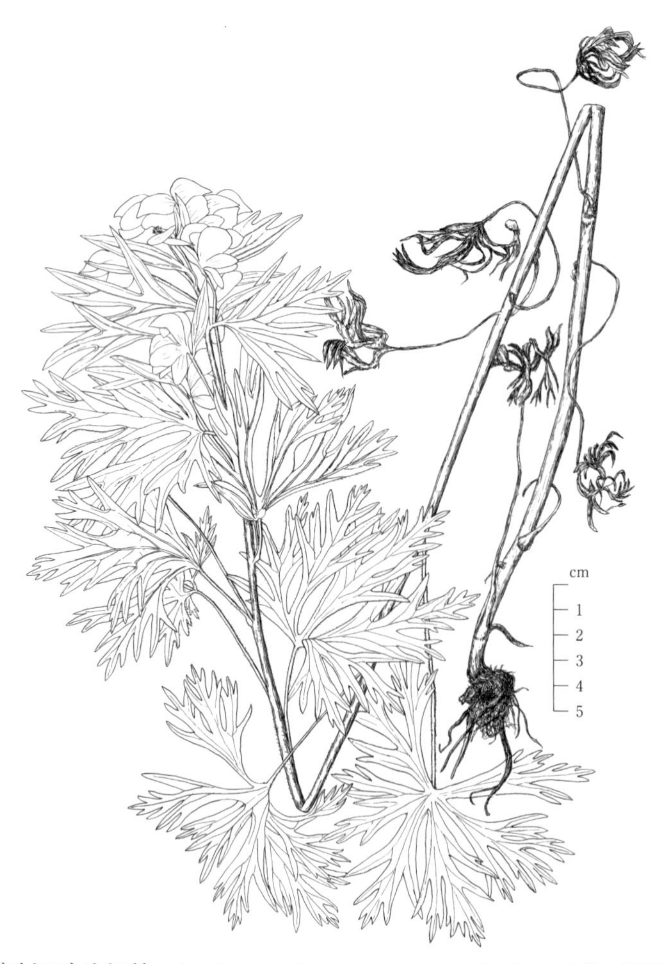

オオチシマトリカブト　*Aconitum maximum* ssp. *maximum* / パラムシル島 / 酒井得子

地域の生態系・生物多様性を理解するには，生態系の基盤となるフロラ（植物相，植物の種類相）を把握する必要がある。植物には足がなく動かないので，生えている場所に行けば植物は見つけられるが，現地に行かない限りは見つけることができない。地域のフロラを明らかにするには，「地域を構成する全ての立地環境」に足を運ぶ必要がある。また野帳の記録だけでは同定に疑問が生じる。種同定に疑問が生じた場合には，証拠となる採集標本を検討する以外に解決方法がない。このため確かなフロラを作成するには，証拠となる植物標本を蓄積し，再検証を可能にするために保管・整理しておくことが不可欠である。

ユーラシア大陸の東縁に位置する島嶼系という地理的特徴から，日本の生物相を理解するには日本周辺の生物相との比較や生物移動の歴史解明が欠かせない。日本における北方系生物の移動ルートの１つになったのが千島列島であり，本地域での生物進化研究，自然史研究は大変重要な研究テーマである。また島生物学（Island Biology）の観点からも当該地域は魅力あるフィールドとなっている。DAN 分子のさまざまな部分の塩基配列を比較する手法を使って，生物そのものの系統解析や類縁関係解明に迫ることが必要だが，実際のフィールドにおける生物のありよう（どんな種がどこにどのように生育しているか）を調査し現状を整理することが，その基礎となり出発点となる。

千島列島はカムチャツカ半島と北海道東部とをつなぐ弧状列島であり，夏の濃霧，激しい潮流，暗礁の多い断崖続きの海岸で名高く，特に中千島は上陸が難しい。一方で人間以外のラッコやアザラシなどの海獣類やエトピリカ・ウミガラス・ウミスズメなどの海鳥類にとっては楽園で，千島列島は彼らの一大繁殖地になっている。

「クナシリ・メナシの戦い」，最上徳内や近藤重蔵らによる南千島探検，ロシア使節ラクスマンの来航やゴローニン事件など，先住民アイヌの生活の場であった千島列島は，日本とロシアの係争の地となっていった。1875 年の樺太・千島交換条約により全千島が日本の領土となってから 1945 年の太平洋戦争敗戦までは，郡司成忠の報効義会による北千島移住，ハワイ攻撃の海軍集結地となった択捉島単冠（ひとかっぷ）湾，そして終戦放送の後の北千島シュムシュ島におけるソ連軍との激戦など，千島列島は多くの近世史の舞台にもなった。そして現代においても歯舞群島，色丹島，国後島，択捉島からなる「北方四島」は日ロの国境係争の地であり続ける。

第二次世界大戦前の日本領時代には，日本の研究者が植物標本資料を蓄積し，フロラ研究の成果を挙げた。Miyabe（1890）と Tatewaki（1957）はその代表的な成果である。ソビエト連邦による実効支配の後は，ソビエト連邦の研究者による解明が継続された。しかしソビエト連邦による学術文献はロシア語で発表されることが多く，文献も入手困難で日本との共通理解は遅れていた。

1991 年のソビエト連邦崩壊をきっかけとして，90 年代半ばから，さまざまな研究分野で日本とロシアの国際協力調査が進展した。研究者間の交流や相互理解も進んだ。千島列島のフロラについては，Barkalov（2009）によりロシア側の見解がまとめられた。これにより千島列島における植物の地理分布はかなり解明されたが，日ロ間での種認識や学名見解の不一致の隔たりは依然として大きい。使われている植物種の学名が両国で異なっていては，事情を知る専門の植物分類学者以外は互いに理解しあえず，両国の研究者が共通の基盤に立った共同研究を発展させることは難しい。

本書では，千島列島における植物分布は Barkalov（2009）の考えを尊重しながらも，適宜戦前の日本側の標本，戦後の筆者らの調査標本資料により追加・修正を加えた。そして特に日ロ間での学名見解や種認識の相違点を整理し，日本側とロシア側の植物学名を対応させ分類学的な問題点や課題を提起した。また保全生物学的観点から，千島列島の植物の絶滅危惧種・外来種の問題も取り上げた。北海道・サハリン・千島列島地域での生物分類地理学・保全生物学が，日本とロシアとの共同研究によりさらに発展することを望み，この魅力的なフィールドに若い世代の研究者達が参入してくれることを期待したい。

1995 年 IKIP 集合写真

第1章

千島列島の概要

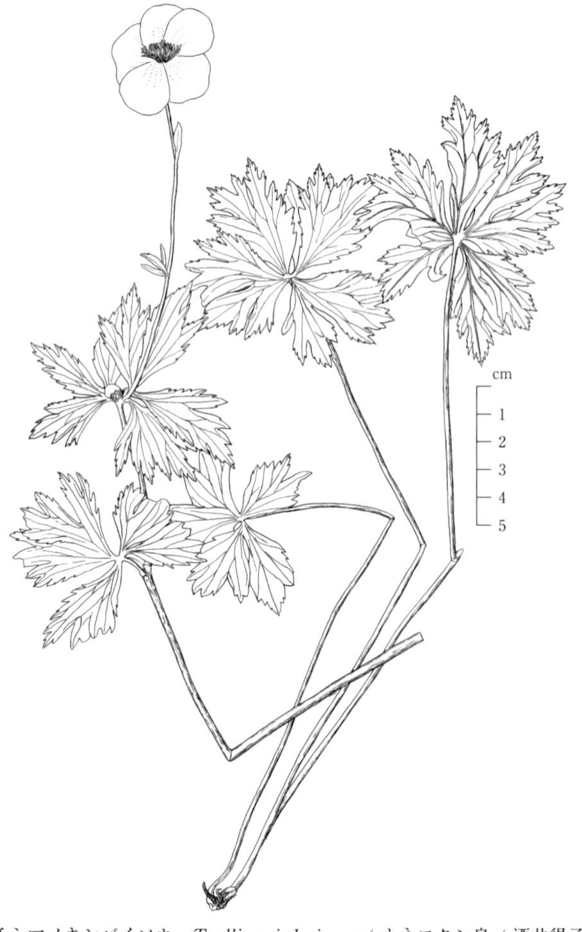

チシマノキンバイソウ　*Trollius riederianus* / オネコタン島 / 酒井得子

1. 地理・地形・地史

Takhtajan(1986)は，世界に35の植物区系区を認めた(図1-1)。植物区系区は植物分類群の地域固有性に基づき，分類ランクの高い固有科や固有属が多数認められる地域が1つの区系区としてまとめられる。日本列島は朝鮮半島，中国東北部，中国中部〜南部とともに東アジア区(Eastern Asiatic region；図1-1中の2)に含まれている。

区系区間の境界は，なるべく多数の科・属・種の地理分布境界線が重なる所があてられる。植物区系区の境界地域での種の地理分布や構成種の変化の実態は興味を引くテーマである。境界線がどこにあるかは現在の地形や地質，気候要因のほかに地史も大きく絡んでくる。

そしてこのような植物地理境界線が列島の途中に引かれている場合は，境界地域の両側で個々の島を調査単位として植物の有無や多少を定量比較できるというメリットがある。このような観点から植物地理学研究ができる列島地域は世界でも限られ，代表的な場所としてはソロモン諸島－バヌアツ(SB)，アンダマン諸島－ニコバル諸島(AN)，そしてここ千島列島(KU)が挙げられる(図1-1)。千島列島は北半球高緯度地域に広がる周北区Circumboreal region(1)とアジア東部に位置する東アジア区(2)との境界地域に位置し，生物分布境界線の実態を定量的に解明できるフィールドとして世界でも貴重な地域といえる。

ユーラシア大陸の東縁に位置する日本列島は，北部ではサハリンを，南西部では朝鮮半島を回廊として大陸と連絡している(図1-2)。その外縁部において，北東部ではここで問題としている千島列島を介してカムチャツカ半島と，南西部では琉球列島を介して台湾・フィリピン・中国とつながる。これら4つの回廊は日本の生物相を形成するうえで大きな役割を果たした。

さまざまな生物群の地理分布に基づいて日本列島の周辺だけでも多くの生物分布境界線が提唱されてきた(図1-3)。北方の2つの生物移動経路であるサハリンと千島列島にはそれぞれ，北方系と温帯系の分布境界線として，「シュミット線」(A)と「宮部線」(B)が提唱されてきた。これら2つの線はまた植物区系区の周北区と東アジア区との境界線(図1-1)に対応する，と一般には解されている。Tatewaki(1963)は北太平洋の植物地理を総括するなかで，千島列島とその周辺地域の植物分布境界線の主要なものとして「宮部線」，「シュミット線」，「フルテン線」，「黒松内低地帯」を挙げた(図1-4)。

千島列島はカムチャツカ半島南端と北海道東部とを結ぶ弧状列島である(図1-5)。太平洋の北西部に位置し，オホーツク海と北西太平洋とを画している。全長は1,200 kmに及び，南西端の国後島から北東端のシュムシュ島まで緯度で約8度，経度で約11度の幅がある。大小23あまりの島からなり，全体の面積はハワイ諸島よりやや小さく，琉球列島の7倍以上の大きさである(Stephan, 1974)。さすがに北海道本島と比較すれば，その5分の1程度の大きさだが，北海道周辺島と比較すると，歯舞群島だけで礼文島よりも大きく，色丹島でさえ礼文島と利尻島を合わせたくらいの大きさがあり，択捉島にいたっては北海道周辺島で一番大きい利尻島の18倍近い大きさである。北海道に住む人間にとっては，日本海側の利尻島・礼文島，天売島・焼尻島，奥尻島に目が行くが，北海道の東側にはカムチャツカ半島につながる長大な千島列島が延びているのである。

地質学的には国後島からシュムシュ島に連なる諸島を大千島弧(大千島列島)と呼び，おもに火山噴出物に富む新第三紀系の地層からなり，火山やカルデラが多い。1,000 m以上の山岳が60座余りあり，およそ80の火山(Gorshkov, 1970)，39の活火山がある(Stephan, 1974)。これら大千島列島を地形的に区分すると，(1a)「北千島北部」：シュムシュ島・パラムシル島，(1b)「北千島南部」：オネコタン島・ハリムコタン島・シャシコタン島・ロブシュキ岩礁，(2)「中千島」：ライコケ島・マツワ島・ラシュワ島・ウシシル島・ケトイ

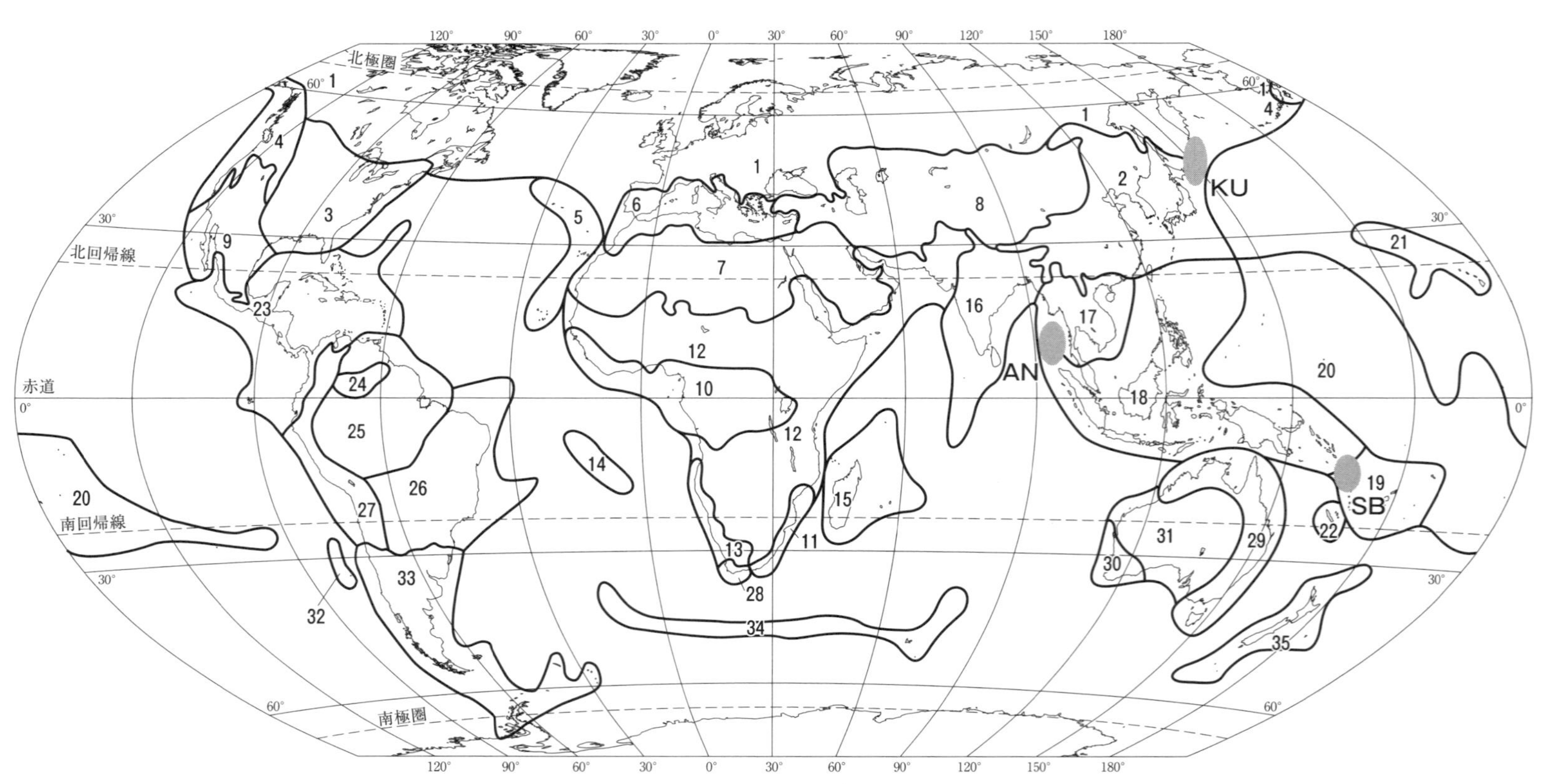

図 1-1　世界の植物区系区(Takhtajan, 1986)に区系区境界線が列島内を横切る地域を灰色で示す(高橋, 2002 を改変)。KU：周北区(1)と東アジア区(2)の境界に位置する千島列島，AN：インドシナ区(17)とマレーシア区(18)の境界に位置するアンダマン諸島－ニコバル諸島，SB：マレーシア区(18)とフィジー区(19)の境界に位置するソロモン諸島－バヌアツ

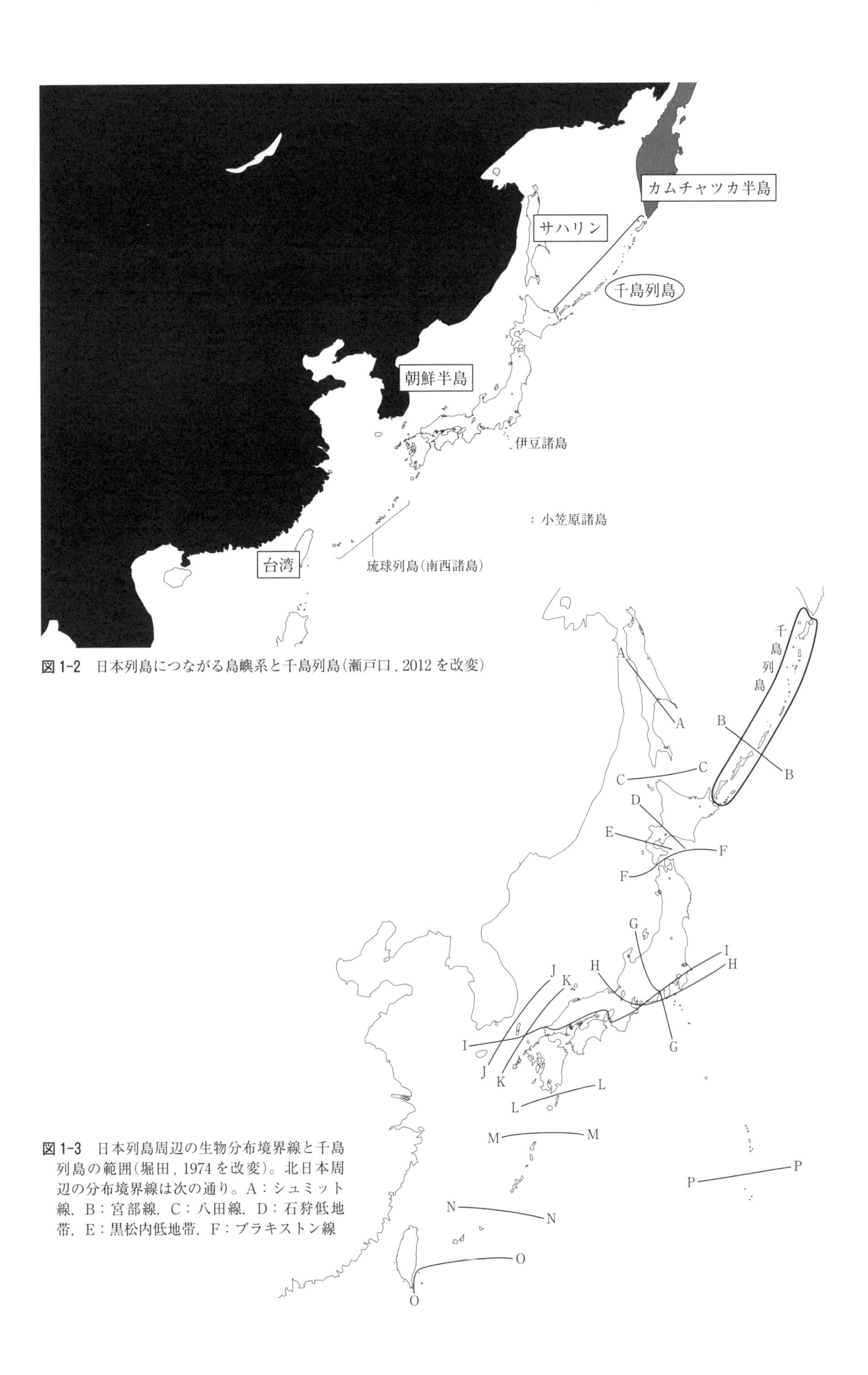

図 1-2　日本列島につながる島嶼系と千島列島(瀬戸口, 2012 を改変)

図 1-3　日本列島周辺の生物分布境界線と千島列島の範囲(堀田, 1974 を改変)。北日本周辺の分布境界線は次の通り。A：シュミット線，B：宮部線，C：八田線，D：石狩低地帯，E：黒松内低地帯，F：ブラキストン線

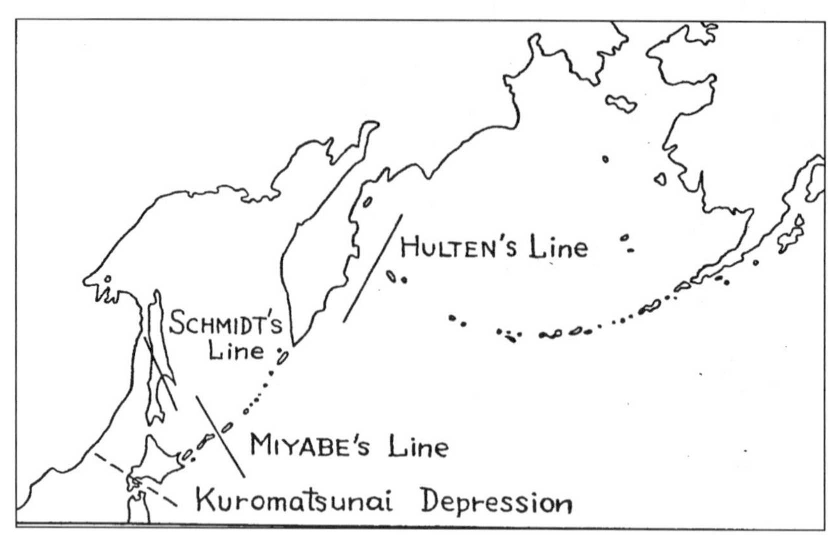

図 1-4　千島列島とその周辺地域での植物分布境界線（Tatewaki, 1963）

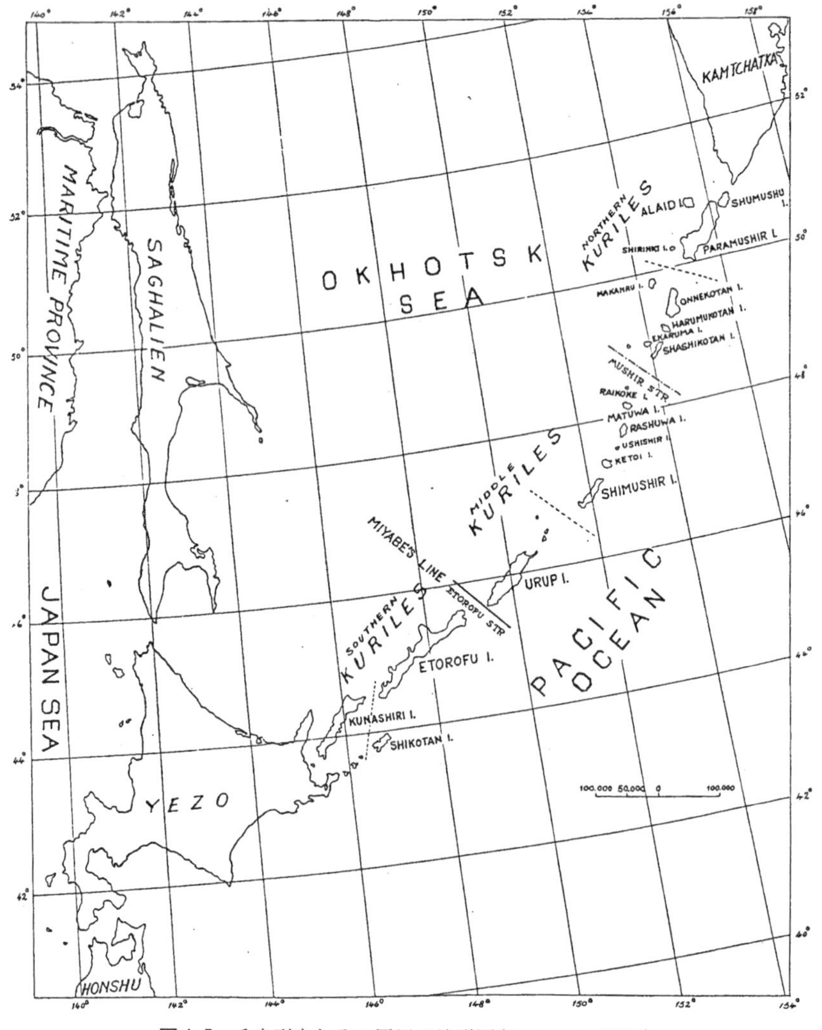

図 1-5　千島列島とその周辺の地形図（Tatewaki, 1932）

島・シムシル島，(3)「南千島」：チルポイ島・ブラットチルポイ島・ウルップ島・択捉島・国後島，の3地域(北千島は2小地域，南千島はさらに3小地域)に分けられる(Gorshkov, 1970)(図1-6)。歯舞群島・色丹島は小千島弧(小千島列島)と呼ばれ，おもに古第三紀系と白亜紀系の古い地層よりなる平坦な地形であり，地質学的には根室半島の続きと解される。本書では小千島列島，大千島列島全体を総称して「千島列島」の名称を使用し，これを研究対象とした。

海底地形を見ると，千島列島－日本列島の東南縁には千島・カムチャツカ海溝－日本海溝が認められる(図1-7)。大千島列島における活発な火山活動や地熱地帯の現出とともに本地域で頻発する地震や津波も植物の立地環境に影響を与えてきたと考えられる。

新生代第四紀における氷期と間氷期の繰り返しによる海水面変動のため，北海道，千島列島，カムチャツカ半島の間には時代により陸橋の連続／不連続が起こった。千島列島の島間で1,000 m以上の深さをもつ海峡は2か所ある。(1)シャシコタン島とライコケ島の間のクルーゼンシュテルン海峡(ムシル海峡)と(2)シムシル島とウルップ島(＋チルポイ島)の間のブッソル海峡である(Zenkevitch, 1963)(図1-6)。これらの海峡では，第四紀を通して陸地が連続することはなかった。また最終氷期の海水面変動をおよそ－100 mとすると，少なくとも「国後島＋色丹島＋歯舞群島」は北海道東部と，「シュムシュ島＋パラムシル島」はカムチャツカ半島と連絡したはずであり，さらに「オネコタン

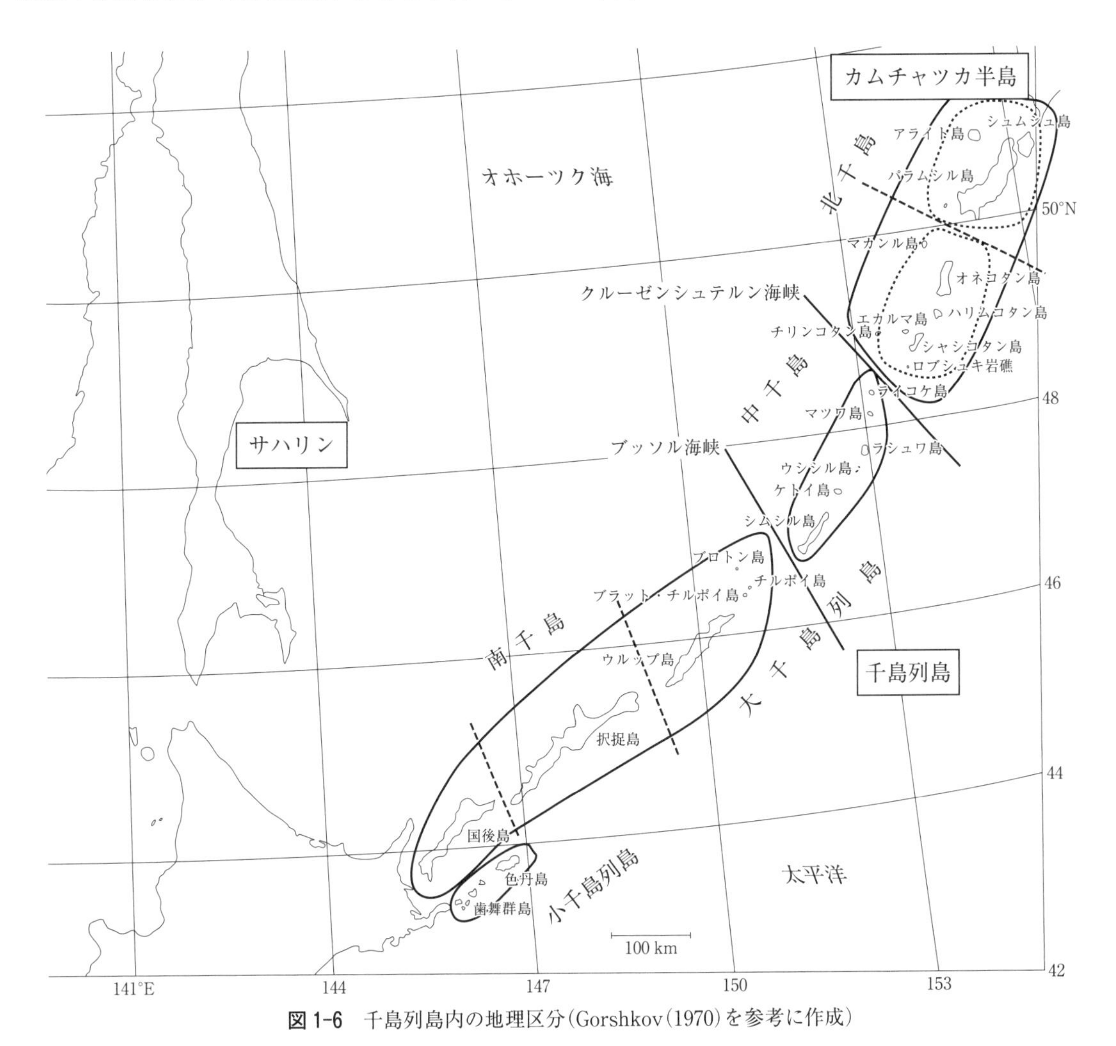

図1-6 千島列島内の地理区分(Gorshkov(1970)を参考に作成)

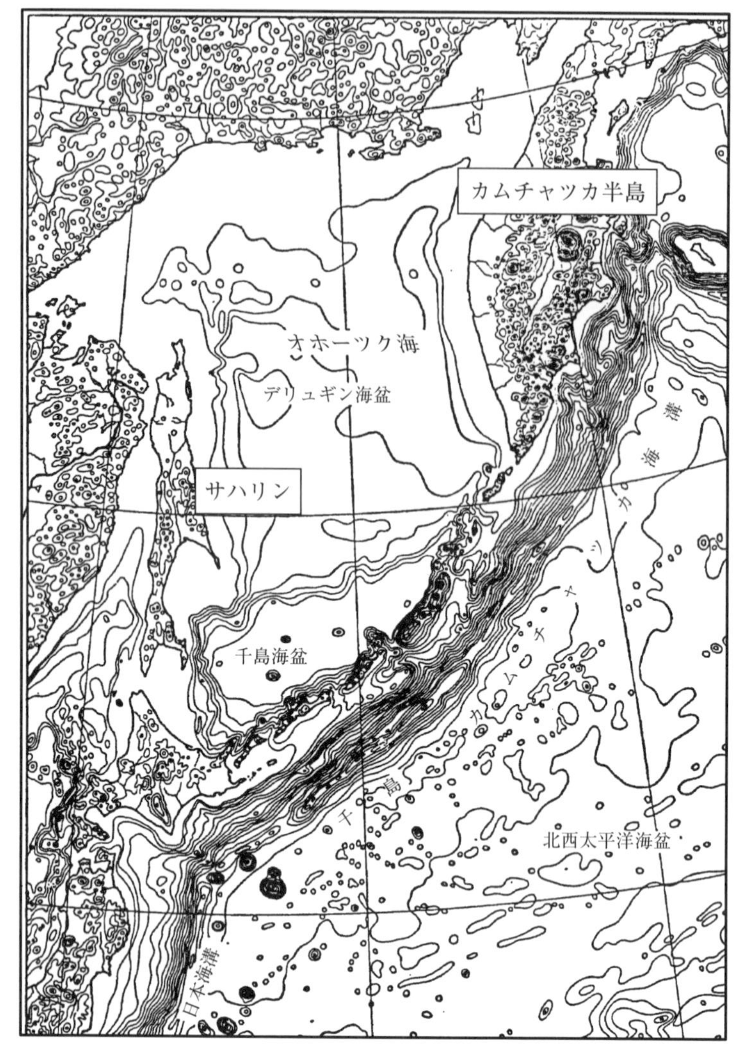

図1-7　千島・カムチャツカ弧の海底地形(宇津ほか, 1973)

島+ハリムコタン島+シャシコタン島+エカルマ島」の4島も陸続きになったと考えられる(図1-8)。

以上のように地理学・地質学的には，クルーゼンシュテルン海峡(深さ1,920 m)で千島列島の北部と中部を，ブッソル海峡(深さ約2,318 m)で中部と南部を分けるのが自然である(宇津ほか, 1973；図1-6)が，一方ほかの区分法もある。

第二次世界大戦前の日本の政治・行政的な区分では，アライト島・シュムシュ島・パラムシル島を北千島，オネコタン島からウルップ島までを中千島，択捉島以南を南千島としていた(図1-9)。本書ではこれまでの多くの日本文献との比較を容易にするため，従来の日本の行政区画に合わせ，パラムシル島以北を北千島，択捉島以南を南千島，その間を中千島とした。この区分法は植生と大まかに一致しているという利点がある。

千島列島の島名については，英語・日本語ともにいくつかの綴りがあって不統一であり，特に北千島のシュムシュ島と中千島南部のシムシル島とは英語の綴りが似ているので，標本ラベルを読み取る際には注意が必要である。表1-1にこれら島名をまとめた(図1-9も参照)。以下，本文では島名はカタカナで記すが，歯舞群島，色丹島，国後島，択捉島の「北方四島」については慣習により漢字

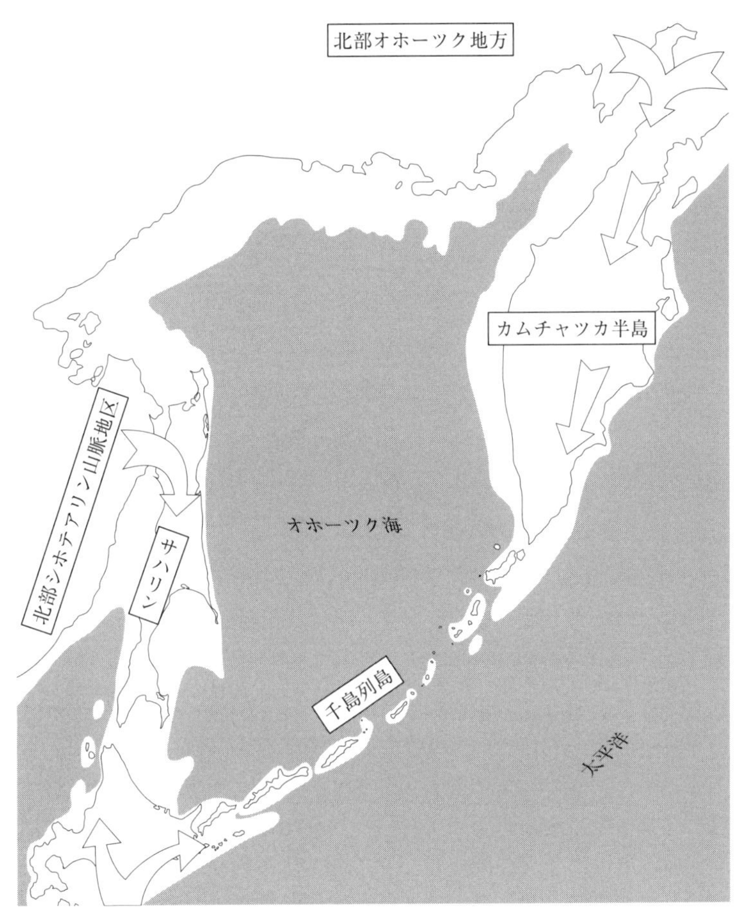

図 1-8　後期ウルム氷期(約 18,000〜15,000 年 BP)のオホーツク海地域の陸地のつながり(Pietsch et al., 2003)。矢印は北方と南方の種供給源からの生物移動経路を示す。

で記した。

表 1-2 では千島列島の島を面積の大きい順に 10 位まで並べた。千島列島最大の島は南千島の択捉島で，次が北千島のパラムシル島，奇しくも北海道あるいはカムチャツカ半島から 2 番目に位置する島である。カムチャツカ半島に近いパラムシル島やシュムシュ島，オネコタン島や，北海道に近い択捉島や国後島，ウルップ島などが大きな島であるため，北千島と南千島の島が大きく，その間に位置する中千島の島々は比較的小さいという傾向になる。日本列島周辺の島との比較により，千島列島全体の大きさは実感できるだろう。

千島列島の最高峰は北千島アライト島の阿頼度(あらいと)山で，戦前は阿頼度富士とも呼ばれた。高標高の山岳もやはり千島列島の北部と南部に偏在する傾向があり，特に北千島のパラムシル島と南千島の択捉島に高標高の山岳が多い(表 1-3)。これらは北方系植物にとって重要な立地環境となっている。比較のために挙げた本州の高標高の山岳の存在(日本アルプス)も目を引く。本州中部まで北方系植物が南下する例が多くあるのもうなずけるであろう。

一方，水生植物・湿生植物の生育立地となる代表的な湖沼を北から南に並べた(表 1-4)。南千島の国後島や択捉島には多数の湖沼が認められるが，それ以外はやや限定的である。成因から見ると，山岳のカルデラ湖と沿海〜内陸に位置する潟湖(ラグーン)・堰止湖が見られるが，カルデラ湖は

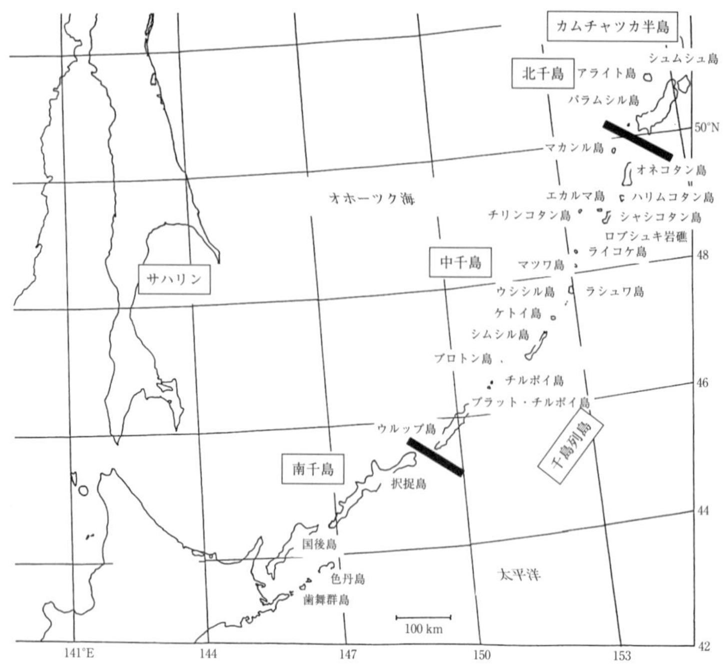

図 1-9　千島列島とその周辺地図。本書で使用する北千島・中千島・南千島の区分を示す。北千島と中千島の境界はパラムシル島とオネコタン島との間，中千島と南千島の境界はウルップ島と択捉島の間とする。この境界は戦前の日本時代の行政区分であり，現在の植生とほぼ対応する。

強酸性の貧栄養状態となり一般に水生植物の生育は貧弱である。また平地湿原は南千島の国後島・択捉島，中千島のハリムコタン島，北千島のパラムシル島・シュムシュ島などで見られる。一方山岳湿原は択捉島やウルップ島で地形図上は認められるが，アプローチが難しくその実態はほとんど解明されていない。

千島列島は2つの生物種供給源であるカムチャツカ半島と北海道とをつなぐ火山列島であり，地震・津波の頻発する変動地帯という特徴に加え，氷河時代を通じた地史から，島間の分断と連結，それにともなう植物集団の移動と分断・孤立と再融合といったダイナミズムが想定され，これを反映した種分化・種内分化など植物進化の野外実験場である，ともいえよう。

2. 気　候

千島列島の気候全般は，「夏は湿度があり比較的涼しいが，冬は乾燥して寒い」と表現されるが，それでも国後島は，千島列島のなかでは秋は暖かく冬は多雪で温暖とされる(Nevedomskaya and Eremenko, 2001)。

千島列島の気候は大きくはユーラシア大陸北東という地理的位置により決定されているが，比較的小さな島のつながりであることから海洋性気候に支配され，またオホーツク海全体の表層循環からも影響を受けている。宗谷海峡を抜けて北海道オホーツク海沿岸を南東進する宗谷暖流の影響は国後島・択捉島まで影響を及ぼしていると考えられるが，ウルップ島から東側では，サハリン東岸沿いに南下する東樺太海流(寒流)の影響を受けている(大島，2013；図 1-10)。特にモデル海表面温度によると，択捉島周辺に比べるとウルップ島以東

表 1-1　千島列島を構成する島々(北から南へ配列)。

高橋(1996a)を改変。英語綴りの最初は，Stephan(1974)に拠る。ほかの綴りは文献や標本ラベルに見られるもの。

下記以外の小島・岩礁で和名がついている比較的有名なものとして北から，鳥島列岩 Brat'ya(パラムシル島の北東)，帆掛岩 Avos'(マカンル島の西)，牟知列岩 Lovushki (0.15 km^2)(シャシコタン島とライコケ島の間)，磐城島 Toporkovyy(マツワ島の属島)，摺手 Srednego(ウシシル北島の北東)があり，歯舞群島では多楽島の南東に海馬島 Lis'i，カブト島 Svecha，カナクソ岩 Peshchernaya などからなる Oskolki 諸島，水晶島南西の萌茂尻島の北西に，オドケ島 Rifovyy，貝殻島 Signal'nyy などがある。

面積，最高標高と地質年代は Tomilov(2003)に拠る。一部の島の標高は Atlas of Sakhalin Region(1994)に従っている。

太字で示された略号の島は Appendix 3 で植物分布が示されている。

		和名(漢字)	和名(カタカナ)	英語綴り	略号	面積 (km^2)	最高標高 (m)	島の主要部分の形成地質年代
		【北千島】		[Northern Kurils]				
1		阿頼度	アライト，アライド	Atlasova, Alaid	**ATL**	150	2,339	新生代第四紀中期更新世
2		占守	シュムシュ，シムシュ	Shumshu, Shumushu, Shumshir, Simusyu	**SHU**	388	189	新生代第四紀中期更新世
3		幌筵	パラムシル，パラムシロ，ホロムシロ	Paramushir, Paramusiru	**PAR**	2,053	1,816	新生代第四紀中期更新世
4		志林規	シリンキ	Antsiferova, Shirinki	ANT		747	
		【中千島】		[Middle Kurils]				
5		磨勘留	マカンル，マカンルシ	Makanrushi, Makanru, Makanrushir	**MAK**	49	1,171	新生代第三紀中新世〜鮮新世
6		温禰古丹	オネコタン，オンネコタン	Onekotan, Onnekotan	**ONE**	425	1,324	新生代第三紀中新世〜鮮新世
7		春牟古丹	ハリムコタン，ハルムコタン	Kharimkotan, Harumukotan	**KHA**	68	1,157	新生代第三紀中新世〜鮮新世
8		知林古丹	チリンコタン，チリコタン	Chirinkotan	CHN	6	742	新生代第三紀中新世〜鮮新世
9		越渇磨	エカルマ	Ekarma, Ekaruma	**EKA**	30	1,170	新生代第三紀中新世〜鮮新世
10		捨子古丹	シャシコタン，シャスコタン	Shiashkotan, Shasukotan, Shashikotan	**SHS**	122	944	新生代第三紀中新世〜鮮新世
11		雷公計	ライコケ，ライコケイ	Raikoke, Raikokei, Raykoke	**RAI**	4.6	551	新生代第三紀中新世〜鮮新世
12		松輪	マツワ	Matua, Matsuwa, Matuwa, Matau	**MAT**	52	1,446	新生代第四紀中期〜後期更新世
13		羅処和	ラシュワ，ラショワ	Rasshua, Rashuwa, Rashau	**RAS**	67	948	新生代第四紀中期〜後期更新世
14		(宇志知)	ウシシル，ウシシリ	Ushishir	**Ush**	(5)		(新生代第四紀中期〜後期更新世)
	141	宇志知北島	リポンキチャ	Ryponkicha, Ushishir Kitajima- N island	RYP		121	
	142	宇志知南島	ヤンキチャ	Yankicha, Ushishir Minamijima- S island	YAN		388	
15		計吐夷	ケトイ	Ketoi, Ketoy, Ketoj	**KET**	73	1,172	新生代第四紀中期〜後期更新世
16		新知	シムシル，シンシル，シムシリ	Simushir, Shimushir, Shimshir, Simusir	**SIM**	353	1,539	新生代第四紀中期〜後期更新世
17		武魯頓	ブロトン	Broutona, Broton, Broughton, Makanruru	BRO	7	800	新生代第四紀後期更新世
18		(知理保以)		Chiornye Bratia, Chernyye Brat'ya, Black Brothers, Three Brothers	Chb			
	181	知理保以北島	チルポイ，レブンチリポイ	Chirpoi, Chirihoi, Chiripoi- N island	**CHP**	21	691	新生代第四紀後期更新世
	182	知理保以南島	ブラットチルポイ，ヤングチリポイ	Brat Chirpoev- S island	**BCH**	16	749	新生代第四紀後期更新世
19		得撫	ウルップ	Urup, Company	**URU**	1,450	1,426	新生代第四紀後期更新世
		【南千島】		[Southern Kurils]				
20		択捉	エトロフ	Iturup, Etorofu, Etorofuto, Etrup, Yetorup	**ITU**	3,200	1,634	新生代第三紀鮮新世
21		国後	クナシリ	Kunashir, Kunashiri	**KUN**	1,490	1,822	新生代第四紀更新世
22		色丹	シコタン	Shikotan	**SHK**	250	413	中生代上部白亜紀
23		(歯舞群島)	ハボマイ	the Habomais	**Hab**			
	231	多楽	タラク	Polonskogo, Taraku	POL	12	16	中生代上部白亜紀
	232	志発	シボツ	Zelionyi, Zelenyy, Zelenyj, Shibotsu	ZEL	51	25	中生代上部白亜紀
	233	水晶	スイショウ	Tanfileva, Tanfilyeva, Suisho	TAN	15	12	中生代上部白亜紀
	234	勇留	ユウリ，ユリ	Iurii, Iuriy, Yuri	IUR	13	45	中生代上部白亜紀
	235	ハルカリモシリ	ハルカリモシリ	Demina	DEM			
	236	萌茂尻	モエモシリ	Storochevoy, Storozhevoy	STO			
	237	秋勇留	アキユリ	Anuchina, Akiyuri	ANU	3	12	中生代上部白亜紀

表 1-2　千島列島における島の大きさベスト 10(面積は Tomilov(2003)に拠る)

順位	島　名		面積 (km^2)	北・中・南	北からの順番[1)]
1	択捉島	Iturup	3,200	南千島	20
2	パラムシル(幌筵)島	Paramushir	2,053	北千島	3
3	国後島	Kunashir	1,490	南千島	21
4	ウルップ(得撫)島	Urup	1,425	中千島	19
5	オネコタン(温禰古丹)島	Onekotan	425	中千島	6
6	シュムシュ(占守)島	Shumshu	388	北千島	2
7	シムシル(新知)島	Simushir	353	中千島	16
8	色丹島	Shikotan	250	南千島	22
9	アライト(阿頼度)島	Atlasova	150	北千島	1
10	シャシコタン(捨子古丹)島	Shiashkotan	122	中千島	10
参考	礼文島	Rebun	81	以下，北から南へ	
	利尻島	Rishiri	182		
	奥尻島	Okushiri	143		
	佐渡島	Sado	854		
	対馬	Tsushima	696		
	屋久島	Yakushima	505		
	沖縄島	Okinawa	1,202		
	西表島	Iriomote	289		

1)表 1-1 を参照

表 1-3　千島列島山岳ベスト 10(阿部(1992)を参考に編集)。千島列島の標高は Atlas of Sakhalin Region(1994)に拠る。

順位	標高(m)	山 岳 名		島　名	北・中・南
1	2,339	Alaid volcano	阿頼度山(アライト-ヤマ)	アライト島	北千島
2	1,819	Tyatya volcano	爺々岳(チャチャ-ダケ)	国後島	南千島
3	1,816	Chikurachki volcano	千倉岳(チクラ-ダケ)	パラムシル島	北千島
4	1,772	Fussa volcano	後鏃岳(シリヤジリ-ダケ)	パラムシル島	北千島
5	1,681	Lomonosova mountain	冠岳(カンムリ-ダケ)	パラムシル島	北千島
6	1,585	Bogdan Khmelnitskiy volcano	散布山(チリップ-サン)	択捉島	南千島
7	1,634	Stokap volcano	西単冠山(ニシヒトカップ-ヤマ)	択捉島	南千島
8	1,563	Chirip volcano	北散布山(キタチリップ-サン)	択捉島	南千島
9	1,539	Mil'na mountain	新知岳(シムシル-ダケ)	シムシル島	中千島
10	1,493	Tatarinova volcano	大硫黄山(ダイイオウ-ヤマ)	パラムシル島	北千島
参考	1,485	Ruruy mountain	ルルイ岳	国後島	南千島
	1,205	Atsonupuri volcano	アトサヌプリ	択捉島	南千島
	4,835	Klyuchevskaya volcano	クリュチェフスカヤ山	カムチャツカ	
	1,609	Lopatina mountain	ロパチナ山	サハリン	
	1,721	Rishiri-zan	利尻山	北海道(利尻島)	以下，北から南へ
	2,290	Asahi-dake, Taisetsu Mts.	旭岳(大雪山)	北海道	
	2,038	Iwate-san	岩手山	岩手	
	2,568	Asama-yama	浅間山	群馬・長野	
	2,702	Haku-san	白山	石川・岐阜	
	1,982	Ishizuchi-yama	石鎚山	愛媛	
	1,592	Aso-zan	阿蘇山	熊本	
	1,935	Miyanoura-dake	宮之浦岳	鹿児島(屋久島)	

表 1-4　千島列島のおもな湖沼(北から南へ)

番号	ロシア名	日本名	立地	島　名	北からの順番[1)]
1	no name[2)]	武富島の西側の無名湖	汽水	アライト島	1
2	oz. Bol'shoye	別飛沼(ベットビヌマ)	沿岸	シュムシュ島	2
3	oz. Zerkal'noye	赤別飛沼(アカベットビヌマ)	沿岸	パラムシル島	3
4	oz. Pernatoye	別飛沼(ベットビヌマ)	沿岸	パラムシル島	3
5	oz. Chernoye	蓬莱湖(ホウライコ)	山岳	オネコタン島	6
6	oz. Kol'tsevoye	幽仙湖(ユウセンコ)	山岳	オネコタン島	6
7	oz. Lazurnoye	西鶴沼(サイカクヌマ)	沿岸	ハリムコタン島	7
8	oz. Solenyye	東鷗沼(ヒガシカモメヌマ)	沿岸	ハリムコタン島	7
9	oz. Malakhitovoye	計吐夷湖(ケトイコ)	山岳	ケトイ島	15
10	oz. Biryuzovoye	緑湖(ミドリコ)	山岳	シムシル島	16
11	oz. Sopochnoye	トウロ沼(トウロヌマ)	沿岸	択捉島	20
12	oz. Lebedinoye	紗那沼(シャナヌマ)	内陸	択捉島	20
13	oz. Blagodamnoye	年萌湖(トシモエコ)	内陸	択捉島	20
14	oz. Maloye	留別沼(ルベツヌマ)	内陸	択捉島	20
15	oz. Kuybyshevskoye	ラウス沼(ラウスヌマ)	沿岸	択捉島	20
16	oz. Dobroye	内保沼(ナイボヌマ)	内陸	択捉島	20
17	oz. Krasivoye	ウルモベツ湖(ウルモベツコ)	山岳	択捉島	20
18	oz. Krugloye	東ビロク湖(ヒガシビロクコ)	沿岸	国後島	21
19	oz. Serebryanoye	古釜布沼(フルカマップヌマ)	内陸	国後島	21
20	oz. Legunnoye	ニキショロ湖(ニキショロコ)	沿岸	国後島	21
21	oz. Peschanoye	東沸湖(トウフツコ)	内陸	国後島	21
22	oz. Goryacheye	一菱内湖(イチビシナイコ)	山岳	国後島	21
23	oz. Veslovskoye	ケラムイ湖(ケラムイコ)	汽水	国後島	21

[1)]表 1-1 を参照。
[2)]カワツルモ属植物 *Ruppia occidentalis* が報告された無名湖(高橋・楽原，1998)。

では海表面の温度が大きく低下していることが指摘されている(Nakamura and Awaji, 2004)。これらのことは，択捉島－ウルップ島間の宮部線の東西で大きな気候の違いがあることを示唆する。海流が気候に与える影響とともに，島間の海峡での強い海流の存在は植物移動の障害になるとも考えられる。この点でクルーゼンシュテルン海峡とブッソル海峡とを横切る海流の存在も注目に値する(図 1-10)。

気象記録については，中千島のそれは断片的だが，北千島と南千島についてはよい記録がある。Tatewaki(1957)の表に基づいて計算すると，北千島パラムシル島の摺鉢で温量指数が 16.9，年降水量 1,376 mm，乾湿指数(K)は 37.3 である。一方，南千島択捉島の紗那では温量指数が 36.3，年降水量 1,057 mm，乾湿指数 18.8 である(図 1-11)。冷温帯落葉広葉樹林と亜寒帯針葉樹林との境界を 45，亜寒帯針葉樹林とツンドラの境界を 15 とすると(堀田，1974)，色丹島，択捉島は 35～45 程度で針葉樹林帯に入っている点は実際に見られる植生帯と整合している。一方，ウルップ島でも温量指数は低下するものの 20 以上であり針葉樹林が成立してもよいと思われるがこれは実際の植生とは整合しない。シムシル島以北のマツワ島，ハリムコタン島，パラムシル島南部までは温量指数は 15 前後となり，実際の植生が低木林～ツンドラで針葉樹林は成立していないのと大きな矛盾はない。しかしシュムシュ島にいたると温量指数は 20 以上とやや回復し，カムチャツカのペトロパブロフスク・カムチャツキーと同程度になる(図 1-11)。ウルップ島とシュムシュ島の温度データは戦前の記録のため正確さの点では問題なしとは言えないが，現在，得られている温量指数データでは，ウルップ島とシュムシュ島の両島に亜寒帯針葉樹林が分布しないことは説明できない。降水量は千島列島の計測地点ではいずれも根室，札幌なみかそれ以上であるので，日照に影響を与える夏期の霧日数や，冬期の季節風などほかの気候要因も併せて検討する必要がある。

南西から北東方向に長径のある島形をもち，島中央に脊梁山脈をもつ国後島や択捉島では海流の影響により，オホーツク海側（北西側）と太平洋側（南東側）とで気候に差がある。択捉島での気象記録（Kryvolutskaja, 1973）によると，オホーツク海側は夏期の霧が少なく天候が安定しており，秋から冬の降水量も少なく，年間を通して太平洋側より暖かい傾向がある。このような島では本州における日本海側と太平洋側で見られる植物の背腹分布のように，種や種内分類群の地理分布パターン・生育形や植生に違いが見られる可能性がある。昆虫相ではオホーツク海側に温帯要素が集中することが指摘（Kryvolutskaja, 1973）され，海藻の種類相では国後島のオホーツク海側が北見沿岸やサハリン南部，利尻島・礼文島に似ていることも指摘（Nagai, 1934）されており，海流による植物種子分散とも関連し，南千島におけるオホーツク海側と太平洋側の背腹分布は今後の興味深い研究テーマの1つである。

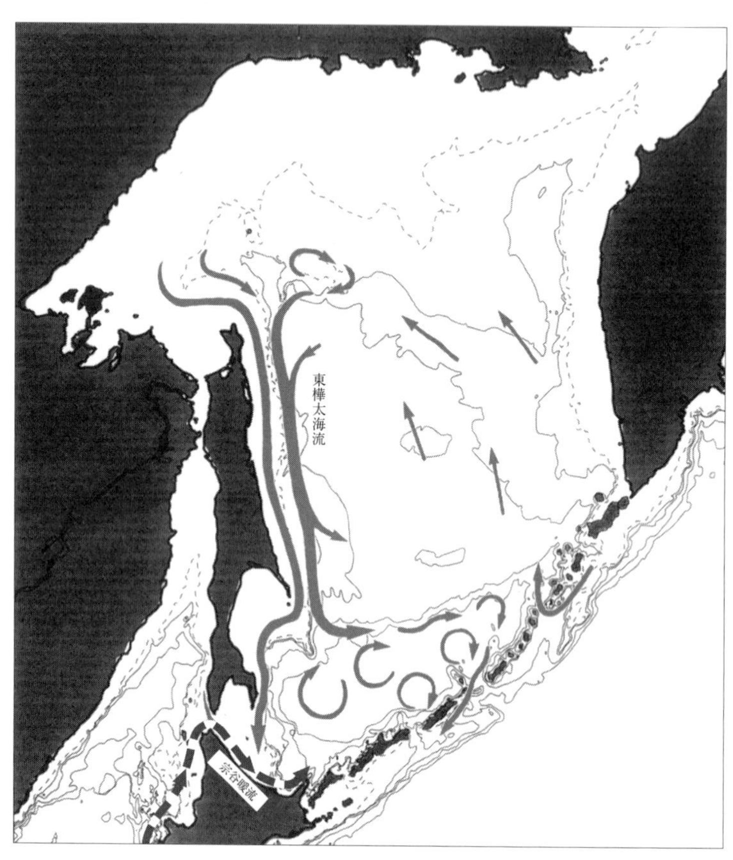

図1-10　オホーツク海の表層循環の模式図（大島, 2013；Ohshima et al., 2002より加筆修正）。宗谷暖流が南千島に影響を与えている。ウルップ島以東は寒流である東樺太海流の影響を受けている。寒流がブッソル海峡とクルーゼンシュテルン海峡を横切っていることにも注意。

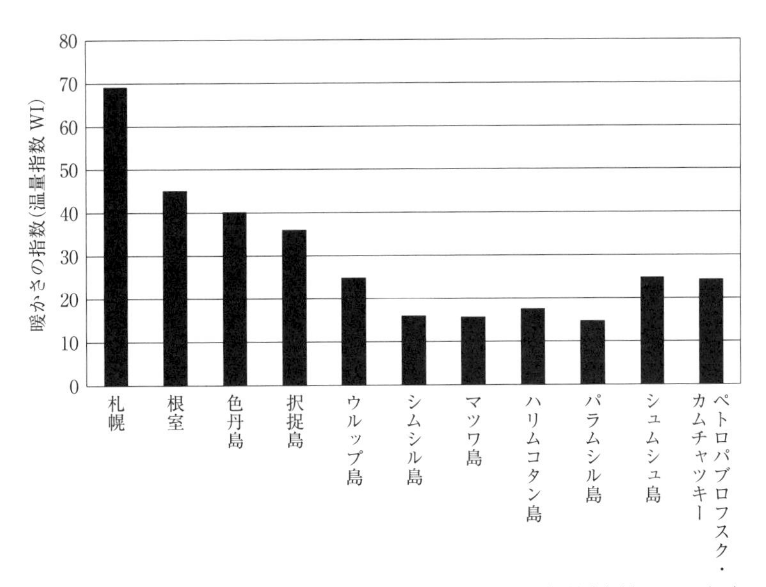

図 1-11　千島列島と北海道，カムチャツカ半島の温量指数(高橋，2002 を改変)。湿度条件が満たされれば，温量指数(WI)が 45 以上で冷温帯落葉広葉樹林，15〜45 で亜寒帯針葉樹林，15 以下でツンドラ植生になるとされる。

チシマクロクモソウ　*Saxifraga fusca* var. *kurilensis* / ウルップ島 / 新岡幸子

第2章
千島列島の植物

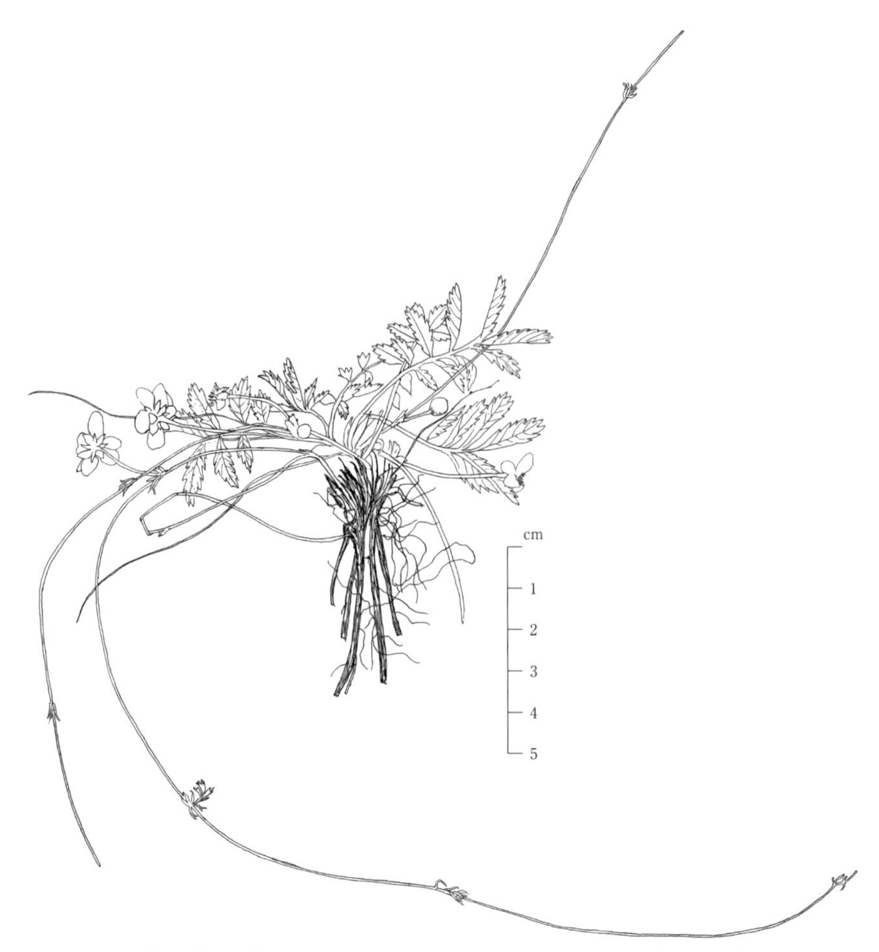

エゾツルキンバイ　*Potentilla anserina* ssp. *pacifica* / シュムシュ島 / 酒井得子

1. 植物研究史

千島列島は古来より千島アイヌが住む土地だった。千島列島が歴史記録に現れるのは1643年に択捉島とウルップ島の間に至ったオランダ東インド会社の探検家マルテン・G・フリースが最初とされる(高橋亮平ほか, 2007)。このため両島の間の択捉海峡はフリース海峡とも呼ばれる。彼はウルップ島を「コンパニースランド」, 択捉島を「スターテンランド」と名づけた。千島列島史については高倉(1960), Stephan(1974), ヴィソーコフ(2001), 秋月(2014)などがある。

初期の千島列島におけるフロラ解明史については, 宮部金吾が"The Flora of the Kurile Islands"(Miyabe, 1890)のなかで述べている。それによると, 「Ledebourの"Flora Rossica"(1842-1853)のなかでおよそ40種が千島列島産として記録されたが, それ以前の1780年代からPallas(1741-1811), Georgi, Turczaninow(1796-1863), Chamisso(1781-1838) と Schlechtendal(1794-1866), A. P. De Candolle(1778-1841), Ruprecht(1814-1870)らの著作中で千島列島産植物が断片的に引用されていた」とされる。

千島列島におけるフロラ研究の歴史概要を表2-1にまとめた。そして日本・ロシアの植物標本庫に収蔵されている植物標本の採集者記録をAppendix 1にまとめた。

実際の千島列島産植物標本としては, 1740年前後のSteller(1709-1746)とKrascheninnikov(1713-1755)による北千島のパラムシル島やシュムシュ島産が最も古いもののようである。その後, 1788年の北千島におけるLangsdorff(1774-1852)の標本, 1815〜1818年のやはり北千島におけるChamissoの標本などがあり, さらにMerkやMilneらによる調査が行われた。1875年の樺太・千島交換条約により全千島列島が日本の領土となった後は, 日本人研究者により精力的にフロラ調査が行われたが, その中心となったのは北海道大学の前身札幌農学校であった。以下, 高橋・加藤(2007)を参考にして日本人研究者像を描きながら, 第二次大戦前の千島列島における植物研究を紹介しよう。

宮部金吾(1860〜1951)

札幌農学校二期生の宮部金吾は1881(明治14)年7月に農学校を卒業した。東京に帰省した宮部には, その年11月に東京大学植物学教室での2年間専修の辞令が下りた。それは農学校の植物学教官になる事を前提としたものだったから, 宮部は意気揚々と勉学に励んだに違いない。宮部自身が「東京遊学」という言葉を使っている事にもそれが現れている(宮部金吾博士記念出版刊行会, 1953)。1883(明治16)年, 農学校助教となった宮部は植物園設立の計画を命ぜられた。植物園に植栽する植物の採集と標本庫の基礎を築くためもあって, 1884(明治17)年夏期の北海道内採集旅行を計画した。宮部はこの年6月9日, 金田一直治を伴って札幌を出発, 島松, 美々, 勇払を経て日高路を東進, 十勝, 釧路の海岸線をさらに東へ進み, ほぼ1ヶ月かかって7月6日に根室に到着した。今度は一転, オホーツク海側を北進し, 網走地方常呂まで到達した後, 同じ路を戻ることとする。7月26日夕方, 根室に帰ってきた時のことだった。宿で夕飯をとっていると, 隣室の騒々しい話し声が聞こえてくる。「キョウリュウ丸(著者注:矯龍(ケプロン)丸のことと思われる)が今夜千島列島に向けて出帆する」との話だった。宮部の出張命令の目的地に千島までは入っていなかったが, 千載一遇のチャンスと考えた弱冠24才の宮部は夜10時には船上の人となっていた。

7月27日午前3時, 宮部がそれまでの旅の疲れでぐっすり眠り込んでいるうちに, 船は根室港を出帆していた。午前11時半, 色丹島斜古丹港に到着。宮部が訪れる少し前の7月11日には, 北千島シュムシュ島から千島アイヌが斜古丹に移住させられてきたばかりだったが, それでも100名程度の小さな集落だった。昼食もそこそこに集落の裏手で一心不乱に2時間余り採集した。後に宮部は「私は一生の採集を通じ, この時くらい, 時の過ぎ行くことを惜しく感じたことはない。」と述べている。午後5時には船に再度乗り込む。

表 2-1　千島列島植物研究の歴史概要（高橋（2002, 2005）を改変）。年は省略

年	事項
1740 前後	Steller, Krascheninnikov, Merk, Langsdorff, Chamisso, Milne らがおもにパラムシル島，シュムシュ島など北千島の植物を研究
【1855	**日露通好条約（択捉島とウルップ島の間に国境を確定）】**
【1875	**樺太・千島交換条約（全千島が日本の領土になる）】**
1884	宮部金吾，色丹島・択捉島で植物調査
1890	石川貞治，択捉島で地質調査。神保小虎，国後島で地質調査。
1890	Miyabe, K.『The flora of the Kurile Islands』
1895	松平斎『北原多作氏採集ノ千島植物目録』
1900	北海道庁参事官高岡直吉氏千島巡行（1901『北千島調査報文』）
1903	遠藤吉三郎，シュムシュ島で海藻調査。
1904	矢部吉禎・遠藤吉三郎『千島占守島ノ植物』
1909	武田久吉，色丹島で植物調査
1914	Takeda, H.『The flora of the Island of Shikotan』
1920	工藤祐舜，パラムシル島で植物調査
1922	Kudo, Y.『Flora of the Island of Paramushir』
1923～41	舘脇操，9 シーズンを千島列島植物調査に費やす
1927	Tatewaki, M.『On the plants collected in the Island of Alaid by Hidegorô Itô and Gosaku Komori』
1931	北千島学術調査隊（大阪毎日・東京日日新聞社後援）。大井次三郎，色丹島・国後島で植物調査
1932	Bergman, S.『Die Tausend Inseln in Fernen Osten』（1961『千島紀行（原題　極東における千の島々）』）
1932	小泉秀雄，北千島で植物調査（小泉・横内，1958；清水，2004）
1932	Tatewaki, M.『The phytogeography of the Middle Kuriles』
1932～33	大井次三郎『千島色丹島植物小誌 I － III』
1933	三木茂『エトロフ島湖沼産水湿地植物』
1934	田中阿歌磨子爵北千島探検隊。永井政次『千島の海藻』
1934	松村義敏『国後島，古釜布附近ノ植物ニツイテ』
1934	三木茂『千島のヒルムシロ（*Potamogeton*）属に就いて』
1935	大井次三郎『北千島ノすげ類』
1940	舘脇操『色丹島植物調査報告』
1941	千島学術調査研究隊（総合北方文化研究会）
1941～42	伊藤誠哉『千島植物研究総説（1）-（8）』
【1945	**日本軍無条件降伏（ソビエト連邦千島列島占領）】**
1946	Vorobiev，択捉島・ウルップ島などで植物調査
1947	舘脇操『宮部線に就て』
【1951	**サンフランシスコ平和条約（日本は「千島列島」を放棄）】**
1956	Vorobiev, D.P.『Material on the flora of the Kurile Islands』
1957	Tatewaki, M.『Geobotanical studies on the Kurile Islands』
1959	帯広営林局『千島森林誌』
1961～69	Alexeeva and Egorova，国後島で植物調査
1963	Vorobiev, D.P.『Vegetation of the Kurile Islands』
1964	Egorova, E.M.『Flora of the Shiashkotan Island』
1972～79	Alexeeva，国後島で植物調査
1974	Vorobiev, D.P. et al.『Key for the Vascular Plants of Sakhalin and Kurile Islands』
1976	Chernyaeva, A.M.『Flora of the Onekotan Island』
1977	Chernyaeva, A.M.『Flora of the Zelenyi Island (Little Curiles)』
1978～97	Barkalov ら，北千島と南千島を中心に植物調査
1983	Alexeeva, L.M.『Flora of the Kunashir Island, Vascular Plants』
1983	Alexeeva, L.M. et al.『Flora of the Island of Shikotan (Annotation List)』
1985～96	Kharkevicz, S.S. et al.『Vascular Plants of the Soviet Far East, vol.1-8』
【1991	**ソビエト連邦解体，ロシア連邦成立】**
1994～2000	国際千島列島調査（IKIP），日・米・ロの研究者による千島列島全体の生物調査
1997	Takahashi, H. et al.『A preliminary study of the flora of Chirpoi, Kuril Islands』
2000	Barkalov, V.Yu.『Phytogeography of the Kurile Islands』
2002	Takahashi, H. et al.『A floristic study of the vascular plants of Raikoke, Kuril Islands』
2002	Storozhenko, S.Yu. et al.『Flora and Fauna of Kuril Islands (Materials of International Kuril Island Project』
2003	Barkalov, V.Yu. and Eremenko, N.A.『Flora of the "Kurilskii" Nature Reserve and the "Little Kurils" Preserve (Sakhalin Oblast)』
2003	Pietsch, T.W. et al.『Biodiversity and biogeography of the islands of the Kuril Archipelago』
2004	Zhuravlev, Yu.N. et al.『Medicinal Plants of the Kurile Islands』
2006	Takahashi, H. et al.『A floristic study of the vascular platns of Kharimkotan, Kuril Islands』
2006	Gage, S. et al.『A newly compiled checklist of the vascular plants of the Habomais, the Little Kurils』
2007	Probatova, N.S. et al.『Caryology of the Flora of Sakhalin and the Kurile Islands』
2009	Eremenko, N.A. and Barkalov, V.Yu.『Seasonal Development of Plants of the Southern Kuril Islands』
2009	Barkalov, V.Yu.『Flora of the Kuril Islands』
2009～2012	南千島における絶滅危惧種・外来生物種の現状調査
2012	Bogatov, V.V. et al.『Flora and Fauna of North-West Pacific Islands (Materials of International Kuril Island and International Sakhalin Island Projects)』
2014	Takahashi, H. et al.『Biodiversity and Biogeography of the Kuril Islands and Sakhalin, vol.4』

翌7月28日午前1時，色丹島斜古丹港を出帆。午前11時半には，択捉島の振別に到着した。宮部と金田一は，人夫1名を雇って留別まで歩いた。この間に採集した標本は69種，ノートに記録したのが92種で，合計161種を確認した。留別に着いたのは，午後7時を過ぎていた。7月29日の午前5時半には留別を徒歩で出発し，昼近くに紗那に到着した。この時の峠越えでは喉が渇いて苦しんだ，とある。午後5時には船に入る。翌7月30日午前4時に択捉島紗那を出帆した船は午後1時半に，択捉島北部の蘂取に着く。昼食後，部落背後の山で採集し，午後5時には帰船する。この日は快晴で大変楽しく余裕のある採集だったらしい。一休みの時に，腹巻きの中に大きなシラミがいるのに気がつき，丘の上で大笑いした，とのエピソードがある。

7月31日午前5時，択捉島蘂取を出帆，翌8月1日午後4時にウルップ島床丹まで至ったが，風が強く上陸できず根室に引き返すことになる。終日船は動揺しながら，8月2日の深夜12時にようやく根室に立ち帰った。結局，宮部が千島調査のために島に上陸できたのは色丹島と択捉島のたった4日間だったが，「若き精根を尽くして奮闘した。」「時間は短い。しかし仕事は長かった。」と後年述べている。この時採集した標本が，日本人植物学者による千島列島産植物標本としては一番古いものと思う(Appendix 1)。この時の標本や経験が基になり，宮部の学位論文がまとめられるのであり，1890年にボストン自然史学会誌第4巻に"The Flora of the Kurile Islands"(Miyabe, 1890)として発表される。

武田久吉(1883〜1972)

1907(明治40)年，農科大学予科講師として赴任し，植物標本庫内に机を持ち植物研究に没頭する。父親は駐日英国大使だった。1909(明治42)年，26才の時に色丹島調査に赴く。武田久吉は色丹島の特徴的な植物相をはじめて包括的にまとめた研究者として知られる。

色丹島は標高的には礼文島並みで低平だが，面積は屋久島のほぼ半分，あるいは利尻島と礼文島を合わせたのに匹敵する程の広さである。島の地質年代は中生代白亜紀までさかのぼり，活火山がなく，地形的にも根室半島のつながりと見られる。

色丹島における植物調査は1884年の宮部金吾に始まり，1890年の地質学者横山荘次郎，1894年の石川貞治，1895年の水産学者北原多作，1898年の川上滝弥，1900年の相沢元次郎らによるものがあった。武田のはじめての色丹島訪問は50トンの小型蒸気船で1909年7月15日だった(Takeda, 1914)。斜古丹周辺で3日ほど採集をおこなった後，西進しアナマまで達する。アナマからトッカリ－マスバ，デバリ，そしてコンプウス山を迂回してキリドオシ，マツガハマまで行った。この間に，グイマツのよい林を通った。ここからポロペットの湿原を横切ってアナマまで戻った。そして今度は船で再びトッカリ－マスバまで行って採集をした。しかし島の南側については調査が不十分だった。

武田はこの時の2週間ほどの調査で300種ほどの維管束植物を採集した。後にアナマで世話になった新井夫妻から送られた300枚ほどの標本も合わせ，合計324種を報告した。この結果は1914年にリンネ学会誌植物編第42巻に発表された。色丹島はこの後も，植物学者の関心を引き，『日本植物誌』の大井次三郎(1905〜1977)が1931年に，ヤナギ研究の木村有香(1900〜1996)が1933年に訪問しており，舘脇操も数回訪問している。

工藤祐舜(1887〜1932)

1912(大正元)年，工藤は農科大学実科講師となり，以後1932(昭和7)年に台湾大学教授として転出するまで宮部金吾の研究を補佐した。1920(大正9)年，33才の時に6月から8月にかけての約50日間，北千島のパラムシル島で精力的な植物調査を行った。その時の調査行程がKudo(1922)にある。

1920年6月25日の夕方に蒸気船チフ丸でパラムシル島千歳湾に到着した工藤は，翌日まで周辺で採集した後，野田湾まで移動。そこでモーターボートを手に入れ，27日にはスリバチまで行った。その後，オクヨツイワまで徒歩で行き，そこで植物調査に5日かけた。7月3日に小さな蒸気船ヒロ丸で，パラムシル島北端に位置する村上湾に至った。そこで湿原，高山草原，岩崖，砂浜等の調査を日数をかけておこなった。そこでは，南に位置する柏原湾を一度訪れたし，また西海岸も一度訪れた。7月10日に，モーターボートで西海岸の荒川に行き，翌日には北のシカタノマと長岩崎周辺を調査した。そして，4日間かけて西海岸の荒川からアテンケシそして西川を調べた。7月16日に村上湾に帰った後，ボートで平田崎と言われる岬まで行く機会をえた。また思いがけなく，西海岸の白川を訪れることができた。その後で，柏原湾への2回目の調査をした。8月5日に村上湾を離れ，モーターボートでルエサンに渡り，そこで最後の10日間ほどを，森林，渓谷沿い，海岸，断崖の調査に費やした。

工藤はこの調査で，北大植物標本庫に284種，千枚を越える押し葉標本をもたらし，パラムシル島の植物相解明に大きな貢献をなした(Kudo, 1922)。千島列島において，東アジア区に所属する南千島，周北区に所属する北千島という考えを提唱し，択捉海峡の重要性を予報した。

舘脇操(1899～1976)

1923年，27年，28年，29年，30年，34年，36年，40年，41年と合計9回，短いときで半月，長い時は2ヶ月あまりも千島列島に滞在した。「マカンルの西方帆掛岩を除くと，ほとんど知らない島はない」と言う。その調査におけるエピソードは舘脇(1971)に詳しい。研究の成果は戦後になって“Geobotanical studies on the Kurile Islands”(Tatewaki, 1957)として結実する。舘脇操は温帯の東アジア区と寒帯の周北区との境界を択捉海峡に定め，植物分布境界線「宮部線」を高らかに提唱した(図2-1)。

「1933年に至り始めて工藤博士の分布線は，早く宮部博士が唱道されし択捉海峡に置くを確定し，且つ火山形成と群落推移及び区系構成を明らかにし，宮部線を定めて，北大農学部植物学教室顕花植物三代に亙る学界の宿題を解決したものである。」(舘脇，1934)

第二次世界大戦後

第二次大戦後の1945年以降はソビエト連邦・ロシア研究者により調査が行われる。ソビエト連邦の実効支配後すぐにVorobievにより“Material on the flora of the Kurile Islands”(Vorobiev, 1956)が発表された翌年に，舘脇の“Geobotanical studies on the Kurile Islands”(Tatewaki, 1957)が発表されたのは当時の日ロの千島列島を巡る覇権を象徴するようでもある。Egorova(1964)の色丹島のフロラ，Alexeeva(1983)による国後島のフロラなどが次々とまとめられた。Kharkevicz et al.(1985, 1987, 1988, 1989, 1991, 1992, 1995, 1996)による極東ロシアのフロラには，千島列島のデータが多数含まれている。1995～2000年にかけては日米ロ3国の国際千島列島調査(IKIP)により中千島を含む列島全体の生物相調査が行われ，中千島のフロラが追加された(Takahashi et al., 1997, 1999, 2002, 2006)。またBarkalov(2000)が千島列島の植物地理を報告，さらに2009年には千島列島フロラの新見解を発表した(Barkalov, 2009)。これまで千島列島で島ごとに報告されたおもな植生研究，フロラ研究論文をまとめたのが

図2-1　宮部金吾(右)と舘脇操(左)(北海道大学附属図書館北方資料室所蔵)

表2-2である。第二次世界大戦前は日本人により，大戦後は主にソビエト連邦・ロシア人により研究が行われてきたことが見てとれる(表2-1：高橋・加藤，2007も参照)。

表2-2　千島列島における島ごとの植物研究(高橋(1996a)を改変)。表には含まれていないが，Barkalov(2009)にはほとんどすべての島の植物がリストされている。V：植生，F：植物リスト，N：特定植物

島　名	面積(km^2)	文　献
[北千島]		
1. アライト島	150	Tatewaki(1927)[F]，Tatewaki(1934)[F]，Tatewaki(1957)[F]，小泉・横内(1958)[F]，高橋・栗原(1998)[N]
2. シュムシュ島	388	矢部・遠藤(1904)[F]，Tatewaki(1934)[F]，舘脇・赤木(1944)[V]，Tatewaki(1957)[F]，小泉・横内(1958)[F]，Barkalov(1980)[F]，Barkalov(1981)[F]
3. パラムシル島	2,053	Kudo(1922)[F]，Tatewaki(1934)[F]，大井・吉井(1934)[N]，舘脇・赤木(1944)[V]，Tatewaki(1957)[F]，小泉・横内(1958)[F]，Barkalov(1980)[F]，Barkalov(1981)[F]，高橋ら(1998)[N]，Okitsu et al.(2001)[V]，沖津(2002)[V]，Verkholat et al.(2005)[F]
4. シリンキ島	c.8	NV[1)]
[中千島]		
5. マカンル島	49	NV[1)]
6. オネコタン島	425	Chernyaeva(1976)[F]
7. ハリムコタン島	68	Takahashi et al.(2006)[F]
8. チリンコタン島	6	Takahashi et al.(1999)[F]
9. エカルマ島	30	NV[1)]
10. シャシコタン島	122	Egorova(1964)[F]
11. ライコケ島	5	Takahashi et al.(2002)[F]
12. マツワ島	52	Tatewaki(1929)[V]，Tatewaki(1931)[V]，Tatewaki(1932)[F]，Tatewaki(1957)[F]
13. ラシュワ島	67	Tatewaki(1931)[V]，舘脇(1931b)[N]，Tatewaki(1932)[F]，Tatewaki(1957)[F]
14. ウシシル島	5	Tatewaki(1931)[V]，Tatewaki(1932)[F]，Tatewaki(1957)[F]
15. ケトイ島	73	Tatewaki(1931)[V]，Tatewaki(1932)[F]，Tatewaki(1957)[F]
16. シムシル島	353	Tatewaki(1931)[V]，Tatewaki(1932)[F]，Tatewaki(1957)[F]
17. ブロトン島	7	NV[1)]
18. チルポイ諸島		
チルポイ島	21	松平(1895)[F]，Takahashi et al.(1997)[F]
ブラットチルポイ島	16	NV[1)]
19. ウルップ島	1,425	松平(1895)[F]，Tatewaki(1928)[V]，Tatewaki(1931)[V]，Tatewaki(1932)[F]，Tatewaki(1957)[F]
[南千島]		
20. 択捉島	3,200	川上(1901-02)[F]，三木(1933)[F]，舘脇(1941)[V]，舘脇・吉村(1941)[FV]，小泉・横内(1956)[F]，Tatewaki(1957)[F]，Fukuda, Taran et al.(2014)[F]，Sato et al.(2014)[F]，Takahashi and Fukuda(2014)[F]，Yamazaki et al.(2014)[F]
21. 国後島	1,490	松村(1934)[F]，舘脇・平野(1936)[V]，舘脇(1937)[FV]，Tatewaki(1957)[F]，Alexeeva(1983)[F]，Barkalov(1998)[F]，佐藤(1999)[FV]，Barkalov and Eremenko(2003)[F]，佐藤(2007a)[FV]，Kato and Fukuda(2014)[F]，Fukuda, Taran et al.(2014)[F]，Sato et al.(2014)[F]，Takahashi, Sato et al.(2014a)[F]，Takahashi, Sato et al.(2014b)[F]，Yamazaki et al.(2014)[F]
22. 色丹島	250	松平(1895)[F]，Takeda(1914)[F]，大井(1932-33)[F]，舘脇(1940a, b)[FV]，舘脇(1957)[FV]，Tatewaki(1957)[F]，Alexeeva et al.(1983)[F]，Barkalov and Eremenko(2003)[F]，Fukuda, Taran et al.(2014)[F]
23. 歯舞群島		
多楽島	12	Barkalov and Eremenko(2003)[F]，Gage et al.(2006)[F]
志発島	51	Chernyaeva(1977)[F]，Barkalov and Eremenko(2003)[F]，Gage et al.(2006)[F]
水晶島	15	Barkalov and Eremenko(2003)[F]，Gage et al.(2006)[F]
勇留島	13	Barkalov and Eremenko(2003)[F]，Gage et al.(2006)[F]
秋勇留島	3	Barkalov and Eremenko(2003)[F]，Gage et al.(2006)[F]

[1)]NV：研究論文がないもの

2. 植　　生

1929〜30年にかけて千島列島を探検したベルクマン(1961)は「千島にはなによりも三つのムチがある。すなわち背の低いハンノキとハイマツとチシマザサとである。」("ハンノキ"はミヤマハンノキのこと)と千島列島の植生を端的に表現した。確かにこれら3種の植物の存在により千島列島における我々の野外調査は著しく制限される。

千島列島の植生についてはTatewaki(1957)やVorobiev(1963)により概要がまとめられている(表2-3)。特に高木性の針葉樹林がウルップ島以北の千島列島では見られなくなる点は注目され，植物分布境界線「宮部線」が引かれた大きな理由の1つである。ウルップ島以北の森林植生は，ミヤマハンノキやダケカンバ，ヤナギ類の広葉樹林，ハイマツの低木林などになり，少数の木本構成種からなる単純な空間構造を持つ林となる(図2-2)。ただし，ダケカンバはラシュワ島よりも北東部の千島列島では欠落し，カムチャツカ半島に至って再度出現する。

一方，北東アジアの森林植生(Kolbek et al., 2003)を扱うなかでは，千島列島は植物地理学的にはシムシル島以南の南部とそれより北の北部の2地域に分けられている(Qian et al., 2003：Fig. 4.1ではこのように区分されているが，本文中ではシムシル島が両地域にリストされている)。そこでは北千島地域はコマンダー諸島，カムチャツカ半島最南部とともに1つの植物地理区域とされている。さらにKrestov(2003)は極東ロシアの森林植生を解説するなかで，千島列島の植生帯を，北部のベーリンギア森林地帯，中部の北太平洋草原－ダケカンバ地帯，南部の西オホーツク常緑針葉樹地帯の3地帯に分けて紹介している。北部のベーリンギア森林地帯は亜北極帯Subarctic zoneに含められ，ハイマツやミヤマハンノキのわい性低木が優占する点で特徴づけられる。中部と南部は北方地帯Boreal zoneに含められ，中部の北太平洋草原－ダケカンバ地帯は夏期の冷温，マイルドな冬期，一年を通して均一な降水量で特徴づけられる海洋性気候に支配されダケカンバ林と高茎広葉草原の発達を特徴とする。南部の西オホーツク常緑針葉樹地帯はエゾマツ，トドマツなどの針葉樹で特徴づけられ，ときにアカエゾマツやグイマツを混じえる。

表2-3　千島列島の植生(Tatewaki(1957)に拠る)。灰色部分は南千島でのみ見られる植生で，ウルップ島以北の中千島・北千島では見られない。ハルニレ林は択捉島ですでに見られない(高橋(2002)を改変)。

【1. 森林植生】	【2. 海岸植生】
〈針葉樹林〉	海浜砂地
ハイマツ低木林	海浜岩礫地
トドマツ－エゾマツ林	海岸断崖
アカエゾマツ林	海浜草原
グイマツ林	海浜泥地(塩湿地)
その他	【3. わい性低木群落(ヒース植生)】
〈広葉樹林〉	【4. イネ科草原】
ミヤマハンノキ林	【5. 草原植生】
ダケカンバ林	高茎広葉草原(大型草本群落)
ヤナギ林	亜高山性広葉草原(お花畑)
ミズナラ林	【6. 火山礫原植生】
ケヤマハンノキ林	【7. 水生植物群落】
ハルニレ林	【8. 沼沢湿原】
その他	沼沢群落
	湿原群落
	(ワタスゲ－スゲ群落)
	(ミズゴケ湿原)

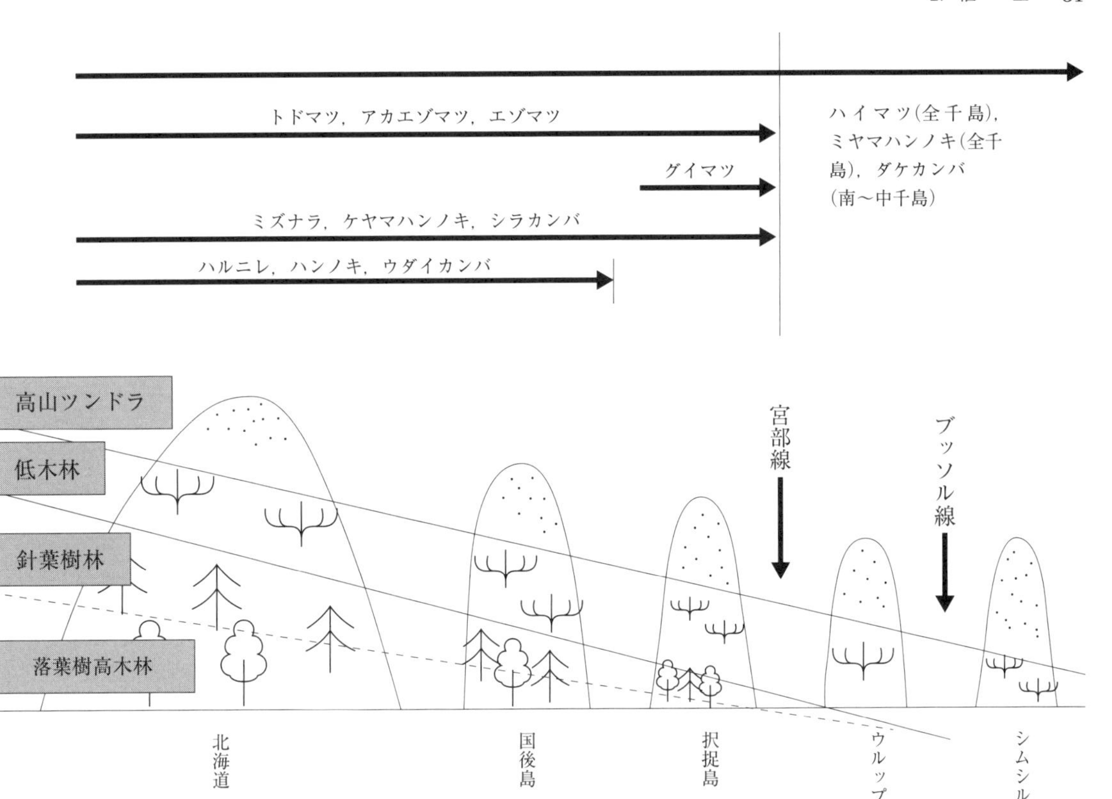

図 2-2　千島列島南部における植生帯の垂直分布

このように千島列島全体の植生帯を2つに区分するか3つに区分するかには異論がある。ここでは舘脇(1939)，Tatewaki(1957)を参考にしながら，千島列島の植生を以下の8つの植生単位(群落)に分けて解説する(表2-3，図2-2参照)。

2-1．森林植生

2-1-1．針葉樹林

南千島択捉島まで分布する針葉樹高木林(トドマツ－エゾマツを主体とする)は，北海道の森林植生(特に知床半島)の延長と考えられる。択捉島より北東のウルップ島からは，針葉樹の高木林は欠落し，針葉樹林としては事実上ハイマツ低木林しか見られなくなる。

ハイマツ低木林

ときに低地の湿原や海岸まで下降することもあるが，南千島においてはほとんどが標高500 m以上に群落として成立する。中千島ではしばしば海岸段丘上まで下降し，さらに北千島では海岸近くの砂浜や砂丘にまで発達する。北千島のアライト島，中千島のマツワ島，小千島列島の色丹島などで欠落しているのが注目され，前2島は最近の火山活動による影響，後1島は地理的位置によると説明される(舘脇，1939)。

しばしば侵入困難な密度の高い純群落を形成し，林床植生は一般に貧弱になりスギカズラ，コミヤマカタバミ，キバナシャクナゲ，リンネソウなどを随伴する。

トドマツ－エゾマツ林

南千島の低地に普通であり高標高には出てこない。特に国後島で発達する。一般的にトドマツが主体となりエゾマツは地域によりときに優占する。トドマツは択捉島中部(有萌・留別間，小泉・横内(1956)ではもう少し東側に北限線が引かれている)のオホーツク海側を北東限とし，エゾマツは択捉島南西部（西単冠山の西側，小泉・横内（1956））を北東限とする。さらに，ダケカンバ，ミズナラ，ナナカマド，イタヤカエデなどを混交する。林床はチシマザサやクマイザサからなるササ型，シラネワラビを主体とするシダ型，それ以外からなる草本－低木型がある。

アカエゾマツ林

北海道以外では，サハリン南部，南千島の低標高に局所的に見られるのみである。火山灰地，湿原，岩礫斜面，砂丘などの土壌条件で成立し，国後島の羅臼山下部や古釜布湿原などに目立った群落が見られ，舘脇・平野（1936）は立地から湿原林型・山岳林型・砂丘林型の3型を認めている。択捉島，色丹島では散在している。

グイマツ林

サハリンやカムチャツカなど北方地域に広く分布する落葉針葉樹（ただし種分類については異論がある）。北海道には氷河時代に生育していたが現在は絶滅しており，南千島の色丹島と択捉島に遺存していることは注目される。色丹島では残存的に湿原型が見られやや横に広がる樹形となり，択捉島では中部にやや普通に分布し湿原，段丘上，山地などに見られ，ときに高木となり，またときに横に枝を広げた風衝型となるなど多様な樹形を示し，ハイマツとも混生する。Tatewaki（1957）は林床植生により，ミズゴケ型，イワノガリヤス型，ササ型，ヨシ型を認めている。

その他

以上のほかに，色丹島では1～2mの高さのイチイ低木林が局所的に成立し，わい性ほふく型のミヤマビャクシン群落がときに大規模に見られる。後者は色丹島においてハイマツに代わる生態的位置を占める，とされる。

2-1-2. 広葉樹林

針葉樹高木林と同様に，択捉島とウルップ島の間の択捉海峡（「宮部線」）で大きく異なる。南千島の低地における広葉樹林は北海道のそれと植生構造ではほとんど変わらない。南千島の山岳地帯と，中千島・北千島においては，ミヤマハンノキ林とダケカンバ林が広く優占する（ただしダケカンバは中千島ラシュワ島が千島列島での北東限）。ヤナギ林は低地の河畔や湖畔にしばしば発達する。

ミヤマハンノキ林

千島列島全体に広く分布するが，南千島ではやや山地帯に限定され，中千島～北千島では低標高から極めて普通に分布し，特に北千島ではダケカンバ林が欠落するため主要な広葉樹林となる。やや適湿～乾燥地に成立してしばしば広大な純林を形成するが，決して湿原には見られない。特に最

コラム1　ハイマツとグイマツ

千島列島の裸子植物としてぜひとも挙げねばならないのがこの2種だろう。ハイマツはその普遍性から，グイマツはその特殊性からだが。

ハイマツは北東アジア固有の五葉マツで，日本では森林限界の上に高密度の低木林を形成する。冬期の強風や多雪条件への耐性が高いとされ，北海道にもカムチャツカ半島にもあるので，千島列島に普遍的に出現するのは不思議ではない。しかし北千島のアライト島，中千島のマツワ島，南千島の色丹島でハイマツが見られない。前2島に見られないのは「地学的構造」（火山活動による攪乱地にハイマツが侵入するのに十分な時間が経っていない）とされ，一方火山がなく中生代の地層をもつ色丹島でハイマツが見られないのは「地理的位置」（地理的に近い釧路～根室地域の低地は冬期少雪地域でハイマツが見られない）で説明される。

グイマツは現在北海道には自生していないが，南千島，サハリン，カムチャツカ半島やシベリア東部に分布する（同一種としない考えもある）。第四紀更新世の最終氷河期には北海道～東北地方にまで分布していたが，氷河期の終了，温暖化とともにサハリンに後退し北海道では絶滅したとされる。現在南千島の2島で見られ，色丹島では南西部にやや局限，択捉島では中部にやや普通に見られる。北海道東部～千島列島南部はサハリンを経由して南下した北方植物の最後の遺存の地ともいえ，サハリンの寒冷湿原との共通性が高い。

ハイマツとグイマツは北方四島，千島列島の生態環境や地史を象徴する種類だといえる。色丹島ではグイマツの自生地色丹松原の乾燥化が進んでいるように見え，択捉島中部でもグイマツの立ち枯れが目立った。地球温暖化とともにこれら両島でもグイマツは絶滅していく運命なのかもしれない。択捉島の現地ロシア人ガイドが盛んにグイマツの姿を写真に撮っていた。彼らにとっても古色蒼然としたグイマツの樹形は島の自然と彼らの故郷を象徴するものとしてイメージされているのだろう。

（高橋ほか（2013）『北方四島調査報告』中のコラム「ハイマツとグイマツ」を改編）

近の火山活動が見られた北千島アライト島や中千島マツワ島などの森林植生はほとんどミヤマハンノキ林である。樹高・樹形は立地によりかなり変化し，鬱閉した川畔では樹高は5 m以上にもなるが，強風が吹きつける中千島の山地尾根上や台地上では高さ50 cmにも満たないわい性のマット状群落を形成し，ヒース植生のような相観となる。このような群落がオニクを随伴すると，木本であるミヤマハンノキのマットのなかから草本のオニクがにょきにょきと林立する「奇観」となる。Tatewaki(1957)では随伴する植物により，イワノガリヤス型，シラネワラビ型，オニシモツケ型などを認めている。

ダケカンバ林

南千島ではおもに山地帯に普通に見られ，中千島では低地でも発達する。特に向陽の開けた乾燥地に成立する。ダケカンバの北限ラシュワ島を除けば，林床はチシマザサをともなうことが多いが，Tatewaki(1957)はチシマザサ型とイワノガリヤス型とを認めている。南千島ではナナカマド，バッコヤナギ，シウリザクラなどを混生するが，中千島に至ると，標高250～300 mまでの純林をしばしば形成する。

ヤナギ林

おもに南千島と北千島の河岸や湖岸に発達し，オノエヤナギを主体とする。国後島北部の川畔岩礫地にはオオバヤナギの高木も混じえる。林床はオニシモツケやエゾイラクサなどの高茎草本群落となることが多い。

ミズナラ林

南千島の比較的乾燥気味の土壌に生育し，ダケカンバ，ナナカマド，ミヤマザクラ，イタヤカエデなどと混生する。

ケヤマハンノキ林

南千島の日あたりの悪い低湿地に成立し，特に色丹島の低地に普通。ダケカンバ，ナナカマド，チシマザクラなどを混生し，林床は高茎草本となることが多い。

ハルニレ林

国後島中部のオホーツク海側，低地肥沃地に部分的に成立する。イタヤカエデ，ダケカンバ，ハリギリなどを混生する。

その他

Tatewaki(1957)は国後島のカシワ林，ハンノキ林，択捉島のエゾノコリンゴ林，テリハヤナギ林を挙げているが，いずれも局所的である。特に，国後島の低地湿原においてハンノキ林が限定的であるのは北海道東部の釧路湿原と異なり興味深い。

2-2. 海岸植生

海浜砂地

南千島の国後島・択捉島などを除くと，千島列島全体では，砂浜はやや限定的な立地である。比較的広域に分布する植物種が優占し，テンキグサやハマハコベ，ハマベンケイソウ，ハマエンドウ，エゾノコウボウムギなどが混生する。この10年ほどで，外来種のオニハマダイコンが急速に南千島に侵入して砂浜の植生景観を大きく変えつつある点は特筆される(Fukuda et al., 2013)。

海浜岩礫地

千島列島の海浜では極めて普通に見られる生育立地である。砂浜に比べると生育する植物種は限られてくるが，ハマハコベ，エゾオグルマ，ハマアカザ，オカヒジキ，マルバトウキなどが見られる。

海岸断崖

千島列島全体の海岸に普通に見られる生育立地である。列島の南北や断崖の高さ，土壌条件などで生育する種は異なり構成も変わる。シコタンハコベ，トモシリソウ，エゾイヌナズナ，チシマキンバイなどが見られる。

海浜草原

海浜よりもさらに陸地側に成立する草原で，塩生植物が減少する(舘脇，1939)。ハマナス，センダイハギ，チシマフウロ，ヤマハハコなどが見られる。

海浜泥地(塩湿地)

海浜のラグーンの湖畔などに成立する植生だが，千島列島全体では南部や北部に限られる。アッケシソウ，ウミミドリ，チシマドジョウツナギなどが見られる。

なお，中千島・北千島では海浜から北方系のわい性低木群落(ヒース植生)が見られることもある。

2-3. わい性低木群落(ヒース植生)

特に中千島以北の強風砂礫原上に成立するべったりとほふくしたマット状の植生で，ガンコウランやヒメクロマメノキ，キバナシャクナゲなどのツツジ科植物のほか，タカネイワヤナギなどの低木性ヤナギ属を主体とする。温量的には高木林植生が成立してもよいが，強風と夏期の濃霧による日照量低下などによる海洋性気候の島嶼に成立した，千島列島に特徴的な植生とされ，カムチャツカ半島やアリューシャン列島の群落とも共通する。

2-4. イネ科草原

台地上や丘陵斜面，特に比較的新しい火山島に発達し，イワノガリヤスを主体としてアキカラマツ，チシマコゴメグサ，チシマカニツリなどを随伴し，海浜草原植生と連続する。

2-5. 草原植生

高茎広葉草原(大型草本群落)

低地の小谷部分の窪地に成立する高さ2～3 mになる群落。千島列島全体ではオニシモツケが多く，ほかにヨブスマソウ，オオハナウド，中部～南部ではアキタブキが随伴する。

亜高山性広葉草原(お花畑)

海浜台地上から高山帯までに成立する草原。チシマハクサンイチゲ，ヤマブキショウマ，ミヤマダイコンソウ，ミヤマアキノキリンソウ，エゾノコギリソウなどが生え，わい性低木群落やイネ科草原とも連続する。

2-6. 火山礫原植生

火山活動により山岳上部などに成立した岩礫地。特にチシマヒナゲシ，チシマクモマグサ，イワブクロなどは立地形成初期に現れ，後にジンヨウスイバ，イワギキョウなどが生える。

火山活動に伴い，各所に地熱地帯や噴気孔原が見られるが，これら特殊立地における植生研究は不十分である。

2-7. 水生植物群落

湖沼は千島列島全体に分布するが，一般にカルデラ湖では火山活動の影響もあり水生植物は貧弱である。沈水植物としてホザキノフサモ，チシマミクリ，ヒロハノエビモ，浮葉植物としてネムロコウホネなどが見られる。海草として千島列島南部では，海岸岩礁上にしばしばスガモが生え，汽水の砂泥地にまれにアマモ属が生える。

2-8. 沼沢湿原

沼沢群落

水生植物群落から移行して成立する群落で，クロバナロウゲ，サワギキョウ，ヨシ，クサヨシ，ヤラメスゲ，ヒオウギアヤメなどからなる。

湿原群落

(1)ワタスゲースゲ群落

千島列島全体の低地に発達する湿原。チシマガリヤス，ワタスゲ，ホロムイスゲなどが主体となり，南千島ではアカエゾマツ，ハイイヌツゲなども混じえる。

(2)ミズゴケ湿原

やや局所的だが千島列島全体に見られる。ミツバオウレン，モウセンゴケ，キタホロムイイチゴ，ヒメシャクナゲ，ホソバノキソチドリなどが見られる。

3. 島ごとの地形と植物の特徴

各島の地理・地形については北海道庁(1934)や Atlas of Sakhalin Region(1994)を，植生やフロラについては Tatewaki(1931)，舘脇(1940a, b)，Takahashi et al.(1997, 1999, 2002, 2006)，Gage et al.(2006)，Barkalov(2009)などを参考にしながら，地理・地形と植生・植物相の概要を千島列島の南から北へと島ごとにまとめる(表 1-1,2-2 と図 1-9 を参照)。

3-1. 歯舞群島(歯舞諸島：Hab；図 2-3)

北海道東端の納沙布岬から色丹島の間に位置する群島で，納沙布岬との間の狭い海峡は珸瑤瑁(ごようまい)水道といわれる。群島全体の面積は 90 km^2 以上で，礼文島よりも大きい。歯舞群島産の植物標本は限られており，日本の標本庫においては戦前標本としてTI(東京大学植物標本庫)の近藤標本がおもなもので，SAPS(北海道大学総合博物館植物標本庫)にはほとんどない。おそらく北海道に近い小島ばかりだったため植物研究者の関心を引かなかったのではないか。戦後のビザなし交流でも元島民以外の日本人研究者の上陸は制限されることが多い。このため本書の千島列島植物分布表でも歯舞群島における証拠標本の確認は限られており，多くはロシア文献(Barkalov and Eremenko, 2003)や IKIP(国際千島列島調査)での成果報告(Gage et al., 2006)のリストに基づいている。群島全体として 332 種の維管束植物が確認されている(Gage et al., 2006)。

南千島で比較的普通なハイマツ林，ダケカンバ林が歯舞群島では欠落しているのが際立った特徴であり，全体として木本種よりも草本種が優勢で

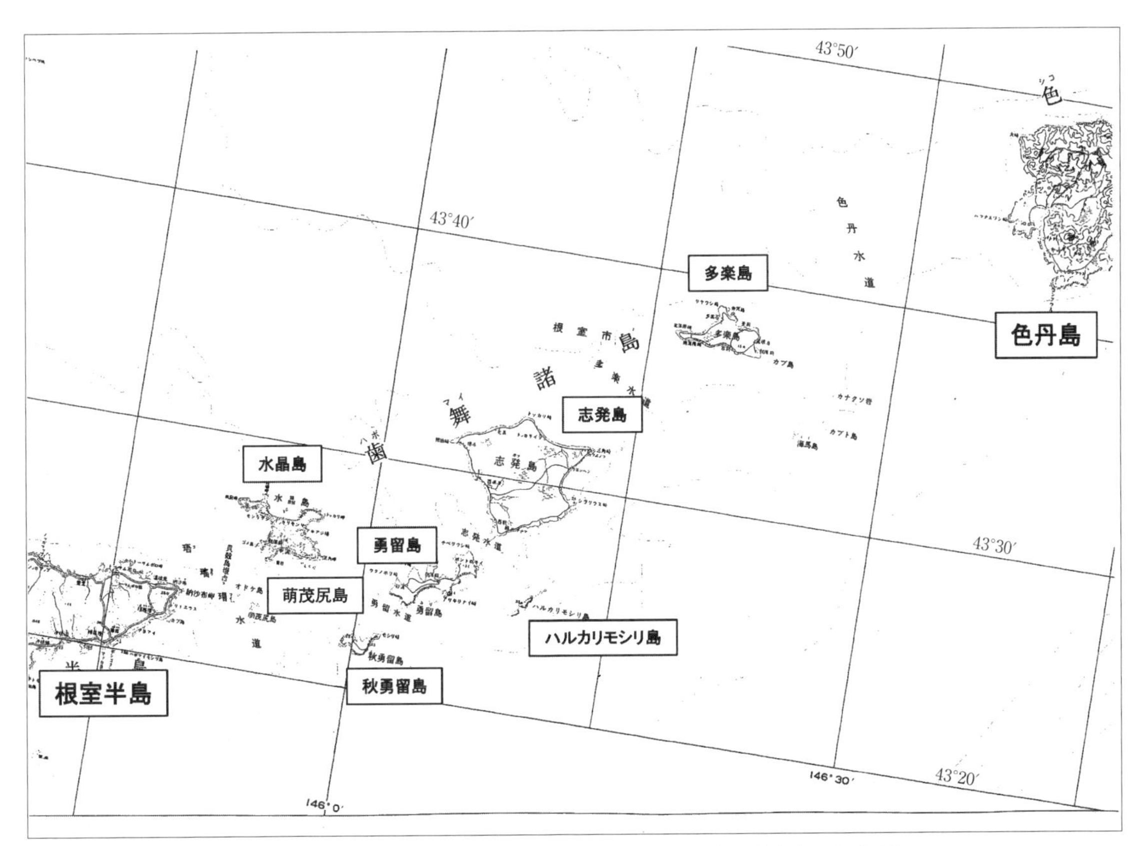

図 2-3　歯舞群島(国土地理院 30 万分 1 集成図「北方四島」を一部改変)

ある。

3-1-1. 秋勇留島(ANU)

水晶島の南東6.5 kmほどに位置する島でロシア名はAnuchinaである。最高標高は28〜33 mあるが，面積3 km^2ほどで水晶島の5分の1程度の大きさ。98種の維管束植物しか記録されていない(Gage et al., 2006)。ハマナスを除いて，ヤナギ属・ハンノキ属・カバノキ属，タカネナナカマドやエゾニワトコなどほとんどの木本が欠落しているので，川畔林は存在しないようである。海岸の岩崖地にトモシリソウがあり，海岸からはスガモが記録されている。おそらく海岸段丘上は比較的単調な高茎広葉草原からイワノガリヤスなどのイネ科草原がおもな植生と思われる。一方，北海道に分布しないベンケイソウが記録されている(Gage et al., 2006; Barkalov, 2009)のは疑問であり，本書では自生種としてリストせず，検討種としてのみ取り上げた。

3-1-2. 萌茂尻島(STO)

以下に述べる水晶島と根室半島納沙布岬の間には，それぞれ1 km^2にも満たない小さな島や岩礁があり，萌茂尻島(ロシア名Storozhevoy)はその1つであり，ほかにオドケ島(Rifovyy)，貝殻島(Signal'nyy)などがある。特に貝殻島は納沙布岬とは珸瑤瑁水道をはさんで直線で3.5 kmほどしかない。萌茂尻島からは，エゾイラクサ，ナズナ，ハコベ，エゾエンゴサク，エゾノシシウド，オオハナウド，オオヨモギ，エゾノサワアザミ，キタノコギリソウ，エゾオグルマ，シカギク，キバナノアマナ，テンキグサ，スズメノカタビラの草本14種のみが記録されている(Gage et al., 2006)。木本種が欠落しており，ハマナスさえないのは注目に値する。島のサイズが小さいこともあり，北海道東部の沿岸〜やや攪乱された湿草原に見られる普通種のみからなる単純な草本植生である。

3-1-3. ハルカリモシリ島(DEM)

勇留島の東4 kmほどの所に位置する小島群。南西から北東に5つほどの小島が並んで構成される。最高標高34 mで面積は1.5 km^2程度で秋勇留島の半分くらいだが，維管束植物は60種報告されている。ヤナギ属をはじめ木本種は欠落しており，ハマナスさえない点は，萌茂尻島と共通している。島のサイズがある限界を超えて小さくなると，冬の季節風などの影響が強く働き，木本植生が成立できないのであろう。

3-1-4. 勇留島(IUR)

水晶島の東6 km，秋勇留島の北東3 kmほどに位置する島で，東西方向に長く海岸線は入り組んでいる。面積は13 km^2だが最高標高は44 mで，同じように面積15 km^2だが最高標高18 mの水晶島の2倍程度の標高がある。維管束植物は212種が記録され，水晶島の175種よりも多い。ロシア名はIuriy。地形図からは水晶島に似て砂浜，海岸の断崖，海岸段丘上の草原〜湿原，湖沼などが読み取れる。ヤナギ属としてはエゾノカワヤナギ，オノエヤナギ，バッコヤナギが記録され，さらに歯舞群島では唯一ケヤマハンノキがある。このためヤナギ属やケヤマハンノキからなる林がやや湿った小窪地に成立していると思われる。水生植物としてミツガシワやヒロハノエビモが見られるのも特徴的である。

3-1-5. 水晶島(TAN)

根室半島納沙布岬の北東8 kmほどの所にある面積15 km^2程度，最高標高18 mとされる低平な島で，全体四角形の角部分が伸長したような特徴的な形をしている。ロシア名Tanfil(y)eva。地形図からは砂浜，海岸断崖，海岸段丘上の草原，沿岸地域の湖沼，内陸部の草原〜湿原などの植生が読み取れる。維管束植物として175種が記録され，木本としてはヤチヤナギ，エゾノキヌヤナギ，ハマナス，タカネナナカマド，エゾマルバシモツケ，ホザキシモツケ，ヤマブドウ，ヤチツツジ，カラフトイソツツジ，コケモモ，イワツツジ，クロマメノキ，ガンコウラン，ケヨノミ，エゾニワトコなどが記録されている。エゾノキヌヤナギからは川畔林が，エゾマルバシモツケやガンコウランからはやや乾燥した岩礫地植生も想定される。

またヤチツツジやヒメツルコケモモは歯舞群島では水晶島にしかなく，特筆される。ミズゴケ湿原が成立していると思われる。なおヤチツツジは千島列島全体でもほかでは国後島から記録がある(標本で確認されていない)のみである。一方で水生植物は貧弱でスギナモ，ミツガシワ，ヒロハノエビモさえも記録されていない。島の周囲にはゴメ島や糞岩といった小島や岩礁が散在している。

3-1-6. 志発島(ZEL)

勇留島の北東 1.5～2 km に，志発水道をはさんで横たわる面積 51 km^2 にもなる歯舞群島最大の島。最高標高は 24 m で，水晶島を 4 倍程度に広げたような低平な島である。ロシア名は Zelenyy (あるいは Zelionyi)。歯舞群島のなかでは珍しく，単独の島としてフロラ(Chernyaeva, 1977)が報告されている。地形から推定される植生は水晶島と同じだが，特に内陸の湿原は広いようである。維管束植物全体では 187 種で，面積が本島の 4 分の 1 にしかすぎない勇留島(13 km^2)よりもかえって少ないのは，低標高のために生み出される立地環境が限られているためだろう。エゾノカワヤナギとオノエヤナギによる川畔林の発達が想定される。ヤナギ属ではミヤマヤチヤナギが報告されている(Chernyayeva, 1977)が，これは北海道東部の低標高の湿地には考えにくく，誤認の可能性がある。中央部の広大な湿原を象徴するアヤメ属植物として，千島列島全体に普通なヒオウギアヤメのほかにノハナショウブとカキツバタが見られるのは歯舞群島ではこの島だけである。イヌスギナ，コケシノブ，エゾヤマナラシ，ヒンジモ，ベニバナヒョウタンボクなども歯舞群島では志発島だけで見られる。

3-1-7. 多楽島(POL)

多楽水道をはさんで，志発島の北東 10 km ほどの所に位置する島。面積が 12 km^2，最高標高が 15 m でほぼ水晶島と同程度の低平な島である。ロシア名は Polonskogo。植生もほぼ水晶島と同様と考えられるが，維管束植物全体は 129 種(Gage et al., 2006; Barkalov, 2009)と水晶島の 171 種に比べてかなり少ない。歯舞群島のなかでは地理的にほかの島から一番北東端に隔離されているせいかもしれない。ヤナギ属が 1 種もないのも特徴的であるが，一方でミヤマハンノキは歯舞群島ではこの多楽島からしか報告されていない。またタカネスイバ，ウミミドリ，チシマヨモギ，ヒメカイウなど，歯舞群島では多楽島でしか見られない種類が多く，歯舞群島のなかにおける多楽島の特異性を示している。多楽島のさらに約 20 km 北東には色丹島が位置するため，この影響もありえるだろう。色丹島との間の海峡は色丹水道と呼ばれる。なお，多楽島の南東には海馬島，カブト島，カナクソ岩などの小島，岩礁があり，ロシアでは Oskolki 諸島と呼ばれているが，植物調査はこれまで行われていないようである。

3-2. 色丹島(SHK；Plate 1～3，図 2-4)

> 私は一生の採集を通じ，この時くらい，時の過ぎ行くことを惜しく感じたことはない。
> (宮部金吾博士記念出版刊行会，1953)

色丹島は根室の納沙布岬から北東方向におよそ 75 km の位置にあり，その間には上述した歯舞群島が散在し，最も近い多楽島が色丹水道をはさんで色丹島の約 20 km 南西に位置する。色丹島はほぼ長方形の島だが海岸線は細かく入り組み斜古丹湾や穴澗湾など天然の良港がある。全体が緩やかな丘陵地形となり最高標高 413 m，面積 250 km^2。地形・地質・植生など礼文島によく似るが，面積はその 3 倍にもなる。日本の施政下ならば国立公園や天然記念物として保全されるべき島である。なお舘脇(1940a)では植物群落上または景観上優れた天然記念物予定地として，(1)斜古丹山から馬の背を経て出崎山に至る山稜ぞいの高山草原，(2)又古丹山を中心とした一帯の尾根にそった高山草原，(3)切通(きりとおし)とコンブウス間にある色丹松原のグイマツ自生地・高層湿原を挙げている。現在は，斜古丹近くのキハダ群落がクリル地区の天然記念物に指定されている。

色丹島のフロラはこれまで多数報告されており，“The flora of the Island of Shikotan”(Takeda,

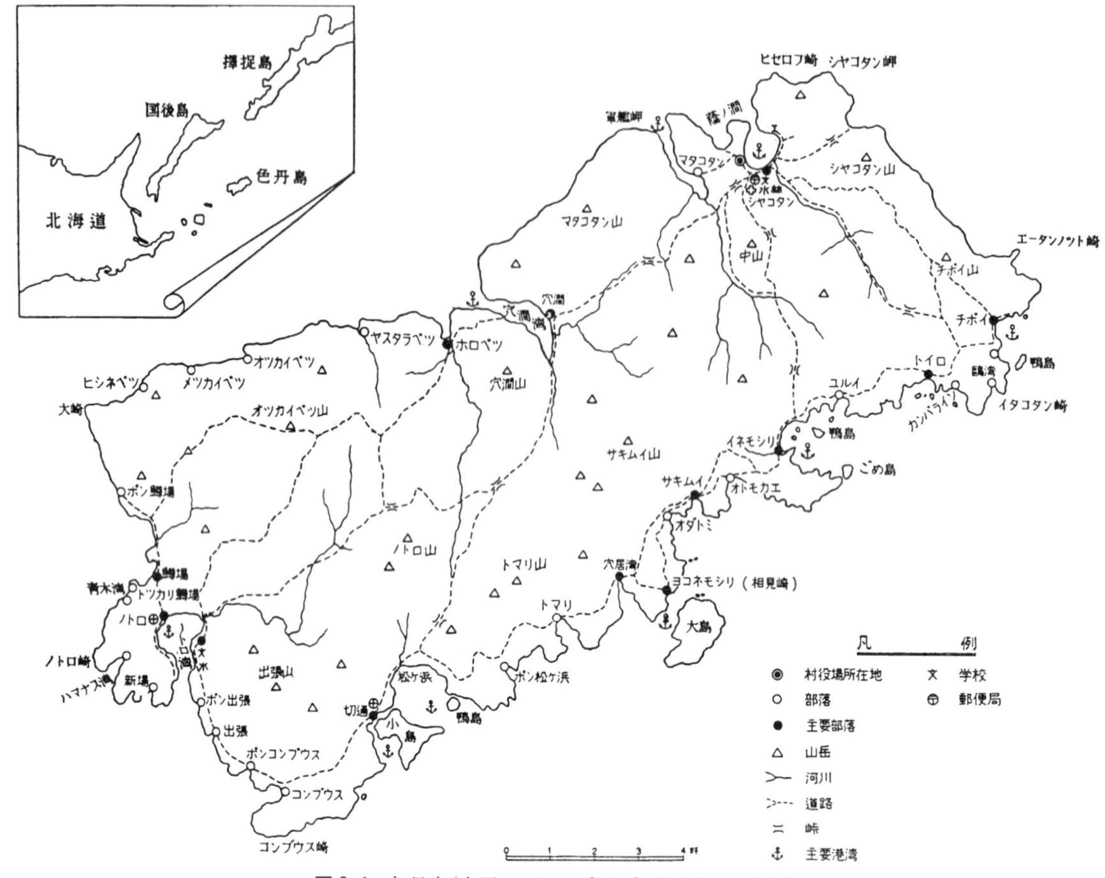

図 2-4　色丹島（大野，1940 の色丹島地図を一部改変）

1914）にはじまり，『千島色丹島植物小誌』（大井，1932-33），『色丹島植物調査報告』（舘脇，1940a）。さらに戦前の記録に基づいた舘脇（1957）の『色丹島の樹木界』があるが，戦後はロシア側でも Alexeeva et al.（1983）や Barkalov and Eremenko（2003）が色丹島のフロラをまとめている。なお Alexeeva et al.（1983）には文献引用が多く，ここから無批判に種名を採用するのは避けるべきであるとの意見がある。最近の筆者らの北方四島の外来種報告のなかでは，色丹島の外来植物も取り上げた（Fukuda, Taran et al., 2014）。

色丹島の森林面積率は約 23％で択捉島（約 80％）や国後島（約 61％）に比べるとずっと少ない（Barkalov, 2009）が，樹高 26 m というエゾマツの記録があり，針葉樹としてはトドマツが多いという。特徴的なのは，気温の上昇とともに北海道では約 8,000 年前に絶滅したと考えられる落葉針葉樹のグイマツ（シコタンマツ）の存在で，千島列島全体でも色丹島と択捉島にしか見られない。色丹島では南西部（切通～コンブウス間の通称，色丹松原）に比較的小面積が見られる。この場所では希少種カラフトムシトリスミレも採集されたことがある。またハイマツ林が見られず，この代わりに生態的同位種としてミヤマビャクシンが分布し，ときに群落を形成する。広葉樹としてはダケカンバ，ミヤマハンノキがあり湿った平地にはケヤマハンノキ，河畔にはオノエヤナギの林が発達する。

ササ草原は色丹島でかなりの面積を占めるが丈は低く 60～80 cm であり，亜高山性広葉草原（お花畑）もかなりの面積が段丘上や山地尾根筋などに発達する。このような亜高山性広葉草原には，南千島の固有種であるシコタンアズマギク，チシマウスユキソウ，カタオカソウなどが見られる。特にウルップソウやカタオカソウの大群落はみごとである。

これまで色丹島固有種とされていた(高橋, 1994a)ものが4種あったが，シコタンヤナギは現在ミネヤナギのシノニムとされ，シコタントリカブトは歯舞群島・択捉島にも産し，現在はオオチシマトリカブトの1亜種とされる。またシコタンツルカコソウは本州にも産するツルカコソウと同じとされ，ノトロスゲはカブスゲとヤラメスゲの交雑種とされている。このため現在確実に色丹島の島固有種といえるものはないようである。

色丹島では亜高山草原が注目を引くが，一方で森林林床植生や湿原植物の調査は不十分であり，今後の課題である。

維管束植物は724種が記録されており，このうち77種が外来種である。特に斜古丹，穴澗の町周辺には多くの外来種が侵入しており，亜高山性広葉草原への影響が懸念される。

コラム2　色丹島から見る礼文島

礼文島には大学2年のときに渡島して以来30年以上通っている。とはいってもレブンアツモリソウの保護増殖調査が多いので，実際には礼文島の限られた所しか歩いていない。色丹島は，1995年に国際千島列島調査IKIPに参加して以来，憧れの島だった。念願の色丹島に上陸できたのは2010年だったので実現までに15年経っていた。

礼文島と色丹島はどちらも「花の浮島」として知られる極めてよく似た北海道の属島といえる。植物の種多様性が高く，隔離分布種に富む。両島は北海道の北部と東部に，地理的にはまったく離れているものの，置かれている状況はよく似ている。北方地域から北海道へとつながる生物移動ルート(サハリンルートと千島ルート)の主経路の脇に位置する島なのである。

「主経路の脇」という位置が，絶妙に植物集団の隔離・孤立に寄与したのではないだろうか。またどちらも新しい火山をもたず，おもに中生代の地層からなる低平な地形であり，強い攪乱が働かず植物集団の温存に一役買ったのではないか。

面積は色丹島が礼文島の3倍ほどあるにもかかわらず，人口はおおよそ3,000人でほぼ同じである。面積と人口から見ても，自然生態系は色丹島の方が圧倒的によく保全されている。さらに色丹島の住民3,000人は斜古丹と穴澗の2集落に集中しており，それ以外には居住地がない。このように居住地が島全体に展開されず一部に限定されていることは，インフラ整備ができなかったという消極的な理由であるにせよ，結果的には一級の自然生態系を色丹島に残すことになった。

戦後70年を経て，礼文島と色丹島の政治的運命はまったく違ったものになってしまったが，住民と自然生態系の生き方・ありようには，互いに学びあえるものがあるように思う。

(高橋(2011)『はるか色丹島から望む，礼文の植物』の一部を改編)

3-3. 国後島(KUN；Plate 4~6，図2-5)

> 角帽生活最後の大正12年の夏，私はひとりで根室から船に乗った。どこへ―というはっきりしたアテもなく，国後島にでも行って，財布の中身がなくなるまで歩きまわるか―というほどの気持ちであった。　(舘脇，1971)

大千島列島の南西端に位置する島で，その南端のケラムイ岬は約16 kmの野付水道を隔てて北海道野付崎と相対している。島の南西3分の1は知床半島の南東部に並行し，近い所では23 kmほどしか離れておらず天気がよい日には遠望することができる。面積では千島列島3番目の島であり，南西より北東への長軸はおよそ122 kmとなる。植物の生育期間中は南東の季節風が卓越するため，中央の山地帯をはさんで太平洋側(古釜布側)で霧が多く，オホーツク海側(二木城・材木岩側)で晴れる日が多い。

北東部に位置する島の最高峰爺々岳(1,819 m)は千島列島で2番目の高峰で，千島列島を象徴する火山である。島北東部の爺々岳やルルイ岳(1,485 m)周辺を除くと，島の中央～南西部は羅臼山(887 m)や泊山(541 m)など比較的なだらかな山容であるが，これら4山とも活火山である。爺々岳上部のコマクサやエゾノツガザクラは千島列島全体では限られた場所でしか確認されていない。ルルイ岳山麓の地熱地帯で発見された大葉シダ植物マツバラン(Barkalov, 2009)は極端な不連続分布の1例である。羅臼山山麓～中腹には硫気孔原地帯がある(佐藤，1999：最近は軍事施設との関係で調査に立ち入れない)。また泊山のカルデラである一菱内湖周辺にも硫気孔原がありハイマツ，ガンコウラン，ススキなどからなる興味深い植生がある。島中部に位置する古釜布沼を含む古釜布湿原には

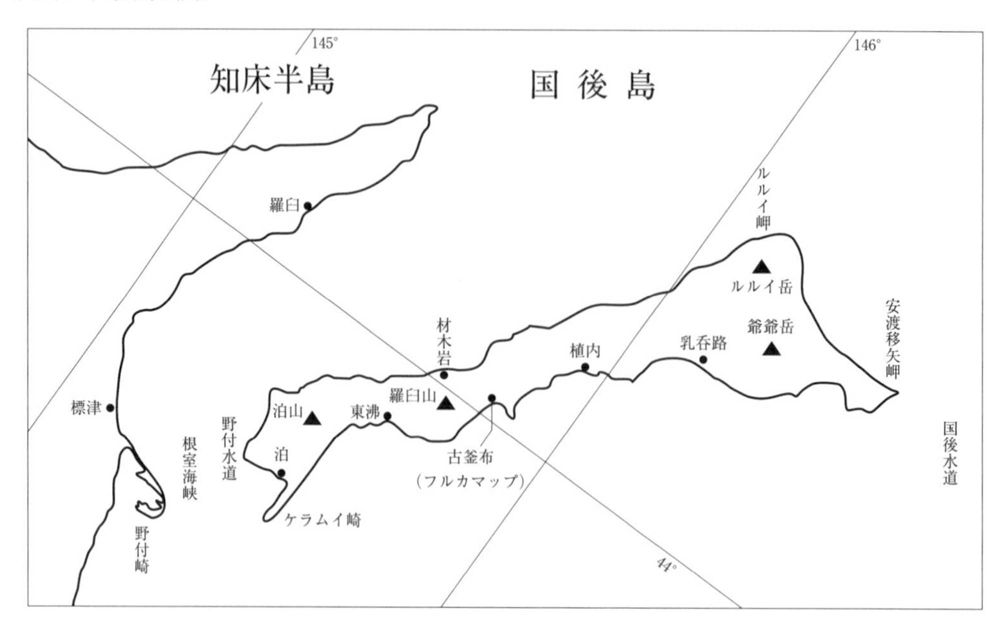

図 2-5　国後島(外務省，2009 を一部改変)

湿原植生，水生植物が保全されており希少種ヤチイが採集された場所である。東沸湖南東側にもよい湿原が残っておりハンノキが川畔に残存している(Takahashi, Sato et al., 2014a)。島の南西部ケラムイ湖(ラグーン)の湖畔にはオオシバナ，アッケシソウなどの塩湿地植生が広がり海草のアマモ属も見られる(Takahashi, Sato et al., 2014b)。

森林面積は約 61%と比較的よく保護されており，トドマツ・エゾマツ林は広く見られ，アカエゾマツ林も羅臼山の山麓～中腹(佐藤，1999)や古釜布湿原周辺の海岸砂丘に見られる。中部～南西部のオホーツク海側には広葉樹林もよく発達し，特にホオノキは南千島を象徴する温帯樹種として保護されている(cf. Kato and Fukuda, 2014)。ダケカンバ林は伐採跡地などに多く，島北東部の河畔にはヤナギ林が発達し，所によってオオバヤナギの巨木も見られる。ハイマツ林は噴気孔原やときに湿原内にまで下りている。

国後島の植物研究報告としては，戦前は松村(1934)や舘脇・平野(1936)で湿原やアカエゾマツ林が注目され，舘脇(1937)で森林植物が取り上げられるなどやや断片的だったが，戦後 Alexeeva (1983)の“Flora of the Kunashir Island”により島のフロラがまとめられた。Barkalov(2009)の千島列島フロラにはもちろん国後島産植物がリストされている。また爺々岳と泊山の自然保護区のリストが出されている(Barkalov, 1998; Barkalov and Eremenko, 2003)。さらに最近のビザなし交流での共同調査による小報告が日本側からいくつか出されている(表 2-2 参照)。

島の面積は千島列島第 3 位にもかかわらず，大千島列島のなかでは気候が最も温暖と考えられ，しかも種供給源となっている北海道本島に隣接していることもあり，維管束植物種数は 1,078 種と，千島列島で最多である。種数の多さは，北海道から分布を延ばした温帯種の分布北東限にあたることで説明される。これら温帯種の多くはロシアサハリン地区の絶滅危惧種としても指定されている。現在，島北東部の爺々岳・ルルイ岳周辺と南西部の泊山周辺が自然保護区に指定されている。

国後島固有種としてマメ科のクナシリオヤマノエンドウが挙げられるが，細かな産地記述がなく現地確認の必要な種である。

記録種数のうち外来種は 159 種を占め，千島列島では最多数である。これは古釜布や泊などに居住地，公園，空き地，道路，放牧地などの人為的な環境が広くあるためであり，サハリンや日本からの移入が疑われる外来種が多い。また庭に植栽されている園芸植物の逸出も見られる。平地のオオハンゴンソウと海浜のオニハマダイコンには特に注意が必要である。

3-4. 択捉島(ITU；Plate 7~9，図 2-6)

> この峠越には水が殆どなく，しきりに渇を覚えて痛くなやみ，有萌で始めて水を求め，蘇生の思をした。
>
> (宮部金吾博士記念出版刊行会，1953)

国後島北東端より東へ約 22 km，国後水道を隔てて相対する。千島列島全体では飛びぬけて一番大きく，南西から北東へとおよそ 204 km 延びる長大な島である。高標高の火山性山岳が多く，また湖沼も多く，植物種数から見ると国後島に第 1 位は譲るものの，北方系の種をよく含み，また植生の多様性も千島列島では一級である。特に目立った山岳としては南西から北東に向かって，アトサヌプリ(Atsonupuri volcano；1,205 m)，西単冠山(Mt. Stokap；1,634 m)，指臼山(Baranskogo volcano；1,132 m)，北散布山(Chirip volcano；1,563 m)，神威山(Mt. Kamuy；1,322 m)などがある。同様に湖沼としてはウルモベツ湖，内保沼，留別沼，年萌湖，紗那沼などがある。

択捉島の植物報告としては，戦前の川上(1901-02)による森林樹種に関する研究に始まり，三木(1933)による水生植物，舘脇(1941)による択捉島中部の植物群落，舘脇・吉村(1941)の森林植物に関する研究などがある。戦後は小泉・横内(1956)による植物調査紀行(1930 年に択捉島で行われた小泉の調査記録)により各所での詳細な植物リストが記録されている。最近のビザなし交流による調査報告もいくつかある(表 2-2 参照)。

森林面積率は島の約 80％と大変豊かな森林植生が認められる。森林群落からは，北部・中部・南部の 3 つに分けられる(舘脇・吉村，1941)。南部(西単冠山以南)にはエゾマツ・トドマツ林の常緑針葉樹林が多い。中部にはグイマツ林とトドマツ林が普通で，さまざまな樹形のグイマツの大木も見られる。グイマツは色丹島と択捉島に残存した第四紀氷河期の名残で，色丹島で比較的限定的であるのに比べると択捉島中部におけるグイマツ林の発達は特筆すべきである。広葉樹林もおもに中部に発達する。北部(留茶留原野以北)には高木性の針葉樹林は見られず，ダケカンバを中心とした広葉樹の低木林が優勢となり，相観的には中千島に似てくる。これもあってか，Barkalov(2000)は植物区系における択捉・国後区とウルップ区の境界を択捉島内の留茶留原野においている。

高標高の山岳地形が発達することもあり，高山植生が認められる。特に興味深いのはこれまで知床半島の固有種と考えられていたシレトコスミレが西単冠山にも生育していることである。南部の萌消湾はカルデラに海水が浸入した湾で，周辺山岳上部でコマクサが採集されている。択捉島の湖沼には水生植物が豊富であり，三木(1933)が 12 種を報告し，特にヒルムシロ属が 6 種ある。択捉島の島固有種としてはマメ科のカワカミモメンヅ

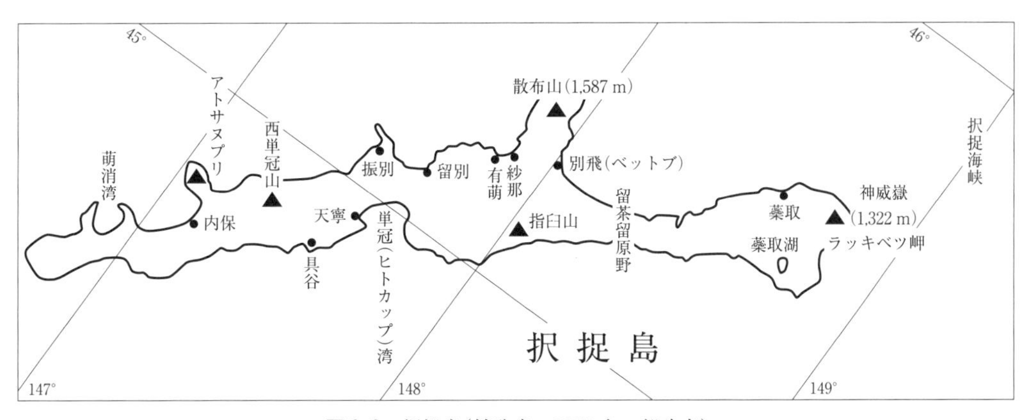

図 2-6　択捉島(外務省，2009 を一部改変)

ルとキク科のエトロフヨモギが挙げられていた(高橋, 1994a)が，後者は現在アライトヨモギに含まれることが多い。ミクリ属のエトロフソウは分類学的な検討が必要である。

舘脇は学術上保存の価値がある樹林として，紗那沼のエトロフヤナギ(＝テリハヤナギ)群落，有萌付近のミヤマビャクシン群落，留別近くの登山道ぞいのトドマツ林，具谷のグイマツ林の4つを挙げている。

維管束植物としては872種が記録されており千島列島全体では第2位の種数である。このうち111種が外来種であり，千島列島では外来種も国後島に次いで2番目に多い。特に紗那の町内や近郊の車道縁，空き地，民家周辺などに多くの外来種が侵入している(Fukuda, Taran et al., 2014)。択捉島では水産業の発展などによりインフラ整備が急速に進んでおり，これにともなって侵入する外来種対策が急務と思われる。

3-5. ウルップ島(URU；Plate 10・11，図2-7)

> ウルップ島の入口ともいえる択捉島との間の択捉海峡は，いつの日も瀬波が立っていて，船はなるべくこの海峡を避けた。
>
> (舘脇，1971)

千島列島では4番目に大きな島で，長さ100 km，幅平均10 km程度の全体狭長楕円形をし，根室の北東およそ350 km，カムチャツカ半島の南西およそ600 kmに位置する。その南西には幅約72 kmの択捉海峡(フリース海峡)をはさんで千島列島最大の択捉島が位置する。択捉海峡は植物地理分布境界線として有名な「宮部線」にあたる。また北東は幅約97 kmのウルップ海峡(ブッソル海峡)を隔ててシムシル島に接している。以下に述べるブラットチルポイ島とチルポイ島が属島としてウルップ島の北東に位置している。

戦前の日本ではラッコ島とも呼ばれ(高倉, 1960)，海獣類や海鳥類の繁殖地ともなっている。日本統治時代の1929～30年には島全体で3か所の密猟監視所があるのみで，ほとんど無人島状態だったという。戦前の研究では，Tatewaki(1928)により初めてウルップ島の植物群落が記述された。次に舘脇による中千島の植生，植物相研究のなかでウルップ島が取り上げられている(Tatewaki, 1931, 1932)。戦後はTatewaki(1957)やBarkalov(2009)の千島列島フロラリストにウルップ島産植物が含まれている。

森林植生ではモミ属・トウヒ属を欠いており，ハイマツ低木林が標高200～300 m以上を占め，ときにそれ以下にも成立する。ハイマツ林にはときにタカネナナカマドを混じえる。またチシマザサをともなうダケカンバ林が広くその下の山地斜面を占め，しばしば純群落を形成する。渓谷ぞいには高さ5～8 mのミヤマハンノキ林，低地の河畔ぞいや池沼周辺にはオノエヤナギ林が発達する。

海岸にはハマニンニク，ハマハコベ，エゾオグルマなどがしばしば群落をなし，海岸断崖にはシコタンハコベ，エゾイヌナズナ，トモシリソウなどが生育する。

ガンコウランやコケモモなどからなるヒース植生が平坦地や吹きさらしの丘陵斜面などに成立することがあるが，ハイマツ林に被圧される傾向が

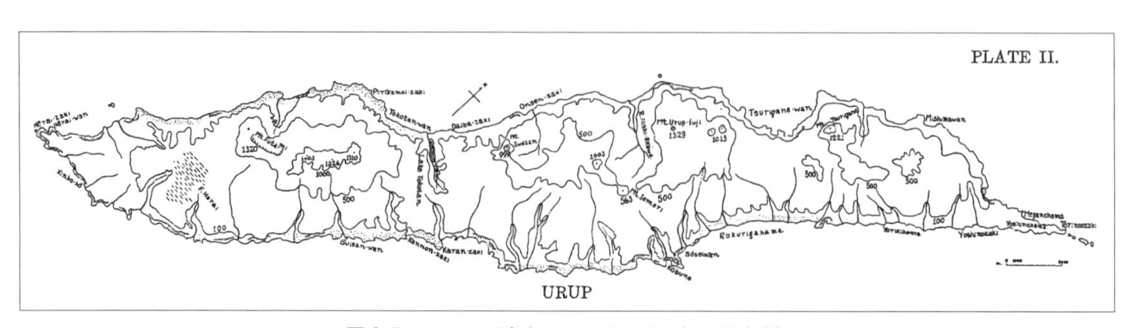

図2-7　ウルップ島(Tatewaki, 1932を一部改変)

ある。丘陵斜面や海岸段丘上にはしばしばイワノガリヤスが優占するイネ科草原が成立し，所々にタカネナナカマドやハイマツ，ミヤマハンノキ林が点在する。また低地にはオニシモツケ，ヨブスマソウ，アキタブキなどからなる高茎広葉草原やより低茎のチシマハクサンイチゲ，チシマフウロ，アキカラマツを主体とする亜高山性広葉草原が成立する。

湿原や沼沢地には，イワノガリヤス－オニシモツケ群落，ヤラメスゲ群落，ミヤマホソコウガイゼキショウ－トマリスゲ群落，ミズゴケ－ヒメシャクナゲ－ツルコケモモ群落などが認められる。

ウルップ島からは531種の維管束植物が記録されており，千島列島では5番目に多い種数であり，ほぼ面積相応の種数といえる。温帯要素の最後の北東限地帯ともいえ，木本ではイタヤカエデ，オガラバナ，コマユミ，クロツリバナ，チシマザクラ，シウリザクラ，ツルアジサイ，バッコヤナギ，キツネヤナギ，ツタウルシ，オオカメノキ，ハイイヌツゲなどの北東限となっている。ウルップ島のみに見られる島固有種はないが，千島列島固有種としてシコタンアズマギク，ウルップオウギ，チシマヒナゲシ，カタオカソウ，ウルップトウヒレン，ケトイタンポポ，シムシルタンポポなど7種が分布している。これらはカタオカソウを除けば新固有と考えられる種である。

3-6. ブラットチルポイ島

(BCH：Plate 12，チルポイ南島；図 2-8)

> ここまで南下してくると温帯要素がかなりある。アメリカのクモ学者ロッドがここで左手を落石でつぶすアクシデントがおきる。
>
> (高橋，1999)

ウルップ島北東端のさらに27 km北東の海上に位置し，以下の北島とともにウルップ島東側の浅い海深の陸棚に乗る属島と考えられる。周囲およそ16 kmで，3つの峰からなり，最高峰は知里保以岳(Mt. Brat Chirpoev；749 m)，海岸は断崖が多く上陸するのは難しい。古くは，チルポイ島やブロトン島とともに千島アイヌがラッコ猟をした所だという。これまでブラットチルポイ島に特化した植生・植物相研究はないようであり，筆者らは1997年に北部の入り江に上陸した。

ハイマツとミヤマハンノキが記録されているが，ダケカンバとチシマザサは記録されていない。維管束植物として146種が記録されている。

3-7. チルポイ島

(CHP：チルポイ北島；Plate 12，図 2-8)

> 船から遠望した時には溶岩台地が目だったので新しい島のようにみえたが，岬の方の丘は非常に豊かな高山草原で，……「花の浮島」といったキャッチフレーズが頭に浮かぶ。
>
> (高橋，1996b)

ブラットチルポイ島の北東約2 kmにあり，間はラッコ水道と呼ばれる。近接したブラットチルポイ島とは兄弟島ともいえ，併せてChiornye Bratiaとも呼ばれる。島の周囲は約22 km，中央の南北に3つのピークが連なり，特に中央の硫黄山(Chernoga volcano)は活動が活発で，1896年ごろには硫黄の採掘も行われていた。日本では本島の方を「ブラッドチリホイ」と呼んでいたことがあるので，南島と混同しないように注意が必要である。

図 2-8　チルポイ島・ブラットチルポイ島(Takahashi et al., 1997を一部改変)。灰色部分は調査範囲

日本におけるチルポイ島産植物の最初の記録は松平(1895)である。そこでは北原多作氏が色丹島・ウルップ島・チルポイ島で採集した72種がリストされ，このうちチルポイ島産はムカゴトラノオ，ガンコウラン，イワヒゲなど8種であった。Takahashi et al.(1997)が，日米ロの調査結果をとりまとめた島の予報的なフロラを発表した。

チルポイ島にはミヤマハンノキはあるが，ハイマツ，ダケカンバ，チシマザサが記録されていない。ブラットチルポイ島にハイマツがあることを考慮すると，チルポイ島ではより火山活動が活発で植生に影響があったことがうかがわれる。

維管束植物として140種が記録されている。

3-8. ブロトン島(BRO；Plate 12，図2-9)

チルポイ島の北北西20 kmに位置し，島の周囲はおよそ11 kmで面積は約7 km^{2}とされる。標高800 mのピーク1つからなり，1山1島の小島である。周囲は海岸断崖が続くが，所々に転石浜があり上陸できる。古くから千島アイヌのラッコ猟の場だったとされ，またブロトン島の名前はイギリスのブロトン探検隊が回航したことによるといわれる。

これまでブロトン島に特化した植物研究報告はなく，記録されている維管束植物は29種にすぎない。

3-9. シムシル島(SIM；Plate 13，図2-10)

「中部千島でどこに一番行きたいか」。もし私が質問されたら，「シンシル島へ」と答えるだろう。そして息もつかず「ブロトン湾へ」とつづけるであろう。　(舘脇，1971)

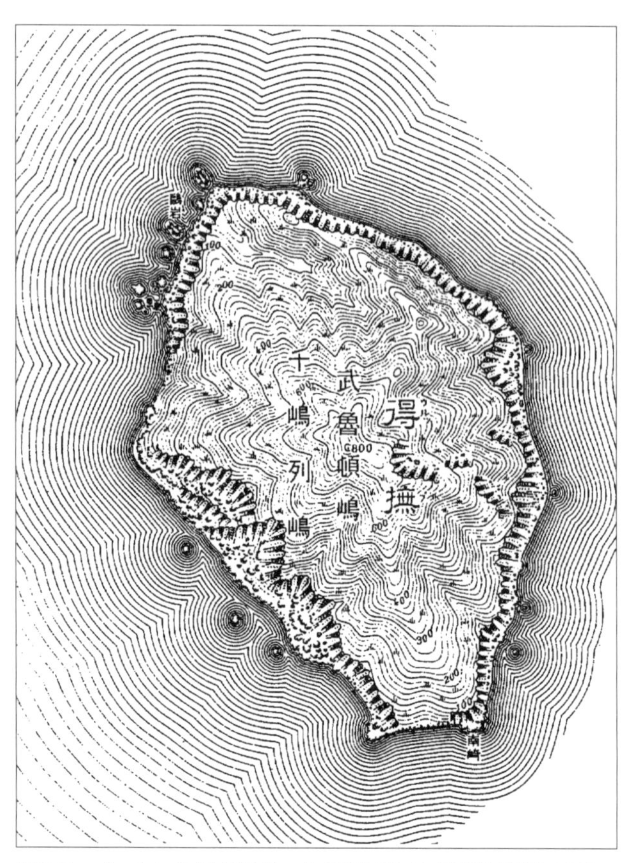

図2-9　ブロトン島(地図番号：知理保以島01号西北部(共9面)，発行年：1917(大正6)年10月30日，国立国会図書館蔵)

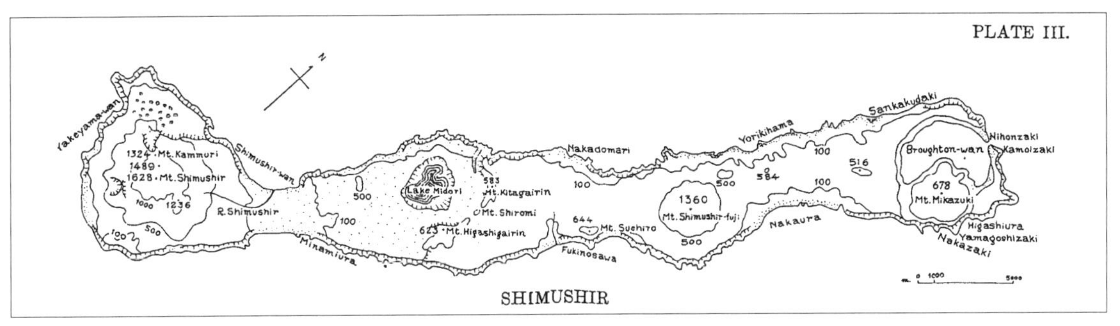

図 2-10　シムシル島(Tatewaki, 1932 を一部改変)

千島列島では7番目に大きな島で，長さ約50 km，幅平均7 km 程度で全体長い数珠形をしている。根室の北東およそ530 km，カムチャツカ半島の南西およそ460 km に位置するので，千島列島ではすでにまんなかよりもカムチャツカ半島側に位置している。既述したように，南西側には幅約97 km のウルップ海峡(ブッソル海峡)を隔ててウルップ島があり，北東側にはわずか17 km のシムシル海峡(ディアナ海峡)を隔ててケトイ島がある。新知岳や新知富士といった火山や，カルデラ湖の緑湖やクレーターが水没したブロトン湾といった火山地形に富んでいる。ブロトン湾は中千島随一の良港といわれ，ソビエト連邦時代には原子力潜水艦基地が置かれていた。筆者らが2000年に上陸したときにはすでに撤収され基地は廃墟と化していた。

シムシル島固有の植物研究は Tatewaki(1931, 1932)による中千島の植生・植物相研究のなかで取り上げられたのが初めてである。戦後の Tatewaki(1957)，Barkalov(2009)の千島列島フロラリストのなかに，シムシル島産植物も含まれている。

森林植生はウルップ島と共通しており，その点では国後島や択捉島など北海道に近接する南千島のそれとは大きく異なっている。すでに高木林はなく，森林植生の主要要素は低木林のハイマツとミヤマハンノキで，ダケカンバがそれらに次ぐ。ウルップ島まで見られた多くの温帯性低木類はシムシル島まで到達しておらず，低木状のイチイがときに見られる。

ハイマツ低木林は新知富士よりも北部にはよく発達し，ときに海岸近くまで下りるが，緑湖を含む島中部で見られないのは興味深い。南西端では再度ハイマツ林が散見される。ダケカンバ林は島北東部の低標高にしばしば見られ狭い帯を形成する。島中央部はミヤマハンノキ林で特徴づけられ，さらに北東部や南西部にも広がっている。ミヤマハンノキ林の高さは場所により1〜6 m と変化し，林床植生も場所によりさまざまだが，低標高ではチシマザサが優占する傾向にある。これ以外に，オノエヤナギが島南部の河畔に見られ，ほふく性のタカネイワヤナギなどが島中央部平坦地に見られる。

森林植生以外の海岸植生，ヒース植生，イネ科草原，低地の高茎広葉草原，亜高山性広葉草原，湿原・沼沢地植生などはウルップ島と同様である。またシムシル島を特徴づける植生として，遷移初期と思われる火山高地の植生(火山礫原植生)が Tatewaki(1931)で特記されており，チシマヒナゲシ，チシマクモマグサ，イワブクロなどがリストされている。

シムシル島の島固有種はないが，千島列島固有種としてカタオカソウ，ウルップトウヒレン，シムシルタンポポなどが分布しており，ウルップ島との共通性がうかがわれる。

3-10. ケトイ島(KET；Plate 13，図 2-11)

> 中部千島で一番孤独で陰鬱な島は，おそらくケトイ島であろう。　(舘脇，1971)

シムシル島の北東わずか17 km に位置し，直径9〜10 km のほぼ円形の島で大きさは73 km^2，

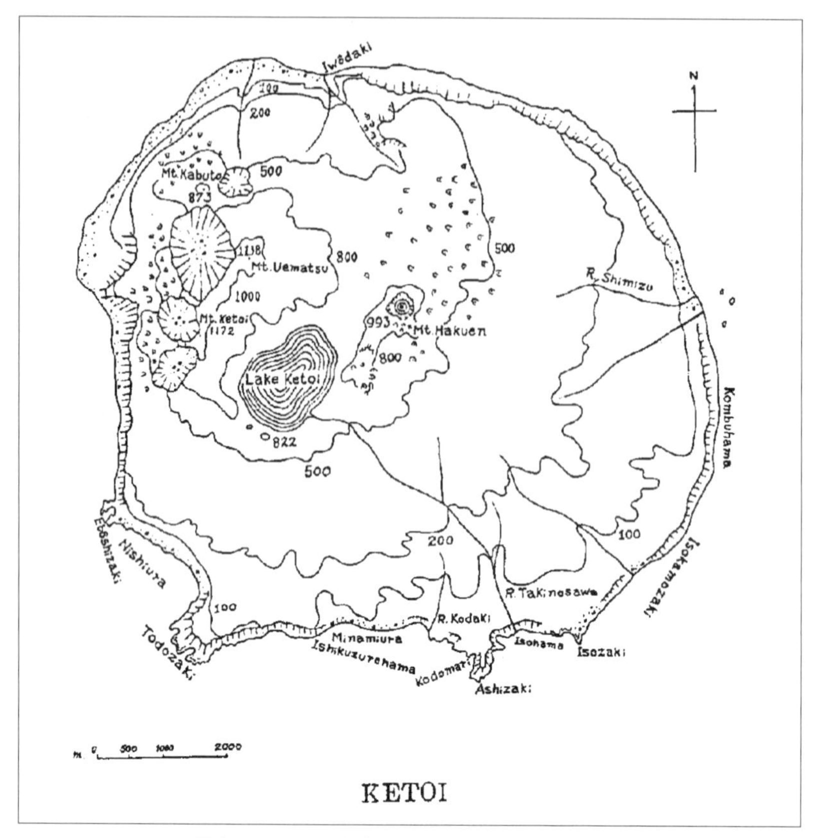

図2-11　ケトイ島(Tatewaki, 1932を一部改変)

千島列島全体で11番目の大きさである。ケトイ島の北東22 kmには小さなウシシル北島・南島がある。火山性の小島で，中部から北部にかけて数座の火山ピークがあり，最高峰は計吐夷岳の1,166 m，白煙山(990 m)は活火山で，その両ピークの間にカルデラ湖の計吐夷湖がある。南部はやや緩やかな平坦地となり沼沢地もある。中千島でも上陸しにくい島として知られ，アメリカの飛行探検家のリンドバーグ夫妻が不時着した島としても知られる。ケトイ島の植物はTatewaki(1931, 1932)による中千島の植生・植物相研究のなかで取り上げられている。また戦後のTatewaki(1957)，Barkalov(2009)の千島列島フロラのなかにケトイ島産植物が含まれている。

森林植生は最近の火山噴火によりダメージを受けているものの，南側にはよく残っている。低地から高標高の植生限界までハイマツ林が発達し，丈は1.5～2.5 mとなる。島で最も丈の高い樹木はダケカンバで3～6 mである。特に白煙山の南面にダケカンバ林が発達している。また林床には1～1.5 mに達するチシマザサが生え，この島がチシマザサの北東限となっている。土壌がより多湿で栄養分がある所にはミヤマハンノキ林が成立するが重要度は上述の2つの林に比べると落ちる。

海岸植生，海岸断崖植生，ヒース植生，イネ科草原，低地高茎広葉草原，亜高山性広葉草原，湿地・沼沢地植生などはウルップ島，シムシル島とほぼ同様である。また白煙山の西斜面には，さまざまな粒径の溶岩砕片の上に成立したコメススキ，ミヤマクロスゲ，クモマスズメノヒエなどからなる火山礫原植生が特記されている(Tatewaki, 1931)。

ケトイ島が北東限となる温帯性木本種としては，ミネヤナギ，ナナカマド，イチイが挙げられている。千島列島固有種としては，カタオカソウ，ケトイタンポポ，シムシルタンポポが挙げられ，思ったほどには少なくない。ケトイ島がタイプ産地のケトイヤナギはタカネイワヤナギとミネヤナギの交雑種と考えられている(Barkalov, 2009)。最近の火山活動による植生ダメージは限定的で，むしろ植生の多様性創出に貢献しているともみられ，またウルップ島以北の中千島に典型的な森林植生も維持されているとみなせる。

3-11. ウシシル島(Ush；Plate 14・15，図 2-12)

> 霧には随分馴れたはずの私も，ウシシル島の霧には相当なやまされた。中部千島の海霧といえば，いまも私はすぐウシシル島を反射的に思い出す。 (舘脇，1971)

ウシシル島は全体で 5 km^2 程度の小さな島で，南島と北島からなる兄弟島である。地形はまったく異なり南島の最高峰は 388 m(Tatewaki, 1932 では 401 m)で南側に開いて水没したクレーター(暮田湾)をもつやや四角形の島。面積は約 2.6 km^2 である。湾の近くには硫黄の噴気孔や温泉が湧き出している。千島アイヌにより「神の島」と呼ばれていたという。北島は南島よりやや小さい狭楕円形で最高標高 121 m の台地状の島で，南島の北側 430 m に位置し，干潮時には両島は砂州で連絡している。

ウシシル島の周辺は海鳥類の多いことで知られ，また戦前はアオギツネが繁殖のために導入され，養狐業の番人小屋があった。筆者らも上陸時にその子孫とみられるアオギツネを見た。島固有の植物研究は，戦前の Tatewaki(1931, 1932)による中千島の植生・植物相研究のなかで取り上げられたのに始まり，その後の Tatewaki(1957)や Barkalov (2009)の千島列島フロラのなかにウシシル島産植物が含まれている。

ウシシル島では高木林は見られず，ハイマツ，ダケカンバ，オノエヤナギも欠き(Barkalov, 2009 によると文献記録はある)，わい性のミヤマハンノキやタカネナナカマドが見られるのみである。面積が限られた小島のため冬の強い季節風の影響を受

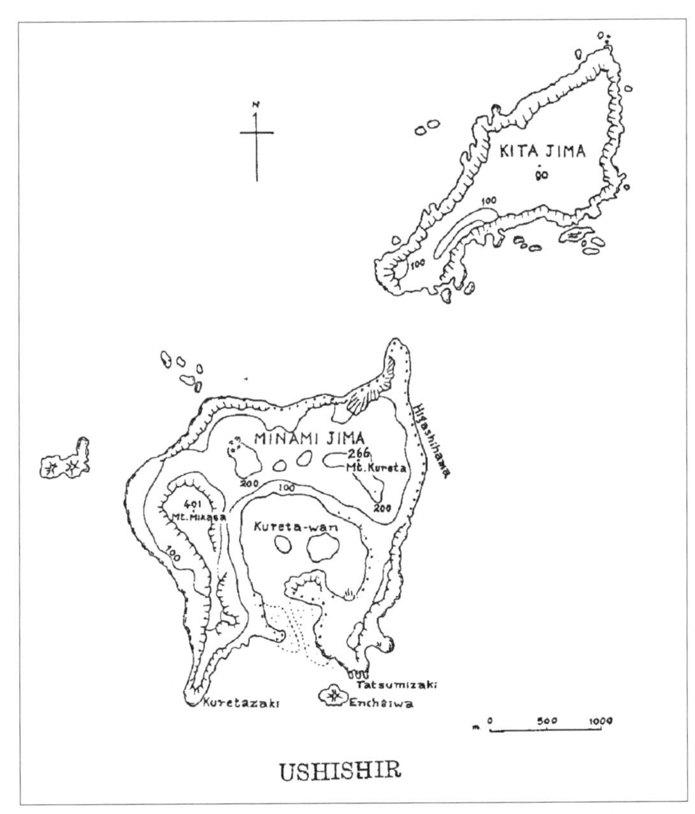

図 2-12　ウシシル北島・南島(Tatewaki, 1932 を一部改変)

けていると考えられる。イネ科草原，高茎広葉草原，亜高山性広葉草原，ヒース植生，海岸植生が認められ，特に北島にはヒース植生が発達する点で，南島の植生とは明瞭な差がある。Barkalov (2009)では文献記録のみの種が多数リストされており，証拠標本の確認が必要である。ウシシル北島がタイプ産地の植物としてウシシルスゲ(Ohwi, 1935)が報告されているが，タカネヤガミスゲに近い種類でありさらに検討が必要である。千島列島固有種としてはシムシルタンポポのみが記録されている。

3-12. ラシュワ島(RAS；Plate 16, 図2-13)

しばしばキバナシャクナゲだけで純群落をつくり，それが大きなクッションのように広がっていた。私たちはその上にころがって，千島の山らしい大気を胸一杯に吸い，その足裏の感触を忘れないように心して歩きまわった。（舘脇，1971)

ラシュワ島は根室半島から北東に670 km，カムチャツカ半島から南西に380 kmの位置にあり，中千島に所属する島ではあるが北海道よりもカムチャツカ半島に近い。全体は南北にやや長い楕円形で面積67 km^2，千島列島では13番目の大きさである。ウシシル島の北東15 kmに位置し，本島のさらに北東26 kmには次のマツワ島がある。最高標高は北部にあるポロチャヌプリ Mt. Razvalで948 m(Tatewaki, 1931では956 m)，すぐ横のラシュワ火山は活火山で，大沼・小沼をはさんで南部には長頭山495 m(Tatewaki, 1931では503 m)がある。千島アイヌの永住地があったという。

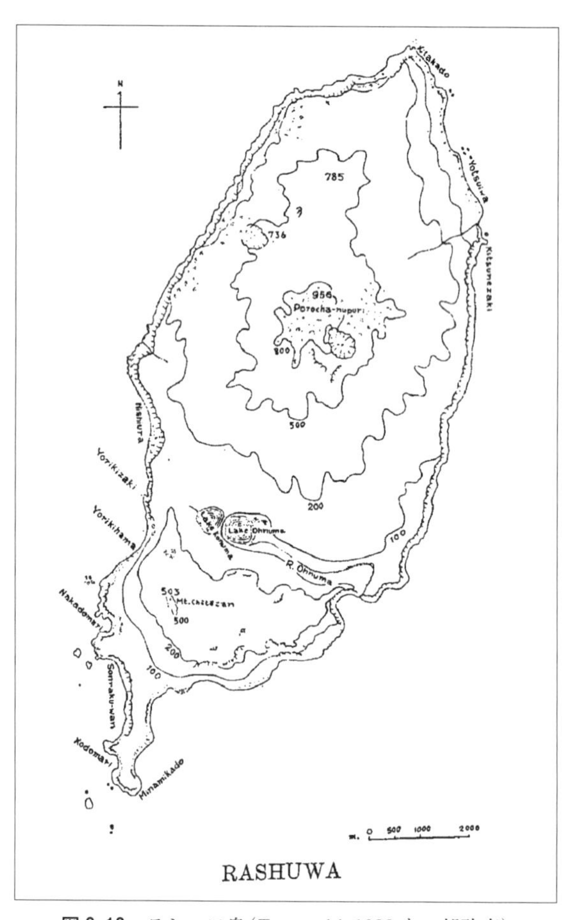

図2-13　ラシュワ島(Tatewaki, 1932を一部改変)

ラシュワ島からは，「北海の珍草いしのなずな」としてアブラナ科のイシノナズナが当時の日本新産植物として報告されている（舘脇，1931b）。また本島の植物は戦前のTatewaki（1931, 1932）による中千島の植生・植物相研究のなかで取り扱われており，さらに戦後のTatewaki（1957）やBarkalov（2009）による千島列島フロラのなかにラシュワ島産植物が含まれている。

ラシュワ島には低木状のハイマツ，ダケカンバ，ミヤマハンノキなどからなる森林植生が認められるものの，本島より南西の諸島と大きく違うのは，林床にチシマザサをともなわない点である。チシマザサはケトイ島を北限とすることをもう一度強調したい。主要な森林植生はハイマツ低木林であり，次にダケカンバ林，ミヤマハンノキ林が続く。ハイマツ林は海岸段丘上から高山まで島全体で見られる。ダケカンバ林は標高約250 mの高さまでの山岳斜面に見られ，渓谷ぞいではときに高さ6〜10 mにもなる。ダケカンバ林の千島列島での北限がここラシュワ島である。ラシュワ島より北に位置する千島列島の島々ではダケカンバが欠落し，カムチャツカ半島に至って再度出現する。ミヤマハンノキはこれらに比べると本島での重要性は低いが，ときにヒース状にべったりと地表面を覆い，寄生植物オニクをしばしばともなう。

海岸植生，ヒース植生，イネ科草原，低地高茎草原や亜高山性広葉草原，湿原・池沼植生などはほかの中千島の島々と似ている。

千島列島固有種は本島から記録されておらず，植物相の固有性は若干低いと思われる。ラシュワ島がタイプ産地のラシュワヤナギはタカネイワヤナギとミネヤナギの交雑種と考えられ，ケトイヤナギのシノニムではないかとみられている（Barkalov, 2009）。ただし，現在片親と想定されるミネヤナギはケトイ島までしか分布しておらずラシュワ島では見られない。

コラム3　植物和名に見る人名

よく発見者の名前が学名につけられた，という話を新種発見のニュースで耳にする。ラテン語である学名ではなく日本語の和名の方に人名が採用されることもよくあり，特に千島列島産の植物に多くの例がある。

明治天皇の侍従・片岡利和は1891〜92年にかけて天皇の命を受け千島列島を探検した。このときに随行した多羅尾忠郎が著した『千島探検実紀』（1893）のなかで，宮部金吾が千島列島新産植物としたものに，キンポウゲ科のカタオカソウとアカバナ科のタラオアカバナがある。このうちカタオカソウの学名は現在*Pulsatilla taraoi*が使われているので，和名では片岡氏，学名では多羅尾氏ということになる。『北千島調査報文』（1901）は北海道庁職員の高岡直吉，栃内壬五郎，相澤元次郎，河野常吉らによる探検調査の報告書だが，この報文のなかで宮部金吾・川上瀧彌は，アブラナ科のグンジソウ，マメ科のアイザワソウ，コウノソウ，サクラソウ科のトチナイソウ，ムラサキ科のタカオカソウ，ゴマノハグサ科のアイザワシオガマと実に6種の和名に人名を使っている。このうちグンジソウは千島列島開拓の先駆者として知られ，千島報効義会を結成しシュムシュ島に入植した郡司成忠を記念したものである。

一方，ユキノシタ科のキヨシソウは，1891年のウルップ島調査で内田瀞（きよし）が採集した標本に基づき宮部が命名した和名であるとされ，採集家須川長之助に基づいたチョウノスケソウと同様に，苗字ではなく名の方が使われている。

植物和名に人名がつけられたのは，時代性もあり，現在はあまり推奨されない。なるべく植物和名を記憶しやすいよう，植物の特徴をとらえた名前がつけられる傾向にある。一方で新種学名の形容語には現在でも頻繁に人名が使われる。これは種の報告数が多くなるに従い，既報告の学名と同じになる（後続同名）のを避けたい，という植物学者の心理も働いているのだろう。

3-13. マツワ島（MAT；Plate 16，図2-14）

> 大和湾は農林省でも中部千島の一基地として，越年舎も中部千島のほかの島（シンシル島ブロトン湾を除く）より大きく，ガッシリしたものを二棟も置き，……ここでもっとも豪勢だったのはラッコの毛皮の集積で，多いときには15枚くらいもあった。　（舘脇，1971）

ラシュワ島の北東26 kmに位置する，北西−南東方向にやや長い楕円形の島で，根室半島からは約700 km，カムチャツカ半島からは350 km離れている。島中央部に芙蓉山（Mt. Sarycheva；1,446 m）があり，1928年，1930年に噴火している。東側の大和湾の沖には磐城島が浮かび，南側のア

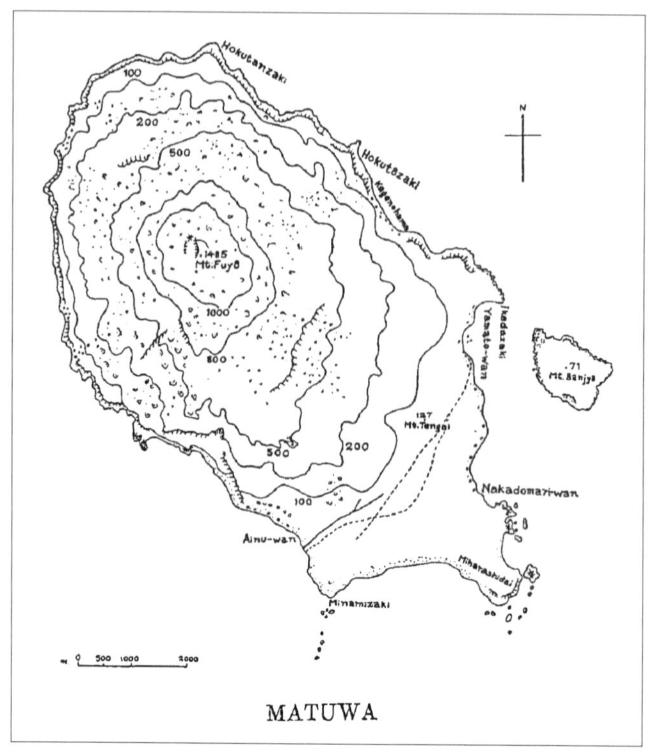

図 2-14　マツワ島(Tatewaki, 1932 を一部改変)

イヌ湾との間はやや平坦地となり第二次大戦前は日本陸軍の基地や飛行場，終戦後もソビエト連邦の国境警備隊基地が置かれていた。私が初めて上陸した1996年には国境警備隊が駐屯していたが，2000年に上陸したときにはすでに撤退しており，現在もマツワ島は無人島であると思う。

マツワ島の植物群落についてのTatewaki(1929)の報告があり7群落が認められている。その後，中千島の植生・植物相研究のなかでも取り上げられ(Tatewaki, 1931, 1932)，戦後のTatewaki(1957)やBarkalov(2009)の千島列島フロラのなかにもマツワ島産植物が含まれている。

植生は火山活動による影響もありやや単純で，特に標高800 m以上は裸地となっている。森林植生はほとんどミヤマハンノキ林で，ハイマツ・ダケカンバ・チシマザサが欠落している点は特筆される。ミヤマハンノキ林は沿岸地域から標高400 mくらいまで発達する。樹高は立地環境によりかなり変わり，高い場合は2.5 mかそれ以上になる。

海岸植生はやや単純，ヒース植生はガンコウランを主体として，ほかの中千島の島々に比べると構成種数があまり多くない。イネ科草原，低地高茎広葉草原，亜高山性広葉草原もほかの中千島と同じく見られるが，湿原・池沼植生は貧弱である。火山活動にともなって成立した火山礫原植生が見られる。

Tatewaki(1929)の摘要中ではマツワ島が北限の種としてイチイ(オンコとして)とアキタブキ(フキとして)を挙げているが，後のTatewaki(1957)，Barkalov(2009)ともにイチイの北東限はマツワ島の1つ南西のラシュワ島としており，イチイの北限をマツワ島としたのは何らかの誤りと思われる。アキタブキについては，Barkalov(2009)ではマツワ島よりも北の4島で分布を確認しており，筆者らもこれを確認した。現在，アキタブキはパラムシル島まで分布している(カムチャツカ半島にはない)。ただ廃屋の近くでしばしば見られることから，場所によっては日本人入植者がもち込んだ可能性があり，自生北限がどこかはっきりしない。千島列島固有種としてはケトイタンポポ，シムシルタンポポが本島から記録されており，いずれも新固有と思われる。また日本時代から基地が置かれていたこともあり，比較的多くの外来種が記録されているのも本島の特徴の1つである。

3-14. ライコケ島(RAI；Plate 17，図2-15)

> 広い火山灰の緩斜面下部に海鳥の巣が沢山ある。うっかりして巣を踏み抜いたりするわ鳴き声はうるさいわで，何とも落ち着きのない植物採集となった。 (高橋，1998)

マツワ島の北方約18 kmに位置する，面積4.6 km^2にすぎない小火山島。大千島列島の主線からやや北にずれており，標高551 mのライコケ山，1山で1島をなしている。1996年と2000年に島の北東側に上陸したが，火山灰の緩斜面下部に海鳥の営巣地が広がっていた。

ライコケ島の研究報告は戦前にはなく，Takahashi et al.(2002)で日米ロのフロラ調査をまとめて発表した。その後は，Barkalov(2009)の千島列島フロラリストのなかにライコケ島産植物が含まれている。

ハイマツやダケカンバは欠落しているが，その代わりにタカネイワヤナギなどのほふく性のヤナギ属やミヤマハンノキが確認された。海岸植生，低地高茎草原，ヒース植生などが断片的に観察できたが，維管束植物は全体で71種しか記録されていない。

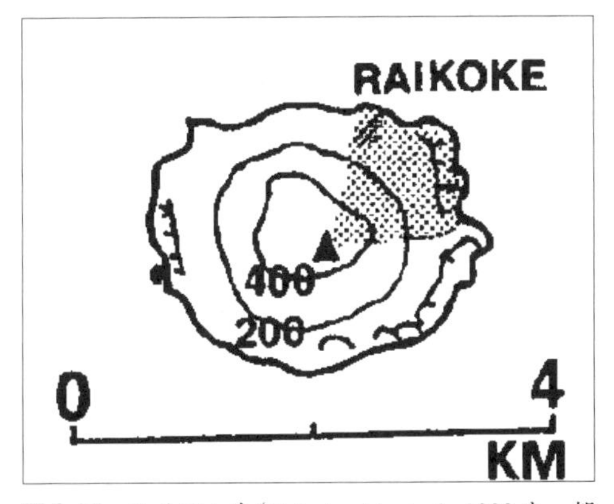

図2-15　ライコケ島(Takahashi et al., 1999を一部改変)。灰色部分は調査範囲

3-15. シャシコタン島(SHS；Plate 18，図2-16)

> ザカトナヤ湾に上陸。海岸付近のアキタブキ群落のふちで見たオオバナノエンレイソウが印象的であった。やはり子房は黒色だった。 (高橋，1998)

マツワ島の北東およそ86 km，ライコケ島の北東およそ70 kmにある北東－南西に主軸があるダンベル形の島。マツワ島＋ライコケ島とシャシコタン島の間はクルーゼンシュテルン海峡と呼ばれ，シャシコタン島まで約20 kmの海峡上にトドの生息地として有名なロブシュキ岩礁(牟知列岩)がある。シャシコタン島の面積は122 km^2で千島列島全体でも10位の大きさと比較的大きいが，周囲は断崖が多くなかなか上陸できず，中央部の狭い地峡部の北側に面する乙女湾の砂浜に上陸が可能である。北東部には標高934 mのシナルカSinarka火山がある。古来ラッコ猟が行われ千島アイヌの穴居跡があるといい，1893年には報効義会会員が上陸して越年を試みたが，病死したり行方不明となった悲劇の島でもある。

戦前の調査報告はないようであるが，戦後にEgorova(1964)がシャシコタン島のフロラを報告した。この後も島に特化した報告はないが，Barkalov(2009)の千島列島フロラリストには本島産植物も含まれている。

島全体で220種の維管束植物が記録されており，ハイマツ林とミヤマハンノキ林がある。

3-16. エカルマ島(EKA；Plate 18，図2-17)

> 夕方には続けてエカルマ島に上陸する。日が長いのでやれる作戦だが1島あたりの調査時間は短く，ややつらい。チリンコタンに較べればずっと種類豊富な島だった。 (高橋，1998)

シャシコタン島の北西8 kmに位置する面積30 km^2程度のやや小さい島で，東西方向に長い長方形をしている。最高標高は1,170 mのエカル

図 2-16　シャシコタン島(Atlas of Sakhalin Region part II, 1994 を一部改変)

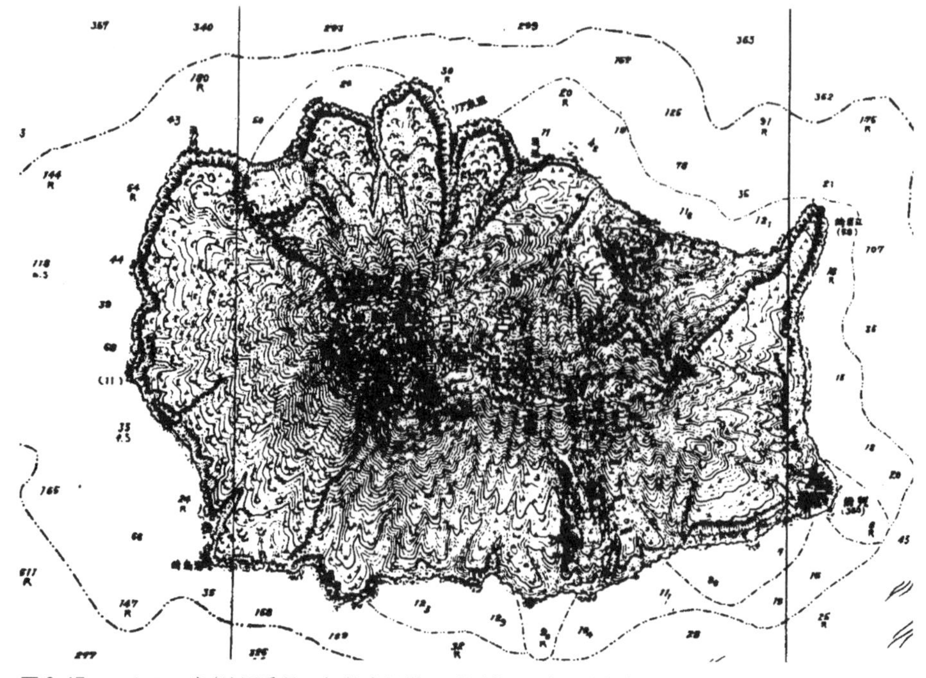

図 2-17　エカルマ島(地図番号：知林古丹嶋 03 号(共 2 面)，発行年：1918(大正 7)年 6 月 30 日，国立国会図書館蔵)

マ火山で，海岸はおおむね断崖で上陸が難しい。筆者らは1996年に北側の沢に上陸したが，時間は限られ調査は不十分であった。これまでエカルマ島に特化した調査報告はないようであるが，Barkalov(2009)の千島列島フロラにもエカルマ産植物が含まれている。

これまでに維管束植物120種が記録されている。ミヤマハンノキは記録されているが，ハイマツは記録されていない。

3-17. チリンコタン島(CHN；Plate 19，図2-18)

> 風が強く上陸地点を決めるのに手間取った。……段丘部分がほとんどなく，海岸からすぐに涸れ沢を直登する　(高橋，1998)

エカルマ島の西，29 kmに位置する小島。全体ほぼ円形で直径2.5～3 km，面積6 km^2，ピークは724 mのチリンコタン火山である。筆者らは1996年に島の北側の涸れ沢に上陸した(Takahashi et al., 1999)が，これはこれまででほぼ唯一の植物学者による調査である。調査時間・範囲とも限られていたため，維管束植物として39種しか記録できていない。木本はタカネイワヤナギしか確認できず，ハイマツやミヤマハンノキは見つけられなかった。一般に，中千島の小島ではハイマツ林やミヤマハンノキ林が成立しがたく，特に風あたりを免れた涸れ沢には，ほふく性のヤナギ属の低木が最初に成立する樹木と推定される。

3-18. ハリムコタン島
(KHA；Plate 19・20，図2-19)

シャシコタン島の北東約23 kmに位置する北西を頂点とするやや三角形の島で，面積68 km^2。千島列島全体で12番目，ラシュワ島とほぼ同じ大きさである。中央に春牟古丹岳(1,157 m)があるが，北西部と南東部にややなだらかな平坦部があり，それぞれ西鶴沼，東鷗沼などいくつかの池沼がある。北隅によい錨地があり，春牟古丹錨地(Severgina湾)と呼ばれ，筆者らもここに上陸した。海岸砂丘の後背地には湖沼の干上がった跡もあり，イワブクロが非常に多かった。

Takahashi et al.(2006)で，ハリムコタン島の植物相研究を報告したが，これ以外には本島に特化した報告はないようである。Barkalov(2009)の千島列島フロラにも本島産植物が含まれている。

ハイマツ林，ミヤマハンノキ林があり，ヤナギ属の低木林もある。維管束植物180種が記録されている。

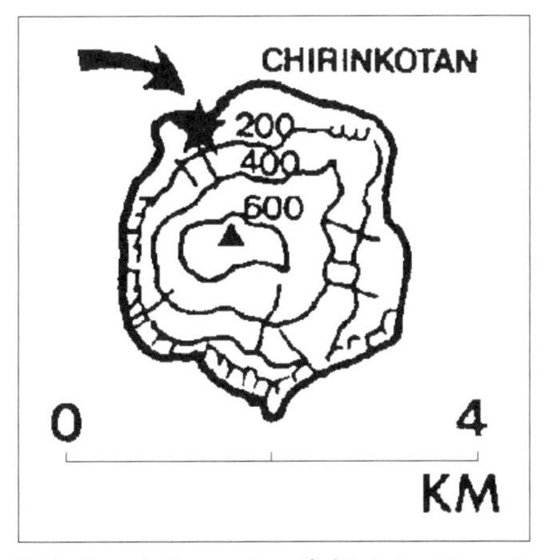

図2-18　チリンコタン島(Takahashi et al., 1999を一部改変)。星印は上陸地点

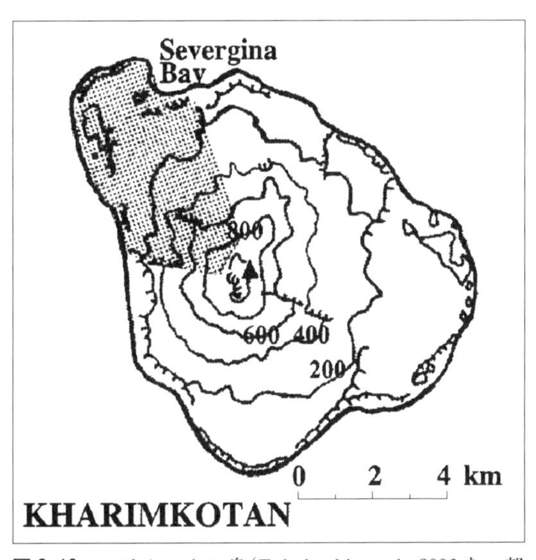

図2-19　ハリムコタン島(Takahashi et al., 2006を一部改変)。灰色部分は調査範囲

3-19. オネコタン島（ONE；Plate 21・22，図2-20）

> 北はじネモ湾（根茂湾）に上陸。ここは舘脇先生はじめ多くの研究者が入った場所でもある。海岸段丘の上までしっかり踏み跡道がついていた。（高橋，1998）

ハリムコタン島の北東およそ17 kmに位置する，面積425 km^{2}で千島列島中5番目に大きい島である。南南西から北北東に延びたややひょうたん形をし，南部の膨大部にはカルデラの幽仙湖がありその中島が最高峰の黒石岳（Mt. Krenitsyna；1,324 m）となっている。島の北部には火山，根茂山（Nemo Volcano；1,019 m）があり，その北部に蓬萊湖がある。北西端には好錨地の根茂湾がある。古来より，千島アイヌがシュムシュ島やパラムシル島から本島までラッコ猟や狐猟のためにやってきて住居もあったという。

Chernyaeva（1976）によるオネコタン島のフロラ研究がある。それ以外では島に特化した研究報告はないようであるが，Barkalov（2009）の千島列島フロラにも本島産植物が含まれている。

ネモ湾の渓谷沿い斜面には，雪田性の亜高山性広葉草原があり，エゾコザクラが目立った。海岸段丘上には，ミネズオウなどツツジ科植物を主体とするわい性低木群落（ヒース植生）がよく発達していた。全体として山麓下部はミヤマハンノキの低木林となっており，島南部では標高400 m付

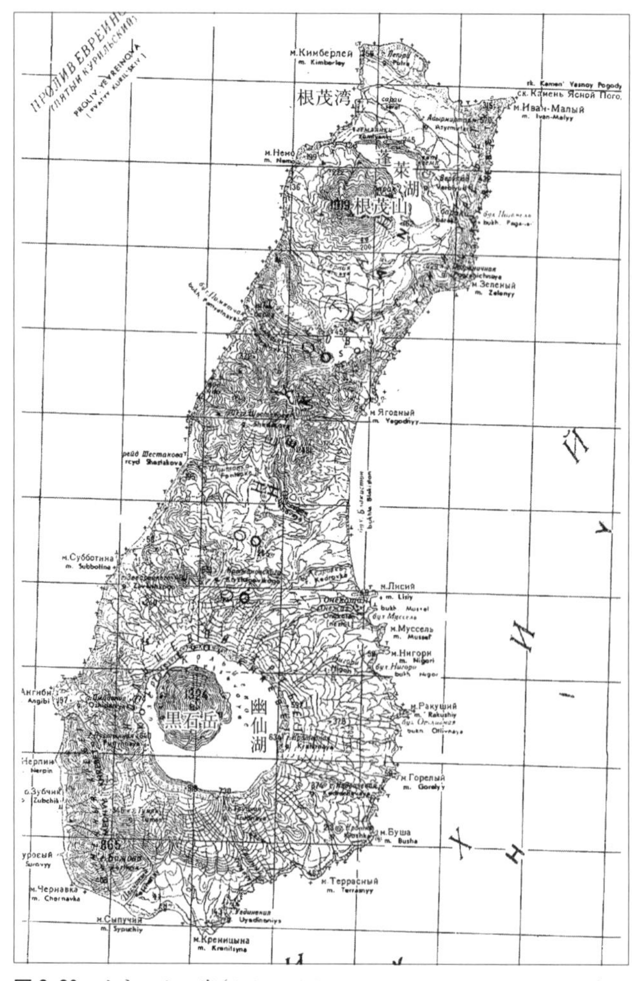

図2-20　オネコタン島（Atlas of Sakhalin Region part II, 1994を一部改変）

近から上はハイマツ林に置き代っていた。ダケカンバは欠落しており，結局高木からなる森林はオネコタン島には存在していない。維管束植物として 321 種が記録されている。

3-20. マカンル島(MAK；Plate 22，図 2-21)

> 鞍部のべったりはったミヤマハンノキの周辺に寄生植物オニクがにょきにょき出ている様は，木と草のサイズが逆転してしまったようでおもしろい。　(高橋，1999)

オネコタン島の北西約 30 km に位置する，面積 49 km^2 と大きさは千島列島 16 番目の島で，マツワ島と似たような形と大きさの島である。最高標高は三高山(Makanrushi volcano；1,169 m)で地勢は全体険しいが，南部にやや平坦地がある。マカンル島の西方約 19 km に帆掛岩(Avos)といわれる三角形の裸岩がある。

これまでマカンル島に特化した植生・植物相研究はないが，Barkalov(2009)の千島列島フロラのなかには本島産植物も含まれている。山麓部にはミヤマハンノキ低木林があるが，特に風衝地ではほふく性のヒース植生のような相観となる。その上部にハイマツ林が成立するが，ダケカンバは欠落している。維管束植物 145 種が記録されている。

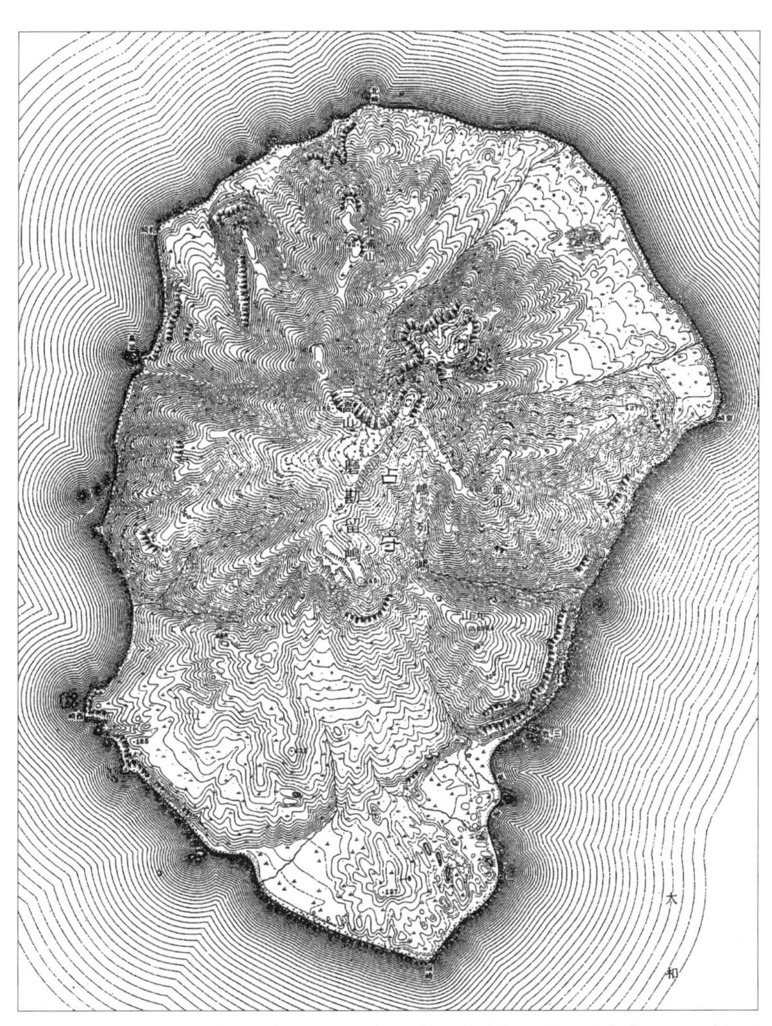

図 2-21　マカンル島(地図番号：温禰古丹嶋 10 号(共 5 面)，発行年：1917(大正 6)年 8 月 30 日，国立国会図書館蔵)

3-21. シリンキ島(ANT；Plate 23，図 2-22)

> パラムシル島の南西にぽつんと孤立した小さな島である。地形などの印象はチリンコタン島に似ており，……沢を上がっていくとエトピリカが巣から次々と飛び立つのには驚いた。　(高橋，1999)

パラムシル島南西端の西方 15 km，マカンル島の北東約 46 km に位置する小島である。ピークは 747 m で1山1島，面積およそ 8 km^2，ブロトン島・ライコケ島・チリンコタン島などと類似した小島である。海岸は断崖となり上陸は困難だが，筆者らは 1997 年に北側の小さな涸れ沢に上陸できた。これまでシリンキ島に特化した植生・植物相研究は報告されたことがないが，Barkalov (2009)のフロラにはシリンキ島産植物も含まれている。そこではムラサキイワベンケイ，マルバトウキ，テンキグサ，シコタンハコベなどの海岸植物 23 種のみが記録されており，ハイマツ，ミヤマハンノキ，ヤナギ属，ダケカンバなどの木本類が欠落している。

3-22. パラムシル島(PAR；Plate 23～25，図 2-23)

> 日本アルプス頂上 2,500～2,700 米以上の地を切り離して海上に安置したものと考えてよい　(小泉・横内，1958)

オネコタン島の北北東約 57 km の海峡を隔てて存在する大島。本島は南西から北東に延びた，途中で腰折れた長四角形の島で，長さ 100 km，幅 20 km ほどで面積 2,053 km^2 になり北千島では最大，千島列島全体でも択捉島に次いで2番目に大きな島である。島の長軸にそって山脈が連なりオホーツク海側と太平洋側との分水嶺になっている。南西部に千倉岳，後鏃岳，冠岳など 1,600 m 以上の高峰が集中するが，北東部の町セベロクリリスク郊外のエベコ山でも 1,156 m の標高がある。8月に海上から見るパラムシル島の連山はあたかも雪をかぶった大雪山系が突如海上に現れたようなスケールであり，ほとんど植物学者が足を踏み入れたこともない場所が多々あり，島全体のフロ

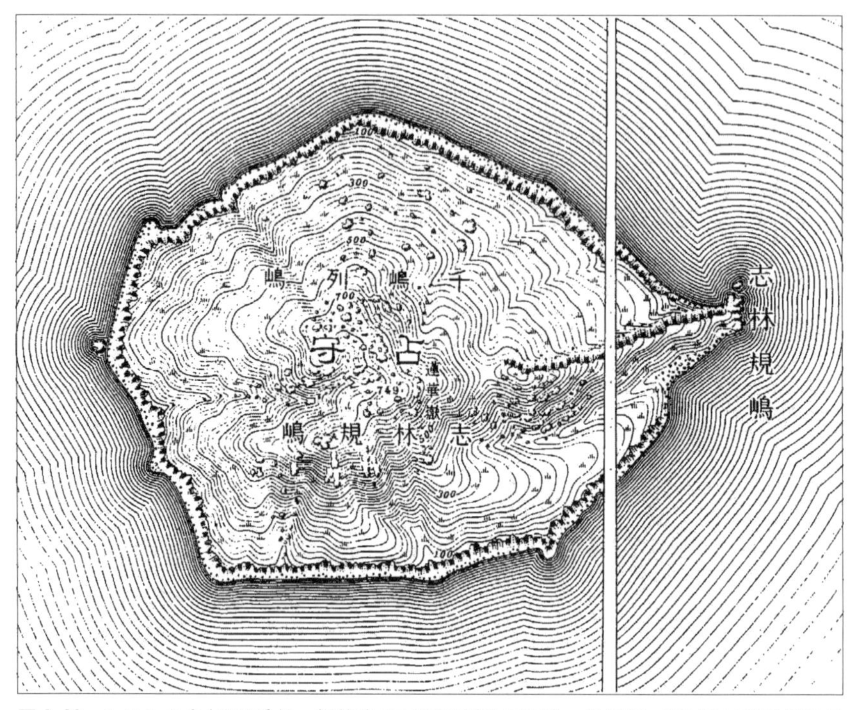

図 2-22　シリンキ島(地図番号：幌筵島 15 号西部(共 12 面)，発行年：1916(大正 5)年 7 月 30 日，国立国会図書館蔵)

ラはいまだ完全ではない。

筆者らが上陸できたのは，セベロクリリスクが位置する柏原湾や南西部の鯨湾，南端の武蔵湾，南東部の乙前湾であった。

パラムシル島の植物研究は，Kudo(1922)のパラムシル島のフロラ“Flora of the Island of Paramushir”に始まり，Tatewaki(1934)の北千島フロラのなかでも取り上げられ，さらにハリナズナ(アカマロソウ)の発見記(大井・吉井，1934)，舘脇・赤木(1944)による植物群落調査報告がある。戦後はTatewaki(1957)の千島列島フロラリスト中でパラムシル島産植物が取り上げられ，Barkalov(1980, 1981)で新産植物が追加され，Barkalov(2009)の千島列島フロラにもパラムシル島産植物が含まれている。なお小泉秀雄の1932年調査の記録が小泉・横内(1958)で発表されており，各所での種リストが詳述されている。小泉の植物標本はTIに保管されている。またハリナズナの再発見記録(高橋ほか，1998)や，Okitsu et al.(2001)・沖津(2002)によるエベコ山の植生報告がある。

高木からなる森林は存在せず，わずかにオノエヤナギが河川ぞいに高さ10 mまでの小林分を形成する。北部のエベコ山東斜面では標高350 mまではミヤマハンノキ低木林が優占し，ハイマツ低木林が少量混交，さらに風衝地などでは低木性ヒース群落が見られる。標高350〜650 mは低木性ヒース群落と草本植物が優占し，ミネズオウ，ガンコウラン，イワノガリヤスなどが見られる。標高650 m以上は火山活動により植被は疎らになる(沖津，2002)。一方，低地ミズゴケ湿原には

図2-23　パラムシル島・シュムシュ島(北海道庁，1901を一部改変)

北方系のわい性低木ヒメカンバがしばしば見られる。このほかにもチシマサカネラン，チシマヒエンソウ，チシマハマカンザシなどカムチャツカ系の北方植物が見られる。

パラムシル島がタイプ産地として報告された植物種としては，ベットブスゲとチシマアシボソスゲ(大井，1935)，シリヤジリスゲ(Tatewaki, 1934)などがある。このうちベットブスゲはタカネヤガミスゲに似ておりさらに検討が必要であり，チシマアシボソスゲは現在ではリシリスゲの1変種とされ，シリヤジリスゲは現在クロアゼスゲに含まれている。このためパラムシル島の島固有種はないようであり，千島列島固有種としてはケトイタンポポ，コタンポポ，シュムシュタンポポといった新固有のタンポポ属が見られるのみである。維管束植物は556種が記録され，うち外来種は62種と多いが，これはロシア人居住地のセベロクリリスクやそのほかにも軍事基地跡などが散在するためである。

3-23. シュムシュ島(SHU；Plate 26・27，図2-23)

> 見渡せば，野も山も，自然の花園であって，花のないところはない。この日，この好風景の印象は，長く忘れないであろう。凪ないで山谷おだやかである。　　(小泉・横内，1958)

パラムシル島の北東端とは，幅1～2 kmほどの狭い水道(パラムシル海峡)をはさんで北東に横たわる，砲弾形の島である。カムチャツカ半島南端のロパトカ岬とも11 kmほどの距離しかない。島は長さ29 km，幅20 kmほどで面積388 km^2，千島列島6番目の大きさで，オネコタン島の次に大きな島である。ただし，最高標高でも189 mにすぎず，島全体は起伏のある丘陵地となり，湿原・沼沢地が多い。

南西に位置する片岡湾は入植地として知られ，また第二次世界大戦終了後の日ソ激戦の地としても知られる。

シュムシュ島の植物研究は，矢部・遠藤(1904)による植生概況と植物リストの報告に始まる。その後，Tatewaki(1934)による北千島のフロラのなかで取り上げられ，舘脇・赤木(1944)による植物群落の調査報告がある。戦後はTatewaki(1957)の千島列島フロラのなかで取り上げられ，さらにBarkalov(1980, 1981)による新植物の追加報告を経て，Barkalov(2009)の千島列島フロラにも本島産植物が含まれている。パラムシル島で述べたように1932年の小泉の調査記録が戦後発表されている(小泉・横内，1958)。

高木林はないが，ハイマツとミヤマハンノキの低木林があり，互いに純群落をつくる傾向がある。パラムシル島と同様，やはりダケカンバは欠落する。海岸段丘にはよい亜高山性広葉草原があり一部地衣類が主体となる地衣ツンドラ的な植生もあり，チシマヒエンソウ，チシマハマカンザシ，キョクチハナシノブなど北千島に特徴的な北方系草本も見られる。ほかにイネ科草原とガンコウランなどのヒース植生が見られ，また湿地帯も広い。キンロバイが見られる湿原やヒメカンバのあるミズゴケ湿原は北千島に特徴的である。シュムシュ島がタイプ産地の植物としてはイネ科ヒナソモソモ(*Poa shumushuensis*(Ohwi, 1935))があり，現在ではサハリンやカムチャツカにも分布することがわかっている。維管束植物として450種が記録されている。

3-24. アライト島(ATL；Plate 28，図2-24)

> 北千島において，もっとも早く降雪のあるのは，アライト富士の頂上であって，例年九月上旬に降雪がある。八月中旬に降雪のあることもまれではない。　　(小泉・横内，1958)

パラムシル島の北東端より約22 km北西に位置する1独立峰よりなる孤島である。ピークはアライト山(Alaid volcano；2,339 m)で千島列島はおろか、千島列島・サハリン・北海道を併せた地域での最高峰であり，戦前は「阿頼度富士」とも称された。最近では1932年と1981年に噴火している。

北海道大学農学部学生の伊藤秀五郎・小森五作によってもたらされた植物標本のリスト(Tatewaki, 1927)にはじまり，Tatewaki(1934)の北千島フロラリスト中に取り上げられ，戦後の

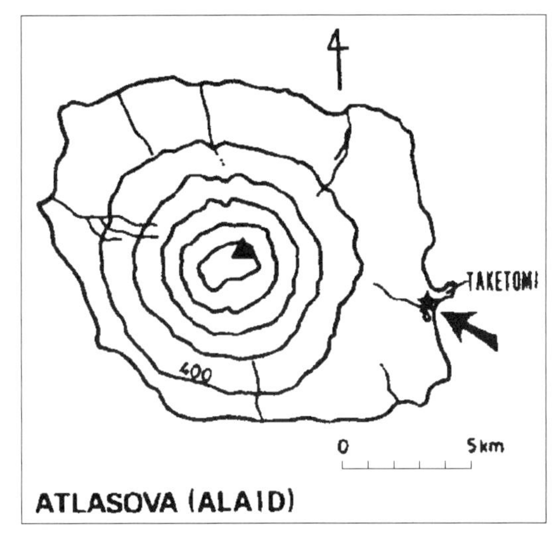

図 2-24　アライト島(高橋・粟原，1998 より一部改変)。星印は上陸地点

Tatewaki(1957)，Barkalov(2009)でも本島の植物が千島列島フロラのなかでリストされている。パラムシル島，シュムシュ島と同様に，1932 年の小泉秀雄による調査行が戦後に発表されている(小泉・横内，1958)。高橋・粟原(1998)で，1933〜1934 年の火山活動により新たに形成されたとみられる汽水湖からカワツルモ属植物(ヤハズカワツルモ)を千島列島初記録として報告している。

活発な噴火活動によるためか，本島にはハイマツ林が欠けている。1997 年 8 月中旬の調査では，アライト山のすそ野にはミヤマハンノキ低木林が広がり，ときにタカネナナカマドを交える。東面のミヤマハンノキ林は標高 300 m くらいでスコリア(岩滓)が堆積する火山砂礫原に移行した。そこでは最近の火山活動で焼かれたと思われるミヤマハンノキの白骨のようになった幹がそこここに残っていた。ミヤマハンノキ低木林の前線地域には海岸植物のハマニンニクやオノエヤナギの侵入が見られ，ミヤマハンノキの萌芽も見られた。標高 500 m で雪渓に達したが，そこまでの火山砂礫原には，アライトヨモギ・ハハコヨモギなどが疎らに生えていた。山頂は地衣帯の上限に達し，雪線に迫るものともされる(小泉・横内 1958)。本島の名前が和名に冠されたアライトヒナゲシは海岸近くの火山スコリア上に生えている。維管束植物は 248 種。

コラム 4　植物学名の国際問題

学名(ラテン名)は国際的な共通語ともいわれ，同じ植物ならどの国にいっても同じ学名が通用すると誤解されている。「国際的な共通語」という真の意味は，学名をつける際のルールが国際的に共通，という意味である。このため命名のルールは世界共通であるが，結果つけられる学名は同じ種であっても国により，研究者により異論があることが往々にしてある。

特に日ロ間には植物学名が一致しない例が数多くある。この原因として日ロ間で，①属や種の見解が異なること，②植物分類学の歴史・伝統が異なること，が挙げられる。①では，種の見解は同じでも，属を大きくとるか細分するかで異なる例がある。また属の見解は同じでも，種を大きくとるか細分するかでこれまた異なる。一般的に種の見解において日本にはクランパー(大きくまとめる傾向の人)，ロシアにはスプリッター(細分する傾向の人)が多いとされる。これは②のお互いの国の伝統にも影響されている面がある。

クランパーかスプリッターかの違いは，「おおざっぱ」か「細かい」かの違いでは必ずしもない。ロシアは個体重視あるいは標本重視であり，違いがあるものを「とりあえず分ける」という態度である。日本は集団重視あるいは生物重視であり，なるべくつながり(類縁関係)を表現しようとし「とりあえず関連づける」態度である。ロシアは分類学的態度，日本は系統学的態度といえるかもしれない。

種を細分化する姿勢を貫くと，結局は個体に名前をつけることにまで至る。生物は相互に別個体であり，工業製品ではなく個体差がある。個体差を見つけ出し別の名前をつけることは容易だが，同じ「類」であることを証明するのは難しい。このため新種を提唱するのは易しいが，同一種に帰するのは難しいともいえる。DNA 分子の比較をもってしてもこの点は同じで，どの程度違えば別種とするかの基準は今のところ存在しない。

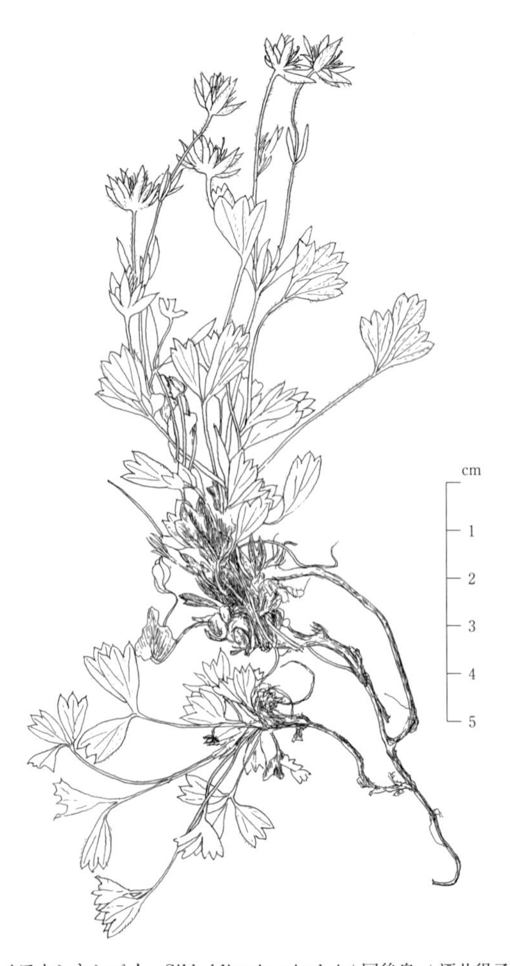

メアカンキンバイ　*Sibbaldiopsis miyabei* / 国後島 / 酒井得子

第3章
千島列島の植物リスト

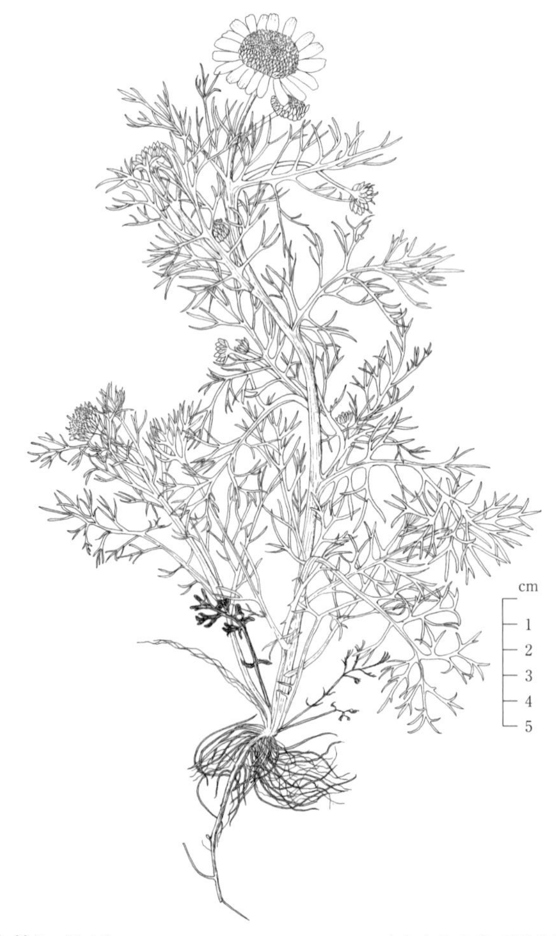

シカギク　*Tripleurospermum tetragonospermum* / シムシル島 / 酒井得子

凡　　例

1. 本リストは，千島列島に生育している在来・外来の維管束植物を対象とする。人間の管理下で栽培されている植物は扱わないが，逸出して野生化したものは外来種として扱う。Barkalov(2009)のリストを参考にし，戦前の日本側標本と最近の筆者らの成果を追加，修正する形で作成した。
2. 科の範疇・配列は『日本維管束植物目録』(米倉，2012)に従った。属の配列はアルファベット順とし，種の配列は類縁のある順番に配列した。種(ないし亜種・変種)を取り上げ，品種は適宜言及するにとどめた。×で始まる種類は交雑種と考えられるものであり，自生種以外の外来種は「外」で始めた。問題のある種類は〈検討種〉として追記した。
3. 種の正名は，温帯植物については米倉(2012)に従ったものが多いが，亜寒帯植物についてはBarkalov(2009)などロシア側の見解を参考にし，近隣地域の見解も考慮しながら決めた。最近の学名見解としてはおもに以下の文献を使用した。種学名リストでは[ ]の略称形で，最近の見解から時代を下る順番で文献を引用した。これ以外の重要な種学名は初発表文献を引く形でリストした。

(1)日本側文献：

米倉浩司(2012)．日本維管束植物目録．北隆館，東京．[EPJ 2012]

Iwatsuki, K. et al. (1993, 1995a, b, 1999, 2001, 2006). Flora of Japan I, IIa, IIb, IIc, IIIa, IIIb. Kodansha, Tokyo. [FJI 1995] [FJIIa 2006] [FJIIb 2001] [FJIIc 1999] [FJIIIa 1993] [FJIIIb 1995]

(2)ロシア側文献：

Barkalov, V. Yu. (2009). Flora of the Kuril Islands. Dalnauka, Vladivostok. [FKI 2009]

Yakubov, V. V. and Chernyagina, O. A. (2004). Catalog of Flora of Kamchatka (Vascular Plants). Petropavlovsk-Kamchatsky. [CFK 2004]

Smirnov, A. A. (2002). Distribution of Vascular Plants in Sakhalin Island. Yuzhno-Sakhalinsk. [VPS 2002]

便宜上，文献を特定せずにロシア側でよく使われている学名を[R]で，同様に日本側でよく使われる(た)学名を[J]で引用している場合がある。特にロシア側の見解については，Kharkevicz, S. S. et al. (1985-1996). Plantae Vasculares Orientis Extremi Sovietici vol. 1-8 (vol 1については2003年の英語版)を参考にした。これ以外に最近の北アメリカのフロラ(Flora of North America, [FNA])と中国のフロラ(Flora of China, [FC])とを適宜引用した。特に広域分布する種に関してはこれらとの整合性を重んじた。

特定の分類群で引用したものとしては，スゲ属に関して星野ほか(2011)の『日本カヤツリグサ科植物図譜』(Illustrated Sedges of Japan)[ISJ 2011]，勝山(2005)の『日本のスゲ』(Carex of Japan)[CAJ 2005]，イネ科に関して長田(1989)の『日本イネ科植物図譜』(Illustrated Grasses of Japan)[IGJ 1989]がある。

4. 千島列島産植物での染色体数報告はProbatova et al.(2007)による。
5. 千島列島での分布は南から北へ記した。小千島列島の歯舞群島，色丹島を記し，その次に大千島列島の南部(国後島・択捉島)，中部(ウルップ島からオネコタン島まで)，北部(パラムシル島・シュムシュ島・アライト島)の順とした。島名に*印があるものは，Barkalov(2009)において証拠標本がなく文献記録のみのものである。開花期は国後島での記録(Eremenko and Barkalov, 2009)を引用した。

6. 種の立地特性として，日本列島の南北(緯度方向)にそった温度要因に対応して以下のような気候帯に分類した。これらの区分の中間的な場合には～で併記した場合がある。

(1)【亜寒帯植物】：日本では一般に「高山植物」として扱われる植物。

(2)【冷温帯植物】：おもに落葉広葉樹林帯域に生育する植物で，日本での分布中心が北海道～本州中部にあるもの

(3)【暖温帯植物】：おもに常緑広葉樹林帯域に生育する植物で，日本での分布中心が本州～九州にあるもの。

(4)【温帯植物】：冷温帯とも暖温帯とも確定できない場合の表現として使った。

7. 種の分布型(要素)は，清水(1983)を参考にし，おもに東西(経度方向)での分布の連続性に対応して以下のように分類した。種の場合は近縁種を含めた類縁群(あるいは亜種・変種の場合は基準種)の分布パターンを先に出し，/の後に該当分類群の分布パターンを記した場合がある。またどちらの要素とも決め難い場合に，～で併記した場合がある。

(1)【汎世界要素】：北半球・南半球に広く分布するもの。

(2)【周北極要素】：ユーラシアないしユーラシア・北アメリカの中～高緯度に広く分布するもの。

(3)【北太平洋要素】：北海道・千島列島・カムチャツカ半島・アリューシャン列島・アラスカ・北アメリカ北西部などの北太平洋地域にやや連続的に分布するもの。

(4)【東北アジア要素】：北海道・千島列島・サハリン・カムチャツカ半島・ホーツク海周辺に分布するもの。

(5)【北アジア要素】：シベリア・モンゴル・中国北部などに分布が広がるもの。

(6)【東アジア要素】：本州～九州から朝鮮半島・中国などに分布がつながるもの。

(7)【中国・ヒマラヤ要素】：本州～九州から中国南部・ヒマラヤに分布がつながるもの。

(8)【アジア大陸要素】：アジア大陸に広く分布するもの。

(9)【北アメリカ・東アジア隔離要素】：北アメリカと東アジアに分布が隔離しているもの。いわゆる第三紀温帯要素にあたる。

(10)【東南アジア要素】：琉球・台湾・インドネシアなどに分布が広がるもの。

(11)【固有要素】：【日本固有要素】，【北海道固有要素】，【北海道・千島固有要素】など適宜，該当地域名を使用した。また周辺地域にも付随的に見られる場合は，「準」を付加して使用した。

8. 日本国内での分布地域，そしてそれ以外の地域である。[Map番号]はHultén and Fries (1986)における分布図番号である。

9. 絶滅危惧種については，日本(環境省，2012)では[J-]，千島列島を含むサハリン地区(Eremin et al., 2005)では[S-]，カムチャツカ半島(Chernyagina et al., 2007)では[K-]で示し，その後に絶滅危惧ランクを記した。北海道で外来種とされるものについては，北海道ブルーリスト2010(北海道，2010)における，生態系への影響の懸念が高いカテゴリーからA2，A3，B，Dと表している。

10. 標本庫略称は，KYO：京都大学総合博物館植物標本庫，SAPS：北海道大学総合博物館陸上植物標本庫，TI：東京大学植物標本庫，TNS：国立科学博物館植物標本庫，VLA：ウラジオストク生物土壌学研究所植物標本庫である。

シダ植物
Ferns and Fern Allies

F1. ヒカゲノカズラ科
Family LYCOPODIACEAE

ヒカゲノカズラ科は単系統と考えられている(Bennert et al., 2011)。しかし科内をヒカゲノカズラ属 *Lycopodium* の1属のみとするか複数属を認めるかには異論がある。ここでは Wagner and Beitel(1993), Bennert et al.(2011)に従い，アスヒカズラ属 *Diphasiastrum* やコスギラン属 *Huperzia* を認めた。

1. アスヒカズラ属
Genus *Diphasiastrum*

1. **チシマヒカゲノカズラ**(ミヤマヒカゲノカズラ)

【Plate 47-1】

Diphasiastrum alpinum (L.) Holub [FKI 2009] [CFK 2004] [VPS 2002]; *Lycopodium alpinum* L. [EPJ 2012] [FJI 1995]

主茎は地上を這い一見タカネヒカゲノカズラにも似るが，葉質はタカネヒカゲノカズラほど硬くない。小葉は枝に4列につきやや2形で腹葉は側葉よりもやや小さく，側枝はやや扁平で，小葉基部は茎に広く合着する点でアスヒカズラにも似る。
【分布】　南・中・北。
【亜寒帯植物：周北極要素】　本州中部～北海道[J-EN]。千島列島・サハリン・カムチャツカ半島。朝鮮半島北部・東シベリア・ヨーロッパ。[Map 6]

2. **タカネヒカゲノカズラ**

Diphasiastrum sitchense (Rupr.) Holub [FKI 2009] [CFK 2004]; *Lycopodium sitchense* Rupr. var. *nikoense* (Franch. et Sav.) Takeda [EPJ 2012]; *D. nikoense* (Franch. et Sav.) Holub ["nikoënse", FKI 2009]; *L. nikoense* Franch. et Sav. [FJI 1995]; *L. sitchense* Rupr.

主茎は地上を這いチシマヒカゲノカズラに似るが，小葉が枝に5列につきほとんど同形で小葉は茎にほとんど合着せず，葉先は硬く鋭い。Barkalov(2009)は千島列島に南方種 *Lycopodium nikoense* と北方種 *L. sitchense* の2種を認める。一方日本の図鑑では *L. nikoense* を採用しながらも *L. sitchense* とは同一種であろうとの見解も述べられている(岩槻, 1992；Iwatsuki, 1995)。また米倉(2012)では日本産種を北方種の1変種 *L. sitchense* var. *nikoense* と見なしている。しかし，千島列島の北部と南部で2分類群に明瞭に分けることは困難であり変種として認めることさえ難しい。ここでは北方種の *L. sitchense* のみを認め，*Diphasiastrum* の下に組み換えた学名を用いる。
【分布】　南・中・北。やや普通。
【亜寒帯植物：周北極～北アメリカ・東アジア隔離要素】　屋久島，本州中部～北海道。千島列島・カムチャツカ半島。北アメリカ。

3. **アスヒカズラ**

Diphasiastrum complanatum (L.) Holub [FKI 2009] [CFK 2004] [VPS 2002]; *Lycopodium complanatum* L. [EPJ 2012] [FJI 1995]

枝は著しく扁平で分枝しながら地上を這う。小葉は枝に4列につき2形となり，腹葉は側葉より著しく小さく，基部は茎に広く合着する。長柄の先に胞子嚢穂を形成する。
【分布】　色丹島・南・中・北。やや普通。
【温帯植物：周北極要素】　四国～北海道。千島列島・サハリン・カムチャツカ半島。北半球の温帯域。[Map 4-5]

2. コスギラン属
Genus *Huperzia*

1. **コスギラン**(チシマスギラン)

Huperzia selago (L.) Benth. ex Schrank et C. Mart. [EPJ 2012] [FKI 2009] [CFK 2004] [VPS 2002]; *H. petrovii* Sipl. [FKI 2009]; *H. arctica* (Tolm.) Sipl. [CFK 2004] [VPS 2002]; *Lycopodium selago* L. [FJI

1995]

枝は二叉状に分岐して直立し小葉は革質で光沢があり上向し，ヒメスギラン *H. miyoshiana* (Makino) Ching（=*Lycopodium chinense*）に似るが，小葉は狭披針形鋭頭でヒメスギランより幅広く基部からほぼ中央まで同じ幅で，それから次第に細くなり，古い葉では葉縁に低い歯がある。日本のコスギランを3変種に分け，千島列島産を特に変種チシマスギラン var. *selago* とすることもあるが，区別は明瞭でないとも述べられており(Iwatsuki, 1995)，ここでは細分せず広義のコスギランとして扱う。*H. petrovii* も Shaulo(2000)に従い，本種の変異内のものと見なす。

【分布】　色丹島・南・中・北。やや普通。

【亜寒帯植物：周北極要素】　屋久島，本州中部・北海道。千島列島・サハリン・カムチャツカ半島。北半球冷温帯。〔Map 1〕

2. **ヒメスギラン**

Huperzia miyoshiana (Makino) Ching [EPJ 2012] [FKI 2009]; *H. chinensis* (H.Christ) Czer. [CFK 2004] [VPS 2002]; *Lycopodium chinense* H. Christ [FJI 1995]

枝は二叉状に分岐して直立し，針状披針形の小葉はやわらかい紙質で上向し時に開出して下向し，コスギランに似るが葉は基部から次第に細くなり鋭先頭，鋸歯がない。葉の形や大きさ，つき方に変異が大きく，コスギランとの識別も困難なものがあるとされる(岩槻，1992)。千島列島でも，どちらとも決定しがたい中間形がしばしば見られる。胞子嚢は枝先端近くの小葉腋につくがまとまった穂状にはならない。

【分布】　色丹島・南・中。ややまれ。

【温帯植物：東北アジア～東アジア要素】　九州～北海道。千島列島中部以南・サハリン・カムチャツカ半島。ウスリー・朝鮮半島・中国・アラスカ。

3. **トウゲシバ**　【Plate 6-1】

Huperzia serrata (Thunb.) Trevis. [EPJ 2012] ["(Thunb.) Rothm.", FKI 2009] ["(Thunb.) Rothm.", VPS 2002]; *Lycopodium serratum* Thunb. [FJI 1995]

枝は二叉状に分岐して直立する。小葉は下向きにつき，葉縁には不ぞろいだが明瞭な歯がある。Tatewaki(1957)では択捉島が千島列島での北東限だったが，Barkalov(2009)によりウルップ島からも報告された。

【分布】　南・中。ややまれ。

【暖温帯植物：汎世界～東アジア要素】　琉球～北海道。千島列島中部以南・サハリン。朝鮮・中国・東南アジア・ヒマラヤ・ハワイ・メキシコなど。

---

3. ヒカゲノカズラ属
Genus *Lycopodium*

---

1. **ヒカゲノカズラ**

Lycopodium clavatum L. [EPJ 2012] [FKI 2009] [CFK 2004] [VPS 2002] [FJI 1995]

やや乾いた向陽地に生え，主茎は長く地上を這う。長柄の先に胞子嚢穂を形成する。枝先につく小葉の先端が糸状に伸びるのはよい特徴。

【分布】　歯舞群島・色丹島・南・中・北。やや普通。

【暖温帯植物：汎世界要素】　九州～北海道。千島列島・サハリン・カムチャツカ半島。ヨーロッパ・北アメリカ・南アメリカ・南アフリカなど。〔Map 3〕

2. **スギカズラ**(タカネスギカズラ)

Lycopodium annotinum L. [EPJ 2012] [FKI 2009] [CFK 2004] [VPS 2002] [FJI 1995]; *L. dubium* Zoëga [FKI 2009] [VPS 2002]; *L. annotinum* L. subsp. *pungens* (Desv.) Hultén [CFK 2004]

ハイマツ林の縁やチシマザサ群落などに生え，枝は二叉状に分枝して直立。小葉は外曲して葉縁に時に不明の鋸歯がある。枝の先端につく胞子嚢穂は無柄。Barkalov(2009)がパラムシル島から記録している *L. dubium* は小葉の縁の鋸歯がなく葉先がより伸びタカネスギカズラ var. *acrifolium* Fernald にあたる。広域分布する本種内に分類学的単位を認めるかどうかには懐疑的な意見も多く(Iwatsuki, 1995; Wagner and Beitel, 1993)，ここでも広域分布する多型な1種としておく。
【分布】 色丹島・南・中・北。やや普通。
【冷温帯植物：周北極要素】 本州中部～北海道。千島列島・サハリン・カムチャツカ半島。北半球の温帯域。［Map 2］

3. **マンネンスギ**(ウチワマンネンスギ，タチマンネンスギ)

Lycopodium obscurum L. [FKI 2009] [VPS 2002] [FJI 1995]; *L. dendroideum* Michx. [EPJ 2012]; *L. juniperoideum* Sw. [FKI 2009] [CFK 2004] [VPS 2002]

枝は多数分枝して直立し，枝先に無柄の胞子嚢穂がつく。日本では枝が広がる型をウチワマンネンスギ f. *obscurum*，枝が立つ型をタチマンネンスギ f. *strictum* (Milde) Nakai とされることがあり，Barkalov(2009)は前者を *L. obsucurum*，後者を *L. juniperoideum* として別種に扱い，分布もウチワが千島列島南部に，タチが千島列島全体に分布するとしている。しかしここでは岩槻(1992)やIwatsuki(1995)に従いこれら2型を含む変異の大きな1種として扱っておく。
【分布】 色丹島・南・中・北。
【温帯植物：周北極要素】 九州～北海道。千島列島・サハリン・カムチャツカ半島。ウスリー・東シベリア・アリューシャン列島(まれ)・アラスカ・北アメリカ北東～北西部。

F2. イワヒバ科
Family SELAGINELLACEAE

1. イワヒバ属
Genus *Selaginella*

1. **エゾノヒメクラマゴケ**

Selaginella helvetica (L.) Spring [EPJ 2012] [FKI 2009] [“(L.) Link”, FJI 1995]

岩場などに生える一見苔類に見える黄緑色軟質の多年草。小葉は腹葉と背葉の差があり2形となり，それぞれが2列に並ぶ。長い柄の先に，他の部分と顕著な差が見られない胞子嚢穂をつける。
【分布】 色丹島・南・中(ブラットチルポイ島・チルポイ島が北東限と見られる)。
【温帯植物：周北極要素】 本州～北海道。千島列島中部以南。ウスリー・東シベリア・ヨーロッパ。

2. **コケスギラン** 【Plate 47-2】

Selaginella selaginoides (L.) P.Beauv. ex Schrank et C.F.P.Mart. [EPJ 2012] [“(L.) Link”, FKI 2009] [“(L.) Link”, CFK 2004] [“(L.) Link”, FJI 1995]

湿原に生え，一見コスギラン *Huperzia selago* を小形にしたような黄緑色軟質の多年草。小葉はすべて同形で茎にらせん状に並ぶ。胞子葉が開出したやや幅広い胞子嚢穂を枝先につける。Tatewaki(1957)では択捉島から記録がなかったがBarkalov(2009)により報告された。花粉分析で出現するコケスギラン胞子は湿性ツンドラ植生の指標として使われる。
【分布】 南・中・北。やや普通。
【亜寒帯植物：周北極要素】 本州中部～北海道。千島列島・カムチャツカ半島[K-EN]。北半球の冷温帯。［Map 8］

3. **ヒモカズラ**

Selaginella shakotanensis (Franch. ex Takeda) Miyabe et Kudô [EPJ 2012] [FKI 2009] [VPS 2002] [FJI 1995]

乾燥した岩場に生え，幅1 mm以下の細いひも状の枝が特徴のやや硬い常緑草本。コケスギランと同様に小葉はすべて同形で茎にらせん状に並ぶ。葉に縁毛があり，葉の先端が糸状に伸びる。胞子嚢穂は四角柱状。近縁種のエゾノヒモカズラ *S. sibirica* (Milde) Hieron. は北アメリカ北西部～東北アジアに分布するが千島列島からは記録されていない。これら2種に近縁の *S. rupestris* (L.) Spring が北アメリカ中北部～グリーンランドに分布するとされる(岩槻，1992；Valdespino, 1993)が，Yakubov and Chernyagina(2004)，Yakubov(2007)では，カムチャツカ半島産種をこの *S. rupestris* にあてている。これら3種の異同についてはさらに検討の余地がある。
【分布】 色丹島・南。

【温帯植物：東北アジア要素】　本州～北海道。千島列島南部・サハリン中部以北。ウスリー・朝鮮半島。

F3. ミズニラ科
Family ISOËTACEAE

1. ミズニラ属
Genus *Isoëtes*

高宮(1999)がミズニラ属の形態，細胞学，生活史などについてレビューしている。

1. ヒメミズニラ

Isoëtes asiatica (Makino) Makino [EPJ 2012] ["*asiatica* Makino", FKI 2009] [CFK 2004] [VPS 2002] [FJI 1995]

ë は分音記号で，学名での使用が許されている(ICN 60.6)ので，ここでも使用する。透明度の高いゆるい流れや貧栄養の湖沼などの水中に生える水生植物。Takamiya et al.(1997)，高宮(1999)によるとヒメミズニラは日本産4種のなかで唯一2倍体(2n＝22)であるが，周北極植物の *I. echinospora* Durieu 関連種の1つであり，日本産他種の2倍体祖先種とは考えにくい，としている。これまで南千島では択捉島のみの記録だった(Barkalov, 2009)が，最近，国後島古釜布沼からも報告された(Yamazaki et al., 2014)。

【分布】　南・中・北。ややまれ。

【冷温帯植物：周北極／東北アジア要素】　本州中部～北海道[J-NT]。千島列島・サハリン南部[S-V(2)]・カムチャツカ半島。[Map 10]

F4. ハナヤスリ科
Family OPHIOGLOSSACEAE

1. ハナワラビ属
Genus *Botrychium*

属内を4亜属に分ける分類体系があり，これに従うと日本の種は3つの亜属にまとめられる(岩槻, 1992；Iwatsuki, 1995)。以下の最初の3種はヒメハナワラビ亜属 Subg. *Botrychium* に，最後のエゾフユノハナワラビはオオハナワラビ亜属 Subg. *Sceptridium* に入る。

1. ヒメハナワラビ　【Plate 25-1】

Botrychium lunaria (L.) Sw. [EPJ 2012] [FKI 2009] [CFK 2004] [VPS 2002] [FJI 1995]

海岸近くの砂質の草原に生える夏緑性の小型草本。栄養葉は長卵形で円頭，単羽状で長さ1.5～6 cm。

【分布】　色丹島・南・中・北。比較的普通。

【温帯植物：汎世界要素】　本州～北海道[J-VU]。千島列島・サハリン・カムチャツカ半島。北半球と南半球の温帯域に広域分布。[Map 23]

2. タカネハナワラビ　【Plate 47-3】

Botrychium boreale (Franch.) Milde [EPJ 2012] ["*boreale* Milde", FKI 2009] ["*boreale* Milde", CFK 2004] ["*boreale* Milde", VPS 2002] ["*boreale* Milde", FJI 1995]

夏緑性の草本で，栄養葉は卵状広三角形で2回羽状に深裂し長さ1～4 cm，基部羽状複葉の裂片は幅0.5 cmまで。Tatewaki(1957)ではリストされていなかった。日本ではSahashi(1978)により，北海道有珠山から初報告され，同時に千島列島北部のパラムシル島とシュムシュ島の戦前標本も引用された。著者らもパラムシル島，シュムシュ島の両島で採集したが，Barkalov(2012)によるとさらに北千島のアライト島と中千島のオネコタン島にもあるという。葉緑体DNAの解析によると，本種は以下のミヤマハナワラビとともにLanceolatumクレードを構成し，前種のヒメハナワラビはこれとは異なるLunariaクレードを構成する(Hauk et al., 2012)。

【分布】　中・北。まれ。

【冷温帯植物：周北極要素】　北海道[J-EX]。千島列島中部以北・サハリン中部以北・カムチャツカ半島。朝鮮半島北部・アラスカ，北半球の冷温帯。[Map 24]

3. **ミヤマハナワラビ**　【Plate 47-4】

Botrychium lanceolatum (S.G.Gmel.) Ångstr. [EPJ 2012] [FKI 2009] [CFK 2004] [VPS 2002] [FJI 1995]

夏緑性の草本で，栄養葉は広卵形で2回羽状に深裂し長さ1～4 cm，基部羽状複葉の裂片は幅2 mmまでと狭い。前種タカネハナワラビとともにLanceolatumクレードを構成する。

【分布】　南・中・北。

【冷温帯植物：周北極要素】　本州中部～北海道[J-CR]。千島列島・サハリン・カムチャツカ半島。ウスリー，北半球の冷温帯。[Map 26]

4. **エゾフユノハナワラビ**

Botrychium multifidum (S.G.Gmel.) Rupr. var. ***robustum*** (Rupr. ex Milde) C.Chr. [EPJ 2012] [FJI 1995]; *B. robustum* (Rupr.) Underw. [FKI 2009] [CFK 2004] [VPS 2002]

亜高山広葉草原などに生える冬緑性の多年草。栄養葉は柄の長さ7～8 cm，葉身は三角状長楕円形で質厚く3回羽状に深裂し長さ2～8 cm。前3種とは別亜属に入る。

【分布】　歯舞群島・色丹島・南・中・北。やや普通。

【温帯植物：周北極／北太平洋要素】　四国～北海道。千島列島・サハリン・カムチャツカ半島。ウスリー・オホーツク・朝鮮半島北部・アリューシャン列島・アラスカ。種としては北半球温帯に広域分布。[Map 27]

2. ハナヤスリ属
Genus *Ophioglossum*

1. **ハマハナヤスリ**

Ophioglossum thermale Kom. [EPJ 2012] [FKI 2009] [CFK 2004] [FJI 1995]

日あたりのよい砂地や草地に生える小型の草本。次種のヒロハハナヤスリに似るが，栄養葉は線形～卵形で長さ0.7～5 cm。Tatewaki(1957)ではリストされなかったがBarkalov et al.(2009)が報告し，筆者は証拠標本をVLAで確認した。

【分布】　南(国後島古釜布の海岸砂丘わき低湿地)。まれ。

【暖温帯植物：東南アジア要素】　琉球～北海道。千島列島南部・カムチャツカ半島[K-VU]。中国・シベリア・台湾・ミクロネシアなど。

2. **ヒロハハナヤスリ**

Ophioglossum vulgatum L. [EPJ 2012] [FJI 1995]; *O. alascanum* E.Britt. [FKI 2009] [VPS 2002]; *O. vulgatum* L. var. *alascanum* (E.Britt.) C.Chr. [CFK 2004]

前種ハマハナヤスリに似るが，栄養葉は広披針形～広卵形で長さ6～12 cm。分布全体では大変変異の大きな種とされる(Hultén, 1968)。

【分布】　色丹島(シャコタン，シャコタン松原)。まれ。

【温帯植物：周北極要素】　九州～北海道。千島列島南部・サハリン南部[S-E(1)]・カムチャツカ半島[K-VU]。北半球の温帯に広く分布。[Map 21]

F5. マツバラン科
Family PSILOTACEAE

1. マツバラン属
Genus *Psilotum*

1. **マツバラン**

Psilotum nudum (L.) P.Beauv. [EPJ 2012] [FKI 2009] [FJI 1995]

これまで千島列島からの記録がなかった種類(Tatewaki, 1957)で，日本には千島列島産の証拠標本がない。北海道でもこれまで自生記録がなく日本の最北産地は宮城県石巻市(倉田・中池, 1987)

だったが，Barkalov と Yakubov が 2006 年に国後島北西部のルルイ岳山麓の地熱地帯で採集した(Barkalov, 2009)。国後島が東アジアでの北限産地と思われるが，今後北海道の地熱地帯での調査が必要である。
【分布】　南(国後島)。まれ。
【暖温帯植物：汎世界要素】　琉球〜本州[J-NT]。千島列島南部。朝鮮半島(済州島)・中国南部，世界の熱帯〜暖温帯。

F6. トクサ科
Family EQUISETACEAE

1. トクサ属
Equisetum

千島列島産種は以下の 2 亜属に分けられる。2 亜属は葉緑体 DNA の塩基配列からも支持されている(Des Marais et al., 2003; Guillon, 2004)。

(1)ミズドクサ亜属
Subg. *Equisetum*

茎が夏緑性で胞子嚢穂をつける茎とつけない茎が同形あるいは 2 形になる。

1. スギナ

Equisetum arvense L. [EPJ 2012] [FKI 2009] [CFK 2004] [VPS 2002] [FJI 1995]

適湿の亜高山性広葉草原に生える夏緑性の草本。千島列島では栄養茎の先端に胞子嚢穂をつけるミモチスギナ型が比較的よく見られる。
【分布】　歯舞群島・色丹島・南・中・北。普通。
【温帯植物：周北極要素】　九州〜北海道。千島列島・サハリン・カムチャツカ半島。北半球の温帯。〔Map 19〕

2. ヤチスギナ

Equisetum pratense Ehrh. [EPJ 2012] [FKI 2009] [CFK 2004] [[VPS 2002] [FJI 1995]

スギナに似るが林床などのやや陰地に生じる夏緑性の草本。茎上部の隆条に細かい凸点があるのがよい特徴。枝が細く柔らかいので一見フサスギナにも似る。
【分布】　色丹島・南・中・北。点在，スギナよりはずっと限られる。
【冷温帯植物：周北極要素】　本州(東北地方)・北海道東部[J-VU]。千島列島・サハリン・カムチャツカ半島。北半球の温帯。〔Map 18〕

3. フサスギナ　【Plate 47-5】

Equisetum sylvaticum L. [EPJ 2012] [FKI 2009] [CFK 2004] [VPS 2002] [FJI 1995]

川ぞいの適湿の草原などに生える夏緑性の草本。一見ヤチスギナにも似るが，茎に輪生状についた枝がさらに分枝するのが特徴。Alexeeva et al.(1983)による色丹島の記録は再確認が必要。
【分布】　色丹島*・北。
【冷温帯植物：周北極要素】　北海道[J-VU]。千島列島南北部・サハリン・カムチャツカ半島。北半球の温帯。〔Map 17〕

4. ミズドクサ

Equisetum fluviatile L. [EPJ 2012] [FKI 2009] [CFK 2004] [VPS 2002] [FJI 1995]

比較的冷涼で貧栄養の水湿地などに生える夏緑性の草本。一見，別亜属のトクサにも似るが不規則に枝を出し，葉鞘の歯片が脱落しにくい。同じ亜属のイヌスギナにも似るが茎の隆条は 12-24 条で目立たず(イヌスギナは 10 条以下)で，歯片の縁は狭い白膜(イヌスギナでは縁が明瞭な白膜で中央が黒色)。茎は中空なので指で軽く押さえただけでつぶれる(cf. 角野，2014)。北海道での立地からは，千島列島中部や北部に見られない(Tatewaki, 1957)のは不思議であったが，Barkalov(2009)でこれらの地域からも報告された。ミズドクサとスギナの交雑種 *E. litorale* Kuhl. ex Rupr. も記録されている(Barkalov, 2009)。
【分布】　色丹島*・南・中・北。
【温帯植物：周北極要素】　本州〜北海道。千島列島・サハリン・カムチャツカ半島。北半球の温帯。

〔Map 15〕

5. イヌスギナ

Equisetum palustre L. [EPJ 2012] [FKI 2009] [CFK 2004] [VPS 2002] [FJI 1995]

湿った草地や林に生える夏緑性の草本。ミモチスギナに似るが，葉鞘が長く歯片縁が膜質になり，枝の最下節間より葉鞘が長い。ミズドクサにも似るが，茎の隆条は5～10条でやや顕著。歯片の数と色で区別でき，茎は中空ではないので指で押したときの感触がミズドクサに比べて堅い。

【分布】　歯舞群島*・色丹島・南・中・北。

【温帯植物：周北極要素】　本州～北海道。千島列島・サハリン・カムチャツカ半島。北半球の温帯。

(2) トクサ亜属
Subg. *Hippochaete*

茎が常緑性で胞子嚢穂をつける茎とつけない茎が同形で，通常分枝しない。

6. トクサ

Equisetum hyemale L. [EPJ 2012] [FKI 2009] [CFK 2004] [VPS 2002] [FJI 1995]

河畔林の林床などに普通に生えしばしば群生する常緑性の草本。別亜属のミズドクサにも一見似るが，通常枝を出さず，葉鞘の歯片が脱落しやすい。

【分布】　歯舞群島・色丹島・南・中・北。

【暖温帯植物：周北極要素】　九州～北海道。千島列島・サハリン・カムチャツカ半島。北半球の温帯。〔Map 11〕

7. チシマヒメドクサ

Equisetum variegatum Schleich. ex F.Weber et D.Mohr [EPJ 2012] [FKI 2009] [CFK 2004] [VPS 2002] [FJI 1995]

川のふちに生える常緑性の草本で，トクサを小型にしたような植物。茎の直径は通常1 mm以下で3～14条（トクサでは2.5～17 mm，14～50条），葉鞘の歯片は宿存性。和名に「チシマ」とあるものの，千島列島で産する島は限られる。北海道ではヒメドクサ *E. scirpoides* が多くチシマヒメドクサ *E. variegatum* はまれである（五十嵐，2004）が，千島列島ではヒメドクサは見られずチシマヒメドクサのみ見られ，種分布図ではカムチャツカ半島から南下しているように見える。

【分布】　南（択捉島）・中（ウルップ島）・北（パラムシル島）。点在。

【冷温帯植物：周北極要素】　北海道[J-CR]。千島列島・サハリン中部以北・カムチャツカ半島。北半球の冷温帯域。〔Map 13〕

F7. ゼンマイ科
Family OSMUNDACEAE

1. ゼンマイ属
Genus *Osmunda*

1. ゼンマイ

Osmunda japonica Thunb. [EPJ 2012] [FKI 2009] [VPS 2002] [FJI 1995]

葉は2形になる夏緑性のシダ。栄養葉は三角状広卵形で2回羽状複葉。小羽片に細鋸歯がある。ヤマドリゼンマイと同様に綿毛がある。

【分布】　南（択捉島が北東限）。やや普通。

【暖温帯植物：中国・ヒマラヤ要素】　琉球～北海道。千島列島南部・サハリン南部[S-E(1)]。朝鮮半島・中国・台湾・ヒマラヤ。

2. ヤマドリゼンマイ属
Genus *Osmundastrum*

1. ヤマドリゼンマイ

Osmundastrum cinnamomeum (L.) C.Presl var. ***fokiense*** (Copel.) Tagawa [EPJ 2012]; *Osmundastrum asiaticum* (Fern.) Tagawa [FKI 2009] [CFK 2004] [VPS 2002]; *Osmunda cinnamomea* L. [FJI 1995]

日あたりのよい湿原に生える夏緑性のシダ。葉は2形でロート状に集まり赤褐色の綿毛が目立つ。

Tatewaki(1957)では択捉島が千島列島での北東限だったが，Barkalov(2009)によりウルップ島からも報告された。
【分布】　色丹島・南・中(ウルップ島)。やや普通。
【暖温帯植物：東アジア要素】　九州～北海道。千島列島中部以南・サハリン・カムチャツカ半島[K-EN]。アムール・朝鮮半島・中国・台湾。

F8. コケシノブ科
Family HYMENOPHYLLACEAE

1. コケシノブ属
Genus *Hypmenophyllum*

1. コケシノブ

Hymenophyllum wrightii Bosch [EPJ 2012] [FJI 1995]; *Mecodium wrightii* (Bosch) Copel. [FKI 2009] [VPS 2002]

一見コケのようにも見え，ヒメハイホラゴケに似る小形で常緑性のシダ。葉柄に翼がない。
【分布】　歯舞群島*・色丹島，南。まれ。
【暖温帯植物：北アメリカ・東アジア隔離要素】　九州～北海道。千島列島南部・サハリン南北部[S-V(2)]。ウスリー・朝鮮半島南部・カナダ。[Map 36]

2. ハイホラゴケ属
Genus *Vandenboschia*

1. ヒメハイホラゴケ

Vandenboschia nipponica (Nakai) Ebihara [EPJ 2012]; *Lacosteopsis orientalis* (C.Chr.) Nakaike [FKI 2009]; *Crepidomanes amabile* (Nakai) K. Iwats. [FJI 1995]; *Trichomanes orientalis* C.Chr. var. *abbreviatum* (H.Christ) Miyabe et Kudô

膜質暗緑色の常緑性シダ。コケシノブによく似るが，葉柄に狭い翼がある。
【分布】　南(択捉島)。まれ。
【暖温帯植物：準日本固有要素】　九州～北海道。千島列島南部[S-E(1)]。朝鮮半島南部。

F9. キジノオシダ科
Family PLAGIOGYRIACEAE

1. キジノオシダ属
Genus *Plagiogyria*

1. ヤマソテツ

Plagiogyria matsumureana Makino [“*matsumurana*”, EPJ 2012] [“*matsumurana*”, FKI 2009] [FJI 1995]

ダケカンバ—チシマザサ群落などに生える，一見常緑のシシガシラに似る，夏緑性のシダ。葉は2形で栄養葉は1回羽状複葉で羽片の縁は細重鋸歯。葉柄基部が膨らみ鱗片はほとんど目立たない。Tatewaki(1957)では択捉島のみだったが，Barkalov(2009)によりウルップ島からも報告された。
【分布】　南(択捉島)・中(ウルップ島)。まれ。
【暖温帯植物：準日本固有要素】　九州～北海道。千島列島中南部[S-E(1)]。

F10. コバノイシカグマ科
Family DENNSTAEDTIACEAE

1. ワラビ属
Genus *Pteridium*

1. ワラビ

Pteridium aquilinum (L.) Kuhn subsp. ***japonicum*** (Nakai) Á. et D.Löve [EPJ 2012]; *P. latiusculum* (Desv.) Hieron. ex Fries [FKI 2009]; *P. aquilinum* (L.) Kuhn [CFK 2004] [VPS 2002]; *P. aquilinum* (L.) Kuhn var. *latiusculum* (Desv.) Underw. ex Hell. [FJI 1995]

日あたりよい適湿の林縁や草原に生える。葉身は三角状卵形で3回羽状に切れ込み革質。ウラジオストックやサハリンでは，山菜として利用される。国後島では普通だった。
【分布】　歯舞群島・色丹島・南・中(ウルップ島*)。

やや普通。
【暖温帯植物：汎世界／周北極要素】　九州～北海道。千島列島中部以南・サハリン・カムチャツカ半島。北半球の温帯～暖帯。種としてはより広く分布する。［Map 34］

F11. イノモトソウ科
Family PTERIDACEAE

1. ホウライシダ属
Genus *Adiantum*

1. **クジャクシダ**

Adiantum pedatum L. [EPJ 2012] [FKI 2009] [VPS 2002] [FJI 1995]

夏緑性のシダ。葉は孔雀の羽状で特徴的。
【分布】　色丹島・南（国後島）。まれ。
【暖温帯植物：北アメリカ・東アジア隔離要素】九州～北海道。千島列島南部・サハリン南部［S-R(3)］。アジア東部・ヒマラヤ・北アメリカ。

2. イワガネゼンマイ属
Genus *Coniogramme*

1. **イワガネゼンマイ**

Coniogramme intermedia Hieron. [EPJ 2012] [FKI 2009] [VPS 2002] [FJI 1995]

常緑性の大型シダ。葉柄と葉身はほぼ同長，葉身は卵状長楕円形で長さ40～60 cm，基部は2回羽状で上部は単羽状に分岐し，羽片や小羽片は狭長楕円形で細鋸歯縁。
【分布】　色丹島・南。
【暖温帯植物：中国・ヒマラヤ～東南アジア要素】九州～北海道。千島列島南部・サハリン中部以南［S-R(3)］。ウスリー・朝鮮半島・中国・台湾・インドシナ半島・インド・ヒマラヤ。

3. リシリシノブ属
Genus *Cryptogramma*

1. **リシリシノブ**　【Plate 48-1】

Cryptogramma crispa (L.) R.Br. ex Richardson [EPJ 2012] ["(L.) R.Br.", FKI 2009] ["(L.) R.Br.", VPS 2002] [FJI 1995]; *C. acrostichoides* R.Br. [CFK 2004]

山地の日あたりのよい岩隙に生え夏緑性で株状になる。葉はやや2形となり，胞子葉は栄養葉よりも大きい。2010年，色丹島では色丹山などの岩塊地で見た。カムチャツカ半島からは北アメリカ産の*C. acrostichoides*が報告されている（Yakubov and Chernyagina, 2004）が，この種はリシリシノブの亜種とされることもあり問題があるとされる（岩槻，1992）。ここでは岩槻（1992）に従い本種を広義に定義しておくが，最近のリシリシノブ属近縁種の葉緑体DNAによる解析によると，ヨーロッパの*C. crispa*と北アメリカ西部～アラスカ，カムチャツカ半島産の*C. acrostichoides*や*C. sitchensis*とは別のクレードを構成している（Metzgar et al., 2013）。千島列島・日本産個体の解析は今後の課題である。
【分布】　色丹島・南（国後島）。ややまれ
【冷温帯植物：周北極要素】　東北～北海道（高山帯）［J-NT］。千島列島南部・サハリン中部［S-R(3)］・カムチャツカ半島。アリューシャン列島。ユーラシア・北アメリカの温帯域。［Map 32］

F12. チャセンシダ科
Family ASPLENIACEAE

1. チャセンシダ属
Genus *Asplenium*

1. **トラノオシダ**

Asplenium incisum Thunb. [EPJ 2012] [FKI 2009] [CFK 2004] [VPS 2002] [FJI 1995]

常緑性のシダで，葉は1回羽状複葉，葉柄は紫褐色を帯び，胞子嚢群をつける葉は直立，つけない葉は低く広がりやや2形となる。包膜は長楕円

形。
【分布】 色丹島・南(択捉島が北東限)。
【暖温帯植物：東アジア要素】 琉球〜北海道。千島列島南部・サハリン・カムチャツカ半島[K-EN]。東シベリア・朝鮮半島・中国・台湾。

2. **コタニワタリ**

Asplenium scolopendrium L. [EPJ 2012] [FJI 1995]; *Phyllitis japonica* Kom. [FKI 2009] [VPS 2002]

常緑性のシダで単葉の葉身は厚く披針形で特徴的。
【分布】 南(国後島)。まれ。
【暖温帯植物：周北極要素】 九州〜北海道。千島列島南部・サハリン南部[S-R(3)]。ウスリー・中国・朝鮮半島南部・ヨーロッパ・北アメリカ。[Map 48]

F13. ヒメシダ科
Family THELYPTERIDACEAE

1. ヒメシダ属
Genus *Thelypteris*

1. **ニッコウシダ**

Thelypteris nipponica (Franch. et Sav.) Ching [EPJ 2012] [CFK 2004] [FJI 1995]; *Parathelypteris nipponica* (Franch. et Sav.) Ching [FKI 2009] [VPS 2002]

湿生の林床や草原に生える夏緑性シダで根茎はやや短く横走する。ヒメシダに似て細長い葉柄をもつが胞子葉の小羽片裏面に毛が密生し，小羽片の脈は二叉にならない。包膜は円腎形。
【分布】 南(国後島東沸湿原など・択捉島*)。やや普通。
【冷温帯植物：東北アジア要素】 本州中部〜北海道。千島列島南部・サハリン南北部・カムチャツカ半島[K-CR]。ウスリー・朝鮮半島・中国。

2. **ヒメシダ**

Thelypteris palustris (Salisb.) Schott [EPJ 2012] ["*palustris* Schott", CFK 2004] [FJI 1995]; *T. thelypteroides* (Michx.) Holub [FKI 2009] [VPS 2002]

湿生の草原に生える夏緑性のシダで根茎は長く横走する。ニッコウシダに似るが，胞子葉の小羽片裏面の毛は少なく，脈が二叉に分岐する。Tatewaki(1957)ではリストされていなかった。
【分布】 歯舞群島・色丹島，南・中。点在する。
【温帯植物：周北極要素】 九州〜北海道。千島列島中部以南・サハリン・カムチャツカ半島[K-EN]。北半球温帯。[Map 38]

3. **ミヤマワラビ**

Thelypteris phegopteris (L.) Sloss. ex Rydb. [EPJ 2012] ["(L.) Sloss.", FJI 1995]; *Phegopteris connectilis* (Michx.) Watt. [FKI 2009] [CFK 2004] [VPS 2002]

夏緑性のシダで根茎は長く横走し，葉身は三角状長楕円形，2回羽状深裂〜全裂。羽片の基部が耳状に軸に流れる。
【分布】 色丹島，南・中・北。点在する。
【温帯植物：周北極要素】 九州〜北海道。千島列島・サハリン・カムチャツカ半島。北半球温帯。[Map 39]

4. **オオバショリマ** 【Plate 48-2】

Thelypteris quelpaertensis (H.Christ) Ching [EPJ 2012] [FJI 1995]; *Oreopteris quelpaertensis* (H. Christ) Holub [FKI 2009] [CFK 2004]

夏緑性のシダで根茎は短く，葉は叢生し，葉身は倒披針形，2回羽状深裂〜全裂。下部の羽片が短く耳状になるのが特徴。中軸〜葉軸に多数の毛状のりん片がつく。
【分布】 色丹島，南・中・北。点在する。
【温帯植物：北太平洋要素】 九州〜北海道。千島列島・カムチャツカ半島。朝鮮半島・アリューシャン列島。

F14. イワデンダ科
Family WOODSIACEAE

1. メシダ属
Genus *Athyrium*

日本産のメシダ属については葉緑体DNAの*rbcL*と*trnL*-*trnF*の塩基配列データによる系統解析が行われ，単系統ではないとされる(Adjie et al., 2008)。千島列島からはメシダ属として9種が報告(Barkalov, 2009)され，北海道産としては12種が報告(岩槻，1992)されているが，種の認識や学名で不一致があり特にメシダ群で両地域の種を対応させるのが難しい。

1. **ミヤマメシダ**

Athyrium melanolepis (Franch. et Sav.) H. Christ [EPJ 2012] [FJI 1995]; *Athyrium filix-femina* (L.) Roth [FKI 2009] [CFK 2004] [VPS 2002]

エゾメシダに似るが，葉柄基部の鱗片が黒～黒褐色で光沢があり硬く捩れる。

【分布】　歯舞群島・色丹島・南・中・北。普通だが，シラネワラビよりは少ない。

【冷温帯植物：東北アジア要素】　本州・北海道。千島列島・サハリン・カムチャツカ半島。ウスリー・オホーツク・朝鮮半島。[Map 49]

2. **エゾメシダ**

Athyrium sinense Rupr. [EPJ 2012] [FKI 2009] [VPS 2002]; *A. brevifrons* Nakai ex Kitag. [FJI 1995]

ミヤマメシダに似るが，葉柄基部の鱗片は茶褐色膜質であまり捩れない。

【分布】　歯舞群島・南(国後島・択捉島*)。

【冷温帯植物：東アジア要素】　本州中部～北海道。千島列島南部・サハリン。朝鮮半島・中国。

3. **オクヤマワラビ**

Athyrium alpestre (Hoppe) Clairv. [EPJ 2012] [FJI 1995]; *A. americanum* (Butt.) Maxon [FKI 2009] [“*americanum* Maxon”, CFK 2004] [VPS 2002]

高山帯の雪田に生える。エゾメシダに似るが，小羽片が細く中～深裂し胞子嚢は円く，エゾメシダのように半月形やかぎ形に伸びず，包膜も小型で目立たない。Tatewaki(1957)にはリストされていなかった。

【分布】　北。まれ。

【冷温帯植物：周北極要素】　本州中部～北海道。千島列島北部・サハリン・カムチャツカ半島。北半球冷温帯。

4. **ヤマイヌワラビ**

Athyrium vidalii (Franch. et Sav.) Nakai [EPJ 2012] [FKI 2009] [FJI 1995]

エゾメシダに似るが，羽片の先が尾状に伸び，葉柄基部のりん片は線形で細長い。

【分布】　南。やや普通。

【暖温帯植物：東アジア要素】　九州～北海道。千島列島南部。朝鮮半島・中国・台湾。

5. **ヘビノネゴザ**

Athyrium yokoscense (Franch. et Sav.) H. Christ [EPJ 2012] [FKI 2009] [FJI 1995]

葉柄基部にある被針形～線形の鱗片中央に茶色の線が入るのがよい特徴。ミヤマヘビノネゴザに似ているが，包膜の縁は全縁。

【分布】　色丹島・南(国後島)。やや普通。

【温帯植物：東アジア要素】　九州～北海道。千島列島南部。ウスリー・朝鮮半島・中国。

6. **ミヤマヘビノネゴザ**

Athyrium rupestre Kodama [EPJ 2012] [FKI 2009] [VPS 2002] [FJI 1995]

ヘビノネゴザに似るが，包膜の縁に糸状突起がある。また下部の羽片はより短くなる。

【分布】　色丹島・南(国後島)。まれ。

【冷温帯植物：準日本固有要素】　本州中部～北海道。千島列島南部・サハリン中部以南。

7. **イワイヌワラビ**

Athyrium nikkoense Makino [EPJ 2012]; *A. fauriei* (H. Christ) Makino [FKI 2009]

【分布】 色丹島・南(国後島)。
【冷温帯植物：日本・千島固有要素】 本州・北海道。千島列島南部。

〈検討種〉ヒロハイヌワラビ

Athyrium wardii (Hook.) Makino

国後島，択捉島から報告されている(Barkalov, 2009)が，本種は本州～九州に分布する暖温帯要素で北海道に分布せず，千島列島には考えにくいように思う。検討が必要である。

〈検討種〉アティリウム・キクロソルム

Athyrium cyclosorum (Rupr.) Maxon

オネコタン島・アライト島から報告されている(Barkalov, 2009)が，本種はTzvelev(1991a)ではメシダ(広義)とオクヤマワラビの交雑種起源とされる。VLAで確認した*A. cyclosorum*標本はエゾメシダに似ており，さらに検討が必要である。

2. ナヨシダ属
Genus *Cystopteris*

1. ナヨシダ

Cystopteris fragilis (L.) Bernh. [FKI 2009] [CFK 2004] [VPS 2002] [FJI 1995]; *C. filix-fragilis* (L.) Bernh. [EPJ 2012]

トラノオシダに似て全体は柔らかく，なよなよしているが，羽片基部に柄があり包膜は卵形で胞子嚢群から開いてつく。
【分布】 色丹島・南・中・北。やや普通。
【冷温帯植物：汎世界要素】 四国～北海道。千島列島・サハリン・カムチャツカ半島。南北半球の温帯～寒帯域に広域分布。[Map 52]

3. オオシケシダ属
Genus *Deparia*

1. ホソバシケシダ

Deparia conilii (Franch. et Sav.) M.Kato [EPJ 2012] [FJI 1995]; *Athyriopsis japonica* (Thunb.) Ching [FKI 2009]

葉は2形になる夏緑性のシダ。胞子葉の葉身は狭披針形～披針形で先は長く伸びる。1回羽状複葉で羽片は中裂～深裂。包膜は楕円～かぎ形。
【分布】 南(国後島)。極くまれ。
【暖温帯植物：東アジア要素】 九州～北海道。千島列島南部[S-E(1)]。朝鮮半島・中国中部。

2. オオメシダ

Deparia pterorachis (H.Christ) M.Kato [EPJ 2012] [FJI 1995]; *Lunathyrium pterorachis* (H.Christ) Kurata [FKI 2009] [CFK 2004] [VPS 2002]; *Athyrium pterorachis* H.Christ [R]

大型で夏緑性のシダ。葉はロート状に集まり，葉身は長楕円形～広披針形で1回羽状複葉，羽片は深裂。小羽片に円形の鋸歯があり小羽軸に軟毛。葉柄基部が膨らむ。
【分布】 色丹島・南・中(ウルップ島)・北(パラムシル島)。やや普通。
【冷温帯植物：東北アジア要素】 本州中部～北海道。千島列島・サハリン・カムチャツカ半島[K-EN]。朝鮮半島。

3. ミヤマシケシダ

Deparia pycnosora (H.Christ) M.Kato [EPJ 2012] [FJI 1995]; *Lunathyrium pycnosorum* (H. Christ) Koidz. [FKI 2009] [VPS 2002]: *Athyrium pycnosorum* H. Christ [R]

一見ニッコウシダやヒメシダに似るが，葉はロート状に集まる夏緑性のシダ。包膜は長楕円形に伸び，中軸に毛のある個体が多い。ハクモウイノデ var. *albosquamata* M. Katoやウスゲミヤマシケシダ var. *mucilagina* M. Katoも含む広義のミヤマシケシダとして扱う。
【分布】 色丹島・南・中。やや普通。
【温帯植物：東アジア要素】 九州～北海道。千島列島中部以南・サハリン。朝鮮半島・中国東北部。
＊キタノミヤマシダ *Diplazium sibiricum* (Turcz. ex Kunze) Kurataが北海道，サハリン，カムチャツカ半島に分布するが，千島列島からはこれまで報告がない。

4. ウサギシダ属
Genus *Gymnocarpium*

1. **ウサギシダ**

Gymnocarpium dryopteris (L.) Newman [EPJ 2012] [FKI 2009] [CFK 2004] [VPS 2002] [FJI 1995]; *Dryopteris linnaeana* C. Chr. [R]

葉身は5角状卵形で3出複葉状に見える。イワウサギシダとウサキシダの，地域から地球レベルの地理分布パターンの定量比較をSato,T. and Takahshi(1996)が行っている。イワウサギシダは千島列島から報告されていない。

【分布】　南・中・北。

【冷温帯植物：周北極要素】　本州中部～北海道。千島列島・サハリン・カムチャツカ半島。北半球温帯～寒帯。[Map 71]

5. イワデンダ属
Genus *Woodsia*

1. **イワデンダ**

Woodsia polystichoides D.C.Eaton [EPJ 2012] [FKI 2009] [VPS 2002] [FJI 1995]

岩地や岩崖に見られる夏緑性のシダ。1回羽状複葉。羽片の最下前側に耳片があり特徴的な形。

【分布】　色丹島・南・中(ウルップ島が北東限)。

【暖温帯植物：東アジア要素】　九州～北海道。千島列島中部以南・サハリン。ウスリー・朝鮮半島・中国中北部・台湾。

〈検討種〉**ウッズィア・スブインテルメディア**

Woodsia subintermedia Tzvel.

Barkalov(2009)がイヌイワデンダ *W. intermedia* Tagawaをシノニムとして国後島から報告した種。しかし，イヌイワデンダは日本では主に本州中部以南に生育するもので，北海道に分布せず，国後島での生育は考えにくいように思う。今後の検討種とする。

* Barkalov(2009)は注釈で，パラムシル島からかつて記録された *Woodsia alpina* やイヌイワデンダ *W. intermedia* は誤認であるとしている。また北海道やサハリン，カムチャツカ半島で記録されているミヤマイワデンダ *W. ilvensis* はまだ千島列島から発見されていないとされる。

F15. シシガシラ科
Family BLECHNACEAE

1. ヒリュウシダ属
Genus *Blechnum*

1. **シシガシラ**

Blechnum niponicum (Kunze) Makino [EPJ 2012] ["*nipponicum*", FKI 2009] [FJI 1995]

ダケカンバ―チシマザサ群落に生え，全体ヤマソテツにも似る常緑性のシダ。栄養葉の質は厚く深緑色で葉柄基部に細長い鱗片が密につく。

【分布】　色丹島・南(択捉島が北東限)。まれ。

【暖温帯植物：日本・千島固有要素】　九州～北海道。千島列島南部[S-R(3)]。[Map 73]。周北極分布する *B. spicant* (L.) Rothの変種とする考えもある(Hultén and Fries 1986)。

F16. コウヤワラビ科
Family ONOCLEACEAE

葉緑体DNAのrbcL遺伝子の塩基配列解析(Gastony and Ungerer, 1997)によると，東アジアの種類は以下の3属にまとめるのが妥当である。

1. クサソテツ属
Genus *Matteuccia*

1. **クサソテツ**

Matteuccia struthiopteris (L.) Tod. [EPJ 2012] [FKI 2009] [CFK 2004] [VPS 2002] [FJI 1995]

葉はロート状に叢生し，栄養葉と胞子葉の2形になる夏緑性のシダ。栄養葉は明緑色で倒卵状披針形。1回羽状複葉で羽片は深裂。下部の羽片は次第に短くなる。

【分布】 歯舞群島・色丹島・南。普通。
【温帯植物：周北極要素】 九州～北海道。千島列島南部・サハリン・カムチャツカ半島。アジア東部・ヨーロッパ・北アメリカ東北部。[Map 59]

2. コウヤワラビ属
Genus *Onoclea*

1. **コウヤワラビ**

Onoclea sensibilis L. var. ***interrupta*** Maxim. [EPJ 2012] [FJI 1995]; *Onoclea sensibilis* L. [FKI 2009] [VPS 2002]

根茎が長く横走する夏緑性のシダ。葉は2形になり，栄養葉は広卵形で単羽状に深く切れ込み，羽片はほぼ全縁。胞子葉は小球状の胞子嚢をつけ直立。北アメリカの基準変種 var. *sensibilis* とは rbcL 遺伝子の塩基配列で十分な差があり，種ランクで分ける考えもあるがここでは従来通り変種ランクとしておく (cf. Gastony and Ungerer, 1997)。
【分布】 歯舞群島・色丹島・南(国後島)。普通。
【温帯植物：北アメリカ・東アジア隔離／東アジア要素】 九州～北海道。千島列島南部・サハリン。東シベリア・朝鮮半島・中国東北部。種としては北アメリカ東部にも分布。

3. イヌガンソク属
Genus *Pentarhizidium*

1. **イヌガンソク**

Pentarhizidium orientale (Hook.) Hayata [EPJ 2012]; *Matteuccia orientalis* (Hook.) Trevis. [FKI 2009]; *Onoclea orientalis* (Hook.) Hook. [FJI 1995]

夏緑性のシダで葉は2形。栄養葉は卵状楕円形で単羽状。羽片は中裂で，下部の羽片はほとんど短くならない。胞子葉は単羽状で片側につき全体の形はまさに「雁足」状。
【分布】 南(国後島)。まれ。
【暖温帯植物：中国・ヒマラヤ要素】 九州～北海道。千島列島南部[S-V(2)]。朝鮮半島・中国・ヒマラヤ。

F17. オシダ科
Family DRYOPTERIDACEAE

1. カナワラビ属
Genus *Arachniodes*

1. **ホソバナライシダ**(ナライシダ)

Arachniodes borealis Seriz. [FJI 1995]; *Leptorumohra miqueliana* (Maxim. ex Franch. et Sav.) H. Itô [EPJ 2012] [FKI 2009] [VPS 2002]

根茎が長く横走する夏緑性のシダ。葉身は狭い5角形状になり4回羽状複葉。羽片両面の脈上に白毛がある。
【分布】 南(国後島)。まれ。
【暖温帯植物：東アジア要素】 九州～北海道。千島列島南部[S-E(1)]・サハリン南部。朝鮮半島南部・中国。

2. **シノブカグマ** 【Plate 48-3】

Arachniodes mutica (Franch. et Sav.) Ohwi [EPJ 2012] [FKI 2009] [VPS 2002] [FJI 1995]

ダケカンバ―チシマザサ群落などに生える常緑性のシダで根茎は短く葉は叢生する。葉身は卵状長楕円形で，3回羽状全裂～中裂。葉柄や葉軸に先が捩れた黒色のりん片があるのがよい特徴。Tatewaki (1957) では択捉島が千島列島での北東限だったが，Barkalov (2009) によりウルップ島からも報告された。サハリンの記録は再確認が必要であるともされる (Smirnov, 2002)。
【分布】 南・中。やや普通。
【暖温帯植物：準日本固有要素】 九州～北海道。千島列島中部以南・サハリン南部[S-V(2)]。朝鮮半島南部。

2. オシダ属
Genus *Dryopteris*

1. **シラネワラビ**

Dryopteris expansa (C.Presl) Fraser-Jenk. et Jermy [EPJ 2012] [FKI 2009] [CFK 2004] [VPS 2002] [FJI

1995]

夏緑性のシダで葉は叢生する。葉が長さの割りに幅の狭い，ナガバシラネワラビの形が多く，葉身は狭い5角状の長楕円状卵形で3回羽状深裂〜全裂。Barkalov(2009)によると国後島，色丹島のオクヤマシダ *D. amurensis* の記録は本種の亜種ssp. *assimilis* の型という。

【分布】　色丹島・南・中・北。普通。

【温帯植物：周北極要素】　九州〜北海道。千島列島・サハリン・カムチャツカ半島。北半球温帯。[Map 69]

〈検討種〉**イワカゲワラビ**

Dryopteris laeta (Kom.) C.Chr.（= *D. goeringiana* (G.Kunze) Koidz.）

夏緑性のシダでシラネワラビに似るが，最下羽片基部の小羽片がシラネワラビのように最大にならない。ロシア極東ウスリーから記録されているが，Tatewaki(1957)，Barkalov(2009)では千島列島から報告されていない。ただ千島列島に産するとの情報があり，検討を要する。

2.　**オシダ**

Dryopteris crassirhizoma Nakai [EPJ 2012] [FKI 2009] [VPS 2002] [FJI 1995]

根茎は太く短く直立して塊状となり葉はロート状に叢生する夏緑性のシダ。葉身は倒披針形で2回羽状深裂。下部の羽片は次第に短くなる。

【分布】　色丹島・南(択捉島が北東限)。やや普通。

【冷温帯植物：東北アジア要素】　四国〜北海道。千島列島南部・サハリン。ウスリー・朝鮮半島・中国東北部。

3.　**ニオイシダ**

Dryopteris fragrans (L.) Schott [EPJ 2012] [CFK 2004] [VPS 2002] [FJI 1995]; *D. fragrantiformis* Tzvelev [FKI 2009]

日あたりのよい岩隙に生える常緑性シダ。根茎は斜上して葉は叢生し，前年の枯れた葉が残る。葉緑体DNAによる分岐系統図(Zhang and Zhang, 2012)によるとオシダ属のなかで最も基部で分岐した系統群であり興味深い。Tatewaki(1957)では択捉島が千島列島の北東限だったがBarkalov(2009)によりウルップ島からも報告された。

【分布】　色丹島*・南・中(ウルップ島)。まれ。

【冷温帯植物：周北極要素】　本州中部〜北海道。千島列島中部以南・サハリン・カムチャツカ半島。朝鮮半島・中国北部，北半球温帯〜亜寒帯。[Map 70]

4.　**ミヤマベニシダ**

Dryopteris monticola (Makino) C.Chr. [EPJ 2012] [FKI 2009] [FJI 1995]

夏緑性のシダ。葉身は三角状楕円形で，羽片は下部で短くならず，オシダの葉身の下部半分をなくしたような形。

【分布】　色丹島*・南(国後島)。まれ。

【暖温帯植物：東アジア要素】　九州〜北海道。千島列島南部。朝鮮半島・中国東北部。

*オクヤマシダ *Dryopteris amurensis* (Milde) H.Christ は千島列島にないようである。Barkalov(2009)によると1999年のSmirnovのウシシル島，択捉島の記録は誤りという。

---

3. イノデ属
Genus *Polystichum*

1.　**ホソイノデ**

Polystichum braunii (Spenn.) Fée [EPJ 2012] [FKI 2009] [CFK 2004] [VPS 2002] [FJI 1995]

夏緑性のイノデ類。葉はロート状に集まり下部の羽片が次第に短くなる。小羽片は鈍頭で縁は浅い鋸歯〜全縁。千島列島のシダ類としてはシラネワラビに次いで多いもの。

【分布】　色丹島，南・中・北。普通。

【冷温帯植物：周北極要素】　本州〜北海道。千島列島・サハリン・カムチャツカ半島。朝鮮半島・中国，北半球温帯。[Map 63]

2.　**ヒイラギデンダ**(ヒイラギシダ)

Polystichum lonchitis (L.) Roth ex Roem. [EPJ 2012] [“(L.) Roth”, FKI 2009] [“(L.) Roth”, CFK 2004] [“(L.)

Roth", VPS 2002] ["(L.) Roth", FJI 1995]

常緑性のイノデ類。羽片は革質で縁に鋭い鋸歯がある。本州中部高山から北海道を通り越して千島列島に不連続分布する種類。

【分布】 北(パラムシル島・シュムシュ島*)。まれ。

【亜寒帯植物：周北極要素】 本州中部[J-EN]。千島列島北部・サハリン中部以北[S-R(3)]・カムチャツカ半島。北半球亜寒帯に点在。

3. **カラクサイノデ**

Polystichum microchlamys (H.Christ) Matsum. [EPJ 2012] [FKI 2009] [CFK 2004] [FJI 1995]

夏緑性のイノデ類。ホソイノデに似るが，それほどには下部の羽片が短くならず，小羽片はより幅狭く鋭頭で縁に深い鋸歯がある。

【分布】 南・中・北。点在する。

【冷温帯植物：東北アジア要素】 本州〜北海道。千島列島・カムチャツカ半島[K-VU]。

4. **ジュウモンジシダ**

Polystichum tripteron (Kunze) C.Presl [EPJ 2012] [FKI 2009] [VPS 2002] [FJI 1995]

夏緑性のイノデ類。最下羽片が大きく，葉全体が十文字状になる特徴的なシダだが，まれに最下羽片が発達しないこともある。Tatewaki(1957)では国後島のみからリストされていたが，Barkalov(2009)が択捉島からも報告した。

【分布】 色丹島・南。やや普通。

【暖温帯植物：東アジア要素】 九州〜北海道。千島列島南部・サハリン南部。朝鮮半島・中国東部。

F18. ウラボシ科
Family POLYPODIACEAE

1. ノキシノブ属
Genus *Lepisorus*

1. **ミヤマノキシノブ**(広義) 【Plate 3-1】

Lepisorus ussuriensis (Regel et Maack) Ching s.l.; *L. ussuriensis* (Regel et Maack) Ching var. *distans* (Makino) Tagawa [EPJ 2012] [FJI 1995]; *L. ussuriensis* (Regel et Maack) Ching s.str. [FKI 2009]; *L. thunbergianus* (Kaulf.) Ching [FKI 2009]; *Pleopeltis ussuriensis* Regel et Maack [VPS 2002]

常緑性のシダで，葉身は単葉状でやや厚い革質。色丹島では亜高山草原の岩隙に生えていた。Barkalov(2009)は地下茎の鱗片の長さと形によりミヤマノキシノブ *L. distans* s.str. とウスリーノキシノブ *L. ussuriensis*(=*L. ussuriensis* var. *ussuriensis*)の2種を認めている。日本では通常この2種を *L. ussuriensis* 内の2変種としている。しかしこの2変種も安定的に分けられるかさらに検討が必要と思われるので，ここではこれら2変種を含む広義のミヤマノキシノブとして扱った。

【分布】 色丹島・南(国後島)。点在する。

【暖温帯植物：東アジア要素】 九州〜北海道。千島列島南部・サハリン南部[S-V(2), as *Pleopeltis ussuriensis*]。ウスリー・朝鮮半島・中国(北部〜東北部)・東シベリア。

〈検討種〉**ノキシノブ**

Lepisorus thunberigianus (Kaulf.) Ching

文献記録として国後島から報告されている(Barkalov, 2009)が，北海道では南部のみに自生するので国後島での生育は疑問であり，ここでは今後の検討課題としたい。

2. エゾデンダ属
Genus *Polypodium*

1. **オシャグジデンダ**

Polypodium fauriei H. Christ [EPJ 2012] [FKI 2009] [VPS 2002] [FJI 1995]

樹幹や岩崖などに生える冬緑性のシダ。葉は単羽状に全裂し，葉身基部は狭くなる。乾燥した押し葉標本にするとしばしばぜんまい巻きになる。

【分布】 色丹島・南(国後島)。まれ。

【温帯植物：準日本固有要素】 九州〜北海道。千島列島南部・サハリン南部[S-V(2)]。朝鮮半島(済州島)。[Map 75]

2. エゾデンダ

Polypodium sibiricum Sipliv. [EPJ 2012] [FKI 2009] [CFK 2004] [VPS 2002]; *P. virginianum* auct. non L. [FJI 1995]

樹幹や岩崖などに生える常緑性のシダ。葉は単羽状に全裂し，葉身基部は狭くならない。根茎の鱗片の中央が暗褐色になりやや2色性となる。Haufler et al.(1993)によると，これまでアジア北部のエゾデンダは *P. virginianum* とされていたがこれは，北アメリカ東部に分布する4倍体の *P. virginianum* と違って2倍体であり，別種 *P. sibiricum* とされる。染色体数と対応して *P. sibiricum* の胞子は直径52 μm以下だが，4倍体の *P. virginianum* の胞子は52 μm以上だという。

【分布】 南・中(ウルップ島)。ややまれ。

【冷温帯植物：東北アジア～北アジア要素】 本州中部～北海道。千島列島中部以南・サハリン・カムチャツカ半島[K-EN]。ウスリー・オホーツク・東シベリア・モンゴル。[Map 74]

3. オオエゾデンダ　【Plate 48-4】

Polypodium vulgare L. [EPJ 2012] [VPS 2002] [FJI 1995]; *P. kamelinii* Schmakov [FKI 2009]

川ぞいの岩崖などに生える常緑性のシダ。エゾデンダと同様に葉身基部は狭くならない。根茎の鱗片は淡褐色の単色性。Haufler et al.(1993)によるとオオエゾデンダは2倍体のエゾデンダ *P. sibiricum* と違い，異質4倍体だという。Barkalov (2009) は従来の *P. vulgare* の代わりに，*P. kamelinii* を使っているが，周極分布する *P. vulgare* の種内変異の実態が明確でないので，学名は従来の見解に従った。

【分布】 色丹島・南・中(ウルップ島が北東限)。点在する。

【温帯植物：周北極要素】 本州～北海道[J-EN]。千島列島中部以南・サハリン中部以南。北半球温帯。[Map 74]

裸子植物
Gymnosperms

SAPSに保管されている千島列島産裸子植物標本については高橋(2003)でまとめた。

G1. マツ科
Family PINACEAE

1. モミ属
Genus *Abies*

1. トドマツ　【Plate 1-6】

Abies sachalinensis (F.Schmidt) Mast. [EPJ 2012] ["F.Schmidt", FKI 2009] ["F.Schmidt", CFK 2004] ["F.Schmidt", VPS 2002] [FJI 1995]; *A. mayriana* (Miyabe et Kudô) Miyabe et Kudô [VPS 2002]

常緑針葉樹で高木になる。沿岸部にも生育。色丹島の亜高山草原では盆栽状の個体になり，似たような現象は道東知床半島でも見られる。

【分布】 色丹島・南(国後島で普通，択捉島中部の紗那沼が北東限)。やや普通。開花：5月下旬～6月下旬。

【冷温帯植物：東北アジア要素】 北海道。千島列島南部・サハリン・カムチャツカ半島。

2. カラマツ属
Genus *Larix*

1. グイマツ(シコタンマツ)

【Plate 1-8, 2-1, 8-5, 8-6, 49-1】

Larix gmelinii Rupr. ex Gordon; *L. gmelinii* Rupr ex Gordon var. *japonica* (Maxim. ex Regel) Pilg. ["*gmelinii* (Rupr.) Rupr. ex Kuzen.", EPJ 2012] [FJI 1995]; *L. kamtschatica* (Rupr.) Carrière [FKI 2009]; *L. cajanderi* Mayr [CFK 2004] [VPS 2002]

落葉針葉樹で海岸砂丘や湿原に生育。種の範囲を広くとるか狭くとるかで学名には異論がある。大局的にはシベリア西部に *L. sibirica* Ledeb. が,東部に*L. gmelinii*が分布し，中間地帯では交雑するとされる(Hultén and Fries, 1986)が，ロシア極東のものは*L. cajanderi*(Koropachinskiy, 1989)ないしは*L. kamtschatica*(Barkalov, 2009)，あるいは*L. gmelinii*の亜種や変種とされる。ここでは東シベリア，カムチャツカ半島，サハリンまで広く分布する多型な種*L. gmelinii*として扱う。南千島のものを特にシコタンマツ*L. kurilensis*として，サハリン産と異なるとする見解もあるが分けるのは無理だろう。2010年調査では色丹松原には少なくとも200～300株はあり，幼樹もあって順調に更新しているように見えた。色丹島と択捉島の分類地理学的な近縁さを示す例として知られる。色丹島では自生地は限られるが，択捉島中部では最も普通に分布する樹種で，立地により風衝わい生型のものから直立高木型のものまである。わい生型では立ち枯れ個体も目立ったが，原因は不明である。
【分布】　色丹島・南(択捉島)。色丹島では局在，択捉島ではやや普通。
【冷温帯～亜寒帯植物：東北アジア要素】　本州・北海道に分布しない。千島列島南部・サハリン・カムチャツカ半島。東シベリア。

外1.　カラマツ

Larix kaempferi (Lamb.) Carrière [EPJ 2012] [“Fortune ex Gordon”, FKI 2009] [FJI 1995]; *L. leptolepis* (Siebold. et Zucc.) Gordon [VPS 2002]

落葉針葉樹。葉は長さ2～3 cmで，毬果は卵状球形で長さ2～3 cm。戦前に日本側により植林された残存というが筆者らは確認できなかった。
【分布】　色丹島・南(国後島)。[戦前植栽残存]
【冷温帯植物：日本固有要素】　本州(在来)・北海道(外来B)。千島列島南部(外来)・サハリン中部以南(外来)。

3. トウヒ属
Genus *Picea*

1.　アカエゾマツ　【Plate 6-2】

Picea glehnii (F.Schmidt) Mast. [EPJ 2012] [FKI 2009] [VPS 2002] [FJI 1995]

湿った湖沼周辺や火山斜面に生える常緑針葉樹で高木になる。針状の葉は長さ6～12 mmで横断面はひし形で4面に白色の気孔帯がある。国後島では古釜布や羅臼岳で森林構成樹種の1つだが，色丹島(色丹松原，マスバ山)，択捉島(アトサヌプリ周辺)では少なく，SAPSには択捉島産標本がない。
【分布】　色丹島・南。点在する。開花：6月中旬～7月上旬。
【冷温帯植物：準日本固有要素】　本州(早池峰)・北海道。千島列島南部・サハリン南部[S-V(2)]。

2.　エゾマツ　【Plate 6-3】

Picea jezoensis (Siebold et Zucc.) Carrière [EPJ 2012] [FKI 2009] [“Carrière”, FJI 1995]; *P. ajanensis* (Lindl. et Gord.) Fisch. ex Carrière [CFK 2004] [VPS 2002]

常緑針葉樹。葉は線形で扁平，片面だけに幅広い白色の気孔帯が2条ある。ロシア側では日本以外のロシア極東(南千島，サハリン，カムチャツカ半島を含め)のものを*P. ajanensis*とする見解も多いが，Barkalov(2009)は本学名を採用している。*P. ajanensis*は葉が長さ1～2 cm，幅0.2 cmで球果が長さ4～6 cm，幅4 cmなのに対し，エゾマツ*P. jezoensis*は葉が長さ1.5～2.5 cm，幅0.15～0.2 cmで球果は長さ4～7 cm，幅2 cm。国後島で見たエゾマツは北海道産のものに比べると葉がより短く枝の全方向に密につくように見え，これからするとむしろ*P. ajanensis*を思わせるものだった(国後島のエゾマツの分類学的再検討の必要性についてはすでに佐藤(2007a)も指摘している)。母性遺伝するミトコンドリアDNAマーカーによると北海道のエゾマツはサハリン経由で大陸から広がったものと推定されている(Aizawa et al., 2007)が，千島列島の試料はまだ解析されていない。
2n＝24(色丹島)as *P. ajanensis*[Probatova et al. 2007]。
【分布】　色丹島・南。色丹島で少なく，国後島で多く，択捉島南部が北東限。開花：5月下旬～6月下旬。
【冷温帯植物：東北アジア要素】　本州(別変種トウヒ var. *hondoensis* (Mayr) Rehder)・北海道。千島列島南部・サハリン・カムチャツカ半島。ウスリー・朝鮮半島北部・中国東北部。

4. マツ属
Genus *Pinus*

1. **ハイマツ**　【Plate 4-4, 8-6, 10-7】

Pinus pumila (Pall.) Regel [EPJ 2012] [FKI 2009] [CFK 2004] [VPS 2002] [FJI 1995]

常緑低木で幹がよく分枝する高さ1～2 mの5葉性マツ。千島列島全体に広く分布するが，分布が欠落した島があるのが興味深い。古い地質の色丹島と，火山活動が活発なマツワ島，アライト島，そして小さなサイズのウシシル島にないとされる。色丹島ではミヤマビャクシンとの競争に勝てなかったため，それ以外の島ではまだ種子分散が成功するまでの時間が経っていないため，と解釈される。ただ色丹島でハイマツが欠落するのは，むしろ冬期の少雪・強風による影響が大きいと推測され道東太平洋側の釧路～根室半島でもハイマツはない。

【分布】　南・中・北。普通。開花：6月中旬～7月上旬。

【亜寒帯植物：東北アジア要素】　本州中部～北海道。千島列島・サハリン・カムチャツカ半島。東シベリア・朝鮮半島・中国東北部。[Map 81]。類縁のある *P. sibirica*, *P. cembra* とともに周北極種群を構成するという考えもある(Hultén and Fries, 1986)。

〈検討種〉**ゴヨウマツ**

Pinus parviflora Siebold et Zucc.

Barkalov(2009)でリストされている。引用されている択捉島紗那の南2 km(1959年7月28日採集)と国後島東沸周辺(1960年6月16日採集)の2標本をLEで観察した。前者は高さ15 cmほどの幼苗で最初ハイマツと同定されたものがその後ゴヨウマツと再同定されたもの。後者は12 cmほどの枝先でこれも最初ハイマツと同定され後にゴヨウマツと再同定されている。どちらも果実はなく確実な同定は難しい標本であるが，葉の幅や質からはハイマツとしてもおかしくないものである。Barkalov(2009)も果実のある採集品での確認が必要としており，ゴヨウマツだとしても自生ではなく日本時代の栽培残存だろう。確実な標本が得られるまでは千島列島産種としては採用しない。

G2. ヒノキ科
Family CUPRESSACEAE

1. ネズミサシ属
Genus *Juniperus*

1. **ミヤマビャクシン**　【Plate 1-5, 49-2】

Juniperus chinensis L. var. ***sargentii*** A. Henry [EPJ 2012]; *J. sargentii* (A.Henry) Takeda ex Koidz. [FKI 2009] [VPS 2002]; *Sabina chinensis* (L.) Antoine var. *sargentii* (A.Henry) W.C.Cheng et L.K.Fu [FJI 1995]

亜高山草原にキンロバイなどとともに生え，主幹は横に伏して高さ20 cmほどのわい性小低木である。葉は鱗片状で十字対生，毬果は肉質で2～3対の種鱗からなる。色丹島にハイマツが欠落するのは同じような立地に本種が生育するためといわれる。主幹が立ちあがり時に高木になるものを基準変種ビャクシン var. *chinensis* といい日本では九州から岩手県まで，主幹が這い葉がほとんど針形になるものを変種ハイビャクシン var. *procumbens* といい日本では九州に生える。

【分布】　色丹島・南(択捉島が北東限)。

【温帯植物：東アジア要素】　九州～北海道。千島列島南部・サハリン中部以南[S-R(3)]。朝鮮半島・台湾。

2. **リシリビャクシン**　【Plate 10-8, 49-3】

Juniperus communis L. var. ***montana*** Aiton [EPJ 2012]; *J. sibirica* Burgsd. [FKI 2009] [CFK 2004] [VPS 2002]; *J. communis* L. subsp. *nana* (Willd.) Syme var. *nana* [FJI 1995]; *J. communis* L. var. *saxatilis* Pall.

中間～高層湿原や海岸段丘斜面に生える低木。葉は針形で3輪生し，毬果は肉質で3個の種鱗からなる。北海道でも特に東部の低地湿原で千島列島と同じような立地環境に見られる。色丹島ではミヤマビャクシンに比べるとずっとまれ。基準変種はセイヨウネズ var. *communis* で北半球に広く分布する。日本には別変種のホンドミヤマネズ var. *hondoensis*(本州中部)，ミヤマネズ var. *nipponica*(本州，北海道アポイ)があり，葉の長さや曲がり具合，白色の気孔帯の幅などで区別される。

【分布】　色丹島・南・中(ケトイ島が北東限)。[Map 82]

【冷温帯植物：周北極要素】　北海道[J-VU]。千島列島中部以南・サハリン・カムチャツカ半島。朝鮮半島・中国東北部，北半球冷温帯～寒帯。

〈検討種〉スギ

Cryptomeria japonica (L.f.) D.Don

国後島(イリューシナ植内川)に植栽されているという(Barkalov, 2009)が，逸出状態なのかどうかも含め現状が確認できないので，検討種としてのみリストする。ただ自生はありえない。

G3. イチイ科
Family TAXACEAE

1. イチイ属
Genus *Taxus*

1. イチイ

Taxus cuspidata Siebold et Zucc. [EPJ 2012] [FKI 2009] [“Siebold et Zucc. ex Endl.”, VPS 2002] [FJI 1995]

千島列島では茎の基部がほふくしてよく分枝し，やや小さめの葉が密につき，本州日本海側に見られる変種キャラボク var. *nana* Hort. ex Rehder を思わせるものがあり，これをチシマキャラボク var. *borealis* Tatew. et Yoshimura と呼ぶことがある。どちらも風衝地に適応した生態型だと思われる。国後島，色丹島の内陸森林には大木もあるという。2n＝24(シムシル島)[Probatova et al. 2007]。

【分布】　色丹島・南・中(ラシュワ島が北東限)。点在。開花：5月中旬～6月上旬。

【温帯植物：東アジア要素】　九州～北海道。千島列島中部以南・サハリン[S-R(3)]。東シベリア・朝鮮半島・中国東北部。[Map 83]

被子植物・基底群
Angiosperms-Basal Group

AB1. スイレン科
Family NYMPHAEACEAE

DNA 分子データと形態形質を総合した科内の属間系統樹が明らかにされている(Les et al., 1999)。以下の2属では，コウホネ属の方が系統樹のより基部で分岐している。

1. コウホネ属
Genus *Nuphar*

1. ネムロコウホネ

Nuphar pumila (Timm) DC. [EPJ 2012] [FKI 2009] [FJIIa 2006] [CFK 2004] [VPS 2002] [“*pumilum*”, J]

湿原中のゆるい流れの河川や池沼に見られる浮葉性の多年草。外面が緑色がかる黄色の花弁状萼片が5枚。実際の花弁は萼片の半長以下で目立たない。コウホネの属名 *Nuphar* を中性扱いする Paclt(1998)の提案は命名委員会で否決されたので，本属名の性は女性形である。日本の古い図鑑類では中性扱いのままで種形容語が *pumilum* となっているので注意が必要である。柱頭盤が暗赤色のものを変種オゼコウホネ var. *ozeensis* (Miki) H. Hara，それに加えて子房も暗赤色のものはその品種ウリュウコウホネ f. *rubro-ovaria*(高橋ら，2005)とするが，これらの型は南千島からは報告されていない。北海道ではコウホネ *N. japonica* は南部から北部に分布するが，本種ネムロコウホネは特に東部(北部の利尻礼文と後志ニセコにもあるが)に集中して分布しており(伊藤，1967)，千島列島の分布と連続する。

【分布】　歯舞群島・色丹島・南。やや普通。

【冷温帯植物：周北極要素】　本州北部～北海道[J-VU]。千島列島南部・サハリン[S-R(3)]・カムチャツカ半島[K-EN]，周北地域。[Map 816]

2. スイレン属
Genus *Nymphaea*

1. ヒツジグサ

Nymphaea tetragona Georgi [EPJ 2012] [FKI 2009] [FJIIa 2006] [CFK 2004] [VPS 2002]

池沼に見られる浮葉性の多年草。緑色の萼片が4枚あり，7～15枚の白色花弁がつく。採集すると標本を押す前に花は閉じてしまう。国後島ではネムロコウホネよりずっと少ない。Alexeeva et al.(1983)が色丹島から記録しているが，Barkalov and Eremenko(2003)は国後島のみとする。ここでもそれに従い色丹島は記録から除いた。

【分布】　南(国後島)。まれ。

【温帯植物：周北極要素】　九州～北海道。千島列島南部・サハリン[S-R(3)]・カムチャツカ半島[K-VU]。朝鮮半島・中国，北半球温帯～亜熱帯域。[Map 814]

AB2. マツブサ科
Family SCHISANDRACEAE

1. マツブサ属
Genus *Schisandra*

1. チョウセンゴミシ　【Plate 49-4】

Schisandra chinensis (Turcz.) Baill. [EPJ 2012] [FKI 2009] [FJIIa 2006] [VPS 2002]

つる性の落葉木本。葉の表面の脈は凹入し一見ツルウメモドキの葉に似る。赤く熟し大きさの不揃いの果実からなる長さ5～6 cmの集合果が垂れ下がる。2n＝28(国後島)[Probatova et al., 2007]。

【分布】　色丹島・南。まれ。

【冷温帯植物：東北アジア要素】　本州中部～北海道。千島列島南部・サハリン。アムール・ウスリー・プリモーリエ・朝鮮半島・中国(北部～北東部)。

AB3. センリョウ科
Family CHLORANTHACEAE

1. チャラン属
Genus *Chloranthus*

1. ヒトリシズカ

Chloranthus quadrifolius (A.Gray) H.Ohba et S. Akiyama in J. Jpn. Bot. 89: 239 (2014); *C. japonicus* Siebold [EPJ 2012] [FKI 2009] [FJIIa 2006]

茎上部の2対の普通葉の節間が伸びないので4葉が輪生しているように見える。雄しべ葯隔は白色糸状に伸びる。菅原(1939)がサハリン南部富岡から報告しているが，Smirnov(2002)にはないので，サハリンの分布はさらに検討する必要がある。シーボルトコレクションの再検討により，ヒトリシズカのタイプ標本はフタリシズカであることが判明し，これまで使われていたヒトリシズカの学名は変更された(Ohba and Akiyama, 2014)。

【分布】　歯舞群島・色丹島・南(国後島)。まれ。

【暖温帯植物：東アジア要素】　九州〜北海道。千島列島南部・サハリン南部。朝鮮半島・中国。

2. フタリシズカ

Chloranthus serratus (Thunb.) Roem. et Schult. [EPJ 2012] [FKI 2009] [FJIIa 2006]

茎上部の2対の普通葉の節間は0.5〜2 cmある。葯隔は糸状に伸びない。大井(1932-33)が色丹島又子丹からフタリシズカを記録しているが，Barkalov(2009)は色丹島ではヒトリシズカが普通なので誤認である可能性があるとした。筆者はKYOで大井のフタリシズカ証拠標本(Shikotan, Matakotan, J. Ohwi, 7月19日，1931年)を検討したが，これはヒトリシズカであった。色丹島の分布記録は採用しない。

【分布】　南(国後島材木岩南部の小川ぞい。Barkalov(2009)ではすでに絶滅したとする)。極くまれ。

【暖温帯植物：東アジア要素】　九州〜北海道。千島列島南部[S-E(1)]。朝鮮半島・中国。

AB4. ウマノスズクサ科
Family ARISTOLOCHIACEAE

1. カンアオイ属
Genus *Asarum*

1. オクエゾサイシン

Asarum heterotropoides F.Schmidt [EPJ 2012] [FKI 2009] [FJIIa 2006] [VPS 2002]; *Asiasarum hetertropoides* (F.Schmidt) F.Maek. [J]

地を這う根茎の先に2枚の葉をつけ，花弁のない肉質で赤茶色の花をつける。オクエゾサイシンが含まれる日本産ウスバサイシン節の種についてはYamaji et al.(2007a, b)が定量的形態比較と分類学的まとめを行っている。そこでは千島列島のオクエゾサイシンとして，色丹島，国後島の戦前標本を引用している(Yamaji et al., 2007b)。実際にはより東北部まで分布しており，Tatewaki(1957)では択捉島が北東限とされ，最近のBarkalov(2009)はウルップ島からも報告している。

【分布】　色丹島・南・中(ウルップ島)。やや普通。

【冷温帯植物：東北アジア〜東アジア要素】　本州北部〜北海道。千島列島中部以南・サハリン。朝鮮半島・中国。

AB5. モクレン科
Family MAGNOLIACEAE

1. モクレン属
Genus *Magnolia*

1. ホオノキ　【Plate 49-5】

Magnolia hypoleuca Siebold et Zucc. [FKI 2009] [FJIIa 2006]; *Magnolia obovata* Thunb. [EPJ 2012]

高木になる落葉広葉樹。葉は枝先に集まり倒卵状長楕円形で長さ20〜40 cm，花は上向きに開き大型で径15 cm，花被片は9〜12枚。SAPSには2枚の戦前標本がある。現在，国後島自然保護事務所のシンボルマークにも採用されており，南千島の温帯植物を象徴する木本種である。VLAには多数標本があり特にVorobievによる1946年(終戦翌年)7月4日採集標本があり興味深い。色丹島からは記録がない。ホオノキの正名については金沢大学の植田邦彦氏から意見(2014年12月)を頂き，これに従った。
【分布】　南(国後島中～南部：オホーツク海側の一菱内湖，古丹消，トレチャコヴォなど)。ややまれ。開花：7月上～下旬。
【温帯植物：日本・千島固有要素】　九州～北海道。千島列島南部[S-E(1)]。

被子植物・単子葉類
Angiosperms-Monocots

AM1. ショウブ科
Family ACORACEAE

1. ショウブ属
Genus *Acorus*

外1. ショウブ

Acorus calamus L. [EPJ 2012] [FKI 2009] [VPS 2002]

湿った草原や池の縁に生え，よく枝分かれした根茎のある多年草。葉は線形で中肋があり長さ50～100 cm。植物体に芳香がある。道東の標本はあるがそもそも北海道での標本数は少なく，一部は移植されたものと思われる。SAPSには千島列島産標本がなく，Barkalov(2009)は外来種としている。2n＝36(国後島)[Probatova et al., 2007]。
【分布】　南(国後島)。まれ。[栽培逸出？]
【暖温帯植物】　九州～北海道(在来)。千島列島南部(外来)・サハリン南部(在来)。シベリア・東アジア・マレーシア・インド。ヨーロッパと北アメリカは自生でなく，アジア起源の種とされる(Hultén and Fries, 1986)。[Map 370]

AM2. サトイモ科
Family ARACEAE

1. テンナンショウ属
Genus *Arisaema*

1. コウライテンナンショウ(マムシグサ)

Arisaema peninsulae Nakai [EPJ 2012]; *A. japonicum* Blume [FKI 2009]

やや暗い針葉樹林～草原に生える多年草。同一株でも栄養状態が良くなるにつれ無性株から雄性株，そして雌性株へと変化する。仏炎苞は緑色で白条がある。従来は本種コウライテンナンショウやカントウマムシグサ *A. serratum* (Thunb.) Schott, マムシグサ *A. japonicum* Blume, ホソバテンナンショウ *A. angustatum* Franch. et Sav. などを含めた，変異の大きな種としてマムシグサ *A. serratum* (Thunb.) Schott. が認められ(Ohashi and Murata, 1980)ていたが，最近では再度，小種に分ける見解が示されている(邑田，2011)。本書でもこれに従う。邑田(2011)では国後島，択捉島まで含めた分布図が掲載されている。
【分布】　歯舞群島・色丹島・南(択捉島が北東限)。点在。
【暖温帯植物：東アジア要素】　九州〜北海道。千島列島南部[S-R(3)]。朝鮮半島・中国。

〈検討種〉**ヒロハテンナンショウ**

Arisaema sadoense Nakai(＝*A. ovale* Nakai)

国後島からの記録として，千島列島自生種としてリストされている(Barkalov, 2009)。しかし北海道東部に分布しない(邑田，2011)ことから国後島の自生は考えにくい。コウライテンナンショウの誤認の可能性が高いと考え，検討種とした。

2. ヒメカイウ属
Genus *Calla*

1. **ヒメカイウ**

Calla palustris L. [EPJ 2012] [FKI 2009] [CFK 2004] [VPS 2002]

貧栄養の池塘に生え長い根茎のある多年草。1〜25 cm の長さの葉柄の先に長さ幅ともに7〜14 cm の全縁で心形の葉がある。仏炎苞は4〜6 cm 長。SAPS ではサハリン産標本は十数枚あるが千島列島産標本はない。氷河期にサハリンルートを使って日本に南下してきた北方植物と推定される。Tatewaki(1957)でも記録されていないが，Barkalov(2009)が南千島から記録した。
【分布】　歯舞群島・南(国後島)。まれ。
【冷温帯植物：周北極要素】　本州中部〜北海道[J-NT]。千島列島南部・サハリン・カムチャツカ半島[K-VU]。北半球冷温帯。[Map 371]

3. コウキクサ属
Genus *Lemna*

1. **キタグニコウキクサ**(エゾコウキクサ)

Lemna turionifera Landolt; *L. japonica* auct. non Landolt [EPJ 2012] [FKI 2009]

葉状体は水面を浮遊して葉脈は3本以上で楕円形〜卵形。根は1本で先端は鈍頭，根鞘基部に翼がない。Barkalov(2009) は *Lemna japonica* を文献記録として択捉島から挙げているが，この学名は日本では西南日本に多いムラサキコウキクサにあてられる(角野，1994)ので千島列島からは疑問である。一方，道東からはキタグニコウキクサ *L. turionifera* が報告され(角野，1994, 2014)，Landolt (1986)ではサハリン，カムチャツカ半島から記録されているので，証拠標本は確認できていないが，ここでは暫定的にキタグニコウキクサにあてる。
【分布】　択捉島*。まれ。
【温帯植物：周北極要素】　九州〜北海道。千島列島南部・サハリン中部以北・カムチャツカ半島。北半球に広く分布。[Map 375]

2. **ヒンジモ**

Lemna trisulca L. [EPJ 2012] [CFK 2004] [VPS 2002]; *Staurogeton trisulcus* (L.) Schur [FKI 2009]

流れのゆるい河川や湖沼に生えるやや沈水性の水草。葉状体は卵状長楕円形で，長い柄で連なり群体をつくる。
【分布】　歯舞群島・南。点在する。
【冷温帯植物：汎世界〜周北極要素】　本州〜北海道[J-VU]。千島列島南部・サハリン南北部・カムチャツカ半島。ほぼ全世界の冷温帯域。[Map 374]

4. ミズバショウ属
Genus *Lysichiton*

1. **ミズバショウ**

Lysichiton camtschatcensis (L.) Schott [“*camtschatcense*”, EPJ 2012] [“*camtschatcense*”, FKI 2009] [“*camtschatcense*”, CFK 2004] [“*camtschatcense*”, VPS 2002]

[FNA22 2000]

湿草原〜湿った河畔林に生え，太い根茎と大型の楕円形の葉をつける多年草。春先に展葉に先立って白色の8〜15 cm長の仏炎苞が現れる。北東アジアと北アメリカ(西部)に不連続分布する属として有名で，北アメリカには黄色の仏炎苞をもつ対応種アメリカミズバショウ *L. americanus* Hultén et St. John が分布する。DNA解析によりミズバショウとアメリカミズバショウの分岐はおよそ400〜720万年前に起こり，新生代第三紀中新世後半〜鮮新世にアジアから北アメリカに向かってベーリング海峡を移動したと推定されている(Nie et al., 2006)。なおロシアや日本では属名を中性扱いし，種形容語を *camtschatcense* としているが，アメリカでは男性形として扱われており(Anonymous, 2006; Nie et al., 2006)，本書ではこれに合わせた。Barkalov(2009)では色丹島は文献記録とされるが，大井(1932-33)，Tatewaki(1957)では色丹島に分布するとされる。証拠標本はないが，誤同定する可能性は極めて低いと考え，本書では色丹島分布は信頼できる文献情報と見なしている。

【分布】　歯舞群島・色丹島・南・中・北。千島列島全体に点在するが，中千島中部になくやや両側分布的。開花：4月下旬〜6月下旬。

【冷温帯植物：北アメリカ・東アジア隔離／東北アジア要素】　本州〜北海道。千島列島・サハリン・カムチャツカ半島。ウスリー。

5. ウキクサ属
Genus *Spirodela*

1. ウキクサ

Spirodela polyrhiza (L.) Schleid. [EPJ 2012] [FKI 2009] [CFK 2004] [VPS 2002]

葉状体は水面を浮遊し，広倒卵形で幅2〜8 mm，根が5本以上ある。Tatewaki(1957)では千島列島から報告されていなかったが，Barkalov(2009)が国後島から報告した。

【分布】　南(国後島)。まれ。

【温帯植物：汎世界要素】　九州〜北海道。千島列島南部・サハリン南北部・カムチャツカ半島。ほぼ全世界の温帯域。

6. ザゼンソウ属
Genus *Symplocarpus*

1. ザゼンソウ

Symplocarpus renifolius Schott ex Tzvelev [EPJ 2012] [FKI 2009] [VPS 2002]; *S. foetidus* (L.) Salisb. ex Nutt. var. *latissimus* H.Hara

ミズバショウ属と同じく，東アジアと北アメリカ(東部)に不連続分布する属で，北アメリカの対応種は *S. foetidus* (L.) Salisb. ex W. Baton で東アジアの種は北アメリカ種と同種あるいはその変種とされたこともあるが，現在では独立種とされる。北アメリカ種と東アジア種との分岐年代はおよそ450〜690万年前とされ，やはり東アジアから北アメリカに移動したと推定される(Nie et al., 2006)。大型葉のため採集が敬遠されるためか標本が少なく，SAPSでは択捉島の1枚の標本のみである。Barkalov(2009)は歯舞群島，色丹島，国後島からも報告している。

【分布】　歯舞群島・色丹島・南(択捉島が北東限)。

【冷温帯植物：北アメリカ・東アジア隔離／東北アジア要素】　本州〜北海道。千島列島南部・サハリン。アムール・ウスリー・朝鮮半島。

AM3. チシマゼキショウ科
Family TOFIELDIACEAE

1. チシマゼキショウ属
Genus *Tofieldia*

チシマゼキショウ属とイワショウブ属について，葉緑体DNAの *trnK*，*trnL*，*trnL-F* と核DNAのITS領域の塩基配列データに基づいて系統解析が行われている(Tamura et al., 2010)。

1. チシマゼキショウ　【Plate 24-3】

Tofieldia coccinea Richards. [EPJ 2012] [FKI 2009] [CFK 2004] [VPS 2002]; *T. nutans* Willd.; *T.*

nutans Willd. ex Schult. [R]

根出葉は線形で，アヤメ属に似て中脈にそって表面を内にして折り畳まりはかま状となる。総状花序の花柄は開出し蒴果は下向き。Tamura et al.(2013)は，日本・韓国産のチシマゼキショウのなかに7変種を認めており，この見解によれば千島列島産のチシマゼキショウは基準変種 var. *coccinea* にあたる。

【分布】 色丹島・南・中・北。列島全体にやや普通。

【冷温帯植物：周北極要素】 四国～北海道。千島列島・サハリン・カムチャツカ半島。シベリア・朝鮮半島北部・中国北部・モンゴル・アリューシャン列島・アラスカ・カナダ・グリーンランド。

2. ヒメイワショウブ

Tofieldia okuboi Makino [EPJ 2012] [FKI 2009]

花柄は直立あるいは斜上し，蒴果は下を向かない。色丹島，国後島からの記録がないのは興味深い。

【分布】 南(択捉島)。まれ。

【冷温帯植物：日本・千島固有要素】 本州中部～北海道。千島列島南部[S-V(2)]。

AM4. オモダカ科
Family ALISMATACEAE

1. サジオモダカ属
Genus Alisma

1. ヘラオモダカ

Alisma canaliculatum A.Braun et C.D. Bouché [EPJ 2012] [FKI 2009]

葉身は楕円形で先端基部ともに次第に細くとがる。Tatewaki(1957)では千島列島から報告されなかったが，Alexeeva(1983)によると国後島古釜布付近にあるという。2n＝28(国後島)[Probatova et al., 2007]。

【分布】 南(国後島)。ややまれ。

【暖温帯植物：東アジア要素】 琉球～北海道。千島列島南部。朝鮮半島・中国。[Map 85]

外1. サジオモダカ

Alisma plantago-aquatica L. var. ***orientale*** Sam. [EPJ 2012]; *A. orientale* (Sam.) Juz. [FKI 2009]; *A. plantago-aquatica* L. [CFK 2004] [VPS 2002]

葉身は卵状の楕円形～長楕円形で基部は円形かやや心形。ここではヨーロッパ種 *A. plantago-aquatica* の日本産変種の学名をあてたが，東北アジアにおける種内変異については検討する必要がある。Tatewaki(1957)では千島列島から報告されなかったが，Barkalov(2009)は色丹島，国後島から報告し，おそらく外来だろうとしている。

【分布】 色丹島・南(国後島)。まれ。[戦後帰化]

【冷温帯植物】 本州北部～北海道(在来)。千島列島南部(外来)・サハリン(外来)・カムチャツカ半島(在来)。ウスリー・東シベリア・朝鮮半島・中国東北部。基準種は世界の温帯域に広分布。[Map 84]

AM5. ホロムイソウ科
Family SCHEUCHZERIACEAE

1. ホロムイソウ属
Genus *Scheuchzeria*

1. ホロムイソウ

Scheuchzeria palustris L. [EPJ 2012] [FKI 2009] [CFK 2004] [VPS 2002]

湿原に生える多年草。長さ10～30 cmの細くて硬い葉を直立させ断面は半円形。北半球の北方ミズゴケ湿原に広く分布するが，北太平洋地域ではまれでカムチャツカ半島でも産地は少ない(Hultén and Fries, 1986)。このため中・北千島でも分布が欠けている。北海道～南千島の集団は氷河期にサハリン経由で移動してきたものと思われる。Tatewaki(1957)では国後島のみからの報告だったが，Barkalov(2009)により択捉島からも報告された。

【分布】 南。まれ。

【冷温帯～亜寒帯植物：周北極要素】 本州中部～北海道。千島列島南部・サハリン・カムチャツカ

半島[K-EN]。北半球冷温帯〜亜寒帯。[Map 95]

AM6. シバナ科
Family JUNCAGINACEAE

1. シバナ属
Genus *Triglochin*

属名 *Triglochin* はリンネの原発表の際には中性扱いされ，豊国(1987)でも中性扱いされているが，ICN62.2 条の実例 5 で女性扱いとされた。ここでもこれに従っている。

1. **オオシバナ**(マルミノシバナ)　【Plate 4-2】

Triglochin maritima L. [EPJ 2012] ["*maritimum*", FKI 2009] ["*maritimum*", CFK 2004] ["*maritimum*", VPS 2002]

葉の幅は 1.5〜4 mm。心皮は 6 個で，成熟した果実は卵形で長さ 3〜5 mm × 幅 2.5〜3 mm。
【分布】　色丹島・南・中(ウルップ島)・北(シュムシュ島)。やや普通。
【冷温帯植物：汎世界要素】　本州〜北海道[J-NT]。千島列島・サハリン・カムチャツカ半島[K-EN]。北半球，南米・北アフリカ。[Map 97]

2. **ホソバノシバナ**

Triglochin palustris L. [EPJ 2012] ["*palustre*", FKI 2009] ["*palustre*", CFK 2004] ["*palustre*", VPS 2002]

葉は幅約 1 mm。心皮は 3 個で，球形の未熟な果実と長披針形〜線形の成熟果実(8〜10 mm 長 × 1.2 mm 幅)とが混じる。
【分布】　色丹島・南・中・北。普通。
【冷温帯植物：周北極要素】　本州中部〜北海道[J-VU]。千島列島・サハリン・カムチャツカ半島。北半球の冷温帯〜亜寒帯。[Map 96]

〈検討種〉**シバナ**

Triglochin asiatica (Kitag.) Á. et D.Löve

Barkalov(2009)で報告されているが，大井・北川(1983)ではシバナは北海道には分布しない温帯種とされるので，千島列島の分布は疑問が残る。ここでは検討種として扱う。

AM7. アマモ科
Family ZOSTERACEAE

1. スガモ属
Genus *Phyllospadix*

1. **スガモ**　【Plate 50-1】

Phyllospadix iwatensis Makino [EPJ 2012] [FKI 2009] [VPS 2002]

海岸の岩礁に生える多年生水草。根茎は短く根が岩に固着し葉は扁平なリボン状で長さ 1〜1.5 m で幅 2〜4.5 mm，3〜5 脈がある。
【分布】　歯舞群島・色丹島・南・中(シムシル島が北東限)。やや普通。
【冷温帯植物：東アジア〜準日本固有要素】　本州北部〜北海道。千島列島中部以南・サハリン南部。朝鮮半島・中国北部。

2. アマモ属
Genus *Zostera*

以下は葉の幅の狭い種から広い種へと並べた。種分布は大場・宮田(2007)を参考にした。

1. **コアマモ**

Zostera japonica Asch. et Graebn. [EPJ 2012] [FKI 2009] [CFK 2004] [VPS 2002]; *Z. nana* Mertens ex Roth

湾の奥や干潟の汽水性の砂泥地に生える多年生水草。細い根茎が長く伸び，葉の幅は 1.5〜2 mm で 3 脈。葉の先は円頭あるいは微凹頭。
【分布】　色丹島*・南(国後島)。やや普通。
【暖温帯植物：北アメリカ・東アジア隔離要素】　琉球〜北海道。千島列島南部・サハリン南部・カムチャツカ半島。北アメリカ西岸。[Map 123]

2. アマモ

Zostera marina L. [EPJ 2012] [FKI 2009] [CFK 2004] [VPS 2002]

海底の砂泥地に生える多年生水草。細長い根茎があり，葉の幅は3〜5(〜7) mmで5〜7脈，円頭。

【分布】　色丹島*・南(択捉島が千島列島での北東限)。やや普通。

【温帯植物：周北極要素】　九州〜北海道。千島列島南部・サハリン・カムチャツカ半島。北半球温帯〜亜寒帯。[Map 122]

3. スゲアマモ

Zostera caespitosa Miki [EPJ 2012] [“*cespitosa*”, FKI 2009]

海底の砂地に生える多年生水草。アマモに似るが根茎は伸長せず，葉の幅は約7 mmで5〜7脈，凹頭。

【分布】　歯舞群島*。

【冷温帯植物：日本・千島固有要素】　本州北部〜北海道[J-NT]。千島列島南部。

4. オオアマモ

Zostera asiatica Miki [EPJ 2012] [FKI 2009] [VPS 2002]; *Z. pacifica* auct. non S. Watson

海底の砂地に生える多年生水草。根茎は伸長し，葉は扁平なリボン状で幅10〜15 mm，9(〜11)脈でやや凹頭。

【分布】　色丹島・南。やや普通。

【冷温帯植物：東北アジア要素】　北海道[J-VU]。千島列島南部・サハリン南部。朝鮮半島・ウスリー。

AM8. ヒルムシロ科
Family POTAMOGETONACEAE

1. ヒルムシロ属
Genus *Potamogeton*

千島列島産のヒルムシロ属11種については三木(1934)による詳細な形態・解剖スケッチが示されている。

(1)浮水葉がある

1. ヒルムシロ

Potamogeton distinctus A.Benn. [EPJ 2012] [FKI 2009] [CFK 2004]

フトヒルムシロ *P. fryeri* やオヒルムシロ *P. natans* に似た浮水葉をもつ多年草。沈水葉は通常ないが，ある場合は葉柄が明らかで葉身は狭長楕円形。Tatewaki(1957)では中・北千島からも記録しているが，フトヒルムシロやオヒルムシロの誤認の可能性もある。

【分布】　色丹島・南・中・北(パラムシル島)。

【暖温帯植物：東アジア要素】　九州〜北海道。千島列島・カムチャツカ半島。朝鮮半島・中国。[Map 112]

2. フトヒルムシロ　【Plate 50-2】

Potamogeton fryeri A.Benn. [EPJ 2012] [FKI 2009] [CFK 2004] [VPS 2002]

オヒルムシロ *P. natans* に似た浮水葉をもつ多年草。沈水葉は披針形〜狭長楕円形で葉柄がなく長さは普通10 cm以上。浮水葉の基部近くで葉柄が広くなる。

【分布】　南・中・北(シュムシュ島)。まれ。

【暖温帯植物：東北アジア〜東アジア要素】　九州〜北海道。千島列島・サハリン南部・カムチャツカ半島。朝鮮半島。

3. オヒルムシロ

Potamogeton natans L. [EPJ 2012] [FKI 2009] [CFK 2004] [VPS 2002]

フトヒルムシロ *P. fryeri* に似た浮水葉をもつ多年草。沈水葉は針状で厚みがある。Barkalov(2009)により北千島からも報告された。

【分布】　色丹島・南・中・北。やや普通。

【暖温帯植物：周北極要素】　九州〜北海道。千島列島・サハリン・カムチャツカ半島。北半球の温帯域。[Map 114]

4. エゾヒルムシロ

Potamogeton gramineus L. [EPJ 2012] [FKI 2009] [CFK 2004] [VPS 2002]; *P. heterophyllus* Schreber

フトヒルムシロ *P. fryeri* に似た浮水葉をもつ多年草。ただし浮水葉は疎らで，水中の茎がよく分枝して沈水葉が多く，沈水葉の長さは通常6 cm以下。Barkalov(2009)により，中千島や北千島から報告された。

【分布】 色丹島・南・中(ウルップ島)・北。

【冷温帯植物：周北極要素】 本州中部〜北海道。千島列島・サハリン南北部・カムチャツカ半島。北半球冷温帯域。[Map 115]

(2)浮水葉はない

(2-1)沈水葉は披針形〜卵形

5. ヒロハノエビモ

Potamogeton perfoliatus L. [EPJ 2012] [FKI 2009] [CFK 2004] [VPS 2002]

沈水性の多年草。葉身は長卵形で基部は心形になり茎を抱くのはよい特徴。択捉島中部では比較的普通だが，中千島にはまれ。

【分布】 歯舞群島・色丹島*・南・中(ウルップ島)・北。やや普通。

【温帯植物：汎世界要素】 九州〜北海道。千島列島・サハリン南北部・カムチャツカ半島。南米を除く全世界の温帯〜冷温帯。[Map 118]

6. ナガバエビモ

Potamogeton praelongus Wulfen [EPJ 2012] [FKI 2009] [CFK 2004]

大型の沈水性の多年草。葉柄はなく葉身は20 cm近くにもなり長披針形で縁が波打つ。葉の基部に長さ1〜2.5 cmにもなる托葉がある。

【分布】 色丹島*・南・北(パラムシル島)。

【冷温帯植物：周北極要素】 北海道[J-CR]。千島列島南北部・カムチャツカ半島。北半球の冷温帯域。[Map 117]

7. ホソバヒルムシロ

Potamogeton alpinus Balb. [EPJ 2012]; *P. tenuifolius* Raf. [FKI 2009] [VPS 2002]; *P. alpinus* Balb. subsp. *tenuifolius* (Raf.) Hultén

通常沈水葉のみからなり水中茎の分枝の少ない多年草。葉柄は不明瞭で葉身は狭長楕円形〜長線形。戦前の記録では両側分布的でウルップ島とパラムシル島のみだった(Tatewaki, 1957)が，Barkalov(2009)が北千島シュムシュ島からも報告した。

【分布】 中(ウルップ島)・北。

【冷温帯植物：周北極要素】 本州中部〜北海道[J-VU]。千島列島中部以北・サハリン南北部・カムチャツカ半島。北半球の温帯〜亜寒帯域。[Map 110]

(2-2)沈水葉は広線形〜線形

8. センニンモ

Potamogeton maackianus A.Benn. [EPJ 2012] [FKI 2009] [CFK 2004] [VPS 2002]

エゾヤナギモ *P. compressus* やイトモ *P. pusillus* に似た沈水性の多年草。葉鞘が明瞭で葉の先端は鈍頭〜円頭で葉縁に微歯がある。葉の基部に托葉と鞘状部がある。Barkalov(2009)により北千島からも報告された。

【分布】 南・中(ウルップ島)・北。まれ。

【暖温帯植物：東北アジア〜東アジア要素】 九州〜北海道。千島列島・サハリン北部・カムチャツカ半島。ウスリー・オホーツク・朝鮮半島・中国東北部。

9. イトモ

Potamogeton berchtoldii Fieber [EPJ 2012] [FKI 2009] [CFK 2004] [VPS 2002]; *P. pusillus* L. in Kadono (1994), Aq. Pl. Jpn.: 44.

エゾヤナギモ *P. compressus* やセンニンモ *P. maackianus* に似た沈水性の多年草。エゾヤナギモのように茎に狭翼はなく，センニンモのように葉縁に微歯はない。葉基部に長さ6〜7 mmの膜質の托葉がある。Barkalov(2009)により北千島からも報告された。

【分布】 色丹島，南・北。やや普通。両側分布。

【暖温帯植物：汎世界要素】 九州〜北海道[J-NT]。千島列島南北部・サハリン南北部・カムチャツカ半島[K-EN]。全世界。[Map 108]

10. エゾヤナギモ

Potamogeton compressus L. [EPJ 2012] [FKI 2009] [CFK 2004]; *P. manchuriensis* (A.Benn.) A. Benn. [VPS 2002]

センニンモ *P. maackianus* やイトモ *P. pusillus* に似た線形の葉身をもつ沈水性の多年草。茎に狭翼があり，葉の先端は鈍頭だが先が糸状に突出する。

【分布】　南。まれ。

【冷温帯植物：周北極要素】　本州中部～北海道。千島列島南部・サハリン北部・カムチャツカ半島。ユーラシア温帯域。

11. リュウノヒゲモ

Potamogeton pectinatus L. [EPJ 2012] [FKI 2009] [CFK 2004] [VPS 2002]

ホソバリュウノヒゲモ *Potamogeton filiformis* に似た沈水性の多年草。茎は二叉状によく分枝し葉基部に托葉と鞘状部がある。Barkalov(2009)によりオネコタン島からも報告された。

【分布】　南(択捉島*)・中(オネコタン島)。まれ。

【暖温帯植物：汎世界要素】　九州～北海道[J-NT]。千島列島中部以南・サハリン・カムチャツカ半島。全世界。[Map 100]

〈検討種〉ポタモゲトン・リチャードソニイ

Potamogeton richardsonii (A.Benn.) Rydb.

Barkalov(2009)により色丹島，択捉島から文献引用されており，サハリンからも記録がある(Smirnov, 2002)。ヒロハノエビモとナガバエビモの交雑起源の種であることが示唆されている(Tzvelev, 1987)が，遺伝学的な研究が必要である。

2. イトクズモ属
Genus *Zannichellia*

1. イトクズモ

Zannichellia palustris L. [EPJ 2012]; *Z. repens* Boenn. [FKI 2009] [CFK 2004] [VPS 2002]

淡水あるいは汽水域に生える沈水植物。葉は各節に2～3個輪生状につき，狭線形で長さ約5 cm，幅約0.5 mm。葉の基部内側に独立した托葉があり茎を抱く。1属1種と考える立場と数種を認める見解とがある(角野，1994)。ロシア側では千島やサハリン，カムチャツカ半島のイトクズモ属植物は *Z. repens* とされるが，ここでは暫定的に日本側の見解に従い，*Z. palustris* として扱った。本属についてはDNA分子解析を含む分類学的な研究が必要である。

【分布】　北(シュムシュ島)。

【暖温帯植物：汎世界要素】　琉球～北海道。千島列島北部・サハリン・カムチャツカ半島。世界中に広く分布。[Map 124]

AM9. カワツルモ科
Family RUPPIACEAE

1. カワツルモ属
Genus *Ruppia*

1. ヤハズカワツルモ　【Plate 50-3】

Ruppia occidentalis S.Watson [FKI 2009] [CFK 2004] [VPS 2002]

高橋・栗原(1998)でアライト島から千島列島初記録の科として報告した。カムチャツカ半島からの水鳥による種子散布と推定される。

【分布】　北(アライト島)。まれ。

【冷温帯植物：周北極要素】　北海道[J-CR]。千島列島北部・サハリン南北部・カムチャツカ半島。オホーツク・朝鮮半島・北アメリカ。[Map 121]

AM10. キンコウカ科
Family NARTHECIACEAE

1. ソクシンラン属
Genus *Aletris*

1. ノギラン

Aletris luteoviridis (Maxim.) Franch. [EPJ 2012] [FKI 2009]; *Metanarthecium luteoviride* Maxim.

山地に生える多年草。根出葉は倒披針形で長さ

8～20 cm。花は穂状花序につき，花被片は黄緑色で線状被針形，長さ 6～8 mm。色丹島から記録がないのは興味深い。

【分布】 南(択捉島が北東限)。

【暖温帯植物：日本・千島固有要素】 九州～北海道。千島列島南部[S-V(2)]。

AM11. ヤマノイモ科 Family DIOSCOREACEAE

1. ヤマノイモ属 Genus *Dioscorea*

1. ヤマノイモ

Dioscorea japonica Thunb. [EPJ 2012] [FKI 2009]

Tatewaki(1957)にはリストされていない。北海道での産地は限られ栽培逸出とも考えられるので，国後島でもまれと思われる。ナガイモ *D. polystachya* Turcz.(＝*D. batatas* Decne)などの栽培逸出の可能性も考えられるが実態不明である。

【分布】 南(国後島)。まれ。

【暖温帯植物：東アジア要素】 琉球～北海道。千島列島南部[S-V(2), as *D. batatas*]。朝鮮半島・中国。

AM12. シュロソウ科 Family MELANTHIACEAE

1. ツクバネソウ属 Genus *Paris*

1. クルマバツクバネソウ

Paris verticillata M.Bieb. [EPJ 2012] [FKI 2009] [VPS 2002]; *P. setchuensis* (Franch.) Barkalov [FKI 2009] [VPS 2002]

細い地下茎を伸ばして林床に生える多年草。北海道では葉は(4～)6～8(～10)枚，外花被片は幅(3～)5～10(～15) mm と地理的，局所的変異が大きい。SAPS に保存されている千島列島産標本では，葉は 5～7 枚，外花被片の幅は 5～8 mm で北海道産のクルマバツクバネソウの変異に入る。Barkalov(2009)は，クルマバツクバネソウ *P. verticillata* の他に，国後島から *Paris setchuenensis* (Franch.) Barkalov を記録しているが，“Flora of China”(Liang and Soukup, 2000)によるとこの種は葉が 4 枚で外花被片の幅が 3～5 mm の *P. bashanensis* F. R. Wang et Tang にあたるとされる。このような個体は北海道でもしばしば見つかり，局所的に現れる 4 枚葉の個体であり，これを独立種とするのは無理と考え，クルマバツクバネソウのなかに含める。

【分布】 南(国後島)。ややまれ。

【温帯植物：東北アジア～東アジア要素】 九州～北海道。千島列島南部・サハリン。シベリア・朝鮮半島・中国。[Map 157]

2. エンレイソウ属 Genus *Trillium*

エンレイソウ属は北アメリカと東アジアに不連続分布する第三紀温帯植物と考えられる。

1. エンレイソウ(アカミノエンレイソウ)

【Plate 11-5】

Trillium apetalon Makino [EPJ 2012] [VPS 2002]; *T. smallii* auct. non Maxim. [FKI 2009]

茎頂に 3 葉が輪生する多年草。茎頂から 1 本の花柄を上げ上向きの 1 花をつけるが，花弁を欠く。択捉島とウルップ島で採集したエンレイソウはすべて変種アカミノエンレイソウ var. *rubrocarpum* J. Samej. et K. Samej. だった。Maximowicz が記載した *T. smallii* にはコジマエンレイソウとエンレイソウの両種が含まれるが，タイプ指定された標本の主体はコジマエンレイソウなので，Samejima and Samejima(1962)が指摘した通り，*T. smallii* Maxim. の学名はコジマエンレイソウにあてるべき(高橋，2008)で，結果エンレイソウは *T. apetalon* Makino とするのがよい。Tatewaki(1957)ではウルップ島が分布の北東限だったが，Barkalov(2009)はさらに北東のシムシル島*，ラシュワ島をリストしている。4 倍体。

2n＝20(国後島，択捉島)[Probatova et al., 2007]。
【分布】　南・中(ラシュワ島が北東限)。点在。
【温帯植物：準日本固有要素】　九州～北海道。千島列島中部以南・サハリン南部。[S-R(3)]

2. **オオバナノエンレイソウ**(チシマエンレイソウ)
【Plate 18-3】

Trillium camschatcense Ker Gawl. [EPJ 2012] [FKI 2009] [CFK 2004] [VPS 2002]; *T. kamtaschaticum* Pall. [J]; *T. kamschatcense* Ker Gawl. [R]

適湿の高茎草原の下などに生える多年草。萼片は緑色で花弁は白色。千島列島全体で見ると，子房全体が黒紫色になる変種チシマエンレイソウ(クロミノオオバナエンレイソウ) var. *kurilense* (Tatew.) H. Nakai et Koji Itoが多いが，カムチャツカ半島に近いパラムシル島，シュムシュ島，あるいは北海道に近い国後島，色丹島などでは子房本体は白緑色で上部のみ黒紫色の基準変種 var. *camschatcense* の型も多く見られる。Samejima and Samejima (1962)は，チシマエンレイソウを千島列島と北海道各所から記録しているが，チシマエンレイソウの純群落が天売島にあることを特記しており，本変種は隔離した島嶼集団で遺伝的に固定しやすいとも思われ興味深い。2倍体。2n＝10(国後島，ウシシル島，ハリムコタン島)，10＋1～2B(パラムシル島)[Probatova et al., 2007]。
【分布】　歯舞群島・色丹島・南・中・北。やや普通。開花：5月中旬～6月中旬。
【冷温帯植物：東北アジア～東アジア要素】　本州北部～北海道。千島列島・サハリン・カムチャツカ半島。ウスリー・東シベリア・朝鮮半島・中国東北部。

3. **ミヤマエンレイソウ**(シロバナエンレイソウ)

Trillium tschonoskii Maxim. [EPJ 2012] [FKI 2009] [VPS 2002]

オオバナノエンレイソウに似る多年草。花は花柄の先に横向きにつく。雄しべの葯と花糸が同長で，雄しべは雌蕊の高さを抜くことはない。Tatewaki(1957)ではオオバナノエンレイソウとエンレイソウしか報告されていなかったが，Barkalov(2009)により新たに国後島，択捉島からリストされている。千島列島に分布する3種のエンレイソウ属植物のなかでは，もっとも南西部に偏っている。4倍体。
【分布】　南。まれ。
【温帯植物：東アジア要素】　九州～北海道。千島列島南部・サハリン南部[S-R(3)]。朝鮮半島・中国。

---

3. シュロソウ属
Genus *Veratrum*

---

1. **バイケイソウ**

Veratrum oxysepalum Turcz. [EPJ 2012] [CFK 2004]; *V. oxysepalum* Turcz.＋*V. grandiflorum* (Maxim. ex Baker) Loes.f. [FKI 2009] [VPS 2002]; *V. album* L. subsp. *oxysepalum* (Turcz.) Hultén

湿草原に生える大型の多年草。高さ150 cmにもなり茎の中部以上につく葉は広楕円形～長楕円形で長さ20～30 cm，幅20 cmになる。千島列島全体にあるが，中千島のライコケ島～マカンルシ島には欠けていて，両側分布的である。Barkalov(2009)は千島列島内に北方系の*V. oxysepalum*と温帯系の*V. grandiflorum*の2種を認め，花序，花被片，果実の形や花柄の長さ，葉の毛の粗密などで分けている。しかし2つの分類群に区別することは難しく，ここではこれら2分類群を含めた広い意味で*V. oxysepalum*を採用した。
【分布】　歯舞群島・色丹島・南・中・北，千島列島全体に普通。開花：6月中旬～7月下旬。
【冷温帯植物：東北アジア～東アジア要素】　本州～北海道。千島列島・サハリン・カムチャツカ半島。ウスリー・ダウリア・朝鮮半島・中国東北部。[Map 131]

AM13. イヌサフラン科
Family COLCHICACEAE

1. ホウチャクソウ属
Genus *Disporum*

1. ホウチャクソウ

Disporum sessile D.Don ex Schult. et Schult.f. [EPJ 2012] [“*sessile* (Thunb.) D. Don”, FKI 2009] [“*sessile* D. Don”, VPS 2002]

高さ30〜60 cmの多年草，枝先に1〜3個の花をつけ，花被片は筒状に集まり平開しない。SAPSには標本がない。色丹島からの報告がないのは興味深い。

【分布】　南(国後島)。まれ。

【暖温帯植物：東アジア要素】　九州〜北海道。千島列島南部・サハリン南部[S-V(2)]。朝鮮半島・中国。

2. チゴユリ(エダウチチゴユリ)

Disporum smilacinum A.Gray [EPJ 2012] [FKI 2009]

高さ15〜30 cmの多年草。枝先に1〜2個の花をつけ，花被片は披針形で半開する。ホウチャクソウと同様に色丹島からの報告がないのは興味深い。

【分布】　南・中(ウルップ島が北東限)。まれ。

【暖温帯植物：東アジア要素】　九州〜北海道。千島列島中部以南[S-V(2)]。朝鮮半島・中国。

AM14. ユリ科
Family LILIACEAE

1. ウバユリ属
Genus *Cardiocrinum*

1. オオウバユリ

Cardiocrinum cordatum (Thunb.) Makino var. ***glehnii*** (F.Schmidt) H.Hara [EPJ 2012]; *C. cordatum* (Thunb.) Makino [FKI 2009]; *C. glehnii* (F.Schmidt) Makino [VPS 2002]

高さ150 cmにもなる大型の多年草。10〜20個の横向きの白い花からなる総状花序は目立つ。色丹島から報告がないのは興味深い。2n＝24(国後島，択捉島)as *C. cordatum*[Probatova et al., 2007]。

【分布】　南(択捉島が北東限)。ややまれ。開花：7月上旬〜8月上旬。

【冷温帯植物：準日本固有要素】　本州中部〜北海道。千島列島南部・サハリン中部以南[S-R(3)]。種としては本州〜九州にも分布。

2. ツバメオモト属
Genus *Clintonia*

1. ツバメオモト

Clintonia udensis Trautv. et C.A.Mey. [EPJ 2012] [FKI 2009] [VPS 2002]

倒卵状長楕円形で長さ15〜30 cmのやや厚く光沢のある根出葉が2〜5個つく多年草。高さ20〜30 cmの花茎の先に1〜数個の白花を疎らな総状花序につける。ツバメオモト属は北アメリカに4種(Utech, 2002)，東アジアに1種が不連続分布する典型的な第三紀温帯植物で，北アメリカ種の花粉は単純な網状紋なのに対し，東アジア種の花粉は網状紋の上にいぼ状紋が載った模様となっており(Takahashi, M. and Sohma, 1982)，両大陸間での花粉媒介様式の分化が示唆される。択捉島ではやや暗い亜高山帯の森林に生えていた。戦前の記録では択捉島が北東限だった(Tatewaki, 1957)が，Barkalov(2009)はウルップ島からも報告した。

【分布】　色丹島・南・中(ウルップ島)。やや普通。開花：5月中旬〜6月中旬。

【冷温帯植物：中国・ヒマラヤ／東アジア要素】　本州〜北海道。千島列島中部以南・サハリン。東シベリア・朝鮮半島・中国。別変種var. *alpina* (Kunth ex Baker) H.Haraがヒマラヤに分布。

3. カタクリ属
Genus *Erythronium*

1. カタクリ

Erythronium japonicum Decne. [EPJ 2012] [FKI 2009]

葉は普通花茎の下に2個つき，葉身は長楕円形〜狭卵形で長さ6〜12 cm，高さ10〜20 cmの花茎の先に1個の花を下向きにつけ，紅紫色の花被片は強く反り返る。Tatewaki(1957)では国後島のみの分布だったが，Vorobiev(1956)ではウルップ島の標高600〜700 mで1度だけ見たとされ，Barkalov(2009)ではウルップ島からの記録を引用している。ウルップ島についてはさらに証拠標本の確認が必要である。またサハリンからは日本側での戦前の記録があるが，最近のロシア側ではサハリンから記録されていない(Smirnov, 2002)。サハリンでは極くまれと思われる。

【分布】　南(国後島)・中(ウルップ島*)。まれ。

【温帯要素：東アジア要素】　九州〜北海道。千島列島中部以南・サハリン南部(まれ)[S-V(2)]。朝鮮半島・中国。

4. バイモ属
Genus *Fritillaria*

1. クロユリ(ミヤマクロユリ)　【Plate 14-5, 50-4】

Fritillaria camschatcensis (L.) Ker Gawl. [EPJ 2012] [FKI 2009] [“*camtschatcensis*”, CFK 2004] [VPS 2002]

草原に生える多年草で，茎の高さ10〜50 cm，3〜5輪生の葉が数段つく。茎頂に1〜数個の花を斜め下向きにつける。日本の図鑑では誤って“*camtschatcensis*”と綴られていることがあるので注意が必要である。2n＝24の2倍体のミヤマクロユリ var. *keiskei* Makinoは高さ10〜20 cmで花は1〜2個，2n＝36の3倍体の狭義のクロユリ(エゾクロユリ)var. *camschatcensis*は高さ50 cmほどで花は3個以上つくとされる(清水ら，2014)が，混生するところでは形態的な違いははっきりしないともされる(清水，1983)。千島列島南部の択捉島・ウルップ島では高さ60 cmにもなるクロユリ型が，中千島〜北千島では高さ10〜30(〜40) cmのミヤマクロユリ型が見られるが，染色体数と外部形態の総合的な解析に基づいたわけではないので，本書では千島列島全体を広義のクロユリとして認めておく。2n＝24(シャシコタン島)[Probatova et al., 2007]。

【分布】　歯舞群島・色丹島・南・中・北。普通。

【冷温帯植物：周北極要素】　本州中部〜北海道。千島列島・サハリン・カムチャツカ半島。ウスリー・中国東北部・北アメリカ北部。

5. キバナノアマナ属
Genus *Gagea*

1. キバナノアマナ

Gagea nakaiana Kitag. [EPJ 2012] [FKI 2009] [CFK 2004] [VPS 2002]; *G. lutea* (L.) Ker Gawl. [J]

早春に開花する黄色花の多年草。根出葉は緑白色で幅5〜7 mmの線形。花は大きく花被片は12〜15 mm長。夏の調査では地上部が枯れており見つけられない。

【分布】　歯舞群島・色丹島・南・中・北。やや普通。開花：4月下旬〜5月中旬。

【冷温帯植物：周北極要素】　本州中部〜北海道。千島列島・サハリン・カムチャツカ半島。東シベリア・朝鮮半島・中国・ヨーロッパ。[Map 134]

2. エゾヒメアマナ

Gagea vaginata Pascher [EPJ 2012]; *G. terraccianoana* Pasch. [FKI 2009]; *G. vaginata* M. Pop. ex Golosk. [R]

キバナノアマナに似る黄色花の多年草。葉の幅は2〜3 mmと狭く，花はキバナノアマナよりも一回り小さい。より小型のヒメアマナとの差異はさらに検討の余地がある。日本には色丹島産標本(沼尻好，1928年，KYO)がある。

【分布】　色丹島・南(国後島*)。

【冷温帯植物：北海道・千島固有要素】　北海道[J-VU]。千島列島南部。

3. **チシマアマナ**

Gagea serotina (L.) Ker Gawl.; *Lloydia serotina* (L.) Rchb. [EPJ 2012] [FKI 2009] [CFK 2004] [VPS 2002]

岩地に生える白色花の多年草。根出葉は通常2個，長さ7～20 mmで幅1 mm。花茎の先に1花がつく。従来チシマアマナ属*Lloydia*とされていたが，米倉(2012)にあるように，分子系統解析の結果(Peterson et al., 2008; Zarrei et al., 2009)からキバナノアマナ属*Gagea*に含められるので，本書ではキバナノアマナ属の下で認められる学名を採用した。国後島から記録がないのは興味深い。2n＝24(シャシコタン)[Probatova et al., 2007]。

【分布】 色丹島・南(択捉島)・中・北。やや普通。

【冷温帯植物：周北極要素】 本州中部～北海道。千島列島・サハリン・カムチャツカ半島。朝鮮半島・中国・ヒマラヤ・カフカス・ヨーロッパ・北アメリカ。

4. **ホソバノアマナ**

Gagea triflora (Ledeb.) Schult. et Schult.f.; *Lloydia triflora* (Ledeb.) Baker [EPJ 2012] [FKI 2009] [CFK 2004] [VPS 2002]

草原に生える白色花の多年草。チシマアマナに似るが，根出葉は通常1個で幅が1.5～3 mm。花茎の先に1～5花つく。従来チシマアマナ属*Lloydia*にされていたもの。北海道では渡島から胆振・石狩・日高・十勝・釧路と太平洋側にそって分布し，北部の礼文島やサハリンにも分布する。北千島の集団はカムチャツカ半島とつながるものだろうが，ウルップ島は記録のみで再確認が必要。

【分布】 中(ウルップ島*)・北。まれ。両側分布。

【温帯植物：周北極要素】 九州～北海道。千島列島中部以北・サハリン・カムチャツカ半島[K-EN]。シベリア・朝鮮半島・中国・北アメリカ。

6. ユリ属
Genus *Lilium*

1. **エゾスカシユリ**

Lilium pensylvanicum Ker Gawl. [EPJ 2012] [FKI 2009] [CFK 2004] [VPS 2002]; *L. maculatum* Thunb. subsp. *dauricum* (Baker) H.Hara [J]; *L. dauricum* Ker Gawl. [J]

沿岸の草原に生える多年草。葉は茎全体に互生につき，花は1～2個が茎頂に上向きにつく。従来は独立種*L. dauricum*あるいは本州産スカシユリ*L. maculatum*の亜種subsp. *dauricum*とされていたが，独立種とされ，*L. dauricum*より古い学名の*L. pensylvanicum*が使われるようになった。ただカムチャツカ半島産の*L. pensylvanicum*の花色は写真では赤色(Yakubov, 2010)であり初発表論文の図でも赤色(Ker Gawler, 1804)である。北海道産のエゾスカシユリでは通常橙色で，ここまで赤色にはならない。単なる花色変異なのか，なお検討を要する。本州青森県産のものは林(1990)に従い，エゾスカシユリと見なした。

【分布】 色丹島・南・中(ウルップ島)。

【冷温帯植物：東北アジア～東アジア要素】 本州(青森)・北海道。千島列島中南部・サハリン・カムチャツカ半島[K-VU]。ダウリア・朝鮮半島・中国東北部。

2. **クルマユリ**(チシマクルマユリ)

【Plate 18-4, 50-5】

Lilium debile Kittlitz [FKI 2009] [CFK 2004] [VPS 2002]; *L. medeoloides* A. Gray [EPJ 2012]

広葉樹林～草原に生える多年草。葉は茎の中部に輪生状につき，上部では小型で互生する。花は1～数個が茎頂に斜め下向きにつく。葉の狭い型をチシマクルマユリ f. *kurilense* (Nakai) Kudô として分けることがあるが，特に千島列島にこのような狭葉型が多いわけではない。ここでは特に認めない。学名は1年早く発表された*L. debile*を採用する。2n＝24(ハリムコタン) as *L. debile*[Probatova et al., 2007]。

【分布】 歯舞群島・色丹島・南・中・北。千島列島全体にやや普通。

【温帯植物：東北アジア～東アジア要素】 四国～北海道。千島列島・サハリン・カムチャツカ半島。朝鮮半島・中国。

外1. **オニユリ**

Lilium lancifolium Thunb. [EPJ 2012] [FKI 2009] [VPS 2002]

人間活動とともにもち込まれたもの。Tatewaki(1957)ではリストされなかったがBarkalov(2009)が国後島，択捉島から記録した。

【分布】 南。[栽培逸出]

【暖温帯植物】 九州～北海道(中国からの史前帰化，B)。千島列島南部(外来)・サハリン中部以南(外来)[S-R(3)]。朝鮮半島・中国。

7. タケシマラン属
Genus *Streptopus*

1. **オオバタケシマラン**

Streptopus amplexifolius (L.) DC. var. ***papillatus*** Ohwi [EPJ 2012]; *S. amplexifolius* (L.) DC. [FKI 2009] [CFK 2004] [VPS 2002]

茎は高さ50～100 cmになる多年草で，2～3分枝する。葉の基部は心形で茎を抱く。色丹島から報告がないのは興味深い。

【分布】 南・中・北。やや普通。

【冷温帯植物：周北極要素】 本州中部～北海道。千島列島・サハリン・カムチャツカ半島。アムール・東シベリア・朝鮮半島・中国・北アメリカ。

2. **ヒメタケシマラン**

Streptopus streptopoides (Ledeb.) Frye et Rigg subsp. ***streptopoides*** [EPJ 2012] [FKI 2009] [VPS 2002]

より小型の多年草で葉の基部は円形で茎を抱かない。色丹島，択捉島，ウルップ島から報告がないのは興味深い。

【分布】 南(国後島)・中(シムシル島)。

【冷温帯植物：北アメリカ・東アジア隔離要素】 本州中部～北海道。千島列島中部以南・サハリン。東シベリア・北アメリカ西部。

AM15. ラン科
Family ORCHIDACEAE

1. ヒナラン属
Genus *Amitostigma*

1. **コアニチドリ**(ヒサマツチドリ)　【Plate 29-4】

Amitostigma kinoshitae (Makino) Schltr. [EPJ 2012] [“*kinoshitai*”, FKI 2009]; *Gymnadenia kinoshitae* Makino in Bot. Mag. Tokyo 23: 137 (1909), “*kinoshitai*”; *A. kinoshitae* var. *hisamatsui* Miyabe et Tatew.; *A. hisamatsui* Miyabe et Tatew. in Trans. Sapporo Nat. Hist. Soc. 15: 48 (1937).

湿原に生える高さ10～20 cmの多年草。茎の中央より下に1～2個の広線形の葉をつける。Miyabe and Tatewaki(1937)は国後島からヒサマツチドリ *A. hisamatsui* を新種として発表した。コアニチドリよりも花が小さく，唇弁の中列片がより長く，子房がより短い点で違うとした。しかしその後，コアニチドリの変種ヒサマツチドリとされ，さらに最近では特に変種としても認められていない。

【分布】 南(国後島：フルカマップ，セセキ，トマリ)。まれ。

【冷温帯植物：日本・千島固有要素】 本州中部～北海道[J-VU]。千島列島南部[S-E(1)]。

2. キンラン属
Genus *Cephalanthera*

1. **ギンラン**

Cephalanthera erecta (Thunb.) Blume [EPJ 2012] [FKI 2009]

高さ10～30 cmの多年草。葉は3～6個で長さ3～8 cm，狭長楕円形。

【分布】 南(択捉島紗那)。極くまれ。

【温帯植物：準日本固有要素】 本州～北海道。千島列島南部[S-E(1)]。朝鮮半島。

2. ササバギンラン

Cephalanthera longibracteata Blume [EPJ 2012] [FKI 2009]

山地樹林下に生える高さ30～50 cmの多年草。葉は6～8個つき長さ7～15 cm，卵状披針形。

【分布】 色丹島・南(国後島：フシコタン，択捉島：紗那のみ)。まれ。

【温帯植物：東アジア要素】 九州～北海道。千島列島南部[S-V(2)]。朝鮮半島・中国東北部。

3. サンゴネラン属
Genus *Corallorhiza*

1. チシマサカネラン

Corallorhiza trifida Chatel [FKI 2009] [CFK 2004] [VPS 2002]

ヤナギ属の低木林などに生える多年生の腐生ラン。地下部分が不定形に分枝し先が膨れる。日本にはシュムシュ島産標本がある(長崎の西北丘崖瀑側，1923年8月21日，小泉秀雄(TNS532130，532131))(別飛，1934年7月25日，大井・吉井34，KYO)。WTUにもIKIPで採られたパラムシル島産標本がある。

【分布】 北。ややまれ。

【亜寒帯植物：周北極要素】 本州・北海道になし。千島列島北部・サハリン南部・カムチャツカ半島。北半球冷温帯～亜寒帯。[Map 588]

4. サイハイラン属
Genus *Cremastra*

1. サイハイラン

Cremastra appendiculata (D.Don) Makino var. ***variabilis*** (Blume) I.D.Lund [EPJ 2012]; *C. appendiculata* (D.Don) Makino [FKI 2009]; *C. variabilis* (Blume) Nakai [VPS 2002]

やや暗い林内に生える多年草。狭長楕円形で革質，長さ15～35 cmの葉を1個つける。高さ30～50 cmの花茎に10～20花が総状花序につく。SAPS標本の国後島の採集地は湖畔の保護地・防風地(in sheltered places near the lake)とある。

【分布】 南(国後島ニキシロ)。まれ。

【暖温帯植物：東アジア要素】 九州～北海道。千島列島南部・サハリン中部以南[S-R(3)]。朝鮮半島・中国・台湾。

5. アツモリソウ属
Genus *Cypripedium*

1. アツモリソウ 【Plate 27-2】

Cypripedium macranthos Sw. [EPJ 2012] ["*macranthon*", FKI 2009] ["*macranthon*", CFK 2004] ["*macranthon*", VPS 2002] ["*macranthum*", J]

沿海地域の草原に生える多年草。高さ20～40 cm，葉は3～5枚が互生。袋状の唇弁が特徴的。種形容語はロシア側では"*macranthon*"が使われ(Averyanov, 1999; Vakhrameeva et al., 2008)，他に"*macranthum*"も散見されるが，ここではCribb(1997)や米倉(2012)，中島(2012)に従い*macranthos*を採用した。国後島，択捉島，ウルップ島では点在する。2n＝20(シュムシュ島)as *C. macranthon*[Probatova et al., 2007]。

【分布】 色丹島・南・中・北(シュムシュ島)。ややまれ。

【冷温帯植物：北アジア要素】 本州中部～北海道[J-VU]。千島列島・サハリン[S-R(3)]・カムチャツカ半島[K-VU]。ウスリー・シベリア・モンゴル・朝鮮半島・中国。

2. キバナノアツモリソウ

Cypripedium yatabeanum Makino [EPJ 2012] [FKI 2009]; *C. guttatum* Sw. subsp. *yatabeanum* (Makino) Hultén [CFK 2004]

湿原や草原に生える多年草。高さ10～30 cm，葉は2枚が互生につくが接近するためやや対生状に見える。チョウセンキバナノアツモリソウ*C. guttatum*[J-CR]の亜種や変種とする意見もあるが，ここではCribb(1997)に従い別種として扱った。チョウセンキバナノアツモリソウはシベリア～カムチャツカ半島までは分布するが，千島列島からは報告がない。2n＝20(オネコタン島)[Probatova et al., 2007]。

【分布】 南・中・北。まれ。

【冷温帯植物：北太平洋要素】　本州～北海道[J-VU]。千島列島[S-R(3)]・カムチャツカ半島[K-VU]。アリューシャン列島・アラスカ。

6. ハクサンチドリ属
Genus *Dactylorhiza*

1. ハクサンチドリ

Dactylorhiza aristata (Fisch. ex Lindl.) Soó [EPJ 2012] [FKI 2009] [CFK 2004] [VPS 2002]; *Orchis aristata* Fisch. ex Lindl.

草原に生える高さ10～40 cmの多年草。葉は3～6個あり，倒披針形で長さ5～15 cm。花は紅紫色で総状花序につくが，花色は白色のシロバナハクサンチドリ f. *albiflora* (Koidz.) F. Maek. ex Toyok. から淡ピンク色など変異が大きい。葉に斑点が出る個体ウズラバハクサンチドリ f. *punctata* (Tatew.) F. Maek. ex Toyok. もしばしば見られる。

【分布】　歯舞群島・色丹島・南・中・北。普通。

【冷温帯植物：北太平洋要素】　本州中部～北海道。千島列島・サハリン・カムチャツカ半島。朝鮮半島・アリューシャン列島・アラスカ。

2. アオチドリ

Dactylorhiza viridis (L.) R.M.Bateman, A.M. Pridgeton et M.W.Chase [EPJ 2012]; *Coeloglossum viride* (L.) Hartm. [FKI 2009] [CFK 2004] [VPS 2002]

高さ20～50 cmの多年草。長楕円形～広被針形の普通葉が1～3個つく。小型で緑色を帯びた花が総状につく。Miyabe and Kudo(1932)はアオチドリ *C. viride* var. *bracteatum* K. Richt. とチシマアオチドリ *C. viride* var. *interjecta* (Fernald) Miyabe et Kudô を区別したが，千島列島内では両変種が見られ，中間型でつながるようなので，ここでは2変種を含み，アオチドリとして扱った。国後島からの報告がない。

【分布】　色丹島・南(択捉島)・中・北。点在。

【温帯植物：周北極要素】　四国～北海道。千島列島・サハリン中部以南・カムチャツカ半島。東シベリア・朝鮮半島・中国北部。北半球温帯。

[Map 562]

7. イチヨウラン属
Genus *Dactylostalix*

1. イチヨウラン

Dactylostalix ringens Rchb.f. [EPJ 2012] [FKI 2009] [VPS 2002]

やや暗い林床に生える多年草。卵円形で肉質の葉が1個つく。高さ10～20 cmの花茎の先にやや大型の1花をつける。

【分布】　色丹島・南。

【暖温帯植物：準日本固有要素】　九州～北海道。千島列島南部・サハリン南部[S-E(1)]。

8. サワラン属
Genus *Eleorchis*

1. サワラン

Eleorchis japonica (A.Gray) F.Maek. [EPJ 2012] [FKI 2009]

ミズゴケ湿原に生える多年草。高さ20～30 cmの花茎の先に1花を横向きにつける。基部には線状被針形の葉が1個ある。一見トキソウ *Pogonia japonica* に似るが，葉がより細く幅4～8 mm(トキソウでは7～12 mm)，苞葉が発達しない。

【分布】　南(国後島中～南部：セセキ，フルカマップ)。まれ。

【冷温帯植物：日本・千島固有要素】　本州中部～北海道。千島列島南部[S-V(2)]。

9. コイチヨウラン属
Genus *Ephippianthus*

1. コイチヨウラン

Ephippianthus schmidtii Rchb.f. [EPJ 2012]; *E. sachalinensis* Rchb.f. [FKI 2009] [VPS 2002]

やや暗い林床に生える多年草。葉は1個で長さ2～5 cmの葉柄，広卵形で長さ1.5～3 cmの葉身がある。小さな花が疎らに2～7個つく。択捉島，ウルップ島ではやや多い。2n＝36(ウルップ島) as *E. sachalinensis* [Probatova et al., 2007]。

【分布】　色丹島・南・中(ラシュワ島が北東限)。開花：8月上旬〜9月上旬。
【温帯植物：準日本固有要素】 四国〜北海道。千島列島中部以南・サハリン[S-R(3)]。

10. カキラン属
Genus *Epipactis*

1. エゾスズラン
Epipactis papillosa Franch. et Sav. [EPJ 2012] [FKI 2009] [CFK 2004] [VPS 2002]

森林林床から林縁に生え，高さ30〜60 cmになる中型の多年草。全体に褐色の短縮毛があり，20個ほどの緑色花が総状につく。中・北千島にないが，カムチャツカ半島には分布するので，両側分布の変形と思われる。
【分布】 色丹島・南。点在する。
【温帯植物：東北アジア要素】 九州〜北海道。千島列島南部・サハリン・カムチャツカ半島[K-VU]。ウスリー・中国東北部。[cf. Map 543]
＊トラキチラン *Epipogium aphyllum* は北海道，サハリン，カムチャツカ半島に分布するが，千島列島からは報告がない。

11. オニノヤガラ属
Genus *Gastrodia*

1. オニノヤガラ
Gastrodia elata Blume [EPJ 2012] [FKI 2009] [VPS 2002]

林床に生える全体黄褐色の無葉緑植物。塊茎は大きく楕円形で長さ10 cm前後。茎の葉は退化し鱗片状で多数の花が総状花序につく。SAPS，TNSには標本がない。
【分布】 南。まれ。
【暖温帯植物：東アジア要素】 九州〜北海道。千島列島南部・サハリン南部[S-E(1)]。中国・台湾。

12. シュスラン属
Genus *Goodyera*

1. アケボノシュスラン
Goodyera foliosa (Lindl.) Benth. ex C.B.Clarke var. ***laevis*** Finet [EPJ 2012]; *G. maximowicziana* Makino [FKI 2009]

暗い林床に生える多年草。茎の上部まで葉がつくため花序の柄がほとんどない。色丹島，国後島からの報告がないのは興味深い。
【分布】 南(択捉島)・中(ウルップ島)。
【暖温帯植物：東アジア要素】 九州〜北海道。千島列島中部以南[S-V(2)]。朝鮮半島。

2. ヒメミヤマウズラ
Goodyera repens (L.) R.Br. [EPJ 2012] [FKI 2009] [CFK 2004] [VPS 2002]

針葉樹林林床に生える多年草。ミヤマウズラに似て花序の柄はやや長く，花は長さ4〜7 mmで唇弁の内面は無毛。中・北千島にはないが，カムチャツカ半島には分布し，両側分布の変形と思われる。
【分布】 色丹島・南。
【冷温帯植物：周北極要素】 本州〜北海道。千島列島南部・サハリン南北部・カムチャツカ半島。シベリア・朝鮮半島・中国・ヒマラヤ・ヨーロッパ・北アメリカ。[Map 552]

3. ミヤマウズラ
Goodyera schlechtendaliana Rchb.f. [EPJ 2012] [FKI 2009]

林床に生える多年草。ヒメミヤマウズラに似て花序の柄はやや長いが，花が大きく長さ6〜12 mm，唇弁の内面に密毛がある。
【分布】 南(択捉島)。まれ。
【暖温帯植物：東アジア要素】 九州〜北海道。千島列島南部[S-V(2)]。朝鮮半島・中国。

13. テガタチドリ属
Genus *Gymnadenia*

1. **テガタチドリ**　【Plate 11-1, 51-1】

Gymnadenia conopsea (L.) R.Br. [EPJ 2012] [FKI 2009] [VPS 2002]

沿岸地域の草原に生える多年草で茎がやや太く高さ30〜60 cm。茎の中部以下に長さ10〜20 cmで広線形の葉が4〜6個つき，二つ折りになり基部は茎を抱く。花の距は子房よりも長い。

【分布】　歯舞群島・色丹島・南・中(ウルップ島)。

【冷温帯植物：周北極要素】　本州中部〜北海道。千島列島中部以南・サハリン中部以北。シベリア・朝鮮半島・中国・ヨーロッパ。[Map 558]

14. ミズトンボ属
Genus *Habenaria*

1. **ヒメミズトンボ**(オゼノサワトンボ，チシマミズトンボ)

Habenaria linearifolia Maxim. var. ***brachycentra*** H.Hara [EPJ 2012]; *H. yezoensis* H. Hara [FKI 2009]; *H. yezoensis* H.Hara var. *longicalcarata* Miyabe et Tatew. in Trans. Sapporo Nat. Hist. Soc. 15: 49 (1937).

日あたりのよい湿原に生える多年草。国後島産に基づいて，Miyabe and Tatewaki (1937) はヒメミズトンボ(オゼノサワトンボ) *H. yesoensis* の変種チシマミズトンボ *H. yezoensis* var. *longicalcarata* Miyabe et Tatew. として発表したが，その後の文献では，ヒメミズトンボと特に区別されていない。

【分布】　南(国後島)。

【冷温帯植物：日本・千島固有要素】　本州中部・北海道[J-VU]。千島列島南部[S-V(2)]。

15. シロウマチドリ属
Genus *Limnorchis*

1. **タカネトンボ**

Limnorchis chorisiana (Cham.) J.P.Anderson [EPJ 2012]; *Platanthera chorisiana* (Cham.) Rchb.f. [FKI 2009] [CFK 2004]; *P. ditmatriana* Kom. [FKI 2009] [VPS 2002]

草原に生える多年草。高さ5〜20 cmで葉は2個が地表近くに接近して対生状につく。葉は円形〜広楕円形で多少肉質で光沢がある。植物体や葉の大きさは大きな変異がある。ロシアでは小さいものを *P. chorisiana*, 大きいものを *P. ditmariana* Kom. とし中間の雑種もあるとする。ここではこれらも含めて1種として取り扱った。淡黄緑色の小さな花を多数密につけ，これまではツレサギソウ属 *Platanthera* に入れられることが多かった。

【分布】　歯舞群島・色丹島・南・中・北。点在する。

【冷温帯植物：北太平洋要素】　本州中部〜北海道[J-VU]。千島列島・サハリン[S-R(3)]・カムチャツカ半島。アリューシャン列島。

2. **シロウマチドリ**(ユウバリチドリ)　【Plate 25-2, 51-2】

Limnorchis convallariifolia (L.) Rydb. [EPJ 2012]; *Platanthera convallariifolia* Fisch. ex Lindl. [FKI 2009] [CFK 2004] [VPS 2002]; *P. hyperborea* auct. non (L.) Lindl.; *P. makinoi* Y.Yabe

沼や小流ふちの湿草原に生える高さ30 cmまでの多年草。一見ミズチドリ *Platanthera hologlottis* に似るが，葉は狭長楕円形，密に多数つく花は黄緑色で距は短く唇弁とほぼ同長。

【分布】　色丹島*・南・中・北。点在する。

【冷温帯植物：周北極要素】　本州中部・北海道[J-VU]。千島列島・サハリン南部・カムチャツカ半島。北アメリカ・アイスランド。

16. クモキリソウ属
Genus *Liparis*

1. **クモキリソウ**

Liparis kumokiri F.Maek. [EPJ 2012] [FKI 2009]

北海道からは従来のクモキリソウの他に，オオフガクスズムシ *L. koreojaponica* (Tsutsumi et al., 2008b) やシテンクモキリ *L. purpureovittata* (Tsutsumi et al., 2008a) が新種報告されているので，国後島個体も精査が必要である。
【分布】　南(国後島のみ)。まれ。
【暖温帯植物：東アジア～準日本固有要素】　琉球～北海道。千島列島南部[S-V(2)]。朝鮮半島。

17. ホザキイチヨウラン属
Genus *Malaxis*

1. ホザキイチヨウラン

Malaxis monophyllos (L.) Sw. [EPJ 2012] [EKI 2009] [CFK 2004] [VPS 2002]; *Microstylis monophyllos* (L.) Lindl. [R]

草原に生える多年草。葉は通常1個で広卵形，長さ4～8 cmで基部は狭まって鞘状となり花茎の基部を包む。高さ15～30 cmの花茎に淡緑色の小さな花を多数密につける。
【分布】　色丹島・南・中・北。点在するが北千島には少ない。
【冷温帯植物：周北極要素】　四国～北海道。千島列島・サハリン・カムチャツカ半島。シベリア・中国・ヒマラヤ・ヨーロッパ・北アメリカ。[Map 585]

2. ヤチラン

Malaxis paludosa (L.) Sw. [EPJ 2012] [VPS 2002]; *Hammarbya paludosa* (L.) Kuntze [FKI 2009]

ミズゴケ湿原に生える小形の多年草。葉は狭長楕円形で長さ1～2.5 cm。Tatewaki(1957)の記録のみで，SAPS，TNSに標本はない。Barkalov(2009)はパラムシル島からも報告した。
【分布】　南(国後島)・北(パラムシル島)。両側分布。
【冷温帯植物：周北極要素】　本州中部～北海道[J-EN]。千島列島南北部・サハリン[S-V(2)]・カムチャツカ半島。シベリア・ヨーロッパ・北アメリカ。[Map 584]

18. アリドオシラン属
Genus *Myrmechis*

1. アリドオシラン

Myrmechis japonica (Rchb.f.) Rolfe [EPJ 2012] [FKI 2009]

やや暗い常緑針葉樹林～針・広混交林に生える多年草。高さ5～10 cmで，葉は3～5個が疎らにつき広卵形，長さ5～12 mm。葉柄基部は鞘となり茎を包む。花茎に多細胞の白色縮毛がある。
【分布】　南。まれ。
【温帯植物：日本・千島固有要素】　四国～北海道。千島列島南部[S-E(1)]。

19. ノビネチドリ属
Genus *Neolindleya*

1. ノビネチドリ

Neolindleya camtschatica (Cham.) Nevski [EPJ 2012]; *Platanthera camtschatica* (Cham. et Schlecht.) Makino [FKI 2009] [CFK 2004] [VPS 2002]; *Gymnadenia camtschatica* (Cham. et Schlecht.) Miyabe et Kudô [J]

草原や林縁に生える多年草。茎はやや太く高さ30～60 cm。葉は5～10個あり，楕円形～狭長楕円形で縁が波状に縮れるのがよい特徴。列島全体に点在するが，色丹島からの報告がない。パラムシル島の標本はSAPSにない。
【分布】　南・中・北。
【温帯植物：東北アジア要素】　九州～北海道。千島列島・サハリン[S-R(3)]・カムチャツカ半島。朝鮮半島。

20. サカネラン属
Genus *Neottia*

1. コフタバラン

Neottia cordata (L.) Rich. [EPJ 2012]; *Listera cordata* (L.) R.Br. [FKI 2009] [CFK 2004] [VPS 2002]

暗いハイマツ林縁，小渓谷，池畔の湿地などに生える小形の多年草。茎中部に2個の葉を対生状につける。ミヤマフタバランに似るが，花茎に縮毛がなく花は小さく，唇弁先端の2裂片は細く尖る。
【分布】　色丹島・南・中・北。点在する。
【冷温帯植物：周北極要素】　四国～北海道。千島列島・サハリン・カムチャツカ半島。シベリア・

ヨーロッパ。[Map 551]

2. **ミヤマフタバラン**

Neottia nipponica (Makino) Szlach. [EPJ 2012]; *Listera nipponica* Makino [FKI 2009]

ガンコウランブッシュ内，ササ原内などに生える小形の多年草。コフタバランに似るが，花茎に縮毛があり，唇弁先端の2裂片は楕円形。ケトイ島が北東限と思われていた(Tatewaki, 1957)が，Barkalov(2009)はシャシコタン島からも報告した。

【分布】　色丹島・南・中。

【暖温帯植物：準日本固有要素】　九州〜北海道。千島列島中部以南。ウスリー。

3. **タカネフタバラン**

Neottia puberula (Maxim.) Szlach. [EPJ 2012]; *Listera pinetorum* Lindl. [FKI 2009]; *L. savatieri* Maxim. ex Kom. [VPS 2002]; *L. yatabei* Makino

トドマツ林床などに生える小形の多年草。ミヤマフタバランに似て花茎に縮毛があるが，唇弁基部に耳状裂片がない。択捉島が北東限と考えられていた(Tatewaki, 1957)が，Barkalov(2009)がブラットチルポイ島からも報告した。

【分布】　色丹島・南・中(ブラットチルポイ島)。

【冷温帯植物：東北アジア〜中国・ヒマラヤ要素】本州中部〜北海道。千島列島中部以南・サハリン中部以南。ウスリー・東シベリア・朝鮮半島・ヒマラヤ。

4. **ヒメムヨウラン**

Neottia acuminata Schltr. [EPJ 2012]; *N. asiatica* Ohwi [FKI 2009] [CFK 2004] [VPS 2002]

常緑針葉樹林下に生える全体が淡褐色の無葉緑植物。高さ10〜20 cmで3〜4個の鞘状葉をつける。花は小型でやや多数が疎らにつく。Tatewaki(1957)ではリストされずKYO，SAPS，TNSにも標本はなかったが，Alexeeva(1983)が報告した。千島列島の中部・北部にはないが，カムチャツカ半島には分布するので，両側分布の変形と思われる。

【分布】　南(国後島)。

【冷温帯植物：東北アジア要素】　本州中部〜北海道[J-VU]。千島列島南部・サハリン・カムチャツカ半島[K-VU]。ウスリー・朝鮮半島。

5. **エゾサカネラン**(サカネラン)

Neottia nidus-avis (L.) Rich. [EPJ 2012]; *Neottia papilligera* Schltr. [EPJ 2012] [FKI 2009] [VPS 2002]; *Neottia nidus-avis* (L.) Rich. var. *mandshurica* Kom.

樹林下に生える無葉緑植物。ヒメムヨウランに似るが，茎は太く多肉で高さ20〜40 cm，花は多数が密生する。植物体が無毛のものをエゾサカネラン，有毛のものをサカネランとするが，無葉緑腐生植物では有毛—無毛の変異が起きることが多いので，ここでは特に分類群として分けない。KYOに色丹島ノトロ(大井822，1931年8月12日)標本があり，植物体にほとんど毛がない。

【分布】　色丹島・南(国後島)。

【温帯植物：周北極要素】　九州〜北海道[J-VU]。千島列島南部・サハリン南部。シベリア・中国東北部・ヨーロッパ。[Map 549]

---

21. ミヤマモジズリ属
Genus *Neottianthe*

---

1. **ミヤマモジズリ**

Neottianthe cucullata (L.) Schltr. [EPJ 2012] [FKI 2009] [VPS 2002]; *Gymnadenia cucullata* (L.) Richard [J]

樹林下の湿った岩地に生える多年草。長楕円形で長さ3〜6 cmの葉2個が根際につく。高さ10〜20 cmの花茎に，淡紅色の花がネジバナ様にらせん状の穂状花序につく。SAPS，TNSに標本はない。

【分布】　色丹島・南(国後島のみ)。

【温帯植物：周北極要素】　四国〜北海道。千島列島南部・サハリン[S-R(3)]。シベリア・朝鮮半島・ヨーロッパ。[Map 560]

22. コケイラン属
Genus *Oreorchis*

1. コケイラン

Oreorchis patens (Lindl.) Lindl. [EPJ 2012] [FKI 2009] [CFK 2004] [VPS 2002]

やや暗い林床の高茎草本群落内に生える多年草。葉は地際に通常2個つき，被針形で長さ20～30 cm，幅1～3 cm。花茎は高さ30～40 cmで多数の黄褐色花を総状につける。北千島にはないが，カムチャツカ半島には分布するので，両側分布の変形と思われる。2n＝48(ウルップ島)[Probatova et al. 2007]。

【分布】 色丹島・南・中(ウルップ島)。

【温帯植物：東アジア要素】 九州～北海道。千島列島中部以南・サハリン中部以南・カムチャツカ半島。ウスリー・朝鮮半島・中国。

23. ツレサギソウ属
Genus *Platanthera*

1. ヒロハトンボソウ

Platanthera fuscescens (L.) Kraenzl. [EPJ 2012]; *Tulotis ussuriensis* (Regel et Maack) H. Hara [FKI 2009]; *Tulotis fuscescens* (L.) Czer. [VPS 2002]

樹林下に生える多年草。茎下部に2～3葉が接近してつきオオヤマサギソウにも一見似る。唇弁基部に小さな側裂片があり，距は7～9 mm長。従来はトンボソウ属 *Tulotis* としてツレサギソウ属から分けられていたが，現在は含められている(中島，2012)。

【分布】 南(択捉島)。

【冷温帯植物：東北アジア～準日本固有要素】 本州中部・北海道[J-VU]。千島列島南部・サハリン南部[S-V(2)]。東シベリア・朝鮮半島。

2. ミズチドリ

Platanthera hologlottis Maxim. [EPJ 2012] [FKI 2009]

湿草原に生え高さ50 cm以上にもなる大型の多年草。やや肉質の葉を5～12個つけ線状披針形，密に多数つく花は白色，距は下に垂れて唇弁より長い。

【分布】 歯舞群島・南(国後島)。点在。

【温帯植物：東アジア要素】 九州～北海道。千島列島南部。シベリア・朝鮮半島・中国東北部。

3. エゾチドリ

Platanthera metabifolia F.Maek. [EPJ 2012]; *P. extremiorientalis* Nevski [FKI 2009] [VPS 2002]

沿海地の湿草原に生える多年草。大きな葉が2枚あり，オオヤマサギソウ *P. sachalinensis* に似るが，花は白色でより大きく，側萼片は7～8 mmで斜め下向き。距も太く長さ2～2.5 cm。

【分布】 色丹島・南・中(ウルップ島が北東限)。

【冷温帯植物：東北アジア～準日本固有要素】 北海道。千島列島中部以南・サハリン。[Map 563]

4. オオヤマサギソウ

Platanthera sachalinensis F.Schmidt [EPJ 2012] [FKI 2009] [VPS 2002]

樹林下や林縁に生える多年草。大きな葉が2枚あり，エゾチドリに似るが，花は白緑色でより小さく，側萼片は4～5 mm長で手を広げたように外に広がり先は上向きにぐぐっとあがるのはよい特徴。距はより細く長さ1.5～2 cm。

【分布】 色丹島・南・中(ウルップ島が北東限)。

【温帯植物：準日本固有要素】 九州～北海道。千島列島中部以南・サハリン。

5. タカネサギソウ

Platanthera mandarinorum Rchb.f. subsp. ***maximowicziana*** (Schltr.) K.Inoue [EPJ 2012]; *P. maximowicziana* Schltr. [FKI 2009]; *P. mandarinorum* Rchb.f. var. *maximowicziana* (Schltr.) Ohwi

湿地に生える多年草。葉は通常大型のものが1個ある。側萼片は草質で距は子房より長く10～14 mm。ヤマサギソウ *P. mandarinorum* var. *brachycentron* の花序がつまった高山型と考えられる。KYOに色丹島産標本がある。

【分布】　色丹島・南(択捉島)・中(チルポイ島が北東限)。まれ。
【冷温帯植物：日本・千島固有要素】　本州中部〜北海道。千島列島中部以南[S-V(2)]。

6. オオキソチドリ

Platanthera ophrydioides F.Schmidt var. ***ophrydioides*** [EPJ 2012]; *P. ophrydioides* F. Schmidt [FKI 2009] [VPS 2002]

樹林下に生える多年草。葉は通常大型のものが1個あり，側萼片はやや膜質。一見ホソバノキソチドリ *P. tipuloides* に似るが，葉が水平方向に広がる傾向があり，花はより白っぽい緑色で側花弁は正面から見るとバンザイしたように斜め上方向に立つ。距はより短く1 cm程度までで前方に湾曲。Barkaloov(2009)がウルップ島からも報告した。
【分布】　色丹島・南・中。
【冷温帯植物：準日本固有要素】　本州中部〜北海道。千島列島中部以南・サハリン中部以北[S-V(2)]。

7. ホソバノキソチドリ

Platanthera tipuloides (L.f.) Lindl. [EPJ 2012] [FKI 2009] [CFK 2004] [VPS 2002]

湿原に生える多年草。葉は通常大形のものが1個で，一見オオキソチドリに似るが，葉がより茎にそって上向きになることが多く，花はより黄緑色で側花弁は立って上萼片とともにかぶと状になり，距が1〜2 cmと長く下垂あるいは前方に湾曲。側花弁と唇弁は肉質。2n＝40(国後島)[Probatova et al., 2007]。
【分布】　色丹島・南・中・北。点在する。開花：7月下旬〜8月下旬。
【冷温帯植物：北太平洋要素】　四国〜北海道。千島列島・サハリン・カムチャツカ半島。アリューシャン列島。

24. トキソウ属
Genus *Pogonia*

1. トキソウ

Pogonia japonica Rchb.f. [EPJ 2012] [FKI 2009]

湿原に生える多年草。一見サワラン *Eleorchis* に似る。違いはサワランの項目を参照。KYOに色丹島と国後島の標本がある。
【分布】　色丹島・南(国後島)。
【暖温帯植物：東アジア要素】　九州〜北海道[J-NT]。千島列島南部[S-R(3)]。朝鮮半島・中国。

25. ネジバナ属
Genus *Spiranthes*

1. ネジバナ

Spiranthes sinensis (Pers.) Ames var. ***amoena*** (M.Bieb.) H.Hara [EPJ 2012]; *S. sinensis* (Pers.) Ames [FKI 2009] [CFK 2004] [VPS 2002]; *S. amoena* (M.Bieb.) Spreng.

沿岸から台地上の広葉草原に生える多年草。穂状花序がらせん状に捩れるのはよい特徴。Barkalov(2009)では千島列島の北東限は択捉島だったが，筆者らはさらにウルップ島でも採集している。カムチャツカ半島にも分布するので，北千島から記録がないものの，両側分布の変形と見られる。
【分布】　歯舞群島・色丹島・南・中(ウルップ島)。
【温帯植物：東アジア〜中国・ヒマラヤ要素】　九州〜北海道。千島列島中部以南・サハリン・カムチャツカ半島[K-EN]。ウスリー・朝鮮半島・中国・ヒマラヤ。

AM16. アヤメ科
Family IRIDACEAE

1. アヤメ属
Genus *Iris*

1. ノハナショウブ

Iris ensata Thunb. var. ***spontanea*** (Makino) Nakai ex Makino et Nemoto [EPJ 2012]; *I. ensata* Thunb. [FKI 2009]

葉の幅は5～12 mm と狭く，著しい中脈がある。アヤメ属の葉は表面を内にして折り畳まりはかま状となっているため，葉面はすべて背軸側(裏面)である。外花被片は赤紫色で基部に小さい黄色の筋が入り，内花被片は明瞭。

【分布】 歯舞群島*・色丹島・南。まれ。

【温帯植物：東アジア要素】 九州～北海道。千島列島南部[S-E(1)]。東シベリア・朝鮮半島・中国東北部。

2. カキツバタ

Iris laevigata Fisch. [EPJ 2012] [“Fisch. et Mey.”, FKI 2009] [“Fisch. et Mey.”, VPS 2002]

葉の幅は15～30 mm と広く，中脈はない。外花被片は青紫色で基部に小さい白黄色の筋が入り，内花被片は明瞭。SAPS でカキツバタとされていた標本(国後島古釜布，M. Tatewaki 3410)は葉の幅8 mm で花茎上部が失われたもので，カキツバタとは確定できない。

【分布】 歯舞群島*・色丹島*・南(国後島)。まれ。

【温帯植物：東アジア要素】 九州～北海道[J-NT]。千島列島南部・サハリン。東シベリア・朝鮮半島・中国東北部。

3. アヤメ

Iris sanguinea Hornem. [EPJ 2012] [FKI 2009] [“*sanguinea* Donn”, VPS 2002]

葉の幅は5～10 mm と狭く，中脈は著しくない。花は通常1個，時に2～3個。外花被片は青紫色で基部には大きい黄白色の虎斑が入る点はヒオウギアヤメに似るが，内花被片が直立して明瞭。SAPS には千島列島の標本がない。

【分布】 南(国後島南西部)。

【暖温帯植物：東アジア要素】 九州～北海道。千島列島南部[S-E(1)]・サハリン中部(まれ)。東シベリア・朝鮮半島・中国東北部。[Map 162]

4. ヒオウギアヤメ 【Plate 51-3】

Iris setosa Pall. ex Link [EPJ 2012] [FKI 2009] [CFK 2004] [VPS 2002]

葉の幅10～20 mm で中脈は不明。茎頂は枝分かれして花は2～3個つくことが多い。外花被片は青紫色で基部には大きい黄白色の虎斑が入りアヤメと同じだが，内花被片が小さく目立たないのが区別点。アヤメ科のなかで唯一，千島列島全体に広域分布する。白花品種シロバナヒオウギアヤメ f. *albiflora* がハリムコタン島にある。2n＝38(パラムシル島，シュムシュ島)[Probatova et al., 2007]。

【分布】 歯舞群島・色丹島・南・中・北。普通。開花：6月中旬～8月上旬。

【冷温帯植物：北太平洋要素】 本州中部～北海道。千島列島・サハリン・カムチャツカ半島。アジア東北部・アリューシャン列島・アラスカ。

外1. キショウブ

Iris pseudacorus L. [EPJ 2012] [FKI 2009] [VPS 2002]

水湿地に生える，西アジア～ヨーロッパ原産の多年生草本。黄色の花。2n＝34(国後島)[Probatova et al., 2007]。

【分布】 歯舞群島・南(国後島)。[帰化]

【温帯植物】 九州～北海道(外来 A2)。千島列島南部(外来)・サハリン南北部(外来)。世界各地で栽培され野生化。

2. ニワゼキショウ属
Genus *Sisyrinchium*

外1. シシリンキウム・セプテントリオナーレ

Sisyrinchium septentrionale E.P.Bicknell [FKI2009]

日あたりのよい草地に生える。Barkalov(2009)によると国後島の自然保護区事務所にShubinaによって2003年に採集された標本があるという。ただ実際に野生状態で逸出しているのかどうか確認が必要である。北海道では北アメリカ原産のヒトフサニワゼキショウ *S. mucronatum* Michx.がよく逸出している(五十嵐, 2001)ので, 国後島でも本属植物が逸出する可能性はある。
【分布】 南(国後島)。まれ。[戦後帰化]
【温帯植物】 本州・北海道から報告はない。千島列島南部(外来)。

AM17. ススキノキ科
Family XANTHORRHOEACEAE

1. ワスレグサ属
Genus *Hemerocallis*

1. **ゼンテイカ**(エゾカンゾウ)

Hemerocallis dumortieri C.Morren var. ***esculenta*** (Koidz.) Kitam. [EPJ 2012]; *H. esculenta* Koidz. [FKI 2009] [VPS 2002]; *H. middendorffii* Trautv. et Mey. [VPS 2002]

草原に生える多年草。線形の根生葉は長さ60〜70 cm, 幅1.5〜2 cm。花茎は40〜80 cmで花は橙色, 花序の枝や花柄は伸びない。戦前はウルップ島が北東限だった(Tatewaki, 1957)が, Barkalov(2009)はシムシル島からも報告した。2n＝22(択捉島) as *H. esculenta*[Probatova et al. 2007]。
【分布】 歯舞群島・色丹島・南・中(ウルップ島)。開花：6月中旬〜8月上旬。
【冷温帯植物：準日本固有要素】 本州中部〜北海道。千島列島中部以南・サハリン。

2. **エゾキスゲ**

Hemerocallis lilioasphodelus L. var. ***yezoensis*** (H.Hara) M.Hotta [EPJ 2012]; *H. yezoensis* H.Hara [FKI 2009]

ゼンテイカに似るが花は黄色で, 花序の枝や花柄が伸びる。北海道東部では両種間の交雑と思われる集団がある。
【分布】 南(国後島)。まれ。
【冷温帯植物：北海道・千島固有要素】 北海道。千島列島南部[S-V(2)]。

AM18. ヒガンバナ科
Family AMARYLLIDACEAE

1. ネギ属
Genus *Allium*

1. **エゾネギ**(広義)

Allium schoenoprasum L. [EPJ 2012] [FKI 2009] [CFK 2004] [VPS 2002]

海岸に生える多年草。葉は細い円柱形で径3〜5 mm, 花茎の基部にシュロ毛がなく雄しべの花糸に歯がない。北海道では葉の幅, 花被片や雄しべの長さなどにより, シロウマアサツキ var. *orientale* Regelやヒメエゾネギ var. *yezomonticola* H. Hara(花被片は6〜8 mm), アサツキ var. *foliosum* Regel(8〜10 mm), 基準変種のエゾネギ var. *schoenoprasum*(15 mm内外)などが認められている。Tatewaki(1957)では千島列島から記録されなかったが, Barkalov(2009)により報告された。2n＝16(国後島)[Probatova et al., 2007]。
【分布】 色丹島・南(国後島)・北(シュムシュ島)。まれ。両側分布。
【冷温帯植物：周北極要素】 四国〜北海道。千島列島南北部・サハリン・カムチャツカ半島。シベリア・ヨーロッパ。[Map 147]

2a. **ミヤマラッキョウ**

Allium splendens Willd. ex Schult. et Schult.f. var. ***splendens***; *A.splendens* Willd. ex Schult. et Schult. f. [EPJ 2012] [FKI 2009] [VPS 2002]

エゾネギに似るが, 葉は線形で幅3〜4 mm, 花茎の基部にシュロ毛があり, 雄しべの花糸に歯がある。Voroschilovは千島列島のものは雄しべが花被から突き出ないとして亜種 subsp. *insulare* Worosch. とする(Barkalov, 2009)。

【分布】　色丹島*・南・中(ウルップ島)。
【冷温帯植物：東北アジア～東アジア要素】　本州中部～北海道。千島列島中部以南・サハリン。東シベリア・朝鮮半島・中国東北部。

2b.　**チシマラッキョウ**

Allium splendens Willd. ex Schult. et Schult.f. var. ***kurilense*** Kitam.; *A. strictum* Schrad. [FKI 2009] [CFK 2004] [VPS 2002]

ミヤマラッキョウに似るが，花柄が太く，花が多数密につき，花被片がより濃紅紫色の北方系の種類で，ロシア側ではミヤマラッキョウとは異なる独立種 *A. strictum* とされる。しかし標本ではこれらの特徴は明瞭でなく，ミヤマラッキョウと明確に区別するのは難しく，変種とする見解を採用した。2n＝32(パラムシル島)［Probatova et al., 2007］。
【分布】　中(ウルップ島)・北。中千島にはまれで，種全体としては両側分布的。
【冷温帯植物：東北アジア要素】　本州・北海道にない。千島列島中部以北・サハリン・カムチャツカ半島。［Map 144］

3.　**ギョウジャニンニク**

Allium victorialis L. subsp. ***platyphyllum*** Hultén [EPJ 2012]; *A. ochotense* Prokh. [FKI 2009] [CFK 2004] [VPS 2002]

山地の広葉草原などに生える多年草。葉は長楕円形で幅は3～10 cmになるので他種から容易に区別できる。全体に強いネギ臭がある。2n＝32(ウルップ島)，40(チルポイ島)as *A. ochotense*［Probatova et al., 2007］。
【分布】　歯舞群島・色丹島・南・中・北。普通。
【冷温帯植物：東北アジア～東アジア要素】　本州～北海道。千島列島・サハリン・カムチャツカ半島。アムール・東シベリア・朝鮮半島・中国。

2. スイセン属
Genus *Narcissus*

園芸品種だけでも１万以上あるという。

外1.　**クチベニズイセン**

Narcissus poeticus L. [FKI 2009]

副花冠が平たく円盤状で縁が紅色になる。
【分布】　歯舞群島・色丹島・南(国後島)。［栽培逸出］
【暖温帯植物】　九州～北海道(栽培・逸出B)。千島列島南部(外来)・カムチャツカ半島(外来)。ユーラシア原産で栽培・逸出する。

外2.　**ラッパズイセン**

Narcissus pseudonarcissus L. [EPJ 2012] [FKI 2009]

副花冠がラッパ状に伸び，縁が切れ込むもの。
【分布】　歯舞群島・色丹島・南(国後島)。［栽培逸出］
【暖温帯植物】　九州～北海道(栽培・逸出B)。千島列島南部(外来)。ユーラシア原産で各所で栽培され逸出。

AM19. キジカクシ科
Family ASPARAGACEAE

1. キジカクシ属
Genus *Asparagus*

1.　**キジカクシ**

Asparagus schoberioides Kunth [EPJ 2012] [FKI 2009] [VPS 2002]

草原に生える多年草。高さ50～100 cmで上方で分枝する。葉は鱗片状に退化し長さ約1 mm。
【分布】　南(国後島)。まれ。
【暖温帯植物：東アジア要素】　九州～北海道。千島列島南部・サハリン。ダウリア・ウスリー・東シベリア・朝鮮半島・中国。

2. スズラン属
Genus *Convallaria*

1.　**スズラン**

Convallaria majalis L. var. ***manshurica***

Kom. [EPJ 2012]; *C. keiskei* Miq. [FKI 2009] [VPS 2002]

沿岸地の草原に生える多年草。葉は卵状長楕円形で長さ10〜18 cm，幅3〜7 cmで裏がやや粉白色。花は下向き広鐘形で総状花序につく。ヨーロッパ原産のドイツスズラン *C. majalis* L. の変種とする見解に従う。

【分布】　歯舞群島・色丹島・南(択捉島が北東限)。

【温帯植物：東アジア要素】　九州〜北海道。千島列島南部・サハリン。東シベリア・朝鮮半島・中国。[Map 152]

3. ギボウシ属
Genus *Hosta*

1. タチギボウシ 【Plate 11-2】

Hosta sieboldii (Paxton) J.W.Ingram var. ***rectifolia*** (Nakai) H.Hara [EPJ 2012]; *H. rectifolia* Nakai [FKI 2009] [VPS 2002]

湿草原に生える多年草。根出葉の葉身は披針形〜長楕円形で表面の脈は凹み，基部は急に狭まって柄に流れる。コバギボウシ *H. albo-marginata* のなかに含むとする見解もある。Tatewaki(1957)では択捉島が北東限だったが，Barkalov(2009)はウルップ島からも報告し，筆者らもウルップ島の複数の湿原で採集した。2n＝60(ウルップ島)as *H. rectifolia*[Probatova et al., 2007]。

【分布】　歯舞群島・色丹島*・南・中(ウルップ島が北東限)。開花：7月下旬〜8月下旬。

【冷温帯植物：準日本固有要素】　本州中部〜北海道。千島列島中部以南・サハリン中部以南。

4. マイヅルソウ属
Genus *Maianthemum*

1. マイヅルソウ

Maianthemum dilatatum (A.W.Wood) A. Nelson et J.F.Macbr. [EPJ 2012] [FKI 2009] [CFK 2004] [VPS 2002]; *M. kamtschaticum* (Cham.) Nakai [J, R]

広葉草原に生える多年草。根茎が長く這い，茎は高さ10〜25 cm。茎生葉は2枚あって互生し卵心形。Kawano et al.(1968)は，千島列島を含む日本近隣のマイヅルソウの外部形態の定量比較を行い，地史や気候の変遷と種内分化・隔離との関係を論じた。2n＝32(チルポイ島)，36(シャシコタン島，シムシル島)[Probatova et al., 2007]。

【分布】　歯舞群島・色丹島・南・中・北。普通。開花：6月上旬〜7月中旬。

【温帯植物：北太平洋要素】　九州〜北海道。千島列島・サハリン・カムチャツカ半島。オホーツク・東シベリア・朝鮮半島・中国東北部・アリューシャン列島・北アメリカ北西部。[Map 153]

〈検討種〉カラフトユキザサ

Maianthemum dahuricum (Turcz. ex Fisch. et C.A.Mey.) LaFrankie; *Smilacina davurica* Turcz. ex Fisch. et C.A.Mey.

Alexeeva et al.(1983)により色丹島から記録され，Barkalov(2009)もこれをリストしている。ただカラフトユキザサはサハリン中北部に分布する種で分布が不連続であること。また北海道東部に見られるユキザサとの誤認の疑いも残るので，検討種にとどめた。

5. アマドコロ属
Genus *Polygonatum*

日本産のアマドコロ属の種分類はTamura(2008)でまとめられている。

1. ヒメイズイ

Polygonatum humile Fisch. ex Maxim. [EPJ 2012] [FKI 2009] [VPS 2002]

砂質の沿岸草原に生える多年草。茎は直立して高さ20〜40 cm，葉は長楕円状披針形で長さ4〜7 cm，花は葉腋に1〜2個下垂する。

【分布】　色丹島・南・中(ウルップ島が北東限)。やや普通。

【温帯植物：北アジア〜東アジア要素】　九州〜北海道。千島列島中部以南・サハリン。東シベリア・朝鮮半島・中国東北部・モンゴル。

2. オオアマドコロ

Polygonatum odoratum (Mill.) Druce var. ***maximowiczii*** (F.Schmidt) Koidz. [EPJ 2012]; *P. maximowiczii* F.Schmidt [FKI 2009] [VPS 2002]

やや内陸の山野に生える多年草。茎は高さ30〜80 cmで上部は弓状に曲がる。葉は長楕円形で長さ5〜15 cm，花はヒメイズイと同様，葉腋に1〜2個下垂する。択捉島が北東限とされていた(Tatewaki, 1957)が，Barkalov(2009)がウルップ島からも報告した。色丹島からの記録がないのは興味深い。なお，*P. odoratum* が外来種としてカムチャツカ半島から報告されている(Yakubov and Chernyagina, 2004)。

【分布】 南・中(ウルップ島)。開花：6月上旬〜7月上旬。

【冷温帯植物：東北アジア〜準日本固有要素】 本州北部〜北海道。千島列島中部以南・サハリン。ウスリー。［Map 154］

AM20. ツユクサ科
Family COMMELINACEAE

1. ツユクサ属
Genus *Commelina*

外1. ツユクサ

Commelina communis L. [EPJ 2012] [FKI 2009] [CFK 2004] [VPS 2002]

Tatewaki(1957)により，外来植物として国後島から報告されている。戦後，色丹島からもAlexeeva et al.(1983)が記録している。

【分布】 色丹島・南・中(ウルップ島)。［戦前帰化］

【暖温帯植物】 琉球〜北海道(在来)。千島列島中部以南(外来)・サハリン(在来)・カムチャツカ半島(外来)。ウスリー・朝鮮半島・中国。

AM21. ガマ科
Family TYPHACEAE

1. ミクリ属
Genus *Sparganium*

1. ミクリ

Sparganium erectum L. var. ***coreanum*** (H. Lév.) H.Hara [EPJ 2012]; *S. coreanum* H.Lév. [FKI 2009] [VPS 2002]; *S. stoloniferum* Buchan.

花序は常に分岐し花序枝は3本以上になり，丈高く全体大型になる抽水植物。枝ごとに7〜15個の雄性頭花，1〜4個の雌性頭花。柱頭だけで2 mm以上，花柱＋柱頭で長く糸状で3〜6 mm，果実は紡錘形。

【分布】 南。まれ。

【温帯植物：汎世界要素】 九州〜北海道［J-NT］。千島列島南部・サハリン中部(まれ)。北半球温帯，オーストラリア。［cf. Map 383-384］

2. エゾミクリ

Sparganium emersum Rehm. [EPJ 2012] [CFK 2004] [VPS 2002]; *S. rothertii* Tzvelev [FKI 2009]

抽水から枕水まで変化する多年草。花序は分枝せず，雄性頭花は4〜7個で密にはつかず，雌性頭花は3〜4個。雌性頭花は有柄あるいは無柄で腋上生。柱頭，花柱，子房ともに長い。なお，カムチャツカ半島の植物(Yakubov, 2007, 2010)で本種とされている写真は明らかにエゾミクリではなく，ヒナミクリのようである。

【分布】 南(国後島古釜布など)。まれ。

【冷温帯植物：周北極要素】 本州中部〜北海道。千島列島南部・サハリン北部・カムチャツカ半島。北半球冷温帯。［Map 381］

3. タマミクリ 【Plate 9-5】

Sparganium glomeratum (Beurl. ex Laest.) L.M.Newman [EPJ 2012] [“*glomeratum* Laest. ex Beurl.”, FKI 2009] [“*glomeratum* Laest.”, CFK 2004] [“(Laest.) L.M.Newman”, VPS 2002]

通常抽水植物だが時に一部の葉が浮葉になる多年草。花茎は葉よりも短く，頭花が密集してつくのがよい特徴。雄性頭花は1～2個と少なく，雌性頭花は3～6個で腋上生。果実は紡錘形で中央部付近でくびれ，長さ3～5 mm。2n＝30（国後島）as *S. glehnii*［Probatova et al., 2007］。

【分布】 色丹島・南・中（ウルップ島）。やや普通。

【冷温帯植物：周北極要素】 本州中部～北海道［J-NT］。千島列島中部以南・サハリン・カムチャツカ半島。北半球の温帯～亜寒帯。［Map 382］

4. ホソバウキミクリ 【Plate 51-4】

Sparganium angustifolium Michx. [EPJ 2012] [FKI 2009] [CFK 2004] [VPS 2002]

多年生の浮葉植物。花序は分岐せず，雄性頭花は2～4個が密につき最上部の雌性頭花から離れてつき，雄性頭花群の最下に苞葉があるのがよい特徴。雌性頭花は1～3個で腋生～腋上生，最下部の雌性頭花はしばしば長い柄をもつ。花柱は長く，果期に1.5 mmほどあり，果実は紡錘形で長さ3～5 mm。苞葉の基部は膨らんで茎を抱き，縁は膜質。

【分布】 南（択捉島）・北（パラムシル島）。両側分布？。

【冷温帯～亜寒帯植物：周北極要素】 北海道（高山）［J-VU］。千島列島南北部・サハリン・カムチャツカ半島。北半球冷温帯～亜寒帯。［Map 380］

5. チシマミクリ 【Plate 51-5】

Sparganium hyperboreum Beurl. ex Laest. [EPJ 2012] [“Laest. ex Beurl.”, FKI 2009] [“Laest.”, CFK 2004] [“Laest.”, VPS 2002]

ホソバウキミクリに似る多年生の浮葉植物。花序は分岐せず，雄性頭花は通常1個（まれに2個）で雌性頭花に接近してつき5 mmを超えない。雌性頭花は2～5個で腋生～腋上生，最下部の雌性頭花はしばしば長い柄をもつ。花柱は極めて短くやや不明で柱頭は乳頭状。果実は倒卵形で長さ3～5 mm。

【分布】 南（択捉島）・中・北。点在。

【冷温帯～亜寒帯植物：周北極要素】 北海道（高山）［J-EN］。千島列島・サハリン中部以北・カムチャツカ半島。北半球冷温帯～亜寒帯。［Map 377-378］

〈検討種〉ヒナミクリ

Sparganium natans L.

チシマミクリによく似る浮葉植物で雄性頭花は通常1個だが，花柄が長く最上位の雌性頭花から5 mm以上離れる。雌性頭花は1～3個で通常は腋生，花柱はより明瞭。北海道～千島列島ではヒナミクリとチシマミクリの中間型がしばしば見られるが，ヨーロッパ～シベリアで見られるような典型的なヒナミクリはないようである。さらに検討の余地がある。

6. ウキミクリ

Sparganium gramineum Georgi [EPJ 2012] [CFK 2004] [VPS 2002]

多年生の浮葉植物。花序が通常分岐するのがよい特徴。先端の枝では2～6個の雄性頭花，雄性頭花群の最下に苞葉がない。雌性頭花は1～3個で離生して腋生～着生。花柱は長く果実は卵形で長さ2～3 mm。Tatewaki（1957），Barkalov（2009）では千島列島から報告されていなかったが，択捉島の留別と具谷産の戦前標本がSAPSにある（山崎・丸山，2013）。

【分布】 南（択捉島）。まれ。

【冷温帯植物：周北極要素】 本州中部～北海道［J-VU］。千島列島南部・サハリン北部・カムチャツカ半島。シベリア・ヨーロッパ。［Map 379］

〈検討種〉エトロフソウ

Sparganium kawakamii H. Hara

択捉島留別から報告されている（Hara, 1938）。ホソバウキミクリにも似るが雌性頭花はすべて腋生で，苞葉は基部上で広まり，縁は膜質でないことが多いとされる。角野（1994, 2014）はホソバウキミクリの一型としている。

2. ガマ属
Genus *Typha*

1. **ガマ**

Typha latifolia L. [EPJ 2012] [FKI 2009] [CFK 2004] [VPS 2002]

流れのゆるやかな河川や湖沼に抽水する大型の多年草。葉は線形で長さ1～2 m，幅1～2 cm。長さ10～20 cmの雌花群の上に長さ7～12 cmの雄花群がつく。

【分布】 歯舞群島・色丹島・南。

【温帯植物：汎世界要素】 九州～北海道。千島列島南部・サハリン・カムチャツカ半島。北半球温帯～熱帯，オーストラリア。［Map 386］

AM22. ホシクサ科
Family ERIOCAULACEAE

1. ホシクサ属
Genus *Eriocaulon*

1. **クロイヌノヒゲ**

Eriocaulon atrum Nakai [EPJ 2012] [FKI 2009] [CFK 2004] [VPS 2002]

湿地に生える一年草。頭花は黒藍色を帯び，少数花からなる。雄花，雌花ともに3数性で蒴果も3室。

【分布】 色丹島*・南。

【温帯植物：東北アジア～東アジア要素】 九州～北海道［J-NT］。千島列島南部・サハリン南部・カムチャツカ半島［K-EN］。朝鮮半島。

2. **カラフトホシクサ**(クシロホシクサ)

Eriocaulon sachalinense Miyabe et Nakai [EPJ 2012] [FKI 2009] [VPS 2002]; *E. kushiroense* Miyabe et Kudô ex Satake [FKI 2009]

湿地に生える一年草。クロイヌノヒゲに似て頭花は黒藍色で少数花からなる。雄花，雌花ともに2数性で蒴果も2室。Barkalov et al.(2009)は色丹島ノトロ湾からクシロホシクサ*E. kushiroense*を報告し，一方で国後島産をカラフトホシクサ*E. sachalinense*とした(Barkalov, 2009)。しかし米倉(2012)はクシロホシクサをカラフトホシクサに含めており，ここでもそれに従う。

【分布】 色丹島・南(国後島)。

【冷温帯植物：準北海道固有要素】 北海道［J-VU］。千島列島南部・サハリン北部。

AM23. イグサ科
Family JUNCACEAE

1. イグサ属
Genus *Juncus*

(1)イグサ類

花に小苞があり，1本の主茎に花序が側生するように見える(実際には花序より先の"茎"は苞葉)。

1. **ミヤマイ**

Juncus beringensis Buchenau [EPJ 2012] [FKI 2009] [CFK 2004]

イ *J. effusus* var. *decipiens* に似た多年草。花序の付着点よりも上部の茎(苞にあたる)が非常に短いのが区別点。雄しべの数はエゾホソイ *J. filiformis* と同様に6本だが葯が非常に長いのもよい特徴。パラムシル島標本が多い。

【分布】 南(択捉島)・中・北。両側分布的。

【冷温帯植物：北太平洋要素】 本州中部～北海道［J-NT］。千島列島・カムチャツカ半島。アリューシャン列島・ベーリング海。

2. **イ**(イグサ)

Juncus decipiens (Buchenau) Nakai [EPJ 2012] [FKI 2009] [VPS 2002]; *J. effusus* L. var. *decipiens* Buchenau

側生する花序には花が10個以上もつく。蒴果は花被片とほぼ同長で先が平たいかやや窪む。葯は花糸よりやや短い。茎の太さに変異があり細くて柔らかいものをヒメイ f. *gracilis* (Buchenau) Satake と呼ぶ。2n＝c.20(国後島)［Probatova et al., 2007］。

【分布】　歯舞群島・色丹島・南(択捉島が北東限)，ややまれ。
【暖温帯植物：東アジア要素】　琉球〜北海道。千島列島南部・サハリン。ウスリー・朝鮮半島・中国。［Map 195］

3. エゾホソイ

Juncus filiformis L. [EPJ 2012] [FKI 2009] [CFK 2004] [VPS 2002]

イ *J. effusus* var. *decipiens* によく似るが根茎は細く横走し，花序あたりの花数が6個以下と少なく，蒴果は花被片よりも短く，雄しべは6本(イでは3本)で，葯はより短く花糸の半長。これまで色丹島から記録がないのは興味深い。
【分布】　歯舞群島・南・中・北，点在する。
【冷温帯植物：周北極要素】　本州中部〜北海道。千島列島・サハリン・カムチャツカ半島。ヨーロッパ・北アメリカ。

4. ハマイ　【Plate 52-1, 52-2】

Juncus haenkei E.Mey. [EPJ 2012] [FKI 2009] [CFK 2004] [VPS 2002]; *J. balticus* Willd. subsp. *sitchensis* Hultén

イ *Juncus decipiens* に似た多年草だが，茎は太くて硬く地下茎は太く横走する。蒴果は花被片よりもはるかに長くなる。葯は花糸と同長。イグサ属 *Juncus* のなかでは千島列島で最も普通の種。
【分布】　歯舞群島・色丹島・南・中・北。千島列島全体に普通。
【冷温帯植物：北太平洋要素】　北海道。千島列島・サハリン・カムチャツカ半島。東シベリア・朝鮮半島・アリューシャン列島・アラスカ。［Map 198］。Hultén and Fries(1986)では周北極種の *J. arcticus* の種内分類群とされる。

5. イヌイ(ヒライ)

Juncus fauriei H.Lév. et Vaniot [EPJ 2012]; *J. yokoscensis* (Franch. et Sav.) Satake [FKI 2009]

イ *J. effusus* var. *decipiens* に似るが，茎が扁平で数回捩れるのがよい特徴。Barkalov(2009)では択捉島は文献記録のみだが，戦前の択捉島標本(チリップ山，川上滝弥1898年)がSAPSにある。なお本種のサハリンでの分布は戦後ロシア側では長く無視されていたが，最近になって確認された(Barkalov, 2012)。
【分布】　歯舞群島・色丹島・南。まれ。
【温帯植物：準日本固有要素】　本州〜北海道。千島列島南部・サハリン(まれ)。

(2)クサイ類

花に小苞があり，葉はイネ科状で扁平，花序は頂生する。

6. ドロイ

Juncus gracillimus (Buchenau) V.I.Krecz. et Gontsch. [EPJ 2012] [FKI 2009] [VPS 2002]

塩湿地に生える多年草。クサイ *J. tenuis* に似て苞葉が花序と同長位になるが花披片は卵形で鈍頭。蒴果は丸っこく褐色でつやがある。エゾホソイと同様，これまでに色丹島から記録がなかった(Barkalov, 2009)が，KYOで戦前の標本(Shikotan, Debari-Notoro. J. Ohwi 600)を確認した。
【分布】　歯舞群島・色丹島・南。ややまれ。
【暖温帯植物：東アジア要素】　九州〜北海道。千島列島南部・サハリン中部以南。東シベリア・朝鮮半島・中国。［Map 180］

外1. ヒメコウガイゼキショウ

Juncus bufonius L. [EPJ 2012] [FKI 2009] [CFK 2004] [VPS 2002]; *J. ambiguus* Guss. [FKI 2009] [CFK 2004] [VPS 2002]

湿った裸地などに生える繊細な一年草。花序は大きく植物体全体の半分以上ある。日本では在来種とされるが，Barkalov(2009)は千島列島での外来植物とし，Miyabe(1890)でも記録されていない。ここでは暫定的に千島列島の外来種として扱う(Fukuda, Taran, et al., 2014)が，サハリンやカムチャツカ半島でも在来種として扱っており，いわゆる史前帰化植物的なものかもしれない。Novikov(1985)によると極東ロシアのヒメコウガイゼキショウ類似種として *J. ambiguus* Guss. を認め，後者では内花被片の先がやや鈍頭で蒴果上部が急に狭まり円い小突起となる，としている。Barkalov(2009)も*J. ambiguus*を千島列島内に認め，SAPSの標本にも*J. ambiguus*の同定ラベルを残している。しかし果実期後期になるとこのような特徴が目立つ傾向となり，2種に明瞭に分けるのは問題があるように思う。ここではヒメコウガイゼキショウの変異内個体と見なした。筆者はBarkalov(2009)では報告されていないマカンル島から採集している(H. Takahashi 23987, SAPS)。2n＝50，54，56(国後島)[Probatova et al., 2007]。
【分布】 歯舞群島・南・中・北。両側分布的。やや普通。[戦前帰化]
【暖温帯植物】 九州～北海道(在来)。千島列島(外来)・サハリン(在来)・カムチャツカ半島(在来)。朝鮮半島・中国など全世界に広域分布。[Map 183]。分布図からは北海道とカムチャツカ半島からの両側からの移入が見て取れる。

外2. クサイ

Juncus tenuis Willd. [EPJ 2012] [FKI 2009]

古い時代に帰化したと考えられる山道や荒地に生える多年草。苞葉の1～数本は花序を抜く。花披片は鋭頭。日本では史前帰化植物とされ在来種扱いされる(清水，2003)が，Barkalov(2009)は千島列島の外来種とする。サハリン・カムチャツカ半島から記録がないのは意外である。
【分布】 歯舞群島・色丹島・南・北。両側分布。普通[戦前帰化]
【暖温帯植物】 九州～北海道(在来)。千島列島(外来)。中国・ヨーロッパ・北アメリカ・オーストラリアなどに広域分布。[Map 182]

(3)コウガイゼキショウ類

葉は円筒状で単管質，あるいは扁平で多管質。頭花(頭状花序)は少数～多数，雄しべは花被片より常に短い。

7. タチコウガイゼキショウ

Juncus krameri Franch. et Sav. [EPJ 2012] [FKI 2009]

花序の枝は上方向に向く。頭花あたり2～4個の小花をつける。雄しべは6個か3個。蒴果は鈍頭凸端で3 mm長，花披片よりわずかに長い程度。
【分布】 色丹島・南・中(ウルップ島)。
【暖温帯植物：準日本固有要素】 琉球～北海道。千島列島中部以南。ウスリー。

8. クナシリコウガイ 【Plate 31-3】

Juncus articulatus L. [FKI 2009] [CFK 2004] [VPS 2002]; *J. articulatus* L. subsp. *tatewakii* (Satake) Worosch. [EPJ 2012]; *J. tatewakii* Satake [R]

タチコウガイゼキショウに似た種類。花序の枝が水平あるいは下方向に折れる傾向があり，頭花あたり3～12個の小花が密に集まる。雄しべは6個。蒴果は長さ3～4 mmと長く，花被片の1.5倍。
【分布】 歯舞群島・色丹島・南・北。両側分布。
【温帯植物：周北極要素】 本州～北海道にない。千島列島南北部・サハリン中部以北・カムチャツカ半島。ウスリー・朝鮮半島・中国・モンゴル・ヨーロッパ・北アメリカ。[Map 188]

9. アオコウガイゼキショウ

Juncus papillosus Franch. et Sav. [EPJ 2012] [FKI 2009] [VPS 2002]

タチコウガイゼキショウに似るが，頭花あたり2～3個の小花が立ち気味につき，雄しべは3個で，蒴果は鋭尖頭で花被片の2倍ほどの長さになるのがよい特徴。
【分布】 歯舞群島・色丹島・南。
【温帯植物：東アジア要素】 九州～北海道。千島列島南部・サハリン南北部。東シベリア・朝鮮半島・中国。

10. ハリコウガイゼキショウ

Juncus wallichianus Laharpe [EPJ 2012] [FKI 2009]

アオコウガイゼキショウに似るが，頭花あたり3～6個の小花がやや平開してつき，時に無性芽ができる。雄しべは3個で，蒴果は長いが花被片の2倍には達しない。
【分布】 南(国後島)。まれ。
【暖温帯植物：中国・ヒマラヤ要素】 琉球～北海

道。千島列島南部。ウスリー・東シベリア・朝鮮半島・中国・ヒマラヤ。

11. **コウガイゼキショウ**

Juncus prismatocarpus R.Br. subsp. ***leschenaultii*** (J.Gay ex Laharpe) Kirschner [EPJ 2012]; *J. leschenaultii* J.Gay ex Laharpe ["J. Gray ex Lacharpe", FKI 2009] [CFK 2004]; *J. leschenaultii* J. Gay ex Laharpe var. *termalis* Tatew.

全体で20個を超える頭花をつけ，頭花あたり4～7個の小花をつけハリコウガイゼキショウに似るが小花は星形に平開する。茎は圧扁の2稜形で翼がある。葉は扁平で多管質，ハリコウガイゼキショウほど隔壁が明瞭でない。蒴果は披針形で細長く先がとがり線状披針形の花被片よりも長い。ウルップ島が北東限か，Barkalov(2009)では国後島のみ。2n＝30(シムシル島)[Probatova et al., 2007]。

【分布】 南。

【暖温帯植物：中国・ヒマラヤ要素】 琉球～北海道。千島列島南部・カムチャツカ半島[K-CR]。東シベリア・朝鮮半島・中国・ヒマラヤ・インド。

12. **ホソコウガイゼキショウ**

Juncus fauriensis Buchenau [EPJ 2012] [FKI 2009]

ミヤマホソコウガイゼキショウに似て，頭花は2～8個つき，2～6小花からなる。蒴果は3稜状長楕円形で鈍頭，黒褐色で光沢があり花披片より長い。ただし，小花はより淡色で，雄しべは3本，葯が線形で花糸と同長。

【分布】 南・中(ウルップ島が北東限)。

【冷温帯植物：日本・千島固有要素】 本州中部～北海道。千島列島中部以南。

13. **ミヤマホソコウガイゼキショウ**(チシマホソコウガイゼキショウ)

Juncus kamschatcensis (Buchenau) Kudô [FKI 2009] [CFK 2004] [VPS 2002]; *J. fauriensis* Buchenau var. *kamschatcensis* Buchenau [EPJ 2012]

2～6個の頭花からなる多年草。頭花あたりの小花は2～6個からなる。ホソコウガイゼキショウに似るが，小花は栗色で，雄しべは6本，葯は卵形で花糸よりずっと短い。Novikov(1985)，Barkalov(2009)に従いホソコウガイゼキショウとは別種とする。

【分布】 色丹島・南・中・北。点在。

【冷温帯植物：東北アジア要素】 本州中部～北海道。千島列島・サハリン北部・カムチャツカ半島。

〈検討種〉**ホロムイコウガイ**

Juncus tokubuchii Miyabe et Kudô

北海道の特産種とされるが千島列島からは報告がない。この種はホソコウガイゼキショウに似るが，花被外片は鈍頭で蒴果は4～5 mmになり花被片よりずっと長くなり，種子両端が尾状突起となるとされる。

14. **ミクリゼキショウ**

Juncus ensifolius Wikstr. [EPJ 2012] [FKI 2009]

湿草原～泥炭地に生える多年草。葉は剣状の線形で幅4～6 mmと広い。頭花は多数の小花からなり「ミクリ」状なのはよい特徴。Tatewaki(1957)では国後島が北東限だったが，Barkalov(2009)でシムシル島まで分布が伸びた。筆者らも中千島のウルップ島やシムシル島で確認している。2n＝40(ウルップ島)[Probatova et al., 2007]。

【分布】 南・中。まれ。

【冷温帯植物：北太平洋要素】 本州中部～北海道。千島列島中部以南。アリューシャン列島・北アメリカ西部。

外3. **ユンクス・ノデュロースス**

Juncus nodulosus Wahlenb. [FKI 2009] [VPS 2002]

ミクリゼキショウの類縁種。頭花あたり1～2個の小花の柄が伸びるのが特徴。Tatewaki(1957)では記録されなかったが，Barkalov(2009)により外来種？として，国後島・択捉島から報告された

【分布】 南。[帰化？]

【温帯植物】 日本にない？。千島列島南部(外来？)・サハリン中部以北(まれ：在来)。

(4)タカネイ類

茎先端に頭花を1〜2(〜3)個つける。

15. クロコウガイゼキショウ

Juncus castaneus Sm. [EPJ 2012] [FKI 2009]; *J. castaneus* Sm. subsp. *leucochlamys* (Zing. ex V.I.Krecz.) Hultén [CFK 2004]; *J. triceps* Rostk.

湿生ツンドラに生える2〜3個の頭花からなる多年草。セキショウイに似るが，葉が内側に巻いて扁平ではない。蒴果は鈍頭の花被片を明らかに抜き花柱が残る。Novikov(1985)では*J. castaneus* Smithと*J. triceps*とを別種としていたが，Barkalov(2009)では同一種としている。マツワ島，パラムシル島，シュムシュ島のみだったが，その他からBarkalov(2009)が報告している。

【分布】 南(国後島)・中・北。

【亜寒帯植物：周北極要素】 北海道(大雪山)[J-VU]。千島列島・カムチャツカ半島。東シベリア・朝鮮半島・ヨーロッパ・北アメリカ。

16. セキショウイ(エゾノミクリゼキショウ)

Juncus covillei Piper var. ***covillei*** [EPJ 2012]; *J. prominens* (Buchenau) Miyabe et Kudô [FKI 2009]

前種クロコウガイゼキショウ*J. castaneus*に似るが，葉身はイネ科状でやや乾質，幅2〜3 mm。蒴果は鋭頭の花被片とほぼ同長で先は平たいか凹む。Brooks and Clemants(2000)は日本〜千島列島の*J. prominens*を*J. covillei* var. *covillei*のシノニムとした。2n＝40(国後島)as *J. prominens* [Probatova et al. 2007]。

【分布】 歯舞群島・色丹島・南・中・北。中千島，北千島ではややまれ。

【冷温帯植物：周北極〜北太平洋要素】 本州北部〜北海道[J-VU]。千島列島。コマンダー諸島・北アメリカ。

17. ヒメタカネイ

Juncus biglumis L. [FKI 2009] [CFK 2004]

次種のタカネイ*J. triglumis*によく似た小型の多年草。2(〜3)個の小花からなる頭花が1個しかなく，蒴果はつやがなく先端凹み花柱は果期にしっかりと残らない。花披片はより鈍頭で，蒴果は花被片の長さの2倍近くになる。Tatewaki(1957)はシュムシュ島から報告しているが，SAPSでは千島列島産標本が確認できない。

【分布】 中(オネコタン島)・北。

【亜寒帯植物：周北極要素】 日本にはない。千島列島中部以北・カムチャツカ半島。オホーツク・シベリア・ヨーロッパ・北アメリカ。[Map 203]

18. タカネイ

Juncus triglumis L. [EPJ 2012] [FKI 2009] [CFK 2004]

高山砂礫地に生える高さ20 cm以下の小さな多年草。2〜4個の小花からなる頭花が1個しかなく，蒴果は茶褐色でつやがあり先端は凹まず花柱が果期にしっかりと残る。花披片はより鋭頭で，蒴果は花被片よりもわずかに長い。植物体全体が細長いものは一見ヤチイにも似るが，茎生葉がないので区別できる。

【分布】 中(オネコタン島)・北。

【亜寒帯植物：周北極要素】 本州中部・北海道(大雪山)[J-NT]。千島列島中部以北・カムチャツカ半島。シベリア・朝鮮半島・中国・ヒマラヤ・ヨーロッパ。[Map 202]

19. ヤチイ(チシマイトイ)

Juncus stygius L. [EPJ 2012] [FKI 2009] [CFK 2004]

ミズゴケ湿原に生え，1〜2個の小花からなる頭花が1(〜2)個ある。タカネイ*J. triglumi* L.にも似るが，少なくとも茎の真んなかより上に茎生葉がつく点で異なる。日本には国後島産標本(古釜布：1931年8月20日，大井次三郎956(KYO，TNS228991))しかない(cf. Barkalov, 2012)。

【分布】 南(国後島)。まれ。

【亜寒帯植物：周北極要素】 本州・北海道にない。千島列島南部・カムチャツカ半島[K-EN]。オホーツク・ウスリー・シベリア・ヨーロッパ・北アメリカ北部。[Map 201]

20. **エゾノミクリゼキショウ**

Juncus mertensianus Bong. [EPJ 2012] [FKI 2009]

タカネイに似て1個の頭花をもつ小型の植物体だが，頭花は10〜20個の多数の小花からなり花披片は黒紫色鋭頭で，蒴果は花被片より短い。Tatewaki(1957)では千島列島から報告されていないが，Barkalovが2007年択捉島天寧西方のBurevestnik山の高山帯で採集し，千島列島はおろかロシアでの初記録となった(Barkalov, 2009)。VLAでこの証拠標本を確認した。なお本和名はセキショウイの別名として使われることがある(米倉，2012)ので注意が必要である。

【分布】　南(択捉島)。まれ。

【亜寒帯植物：北太平洋要素】　本州中部・北海道(大雪山)[J-EN]。千島列島南部。アリューシャン列島・アラスカ・北アメリカ。

2. スズメノヒエ属
Genus *Luzula*

属内のグループ分けはSwab(2000)を参考にした。

(1)葉の先端は硬質化して鈍頭，小花を柄の先に1個つけ，散房花序になりしばしば分岐。種枕が明瞭。

1. **ジンボソウ**　【Plate 31-4】

Luzula jimboi Miyabe et Kudô subsp. ***jimboi*** [EPJ 2012]; *L. plumosa* auct. non E.Mey. [FKI 2009] [VPS 2002]; *L. rufescens* Fisch. et E.Mey. var. *macrocarpa* Buchenau [CFK 2004]

柄の先に小花を1個つける。葯は花糸と同長かより長く，種枕は大きく種子と同長くらい。Kaplan(2001)によると，従来北日本ではヌカボシソウ *L. plumosa* と混同されていたといい，茎生葉の形などで区別される。広義のジンボソウ *J. jimboi* Miyabe et Kudo の亜種として本州〜北海道，サハリン，千島列島，カムチャツカ半島産のジンボソウ(狭義)subsp. *jimboi* と本州中部高山産のミヤマヌカボシソウ subsp. *atrotepala* Z.Kaplan(＝*L. rostrata* Buchenau.)の2亜種を認めている。ミヤマヌカボシソウでは葯は花糸よりはるかに短い。ここではこの見解に従った。なお近縁種ヌカボシソウ *L. plumosa* は千島列島には分布しない。

【分布】　色丹島・南・中・北。

【冷温帯植物：東北アジア要素】　本州中部(別亜種ミヤマヌカボシソウ)〜北海道。千島列島・サハリン・カムチャツカ半島。[Map 163]

(2)葉の先は硬質化せず鋭くとがり，柄の先に小花が1個，2個あるいは3〜4個が集まり，花序は円錐状あるいは2出集散状になり，種枕は目立たない。

2. **コゴメヌカボシ**　【Plate 52-3】

Luzula piperi (Coville) M.E.Jones [EPJ 2012] [FKI 2009]; *L. wahlenbergii* Rupr. [CFK 2004]

高山帯の残雪近くの湿生草原に生える。葉の先端が硬質化せず鋭くとがり，花は1個あるいは2〜3個が集まり，花序の枝は細く下向きに曲がる。小苞の縁は細糸状にならない。花被片に微歯。蒴果は花被片より長い。葉は幅5 mm以下と狭い。

【分布】　中・北。

【亜寒帯植物：北太平洋要素】　北海道(大雪山)[J-NT]。千島列島中部以北・カムチャツカ半島。アリューシャン列島・アラスカ・北アメリカ。[Map 167]

3. **セイタカコゴメヌカボシ**(新称)　【Plate 52-4】

Luzula parviflora (Ehrh.) Desv. [FKI 2009] [CFK 2004]

花序の枝が細く下向きに曲がり小花も2 mm長と小さく，コゴメヌカボシ *L. piperi* に似るが，小花はより淡色で，茎上葉が多く，葉の幅は5〜10 mm幅とより広い。中千島のみで南・北千島に少ないのはおもしろい。Hämet-Ahti(1973)では中千島の標本を本種の亜種 subsp. *fastigiata* (E. Meyer) Hämet-Ahti としている。2n＝24(シャシコタン島)[Probatova et al., 2007]。

【分布】　南(択捉島*)・中・北(パラムシル島)。

【亜寒帯植物：周北極要素】　本州・北海道にない。千島列島・カムチャツカ半島。ウスリー・オホー

ツク・シベリア・ヨーロッパ・北アメリカ。［Map 166］

(3)小花は密に塊(“団集花序”)をつくり，花序はさらに穂状あるいは散形状になる。

4. スズメノヤリ

Luzula capitata (Miq.) Miq. ex Kom. [EPJ 2012] [FKI 2009] [VPS 2002]; *L. multiflora* (Ehrh. ex Retz.) Lej. [CFK 2004]; *L. capitata* (Miq.) Miq. [J]; *L. capitata* (Miq.) Nakai [R]

団集花序は柄の先に集まり大型の1個の頭花状になる。葯は長さ2 mm内外で花糸は極く短い。2n＝12(色丹島，シムシル島)［Probatova et al., 2007］。

【分布】 歯舞群島・色丹島・南・中・北。点在。

【暖温帯植物：東北アジア～東アジア要素】 琉球～北海道。千島列島・サハリン・カムチャツカ半島。朝鮮半島・中国。

5. クモマスズメノヒエ

Luzula arcuata (Wahlenb.) Sw. subsp. ***unalaschkensis*** (Buchenau) Hultén [EPJ 2012] [CFK 2004]; *L. unalaschkensis* (Buchenau) Satake [FKI 2009]; *L. camtschadalorum* (Sam.) Gorodk. ex Kryl. [VPS 2002]

葉の先端が硬質化せず鋭くとがり，花序の枝が細く下向きに曲がり，種子に種枕がない点でコゴメヌカボシ *L. piperi* にも似るが，葉の幅が1～3 mmと狭く，小苞の縁は細糸状になる。花被片は全縁。蒴果は花被片と同長。Hämet-Ahti(1973)では北千島の標本が本亜種として引用されている。

【分布】 南・中・北。点在。

【亜寒帯植物：周北極要素】 本州中部・北海道(大雪山)［J-NT］。千島列島・カムチャツカ半島。シベリア・朝鮮半島・北ヨーロッパ・アリューシャン列島・アラスカ・北アメリカ。［Map 168］

6. ツンドラスズメノヒエ

Luzula tundricola Grodk. ex V.Vassil. [FKI 2009] [CFK 2004]

花序の枝が細く下向きに曲がり，前種クモマスズメノヒエに似て葉の先端は硬質化せず鋭くとがり，種子に種枕がない。しかし小頭花の花被片はより大きく，より長い柄の先につく。

【分布】 中(ウシシル島以北)・北(パラムシル島)。

【亜寒帯植物：周北極要素】 本州・北海道にない。千島列島中部以北・カムチャツカ半島。オホーツク・シベリア・北アメリカ。［Map 170］

7. ヤマスズメノヒエ

Luzula multiflora (Ehrh. ex Retz.) Lej. [“(Ehrh.) Lej.”, EPJ 2012] [FKI 2009]

団集花序が多数つく。花被片・蒴果は褐色。花被片は長さ2.5～3 mmで，葯は花糸と同長。種枕は種子の1/2位もあり大きく，蒴果は楕円形で長い。小苞の縁が不規則に細裂して細糸状になる点はチシマスズメノヒエ *L. kjellmannniana* に似るが，葉は通常幅3 mm以下と細く，花序の柄も細く長い。

【分布】 色丹島・南・中(シムシル島が北東限)。

【温帯植物：汎世界要素】 九州～北海道。千島列島中部以南。シベリア・朝鮮半島・中国・ヨーロッパ・北アメリカ・北アフリカ・オーストラリア。［Map 172］

8. チシマスズメノヒエ(カンチスズメノヒエ)

【Plate 52-5】

Luzula kjellmanniana Miyabe et Kudô [EPJ 2012] [FKI 2009] [VPS 2002]; *L. multiflora* (Ehrh. ex Retz.) Lej. var. *kjellmanniana* (Miyabe et Kudô) Sam. [CFK 2004]; *Luzula frigida* Sam. var. *kurilensis* Satake

団集花序が多数つく。ヤマスズメノヒエ *L. multiflora* の高山型にあたる種で，これに似て小苞の縁が細裂して細糸状になるが，葉の幅はしばしば4 mm以上になり，花序の柄が太く短い。また花被片と蒴果がより黒い褐色で種枕が種子の1/5までと小さい。マツワ島のものは *L. kamtschadalorum* といわれていたが，本種の変異内に含める。Barkalov(2009)では記録として色丹島，国後島，択捉島を挙げているがここでは採用しない。南千島にはなく，北海道では石狩地方にあるともされる(清水，1983)が検討が必要である。2n＝36(オネコタン)[Probatova et al., 2007]。
【分布】　中・北。
【亜寒帯植物：北太平洋要素】　北海道(高山？)[J-DD]。千島列島中部以北・サハリン・カムチャツカ半島。オホーツク・アラスカ・北アメリカ北西部。[Map 172]

9. ルズラ・コバヤシイ

Luzula kobayasii Satake in Bot. Mag. Tokyo 46: 186 [FKI 2009]

チシマスズメノヒエ *L. kjellmanniana* の変種とも見られているもの。SAPS に Barkalov が本種に同定したケトイ島産標本が1枚ある。アリューシャン列島の標本に基づいて発表された種。
【分布】　中(ケトイ島)・北。
【亜寒帯植物：北太平洋要素】　本州・北海道にない。千島列島中部以北。コマンダー諸島・アリューシャン列島・北アメリカ北西部。[Map 172]

10. オカスズメノヒエ

Luzula pallidula Kirschner [EPJ 2012] [FKI 2009] [VPS 2002]; *L. pallescens* (Wahlb.) Besser

団集花序が多数つく。全形はヤマスズメノヒエ *L. multiflora* に似るが，葉が狭く花序も小さく，何より小苞の縁が細糸状にならないのがよい特徴。花被片・蒴果は黄褐色。花被片は長さ2〜2.5 mm，葯は花糸と同長。種枕は明瞭だが極く小さい。SAPS には本種の千島列島産標本がなく，今後ヤマスズメノヒエとの異同も検討する余地がある。
【分布】　色丹島・南・中(ウルップ島)。
【温帯植物：周北極要素】　九州〜北海道。千島列島中部以南・サハリン。シベリア・朝鮮半島・中国・北ヨーロッパ。[Map 176]

11. タカネスズメノヒエ

Luzula oligantha Sam. [EPJ 2012] [FKI 2009] [CFK 2004] [VPS 2002]

団集花序が多数つく。オカスズメノヒエ *L. pallescens* の高山型にあたる種で，花被片・蒴果はより濃色の黒褐色，種枕はより不明瞭で葯は花糸の半長と短い。花被片や蒴果の色はチシマスズメノヒエ *L. kjellmanniana* にも一見似るが，小苞の縁は細糸状にならず，花序はより小さくゆるく集合する。
【分布】　南・中・北。
【温帯植物：東北アジア〜東アジア要素】　四国〜北海道。千島列島・サハリン南北部・カムチャツカ半島。朝鮮半島・中国。

AM24. カヤツリグサ科
Family CYPERACEAE

日本産のカヤツリグサ科27属37種について，葉緑体 *ndhF*DNA と5.8 S核リボソーム DNA の塩基配列による系統解析が行われている(Hirahara et al., 2007)。以下の節への検索表は勝山(2005)を参考にして作成した。

1. スゲ属
Genus *Carex*

A. 小穂は1個
　A1. 雌雄異株，柱頭は2岐で果実は2稜形 ……………… 1. カンチスゲ節
　A1. 雌雄同株，柱頭は3岐で果実は3稜形
　　A2. 果胞の基部は明らかな柄
　　　A3. 果胞は熟すと水平に開出 ……… 2. キンスゲ節
　　　A3. 果胞は熟しても直立 ……… 3. イトキンスゲ節
　　A2. 果胞の基部に明らかな柄がない
　　　A3. 果胞は熟すと開出〜反転，小穂は2〜4個の果胞をつけ，果胞は6 mm 長 ……………… 4. タカネハリスゲ節
　　　A3. 果胞は熟すと開出〜反転，小穂は数個以上の果胞をつけ，果胞は4 mm 長以下 ……………… 5. ハリスゲ節
B. 小穂は複数で無柄，穂状につく
　B1. 果胞の縁は鋭稜または翼があり，しばしば長嘴がある
　　B2. 花序は単性で雌雄異株 ……… 6. コウボウムギ節
　　B2. 花序は両性
　　　B3. 小穂は雄雌性(先端に雄花部，基部に雌花部)
　　　　B4. 横走する根茎あるいは倒伏する茎の節から花茎を立てる
　　　　　B5. 果胞の縁は鋭稜 ……………… 7. クロカワズスゲ節
　　　　　B5. 果胞の縁は狭翼 ……… 8. ウスイロスゲ節
　　　　B4. 根茎は短く叢生する

B5. 果胞本体の縁は鈍い
……………………………… 9. クリイロスゲ節
B5. 果胞の縁は鋭稜または狭翼状………
…………………………… 10. ミノボロスゲ節
B3. 小穂は雌雄性(先端に雌花部，基部に雄花部)
B4. 小穂基部の雄花部が目立ち，果胞基部は海綿質に肥厚…………………… 11. カワズスゲ節
B4. 小穂基部の雄花部は目立たず，果胞基部は海綿質に肥厚しない。 ……… 12. ヤガミスゲ節
B1. 果胞の縁は鈍く，嘴はないか短嘴
B2. 小穂は雄雌性…………………… 13. ホソスゲ節
B2. 小穂は雌雄性……………… 14. ハクサンスゲ節

C. 小穂は複数で有柄，総状につく

C1. 柱頭は2岐，果実は2稜形で，苞は無鞘
C2. 果胞の縁は嘴部を除いて平滑
……………………………………… 15. アゼスゲ節
C2. 果胞の縁は有毛……………… 16. タヌキラン節
C1. 柱頭は3岐，果実は3稜形
C2. 頂小穂は雌雄性，側小穂は雌性
C3. 苞は無鞘……………17. クロボスゲ節の一部
C3. 苞は有鞘………………… 18. タカネナルコ節
C2. 頂小穂は雄性または雄雌性
C3. 小穂はすべて雄雌性で果胞は長い嘴をもつ
………………………… 19. ミヤマジュズスゲ節
C3. 上方の1～3個の小穂は雄性，側小穂は雌性(雄花部が混じる場合は極めて短い)
C4. 頂小穂のみが雄性
C5. 果実の頂部に付属体がある(果胞の内部なので外からは見えない)
C6. 果胞は長さ5～8 mm
…………………………… 20. ヒエスゲ節
C6. 果胞は長さ5 mm 以下
…………………………… 21. ヌカスゲ節
C5. 果実の頂部に付属体はない
C6. 果胞は有毛
C7. 苞は無鞘…………… 22. ヒメスゲ節
C7. 苞は長い鞘
C8. 果胞は扁平でない
…………………… 23. ヒカゲスゲ節
C8. 果胞はやや扁平
…………………… 24. イワカンスゲ節
C6. 果胞は縁を除いて無毛
C7. 果胞は微細な乳頭状突起を密布
C8. 叢生して匐枝を出さない
……………… 17. クロボスゲ節の一部
C8. 匐枝を出して疎生する
……………………… 25. ヤチスゲ節
C7. 果胞に乳頭状突起はない
C8. 苞は無鞘
C9. 果胞は扁平
…………… 17. クロボスゲ節の一部
C9. 果胞は扁平でない
C10. 横走する根茎または匐枝がある
C11. 果胞は乾いても緑色～オリーブ色
C12. 葉は平坦で幅3 mm 以上
……… 26. ヒメシラスゲ節
C12. 葉は肉質で幅1～1.5 mm
……… 27. オニナルコスゲ節の一部(ホロムイクグ，コヌマスゲ)
C11. 果胞は乾くと褐色
……… 28. ミヤマシラスゲ節
C10. 叢生し匐枝は出さない
…………… 29. エゾサワスゲ節
C8. 苞は長鞘がある
C9. 小穂は少なくとも下方のものは長柄があって垂下する
C10. 葉は花茎よりも著しく低く，苞の葉身は小穂より短い
………… 30. タカネシバスゲ節
C10. 葉は長く花茎と同長かそれ以上，苞の葉身は葉状
…………… 31. タマツリスゲ節
C9. 小穂は短柄で直立または斜上，果胞は乾いても緑色で長さ10 mm 以上で熟すと開出
…………………… 32. ミタケスゲ節
C4. 上方の2～3個の小穂は雄性
C5. 果胞は無毛
C6. 果胞は厚膜質で光沢がある
…27. オニナルコスゲ節の一部(オニナルコスゲ，オオカサスゲ，カラフトカサスゲ)
C6. 果胞はコルク質 ……… 33. シオクグ節
C5. 果胞は有毛 ………… 34. ビロードスゲ節

A. 小穂は1個

---

(1)カンチスゲ節
Genus *Carex* sect. *Dioicae*

小穂は1個。雌雄異株。

1. カンチスゲ

Carex gynocrates Wormsk. ex Drej. [EPJ 2012] [“Wormsk.”, ISJ 2011] [“Wormsk.”, FKI 2009] [“Wormsk.”, CAJ 2005] [“Wormsk.”, CFK 2004]

ミズゴケ湿原に生える多年草。雌雄異株。葉は細く幅1 mm 以下。

【分布】 色丹島・南・中・北。点在。

【亜寒帯植物：周北極要素】 本州北部(岩手県)・北海道東部[J-EN]。千島列島・サハリン・カムチャツカ半島[K-VU]。シベリア・北アメリカ。［Map 437］

(2)キンスゲ節
Genus *Carex* sect. *Callistachys*

小穂は1個で上部は雄花部となる。果胞は有柄で，熟すと開出。

2. コキンスゲ 【Plate 53-1】

Carex micropoda C.A.Mey. [EPJ 2012] [ISJ 2011] [FKI 2009] [CFK 2004]; *C. pyrenaica* Wahlenb. subsp. *micropoda* (C.A.Mey.) Hultén

日本産のキンスゲ *C. pyrenaica* に近縁だが，果胞の長さが幅の2.6～2.7倍(キンスゲでは3.5倍)で，柱頭は2分岐(キンスゲでは3分岐)するとされる(Egorova, 1999)。ただし柱頭の分岐数は同一小穂でも変異することがあり，キンスゲの種内分類群とする見解もある。Barkalov はSAPSの北海道日高産キンスゲ(星野好博採集，1933年)に *C. micropoda* の同定ラベルを残しており，両種の種差についてはさらに検討の余地がある。

【分布】 南(択捉島)・中・北。

【冷温帯～亜寒帯植物：北太平洋～東北アジア要素】 本州・北海道にない(?)。千島列島・サハリン北部・カムチャツカ半島。コリマ・オホーツク・北アメリカ。

(3)イトキンスゲ節
Genus *Carex* sect. *Circinatae*

小穂は1個で上部は雄花部となる。果胞は有柄，熟しても直立。

3. イトキンスゲ

Carex hakkodensis Franch. [EPJ 2012] [ISJ 2011] [FKI 2009] [CAJ 2005] [CFK 2004]

葉の幅は1.5～3 mm。

【分布】 南・中・北。点在。

【冷温帯～亜寒帯植物：東北アジア要素】 本州中部～北海道。千島列島・カムチャツカ半島。

＊イトキンスゲ節に近いカラフトイワスゲ節のカラフトイワスゲ *C. rupestris* All. が本州中部山岳，北海道高山帯に点在するが，千島列島からは報告がない。

(4)タカネハリスゲ節
Genus *Carex* sect. *Leuchoglochin*

小穂は1個で上部は雄花部となる。果胞は2～4個で無柄，狭披針形で長さ6 mm，熟すと強く反曲。

4. タカネハリスゲ(ミガエリスゲ)

Carex pauciflora Lightf. [EPJ 2012] [ISJ 2011] [FKI 2009] [CAJ 2005] [CFK 2004] [VPS 2002]

Barkalov(2009)では色丹島は文献記録のみだが，筆者はKYOで戦前の色丹島産標本(J. Ohwi 586)を確認した。

【分布】 色丹島・南・中・北。

【亜寒帯植物：周北極要素】 本州中部～北海道[J-NT]。千島列島・サハリン中部以北・カムチャツカ半島。シベリア・ヨーロッパ・北アメリカ北西部・北アメリカ北東部。[Map 432]

(5)ハリスゲ節
Genus *Carex* sect. *Rarae*

小穂は1個で上部は雄花部。果胞は数個以上で無柄，卵形で4 mm長以下，熟すと開出。

5. ミチノクハリスゲ

Carex capillacea Boot. var. ***sachalinensis*** (F. Schmidt) Ohwi [EPJ 2012] [ISJ 2011] [CAJ 2005]; *C. aomorensis* Franch. [FKI 2009] [VPS 2002]; *C. capillacea* Boot. subsp. *aomorensis* (Franch.) T.V.Egorova [CFK 2004]

ハリガネスゲの変種とされるもの。花茎は鈍稜があり平滑。葉幅は1.5 mm以下で，果胞の長さは基準変種のハリガネスゲの2.5～3 mmより長く，3～4 mm。日本側とロシア側で学名が異なるが，ここでは暫定的に日本側の見解に従った。

【分布】 歯舞群島・色丹島・南・中(ウルップ島)・北。両側分布。

【冷温帯植物：東北アジア要素】 北海道。千島列島・サハリン中部以南・カムチャツカ半島。朝鮮半島。

6. **エゾハリスゲ**

Carex uda Maxim. [EPJ 2012] [ISJ 2011] [FKI 2009] [CAJ 2005]

葉茎は鋭稜があり平滑。葉幅は2〜3 mmと広く，果胞は長さ3.5〜4 mm。Barkalov(2009)では国後島からの文献記録のみを引用しているが，SAPSでも千島列島産標本は確認できない。サハリン分布は菅原(1937)に従ったが，Egorova(1999)やSmirnov(2002)ではサハリンの記録がないため，現地での再確認が必要である。

【分布】　南(国後島*)。

【冷温帯植物：東北アジア〜東アジア要素】　本州中部〜北海道[J-EN]。千島列島南部・サハリン南部。アムール・ウスリー・朝鮮半島・中国東北部。

B. 小穂は複数で無柄，穂状につく

(6)コウボウムギ節
Genus *Carex* sect. *Macrocephalae*

花序は単性。小穂は無柄で多数が密な穂状につく。果胞は有翼。

7. **エゾノコウボウムギ**　【Plate 8-2】

Carex macrocephala Willd. ex Spreng. [EPJ 2012] [ISJ 2011] [FKI 2009] [CAJ 2005] [CFK 2004] [VPS 2002]

海岸砂浜に生える多年草。やや普通に見られる。南集団の北東限はシムシル島，北にはシュムシュ島にある。

【分布】　歯舞群島・色丹島・南・中・北(シュムシュ島)。両側分布。

【冷温帯植物：北太平洋〜北アメリカ・東アジア隔離要素】　北海道。千島列島・サハリン・カムチャツカ半島。東シベリア・アラスカ・北アメリカ。

(7)クロカワズスゲ節
Genus *Carex* sect. *Foetidae*

根茎は横走する。小穂は雄雌性で無柄，多数が密な穂状につく。果胞は鋭稜があり基部は海綿質に肥厚。

8. **クロカワズスゲ**

Carex arenicola F.Schmidt [EPJ 2012] [FKI 2009] [CAJ 2005] [VPS 2002]; *C. pansa* L. [ISJ 2011]

海岸砂地や砂質の草地に地下茎を横走させる多年草。雌鱗片は栗褐色。Tatewaki(1957)では色丹島に欠落していたが，Alexeeva et al.(1983)により色丹島からも記録された。

【分布】　色丹島・南(択捉島が北東限)。

【暖温帯植物：東アジア要素】　九州〜北海道。千島列島南部・サハリン南部。ウスリー・朝鮮半島・中国北部。

(8)ウスイロスゲ節
Genus *Carex* sect. *Holarrhenae*

根茎は横走する。小穂は雄雌性で無柄，やや疎らな穂状につく。果胞は有翼。

9. **ウスイロスゲ**(エゾカワズスゲ)

Carex pallida C.A.Mey. [EPJ 2012] [FKI 2009] [CAJ 2005] [CFK 2004] [VPS 2002]; *C. accrescens* Ohwi [ISJ 2011]

湿地や林床に生える多年草。ツルスゲに似るが無花茎は直立し，雌鱗片は淡黄褐色。

【分布】　色丹島・南(国後島*)。

【冷温帯植物：北アジア要素】　本州中部〜北海道。千島列島南部・サハリン・カムチャツカ半島。ウスリー・オホーツク・アムール・東シベリア・モンゴル。

10. **ツルスゲ**(ツルカワズスゲ)　【Plate 53-2】

Carex pseudocuraica F.Schmidt [EPJ 2012] [ISJ 2011] [FKI 2009] [CAJ 2005] [VPS 2002]

低層〜中間湿原に生える多年草。ウスイロスゲに似るが，無花茎は長く伸長して倒伏し，雌鱗片

は淡栗褐色。藤井ほか(2007)による南西限地(滋賀県)の報告があり，日本の分布図がつけられている。

【分布】　色丹島・南。

【冷温帯植物：東北アジア要素】　本州(近畿地方)～北海道。千島列島南部・サハリン。ウスリー・東シベリア・朝鮮半島北部。［Map 435］

(9)クリイロスゲ節
Genus *Carex* sect. *Paniculatae*

叢生する。小穂は雄雌性で無柄，多数が密な穂状につく。果胞は革質で，基部は海綿質に肥厚。

11. クリイロスゲ　【Plate 53-3】

Carex diandra Schrank [EPJ 2012] [ISJ 2011] [FKI 2009] [CAJ 2005] [CFK 2004] [VPS 2002]

湿地に生える多年草。葉は幅1.5～2.5 mm，有花茎には鋭稜があってざらつく。Barkalov(2009)では色丹島，択捉島は文献記録のみとしているが，戦前の色丹島産標本(J. Ohwi 774)をKYOで確認した。

【分布】　色丹島・南(国後島泊，択捉島*)。まれ。

【冷温帯植物：周北極要素】　本州中部～北海道[J-VU]。千島列島南部・サハリン南北部・カムチャツカ半島。北半球冷温帯。［Map 453］

(10)ミノボロスゲ節
Genus *Carex* sect. *Multiflorae*

叢生する。小穂は雄雌性で無柄，多数が密な穂状につく。果胞は有翼または鋭稜があり，基部は海綿質に肥厚。

12. オオカワズスゲ

Carex stipata Muhl. ex Willd. [EPJ 2012] [ISJ 2011] [FKI 2009] [CAJ 2005] [VPS 2002]

山地の湿地や水辺に生える多年草。ミノボロスゲに似るが，葉の幅が3～8 mmとより広く，果胞の脈は茶褐色にならない。SAPSには千島列島産標本がない。

【分布】　南(国後島・択捉島*)。

【温帯植物：北アメリカ・東アジア隔離要素】　本州～北海道。千島列島南部・サハリン南部。ウスリー・北アメリカ。

13. ミノボロスゲ

Carex nubigena D.Don ex Tilloch et Taylor subsp. ***albata*** (Boott ex Franch. et Sav.) T. Koyama [EPJ 2012] [ISJ 2011]; *C. albata* Boott ex Franch. et Sav. [FKI 2009] [CAJ 2005]

平地や山地のやや攪乱された湿地に生える多年草。オオカワズスゲに似るが，葉は幅2～3 mm，果胞に多数の茶褐色の脈があり，長さ4～5 mm。

【分布】　南(択捉島)・中(オネコタン島)・北(パラムシル島)。

【温帯植物：東アジア～準日本固有要素】　本州～北海道。千島列島。中国。

〈検討種〉ヒメミコシガヤ

Carex laevissima Nakai

葉の幅が2～3 mmで果胞の脈が茶褐色を帯びる点でミノボロスゲに似るが，葉鞘前面の膜質部分に横皺があり，果胞の長さは3～4 mmとより小さい。Barkalov(2009)では外来種として千島列島南部からリストしているが，日本では本州西部にまれに生育するものなので，再検討が必要と思う。日本では最近北アメリカ産の本節の外来植物の記録が増えている(勝山，2005)ので，これらとの比較が必要である。SAPSには千島列島産標本がない。

(11)カワズスゲ節
Genus *Carex* sect. *Stellulatae*

叢生する。小穂は雌雄性で無柄，複数がやや疎らな穂状につく。果胞は長嘴で基部は海綿質に肥厚。

14. キタノカワズスゲ

Carex echinata Murray [EPJ 2012] [ISJ 2011] [CAJ 2005]; *C. basilata* Ohwi [FKI 2009] [CFK 2004]; *C.*

angustior Mackenz. [VPS 2002]

高層湿原や泥炭地湿原に生える多年草。ヤチカワズスゲに似るが，果胞は長さ約 3 mm でより小さく，背面の脈は不明で嘴の縁がざらつき，熟しても反り返るまでにはならない。

【分布】 色丹島・南・中・北。点在。

【冷温帯植物：周北極要素】 北海道。千島列島・サハリン中部以北・カムチャツカ半島。シベリア・朝鮮半島・ヨーロッパ。［Map 452］

15. **ヤチカワズスゲ**

Carex omiana Franch. et Sav. [EPJ 2012] [ISJ 2011] [FKI 2009] [CAJ 2005]

高層湿原に生える多年草。キタノカワズスゲに似るが，果胞は長さ 3.5〜5 mm とより大きく，背面の脈は明瞭，嘴の縁は平滑で，熟すと反り返る。本州中部〜北海道に分布する，有花茎が高さ 10〜30 cm，果胞が長さ 3.5〜4 mm と小さい傾向がある個体を特にカワズスゲ var. *monticola* Ohwi として分けることがある。

【分布】 南（択捉島が北東限）。

【温帯植物：日本・千島固有要素】 九州〜北海道。千島列島南部。

(12)ヤガミスゲ節
Genus *Carex* sect. *Ovales*

叢生する。小穂は雌雄性で無柄，複数がやや密な穂状につき，苞は葉身が短い。果胞は有翼で柱頭は 2 岐。

16. **パラムシロスゲ**

Carex pyrophila Gand. [FKI 2009] [CFK 2004]; *C. pachystachya* auct. non Cham. ex Steud.; *C. macloviana* auct. non d'Urv.

パラムシル島に自生しているのは本種なので，北アメリカ原産で北海道に帰化している別種の *C. unilateralis* Mack. にパラムシロスゲの和名をあてるのは適当でない。

【分布】 北（パラムシル島・アライト島）。

【亜寒帯植物：東北アジア要素】 本州・北海道にない。千島列島北部・カムチャツカ半島。［Map 466］

外 1. **クシロヤガミスゲ**

Carex crawfordii Fernald [EPJ 2012] [CAJ 2005]; *C. ovalis* auct. non Good. [FKI 2009]

北海道にやや頻繁に帰化しているクシロヤガミスゲは初め *C. ovalis* とされていたが，後にこの学名に変更された（清水，2003）。ここではこれに従い，千島列島の外来種として Barkalov (2009) でリストされている *C. ovalis* はクシロヤガミスゲと見なした。SAPS には本種の千島列島産標本はない。

【分布】 南（国後島）・中（ウルップ島）。［戦後帰化］

【温帯植物】 北海道（外来）。千島列島中部以南（外来）。北アメリカ北部原産。

(13)ホソスゲ節
Genus *Carex* sect. *Dispermae*

17. **ホソスゲ**

Carex disperma Dewey [EPJ 2012] [ISJ 2011] [FKI 2009] [CFK 2004] [VPS 2002]

SAPS には千島列島産標本はない。サハリン産標本は比較的あるので，北海道にはサハリン経由で南下したと思われる。

【分布】 南（国後島）。まれ。

【亜寒帯植物：周北極要素】 北海道（猿払原野）[J-EX]。千島列島南部・サハリン・カムチャツカ半島。北半球亜寒帯。［Map 447］

(14)ハクサンスゲ節
Genus *Carex* sect. *Glareosae*

小穂は雌雄性で無柄，疎らまたはやや密な穂状につく。果胞は縁が鈍く無嘴あるいは短嘴。

18. **イッポンスゲ**

Carex tenuiflora Wahlenb. [EPJ 2012] [ISJ 2011] [FKI 2009] [CAJ 2005] [CFK 2004] [VPS 2002]

雌鱗片は緑白〜緑黄色で小穂は茎の上部に接近

して2～3個つきヒロハイッポンスゲに似る。しかし葉は狭く幅1～1.5 mm，有花茎は繊細で，果胞は短く長さ2.5～3 mm。
【分布】　色丹島・北(シュムシュ島)。両側分布。
【冷温帯植物：周北極要素】　本州中部～北海道。千島列島南北部・サハリン・カムチャツカ半島。北半球亜寒帯。[Map 448]

19. **ヒロハイッポンスゲ**

Carex pseudololiacea F.Schmidt [EPJ 2012] [ISJ 2011] [FKI 2009] [CAJ 2005] [VPS 2002]

雌鱗片は緑白～緑黄色で小穂は茎の上部に接近して2～3個つきイッポンスゲに似る。しかし葉は広く幅1.5～3 mm，有花茎はより太く，果胞はより大きく長さ3.5～4 mm。
【分布】　南・中(シャシコタン島が北東限)。
【温帯植物：東北アジア要素】　本州～北海道[J-EN]。千島列島中部以南・サハリン。

20. **ヒメカワズスゲ**

Carex brunnescens (Pers.) Poir. [EPJ 2012] [ISJ 2011] [FKI 2009] [CAJ 2005] [CFK 2004] [VPS 2002]

雌鱗片は緑白～緑黄色で，小穂は疎らにつく点ではハクサンスゲに似る。しかし有花柄が細く，葉は鮮緑色で，最下の苞は刺状の葉身がある点で区別できる。
【分布】　南(択捉島)・中(オネコタン島)・北(パラムシル島)。両側分布。
【亜寒帯植物：周北極要素】　本州中部～北海道。千島列島・サハリン南北部・カムチャツカ半島。北半球寒帯。[Map 446]
＊本州・道東に分布するアカンスゲ *C. loliacea* L. は千島列島からの証拠標本がない。[Map 449]

21. **ハクサンスゲ**

Carex canescens L. [EPJ 2012] [ISJ 2011] [FKI 2009] [CAJ 2005] [CFK 2004]; *C. cinerea* Pollich [VPS 2002]; *C. curta* Good.

ヒメカワズスゲに似て，雌鱗片は緑白～緑黄色で小穂は疎らにつくが，有花柄はより太く，葉は灰緑色，苞には葉身がない。果胞は長さ2～2.5 mm。
【分布】　色丹島*・南・中(オネコタン島)・北。
【冷温帯植物：汎世界要素】　本州中部～北海道。千島列島・サハリン・カムチャツカ半島。北半球亜寒帯～温帯・南米・オーストラリア。[Map 444]

22. **カレックス・ラッポニカ**

Carex lapponica Lang [FKI 2009] [CFK 2004] [VPS 2002]

ハクサンスゲによく似てしばしば混生するとされる(Egorova, 1999)が，果胞が長さ1.5～2 mmと小さく，極く短い嘴に急に細まるとされる。しかし日本からはこれまで報告がなく，ハクサンスゲに含まれて扱われている可能性もある。
【分布】　南(国後島)。まれ。
【亜寒帯植物：周北極要素】　本州・北海道にない(？)。千島列島南部・サハリン北部・カムチャツカ半島。ウスリー・オホーツク・ダウリア・シベリア・ヨーロッパ。[Map 445]

23. **カレックス・ボナンゼンシス**

Carex bonanzensis Britt. [FKI 2009] [VPS 2002]

上述の *C. lapponica* に近縁とされ，やはり果胞が長さ1.5～2 mmと小さく，極く短い嘴に急に細まるとされる。しかし *C. lapponica* と同様に日本にとっては実態不明の種である。Egorova (1999)によると，*C. lapponica* と比べると雌鱗片の色が濃く，より鋭頭になるとされる。またヒメカワズスゲと交雑するともされる。
【分布】　南(国後島)。まれ。
【亜寒帯植物：周北極要素】　千島列島南部・サハリン北部。コリマ・オホーツク・ダウリア・シベリア・北アメリカ。

24. **タカネヤガミスゲ**

Carex lachenalii Schkuhr [EPJ 2012] [ISJ 2011] [FKI 2009] [CAJ 2005] [CFK 2004]; *C. tripartita* auct. non All. [VPS 2002]; *C. bipartia* All.

雌鱗片は栗色で，小穂は茎上部に密集する。葉は有花茎より短く幅 1.5〜2.5 mm，果胞は長さ約3 mm。Barkalov(2009)では中千島3島からは文献記録のみとされるが，SAPSでも中千島標本は確認できなかった。
【分布】　中(ウシシル島*・ラシュワ島*・マツワ島*)，北。
【亜寒帯植物：汎世界〜周北極要素】　本州(中部地方高山)・北海道(大雪山)[J-NT]。千島列島中部以北・サハリン北部・カムチャツカ半島。北半球寒帯・ニュージーランド。[Map 440]
＊道東塩湿地に分布するノルゲスゲ *C. mackenziei* V. I. Krecz. は周北極要素[Map 443]だが，サハリンには分布するものの千島列島からは記録がない。

25. ススヤスゲ

Carex glareosa Wahlenb. [FKI 2009] [CFK 2004] [VPS 2002]

ミズゴケ湿原に生える多年草。雌鱗片は暗栗色で小穂は3〜4個で茎上部に密集してタカネヤガミスゲに似るが，頂小穂基部の雄花部が長く発達する。Egorova(1999)は，千島列島から報告されているベットブスゲとウシシルズゲは *C. glareosa* に含まれるとしているが，標本で見る限りはこれら2種はむしろタカネヤガミスゲに似るかこれに含まれるものである。一方でBarkalov(2009)は3種すべてを千島列島産として残している。SAPSではサハリン産のススヤスゲ標本はあるが千島列島産は確認できない。
【分布】　北(パラムシル島)。
【亜寒帯植物：周北極要素】　本州・北海道にない。千島列島北部・サハリン南北部・カムチャツカ半島。ウスリー・オホーツク・シベリア・ヨーロッパ・北アメリカ。[Map 442]

26. ベットブスゲ　【Plate 38-2】

Carex chishimana Ohwi [FKI 2009]

大井(1935)がパラムシル島，シュムシュ島産標本に基づいて発表した新種でタイプ標本はKYOにある。タカネヤガミスゲに似るが葉の幅 1.5〜2 mm，果胞は長さ 2〜2.2 mm で雌鱗片を超出しない(cf. 秋山，1955)とされる。一方，タカネヤガミスゲは葉の幅 1.5〜2.5mm，果胞は長さ約 3mm で雌鱗片を超出するとされる。しかしこの2種の種差は明瞭でなくさらに検討が必要である。
【分布】　中(マツワ島)・北。
【亜寒帯植物：千島固有要素】　本州・北海道にない。千島列島中部以北。

27. ウシシルスゲ　【Plate 38-4】

Carex ushishirensis Ohwi [FKI 2009]

Ohwi(1935)がウシシル島産の標本に基づいて報告した新種で，ススヤスゲ *C. glareosa* のグループとしているが，むしろタカネヤガミスゲによく似る多年草。果胞はより小さく長さ 2.5〜3 mm とされる。*C. ushishirensis* はウシシル北島がタイプ産地で，KYOのタイプ標本(ウシシル島北島，舘脇・高橋，1929年9月14日)を確認した。しかしタカネヤガミスゲとの種差は微妙で，さらに詳細な比較が必要である。
【分布】　中(ウシシル島・ラシュワ島)・北(パラムシル島)。
【亜寒帯植物：千島固有要素】　本州・北海道にない。千島列島中部以北。

28. ナガミノオゼヌマスゲ

Carex diastena V.I.Krecz. [FKI 2009] [CFK 2004] [VPS 2002]; *C. dominii* Lev.

雌鱗片は暗褐色。小穂は3〜4個で上方のものはやや密生，下方のものはやや隔離する。葉は幅 1〜1.5 mm と狭くホソバオゼヌマスゲに似るが，小穂あたりの雌花は2〜4個と大変少なく，果胞は雌鱗片よりも著しく超出する。
【分布】　北(シュムシュ島)。
【亜寒帯植物：東北アジア要素】　本州・北海道にない。千島列島北部・サハリン南北部・カムチャツカ半島。

29. ホソバオゼヌマスゲ

Carex nemurensis Franch. [EPJ 2012] [ISJ 2011] [FKI 2009] [CAJ 2005] [CFK 2004] [VPS 2002]

雌鱗片は暗赤褐色で，小穂は茎上に疎らにつく点で次のヒロハオゼヌマスゲに似る。ただし葉がより狭く幅2～3 mmで雌鱗片は鋭頭で果胞は鱗片とほぼ同長。

【分布】　色丹島・南・中(ウルップ島)・北。両側分布。

【冷温帯植物：東北アジア要素】　本州中部～北海道[J-NT]。千島列島・サハリン・カムチャツカ半島。

30. ヒロハオゼヌマスゲ

Carex traiziscana F.Schmidt [EPJ 2012] [ISJ 2011] [FKI 2009] [CAJ 2005] [VPS 2002]

雌鱗片は暗赤褐色で，小穂は茎上に疎らにつく点で前種ホソバオゼヌマスゲに似る。葉はより広く3～4 mm幅で雌鱗片は鈍頭，果胞は鱗片より長い。Tatewaki(1957)ではリストされなかったが，Alexeeva et al.(1983)で色丹島から記録された。しかしその後，色丹島は産地として取り上げられない(Barkalov, 2009)ので，ここでも採用しない。

【分布】　南・北(シュムシュ島)。両側分布。

【冷温帯植物：東北アジア要素】　本州(群馬県)・北海道[J-NT]。千島列島南北部・サハリン。

C. 小穂は複数で有柄，総状につく

(15)アゼスゲ節
Genus *Carex* sect. *Acutae*

小穂は複数で有柄，頂小穂は雄性または雌雄性，苞は無鞘。果胞は無毛，時に乳頭状突起が密布，柱頭は2岐。

31. サドスゲ

Carex sadoensis Franch. [EPJ 2012] [ISJ 2011] ["*sadoënsis*", FKI 2009] [CAJ 2005] [VPS 2002]

横走する根茎があり疎らに叢生する多年草。雌鱗片は中肋緑色の赤褐色～濃紫褐色で，果胞は平滑で口部が鋭く2裂する。KYOの国後島標本(フルカマップ，大井次三郎 1036，1931年8月20日)を確認した。

【分布】　南。

【温帯植物：準日本固有要素】　本州～北海道。千島列島南部・サハリン南部。

32. アゼスゲ(オオアゼスゲ)

Carex thunbergii Steud. [EPJ 2012] [ISJ 2011] [FKI 2009] [CAJ 2005] [VPS 2002]; *C. thunbergii* Steud. var. *appendiculata* (Trautv. et C.A.Mey.) Ohwi [EPJ 2012] [CAJ 2005]; *C. appendiculata* (Trautv. et C.A.Mey.) Kük. [FKI 2009] [CFK 2004] [VPS 2002]

横走する根茎があり疎らに叢生する多年草。雌鱗片は中肋緑色の黒紫色で，果胞は緑色平滑で口部は全縁。頂小穂の1～2個が雄性で，2～3個の雌小穂は柄が短く直立，長さ1.5～5 cm。オオアゼスゲ var. *appendiculata*(＝*C. appendiculata*)は密に叢生して谷地坊主をつくるが，ここではこれも含めた広い意味でアゼスゲを使用する。

【分布】　色丹島*・南・中・北。

【温帯植物：東北アジア要素】　九州～北海道。千島列島・サハリン・カムチャツカ半島。ウスリー・アムール・朝鮮半島北部。

33. ヒメウシオスゲ

Carex subspathacea Wormsk. [EPJ 2012] ["Wormsk. ex Hornem.", ISJ 2011] ["Wormsk. ex Hornem.", FKI 2009] [CAJ 2005] ["Wormsk. ex Hornem.", CFK 2004] ["Wormsk. ex Hornem.", VPS 2002]

海岸近くの塩湿地に生え横走する根茎があり群生。頂小穂は雄性，2～3個の雌小穂は柄が短く直立。雌鱗片は中肋緑色の紫褐色で果胞は無脈で灰緑色，全面に小点を密布し口部は全縁。果時に葉が有花茎より著しく長いのが特徴。星野ほか(2011)によると千島列島にはウシオスゲ *C. ramenskii* Kom. が分布するとされるが，Barkalov (2009)ではヒメウシオスゲのみが記録されている。

【分布】　色丹島・南・中(ハリムコタン島)。

【冷温帯植物：周北極要素】　本州(青森)～北海道[J-NT]。千島列島中部以南・サハリン南北部・カムチャツカ半島。ウスリー・オホーツク・シベリア・ヨーロッパ・北アメリカ。

34. カブスゲ

Carex cespitosa L. [EPJ 2012] [ISJ 2011] [FKI 2009] ["*caespitosa*", CAJ 2005] [VPS 2002]

湿原に株状に生え，茎基部の鞘は濃赤紫色～黒

紫色になる。アゼスゲに似て雌鱗片は黒紫色で果胞は緑色だが微細な乳頭状突起を密布。頂小穂は雄性で2〜3個の雌小穂は柄が短く直立で長さ1〜2 cmとより短い。最下の苞の葉身は雌小穂よりも短い。

【分布】 歯舞群島・色丹島・中。

【冷温帯植物：周北極要素】 北海道(高層湿原)。千島列島中部以南・サハリン。コリマ・ウスリー・シベリア・モンゴル・ヨーロッパ。[Map 480]

35. シュミットスゲ

Carex schmidtii Meinsh. [EPJ 2012] [ISJ 2011] [FKI 2009] [CAJ 2005] [CFK 2004] [VPS 2002]

カブスゲに似るが，密に叢生せず，基部の鞘は濃褐色で赤みがからない。最下の苞の葉身は雌小穂より長い。

【分布】 歯舞群島*・色丹島。

【亜寒帯植物：東北アジア〜北アジア要素】 北海道(高層湿原)[J-EN]。千島列島南部・サハリン・カムチャツカ半島。コリマ・ウスリー・東シベリア・モンゴル・朝鮮半島北部。

36. オハグロスゲ

Carex bigelowii Torr. ex Schwein. [EPJ 2012] [ISJ 2011] [CAJ 2005]; *C. concolor* R.Br. [FKI 2009]; *C. aquatilis* Wahlenb. subsp. *stans* (Drej.) Hultén [CFK 2004]

ヒメアゼスゲに似て鱗片は黒紫色で側小穂は花茎上部にまとまってつくが，頂小穂は雄性。果胞は無脈で淡緑褐色，微細な乳頭状突起を密布。広域分布する多型な種のため，いくつかの種に分けて認識されているが，ここではHultén and Fries (1986)に従って広義に捉えた。

【分布】 中・北。点在。

【亜寒帯植物：周北極要素】 北海道(大雪山)[J-EN]。千島列島中部以北・カムチャツカ半島。ウスリー・オホーツク・シベリア・ヨーロッパ・北アメリカ。[Map 474]

37. ヒメアゼスゲ(コアゼスゲ)

Carex eleusinoides Turcz. ex Kunth [EPJ 2012] [ISJ 2011] [FKI 2009] [CAJ 2005] [CFK 2004] [VPS 2002]

湿った砂質地に生える多年草。オハグロスゲに似て鱗片は黒紫色で側小穂は花茎上部にまとまってつくが，頂小穂は普通雌雄性となり，果胞に細脈があり淡紫色で微細な乳頭状突起が密布。千島列島ではアゼスゲ *C. appendiculata* やクロアゼスゲ *C. hindsii* と分布が重なるところでは交雑が起こっている(Barkalov, 2009)という。日本では北海道のみで見られ分布も限られている(佐藤，1987)。

【分布】 色丹島・南(択捉島*)・中(オネコタン島)・北(パラムシル島・シュムシュ島)。

【亜寒帯植物：東北アジア要素】 北海道(大雪・日高)[J-VU]。千島列島・サハリン北部・カムチャツカ半島。東シベリア・朝鮮半島北部・中国東北部。

38. トマリスゲ(ホロムイスゲ)

Carex middendorffii F.Schmidt [EPJ 2012] [ISJ 2011] FKI 2009] [CAJ 2005] [CFK 2004] [VPS 2002]

ミズゴケ湿原〜中間湿原に生える多年草。雌鱗片は濃褐色で果胞は灰白色。下方の小穂は長い柄があって下垂。雌鱗片は果胞と同長か短く基部の鞘は褐色。

【分布】 色丹島・南・中・北。普通。

【冷温帯〜亜寒帯植物：東北アジア要素】 本州中部〜北海道。千島列島・サハリン・カムチャツカ半島。ウスリー。

39. ヤラメスゲ 【Plate 53-4】

Carex lyngbyei Hornem. [EPJ 2012] [ISJ 2011] [CAJ 2005]; *C. cryptocarpa* C.A.Mey. [FKI 2009] [VPS 2002]; *C. lyngbyei* Hornem. subsp. *cryptocarpa* (C.A.Mey.) Hultén [CFK 2004]; *C. prionocarpa* Franch. [FKI 2009] [VPS 2002]; *C. lyngbyei* Hornem. var. *prionocarpa* (Franch.) Kük.

低地の適湿の草原に生え大株となり，基部の鞘は赤紫色を帯び縁は糸網状に分解する。上方の1〜3個の小穂は雄性，下方の2〜5個の雌小穂には長い柄があって下垂。円柱形の雌小穂の先はしばしば雄花部となる。雌鱗片は果胞よりも長く紫褐色，果胞はやや平べったい楕円形で灰緑色厚膜質，乳頭状突起を密布し嘴は短く口部は切形。果胞縁に小刺のあるものを *Carex prionocarpa* Franch. として分けることもある（Egorova, 1999; Barkalov, 2009）が，ここではこれも含める。
【分布】　歯舞群島・色丹島・南・中・北。普通。
【冷温帯植物：北太平洋要素】　本州～北海道。千島列島・サハリン・カムチャツカ半島。ウスリー・オホーツク・アリューシャン列島・アラスカ・北アメリカ北西部。〔Map 469〕

40. カワラスゲ

Carex incisa Boott [EPJ 2012] [ISJ 2011] [FKI 2009] [CAJ 2005]

雌鱗片は淡緑色で果胞も緑色。側小穂は長い柄があり点頭。果胞の嘴は長く果実を密に包む。SAPS には千島列島産標本がない。
【分布】　色丹島*・南（国後島）。
【温帯植物：日本・千島固有要素】　本州～北海道。千島列島南部[S-V(2)]。

41. アズマナルコ

Carex shimidzensis Franch. [EPJ 2012] [ISJ 2011] [FKI 2009] [CAJ 2005]

全体カワラスゲを大きくしたような植物体。果胞は嘴が短く果実をゆるく包む。色丹島からの記録がない。
【分布】　南（択捉島が北東限）。
【温帯植物：準日本固有要素】　九州～北海道。千島列島南部。朝鮮半島南部。

42. ゴウソ

Carex maximowiczii Miq. [EPJ 2012] [ISJ 2011] [FKI 2009] [CAJ 2005]

雌鱗片は淡褐色で果胞は灰緑色。雌小穂はやや大型の円柱形で下垂し，果胞に乳頭状突起が密布。
【分布】　南（国後島）・中（ウルップ島）。
【暖温帯植物：東アジア要素】　九州～北海道。千島列島中部以南。朝鮮半島・中国。

43. クロアゼスゲ（シリヤジリスゲ）

Carex hindsii C.B.Clarke ex Kük. [FKI 2009] [“C. B.Clarke”, CFK 2004]; *C. kelloggii* auct. non Boott [FKI 2009]

Barkalov（2009）では千島列島における *C. kelloggii* の記録は誤認であると注釈で述べており，ここでもこの学名は採用しない。
【分布】　中・北。
【亜寒帯植物：北太平洋要素】　本州・北海道にない。千島列島中部以北・カムチャツカ半島。コマンダー諸島・アリューシャン列島・アラスカ・北アメリカ北西部。

×1. ノトロスゲ　【Plate 38-3】

Carex ×kurilensis Ohwi [EPJ 2012] [FKI 2009]

カブスゲとヤラメスゲの交雑種と考えられるもの。KYO でタイプ標本を確認した。
【分布】　色丹島。
【冷温帯植物】　本州・北海道にない。千島列島南部。

×2. キリガミネスゲ（オニアゼスゲ）

Carex ×leiogona Franch. [EPJ 2012] [FKI 2009] [VPS 2002]; *C. middendorffii* F.Schmidt var. *kirigaminensis* (Ohwi) Ohwi [ISJ 2011] [CAJ 2005]

トマリスゲとオオアゼスゲの交雑種と考えられるもの。トマリスゲとは雌小穂がやや長く柄が短く直立することで区別できる。雌小穂が直立することはアゼスゲに近い。KYO にパラムシル島とシュムシュ島の標本がある。
【分布】　南（国後島*）・北（パラムシル島・シュムシュ島）。
【冷温帯植物】　本州中部～北海道。千島列島南北部・サハリン北部。

（16）タヌキラン節
Genus *Carex* sect. *Podogynae*

小穂は複数で有柄，頂部あるいは上方の2～4個が雄性，苞は無鞘。果胞は全体が有毛あるいは縁毛，柱頭は2岐

44. コタヌキラン

Carex doenitzii Boeck. [EPJ 2012] [ISJ 2011] [FKI 2009] [CAJ 2005]

SAPSでは千島列島産標本を確認できない。北海道東部からも記録がないようである。

【分布】 南(国後島)。まれ。

【温帯植物：日本・千島固有要素】 本州〜北海道。千島列島南部。

(17)クロボスゲ節
Genus *Carex* sect. *Atratae*

小穂は複数で有柄，頂小穂は雄性または雌雄性，苞は無鞘。果胞は無毛または縁毛，時に乳頭状突起を密布，柱頭は3岐。

45. ヒラギシスゲ

Carex augustinowiczii Meinsh. ex Korsh. [EPJ 2012] [ISJ 2011] [FKI 2009] ["Meinsh.", CAJ 2005] ["Meinsh.", CFK 2004] ["Meinsh.", VPS 2002]

渓流ぞいなどに株状に生える多年草。頂小穂は雌雄性または雄性，3〜5個の雌小穂は時に基部に雄花がつく。上部の小穂は接近してつく。雌鱗片は黒紫褐色で果胞は淡緑色で長さ2.5〜3 mm。

【分布】 色丹島・南・中・北。

【冷温帯植物：東北アジア要素】 本州中部〜北海道。千島列島・サハリン・カムチャツカ半島。東シベリア・朝鮮半島北部。

46. タルマイスゲ

Carex buxbaumii Wahlenb. [EPJ 2012] [ISJ 2011] [CAJ 2005]; *C. tarumensis* Franch. [FKI 2009] [VPS 2002]

高層湿原に生える多年草。頂小穂は雌雄性。果胞は乳頭状突起を密生。Egorova(1999)はヨーロッパ・シベリア産の*C. buxbaumii*から極東産集団を*C. tarumensis*として種レベルで分けている。後種は側小穂が長さ1.5〜2.5 cmと長く(前種では1〜1.5(2) cm)，果胞はより小さく長さ3.5〜4 mm(前種では(3.5)4〜4.5 mm)とするが，値はやや連続し，分けるのは無理だと考える。

【分布】 色丹島・南(択捉島)。

【冷温帯〜亜寒帯植物：周北極要素】 本州中部〜北海道[J-VU]。千島列島南部・サハリン南部。シベリア・ヨーロッパ・北アメリカ。[Map 484]

47. ミヤマクロスゲ(エゾタヌキラン，チシマミヤマクロスゲ)

Carex flavocuspis Franch. et Sav. [EPJ 2012] [ISJ 2011] [FKI 2009] [CAJ 2005]; *C. krascheninnikovii* Kom. ex V.I.Krecz. [FKI 2009]; *C. flavocuspis* Franch. et Sav. subsp. *krascheninnikovii* (Kom. ex V.I.Krecz.) T.V.Egorova [CFK 2004]; *C. nesophila* Holm.; *C. macrochaeta* C.A.Mey. var. *paramushirensis* Kudô

リシリスゲに似て雌鱗片の先は鋭尖頭〜芒状となるが，果胞の縁には刺毛はなく平滑である。

【分布】 色丹島*・南・中・北。

【冷温帯〜亜寒帯植物：東北アジア要素】 本州中部〜北海道。千島列島・サハリン・カムチャツカ半島。

48. ネムロスゲ 【Plate 53-5】

Carex gmelinii Hook. et Arn. [EPJ 2012] [ISJ 2011] [FKI 2009] [CAJ 2005] [CFK 2004] [VPS 2002]; *C. macrochaeta* C.A.Mey. [R]

海岸近くの砂質草原に生える多年草。キンチャクスゲなどと同様に頂小穂は雌雄性となるが，特に雌鱗片の先端が明瞭な芒状となり果胞は厚膜質。

【分布】 歯舞群島・色丹島・南・中・北。普通。

【冷温帯植物：周北極要素】 本州(青森県)〜北海道[J-NT]。千島列島・サハリン・カムチャツカ半島。朝鮮半島北部・アラスカ・北アメリカ北部および東部。

49. キンチャクスゲ

Carex mertensii Presc. var. *urostachys* (Franch.) Kük. [EPJ 2012] ["Presc. ex Bong.", CAJ 2005]; *C. mertensii* Presc. ex Bong. [ISJ 2011]; *C. urostachys* Franch. [FKI 2009]

亜高山性の多年草で，ネムロスゲに似て頂小穂は雌雄性となり雌鱗片先端は芒状になるが，側小穂も雌雄性で果胞は薄膜質。基準変種は北アメリカ中北部に分布。
【分布】　南(国後島：羅臼岳，ルルイ岳)・中(ウルップ島*)。まれ。
【冷温帯植物：北アメリカ・東アジア隔離／日本・千島固有要素】　本州中部〜北海道。千島列島南部。

50a. リシリスゲ(キタチシマスゲ，チシマアシボソスゲ)

Carex scita Maxim. var. ***riishirensis*** Kük. [EPJ 2012] ["var. *riishirensis* (Franch.) Kük.", ISJ 2011]; *C. riishirensis* Franch. [FKI 2009] [VPS 2002]; *C. tenuiseta* auct. non Franch. [VPS 2002]; *C. scita* Maxim. var. *koraginensis* (Meinsh.) Kük.; *C. koraginensis* Meinsh. [FKI 2009] [CFK 2004]; *C. scita* Maxim. var. *obtusisquama* Ohwi; *C. kamtschatica* Gorodk. [FKI 2009] [CFK 2004]

Barkalov(2009)はリシリスゲ，キタチシマスゲ，チシマアシボソスゲ，シコタンスゲの4分類群を独立種と見なすが，ここでは果胞の縁に細鋸歯がある点で特徴づけられる高山草原性の *C. scita* の種内変異とした。また前3種は変種リシリスゲにまとめた。雌鱗片の先が鋭頭，鋭尖頭，あるいは短〜長芒があり，果胞は長楕円形で幅1.5〜2 mm，縁に刺毛がある。
【分布】　色丹島・南・中・北。
【冷温帯〜亜寒帯植物：東北アジア要素】　北海道(高山草原)。千島列島・サハリン・カムチャツカ半島。コリマ・アルダン。

50b. シコタンスゲ

Carex scita Maxim. var. ***scabrinervia*** (Franch.) Kük. [EPJ 2012] [ISJ 2011] [CAJ 2005]; *C. scabrinervia* Franch. [FKI 2009] [VPS 2002]

主として海岸草原に生える多年草でリシリスゲに似て雌鱗片の先は芒状になるが，植物体全体がより大型で果胞は楕円形〜広楕円形で幅2.5〜3.5 mmで，果胞縁には鋸歯状の刺毛が著しい。
【分布】　歯舞群島・色丹島・南・中・北。
【冷温帯〜亜寒帯植物：東北アジア要素】　北海道[J-VU]。千島列島・サハリン中部以北。

51. ラウススゲ

Carex stylosa C.A.Mey. [EPJ 2012] [ISJ 2011] [FKI 2009] [CAJ 2005] [CFK 2004] [VPS 2002]

北海道からは比較的最近になって発見された北方系のスゲ属植物(勝山，1995)。
【分布】　南(択捉島)・中・北。
【亜寒帯植物：周北極要素】　北海道(知床半島)[J-EN]。千島列島・サハリン北部・カムチャツカ半島。東シベリア・北アメリカ北部・グリーンランド・ノルウェー。[Map 491]

---

(18)タカネナルコ節
Genus *Carex* sect. *Fuliginosae*

小穂は複数で有柄，頂小穂は雌雄性，下方の苞は短鞘がある。果胞は扁平で有毛，柱頭は3岐。

52. ヒメタヌキラン(チシマタヌキラン)

【Plate 54-1】

Carex misandra R. Br. [EPJ 2012] [FKI 2009] [CFK 2004]
【分布】　南(択捉島)・北。両側分布。
【亜寒帯植物：東北アジア要素】　本州・北海道にない。千島列島南北部・カムチャツカ半島。コリマ・アルダン。[Map 517]

---

(19)ミヤマジュズスゲ節
Genus *Carex* sect. *Mundae*

小穂は複数，すべて雄雌性で有柄，時に果胞内から枝を分け，苞は有鞘。果胞は長嘴で無毛，柱頭は3岐。

53. ミヤマジュズスゲ

Carex dissitiflora Franch. [EPJ 2012] [ISJ 2011] [FKI 2009] [CAJ 2005]

SAPSでは千島列島産標本が確認できない。
【分布】　色丹島・南。
【温帯植物：日本・千島固有要素】　九州〜北海道。

千島列島南部。

(20)ヒエスゲ節
Genus *Carex* sect. *Rhomboidales*

小穂は複数で有柄，頂小穂は雄性，苞は有鞘。果胞は大型で長嘴，柱頭は3岐。瘦果の頂部に環状の付属体があるか嘴があり，しばしば稜に凹みができる。

54. ヒロバスゲ

Carex insaniae Koidz. [EPJ 2012] [ISJ 2011] [FKI 2009] [CAJ 2005]

低地の林道縁のやぶなど。葉は濃緑色で幅8～15 mm。Tatewaki(1957)やBarkalov(2009)で国後島から記録されているが，SAPSでは国後島産の標本は確認できない。宮澤・高橋(2007)で北海道における日本海側分布パターンとして紹介した種で，多雪地帯の道東知床半島に飛んで出現する。国後島での記録は知床半島とのつながりを示す例である。

【分布】　南(国後島)。まれ。

【冷温帯植物：日本・千島固有要素】　本州中部～北海道(多雪地帯)。千島列島南部[S-V(2)]。

55. ヒエスゲ(マツマエスゲ)

Carex longirostrata C.A.Mey. [EPJ 2012] [“*longerostrata*”, ISJ 2011] [FKI 2009] [“*longerostrata*”, CAJ 2005] [CFK 2004] [VPS 2002]

葉の幅2～3 mm，果胞の嘴は非常に長い。

【分布】　色丹島・南・中(ウルップ島が北東限)。

【冷温帯植物：東北アジア～東アジア要素】　本州中部～北海道。千島列島中部以南・サハリン。東シベリア・中国東北部・朝鮮半島。

(21)ヌカスゲ節
Genus *Carex* sect. *Mitratae*

小穂は複数で有柄，頂小穂は雄性，苞は有鞘。果胞は小型で柱頭は3岐。瘦果は頂部に円柱状などの付属体があるか直立する嘴がある。

56. チャシバスゲ

Carex caryophyllea Latour. var. ***microtricha*** (Franch.) Kük. [EPJ 2012]; *C. microtricha* Franch. [ISJ 2011] [FKI 2009] [CAJ 2005] [CFK 2004] [VPS 2002]; *C. verna* Chaix var. *microtricha* (Franch.) Ohwi

2n＝30-32 as *C. microtricha*(チルポイ)[Probatova et al. 2007]。

【分布】　色丹島・南・中・北。

【冷温帯植物：東北アジア要素】　本州中部～北海道。千島列島・サハリン・カムチャツカ半島。朝鮮半島。

57. オクノカンスゲ

Carex foliosissima F.Schmidt [EPJ 2012] [ISJ 2011] [FKI 2009] [CAJ 2005] [VPS 2002]

SAPSには千島列島産標本がないが，道東知床半島に産するので少なくとも国後島での生育は十分に可能性がある。

【分布】　南(国後島)。

【暖温帯植物：準日本固有要素】　九州～北海道。千島列島南部・サハリン南部。

58. ハガクレスゲ

Carex jacens C.B.Clarke [EPJ 2012] [FKI 2009] [CAJ 2005]; *C. geantha* Ohwi [ISJ 2011]

Tatewaki(1957)では択捉島が北東限だったが，Barkalov(2009)ではケトイ島まで北東限が延びた。

【分布】　色丹島*・南・中。

【冷温帯植物：日本・千島固有要素】　本州中部～北海道。千島列島中部以南。

59. シバスゲ

Carex nervata Franch. et Sav. [EPJ 2012] [ISJ 2011] [FKI 2009]

【分布】　色丹島・南(択捉島*)。

【暖温帯植物：東アジア要素】　九州～北海道。千島列島南部。朝鮮半島・中国。

60. カミカワスゲ

Carex sabynensis Less. ex Kunth [EPJ 2012] [ISJ 2011] [FKI 2009] [CAJ 2005] [VPS 2002]; *C.*

recticulmis Franch. et Sav. [FKI 2009]; *C. umbrosa* Host. subsp. *pseudosabynensis* T.V.Egorova

密に叢生する点でカブスゲに似るが，基部の鞘が黒褐色で糸網がなく，果胞には乳頭状突起がなく柱頭は3岐する。Egorova(1999) では *C. sabynensis* を「？日本」とし，代わりにヨーロッパ産 *C. umbrosa* の亜種 subsp. *pseudosabynensis* を日本産としている。しかしここでは従来の日本の見解に従っておく。

【分布】　歯舞群島・色丹島・南。

【温帯植物：東アジア要素】　九州〜北海道。千島列島南部・サハリン。東シベリア・朝鮮半島・中国東北部。

61. **サハリンイトスゲ**

Carex sachalinensis F.Schmidt [EPJ 2012] [ISJ 2011] [FKI 2009] [CAJ 2005] [VPS 2002]

やや暗い針葉樹林や針広混交林に生える多年草。雌小穂は短く長い柄がある。

【分布】　色丹島・南・中(ウルップ島が北東限)。

【冷温帯植物：準日本固有要素】　本州(岩手県)・北海道。千島列島中部以南・サハリン中部以南。

62. **ミヤケスゲ**

Carex subumbellata Meinsh. [EPJ 2012] [ISJ 2011] [FKI 2009] [CAJ 2005] [VPS 2002]

側生の雌小穂は頂生の雄小穂近くに塊まる。根際から長柄の雌小穂がつくのはよい特徴。アオスゲにも似るが，雌鱗片の芒がより短い。Tatewaki(1957) ではリストされなかったが，Alexeeva et al.(1983)で色丹島から記録された。

【分布】　色丹島*・南。

【冷温帯植物：東北アジア〜準日本固有要素】　本州(岩手県)・北海道[J-VU]。千島列島南部・サハリン。朝鮮半島。

(22)ヒメスゲ節
Genus *Carex* sect. *Acrocystis*

小穂は複数で有柄，苞は無鞘。果胞は有毛で柱頭は3岐。

63. **ヒメスゲ**

Carex oxyandra (Franch. et Sav.) Kudô [EPJ 2012] [ISJ 2011] [FKI 2009] [CAJ 2005] [VPS 2002]; *C. oxyandra* (Franch. et Sav.) Kudô var. *pauzhetica* (A.E.Kozhevn.) A.E.Kozhevn. [CFK 2004]

ヌイオスゲに似て雄小穂，雌鱗片ともに黒紫色。短い2〜3個の雌小穂が花茎上部に密集する。葉の幅はやや広く1.5〜2.5 mm，雄小穂はより短く5〜8 mm位で，果胞は長さ2.5〜3.5 mm。

【分布】　南・中・北(パラムシル島)。

【温帯植物：東北アジア要素】　九州〜北海道。千島列島・サハリン中部以北・カムチャツカ半島。台湾(高山)。

64. **ヌイオスゲ**

Carex vanheurckii Müll. Arg. [EPJ 2012] [ISJ 2011] [“*vancheurckii*”, FKI 2009] [CAJ 2005] [CFK 2004] [VPS 2002]

ヒメスゲに似て雄小穂，雌鱗片ともに黒紫色。葉の幅は1〜2 mm，雄小穂が雌小穂より著しく長く1〜2 cmとなり，果胞は長さ2.5〜3 mm。

【分布】　色丹島・南・中・北。

【亜寒帯植物：東北アジア要素】　本州中部〜北海道[J-VU]。千島列島・サハリン・カムチャツカ半島。アムール・東シベリア・中国東北部。

(23)ヒカゲスゲ節
Genus *Carex* sect. *Digitatae*

小穂は複数で有柄，頂小穂は雄性，苞は有鞘。果胞は膨れた3稜形で有毛，柱頭は3岐。

65a. **ホソバヒカゲスゲ**

Carex humilis Leyss. var. ***nana*** (H.Lév. et Vaniot) Ohwi [EPJ 2012] [ISJ 2011] [CAJ 2005]; *C. nanella* Ohwi [FKI 2009]

小穂が株の基部に隠れるようにつくのが特徴。葉の幅は1〜1.5 mmで根茎は短く叢生する。

【分布】　色丹島・南。まれ

【暖温帯植物：東アジア要素】　九州〜北海道。千島列島南部。シベリア・朝鮮半島・中国東北部。

65b. **イトヒカゲスゲ**

Carex humilis Leyss. var. ***callitrichos*** (V.I.Krecz.) Ohwi [EPJ 2012]; *C. callitrichos* V. I.Krecz. [FKI 2009]

Egorova(1999)やBarkalov(2009)はホソバヒカゲスゲとは異なる独立種とするが，最近の日本ではホソバヒカゲスゲに含められ特に種内分類群としても認められていない(勝山，2005；星野ほか，2011)。葉の幅が0.2～0.5 mmで根茎は長くゆるく叢生する。

【分布】 南(国後島)。まれ。

【暖温帯植物：東アジア要素】 九州～北海道。千島列島南部。シベリア・朝鮮半島・中国東北部。

(24)イワカンスゲ節
Genus *Carex* sect. *Ferrugineae*

小穂は複数で有柄，頂小穂は雄性，苞は有鞘。果胞はやや扁平な3稜形，全体に有毛あるいは縁毛，柱頭は3岐。

66. **ショウジョウスゲ**

Carex blepharicarpa Franch. [EPJ 2012] [ISJ 2011] [FKI 2009] [CAJ 2005] [VPS 2002]

雌鱗片が赤褐色。果胞は全体に有毛。

【分布】 色丹島・南・中(ウルップ島)。

【暖温帯植物：東アジア要素】 九州～北海道。千島列島中部以南・サハリン。朝鮮半島。

67. **タイセツイワスゲ**

Carex stenantha Franch. et Sav. var. ***taisetsuensis*** Akiyama [EPJ 2012] [ISJ 2011] [CAJ 2005]; *C. ktausipali* Meinsh. [FKI 2009] [CFK 2004] [VPS 2002]

火山礫地に生える多年草。果胞は縁に刺毛がある他は無毛。

【分布】 色丹島・南・中・北。点在。

【亜寒帯植物：東北アジア要素】 北海道(高山)。千島列島・サハリン・カムチャツカ半島。

(25)ヤチスゲ節
Genus *Carex* sect. *Limosae*

小穂は複数で有柄，頂小穂は雄性，苞は有鞘。果胞は扁平な3稜形で無嘴，乳頭状突起を密布，柱頭は3岐。

68. **イトナルコスゲ**

Carex laxa Wahlenb. [EPJ 2012] [ISJ 2011] [FKI 2009] [CAJ 2005] [CFK 2004]

ミズゴケ湿原に生える多年草。頂生する雄小穂の柄が長く，側生する雌小穂も長い柄があり垂れ下がる。苞の鞘が明瞭で雌鱗片は鈍頭で果胞より少し短い。

【分布】 色丹島・南・北。両側分布。

【亜寒帯植物：周北極要素】 本州中部～北海道[J-VU]。千島列島南北部・サハリン[R-V(2)]・カムチャツカ半島。ウスリー・オホーツク・朝鮮半島北部・シベリア・ヨーロッパ・北アメリカ。[Map 499]

69. **ヤチスゲ** 【Plate 54-2】

Carex limosa L. [EPJ 2012] [ISJ 2011] [FKI 2009] [CAJ 2005] [CFK 2004] [VPS 2002]

ミズゴケ湿原に生える多年草。苞に鞘がなく雌鱗片先端には芒があり果胞より長くダケスゲに似るが，雌小穂が1～2個と少なく，果胞は長さ3.5～4 mmとより大きい。

【分布】 歯舞群島*・色丹島・南・中・北。点在。

【亜寒帯植物：周北極要素】 本州～北海道。千島列島・サハリン・カムチャツカ半島。ウスリー・オホーツク・朝鮮半島・ヨーロッパ・北アメリカ。[Map 497]

70. **ダケスゲ**

Carex paupercula Michx. [ISJ 2011] [FKI 2009] [CAJ 2005]; *C. magellanica* Lam. subsp. *irrigua* (Wahlenb.) Hiitonen [EPJ 2012] [CFK 2004]

ミズゴケ湿原に生える多年草。苞に鞘がなく雌鱗片先端には芒があり果胞より長くヤチスゲに似るが，雌小穂が2～3個と多く，果胞は長さ2.5～

3 mmとより小さい。KYOで大井・吉井(1934年8月6日パラムシル島来謝)標本を確認した。
【分布】 北(パラムシル島)。
【亜寒帯植物：周北極要素】 本州(中部以北高層湿原)[J-VU]。千島列島北部・カムチャツカ半島。ウスリー・オホーツク・シベリア・ヨーロッパ・北アメリカ。[Map 496]

71. ムセンスゲ 【Plate 54-3】

Carex livida (Wahlenb.) Willd. [EPJ 2012] [ISJ 2011] [FKI 2009] [CAJ 2005] [CFK 2004]; *C. fujitae* Kudô [J]

ミズゴケ湿原に生え，全体緑白色で高さ10～30 cmの多年草。雌小穂は無柄で直立し，雌鱗片は赤褐色鈍頭，果胞は長卵形で無嘴，乳頭状突起を密布。Kudo(1922)はパラムシル島標本に基づき新種*C. fujitae* Kudôを発表したが，その後大井(1934)により北方種の*C. livida*のシノニムとされた(cf. 加藤，2011)。日本では北海道の3か所に分布するのみである(Kato and Fujita, 2011)。
【分布】 南・中・北。点在。
【亜寒帯植物：周北極要素】 北海道(高層湿原：猿払川・大雪・知床)[J-VU]。千島列島・カムチャツカ半島[R-R(3)]。朝鮮半島北部・シベリア(まれ)・ヨーロッパ・北アメリカ北部の亜寒帯。[Map 495]

72. チシマスゲ 【Plate 54-4】

Carex rariflora (Wahlenb.) Smith [FKI 2009] [CFK 2004] [VPS 2002]; *Carex pluriflora* Hultén [FKI 2009]; *C. rariflora* (Wahlenb.) Smith subsp. *pluriflora* (Hultén) T.V.Egorova

ミズゴケ湿原に生える多年草。ヤチスゲに似るが雌小穂は4～5(7) mm幅でより狭くなる。雌小穂の幅が6～7 mmと広く茎も40 cm以上になるものを*C. pluriflora*としてチシマスゲの近縁種あるいはその亜種ともするが，ここでは特に分けない。
【分布】 中・北。ややまれ。
【亜寒帯植物：周北極要素】 本州・北海道にない。千島列島中部以北・サハリン北部・カムチャツカ半島。ウスリー・オホーツク・シベリア・ヨーロッパ・北アメリカ。[Map 498]

(26)ヒメシラスゲ節
Genus *Carex* sect. *Molliculae*

小穂は複数で有柄，頂小穂は雄性，苞は無鞘。果胞は小型で乾いても緑色，柱頭は3岐。根茎は横走。

73. エナシヒゴクサ

Carex aphanolepis Franch. et Sav. [EPJ 2012] [ISJ 2011] [FKI 2009] [CAJ 2005]

平地や山地の林縁や草地に生え，ヒゴクサに似るが，上方の雌小穂に柄がない。SAPSには千島列島産標本がない。
【分布】 南(国後島)。まれ。
【暖温帯植物：東アジア～準日本固有要素】 九州～北海道。千島列島南部。朝鮮半島。

74. シラスゲ

Carex doniana Spreng. [ISJ 2011] [FKI 2009] [CAJ 2005]; *C. alopeculoides* D.Don ex Tilloch et Taylor var. *chlorostacya* C.B.Clarke [EPJ 2012]

SAPSには千島列島産標本がない。
【分布】 南(国後島)。まれ。
【暖温帯植物：東アジア～東南アジア要素】 琉球～北海道。千島列島南部。朝鮮半島・台湾・中国・マレーシア・ヒマラヤ。

75. ヒゴクサ

Carex japonica Thunb. [EPJ 2012] [ISJ 2011] [FKI 2009] [CAJ 2005] [VPS 2002]

エナシヒゴクサに似るが，雌小穂には長柄がある。SAPSでは千島列島産標本が確認できない。
【分布】 南(国後島)。まれ。
【暖温帯植物：東アジア要素】 九州～北海道。千島列島南部・サハリン南部[S-V(2)]。朝鮮半島・中国。

76. **ヒメシラスゲ**

Carex mollicula Boott [EPJ 2012] [ISJ 2011] [FKI 2009] [CAJ 2005] [VPS 2002]

落葉樹林林床やその縁など。植物体は匍枝をもち，小穂が茎上部に集まってつく。

【分布】 色丹島・南(択捉島が北東限)。

【暖温帯植物：東アジア要素】 琉球～北海道。千島列島南部・サハリン南部。朝鮮半島・中国・台湾。

(27)オニナルコスゲ節

Genus *Carex* sect. *Vesicariae*

小穂は複数で長柄，頂小穂または上方の2～3個の小穂は雄性，苞は有鞘または無鞘。果胞は大型，厚膜質で光沢があって無毛，柱頭は3岐。

77. **ホロムイクグ**

Carex oligosperma Michx. subsp. ***tsuishikarensis*** (Koidz. et Ohwi) T.Koyama et Calder [EPJ 2012]; *C. tsuishikarensis* Koidz. et Ohwi [ISJ 2011] [FKI 2009]; *C. oligosperma* Michx. [CAJ 2005]

ミズゴケ湿原に生える多年草。オニナルコスゲに似るが，葉の幅1.5 mmで雄小穂は1個。北アメリカ産を*C. oligosperma*，アジア産を*C. tsuisikarensis*と別種にする見解もあるが，ここでは米倉(2012)に従い，北アメリカ産*C. oligosperma*の亜種とする見解に従う。

【分布】 南・中(ウルップ島)。

【冷温帯植物：北アメリカ・東アジア隔離／日本・千島固有要素】 本州中部～北海道[J-VU]。千島列島中部以南。種としては北アメリカにも不連続分布。

78. **オニナルコスゲ**

Carex vesicaria L. [EPJ 2012] [ISJ 2011] [CAJ 2005]; *C. vesicata* Meinsh. [FKI 2009] [CFK 2004] [VPS 2002]; *C. monile* Tuckerm. [FKI 2009]; *C. vesicaria* L. var. *dichroa* Andersson

湿地や川畔に生える多年草。ホロムイクグに似るが，葉の幅は3～8 mmと広く2～3個の雄小穂が頂生する点で区別できる。SAPSにある国後島古釜布湿原(M. Tatewaki 3380)やウルップ島ヨロイ川湿原(M. Tatewaki 9955)の標本はBarkalovによりホロムイクグと同定されたが，雄小穂が2個ありオニナルコスゲの狭葉型か，ホロムイクグとの中間型と思われる。Egorova(1999)は東シベリア～東アジア産のものをヨーロッパ産の*C. vesicaria*とは異なる別種*C. vesicata*としているがここでは日本の見解に従いヨーロッパ産と同一種とする。また雌小穂が長さ2.5～3.5 cmと小さい変種ヒメオニナルコ*C. vesicaria* var. *dichroa*はロシアでは別種*Carex monile* Turckerm.とされるがこれも特に分けず本種のなかに入れる。

【分布】 色丹島・南・中・北。

【温帯植物：周北極要素】 九州～北海道。千島列島・サハリン・カムチャツカ半島。北半球温帯。

[Map 531]

79. **コヌマスゲ**(ルエサンスゲ)

Carex rotundata Wahlenb. [EPJ 2012] [ISJ 2011] [FKI 2009] [CAJ 2005] [CFK 2004] [VPS 2002]; *C. ruesanensis* Kudô [J]

ホロムイクグに似るが，雄小穂は1～2個で最下の雌小穂は無柄，果胞はより小さく長さ2.5～3 mm。Kudo(1922)はパラムシル島の標本に基づいて，新種ルエサンスゲ*C. ruesanensis* Kudoを発表したが，後に北方種の*C. rotundata*と同じとされた(Akiyama, 1932；大井，1935)。Tatewaki(1957)では北千島のパラムシル島・シュムシュ島，中千島のシムシル島がリストされている。日本での分布は比較的最近確認され，北海道大雪山の永久凍土地帯の環境を局地的に残したミズゴケ湿原から日本新産として報告された(佐藤・高橋，1994)。

【分布】 中(シムシル島)・北。ややまれ。

【亜寒帯植物：周北極要素】 北海道(大雪)[J-CR]。千島列島中部以北・サハリン北部・カムチャツカ半島。ウスリー・オホーツク・朝鮮半島北部・シベリア・ヨーロッパ・北アメリカ北部の亜寒帯。

[Map 533]

80. **チシマナルコスゲ**(オオチシマナルコ)

Carex saxatilis L. [FKI 2009] [CFK 2004]; *C. physocarpa* C.Presl [FKI 2009]; *C. saxatilis* L. var. *laxa* (Trautv.) Kalela

Yakubov and Chernyagina(2004)ではオオチシマナルコ *C. physocarpa* を本種のシノニムとし，Egorova(1999)ではオオチシマナルコを *C. saxatilis* の亜種 subsp. *laxa* (Trautv.) Kalela とする。また Barkalov(2009) では *C. physocarpa* と *C. saxatilis* の2種を認めている。2分類群の違いは雌小穂や果胞のサイズであるが明瞭には区別できない。ここでは *C. saxatilis* を，*C. physocarpa* を含む広い意味で使用し特に種内分類群は認めない。

【分布】 中・北。点在。

【亜寒帯植物：周北極要素】 本州・北海道にはない。千島列島中部以北・カムチャツカ半島。オホーツク・シベリア・ヨーロッパ・北アメリカ。[Map 532]

81. **オオカサスゲ**

Carex rhynchophysa C.A.Mey. [EPJ 2012] ["Fisch., C.A.Mey. et Ave-Lall.", ISJ 2011] [FKI 2009] [CAJ 2005] [CFK 2004] [VPS 2002]

カラフトカサスゲに似るが，より大きく葉は幅 8〜15 mm，果胞は長さ 5〜6 mm。

【分布】 歯舞群島・色丹島・南・中・北。南集団の北東限はウルップ島で，両側分布的。

【冷温帯植物：東北アジア要素】 本州中部〜北海道。千島列島・サハリン・カムチャツカ半島。ウスリー・シベリア・朝鮮半島。[Map 535]

82. **カラフトカサスゲ**

Carex rostrata Stokes [EPJ 2012] [ISJ 2011] [FKI 2009] [CAJ 2005] [CFK 2004] [VPS 2002]

オオカサスゲに似るが，葉の幅は 4〜8 mm，果胞は長さ 3.5〜4 mm。

【分布】 色丹島・北(パラムシル島)。両側分布。

【冷温帯植物：周北極要素】 北海道[J-VU]。千島列島南北部・サハリン・カムチャツカ半島。ウスリー・オホーツク・シベリア・モンゴル・ヨーロッパ・北アメリカ。[Map 534]

(28)ミヤマシラスゲ節
Genus *Carex* sect. *Confertiflorae*

小穂は複数で有柄，頂小穂は雄性，苞は有鞘または無鞘。果胞は熟すと褐色に変色し，柱頭は3岐。

83. **カサスゲ**

Carex dispalata Boott [EPJ 2012] [ISJ 2011] [FKI 2009] [CAJ 2005] [VPS 2002]

Tatewaki(1957)は色丹島のみから記録したが，Barkalov(2009)は国後島からも報告した。サハリンの標本は多い。

【分布】 色丹島・南(国後島)。

【暖温帯植物：東アジア要素】 九州〜北海道。千島列島南部・サハリン。ウスリー・朝鮮半島・中国。

(29)エゾサワスゲ節
Genus *Carex* sect. *Ceratocystis*

小穂は複数で有柄，頂小穂は雄性，苞は普通無鞘。果胞は口部が硬い2歯，柱頭は3岐。

84. **エゾサワスゲ**

Carex viridula Michx. [EPJ 2012] [ISJ 2011] [FKI 2009] [CAJ 2005] [CFK 2004]; *C. oederi* Retz. var. *viridula* Kük.

日本の文献では本種はサハリンに分布するとされるが，菅原(1937)では文献によるとされ，Smirnov(2002)でもリストされていない。このためサハリンの分布は再検討が必要である。

【分布】 歯舞群島・色丹島・南・中(ウルップ島)・北。両側分布。

【冷温帯植物：周北極〜北アメリカ・東アジア隔離要素】 本州中部〜北海道[J-NT]。千島列島・サハリン？・カムチャツカ半島。北アメリカ北部。[Map 521]

(30)タカネシバスゲ節
Genus *Carex* sect. *Capillares*

小穂は複数で有柄，頂小穂は雄性，苞は有鞘。果胞は披針形，扁平でなく無毛で無脈，柱頭は3岐。

85. タカネシバスゲ

Carex capillaris L. [FKI 2009] [CAJ 2005] [CFK 2004]; *C. capillaris* L. subsp. *chlorostachys* (Steven) Á.Löve, D.Löve et Raymond [EPJ 2012]; *C. fuscidula* V.I.Krecz. ex T.V.Egorova [ISJ 2011] [VPS 2002]

オノエスゲに似るが，頂生する雄小穂は帯白色で柄は直下の雌小穂よりも短く，果胞の嘴の縁は通常平滑だが時にざらつく。タカネシバスゲは周北極種の *C. capillaris* と同一(勝山，2005)とされたり，その亜種 subsp. *chlorosatachys*(米倉，2012)とされたり，あるいは独立種 *C. fuscidula*(星野ほか，2011)とされたりする。ここでは広くとった。

【分布】 北(パラムシル島・シュムシュ島*)。

【亜寒帯植物：周北極要素】 本州・北海道[J-EN]。千島列島北部・サハリン・カムチャツカ半島。朝鮮半島・中国・シベリア・ヨーロッパ・北アメリカ。[Map 512]

86. ヒメオノエスゲ

Carex williamsii Britt. [FKI 2009] [CFK 2004]; *C. sedakowii* auct. non C.A.Mey. ex Meinsh. [EPJ 2012]

北方系の種類。Barkalov(2009)によると，Egorova(1999)は大井(1935)に基づいて *C. sedakowii* を千島列島から記録しているが，これは本種であるとしている。ここではこれに従う。

【分布】 北(パラムシル島)。

【亜寒帯植物：周北極要素】 本州・北海道にない。千島列島北部・カムチャツカ半島。コリマ・シベリア・北アメリカ。

87. オノエスゲ(レブンスゲ)

Carex tenuiformis H.Lév. et Vaniot [EPJ 2012] [ISJ 2011] [FKI 2009] [CAJ 2005] [VPS 2002]; *C. ledebouriana* auct. non C.A.Mey. ex Trev. [FKI 2009] [VPS 2002]; *C. ledebouriana* C.A.Mey. ex Trev. subsp. *tenuiformis* (H.Lév. et Vaniot) T.V.Egorova

タカネシバスゲに似るが，頂生する雄小穂は茶色でより大きく柄は直下の雌小穂よりも長く，果胞の嘴の縁はざらつく。色丹島の標本は多い。Egorova(1999)は *C. ledebouriana* のなかに2亜種：subsp. *ledebouriana* と subsp. *tenuiformis* を認め，Barkalov(2009)はこれらを2種として認めているが，これら2分類群の差は雌小穂の長さや果胞の大きさの差にすぎず明瞭な差をつけ難い。ここではこれら2分類群を含めた広い意味で，日本で採用されている *C. tenuiformis* とする。

【分布】 色丹島・南・中(ウルップ島*)。

【冷温帯～亜寒帯植物：東北アジア－東アジア要素】 本州中部～北海道[J-VU]。千島列島中部以南・サハリン。ウスリー・朝鮮半島・中国東北部。

(31)タマツリスゲ節
Genus *Carex* sect. *Depauperata*

小穂は複数で有柄，頂小穂は雄性，雌性の側小穂は普通，疎花で下垂。果胞は大型で長い嘴，口部は斜めに切れ普通無毛，柱頭は3岐。

88. サッポロスゲ(ハナマガリスゲ)

Carex pilosa Scop. [EPJ 2012] [ISJ 2011] [CAJ 2005]; *C. campylorhina* V.I.Krecz. [FKI 2009] [VPS 2002]

地上茎は花茎と葉束茎とに分化する傾向がある。茎基部に立毛があることが多いが，KYOの国後島標本(no collector name, 1935)は無毛だった。Barkalov(2009)では色丹島産を疑問符つきで文献引用のみとし，日本でも色丹島産標本が確認できないので本書では色丹島分布は採用しなかった。Egorova(1999)はヨーロッパ産を *C. pilosa*，極東産を *C. campylorhina* とし，後種は前種に比べて果胞が小さく，嘴は紫色に色づく，としている。そのような傾向はあるものの，明確に2種に分けられるほどの特徴とはいえず，ここでは多くの日本人研究者の見解に従い，*C. pilosa* を採用する。
【分布】　南（国後島・択捉島*）。
【温帯植物：周北極要素】　本州中部〜北海道。千島列島南部・サハリン。シベリア・朝鮮半島・ヨーロッパ。［Map 494］

89. **グレーンスゲ**

Carex parciflora Boott [EPJ 2012] [ISJ 2011] [FKI 2009] [CAJ 2005] [VPS 2002]

雌鱗片は白緑色で果胞は淡緑色。
【分布】　南。
【温帯植物：準日本固有要素】　本州〜北海道。千島列島南部・サハリン南部。

90. **サヤスゲ**（ケヤリスゲ）　【Plate 54-5】

Carex vaginata Tausch [EPJ 2012] [ISJ 2011] [CAJ 2005]; *C. falcata* Turcz. [FKI 2009] [CFK 2004] [VPS 2002]

グレーンスゲに似るが，雌鱗片は赤褐色で果胞の先の嘴は2歯となり濃褐色に色づく。Barkalov(2009)は千島列島産に *C. falcata* Turcz. の種名をあてている。Egorova(1999)はヨーロッパ産を *C. vaginata* に，エニセイ川よりも東側に分布するものを *C. falcata* にあて，後種は前種に比べて果胞がより大きく嘴の裂け目がより深いとしているが，ここでは多くの日本の研究者の見解に従い，ヨーロッパから東アジアまでを含んで *C. vaginata* とする。
【分布】　色丹島・南・中・北。やや普通。
【冷温帯〜亜寒帯植物：周北極要素】　本州中部〜北海道[J-EN]。千島列島・サハリン南北部・カムチャツカ半島。シベリア・ヨーロッパ。［Map 492］

(32)ミタケスゲ節
Genus *Carex* sect. *Rostrales*

小穂は複数で有柄，頂小穂は雄性，苞は有鞘。果胞は披針形で大型，熟すと反曲，柱頭は3岐。

91. **ミタケスゲ**　【Plate 54-6】

Carex michauxiana Boeck. subsp. ***asiatica*** Hultén [EPJ 2012]; *C. dolichocarpa* C.A.Mey. ex V.I.Krecz. [ISJ 2011] [FKI 2009] [CAJ 2005] [CFK 2004]; *C. michauxiana* Boeck. var. *asiatica* (Hultén) Ohwi

湿原周辺に生育。北アメリカ北西部の基準亜種は，葉身の幅が1.5〜3.5 mmと狭い（清水，1983）。2n＝c. 50（国後島）as *C. dolichocarpa*［Probatova et al. 2007］。
【分布】　南・中・北（パラムシル島）。
【冷温帯植物：北アメリカ・東アジア隔離／東北アジア要素】　九州（九州地方や中国地方は隔離分布）〜北海道。千島列島・カムチャツカ半島。基準亜種は北アメリカ北西部に分布。

(33)シオクグ節
Genus *Carex* sect. *Paludosae*

小穂は複数で有柄，上方の2〜3個の小穂は雄性，苞は下方のものは短鞘。果胞は大型コルク質で無毛，柱頭は3岐。

92. **コウボウシバ**

Carex pumila Thunb. [EPJ 2012] [ISJ 2011] [FKI 2009] [CAJ 2005] [VPS 2002]

海岸近くの砂地に生える多年草。Tatewaki (1957)では択捉島が分布の北東限だったがBarkalov(2009)によりシムシル島まで延びた。
【分布】　歯舞群島・色丹島・南・中（シムシル島が北東限）。
【温帯植物：汎世界〜東アジア要素】　九州〜北海道。千島列島中部以南・サハリン南部。ウスリー・中国・オーストラリア・チリ。

(34)ビロードスゲ節
Genus *Carex* sect. *Lasiocarpae*

小穂は複数で有柄，上方の2〜5個の小穂は雄性，苞は普通無鞘。果胞は大型で有毛，柱頭は3岐。

93. **アカンカサスゲ**

Carex sordida Heurck ex Müll. Arg. [EPJ 2012] [ISJ 2011] [CAJ 2005] [CFK 2004] [VPS 2002]; *C. atherodes* auct. non Spreng. [FKI 2009] [VPS 2002]; *C. drymophila* Turcz. var. *akanensis* (Franch.) Kük. [J]

アカンカサスゲは道東に自生するので，千島列島南部に十分考えられる。Barkalov(2009)でリストされている *C. atherodes* は本種の誤認と思われる。

【分布】 色丹島*・南(国後島*)。

【冷温帯植物：東北アジア要素】 北海道。千島列島南部・サハリン・カムチャツカ半島。ウスリー・オホーツク・東シベリア。[Map 529]

94a. **ムジナスゲの基準変種**

Carex lasiocarpa Ehrh. var. ***lasiocarpa*** [FKI 2009] [CFK 2004] [VPS 2002]

Barkalov(2009)では基準変種が千島列島北部から，変種ムジナスゲが南部から報告されているが，SAPSにはパラムシル島標本はない。

【分布】 北(パラムシル島)。

【亜寒帯植物：周北極要素】 本州・北海道にない。千島列島北部・サハリン北部・カムチャツカ半島。ウスリー・シベリア・ヨーロッパ。[Map 527]

94b. **ムジナスゲ**

Carex lasiocarpa Ehrh. var. ***occultans*** (Franch.) Kük. [ISJ 2011] [CAJ 2005]; *C. lasiocarpa* Ehrh. subsp. *occultans* (Franch.) Hultén [EPJ 2012]; *C. koidzumii* Honda [FKI 2009] [VPS 2002]

日本では通常 *C. lasiocarpa* の変種とされ，基準変種よりも果胞の毛が疎らであるとされるものの変異が大きく，秋山(1955)やEgorova(1999)でもそれほど明瞭な違いはないとしている。ここでも変種扱いとしておく。

【分布】 歯舞群島・色丹島・南(択捉島が北東限)。

【冷温帯植物：東北アジア要素】 本州中部〜北海道。千島列島南部・サハリン。東シベリア・朝鮮半島。[Map 527]

* Barkalov(2009)によると，千島列島からはさらにコウライヤワラスゲ *C. gotoi* Ohwi，アカンスゲ *C. loliacea* L.[J-EN]，タカネヒメスゲ *C. melanocarpa* Cham. et Trautv. が記録されているが証拠標本がないとして採用していない。後2種は北海道に分布するので千島列島での可能性もあるが，SAPSでは標本確認できなかったので採用しない。

---

2. カヤツリグサ属
Genus *Cyperus*

---

1. **タマガヤツリ**

Cyperus difformis L. [EPJ 2012] [ISJ 2011] [FKI 2009]

湿地に生える一年草。花序が球状になり柱頭は3分岐する。Tatewaki(1957)では千島列島から記録されず，SAPSにも千島列島の標本はない。Barkalov(2009)が国後島から報告しているが，筆者らは確認していない。

【分布】 南(国後島)。まれ。

【暖温帯植物：汎世界要素】 九州〜北海道。千島列島南部。全世界の温帯〜熱帯。

2. **ヌマガヤツリ**

Cyperus glomeratus L. [EPJ 2012] [ISJ 2011] [FKI 2009]

湖沼や川岸などに生える一年草。Tatewaki(1957)では千島列島から記録されず，SAPSにも千島列島の標本はない。Barkalov(2009)が国後島から報告しているが，筆者らは確認していない。

【分布】 南(国後島)。

【温帯植物：周北極〜アジア大陸要素】 本州〜北海道。千島列島南部。アムール・ウスリー・朝鮮半島・中国・インド・ヨーロッパ。

---

3. ハリイ属
Genus *Eleocharis*

---

(1)柱頭は3岐し，痩果の断面は3稜形

1. **マツバイ**

Eleocharis acicularis (L.) Roem. et Schult.

[CFK 2004]; *E. acicularis* (L.) Roem. et Schult. var. *longiseta* Svenson [EPJ 2012] [ISJ 2011]; *E. yokoscensis* (Franch. et Sav.) Tang et Wang [FKI 2009] [VPS 2002]

細長いほふく枝を出してマット状に広がる小型の一年草。茎の高さ3〜10 cmと細く小さく，小穂も小型。広義のマツバイ *E. acicularis* のなかに，2変種チシママツバイ var. *acicularis* とマツバイ(狭義)var. *longiseta* を認める見解がある。国後島のものがどちらにあたるか見当の余地があり，ここではこれら2分類群を含む広い意味でのマツバイとしておく。

【分布】　南(国後島)。

【暖温帯植物：アジア大陸要素】　九州〜北海道[J-VU, as *E. acicularis* var. *acicularis*]。千島列島南部・サハリン南北部・カムチャツカ半島。東シベリア・朝鮮半島南部・中国・インドシナ・台湾。[Map 402]

2. **ハリイ**

Eleocharis pellucida J. et C.Presl [EPJ 2012] ["C.Presl.", FKI 2009]; *E. congesta* D.Don; *E. congesta* D.Don var. *japonica* (Miq.) T.Koyama [ISJ 2011]

株立ちになりほふく根茎のない一年草。茎の高さ10〜20 cmとなるが，幅は0.4 mm程度で細く糸状。鱗片は長さ2 mm以下。

【分布】　南(国後島)。

【暖温帯植物：日本・千島固有要素】　九州〜北海道。千島列島南部。

3. **シロミノハリイ**

Eleocharis margaritacea (Hultén) Miyabe et Kudô [EPJ 2012] [ISJ 2011] [FKI 2009] [CFK 2004]

株立ちになりほふくする根茎のない多年草。茎は高さ25〜40 cm，幅1 mm以下で細く小穂は小型。

【分布】　南。

【冷温帯植物：東北アジア要素】　本州(岩手県)・北海道[J-VU]。千島列島南部[S-R(3)]・カムチャツカ半島[K-EN]。

4. **シカクイ**

Eleocharis wichurae Boeck. [EPJ 2012] [ISJ 2011] [FKI 2009] [CFK 2004]

シロミノハリイに似た多年草。茎は高さ30〜50 cmで通常4稜がある。刺針状花被片が羽毛状で花柱基部の柱基は長い。

【分布】　歯舞群島・色丹島・南。

【温帯植物：東アジア要素】　九州〜北海道。千島列島南部・カムチャツカ半島[K-EN]。ウスリー・朝鮮半島・中国。

5. **エレオカリス・クインクエフロラ**

Eleocharis quinqueflora (Hartm.) O.Schwarz [FKI 2009] [CFK 2004]

茎の高さ5〜15 cmの多年草。

【分布】　北。

【亜寒帯植物：周北極要素】　本州・北海道にない。千島列島北部・カムチャツカ半島[K-VU]。シベリア・ヨーロッパ・北アメリカ。[Map 404]

(2)柱頭は2岐，蒴果の断面は両凸形

6. **クロハリイ**(ヒメハリイ)

Eleocharis kamtschatica (C.A.Mey.) Kom. [EPJ 2012] [ISJ 2011] [FKI 2009] [CFK 2004] [VPS 2002]

クロヌマハリイに似て地下にほふく枝がある多年草。茎は高さ20〜40 cmで幅1 mm内外。小穂が黒く見え，鱗片は長さ3.5〜4 mm。クロハリイ *E. kamtschatica* f. *reducta* では刺針状花被片が退化，基準品種ヒメハリイ f. *kamtschatica* では4〜5個の刺針状花被片がある。

【分布】　歯舞群島・色丹島・南・中(ウルップ島)・北(シェムシュ島)。両側分布的。

【暖温帯植物：東アジア要素】　九州〜北海道。千島列島・サハリン・カムチャツカ半島。朝鮮半島・中国東北部。[Map 397]

7. **オオヌマハリイ**(ヌマハリイ)

Eleocharis mamillata H.Lindb. var. ***cyclocarpa*** Kitag. [EPJ 2012]; *E. ussuriensis* Zinserl. [FKI 2009] [VPS 2002]

クロヌマハリイに似て地下にほふく枝がある多

年草。茎はより太い傾向があり幅2〜5 mmで柔らかく，押し葉標本にするとつぶれて平らになる。鱗片の長さは約5 mm，刺針状花被片は5〜6個。
【分布】 南。
【暖温帯植物：東アジア要素】 九州〜北海道。千島列島南部・サハリン南北部。ウスリー・朝鮮半島・中国東北部。〔Map 398〕

8. **クロヌマハリイ**

Eleocharis palustris (L.) Roem. et Schult. [EPJ 2012] [FKI 2009] [CFK 2004] [VPS 2002]; *E. intersita* Zinserl.

地下にほふく枝があるオオヌマハリイに似た多年草。茎は高さ30〜70 cm，幅2〜3 mmでオオヌマハリイよりも細く硬い。刺針状花被片は4個。星野ほか(2011)ではクロヌマハリイを取り上げておらず，検討が必要である。
【分布】 歯舞群島・色丹島・南・中・北。点在。
【冷温帯植物：東北アジア要素】 本州北部〜北海道。千島列島・サハリン・カムチャツカ半島。シベリア。〔Map 396〕

4. ワタスゲ属
Genus *Eriophorum*

1. **シュムシュワタスゲ** 【Plate 55-1】

Eriophorum angustifolium Honck. [FKI 2009]; *E. polystachion* L. [“*polystachyon*”, CFK 2004]; *E. angustifolium* Honck. subsp. *subarcticum* (Vassil.) Hultén; *E. angustifolium* Rotb.; *E. latifolium* Hoppe [R]

2〜5個の小穂がつきサギスゲに似るが，茎の中部以上に葉身のある茎生葉がしばしばつき，特に数個の小穂からなる花序基部に葉がつく。
【分布】 南(択捉島*)・中・北。
【亜寒帯植物：周北極要素】 本州・北海道にない。千島列島・カムチャツカ半島。シベリア・ヨーロッパ。北アメリカ。〔Map 412〕

2. **サギスゲ**

Eriophorum gracile K.Koch [EPJ 2012] [ISJ 2011] [FKI 2009] [CFK 2004] [VPS 2002]

2〜5個の小穂がつきシュムシュワタスゲに似るが，茎の中部以上には通常茎生葉がなく，花序基部にもない。千島列島北部のシュムシュワタスゲと地理的にすみわけているように見える。
【分布】 歯舞群島・色丹島・南・中(ウルップ島)。
【冷温帯植物：周北極要素】 本州〜北海道。千島列島中部以南・サハリン・カムチャツカ半島。朝鮮半島南部，北半球に広く分布。〔Map 415〕

3. **エゾワタスゲ**

Eriophorum scheuchzeri Hoppe [FKI 2009] [CFK 2004] [VPS 2002]; *E. scheuchzeri* Hoppe var. *tenuifolium* Ohwi [EPJ 2012] [ISK 2011]

1個の小穂がつきワタスゲに似るが，ほふく根茎を伸ばして大株とはならない。また根生葉の縁に歯がなくざらつかず，葯が1 mm内外とより短い。
【分布】 中(ケトイ島)・北。
【亜寒帯植物：周北極要素】 北海道(大雪山)〔J-CR〕。千島列島中部以北・サハリン中部以北・カムチャツカ半島。コリマ・オホーツク・シベリア・モンゴル・ヨーロッパ・北アメリカ。〔Map 411〕

4. **ワタスゲ**

Eriophorum vaginatum L. [FKI 2009] [ISJ 2011] [CFK 2004] [VPS 2002]: *E. vaginatum* L. subsp. *fauriei* (E.G.Camus) Á. et D.Löve [EPJ 2012]

1個の小穂がつきエゾワタスゲに似るが密に叢生して大株となる。根生葉の縁がざらつき葯は2〜3 mmある。
【分布】 歯舞群島・色丹島・南・中・北。点在する。開花：4月下旬〜5月下旬。
【冷温帯〜亜寒帯植物：周北極要素】本州中部〜北海道。千島列島・サハリン・カムチャツカ半島。シベリア・朝鮮半島・中国東北部・ヨーロッパ・北アメリカ。〔Map 408〕

5. テンツキ属
Genus *Fimbristylis*

日本産テンツキ属 19 分類群の系統解析が行われている（Yano and Hoshino, 2006）。本属はサハリンには分布しない。

1. アゼテンツキ

Fimbristylis squarrosa Vahl [EPJ 2012] [ISJ 2011] [FKI 2009]

湖畔や硫黄泉の周辺などの湿地に生える一年草。花序は 1～3 回分岐し，小穂は披針形で長さ 6～7 mm。Tatewaki（1957）では記録がなく SAPS にも千島列島産標本はないが，Alexeeva（1983）が国後島アレヒノ村から記録しており，Barkalov（2009）も国後島から記録している。北海道でも産地は限られている。

【分布】　南（国後島）。まれ

【温帯植物：アジア大陸要素】　本州～北海道。千島列島南部。朝鮮半島・中国・インド・ヨーロッパ南部・アフリカ。

2. ヤマイ

Fimbristylis subbispicata Nees et Meyen [EPJ 2012] [FKI 2009]; *F. tristachya* R.Br. var. *subbispicata* (Nees) T.Koyama [ISJ 2011]

日あたりのよい沿岸湿地に生える多年草。茎頂に 1 個の小穂がつき，直下に 1 個の苞葉がある。Tatewaki（1957）では千島列島から記録がなく，SAPS にも千島列島産標本はないが，Alexeeva（1983）によると国後島の 3 か所から記録されている。北海道では渡島～日高～釧路地方にかけての太平洋側に点々と分布している。2n＝10（国後島）〔Probatova et al., 2007〕。

【分布】　南（国後島）。

【暖温帯植物：東アジア～東南アジア要素】　九州～北海道。千島列島南部。朝鮮半島・中国・台湾・インドシナ・マレーシア。

6. ヒゲハリスゲ属
Genus *Kobresia*

1. ヒゲハリスゲ

Kobresia myosuroides (Vill.) Fiori [EPJ 2012] [ISJ 2011] ["(Vill.) Fiori et Paol.", FKI 2009] ["(Vill.) Fiori et Paol.", CFK 2004]

高山ツンドラに生え株状になる多年草。葉身基部に黒褐色で光沢のある鞘状葉がある。穂状花序の上端に少数の雄花，その下に雌雄の小穂が対につく。

【分布】　北（パラムシル島）。まれ。

【亜寒帯植物：周北極要素】　本州（中部高山）・北海道（大雪山）〔J-NT〕。千島列島北部・カムチャツカ半島。ユーラシア・北アメリカに広く分布。〔Map 423〕

7. ミカヅキグサ属
Genus *Rhynchospora*

1. ミカヅキグサ

Rhynchospora alba (L.) Vahl [EPJ 2012] [ISJ 2011] [FKI 2009] [CFK 2004]

ミズゴケ湿原～中間湿原に生える多年草。

【分布】　色丹島・南・中（ウルップ島*）。

【温帯植物：周北極要素】　九州～北海道。千島列島中部以南・サハリン・カムチャツカ半島。ウスリー・朝鮮半島・東シベリア・ヨーロッパ・北アメリカ北東部。〔Map 416〕

8. フトイ属
Genus *Schoenoplectus*

1. フトイ

Schoenoplectus tabernaemontani (C.C.Gmel.) Palla [EPJ 2012] [ISJ 2011]; *Scirpus tabernaemontani* C.C.Gmel. [FKI 2009] [CFK 2004] [VPS 2002]

湖岸や川岸に抽水する多年草。茎は太く円柱形で高さ 1～2 m になる多年草。

【分布】　歯舞群島・色丹島・南・北（アライト島）。両側分布。

【暖温帯植物：周北極〜アジア大陸要素】 九州〜北海道。千島列島南北部・カムチャツカ半島。ウスリー・朝鮮半島・中国・マレーシア・インド・ヨーロッパ南部。［Map 391］

9. アブラガヤ属
Genus *Scirpus*

1. **タカネクロスゲ**

Scirpus maximowiczii C.B.Clarke [EPJ 2012] [ISJ 2011] [FKI 2009] [VPS 2002]

高山の湿った草地に生えるやや小型の多年草。
【分布】 南(択捉島)・中(ウルップ島)。
【冷温帯〜亜寒帯植物：東北アジア要素】 本州〜北海道[J-VU]。千島列島中部以南・サハリン。ウスリー・朝鮮半島北部・中国東北部。

2. **クロアブラガヤ**

Scirpus sylvaticus L. var. ***maximowiczii*** Regel [EPJ 2012]; *S. orientalis* Ohwi [ISJ 2011] [FKI 2009] [VPS 2002]

ツルアブラガヤに似る大型の多年草。小穂の鱗片は黒灰色で3脈が目立ち，刺針状花被片は果実よりも少し長い程度と短く，逆刺があり5〜6個。
【分布】 南(国後島)。
【冷温帯植物：東北アジア要素】 本州〜北海道。千島列島南部・サハリン。ウスリー・朝鮮半島南部・中国東北部。［Map 387］

3. **ツルアブラガヤ**

Scirpus radicans Schk. [EPJ 2012] [ISJ 2011] [FKI 2009] [VPS 2002]

湿地に群生する大型の多年草で，無花茎が伸びて地上を這う。小穂の鱗片は黒灰色で1脈，刺針状花被片は糸状で6個。
【分布】 南(国後島*)。
【冷温帯植物：周北極〜東北アジア要素】 本州北部〜北海道。千島列島南部・サハリン。シベリア・朝鮮半島南部・中国東北部・ヨーロッパ。［Map 388］

4. **エゾアブラガヤ**

Scirpus lushanensis Ohwi [ISJ 2011]; *S. wichurae* Boeck. [EPJ 2012] [FKI 2009]

湿地に群生し高さ1mほどになる大型の多年草。花序が1(〜3)個つき，小穂は球形〜楕円形。小穂鱗片は赤褐色で1脈，花被片は糸状で6個。
【分布】 色丹島・南。
【温帯植物：東アジア〜中国・ヒマラヤ要素】 九州〜北海道。千島列島南部。ウスリー・朝鮮半島南部・中国・ヒマラヤ。

10. ヒメワタスゲ属
Genus *Trichophorum*

1. **ヒメワタスゲ**(ミヤマサギスゲ) 【Plate 55-2】

Trichophorum alpinum (L.) Pers. [EPJ 2012] [ISJ 2011] [FKI 2009] [CFK 2004] [VPS 2002]; *Scirpus hudsonianus* (Michx.) Fern.; *Eriophorum alpinum* L.; *Baeothryon alpinum* (L.) T.V.Egorova

高層湿原に生える多年草で茎に鋭い3稜がありざらつく。小穂に5〜10個の小花があり，刺針状花被片は花後に伸びて長さ1〜2 cmの糸状になる。
【分布】 色丹島・南・中(ウルップ島)・北。両側分布
【亜寒帯植物：周北極要素】 本州北部〜北海道[J-NT]。千島列島・サハリン北部・カムチャツカ半島。シベリア・ヨーロッパ・北アメリカの亜寒帯に広く分布。［Map 405］

2. **ミネハリイ**

Trichophorum cespitosum (L.) Hartm. [EPJ 2012] ["caespitosum", ISJ 2011] [CFK 2004]; *Kreczetoviczia caespitosa* (L.) Tzvelev [FKI 2009]; *Scirpus caespitosus* L.; *Baeothryon caespitosum* (L.) A. Dietr.[R]

高層湿原に生える多年草で，鈍い3稜があり平滑。小穂には2〜3個の小花しかなく刺針状花被片は花後にも伸びない。
【分布】 南(択捉島)・中・北。点在する。
【亜寒帯植物：周北極要素】 本州中部〜北海道。

千島列島・サハリン中部以北・カムチャツカ半島。シベリア・ヨーロッパ・北アメリカの亜寒帯に広く分布。[Map 406]

AM25. イネ科
Family POACEAE(GRAMINEAE)

1. ヌカボ属
Genus *Agrostis*

熱帯低地を除く世界中に分布し150〜200種からなる群。小穂は1小花からなり長さ2〜3 mmと小さく，芒のあるものとないものがある。

(1)コヌカグサ類

攪乱された草地などに生える外来種。芒は目立たないが葯は1〜1.5 mmある。

外1. **コヌカグサ**(レッド・トップ)

Agrostis gigantea Roth [EPJ 2012] [FKI 2009] [CFK 2004] [VPS 2002] [IGJ 1989]

ハイコヌカグサに似るが，長く伸びる地下茎を出す。大型の円錐花序で枝は長く多数の小穂が枝の基部まで密生する。芒は目立たず，内穎は護穎の半分より長い。葉身は幅3〜8 mmでざらつき葉舌は長さ2〜7 mm。葯は長さ1〜1.4 mm。

【分布】　歯舞群島・色丹島・南・中・北。普通。[戦後帰化]

【暖温帯植物】　九州〜北海道(外来A3)。千島列島(外来)・サハリン(外来)・カムチャツカ半島(外来)。北半球温帯。[Map 313]

外2. **ハイコヌカグサ**

Agrostis stolonifera L. [EPJ 2012] [CFK 2004] [VPS 2002] [IGJ 1989]; *A. diluta* Kurezenko [FKI 2009]; *A. palustris* Huds. [R]

コヌカグサによく似る多年草だが，地上に走出枝を伸ばす。花序はより細く枝は短いが，枝の基部まで小穂がつき，護穎の背中の芒は目立たず内穎は護穎の半分より長いのは同じ。葉身が幅1〜3 mmで葉舌は長さが2〜7 mmなのもほぼコヌカグサの範囲内。2n＝28〜30(国後島)，28(パラムシル島)[Probatova et al., 2007]。

【分布】　歯舞群島・色丹島*・南・中(ウルップ島)・北(パラムシル島)。[戦前帰化]

【温帯植物】　本州〜北海道(外来B)。千島列島(外来)・サハリン(外来)・カムチャツカ半島(外来)。ユーラシア暖帯〜温帯。[Map 312]

外3. **イトコヌカグサ**

Agrostis capillaris L. [EPJ 2012] [FKI 2009]; *A. tenuis* Sibth. [CFK 2004] [VPS 2002]

コヌカグサやハイコヌカグサに似て内穎は護穎の半分より長く，芒は目立たないが，地下茎が短く，花序の枝の基部に小穂がなく，葉舌は1〜3 mm長とやや短い。

2n＝28(パラムシル島)[Probatova et al., 2007]。

【分布】　歯舞群島・南・中(ウルップ島)・北(パラムシル島)。[戦後帰化？]

【温帯植物】　本州〜北海道(外来D)。千島列島(外来)・サハリン(外来)・カムチャツカ半島(外来)。[Map 314]

(2)ヤマヌカボ類

草原に生える自生種。通常護穎の芒は目立たなく，葯は1 mm以下と小さい。

1. **ヤマヌカボ**

Agrostis clavata Trin. [EPJ 2012] [CFK 2004] [VPS 2002] [IGJ 1989]; *A. macrothyrsa* Hack. [FKI 2009]

エゾヌカボに似るが，狭い円錐形の花序で，枝上の小刺針はエゾヌカボほど目立たず，小穂は疎らにつく。葯は長さ0.3〜0.4 mm(コヌカグサでは1〜1.4 mm)。葉身の幅は1.5〜5 mmで糸状にまではならない。2n＝42(択捉島，パラムシル島)[Probatova et al., 2007]。

【分布】　歯舞群島・色丹島・南・中・北。

【温帯植物：周北極要素】　九州〜北海道。千島列島・サハリン・カムチャツカ半島。ユーラシア温帯域。[Map 317]

2. **エゾヌカボ**

Agrostis scabra Willd. [EPJ 2012] [FKI 2009] [CFK 2004] [VPS 2002] [IGJ 1989]; *A. hiemalis* B. S. et P. in Tatewaki (1957)

ヤマヌカボに似るが，花序が長く植物体全体の半長以上になり，枝上の小刺針が密にあり明瞭。葯は0.5 mm長以下。葉身は幅1〜2 mmで，特に茎基部に幅0.5 mmほどの糸状の葉が混じる。2n＝42（シムシル島，パラムシル島）［Probatova et al., 2007］。

【分布】 歯舞群島・色丹島・南・中・北。

【冷温帯植物：北アメリカ・東アジア隔離要素】本州中部〜北海道。千島列島・サハリン・カムチャツカ半島。東シベリア・朝鮮半島・中国北部・北アメリカ。

3. **アラスカヌカボ**（新称）

Agrostis alaskana Hultén [FKI 2009] [CFK 2004]

全体の姿はヤマヌカボの小穂数を少なくし，葉をより細くしたような姿。包頴は紫色がかり小花の1/4〜1/5長いのみで，葯は長さ0.6〜0.8 mm。円錐花序は疎らで下方の枝の基部には小穂がつかない。2n＝42（パラムシル島）［Probatova et al., 2007］。

【分布】 中・北。

【亜寒帯植物：北アメリカ・東アジア隔離要素】本州・北海道にない。千島列島中部以北・カムチャツカ半島。北アメリカ北西部。

4. **ホザキヌカボ**

Agrostis exarata Trin. [FKI 2009] [CFK 2004]

円錐花序は密で，小穂は枝の基部までつく。護頴の先に脈が少し伸び出るが芒は目立たない。包頴は長さが小花の2倍にもなり，葯は長さ0.2〜0.5 mm。最初Miyabe and Kudo（1930）がパラムシル島から*A. densiflora* Vaseyとして報告したものである。日本産のヌカボを本種の変種*A. exarata* Trin. var. *nukabo* (Ohwi) T. Koyamaとする見解がある。

2n＝42（パラムシル島）［Probatova et al., 2007］。

【分布】 南（択捉島）・中・北。まれ。

【亜寒帯植物：北太平洋要素】 本州・北海道にない。千島列島・カムチャツカ半島。アリューシャン列島・北アメリカ北西部。

(3)ミヤマヌカボ類

高山〜沿岸地域の草原や岩礫地に生える自生種。護頴背面の芒は長く，小穂の外に突き出す。

5. **ミヤマヌカボ**

Agrostis flaccida Hack. [EPJ 2012] [FKI 2009] [CFK 2004] [VPS 2002] [IGJ 1989]

コミヤマヌカボに似るが葯は長さ0.7〜1.5 mmで護頴の2/5よりも長い。長田（1989）によると，ミヤマヌカボには2倍体・3倍体・4倍体が含まれ染色体数は2n＝14，21，28が含まれるという。2n＝14（国後島，択捉島，パラムシル島）［Probatova et al., 2007］。

【分布】 歯舞群島・色丹島・南・中・北。

【冷温帯植物：東北アジア要素】 九州〜北海道。千島列島・サハリン・カムチャツカ半島。朝鮮半島南部。［cf. Map 315］

6. **コミヤマヌカボ**

Agrostis mertensii Trin. [EPJ 2012] [FKI 2009] [CFK 2004] [IGJ 1989]; *A. borealis* Hartm. [R]

ミヤマヌカボに似て区別が難しい。葯は長さ0.5〜0.8 mmで護頴の2/5よりも短いとされる。長田（1989）によると，コミヤマヌカボは8倍体（2n＝56）とされる。2n＝56（パラムシル島）［Probatova et al., 2007］。

【分布】 南・中・北。

【亜寒帯植物：周北極要素】 本州〜北海道（高山）。千島列島・カムチャツカ半島。北半球亜寒帯。［Map 316］

2. スズメノテッポウ属
Genus *Alopecurus*

1. **スズメノテッポウ**

Alopecurus aequalis Sobol. [EPJ 2012] [FKI 2009] [CFK 2004] [VPS 2002] [IGJ 1989]

狭義のスズメノテッポウ var. *amurensis* (Kom.)

Ohwiでは芒が小穂外に明らかに突き出すが，ノハラスズメノテッポウ var. *aequalis* ではかろうじて突き出すくらい，とされる(長田，1989)。該当地域では明瞭に2変種に区別できないので，ここではこれらを含む広い意味で使う。2n＝14(パラムシル島)[Probatova et al., 2007]。
【分布】　色丹島・南・中・北。点在する。
【暖温帯植物：東アジア要素】　琉球～北海道。千島列島・サハリン・カムチャツカ半島。東シベリア・朝鮮半島・中国。[Map 351]

2a.　**チシマヤリクサの基準亜種**

Alopecurus alpinus Sm. subsp. ***alpinus*** [CFK 2004]; *A. alpinus* Sm. [FKI 2009]
【分布】　中(ウシシル島)・北(パラムシル島)。まれ。
【亜寒帯植物：周北極要素】　本州・北海道にない。千島列島中部以北・カムチャツカ半島。シベリア・ヨーロッパ・北アメリカ北部。[Map 356]

2b.　**チシマヤリクサ**(Kudo, n.n. in SAPS)

Alopecurus alpinus Sm. subsp. ***stejnegeri*** (Vasey) Hultén [CFK 2004]; *A. stejnegeri* Vasey [FKI 2009]

基準亜種 subsp. *alpinus* では花序がより細く長さ1～3 cmで幅0.5～1 cm，一方，本亜種では長さ1.5～2.5 cmで幅1～1.5 cmでより球状となる。また包頴の先がより外側に曲がり葯もより長い点で基準亜種とは異なるとされる(Kharkevicz et al., 1985)。Kharkevicz et al.(1985) や Barkalov(2009)ではこれらを独立した2種とするが，これらの形質で2種を区別するのは難しいので，本書では Hultén and Fries(1986)に従い亜種関係とした。SAPSにあるパラムシル島の戦前標本は本亜種にあたる。
【分布】　北(パラムシル島)。まれ。
【亜寒帯植物：北太平洋要素】　本州・北海道にない。千島列島北部・カムチャツカ半島。オホーツク・アリューシャン列島。[Map 356]

外1.　**アロペキュルス・アルンディナケウス**

Alopecurus arundinaceus Poir. [FKI 2009]

オオスズメノテッポウ *A. pratensis* L. によく似る外来種。包頴の先端がより外側に曲がり，護頴の芒は小穂より外には出ない。
【分布】　中(ウルップ島)。まれ。[帰化]
【温帯植物】　本州・北海道にない。千島列島中部(外来)。東シベリア～ヨーロッパ。

外2.　**アロペキュルス・ゲニキュラートゥス**

Alopecurus geniculatus L. [FKI 2009] [CFK 2004]

スズメノテッポウ *A. aequalis* に似る外来種。葯がより長く，護頴の芒は多少とも膝折状となり小穂から突出し，花序は紫色で，中央部で明らかに太くなる。2n＝28(国後島，パラムシル島)[Probatova et al., 2007]。
【分布】　南・中(ウルップ島)・北(パラムシル島)。まれ。[帰化]
【温帯植物】　本州・北海道にない。千島列島(外来)・サハリン北部(外来)。[Map 352]

3.　ハルガヤ属
Genus *Anthoxanthum*

1a.　**ミヤマハルガヤ**

Anthoxanthum odoratum L. subsp. ***nipponicum*** (Honda) Tzvelev [EPJ 2012]; *A. nipponicum* Honda [FKI 2009] [IGJ 1989]

別亜種ケナシハルガヤ subsp. *glabrescens* によく似るが，不稔の護頴の芒が小穂の先から長く突き出る。Tatewaki(1957)では千島列島から記録されずSAPSにも標本がないが，Kharkevicz et al.(1985)や Barkalov(2009)では択捉島から記録している。ただ長田(1989)では，「ソ連での産地にはサハリン，千島をあげているが，日本のミヤマハルガヤをみての所見ではなさそうである。」としており，ロシア側の証拠標本の確認が必要である。
【分布】　南(択捉島)。まれ。
【亜寒帯植物：準日本固有要素】　本州中部(南アルプス)・北海道(利尻山)。千島列島南部。朝鮮半島北部。[Map 350]

外1b.　**ハルガヤ**

Anthoxanthum odoratum L. subsp. ***odoratum*** [EPJ 2012]; *A. odoratum* L. [FKI 2009] [VPS 2002]

牧草として導入され野生化する多年草。全体に毛があり乾燥するとクマリンの香りがある。Tatewaki(1957)では千島列島から記録されず，Alexeeva(1983)により国後島から報告された。色丹島からは報告がない。2n＝20(国後島，パラムシル島)［Probatova et al., 2007］。

【分布】　南(国後島)。点在。［戦後帰化］

【温帯植物】　九州〜北海道(外来A3)。千島列島南部(外来)・サハリン北部(外来)。ユーラシア原産，北アメリカにも帰化し世界の温帯に広く分布。［Map 350］

外1c.　**ケナシハルガヤ**(メハルガヤ)

Anthoxanthum odoratum L. subsp. ***glabrescens*** (Celak.) Asch. et Graebn. [EPJ 2012]; *A. odoratum* L. subsp. *alpinum* (Á. et D.Löve) Hultén [IGJ 1989]

近年になって北海道に侵入したとされるハルガヤの亜種。全体が無毛に近いもの。特に苞穎に長毛がない。亜種として分けず，ハルガヤのなかに含めて扱われることもある(清水，2003)。

【分布】　南・北(パラムシル島)。点在。［戦後帰化］

【温帯植物】　九州〜北海道(外来)。千島列島南北部(外来)・サハリン南部(外来)。

4. トダシバ属
Genus *Arundinella*

1.　**トダシバ**

Arundinella hirta (Thunb.) Tanaka [EPJ 2012] [FKI 2009] [IGJ 1989]

葉鞘口部付近に毛が多い。小穂は2個の小花からなり，単生。Tatewaki(1957)は色丹島から記録したが，SAPSには戦前の証拠標本がなかった。筆者らは最近のビザなし調査で確認した。

【分布】　色丹島。ややまれ。

【暖温帯植物：東アジア要素】　九州〜北海道。千島列島南部。ウスリー・東シベリア・朝鮮半島・中国。

5. カラスムギ属
Genus *Avena*

外1.　**カラスムギ**

Avena fatua L. [EPJ 2012] [FKI 2009] [CFK 2004] [VPS 2002] [IGJ 1989]

飼料用に栽培され，時に逸出する一年草。第1，第2小花の護穎に長い芒がある。日本では史前帰化植物とされ在来種扱いされる(清水，2003)。Barkalov(2009)では千島列島の外来種とし，択捉島をリストしていたが，Fukuda, Taran, et al.(2014)で国後島を追加した。

【分布】　南。まれ。［戦後栽培逸出］

【温帯植物】　九州(在来)〜北海道(外来)。千島列島南部(外来)・サハリン中部以南(外来)・カムチャツカ半島(外来)。ヨーロッパ地域原産。［Map 350］

外2.　**マカラスムギ**(オートムギ)

Avena sativa L. [EPJ 2012] [IGJ 1989]

飼料用に栽培され時に逸出する一年草。2小花に長芒がないか，1小花のみに芒がある。Tatewaki(1957)が国後島から記録している。Barkalov(2009)はパラムシル島や国後島で逸出しているとメモしながら，カラスムギをリストしながらも本種はリストしていない。

【分布】　南(国後島)・北(パラムシル島)。［戦後栽培逸出］

【温帯植物】　九州〜北海道(外来B)。千島列島南北部(外来)。

6. カズノコグサ属
Genus *Beckmannia*

1.　**カズノコグサ**(ミノゴメ)

Beckmannia syzigachne (Steud.) Fernald [EPJ 2012] [FKI 2009] [CFK 2004] [VPS 2002] [IGJ 1989]

湿った道の縁などに生える一〜二年草。まさに「数の子」のように小穂がつき容易に判別できる

種類。2n＝14(国後島)［Probatova et al., 2007］。
【分布】　歯舞群島・色丹島・南・中(ウルップ島が千島列島での北東限)。
【暖温帯植物：周北極要素】　琉球〜北海道。千島列島中部以南・サハリン・カムチャツカ半島。シベリア・朝鮮半島・中国・東ヨーロッパ・北アメリカ。［Map 242］

7. ヤマカモジグサ属
Genus *Brachypodium*

1. ヤマカモジグサ 【Plate 41-3】

Brachypodium sylvaticum (Huds.) P.Beauv. [EPJ 2012] [IGJ 1989]; *B. kurilense* (Prob.) Prob. [FKI 2009]; *B. sylvaticum* (Huds.) P.Beauv. subsp. *kurilense* Prob. [R]

葉に毛があり，小穂は短柄で総状につく。Kharkevicz et al.(1985)では日本周辺のものは第1苞頴と第2苞頴の長さが大変異なり，花序あたりの小穂が4〜6個と少なく生態的な要求も違うため，*B. kurilense*としてヨーロッパ〜シベリア地域の*B. sylvaticum*とは別種としている。一方で，Tzvelev(1984)，Hultén and Fries(1986)，長田(1989)は日本周辺のものも*B. sylvaticum*として扱っている。ここでは多くの日本人研究者の見解に従いヨーロッパ産の*B. sylvaticum*と同一種として扱う。2n＝18(国後島，択捉島)as *B. kurilense*［Probatova et al., 2007］。
【分布】　色丹島・南。やや普通。
【温帯植物：周北極要素】　九州〜北海道。千島列島南部・サハリン。ユーラシア温帯域。［Map 279］

8. スズメノチャヒキ属
Genus *Bromus*

ロシアでは一〜二年草の種群にのみ*Bromus*をあて，多年草群は*Bromopsis*として別属で扱う(Tzvelev, 1984; Kharkevicz et al., 1985; Probatova et al., 2006)。ここでは日本側の多くの見解(長田，1989；米倉，2012)に従い，*Bromus*属のみを認める。また日本では通常本属に入れられるキツネガヤ*B. pauciflorus*についてロシア側では，別属*Stenofestuca*を認めることが多い(Probatova et al., 2006; Barkalov, 2009)が，本書ではこれも*Bromus*に入れた。

1. クシロチャヒキ 【Plate 37-4】

Bromus canadensis (Michx.) Holub [IGJ 1989]; *Bromus ciliatus* L. [EPJ 2012]; *Bromopsis canadensis* (Michx.) Holub [FKI 2009] [CFK 2004] [VPS 2002]; *Bromus yezoensis* Ohwi

葉や護頴の縁に長軟毛が多い。葉身の幅7〜12 mmで葯が1〜1.5 mmと短い。2n＝14(色丹島，択捉島)as *Bromopsis canadensis*［Probatova et al., 2007］。
【分布】　色丹島・南。
【冷温帯植物：北アメリカ・東アジア隔離要素】北海道。千島列島南部・サハリン・カムチャツカ半島。オホーツク・北アメリカ。

2. キツネガヤ

Bromus remotiflorus (Steud.) Ohwi [EPJ 2012]; *Stenofestuca pauciflora* (Thunb.) Nakai [FKI 2009]; *B. pauciflorus* (Thunb.) Hack. [IGJ 1989]

葉に軟毛がある。葉身の幅4〜8 mm。小穂は長細く長さ3〜4 cmにもなる。Tatewaki(1957)では千島列島から記録されず，SAPSにも証拠標本がなかったが，1987年に国後島南西部で採集されている(Probatova et al., 2006)。2n＝14(国後島)as *Stenofestuca pauciflora*［Probatova et al., 2007］。
【分布】　南(国後島南部)。
【暖温帯植物：東アジア要素】　九州〜北海道。千島列島南部［S-E(1)］。朝鮮半島・中国。

3. チシマチャヒキ 【Plate 30-3】

Bromus arcticus Shear; *Bromopsis arctica* (Shear) Holub in Fl. Russ. Far East Add. Corr. (2006); *Bromopsis pumpelliana* (Scribn.) Holub [FKI 2009] [CFK 2004] [VPS 2002]; *Bromus paramushirensis* Kudô in J. Coll. Agr. Hokkaido Univ. 11(2): 75 (1922)

Verkholat et al.(2005)は，これまでチシマチャヒキ *Bromus paramushirensis* とされていたものを *Bromopsis pumpelliana* に同定し，さらに Probatova et al.(2006)は *Bromopsis arctica* とした。Tzvelev(1984)によれば *B. pumpelliana* は大変多型な種でそのなかに6亜種を認めている。そこでは本種 *B. arcticus* も *B. pumpelliana* の1亜種とされる。またコスズメノチャヒキ *B. inermis* とも近縁群を形成するとされる。コスズメノチャヒキでは護頴，茎の節がほぼ無毛なのに対し，広義の *B. pumpelliana* では多少とも長毛があるとされるが，これら近縁群の種分類はさらに検討の余地がある。

【分布】　北。

【亜寒帯植物：周北極要素】　本州・北海道にない。千島列島北部・サハリン・カムチャッカ半島。ウスリー・オホーツク・シベリア・北アメリカ。

外1. コスズメノチャヒキ

Bromus inermis Leyss. [EPJ 2012] [IGJ 1989]; *Bromopsis inermis* (Leyss.) Holub [FKI 2009] [CFK 2004]

牧草として導入された植物で野生化する。植物体はほとんど無毛で，葯は4〜5 mmと長く，前述した *B. pumpelliana* に似る。Barkalov(2009)では国後島のみがリストされていたが，Fukuda, Taran et al.(2014)で択捉島を追加した。

【分布】　南・北(パラムシル島)。[戦後帰化]

【温帯植物】　九州〜北海道(外来A3)。千島列島南北部(外来)・サハリン(外来)・カムチャツカ半島(外来)。ヨーロッパ・シベリア原産，北半球温帯域に帰化。[Map 268]

9. ホガエリガヤ属

Genus *Brylkinia*

1. ホガエリガヤ

Brylkinia caudata (Munro ex A.Gray) F. Schmidt [EPJ 2012] ["(Munro) F.Schmidt", FKI 2009] ["(Murno) F.Schmidt", VPS 2002] ["(Munro) F.Schmidt", IGJ 1989]; *B. schmidtii* Ohwi

植物体の高さ20〜40 cm，花序は総状で直立，3小花からなる扁平な小穂は2本の長い芒を伸ばし，短い柄で花軸から垂れ下がる。Tatewaki(1957)では色丹島，国後島から記録しているが，SAPSには国後島の証拠標本しかない。

【分布】　色丹島・南(国後島)。

【温帯植物：東アジア〜準日本固有要素】　九州〜北海道。千島列島南部・サハリン中部以南。中国東北部。[R-I(4)]

10. ノガリヤス属

Genus *Calamagrostis*

日・ロ間で種概念が大きく異なる属の1つであり，Barkalov(2009)は小種を認める立場で千島列島から15種を記録している。ここでは日本の見解に近いTzvelev(1984)の種概念に従いながら，その種内分類群については特に認めない立場でまとめる。今後詳細な検討が必要な分類群である。

1. イトノガリヤス

Calamagrostis deschampsioides Trin. [FKI 2009] [CFK 2004] [VPS 2002]

高層湿原に生える小型の周北極種で本州中部産のヒナガリヤス *C. nana* Takeda とよく似るが別種とされる(長田，1989)。確かに *C. deschampsioides* では護頴の芒が時に小花からわずかに伸び出すほど長い点でヒナガリヤスとは異なるので，ここでも別種として扱った。

【分布】　北。まれ。

【亜寒帯植物：周北極要素】　本州・北海道にない。千島列島北部・サハリン北部・カムチャツカ半島。オホーツク・シベリア・ヨーロッパ・北アメリカ。[Map 325]

2. ヤマアワ

Calamagrostis epigeios (L.) Roth [EPJ 2012] [VPS 2002] [IGJ 1989]; *C. extremiorientalis* (Tzvelev) Prob. [FKI 2009] [VPS 2002]

Tzvelev(1984)は本種内に5亜種を認め，そのうちの subsp. *extremiorientalis*, subsp. *glomerata*, subsp. *epigeios* の3亜種が日本に産するとしている。これらは小穂のサイズ，芒が護頴につく位置，円錐花序の疎密などで分けられている。極東ロシアでは別種扱いされ，*C. extremiorientalis* は自生で *C. epigeios* は外来とされる(Probatova, 1985)。SAPS にある国後島標本は subsp. *extremiorientalis* に近いものであった。ここではこれらの亜種を含む広い意味で使っている。

【分布】　歯舞群島・色丹島・南(国後島)。

【温帯植物：周北極要素】　九州〜北海道。千島列島南部・サハリン南部。北半球温帯域。[Map 319]

3. ヒメノガリヤス

Calamagrostis hakonensis Franch. et Sav. [EPJ 2012] [FKI 2009] [IGJ 1989]

第1包頴と第2包頴とが同長で，葉鞘の口部が耳状に張り出しこの外側に短毛がある。サハリンからは報告されていないようである。2n＝42(国後島)，56(国後島)[Probatova et al., 2007]。

【分布】　歯舞群島・色丹島・南(択捉島が北東限)。

【温帯植物：東アジア〜準日本固有要素】　九州〜北海道。千島列島南部。中国北部。

4. チシマガリヤス　【Plate 55-3】

Calamagrostis stricta (Timm) Koeler subsp. ***inexpansa*** (A.Gray) C.W.Greene [EPJ 2012]; *C. inexpansa* A.Gray [FKI 2009] [CFK 2004] [VPS 2002]; *C. neglecta* (Ehrh.) Gaertn., Mey. et Scherb. [FKI 2009] [CFK 2004] [VPS 2002]; *C. neglecta* (Ehrh.) Gaertn., Mey. et Scherb. var. *aculeolata* (Hack.) Miyabe et Kudô [IGJ 1989]

ミズゴケ湿原に生育する多年草。イワノガリヤスに似るが，花序は幅狭く小花は開花後閉じ，包頴はより暗紫色を帯び表面の小突起はより大きく，基毛は護頴に対してより短い傾向がある。また葉舌は白色無毛で4 mm より短いとされる。Tzvelev (1984)は広義の *C. neglecta* のなかに5亜種(subsp. *inexpansa*, subsp. *stricta*, subsp. neglecta, subsp. *micrantha*, subsp. *groenlandica*)を認めたが，Barkalov(2009)では千島列島に *C. inexpansa* と *C. neglecta* の2種を認める。Probatova(1985)によると *C. inexpansa* は包頴の長さが4〜5 mm(*C. neglecta* は2〜4 mm)で表面の小突起はより大きいとされるが，種として分けられるほどの安定的な違いがあるとは思えない。ここでは *C. stricta* の亜種 subsp. *inexpansa* のみを認めたが，この類の地理変異については将来の研究に委ねたい。2n＝70(パラムシル島) as *C. inexpansa* [Probatova et al., 2007]。

【分布】　歯舞群島・色丹島・南・中・北。点在する。

【冷温帯〜亜寒帯植物：周北極〜東北アジア要素】　本州〜北海道。千島列島・サハリン・カムチャツカ半島。オホーツク・中国北部・北アメリカ。[Map 322]

5. イワノガリヤス複合群

Calamagrostis angustifolia Kom.—***purpurea*** (Trin.) Trin. complex: *C. purpurea* (Trin.) Trin. subsp. *langsdorfii* (Link) Tzvelev [EPJ 2012] [“*langsdorffii*”, CFK 2004]; *C. langsdorffii* (Link) Trin. [FKI 2009] [VPS 2002] [IGJ 1989]; *C. purpurea* (Trin.) Trin. [FKI 2009] [VPS 2002]; *C. angustifolia* Kom. [FKI 2009] [CFK 2004] [VPS 2002]; *C. barbata* V. Vassil. [FKI 2009] [VPS 2002]; *C. tenuis* V.Vassil. [FKI 2009]; *C. tolmatschewii* Prob. [FKI 2009] [VPS 2002]; *C. angustifolia* Kom. subsp. *tenuis* (V. Vassil.) Tzvel. [CFK 2004]

チシマガリヤスに似るが，花序はより広く開き，小花は開花後開いたままとなり，包頴表面の小突起はより微細で，基毛は護頴とほぼ同長になる。また葉舌は長さ4 mm 以上で背面有毛の鉄さび色になるとされる(長田，1989)が，当該地域ではこれらの特徴は必ずしも明瞭ではない。多型な種で種概念を大きくとるか小さくとるかで分類システムは一致しないが，Tzvelev(1984)は広義のイワノガリヤス群に *C. angustifolia* s.l. と *C. purpurea* s.l. の2種を認めている。前種は茎上部の葉の葉舌が4 mm 長までで外表面がややざらつくのに対し，後種では4〜10 mm 長で短毛があるとする。また前種では小穂が4.5 mm 長以下とより小さいとされる(Barkalov, 2009)。このため葉舌の特徴で

は *C. angustifolia* s.l. は日本のイワノガリヤスとチシマガリヤスとの中間的なものとなる。Barkalov(2009)でもノートで，千島列島においては *C. langsdorffii* と *C. neglecta* s.l. との中間的な交雑個体が見られる，としている。Barkalov (2009) が色丹島・国後島から記録した *C. angustifolia* とシュムシュ島から記録した *C. tenuis* は *C. angustifolia* s.l. に含まれるもので，一方，歯舞群島・国後島から記録した *C. barbata* と北～南千島各島から記録した *C. langsdorffii* は *C. purpurea* s.l. に含まれるものである。これらの種類は，前者では植物体の大きさや毛の状態，花序の大きさ色合いなどから識別され，後者では植物体の毛や護穎にある芒の位置や発達具合から識別されているが，さらに検討が必要である。

また1984年に Probatova がサハリンから新種記載した *C. tolmatschewii* Probat. がパラムシル島エベコ山から報告されており(Probatova et al., 2006; Barkalov, 2009)，イワノガリヤス *C. purpurea* とタカネノガリヤスとの交雑種と推定されている。イワノガリヤスの種内変異と類縁群の分類についてはさらに比較研究の必要があるが，ここでは暫定的にこれらすべてを含み，イワノガリヤス複合群として扱った。

【分布】 歯舞群島・色丹島・南・中・北。普通。

【冷温帯植物：周北極要素】 四国～北海道。千島列島・サハリン・カムチャツカ半島。シベリア・朝鮮半島・中国・ヨーロッパ・北アメリカ。[Map 321]

6. タカネノガリヤス

Calamagrostis sachalinensis F.Schmidt [EPJ 2012] [FKI 2009] [VPS 2002] [IGJ 1989]; *C. litwinowii* Kom. [FKI 2009]; *C. sachalinensis* F.Schmidt subsp. *litwinowii* (Kom.) Prob. [CFK 2004]

ミヤマノガリヤスによく似るが茎の基部に光沢のある鱗片があり，第1包穎と第2包穎とが不同長。Tzvelev(1984)は *C. litwinowii* Kom. を *C. sachalinensis* のシノニムとするが，Barkalov (2009)ではこれら2種を認め，*C. litwinowii* は中(オネコタン)～北千島(パラムシル島)に分布し，*C. sachalinensis* は中～南千島に分布するとした。Kharkevicz et al.(1985)では *C. sachalinensis* の葉が平坦で無毛であるのに対し，*C. litwinowii* では葉の縁が多少とも巻いて表面に小突起状の乳頭が密にあるとされる。ここでは Tzvelev(1984)に従い，*C. litwinowii* はタカネノガリヤスのなかに含めた。タイプ産地はサハリン。2n＝42(国後島)[Probatova et al., 2007]。

【分布】 色丹島・南・中・北(パラムシル島)。

【亜寒帯植物：東北アジア要素】 四国～北海道。千島列島・サハリン・カムチャツカ半島。中国北部。

7. ミヤマノガリヤス 【Plate 55-4】

Calamagrostis sesquiflora (Trin.) Tzvelev [FKI 2009] [CFK 2004] [IGJ 1989]; *C. urelytra* Hack. [FKI 2009]

芒が長く，包穎の外に出る。Tzvelev(1965, 1984)では *C. urelytra* Hack. は *C. sesquiflora* のシノニムとするが，Barkalov(2009)では別種として扱い，*C. urelytra* が北～南千島に分布し，*C. sesquiflora* は北～中千島まで分布するとする。Kharkevicz et al.(1985)によると *C. urelytra* は護穎が8～12 mm 長で葉身がほぼ無毛，円錐花序は疎らで楕円～披針形とし，*C. sesquiflora* は護穎が4～7 mm 長で葉身がざらつき円錐花序は密で穂状花序様だとする。北海道産のミヤマノガリヤスは護穎の長さからすると *C. sesquiflora* にあたるものだが，千島列島のミヤマノガリヤスは一般に護穎がより長く *C. urelytra* に近いものが多い。しかしこれらの形質で明確な2種に分けるのは無理であり，種内の変異の実態解明も不完全な現状なので，ここでは Tzvelev(1965, 1984)に従い *C. sesquiflora* のみを認める。サハリンからは報告がないようである。タイプ産地はアリューシャン列島。2n＝28(パラムシル島)[Probatova et al., 2007]。

【分布】 南・中・北。やや普通。

【亜寒帯植物：北太平洋要素】 本州中部～北海道(高山)。千島列島・カムチャツカ半島。アリューシャン列島。

11. クシガヤ属
Genus *Cynosurus*

外1. クシガヤ

Cynosurus cristatus L. [EPJ 2012] [FKI 2009] [IGJ 1989]

【分布】　南(国後島)。まれ。[戦後帰化]

【温帯植物】　本州〜北海道(外来D)。千島列島南部(外来)。ヨーロッパ原産。

12. カモガヤ属
Genus *Dactylis*

外1. カモガヤ(オーチャード)

Dactylis glomerata L. [EPJ 2012] [FKI 2009] [CFK 2004] [VPS 2002] [IGJ 1989]

牧草として導入され広く帰化。戦前は択捉島が北東限だった(Tatewaki, 1957)ので，ウルップ島やパラムシル島は戦後に広がったと思われる。2n=28(択捉島)[Probatova et sl., 2007]。

【分布】　歯舞群島・色丹島・南・中(ウルップ島)・北(パラムシル島)。[戦前帰化]

【暖温帯植物】　九州〜北海道(外来A3)。千島列島(外来)・サハリン(外来)・カムチャツカ半島(外来)。ユーラシア原産，世界の暖帯〜温帯。[Map 207]

13. コメススキ属
Genus *Deschampsia*

日本ではこれまで本属を広くとり，コメススキ，ヒロハノコメススキ，タカネコメススキを含めていた(大井，1982；長田，1989)。一方，ロシアではコメススキを *Lerchenfeldia* や *Avenella* に，タカネコメススキを *Vahlodea* に含めることが多く(Tzvelev, 1984; Kharkevicz et al., 1985; Probatova et al., 2006)，米倉(2012)もこれに従っているが，ここではアメリカの最近の見解(Flora of North America Editorial Committee, 2007)に合わせ，コメススキは *Deschampsia* に残し，タカネコメススキのみを別属 *Vahlodea* に移した。

1. ヒロハノコメススキ複合群

Deschampsia cespitosa (L.) P.Beauv. complex

Barkalov(2009)は千島列島のヒロハノコメススキ類として，*D. beringensis* Hultén，*D. borealis* (Trautv.) Roshev.，*D. cespitosa* (L.) P. Beauv.，*D. macrothyrsa* (Tatew. et Ohwi) Kawano，*D. paramushirensis* Honda の5種を記録している。一方，Chiapella and Probatova(2003) では *D. cespitosa* に14亜種を認め，これら5種も種内分類群としてこのなかに含んでいる。しかし，これら14亜種も明確に分類できるようなものではなく，今後の研究が必要である。ここではヒロハノコメススキ複合群として広くまとめ，種分類・種内変異については今後の研究を待ちたい。

【分布】　歯舞群島・色丹島・南・中・北。

【冷温帯植物：周北極要素】　九州〜北海道。千島列島・サハリン・カムチャツカ半島。北半球温帯に広く分布。[Map 334-337]

Chiapella and Probatova(2003)に従えば，千島列島産の植物としては大きく以下の3分類群が認められている。

1a. ヒロハノコメススキ群(パラムシルコメススキ)

【Plate 31-2】

Deschampsia cespitosa (L.) P. Beauv. subsp. ***orientalis*** Hultén in Chiapella and Probatova (2003); *D. cespitosa* (L.) P. Beauv. [FKI 2009] [CFK 2004] [VPS 2002]; *D. cespitosa* (L.) P. Beauv. subsp. *orientalis* Hultén var. *festucifolia* Honda [EPJ 2012]; *D. paramushirensis* Honda [FKI 2009] [CFK 2004] [VPS 2002];*D. cespitosa* (L.) P. Beauv. var. *festucaefolia* Honda [IGJ 1989]; *D. cespitosa* (L.) P. Beauv. subsp. *paramushirensis* (Honda) Tzvelev; *D. sukatschewii* (Popl.) Roshev. [R]

植物体は10〜60 cm。花序は疎らで開き，小穂は長さ3〜5 mmで2(〜3)小花からなり，芒は長さ3〜4 mmで小花からほとんど伸び出ない。Barkalov(2009)は，*D. cespitosa* を千島列島の外来種としている。2n=26(パラムシル島)as *D. cespitosa* [Probatova et al., 2007]。

1b. オニコメススキ群

Deschampsia cespitosa (L.) P. Beauv. subsp. ***macrothyrsa*** (Tatew. et Ohwi) Tzvelev in Chiapella and Probatova (2003); *D. macrothyrsa* (Tatew. et Ohwi) Kawano [FKI 2009] [VPS 2002]; *D. cespitosa* (L.) P. Beauv. subsp. *orientalis* Hultén var. *macrothyrsa* Tatew. et Ohwi [EPJ 2012]; *D. cespitosa* (L.) P. Beauv. var. *macrothyrsa* Tatewaki et Ohwi [IGJ 1989]

ヒロハノコメススキに似るが塩湿地に生えて高さ 80〜100 cm になる多年草。長い根茎状の節間を茎基部にもつ。花序は疎らで開き，小穂は長さ 4〜5 mm で芒は長さ 2〜3 mm。［J-DD］

1c. ベーリングヒロハノコメススキ群

Deschampsia cespitosa (L.) P. Beauv. subsp. ***beringensis*** (Hultén) W.E.Lawr. in Chiapella and Probatova (2003); *D. beringensis* Hultén [FKI 2009] [CFK 2004] [VPS 2002]

植物体は 25〜80 cm で，花序は密で開かない。小穂は長さ 4〜7 mm で 2〜3 小花からなり，芒は 8〜12 mm と長い傾向がある。

2. コメススキ

Deschampsia flexuosa (L.) Nees [IGJ 1989]; *Avenella flexuosa* (L.) Drejer [EPJ 2012] [FKI 2009] [VPS 2002]; *Lerchenfeldia flexuosa* (L.) Schur [CFK 2004]; *D. flexuosa* (L.) Trin. [R]

葉は糸状に巻いて細いが，小穂は膜質で光沢のある包頴内に 2(~3) 個の小花があり護頴外面の芒は小花から明らかに伸び出す。

【分布】 色丹島・南・中・北。普通。

【冷温帯〜亜寒帯植物：汎世界要素】 九州〜北海道。千島列島・サハリン中部以北・カムチャツカ半島。北半球寒帯・ニュージーランド・南アメリカ (Hultén and Fries, 1986)。［Map 340］

14. メヒシバ属
Genus *Digitaria*

本属植物は Tatewaki(1957) では千島列島から記録されておらず，SAPS にも千島列島産標本はない。Barkalov(2009) によって記録された以下の各種は，戦後になって国後島に帰化したものと思われる。

外 1. メヒシバ

Digitaria ciliaris (Retz.) Koeler [EPJ 2012] [FKI 2009] [IGJ 1989]

2n = 36 (国後島) ［Probatova et al. 2007］。

小穂は披針形で長さ 2.5〜3.5 mm。

【分布】 南 (国後島)。まれ。［戦後帰化］

【暖温帯植物】 九州〜北海道 (史前帰化植物。在来種扱い)。千島列島南部 (外来)。世界の熱帯〜暖帯。温帯へは帰化。

外 2. キタメヒシバ

Digitaria ischaemum (Schreb.) Schreb. ex Muhl. [EPJ 2012] ["(Schreb.) Muehl.", FKI 2009] ["(Schreb.) Muehl.", CFK 2004] [IGJ 1989]; *D. asiatica* Tzvelev (FKI 2009)

小穂は卵状楕円形でアキメヒシバに似るが長さ 1.9〜2.5 mm (アキでは 1.5〜2 mm)，頴の毛に先端が太いものや下方に巻くものなどが混じる。Barkalov(2009) では，メヒシバ属としてメヒシバ *D. ciliaris* に加え国後島から *D. asiatica* と *D. ischaemum* を記録しているが，Tzvelev(1984) ではこれら 2 種は広義のキタメヒシバ *D. ischaemum* のなかの 2 亜種と見なされている。2 亜種が果たして安定的に分けられるかどうか不明であり，ここではこれら 2 分類群を含めた意味でキタメヒシバを認める。

【分布】 南 (国後島)。まれ。［戦後帰化？］

【冷温帯植物】 本州〜北海道 (在来)。千島列島南部 (外来)・カムチャツカ半島 (外来)。北半球温帯域。［Map 366］

15. ヒエ属
Genus *Echinochloa*

Tatewaki(1957) では本属植物の記録がなく，SAPS にも千島列島の標本はない。Barkalov

(2009)が国後島から記録したものは戦後の帰化と思われる。

外1. **イヌビエ**(広義)

Echinochloa crus-galli (L.) P.Beauv. s.l.; *E. crus-galli* (L.) P.Beauv. [EPJ 2012] ["*crusgalli*", FKI 2009] ["*crusgalli*", CFK 2004] ["*crusgalli*", VPS 2002] [IGJ 1989]; *E. occidentalis* (Wiegand) Rydb. [FKI 2009]

Barkalov(2009)は*E. crusgalli*と*E. occidentalis*の2種を記録したが，Tzvelev(1984)では後者は前者の亜種とされる。ここではこれら2分類群を含む広義のイヌビエとして認めた。2n=36(国後島) as *E. occidentalis*[Probatova et al., 2007]。

【分布】　南(国後島)。[戦後帰化？]

【暖温帯植物】　琉球〜北海道(在来)。千島列島南部(外来)・サハリン中部以南(在来)・カムチャツカ半島(外来)。世界の暖温帯〜熱帯，冷温帯へは帰化。

16. エゾムギ属
Genus *Elymus*

1. **ハマムギ**(広義)

Elymus dahuricus Turcz. ex Griseb. s.l.; *E. dahuricus* Turcz. ex Griseb. s.str. [EPJ 2012] [FKI 2009] [VPS 2002] [IGJ 1989]; *E. woroschilowii* Prob. [FKI 2009] [VPS 2002]; *E. dahuricus* subsp. *pacificus* Prob.; *E. excelsus* Turcz. ex Griseb. [VPS 2002]

穂状花序で長い芒がある。Barkalov(2009)が記録した*E. woroschilowii*は*E. dahuricus*の亜種ともされたもので，護穎背面がざらつかず海岸生のものとされる(Probatova, 1985)。この点からするとロシアで用いられている*E. dahuricus*は日本のヤマムギ*E. dahuricus* var. *villosulus*に，*E. woroschilowii*は日本のハマムギ*E. dahuricus* var. *dahuricus*に近いと思われるが，ここではこれらを含んだ広義のハマムギとして扱う。2n=42(国後島) as *E. woroschilowii* [Probatova et al., 2007]。

【分布】　歯舞群島・色丹島・南(択捉島が北東限)。点在する。

【暖温帯植物：アジア大陸要素】　九州〜北海道。千島列島南部・サハリン。シベリア・朝鮮半島・中国北部・中央アジア・モンゴル・ヒマラヤ。

2. **エゾカモジグサ**

Elymus pendulinus (Nevski) Tzvelev var. ***yezoense*** (Honda) Tzvelev [EPJ 2012]; *E. kurilensis* Prob. [FKI 2009]; *E. yezoensis* (Honda) Osada [IGJ 1989]

Tatewaki(1957)では千島列島から記録がなく，SAPSにも千島列島の標本がない。

【分布】　色丹島・南(国後島)。まれ。

【冷温帯植物：北アジア〜準日本固有要素】　本州中部地方〜北海道。千島列島南部・サハリン南部(モネロン島)。朝鮮半島北部・中国北部。

3. **カモジグサ**

Elymus tsukushiensis Honda var. ***transiens*** (Hack.) Osada [EPJ 2012] [IGJ 1989]; *E. tsukushiensis* Honda [FKI 2009]

Tatewaki(1957)では千島列島から記録がなく，SAPSにも千島列島の標本がない。ロシア側により国後島の材木岩近くで1987年に採集された(Probatova et al., 2006)。2n=42(国後島)[Probatova et al., 2007]。

【分布】　南(国後島)。

【暖温帯植物：東アジア要素】　琉球〜北海道。千島列島南部。朝鮮半島・中国。

外1. **エリムス・ノウァエアングリアエ**

Elymus novae-angliae (Scribn.) Tzvelev [FKI 2009] [CFK 2004]

Tatewaki(1957)では千島列島から記録されず，現在日本からも帰化記録がないようである。千島列島へは戦後帰化と思われる。

【分布】　南(択捉島)。まれ。[戦後帰化？]

【温帯植物】　本州・北海道にない。千島列島南部(外来)・カムチャツカ半島(外来)。北アメリカ・ヨーロッパ・シベリアなど。

＊エゾムギ *Elymus sibiricus* L.は北海道，サハリン，カムチャツカ半島から記録があるが，千島列島からは記録がない。

17. シバムギ属
Genus *Elytrigia*

外1. シバムギ

Elytrigia repens (L.) Desv. ex B.D.Jackson [EPJ 2012] [“(L.) Nevski”, FKI 2009] [“(L.) Nevski”, CFK 2004] [“(L.) Nevski”, VPS 2002]; *Elymus repens* (L.) Gould [IGJ 1989]; *Agropyron repens* (L.) P. Beauv.

穂状花序で，芒は長い型からない型まであり中間型も多く，本書では特に種内分類群のノゲシバムギ var. *aristatum* Baumg. を認めない。Tatewaki (1957) で千島列島から記録がなく，SAPS にも戦前の千島標本はないので戦後帰化と思われる。

【分布】 歯舞群島・色丹島・南・中(ウルップ島)・北。点在。[戦後帰化]

【温帯植物】 本州〜北海道(外来 A3)。千島列島(外来)・サハリン(在来)・カムチャツカ半島(外来)。ヨーロッパ原産，アジア北部・北アメリカ北部にも帰化。[Map 291]

18. ウシノケグサ属
Genus *Festuca*

1. アルタイウシノケグサ(新称)

Festuca altaica Trin. [FKI 2009] [CFK 2004]

北方系の種。包穎は膜質であり，革質で竜骨のある護穎とは明らかに質が違う点で以下の種とは異なる。Barkalov (2009) でパラムシル島産の M. Tatewaki 32654 が引用されているが，SAPS で確認できなかった。

【分布】 北(パラムシル島)。

【亜寒帯植物：周北極要素】 本州・北海道にない。千島列島北部・カムチャツカ半島。コリマ・オホーツク・ウスリー・シベリア・モンゴル・北アメリカ。

2. フェストゥカ・ブレビッシマ

Festuca brevissima Jurtz. [FKI 2009] [CFK 2004]

葯は 1 mm 長以下と小さく，茎の基部は極めて多数の枯死した葉鞘に包まれる。

【分布】 北(パラムシル島)。

【亜寒帯植物：北アメリカ・東アジア隔離要素】 千島列島北部・カムチャツカ半島。北アメリカ。

3. オオトボシガラ

Festuca extremiorientalis Ohwi [EPJ 2012] [FKI 2009] [VPS 2002] [IGJ 1989]

山地に生える大型の多年草。円錐花序は大きく先が垂れ，疎らにつく小穂に 3〜5 本の長い芒をもつ。Tatewaki (1957) では色丹島から記録されているが SAPS では証拠標本が確認できない。

2n = 28(色丹島) [Probatova et al., 2007]。

【分布】 歯舞群島・色丹島・南(国後島)。

【冷温帯植物：東北アジア要素】 本州中部〜北海道。千島列島南部・サハリン。ウスリー・シベリア・朝鮮半島北部・中国北部。[Map 238]

4. ヤマオオウシノケグサ

Festuca hondoensis (Ohwi) Ohwi [EPJ 2012] [FKI 2009]; *F. rubra* L. var. *hondoensis* Ohwi [IGJ 1989]; *F. jacutica* Drob.?

オオウシノケグサ *F. rubra* に似るがやや株状となり護穎がすみれ色を帯び芒がない。日本ではオオウシノケグサの変種とされる(大井, 1982；長田, 1989)。

【分布】 色丹島。

【冷温帯植物：日本・千島固有要素】 本州中部〜北海道[J-EN]。千島列島南部[S-R(3)]。

5. ウシノケグサ(広義)

Festuca ovina L. s.l.; *F. ovina* L. [EPJ 2012] [FKI 2009] [VPS 2002] [IGJ 1989]; *F. vorobievii* Prob. [FKI 2009] [VPS 2002]

低地から高地の草原に生える多年草。オオウシノケグサに似るが，株状になり葉は内側に巻いて糸状となり幅 0.5 mm 内外。*F. vorobievii* はウシノケグサに類似する植物で，海岸近くに生え葉や小穂が緑白色がかるとされる。ここではこのようなロシア側で認められた近縁種も含め，広い意味でのウシノケグサとして扱った。2n = 14(色丹島, 択捉島) as *F. ovina* [Probatova et al., 2007]。2n = 14 (国後島, 択捉島) as *F. vorobievii* [Probatova et al.,

2007]。
【分布】　歯舞群島・色丹島・南・中(ウルップ島*)。
【温帯植物：周北極要素】　九州〜北海道(一部は外来)。千島列島中部以南・サハリン，北半球の温帯〜亜寒帯。[Map 229]

6.　オオウシノケグサ

Festuca rubra L. [EPJ 2012] [FKI 2009] [CFK 2004] [VPS 2002] [IGJ 1989]; *F. aucta* Krecz. et Bobr. [R]; *F. eriantha* Honda et Tatew. [R]

低地の草原に生える多年草。ウシノケグサに似るが，株はゆるく広がり株状にはならない。葉は幅 1〜2.5 mm とより広い。2n＝42(択捉島，パラムシル島)[Probatova et al., 2007]。
【分布】　歯舞群島・色丹島・南・中・北。点在。
【冷温帯植物：周北極要素】　本州中部〜北海道。千島列島・サハリン・カムチャツカ半島。北半球温帯〜亜寒帯。牧草としても帰化している。[Map 234-235]

外 1.　ヒロハノウシノケグサ(メドウ・フェスク)

Festuca pratensis Huds. [CFK 2004] [VPS 2002] [IGJ 1989]; *Schedonorus pratensis* (Huds.) P.Beauv. [EPJ 2012] [FKI 2009]

牧草として導入され，野生化している。オニウシノケグサに似て葉耳があり，別属 *Schedonorus* に扱われることがある。オニウシノケグサに比べると，葉耳に短毛がなく，護頴の先に芒がないことが多い。Tatewaki(1957)では千島列島から記録されておらず，戦後の帰化と思われる。2n＝14(択捉島)as *Schedonorus pratensis* [Probatova et al., 2007]。
【分布】　歯舞群島・南・中・北(パラムシル島)。点在。[戦後帰化]
【温帯植物】　九州〜北海道(外来 A3)。千島列島(外来)・サハリン(外来)・カムチャツカ半島(外来)。ヨーロッパ・シベリア原産，北アメリカにも外来。[Map 236]

外 2.　オニウシノケグサ(トール・フェスク)

Festuca arundinacea Schreb. [IGJ 1989]; *Schedonorus arundinaceus* (Schreb.) Dumort. [EPJ 2012] [FKI 2009]

牧草として導入されている。ヒロハノウシノケグサとの交配品も牧草として出回っている。葉鞘口部に葉耳があり，しばしば別属 *Schedonorus* として扱われる(Flora of North America Editorial Committee, 2007; Barkalov, 2009)。Tatewaki(1957)では千島列島から記録されておらず SAPS にも標本がなく，戦後の帰化と思われる。
【分布】　南(国後島)。まれ。[戦後帰化]
【温帯植物】　本州〜北海道(外来 A3)。千島列島南部(外来)。ヨーロッパ原産の牧草。[Map 237]

19.　ドジョウツナギ属
Genus *Glyceria*

1.　カラフトドジョウツナギ

Glyceria lithuanica (Gorski) Gorski [EPJ 2012] [FKI 2009] [CFK 2004] [VPS 2002] [IGJ 1989]

花序はふさふさと垂れる大型の植物体。ミヤマドジョウツナギに似るが，第 2 苞頴が 2 mm 前後とより短く護頴の半分よりも短い。
【分布】　色丹島・南・中・北。
【冷温帯植物：周北極要素】　本州中部〜北海道。千島列島・サハリン・カムチャツカ半島。ウスリー・シベリア・ヨーロッパ。[Map 251]

2.　ミヤマドジョウツナギ

Glyceria alnasteretum Kom. [EPJ 2012] [FKI 2009] [CFK 2004] [VPS 2002] [IGJ 1989]

カラフトドジョウツナギに似る多年草。第 2 包頴が長さ 2.5〜3 mm となり護頴の半分より長い点で区別される。2n＝20(パラムシル島)[Probatova et al., 2007]。
【分布】　南・中・北(パラムシル島)。
【冷温帯〜亜寒帯植物：東北アジア要素】　本州中部〜北海道。千島列島・サハリン北部・カムチャツカ半島。オホーツク。[cf. Map 250]

3.　ヒメウキガヤ

Glyceria depauperata Ohwi [EPJ 2012] [FKI

2009] [IGJ 1989]

小川の水中に生える。半透明膜質の葉舌は長さ2～5 mmで目立ち，小穂には7～15小花がある。2n＝20(国後島，択捉島)［Probatova et al., 2007］。

【分布】　南。

【温帯植物：準日本固有要素】　本州～北海道。千島列島南部。中国北部。

4. ドジョウツナギ

Glyceria ischyroneura Steud. [EPJ 2012] [IGJ 1989]; *G. probatovae* Tzvelev [FKI 2009]

小穂には3～7小花があり，護頴は長さ2.2～3.0 mmで小穂の軸は著しく屈曲する。Tzvelev(2006)はドジョウツナギ類似種として択捉島から2新種を報告している。そのなかの*G. probatovae*は護頴が長さ2～2.5 mmと短く，内頴の竜骨が強く曲がり，茎がより細いなどとする。しかしこれらの値は北海道産のドジョウツナギの変異に完全に入ってしまうので認められない。ここではドジョウツナギに含めた。2n＝40(択捉島) as *G. probatovae*［Probatova et al., 2007］。

【分布】　南(択捉島が北東限)。

【暖温帯植物：準日本固有要素】　琉球～北海道。千島列島南部。朝鮮半島南部。

〈検討種〉グリケリア・ウォロシロウィイ

Glyceria voroschilovii Tzvelev

Tzvelev(2006)がドジョウツナギ類似種として択捉島から報告した新種。護頴が3.2～3.5 mmと長く，葉身の幅が3～6 mmと狭いとする。この護頴の長さが記載通りであるならば，ドジョウツナギの変異外と考えられる。Tzvelev(2006)では*G. voroschilovii*の起源について，本書ではドジョウツナギのシノニムとした*G. probatovae*とカラフトドジョウツナギあるいはミヤマドジョウツナギとの交雑起源の可能性を述べており，今後の検討課題である。

20. コウボウ属
Genus *Hierochloë*

1. ミヤマコウボウ

Hierochloë alpina Roem. et Schult. [“(Sw.) Roem. et Schult. et Schult.f.”, FKI 2009] [“(Sw.) Roem. et Schult.”, CFK 2004] [“(Sw.) Rome. et Schult.”, IGJ 1989]; *Anthoxanthum monticola* (Bigel.) Veldkamp subsp. *alpinum* (Sw.) Soreng [EPJ 2012]

上方の雄性小花の芒が小穂外に伸びだし，一見コメススキに似るが，花序の枝はあまり伸びず，葉舌は極く小さい。

【分布】　中・北。

【亜寒帯植物：周北極要素】　本州中部～北海道(高山)。千島列島中部以北・サハリン・カムチャツカ半島。ウスリー・オホーツク・シベリア・モンゴル・ヨーロッパ・北アメリカ。［Map 346］

2. コウボウ

Hierochloë odorata (L.) Beauv. var. ***pubescens*** Krylov [IGJ 1989]; *Anthoxanthum nitens* (Weber) Y. Schouten et Veldkamp var. *sachalinensis* (Printz) Yonek. [EPJ 2012]; *H. sachalinensis* (Printz) Worosch. [FKI 2009] [VPS 2002]; *H. glabra* Trin. subsp. *sachalinensis* (Printz) Tzvelev [CFK 2004]

Tatewaki(1957)によると，戦前は択捉島が北東限だったがBarkalov(2009)によりさらに北からも報告された。Barkalov(2009)で文献記録のみとされているウルップ島で筆者らは採集している。そこは川畔の人家近くの砂地だった。中～北千島は戦後の帰化の可能性もある。2n＝42(国後島) as *Hierochloe sachalinensis*［Probatova et al., 2007］。

【分布】　歯舞群島・色丹島・南・中(ウルップ島)・北。やや普通。両側分布。【一部外来？】

【温帯植物：東北アジア要素】　九州～北海道。千島列島・サハリン・カムチャツカ半島。シベリア・朝鮮半島。［Map 345］

3. ヒエロクロエ・パウキフロラ

Hierochloë pauciflora R.Br. [FKI 2009] [CFK

2004] [VPS 2002]

コウボウに似るが，円錐花序は幅狭く総状花序様であり小穂は少なく10個まで，葉の幅も3 mmまでと狭い。

【分布】　北(パラムシル島・シュムシュ島)。まれ。

【亜寒帯植物：周北極要素】　北海道・本州にない。千島列島北部・サハリン北部・カムチャツカ半島。チュコト半島・オホーツク・シベリア・アラスカ・北アメリカ北部。［Map 348］

〈検討種〉コウボウの近似種

Hierochloë kamtschatica (Prob.) Prob.

北千島シュムシュ島から記録されている(Barkalov, 2009)。この種はKharkevicz et al.(1985)によると，南方系で島嶼型のコウボウ*H. sachalinensis*とより北方で大陸型の*H. sibirica*との交雑で形成されたと推定されている。今後の検討が必要な種である。2n＝42(シュムシュ島)as *H. kamtschatica*［Probatova et al., 2007］。

21. シラゲガヤ属
Genus *Holcus*

外1. シラゲガヤ

Holcus lanatus L. [EPJ 2012] [FKI 2009] [IGJ 1989]

Tatewaki(1957)では記録されず，SAPSにも千島列島産標本はないが，Barkalov(2009)は千島列島への外来種としてリストしている。SAPSの北海道産戦前標本では道南渡島と道東根室産のシラゲガヤがあり，特にFaurieによる1893年根室産標本のスケッチは興味深い。このため歯舞群島などには戦前から帰化していた可能性がある。2012年に国後島古釜布で採集した(Fukuda, Taran, et al., 2014)。サハリンやカムチャツカ半島からの帰化記録はなく，温帯系の外来植物といえる。2n＝14(国後島)［Probatova et al., 2007］。

【分布】　歯舞群島・南(国後島)・中(ウルップ島)。［戦前帰化？］

【暖温帯植物】　九州～北海道(外来B)。千島列島中部以南(外来)。ヨーロッパ・西アジア原産，世界各地の温帯に帰化。［Map 301］

22. オオムギ属
Genus *Hordeum*

1. チシマムギクサ

Hordeum brachyantherum Nevski [EPJ 2012] [CFK 2004] [IGJ 1989]; *Critesion brachyantherum* (Nevski) Tzvelev [FKI 2009]; *H. boreale* Scrib. et Sm. [J]

Ohwi(1933)がチシマムギクサ*H. boreale*の名前で北千島パラムシル島から日本新産として報告した。Tatewaki(1957)は択捉島とパラムシル島から記録し，Barkalov(2009)も同様である。一方で筆者はウルップ島でも採集している(Urup, Barhatnyy Bay, Aug. 28, 1995. H. Takahashi 20079, SAPS)。ここでは川ぞいにやや普通だった。

【分布】　南(択捉島)・中(ウルップ島)・北(パラムシル島)。点在。

【冷温帯植物：北太平洋要素】　本州(外来)。千島列島・カムチャツカ半島(外来)。アリューシャン列島・北アメリカ。

外1. ホソノゲムギ

Hordeum jubatum L. [EPJ 2012] [CFK 2004] [VPS 2002] [IGJ 1989]; *Critesion jubatum* (L.) Nevski [FKI 2009]

Tatewaki(1957)には記録がなく，SAPSにも千島列島産標本がないが，Barkalov(2009)に千島列島外来種としてリストされている。

【分布】　歯舞群島・色丹島・南(択捉島)。［戦後帰化］

【冷温帯植物】　本州～北海道(外来B)。千島列島南部(外来)・サハリン(外来)・カムチャツカ半島(外来)。北アメリカ原産，北半球温帯～亜寒帯に帰化。［Map 283］

23. テンキグサ属
Genus *Leymus*

1. テンキグサ(ハマニンニク)

Leymus mollis (Trin. ex Spreng.) Pilger [EPJ 2012] ["(Trin.) Pilger", FKI 2009] ["(Trin.) H.Hara", CFK

2004] ["(Trin.) Pilger", VPS 2002] ["(Trin.) Pilger", IGJ 1989]; *Elymus arenarius* L. subsp. *mollis* Hultén; *Elymus mollis* Trin. [R]

千島列島全体の海岸に極めて普通に生える中型〜大型の多年草。2n＝28(エカルマ)[Probatova et al., 2007]。

【分布】 歯舞群島・色丹島・南・中・北。普通。開花：6月下旬〜7月上旬。

【温帯植物：北太平洋要素】 九州〜北海道。千島列島・サハリン・カムチャツカ半島。東シベリア・オホーツク・アリューシャン列島・北アメリカ。[Map 280]

2. **ワタゲテンキグサ**(新称)

Leymus villosissimus (Scribn.) Tzvelev [FKI 2009] [CFK 2004]; *L. mollis* (Trin. ex Spreng.) Pilger ssp. *villosissimus* (Scribn.) Á. Löve

Kharkevicz et al.(1985)によると，本種は植物体が25〜60 cm長，穂状花序は長さ15 cmまでと短く，しばしば藤色〜ピンク色となり，根茎が細いとされる。さらにテンキグサに比べると包頴の長毛が開花後も落ちず，護頴の長毛も密であるとされる。Tatewaki(1957)では本種をシムシル島から記録した。Barkalov(2009)も千島列島から*Leymus*属として2種を記録し，*L. villosissimus*をアライト島から記録し，シムシル島は文献記録のみとした。SAPSには上述のシムシル島の証拠標本は見つからず，アライト島産の*L. villosissimus*同定標本がある。これとは別に筆者らはシムシル島で採集している。

【分布】 中(シムシル島)・北(アライト島)。まれ。

【亜寒帯植物：北アメリカ・東アジア隔離要素】 本州・北海道にない。千島列島中部以北・カムチャツカ半島。コマンダー諸島・東シベリア・北アメリカ。

24. ホソムギ属
Genus *Lolium*

本属についてはTatewaki(1957)には記録がなく，SAPSにも千島列島産標本がない。Barkalov(2009)がリストした以下の種は戦後に千島列島に帰化したものと思われる。

外1. **ホソムギ**(ライグラス)

Lolium perenne L. [EPJ 2012] [FKI 2009] [VPS 2002] [IGJ 1989]

Verkholat et al.(2005)がパラムシル島Severo-Kuril'skから報告した。さらに2012年に択捉島紗那でも採集された(Fukuda, Taran, et al., 2014)ので，両側分布パターンとなった。

【分布】 南(択捉島)・北(パラムシル島)。まれ。両側分布。[戦後帰化]

【温帯植物】 九州〜北海道(外来A3)。千島列島南北部(外来)・サハリン南部(外来)・カムチャツカ半島(外来)。ダウリア・ウスリー，ヨーロッパ原産，北アメリカにも帰化。[Map 261]

外2. **ドクムギ**

Lolium temulentum L. [EPJ 2012] [FKI 2009] [IGJ 1989]

【分布】 南(択捉島)・中(ウルップ島)。まれ。[戦後帰化]

【温帯植物】 九州〜北海道(外来A3)。千島列島中部以南(外来)・サハリン南部(外来)。ウスリー・シベリア・北アメリカ，ヨーロッパ原産。[Map 263]

25. コメガヤ属
Genus *Melica*

1. **コメガヤ**

Melica nutans L. [EPJ 2012] [FKI 2009] [CFK 2004] [VPS 2002] [IGJ 1989]

Tatewaki(1957)では色丹島から記録されているが，SAPSでは証拠標本が見つからなかった。

【分布】 色丹島・南(国後島)。まれ。

【温帯植物：周北極要素】 九州〜北海道。千島列島南部・サハリン・カムチャツカ半島。ユーラシア温帯域。[Map 244]

26. イブキヌカボ属
Genus *Milium*

1. イブキヌカボ

Milium effusum L. [EPJ 2012] [FKI 2009] [CFK 2004] [VPS 2002] [IGJ 1989]

落葉広葉樹林に生え高さ1m以上にもなる多年草。1小花からなる小穂が特徴。ケトイ島の証拠標本はSAPSにはなく，Barkalov(2009)でも記録のみとしている。2n＝28(国後島，択捉島，ウルップ島)[Probatova et al., 2007]。

【分布】　色丹島・南・中(ケトイ島*が北東限)。

【温帯植物：周北極要素】　九州～北海道。千島列島中部以南・サハリン・カムチャツカ半島。北半球温帯～亜寒帯。[Map 362]

27. ススキ属
Genus *Miscanthus*

1. ススキ

Miscanthus sinensis Andersson [EPJ 2012] [FKI 2009] [VPS 2002] [IGJ 1989]

国後島や択捉島では生育地がやや限られ，硫気孔原などでしばしば見られる。2n＝40(国後島)[Probatova et al., 2007]。

【分布】　歯舞群島・色丹島・南・中(ウルップ島)。

【暖温帯植物：東アジア要素】　琉球～北海道。千島列島中部以南・サハリン南部。朝鮮半島・中国。

28. ヌマガヤ属
Genus *Moliniopsis*

1. ヌマガヤ

Moliniopsis japonica (Hack.) Hayata [EPJ 2012] [FKI 2009] ["*japonica* Hack.", VPS 2002]; *Molinia japonica* Hack. [IGJ 1989]

日本では中間湿原の指標種とされる。SAPSには国後島の戦前標本1枚しかない。色丹島からの記録がないのは興味深い。2n＝36，50～54(国後島)[Probatova et al., 2007]。

【分布】　歯舞群島・南(択捉島が北東限)。

【暖温帯植物：東アジア要素】　九州～北海道。千島列島南部・サハリン南部。朝鮮半島・中国。

29. ネズミガヤ属
Genus *Muhlenbergia*

1. ミヤマネズミガヤ

Muhlenbergia curviaristata (Ohwi) Ohwi var. ***nipponica*** Ohwi [EPJ 2012] [IGJ 1989]; *M. curviaristata* (Ohwi) Ohwi [FKI 2009]

Tatewaki(1957)では色丹島から記録しているが，SAPSには証拠標本がない。Barkalov(2009)で色丹島，国後島から記録された。2n＝40(色丹島)[Probatova et al., 2007]。

【分布】　色丹島・南(国後島)。まれ。

【温帯植物：日本・千島固有要素】　本州～北海道。千島列島南部。

30. タツノヒゲ属
Genus *Neomolinia*

1. タツノヒゲ

Neomolinia japonica (Franch. et Sav.) Honda [EPJ 2012] ["(Franch. et Sav.) Prob.", FKI 2009]; *Diarrhena japonica* Franch. et Sav. [IGJ 1989]

Tatewaki(1957)では記録がなく，SAPSにも標本がないが，Barkalov(2009)では国後島から記録された。2n＝38(国後島)[Probatova et al., 2007]。

【分布】　南(国後島)。まれ。

【暖温帯植物：準日本固有要素】　九州～北海道。千島列島南部。朝鮮半島(済州島)。

31. キビ属
Genus *Panicum*

1. ヌカキビ

Panicum bisulcatum Thunb. [EPJ 2012] [FKI 2009] [IGJ 1989]

無毛の一年草。円錐花序は大型。Tatewaki(1957)では記録がなく，SAPSにも標本がないが，Alexeeva(1983)により，国後島から記録された。2n

＝36(国後島)[Probatova et al., 2007]。
【分布】　南(国後島)。
【暖温帯植物：東アジア要素】　琉球〜北海道。千島列島南部。ウスリー・朝鮮半島・中国・インド。

32. クサヨシ属
Genus *Phalaris*

1. クサヨシ

Phalaris arundinacea L. [EPJ 2012] [IGJ 1989]; *Phalaroides arundinacea* (L.) Rausch. [FKI 2009] [CFK 2004] [VPS 2002]

一見開花前のカモガヤに似るが，葉はより広い。Barkalov(2009)では中千島マカンル島から記録がないが，筆者らは採集している。またシャシコタン島の戦前の無花標本がSAPSにある。戦前はウルップ島が北東限だった(Tatewaki, 1957)が，現在はより北からも報告されている(Barkalov, 2009)。
【分布】　歯舞群島・色丹島・南・中・北。普通。
【温帯植物：周北極要素】　九州〜北海道。千島列島・サハリン・カムチャツカ半島。北半球温帯域。[Map 349]

33. アワガエリ属
Genus *Phleum*

1. ミヤマアワガエリ　【Plate 55-5】

Phleum alpinum L. [EPJ 2012] [FKI 2009] [CFK 2004] [IGJ 1989]

オオアワガエリに似るが，円錐花序はより短い円筒形で包頴の先は長さ2 mm以上の芒となる。
【分布】　南(択捉島*)・中・北。
【亜寒帯植物：汎世界〜周北極要素】　本州中部・北海道。千島列島・カムチャツカ半島。北半球亜寒帯・南米。[Map 360]

外1. オオアワガエリ(チモシー)

Phleum pratense L. [EPJ 2012] [FKI 2009] [CFK 2004] [VPS 2002] [IGJ 1989]

牧草として導入されたものが逸出。円錐花序は長い円筒形で，包頴の先は長さ1〜2 mmの芒となる。戦後も機会あるごとに帰化していると思われる。戦前の記録ではマツワ島が北東限だったが，Barkalov(2009)はより北からも報告している。
【分布】　歯舞群島・色丹島・南・中・北。極く普通。[戦前帰化]
【温帯植物】　九州〜北海道(外来A3)。千島列島(外来)・サハリン(外来)・カムチャツカ半島(外来)。ヨーロッパ・シベリア原産で世界各地に帰化。[Map 359]

34. ヨシ属
Genus *Phragmites*

1. ヨシ

Phragmites australis (Cav.) Trin. ex Steud. [EPJ 2012] [FKI 2009] [CFK 2004] [VPS 2002] [IGJ 1989]; *P. altissimus* (Benth.) Nabille [FKI 2009] [VPS 2002]; *P. communis* Trin.

Barkalov(2009)ではヨシ類似種として*P. altissimus*を国後島，択捉島に認めている。Kharkevicz et al.(1985)によると，ヨシの葉身の幅　は0.5〜2.5 cm，*P. altissimus*は2.5〜5 cmとする。しかし北海道のヨシを見る限りは，3 cm以上の幅になるものもしばしば混じり，葉の幅を標徴形質として2種に分けることは無理である。ここではヨシのなかに含めた。琵琶湖・淀川水系ではツルヨシが2n＝48(4倍体)，ヨシが2n＝96(8倍体)，120(10倍体)とされるが，他地域ではヨシでも頻繁に2n＝48が報告されており(Nishikawa, 2008)，ヨシ種内に少なくとも4倍体，6倍体，8倍体，10倍体が含まれているようである。2n＝48(択捉島)[Probatova et al., 2007]。
【分布】　歯舞群島・色丹島・南・中(ウルップ島が千島列島での北東限)。普通。
【温帯植物：汎世界要素】　琉球〜北海道。千島列島中部以南・サハリン・カムチャツカ半島。世界中の暖帯〜亜寒帯。[Map 343]

2. ツルヨシ

Phragmites japonicus Steud. [EPJ 2012] [FKI 2009] [“*japonica*”, IGJ 1989]

Ishii and Kadono(2001)によると，小花，護頴，小花の毛の長さがより短く，茎の節に開出毛がある点で，ヨシからは明瞭に区別できるという。また，ヨシでは葉鞘の口部が茎を抱くが，ツルヨシではほとんど抱かずにそのまま葉身に連なる(角野，2014)。属名*Phragmites*はギリシア語由来の植物ラテン語だが，日本では女性形とされ(豊国，1987)種形容語に*japonica*が使われている(長田，1989)が，ロシア(Tzvelev, 1984)やアメリカ(Flora of North America Editorial Committee, 2007)では男性形扱いされている。ここでもそれに従っている。

【分布】　歯舞群島・南。まれ。

【暖温帯植物：東アジア要素】　琉球〜北海道。千島列島南部。ウスリー・朝鮮半島・中国。

35. イチゴツナギ属
Genus *Poa*

熱帯低地を除く世界中に300〜500種ある。Barkalov(2009)は千島列島の本属植物として23種を挙げているが，交雑起源と考えられるものも多く，該当地域の種分類には多くの問題がある。また日本の高山生イチゴツナギ類との詳細な比較も必要である。ここではTzvelev(1984)やProbatova(1985)による節や亜節を参考にしていくつかの類にまとめ，実態が明らかでない種名については今後の「検討種」としてそれぞれの類のなかでまとめた。

(1)ムラサキソモソモ類
Sect. *Poa*, Subsect. *Malacanthae*

小穂がしばしば胎生種子となる北方系の種群。通常地下茎をもつ多年草。円錐花序の枝は滑らかあるいはいくぶんざらつき，枝には数個の小穂しかつけない。小穂軸は疎らな毛〜無毛。護頴は3(5)脈で脈上には密な長毛がある。

1. キョクチソモソモ

Poa arctica R.Br. [FKI 2009] [CFK 2004]; *Poa williamsii* Nash

植物高は10〜55 cm，円錐花序は3〜10 cmになる。花序の節あたり1〜2本のやや長い枝が出て小穂は2〜3(〜5)小花からなり4〜7 mmで紫色。包頴は長さ3.5〜5 mmで護頴に長毛があり，葉身は細く0.5〜2(3) mm幅で葉舌は長さ0.5〜3 mm。BarkalovはSAPSの標本に，*P. arctica*と*P. macrocalyx*の雑種との同定ラベルをケトイ島，ラシュワ島産標本に残している。

【分布】　中(シムシル島以北)・北。やや普通。

【亜寒帯植物：周北極要素】　本州・北海道にない。千島列島中部以北・カムチャツカ半島。コリマ・オホーツク・ウスリー・シベリア・ヨーロッパ・北アメリカ。[Map 218]

2. ムラサキソモソモ　【Plate 55-6】

Poa malacantha Kom. [EPJ 2012] [FKI 2009] [CFK 2004] [VPS 2002]

キョクチソモソモに似た多年草で植物高は10〜30 cm，円錐花序は4〜8 cmとやや小さい。茎基部に枯死した茶褐色の厚い葉鞘が多数つき葉身は1〜2 mm幅で質が厚い。葉舌は長さ2〜4 mm。本州中部高山のミヤマイチゴツナギは本種の変種とされる。2n＝56(パラムシル島)[Probatova et al., 2007]。

【分布】　南(択捉島)・中・北。やや普通。

【亜寒帯植物：北太平洋要素】　本州・北海道にない。千島列島・サハリン北部・カムチャツカ半島。オホーツク・コマンダー諸島・アリューシャン列島・アラスカ。

3. キタチシマソモソモ(大井，1941)

Poa platyantha Kom. [FKI 2009] [CFK 2004]

ムラサキソモソモをより大型にしたような多年草で植物高は40〜90 cm，円錐花序は長さ7〜17 cm。小穂は3〜6小花からなり長さ7〜10 mmで緑色で時に紫色がかる。包頴は長さ4〜6.5 mm。葉舌は長さ2〜4 mm。2n＝c.70(パラムシル島)[Probatova et al., 2007]。

【分布】　北(パラムシル島)。点在する。

【亜寒帯植物：東北アジア要素】　本州・北海道にない。千島列島北部・カムチャツカ半島。オホーツク。

4. ポア・スブラナータ

Poa sublanata Reverd. [FKI 2009] [CFK 2004]

上記の種と似るが，円錐花序の枝全体がざらつき枝があまり開かず上向きにつくとされる。植物高は30〜75 cm，花序は長さ9〜17 cmで葉舌は長さ1.5〜3.5 mm。キョクチソモソモ *P. arctica* とナガハグサ複合群 *P. alpigena* らとしばしば同所的に生育する(Kharkevicz et al., 1985)とされ，これらとの交雑起源も疑われる。

【分布】 中(オネコタン島)・北。まれ。

【亜寒帯植物：周北極要素】 本州・北海道にない。千島列島中部以北・カムチャツカ半島。オホーツク・シベリア・アラスカ。

5. ポア・ネオサハリネンシス

Poa neosachlainensis Prob. [FKI 2009] [VPS 2002]

花序の枝は滑らか。小穂は3〜7小花からなり長さ6〜10 mmと大きく，包頴も護頴も先が鋭頭で尖る。葉舌は長さ1.5〜4 mm。Kharkevicz et al.(1985)では，サハリン産のヒメカラフトイチゴツナギ *P. sachalinensis* Hondaは本種とナガハグサ類との雑種個体の1つではないかとされる。またBarkalov(2009)では色丹島・国後島・択捉島からまれとして記録しつつ，ナンブソモソモ *P. hayachinensis* Koidz.やエゾミヤマソモソモ *P. yezoalpina* Tatew. et Kawanoとの比較が必要であるとする。今後，日本の高山生ソモソモ類との詳細な比較検討が必要である。

【分布】 色丹島・南。まれ。

【亜寒帯植物：東北アジア要素】 本州・北海道にない。千島列島南部・サハリン。

〈検討種〉ポア・トゥリウィアリフォルミス

Poa trivialiformis Kom.

Barkalov(2009)ではオネコタン島・パラムシル島からまれとして記録されているが，Kharkevicz et al.(1985)では不明種とし，かつてカムチャツカ半島にあったホソバナソモソモ *P. tatewakiana* が *P. platyantha* に吸収されたものとしたり，*P. platyantha* とナガハグサ *P. pratensis* の交雑としたりしている。葉舌は長さ2.5〜4 mm。

6. カラフトイチゴツナギ複合群

Poa macrocalyx Trautv. et C.A.Mey. complex; *P. macrocalyx* Trautv. et C.A.Mey. [EPJ 2012] [FKI 2009] [CFK 2004] [VPS 2002] [IGJ 1989]; *P. tatewakiana* Ohwi [EPJ 2012] [FKI 2009]

包頴が大きく，第1包頴は最下の護頴とほぼ同じ長さになるのがよい特徴。しかし広義のカラフトイチゴツナギは多型な種で，北海道での種内変異の研究からは，千島列島には変種ホソバナソモソモ *P. macrocalyx* var. *tatewakiana* (Ohwi) Ohwi(＝*P. tatewakiana* Ohwi)の型が分布していると思われる。一方，Barkalov(2009)では千島列島産として狭義のカラフトイチゴツナギ *P. macrocalyx* とホソバナソモソモ *P. tatewakiana* との2種を認めている。長田(1989)によると，広義のカラフトイチゴツナギのなかでは変種ホソバナソモソモは小穂が3〜7小花(他は2〜4小花)からなり，もっとも大きくて花序が特に深く垂れるので比較的認識しやすいとされる。2n＝42(国後島，パラムシル島)，42，56-59(択捉島)，56(択捉島)，70(パラムシル島)as *P. macrocalyx* [Probatova et al., 2007]。2n＝42(色丹島，国後島，択捉島，ウルップ島)as *P. tatewakiana* [Probatova et al., 2007]。

【分布】 歯舞群島・色丹島・南・中・北。普通。

【冷温帯植物：東北アジア〜北アメリカ・東アジア隔離要素】 北海道(海岸)。千島列島・サハリン・カムチャツカ半島。オホーツク・ウスリー・北アメリカ。

7. ポア・トゥルネリ

Poa turneri Scribn. [FKI 2009]

カラフトイチゴツナギに似る多年草だが，小穂が広卵形とより丸っこくなり，護頴には密な小突起がありざらつく。葉舌は長さ3.5〜5 mmと長い。2n＝63(チルポイ)[Probatova et al., 2007]。

【分布】 南(択捉島)・中・北。点在する。

【亜寒帯植物：北太平洋要素】 千島列島。コマンダー諸島・アリューシャン列島・アラスカ。

8. **ケトイイチゴツナギ** 【Plate 32-4】

Poa ketoiensis Tatew. et Ohwi [FKI 2009]

ケトイ島 Ishikuzurehama の海崖がタイプ産地の種(Ohwi, 1935)。Probatova(1985)では種として認めず，カラフトイチゴツナギ類ともされる。検討が必要な種である。Barkalov(2009)に丁寧なノートがある。

【分布】 中。

【亜寒帯植物：千島固有要素】 千島列島中部。

---

(2)ナガハグサ類

Sect. *Poa*, Subsect. *Poa*

植物体は長い根茎をもつ。円錐花序の枝はざらつくがまれにほとんど滑らか。小穂軸は無毛。護穎は5脈で脈上は無毛。

外1. **ナガハグサ複合群**(ケンタッキー・ブルーグラス)

Poa pratensis L. complex

牧草として栽培され広く帰化する多型の多年草。一見カラフトイチゴツナギ *P. macrocalyx* にも似るが，小穂はより小さく長さ3〜6 mm。以下の種内分類群が報告されており，時に近縁の独立種ともされる。

【冷温帯植物】 本州〜北海道(外来A3)。千島列島(在来・外来)・サハリン(在来・外来)・カムチャツカ半島(在来・外来)。北半球温帯域。［Map 216］

外1a. **ナガハグサ**(狭義)

Poa pratensis L. s.str. [EPJ 2012] [FKI 2009] [CFK 2004] [VPS 2002] [IGJ 1989]

葉舌は長さ2.5〜4 mm，小穂は長さ5〜7 mm。2n＝56(択捉島)［Probatova et al., 2007］。

【分布】 歯舞群島・色丹島・南・中・北，両側分布的。［帰化］

外1b. **ポア・アルピゲナ**

Poa alpigena (Blytt) Lindm. [FKI 2009] [VPS 2002]; *P. pratensis* L. subsp. *alpigena* (Blytt) Hiitonen [CFK 2004]

ナガハグサに似た北方系の種。葉舌は長さ0.8〜2.5 mm と短く，小穂は小さく長さ3〜5 mm，葉は狭く幅2 mm まで。第一包穎が狭く披針形。

【分布】 北。

外1c. **ホソバノナガハグサ**

Poa angustifolia L. [FKI 2009] [VPS 2002]; *P. pratensis* L. subsp. *angustifolia* (L.) Lej. [EPJ 2012] ["(L.) Arcang.", CFK 2004] ["(L.) Arcang.", IGJ 1989]

ナガハグサに似るが地上茎が密に集まる株状となり，栄養茎の葉は巻いて糸状となり茎よりも細い。葉舌は長さ1〜2 mm，小穂は長さ3〜6 mm。サハリンなどに普通に分布する。

【分布】 色丹島・南・中・北。［帰化］

---

(3)ヒナソモソモ類

Sect. *Nivicolae*

細長く枝分かれする根茎をもつ多年草。葉身は薄く柔らかい。円錐花序の枝は滑らかで1〜2個しか小穂をもたない。包穎は薄く，先端近くでは膜質となる。

9. **ヒナソモソモ** 【Plate 39-2, 39-3】

Poa shumushuensis Ohwi [FKI 2009] [CFK 2004] [VPS 2002]

Ohwi(1935)によりシュムシュ島産標本に基づいて新種発表されたもの。

【分布】 北。まれ。

【亜寒帯植物：東北アジア要素】 本州・北海道にない。千島列島北部・サハリン北部［R-R(3)］・カムチャツカ半島。オホーツク。

---

(4)イブキソモソモ類

Sect. *Homalopoa*

短い根茎をもつ多年草。葉鞘はざらつき，基部の葉鞘の竜骨は翼状になる。円錐花序の枝もざらつく。

10. イブキソモソモ(チシマイチゴツナギ)

Poa radula Franch. et Sav. [EPJ 2012] [FKI 2009] [CFK 2004] [VPS 2002] [IGJ 1989]

走出枝を欠き株状となる大型の多年草。花序は大きく開いて先は下垂し小花は長さ6〜10 mmと大きい。葉舌は長さ2.5〜4 mm。Barkalov(2009)では北千島のパラムシル島・アライト島を疑問符つきでリストし，日本でも北千島産標本は確認できない。ここでは北千島産は文献記録のみで再検討が必要であるとして扱った。

2n＝42(国後島，色丹島，択捉島)[Probatova et al., 2007]。

【分布】 色丹島・南・中・北*。

【冷温帯植物：東北アジア要素】 本州中部〜北海道。千島列島・サハリン[S-R(3)]・カムチャツカ半島。

(5)スズメノカタビラ類
Sect. *Ochlopoa*

一年草あるいは多年草で株立ちとなる。葉鞘や円錐花序の軸は通常滑らか。護頴は3〜5脈で有毛。

11. ヤマミゾイチゴツナギ

Poa hisauchii Honda [EPJ 2012] [FKI 2009] [IGJ 1989]

軟弱な一〜二年草。Kharkevicz et al.(1985)ではパラムシル島からミゾイチゴツナギ *P. acroleuca* Steud. を報告したが，Barkalov(2009)ではこれは *P. hisauchii* とすべきものとし，国後島から報告されている(Probatova et al., 2006)。ここでもこれに従ったが。長田(1989)ではミゾイチゴツナギの分布を千島とし，ヤマミゾイチゴツナギは千島分布としない。今後の検討が必要である。

【分布】 南(国後島)。

【温帯植物：東アジア〜準日本固有要素】 九州〜北海道。千島列島南部。朝鮮半島。

外2. スズメノカタビラ

Poa annua L. [EPJ 2012] [FKI 2009] [CFK 2004] [VPS 2002] [IGJ 1989]

道端などに生える全体柔らかい一年草で植物体のわりに葉舌が大きい。小穂は3〜5小花からなり，長さ3〜6 mm。日本では史前帰化植物として在来種扱いされるが明治以降に帰化した系統も混じるとされる(清水，2003)。千島列島においてはMiyabe(1890)がすでに記録している。2n＝28(オネコタン，パラムシル島)[Probatova et al., 2007]。

【分布】 歯舞群島・色丹島・南・中・北，点在。[戦前帰化]

【温帯植物】 九州〜北海道(在来，一部外来)。千島列島(外来)・サハリン(在来)・カムチャツカ半島(外来)。ユーラシア原産，現在は世界中に分布。[Map 210]

(6)オレイノス類
Sect. *Oreinos*

密な株立ちとなる多年草。葉鞘は滑らかで花序の枝も滑らかあるいはややざらつく。護頴は3(~5)脈。

12. ユキワリソモソモ(大井，1941)

Poa paucispicula Scribn. [FKI 2009]; *P. leptocoma* Trin. subsp. *paucispicula* (Scribn. et Merr.) Tzvelev [CFK 2004]; *P. nivicola* auct. non Kom.

密に株立ちになり高さ5〜20 cmになる北方系の多年草。葉舌は長さ1〜2 mmと小さい。花序の枝は直線的で，小穂は紫色がかる。茎は1〜2節のみ。Barkalov(2009)では北千島アライト島は疑問符つきで文献引用のみとされ，再検討が必要である。

【分布】 北(パラムシル島・アライト島*)。

【亜寒帯植物：北アメリカ・東アジア隔離要素】 本州・北海道にない。千島列島北部・カムチャツカ半島。オホーツク・アルダン・東シベリア・アラスカ。

13. ポア・クロノケンシス

Poa kronokensis Prob. [FKI 2009]

Probatova et al.(2006)で新種報告された北方系の種。

【分布】　北(パラムシル島)。まれ。

【亜寒帯植物：東北アジア要素】　本州・北海道にない。千島列島北部・サハリン北部・カムチャツカ半島。

(7)オオスズメノカタビラ類
Sect. *Coenopoa*

植物体はゆるく株立ちする多年草。茎や葉鞘がざらつき，花序の枝が強くざらつく。護頴は5脈となる。

外3.　オオスズメノカタビラ

Poa trivialis L. [EPJ 2012] [FKI 2009] [CFK 2004] [VPS 2002] [IGJ 1989]

ヌマイチゴツナギに似る多年草で葉舌も長さ2.5〜7 mmと大きいが，護頴の中脈は太くてはっきりしている点で異なる。小穂は2〜4小花からなり長さ2.5〜4.5 mm。2n＝14(色丹島)［Probatova et al., 2007］。

【分布】　色丹島・南。点在。［戦後帰化］

【温帯植物】　本州中部〜北海道(外来A3)。千島列島南部(外来)・サハリン(外来)。ヨーロッパ・西アジア原産，北アメリカにも帰化。［Map 212］

(8)タチイチゴツナギ類
Sect. *Stenopoa*

多少とも株立ちになる多年草で短い栄養葉茎をもたない多年草。花序の枝は密に小突起がある。護頴は3脈，多少とも脈上は有毛。

14.　タチイチゴツナギ

Poa nemoralis L. [EPJ 2012] [FKI 2009] [CFK 2004] [VPS 2002] [IGJ 1989]; *P. acroleuca* auct. non Steud. [J]

葉舌は長さ0.2〜1.5 mmでほとんど目立たない。葉身は細く，葉鞘よりも長く特に最上葉では長さが葉鞘の3〜4倍もある。小穂は小さく2〜5小花からなり長さ3.5〜4.5 mm。2n＝c.50(択捉島)［Probatova et al., 2007］。

【分布】　色丹島・南・北(パラムシル島)。両側分布。

【冷温帯植物：周北極要素】　本州中部〜北海道(本州中部深山は在来，他は外来とされる)［J-EN］。千島列島南北部・サハリン・カムチャツカ半島。シベリア・朝鮮半島・ヨーロッパ・北アメリカ。［Map 224］

15.　ヌマイチゴツナギ

Poa palustris L. [EPJ 2012] [FKI 2009] [CFK 2004] [VPS 2002] [IGJ 1989]

オオスズメノカタビラに似て，長さ2〜5 mmの長い葉舌が目立つ多年草。花序の節から4〜6本の枝が出て，護頴の中脈が不明瞭。小穂は2〜5小花からなり，長さ2.5〜5 mm。2n＝28(国後島，択捉島，シムシル島)［Probatova et al., 2007］。

【分布】　歯舞群島・色丹島・南・中・北。やや普通。［戦後帰化？］

【冷温帯植物：周北極要素】　本州中部〜北海道(外来)。千島列島・サハリン・カムチャツカ半島。北半球温帯域。［Map 225］

外4.　コイチゴツナギ

Poa compressa L. [EPJ 2012] [FKI 2009] [CFK 2004] [VPS 2002] [IGJ 1989]

茎は節も含めて明らかな扁平となり，円錐花序は密で直立し，長さ3〜7 cm，幅0.5〜2.5 cm。2n＝42(択捉島)［Probatova et al., 2007］。

【分布】　南(択捉島)。［帰化］

【冷温帯植物】　本州中部〜北海道(外来B)。千島列島南部(外来)・サハリン南北部(外来)・カムチャツカ半島(外来)。ヨーロッパ・シベリア原産，北アメリカにも帰化。［Map 223］

(9)オニイチゴツナギ類
Subgenus *Arctopoa*

16.　オニイチゴツナギ　【Plate 56-1】

Poa eminens J.Presl [IGJ 1989][EPJ 2012]; *Arctopoa eminens* (J.Presl) Prob. [FKI 2009] [CFK

2004] [VPS 2002]

海岸地域の適湿のやぶに生える多年草。茎が太く葉は白緑色で葉身は10 mm幅まで，葉舌は長さ2〜3 mm。円錐花序には小穂が多数密集する。小穂は3〜5小花からなり長さ7〜9 mm。ロシアでは別属*Arctopoa*にすることが多い(Kharkevicz et al., 1985; Barkalov, 2009)が，ここではFlora of North America Editorial Committee(2007)や多くの日本の見解に従い*Poa*に含める。2n＝42(色丹島)as *Arctopoa eminens* [Probatova et al., 2007]。

【分布】　歯舞群島・色丹島・南・中・北。両側分布。

【冷温帯植物：北アメリカ・東アジア隔離要素】北海道。千島列島・サハリン・カムチャツカ半島。ウスリー・北アメリカ北西部。

36. チシマドジョウツナギ属
Genus *Puccinellia*

1. チシマドジョウツナギ

Puccinellia kurilensis (Takeda) Honda [EPJ 2012] [FKI 2009] [CFK 2004] [VPS 2002] [IGJ 1989]

海辺に生える塩生の多年草。円錐花序は直立し枝には小刺針がなく，花時には斜上し後に下向きになる。2n＝42(歯舞群島，色丹島，パラムシル島) [Probatova et al., 2007]。

【分布】　歯舞群島・色丹島・南・中・北。両側分布。

【温帯植物：北アメリカ・東アジア隔離要素】　九州〜北海道。千島列島・サハリン・カムチャツカ半島。ウスリー・北アメリカ。

2. タチドジョウツナギ

Puccinellia nipponica Ohwi [EPJ 2012] [FKI 2009] [IGJ 1989]

チシマドジョウツナギに似るが，花序の枝ははなはだざらつき枝基部から小穂をつける。

【分布】　色丹島。

【温帯植物：東北アジア〜東アジア要素】　本州(東北地方)。千島列島南部。朝鮮半島・中国北部。

外1. アレチタチドジョウツナギ

Puccinellia distans (Jacq.) Parl. [EPJ 2012] [FKI 2009] [CFK 2004] [VPS 2002]

2n＝28(シュムシュ島) [Probatova et al. 2007]。

【分布】　北(シュムシュ島)。[帰化]

【亜寒帯植物】　本州(外来)。千島列島北部(外来)・サハリン(外来)・カムチャツカ半島(外来)。ユーラシアに広く分布，北アメリカにも帰化。

37. ササ属
Genus *Sasa*

千島列島の標本数は十分でなく詳細な検討ができない。以下はおもにBarkalov(2009)が認めた小種を，鈴木(1996)の種概念に従って3節に分類してまとめた。節の特徴では伊藤・新宮(1982-83)も参考にした。

(1)ミヤコザサ節
Sect. *Crassinodi*

桿は細く通常単一，あるいは基部より分岐する。普通1年後に枯れ，毎年新しい桿と交替する。節は膨出し，茎の基部から出る花茎は桿よりはるかに伸びる。

1. センダイザサ(オオクマザサ，アイヌミヤコザサ)

Sasa chartacea (Makino) Makino et Shibata [EPJ 2012] [Suzuki 1996]; *S. sendaica* Makino [FKI 2009]; *S. amphitricha* Koidz.

桿は高さ50〜100 cmで細く単一。桿鞘に逆向する細毛があり，肩毛はよく発達し，葉下面に軟毛がある。葉は20 cm長にもなり巨大。

【分布】　南(国後島*)。まれ。

【温帯植物：日本・千島固有要素】　九州〜北海道。千島列島南部。

(2)チマキザサ節
Sect. *Sasa*

桿は基部から全体にわたって枝を分岐し，少なくとも数年は生きる。花茎は桿の基部から出て，桿よりも高く伸びる。

2. **オオバザサ**（ウラゲカラフトザサ）

Sasa megalophylla Makino et Uchida [EPJ 2012] [FKI 2009] [VPS 2002] [Suzuki 1996]; *S. sugawarae* Nakai

桿の高さは1.5〜2 mで剛壮。桿鞘に開出する長毛が密生し，肩毛はよく発達し，葉下面に軟毛がある。

【分布】 南。

【温帯植物：準日本固有要素】 本州〜北海道。千島列島南部・サハリン中部以南。

3a. **チマキザサ**（オオシコタンザサ）

Sasa palmata (Lat.-Marl. ex Burb.) E.G.Camus var. ***palmata*** [EPJ 2012] [FKI 2009] [VPS 2002] ["(Lat.-Marl.) Nakai", Suzuki 1996]; *Sasa shikotanensis* Nakai [FKI 2009]

桿は高さ1.5〜2 mで剛壮。桿鞘も葉下面も無毛。肩毛をしばしば欠く。

【分布】 色丹島・南（択捉島が北東限）。開花：7月上旬〜下旬。

【温帯植物：準日本固有要素】 本州〜北海道。千島列島南部・サハリン。

3b. **ルベシベザサ**

Sasa palmata (Lat.-Marl. ex Burb.) E.G.Camus var. ***niijimae*** (Tatew. ex Nakai) Sad. Suzuki [EPJ 2012] ["*niijimai*", Suzuki 1996]; *Sasa niijimae* Tatew. ex Nakai [FKI 2009] [VPS 2002]

上記種の変種で，葉の幅が2〜5 cmと狭いもので，葉の形はチシマザサに似る。

【分布】 南。まれ。

【温帯植物：準日本固有要素】 本州〜北海道。千島列島南部・サハリン南部。

4. **クマイザサ**（シナノザサ，ユモトクマイザサ，ソウウンザサ）

Sasa senanensis (Franch. et Sav.) Rehder [EPJ 2012] [FKI 2009] [VPS 2002]; *Sasa makinoi* Nakai [FKI 2009]; *Sasa rivularis* Nakai [FKI 2009]

桿は高さ1〜2 mで剛壮。桿鞘は無毛だが，肩毛をしばしば欠き，葉下面に軟毛がある。2n = 48（国後島）[Probatova et al., 2007]。

【分布】 歯舞群島・色丹島・南。

【温帯植物：準日本固有要素】 九州〜北海道。千島列島南部・サハリン南部。

5. **チュウゴクザサ**

Sasa veitchii (Carrière) Rehder var. ***tyugokensis*** (Makino) Sad. Suzuki [EPJ 2012] [Suzuki 1996]; *Sasa tyugokensis* Makino ["*tyuhgokensis*", FKI 2009] ["*tyuhgokensis*", VPS 2002]

クマザサの変種で桿の高さ約2 mで剛壮。桿鞘は開出する長毛が密生し，葉は下面無毛。本州・北海道の日本海側に生育する種類なので何かの誤認とも思われる。種学名の綴りに混乱がある。

【分布】 色丹島*・南（国後島*）。

【温帯植物：準日本固有要素】 本州〜北海道。千島列島南部・サハリン南部。

6a. **シコタンザサ** 【Plate 35-3】

Sasa yahikoensis Makino var. ***depauperata*** (Takeda) Sad. Suzuki [EPJ 2012] [Suzuki 1996]; *S. depauperata* (Takeda) Nakai [FKI 2009]; *S. nipponica* Makino et Shibata var. *depauperata* Takeda (1914)

桿は高さ1〜2 mでやや剛壮。桿鞘に逆向する薄い細毛があり，肩毛が発達し，葉の下面に軟毛。葉は長さ18〜20 cm×幅4〜5 cm。

【分布】 歯舞群島・色丹島・南（国後島）。

【温帯植物：日本・千島固有要素】 本州北部〜北海道。千島列島南部。

6b. **オゼザサ**

Sasa yahikoensis Makino var. ***oseana*** (Makino) Sad. Suzuki [EPJ 2012] ["(Makino ex Nakai)", Suzuki 1996]; *Sasa oseana* Makino ex Nakai ["(Makino) Uchida", FKI 2009]

上記種と同じヤヒコザサの1変種。葉は長さ20〜25 cm×幅6〜8 cmにもなり巨大で，先端がやや急にとがる。
【分布】 南(国後島)。まれ。
【温帯植物：準日本固有要素】 本州〜北海道。千島列島南部・サハリン南部。

〈検討種〉**ミヤマザサ**

Sasa septentrionalis Makino

国後島から疑問符つきのみでリストされている(Barkalov, 2009)ので，ここでは検討種と見なす。桿は高さ1〜1.5 m。桿鞘は開出する長毛と逆向する細毛が密生してビロード状。葉身の上面は無毛または長毛が散生し，下面は軟毛が密生。

(3)チシマザサ節
Sect. *Macrochlamys*

桿は上部で枝を分岐し，高さ2 m以上にもなる。桿は少なくとも数年間は生きる。花序は桿の上部の枝から出て，桿とほぼ同じ高さ。

7. **チシマザサ**(ネマガリダケ)

Sasa kurilensis (Rupr.) Makino et Shibata [EPJ 2012] [FKI 2009] [VPS 2002] [Suzuki 1996]

桿は高さ1.5〜3 mにも達し大変剛壮。桿鞘は無毛で，葉は革質無毛で下面は光沢がある。おもに積雪深により植物高は大きく異なる。
【分布】 歯舞群島*・色丹島・南・中(ケトイ島が北東限)。やや普通。
【温帯植物：準日本固有要素】 本州〜北海道。千島列島中部以南・サハリン。

8. **エゾミヤマザサ**

Sasa tatewakiana Makino [EPJ 2012] [FKI 2009] [VPS 2002] [Suzuki 1996]

桿は高さ1.5〜2 mに達し，桿鞘に逆向きの短毛または細毛が密生してビロード状。葉下面は薄く毛があるか無毛。
【分布】 南(国後島)。まれ。
【温帯植物：準日本固有要素】 本州〜北海道。千島列島南部・サハリン南部。

〈検討種〉**マツダザサ**

Sasa matsudae Nakai

Barkalov(2009)により，疑問符つきで色丹島からリストされている。これは鈴木(1996)ではオクヤマザサ *Sasa cernuta* Makinoのシノニムとされる。ここでは検討種として扱う。桿は高さ2 mまたはそれ以上になり剛壮。桿鞘は無毛，肩毛が発達し，葉の下面やや薄く毛があるかしばしば無毛。チシマザサに比べると葉の質が薄く，下面にほとんど光沢がない。チシマザサとクマイザサの雑種ともされる。

〈検討種〉**ササ・スピキュローサ**

Sasa spiculosa (F.Schmidt) Makino

国後島から文献記録されている(Barkalov, 2009)。これは鈴木(1996)ではスズタケ *Sasamorpha borealis* (Hackel) Nakaiのシノニムとされる。スズタケは道東に分布するので国後島での自生の可能性はあるが，ロシア側でも文献記録のみとされているのでここでは採用せず，今後の調査課題としたい。

38. フォーリーガヤ属
Genus *Schizachne*

1. **フォーリーガヤ**

Schizachne purpurascens (Torr.) Swallen subsp. ***callosa*** (Turcz. ex Griseb.) T.Koyama et Kawano [EPJ 2012] [IGJ 1989]; *S. callosa* (Turcz. ex Griseb.) Ohwi [FKI 2009] [VPS 2002]

針葉樹林下に生え，小穂は大型で芒がある。カムチャツカ半島から報告のある *S. komarovii* Roshev.は基準種の *S. purpurascens* にあたるものとの見解もある。Tatewaki(1957)で記録があり，SAPSには1枚のみ戦前標本がある。
【分布】 色丹島。まれ。
【冷温帯植物：北アメリカ・東アジア隔離／東北アジア要素】 本州中部・北海道[J-CR]。千島列島南部・サハリン中部以南。ウスリー・シベリア。基準亜種が北アメリカにある。

39. エノコログサ属
Genus *Setaria*

1a. **エノコログサ**

Setaria viridis (L.) P.Beauv. var. ***minor*** (Thunb.) Ohwi [EPJ 2012]; *S. viridis* (L.) P.Beauv. [FKI 2009] [VPS 2002] [IGJ 1989]

エノコログサ属では唯一，Tatewaki(1957)による戦前の記録があり，自生種とされる。しかしながらSAPSでは戦前標本が確認できない。

【分布】　南(国後島)。まれ。

【暖温帯植物：汎世界要素】　琉球～北海道。千島列島南部・サハリン。全世界の温帯域。[Map 369]

1b. **ハマエノコロ**

Setaria viridis (L.) P.Beauv. var. ***pachystachys*** (Franch. et Sav.) Makino et Nemoto [EPJ 2012] [IGJ 1989]; *Setaria pachystachys* (Franch. et Sav.) Matsum. [FKI 2009]

エノコログサの海岸型。Tatewaki(1957)では戦前の記録がなく，SAPSに標本もないが，Alexeeva(1983)で国後島から記録され，Barkalov(2009)ではしばしばあるとされ，外来種とはされない。

【分布】　南(国後島)。

【暖温帯植物：汎世界／東アジア要素】　琉球～北海道。千島列島南部。朝鮮半島(済州島)・中国南部・台湾。

外1. **アキノエノコログサ**

Setaria faberi R.A.W.Herrm. [EPJ 2012] [FKI 2009] [VPS 2002] [IGJ 1989]

Tatewaki(1957)では記録されておらず，SAPSにも標本がない。Alexeeva(1983)で国後島から記録され，戦後の帰化と思われる。

【分布】　南(国後島)。まれ。[戦後帰化]

【暖温帯植物】　九州～北海道(在来)。千島列島南部(外来)・サハリン南北部(在来)。中国・朝鮮半島・北アメリカに帰化。

外2. **キンエノコロ**

Setaria pumila (Poir.) Roem. et Schult. [EPJ 2012] ["(Poir.) Schult.", FKI 2009] ["(Poir.) Shult.", VPS 2002]; *S. glauca* (L.) P. Beauv. [CFK 2004] [IGJ 1989]

Tatewaki(1957)では記録されておらず，SAPSにも標本がない。Alexeeva(1983)で国後島から記録され，Barkalov(2009)では在来種扱いされているが，やはり戦後の帰化と思われる。

【分布】　南(国後島)。まれ。[戦後帰化？]

【暖温帯植物】　九州～北海道(在来)。千島列島南部(外来)・サハリン(在来)。北半球の温帯。[Map 368]

40. ハネガヤ属
Genus *Stipa*

1. **ハネガヤ**

Stipa pekinensis Hance [EPJ 2012] [IGJ 1989]; *Achnatherum extremiorientale* (H.Hara) Keng ex Tzvelev [FKI 2009]; *Stipa extremiorientalis* H.Hara [R]; *Achnatherum pekinense* (Hance) Ohwi

円錐花序を形成。護頴の先に長さ2cmにも達する膝折れする芒がある。

【分布】　歯舞群島・色丹島・南。

【温帯植物：東北アジア～東アジア要素】　本州～北海道。千島列島南部・サハリン南北部。東シベリア・朝鮮半島・中国北部。

41. ハイドジョウツナギ属
Genus *Torreyochloa*

1. **ホソバドジョウツナギ**

Torreyochloa natans (Kom.) Church [EPJ 2012] [FKI 2009] [CFK 2004] [VPS 2002] [IGJ 1989]; *Glyceria natans* Kom.

ドジョウツナギ属*Glyceria*に似るが，葉が幅3.5mm以下と細く小穂の柄に小刺があってざらつき，第2包頴の3脈が目立つ。Tatewaki(1957)は*Glyceria natans*の学名で国後島から記録したがSAPSには証拠標本がない。Barkalov(2009)も国後島，択捉島をリストしている。しかし

Barkalovが本種に同定したSAPS標本(Kunashiri, Idashibenai R., Nagai and Shimamura, July 25, 1929)はカラフトドジョウツナギと同定されるものだった。このため千島列島での分布実態についてはさらに検討が必要である。2n＝14(択捉島)[Probatova et al., 2007]。

【分布】 南。

【冷温帯植物：東北アジア要素】 本州中部・北海道[J-CR]。千島列島南部・サハリン南北部・カムチャツカ半島[K-EN]。ウスリー。

42. カニツリグサ属
Genus *Trisetum*

1. チシマカニツリ 【Plate 56-2】

Trisetum sibiricum Rupr. [EPJ 2012] [FKI 2009] [CFK 2004] [VPS 2002] [IGJ 1989]; *T. umbratile* (Kitag.) Kitag. [FKI 2009] [VPS 2002]; *T. sibiricum* Rupr. subsp. *umbratile* (Kitag.) Tzvelev [IGJ 1989]

広い円錐状の花序で，花序軸や小穂柄は無毛で，小穂あたり2〜4小花があり，芒が外曲する。Barkalov(2009)は，これに類似するが上部の葉鞘の半分以上が筒状になり(チシマカニツリでは1/3まで)，下部の葉や葉鞘に疎らな長毛がある(チシマカニツリではほぼ無毛)ものを，*T. umbratile*とする。しかし種ランクで分けられるほどのものとは思えず，亜種としても認識が難しい。ここでは同一種内の変異と見なす。なお長田(1989)も「*T. umbratile*(＝*T. sibiricum* subsp. *umbratile*)が日本にあるとされるが，よくわからない」としている。2n＝14(パラムシル島)[Probatova et al., 2007]。

【分布】 歯舞群島・色丹島・南・中・北。

【冷温帯〜亜寒帯植物：周北極要素】 四国(石鎚山)〜北海道。千島列島・サハリン・カムチャツカ半島。シベリア・中国・朝鮮半島・ヨーロッパ・アラスカ。[Map 307]

2. リシリカニツリ 【Plate 56-3】

Trisetum spicatum (L.) K.Richt. subsp. ***alascanum*** (Nash) Hultén [EPJ 2012] [IGJ 1989]; *Trisetum alascanum* Nash [FKI 2009] [VPS 2002]; *T. spicatum* (L.) K.Richt. subsp. *molle* (Kunth) Hultén [EPJ 2012] [IGJ 1989]; *T. molle* Kunth [FKI 2009]; *T. spicatum* (L.) K.Richt. [FKI 2009] [CFK 2004] [VPS 2002]

花序は円柱状で花序軸に短毛を密生，小穂あたり2〜3小花からなり，芒は外曲し，葉に密毛がある。Barkalov(2009)は花序における小穂の密度や植物体の毛の疎密，小穂の大きさなどで千島列島に*T. alascanum*，*T. molle*，*T. spicatum*の3種を認めている。確かにこれらの形質には変異があるものの，3分類群に明確に分けることは無理であり，千島列島産の植物はHultén and Fries (1986)に従い，すべてリシリカニツリにあたるものと考えた。2n＝28(パラムシル島)as *T. alascanum* [Probatoa et al., 2007]。

【分布】 南(択捉島)・中・北。やや普通。

【亜寒帯植物：汎世界要素】 本州中部〜北海道[J-VU, as *T. spicatum* ssp. *molle*]。千島列島・サハリン・カムチャツカ半島。オホーツク・東シベリア・ヨーロッパ・北アメリカ，南半球。[Map 308-309]

43. タカネコメススキ属
Genus *Vahlodea*

1. タカネコメススキ(ユキワリガヤ)

Vahlodea flexuosa (Honda) Ohwi [FKI 2009] [CFK 2004]; *Vahlodea atropurpurea* (Wahlenb.) Fr. ex Hartm. subsp. *paramushirensis* (Kudô) Hultén [EPJ 2012]; *Deschampsia atropurpurea* (Wahlenb.) Scheele var. *paramushirensis* Kudô [IGJ 1989]

植物体全体にしばしば軟毛が多く，葉身は巻かず幅2〜5 mm。小穂は2小花からなり，護頴は包頴よりはるかに小さい。As *Vahlodea flexuosa*：2n＝14(パラムシル島)[Probatova et al., 2007]。

【分布】 中・北。

【亜寒帯植物：北太平洋要素】 北海道(大雪山)。千島列島中部以北・カムチャツカ半島。オホーツク・アリューシャン列島・アラスカ。[Map 341]

AM26. マツモ科
Family CERATOPHYLLACEAE

マツモ科は rbcL 遺伝子による系統解析では被子植物全体で最初に分岐した植物とされたが，その後の他の遺伝子を含めた系統解析では，被子植物のなかからスイレン目，センリョウ科，モクレン類や単子葉類を除いた残りの真正双子葉類の姉妹群とされることが多い(伊藤ほか，2012；米倉，2013)。本書では便宜上，単子葉類の一番最後においた。

1. マツモ属
Genus *Ceratophyllum*

1. **マツモ(キンギョモ)**

Ceratophyllum demersum L. [EPJ 2012] [FKI 2009] [FJIIa 2006] [CFK 2004] [VPS 2002]

1節に5〜12個輪生した葉は糸状に裂け，終裂片に歯がある。Alexeeva(1983)が色丹島から記録しているが，Barkalov(2009)はこの記録を採用していないので，ここでも色丹島の記録は採用しない。択捉島も文献記録のみであり，現地での確認が必要である。

【分布】　南(択捉島*)。

【暖温帯植物：汎世界要素】　琉球〜北海道。千島列島南部・サハリン北部・カムチャツカ半島[K-EN]。ユーラシアと北アメリカの温帯・南アメリカ・オーストラリア。〔Map 817〕

被子植物・真正双子葉類
ANGIOSPERMS-EUDICOTS

AE1. ケシ科
Family PAPAVERACEAE

1. クサノオウ属
Genus *Chelidonium*

1. **クサノオウ**

Chelidonium majus L. subsp. ***asiaticum*** H. Hara [EPJ 2012] [FJIIa 2006]; *C. asiaticum* (H. Hara) Krachulkova [FKI 2009] [CFK 2004] [VPS 2002]; *C. majus* L. var. *asiaticum* (H.Hara) Ohwi; *C. majus* L. [R]

ヨーロッパ〜シベリアに分布する基準亜種のセイヨウクサノオウ *C. majus* subsp. *majus* の染色体数は2n＝12であるのに対し，東アジア産のクサノオウ subsp. *asiatica* は2n＝10であり(Kurosawa, 1979)，花粉粒や胚珠の半分以上が不稔であるという(Hara, 1952)。Tatewaki(1957)では国後島のみからリストされていたが，戦後色丹島からも記録された。2010年の色丹島調査でアナマの民家の庭に生えているのを見た。少なくとも色丹島産の一部は戦後の帰化と思われる。カムチャツカ半島にも見られるがやはり外来とされる(Yakubov and Chernyagina, 2004)。セイヨウクサノオウは世界各所に帰化するとされるので，これら色丹島やカムチャツカ半島の外来個体はセイヨウクサノオウかもしれない。

【分布】　色丹島・南(国後島)。点在。

【温帯植物：周北極／東アジア要素】　九州〜北海道。千島列島南部・サハリン・カムチャツカ半島(外来)。ロシア極東・シベリア東南部・朝鮮半島・中国北部。種としてはヨーロッパ〜シベリアの温帯域に広く分布し，北アメリカ東部・ニュージーランドなどに帰化。〔Map 892〕

2. キケマン属
Genus *Corydalis*

1. エゾエンゴサク

Corydalis fumariifolia Maxim. subsp. ***azurea*** Liden et Zetterl. [EPJ 2012]; *C. ambigua* Cham. et Schltdl. [FKI 2009] [FJIIa 2006] [CFK 2004] [“*ambiqua*”, VPS 2002]

適湿の樹林地や草原に生える高さ10〜30 cmの多年草。葉は1〜3回3出複葉で，小葉の形が線形〜卵円形まで個体変異が大きい。多数の花を総状花序につけ，花色は普通，青紫色だが赤っぽいものからまれに白色まで変異がある。北海道では極く普通の早春植物の1種で，千島列島全体にやや普通にあるが，千島在住者以外はこの早春の花はなかなか見ることができない。

【分布】 歯舞群島・色丹島・南・中・北。やや普通。開花：4月中旬〜5月下旬。

【冷温帯植物：東北アジア要素】 本州北部〜北海道。千島列島・サハリン・カムチャツカ半島。ロシア極東。

2. チドリケマン

Corydalis kushiroensis Fukuhara [EPJ 2012] [FJIIa 2006]; *C. ochotensis* auct. non Turcz. [FKI 2009]; *C. ochotensis* Turcz. var. *raddeana* auct. non (Regel) Nakai [J]; *C. raddeana* auct. non Regel [J]

草地〜林縁に生える越年草。茎は分枝してややつる状に伸び長さ1 m内外にもなり，茎の先に3〜10個の黄色い花を総状につける。従来ナガミノツルケマンと混同されていたが，それよりも花が小さく距が下を向かず斜め上を向くことで区別される(Fukuhara, 1991)。Tatewaki(1957)が国後島から*C. ochotensis*の名前でリストしているので，証拠標本はSAPSで確認できないものの，現在のチドリケマンにあたると考えリストする。サハリンから記録されている*C. ochotensis*が本種にあたるかどうかは検討が必要である。

【分布】 南(国後島*)。まれ。

【冷温帯植物：準日本固有要素】 北海道(中部〜東部)[J-EN]。千島列島南部・サハリン北部。

3. エゾキケマン

Corydalis speciosa Maxim. [EPJ 2012] [FJIIa 2006]; *C. pallida* (Thunb.) Pers. [“Pers.”, FKI 2009] [“Pers.”, VPS 2002]

草地に生え，茎基部で分枝するが高さ20〜40 cmの越年草。総状花序に黄色い花を密につける。ロシア側は本種に*C. pallida*をあてているが，Akiyama(2006b)によるとこの学名はフウロケマンに相当する。ただエゾキケマンとフウロケマンとの明瞭な違いは種子の表面模様にすぎないので，両種の類縁関係の解明が必要である。

【分布】 色丹島*・南(国後島)。まれ。

【冷温帯植物：東北アジア〜東アジア要素】 本州北部〜北海道。千島列島南部・サハリン中部以南。東シベリア・朝鮮半島・中国東北部。

〈検討種〉キョクチエンゴサク

Corydalis arctica M. Pop.

Barkalov(2009)でリストされているが，LEで証拠標本が確認できず疑わしいので除外した。

3. コマクサ属
Genus *Dicentra*

1. コマクサ 【Plate 56-4】

Dicentra peregrina (Rudolph) Makino [EPJ 2012] [FKI 2009] [CFK 2004] [FJIIa 2006] [VPS 2002]; *D. pusilla* Siebold et Zucc.

高山の砂礫地に生える多年草。葉は3出状に細かく分裂，粉白色を帯びる。長さ5〜10 cmの花茎に2〜7個の淡紅色花をつける。国後島爺々岳には白花品シロバナコマクサ f. *alba* (Okada) Takedaが生育している(朝日新聞北海道支社報道部・爺々岳日ロ共同調査事務局 1999：カラー写真)。北千島にはないが，カムチャツカ半島にも分布するので，両側分布の変形ともみることができる。

【分布】 南(国後島爺々岳・択捉島モエケシ湾)。まれ。

【亜寒帯植物：東北アジア要素】 本州中部〜北海道。千島列島南部・サハリン中部以北・カムチャツカ半島。東シベリア・ロシア極東。

4. ヒナゲシ属
Genus *Papaver*

1. **アライトヒナゲシ**　【Plate 28-8, 56-5】

Papaver alboroseum Hultén [FKI 2009] [CFK 2004]

花弁は長さ約1.5 cm，白色で基部が黄色。果実は長さ1.0〜1.5 cm，幅0.8〜1.0 cmの楕円形。低地海岸近くの火山噴出砂礫上に生育する。2n＝28(パラムシル島)[Probatova et al., 2007]。

【分布】　中(オネコタン島)・北。点在。

【亜寒帯植物：東北アジア要素】　本州・北海道にない。千島列島中部以北・カムチャツカ半島。[Map 890]

2. **チシマヒナゲシ**　【Plate 13-1, 13-4, 32-3, 57-1】

Papaver miyabeanum Tatew. [FKI 2009]

花弁は長さ2.0〜2.5 cmで黄色。果実は長さ幅共に約1 cmの円形。本種に近縁で利尻島固有のリシリヒナゲシ *P. fauriei* は花弁の長さが1.0〜2.0 cmで黄色，果実は長さ0.8〜1.0 cm，幅0.6〜0.9 cmでやや楕円形。ただし変異は連続的で，リシリヒナゲシとチシマヒナゲシは変種程度の差でしかない，という見方もできる。清水(1983)は，リシリヒナゲシ，チシマヒナゲシ，サハリン南部のカラフトヒナゲシ *P. stubendorfii* Tolm. は極めて似ており，同一種と思われると述べている。最近ではサハリン産のヒナゲシ属植物は *P. tolmatchevianum* N. S. Pavlova とされている(Barkalov and Taran 2004)が，この種の果実は明らかに縦長で，北方系 *P. nudicaule* 群の一員である。リシリヒナゲシとチシマヒナゲシは北方系の *P. nudicaule* 群から果実の形がより円形に変化した一群と考えられる。利尻島では最近，チシマヒナゲシ，ないしチシマヒナゲシとリシリヒナゲシの推定交雑個体が栽培されたり自生地近くに導入されたりして，リシリヒナゲシの保全活動に問題を投げかけている(Yamagishi et al., 2010)。Barkalov (2009)ではパラムシル島の記録もリストされているが，証拠標本が確認できないとされ，*P. microcarpum* との誤認も疑われるのでここではパラムシル島の記録は採用しない。2n＝28(ブラットチルポイ，シムシル島)[Probatova et al., 2007]。

【分布】　南(択捉島)・中(マツワ島まで)。点在。

【亜寒帯植物：千島固有要素】　本州・北海道にない。千島列島中部以南。[Map 890]

3. **パパウェル・ミクロカルプム**　【Plate 46-2】

Papaver microcarpum DC. [FKI 2009] [CFK 2004]

本種はアライトヒナゲシに似るが，花が黄色であることと柱頭盤の中央に突起がある点で区別できる(Popov, 1937)。筆者は，Verkholat et al.(2005)で引用されているパラムシル島加熊別(Shelekhova)産標本をVLAで確認した。

【分布】　北(パラムシル島)。まれ。

【亜寒帯植物：北アメリカ・東アジア隔離〜北太平洋要素】　本州・北海道にない。千島列島北部・カムチャツカ半島。東シベリア・ロシア極東・北アメリカ。[Map 890]

外1. **ケシ**

Papaver sonniferum L. [EPJ 2012] [FKI 2009] [CFK 2004]

Barkalov(2009)で国後島の道路ぞいに散見するとのメモがあるので，外来種としてリストしておく。

【分布】　南(国後島)。まれ。[戦後帰化]

【暖温帯植物】　九州〜北海道(外来)。千島列島南部(外来)・カムチャツカ半島(外来)。地中海原産。

AE2. メギ科
Family BERBERIDACEAE

1. ルイヨウボタン属
Genus *Caulophyllum*

1. **ルイヨウボタン**

Caulophyllum robustum Maxim. [EPJ 2012] [FKI 2009] [FJIIa 2006] [VPS 2002]

林内に生える高さ40〜70 cmの多年草。茎は緑白色で無毛，茎生葉は2〜3回3出複葉。茎頂に径8〜10 mmの緑黄色の花を集散状につける。Tatewaki(1957)ではリストされなかったが，Alexeeva(1983)により国後島から報告された。SAPS，TIに千島産標本なし。VLAでは標本が確認できなかった。北アメリカに対応種*C. thalictroides* (L.) Michx.がある(Hara, 1952)。

【分布】 南(国後島)。まれ。

【温帯植物：北アメリカ・東アジア隔離／東アジア要素】 九州〜北海道。千島列島南部・サハリン南北部[S-R(3)]。アムール・ウスリー・朝鮮半島・中国。

2. サンカヨウ属
Genus *Diphylleia*

1. **サンカヨウ**

Diphylleia grayi F.Schmidt [EPJ 2012] [FKI 2009] [FJIIa 2006] [VPS 2002]

多雪地域の適湿でやや暗い落葉〜針葉樹林林床に生える高さ30〜60 cmの多年草。茎生葉が普通2個あり，腎円形で2中裂する。Tatewaki(1957)ではリストされなかったが，Alexeeva et al.(1983)，Alexeeva(1983)により色丹島と国後島から報告されたが，Barkalov(2009)は色丹島の記録を採用せず，ここでも採用しない。VLAでは国後島産標本を確認した。北アメリカに近縁種*D. cymosa* Michx.があり，この亜種とされたこともあった。2n＝12(国後島)[Probatova et al., 2007]。

【分布】 南(国後島・択捉島*)。ややまれ。

【温帯植物：北アメリカ・東アジア隔離／準日本固有要素】 本州〜北海道。千島列島南部・サハリン。

AE3. キンポウゲ科
Family RANUNCULACEAE

1. トリカブト属
Genus *Aconitum*

アジア産トリカブト亜属Subg. *Aconitum*に関しては葉緑体DNAによる系統解析研究がある(Kita et al., 1995)。これによると日本の4倍体種群はさまざまに形態分化しているにもかかわらず分子多型はないといい，急速に種分化を起こしたことが示唆される。以下の2種とも4倍体種(2n＝32)である。

1a. **オオチシマトリカブト**(チシマトリカブト，クナシリトリカブト) 【Plate 24-2, 57-2】

Aconitum maximum Pall. ex DC. subsp. ***maximum*** [EPJ 2012]; *A. maximum* Pall. ex DC. [FKI 2009] [CFK 2004]; *A. kunasirense* Nakai [FKI 2009]; *A. maximum* Pall. ex DC. var. *kunasilense* (Nakai) Tamura et Namba; *A. fischeri* Rchb. p.p. [VPS 2002]

沿岸の中〜高茎草原に生える多年草。エゾトリカブトやカラフトブシとは，頂萼片(ヘルメット)がより低く，葉は3出葉になるほどには深く切れ込まず，3中裂になることが多い。シコタントリカブトとの2亜種に分けられ，それよりは通常より巨大である。Barkalov(2009)はクナシリトリカブト*A. kunashirense*をリストし，注釈のなかでオオチシマトリカブトに比べると葉の切れ込みが深く，花序に枝が多く，頂萼片はより高いとしている。ここではKadota(1987)に従い本亜種オオチシマトリカブトに含める。2n＝32(パラムシル島)[Probatova et al., 2007]。

【分布】 歯舞群島・南・中・北。やや普通。開花：8月中旬〜下旬。

【冷温帯植物：北太平洋要素】　本州・北海道にない。千島列島・サハリン(まれ)・カムチャツカ半島。コマンドルスキー諸島・アリューシャン列島・アラスカ。

1b.　シコタントリカブト　【Plate 29-1, 57-3】

Aconitum maximum Pall. ex DC. subsp. ***kurilense*** (Takeda) Kadota [EPJ 2012] [FJIIa 2006]; *A. kurilense* Takeda [FKI 2009]; *A. misaoanum* Tamura et Namba

前亜種オオチシマトリカブトと比べると植物体が60 cm以下と小さく向陽の強風短茎草原に生え，頂萼片がより高く，嘴がより長い傾向があり，小苞が5 mmより短く，子房が多少とも有毛で花序の毛もより密である。北海道東部知床半島に生育するシレトコブシ(シレトコトリカブト)*A. misaoanum* Tamure et Namba はシコタントリカブト(花梗に屈毛がある)と未知の種(花梗に開出毛がある)との交雑個体と考えられている(Kadota, 1987；門田, 2003)。国後島にはオオチシマトリカブトのシノニムとされるクナシリトリカブトが分布するため，シコタントリカブトは国後島をはさんで色丹島と択捉島に離れて分布することになる。2n＝32(4倍体)。

【分布】　歯舞群島・色丹島・南(択捉島)。

【冷温帯植物：北太平洋／千島固有要素】　千島列島南部。

2.　カラフトブシ

Aconitum sachalinense F.Schmidt subsp. ***sachalinense*** [EPJ 2012] [FJIIa 2006] [VPS 2002]; *A. neokurilense* Worosch. [FKI 2009]

葉は3出複葉状になるほど深く切れ込み，裂片もさらに深く切れ込む。2n＝32(4倍体)。

【分布】　歯舞群島。

【冷温帯植物：準北海道固有要素】　北海道(北部・東部)。千島列島南部・サハリン。

2. ルイヨウショウマ属
Genus *Actaea*

1.　アカミノルイヨウショウマ

Actaea erythrocarpa Fisch. ex Freyn [“(Turcz. ex Ledeb.) Fisch. ex Freyn”, EPJ 2012] [“Fisch.”, FKI 2009] [FJIIa 2006] [“Fisch.”, CFK 2004] [“Fisch.”, VPS 2002]

林内に生える高さ40～70 cmの多年草。茎生葉はサラシナショウマに似たような2～4回3出複葉。茎頂の総状花序に小さい白い花を多数密につける。果実は液果。より南方にまで分布する近縁種のルイヨウショウマ *Actaea asiatica* H. Hara は千島列島から報告されていない。本種はウルップ島が北東限だった(Tatewaki, 1957)が，Barkalov (2009)はより北の各所から報告した。

【分布】　色丹島・南・中・北。

【冷温帯植物：周北極要素】　本州～北海道。千島列島・サハリン・カムチャツカ半島。シベリア・朝鮮半島・中国東北部・ヨーロッパ。[Map 821]

3. フクジュソウ属
Genus *Adonis*

1a.　キタミフクジュソウ(イチゲフクジュソウ)

Adonis amurensis Regel et Radde var. ***amurensis***; *A. amurensis* Regel et Radde [EPJ 2012] [FJIIa 2006] [VPS 2002]; *Chrysocyathus amurensis* (Regel et Radde) Holub [FKI 2009]

花は1個つき，2次茎の葉は対生して托葉がないとされる。2n＝16(2倍体)。

【分布】　色丹島・南(国後島)。ややまれ。開花：4月上旬～5月上旬

【冷温帯植物：東北アジア要素】　北海道。千島列島南部・サハリン。東シベリア・朝鮮半島・中国。

1b.　フクジュソウ(エダウチフクジュソウ)

Adonis amurensis Regel et Radde var. ***ramosa*** (Franch.) Makino; *A. ramosa* Franch. [EPJ 2012] [FJIIa 2006]; *Chrysocyathus ramosus* (Franch.) Holub [FKI 2009]

基準変種キタミフクジュソウ var. *amurensis* に似るが，花を2個以上つける傾向があり，2次茎の葉はより互生になり托葉があるとされる4倍体(2n＝32)の植物。キタミフクジュソウとフクジュソウを別種とする見解(Nishikawa and Kadota, 2006；米倉，2012)もあるが，Kaneko et al.(2008)によると，東北・北海道産フクジュソウは北海道東部産キタミフクジュソウの同質倍数体であるとされる。形態的にも中間型があるので，ここでは同一種内の変種とする見解(cf. 須田，2001)に従う。
【分布】　南(国後島)。まれ。
【冷温帯植物：東北アジア／日本・千島固有要素】本州〜北海道。千島列島南部[S-V(2)]。

4. イチリンソウ属
Genus *Anemone*

1. ヒメイチゲ

Anemone debilis Fisch. ex Turcz. [EPJ 2012] [FJIIa 2006] [CFK 2004]; *Anemonoides debilis* (Fisch. ex Turcz.) Holub [FKI 2009] [VPS 2002]

地下茎が数珠状になる小型の多年草。花弁様の萼片は長さ6〜7 mm×幅2.5〜4 mm。
【分布】　歯舞群島・色丹島・南・中(ウルップ島が千島列島での北東限)。両側分布の変型。開花：5月中旬〜6月下旬。
【冷温帯植物：東北アジア要素】　本州〜北海道。千島列島中部以南・サハリン・カムチャツカ半島。アムール・プリモーリエ・オホーツク。

2. エゾイチゲ(ヒロハヒメイチゲ)

Anemone soyensis H. Boissieu [EPJ 2012] [FJIIa 2006]; *A. yezoensis* Koidz.; *Anemonoides sciaphila* (M. Pop) Starodub. [FKI 2009] [VPS 2002]

ヒメイチゲに似る多年草だが地下茎は細長く伸長する。花弁様の萼片はより大きく，10 mm長×4〜5 mm幅。SAPS・TIに確かな千島産標本はない。
【分布】　南(択捉島)。まれ。
【冷温帯植物：準北海道固有要素】　北海道。千島列島南部・サハリン南北部。

3. フタマタイチゲ

Anemone dichotoma L. [EPJ 2012] [FJIIa 2006] [CFK 2004]; *Anemonidium dichotomum* (L.) Holub [FKI 2009] [VPS 2002]

湿性の草原に生える高さ40〜80 cmになる多年草。前2種に比べるとずっと大きい。色丹島からの記録がないのは興味深い。
【分布】　歯舞群島・南。
【冷温帯植物：周北極要素】　北海道(おもに東部)[J-VU]。千島列島南部・サハリン・カムチャツカ半島[K-EN]。ロシア(極東〜ヨーロッパ部分)・朝鮮半島・中国東北部。[Map 830]

4. ニリンソウ

Anemone flaccida F.Schmidt [EPJ 2012] [FJIIa 2006]; *Arsenjevia flaccida* (F.Schmidt) Starodub. [FKI 2009] [VPS 2002]

Tatewaki(1957)では報告されなかったが，Barkalov(2009)で千島列島から新たに報告された。千島列島産標本はSAPSやTIにない。
【分布】　南(国後島)。ややまれ。
【温帯植物：東アジア要素】　九州〜北海道。千島列島南部・サハリン。中国。

5. チシマハクサンイチゲ(センカソウ，チシマイチゲ)　【Plate 25-7, 57-4】

Anemone narcissiflora L. subsp. ***villosissima*** (DC.) Hultén [EPJ 2012] [FJIIa 2006] [CFK 2004]; *Anemonastrum villosissimum* (DC.) Holub [FKI 2009]; *Anemone villosissima* (DC.) Juz. [R]; *Anemonastrum sibiricum* auct. non (L.) Holub [FKI 2009] [VPS 2002]

海岸台地上の適湿の亜高山性広葉草原に生える長軟毛の多い多年草。Ziman et al.(2005)は広義のハクサンイチゲ *A. narcissiflora* のなかに8亜種12変種を認め，千島列島からは本亜種のみを記録しており，この見解に従った。風の強い海岸に適応した海岸型だと思われる。Ziman et al.(2005)によると日本には本亜種と，別亜種の変種エゾノハクサンイチゲ(カラフトカセンソウ)*A. narcissiflora* subsp. *crinita* (Juz.) Kitag. var. *sachalinensis* Miyabe et Miyake,

さらに別亜種のハクサンイチゲ *A. narcissiflora* subsp. *nipponica* (Tamura) Kadotaの3分類群があるとする。彼らの基準によれば，北海道のエゾノハクサンイチゲの花被片は5〜7個，長さ8〜15 mmで幅6〜10 mm。チシマハクサンイチゲの花被片は5〜9個，長さ15〜25 mmで幅10〜15 mmとされるが，中間型もあり区別は難しい。Barkalov(2009)はパラムシル島から *Anemonastrum sibiricum* (L.) Holubを報告しているが，これはZiman et al.(2005)によるとエゾノハクサンイチゲの入る亜種subsp. *crinita*にあたる。ここでは便宜上これも本亜種のなかに含めたが，subsp. *crinita*とsubsp. *villosissima*との差については今後の検討課題としたい。

【分布】　歯舞群島・色丹島・南・中・北。やや普通。

【亜寒帯植物：北太平洋要素】　本州〜北海道は別亜種とされる。千島列島・サハリン(一部)・カムチャッカ半島。アリューシャン列島。[Map 829]

5. オダマキ属
Genus *Aquilegia*

1. ミヤマオダマキ

Aquilegia flabellata Siebold et Zucc. var. ***pumila*** (Huth) Kudô [EPJ 2012] [“Kudo”, FJIIa 2006]; *A. flabellata* Siebold et Zucc. [FKI 2009] [VPS 2002]

狭義のオダマキ *A. flabellata* var. *flabellata* のわい性型を変種ミヤマオダマキ *A. flabellata* var. *pumila* とする。これが遺伝的にどれほど固定した型なのか，長期栽培実験で確かめる必要がある。

【分布】　色丹島・南・中(ウルップ島が北東限)。

【冷温帯〜亜寒帯植物：東北アジア要素】　本州中部〜北海道。千島列島中部以南・サハリン。朝鮮半島。

6. リュウキンカ属
Genus *Caltha*

1. エゾノリュウキンカ

Caltha fistulosa Schipcz. [EPJ 2012] [FKI 2009] [FJIIa 2006] [VPS 2002]; *Caltha palustris* L. var. *barthei* Hance

葉柄に翼があり根生葉と苞に歯牙があり，花は6〜8個。

【分布】　色丹島・南(国後島)。点在する。

【冷温帯植物：東北アジア要素】　本州北部〜北海道。千島列島南部・サハリン。[Map 822]

2a. エンコウソウ

Caltha palustris L. var. ***enkoso*** H.Hara [EPJ 2012] [FJIIa 2006]; *C. membranacea* (Turcz.) Schipcz. [FKI 2009] [VPS 2002]

茎が倒れ節から発根して広がる多年草。葉柄に翼がなく葉縁に歯牙がある。しかし道東においては葉縁の歯が明瞭な個体と，チシマエンコウソウのようにほとんど不明の個体が見られる。var. *enkoso* とvar. *sibirica* とが明瞭に区別できるかどうか疑問が残るが，ここでは暫定的に別変種として扱っておく。

【分布】　色丹島*・南(国後島)。

【冷温帯植物：周北極／東北アジア要素】　本州〜北海道。千島列島南部・サハリン。[Map 822-823]

2b. チシマエンコウソウ(シベリアエンコウソウ)

Caltha palustris L. var. ***sibirica*** Regel; *C. palustris* L. [FKI 2009] [CFK 2004] [VPS 2002]

前変種エンコウソウと同様，茎が倒れ葉柄に翼がないが，葉縁の歯がより不明瞭で波状になる。2n＝70(国後島) as *C. sibirica* [Probatova et al., 2007]。

【分布】　色丹島・南・中・北。やや普通。開花：5月中旬〜6月下旬。

【冷温帯植物：周北極要素】　北海道(東部？)。千島列島・サハリン・カムチャツカ半島。シベリア・ヨーロッパ・北アメリカ。[Map 822-823]

7. サラシナショウマ属
Genus *Cimicifuga*

1. サラシナショウマ

Cimicifuga simplex (DC.) Wormsk. ex Turcz.

[EPJ 2012] ["(DC.) Turcz.", FKI 2009] ["(DC.) Turcz.", FJIIa 2006] ["(Wormsk. ex DC.) Turcz.", CFK 2004] [VPS 2002]; *Actaea simplex* Fisch. et C.A.Mey.

海岸段丘上草原などに生える多年草。葉はルイヨウショウマなどに似て3回3出複葉になるが，白色の小さな花を密につけた長い総状花序を伸ばす。果実は袋果。ルイヨウショウマ属 *Actaea* を，サラシナショウマ属も含んで広く定義する考えがある(Compton et al., 1998)が，本書では米倉(2012)に従って別属として扱った。本種の学名についてはNakai and Ohashi(1995)により正しい著者名が示された。日本のサラシナショウマの種内地理変異が，核リボソームDNAのITS領域に基づいて明らかにされている(Yamaji et al., 2005)。Tatewaki(1957)ではウルップ島より北からは記録がなかったが，筆者は1997年に北千島パラムシル島の太平洋側Turkharka湾で採集した。後にVerkholat et al.(2005)が同じパラムシル島のオホーツク側Shelekhovaからパラムシル島初記録として報告した。おそらくパラムシル島の各所にあるのだろう。

【分布】 歯舞群島・色丹島・南・中(ウルップ島)・北(パラムシル島)。両側分布。

【温帯植物：東アジア要素】 九州～北海道。千島列島・サハリン・カムチャツカ半島。東シベリア・朝鮮半島・中国。

8. センニンソウ属
Genus *Clematis*

1. クロバナハンショウヅル

Clematis fusca Turcz. [EPJ 2012] [FKI 2009] [FJIIa 2006] [CFK 2004] [VPS 2002]

茎の下部が木化するつる性の多年草。黒褐色で広鐘形の花を下向きにつける。南千島のうち択捉島は文献記録のみである。ウルップ島からは疑問符つきの文献記録がある(Barkalov, 2009)が，本書ではウルップ島の記録は採用しなかった。

【分布】 色丹島・南。

【冷温帯植物：東北アジア要素】 本州北部～北海道[J-VU]。千島列島南部・サハリン・カムチャツカ半島。東シベリア。

2. ミヤマハンショウヅル(エゾミヤマハンショウヅル)

Clematis ochotensis (Pall.) Poir. [FJIIa 2006]; *C. alpina* (L.) Mill. subsp. *ochotensis* (Pall.) Kuntze var. *ochotensis* (Pall.) S.Watson [EPJ 2012]; *Atragene ochotensis* Pall. [FKI 2009] [CFK 2004] [VPS 2002]

本州中部のものはミヤマハンショウヅル var. *japonica* として北海道産から変種ランクで区別されることがある。立石(1984)は日本産をヨーロッパ産 *C. alpina* (L.) Miller の亜種 ssp. *ochotensis* (Pall.) O. Ktze. とし，北海道産をその基準変種エゾミヤマハンショウヅル var. *ochotensis* とした。ここではアジア産をヨーロッパ産とは異なる別種として扱った。

【分布】 色丹島・南・中(ウルップ島)・北(アライト島)。

【冷温帯植物：東北アジア要素】 本州・北海道。千島列島・サハリン・カムチャツカ半島。東シベリア，中国東北部。[Map 837]

9. オウレン属
Genus *Coptis*

1. ミツバオウレン

Coptis trifolia (L.) Salisb. [EPJ 2012] [FKI 2009] [FJIIa 2006] [CFK 2004] [VPS 2002]

林床～湿原にまで生える茎の高さ5～10 cmの小型の多年草。根出葉は1回3出複葉。

2n＝18(シムシル島，パラムシル島)[Probatova et al., 2007]。

【分布】 色丹島・南・中・北。千島列島全体にやや普通。開花：6月中旬～7月上旬。

【冷温帯植物：周北極要素】 本州中部～北海道。千島列島・サハリン・カムチャツカ半島。北半球の亜寒帯に広域分布。

10. オオヒエンソウ属
Genus *Delphinium*

1. **チシマヒエンソウ**　【Plate 27-3, 57-5】

Delphinium brachycentrum Ledeb. [FKI 2009] [CFK 2004]

適湿の草原に生える多年草。本属の植物は日本に自生しないが，園芸用に販売されるデルフィニウムの仲間。

【分布】 北。

【亜寒帯植物：東北アジア要素】 本州・北海道には分布しない。千島列島北部・カムチャツカ半島。オホーツク・コマンダー諸島。

11. オキナグサ属
Genus *Pulsatilla*

1. **カタオカソウ**(宮部 1893)　【Plate 2-5, 12-6, 58-1】

Pulsatilla taraoi (Makino) Takeda ex Zämelis et Paegle [FKI 2009] [FJIIa 2006]

日本のツクモグサ *P. nipponica* (Takeda) Ohwi に似るが，花色はより青っぽく，花弁様萼片の数は(8〜)9〜10(〜12)枚と多い(ツクモグサは淡黄色で6枚)。和名は片岡侍従への献名。色丹島には大規模なウルップソウ—カタオカソウ群落がある。

【分布】 色丹島・南(択捉島)・中(ケトイ島まで)。

【亜寒帯植物：千島固有要素】 本州・北海道には分布しない。千島列島中部以南。

12. キンポウゲ属
Genus *Ranunculus*

(1)白色の花をもち葉が細かく糸状に分裂する沈水植物

ロシアではバイカモ類をキンポウゲ属とは別の属 *Batrachium* とすることが多い。Barkalov (2009) は千島列島のバイカモ類として，*B. eradicatum*, *B. kauffmannii*, *B. trichophyllum*, *B. yezoense* の4種をリストしているが，チトセバイカモ(=*B. yezoense*)を除いた3種は日本産種と対応させるのが難しい。Luferov(1995)によると果実には密に剛毛があるもの(*B. trichophyllum*)，わずかに毛があるかまれに無毛のもの(*B. eradicatum*)，軽く毛があるか無毛のもの(*B. kauffmannii*)，大部分無毛のもの(*B. yezoense*)となる。

1. **バイカモ**

Ranunculus nipponicus (Makino) Nakai var. ***submersus*** H.Hara ["*nipponicus* Nakai", EPJ 2012] [FJIIa 2006]; *Batrachium nipponicum* (Makino) Kitam. var. *major* (H.Hara) Kitam.; *B. trichophyllum* (Chaix) Bosch [FKI 2009] [CFK 2004] [VPS 2002]; *Ranunculus trichophyllus* Chaix

貧栄養の流水域に生える多年生の水草。花茎は長さ3〜5 cm。集合果の花床に長毛があり，そう果背面にも短毛がある。ウルップ島が北東限だったが Barkalov(2009)がより北の各所から報告した。日本のバイカモは2n=48で6倍体と思われるが，国後島の *B. trichophyllum* は4倍体のようである。2n=32(国後島)as *B. trichophyllum* [Probatova et al., 2007]。

【分布】 南・中・北(シュムシュ島)。

【温帯植物：東北アジア〜準日本固有要素】 本州〜北海道。千島列島・サハリン南北部。[cf. Map 874]

2. **ラヌンクルス・エラディカートゥス**

Ranunculus eradicatus (Laest.) Johans.; *Batrachium eradicatum* (Laest.) Fries [FKI 2009] [VPS 2002]; *?B. kauffmannii* (Clerc) V.I.Krecz. [FKI 2009]

国後島のサンプルによると2倍体のようである。日本の種と対応が難しい。2n=16(国後島)as *B. kauffmannii* [Probatova et al., 2007]。

【分布】 歯舞群島・南(択捉島)・中(ウルップ島)・北。

【冷温帯植物：周北極要素】 本州(?)・北海道(?)。千島列島・サハリン・カムチャツカ半島。シベリア・ヨーロッパ・北アメリカ。

3. **チトセバイカモ**

Ranunculus yezoensis Nakai [EPJ 2012] [FJIIa

2006]; *Batrachium yezoense* (Nakai) Kitam. [FKI 2009] [VPS 2002]

貧栄養の流水域に生える多年生の水草。葉はバイカモより小さい傾向がある。花床が無毛でそう果も無毛。シュムシュ島からの記録として"吉良(1934)"が引用されている(Barkalov, 2009)が，これは「植物分類地理」のなかの吉井良三による例会発表記録であり論文ではない。またシュムシュ島標本も確認できないのでこの文献記録は削除する。

【分布】　南・北(パラムシル島)。両側分布。

【冷温帯植物：準日本固有要素】　本州北部～北海道[J-EN]。千島列島南北部・サハリン南部。朝鮮半島(?)。

(2)黄色(まれに白色がかる)の花をもつ陸生の植物，水に生えていても葉は浮く

4. オオチシマヒキノカサ

Ranunculus altaicus Laxm. subsp. ***sulphureus*** (Solander) Kadota [CFK 2004]; *Ranunculus sulphureus* Solander [FKI 2009] ["*sulphureus* C. J. Phipps", VPS 2002]

高山帯の礫地に生える茎の高さ5～20 cmの多年草。茎上部と萼片外面に茶褐色の長毛があり，根生葉は円形で浅裂し，花床に茶色の軟毛があるとされる。本州中部(白馬岳)のタカネキンポウゲ *R. altaicus* subsp. *shinano-alpinus* [J-EN]と同一種内の別亜種とされる(Kadota, 1990)。

【分布】　北。

【亜寒帯植物：周北極要素】　本州・北海道にない。千島列島北部・サハリン北部・カムチャツカ半島。ヨーロッパ・アラスカ・北アメリカ。種としてはさらに本州・アルタイ・中国。[Map 855]

5. チシマヒキノカサ　【Plate 58-2】

Ranunculus nivalis L. [FKI 2009] [CFK 2004]

茎の高さ5～10 cm，茎上部に多少とも褐色の立毛があり，萼片の外面に茶～茶褐色の密毛がある。オオチシマヒキノカサによく似るが，根生葉がより深く3裂し，花床が無毛とされる。

【分布】　北。

【亜寒帯植物：周北極要素】　本州・北海道にない。千島列島北部・カムチャツカ半島。オホーツク・チュコト・シベリア・モンゴル・ヨーロッパ・北アメリカ。

6. チシマキンポウゲ

Ranunculus monophyllus Ovcz. [CFK 2004] [VPS 2002]; *R. elenevskyi* M.Sokolova [FKI 2009]; *R. auricomus* L. subsp. *sibiricus* (Glehn) Korsh.

根生葉は円形で縁はやや深く鋸歯が入り基部は心形，茎生葉は線形で形がずいぶん違う。和名は千島とあるがサハリンに多い。Barkalov(2009)ではアライト島産を疑問符つきでリストしているので，本書の分布表ではこの記録を採用していない。

【分布】　北。まれ。

【亜寒帯植物：周北極要素】　本州・北海道にない。千島列島北部・サハリン・カムチャツカ半島。コリマ・オホーツク・ウスリー・シベリア・モンゴル・ヨーロッパ。[Map 851]

7. シコタンキンポウゲ　【Plate 25-4, 58-3】

Ranunculus grandis Honda var. ***austrokurilensis*** (Tatew.) H.Hara [EPJ 2012]; *R. hultenii* (Worosch.) Luferov+*R. novus* H.Lév. et Vaniot+*R. subcorymbosus* Kom. [FKI 2009]; *R. subcorymbosum* Kom. var. *austrokurilensis* (Tatew.) Tamura [FJIIa 2006]; *R. subcorymbosus* Kom. [CFK 2004]; *R. transochotensis* H.Hara [R]; ?*R. acris* L. var. *shikotanensis* Tatew.; ?*R. acris* L. var. *lobata* Miyabe et Tatew.

ミヤマキンポウゲによく似るが，地下にしばしばストロンをもち，茎下部や葉の毛は少なく，瘦果の先は強く反曲せずやや外曲の傾向が強い。Barkalov(2009)はミヤマキンポウゲ *R. novus*(=*R. acris* subsp. *novus*)の異名にしている。本書ではBarkalov(2009)でリストされている *R. hultenii*(北千島・中千島)や *R. subcorymbosus*(北千島)もすべてシコタンキンポウゲに含めた。北海道の高山に多いミヤマキンポウゲは千島列島にはない(cf. 清水 1983)。2n=28(国後島，シムシル島)as *R. transochotensis* [Probatova et al., 2007]。

【分布】　歯舞群島・色丹島・南・中・北。やや普

通。
【冷温帯植物：東北アジア要素】 本州北部〜北海道(東部太平洋側)[J-NT]。千島列島・カムチャツカ半島。[cf. Map 844]

8. **ハイヒキノカサ** 【Plate 58-4】

Ranunculus hyperboreus Rottb. [FKI 2009] [CFK 2004] [VPS 2002]

茎は無毛でほふくするか水に浮く。葉は小さく3〜5裂。花は小さく萼片・花弁は3(〜4)枚で萼片は無毛。Tatewaki(1957)ではパラムシル島のみだったがBarkalov(2009)で各所から報告がある。
【分布】 中(オネコタン島)・北。
【亜寒帯植物：周北極要素】 本州・北海道にない。千島列島中部以北・サハリン北部・カムチャツカ半島。コリマ・オホーツク・シベリア・ヨーロッパ・北アメリカ。[Map 856]

9. **カラフトキンポウゲ**

Ranunculus pallasii Schlecht. [CFK 2004] [VPS 2002]; *Coptidium pallasii* (Schlecht.) Á et D.Löve ex Tzvelev [FKI 2009]

ツンドラの池沼に生える。地下茎が水に浮き，葉は単純な楕円形〜線形，広く3裂まで，葉柄は太く葉身よりずっと長い。花は大きく淡黄白色〜時に赤みがかる。Verkholat et al.(2005)によりパラムシル島から新産報告された。
【分布】 北(パラムシル島倶楽部崎)。まれ。
【亜寒帯植物：周北極要素】 本州・北海道にない。千島列島北部・サハリン北部・カムチャツカ半島。オホーツク・シベリア・ヨーロッパ・北アメリカ。[Map 860]

10. **クモマキンポウゲ** 【Plate 58-5】

Ranunculus pygmaeus Wahlenb. [EPJ 2012] [FKI 2009] [FJIIa 2006] [CFK 2004] [VPS 2002]

高さ3〜7 cmの小形の多年草。白色の軟毛があり，根生葉は扇形で3深裂，裂片はさらに2〜3浅裂する。径7〜8 mmの花が1個つく。萼片外面には疎らな軟毛。
【分布】 北。ややまれ。
【亜寒帯植物：周北極要素】 本州中部(白馬岳)[J-CR]。千島列島北部・サハリン中部以北・カムチャツカ半島。オホーツク・アルダン・シベリア・ヨーロッパ・北アメリカ。[Map 853]

11. **オオクモマキンポウゲ**(新称)

Ranunculus eschscholtzii Schlecht. [FKI 2009] [CFK 2004]

クモマキンポウゲに似るが，全体より大きく，花の径も9〜15 mmと一回り大きい。
【分布】 北(パラムシル島)。まれ。
【亜寒帯植物：北アメリカ・東アジア隔離要素】 本州・北海道にない。千島列島北部・カムチャツカ半島。オホーツク・北アメリカ。

12. **ハイキンポウゲ**

Ranunculus repens L. [EPJ 2012] [FKI 2009] [FJIIa 2006] [CFK 2004] [VPS 2002]

湿地に生える多年草。根際からしばしば地上に走出枝を出して増える。1回3出複葉で花は径2 cm内外，花時に萼片ははっきりとは反曲せず，痩果は扁平で縁取りがあり先はかぎ状に曲がる。色丹島産標本(M. Tatewaki, 20527)の茎には密毛があるとされ(Barkaklov, 2009)，茎や葉の毛は通常疎らだが変異がある。シャシコタン島はこれまで産地記録がなかった(Barkalov, 2009)が，筆者らが産地として追加確認した。2n＝32(国後島)[Probatova et al., 2007]。
【分布】 歯舞群島・色丹島・南・中・北。普通。
【冷温帯植物：周北極要素】 本州中部〜北海道。千島列島・サハリン・カムチャツカ半島。北半球冷温帯域。[Map 842]

13. **イトキンポウゲ**(チシマイトキンポウゲ) 【Plate 24-6】

Ranunculus reptans L. [EPJ 2012] [FKI 2009] [FJIIa 2006] [CFK 2004] [VPS 2002]

池沼のふちに生える多年草。茎は地上を這い，葉は線形で全縁，葉身と葉柄の区別がなく，花は径6〜8 mmと小さく花弁は5〜6枚と変異がある。
【分布】 色丹島・南・中・北。点在する。

【冷温帯植物：周北極要素】　本州中北部・北海道［J-NT］。千島列島・サハリン北部・カムチャツカ半島。ユーラシアと北アメリカの冷温帯域に広く分布。［Map 867］

14. キツネノボタン

Ranunculus silerifolius H.Lév. [EPJ 2012] [FKI 2009] [FJIIa 2006]; *R. quelpaertensis* (H.Lév.) Nakai

日あたりのよいやや攪乱地に生える多年草。ハイキンポウゲに似て葉は1回3出複葉だが茎は直立。花は径1 cm前後と小さく，集合果は球形で金平糖状。択捉島別飛で見た。2n＝16（国後島）as *R. quelpaertensis*［Probatova et al., 2007］。

【分布】　歯舞群島・色丹島・南。点在する。

【暖温帯植物：アジア大陸要素】　琉球〜北海道。千島列島南部。朝鮮半島・中国・台湾・インドネシア・ブータン・ネパール・インド。

外1. タガラシ

Ranunculus sceleratus L. [EPJ2012] [FKI 2009] [FJIIa 2006] [CFK 2004] [VPS 2002]

日あたりよくやや攪乱した湿地に生える越年草。葉は3〜5中〜深裂し，花は径6〜8 mm程度と小さいが花床は伸長し集合果は長楕円形になる。Tatewaki（1957）では報告されず，Barkalov（2009）は外来として国後島から報告している。カムチャツカ半島でも外来として報告（Chernyagina et al., 2014）されており，人の活動とともに局所的に広がっているのかもしれない。

【分布】　南（国後島）。まれ。［帰化］

【暖温帯植物】　琉球〜北海道（史前帰化：在来種扱い）。千島列島南部（外来）・サハリン（外来）・カムチャツカ半島（外来）。北半球全域・南半球に帰化。［Map 857］

外2. セイヨウキンポウゲ（アクリスキンポウゲ）

Ranunculus acris L. subsp. ***acris*** [EPJ 2012] [FKI 2009] [CFK 2004] [VPS 2002]

サハリンでは外来植物として扱われている。千島でも外来のようである。シコタンキンポウゲに似るが地下にストロンをもたない。

【分布】　色丹島・南（国後島）。［栽培逸出？］

【温帯植物】　本州〜北海道（外来B）。千島列島南部（外来）・サハリン（外来）・カムチャツカ半島（外来）。［Map 844］

〈検討種〉ラヌンクルス・ノウス

Ranunculus novus H.Lév. et Vaniot

Barkalov（2009）により千島列島各所から記録されている。しかし彼の注釈でも記述されているように，日本でいうミヤマキンポウゲ *Ranunculus acris* L. subsp. *nipponicum* (H. Hara) Hultén とシコタンキンポウゲとが混同されているようであり，千島列島におけるミヤマキンポウゲ類の分類はさらに検討の必要がある。

---

13. カラマツソウ属
Genus *Thalictrum*

---

1. チシマヒメカラマツ　【Plate 58-6】

Thalictrum alpinum L. [FKI 2009] [CFK 2004] [VPS 2002]

小形の多年草。花茎下部に葉がほとんどなく，花序は単純な総状。変種ヒメカラマツ var. *stipitarum* Yabe が本州中部山岳にあり，そう果に湾曲し長い柄がある（基準変種ではほとんど柄がない）点で区別されるというが，明確な違いではないともいう（清水，1983）。本書の分布表では同一種として本州産を挙げておく。

【分布】　北。まれ。

【亜寒帯植物：周北極要素】　本州（中部山岳に変種ヒメカラマツ），北海道にない。千島列島北部・サハリン北部・カムチャツカ半島。ユーラシアから北アメリカの亜寒帯〜山岳地帯に広く分布。［Map 880］

2. チャボカラマツ

Thalictrum foetidum L. var. ***glabrescens*** Takeda [EPJ 2012] [FJIIa 2006]; *T. yesoense* Nakai [FKI 2009]

アキカラマツに似るが全体小形で，小葉の脈が裏面に突出。Barkalov（2009）では *T. yesoense* は

*T. minus*の島嶼型とし，タイプ標本の確認が必要としている。
【分布】　歯舞群島*・色丹島・南。点在。
【冷温帯植物・日本・千島固有要素】　本州北部～北海道[J-VU]。千島列島南部。

3．アキカラマツ

Thalictrum minus L. var. ***hypoleucum*** (Siebold et Zucc.) Miq. [EPJ 2012] [FJIIa 2006]; *T. minus* L. [FKI 2009] [CFK 2004] [VPS 2002]; *T. kemense* Fries [R]; *T. thunbergii* DC. [R]

海岸段丘上の草原に生える高さ50～150 cmになる多年草。花は円錐花序につく。
【分布】　歯舞群島・色丹島・南・中・北。やや普通。開花：7月下旬～8月中旬。
【温帯植物：東北アジア～東アジア要素】　琉球～北海道。千島列島・サハリン・カムチャツカ半島。プリモーリエ・朝鮮半島・中国・モンゴル。[Map 881]

4．エゾカラマツ

Thalictrum sachalinense Lecoy. [EPJ 2012] [FKI 2009] [FJIIa 2006] [VPS 2002]

高さ50～80 cmになる多年草。花序は集散状で，集合果にはほぼ無柄の10個以上の果実がつく。
【分布】　歯舞群島・色丹島・南。点在。開花：6月中旬～7月上旬。
【冷温帯植物：東北アジア要素】　北海道。千島列島南部・サハリン。朝鮮半島北部。

〈検討種〉マンセンカラマツ

Thalictrum aquilegifolium L. var. ***sibiricum*** Regel et Tiling (= *T. contortum* L.)

千島列島にあるとされ(清水，1983)，南千島にも分布点が打たれている(Hultén and Fries, 1986; map 879)。一方ロシア側では，本種はサハリン，カムチャツカ半島などに分布するとされるものの，千島列島からの確かな記録はない(Barkalov, 2009)。

14．モミジカラマツ属
Genus *Trautvetteria*

1．オクモミジカラマツ

Trautvetteria carolinensis (Walter) Vail var. ***borealis*** (H.Hara) T.Shimizu [EPJ 2012]; *T. japonica* Siebold et Zucc. [FKI 2009] [VPS 2002]; *T. palmata* Fisch. et C.A.Mey. var. *palmata* [FJIIa 2006]; *T. carolinensis* (Walter) Vail var. *japonica* (Siebold et Zucc.) Makino

渓流ぞいに生える多年草。日本産を2変種とする考えがあるが検討が必要。Kadota (2006a)は葉の裏面に圧毛があり果実の先が強く曲がるものをオクモミジカラマツ var. *borealis* (H.Hara) Kadotaとする。
【分布】　色丹島・南・中(ウルップ島が北東限)。
【温帯植物：東北アジア要素】　九州～北海道。千島列島中部以南・サハリン。ウスリー。

15．キンバイソウ属
Genus *Trollius*

1．チシマノキンバイソウ　【Plate 14-3, 14-4, 59-1】

Trollius riederianus Fisch. et C.A.Mey. [EPJ 2012] [FKI 2009] [FJIIa 2006] [CFK 2004]

海岸段丘上亜高山性広葉草原に生える多年草。サハリンには分布していない。2n = 16(パラムシル島) [Probatova et al., 2007]。
【分布】　色丹島・南・中・北。千島列島全体に普通。開花：6月下旬～8月上旬。
【亜寒帯植物：北太平洋～東北アジア要素】　北海道(中部・東部)。千島列島・カムチャツカ半島。コマンダー諸島・アムール・プリモーリエ・オホーツク・アリューシャン列島。

AE4. ボタン科
Family PAEONIACEAE

1. ボタン属
Genus *Paeonia*

1. ベニバナヤマシャクヤク(マンシュウヤマシャクヤク)

Paeonia obovata Maxim. [EPJ 2012] [FKI 2009] [FJIIa 2006] [VPS 2002]; *P. obovata* Maxim. f. *oreogeton* (S.Moore) Kitag. [EPJ 2012]; *P. oreogeton* S.Moore [FKI 2009]

広葉樹林〜針広混交林に生える多年草。Barkalov(2009)は千島列島から *P. obovata* と *P. oreogeton* の2種を挙げているが，米倉(2012)では *P. oreogeton* はベニバナヤマシャクヤクの1品種にされ，Kadota(2006)でもベニバナヤマシャクヤクのシノニムとされている。Kadota(2006b)によると「韓国ではベニバナヤマシャクヤクの白花がしばしば誤ってヤマシャクヤク *P. japonica* とされている」との解説があり，花色にかかわらずベニバナは頂小葉が倒卵形で鋭頭〜鈍頭(ヤマでは狭倒卵形で鋭尖頭)で心皮が3〜5個で柱頭が強く反り返る(ヤマでは心皮が2〜3個，柱頭はゆるく反り返る)とされる。本書でもロシア側のいう *P. oreogeton* はこのようなベニバナヤマシャクヤクの1型と見なす。ただしヤマシャクヤク *P. japonica* (Makino) Miyabe et Takeda は北海道にも産するので，千島列島での自生の可能性もあり，今後のさらなる検討が必要である。

【分布】　色丹島・南。まれ。

【温帯植物：東アジア要素】　九州〜北海道[J-VU]。千島列島南部[S-V(2) as *P. oreogeton*]・サハリン[S-R(3)]。ウスリー・ダウリア・朝鮮半島・中国。

AE5. カツラ科
Family CERCIDIPHYLLACEAE

1. カツラ属
Genus *Cercidiphyllum*

1. カツラ

Cercidiphyllum japonicum Siebold et Zucc. ex Miq. ["Siebold et Zucc. ex Hoffm. et Schult.", EPJ 2012] ["Siebold et Zucc.", FKI 2009] ["Siebold et Zucc.", FJIIa 2006]

よく萌芽してしばしば株立ちになる雌雄異株の落葉高木。葉は長枝では対生し葉身は円心形。Tatewaki(1957)において，国後島の泊営林署の近藤氏からの情報としてオオバボダイジュとともに追記されている。Barkalov(2012)は後にオオバボダイジュは確認されているので，カツラの情報も確実だろうとし，さらに隣接する知床半島にもカツラ林がある(佐藤，2005；石川・佐藤，2007)ことから本種の国後島での自生は十分に考えられる。しかし日本，ロシアに証拠標本がなく，現地での再確認が待たれる種である。カツラの学名の著者名は大場・秋山(2012)により標記のように Miq. であることが明らかにされた。

【分布】　南(国後島*)。まれ。

【温帯植物：準日本固有要素】　九州〜北海道。千島列島南部。中国(別変種)。

AE6. ユズリハ科
Family DAPHNIPHYLLACEAE

1. ユズリハ属
Genus *Daphniphyllum*

1. エゾユズリハ　[Plate 6-5]

Daphniphyllum macropodum Miq. subsp. ***humile*** (Maxim. ex Franch. et Sav.) Hurus. [EPJ 2012]; *D. humile* Maxim. ex. Franch. et Sav. [FKI 2009]; *D. macropodum* Miq. var. *humile* (Maxim.

ex Franch. et Sav.) K.Rosenthal [FJIIc 1999]

やや暗い多雪地の林内に生え，枝がよく分枝して立ちあがる高さ1mほどの低木。葉は冬緑性だが，新葉が出ると古い葉は落ちる。葉身は長さ9～15cmで表面に光沢があり葉柄が赤みがかる。

【分布】　南(択捉島が北東限)。

【温帯植物：日本・千島固有要素】　本州中部～北海道。千島列島南部[S-E(1)]。

AE7. スグリ科
Family GROSSULARIACEAE

1. スグリ属
Genus *Ribes*

1. エゾスグリ

Ribes latifolium Jancz. [EPJ 2012] [FKI 2009] [VPS 2002] [FJIIb 2001]

高さ1.5m位のやや直立する落葉低木。葉は3～5浅裂し，萼筒は短い鐘状で花弁は1.5mm長。色丹島・択捉島には葉柄に腺細胞がない品種シレトコスグリ f. *siretokoense* Ko Itoが見られるという(Barkalov, 2009)。一方，トカチスグリ *Ribes triste* Pall. が，Alexeeva et al.(1983)で色丹島から記録されたが，Barkalov(2009)はこれをエゾスグリの誤認としてリストせず，ここでもそれに従った。カムチャツカ半島産の *R. pallidiflorum* はエゾスグリに近縁だが花色が黄色～バラ色がかる(エゾは紅紫色)ので違うという。2n＝16(択捉島)[Probatova et al., 2007]。

【分布】　色丹島・南(択捉島が北東限)。開花：5月下旬～6月中旬。

【冷温帯植物：東北アジア要素】　北海道。千島列島南部・サハリン。中国東北部。

2. トガスグリ

Ribes sachalinense (F.Schmidt) Nakai [EPJ 2012] [FKI 2009] [VPS 2002] [FJIIb 2001]

高さ60cm位までのややほふくする落葉小低木。エゾスグリに似るが，植物体がややほふくし，葉はより深く裂けて5中裂し，果実に腺毛が密生する点で区別できる。

【分布】　南(択捉島が北東限)。

【冷温帯植物：準日本固有要素】　四国～北海道(道南に少ない)。千島列島南部・サハリン。

外1. マルスグリ(グーズベリー)

Ribes uva-crispa L. [FJIIb 2001]; *Grossularia reclinata* (L.) Miller [FKI 2009]

ヨーロッパ原産の落葉低木。果実をとるために栽培されたものが残存・逸出。

【分布】　色丹島*・南(択捉島が北東限)。[戦後栽培逸出]

【温帯植物】　北海道(逸出B)。千島列島南部(逸出)。[Map 1044]

AE8. ユキノシタ科
Family SAXIFRAGACEAE

1. チダケサシ属
Genus *Astilbe*

1. トリアシショウマ

Astilbe thunbegii (Siebold et Zucc.) Miq. var. ***congesta*** H.Boiss. [FJIIb 2001]; *A. thunbergii* (Siebold et Zucc.) Miq. [FKI 2009]; *A. odontophylla* Miq. var. *odontophylla* [EPJ 2012]

沿岸草原などに生える多年草。全体がバラ科のヤマブキショウマに似るが，茎の基部に褐色の毛があり，小葉の側脈がヤマブキショウマほど直線的に平行して走らない。Tatewaki(1957)に国後島からの記録があるもののSAPSには標本がなかったが，筆者らは2012年に材木岩周辺で確認した。

【分布】　南(国後島材木岩)。まれ。

【温帯植物：日本・千島固有要素】　本州中北部～北海道(南部から日本海側に多く，道東では十勝，知床半島などに分布するが少ない)。千島列島南部[S-E(1)]。

2. ネコノメソウ属
Genus *Chrysosplenium*

1. エゾネコノメソウ(カラフトネコノメソウ)

Chrysosplenium alternifolium L. var. ***sibiricum*** Ser. ex DC. ["*sibiricum* Ser.", EPJ 2012] [FJIIb 2001]; *C. sibiricum* (Ser. ex DC.) Khokhr. [FKI 2009] ["(Ser.) Khokhr.", VPS 2002]; *C. alternifolium* L. subsp. *sibiricum* (Ser. ex DC.) Hultén [CFK 2004]

湿原に生える高さ5〜12 cmの多年草。茎葉は互生し，鋸歯は低平で全体はヤマネコノメソウに似るが，地中に走出枝を出し，花序を抱く苞葉や花が鮮黄色に色づく。種としては北半球温帯〜寒帯に広く分布し地理的な3変種(時に亜種)に分けられ，ヨーロッパ産が基準変種 var. *alternifolium*，ユーラシア東部が本変種 var. *sibiricum*，北アメリカ産が変種 var. *iowense*。本変種はヨーロッパの基準変種に比べると葉や花がより小さいとされる(Hara, 1952)。

【分布】 歯舞群島・南(国後島)。

【冷温帯植物：東北アジア要素】 北海道(東部の釧路，根室，網走周辺のみ)。千島列島南部・サハリン・カムチャツカ半島。シベリア・朝鮮半島。[Map 1037]

2. ツルネコノメソウ

Chrysosplenium flagelliferum F. Schmidt [EPJ 2012] [FKI 2009] [VPS 2002] [FJIIb 2001]

山地の渓流ぞいなどに生える多年草。地上に走出枝を出して広がり茎葉は互生して円心形，鋸歯はしばしば深く切れ込み，大きな根出葉がつく場合は葉に2形あるようにも見える。

【分布】 南(国後島)・中(ウルップ島)。

【温帯植物：東北アジア要素】 四国〜北海道。千島列島中部以南・サハリン。アムール・ウスリー・朝鮮半島・中国東北部。

3. ネコノメソウ

Chrysosplenium grayanum Maxim. [EPJ 2012] [FKI 2009] [VPS 2002] [FJIIb 2001]

山麓の湿地などに生える高さ5〜20 cmの多年草。葉は対生し，卵形〜楕円形，雄しべは4本。葉の形のみでネコノメソウ属の他種から区別できる。ヒマラヤの *C. nepalense* や朝鮮半島・中国東北部の *C. pseudo-fauriei* に近縁とされる

【分布】 南(択捉島が北東限)。

【温帯植物：準日本固有要素】 九州〜北海道(道東でやや少ない)。千島列島南部・サハリン南北部。

4. チシマネコノメソウ

Chrysosplenium kamtschaticum Fisch. ex Ser. [EPJ 2012] ["*kamtschaticum* Fisch.", FKI 2009] ["*kamtschaticum* Fisch.", CFK 2004] ["*kamtschaticum* Fisch.", VPS 2002] [FJIIb 2001]

やや暗い湿地に生える高さ5〜15 cmの多年草。地上に走出枝を伸ばし，2〜3対の質厚く扇状で基部くさび形の根生葉が目立ち，花茎には葉がないことが多く，時に下部に1対の葉が対生。葉脈にそって白色の斑が入ることがある。雄しべは8本。2n＝12(シャシコタン)[Probatova et al., 2007]。

【分布】 色丹島・南・中・北。千島列島全体に普通。

【冷温帯植物：東北アジア要素】 四国〜北海道。千島列島・サハリン中部以南・カムチャツカ半島。コマンダー諸島。

5. マルバネコノメソウ

Chrysosplenium ramosum Maxim. [EPJ 2012] [FKI 2009] [FJIIb 2001]

やや暗い湿地に生える高さ5〜15 cmの多年草。地上に走出枝を伸ばし，葉は対生する点でチシマネコノメソウに似るが，植物体に長毛を散生し(チシマは無毛)，花茎に2〜3対の葉をつける点などで区別できる。Tatewaki(1957)には記録がなく，SAPS，TIに標本がないためさらに検討が必要である。

【分布】 南(国後島)。

【温帯植物：東北アジア〜東アジア要素】 本州近畿地方〜北海道(道東では比較的深い山地)。千島列島南部。アムール・ウスリー・朝鮮半島・中国東北部。

〈検討種〉**オクネコノメソウ**

Chrysosplenium rimosum Kom.

高さ5〜10 cmの多年草。茎葉は対生し，花茎に2〜3対の茎葉がつきマルバネコノメソウに似るが，植物体にほとんど毛がない点で区別される。カムチャツカ半島から報告されている種。Tatewaki(1957)により「？」つきでパラムシル島から報告された種だがSAPSの標本は断片のみで確定できなかった。Barkalov(2009)も千島列島のリストから除外したので，ここでもこれに従うがさらに検討が必要である。

3. ユキノシタ属
Genus *Saxifraga*

広義のユキノシタ属は狭義のユキノシタ属とチシマイワブキ属*Micranthes*に分けるべきだが(Brouillet and Elvander, 2009; Akiyama et al., 2012)，千島列島地域にはまだ*Micranthes*の下に組み換えられていない学名があるので，ここでは従来の考えを踏襲して，広義のユキノシタ属の下に整理した。

(1)シコタンソウ節
Sect. *Trachyphyllum*

1a.　**チャボシコタンソウ**

Saxifraga bronchialis L. subsp. ***cherlerioides*** (D.Don) Hultén; *S. cherlerioides* D.Don [FKI 2009] [CFK 2004] [VPS 2002]

風衝地岩上にマット状に生える多年草。次亜種シコタンソウに比べると根生葉が5 mm前後と短く幅1〜1.5 mm，鈍頭あるいは微突形となり多くの根生葉が内側に曲がり(縁も内側に曲がる)強く団塊状となり茎にそって連なったような形になる。花弁には薄いオレンジ色の斑点がある。

【分布】　中・北。

【亜寒帯植物：東北アジア要素】　北海道？。千島列島中部以北・サハリン北部・カムチャツカ半島。ウスリー。千島列島のものはほとんどこの亜種にあたる。日本のものの多くは以下の亜種シコタンソウ ssp. *funstonii* にあたる。

1b.　**シコタンソウ**

Saxifraga bronchialis L. subsp. ***funstonii*** (Small) Hultén; *S. funstonii* (Small) Fedde [FKI 2009] [CFK 2004] [VPS 2002]; *S. yuparensis* auct. non Nosaka [FKI 2009]; *S. funstonii* (Small) Worosch. [R]; *S. funstonii* (Small) Hultén? [R]; *Saxifraga cherlerioides* D.Don var. *rebunshirensis* (Engl. et Irmsch.) H. Hara; *S. rebunshirensis* (Engl. et Irmsch.) Sipl. [VPS 2002]

チャボシコタンソウに比べると葉が5〜8 mmとより長く，縁は内曲せず平坦になる傾向が強く，葉先は鋭尖頭で刺状になり，葉は茎の周りにゆるく配列。

【分布】　色丹島・南・中・北。

【亜寒帯植物：東北アジア要素】　本州中部〜北海道。千島列島・サハリン・カムチャツカ半島。北海道のものは本亜種に入るが，前亜種との中間的な個体もある。以上の2亜種はおそらく変種程度の差しかない生態型と思われる。色丹島・国後島・択捉島から報告があるがSAPSに標本がなかった(TNSに一部ある)。ユウバリクモマグサ*S. yuparensis* NosakaがBarkalov(2009)により色丹島，南から報告されているが，シコタンソウを指しているものと思われる。

2.　**チシマクモマグサ**　【Plate 20-4】

Saxifraga merkii Fisch. ex Sternb. [EPJ 2012] [FKI 2009] [CFK 2004] [“Fisch.”, FJIIb 2001]

細かい火山砂礫地の遅くまで雪が残るような立地に生える多年草。葉はやや肉質で縁に腺毛がある。本州中部には葉の先が3裂する型があり変種クモマグサ var. *idsuroei* とされるが，ここではそれも含めて扱う。

【分布】　南(択捉島)・中・北。

【亜寒帯植物：東北アジア要素】　本州中部・北海道(高山帯)。千島列島・カムチャツカ半島。東シベリア。

(2)ムカゴユキノシタ節
Sect. *Nephrophyllum*

3. キヨシソウ 【Plate 59-2】

Saxifraga bracteata D.Don [EPJ 2012] [FKI 2009] [CFK 2004] [VPS 2002] [FJIIb 2001]

海岸近くの断崖岩隙に生える高さ5～15 cmの多年草。次種のヒメキヨシソウに似るが，植物体がよりがっしりしており，葉は5～8裂で苞葉でも5～6裂する。花茎に多細胞からなる長い縮腺毛があり，萼片には短い腺毛がある。花はより大きく花弁の幅2～4 mm内外，萼片の幅2 mm。和名は札幌農学校一期生内田瀞による。

【分布】 歯舞群島・色丹島・南(択捉島)・中・北。千島列島全体に比較的普通。

【亜寒帯植物：北太平洋要素】 北海道(道東沿岸のみ)[J-CR]。千島列島・サハリン中部以北・カムチャツカ半島。ベーリング海沿岸～アラスカ。[Map 1030]

4. ヒメキヨシソウ

Saxifraga rivularis L. [CFK 2004]; *S. hyperborea* R.Br. [FKI 2009] [VPS 2002]

湿地に生える小型の多年草。全体キヨシソウを小型にしたような形。葉は3～5裂と裂数が少なく，花を抱く苞葉は全縁か2～3裂。花は1～3個つき縮毛が多い。花はずっと小さく花弁の幅は1 mm程度で萼裂片の幅1～1.5 mm。特に果柄が2～5 cmにも伸びる点でキヨシソウと区別できる。Tatewaki(1957)では北千島だけからだった。Alexeeva et al.(1983)が色丹島からも記録したがBarkalov(2009)は採用していない。

【分布】 北。

【亜寒帯植物：東北アジア要素】 本州・北海道にない。千島列島北部・サハリン・カムチャツカ半島。[Map 1030]

(3)ユキノシタ節
Sect. *Diptera*

5. ダイモンジソウ 【Plate 2-3】

Saxifraga fortunei Hook.f. var. ***alpina*** (Matsum. et Nakai) Nakai [EPJ 2012] [FJIIb 2001]; *S. fortunei* Hook.f. [FKI 2009]

水の沁み出すような断崖岩隙に生える多年草。葉は円腎形で5～12浅～中裂し，裂片の先はさらに3～5浅裂し，葉の形だけでユキノシタ属*Saxifraga*の他種から区別できる。しばしば5枚の花弁のうち下側の2枚が長くなる。

【分布】 色丹島・南(択捉島が北東限)。

【暖温帯植物：東アジア要素】 九州～北海道。千島列島南部。朝鮮半島・中国東北部。

(4)チシマイワブキ節(=チシマイワブキ属)
Sect. *Micranthes*

6. チシマクロクモソウ 【Plate 9-4, 39-4】

Saxifraga fusca Maxim. var. ***kurilensis*** Ohwi [EPJ 2012]; *S. fusca* Maxim. [FKI 2009]

川ぞいの岩上などに生える多年草。高さは12～40 cm以上まで。葉は円腎形で，縁には三角状で多数の歯牙がある。葉の形や全体はチシマイワブキに似るが，花盤が顕著に隆起し，雄しべの花糸は短く1.5 mm前後で花弁の半長程度。チシマイワブキでは雄しべの花糸は長さ2～2.5 mmあり花弁の半長以上ある。花弁は通常赤紫色だが稀に白色。花序は通常無毛なので，通常密に長縮腺毛があるチシマイワブキとは区別できるが，まれに密に長縮腺毛のある個体がある(シムシル島)。2n=26，26-28(国後島)as *S. fusca*[Probatova et al., 2007]；2n=30(色丹島・国後島)，45(国後島)as *Micranthes fusca*[Fukuda et al., 2014]。Fukuda, Loguntsev et al.(2014)ではチシマクロクモソウは2n=30で，エゾクロクモソウやクロクモソウと同じであり，Probatova et al.(2007)の報告は間違いだろうとしている。国後島の1サンプル(2n=45)は3倍体としている。

【分布】 色丹島，南・中(シムシル島までだったが

Barkalov(2009)はケトイ島*を挙げている)。

【冷温帯植物：千島固有要素】　北海道(知床？)。千島列島中部以南。

＊北海道のエゾクロクモソウ var. *fusca* においては，花色は赤紫～白色，花序は無毛から短腺毛，長腺毛，長縮腺毛などが疎～密までと変異の幅が大きい。ただエゾクロクモソウでは花弁の長さ2～2.5 mm，雄しべの花糸が1 mm前後と短いが，チシマクロクモソウは花弁2.5～3 mm，雄しべの花糸が1.5 mm前後と一回り大きい傾向がある。日本ではチシマクロクモソウを品種ランク f. *kurilensis* Ohwiで認めることが多いが，上記の点で差があるのでここでは変種ランクとして認めた。またシムシル島で見られる長縮線毛のある標本に対して，ロシアのBarkalovは *S. fusca*×*S. insularis* との見解を標本庫に残している。

7a.　ヒメチシマイワブキ(新称)

Saxifraga nelsoniana D.Don var. ***porsildiana*** (Calder et Savier) H.Ohba; *S. porsildiana* (Calder et Savile) Jurts. et Petrovsky [FKI 2009]; *S. nelsoniana* D.Don subsp. *porsildiana* (Caler et Savile) Hultén [CFK 2004]; *Micranthes nelsoniana* (D.Don) Small var. *porsildiana* (Calder et Savile) Gornall et H.Ohba

チシマイワブキの小型の個体。葉の幅3 cm以下で鋸歯が10個内外と少なく，花も10個以内と少ない。千島列島では北部に限られるので独立分類群とするロシア側の見解を尊重するが，変種ランクで区別しておく。ただし北アメリカのフロラ(Brouillet and Elvander, 2009)では，本変種は北アメリカだけに分布するものとされ形態的にも葉の鋸歯が12～18個とされるので，北千島の個体とは一致しない。

【分布】　中(エカルマ島以北)・北。

【亜寒帯植物：北アメリカ・東アジア隔離要素】本州・北海道にない。千島列島中部以北・カムチャツカ半島。北アメリカ北部。[Map 1020]

7b.　チシマイワブキ　【Plate 22-3】

Saxifraga nelsoniana D.Don var. ***reniformis*** (Ohwi) H.Ohba [EPJ 2012] [FJIIb 2001]; *S. insularis* (Hultén) Sipl. [FKI 2009]; *S. nelsoniana* D.Don subsp. *insularis* (Hultén) Hultén [CFK 2004]; *S. reniformis* Ohwi [VPS 2002]; *S. nelsoniana* auct. non D.Don [VPS 2002]; *S. nelsoniana* (D.Don) Small var. *insularis* (Hultén) Gornall et H.Ohba; *S. punctata* L. subsp. *reniformis* (Ohwi) H.Hara; *Micranthes nelsoniana* (D.Don) Small var. *reniformis* (Ohwi) S.Akiyama et H.Ohba

花弁は長さ2.5～3.5 mmとチシマクロクモソウに似るが，雄しべの花糸は長さ2～2.5 mmとなりチシマクロクモソウ(1.5 mm前後)よりもずっと長い。花弁は白色だが，萼片，子房とともに赤っぽく色づくことが多い。花序には長縮腺毛が密にあるものが普通で，この点でチシマクロクモソウから区別できるが，時に疎らに腺毛があるものからまれにほとんど無毛のものまである。日本側でいうチシマイワブキはロシア側でいうところの *S. insularis* と区別できず連続してしまうので，ここでは var. *reniformis* と var. *insularis*(＝*S. insularis*)とを区別していない。種内変異についてはさらに検討が必要である。

【分布】　南・中・北。

【亜寒帯植物：北太平洋要素】　北海道[J-EN]。千島列島・サハリン・カムチャツカ半島。アリューシャン列島・北アメリカ北西部(アラスカ)。[Map 1020]

8.　ムラサキクロクモソウ(新称)

Saxifraga purpurascens Kom. [FKI 2009] [CFK 2004] [VPS 2002]

チシマイワブキに近縁なもので，花序の枝に光沢があり無毛から疎らな短腺毛のみとなり，萼片，花弁，子房が暗紫色で，花茎全体も赤みがかることが多い。チシマクロクモソウにも似るが雄しべの花糸が長い。Fukuda, Loguntsev et al.(2014)ではカムチャツカ半島産サンプルで2n＝24が報告され，チシマクロクモソウの2n＝30(45)とは違うことが示された。

【分布】 中(オネコタン島)・北。
【亜寒帯植物：東北アジア要素】 本州・北海道にない。千島列島中部以北・サハリン北部・カムチャツカ半島。

9. ヤマハナソウ

Saxifraga sachalinensis F.Schmidt [EPJ 2012] [FKI 2009] [VPS 2002] [FJIIb 2001]; *Micranthes sachalinensis* (F.Schmidt) S.Akiyaba et H.Ohba

葉は肉質で長円形〜卵形，基部は柄状となり縁に不ぞろいの鈍鋸歯があり，当該地域に似たものはない。
【分布】 歯舞群島・色丹島・南(国後島)。
【冷温帯植物：準北海道固有要素】 北海道。千島列島南部・サハリン。

AE9. ベンケイソウ科
Family CRASSULACEAE

1. ムラサキベンケイソウ属
Genus *Hylotelephium*

1. ムラサキベンケイソウ

Hylotelephium pallescens (Freyn) H.Ohba [EPJ 2012] [FJIIb 2001]; *H. triphyllum* (Haw.) Holub [FKI 2009] [VPS 2002]; *H. telephium* (L.) H.Ohba; *Sedum purpureum* (L.) Schult.; *Sedum telephium* L. var. *purpureum* L. [CFK 2004]

根茎が肥厚する，花茎20〜50 cm長の多年草。葉は互生し肉質で粉白色。紅紫色の花が散房状につく。
【分布】 歯舞群島・色丹島・南(択捉島が千島列島での北東限)。まれ。
【冷温帯植物：東北アジア要素】 北海道[J-VU]。千島列島南部・サハリン・カムチャツカ半島。ダウリア・東シベリア・中国北部および東北部。
[Map 1004]

2. ミツバベンケイソウ

Hylotelephium verticillatum (L.) H.Ohba [EPJ 2012] [FKI 2009] [VPS 2002] [FJIIb 2001]; *Sedum verticillatum* L. [CFK 2004]

やや暗い林縁などに生える花茎が長さ20〜80 cmの多年草。葉は3〜4枚が輪生状，緑白色の花が複散房状につく。
【分布】 歯舞群島・色丹島・南(国後島)。まれ。
【温帯植物：東北アジア〜東アジア要素】 九州〜北海道。千島列島南部・サハリン・カムチャツカ半島。東シベリア・朝鮮半島・中国北部。

〈検討種〉ベンケイソウ

Hylotelephium erythrostictum (Miq.) H.Ohba

Barkalov(2009)により歯舞群島秋勇留島から記録されている。しかし彼自身が注釈で述べているようにベンケイソウは北海道には自生せず，歯舞群島での自生は考えにくい。ベンケイソウはサハリン南部からも報告されており(Smirnov, 2002)，ロシア側の証拠標本の確認が必要である。

2. イワレンゲ属
Genus *Orostachys*

1. アオノイワレンゲ

Orostachys malacophylla (Pall.) Fisch. var. ***aggregata*** (Makino) H.Ohba [EPJ 2012] [FJIIb 2001]; *O. aggregata* (Makino) H.Hara [FKI 2009] [VPS 2002]; *O. malacophyllus* (Pall.) Fisch.

岩上に生える両性花をつける多年草。ロゼット葉は緑色肉質で倒卵状披針形〜楕円形，花茎は高さ10〜20 cmになり白色の花が密に総状につく。
【分布】 南(国後島)。まれ。
【暖温帯植物：東アジア要素】 九州(ゲンカイイワレンゲ var. *malacophylla*)〜北海道。千島列島南部・サハリン南部。ウスリー・朝鮮半島・中国東北部。

3. キリンソウ属
Genus *Phedimus*

1. ホソバノキリンソウ

Phedimus aizoon (L.) 't Hart var. ***aizoon*** [EPJ 2012] [FJIIb 2001]; *Sedum aizoon* L. [VPS 2002];

Aizopsis aizoon (L.) Grulich [FKI 2009]

エゾノキリンソウに似るが，根茎は太く，葉はより大きく鈍鋸歯があり鋭頭，袋果は上向する。

【分布】　色丹島・南(択捉島が北東限)。

【温帯植物：東北アジア〜東アジア要素】　本州中部〜北海道。千島列島南部・サハリン中部以南。シベリア・朝鮮半島・中国。

2. エゾノキリンソウ

Phedimus kamtschaticus (Fisch. et C.A. Mey.) 't Hart ["(Fisch.) 't Hart", EPJ 2012] [FJIIb 2001]; *Aizopsis kurilensis* (Worosch.) S.Gontch. [FKI 2009]; *Sedum kamtschaticum* Fisch. [CFK 2004] [VPS 2002]

海岸から平地の岩塊地に生える両性花をつける多年草。ホソバノキリンソウに似るが地表を這う根茎は細くてよく分枝し，葉はより小型で縁は欠刻状になり鈍頭で，袋果は平開する。2n＝32(国後島) as *Aizopsis kurilensis* [Probatova et al., 2007]。

【分布】　歯舞群島・色丹島・南。

【冷温帯植物：東北アジア要素】　北海道。千島列島南部・サハリン・カムチャツカ半島。コリマ・オホーツク・ダウリア。

4. イワベンケイ属
Genus *Rhodiola*

1. ホソバイワベンケイ

Rhodiola ishidae (Miyabe et Kudô) H.Hara [EPJ 2012] [FKI 2009] [FJIIb 2001]; *Sedum ishidae* Miyabe et Kudô

高山帯の岩礫地に生える雌雄異株の多年草。葉は鮮緑色で肉質，倒披針形〜線状倒披針形，幅4〜10 mm でそろった鈍鋸歯がある。

【分布】　南。ややまれ。

【亜寒帯植物：日本・千島固有要素】　本州中北部〜北海道。千島列島南部[S-E(1)]。

2. イワベンケイ

Rhodiola rosea L. [EPJ 2012] [FKI 2009] [CFK 2004] [VPS 2002] [FJIIb 2001]; *Sedum rosea* (L.) Scop.; *R. sachalinensis* Boriss. [R]; *Sedum sachalinensis* (Boriss.) Worosch. [R]

沿岸地域の岩礫地に生える雌雄異株の多年草。葉は帯粉して青白色で肉質，長円形〜狭倒卵形，幅6〜20 mm で全縁または数個の浅い鋭鋸歯がある。北半球に広く分布し，次のムラサキイワベンケイとの分類が難しく別種とされたり同一種内の亜種(Hultén and Fries, 1986)とされたりする。

【分布】　歯舞群島・色丹島・南・中(マカンル島が北東限)。普通。

【冷温帯植物：周北極要素】　本州中部〜北海道。千島列島中部以南・サハリン[S-V(2)]・カムチャツカ半島[K-EN]。北アメリカ東部・グリーンランド・ヨーロッパ・アジア・アラスカ西部。[Map 1012]

3. ムラサキイワベンケイ

Rhodiola integrifolia Rafin. [FKI 2009] [CFK 2004]

イワベンケイの近似種で茎葉では区別できない。雄花の花弁はさじ状で普通紅紫色(イワでは線形〜狭長楕円形で黄緑色)，種子は約1.7 mm 長(イワでは1.2〜1.4 mm 長)(大場，1982)。2n＝22(シュムシュ島)[Probatova et al., 2007]。

【分布】　中(シムシル島が南西限)・北。普通。

【亜寒帯植物：周北極要素】　本州・北海道にない。千島列島中部以北・カムチャツカ半島。ユーラシア東部・アラスカ・北アメリカ西部。

5. アズマツメクサ属
Genus *Tillaea*

1. アズマツメクサ

Tillaea aquatica L. [EPJ 2012] [FKI 2009] [VPS 2002] [FJIIb 2001]

干上がった池沼の縁などに生える高さ5 cm までの小さな一年草。葉は対生。花は葉腋につき4数性。KYO，TI に千島産標本なし。Tatewaki (1957)のもとになったと思われる択捉島産標本(Kawakami 333, SAPS)はミズハコベだったので，択捉島は産地から削除した。これとは別に筆者はパラムシル島の倶楽部崎で本種を発見している

(Takahashi 23857, SAPS)。
【分布】 色丹島・北(パラムシル島)。まれ。両側分布。
【温帯植物：周北極要素】 本州〜北海道[J-NT]。千島列島南北部・サハリン南部[S-R(3)]。ユーラシア・北アメリカ・北アフリカ。[Map 1002]

AE10. アリノトウグサ科
Family HALORAGACEAE

1. フサモ属
Genus *Myriophyllum*

1. **ホザキノフサモ**

Myriophyllum spicatum L. [EPJ 2012] [FKI 2009] [VPS 2002] [FJIIc 1999]

Barkalov(2009)は千島列島南部・中部のものをホザキノフサモ *M. spicatum*，北部パラムシル島のものを次種 *M. sibiricum* としている。
【分布】 色丹島・南・中(ウルップ島)。まれに点在。
【暖温帯植物：周北極〜アジア大陸要素】 琉球〜北海道。千島列島中部以南・サハリン南部。旧大陸の温帯〜亜熱帯域。北アメリカに帰化しているという(角野，1994)。[Map 1374]

2. **シベリアホザキノフサモ**

Myriophyllum sibiricum Kom. [FKI 2009] [CFK 2004] [VPS 2002]

ホザキノフサモによく似る常緑の沈水植物。全体がより小さく，水中の羽状葉の羽片は6〜12対(ホザキでは10〜18対)で茎は直径1〜1.5 mm・長さ1 mまで(ホザキでは直径2〜2.5 mm・長さ2.5 mまで)とされる(Tzvelev, 1995)。本種はホザキノフサモの変種トゲホザキノフサモ *M. spicatum* var. *muricatum* Maxim. とされることがあり，ホザキノフサモから区別する必要があるかどうか疑問であるともされる(角野，2014)。
【分布】 北(パラムシル島)。まれ。
【冷温帯植物：周北極要素】 本州・北海道にない。千島列島北部・サハリン・カムチャツカ半島。シベリア・ヨーロッパ・北アメリカ。

＊フサモ *M. verticillatum* L. がホザキノフサモと同様に北海道に分布しているが，これまで千島列島からは記録がない。一方でサハリン，カムチャツカ半島から報告されているため，千島列島で欠落分布となっている。

AE11. ブドウ科
Family VITACEAE

1. ノブドウ属
Genus *Ampelopsis*

1. **ノブドウ**

Ampelopsis glandulosa (Wall.) Momiy. var. ***heterophylla*** (Thunb.) Momiy. [EPJ 2012] [FJIIc 1999]; *A. heterophylla* (Thunb.) Siebold et Zucc. [FKI 2009]; *A. brevipedunculata* (Maxim.) Trautv. [VPS 2002]; *A. brevipedunculata* (Maxim.) Trautv. var. *heterophylla* (Thunb.) H.Hara

巻きひげのあるやや木本性の落葉つる植物。葉は普通卵形で長さ6〜12 cmで3〜5裂するが，葉形は変化が大きい。小さな帯黄緑色の花が集散花序につき液果の色は淡紫色〜空色。
【分布】 色丹島・南(国後島)。
【暖温帯植物：東アジア要素】 九州〜北海道。千島列島南部・サハリン南部[S-V(2)]。ウスリー・朝鮮半島・中国。

2. ブドウ属
Genus *Vitis*

1. **ヤマブドウ**

Vitis coignetiae Pulliat ex Planch. [EPJ 2012] [FKI 2009] [VPS 2002] [FJIIc 1999]

巻きひげのある落葉性の木本植物。葉は円心形で大形，裏面にクモ毛があり長さ8〜25 cm。黄緑色の小さな花が大きな総状円錐花序につく。液果は黒熟。色丹島ではやや普通に見た。

【分布】 歯舞群島・色丹島・南(択捉島が北東限)。開花：7月上旬～下旬。
【温帯植物：東北アジア～準日本固有要素】 四国～北海道。千島列島南部・サハリン中部以南。ウスリー・朝鮮半島(ウツリョウ島)。

AE12. マメ科
Family FABACEAE(LEGUMINOSAE)

1. ヤブマメ属
Genus *Amphicarpaea*

1. **ヤブマメ**

Amphicarpaea bracteata (L.) Fernald subsp. ***edgeworthii*** (Benth.) H.Ohashi [EPJ 2012] [FJIIb 2001]; *A. japonica* (Oliver) B.Fedtsch. [FKI 2009]; *A. edgeworthii* Benth. var. *japonica* Oliver; *A. bracteata* (L.) Fernald subsp. *edgeworthii* (Benth.) H.Ohashi var. *japonica* (Oliver) H.Ohashi [J]; *Falcata japonica* (Oliver) Kom. [R]

川ぞいのやぶの縁などに生えるつる性の一年草。Tatewaki(1957)ではリストされずKYO, SAPSにも千島列島産標本は確認できなかったが，Alexeeva(1983)により国後島の温泉周辺の各所から記録された。
【分布】 南(国後島)。まれ。
【暖温帯植物：中国・ヒマラヤ～東南アジア要素】 九州～北海道。千島列島南部。アムール・ウスリー・中国・台湾・東南アジア・ヒマラヤ。

2. ゲンゲ属
Genus *Astragalus*

1. **ヒメモメンヅル**(マツワゲンゲ) 【Plate 16-7, 59-3】

Astragalus alpinus L. [FKI 2009] [CFK 2004]

道脇の火山砂礫地。羽状葉の小葉は8～11対あり，長さ8～12 mm×幅3～10 mmの小さい楕円形。花は青紫～白色。2n＝16(マツワ)[Probatova et al., 2007]。
【分布】 中(マツワ島・エカルマ島)・北(パラムシル島)。まれ。
【亜寒帯植物：周北極要素】 本州・北海道にない。千島列島中部以北・カムチャツカ半島。アムール・沿海州・アルダン・オホーツク・コリマ・コリャク・チュコト・シベリア・ヨーロッパ・北アメリカ。[Map 1190]

2. **リシリオウギ** 【Plate 16-8, 59-4】

Astragalus frigidus (L.) A.Gray subsp. ***parviflorus*** (Turcz.) Hultén [EPJ 2012] [FJIIb 2001]; *A. frigidus* (L.) A.Gray [FKI 2009] [CFK 2004] [VPS 2002]

花は黄白色で萼歯は短三角形で萼筒よりずっと短い。小葉は長さ2～3 cm×幅0.6～1.5 cmで鈍頭～微凹頭。
【分布】 中(ウシシル島*以北)・北。
【亜寒帯植物：周北極要素】 本州中部・北海道(大雪山系・利尻島)[J-VU]。千島列島中部以北・サハリン北部・カムチャツカ半島。アムール・アルダン・オホーツク・コリマ・コリャク・チュコト・シベリア・ヨーロッパ。[Map 1187]

3. **カワカミモメンヅル** 【Plate 30-1, 59-5】

Astragalus kawakamii Matsum. [EPJ 2012] [FKI 2009]

リシリオウギに似て花は黄白色だが，Matsumura(1901)により新種とされたもの。萼歯は線形～披針形で長く，小葉は鋭頭。KYO, TIに標本がなく，SAPSには3枚の標本がある(Barkalov, 2012)。Barkalov(2009)が指摘したように茎上部や葉の裏，萼に柔毛が多い形(川上，1898年。タイプ標本にあたる)とほぼ無毛の形(M. Tatewaki, 1930年)とがあり，後者は小葉の先が鈍頭～微凹頭になる点でややリシリオウギの特徴をも併せもつものである。リシリオウギは北千島～中千島の中部までしか分布せず，カワカミモメンヅルが産する択捉島からはリシリオウギは記録されていない。もう少し標本を増やして再検討する必要はあるが，リシリオウギからは明瞭に区別できる。
【分布】 南(択捉島)。まれ。

【亜寒帯植物：千島固有要素】　本州・北海道にない。千島列島南部[S-V(2)]。[cf. Map 1187]

4. エゾモメンヅル(チシマオウギ)

【Plate 9-8, 30-2, 60-1】

Astragalus japonicus H.Boissieu [EPJ 2012] [FKI 2009] [FJIIb 2001]; *A. kurilensis* Matsum.

海岸段丘上の草原に生える多年草。花は紅紫色で長さ約2 cm。Matsumura(1901)によりチシマオウギ *A. kurilensis* として新種とされたが，現在はエゾモメンヅルのシノニムとされている。Tatewaki(1957)ではウルップ島が北東限だったが，Barkalov(2009)がシムシル島からも報告した。2n＝48(択捉島)[Probatova et al., 2007]。

【分布】　南・中(シムシル島が北東限)。点在する。

【冷温帯植物：北海道・千島固有要素】　北海道(斜里岳・知床半島)[J-CR]。千島列島中部以南。

外1. ムラサキヒメモメンヅル(新称)

Astragalus danicus Retz. [FKI 2009] [CFK 2004]

ヒメモメンヅルに似た草本だが，花はより濃色の青紫色でより上向きにつき，豆果の形はより円く上向きにつく点で異なる。Tatewaki(1957)では千島列島から報告されず，SAPSには千島列島産標本がないがBarkalov(2009)では外来種として報告されている。

【分布】　北(パラムシル島)。まれ。[戦後帰化]

【亜寒帯植物】　本州・北海道にない。千島列島北部(外来)・カムチャツカ半島(外来)。アムール・ウスリー・アルダン・シベリア・モンゴル・ヨーロッパ。

＊カラフトモメンヅル *A. schelichowii* Turcz. が北海道，サハリン，カムチャツカ半島に分布するが，千島列島からは記録がない。

3. イワオウギ属
Genus *Hedysarum*

1a. カラフトゲンゲ

【Plate 3-7, 42-3】

Hedysarum hedysaroides (L.) Schinz et Thell. [EPJ 2012] [CFK 2004] [FJIIb 2001]; *H. austrokurilense* (N.S.Pavlova) N.S.Pavlova [FKI 2009]; *H. austrokurilense* (N.S.Pavlova) N.S.Pavlova＋*H. sachalinense* B.Fedtsch. [VPS 2002]

小葉は6～8対。豆果は節果となり小節果表面は無毛。日本では果実表面が有毛のものを次に挙げる品種チシマゲンゲとする(Ohashi, 2001a)。しかし，北方系イワオウギ属の種認識には問題があり，Pavlova(1989)は千島列島・サハリンを含む極東ロシア地域に13種を認め，Barkalov(2009)は千島列島南部の色丹島・国後島産を *H. austrokurilense*，択捉島より北のものを *H. nonnae* と別種にしている。千島列島内では北に行くほど，植物体は小さく，全体に毛が密に，花序軸が短縮する傾向があるが，2種に明瞭に分けることは難しいように思う。またSAPSのカムチャツカ半島産標本はすべて果実表面が無毛のカラフトゲンゲだった。ここでは暫定的に日本側の考え(Ohashi, 2001a)に従い，果実表面に毛のあるものをチシマゲンゲ *H. hedysaroides* f. *neglectum*，毛のないものをカラフトゲンゲ *H. hedysaroides* とした。果実期のSAPS標本を確認した限りでは，千島列島産のほとんどはチシマゲンゲで，色丹島産標本のなかにカラフトゲンゲがあった。なお，SAPS標本では大雪山標本のほとんどはカラフトゲンゲ，日高と礼文島のほとんどはチシマゲンゲだった。またBarkalovはSAPSのカラフトゲンゲ標本の日高山脈産に *H. latibracteatum* N.S.Pavlova(＝*H. branthii* Trautv. et Mey.)の同定ラベルを残している。これは梅沢(2009)が指摘した日高山脈産カラフトゲンゲの「大型で間のびした花序や複葉を持つ一群」にあたるようである。

【分布】　色丹島・南(国後島)。

【亜寒帯植物：周北極要素】　北海道[J-EN]。千島列島南部・サハリン・カムチャツカ半島。アムール・アルダン・オホーツク・コリマ・コリャク・チュコト・シベリア・ヨーロッパ・北アメリカ。[Map 1255]

1b. チシマゲンゲ

【Plate 11-6, 42-4, 60-2】

Hedysarum hedysaroides (L.) Schinz et Thell. forma ***neglectum*** (Ledeb.) Ohwi [EPJ 2012]; *H.*

nonnae Roskov [FKI 2009]; *H. confertum* (N.S. Pavlova) N.S.Pavlova [R]; *H. sachalinense* B. Fedtsch. subsp. *confertum* N.S.Pavlova [R]

カラフトゲンゲの小節果表面に毛がある品種。筆者らは白花品種シロバナチシマゲンゲ forma *albiflora* H.Hara をウルップ島で採集した。

【分布】 色丹島・南・中・北。やや普通。

【亜寒帯植物：周北極要素】 北海道[J-EN]。千島列島。〔Map 1255〕

4. レンリソウ属
Genus *Lathyrus*

1. ハマエンドウ

Lathyrus japonicus Willd. [EPJ 2012] [FKI 2009] [CFK 2004] [VPS 2002] [FJIIb 2001]; *L. maritimus* Bigel [J]

海岸の砂地や礫地に生える多年草。茎に翼がなく，葉軸の先端が巻きひげになる偶数羽状複葉で小葉は4〜6対，托葉は大形の三角状卵形，3〜6個の紫白色の花を総状につける。白花個体はユキイロハマエンドウ f. *albiflorus* Tatew. とされ，毛の多いものをケハマエンドウ f. *pubescens* H.Ohashi et Y.Tateishi とする。

【分布】 歯舞群島・色丹島・南・中・北。やや普通。開花：6月中旬〜8月上旬。

【温帯植物：周北極要素】 琉球〜北海道。千島列島・サハリン・カムチャツカ半島。朝鮮半島・ユーラシア東部・北アメリカ。〔Map 1213〕

2. エゾノレンリソウ

Lathyrus palustris L. var. ***pilosus*** (Cham.) Ledeb. [EPJ 2012]; *L. palustris* L. subsp. *pilosus* (Cham.) Hultén [FJIIb 2001]; *L. pilosus* Cham. [FKI 2009] [CFK 2004] [VPS 2002]

海岸や川近くの湿草原に生える多年草。茎に翼があり紫色の花をつける。普通，小葉や托葉はハマエンドウより小さい。ただし小葉や托葉の幅には大きな変異がある。

【分布】 歯舞群島・色丹島・南・中・北。やや普通。

【温帯植物：周北極要素】 九州〜北海道。千島列島・サハリン・カムチャツカ半島。アムール〜チュコト・シベリア・朝鮮半島，北ユーラシアに広域分布。〔Map 1217〕

3. コエンドウ

Lathyrus humilis (Ser.) Spreng. [FKI 2009] [VPS 2002]

高さ20〜30 cm，小葉は3〜4対で葉の先は巻きひげ。花は花序あたり2〜3個。中国東北部，朝鮮半島産の種類で日本には自生しない。分布パターンからすると外来種の可能性がある。

【分布】 南(国後島)。まれ。

【温帯植物：北アジア要素】 本州・北海道にない。千島列島南部・サハリン南部。アムール・ウスリー・オホーツク・東シベリア・モンゴル・朝鮮半島・中国。

外1. キバナノレンリソウ

Lathyrus pratensis L. [EPJ 2012] [FKI 2009] [CFK 2004] [VPS 2002]

ヨーロッパ原産の外来植物。茎に稜があり，小葉は1対のみで托葉は三角状ほこ形で大形。濃黄色の花をつける。

【分布】 南。まれ。[戦後帰化]

【温帯植物】 日本(外来D)。千島列島南部(外来)・サハリン(外来)・カムチャツカ半島(外来)。ヨーロッパ〜シベリア原産。

5. ハギ属
Genus *Lespedeza*

ハギ属はアジアと北アメリカに隔離分布し，葉緑体DNAの *trnL* イントロンと *trnL-trnF* 遺伝子間領域の解析によると2地域は別々のクレードを形成し，祖先群はアジアに起源したと考えられている(Nemoto et al., 2010)。

1. ヤマハギ

Lespedeza bicolor Turcz. [EPJ 2012] [FKI 2009] [VPS 2002] [FJIIb 2001]

日あたりのよい林縁，丘の斜面，海岸段丘上の草原などに生える小低木。Tatewaki(1957)では択捉島が北東限だったがBarkalov(2009)はシムシル島からも報告した。色丹島の亜高山草原では全体小型でチャボヤマハギ var. *nana* Nakai を思わせるものがあったが，この変種はアポイ岳固有とされるので，さらに検討が必要である。
【分布】 歯舞群島・色丹島・南・中(シムシル島)。
【暖温帯植物：東アジア要素】 九州〜北海道。千島列島中部以南・サハリン南部。アムール・ウスリー・沿海州・シベリア・朝鮮半島・中国。

6. ハウチワマメ属
Genus *Lupinus*

外1. チシマハウチワマメ

Lupinus nootkatensis Donn [EPJ 2012] [FKI 2009] [VPS 2002]

Tatewaki(1957)ではリストされていないが，Alexeeva(1983)が種不明として，国後島から記録した。戦中，戦後に帰化したものだろう。2010年，色丹島アナマの住宅地で栽培逸出とみられるものを見た。
【分布】 色丹島・南。[栽培逸出]
【冷温帯植物】 日本では報告がない。千島列島南部(外来)・サハリン南部(外来)。北アメリカ原産。

外2. シュッコンルピナス

Lupinus polyphyllus Lindl.

Barkalov(2009)ではリストされないが，択捉島紗那市内の空き地で確認した(Fukuda, Taran et al., 2014)。最近，カムチャツカ半島からも帰化報告された(Chernyagina et al., 2014)。
【分布】 南(択捉島)。まれ。[戦後栽培逸出]
【冷温帯植物】 北海道(外来A3)。千島列島南部(外来)・カムチャツカ半島(外来)。北アメリカ原産。

7. イヌエンジュ属
Genus *Maackia*

1. イヌエンジュ

Maackia amurensis Rupr. et Maxim. [EPJ 2012] [FKI 2009] ["Maxim. et Rupr.", VPS 2002] [FJIIb 2001]; *M. amurensis* Rupr. et Maxim. subsp. *buergeri* (Maxim.) Kitam.

落葉性の木本。色丹島からはTakeda(1914)により証拠標本なしで島在住者関係からの情報としてリストされた。その後，大井(1932-33)がこれを引用し，Tatewaki(1957)でも色丹島から報告されているが，KYO，SAPS，TIでは千島列島産標本を確認できなかった。Barkalov(2009)では証拠標本による確認が必要とするが，北海道東部根室支庁にも見られ，色丹島での分布は十分に考えられるのでここでもリストする。カツラと同様に，現地での証拠標本採集が必要な木本種である。
【分布】 色丹島*。まれ。
【暖温帯植物：東アジア要素】 九州〜北海道。千島列島南部・サハリン南部(外来)。アムール・沿海州・朝鮮半島・中国。

8. シナガワハギ属
Genus *Melilotus*

外1. シナガワハギ

Melilotus officinalis (L.) Pall. subsp. ***suaveolens*** (Ledeb.) H.Ohashi [EPJ 2012]; *M. suaveolens* Ledeb. [CFK 2004]; *M. officinalis* (L.) Pall. [VPS 2002]

Barkalov(2009)では千島列島から記録されていなかったが，択捉島紗那の市内裸地に生育しているのを筆者らが2012年に確認した(Fukuda, Taran et al., 2014)。カムチャツカ半島にもすでに帰化しているので，今後北千島に侵入する可能性がある。群生することはなく，自然植生に対する影響は小さいと思う。
【分布】 南(択捉島)。まれ。[戦後帰化]
【温帯植物】 琉球〜北海道(外来A3)。千島列島南部(外来)・サハリン(外来)・カムチャツカ半島(外

来)。ユーラシア原産。[Map 1228]

9. オヤマノエンドウ属
Genus *Oxytropis*

1. ウルップオウギ　【Plate 32-1, 60-3】

Oxytropis itoana Tatew. [FKI 2009]

花は淡黄色。Tatewaki(1932)がウルップ島三島岩崖をタイプ産地として報告した新種。リシリゲンゲの近縁種だが，植物体はより大きく花茎は20 cmまでになり，小葉は10対以上しばしば2 cm長以上となり，花数も10個内外と多い傾向がある。Barkalov(2009)はウルップオウギをリシリゲンゲ *O. rishiriensis* Matsum.の亜種subsp. *itoana* (Tatew.) Worosch.とする見解を紹介しながらも種ランク *O. itoana* としてリストしており，これに従いここでも暫定的に独立種として認めておく。Ohashi(2001a)ではリシリゲンゲの分布に南千島を含んでいるので，ウルップオウギとリシリゲンゲとを同一種と見ているようであり，2分類群の差異についてはさらに検討が必要である。

【分布】　南(択捉島)・中(ウルップ島)。まれ。

【亜寒帯植物：千島固有要素】　日本にない(近縁種リシリゲンゲは北海道の利尻・夕張)。千島列島中部以南[S-V(2)]。[cf. Map 1196]

2. クナシリオヤマノエンドウ　【Plate 39-1】

Oxytropis kunashiriensis Kitam. [EPJ 2012]

花は青紫色で花序あたり13〜23花もつけることで特徴づけられる。Kitamura(1941)で新種報告されたものでKYOでタイプ標本を確認したが採集地は国後島としかなく，細かい産地記述のないものである。小葉は広く楕円形であり，葉柄にある托葉が鞘状となる。Pavlova(1989)によると *Oxytropis litoralis* Kom.や *O. erecta* Kom.に近縁とされるが，上記の諸点で異なる。今後，国後島内の産地を明らかにする必要がある。

【分布】　南(国後島)。まれ。

【亜寒帯植物：千島固有要素】　本州・北海道にない。千島列島南部。

3. コウノソウ(宮部・川上, 1901)(アイザワソウ(宮部・川上, 1901), "エゾオヤマノエンドウ")
【Plate 28-7, 60-4】

Oxytropis pumilio (Pall.) Ledeb. [FKI 2009] [CFK 2004]; *O. kamtschatica* auct. non Hultén; *O. nigrescens* auct. non Fisch.

花は青紫色で花序あたり1〜2個つき，花の苞は膜質で狭く短く，小花柄くらいの長さしかない。北海道産のエゾオヤマノエンドウ *O. japonica* var. *sericea* に似て，植物体に灰白色長毛があり，小葉は4〜5対で長さ5〜9 mm，幅1.5〜3 mm。萼片に白毛と黒毛がある。果実は無柄で細長く長さ35 mm×5〜7 mm幅。茎基部に白色鈍頭の托葉が残存する。Barkalov(2009)によると，Tatewaki(1957)で北千島から報告された *O. kamtschatica*, *O. nigrescens* は本種の誤認であるという。2n＝16(パラムシル島)[Probatova et al., 2007]。

【分布】　中(エカルマ島以北)・北。

【亜寒帯植物：東北アジア要素】　本州・北海道にない。千島列島中部以北・カムチャツカ半島。オホーツク・コマンダー諸島。

4. ヒダカゲンゲ(オカダゲンゲ)　【Plate 61-1】

Oxytropis revoluta Ledeb. [EPJ 2012] [FKI 2009] [CFK 2004] [FJIIb 2001]; *O. kudoana* Miyabe et Tatew.

花は青紫色で長さ15〜17 mm，花序に1〜3個しかつかず，果実がないとコウノソウに似るが，花の苞は葉質で幅広い。小葉は3〜6対つき，長さ6〜10 mm，幅1.5〜3 mmと小さい。果実には0.7〜1 cmの柄があり，長さ15〜20 mm×幅6〜8 mm。千島列島産個体の方が北海道日高産個体よりも全体として小さい傾向があるが，Ohashi(2001a)に従い同一種とした。

【分布】　北。

【亜寒帯植物：東北アジア要素】　北海道(日高山脈)。千島列島北部・カムチャツカ半島。

5. オキシトロピス・エグゼルタ

Oxytropis exserta Jurtz. [FKI 2009] [CFK 2004]

果実に柄がある点でヒダカゲンゲに似る北方系

の種。葉基部に膜質の托葉が残存する。小葉は6～9対つき，小さく白毛が密。青紫色の花は長さ20～25 mmで，花序あたり2～4個程度しかつかず，果実には1～2 cmの柄があり，20～30 mm長×8 mm幅。Tatewaki(1957)ではリストされず，SAPSにもカムチャツカ半島標本しかない。

【分布】　北(パラムシル島)。極くまれ。

【亜寒帯植物：東北アジア要素】　本州・北海道にない。千島列島北部・カムチャツカ半島。オホーツク。

6. **ヒダカミヤマノエンドウ(コダマソウ)**

【Plate 3-5, 32-2, 61-2】

Oxytropis retusa Matsum. [EPJ 2012] [FKI 2009] [CFK 2004] [FJIIb 2001]; *O. hidakamontana* Miyabe et Tatew. [FKI 2009]

花は青紫～赤紫色で花序に3～9個つく。旗弁の先端が深く凹む。花の苞は披針形で萼片の先を抜く位長いのがよい特徴。小葉は6～10対，長さ10～17 mm，幅3～7 mmと大きい。果実は無柄で，長さ20 mm×幅6～8 mm。茎基部に茶褐色で鋭頭の托葉が残存する。本種はMatsumura(1901)がラシュワ島の標本(Kodama, 1893年)に基づいて発表した新種。採集者名にちなんでコダマソウと呼ばれてきたが，Ohashi(2001a)はコダマソウとヒダカミヤマノエンドウ*O. hidakamontana*を同一種とし，和名は日本でなじみのあるヒダカミヤマノエンドウを採用している。一方でBarkalov(2009)は千島列島産のほとんどをコダマソウ*O. retusa*にあて，色丹島産のみをヒダカミヤマノエンドウ*O. hidakamontana*にあてている。コダマソウの方が，萼片や果実の毛が少ない傾向があるが，これら2種に明瞭な種差があるかどうかはさらに検討が必要である。なお似ているレブンソウ*O. megalantha* H.Boissieuは葉裏の毛がより密で花序あたり8～15花，旗弁先端は円頭かわずかに凹む程度なので区別できる。Kholina et al. (2000)による酵素多型変異の研究がある。Alexeeva et al.(1983)が色丹島から記録したレブンソウ*O. megalanta* H. Boiss.は本種を誤認したものである。2n＝16(色丹島)as *O. hidakamontana* [Probatova et al. 2007]。

【分布】　色丹島・南(択捉島)・中・北(パラムシル島)。やや普通。

【亜寒帯植物：東北アジア要素】　北海道(日高山脈)[J-VU]。千島列島・カムチャツカ半島[K-EN]。

10. ハリエンジュ属
Genus *Robinia*

外1. **ハリエンジュ(ニセアカシア)**

Robinia pseudoacacia L. [EPJ 2012] [“*pseudacacia*”, FKI 2009] [VPS 2002] [FJIIb 2001]

北アメリカ原産の落葉高木。Tatewaki(1957)ではリストされなかったが，Barkalov(2009)が植栽したものが野生化したとしてリストした。筆者らは現地で確認できていないが，今後島の森林生態系にどのような影響を与えるか注視していく必要がある。

【分布】　南。まれ。[戦後帰化？]

【温帯植物】　九州～北海道(外来A2)。千島列島南部(外来)・サハリン南部(外来)。北アメリカ南部原産，世界中の温帯で植栽，野生化。

11. センダイハギ属
Genus *Thermopsis*

1. **センダイハギ**

Thermopsis lupinoides (L.) Link [EPJ 2012] [FKI 2009] [CFK 2004] [VPS 2002] [FJIIb 2001]

海岸草原に生え高さ40～80 cmになる多年草。葉は掌状に3小葉をつけ托葉は大形。黄色の花を総状花序につける。

【分布】　歯舞群島・色丹島・南・中・北。中千島の中部・北部で少ないため，両側分布的である。

【冷温帯植物：北アメリカ・東アジア隔離要素】本州中部～北海道。千島列島・サハリン・カムチャツカ半島。ウスリー・沿海州・朝鮮半島・中国北部・北アメリカ北部。

12. シャジクソウ属
Genus *Trifolium*

1. シャジクソウ

Trifolium lupinaster L. [EPJ 2012] [VPS 2002] [FJIIb 2001]; *T. pacificum* Bobr. [FKI 2009]

低地の草原に生える高さ15〜40 cmの多年草。3(まれに5)個の小葉が掌状につき，托葉は葉柄に合着する。紅紫色の10〜20花が頭状花序につく。

【分布】　色丹島・南・中(チルポイ島が北東限)。やや普通。

【冷温帯植物：周北極要素】　本州中部〜北海道。千島列島中部以南・サハリン南北部。ユーラシア北部。〔Map 1233〕

外1. タチオランダゲンゲ

Trifolium hybridum L. [EPJ 2012] [FKI 2009] [CFK 2004] [VPS 2002] [FJIIb 2001]

ユーラシア原産の外来多年草。シロツメクサ，ムラサキツメクサに比べるとずっとまれである。Tatewaki(1957)では千島列島からリストされなかったが，Alexeeva(1983)で国後島から報告された。筆者らはBarkalov(2009)の産地記録に，南千島択捉島紗那町内の攪乱地(Fukuda, Taran et al., 2014)と北千島パラムシル島セベロクリリスク(H. Takahashi 23129, Aug. 5, 1997, SAPS)を追加している。

【分布】　歯舞群島・色丹島・南・中(択捉島)・北。まれ。［戦後帰化］

【温帯植物】　琉球〜北海道(外来A3)。千島列島(外来)・サハリン(外来)・カムチャツカ半島(外来)。ヨーロッパ・アフリカ・西アジア原産とされ，現在は世界中の温帯域に帰化。〔Map 1236〕

外2. ムラサキツメクサ(アカツメクサ)

Trifolium pratense L. [EPJ 2012] [FKI 2009] [CFK 2004] [VPS 2002] [FJIIb 2001]

ヨーロッパ原産の外来多年草。低地の草地に生える。シロツメクサよりはまれである。Tatewaki(1957)ではウルップ島とパラムシル島の報告がなかったので，これら両島には戦後に分布拡大したものと思われる。時にシロバナアカツメクサ f. *albiflorum* Alef. を見る。

【分布】　歯舞群島・色丹島・南・中・北(パラムシル島)。普通。［戦前帰化・一部戦後拡大］

【温帯植物】　琉球〜北海道(外来A2)。千島列島(外来)・サハリン(外来)・カムチャツカ半島(外来)。ヨーロッパ・アフリカ・西アジア原産とされ，現在は世界中の温帯域に帰化。〔Map 1245〕

外3. シロツメクサ　【Plate 16-6】

Trifolium repens L. [EPJ 2012] [FKI 2009] [CFK 2004] [VPS 2002] [FJIIb 2001]

ヨーロッパ原産の外来多年草。低地の攪乱された砂地や草地に生え，千島列島のシャジクソウ属外来種としては最も普通。Tatewaki(1957)では報告されなかった中千島のウルップ島，マツワ島，北千島のパラムシル島，シュムシュ島などの個体は戦後に分布拡大したものと思われる。

【分布】　歯舞群島・色丹島・南・中・北。普通。［戦前帰化・一部戦後拡大］

【温帯植物】　琉球〜北海道(外来A2)。千島列島(外来)・サハリン(外来)・カムチャツカ半島(外来)。ヨーロッパ・アフリカ・西アジア原産とされ，現在は世界中の亜熱帯〜温帯域に広く帰化。〔Map 1235〕

外4. クスダマツメクサ

Trifolium campestre Schreb. [EPJ 2012]

裸地に生える高さ5〜30 cmの外来一年草。コメツブツメクサに似るが，茎の中部につく葉の葉柄が明らかで，1花序に20花以上つく。Tatewaki(1957)，Barkalov(2009)で報告されていなかったが，Fukuda, Taran et al.(2014)で初報告した。

【分布】　南(択捉島紗那)。まれ。［戦後帰化］

【温帯植物】　琉球〜北海道(外来B)。千島列島南部(外来)。ヨーロッパ・アフリカ・西アジア原産。

13. ソラマメ属
Genus *Vicia*

1. **ツルフジバカマ**

Vicia amoena Fisch. ["Fisch. ex Ser.", EPJ 2012] [FKI 2009] [VPS 2002] [FJIIb 2001]; *Vicia amoena* Fisch. var. *sachalinensis* F. Schmidt.

ヒロハクサフジに似るが，托葉が大きく歯があり，花は紅紫色。Tatwaki(1957)の記録がAlexeeva(1983)でも引用されているので，国後島では少ないものと見られる。筆者らは新たにパラムシル島でも確認した。

【分布】　南(国後島*，択捉島*)・北(パラムシル島)。まれ。両側分布。

【温帯植物：北アジア～東アジア要素】　九州～北海道。千島列島南北部・サハリン。アムール・ウスリー・沿海州・シベリア・カザフスタン・朝鮮半島・中国・モンゴル。

2. **クサフジ**

Vicia cracca L. [EPJ 2012] [FKI 2009] [CFK 2004] [VPS 2002] [FJIIb 2001]

ヒロハクサフジに似るが小葉の幅が狭く花はより小さく多数つく。Tatewaki(1957)では択捉島が北東限だったが，Barkalov(2009)がウルップ島からも報告した。国後島のクサフジは小葉の幅が広くツルフジバカマを思わせるが，托葉が小さく葉の質も違うのでクサフジの広葉型と思われる。なおカムチャツカ半島産は外来とされる(Yakubov and Chernyagina 2004)。

【分布】　歯舞群島・色丹島・南・中(ウルップ島)。

【温帯植物：周北極要素】　九州～北海道。千島列島中部以南・サハリン・カムチャツカ半島(外来)。北半球の温帯域。[Map 1200]

3. **ヒロハクサフジ**(エゾヒロハクサフジ)

Vicia japonica A.Gray [FKI 2009] [VPS 2002] [FJIIb 2001]; *V. japonica* A.Gray var. *comosa* H. Boissieu [EPJ 2012]

ツルフジバカマに似るが，クサフジ同様に托葉が線形で小さい。クサフジよりも小葉の幅が広く側脈は主脈からより開いて出，花はより大きく少数。

【分布】　色丹島・南。

【温帯植物：東北アジア要素】　本州～北海道。千島列島南部・サハリン。朝鮮半島。

4. **ヨツバハギ**

Vicia nipponica Matsum. [EPJ 2012] [FKI 2009] [FJIIb 2001]

花は紅紫色で小葉が4～8枚，葉の先に時に巻きひげがでる。ナンテンハギの小葉数を増やしたような植物。北海道ではまれだが南千島に産することはOhashi(2001a)でも述べられている。

【分布】　南(国後島*・択捉島)。

【暖温帯植物：東アジア要素】　九州～北海道。千島列島南部。朝鮮半島・中国。

5. **ナンテンハギ**(フタバハギ)

Vicia unijuga A.Braun [EPJ 2012] [FKI 2009] [VPS 2002] [FJIIb 2001]

海岸近くや低地の草地などに生える多年草。葉は2枚の小葉からなる。

【分布】　歯舞群島・色丹島*・南・中(ウルップ島が北東限)。やや普通

【温帯植物：北アジア～東アジア要素】　九州～北海道。千島列島中部以南・サハリン中部以南。アムール・ウスリー・シベリア・朝鮮半島・中国・モンゴル。

AE13. バラ科
Family ROSACEAE

1. キンミズヒキ属
Genus *Agrimonia*

1. **キンミズヒキ**

Agrimonia pilosa Ledeb. var. ***japonica*** (Miq.) Nakai [EPJ 2012]; *A. striata* Michx. subsp. *viscidula* (Bunge) Rumjantsev [FKI 2009]; *A. viscidula* Bunge [VPS 2002]; *A. pilosa* Ledeb. [FJIIb 2001];

A. japonica (Miq.) Koidz. [R]

Tatewaki(1957)では国後島からしか記録がなかったが，SAPSには戦前の色丹島・択捉島産標本があり，Barkalov(2009)も色丹島，択捉島から報告した。筆者らの観察でも色丹島，択捉島で普通に見た。一方，択捉島において花や果実が団子状に集まり，その点では本州から記録されている変種ダルマキンミズヒキ var. *succapitata* Naruh.(鳴橋・瀬尾，1996)を思わせる個体をしばしば見た。ただし葉形はダルマキンミズヒキとは一致しないので，穂状花序が詰まる型が択捉島において平行的に生じていると思われる。2n＝56(国後島，択捉島)as *A. viscidula*[Probatova et al., 2007]。

【分布】　歯舞群島・色丹島・南(択捉島が北東限)。やや普通。開花：7月下旬～9月中旬。

【暖温帯植物：周北極／東アジア～東南アジア要素】　琉球～北海道。千島列島南部・サハリン。ウスリー・ダウリア・朝鮮半島・中国・台湾・インドシナ。基準変種は東ヨーロッパ～シベリア・中国北部。[Map 1085]

2. ハゴロモグサ属
Genus *Alchemilla*

外1. アルケミラ・ミカンス

Alchemilla micans Buser [FKI 2009]; *A. gracilis* Opiz [R]

村の廃墟などにあるので，おそらく在住ロシア人が栽培していたものの残存・逸出で，自生ではないと考える。ヨーロッパでは本属植物は300種以上記載されているが，日本への帰化例は限られている。2n＝64(シュムシュ島)as *A. gracilis* [Probatova et al., 2007]。

【分布】　南(択捉島)・北。まれ。[戦後栽培残存]

【亜寒帯植物】　本州・北海道にない。千島列島南北部(外来)。ウスリー(外来)。ヨーロッパ～シベリア原産。

3. アズキナシ属
Genus *Aria*

1. アズキナシ

Aria alnifolia (Siebold et Zucc.) Decne. [EPJ 2012] [FJIIb 2001]; *Micromeles alnifolia* (Siebold et Zucc.) Koehne [FKI 2009]; *Sorbus alnifolia* (Siebold et Zucc.) C. Koch

ナナカマドとの間で交雑種カワシロナナカマド *Sorbus* ×*kawashiroi* Koji Ito ex Murataができ，同属として扱われることも多いが，葉は単葉であり果実に皮目があるといった特徴を重く見て，ここではナナカマド属とは別属*Aria*として扱う(Ohashi and Iketani, 1993)。色丹島からの記録がないのは興味深い。

【分布】　南(択捉島が北東限)。まれ。

【暖温帯植物：東アジア要素】　九州～北海道。千島列島南部[S-E(1)]。ウスリー・朝鮮半島・中国(北部～中部)・台湾。

4. ヤマブキショウマ属
Genus *Aruncus*

1. ヤマブキショウマ(チシマヤマブキショウマ)

Aruncus dioicus (Walter) Fernald var. ***kamtschaticus*** (Maxim.) H.Hara [EPJ 2012] [FJIIb 2001]; *A. dioicus* (Walter) Fernald [FKI 2009] [CFK 2004] [VPS 2002]; *A. dioicus* (Walter) Fernald var. *tenuifolius* (Nakai ex H.Hara) H.Hara; *A. kamtschaticus* (Maxim.) Rydb. [R]

雌雄異株の多年生草本。よく似ているユキノシタ科のトリアシショウマは両性花で花柱が2個。Barkalov(2009)で記録のないエカルマ島で，筆者らは証拠標本を採集した(H. Takahashi 21689, Aug. 10, 1996, SAPS)。歯舞群島の標本がTIにある。

【分布】　歯舞群島・色丹島・南・中・北。普通。開花：7月上旬～8月上旬。

【温帯植物：東北アジア～東アジア要素】　九州～北海道。千島列島・サハリン・カムチャツカ半島。ウスリー・朝鮮半島・中国・ヒマラヤ。

5. サクラ属
Genus *Cerasus*

1. **ミヤマザクラ**

Cerasus maximowiczii (Rupr). Kom. [EPJ 2012] [VPS 2002] [FJIIb 2001]; *Padus maximowiczii* (Rupr.) Sokolov [FKI 2009]; *Prunus maximowiczii* Rupr.

葉柄に白～褐色の長毛が密，葉の基部は楔形で葉身基部に蜜腺がある。Tatewaki(1957)では択捉島が北東限だったがBarkalov(2009)がウルップ島からも報告した。

【分布】　色丹島・南・中(ウルップ島が北東限)。

【暖温帯植物：東アジア要素】　九州～北海道。千島列島中部以南・サハリン。ウスリー・朝鮮半島・中国東北部。

2. **チシマザクラ**　【Plate 33-1】

Cerasus nipponica (Matsum.) Ohle ex H. Ohba var. ***kurilensis*** (Miyabe) H.Ohba [EPJ 2012] [FJIIb 2001]; *C. nipponica* (Matsum.) Nedoluzhko [FKI 2009] [VPS 2002]; *Prunus nipponica* Matsum. var. *kurilensis* Wils.; *Cerasus kurilensis* (Miyabe) Czerep. [R]; *Prunus ceraseidos* Maxim. var. *kurilensis* Miyabe

葉は小さく重鋸歯で開花時に葉柄や花柄に毛が多いが，9月になると葉柄にほとんど毛がない。葉の基部は広楔形～円形で，葉柄上部に蜜腺がある。ミヤマザクラと同様にウルップ島が北東限だが，色丹島から記録がないのは興味深い。根室市清隆寺のチシマザクラの名木は明治初期に国後島から移植されたものだという。*P. kurilensis* f. *glabra* Tatew.がウルップ島トコタンから報告されている。本州乗鞍岳のタカネザクラ var. *nipponica*では，花柱が長い型L-styledと雄しべの葯と柱頭が同じ位置にあるH-styledの2つの花型があるという(Hirata and Sugawara, 2001)が，他地域や本変種での実態はよく調べられていない。

【分布】　南・中(ウルップ島が北東限)。

【冷温帯植物：準日本固有要素】　本州中部～北海道。千島列島中部以南・サハリン南部。

3. **オオヤマザクラ**(エゾヤマザクラ)

Cerasus sargentii (Rehder) H.Ohba [EPJ 2012] ["(Rehder) Pojark.", FKI 2009] [FJIIb 2001]; *Prunus sargentii* Rehder; *Cerasus sachalinensis* (F. Schmidt) Kom. [VPS 2002]

Tatewaki(1957)では国後島のみだったが，Barkalov(2009)が択捉島からも報告した。チシマザクラと同様色丹島から記録がないが，ミヤマザクラやチシマザクラがウルップ島まで分布するのに対し，本種は択捉島までである。SAPSに*P. sargentii*×*P. kurilensis*? とされた標本(択捉島紗那，吉村文五郎，7月30日1939年)がある。

【分布】　南(択捉島が北東限)。

【冷温帯植物：準日本固有要素】　四国～北海道。千島列島南部・サハリン南部[S-R(3)]。

6. クロバナロウゲ属
Genus *Comarum*

1. **クロバナロウゲ**

Comarum palustre L. [EPJ 2012] [FKI 2009] [CFK 2004] [VPS 2002] [FJIIb 2001]; *Potentilla palustris* (L.) Scop.

湖畔や沼沢地の湿原に生える高さ30～60 cmになる多年草。5～7個の小葉からなる羽状複葉で，裏面は粉白を帯びて絹毛がある。花は暗黒紫色となり花弁の先は鋭尖頭。分子系統からは従来入れられていたキジムシロ属*Potentilla*から十分区別され，別クレードに含まれる(Eriksson et al., 2003)。

【分布】　歯舞群島・南・中・北。色丹島から記録がない。

【冷温帯植物：周北極要素】　本州～北海道。千島列島・サハリン・カムチャツカ半島。北半球広域分布。[Map 1096]

7. サンザシ属
Genus *Crataegus*

1. **クロミサンザシ**(エゾサンザシ)

Crataegus chlorosarca Maxim. [EPJ 2012] [FKI

2009] [CFK 2004] [VPS 2002] [FJIIb 2001]

Tatewaki(1957)ではリストされなかったが，Alexeeva(1983)で国後島から記録された。Iketani and Ohashi(2001)ではクロミサンザシ *C. chlorosarca* とエゾサンザシ *C. jozana* C.K.Schneid. を区別せず，後種を前種に含めているが，米倉(2012)ではこれらを2種に分けている。

【分布】　南(国後島)。まれ

【冷温帯植物：東北アジア要素】　本州中部・北海道[J-EN]。千島列島南部・サハリン・カムチャツカ半島。

8. キンロバイ属
Genus *Dasiphora*

1. キンロバイ　【Plate 1-7, 61-3】

Dasiphora fruticosa (L.) Rydb. [EPJ 2012] [FKI 2009]; *Pentaphylloides fruticosa* (L.) O. Schwarz [VPS 2002] [FJIIb 2001]; *Potentilla fruticosa* L. [CFK 2004]

落葉小低木。葉は3〜5小葉で花は黄色で径20〜25 mm。北千島では湿原の周辺などにあり，色丹島では亜高山草原に比較的普通にありミヤマビャクシンと混生する。分子系統からは従来入れられていたキジムシロ属 *Potentilla* からは区別され別クレードに入る(Eriksson et al., 2003)。

【分布】　色丹島・南・中(オネコタン島*)・北。両側分布。

【冷温帯植物：周北極要素】　四国〜北海道[J-VU]。千島列島・サハリン・カムチャツカ半島。北半球冷温帯〜亜寒帯。[Map 1095]

9. チョウノスケソウ属
Genus *Dryas*

1. チョウノスケソウ

Dryas octopetala L. var. ***asiatica*** (Nakai) Nakai [EPJ 2012] [FJIIb 2001]; *D. ajanensis* Juz. [FKI 2009] [VPS 2002]; *D. punctata* Juz. [CFK 2004]; *D. tschnoskii* Juz. [R]

茎がほふくする小低木。葉は卵状楕円形で長さ10〜20 mm，裏面に白い綿毛。直立した花茎の先に白い花を1個つけ，花弁は8〜9個。極地－高山植物種で，種を広くとるか狭くとるかで異論がある。Yakubov(1996)はロシア極東にチョウノスケソウ属6種を認め，このうち日本・千島・サハリンに分布するものを *D. ajanensis*，カムチャツカ半島に分布するものを別種 *D. punctata* としている。本書では東北アジアのチョウノスケソウを，広域分布する *Dryas octopetala* の変種とする扱いに従った。Tatewaki(1957)では色丹島のみの記録だったが，Barkalov(2009)が択捉島からも報告した。いわゆるドリアス植物群(氷河植物群)といわれる第四紀更新世に現れた植物群の代名詞になっている。

【分布】　色丹島・南(択捉島)。遺存的に分布し，まれ。

【亜寒帯植物：周北極／東北アジア要素】　本州中部・北海道。千島列島南部・サハリン中部以北・カムチャツカ半島。ウスリー・朝鮮半島北部。種としては北半球亜寒帯に広く分布する。[Map 1090]

10. シモツケソウ属
Genus *Filipendula*

1. オニシモツケ

Filipendula camtschatica (Pall.) Maxim. [EPJ 2012] [FKI 2009] [CFK 2004] [VPS 2002] [FJIIb 2001]

托葉は草質で大きく縁は切れ込み，花は白色〜淡紅色。2n＝14(色丹島，国後島)[Probatova et al., 2007]。

【分布】　歯舞群島・色丹島・南・中・北。千島列島全体に普通。開花：7月上旬〜8月下旬。

【冷温帯植物：東北アジア要素】　本州〜北海道。千島列島・サハリン・カムチャツカ半島。コマンダー諸島。

2. エゾノシモツケソウ

Filipendula glaberrima Nakai [EPJ 2012] [FKI 2009] [FJIIb 2001]; *F. yezoensis* H.Hara

托葉は膜質で披針形。花は淡紅色。Tatewaki

(1957)ではリストされなかったが，Alexeeva (1983)により，国後島から記録された。標本数から判断すると，少ないようである。また歯舞勇留島産標本がTI(近藤金吾，8月24日1929年)にある。
【分布】 歯舞群島・南(国後島)。
【冷温帯植物：東北アジア要素】 北海道。千島列島南部。ウスリー・朝鮮半島・中国東北部。

11. オランダイチゴ属
Genus *Fragaria*

1. ノウゴウイチゴ

Fragaria iinumae Makino [EPJ 2012] [FKI 2009] [VPS 2002] [FJIIb 2001]; ? *F. iturupensis* Staudt in Willdenowia 7(1): 102 (1973)

花弁・萼片が7〜8個。北海道では南部・中北部に多いが，東部には少なく知床半島にまれに見られる。色丹島，国後島からは記録がない。2n＝28(択捉島)[Probatova et al., 2007]。
【分布】 南(択捉島アトサヌプリ)。まれ。
【冷温帯植物：準日本固有要素】 本州〜北海道。千島列島南部・サハリン中部以南。

2. エゾノクサイチゴ(エゾクサイチゴ)

Fragaria yezoensis H.Hara [EPJ 2012] [VPS 2002]; *F. nipponica* auct. non Makino [FKI 2009]; *F. nipponica* Makino var. *yezoensis* (H.Hara) Kitam. [J]

Naruhashi and Iwata(1988)により，道東産のエゾノクサイチゴ *F. yezoensis* は本州中部産のシロバナノヘビイチゴ(モリイチゴ)*F. nipponica* Makinoと区別できず同種とされたが，米倉(2012)では2種を区別している。ここではこれに従った。Tatewaki(1957)では中千島から記録がない。中千島のシムシル島やマツワ島の産地は廃墟の周辺や道路の周辺なので，戦後の帰化だと思われる。2n＝14(国後島，シムシル島，マツワ)as *F. yezoensis* [Probatova et al., 2007]。
【分布】 歯舞群島・色丹島・南・中・北(パラムシル島)。[一部帰化？]
【冷温帯植物：準日本固有要素】 北海道。千島列島・サハリン南部。

12. ダイコンソウ属
Genus *Geum*

1. オオダイコンソウ

Geum aleppicum Jacq. [EPJ 2012] [FKI 2009] [CFK 2004] [VPS 2002] [FJIIb 2001]

托葉は大きくあらい鋸歯がある。集合果は楕円形。Tatewaki(1957)では択捉島が北東限だったがBarkalov(2009)では北千島からも報告されており筆者らも確認しているが，これらは列島内で戦後に分布拡大した可能性がある。またカムチャツカ半島産オオダイコンソウも帰化とされている(Yakubov and Chernyagina 2004; Chernyagina et al., 2014)。
【分布】 歯舞群島・色丹島・南・中・北。開花：6月上旬〜8月上旬。
【冷温帯植物：周北極要素】 本州〜北海道。千島列島・サハリン・カムチャツカ半島(外来)。シベリア・コーカサス・朝鮮半島・中国・モンゴル・中央アジア・ヨーロッパ。[Map 1093]

2. カラフトダイコンソウ

Geum macrophyllum Willd. var. ***sachalinense*** (Koidz.) H.Hara [EPJ 2012] [FJIIb 2001]; *G. fauriei* H.Lév. [FKI 2009]; *G. macrophyllum* Willd. [CFK 2004] [VPS 2002]

托葉は小さく鋸歯がない。集合果は球形。Tatewaki(1957)では中千島から記録がないが，筆者らは各所の高茎草本群落の下に生えているのを確認した。北アメリカ産の変種からは，托葉の長さが1cm以下とより小さく，花柄にあらい長軟毛があり，密軟毛の花床に粗長毛がある点で，かろうじて区別されるという(Hara, 1952)。
【分布】 歯舞群島・色丹島・南・中・北。開花：6月中旬〜7月下旬。
【冷温帯植物：北太平洋／東北アジア要素】 本州〜北海道。千島列島・サハリン・カムチャツカ半島。種としてはアリューシャン列島・アラスカ・北アメリカに分布。

3. ミヤマダイコンソウ　【Plate 61-4】

Geum calthifolium Menzies ex Sm.; *G. calthifolium* Menzies ex Sm. var. *nipponicum* (F. Bolle) Ohwi [EPJ 2012] [“*calthaefolium*”, FJIIb 2001]; *Parageum calthifolium* (Menzies) Nakai et H. Hara [FKI 2009] [CFK 2004]

岩礫地草原に生える多年草で黄褐色の剛毛が多い。頂小葉は大きく円心形で，花柱は花後も残り長さ10 mm以上になる。これらの点で上記2種とはかなり違い，ロシア側では別属*Parageum*とすることも多い。葉縁の鋸歯の細かさや茎や葉柄の毛の様子で，日本〜千島列島をミヤマダイコンソウvar. *nipponicum*，カムチャツカ半島〜北アメリカ北西部をvar. *calthifolium*とする（清水，1982）が，明確に2変種に分けるのは無理と考え，本書では種ランクでのみ認める。

【分布】　色丹島・南・中・北。千島列島全体にやや普通。

【亜寒帯植物：北太平洋要素】　四国〜北海道。千島列島・カムチャツカ半島。アリューシャン列島・アラスカ・北アメリカ。

4. コキンバイ

Geum ternatum (Stephan) Smedmark [EPJ 2012]; *Waldsteinia ternata* (Stephan) Fritsch [FKI 2009] [VPS 2002] [FJIIb 2001]

イワキンバイに似るが，林下に生える多年草。葉は3出複葉で小葉の先は鈍頭（イワキンバイは鋭頭）。従来コキンバイ属*Waldsteinia*とされていたが，Smedmark（2006）はダイコンソウ属の範囲づけを再検討するなかで，コキンバイ属をダイコンソウ属に含め，Potter et al.（2007）もこれを支持している。Tatewaki（1957）の記録がAlexeeva（1983）で引用されているのみなので，国後島ではまれと思われる。SAPSでは証拠標本が見つからない。

【分布】　南（国後島）。まれ。

【冷温帯植物：周北極要素】　本州近畿地方〜北海道。千島列島南部・サハリン。シベリア・中国・ヨーロッパ。

13. リンゴ属
Genus *Malus*

1. エゾノコリンゴ

Malus baccata (L.) Borkh. var. ***mandshurica*** (Maxim.) C.K.Schneid. [EPJ 2012] [FJIIb 2001]; *M. sachalinensis* (Kom.) Juz. [FKI 2009] [VPS 2002]; *M. mandshurica* (Maxim.) Kom.?

【分布】　南（択捉島が北東限）。

【温帯植物：東北アジア〜東アジア要素】　本州中部〜北海道。千島列島南部・サハリン。ウスリー・朝鮮半島・中国。

外1. ズミ

Malus toringo (Siebold) Siebold ex de Vriese [EPJ 2012] [FJIIb 2001]; *M. toringo* Siebold ex de Vriese var. *incisa* Franch. et Sav. [FKI 2009]; *Malus sieboldii* (Regel) Rehder

先が3裂する葉が混じる。SAPSには標本がない。

【分布】　南（国後島）。［栽培残存？］

【温帯植物】　九州〜北海道（在来）。千島列島南部（外来）。朝鮮半島・中国。

14. ウワミズザクラ属
Genus *Padus*

1. シウリザクラ

Padus ssiori (F.Schmidt) C.K.Schneid. [EPJ 2012] [FKI 2009] [VPS 2002] [FJIIb 2001]; *Prunus ssiori* F.Schmidt

エゾノウワミズザクラ*P. avium* Mill.に似るが，葉は長楕円形で縁にのぎ状の鋸歯。Tatewaki（1957）では択捉島が北東限だったが，ウルップ島の記録がある（Barkalov, 2009）。なお，エゾノウワミズザクラは北海道，サハリン，カムチャツカ半島に分布するが，千島列島からは報告がない。

【分布】　色丹島・南・中（ウルップ島*）。開花：6月下旬〜7月中旬。

【冷温帯植物：東北アジア要素】　本州中部〜北海道。千島列島中部以南・サハリン中部以南［S-R

(3)]。ウスリー・中国東北部。

15. キジムシロ属
Genus *Potentilla*

1. エゾツルキンバイ

Potentilla anserina L. subsp. ***pacifica*** (Howell) Rousi [EPJ 2012]; *P. anserina* L. [VPS 2002] [FJIIb 2001]; *P. egedii* Wormsk. [FKI 2009]; *P. anserina* L. subsp. *egedii* (Wormsk.) Hiitonen [CFK 2004]; *P. pacifica* Howell [R]; *P. egedii* Wormsk. var. *grandis* (Torr. et Gray) H.Hara [R]

塩湿地〜湿地に生える多年草。茎は地上をほふくし，羽状複葉に小さい小葉が混じる。

【分布】　歯舞群島・色丹島・南・中・北。中千島には少なく，両側分布的。

【冷温帯植物：周北極要素】　本州〜北海道。千島列島・サハリン・カムチャツカ半島。ユーラシア〜北アメリカに広域分布。[Map 1098]

2. ミツモトソウ

Potentilla cryptotaeniae Maxim. [EPJ 2012] [FKI 2009] [FJIIb 2001]

高さ40〜80 cm，茎に毛がある。葉は3小葉となり托葉は小さく，切れ込まない。Tatewaki (1957)ではリストされていなかったが，Alexeeva (1983)で国後島から記録された。SAPSに標本がない。

【分布】　南(国後島)。まれ

【温帯植物：東アジア要素】　九州〜北海道。千島列島南部。ウスリー・朝鮮半島・中国。

3. イワキンバイ

Potentilla ancistrifolia Bunge var. ***dickinsii*** (Franch. et Sav.) Koidz. [EPJ 2012]; *P. dickinsii* Franch. et Sav. [FKI 2009] [FJIIb 2001]

花茎は高さ10〜20 cm。葉は3小葉。ミヤマキンバイに似るが，葉裏が粉白色を帯び，伏毛がある。小葉の先はよりとがる。色丹島はAlexeeva et al.(1983)で報告された。Tatewaki(1957)の国後島の記録がAlexeeva(1983)に引用されているのみなので，おそらく国後島には少ないと思われる。

【分布】　色丹島・南(国後島*)。ややまれ。

【暖温帯植物：東アジア要素】　九州〜北海道。千島列島南部[S-V(2)]。朝鮮半島・中国。

4. キジムシロ

Potentilla fragarioides L. var. ***major*** Maxim. [EPJ 2012]; *P. fragarioides* L. [FKI 2009] [VPS 2002]; *P. sprengeliana* Lehm. [FJIIb 2001]

草原に生える多年草。葉は5〜7小葉からなる羽状複葉。花は黄色で径1.5〜2 cm。種としては西シベリアから記載され，日本周辺のものはその変種とされている。Tatewaki(1957)では千島列島から未報告だったが，Barkalov(2009)が報告した。

【分布】　南。まれ。

【温帯植物：北アジア〜東アジア要素】　九州〜北海道。千島列島南部・サハリン。朝鮮半島。種としては中国・シベリアまで分布。

5. ツルキジムシロ

Potentilla stolonifera Lehm. ex Ledeb. [EPJ 2012] [CFK 2004] [VPS 2002]; *P. sprengeliana* Lehm. [FKI 2009]; *P. fragarioides* L. [FJIIb 2001]

海岸段丘上や低地の草原に生える多年草。キジムシロによく似るが，長いほふく枝を出すのが特徴。学名はキジムシロとの間で混乱しているが，ここでは米倉(2012)に従う。2n＝14(国後島)as *P. stoloifera* [Probatova et al., 2007]。

【分布】　歯舞群島・色丹島・南・中・北。

【温帯植物：東北アジア要素】　九州〜北海道。千島列島・サハリン南北部・カムチャツカ半島。朝鮮半島(済州島)。

6. ミヤマキンバイ

Potentilla matsumurae Th.Wolf [EPJ 2012] [FKI 2009] [VPS 2002] [FJIIb 2001]

岩礫地草原に生える多年草。植物体に白色長毛があり葉は3小葉からなる。花は径約2 cmの黄色で花茎の先に数個つく。日本のミヤマキンバイ集団の葉緑体DNAハプロタイプの解析が行われている(Ikeda et al., 2006, 2008)。

【分布】　歯舞群島・色丹島・南・中(オネコタン島が北東限)。
【亜寒帯植物：準日本固有要素】　本州中部～北海道。千島列島中部以南・サハリン中部以南。

7. チシマキンバイ

Potentilla fragiformis Willd. ex D.F.K.Schltdl. subsp. ***megalantha*** (Takeda) Hultén [EPJ 2012]; *P. megalantha* Takeda [FKI 2009] [FJIIb 2001]; *P. fragiformis* Willd. ex D.F.K.Schltdl. [VPS 2002]

海岸近くの岸壁や岩塊地に生える多年草。植物体に黄褐色の長毛を密生。葉は3小葉。花は黄色で径3～4 cmと大きい。より北方に分布する *P. fragiformis* との関係に異論があり，2つの独立種とする考え，チシマキンバイを *P. fragiformis* の種内分類群とする考え，さらには *P. fragiformis* のみを認める考えがある。本書では中間的な立場をとり，*P. fragiformis* の亜種として認めた。2n=70(ウルップ島，ウシシル島，シュムシュ島)[Probatova et al., 2007]。
【分布】　歯舞群島・色丹島・南・中・北。普通。
【亜寒帯植物：東北アジア要素】　北海道。千島列島・サハリン・カムチャツカ半島。種としてはウスリー・沿海州・オホーツク・コリャク・チュコト・コマンダー諸島などに分布。

8. ウラジロキンバイ

Potentilla nivea L. [FKI 2009] [CFK 2004] [VPS 2002] [FJIIb 2001; *P. nivea* L. var. *camtschatica* Cham. et Schltdl. [EPJ 2012]

ミヤマキンバイに似るが，葉裏に密に白綿毛があり葉柄や花茎にも白綿毛がある。花は径1.5～2 cm。*P. nivea* はシベリアから記載された種だが広域分布するため多くの種内分類群が記載されている。米倉(2012)も日本～ロシア極東の集団を変種として認めているが，まだ種内変異が十分に解明されていない現状なので本書では暫定的に広域分布する1種として認める見解(Naruhashi, 2001b)に従う。Barkalov(2009)ではパラムシル島からのロシア側の記録を挙げながらも証拠標本がないとして北千島の記録は採用していない。
【分布】　色丹島。まれ。
【冷温帯植物：周北極要素】　本州中部～北海道[J-VU]。千島列島南部・サハリン中部以北・カムチャツカ半島。ヨーロッパ～アジア・北アメリカの北方地域。[Map 1104]

9. アライトキンバイ(カラフトウラジロキンバイ)

Potentilla vulcanicola Juz. [FKI 2009] [CFK 2004] [VPS 2002]; *P. uniflora* Ledeb.

葉は3小葉。花は1～2個。ウラジロキンバイに似て葉裏に白綿毛があるが，葉はより小さく，小葉裂片はより狭い。花はより大きく径2～3 cm。
【分布】　北。
【亜寒帯植物：北太平洋要素】　本州・北海道にない。千島列島北部・サハリン北部・カムチャツカ半島。ウスリー・コリャク・チュコト・コマンダー諸島・北アメリカ。

外1. エゾノミツモトソウ

Potentilla norvegica L. [EPJ 2012] [FKI 2009] [CFK 2004] [VPS 2002] [FJIIb 2001]

ミツモトソウに似るが，葉は3～5小葉。托葉はより大きく縁は切れ込む。Tatewaki(1957)ではリストされていない。Alexeeva(1983)では外来種として国後島から記録されており，戦後に帰化したのであろう。色丹島からもAlexeeva et al.(1983)で報告された。
【分布】　色丹島・南・中・北(パラムシル島)。[戦後帰化]
【温帯植物】　本州～北海道(外来A3)。千島列島(外来)・サハリン(外来)・カムチャツカ半島(外来)。ヨーロッパ・北アメリカ。[Map 1110]

外2. ポテンティラ・インテルメディア

Potentilla intermedia L.

エゾノミツモトソウ *P. norvegica* によく似るが，葉の鋸歯がより深く入り，花弁は萼片と同じ位長い。
【分布】　南(国後島)。[戦後帰化]
【温帯植物】　本州・北海道にない。千島列島南部(外来)。

16. バラ属
Genus *Rosa*

1. **オオタカネバラ**(オオタカネイバラ)

Rosa acicularis Lindl. [EPJ 2012] [FKI 2009] [CFK 2004] [VPS 2002] [FJIIb 2001]

子房は長い紡錘形。花柄に刺と腺毛がある。Tatewaki(1957)では択捉島が北東限だったがBarkalov(2009)がウルップ島からも報告した。
【分布】 色丹島*・南・中(ウルップ島が北東限)。
【冷温帯植物：東北アジア要素】 本州中部〜北海道。千島列島中部以南・サハリン・カムチャツカ半島。シベリア・朝鮮半島・中国東北部。〔Map 1074〕

2. **カラフトイバラ**(ヤマハマナス)

Rosa amblyotis C.A.Mey. [EPJ 2012] [FKI 2009] [CFK 2004] [VPS 2002]; *R. davurica* Pall. var. *alpestris* (Nakai) Kitag. [FJIIb 2001]; *Rosa marretii* Lev.

子房はほぼ球形。花柄に刺がない。Tatewaki(1957)では択捉島が千島列島での北東限だったがBarkalov(2009)がパラムシル島からも報告した。これにより千島列島では両側分布となり，カムチャツカ半島にも分布する。
【分布】 色丹島・南・北(パラムシル島)。両側分布。
【冷温帯植物：東北アジア要素】 本州中部〜北海道。千島列島南北部・サハリン・カムチャツカ半島。アムール・ウスリー・オホーツク・朝鮮半島・中国東北部。

3. **ハマナス**(ハマナシ)

Rosa rugosa Thunb. [EPJ 2012] [FKI 2009] [CFK 2004] [VPS 2002] [FJIIb 2001]

海岸の砂浜や海岸段丘上の草原などに生える低木。小葉の表面にしわが多い。
【分布】 歯舞群島・色丹島・南・中・北。普通。開花：6月中旬〜8月下旬。
【冷温帯植物：東北アジア要素】 本州〜北海道。千島列島・サハリン・カムチャツカ半島。ウスリー。

〈検討種〉ノイバラ

Rosa multiflora Thunb. の国後島産標本(泊とゼンベコタン)がSAPSにある(Barkalov, 2012)。このうちゼンベコタン産標本には植栽起源とのメモがあり，Tatewaki(1957)でも千島列島産植物としてはリストしていない。北海道の自生は南西部と考えられており(Ohba, 2001)，道東でまれに記録されているものは栽培残存と思われる。国後島での野生化の現状がわからないので，ここでは検討種としてのみリストしておく。

17. キイチゴ属
Genus *Rubus*

1a. **キタホロムイイチゴ**(新称) 【Plate 62-1】

Rubus chamaemorus L. var. ***chamaemorus*** [FKI 2009] [CFK 2004] [VPS 2002]

ミズゴケ湿原などに生える雌雄異株の多年草。葉は単葉腎心形で先は3〜5浅裂する。先端に1花をつけ，萼片・花弁は5個，花弁は白色で果実は黄色。
【分布】 中(ウルップ島以北)・北。
【亜寒帯植物：周北極要素】 本州・北海道にない。千島列島中部以北・サハリン・カムチャツカ半島。アムール・沿海州・オホーツク・コマンダー諸島・朝鮮半島・中国東北部・アリューシャン列島・北アメリカ・ヨーロッパ。〔Map 1049〕

1b. **ホロムイイチゴ**(ヤチイチゴ)

Rubus chamaemorus L. var. ***pseudochamaemorus*** (Tolm.) Worosch.; *Rubus pseudocahamemorus* Tolm. [FKI 2009]

日本のホロムイイチゴはこれまで北方広域種のキタホロムイイチゴ *R. chamaemorus* と同一種して認識されていたが，キタホロムイイチゴの果実は熟すと黄色になるのに対してサハリン南部や日本のホロムイイチゴは赤熟するので別種 *R. pseudochamaemorus* とすべき(Barkalov, 2009)との考えがある。また，キタホロムイイチゴでは葉縁の裂片がより不明瞭で円頭，花柄が最上部の茎生葉の葉柄より長い傾向がある。しかしこれらは形態的に明瞭な差とまでは言えないので，本書では両者を変種関係とする考えに従う。
【分布】 南(国後島)。
【冷温帯～亜寒帯植物：準日本固有要素】 本州中北部～北海道。千島列島南部・サハリン南部。[Map 1049]

2. **チシマイチゴ** 【Plate 25-5, 62-2】

Rubus arcticus L. [EPJ 2012] [FKI 2009] [CFK 2004] [VPS 2002]

葉は3小葉からなり花は紅色。茎は高さ15～30 cm，花弁は6～10 mm長で普通花は最上位の葉より上に出る。北海道夕張産の標本はあるが，産地が疑わしいとしてNaruhashi(2001a)は日本産種として採用しなかった。ただ千島列島，サハリンとも全域に分布する(特にサハリンでは多い)ので，北海道に分布する可能性は高い。南千島，中千島では不連続に分布し少ない。
【分布】 色丹島・南・中・北。
【亜寒帯植物：周北極要素】 北海道[J-CR]。千島列島・サハリン・カムチャツカ半島。アムール・沿海州・オホーツク・コマンダー諸島・シベリア・北アメリカ・ヨーロッパ。[Map 1051]

3. **ルブス・ステラートゥス**

Rubus stellatus Smith [FKI 2009]

チシマイチゴの近縁種。茎の高さは10～15 cmとより低いが，萼片・花弁が6～7枚あり花の直径は3 cm(花弁は15 mm長)にもなり，花は最上位の葉より上に出ない。
【分布】 北。まれ。
【亜寒帯植物：北太平洋要素】 本州・北海道にない。千島列島北部。チュコト・コマンダー諸島・北アメリカ。

4. **エゾイチゴ**(エゾキイチゴ，ウラジロエゾイチゴ)

Rubus idaeus L. [FJIIb 2001]; *R. idaeus* L. subsp. *melanolasius* Focke [EPJ 2012] [CFK 2004]; *R. sachalinensis* H.Lév. [FKI 2009] [VPS 2002]; *R. matsumuranus* H.Lév. et Vaniot

葉の裏面に白綿毛が密。葉は3小葉。花は白色。ユーラシア～北アメリカに広分布する種で，小葉やがく裂片の形，毛・有柄腺点・刺の密度などは大きな変異を示す(Hara, 1952)ので，ここでは特に種内分類群を認めなかった。Tatewaki(1957), Barkalov(2009)では中千島から報告されていなかったが，筆者らはウルップ島でも見つけた。鳥散布で近年もち込まれたものかもしれない。択捉島では垣根などに使われ，自然植生に逸出しているとの話を聞いた。
【分布】 歯舞群島・色丹島・南・中・北。両側分布。開花：6月下旬～8月中旬。
【冷温帯植物：周北極要素】 四国～北海道。千島列島・サハリン・カムチャツカ半島。アムール・沿海州・オホーツク・シベリア・コーカサス・朝鮮半島・中国・北アメリカ・ヨーロッパ。[Map 1053]

5. **クロイチゴ**

Rubus mesogaeus Focke [EPJ 2012] ["Focke ex Diels", FKI 2009] [FJIIb 2001]

低木。葉は3小葉で裏面は白綿毛が密。花は淡紅色。
【分布】 歯舞群島*・色丹島*・南(択捉島が北東限)。
【暖温帯植物：中国・ヒマラヤ要素】 九州～北海道。千島列島南部。中国(西部～中部)・台湾・ヒマラヤ。

6. **ナワシロイチゴ**

Rubus parvifolius L. [EPJ 2012] [FJIIb 2001]; *R. triphyllus* Thunb. [FKI 2009]

低木。葉は3小葉で先は円頭。裏面は白綿毛が密。Alexeeva(1983)によると，標本数は多く，国後島では比較的普通と思われる。2n＝14(国後島)[Probatova et al., 2007]。
【分布】 南(国後島)。開花：7月中旬～8月上旬。
【暖温帯植物：東アジア要素】 琉球～北海道。千島列島南部。朝鮮半島・中国・台湾。

7. **コガネイチゴ**

Rubus pedatus Sm. [EPJ 2012] [FKI 2009] [VPS 2002] [FJIIb 2001]

葉は3出複葉だが，側小葉がさらに分裂して5小葉に見える。ヒメゴヨウイチゴよりずっと小さい。
【分布】　南(択捉島が北東限)。
【冷温帯植物：北アメリカ・東アジア隔離要素】本州〜北海道。千島列島南部・サハリン。北アメリカ。

8. **ヒメゴヨウイチゴ**

Rubus pseudojaponicus Koidz. [EPJ 2012] [FKI 2009] [FJIIb 2001]

茎は地表を這う。5小葉からなる掌状の複葉。花は白色。北アメリカの *R. americanus* が近縁種という(Naruhashi, 2001a)。
【分布】　南(国後島)。
【冷温帯植物：北アメリカ・東アジア隔離／日本・千島固有要素】　本州中部〜北海道。千島列島南部[S-V(2)]。

18. ワレモコウ属
Genus *Sanguisorba*

日本産のワレモコウ属の花には2つの型があり，雄しべが6 mm以下と短く花盤が大きい虫媒花のワレモコウ型と，雄しべが7 mm以上と長く花盤が小さい風媒花のカライトソウ型がある(鳴橋ほか, 2001)。

1. **タカネトウウチソウ**

Sanguisorba stipulata Raf. [FKI 2009] [VPS 2002] [FJIIb 2001]; *S. canadensis* L. subsp. *latifolia* (Hook.) Calder et R.L.Taylor var. *latifolia* Hook. [EPJ 2012]; *S. sitchensis* C.A.Mey. [R]

風媒であるカライトソウ型の花をもつ種で，花穂は長く下から咲き上がる。茎生葉の葉柄基部には普通小型の小葉状の托葉はない。Tatewaki (1957)では中千島のシムシル島が北東限だったが，Barkalov (2009)がそれ以北の各所から報告した。
【分布】　色丹島・南・中・北。
【冷温帯植物：北アメリカ・東アジア隔離要素】本州〜北海道。千島列島・サハリン中部以北。ウスリー・オホーツク・朝鮮半島・北アメリカ北西部。

2. **ナガボノワレモコウ**(ナガボノシロワレモコウ，チシマワレモコウ)

Sanguisorba tenuifolia Fisch. ex Link [EPJ 2012] [FKI 2009] [CFK 2004] [VPS 2002] [FJIIb 2001]; *S. tenuifolia* var. *alba* Trautv. et Mey.; *S. tenuifolia* var. *grandiflora* Maxim.

海岸段丘上や低地の湿原に生える多年草。虫媒のワレモコウ型の花をもつ種で，花穂はやや短く，上から咲き下る。茎生葉の葉柄基部に小形の托葉的な小葉がある。植物体のサイズや葉形，花色には変化が大きく，狭義のナガボノシロワレモコウ var. *tenuifolia* とチシマワレモコウ var. *grandiflora* とを明瞭に分けることはできないので，ここでは両者を含めた広い意味で使う。
【分布】　歯舞群島・色丹島・南・中・北。千島列島全体に普通。開花：7月下旬〜10月中旬。
【温帯植物：東北アジア〜北太平洋要素】　九州〜北海道。千島列島・サハリン・カムチャツカ半島。ウスリー・オホーツク・東シベリア・朝鮮半島・中国北部・アリューシャン列島。

3. **ワレモコウ**

Sanguisorba officinalis L. [EPJ 2012] [FKI 2009] [CFK 2004] [FJIIb 2001]

Barkalov (2009)により千島列島から初めて報告された。奇妙な分布パターンであり戦後帰化の可能性もある。日本では九州〜北海道に分布するにもかかわらず，南千島になく，中千島・北千島に点在し，サハリンにはないがカムチャツカ半島に自生する。
【分布】　中(マツワ島)・北(パラムシル島)。
【温帯植物：周北極要素】　九州〜北海道。千島列島中部以北・カムチャツカ半島。ウスリー・オホーツク・シベリア・朝鮮半島・中国・台湾・北アメリカ・ヨーロッパ。[Map 1088]

19. タテヤマキンバイ属
Genus *Sibbaldia*

1. タテヤマキンバイ

Sibbaldia procumbens L. [EPJ 2012] [FKI 2009] [CFK 2004] [VPS 2002] [FJIIb 2001]

花がないとメアカンキンバイと区別が難しい多年生のわい小低木。植物体に銀白色の上向きの毛がある。花弁は萼片より著しく小さい。2n＝14（アトラソフ）[Probatova et al., 2007]。

【分布】　北。

【亜寒帯植物：周北極要素】　本州中部・北海道。千島列島北部・サハリン北部・カムチャツカ半島。朝鮮半島・中国・台湾・北アメリカ・ヨーロッパ。[Map 1124]

20. メアカンキンバイ属
Genus *Sibbaldiopsis*

1. メアカンキンバイ

Sibbaldiopsis miyabei (Makino) Sojak [EPJ 2012]; *Potentilla miyabei* Makino [FKI 2009] [FJIIb 2001]

植物体に黄褐色の上向きの毛。葉は3小葉。小葉の先が3歯に裂ける。これまでケトイ島が北東限だった。2n＝28（チルポイ島）[Probatova et al., 2007]。

【分布】　南・中（エカルマ島が北東限）。

【亜寒帯植物：北海道・千島固有要素】　北海道[J-VU]。千島列島中部以南。

21. チングルマ属
Genus *Sieversia*

1. チングルマ

Sieversia pentapetala (L.) Greene [EPJ 2012] [FKI 2009] [CFK 2004] [VPS 2002]; *Geum pentapetalum* (L.) Makino [FJIIb 2001]

ダイコンソウ属 *Geum* に含められることもあるが，木本性であり，花の色も黄色でなく白色と違うので，ロシア側の見解に合わせて別属とする。Potter et al.(2007)もこの処置を支持している。

【分布】　色丹島・南・中・北。千島列島全体に普通。

【冷温帯～亜寒帯植物：東北アジア要素】　本州中部～北海道。千島列島・サハリン中部以北・カムチャツカ半島。アリューシャン列島。

22. ホザキナナカマド属
Genus *Sorbaria*

1. ホザキナナカマド（エゾホザキナナカマド）

Sorbaria sorbifolia (L.) A.Braun var. ***stellipila*** Maxim. [EPJ 2012] [FJIIb 2001]; *S. sorbifolia* (L.) A.Braun [“(L.) R.Br.”, FKI 2009] [CFK 2004] [VPS 2002]; *S. stellipila* (Maxim.) Schneid. [R]

高さ2～3 mになる落葉低木。葉は奇数羽状複葉で7～10対の小葉をつける。花序は円錐状で多数の白花がつく。

【分布】　歯舞群島・色丹島・南（国後島）。

【冷温帯植物：北アジア～東北アジア要素】　本州北部～北海道。千島列島南部・サハリン・カムチャツカ半島。朝鮮半島・モンゴル。基準変種はシベリア。

23. ナナカマド属
Genus *Sorbus*

1. ナナカマド

Sorbus commixta Hedl. [EPJ 2012] [FKI 2009] [VPS 2002] [FJIIb 2001]

奇数羽状複葉の小葉は鋭尖頭。花序全体が大きい。Tatewaki(1957)では中千島から記録がなかった。その後はウルップ島が北東限だと考えられていたがBarkalov(2009)は中千島ケトイ島からも報告した。

【分布】　色丹島・南・中（ケトイ島が北東限）。開花：6月中旬～7月上旬。

【温帯植物：東アジア要素】　九州～北海道。千島列島中部以南・サハリン。朝鮮半島。[Map 1158]

2. タカネナナカマド　【Plate 15-5】

Sorbus sambucifolia (Cham. et Schltdl.) M.

Roem. [EPJ 2012] ["*sambucifolia* Cham et Schltdl.", FKI 2009] [CFK 2004] [VPS 2002] [FJIIb 2001]

ナナカマドに似るが，奇数羽状複葉の小葉は鋭頭で質がより厚く表面にやや照りがある。花序は小さく，果実の先に萼片が立って残存する。

【分布】 歯舞群島・色丹島・南・中・北。ナナカマドより広く分布し普通。

【冷温帯植物：東北アジア要素】 本州中部〜北海道。千島列島・サハリン・カムチャツカ半島。コマンダー諸島・東シベリア・朝鮮半島・アリューシャン列島。

24. シモツケ属
Genus *Spiraea*

1a. マルバシモツケ

Spiraea betulifolia Pall. var. ***betulifolia*** [EPJ 2012] [FJIIb 2001]: *S.betulifolia* Pall. [FKI 2009] [VPS 2002]

0.5〜1 m の高さの落葉低木。葉は倒卵形〜卵円形で，長さ 1.5〜6 cm，幅 1〜4 cm。花は径 5〜8 mm で袋果は腹側の縫合線にそって白軟毛がある。

【分布】 歯舞群島・色丹島・南・中(ウルップ島)・北(パラムシル島)。

【冷温帯植物：東北アジア要素】 本州中部〜北海道。千島列島・サハリン。東シベリア。

1b. エゾノマルバシモツケ

Spiraea betulifolia Pall. var. ***aemiliana*** (C.K.Schneid.) Koidz. [EPJ 2012] [FJIIb 2001]; *S. beauverdiana* C.K.Schdeid. [FKI 2009] [CFK 2004] [VPS 2002]

マルバシモツケの小型の変種。高さ 30 cm 以下で葉は長さ 0.7〜2 cm，幅 0.8〜2 cm。花は径 4〜5 mm で袋果は全体に短軟毛がある。国後島では火山カルデラ周辺で確認し，そこに至る森林帯でのマルバシモツケとは明らかに植物体サイズが違っていた。

【分布】 歯舞群島・色丹島・南・中(ウルップ島)・北。

【亜寒帯植物：北アメリカ・東アジア隔離要素】 北海道。千島列島・サハリン・カムチャツカ半島。東シベリア・北アメリカ。

2. エゾシモツケ

Spiraea media Schmidt var. ***sericea*** (Turcz.) Regel ex Maxim. [EPJ 2012] [FJIIb 2001]; *S. sericea* Turcz.; *S. media* Schmidt [FKI 2009] [CFK 2004] [VPS 2002]

岩場に生える低木。葉の先にしばしば歯がある。花は白色で散形花序につく。

【分布】 色丹島。

【冷温帯植物：周北極／東北アジア要素】 本州北部〜北海道[J-VU]。千島列島南部・サハリン・カムチャツカ半島。ウスリー・朝鮮半島・中国東北部。基準変種は南ヨーロッパ〜シベリア。[Map 1046]

3. ホザキシモツケ

Spiraea salicifolia L. [EPJ 2012] [FKI 2009] [CFK 2004] [VPS 2002] [FJIIb 2001]

低木。花は淡紅色で枝先に円錐状につく。Barkalov (2009) によりウルップ島からも報告された。カムチャツカ半島にはあるので，北千島にはないが，両側分布の変形とみられる。

【分布】 歯舞群島・色丹島・南(国後島)・中(ウルップ島)。

【冷温帯植物：周北極要素】 本州中部〜北海道。千島列島中部以南・サハリン・カムチャツカ半島。ウスリー・オホーツク・シベリア・モンゴル・ヨーロッパ。

AE14. グミ科
Family ELAEAGNACEAE

1. グミ属
Genus *Elaeagnus*

外 1. トウグミ

Elaeagnus multiflora Thunb. var. ***hortensis***

(Maxim.) Servett. [EPJ 2012] [FJIIc 1999]; *E. multiflora* Thunb. [FKI 2009]

落葉小高木。類似種のアキグミ *E. umbellata* とは若い枝が褐色の鱗片に覆われ(アキでは白色)花柄が5 cm 近くと長くなる点で異なる。基準変種のナツグミ var. *multiflora* とは若いときに葉の表面に疎らな星状毛がある(ナツでは白色鱗片)点で区別される。Tatewaki(1957)でリストされず，北海道での分布が南西部に偏っていることから判断して，おそらく帰化したものと思われる。北海道にはトウグミが分布するので，千島産も変種のトウグミと見なした。北海道各地では砂防用に栽植されるのでどこまでが自生かわからない。

【分布】　南(国後島)。[栽植逸出？]

【温帯植物】　本州〜北海道(在来)。千島列島南部(外来)・サハリン(外来)。

AE15. ニレ科
Family ULMACEAE

1. ニレ属
Genus *Ulmus*

1. ハルニレ

Ulmus davidiana Planch. var. ***japonica*** (Rehder) Nakai [EPJ 2012] [FJIIa 2006]; *U. japonica* (Rehder) Sarg. [FKI 2009] [VPS 2002]

Tatewaki(1957)では国後島のみだったが，Barkalov(2009)が択捉島からも報告した。

【分布】　南(択捉島が北東限)。やや普通。開花：5月中旬〜下旬。

【暖温帯植物：東アジア要素】　九州〜北海道。千島列島南部・サハリン。朝鮮半島・中国(東北部〜北部)。

2. オヒョウ

Ulmus laciniata (Trautv.) Mayr [EPJ 2012] [FKI 2009] [FJIIa 2006] [VPS 2002]

ハルニレの近縁種。葉は普通3〜5裂し(ハルニレは裂けない)，花被片は5〜6裂(ハルニレは4裂)，種子は翼果の中央(ハルニレでは上部)にある。

【分布】　色丹島*・南(国後島が北東限)。開花：5月中旬〜下旬。

【暖温帯植物：東アジア要素】　九州〜北海道。千島列島南部・サハリン。東シベリア・朝鮮半島・中国東北部。〔Map 631〕

〈検討種〉ケヤキ

Zelkova serrata (Thunb.) Makino

Alexeeva(1983)により国後島から報告された。「野生」と書かれているが，北海道のものでさえ植栽されたものなので，国後島に自生は考えられず栽培残存であろう。Barkalov(2009)では帰化とされるが，野生状態での生育は難しいように思われ，ここでは検討種としてのみリストする。

AE16. アサ科
Family CANNABACEAE

1. カラハナソウ属
Genus *Humulus*

1. カラハナソウ

Humulus lupulus L. var. ***cordifolius*** (Miq.) Maxim. ex Franch. et Sav. [EPJ 2012] [“(Miq.) Maxim.”, FJIIa 2006]; *H. cordifolius* Miq. [FKI 2009]

やや日あたりのよい林縁や草原に生えるつる性で雌雄異株の多年草。茎に下向きの棘毛があり葉は卵円形で時に3裂。松かさ状の果穂がよい特徴。基準変種のホップはヨーロッパ〜西シベリア，北アメリカに分布し，外部形態ではカラハナソウから区別できないが，性染色体がホップではXY型，カラハナソウではXYXY型という(Hara, 1952)。Tatewaki(1957)ではリストされなかったが，Alexeeva(1983)により国後島から報告された。VLAで証拠標本を確認した。著者らは択捉島紗那市内でも見たが，これはロシア人住居敷地内で栽培されているようで基準変種のホップ var. *lupulus* かもしれない。2n＝20(国後島)as *H. cordifolius*〔Probatova et al., 2007〕。

【分布】　南(国後島)。まれ。
【温帯植物：周北極／準日本固有要素】　本州中部～北海道。千島列島南部・サハリン中部以南(外来)。中国(北部)。基準変種はヨーロッパ原産。[Map 634]

＊アサ *Cannabis sativa* L. が外来種としてウルップ島から記録された(Vorobiev, 1956)が，その後の報告はなく，一時帰化と推定されるので，ここでは取り上げない。

AE17. クワ科
Family MORACEAE

1. クワ属
Genus *Morus*

1. ヤマグワ　【Plate 62-3】

Morus australis Poir. [EPJ 2012] [FKI 2009] [FJIIa 2006]; *M. bombycis* Koidz.

落葉低木で，葉身は卵状広楕円形だがしばしばさまざまな程度に3～5裂する。葉の表面に多数の微小な毛状突起がある。紫黒色に熟す集合果が特徴。
【分布】　色丹島・南(国後島)。
【暖温帯植物：アジア大陸要素】　琉球～北海道(しばしば栽培される)。千島列島南部[S-V(2)]。朝鮮半島・中国・東南アジア・ヒマラヤ。

AE18. イラクサ科
Family URTICACEAE

1. ヤブマオ属
Genus *Boehmeria*

1. アカソ

Boehmeria silvestrii (Pamp.) W.T.Wang [EPJ 2012] [FKI 2009]; *B. tricuspis* (Hance) Makino [FJIIa 2006]

やや湿った林縁などに生える多年草。花は単性で雌雄同株となり，葉は対生し卵円形で先が大きく3裂する。Tatewaki(1957)ではリストされなかったが，Barkalov(1987)により新産報告された。
【分布】　南(国後島中部オホーツク海側)。極めてまれ。
【暖温帯植物：東アジア要素】　九州～北海道。千島列島南部[S-E(1)]。中国。

2. ムカゴイラクサ属
Genus Laportea

1. ムカゴイラクサ

Laportea bulbifera (Siebold et Zucc.) Wedd. [EPJ 2012] [FKI 2009] [FJIIa 2006]

林床や高茎草原中に生える多年草で刺毛がある。花は単性で雌雄同株，葉は互生して先は裂けず，葉腋にむかごがある。Tatewaki(1957)ではリストされなかったが，Alexeeva(1983)の報告からすると国後島では少なくないようである。さらにBarkalov(2009)により択捉島からも報告された。2n＝60(国後島)[Probatova et al., 2007]。
【分布】　南(択捉島が北東限)。
【暖温帯植物：アジア大陸要素】　九州～北海道。千島列島南部。朝鮮半島・中国・台湾・東南アジア・インド・ネパール。

3. ミズ属
Genus *Pilea*

1. ミズ

Pilea hamaoi Makino [EPJ 2012] [FKI 2009] [FJIIa 2006]

アオミズに似るが，葉縁の歯牙が少なく(通常片側に10個以下)，花序軸が伸びない。Alexeeva(1983)によると，国後島の温泉周辺に生えている。2n＝24(国後島)[Probatova et al., 2007]。
【分布】　南(国後島)。
【暖温帯植物：東アジア要素】　九州～北海道。千島列島南部。シベリア・朝鮮半島・中国北部。

2. アオミズ

Pilea pumila (L.) A.Gray [EPJ 2012] [FJIIa 2006]; *P. mongolica* Wedd. [FKI 2009]

ミズに似るがより大型で，葉縁の歯牙はより多く(通常片側に10個以上)，葉柄も長く伸び，花序軸が伸びる。Tateishi(2006)では果実の大きさ，花被片の同長性，葉身と葉柄の比などを区別点に挙げている。VLAには両種に同定された標本があるが，区別しがたく，どれもミズに近いものと思われる。

【分布】　南(国後島)。

【暖温帯植物：北アメリカ・東アジア隔離要素】　九州～北海道。千島列島南部。東シベリア・朝鮮半島・中国・北アメリカ東部。

4. イラクサ属
Genus *Urtica*

1. エゾイラクサ　【Plate 62-4】

Urtica platyphylla Wedd. [EPJ 2012] [FKI 2009] [FJIIa 2006] [CFK 2004] [VPS 2002]

沿岸～平地の高茎草原に生え，高さ50～200 cmになる雌雄異株の多年草。植物体に刺毛がある。葉は対生し，托葉は合着し，各節に2個。シャシコタン島は産地でなかった(Barkalov, 2009)が，筆者らが新たに確認・採集した。

【分布】　歯舞群島・色丹島・南・中・北。極く普通。開花：7月下旬～8月下旬

【冷温帯植物：東北アジア要素】　本州中部～北海道。千島列島・サハリン・カムチャツカ半島。東シベリア。

AE19. ブナ科
Family FAGACEAE

1. コナラ属
Genus *Quercus*

1. ミズナラ　【Plate 63-1】

Quercus crispula Blume [EPJ 2012] [FKI 2009] [FJIIa 2006] [VPS 2002]; *Q. mongolica* Fisch. ex Ledeb. subsp. *crispula* (Blume) Menitsky

平地～山地に生える雌雄同株の落葉高木。葉は倒卵状長楕円形～倒卵形で先は鋭頭～鈍頭，縁には鋭頭～やや鈍頭の鋸歯，裏面に絹毛や微毛を散生。

【分布】　南(国後島・択捉島のおもにオホーツク海側。択捉島中部では比較的普通)。開花：6月上旬～下旬。

【暖温帯植物：東アジア要素】　九州～北海道。千島列島南部・サハリン。朝鮮半島・中国東北部。

2. カシワ

Quercus dentata Thunb. [EPJ 2012] ["Thunb. ex Murray", FKI 2009] [FJIIa 2006]

ミズナラに近縁の落葉高木。種間交雑し，北海道南部では両種間の浸透性交雑と見られる集団がある。葉は倒卵状長楕円形，先は鈍頭で縁には大きな波状の鈍鋸歯があり，裏面には星状毛が密生。

【分布】　南(国後島材木岩付近)。ややまれ。開花：6月中旬～下旬。

【暖温帯植物：東アジア要素】　九州～北海道。千島列島南部[S-V(2)]。ウスリー・朝鮮半島・中国・台湾。

AE20. ヤマモモ科
Family MYRICACEAE

1. ヤチヤナギ属
Genus *Myrica*

1. ヤチヤナギ　【Plate 63-2】

Myrica gale L. var. ***tomentosa*** C.DC. [EPJ 2012] [FJIIa 2006]; *M. tomentosa* (C.DC.) Aschers et Graebn. [FKI 2009] [VPS 2002]

日あたりのよい湿原に生える高さ1mまでの落葉低木。葉は互生し，両面に淡黄色の油点がある。日本では北方広域分布種の1変種とすることが多いが，ロシア側では特に変種として分けない。サハリンに普通なので，日本のヤチヤナギは氷河期にサハリンルートで南下して千島列島南部まで広がり，後に温暖化で分布縮小し遺存したものと見られる(高橋，2004)。歯舞群島産標本はTIにない。色丹島からの記録がないのは興味深い。

【分布】　歯舞群島・南(択捉島が千島列島での北東限。単冠北部湿原にある)。開花：5月上旬～下旬。

【冷温帯植物：周北極／東北アジア要素】　本州～北海道。千島列島南部・サハリン・カムチャツカ半島。東シベリア・朝鮮半島北部。基準変種は北半球冷温帯に広く分布する。[Map 618]

AE21. クルミ科
Family JUGLANDACEAE

1. クルミ属
Genus *Juglans*

1. オニグルミ

Juglans mandshurica Maxim. var. ***sachalinensis*** (Miyabe et Kudô) Kitam. [“(Komatsu) Kitam.”, EPJ 2012] [FJIIa 2006]; *J. ailanthifolia* Carrière [FKI 2009] [VPS 2002]

Tatewaki(1957)にはリストされていない。筆者は択捉島の紗那町内で植栽残存と思われる幼木を確認した。色丹島からの記録がないのは興味深い。

【分布】　南。[一部植栽残存か？]

【暖温帯植物：準日本固有要素】　九州～北海道。千島列島南部・サハリン中部以南[S-V(2)]。

AE22. カバノキ科
Family BETULACEAE

1. ハンノキ属
Genus *Alnus*

1. ハンノキ　【Plate 4-8】

Alnus japonica (Thunb.) Steud. [EPJ 2012] [FKI 2009] [FJIIa 2006] [VPS 2002]

湿原内の川の縁などに生える雌雄同株の落葉高木。葉は長楕円形で幅2～5.5 cm，鋭尖頭で基部くさび形。色丹島から記録がないのは興味深い。

【分布】　南(国後島：ゼンベコタン，東沸湿原など)。ややまれ。

【暖温帯植物：東アジア要素】　九州～北海道。千島列島南部・サハリン南部。ウスリー・朝鮮半島・中国東北部。

2. ヤマハンノキ(ケヤマハンノキ)

Alnus hirsuta (Spach) Turcz. ex Rupr. [EPJ 2012] [“(Spach) Fisch. ex Rupr.”, FKI 2009] [“(Spach) Fisch. ex Rupr.”, FJIIa 2006] [CFK 2004] [VPS 2002]; *A. hirsuta* Turcz.

山裾の川畔・湖畔などに生える落葉高木。葉は卵円形～広楕円形で幅4～13 cm，円頭～凹頭で基部は円形～浅心形。Miyabe and Tatewaki (1941)は択捉島内保産の葉の表面に光沢があり葉縁が深く欠刻しないなどの特徴をもつ標本に基づき，変種エトロフハンノキ *A. hirsuta* var. *austrokurilensis* Miyabe et Tatew. を記載した(タイプ標本画像は高橋ほか(2004)にある)。しかし同日同所で採られたもう1枚は通常のケヤマハンノキとさほど変わらず，また Tatewaki(1957)ではこの変種を認めていないことから，ここでも特に分類群として認めず広義のヤマハンノキのなかに含める。ただし，千島列島の個体のほとんどはケヤマハンノキ var. *hirsuta* にあたる。

【分布】　歯舞群島・色丹島・南(択捉島が北東限。択捉島中部では普通)。色丹島では低地～山地に普通。開花：4月中旬～6月上旬。

【温帯植物：東北アジア要素】　九州～北海道。千島列島南部・サハリン・カムチャツカ半島。東シベリア・朝鮮半島。[Map 625]

3.　ミヤマハンノキ

【Plate 16-4, 17-4, 21-4, 21-7, 22-7, 24-7, 28-4】

Alnus viridis (Chaix) Lam. et DC. subsp. ***maximowiczii*** (Callier ex C.K.Schneid.) H.Ohba [“*maximowiczii* (Callier) D. Löve”, EPJ 2012] [FJIIa 2006]; *A. maximowiczii* Callier ex C.K.Schneid.; *Duschekia maximowiczii* (Callier ex C.K.Schneid.) Pouzar ＋*Duschekia fruticosa* (Rupr.) Pouzar [FKI 2009] [VPS 2002]; *A. fruticosa* Pall. [CFK 2004]

広義のミヤマハンノキを種としてどう範囲づけるか異論がある。中千島の尾根筋など風あたりの強い立地に高さ20 cm以下のわい性低木状に生えるものから，風があたらない所で4～5 mになるものまで植物体サイズには大きな変異がある。ロシア側では，*Duschekia* 属として扱い，葉が大きく基部がやや心形になる型を狭義のミヤマハンノキ *D. maximowiczii* とし，葉の長さ4～6.5 cm，幅3～4.5 cmと小さく，基部が楔形の型を *D. fruticosa* として別種にしているが，変異は大きく重なり形態的に明瞭な2種に分けるのは難しい。ここでは属名 *Alnus* を起用する。Miyabe and Tatewaki(1939)は，国後島産の大形葉をもつ個体に品種オオバミヤマハンノキ *A. maximowiczii* f. *grandifolia* Miyabe et Tatew. を提案している。

【分布】　歯舞群島・色丹島・南・中・北。千島列島全体に普通。開花：5月中旬～6月上旬。

【冷温帯～亜寒帯植物：東北アジア要素】　本州中部～北海道。千島列島・サハリン・カムチャツカ半島。[Map 623]

×1.　ウスゲヒロハハンノキ

Alnus ×mayrii Callier [EPJ 2012]

ハンノキとケヤマハンノキの中間種。日本では東北，北海道の各所で見られる。Tatewaki(1957)でリストされている。

【分布】　南(国後島)。

---

2. カバノキ属
Genus *Betula*

1.　ウダイカンバ

Betula maximowicziana Regel [EPJ 2012] [FKI 2009] [FJIIa 2006]

落葉高木。果穂が2～4個ついて長円柱形で下垂，葉は大形で広卵形，基部明らかな心形。サハリン地区RDB(Eremin et al., 2005)によれば，国後島南西部のみに自生する最高ランクE(1)の絶滅危惧植物である。

【分布】　南(国後島南西部)。まれ。

【温帯植物：日本・千島固有要素】　本州～北海道。千島列島南部[S-E(1)]。

2.　シラカンバ

Betula platyphylla Sukaczev [FKI 2009] [CFK 2004] [VPS 2002]; *B. platyphylla* Sukaczev var. *japonica* (Miq.) H.Hara [EPJ 2012] [FJIIa 2006]; *B. tauschii* (Regel) Koidz. [R]

花は単性で雌雄同株の落葉高木。葉の側脈は5～8対あり，果穂は円柱形で垂れ下がる。日本では大陸産種の変種 var. *japonica* と扱われることが多いが，もともと変異の大きい種で変種扱いする必要はないと思う。ここではBarkalov(2009)の見解に従い種を広くとる。

【分布】　色丹島・南(択捉島が千島列島での北東限)。

【温帯植物：東北アジア要素】　本州中部～北海道。千島列島南部・サハリン・カムチャツカ半島。オホーツク・中～東シベリア・朝鮮半島・中国東北部。[Map 619]

3.　ダケカンバ

Betula ermanii Cham. [EPJ 2012] [FKI 2009] [FJIIa 2006] [CFK 2004] [VPS 2002]

シラカンバに似るが，葉の側脈は7～12対，果穂は楕円形〜短円柱形で上向きになる。北千島で欠落するがカムチャツカ半島には再び見られるので両側分布の変型と考えられる。択捉島中部では普通。マルミノダケカンバ *B. ermanii* var. *subglobosa* Miyabe et Tatew. が記載されたことがある(タイプ標本画像は高橋ほか(2004)にある)。
【分布】 色丹島・南・中(ラシュワ島が千島列島での北東限)。普通。開花：5月中旬〜6月中旬。
【冷温帯植物：東北アジア要素】 四国〜北海道。千島列島中部以南・サハリン・カムチャツカ半島。シベリア・朝鮮半島・中国東北部。[Map 620]

4. **ヒメカンバ**(マメカンバ) 【Plate 24-8, 63-3】
Betula exilis Sukaczev [FKI 2009] [CFK 2004] [VPS 2002]; *B. nana* L. subsp. *exilis* (Sukaczev) Hultén
周極分布する小型低木のナナカンバ *B. nana* 類の一員。Hultén and Fries(1986)では *B. nana* の亜種 subsp. *exilis* とし，基準亜種 subsp. *nana* はヨーロッパから西シベリア，subsp. *exilis* はシベリア中部から北アメリカに分布するとされる。樹高や葉の大きさに変異がある。ツンドラでは樹高も低く葉も小さい(長さ 0.6〜1.2 cm，幅 0.9〜1.2 cm)が，湿原池塘周辺では樹高が 1 m くらいになることもあり，葉もより大きくなる。
【分布】 中(ウルップ島)・北。
【亜寒帯植物：周北極要素】 本州・北海道にない。千島列島中部以北・サハリン北部・カムチャツカ半島。シベリア・アラスカ・北アメリカ北部。[Map 622]

5. **パラムシルカンバ**(新称) 【Plate 41-2】
Betula paramushirensis Barkalov [FKI 2009]
Barkalov(1984)がパラムシル島産標本に基づいて新種発表し，後にダケカンバ *B. ermanii* とヒメカンバ *B. exilis* の交雑種とした(Barkalov, 2009)。現在パラムシル島にはダケカンバは自生していないので，交雑起源の種と思われる。これらも含めたヒメカンバの種内変異の研究が必要と思われる。
【分布】 北(パラムシル島)。まれ。
【亜寒帯植物：千島固有要素】 本州・北海道にない。千島列島北部。

×1. **オクエゾシラカンバ**(オクエゾカンバ)
Betula ×avatshensis Kom. [FJIIa 2006]; *B. avaczensis* Kom. in Tatewaki (1957)
ダケカンバ *B. ermanii* とシラカンバ *B. platyphylla* の交雑種と考えられるもの。Tatewaki(1957)で択捉島からリストされた。
【分布】 南(択捉島)。

AE23. ウリ科
Family CUCURBITACEAE

1. アマチャヅル属
Genus *Gynostemma*

1. **アマチャヅル** 【Plate 45-4】
Gynostemma pentaphyllum (Thunb.) Makino [EPJ 2012] [FKI 2009] [FJIIc 1999]
低地の藪に生え，巻きひげのあるつる性の多年草。葉は鳥足状の 3〜5 小葉からなり，黄緑色の花が円錐花序につく。Tatewaki(1957)ではリストされなかったが，Alexeeva(1983)が国後島から記録した。VLA で証拠標本を確認した。2n＝64, 66(国後島)[Probatova et al., 2007]
【分布】 南(国後島)。まれ。
【暖温帯植物：アジア大陸要素】 九州〜北海道。千島列島南部[S-V(2)]。朝鮮半島・中国・台湾・東南アジア・インド・ヒマラヤ。

2. ミヤマニガウリ属
Genus *Schizopepon*

1. **ミヤマニガウリ** 【Plate 63-4】
Schizopepon bryoniifolius Maxim. [EPJ 2012] [FKI 2009] [VPS 2002] [FJIIc 1999]
川ぞいのやぶなどにからむ，巻きひげのあるつる性の一年草。葉は質薄く，卵心形〜円心形。ハマハコベなどと同様に雄性両全性異株で，本州中部の集団では両性花株が多く，時に雄花株が混じ

るという(Akimoto et al., 1999)。花部形態についてはFukuhara and Akimoto(1999)による詳細な報告がある。

【分布】 色丹島・南(択捉島が北東限)。やや普通。

【暖温帯植物：東アジア要素】 九州～北海道。千島列島南部・サハリン。東シベリア・朝鮮半島・中国(東北部～東部)。

AE24. ニシキギ科
Family CELASTRACEAE

1. ツルウメモドキ属
Genus *Celastrus*

1. オニツルウメモドキ 【Plate 63-5】

Celastrus orbiculatus Thunb. var. ***strigillosus*** (Nakai) Makino [“(Nakai) H.Hara”, EPJ 2012] [“*orbiculata*”, “*strigillosa*”, FKI 2009] [FJIIc 1999]; *C. strigillosus* Nakai [“*strigillosa*”, VPS 2002]

つる性で落葉性の木本。球形で黄色の蒴果が割れて見える赤色の仮種皮が特徴。九州～本州の集団は基準変種ツルウメモドキ var. *orbiculatus*, 本州～北海道・南千島の集団は葉裏脈上に突起毛がある変種オニツルウメモドキ var. *strigillosus* とされる(Noshiro, 1999)。本書ではこれに従った。2n＝46(国後島)[Probatova et al., 2007]

【分布】 歯舞群島・色丹島・南(択捉島が北東限)。開花：6月下旬～7月中旬。

【温帯植物：東アジア／準日本固有要素】 本州～北海道。千島列島南部・サハリン南部。朝鮮半島。種としては日本・朝鮮半島・中国に分布。

2. ニシキギ属
Genus *Euonymus*

1. コマユミ

Euonymus alatus (Thunb.) Siebold var. ***alatus*** f. ***striatus*** (Thunb.) Makino [EPJ 2012] [FJIIc 1999]; *E. alatus* (Thunb.) Siebold [“*alata*”, FKI 2009] [“*alata*”, VPS 2002]

落葉小高木。ニシキギ *E. alatus* の枝にコルク質の翼が出ないもの。果実は1～2個の離生する分果となる。Noshiro(1999)では南千島のものはコマユミとされる。2n＝c.40(国後島)as *E. alata*[Probatova et al., 2007]

【分布】 南・中(ウルップ島が北東限)。

【暖温帯植物：東アジア要素】 九州～北海道。千島列島中部以南・サハリン中部以南。ウスリー・朝鮮半島・中国東北部。

2. ヒロハツリバナ

Euonymus macropterus Rupr. [EPJ 2012] [“*macroptera*”, FKI 2009] [“*macroptera*”, VPS 2002] [FJIIc 1999]

落葉小高木。冬芽は長さ約1.5 cm, 果実には水平に張り出した4翼がある。Tatewaki(1957)では中千島から記録がなかったが，ウルップ島まである。

【分布】 色丹島・南・中(ウルップ島が北東限)。開花：6月上旬～7月中旬。

【冷温帯植物：東北アジア要素】 四国～北海道。千島列島中部以南・サハリン。アムール・ウスリー・朝鮮半島・中国東北部。

3. ツリバナ

Euonymus oxyphyllus Miq. [EPJ 2012] [“*oxyphylla*”, FKI 2009] [FJIIc 1999]

落葉小高木。冬芽は長さ5～8 mm, 果実は球形で5裂し翼はない。Alexeeva(1983)でもTatewaki(1957)を引用するのみなので，国後島には少ないと思われる。

【分布】 南(国後島)。ややまれ。

【暖温帯植物：東アジア要素】 九州～北海道。千島列島南部。朝鮮半島・中国中部。

4. オオツリバナ

Euonymus planipes (Koehne) Koehne [EPJ 2012] [FKI 2009] [VPS 2002] [FJIIc 1999]

落葉小高木。冬芽は長さ7～25 mm, 果実は球形で幅2 mmほどの低い4～5翼が出る。Tatewaki(1957)では国後島のみだったが，

Barkalov(2009)が択捉島からも報告した。
【分布】 南(択捉島が北東限)。ややまれ。
【冷温帯植物：東北アジア要素】 本州中部〜北海道。千島列島南部・サハリン南部。ウスリー・朝鮮半島・中国東北部。

5. **クロツリバナ**

Euonymus tricarpus Koidz. [EPJ 2012]; *E. sachalinensis* (F.Schmidt) Maxim. var. *tricarpus* (Koidz.) Kudô [FJIIc 1999]; *E. sachalinensis* (F. Schmidt) Maxim. [FKI 2009] [VPS 2002]

落葉小高木。冬芽は長さ7〜12 mm，葉脈は表面で凹入し裏面で隆起し，果実は球形，下向きに張り出した長さ5 mmほどの3翼がつく。Tatewaki(1957)では択捉島が北東限だったが，Barkalov(2009)がウルップ島からも報告した。
【分布】 南・中(ウルップ島が北東限)。
【冷温帯植物：東北アジア要素】 本州中部〜北海道。千島列島中部以南・サハリン。

6. **マユミ**

Euonymus sieboldianus Blume [“*sieboldiana*”, FKI 2009] [“*sieboldiana*”, VPS 2002] [FJIIc 1999]; *E. hamiltonianus* Wall. subsp. *sieboldianus* (Blume) H.Hara [EPJ 2012]

落葉小高木。果実は倒三角形で基部楔形，4稜があり先は凹入する。葉裏中脈にそって毛があるものをカントウマユミ var. *sanguinea*，無毛のものを狭義のマユミ *var. sieboldianus* として分けることがあり，千島列島産はカントウマユミにあたるとされるが，確定できないのでここでは両変種を含む広い意味で扱う。
【分布】 南(択捉島が北東限)。
【暖温帯植物：東アジア要素】 九州〜北海道。千島列島南部・サハリン中部以南。朝鮮半島・中国。

3. ウメバチソウ属
Genus *Parnassia*

1. **ウメバチソウ**(エゾウメバチソウ)

Parnassia palustris L. [EPJ 2012] [FKI 2009] [CFK 2004] [VPS 2002] [FJIIb 2001]

日あたりのよい湿原や台地上広葉草原などに生える多年草。大場(1982)では偽雄しべの裂数でコウメバチソウ var. *tenuis* Wahlenb.(7(まれに8〜11))，エゾウメバチソウ var. *palustris*(9〜13)，ウメバチソウ var. *multiseta* Ledeb.(15〜22)の3変種に分けているが，Akiyama(2001a)では中間型があるとして特に分けていない。千島列島のウメバチソウでは(9〜)11〜13(〜16)裂になり，ほとんどの個体はエゾウメバチソウの変異内におさまっていた。ただ偽雄しべが15〜16裂になるウメバチソウ型の個体がウルップ島のNovo Kril'skaya湾で確認されている。2n＝18(国後島，シムシル島)［Probatova et al., 2007］。
【分布】 歯舞群島・色丹島・南・中・北。
【温帯植物：周北極要素】 九州〜北海道。千島列島・サハリン・カムチャツカ半島，北半球の温帯〜寒帯。［Map 1040-1041］

AE25. カタバミ科
Family OXALIDACEAE

1. カタバミ属
Genus *Oxalis*

1. **コミヤマカタバミ**

Oxalis acetosella L. [EPJ 2012] [FKI 2009] [CFK 2004] [VPS 2002] [FJIIb 2001]

やや暗く湿気のあるコケ群落内などに生える多年草。根茎が伸長・分枝して増える。Tatewaki(1957)ではラシュワ島が北東限だったが舘脇自身の採集によるシュムシュ島の採集標本があり，またBarkalov(2009)もシュムシュ島までの各所から報告している。
【分布】 色丹島・南・中・北。点在する。
【冷温帯植物：周北極要素】 九州〜北海道。千島列島・サハリン・カムチャツカ半島。ユーラシア亜寒帯・ヒマラヤ・ヨーロッパ・北アメリカなど［Map 1260］

外1. **カタバミ**

Oxalis corniculata L. [EPJ 2012] [FJIIb 2001]; *Xanthoxalis corniculata* (L.) Small [FKI 2009]

Tatewaki(1957)ではリストされなかったが，Alexeeva(1983)が記録し外来とされる。

【分布】 南(国後島)。まれ。[戦後帰化]

【暖温帯植物】 琉球〜北海道(史前帰化，在来扱い)。千島列島南部(外来)。世界中の温帯域。[Map 1258]

外2. **オッタチカタバミ**

Oxalis dillenii Jacq. [EPJ 2012]; *Xanthoxalis fontana* (Bunge) Holub [VPS 2002]

Barkalov(2009)は国後島から *O. fontana* の記録があることをノートしたがリストしなかった。これとは別に，最近色丹島斜古丹の道路ぞいや択捉島紗那の道路ぞいで採集されており(Fukuda, Taran et al., 2014)，戦後帰化と思われる。一見エゾタチカタバミ *O. stricta* L. に似るが，より茎が太く，花が2〜6個つき(エゾでは1〜3個)，葉が2〜3か所に集まってつく(エゾでは茎全体につく)などの諸点で区別できる(長田，1979)。

【分布】 色丹島・南(択捉島)。まれ。[戦後帰化]

【温帯植物】 本州〜北海道(外来B)。千島列島南部(外来)・サハリン南部(外来)。北アメリカ原産，北半球温帯に広域分布。

AE26. トウダイグサ科
Family EUPHORBIACEAE

1. エノキグサ属
Genus *Acalypha*

外1. **エノキグサ**

Acalypha australis L. [EPJ 2012] [FKI 2009] [FJIIc 1999]

一年草。国後島では温泉地付近に生えるという。Tatewaki(1957)ではリストされなかったが，Alexeeva(1983)で記録された。Barkalov(2009)では千島列島の外来種とされるのでそれに従うが，日本では史前帰化植物とされ(清水，2003)，在来種扱いされることが多い。北海道も含め千島列島にいつ侵入したかは不明である。

【分布】 南(国後島)。[戦前帰化？]

【暖温帯植物】 琉球〜北海道(史前帰化，在来扱い)。千島列島南部(外来)。ウスリー・朝鮮半島・中国・台湾・東南アジア。

2. トウダイグサ属
Genus *Euphorbia*

1. **ヒメナツトウダイ**

Euphorbia tsukamotoi Honda [EPJ 2012] [FJIIc 1999]; *E. sieboldiana* auct. non Morr. et Decne. [FKI 2009] [VPS 2002]; *E. sieboldiana* Morr. et Decne. var. *montana* Tatew. [J]; *Tithymalus sieboldianus* H.Hara var. *montanus* H.Hara

高さ15〜25 cmになる無毛の多年草。花(杯状花序)は淡緑色で，腺体両端の角は短くやや開く。

【分布】 色丹島，南(国後島)。

【冷温帯植物：準日本固有要素】 本州(青森県と長野県(Kurosawa, 1999))〜北海道。千島列島南部・サハリン中部以南。

AE27. ヤナギ科
Family SALICACEAE

1. ヤマナラシ属
Genus *Populus*

1. **ドロヤナギ(ドロノキ)**

Populus suaveolens Fisch. [EPJ 2012] [FJIIa 2006] [CFK 2004] [VPS 2002]; *P. maximowiczii* A. Henry [FKI 2009] [VPS 2002]

落葉高木で，頂芽を形成する。葉柄は円柱形で上面に狭い溝がある。葉身は卵状楕円形〜倒卵状楕円形で，長さ10〜20 cm，幅4〜10 cm。色丹島からの記録がない。

【分布】 南(千島列島内では択捉島が北東限。バランスコーゴ山途中の車道ぞいにあった)。

【冷温帯植物：東北アジア要素】 本州中部〜北海道。千島列島南部・サハリン・カムチャツカ半島。ウスリー・アムール・朝鮮半島・中国(北部〜北東部)。

2a. エゾヤマナラシ(チョウセンヤマナラシ)

Populus tremula L. var. ***davidiana*** (Dode) C.K.Schneid. [EPJ 2012] [FJIIa 2006]; *P. jesoensis* Nakai [FKI 2009] [VPS 2002]; *P. tremula* L. [CFK 2004] [VPS 2002]; *P. davidiana* Dode [R]

落葉高木で頂芽を形成する。葉柄は左右より偏圧されており，葉身は広卵形〜ひし状卵形，長さ4〜8 cm，幅3〜7 cm。次変種ヤマナラシ var. *sieboldii* に似るが，小枝，芽鱗片，葉身，葉柄などが無毛で葉身基部に腺点がなく，葉縁の鋸歯がより粗大，花序の苞葉が6〜7 mmとやや長く黒茶色とされる。択捉島産標本は多い(TI，TNS)。

【分布】 歯舞群島・色丹島*・南(択捉島が千島列島での北東限)。

【冷温帯植物：東北アジア要素】 北海道。千島列島南部・サハリン・カムチャツカ半島。ウスリー・朝鮮半島・中国。〔Map 617〕

2b. ヤマナラシ

Populus tremula L. var. ***sieboldii*** (Miq.) H. Ohashi ["(Miq.) Kudô", EPJ 2012] [FJIIa 2006]; *P. sieboldii* Miq. [FKI 2009]

Tatewaki(1957)ではリストされていないが，Alexeeva(1983)にありBarkalov(2009)により国後島，択捉島から報告された。前変種エゾヤマナラシに似るが，小枝，芽鱗片，葉身，葉柄が有毛で，葉身基部に腺点があり，苞葉は薄い茶色で長さ3〜3.5 mm。千島列島南部の個体の多くは葉柄に毛がありヤマナラシと思われる。

【分布】 色丹島・南(択捉島が北東限)。

【温帯植物：東アジア要素】 九州〜北海道。千島列島南部。朝鮮半島。〔Map 617〕

*ヒロハハコヤナギ *Populus deltoides* Bartr. ex Marshall. が国後島から記録されているが，栽培であり野生化の報告もない(Barkalov, 2009)，とされるのでリストしない。

2. ヤナギ属
Genus *Salix*

日本産のヤナギ属についてはOhashi(2001b, 2006)でまとめられている。これと千島列島産ヤナギ属との種対応については，Barkalov(2009)も参考にしながら以下にまとめた(樹高の高い種から順に並べる)。

(1)人の背丈以上になる中・高木

1. オオバヤナギ 【Plate 5-5】

Salix cardiophylla Trautv. et C.A.Mey. [EPJ 2012] [FJIIa 2006] [VPS 2002]; *Toisusu urbaniana* (Seemen) Kimura [FKI 2009]; *S. cardiophylla* Trautv. et C.A.Mey. subsp. *urbaniana* (Seemen) A. Skvorts.; *S. urbaniana* Seemen [VPS 2002]

河畔礫地に生え10 m以上にもなる高木。葉は長楕円形で長さが20 cmにもなり先がとがり，花序は下垂する。若いときは葉裏に短縮毛が密にあるが成熟時にはほとんどなくなる。葉形の似ているバッコヤナギ *S. caprea* では葉裏の長縮毛が成熟時も密に残る。オオバヤナギ属 *Toisusu* とされることもあったが，現在はヤナギ属 *Salix* に入れられる。シマフクロウが樹洞を巣として利用するという。Alexeeva et al.(1983)が色丹島から記録しているが，Barkalov and Eremenko(2003)やBarkalov(2009)は国後島しかリストしていない。日本には色丹島産標本(S. Saito s.n., 1925, TI)があったが，これはバッコヤナギの同定間違いであった。ここでは色丹島は分布記録から除いておく。

【分布】 南(国後島)。まれ。

【冷温帯植物：東北アジア要素】 本州〜北海道。千島列島南部・サハリン。アムール・沿海州・南東シベリア・朝鮮半島・中国東部。

2. バッコヤナギ(マルバノバッコヤナギ)

Salix caprea L. [EPJ 2012] [FKI 2009] [FJIIa 2006] [CFK 2004] [VPS 2002]; *S. bakko* Kimura; *S. hultenii* Flod.; *S. hultenii* Flod. var. *angustifolia* Kimura

中低木〜高木。葉裏に白縮毛が残るのがよい特徴。Tatewaki(1957)ではマルバノバッコヤナギ *S.*

hultenii Flod. とされていたが，その後，ユーラシア産の *S. caprea* L. と同一とされるに至った。Tatewaki(1957)では択捉島が北東限とされていたが，ウルップ島で筆者らも確認した。

【分布】　歯舞群島・色丹島・南・中(ウルップ島が千島列島での北東限)。開花：4月下旬～6月上旬。

【冷温帯植物：周北極要素】　四国～北海道。千島列島中部以南・サハリン・カムチャツカ半島。ウスリー・オホーツク・シベリア・朝鮮半島・ヨーロッパ。[Map 606]

3. カワヤナギ

Salix miyabeana Seemen subsp. ***gymnolepis*** (H.Lév. et Vaniot) H.Ohashi et Yonek. [EPJ 2012]; *S. miyabeana* Seemen subsp. *gilgiana* (Seemen) H.Ohashi [FJIIa 2006]; *S. gilgiana* Seemen [FKI 2009]

河畔に生える中低木。別亜種エゾノカワヤナギ subsp. *miyabeana* に比べると，当年枝に短毛があり，葉縁の鋸歯が全体に一様にあり，子房が有柄である。Barkalov(2009)が歯舞群島から報告している。日本ではエゾノカワヤナギ *S. miyabeana* subsp. *miyabeana* が北海道に，カワヤナギ *S. miyabeana* subsp. *gilgiana*(＝subsp. *gymnolepis*)が道南と本州に分布するとされるので，本亜種の千島列島南部での分布はやや不思議である。日本には千島列島産標本がない。

【分布】　歯舞群島(志発島・勇留島)。まれ。

【温帯植物：東北アジア要素】　本州～北海道(南部)。千島列島南部。ウスリー・朝鮮半島北部・中国東北部。

4. オノエヤナギ(チシマオノエヤナギ)

【Plate 33-2】

Salix udensis Trautv. et C.A.Mey. [EPJ 2012] [FKI 2009] [FJIIa 2006] [CFK 2004] [VPS 2002]; *S. udensis* Trautv. et C.A.Mey. subsp. *sachalinensis* (F. Schmidt) Nedoluzhko; *S. sachalinensis* F.Schmidt; *S. paramushirensis* Kudô p.p., quoad pl.

湖畔や河畔に生える高木。千島列島南部のものをオノエヤナギ *S. udensis* subsp. *sachalinensis* (F. Schmidt) Nedoluzhko，千島列島北部のものをチシマオノエヤナギ *S. udensis* subsp. *udensis* と2亜種にする考えもあるが，形態的には区別できないので，Barkalov(2009)に従い広く1種とする。SAPSにおける *S. paramushirensis* Kudô の典型的標本は狭義のチシマオノエヤナギ *S. udensis* subsp. *udensis* にあたるとされる(Barkalov, 2009)。

【分布】　歯舞群島・色丹島・南・中・北。

【冷温帯植物：東北アジア要素】　四国～北海道。千島列島・サハリン・カムチャツカ半島。ウスリー・オホーツク・東シベリア・朝鮮半島・中国東北部。

5. エゾノキヌヤナギ

Salix schwerinii E.L.Wolf [EPJ 2012] [FJIIa 2006] [CFK 2004] [VPS 2002]; *S. yezoënsis* (C.K.Schneid.) Kimura [FKI 2009]; *S. schwerinii* E.L.Wolf subsp. *yezoënsis* (C.K.Schneid.) Worosch.; *S. schwerinii* E.L.Wolf; *S. pet-susu* Kimura

河畔に生える中低木～高木。若い枝に白毛が多く，葉の裏面に銀白色の絹毛が密にある点で，カワヤナギやオノエヤナギから区別できる。これまで歯舞群島のみから記録があったが，国後島からも Barkalov(2009)が報告した。色丹島斜古丹山産の標本(S. Saito 4009, TI)があるが，これはオノエヤナギの葉裏に毛が残っている個体と思われる。また国後島二木城湖畔標本(村松義敏，VII 21, 1930, KYO)があるが，葉裏の毛色がやや鈍く，銀白色にまでは至らないもので疑問が残る。これもオノエヤナギの1型と見るべきだろう。

【分布】　歯舞群島・南(国後島)。

【冷温帯植物：東北アジア要素】　本州中部～北海道。千島列島南部・サハリン・カムチャツカ半島。ウスリー・オホーツク・東シベリア・朝鮮半島・中国東北部。[Map 614]

6. テリハヤナギ(エトロフヤナギ)

Salix pseudopentandra (Flod.) Flod. [EPJ 2012] [FKI 2009] [FJIIa 2006] [CFK 2004] [VPS 2002]; *S. pentandra* L. subsp. *pseudopentandra* Flod.

北方系のヤナギでタチヤナギ *S. triandra* L. によく似るが，雄しべの数がより多く(普通4～10個,タチヤナギは普通3個)，子房の柄がより短いとされるもの(Ohashi, 2006)。一方で道東に自生するタチヤナギはこれまで千島列島から報告がない。

【分布】　南(択捉島)。

【冷温帯植物：北アジア～東北アジア要素】　本州・北海道にない。千島列島南部・サハリン北部・カムチャツカ半島。ウスリー・オホーツク・シベリア・朝鮮半島・中国東北部・モンゴルなど。

7. サリックス・プルクラ・パラレリネルウィス

【Plate 64-3】

Salix pulchra Cham. subsp. ***parallelinervis*** (Floder.) A.K.Skvortsov [FKI 2009] [CFK 2004]

3mまでになる低木。オノエヤナギに似るが，葉がより短く幅が広いような北方系のヤナギ。

【分布】　北。

【亜寒帯植物：周北極／東北アジア要素】　日本にない。千島列島北部・カムチャツカ半島。種としてはヨーロッパ・シベリア・北アメリカに広く分布する。[Map 602]

＊ケショウヤナギ *S. arbutifolia* Pall. は北海道，サハリン，カムチャツカ半島にあるが，千島列島からは記録がない。

(2)人の背丈程度(高くても2～3m程度)の温帯系の低木

8. ネコヤナギ

Salix gracilistyla Miq. [EPJ 2012] [FKI 2009] [FJIIa 2006]

Tatewaki(1957)ではリストされなかったが，最近になってBarkalov et al.(2009)が国後島古釜布付近から報告した。VLAで証拠標本を確認した。

【分布】　南(国後島)。まれ。

【暖温帯植物：東アジア要素】　九州～北海道。千島列島南部。ウスリー・朝鮮半島・中国北部～東北部。

〈検討種〉ハイイロヤナギ

Salix bebbiana Sarg.

Barkalov(2009)で国後島からまれ，としてリストされている。本種はサハリンやカムチャツカ半島を含む北半球北部に広く分布する種で高さ約2mになる低木。葉は広倒披針形～倒披針形でバッコヤナギ *S. caprea* に似るが葉は長さ3～4cm×幅1～1.5cmと小さく，葉裏の毛は成熟時にはなくなる。当年枝に灰白色毛が密生するので，一見ネコヤナギ *S. gracilistyla* にも似るが托葉はない。花柱は極く短いが子房の上部が5mmも伸び，子房の柄は2～4mm(時に6mm)と長いのはよい特徴。本種はこれまで本州・北海道からの報告はなく，国後島での自生は考えにくくバッコヤナギやネコヤナギの誤認の可能性があるので，ここでは検討種として扱った。

9. イヌコリヤナギ

Salix integra Thunb. [EPJ 2012] [FKI 2009] [FJIIa 2006]

日あたりのよい草原や林縁に生える低木。葉が長楕円形で対生する。色丹島からは記録がない。

【分布】　南(択捉島が北東限)。

【暖温帯植物：東アジア要素】　九州～北海道。千島列島南部。ウスリー・朝鮮半島・中国(東部～東北部)。

外1. コリヤナギ

Salix koriyanagi Kimura ex Goerz [EPJ 2012] [FKI 2009] [FJIIa 2006]

朝鮮半島原産と考えられるヤナギで，日本には古い時代に導入されたと考えられる(Ohashi, 2006)。Tatewaki(1957)にリストされておらず，Alexeeva(1983)で初めてリストされた。

【分布】　南(国後島)。[逸出]

【温帯植物】　日本全体(栽培・逸出B)。千島列島南部(外来)。朝鮮半島。

10. ミネヤナギ(エゾミヤマヤナギ，シコタンヤナギ)

Salix reinii Seemen [“Franch. et Sav. ex Seemen”, EPJ 2012] [FKI 2009] [FJIIa 2006]; *S. hidewoi* Koidz. [FKI 2009]; *S. shikotanica* Kimura; *Salix reinii* Franch. et Sav.

日あたりのよいところに生える低木。葉身は広楕円形～倒卵形。葉裏は粉白色。蒴果は通常無毛だが有毛の個体もある。Barkalov(2009)はエゾミヤマヤナギ *S. hidewoi* Koidz. とミネヤナギ *S. reinii* Seemen を独立種として認め，シコタンヤナギ *S. shikotanica* Kimura をエゾミヤマヤナギのシノニムとした。Ohashi(2006)はシコタンヤナギを扱わず，エゾミヤマヤナギはミネヤナギのシノニムとした。ここでは両者の考えを合一し，ミネヤナギを広くとり，エゾミヤマヤナギとシコタンヤナギを含む種とした。シコタンヤナギ *S. shikotanica* Kimura のタイプ標本(Kimura 867, Aug. 18, 1933, TUS-K 9750-holo; TUS-K 9747- iso)の産地は色丹島斜古丹。

【分布】　色丹島・南・中(ケトイ島が北東限)。

【冷温帯～亜寒帯植物：準日本固有要素】　本州中部～北海道。千島列島中部以南・サハリン南部(モネロン島？)。沿海州。

11.　タライカヤナギ

Salix taraikensis Kimura [EPJ 2012] [FKI 2009] [FJIIa 2006] [VPS 2002]

日あたりのよい湿草原に生える低木。ミネヤナギ *S. reinii* に似るが，蒴果に密に毛がある点がよい区別点。円腎形の托葉が残りやすい。

【分布】　色丹島・南(択捉島が北東限)。

【冷温帯植物：北アジア要素】　北海道(北部・東部)[J-NT]。千島列島南部・サハリン。アムール・ウスリー・オホーツク・シベリア・中国北部・モンゴル。

12.　キツネヤナギ

Salix vulpina Andersson [EPJ 2012] [FKI 2009] [FJIIa 2006]

葉はミネヤナギ *S. reinii* やタライカヤナギ *S. taraikensis* に似るが，雌花序の軸に赤褐色の長毛があるのはよい特徴。葉裏面脈上に多少の毛が残る。蒴果は赤褐色でミネヤナギと同じく無毛。Tatewaki(1957)では択捉島が北東限だったが，Barkalov(2009)によりウルップ島からも報告された。

【分布】　南・中(ウルップ島が北東限)。

【暖温帯植物：日本・千島固有要素】　九州～北海道。千島列島中部以南。

(3) 人の胸以下(普通1m以下)で盛んに分枝してやや立つ北方系の低木～小低木

(3－1) 子房に通常は毛がない

13.　タカネイワヤナギ　【Plate 26-4】

Salix nakamurana Koidz.

以下の2亜種が認められているが，分布表では特に分けない。

13a.　タカネイワヤナギ(狭義)(エゾタカネヤナギ，チシマヤナギ)　【Plate 33-3, 33-4】

Salix nakamurana Koidz. subsp. ***nakamurana*** [EPJ 2012] [FJIIa 2006]; *S. nakamurana* Koidz. [FKI 2009]; *S. yezoalpina* Koidz.: *S. aquilonia* Kimura

ほふく性で茎は赤茶色でつやがある小低木。次亜種ヒダカミネヤナギに似るが，葉は楕円形～円形で，基部は楔形，脈は表面で凹むが裏面の網状脈は顕著ないし不明。花序の枝は普通1 cm 以上で苞は長さ2～3.5 mm とされる。Barkalov(2009)は千島列島のタカネイワヤナギ群として，ヒダカミネヤナギ *S. hidakamontana*，ヒメチシマヤナギ *S. kurilensis*，タカネイワヤナギ *S. nakamurana* の3種を認め，特にタカネイワヤナギは千島列島で最も普通とし，分布が重なるところではヒダカミネヤナギや以下の種 *S. arctica* subsp. *crassijulis* と交雑しているとする。なお種分布表では，両亜種を含めた広義のタカナイワヤナギとして扱う。チシマヤナギ *S. aquilonia* Kimura のホロタイプ標本(M. Tatewaki 15601, Aug. 26, 1929, TUS-K 1336)はケトイ島 Ashizaki 産。

【分布】　色丹島・南(択捉島)・中・北。中部千島に普通に分布。

【亜寒帯植物：日本・千島固有要素】　本州中部・北海道(利尻・大雪)[J-EN]。千島列島。[cf. Map 592]

13b.　ヒダカミネヤナギ(ヒメチシマヤナギ，ハイヤナギ，シムシルヤナギ，ジンヨウチシマヤナギ)　【Plate 34-3, 35-2, 64-2】

Salix nakamurana Koidz. subsp. ***kurilensis*** (Koidz.) H.Ohashi [EPJ 2012] [FJIIa 2006]; *S. kurilensis* Koidz. [FKI 2009] [CFK 2004]; *S. hidakamontana* H.Hara [FKI 2009]; *S. phanerodictya* Kimura; *S. subreniformis* Kimura

前亜種タカネイワヤナギ subsp. *nakamurana* に似るが，葉は広楕円形〜腎臓形で先端が円頭〜凹頭，基部は円形〜心形。葉脈は表面で著しく凹入し裏面は顕著な網状脈となる。花序の枝は 1 cm 長以下で苞は長さ 1〜1.5 mm。蒴果は無毛で花柱が長い。風衝地における生態型ともされる。Barkalov(2009) はヒダカミネヤナギ *S. hidakamontana* とヒメチシマヤナギ *S. kurilensis* を独立種として認めているが，一方 Ohashi(2006) はどちらも *S. nakamurana* Koidz. の同一亜種 subsp. *kurilensis* と見なしてヒダカミネヤナギの和名を採用しており，ここでもこれに従う。タカネイワヤナギ類の種内変異の実態についてはさらに検討が必要である。本亜種ヒダカミネヤナギのシノニムとされるヤナギとして以下のようなものがある(Ohashi, 2001b)。①シムシルヤナギ *S. phanerodictya* Kimura(Plate 33-2)。タイプ標本(Tatewaki and Tokunaga 11954, Aug. 18, 1928, SAPS-holo; TUS-K 7432- iso)の産地はシムシル島緑湖周辺。②ジンヨウチシマヤナギ *S. subreniformis* Kimura (Plate Plate 34-1)。茎は赤茶色でつやがあり葉は円腎形で，ヒダカミネヤナギに比べると長さより幅が広い傾向があり，脈は裏面に凸出する。ホロタイプ標本(Tatewaki and Takahashi 15256, Aug. 8, 1929, TUS-K 10750)の産地はラシュワ島ソンラク湾。*S. subreniformis* Kimura var. *psilocarpa* Kimura のタイプ標本(Kimura 865, Aug. 17, 1933, TUS-K 10727-holo; TUS-K 15398- iso)の産地は色丹島又古丹山。

【分布】 色丹島・南(択捉島)・中・北(パラムシル島)。

【亜寒帯植物：東北アジア要素】 北海道(日高)[J-VU]。千島列島・カムチャツカ半島[K-VU]。[cf. Map 592]

14. **ミヤマヤチヤナギ**(オオヤチマメヤナギ，ヤチマメヤナギ) 【Plate 64-1】

Salix fuscescens Andersson [EPJ 2012] [FKI 2009] [FJIIa 2006] [CFK 2004] [VPS 2002]; *S. poronaica* Kimura; *S. paludicola* Koidz.; *Salix arbutifolia* Pall.

湿草原に生える，高さ 50 cm ほどまでのわい性小低木。枝は無毛で葉は小さく，長さ 2〜3 cm，幅 0.5〜2 cm で，倒卵形〜披針形，円頭で鋭脚，全縁。葉表面に光沢があり裏面はやや粉白色。葉の質はヒダカミネヤナギ *S. nakamurana* subsp. *kurilensis* やタカネイワヤナギ *S. nakamurana* subsp. *nakamurana* よりも薄く，両面とも無毛。若い蒴果に微毛があるが成熟時は無毛のことが多い。花柱はタカネイワヤナギほどには長くならず子房が長い。

【分布】 歯舞群島*・色丹島・北。両側分布。

【亜寒帯植物：周北極要素】 北海道(大雪山)。千島列島南北部・サハリン中部以北・カムチャツカ半島。沿海州・オホーツク・シベリア・北アメリカ。この分布型からいくと，歯舞群島，色丹島の分布記録には疑問が残る。

(3−2)子房に毛がある

15. **サリックス・アークティカ・クラッシユリス** 【Plate 26-4】

Salix arctica Pall. subsp. ***crassijulis*** (Trautv.) A.K.Skvortsov [FKI 2009] [CFK 2004]; *S. pallasii* Andersson; *S. arctica* Pall. [VPS 2002]

本種は周北極植物で，ユーラシア〜北アメリカの北極・亜北極地域のものは基準亜種 subsp. *arctica*，東アジア〜北アメリカ北西部のものは本亜種 subsp. *crassijulis* とされる(Hultén and Fries, 1986)。高さ 1 m までの低木でタカネイワヤナギ *S. nakamurana* subsp. *nakamurana* に似るが，子房に長毛が密生する点で異なる。葉身がほぼ円形で葉の下面の葉脈が突出し，葉の基部はやや心形となる。タカネイワヤナギとの中間個体もあるといわれる。

【分布】 中(ハリムコタン島以北)・北。

【亜寒帯植物：周北極／北太平洋要素】 本州・北

海道にない。千島列島中部以北・サハリン北部・カムチャツカ半島。ロシア極東・北アメリカ北西部。種としてはヨーロッパ・シベリア・北アメリカの周極地域に広く分布。[Map 597]

〈検討種〉チシマタカネヤナギ

Salix sphenophylla A.K.Skvortsov（=*S. cuneata* Turcz.）

S. arctica に似て葉がより細く倒披針形～広倒披針形で円頭，基部は楔形のもので，パラムシル島後鏃岳から報告されているが，Barkalov（2009）は *S. kurilensis* の小さな標本である可能性と *S. sphenophylla* そのものの可能性を述べ千島列島産の植物種としてはリストしなかった。ここでも検討種として挙げるのみとする。

(4)地表を匍匐する矮性の小低木

16.　チシマママメヤナギ

Salix polaris Wahlenb. [FKI 2009] [CFK 2004]; *S. pseudopolaris* Flod.; *S. polaris* Wahlenb. subsp. *pseudopolaris* (Flod.) Hultén

ユーラシアから北アメリカの極地方に生える北方系のヤナギ。東アジア～北アメリカのものを亜種 subsp. *pseudopolaris* として分けることがある（Hultén and Fries, 1986）。雪田周辺のツンドラに生えるわい性の小低木。花序は小さく花は数個～10個程度しかつかず，葉は小さくて質厚く脈が裏へ突出し葉の先端がしばしば凹入する点はエゾマメヤナギ *S. nummularia* Andersson（千島列島に自生しない）に似るが，蒴果に微毛があり当年枝は短枝のみで長枝を伸ばさない。

【分布】　北。

【亜寒帯植物：周北極要素】　本州・北海道にない。千島列島北部・カムチャツカ半島。シベリア・ヨーロッパ・北アメリカの極地方。[Map 594]

17.　チシマイワヤナギ　【Plate 34-4】

Salix chamissonis Andersson [FKI 2009] [CFK 2004]; *S. pulchloides* Kimura; *S. kingoi* Kimura

高山帯の乾いたツンドラ～雪田に生育する北方系のわい性小低木で枝が平伏する。葉は小さく倒卵形～披針形，表面に光沢があり脈がはっきりせず裏面は灰白色で無毛。葉縁の鋸歯の先の腺点が明瞭なのが特徴。花序は円柱形で長さが3～4 cm。蒴果に灰色の毛がある。

【分布】　中（オネコタン島）・北。

【亜寒帯植物：北太平洋要素】　本州・北海道にない。千島列島中北部・カムチャツカ半島。オホーツク・コマンダー諸島・アラスカ。[Map 596]

×1.　ケトイヤナギ（ラシュワヤナギ）

【Plate 34-1, 34-2, 35-1】

Salix* ×*ketoiensis Kimura [FKI 2009]; *S.* ×*rashuwensis* Kimura [as synonym, FKI 2009]

タカネイワヤナギ *S. nakamurana* subsp. *nakamurana* とミネヤナギ *S. reinii* の交雑によって生じた「安定した交雑種」と考えられている（Barkalov, 2009）。ホロタイプ標本（M. Tatewaki 15230, Aug. 14, 1929, TUS-K 5978）産地はケトイ島 Kodakigawa。葉の基部が楔形になり，タカネイワヤナギの葉をより長くしたような印象。Barkalov（2009）は独立種としてリストしている。一方ラシュワヤナギ *S. rashuwensis* Kimura も同じ組み合わせでできた交雑種と考えられ（Barkalov, 2009）ており，ここではケトイヤナギのシノニムとして扱った。ただミネヤナギはラシュワ島にまでは分布しないので，過去の交雑の名残りか，タカネイワヤナギの変異個体である可能性もある。タイプ標本（M. Tatewaki and Takahashi 15154, Aug. 5, 1929, SAPS-holo; TUS-K 15154-iso）産地はラシュワ島大沼。

×2.　トヨハラヤナギ

Salix* ×*koidzumii Kimura

バッコヤナギ *S. caprea* とオノエヤナギ *S. udensis* の交雑種（Ohashi, 2001b, 2006）。Tatewaki（1957）が択捉島から記録している。

×3.　サリックス・クドイ

Salix* ×*kudoi Koidz.; ?*S. paramushirensis* auct. non Kudo

ミヤマヤチヤナギ *S. fuscescens* とオノエヤナギ *S. udensis* の交雑種でパラムシル島では多いとい

う(Barkalov, 2009)。

AE28. スミレ科
Family VIOLACEAE

1. スミレ属
Genus *Viola*

千島列島産スミレ属についてまとめた高橋(2013)を参考にした。

(1)花は青紫～紅紫色あるいは白色で地上茎がない。

1. **エゾノアオイスミレ**(エゾアオイスミレ，マルバケスミレ)

Viola collina Besser [EPJ 2012] [FKI 2009] [VPS 2002]; *V. teshioensis* Miyabe et Tatew. [FJIIc 1999]

落葉樹林下などに生える地上茎のない多年草。植物体全体にあらい毛が密生する。花は淡紫色で，萼片の先がとがらず毛があり，距は短い。果実は球形で有毛。Tatewaki(1957)は色丹島のみ，Barkalov(2009)は色丹島・国後島から報告しているが，川上滝弥採集の択捉島紗那産の標本がSAPSにある。2n＝20(まれに40)の報告が多く，基本数5の4倍体。

【分布】 色丹島・南(国後島・択捉島)。ややまれ。

【冷温帯植物：周北極要素】 本州中部～北海道。千島列島南部・サハリン。シベリア・朝鮮半島・中国東北部・ヨーロッパ。[Map 1321]

2. **タニマスミレ**

Viola epipsiloides Á et D. Löve [EPJ 2012] [FKI 2009] [CFK 2004] [VPS 2002]; *V. repens* Turcz. ex Trautv. et C.A.Mey. [FJIIc 1999]; *V. epipsila* Ledeb. subsp. *repens* (Turcz.) W.Becker

高山帯の湿原に生える地上茎のない多年草。根は細く横走し，チシマウスバスミレに似て葉は円心形だが無毛。花は淡紫色で側花弁は有毛。北海道に分布するにもかかわらず，千島列島南部からは記録されていない。染色体数の報告はないようである。

【分布】 中(ラシュワ島以北)・北。点在する。

【亜寒帯植物：周北極～北太平洋要素】 北海道[J-EN]。千島列島中部以北・サハリン中部以北・カムチャツカ半島。ダウリア・オホーツク・東シベリア・朝鮮半島・中国東北部・アラスカ。[Map 1334]

3. **チシマウスバスミレ**(ケウスバスミレ)

Viola hultenii W.Becker [EPJ 2012] [FKI 2009] [CFK 2004] [FJIIc 1999]; *V. blandiformis* Nakai var. *pilosa* H.Hara

ミズゴケ湿原に生える地上茎のない多年草。細い地下茎を伸ばし，タニマスミレに似て葉は円心形だが葉表面の左右や基部に多少とも毛がある。花は白色で側花弁は無毛。ウスバスミレ*V. blandiformis*の変種とされたこともある。Tatewaki(1957)ではリストされなかった。これまで2n＝24の報告があり，基本数6の4倍体。

【分布】 色丹島・南・中・北。点在する。

【亜寒帯植物：東北アジア要素】 本州中部～北海道[J-VU]。千島列島・カムチャツカ半島。

4. **スミレ**

Viola mandshurica W.Becker [EPJ 2012] [FKI 2009] [FJIIc 1999]

海岸～低地の砂質草地に生える地上茎のない多年草。花は濃紅紫色。花色以外は以下のシロスミレとよく似ているが，葉柄が葉身に比べてそう長くならず，葉や葉柄が有毛になることが多い。これまで2n＝48(時に24)の報告が多く，基本数6の8倍体。

【分布】 色丹島・南(国後島)。点在する。

【暖温帯植物：東アジア要素】 九州～北海道。千島列島南部。東シベリア・朝鮮半島・中国・台湾。

5. **シロスミレ**(シロバナスミレ)

Viola patrinii DC. [EPJ 2012] [“*patrinii* Ging.”, FKI 2009] [VPS 2002] [“*patrinii* DC. ex Ging.”, FJIIc 1999]

低地～山地の湿原に生える地上茎のない多年草。花は白色だが，花がないときはスミレとよく似ている。開花時には葉柄が葉身より長く，植物体の毛がより少ない傾向がある。Barkalov(2009)は歯舞群島各所から記録している。ロシア側では本種をノジスミレ *V. yedoensis* Makinoと誤同定していることがある。種名の著者名に不一致がある。これまで2n＝24(時に12，20，48)の報告が多く，基本数6の4倍体。

【分布】　歯舞群島・色丹島・南(国後島・択捉島)。ややまれ。

【暖温帯植物：東アジア要素】　九州～北海道。千島列島南部・サハリン中部。シベリア・朝鮮半島・中国東北部。

6. ミヤマスミレ

Viola selkirkii Pursh ex Goldie [EPJ 2012] [FKI 2009] [CFK 2004] [VPS 2002] [FJIIc 1999]

低地～山地の高茎草原や林下に生える地上茎のない多年草。葉の質はやや薄く基部は深く湾入し，葉表面や葉柄に長立毛がある。花は淡紅紫色で側花弁は無毛。萼片基部は明瞭に張り出し，歯牙がある。2n＝24(ウルップ島)[Probatova et al., 2007]。これまでも2n＝24の報告が多く，基本数6の4倍体。

【分布】　色丹島・南・中・北。やや普通。

【冷温帯植物：周北極要素】　四国～北海道。千島列島・サハリン中部以南・カムチャツカ半島。シベリア・朝鮮半島・中国・ヨーロッパ・北アメリカ。[Map 1335]

(2)花は青紫～紅紫色あるいは白色で地上茎がある。

7. エゾノタチツボスミレ

Viola acuminata Ledeb. [EPJ 2012] [FKI 2009] [VPS 2002] [FJIIc 1999]

地上茎は直立して20 cm以上にもなる多年草。開花期に茎下部の葉は小型あるいはなく，托葉がくし歯状に深裂する。花は白色～淡紫色で側花弁は有毛。Tatewaki(1957)では択捉島が北東限だったが，Barkalov(2009)はウルップ島からも報告した。これまでは2n＝20が多く，基本数5の4倍体。

【分布】　色丹島・南・中(ウルップ島が北東限)。やや普通。

【冷温帯植物：東北アジア要素】　本州～北海道。千島列島中部以南・サハリン。アムール・ウスリー・東シベリア・朝鮮半島・中国東北部。

8. アイヌタチツボスミレ

Viola sacchalinensis H.Boissieu [EPJ 2012] [FKI 2009] [CFK 2004] [VPS 2002] [FJIIc 1999]; ***V. komarovii*** W.Becker in Tatewaki(1957)

地上茎のある多年草。葉質はやや厚く葉裏がしばしば赤紫色がかる。淡褐色で乾膜質の托葉は深く切れ込み，距はやや長く伸びエゾノタチツボスミレと同様に側花弁に毛がある。果実の長さは8～10 mm。Tatewaki(1957)はパラムシル島，シュムシュ島産の小型の個体に *V. komarovii* の名をあてたが本種である。2n＝20(ウルップ島，シュムシュ島)[Probatova et al., 2007]。これまでも2n＝20(まれに24)が多く，基本数5の4倍体。

【分布】　歯舞群島・色丹島・南・中・北。普通。

【冷温帯植物：北アジア～東北アジア要素】　本州中部～北海道。千島列島・サハリン・カムチャツカ半島。アムール・ウスリー・オホーツク・シベリア・朝鮮半島・中国東北部・モンゴル。

9. タチツボスミレ

Viola grypoceras A.Gray [EPJ 2012] [FKI 2009] [FJIIc 1999]

地上茎をもつ多年草。エゾノタチツボスミレやアイヌタチツボスミレと違って側花弁は無毛。花は淡紫色で以下のオオタチツボスミレに似るが，距も紫色を帯び花柄は根ぎわからも出る点で異なる。托葉はくし歯状に切れ込む。Tatewaki(1957)は択捉島から報告し，Barkalov(2009)は国後島・択捉島から報告したが，色丹島からは記録がない。これまでは2n＝20の報告が多く，基本数5の4倍体。

【分布】　南(国後島・択捉島)。まれ。

【暖温帯植物：東アジア要素】　琉球～北海道。千島列島南部。朝鮮半島・中国・台湾。

10. オオタチツボスミレ

Viola kusanoana Makino [EPJ 2012] [FKI 2009] [VPS 2002] [FJIIc 1999]

地上茎をもつ多年草。タチツボスミレに似て花は淡紫色で側花弁は無毛だが距が白い点で異なる。花柄の多くは地上茎から出，托葉の切れ込みがタチツボスミレよりも浅い。Tatewaki(1957)は色丹島・国後島から報告し，Barkalov(2009)はさらに択捉島からも報告した。しかしSAPSでは千島列島産標本が確認できない。これまでの報告は2n＝20で基本数5の4倍体。

【分布】　色丹島・南(国後島・択捉島)。まれ。

【温帯植物：準日本固有要素】　九州〜北海道。千島列島南部・サハリン。朝鮮半島(ウツリョウ島)。

11a. オオバタチツボスミレ

Viola langsdorfii Fisch. ex DC. subsp. ***sachalinensis*** W.Becker [EPJ 2012] [“*langsdorfii* Fisch.”, FJIIc 1999]; *Viola kamtschadalorum* W.Becker et Hultén [FKI 2009] [CFK 2004] [VPS 2002]; *V. langsdorfii* Fisch. ex Ging. [VPS 2002]; *V. kurilensis* Nakai; *V. kamtschadalorum* W.Becker var. *pubescens* Miyabe et Tatew.

湿地に生える地上茎が，時に30 cm以上にもなる大型の多年草。白緑膜質の大型の托葉はほとんど全縁で，時に疎らに浅い鋸歯。花は紅紫色で距が短く側花弁は有毛。果実が大きく長さ10〜15 mmになる。ロシア側ではオオバタチツボスミレを*V. kamtschadalorum*，以下のタカネタチツボスミレを*V. langsdorfii*と別種とすることが多いが，ここでは同一種内の亜種として扱う。伊藤(1968)やいがり(2004)によると，タカネタチツボスミレに比べて開花時の地上茎がより高く30〜40 cmにもなり，葉の先がとがる傾向が強く，花色の赤みがより強く，側萼片の先が伸び，基部の付属体が明瞭で方形，といった諸点で区別されるが，千島列島では中間型があり必ずしも明確ではない。択捉島留別産標本(丹野亀助，1935年7月，SAPS000043)に基づき，オオバタチツボスミレの有毛変種ケオオバタチツボスミレ *V. kamtschadalorum* var. *pubescens*が報告されている(Miyabe and Tatewaki, 1938b)。これまで2n＝72，96，120などの報告があり，基本数6のそれぞれ12倍体，16倍体，20倍体などの高次倍数体と思われる。2n＝c.96(ウルップ島)as *V. kamtschadalorum* W.Becker et Hultén[Probatova et al., 2007]。

【分布】　色丹島・南・中・北。普通。

【冷温帯植物：東北アジア要素】　本州中部〜北海道[J-NT]。千島列島・サハリン・カムチャツカ半島。

＊Barkalov(2009)が千島列島産の不明種として*Viola kurilensis* Nakaiを挙げている。本種はNakai(1922)によりウルップ島産標本(S. Amatsu採収)に基づきキバナノコマノツメ節の新種として記載されたもの。和名はチシマキスミレとされ，キバナノコマノツメの無毛型のように記述されている。しかし大井(1951)では*V. kurilensis*はオオバタチツボスミレであるとし，この見解は最近でもAkiyama et al.(1999)で踏襲されており，ここでもこれに従う。

11b. タカネタチツボスミレ　【Plate 64-4】

Viola langsdorfii Fisch. ex DC. subsp. ***langsdorfii*** [EPJ 2012]; *V. langsdorfii* Fisch. ex Ging. [FKI 2009] [CFK 2004]

オオバタチツボスミレとは，地上茎が短く5 cm程度まで，葉の先は円い傾向が強く，花色はより青みが強く，側萼片の先のとがり方が鈍く付属体は不明瞭で円形という諸点で区別されるが，上述したように中間型も多くアリューシャン列島で見られる*V. langsdorfii*と一致する個体は千島列島ではオネコタン島やパラムシル島など北部地域に限られるようである。ここでは地上茎が伸びず葉の先が円い個体を本亜種と見なした。今回の分布表はBarkalov(2009)の報告を参考としているが，彼はタカネタチツボスミレの概念をより広くとっているようである。2n＝more than 90(オネコタン島)as *V. langsdorfii* Fisch. ex Ging.[Probatova et al., 2007]。

【分布】　色丹島・南・中・北。ややまれ。

【亜寒帯植物：北太平洋要素】　北海道(知床半島)。千島列島・カムチャツカ半島。アリューシャン列島・アラスカ・北アメリカ。

12. ツボスミレ(ニョイスミレ)

【Plate 44-2, 44-3, 44-4】

Viola verecunda A.Gray [EPJ 2012] [FKI 2009] [FJIIc 1999] [VPS 2002]; *V. vorobievii* Bezdeleva [FKI 2009]; *V. semilunaris* W.Becker

低地から山地のやや湿った草原縁などに生える地上茎のある多年草。葉が偏心形で基部が広く湾入することが多い。托葉は細く全縁のことが多い。花は白色で小さい。一方，国後島中南部の羅臼岳で採集された標本をホロタイプとして2001年に新種記載された *Viola vorobievii* Bezdeleva がある(Probatova et al., 2001, 2006)。ツボスミレとは植物体全体(葉脈や葉柄，花柄，托葉の縁や基部付近など)に軟毛があること，葉身の形が違い，地下茎が枝分かれするといった諸点で区別され，国後島・択捉島とサハリン南部に産するとされた。しかしVLAでタイプ標本を確認したところ，種ランクでツボスミレから明瞭に分けられるものではなかった。北海道・本州のツボスミレでもしばしば葉脈や花柄，托葉周辺は有毛となり，変種としても分けるのは難しい。本書では，ツボスミレの異名として扱う。ただし，SAPSにある色丹島標本(M. Tatewaki, Jun. 20, 1934)は植物体全体が小さく毛も少ないもので，国後島，択捉島産とは明らかに区別できた。2n＝20(国後島)as *V. vorobievii* Bezdeleva[Probatova et al., 2007]。これまで2n＝24(基本数6の4倍体)の報告が多いが，屋久島産の変種コケスミレに2n＝20が報告されている。国後島産の2n＝20のものも，分布限界地域における染色体数の減数かもしれない。なおサハリン産の *V. vorobievii* は2n＝24で通常のツボスミレと変わらない。

【分布】　色丹島・南(国後島・択捉島)。やや普通。

【暖温帯植物：アジア大陸要素】　九州～北海道。千島列島南部・サハリン南部。アムール・ウスリー・朝鮮半島・中国・台湾・東南アジア・インド・ヒマラヤ。

(3)花は黄色で白色の場合は中心部が黄色

13a. キバナノコマノツメ

Viola biflora L. [EPJ 2012] [FKI 2009] [CFK 2004] [VPS 2002] [FJIIc 1999]

亜高山帯のやや湿性の草原に生える地上茎のある黄色花の多年草。タカネスミレに比べると葉柄がやや細く，葉は質薄く柔らかく葉表面や葉縁に長立毛がある。花弁はタカネスミレよりやや小さい傾向がある。2n＝12(シュムシュ島)[Probatova et al., 2007]。これまでの報告はほとんど2n＝12で基本数6の2倍体。

【分布】　色丹島・南・中・北。やや普通。

【冷温帯～亜寒帯植物：周北極要素】　九州～北海道。千島列島・サハリン・カムチャツカ半島。北半球冷温帯～亜寒帯に広く分布(北アメリカ東部にない)。[Map 1336]

13b. オオタカネスミレ

【Plate 36-4】

Viola biflora L. var. ***vegeta*** (Nakai) Hid. Takah.; *V. crassa* Makino var. *vegeta* Nakai

キバナノコマノツメの大型の変種。択捉島ソキヤおよびポロスでとられた標本(宮部憲次・田中五一，1910年7月21日，SAPS00042)をホロタイプとし，最初タカネスミレの変種として記載された(Nakai, 1928)。他にアライト島やウルップ島の標本がパラタイプに指定されている。これらの標本を総合すると，葉の質は厚くタカネスミレに似るがより大型で葉幅は3.5～6 cmにもなり，長立毛が密にあるものとないものとが含まれている。地上茎は立ち上がり20 cm以上にもなり，高橋秀(1974)はキバナノコマノツメの変種と見なし，ここでもそれに従う。キバナノコマノツメとタカネスミレとの交雑に由来するものかもしれず，今後の研究が必要である。いがり(2004)も本変種を，タカネスミレとキバナノコマノツメの中間的な特徴をもつ，としている。

【分布】　南・中・北。点在する。

【亜寒帯植物：千島固有要素】　本州・北海道にない。千島列島。[Map 1336]

14. エゾタカネスミレ

Viola crassa Makino subsp. ***borealis*** Hid. Takah. [EPJ 2012]; *V. crassa* Makino [FKI 2009] [CFK 2004] ["*crassa* (Makino) Makino", VPS 2002] [FJIIc 1999]; *V. crassa* Makino var. *shikkensis* Miyabe et Tatew.

高山帯の砂礫地に生える地上茎のある黄色花の多年草。キバナノコマノツメに似るが葉の質はより厚く，通常葉縁に長立毛はない。地上茎はあまり立たず花弁はキバナノコマノツメよりやや大きい傾向がある。高橋秀(1974)や，いがり(2004)は日本産の本種を4亜種に分け，それに従えば千島列島産個体は北海道産のエゾタカネスミレ subsp. *borealis* Hid. Takah. にあたる。なお，サハリン敷香支庁主毛(ぬしけ)産の標本(菅原繁蔵，1935年7月24日，SAPS000041)に基づいて，萼片や托葉の幅がより広いとして変種カラフトタカネスミレ *V. crassa* var. *shikkensis* が記載されている(Miyabe and Tatewaki, 1938a)。しかし北海道産や千島列島産のエゾタカネスミレとそれほど明瞭な差が認められず，ここでは同一変種と見なす。東北地方のタカネスミレには2n＝48が報告され，基本数6の8倍体。

【分布】 色丹島・南・中・北。点在する。

【亜寒帯植物：東北アジア要素】 北海道[J-NT, as *V. crassa*]。千島列島・サハリン北部・カムチャツカ半島。[Map 1336]

15. シレトコスミレ 【Plate 44-1】

Viola kitamiana Nakai [EPJ 2012] [FKI 2009] [FJIIc 1999]; *V. bezdelevae* Worosch. [R]

火山周辺の酸性砂礫地に生える地上茎のある多年草。一見エゾタカネスミレにも似るが，花は白色で中心部が黄色，花柱上部はやや太くなる筒形で原始的な種と見なされている(いがり，2004)。これまで北海道知床半島の固有種と見られていたが，バルカロフたちが択捉島の中南部に位置する西単冠山(1,634 m)で採集し，1987年にヴォロシロフが新種 *V. bezdelevae* として報告したが，現在ではシレトコスミレと同一種とされている(いがり，2004；Barkalov, 2009)。知床産には2n＝12が報告され，基本数6の2倍体。

【分布】 南(択捉島)。まれ。

【亜寒帯植物：北海道・千島固有要素】 北海道(知床半島)。千島列島南部。

外1. サンシキスミレ

Viola tricolor L. [EPJ 2012] [FKI 2009] [VPS 2002] [FJIIc 1999]

ヨーロッパ原産の外来植物。Tatewaki(1957)では報告されず，Barkalov(2009)が国後島から記録した。戦後もち込まれた栽培株が偶発的に逸出しているにすぎないと思う。SAPSには標本がない。

【分布】 南(国後島)。まれ。[栽培逸出]

【温帯植物】 日本(外来B)。千島列島南部(外来)・サハリン南北部(外来)・カムチャツカ半島(外来)。[Map 1337]

*Barkalov(2009)でも述べられているように，Akiyama et al.(1999)では，オオバキスミレ *V. brevistipulata* (Franch. et Sav.) W.Becker var. *brevistipulata* が南千島に分布するとされる。しかし広義のオオバキスミレの北海道での分布は大雪，日高山系よりも東側にはないようであり(浜，1975；五十嵐，1996)，確かな千島列島の標本も確認できないのでここでは除いた。

AE29. オトギリソウ科
Family HYPERICACEAE

1. オトギリソウ属
Genus *Hypericum*

1. トモエソウ

Hypericum ascyron L.; *H. gebleri* Ledeb. [FKI 2009] [CFK 2004] [VPS 2002]

町周辺の林縁や草地に生え，時に1 m以上にもなる多年草。

【分布】 歯舞群島・色丹島・南。

【暖温帯植物：東アジア要素】 九州〜北海道。千島列島南部・サハリン・カムチャツカ半島[K-VU]。シベリア・朝鮮半島・中国。

2. オトギリソウ

Hypericum erectum Thunb. [EPJ 2012] [FKI 2009] [FJIIa 2006] [VPS 2002]

低地〜山地の草地ややぶに生える多年草。葉は通常広披針形で先がとがり，萼片に黒線と黒点が入るが特に黒線が目立ち長さ5 mm以下，花弁は長さ9〜10 mm。2n＝18（国後島）[Probatova et al., 2007]。

【分布】　歯舞群島・色丹島・南・中(ウルップ島)。

【暖温帯植物：東アジア要素】　琉球〜北海道。千島列島中部以南・サハリン南部。朝鮮半島・中国南東部・台湾。

3. ハイオトギリ

Hypericum kamtschaticum Ledeb. [EPJ 2012] [FKI 2009] [CFK 2004] [FJIIa 2006]; *H. paramushirense* Kudô [J]

海岸〜山地の草原に生える多年草。オトギリソウに似るが，葉は通常卵形〜長楕円形で鈍頭，萼片には黒点のみが入り長さ5 mm以上，花弁は長さ9〜15 mm。

【分布】　歯舞群島・色丹島・南・中・北。

【冷温帯植物：東北アジア要素】　北海道。千島列島・カムチャツカ半島。ウスリー。

4. エゾオトギリ

Hypericum yezoense Maxim. [EPJ 2012] [FKI 2009] [FJIIa 2006] [VPS 2002]

海岸〜山地の岩塊地に生える多年草。時に混交林や草地にも生える。茎に2稜の条があり，黒点が並ぶ。

【分布】　色丹島・南。

【温帯植物：準日本固有要素】　本州北部〜北海道[J-VU]。千島列島南部・サハリン中部。

5. コケオトギリ

Hypericum laxum (Blume) Koidz. [EPJ 2012] [FKI 2009]

葉は長さ3〜7 mmと小さく黒点がなく明点のみ。萼片や花弁にも黒点がない。Barkalov et al.(2009)が報告し，色丹島のマスバ山で採集したとされる。極東ロシアではまれとされる。

【分布】　色丹島。まれ。

【暖温帯植物：東南アジア要素】　琉球〜北海道。千島列島南部。朝鮮半島・中国・台湾・東南アジアなど。

外1. セイヨウオトギリ

Hypericum perforatum L. [EPJ 2012] [VPS 2002]

道路縁や空き地に生えるヨーロッパ原産の多年草。葉の大きさがやや2形となり，葉には明点が多くまれに黒点が混じる。萼片にも黒点がない。日本では葉の大きさにより2変種あるいは2亜種のコゴメバオトギリ subsp. *chinense* とセイヨウオトギリ subsp. *perforatum* に分ける（米倉，2012）ことが多いが，形態変異は連続であるとする清水(2003)に従いこれらを含んだ種として扱う。戦前の色丹島産標本(K. Kondo, Shakotan, Aug. 4, 1929, TI)があり，筆者らも2010年に色丹島アナマ郊外の住宅地の空き地で確認した。Barkalov(2009)ではリストされていなかった。

【分布】　色丹島・南(択捉島)。[色丹島は戦前帰化，択捉島は戦後帰化か]

【冷温帯植物】　本州〜北海道(外来B)。千島列島南部(外来)・サハリン北部(外来)。ヨーロッパ原産。[Map 1317]

2. ミズオトギリ属
Genus *Triadenum*

1. ミズオトギリ

Triadenum japonicum (Blume) Makino [EPJ 2012] [FKI 2009] [FJIIa 2006]

湿草原に生え，高さ50〜100 cmになる多年草。葉は披針状長楕円形で鈍頭，無柄で対生し，大小の明点がある。花弁は5個で長さ5 mm，帯紅色。Tatewaki(1957)で国後島がリストされたが，Alexeeva(1983)には引用されていない。

【分布】　南(国後島)。まれ。

【暖温帯植物：東アジア要素】　九州〜北海道。千島列島南部。南東シベリア・朝鮮半島・中国東北部。

AE30. フウロソウ科
Family GERANIACEAE

1. オランダフウロ属
Genus *Erodium*

外1. **オランダフウロ**

Erodium cicutarium (L.) L'Hér. [EPJ 2012] [FKI 2009] [CFK 2004] ["L'Hér.", FJIIb 2001]

ユーラシア原産の一～越年草。Tatewaki(1957)ではリストされなかったが，Alexeeva(1983)が国後島から記録した。

【分布】　南(国後島)。[戦後帰化]

【暖温帯植物】　九州～北海道(外来B)。千島列島南部(外来)・カムチャツカ半島(外来)。アムール・ウスリー・シベリア・ヨーロッパ・北アメリカ・南アメリカ(外来)。[Map 1275]

2. フウロソウ属
Genus *Geranium*

1. **チシマフウロ**

Geranium erianthum DC. [EPJ 2012] [FKI 2009] [CFK 2004] [VPS 2002] [FJIIb 2001]

平地から山地の低茎広葉草原に生える多年草。高さ20～50 cm，茎生葉は最上部の葉を除いて互生。葉身は掌状に5～7深裂し，裂片はさらに3出状に中裂。花は径2.5～3 cm。

2n＝28(シュムシュ島)[Probatova et al., 2007]。

【分布】　歯舞群島・色丹島・南・中・北。千島列島全体に普通。

【冷温帯～亜寒帯植物：周北極要素】　本州北部～北海道。千島列島・サハリン・カムチャツカ半島。シベリア・アラスカ・北アメリカ。[Map 1263]

2. **エゾフウロ**　【Plate 64-5】

Geranium yesoense Franch. et Sav. [EPJ 2012] [FKI 2009] [VPS 2002] [FJIIb 2001]

沿岸台地上草原に生える多年草。チシマフウロに似るが，花色がよりピンク色で，茎中部の葉は対生し，花序は葉腋につき小花柄が長く伸びる。北海道には2変種を認め，萼片により密な開出毛があり葉裂片がより深く切れ込むものをエゾフウロ var. *yesoense*，そうでないものをハマフウロ var. *pseudopalustre* Nakaiとすることが多い(Akiyama, 2001b；米倉，2012)。千島列島でも萼片の毛には変異があるが，葉の切れ込みはエゾフウロの変異内に入り，典型的なハマフウロの型は見られない。シロバナエゾフウロ *G. yesoense var. yesoense* f. *albiflora* Tatew.のホロタイプ標本(M. Tatewaki, Kunashiri, Tofutsu, Aug. 20, 1936)がSAPSにあり，択捉島からの標本もある。一方，舘脇によるシロバナハマフウロ *G. yesoense* var. *pseudopalustre* f. *leucanthum* Tatew.のタイプ標本(M. Tatewaki, Kunashiri, Tomari, Aug. 21, 1936)も国後島からのもので，萼片の毛は疎らで短いが，葉裂片の切れ込みからはエゾフウロの変異内に入るものである。2n＝28(国後島，ウルップ島)[Probatova et al., 2007]。

【分布】　歯舞群島・色丹島・南・中(シムシル島が北東限)。

【冷温帯植物：準日本固有要素】　本州中部～北海道。千島列島中部以南・サハリン南部(外来)。

3. **ゲンノショウコ**

Geranium nepalense Sweet [FJIIb 2001]; *G. thunbergii* Siebold et Zucc. ex Lindl. et Paxton [EPJ 2012] [FKI 2009]; *G. nepalense* Sweet var. *thunbergii* (Siebold et Zucc. ex Lindl. et Paxton) H. Hara

町周辺の草地などに生える高さ30 cmほどの多年草。茎生葉は対生，時に互生。葉身は3～5中～深裂。花は径1～1.5 cmで花柄に2花つける。茎上部や葉柄，花柄に腺毛が多い。2n＝28(国後島)[Probatova et al., 2007]。

【分布】　色丹島・南(国後島)。

【暖温帯植物：東アジア～中国・ヒマラヤ要素】　奄美大島～北海道。千島列島南部。朝鮮半島・中国・台湾・ヒマラヤ。

外1. **イチゲフウロ**

Geranium sibiricum L. [EPJ 2012] [FKI 2009]

[CFK 2004] [VPS 2002] [FJIIb 2001]; *G. sibiricum* L. var. *glabrius* (H.Hara) Ohwi

ゲンノショウコに似て径1〜1.5 cmの小さな花をつけるが，花柄に多くは1花をつける。Tatewaki (1957) では択捉島が分布の北東限だったが，Barkalov (2009) がパラムシル島からも報告し，千島列島の外来種としている。日本では本種が外来植物とされることはなく，ロシア側で千島列島・カムチャツカ半島の集団が外来とされるのはやや意外な感がするが，北海道でも日あたりのよい攪乱された草原縁などに多い。Miyabe (1890) には本種の記録がないので，戦前の日本時代に南千島に侵入したものかもしれない。

【分布】　歯舞群島・色丹島・南・北(パラムシル島)。点在。両側分布。[戦前帰化]

【冷温帯植物】　本州北部〜北海道(在来種)。千島列島南北部(外来)・サハリン(在来)・カムチャツカ半島(外来)。アムール・ウスリー・沿海州・アルダン・オホーツク・シベリア・ロシア極東・中国(北部〜中部)・朝鮮半島・ヒマラヤ・ヨーロッパ。北アメリカに帰化。

AE31. ミソハギ科
Family LYTHRACEAE

1. ミソハギ属
Genus *Lythrum*

1. エゾミソハギ　【Plate 65-1】

Lythrum salicaria L. [EPJ 2012] [FKI 2009] [VPS 2002] [FJIIc 1999]

湿原に生える多年草。50〜100 cmになり茎に4〜6稜がある。無柄の披針形の葉が対生〜3輪生し，穂状花序に多数の赤い花をつける。

【分布】　歯舞群島・色丹島・南(択捉島が北東限)。

【暖温帯植物：周北極要素】　九州〜北海道。千島列島南部・サハリン中部以南。中国・東アジア・インド・アフガニスタン・ヨーロッパ。[Map 1348]

AE32. アカバナ科
Family ONAGRACEAE

1. ヤナギラン属
Genus *Chamaenerion*

1. ヤナギラン　【Plate 65-2】

Chamaenerion angustifolium (L.) Scop. [FKI 2009] [VPS 2002]; *Chamerion angustifolium* (L.) Holub [EPJ 2012] [CFK 2004] [FJIIc 1999]; *Epilobium angustifolium* L.

やや湿性の草原に群生する多年草。高さ1〜1.5 m，互生する葉は長披針形で長さ5〜20 cm，幅1〜3 cm。長さ40 cmにもなる長い総状花序を頂生させ，紅紫色で雄しべ先熟の大型の花を多数(10〜100個位)つける。アカバナ属 *Epilobium* から独立させる場合の属名には2つの意見がある。ここではSennikov (2011) とロシア側の意見を尊重した。

【分布】　歯舞群島・色丹島・南・中・北。やや普通。中千島の中部〜北部で欠落しているようで両側分布的。

【冷温帯植物：周北極要素】　本州〜北海道。千島列島・サハリン・カムチャツカ半島。ユーラシア〜北アメリカ。[Map 1355]

2. ヒメヤナギラン(キタダケヤナギラン)

Chamaenerion latifolium (L.) Sweet [FKI 2009]; *Chamerion latifolium* (L.) Holub [EPJ 2012] [CFK 2004] [FJIIc 1999]; *Epilobium kesamitsui* T.Yamaz. [J]

ヤナギランに似るがずっと小型の植物体で高さ50 cmまで，葉は緑白色で，花序には3〜15個くらいの大型の花をつける。北海道になく，北千島—本州中部高山不連続分布をする種類。

【分布】　中(ウルップ島*)・北。まれ。

【亜寒帯植物：周北極要素】　本州中部。千島列島中部以北・カムチャツカ半島。東シベリア・中国西部・アフガニスタン・アラスカ・北アメリカ。

2. ミズタマソウ属
Genus *Circaea*

1. ミヤマタニタデ

Circaea alpina L. [EPJ 2012] [FKI 2009] [CFK 2004] [VPS 2002] [FJIIc 1999]

やや暗い低木林や高茎草本群落の下などに生える小型の多年草。茎の高さ5～20 cmで葉は三角状広卵形で長さ1～4 cm。果実は長倒卵形。

【分布】 歯舞群島・色丹島・南・中・北。千島列島全体に普通。

【冷温帯植物：周北極要素】 九州～北海道。千島列島・サハリン・カムチャツカ半島。北半球冷温帯域。［Map 1353］

2. ウシタキソウ 【Plate 45-1】

Circaea cordata Royle [EPJ 2012] [FKI 2009] [FJIIc 1999]

茎の高さ40～60 cmになる多年草。葉は卵心形～卵形で長さ4～12 cm。果実は球形。Tatewaki (1957)ではリストされなかったが，Alexeeva (1983)が国後島から記録した。VLAで証拠標本を確認した。

【分布】 南(国後島)。まれ。

【暖温帯植物：アジア大陸要素】 九州～北海道。千島列島南部。ウスリー・朝鮮半島・中国・インド・ネパール・ヒマラヤ・パキスタン。

3. ミズタマソウ 【Plate 45-2】

Circaea mollis Siebold et Zucc. [EPJ 2012] [FJIIc 1999]

茎は高さ20～50 cmで，葉は長卵形～卵状長楕円形，長さ5～13 cm。果実は広倒卵形。Tatewaki (1957)ではリストされなかったが，Alexeeva (1983)が国後島から記録した。VLAに保管されている国後島産の証拠標本(Alexeeva, Aug. 25, 1972)は最初エゾミズタマソウ *C. quadrisulcata* と同定され，その後1995年にミズタマソウ *C. mollis* と再同定されているものだった。標本を詳しく検討したところ花序軸には腺毛がなく確かにミズタマソウであったが，本標本はエゾミズタマソウの種カバーのなかに整理されていた。このようなこともあってか，Barkalov (2009)では *C. mollis* をリストせず *C. lutetiana* L.(=*C. quadrisulcata* (Maxim.) Franch. et Sav., エゾミズタマソウ)としてリストしていた。本書では証拠標本に基づきミズタマソウとしたが，南千島にはさらにエゾミズタマソウも分布する可能性が十分にある。

【分布】 南(国後島)。まれ。

【暖温帯植物：東アジア～東南アジア要素】 九州～北海道。千島列島南部。ウスリー・朝鮮半島・中国・東南アジア。［cf. Map 1351］

3. アカバナ属
Genus *Epilobium*

アカバナ属の種分類については原(1942)に基づきながら，最近のLievens and Hoch (1999)を参考に種をやや広くまとめた。

(1)柱頭は4岐する。茎，果柄，蒴果に細屈毛がやや密にあり腺毛は目立たない。葉の基部は円脚となりしばしば短柄があり，鋸歯が明らか。大型の個体。

1. エゾアカバナ

Epilobium montanum L. [EPJ 2012] [FKI 2009] [VPS 2002] [FJIIc 1999]

山中の湿地に生え，高さ20～60 cmの多年草。柱頭の形を除くと全体は一見カラフトアカバナに似るが，茎に稜線がほとんどなく，下部まで細屈毛があり，花全体が長さ7～11 mmとやや大きい傾向がある。

【分布】 色丹島・南(択捉島が北東限)。まれ。

【冷温帯植物：周北極要素】 本州中部～北海道。千島列島南部・サハリン中部以南(外来)，北半球温帯域。

(2)柱頭は頭状。茎に稜線があり，2つの屈毛列や長屈毛列がある。葉の基部は広楔形で，鋸歯は明らか。通常は丈高く大型の個体。

2a. ケゴンアカバナ(シコタンアカバナ)

Epilobium amurense Hausskn. subsp.

amurense [EPJ 2012] [FJIIc 1999]; *E. amurense* Hausskn. [FKI 2009] [VPS 2002]; *E. shikotanense* Takdea [J]

山地の渓流ぞいや低地の草地などに生える高さ40 cmくらいになる多年草だがしばしば10 cm以下の小型個体にとどまる。このような小型個体は一見ミヤマアカバナやタラオアカバナに見まちがえられるので柱頭の形を確認する必要がある。茎に明瞭な2稜線がありその上に長屈毛が列となる。他の部分はほとんど無毛～疎毛。蒴果には細屈毛や腺毛を疎生し後に無毛に近くなる。これまでシムシル島が北東限だったがBarkalov(2009)がマツワ島からも報告した。

【分布】　歯舞群島・色丹島・南・中(マツワ島が北東限)。ややまれ。

【冷温帯植物：東北アジア要素】　本州中部～北海道。千島列島中部以南・サハリン。ウスリー・朝鮮半島・中国東北部・台湾。

2b.　**イワアカバナ**

Epilobium amurense Hausskn. subsp. ***cephalostigma*** (Hausskn.) C.J.Chen, Hoch et P.H.Raven [EPJ 2012] [FJIIc 1999]; *E. cephalostigma* Hausskn. [FKI 2009] [VPS 2002]

低地～山地の湿地や混交林などに生える高さ15～60 cmの多年草。ケゴンアカバナの別亜種で頭状の柱頭は同じで，茎の2稜線も明瞭だが，茎下部では屈毛が稜線上に生えるものの，茎上部では全体に屈毛が生える傾向が強い。蒴果の屈毛もケゴンアカバナより多い。時に全体無毛個体があり，ケナシイワアカバナの名前がある。2n＝36(国後島) as *E. cephalostigma*〔Probatova et al., 2007〕。

【分布】　色丹島・南(択捉島が北東限)。まれ。

【冷温帯植物：東北アジア要素】　四国～北海道。千島列島南部・サハリン南部。ウスリー・朝鮮半島・中国。

(3)柱頭は棍棒状。茎に稜線はなく，葉縁の鋸歯は不明瞭でやや全縁。子房に伏臥する白毛を密生。

3.　**エダウチアカバナ**

Epilobium fastigiatoramosum Nakai [EPJ 2012] [“*fastigiato-ramosum*”, FKI 2009] [FJIIc 1999]

河畔の砂礫地に生える高さ40～50 cmほどの多年草。茎には稜線がなく円柱形で細屈毛～縮毛があり，花序や子房に圧着した白毛が密にあり，葉は長楕円状披針形で基部は広楔形，鋸歯は不明瞭でほぼ全縁になる点ではホソバアカバナに似る。しかし茎は普通多分枝して地下に細いストロンを出さず，葉先端がより鈍い傾向があり，萼片が長さ2.5～3.5 mmとより小さい点で区別される。最近になってBarkalov et al.(2009)が色丹島から報告したが，VLAの標本には地下に糸状のストロンがありホソバアカバナの広葉型個体の可能性もあり精査が必要である。

【分布】　色丹島*。まれ。

【冷温帯植物：北アジア要素】　北海道〔J-CR〕。千島列島南部。ウスリー・シベリア・朝鮮半島・中国・モンゴル。〔Map 1368〕

4.　**ホソバアカバナ**(ヤナギアカバナ，ヒロハヤナギアカバナ)　【Plate 65-3】

Epilobium palustre L. [EPJ 2012] [FKI 2009] [CFK 2004] [VPS 2002] [FJIIc 1999]

湿原に生える高さ15～50 cmの多年草。茎には稜線がなく円柱形で細屈毛があり，子房に上向きの圧着した白毛が密にある。葉は通常細く，線形～線状披針形で幅は2～12 mmと変異があり先はやや鋭頭，幅広い型にヤナギアカバナ，ヒロハヤナギアカバナといった品種が認められたこともある。萼片は長さ3.5～5 mmでエダウチアカバナよりも大きい。

【分布】　色丹島・南・中・北。やや普通。

【冷温帯植物：周北極要素】　本州中部～北海道。千島列島・サハリン・カムチャツカ半島。周北地域。〔Map 1365〕

(4)柱頭は棍棒状。子房に細屈毛や腺毛が密。葉の基部は円脚で葉縁の鋸歯は明瞭。通常は丈高く大型の個体。

5. **アカバナ**

Epilobium pyrricholophum Franch. et Sav. [EPJ 2012] [FKI 2009] [FJIIc 1999]

低地〜山地の水湿地に生える高さ20〜90 cmの多年草。茎の稜線はやや不明で細屈毛があり，上部の茎や葉に直立した腺毛が密にあり蒴果にも腺毛が多い。葉の形はエゾアカバナやカラフトアカバナにも似る。柱頭が棍棒状なのはカラフトアカバナと同じだが，茎の稜線がより目立たなく，蒴果の直立腺毛がより多く，種髪が汚白色でなく赤褐色。しかし中間型もあり，特に南千島ではカラフトアカバナとの区別が難しい。

【分布】 色丹島・南(択捉島が北東限)。まれ。

【暖温帯植物：東アジア要素】 九州〜北海道。千島列島南部。中国(東部・南部)。

6. **カラフトアカバナ**(オオチシマアカバナ) 【Plate 65-4】

Epilobium ciliatum Raf. [EPJ 2012] [FJIIc 1999]; *E. glandulosum* Lehm. [FKI 2009] [CFK 2004]; *E. maximowiczii* Hausskn. [FKI 2009] [VPS 2002]; *E. glandulosum* Lehm. var. *asiaticum* H.Hara＋*E. glandulosum* Lehm. var. *kurilense* (Nakai) H.Hara

低地〜山地の水湿地に生える高さ30〜90 cmの多年草。茎の稜線が明瞭で時に太く断面が円形でなく溝がありやや扁平となるが，細屈毛はやや全体に生じ下部で疎生し上部では密で腺毛を混じえる。子房は細屈毛が密で，しばしば腺毛を混じえる。ケゴンやイワとは柱頭が棍棒状の点で異なる。アカバナによく似，種髪の色が確認できないと区別が難しい場合がある。ロシア側は本種のなかに2種を認め，千島列島の中・北部はオオチシマアカバナ *E. glandulosum*(*E. glandulosum* var. *kurilense*)，千島列島南部は狭義のカラフトアカバナ *E. maximowiczii*(*E. glandulosum* var. *asiaticum*) が分布するとしている。オオチシマは狭義のカラフトに比べ，茎が通常単一で分枝せず，花がより大きく長さ5〜7 mm(カラフトは3.5〜5 mm)，蒴果の毛がより少なく，種子はより大きい長さ1.2〜1.4 mm(カラフトは0.8〜1.2 mm)。ここでは同一分類群として扱った。2n＝36(国後島)as *E. maximowiczii* [Probatova et al., 2007]。

【分布】 歯舞群島・色丹島・南・中・北。やや普通。

【冷温帯植物：北アメリカ・東アジア隔離要素】 本州〜北海道。千島列島・サハリン・カムチャツカ半島。オホーツク・朝鮮半島・中国・北アメリカ。[Map 1371]

(5)柱頭は棍棒状。子房の細屈毛や腺毛は疎生する。葉基部は広楔形〜楔形で葉縁の鋸歯はしばしば不明瞭。通常丈低い小型の個体。

7. **ヒメアカバナ** 【Plate 65-5】

Epilobium fauriei H.Lév. [EPJ 2012] [FKI 2009] [CFK 2004] [FJIIc 1999]

山地や川畔の砂礫地に生える通常高さ10 cm以下の小さな多年草。茎には稜線がなく円柱形で細い屈毛がある。中部の葉は線形〜長披針形で幅1〜4 mm，基部は楔状に細まり葉柄状になり，やや鈍端だが先がしばしば鈍突起状になる。葉縁は微細な鋸歯が数個〜全縁。葉腋にしばしば葉芽がつくのはよい特徴。北アメリカ西部の *E. leptocarpum* が近縁種(Lievens and Hoch, 1999)。

【分布】 色丹島・南・中(シムシル島が千島列島での北東限)。ややまれ。

【亜寒帯植物：東北アジア〜日本・千島固有要素】 本州中部〜北海道。千島列島中部以南・カムチャツカ半島[K-EN]。

8. **アシボソアカバナ**

Epilobium anagallidifolium Lam. [EPJ 2012] [CFK 2004] [FJIIc 1999]; *E. dielsii* H.Lév.; *E. alpinum* L. [FKI 2009] [VPS 2002]

高山砂礫地に生える高さ10 cm以下の株立ちになる多年草。茎にやや不明の2列の短屈毛列がある。中部の葉は卵形〜卵状披針形。ミヤマアカバナに似るが，通常高さ10 cm以下と小さく，葉縁は細牙歯〜全縁気味となり，果柄は長さ2〜4 cmと長く伸び，疎屈毛のみで腺毛が混じらず，蒴果は長さ4 cm以下でほぼ無毛。種子表面は網状紋ないし微細乳頭状突起とされる(Lievens and Hoch, 1999)。
【分布】　南・中・北。ややまれ。
【亜寒帯植物：周北極要素】　本州中部〜北海道。千島列島・サハリン北部・カムチャツカ半島。北半球北方地域。［Map 1367］

9a.　**ミヤマアカバナ**

Epilobium hornemannii Rchb. subsp. ***hornemannii*** [EPJ 2012]; *E. hornemannii* Rchb. [FKI 2009] [CFK 2004] [VPS 2002] [FJIIc 1999]; *E. foucaudianum* H.Lév.

高さ25 cmまでの多年草で茎にやや不明の2列の短屈毛列がある。アシボソアカバナに似るが，通常より大きくなりゆるい株状，蒴果や果柄に腺毛が混じり，果柄はより短く1〜3 cm，蒴果は通常長さ4 cm以上になる。種子には微細乳頭状突起があり，これがない北海道・本州中部高山産のものをシロウマアカバナ *E. shiroumense*（＝*E. lactiflorum*）という。2n＝36（シムシル島，パラムシル島，シュムシュ島）[Probatova et al., 2007]。
【分布】　南・中・北。ややまれ。
【亜寒帯植物：周北極要素】　本州中部〜北海道。千島列島・サハリン中部以北・カムチャツカ半島。北半球北方地域。［Map 1368］

9b.　**タラオアカバナ**（宮部，1893）（チシマアカバナ，“シロウマアカバナ”）

Epilobium hornemannii Rchb. subsp. ***behringianum*** (Hausskn.) Hoch et P.H.Raven [EPJ 2012]; *E. sertulatum* Hausskn. [“*sertullatum*”, FKI 2009]; *E. hornemannii* Rchb. p.p. [CFK 2004]; *E. lactiflorum* Hausskn. p.p.

ミヤマアカバナの別亜種。高さ5〜25 cmと変化の大きい多年草。茎に2列の短屈毛列があり，ミヤマアカバナに似るが，種子に乳頭状突起がない点で区別される。しかし蒴果や果柄に腺毛が混じるのでミヤマアカバナの別亜種とする見解に従う。種子表面模様ではシロウマアカバナにも似るが，ミヤマアカバナ＋シロウマアカバナと比べると，葉の質がやや厚く，花がより大きく長さ6〜11 mm（ミヤマとシロウマは4〜6 mm）とされる。知床に産するとされる“シロウマアカバナ”はタラオアカバナとも比較する必要がある。2n＝36（シャシコタン）as *E. sertulatum* [Probatova et al., 2007]。
【分布】　南（択捉島）・中・北。普通。
【冷温帯植物：周北極要素】　本州中部・北海道。千島列島・カムチャツカ半島。ユーラシア・北アメリカ。

4.　マツヨイグサ属
Genus *Oenothera*

外1.　**メマツヨイグサ**

Oenothera biennis L. [EPJ 2012] [FKI 2009] [CFK 2004] [VPS 2002] [FJIIc 1999]; *O. muricata* L.

海岸近くの草原。Tatewaki (1957) で国後島，択捉島からリストされており，筆者らも国後島，択捉島ではよく見た。
【分布】　歯舞群島・色丹島・南。やや普通。［戦前帰化］
【暖温帯植物】　九州〜北海道（外来A3）。千島列島南部（外来）・サハリン南部（外来）・カムチャツカ半島（外来）。北アメリカ中部〜西部原産。世界中の温帯〜亜熱帯に帰化。

外2.　**オオマツヨイグサ**

Oenothera glazioviana Micheli [EPJ 2012] [FJIIc 1999]; *Oenothera erythrosepala* Borbas [FKI 2009]; *O. lamarckiana* Ser. [J]

Barkalov (2009) でも述べられているようにSAPSには戦前の舘脇操採集の国後島古丹消産標本（1936年8月20日）があり，茎の毛基部が黒色に膨らみ花も大きく確かにオオマツヨイグサと思われる（cf. Barkalov, 2012）。Tatewaki (1957) では外来植物としてリストされている。道東での外来記録は少ない（五十嵐，2001）ので，一時帰化とも思われる。
【分布】　南（国後島）。まれ。［戦前帰化］
【暖温帯植物】　九州〜北海道（外来A3）。千島列島南部（外来）。ヨーロッパでの交雑起源。世界中に帰化。

外3. **ノハラマツヨイグサ**

Oenothera villosa Thunb. [EPJ 2012] [FJIIc 1999]; *O. salicifolia* Desf ex G.Don [FKI 2009]

五十嵐(2001)では北海道から報告されていないので，ロシア本土から直接もち込まれたものと思われる。

【分布】 南(外来)。まれ。[戦後帰化]

【暖温帯植物】 九州～本州(外来)。千島列島南部(外来)。北アメリカ原産，世界中に帰化。

AE33. ウルシ科
Family ANACARDIACEAE

1. ウルシ属
Genus *Toxicodendron*

分子系統解析ではウルシ属 *Toxicodendron* は狭義のヌルデ属 *Rhus* から十分分けることができる(Miller et al., 2001; Yi et al., 2004)のでこれに従った。

1. **ツタウルシ** 【Plate 4-5】

Toxicodendron orientale Greene [EPJ 2012] [FKI 2009] [VPS 2002]; *Rhus ambigua* Lavall. ex Dipp. [FJIIc 1999]; *R. orientalis* (Greene) Schneid. [R]

つる性の木本で葉は3小葉からなる。*Toxicodendron radicans* (L.) Kuntze(=*Rhus radicans* L.)が北アメリカでの対応種とされる(Hara, 1952)。ロシアにはほとんど分布せず，実体がよく知られていないためかロシア人からは毒草として恐れられている。Tatewaki(1957)では択捉島が分布の北東限だったが，Barkalov(2009)がウルップ島からも報告した。2n＝30(国後島)[Probatova et al., 2007]。

【分布】 色丹島・南・中(ウルップ島が北東限)。開花：6月下旬～8月上旬。

【暖温帯植物：東アジア要素】 九州～北海道。千島列島中部以南・サハリン南部。中国・台湾。

2. **ヤマウルシ** 【Plate 66-1】

Toxicodendron trichocarpum (Miq.) Kuntze [EPJ 2012] [FKI 2009]; *Rhus trichocarpa* Miq. [FJIIc 1999]

落葉性の小高木で葉は奇数羽状複葉。

【分布】 歯舞群島・色丹島・南(択捉島が北東限)。

【暖温帯植物：東アジア要素】 九州～北海道。千島列島南部。朝鮮半島・中国。

AE34. ムクロジ科
Family SAPINDACEAE

1. カエデ属
Genus *Acer*

1. **カラコギカエデ**

Acer ginnala Maxim. [FKI 2009]; *A. ginnala* Maxim. var. *aidzuense* (Franch.) K.Ogata [EPJ 2012] [FJIIc 1999]

やや暗い湿地に生え，高さ2～5 mの落葉小高木。葉は楕円形で3浅裂するかほとんど切れ込まない。花序は複散房状。Barkalov(2009)では「おそらく外来」とされているが，道東に分布するので国後島の自生は十分考えられ，ここでは自生種としてリストした。

【分布】 南(国後島泊村近郊)。まれ。[一部帰化？]

【暖温帯植物：東アジア要素】 九州～北海道。千島列島南部。東シベリア・中国東北部・朝鮮半島に分布する。

2. **ハウチワカエデ**

Acer japonicum Thunb. [EPJ 2012] [FKI 2009] [FJIIc 1999]

落葉高木で，高さ10 m以上にもなる。葉は9～11浅・中裂し，裂片縁には重鋸歯がある。花序は複散房状。サハリン地区のRDB(Eremin et al., 2005)では最高ランクのE(1)にされ，分布点は1点しか打たれていない。SAPSには標本がない。

【分布】 南(国後島南西部泊山周辺)。極くまれ。

【温帯植物：日本・千島固有要素】 本州～北海道。

千島列島南部[S-E(1)]。

3a. **アカイタヤ**

Acer pictum Thunb. subsp. ***mayrii*** (Schwer.) H.Ohashi [EPJ 2012] [FJIIc 1999]; *A. mono* Maxim. var. *mayrii* (Schwer.) Sugimoto [J]; *A. mayrii* Schwer. p.p. [FKI 2009] [VPS 2002]

イタヤカエデ *Acer pictum* の1亜種。葉は5(～7)浅裂し，幅が長さとほぼ同じかむしろ広い。Alexeeva(1983)によると，国後島ではアカイタヤが多いようである。2n＝26(択捉島)。

【分布】　色丹島・南。開花：5月下旬～6月中旬。

【温帯植物：日本・千島固有要素】　本州～北海道。千島列島南部。

3b. **エゾイタヤ**　【Plate 66-2】

Acer pictum Thunb. subsp. ***mono*** (Maxim.) H. Ohashi [EPJ 2012] [FJIIc 1999]; *A. mono* Maxim. var. glabrum (H.Lév. et Vaniot) H.Hara [J]; *A. mayrii* Schwer. p.p. [FKI 2009] [VPS 2002]

イタヤカエデの別亜種。葉は5～7浅・中裂し，裏面は葉腋を除いて無毛。Tatewak(1957)では択捉島が分布の北東限だったが，ウルップ島からもBarkalov(2009)が報告した。Barkalov(2009)は特に2亜種に分けず *A. mayrii* のみを認めている。TI標本では葉形はいずれもエゾイタヤ型であり，特に葉裏の基部脈腋に密に毛叢がある。

【分布】　南・中(ウルップ島が北東限)。

【温帯植物：東北アジア要素】　本州～北海道。千島列島中部以南・サハリン。アムール・朝鮮半島・中国東北部。

4. **ミネカエデ**

Acer tschonoskii Maxim. [EPJ 2012] [FKI 2009] [FJIIc 1999]

高さ1～5mの落葉小高木。葉はほぼ5角形で5～7中裂し，裂片はさらに羽状に中裂して重鋸歯縁。花序は短い総状。種形容語は日本人採集家須川長之助への献名。西日本のナンゴクミネカエデを独立種 *A. australe* とする場合と，本種の変種 var. *australe* とする場合がある。ここでは別種として扱った。色丹島，国後島から記録されていないのは興味深い。

【分布】　南(択捉島)。まれ。

【冷温帯植物：日本・千島固有要素】　本州中部～北海道。千島列島南部。

5. **オガラバナ**

Acer ukurunduense Trautv. et C.A.Mey. [EPJ 2012] [FKI 2009] [VPS 2002] [FJIIc 1999]

高さ1～3mの落葉小高木。葉は5～7浅・中裂し，裂片は鋭頭～鋭尖頭し，欠刻状の鋸歯がある。花序は長い複総状。対応種は北アメリカの *A. spicatum* Lam. で同一種内の変種同士とされることもある。

【分布】　色丹島・南・中(ウルップ島が北東限)。やや普通。開花：6月中旬～7月下旬。

【冷温帯植物：東北アジア要素】　本州～北海道。千島列島中部以南・サハリン。アムール・朝鮮半島・中国東北部。

AE35. ミカン科
Family RUTACEAE

1. キハダ属
Genus *Phellodendron*

1. **キハダ**　【Plate 66-3】

Phellodendron amurense Rupr. [EPJ 2012] [FJIIc 1999]; *P. sachalinense* (F.Schmidt) Sarg. [FKI 2009] [VPS 2002]; *P. amurense* Rupr. var. *sachalinense* F. Schmidt

落葉性で10m以上になる高木。葉は対生する奇数羽状複葉。核果は球形で黒熟。ロシア側ではロシア極東にヒロハノキハダ *P. sachalinense* とキハダ *P. amurense* の2種を認め，千島列島産はヒロハノキハダとする(Nedoluzhko, 1989)が，日本では通常同一種と見なされているので，ここでも特に分けない。クリル管区天然記念物として色丹島のキハダ群落が指定されている。

【分布】　色丹島・南(択捉島が北東限)。ややまれ。

開花：7月上旬〜下旬。
【暖温帯植物：東アジア要素】 九州〜北海道。千島列島南部・サハリン中部以南[S-R(3)]。ウスリー・中国東北部・朝鮮半島。

2. ミヤマシキミ属
Genus *Skimmia*

1. ツルシキミ（ツルミヤマシキミ） 【Plate 9-2】

Skimmia japonica Thunb. var. ***intermedia*** Komatsu [EPJ 2012] [FJIIc 1999]; *S. repens* Nakai [FKI 2009] [VPS 2002]; *S. japonica* Thunb. var. *intermedia* Komatsu f. *repens* (Nakai) H.Hara

やや暗い針葉樹林や針広混交林の林床，ササ群落などに生える，高さ1m位までの常緑小低木。核果は球形で赤熟。色丹島からの記録がこれまでなく興味深い。パラムシル島からの標本（横山壮二郎，1893年9月15日，柏原湾，SAPS）がありこれをKudo(1922)が引用したが，Tatewaki(1957)は採用せず，Barkalov(2009)でも誤認としているので，ここでもこの標本は採用しない。2n＝30-32（国後島）as *S. repens* [Probatova et al., 2007]。
【分布】 南・中（ウルップ島が北東限）。開花：5月下旬〜6月中旬。
【暖温帯植物：準日本固有要素】 九州〜北海道。千島列島中部以南・サハリン。種としては琉球〜台湾にも分布する。

AE36. アオイ科
Family MALVACEAE

1. ゼニアオイ属
Genus *Malva*

外1. ジャコウアオイ

Malva moschata L. [EPJ 2012] [FKI 2009] [VPS 2002] [FJIIc 1999]

ヨーロッパ原産の多年草で牧草地などに散生する。Alexeeva(1983)で外来種として国後島から記録された。

【分布】 南（国後島）。[戦後帰化]
【暖温帯植物】 琉球・本州〜北海道（外来A3）。千島列島南部（外来）・サハリン南部（外来）。ヨーロッパ原産。

2. シナノキ属
Genus *Tilia*

1. オオバボダイジュ（モイワボダイジュ） 【Plate 46-4】

Tilia maximowicziana Shiras. [EPJ 2012] [FKI 2009] [VPS 2002] [FJIIc 1999]; *T. maximowicziana* Shiras. var. *yesoana* (Nakai) Tatew.

落葉高木。Tatewaki(1957)では分布表のなかではリストされなかったがカツラと同様に追記で，国後島泊営林署の近藤氏からの情報を紹介した。その後，Alexeeva(1983)が国後島南西部の古丹消集落の海岸近くの岸壁から記録した。VLAで確認した証拠標本（1982年7月24日採集）では葉裏の毛が薄く，変種モイワボダイジュ var. *yesoana* (Nakai) Tatew. にあたるものだった。サハリン地区のRDBでは落葉高木としてはハウチワカエデ，ウダイカンバとともに国後島南西部のみに自生する最高ランクE(1)の絶滅危惧種である。
【分布】 南（国後島）。極くまれ。
【温帯植物：準日本固有要素】 本州〜北海道。千島列島南部・サハリン南部[S-E(1)]。

AE37. ジンチョウゲ科
Family THYMELAEACEAE

1. ジンチョウゲ属
Genus *Daphne*

1. ナニワズ

Daphne jezoensis Maxim. [EPJ 2012] [FKI 2009] [VPS 2002] [FJIIc 1999]; *D. pseudo-menzereum* A. Gray subsp. *jezoensis* (Maxim.) Hamaya

北海道には本種ナニワズとチョウセンナニワズ *D. pseudomezereum* A.Gray var. *koreana* (Nakai) Hamaya

が自生するが，チョウセンナニワズはカムチャツカ半島産の *D. kamtschatica* Maxim.(和名はカラフトナニワズとされるがサハリンには自生しないので，適当な和名ではない)に極めて近いとされる(Murata, 1999)。南千島にはナニワズとカラフトナニワズが自生する(濱谷，1989)という考えと，南千島にはナニワズのみ自生する(Nedoluzhko, 1995; Barkalov, 2009)という考えがある。開花期が早いこと，雄花・雌花・両性花があることもあり，比較検討が不十分である。ここでは暫定的に北海道に最も普通のナニワズが南千島に分布するとした。

【分布】　色丹島・南(択捉島が北東限)。

【温帯植物：準日本固有要素】　本州～北海道。千島列島南部・サハリン南部[S-R(3)]。

AE38. アブラナ科
Family BRASSICACEAE(CRUCIFERAE)

1. シロイヌナズナ属
Family *Arabidopsis*

1. ミヤマハタザオ

Arabidopsis kamchatica (DC.) K.Shimizu et Kudoh subsp. ***kamchatica*** [EPJ 2012]; *Cardaminopsis lyrata* (L.) Hiitonen [FKI 2009] [CFK 2004] [VPS 2002]; *Arabidopsis lyrata* (L.) O'Kane et Al-Shehbaz subsp. *kamchatica* (Fisch. ex DC.) O'Kane et Al-Shehbaz [FJIIa 2006]; *Arabis lyrata* L. var. *kamchatica* Fisch. ex DC.; *Arabis kamchatica* (Fisch.) Ledeb. [R]

茎全体は無毛～微毛。根生葉は羽状に深裂。果実の幅は1 mm内外と狭い。ミヤマハタザオの学名はShimizu et al.(2005)で整理されここでもそれに従い，ヤマハタザオ属*Arabis*ではなくシロイヌナズナ属*Arabidopsis*として扱った。2n＝16(ウルップ島)as *Cardaminopsis lyrata* [Probatova et al., 2007]。

【分布】　色丹島・南・中・北。

【冷温帯植物：北太平洋要素】　四国～北海道。千島列島・サハリン・カムチャツカ半島。オホーツク・チュコト・コマンダー諸島・東シベリア・朝鮮半島・中国・台湾・アリューシャン列島・アラスカ・北アメリカ北西部。

2. ノーザーン・ロッククレス

Arabidopsis lyrata (L.) O'Kane et Al-Shehbaz subsp. ***petraea*** (L.) O'Kane et Al-Shehbaz; *Cardaminopsis petraea* (L.) Hiitonen [FKI 2009] [CFK 2004] [VPS 2002]

Berkutenko(1988)，Barkalov(2009)でパラムシル島から報告されているが，筆者は標本確認していない。ハクサンハタザオ*Arabidopsis gemmifera* (Matsum.) Kadotaに似る北方種だが，根生葉・茎生葉ともにハクサンハタザオほどには葉縁が裂けず，茎はしばしば灰青色を帯びるとされる。なお択捉島からのハクサンハタザオの記録は誤認とされる(cf. Barkalov, 2009)。

【分布】　北(パラムシル島)。まれ。

【亜寒帯植物：周北極要素】　千島列島北部・サハリン北部・カムチャツカ半島。アムール・オホーツク・コリマ・コリャク・チュコト・シベリア～ヨーロッパ。

2. ヤマハタザオ属
Genus *Arabis*

1. エゾノイワハタザオ

Arabis serrata Franch. et Sav. var. ***glauca*** (H. Boissieu) Ohwi [EPJ 2012]; *A. serrata* Franch. et Sav. [FJIIa 2006]; *A. glauca* H.Boissieu [FKI 2009]

植物体の高さ20～40 cm。茎や葉面にあらい星状毛がありハマハタザオによく似るが，茎上部ではより毛が疎らで角果は弓なりに開出する。マツワ島が北東限だったがBarkalov(2009)がより北東のハリムコタン島からも報告した。

【分布】　歯舞群島・色丹島・南・中・北(パラムシル島)。

【暖温帯植物：東アジア要素】　九州～北海道。千島列島。朝鮮半島・中国・台湾。

2. ハマハタザオ

Arabis stelleri DC. [FKI 2009] [FJIIa 2006] [VPS

2002]; *A. stelleri* DC. var. *japonica* (A.Gray) F. Schmidt [EPJ 2012]; *A. hirsuta* (L.) Scop. subsp. *stelleri* (DC.) Hultén [CFK 2004]; *A. stelleri* DC. subsp. *japonica* (A.Gray) Worosch. [R]

エゾノイワハタザオによく似るが，茎上部でより毛が密で，角果は主軸にそって直立する（ただし，一部の角果が開出して交雑を思わせる個体がある）。ヤマハタザオにも似るが，植物体全体により毛が多く，果実の幅が1.5〜2 mmとより太く花弁が6〜10 mmとより長い。基準種*A. stelleri*の亜種や変種とする見解もあったが最近は種としてとることが多い。2n＝16（歯舞群島）as *A. japonica*［Probatova et al., 2007］。

【分布】 歯舞群島・色丹島・南・中・北。やや普通。

【温帯植物：東アジア要素】 九州〜北海道。千島列島・サハリン・カムチャツカ半島。アルダン・東シベリア・朝鮮半島・台湾。

外1. **ヤマハタザオ**

Arabis hirsuta (L.) Scop. [EPJ 2012] [FKI 2009] [CFK 2004] [FJIIa 2006] [VPS 2002]

角果が主軸にそって直上する点ではハマハタザオに似るが，果実の幅が0.8〜1.5 mmと狭く花弁も長さ4〜5 mmと小さい。花序あたりの花数もより少なく果序軸も細い。択捉島が北東限だったがBarkalov（2009）は中千島や北千島からも報告した。Barkalov（2009）は千島列島の外来種としており，戦後，分布を広げている可能性もある。

【分布】 南・中（ウルップ島）・北。［戦前帰化，一部戦後拡大？］

【暖温帯植物】 九州〜北海道（在来）。千島列島（外来）・サハリン（在来）・カムチャツカ半島（在来）。アムール・ウスリー・沿海州・アルダン・オホーツク・コリマ・朝鮮半島・中国・南西アジア・ヨーロッパ・北アフリカ・北アメリカ。［Map 940］

3. セイヨウワサビ属
Genus *Armoracia*

外1. **セイヨウワサビ**（ホース・ラディッシュ）

Armoracia rusticana P.Gaertn., B.Mey. et Scherb. [EPJ 2012] [FKI 2009] [FJIIa 2006] [VPS 2002]

高さ1.2 mに達する多年草。根生葉は長柄をもち，花茎下部の葉は羽状に分裂。Tatewaki（1957）ではリストされなかったが，Alexeeva（1983）で国後島から報告された。人為的な帰化。2010年に色丹島アナマの民家の庭で植えられているのを見た。

【分布】 色丹島・南。［戦後栽培逸出］

【温帯植物】 日本（外来A3）。千島列島南部（外来）・サハリン（外来）・カムチャツカ半島（外来）。［Map 926］

4. ヤマガラシ属
Genus *Barbarea*

1. **ヤマガラシ**

Barbarea orthoceras Ledeb. [EPJ 2012] [FKI 2009] [FJIIa 2006] [CFK 2004] [VPS 2002]

葉は羽状に全裂〜中裂し，基部は耳状に茎を抱く。花は黄色。2n＝16（オネコタン）［Probatova et al., 2007］。

【分布】 歯舞群島・色丹島・南・中・北。千島列島全体に普通。

【冷温帯植物：周北極要素】 四国〜北海道。千島列島・サハリン・カムチャツカ半島。ウスリー・オホーツク・東シベリア・朝鮮半島・中国・台湾・モンゴル・北アメリカ。［Map 920］

5. アブラナ属
Genus *Brassica*

外1. **カラシナ**

Brassica juncea (L.) Czern. [EPJ 2012] [FKI 2009] [“(L.) Czern. et Coss”, FJIIa 2006] [VPS 2002]

西アジア原産の一年草。世界各地で栽培され時に逸出する。上部の茎生葉は有柄かやや無柄気味で茎を抱かない。Tatewaki（1957）でリストされなかったが，Barkalov（2009）が各所から報告している。

【分布】 色丹島・南・中（ウルップ島）・北。［栽培

逸出]
【温帯植物】　日本(外来B)。千島列島(外来)・サハリン(外来)。[Map 989]

外2. アブラナ(ナタネ)

Brassica rapa L. var. ***oleifera*** DC. [EPJ 2012] [FJIIa 2006]; *B. campestris* L. [FKI 2009] [VPS 2002]

栽培され時に逸出する一(〜二)年草。カブやハクサイと同じ種。日本では明治以前から栽培され時に逸出。上部の茎生葉は無柄でやや茎を抱く。葉は淡緑色で質薄く，非革質，表面はろう質でない。花は花序先端のつぼみを超出し，花弁は通常鮮黄色で7〜10 mm長。Tatewaki(1957)ではリストされなかったが，Alexeeva(1983)により国後島から報告された。栽培の残存・逸出と思われるが，ロシア側の記録は次種セイヨウアブラナの誤認かもしれない。
【分布】　南・北(パラムシル島)。[栽培逸出]
【温帯植物】　日本(普通外来種としてはリストされない)。千島列島南北部(外来)・サハリン(外来)。アジア・中東地域原産で，おもに旧大陸に伝播。[Map 988]

外3. セイヨウアブラナ

Brassica napus L. [EPJ 2012]

ヨーロッパ原産の一年生草本。アブラナ *B. rapa* とキャベツ *B. oleracea* の両方のゲノムをもつ。日本では明治以降に栽培され，現在"アブラナ"と言われるものはほとんど本種であるという。時に逸出。葉は濃緑色で厚く，革質で表面がろう質，しばしば粉白色になり，茎生葉の基部は耳形になり茎を抱く。花は花序先端のつぼみより上に出ず，花弁は薄黄色あるいは乳白黄色で長さ10〜16 mm。Fukuda, Taran et al.(2014)が択捉島から外来種として初記録した。
【分布】　南(択捉島：別飛)。まれ。[戦後栽培逸出]
【温帯植物】　九州〜北海道(外来B)。千島列島南部(外来)・サハリン(外来)。ヨーロッパ原産で，世界の温帯で栽培・野生化。

6. オニハマダイコン属
Genus *Cakile*

外1. オニハマダイコン　【Plate 2-6, 5-2, 6-7】

Cakile edentula (Bigelow) Hook. [EPJ 2012]

全体無毛で多肉質の一(〜二)年草。2節からなる果実が特徴。Barkalov(2009)では千島列島から記録されていなかったが，Fukuda et al.(2013)が千島列島から新たに報告した。国後島，択捉島の海岸砂浜に生育する北アメリカ産の外来種で，千島列島南部にはこの10年ほどで急速に広がったと思われ，海岸植生の景観が一変している。オカヒジキなどの在来植物との競合が懸念される
【分布】　色丹島・南。[戦後帰化]
【温帯植物】　本州〜北海道(外来A3)。千島列島南部(外来)・サハリン南部(外来)。北アメリカ東部原産で，北アメリカ西部・オーストラリア・ウスリー・朝鮮半島などに帰化。

7. ナズナ属
Genus *Capsella*

外1. ナズナ

Capsella bursa-pastoris (L.) Medik. [EPJ 2012] [FKI 2009] [FJIIa 2006] [CFK 2004] [VPS 2002]

ユーラシア原産の高さ10〜60 cmになる一(〜二)年草で果実が三味線のばち状なのはよい特徴。日本では普通，史前帰化植物とされ在来種扱いされる(清水，2003)が，Barkalov(2009)は千島列島の外来種とする。Tatewaki(1957)では南千島のみの帰化記録だったが，Barkalov(2009)により中千島・北千島の各所から報告された。筆者らはさらに中千島のマツワ島(H. Takahashi 21921, Aug. 14, 1996, SAPS)でも記録している。これらは戦後の人間活動にともなう2次的な分布拡大だと思われる。
【分布】　歯舞群島・色丹島・南・中・北(パラムシル島)。[戦前帰化，中・北は戦後拡大か]
【暖温帯植物】　琉球〜北海道(在来)。千島列島(外来)・サハリン(在来)・カムチャツカ半島(外来)。世界の温帯各地に広域分布。[Map 971]

8. タネツケバナ属
Genus *Cardamine*

1. サジナズナ(サジガラシ)

Cardamine bellidifolia L. [FKI 2009] [CFK 2004] [VPS 2002]

北方系の高さ5 cm前後の小さく無毛の植物。葉は広楕円形の単葉で，葉柄は時に長く伸びる。花は1～3個つき，花弁は長さ3.5～5 mm。果実は長さ10～24 mm，幅1.5～1.8 mmで直立する。

【分布】 北(パラムシル島)。

【亜寒帯植物：周北極要素】 本州・北海道に分布しない。千島列島北部・サハリン中部以北・カムチャツカ半島。アムール・ウスリー・沿海州・アルダン・オホーツク・コリマ・コリャク・チュコト・シベリア・ヨーロッパ北部・北アメリカ北部。[Map 931]

2. ジャニンジン

Cardamine impatiens L. [EPJ 2012] [FKI 2009] [FJIIa 2006] [VPS 2002]

繊細で軟弱な一～越年草。茎生葉基部に耳部があり2～9対の側小葉がある。花弁は長さ2～3.5 mmと小さい。

【分布】 色丹島・南(国後島)。

【温帯植物：周北極要素】 九州～北海道。千島列島南部・サハリン。ウスリー・シベリア・朝鮮半島・中国・台湾・チベット・ヨーロッパ。[Map 933]

3. コンロンソウ

Cardamine leucantha (Tausch) O.E.Schulz [EPJ 2012] [FKI 2009] [FJIIa 2006] [VPS 2002]

高さ40～70 cmになる多年草。側小葉は2～3対で，小葉の長さ4～10 cmとなり鋸歯縁。花弁は長さ5～10 mm。色丹島からの記録がない。

【分布】 南(国後島)。

【暖温帯植物：東アジア要素】 九州～北海道。千島列島南部・サハリン。ウスリー・東シベリア・朝鮮半島・中国・モンゴル。[Map 928]

4. ハナタネツケバナ(セキソウ) 【Plate 66-4】

Cardamine pratensis L. [EPJ 2012] [FKI 2009] [FJIIa 2006] [CFK 2004] [VPS 2002]; *C. pratensis* L. var. *kurilensis* Kudô

中間湿原～高層湿原の縁に生える多年草。花は淡紅色で径1～1.5 cm。日本では戦後になって道東で見つかったもので，北海道東部での地理分布については神田ほか(1992)の報告がある。伊藤(1981)はサハリン経由での南下を，神田ら(1992)は千島列島経由での西進を提唱している。千島列島での分布は南部と北部に限られ，中部で欠落する両側分布を示す。

【分布】 南(国後島・択捉島)・北(パラムシル島・シュムシュ島)。両側分布。

【冷温帯～亜寒帯植物：周北極要素】 北海道(東部)[J-EN]。千島列島南北部・サハリン北部・カムチャツカ半島。北半球冷温帯～亜寒帯。[Map 930]

5. エゾノジャニンジン

Cardamine schinziana O.E.Schulz [EPJ 2012] [FKI 2009] [FJIIa 2006]

Tatewaki(1957)ではリストされなかったが，Barkalov(2009)により報告された。萼片3～4 mm，花弁5～8 mmとチシマタネツケバナより花が一回り大きい。

【分布】 南(国後島)。

【冷温帯植物：日本・千島固有要素】 本州北部(青森県)～北海道[J-VU]。千島列島南部。

6. オオバタネツケバナ(ヤマタネツケバナ)

Cardamine regeliana Miq. [EPJ 2012] [FKI 2009] [CFK 2004] [VPS 2002]; *C. scutata* Thunb. [FJIIa 2006]; *C. scutata* Thunb. subsp. *regeliana* (Miq.) H.Hara

川ぞいの水湿地に生える多年草。葉は羽状複葉で，茎上部の葉の頂小葉は幅広く側小葉柄が不明瞭で単葉気味となる。茎基部の複葉の頂小葉は広楔形～心形。花は白色で萼片1.5～2 mm，花弁の長さ2.5～3 mm。2 n = 32(チルポイ，シムシル島，ハリムコタン)[Probatova et al., 2007]。

【分布】 歯舞群島・色丹島・南・中・北。

【暖温帯植物：東アジア要素】 九州〜北海道。千島列島・サハリン・カムチャツカ半島。ウスリー・沿海州・オホーツク・朝鮮半島・中国。［Map 934］

7. **チシマタネツケバナ**(新称)　【Plate 15-6, 66-5】

Cardamine umbellata Greene [FKI 2009] [CFK 2004]

オオバタネツケバナによく似た多年草。茎上部の葉の頂小葉は幅狭く，側小葉柄がより明瞭で複葉となる。茎基部の複葉はやや小型で頂小葉は幅広く円脚〜心形。萼片は約2 mm，花弁は長さ3.5〜4.5 mmで，オオバタネツケバナよりも花は一回り大きい。Tatewaki(1957)ではシムシル島が南限だったがBarkalov(2009)はそれ以南からも報告した。

【分布】 南・中・北。

【冷温帯〜亜寒帯植物：北太平洋要素】 本州・北海道にない。千島列島・カムチャツカ半島。オホーツク・アリューシャン列島・アラスカ・北アメリカ北西部。

8. **アイヌワサビ**(アイヌガラシ)

Cardamine vallida (Takeda) Nakai [EPJ 2012]; *C. yezoensis* auct. non Maxim. [FKI 2009] [VPS 2002]

山地の水湿地に生える多年草。羽状複葉の小葉はほぼ同形同大。花は白色で径1〜1.5 cm。葉だけ見るとオランダガラシにも似る。アイヌワサビに対しては*C. yezoensis* Maxim.の学名が使われることが多いが，LEにある*C. yezoensis* Maxim.のタイプ標本は函館近郊茂辺地の標本でありエゾワサビである。

【分布】 色丹島・南。

【冷温帯植物：準北海道固有要素】 北海道(中部〜東部に多い)。千島列島南部・サハリン。

〈検討種〉**ベニバナコンロンソウ**

Cardamine macrophylla Willd.

Barkalov(2009)により国後島から記録されているが，注釈では花が白色とされ，本州産のヒロハコンロンソウ*C. appendiculata*との類縁も示唆している。しかしいずれも現在の地理分布からは考えにくいので，ここでは採用しない。

---

9. エゾハタザオ属
Genus *Catolobus*

---

1. **エゾハタザオ**

Catolobus pendulus (L.) Al-Shehbaz [EPJ 2012]; *Arabis pendula* L. [FKI 2009] [FJIIa 2006] [CFK 2004] [VPS 2002]

植物体は高さ1 mに達する。茎や葉に開出する粗毛があり，角果は垂れ下がる。核リボソームのITS領域の解析では*Catolobus*は明瞭に*Arabis*クレードから区別される(Warwick et al., 2006)ので，ここでは*Arabis*とは別属とした。

【分布】 南(国後島)。

【温帯植物：周北極要素】 本州〜北海道。千島列島南部・サハリン・カムチャツカ半島(外来)。ウスリー・オホーツク・シベリア・朝鮮半島・中国・モンゴル・ヨーロッパ。［Map 941］

---

10. トモシリソウ属
Genus *Cochlearia*

---

1. **トモシリソウ**　【Plate 67-1】

Cochlearia officinalis L. subsp. ***oblongifolia*** (DC.) Hultén [EPJ 2012]; *C. officinalis* L. [FKI 2009] [FJIIa 2006] [CFK 2004] [VPS 2002]; *C. oblongifolia* DC. [R]

海岸断崖に生える草本で根生葉の葉身は腎円形。茎生葉は卵形〜長楕円形。果実は卵形。壊血病に薬効があるとされ，茎葉は生食もできる(北部軍管区司令部，1945)。ヨーロッパ産の基準亜種では2n＝24，28で東アジア産亜種のトモシリソウは2n＝14とされる(Hara, 1952)。2n＝14(歯舞群島，エカルマ，オネコタン)as *C. oblongifolia*［Probatova et al., 2007］。

【分布】 歯舞群島・色丹島・南・中・北。千島列島全体に比較的普通。

【亜寒帯植物：周北極要素】 北海道(東部)［J-VU］。千島列島・サハリン中部以北・カムチャツカ半島。オホーツク・シベリア・ヨーロッパ・北アメリカ。

[Map 967]

11. イヌナズナ属
Genus *Draba*

1. エゾイヌナズナ

Draba borealis DC. [EPJ 2012] [FKI 2009] [FJIIa 2006] [CFK 2004] [VPS 2002]; *D. kurilensis* (Turcz.) F. Schmidt

海岸の岩壁に生える多年草。花は白色。果実は扁平で捩れる。和名"シロバナイヌナズナ"が時に使われるが，遺伝学のモデル植物シロイヌナズナ *Arabidopsis thaliana* と混同されるので使わないほうがよい。2n＝32(マツワ，シアシコタン)as *D. kurilensis* [Probatova et al., 2007]。

【分布】 歯舞群島・色丹島・南・中・北。

【冷温帯植物：北太平洋要素】 本州中部～北海道。千島列島・サハリン・カムチャツカ半島。オホーツク・アリューシャン列島・アラスカ。

2. イシノナズナ 【Plate 17-2, 67-4】

Draba grandis Langsd. ex DC. [EPJ 2012]; *Nesodraba grandis* (Langsd.) Greene [FKI 2009]; ?*Draba grandis* N.Busch [CFK 2004]; *Draba hyperborea* auct. non Desv. [J & R]

舘脇(1931b)により日本(当時)新産の「北海の珍草」としてラシュワ島から報告された。和名は農林省水産局の石野敬之技師を記念したとされる。Takahashi et al.(2000)で地理分布や立地について再度報告した。千島列島では特に中千島北部の小島に集中する奇妙な分布型を示しており興味深い。Berkutenko(1995)により正名が明らかにされた。2n＝14-16(択捉島)，32(ライコケ)as *Nesodraba grandis* [Probatova et al., 2007]。

【分布】 南(択捉島)・中(オネコタン島まで)。

【亜寒帯植物：北太平洋要素】 本州・北海道にない。千島列島中部以南・カムチャツカ半島[K-VU]。アリューシャン列島・アラスカ・北アメリカ西部。

12. エゾスズシロ属
Genus *Erysimum*

外1. エゾスズシロ

Erysimum cheiranthoides L. [EPJ 2012] [FKI 2009] [FJIIa 2006] [CFK 2004] [VPS 2002]

葉は単葉で広披針形，両面に星状毛が密生する一(～二)年草。花は黄色。Tatewaki(1957)ではリストされなかったが，Alexeeva et al.(1983)で色丹島から記録された。SAPSには戦前の千島列島産標本はなく，明らかに戦後に千島列島南部に帰化したものと思われる。北海道の個体の多くも帰化と思われるが，サハリンでは在来種扱い，北海道でも一部は在来とも考えられる。

【分布】 南(択捉島)。[戦後帰化]

【温帯植物】 四国～北海道(外来B)。千島列島南部(外来)・サハリン(在来)・カムチャツカ半島(在来)。シベリア・ヨーロッパ・北アメリカ・アフリカの温帯域に広く分布。[Map 916]

13. ユークリディウム属
Genus *Euclidium*

外1. ユークリディウム・シリアクム 【Plate 45-3】

Euclidium syriacum (L.) R.Br. [FKI 2009]

小さな無柄の果実が茎につく特異な形の外来種。筆者らはVLAで証拠標本を確認した。北海道やサハリンに帰化報告はないので，ウスリー地方から直接帰化したと思われる。

【分布】 南(国後島：古釜布周辺のゴミ捨て場で1985年に採集された)。極くまれ。[戦後帰化]

【温帯植物】 本州・北海道にない。千島列島南部(外来)。ウスリー(外来)。シベリア・ヨーロッパ・中東に分布。

14. ワサビ属
Genus *Eutrema*

外1. ワサビ

Eutrema japonicum (Miq.) Koidz. [EPJ 2012] [FKI 2009] ["*japonica*", FJIIa 2006] [VPS 2002]; *Wasabia* *japonica* (Miq.) Matsum. [J]

根茎が香辛料として使われる多年草。Tatwaki (1957) ではリストされなかったが，Alexeeva (1983) が国後島から報告した。道東で見られる多くは栽培残存と考えられ，国後島も自生ではなく人為的な移入と考えられる。

【分布】　南（国後島*）。まれ。［栽培逸出］

【暖温帯植物】　九州～北海道（栽培逸出B）。千島列島南部（外来）・サハリン南部（在来）。朝鮮半島・台湾。

15. ハナスズシロ属
Genus *Hesperis*

外1. ハナスズシロ（セイヨウハナダイコン）

Hesperis matronalis L. [EPJ 2012] [FKI 2009] [FJIIa 2006]

西～中央アジア原産の二（～多）年草。紫色の花で全草に下向きの毛を密生。Tatewaki (1957) では記録されなかったが，Barkalov (2009) により報告された。サハリンからは帰化報告がないので，ウスリー地方から直接帰化した可能性がある。

【分布】　南（択捉島）。まれ。［戦後帰化］

【温帯植物】　北海道（外来B）。千島列島南部（外来）・カムチャツカ半島（外来）。ウスリー（外来）。ヨーロッパ・中央アジアなどに分布。［Map 917］

16. タイセイ属
Genus *Isatis*

1. ハマタイセイ

Isatis tinctoria L. [EPJ 2012] [FKI 2009] [FJIIa 2006] [VPS 2002]; *I. yezoensis* Ohwi; *Isatis tinctoria* L. var. *yezoensis* Ohwi

全草無毛で粉白色。茎生葉の基部は茎を抱く。花は黄色。果実は倒長楕円形で垂れ下がる。染料植物として有名で，乱獲により日本ではほとんど見られなくなった。

【分布】　色丹島。まれ。

【冷温帯植物：周北極要素】　本州北部～北海道［J-CR］。千島列島南部・サハリン（西海岸）。アムール・ウスリー・沿海州・シベリア・中央アジア・ヨーロッパ。［Map 913］

17. グンジソウ属
Genus *Parrya*

1. グンジソウ（宮部・川上，1901）　【Plate 67-2】

Parrya nudicaulis (L.) Regel [FKI 2009] [CFK 2004]; *P. nudicaulis* (L.) Boiss. [R]; *P. macrocarpa* R.Br.

周北極地域のツンドラ草原に生える高さ20 cmほどの多年草。根出葉はへら形，花弁は薄紫色で1.5～2 cm長と大きく美しい。多型の種でHultén and Fries (1986) は分布範囲に数亜種を認めている。和名は北千島開拓に功績のあった郡司成忠氏への献名。Tatewaki (1957) ではウルップ島が南限だったが，Alexeeva et al. (1983) で色丹島からも記録された。しかしBarkalov (2009) はこの色丹島の記録を採用しておらず，ここでも採用しない。

【分布】　中（ウルップ島*）・北。両側分布的である。

【亜寒帯植物：周北極要素】　本州・北海道にない。千島列島中部以北・カムチャツカ半島。沿海州・オホーツク・コリマ・コリャク・チュコト・シベリア・北アメリカ。［Map 918］

18. ダイコン属
Genus *Raphanus*

外1. セイヨウノダイコン

Raphanus raphanistrum L. [EPJ 2012] [FKI 2009] [FJIIa 2006] [CFK 2004] [VPS 2002]

ヨーロッパ原産の一年草でハマダイコンに似る。花は淡黄色～白色で，時に紫脈が入る。空き地などに逃げ出している。Tatewaki (1957) では記録されなかったが，Alexeeva et al. (1983)，Alexeeva (1983) により色丹島・国後島から記録された。Barkalov (2009) はさらに各所から報告したが色丹島の記録（Alexeeva et al., 1983）は採用しておらず，ここでも取り上げない。筆者らは択捉島紗那市内で確認した（Fukuda, Taran et al., 2014）。

【分布】　南・中（ウルップ島）。［戦後帰化］

【冷温帯植物】　四国(外来)〜北海道(外来B)。千島列島中部以南(外来)・サハリン(外来)・カムチャツカ半島(外来)。ヨーロッパ・シベリア・ロシア極東・北アメリカ・アフリカなどに分布。[Map 996]

19. イヌガラシ属
Genus *Rorippa*

1. スカシタゴボウ

Rorippa palustris (L.) Besser [EPJ 2012] [FKI 2009] [FJIIa 2006] [CFK 2004] [VPS 2002]; *R. islandica* Borbas

荒地に生え高さ10〜60 cmになる越年草。葉は羽状に浅〜深裂し，花は黄色で角果は長楕円形。日本(清水，2003)やサハリン(Smirnov, 2002)，カムチャツカ半島(Yakubov and Chernyagina, 2004)では在来種扱いされ，史前帰化植物とされる(五十嵐，2001)。千島列島でも南千島の択捉島と北千島のシュムシュ島からとられた1890年代の標本があり，ここでも史前帰化植物的な在来種として扱う。Barkalov(2009)ではTatewaki(1957)にさらに数島をつけ加えたので，これら新しく確認された島には戦後帰化した可能性がある。これまで色丹島から記録がないのは興味深い。2n＝32(パラムシル島)[Probatova et al., 2007]。

【分布】　歯舞群島・南・中・北。やや普通。

【暖温帯植物：汎世界要素】　九州〜北海道。千島列島・サハリン・カムチャツカ半島。アムール〜チュコト・コマンダー諸島・ユーラシア〜北アメリカ・南アメリカ・オーストラリアなどに分布。[Map 923]

20. キバナハタザオ属
Genus *Sisymbrium*

外1. カキネガラシ

Sisymbrium officinale (L.) Scop. [EPJ 2012] [FJIIa 2006] [VPS 2002]; *Velarum officinale* (L.) Rchb. [FKI 2009]

花は黄色で果実は花茎に密着して直立。角果に毛のない型は変種ハマカキネガラシ var. *leiocarpum* DC.といわれる。Tatewaki(1957)で色丹島，国後島からの記録がある。

【分布】　色丹島・南。[戦前帰化]

【温帯植物】　日本全体(外来B)。千島列島南部(外来)・サハリン南部(外来)。アムール・ウスリー・シベリア・ヨーロッパ・北アメリカ・オーストラリアなどに分布。[Map 905]

21. ハリナズナ属
Genus *Subularia*

1. ハリナズナ(アカマロソウ)　【Plate 24-5, 67-3】

Subularia aquatica L. [EPJ 2012] [FKI 2009] [CFK 2004] [VPS 2002]

水中あるいは干上がった池沼などに生える草丈1 cmに満たない小型の草本。花は小さい白色。果実は円形〜楕円形。和名アカマロソウは北千島探検隊の田中阿歌磨子爵にちなむ(大井・吉井，1934)。その後，岩手県の山地湖沼の夜沼(よぬま)で沈水状態で発見され(井上，1986)，和名はハリナズナとされる(角野，1994, 2014)。パラムシル島での再発見記(高橋ら，1998)がある。

【分布】　北。まれ。

【亜寒帯植物：周北極要素】　本州北部[J-EN]。千島列島北部・サハリン南部・カムチャツカ半島。コリマ・コリャク・シベリア・ヨーロッパ・北アメリカ。

22. グンバイナズナ属
Genus *Thlaspi*

外1. グンバイナズナ

Thlaspi arvense L. [EPJ 2012] [FKI 2009] [FJIIa 2006] [CFK 2004] [VPS 2002]

ヨーロッパ原産の一年草。Tatewaki(1957)では報告されていなかったがBarkalov(2009)が文献記録として国後島から報告した。

【分布】　南(国後島*)。まれ。[戦後帰化]

【温帯植物】　琉球(外来)〜北海道(外来B)。千島列島南部(外来)・サハリン南北部(外来)・カムチャツカ半島(外来)。アムール・ウスリー・オホーツク・コリマ・コリャク・シベリア・朝鮮半島・中国・モンゴル・ヨーロッパ・北アメリカに分布する。［Map 974］

23. ハタザオ属
Genus *Turritis*

外1. **ハタザオ**

Turritis glabra L. [EPJ 2012] [FKI 2009] [FJIIa 2006] [VPS 2002]; *Arabis glabra* (L.) Bernh.

全体白緑色で茎の下部のみに星状毛がある。花は小さく淡黄色で果実は直立。日本では在来種とされ，南千島からはすでにTatewaki(1957)が報告しており，Barkalov(2009)は千島列島への外来種とする。

【分布】　色丹島・南(択捉島が北東限)。［戦前帰化］

【暖温帯植物】　九州〜北海道(在来)。千島列島南部(外来)・サハリン(外来)。ウスリー・朝鮮半島・中国・南西アジア・モンゴル・ヨーロッパ・北アフリカに分布。北アメリカやオーストラリアの分布は外来とされる。［Map 938］

AE39. ビャクダン科
Family SANTALACEAE

1. カナビキソウ属
Genus *Thesium*

1. **カマヤリソウ**

Thesium refractum C.A.Mey. [EPJ 2012] [FKI 2009] [FJIIa 2006] [VPS 2002]

日あたりのよい草地に生える半奇生性の緑色多年草。高さ10〜20 cmで線形の葉が互生，花柄は長く花の基部に線形の小苞が2個ある。

【分布】　色丹島・南(択捉島が北東限)。

【冷温帯植物：北アジア要素】　本州北部〜北海道。千島列島南部・サハリン。ロシア極東・東シベリア・モンゴル・朝鮮半島・中国東北部。

AE40. イソマツ科
Family PLUMBAGINACEAE

1. ハマカンザシ属
Genus *Armeria*

1. **チシマハマカンザシ**(ハマカンザシ(宮部・川上, 1901))　【Plate 27-4, 67-5】

Armeria maritima (Mill.) Willd. [CFK 2004] [VPS 2002]; *A. scabra* Pall. ex Roem. et Schult. [FKI 2009]; *A. maritima* (Mill.) Willd. subsp. *arctica* Hultén

地衣ツンドラ草原に生える多年草。広く周北極分布する多型の種。Hultén and Fries(1986)はいくつかの亜種に分け，これに従えば千島列島の集団はsubsp. *californica* (Boiss.) Pors.にあたる。地理変異の実体が必ずしも明らかでないので，ここでは広く*A. maritima*1種として扱う。シュムシュ島の標本は多数あるが，パラムシル島からは戦前の1枚しかなくまれのようである。稚内市ではアルメリアの名前で観光用に広く栽培されている。2n＝18(シュムシュ島)as *A. scabra*［Probatova et al., 2007］。

【分布】　北。点在する。

【亜寒帯植物：周北極要素】　本州・北海道にない。千島列島北部・サハリン北部・カムチャツカ半島。ウスリー・アルダン・オホーツク・コリマ・コリャク・チュコト・シベリア・ヨーロッパ・北アメリカ・グリーンランド。［Map 1486］

AE41. タデ科
Family POLYGONACEAE

1. オンタデ属
Genus *Aconogonon*

1. **ヒメイワタデ**(チシマヒメイワタデ，ホソバオンタデ)

Aconogonon ajanense (Regel et Tiling) H.

Hara [EPJ 2012] [FKI 2009] [FJIIa 2006] [VPS 2002]; *Pleuropteropyrum ajanense* (Regel et Tiling) Nakai; *Polygonum ajanense* (Regel et Tiling) Grig.

高山帯の砂礫地に生える多年草。葉の幅には変異がある。

【分布】　色丹島・南(択捉島が千島列島での北東限)。

【亜寒帯植物：東北アジア要素】　北海道[J-VU]。千島列島南部・サハリン。アムール・ウスリー・沿海州・アルダン・オホーツク・チュコト・東シベリア・朝鮮半島・中国東北部。

2a.　オンタデ　【Plate 13-7】

Aconogonon weyrichii (F.Schmidt) H.Hara var. ***alpinum*** (Maxim.) H.Hara [EPJ 2012] [FJIIa 2006]; *Aconogonon savatieri* (Nakai) Tzvelev [FKI 2009] [CFK 2004]; *Pleuropteropyrum weyrichii* (F. Schmidt) H.Gross var. *alpinum* (Maxim.) H. Gross; *Polygonum weyrichii* F.Schmidt var. *alpinum* Maxim.

ウラジロタデの葉裏に白綿毛がない変種。北海道では知床半島にこの型が多く見られ，千島列島でもオンタデがほとんどである。択捉島ではオオイタドリに代わって本種が普通に生えていた。極東ロシアのフロラではサハリン北部を疑問符つきで挙げているが，本書ではサハリン分布は採用しなかった。カムチャツカ半島では外来種とされているのは興味深い。

【分布】　色丹島・南・中(シャシコタン島が千島列島での北東限)。やや普通。

【冷温帯植物：東北アジア要素】　本州中部～北海道。千島列島中部以南・カムチャツカ半島(外来)。

2b.　ウラジロタデ

Aconogonon weyrichii (F.Schmidt) H.Hara var. ***weyrichii*** [EPJ 2012] [FJIIa 2006]; *A. weyrichii* (F.Schmidt) H.Hara [FKI 2009] [CFK 2004] [VPS 2002]; *Pleuropteropyrum weyrichii* (F.Schmidt) H.Gross var. *weyrichii*

オンタデの基準変種で，葉裏に白い綿毛のある型。葉の裏面の毛の密度には変異があるが，北海道では大多数が変種ウラジロタデでオンタデは限られている。上述したように千島列島ではオンタデが多く，ウラジロタデはまれに火山灰地などで見られる。オンタデと同様，カムチャツカ半島では外来種とされる。2n＝20(国後島) as *A. weyrichii* [Probatova et al., 2007]。

【分布】　南(国後島：カルデラ湖など)。まれ。

【冷温帯植物：東北アジア要素】　本州中部～北海道。千島列島南部・サハリン・カムチャツカ半島(外来)。

外1.　シベリアイワタデ

Aconogonon divaricatum (L.) Nakai ex Mori [FKI 2009] [CFK 2004] [VPS 2002]; *Pleuropteropyrum ajanense* (Regel et Tiling) Nakai var. *divaricatum* (F.Schmidt) Miyabe?

高さ40 cm以上になりよく分枝し，ヒメイワタデを大きく引き伸ばしたような植物体。Barkalov(2009)ではヒメイワタデとは別種とされ，国後島への帰化種とされるが検討の余地がある。

【分布】　南(国後島)。[帰化？]

【亜寒帯植物】　本州・北海道にない。千島列島南部(外来)・サハリン南北部(外来)・カムチャツカ半島(外来)。

×1.　ヒメイワタデモドキ(米倉，2012)　【Plate 41-1】

Aconogonon* ×*pseudoajanense Barkaov et Vyschin [EPJ 2012] [FKI 2009]

ヒメイワタデとオンタデの交雑種と推定されるもので，Barkalov and Vyschin(1989)により択捉島から報告された。ただし，オンタデのなかに丈の小さな個体が時にある。一方，利尻岳から報告された“オオホソバオンタデ”は高さ30 cmに達し，葉の長さ6～8 cm，幅2.5 cm(小泉秀雄1921年採集TNS)でヒメイワタデの大型のものと考えられる。これらとの比較も必要である。

【分布】　南(択捉島アトサヌプリ)。まれ。

2. イブキトラノオ属
Genus *Bistorta*

1. ムカゴトラノオ

Bistorta vivipara (L.) Delarbre [EPJ 2012] [FKI 2009] [FJIIa 2006] ["(L.) Gray", CFK 2004] ["(L.) Gray", VPS 2002]; *Polygonum viviparum* L. [R]

亜高山広葉草原に生える多年生草本。高さ5〜30 cmで，花序は細長く，下部の花はしばしばむかごとなる。

【分布】 色丹島・南・中・北。千島列島全体に普通。

【亜寒帯植物：周北極要素】 本州中部〜北海道。千島列島・サハリン・カムチャツカ半島。周北地域〜ヒマラヤ。[Map 654]

3. ソバ属
Genus *Fagopyrum*

外1. ダッタンソバ(ニガソバ)

Fagopyrum tataricum (L.) Gaertn. [EPJ 2012] [CFK 2004] [VPS 2002]

中央アジア原産の外来植物。ソバ *F. esculentum* に似るが，花は同形花柱花(ソバは異形)で花被片長は約2 mm(ソバは3〜4 mm)，果実は鈍い3稜形(ソバは鋭3稜形)。Alexeeva et al.(1983)で初めて色丹島から記録された。

【分布】 色丹島*。[戦後栽培逸出]

【温帯植物】 本州・北海道(栽培逸出D)。千島列島南部(外来)・サハリン(外来)・カムチャツカ半島(外来)。シベリア・アジア・中央アジア・ヨーロッパ・北アメリカなどで栽培・野生化。

4. ソバカズラ属
Genus *Fallopia*

1. オオイタドリ

Fallopia sachalinensis (F.Schmidt) Ronse Decr. [EPJ 2012] [FJIIa 2006]; *Reynoutria sachalinensis* (F.Schmidt) Nakai [FKI 2009] [VPS 2002]; *Polygonum sachalinense* F.Schmidt; *Polygonum sachalinensis* F.Schmidt [R]

Tatewaki(1957)では択捉島が北東限だったが，Barkalov(2009)によりウルップ島からも報告された。

【分布】 色丹島・南・中(ウルップ島)。開花：8月上旬〜9月上旬。

【温帯植物：準日本固有要素】 九州〜北海道(本州西部・四国・九州は国内帰化と思われる)。千島列島中部以南・サハリン・カムチャツカ半島(外来)。朝鮮半島南部(ウツリョウ島)。ヨーロッパ・北アメリカに帰化。

外1. ソバカズラ

Fallopia convolvulus (L.) Á.Löve [EPJ 2012] [FKI 2009] [FJIIa 2006] [CFK 2004] [VPS 2002]; *Polygonum convolvuls* L.

ヨーロッパ・西アジア原産のつる性の一年草。花は葉腋や枝先に束状につき，果実は3稜形で長さ3〜3.5 mm。Tatewaki(1957)では択捉島が北東限だったが，Barkalov(2009)がシムシル島からも報告した。

【分布】 色丹島・南・中(シムシル島)。点在する。[戦前帰化]

【暖温帯植物】 琉球〜北海道(外来B)。千島列島中部以南(外来)・サハリン(在来)・カムチャツカ半島(外来)。北半球温帯域に広く帰化。[Map 655]

外2. ツルタデ

Fallopia dumetorum (L.) Holub [EPJ 2012] [FKI 2009] [FJIIa 2006] [VPS 2002]; *Polygonum dumetorum* L.

ユーラシア原産のつる性の一年草。花は枝先に総状に，葉腋に束状につく。果実には著しい翼があり長さ2〜2.5 mm。Tatewaki(1957)では色丹島のみだったが，Barkalov(2009)では国後島からも文献記録がある。Barkalov(2009)では千島列島の在来種とされるが，本書では日本での扱いのように，外来種と見なす。

【分布】 色丹島・南(国後島*)。点在する。[戦前帰化]

【暖温帯植物】 九州〜北海道(外来B)。千島列島

南部(外来)・サハリン(在来)。北半球温帯域。[Map 656]

外3. **イタドリ**

Fallopia japonica (Houtt.) Ronse Decr. [EPJ 2012] [FJIIa 2006]; *Reynoutria japonica* Houtt. [FKI 2009]

Tatewaki(1957)では千島列島から記録されていなかったが，Barkalov(2009)が栽培の野生化として国後島から報告した。

【分布】 南(国後島)。まれ。[栽培逸出？]

【暖温帯植物】 琉球〜北海道(北海道では南西部以外は国内帰化？)。千島列島南部(外来)。朝鮮半島・台湾・ヨーロッパや北アメリカにも帰化。

5. チシマミチヤナギ属
Genus *Koenigia*

1. **チシマミチヤナギ** 【Plate 68-1】

Koenigia islandica L. [FKI 2009] [CFK 2004]

湿原のミズゴケ中に混じる，一見ミチヤナギに似た一年生草本。茎は数〜15 cm まででしばしば分枝し，葉は楕円形〜卵形で鈍頭。

【分布】 中(オネコタン島)・北。

【亜寒帯植物：周北極要素】 本州・北海道に分布しない。千島列島中部以北・カムチャツカ半島。オホーツク・コリマ・シベリア・ヨーロッパ・アリューシャン列島・北アメリカ。[Map 643]

6. ジンヨウスイバ属
Genus *Oxyria*

1. **ジンヨウスイバ**(マルバギシギシ)

【Plate 27-5, 68-2】

Oxyria digyna (L.) Hill [EPJ 2012] [FKI 2009] [FJIIa 2006] [CFK 2004] [VPS 2002]

岩礫地に生える高さ 15〜30 cm の多年草。根茎は太く，根出葉は腎形〜円腎形でほぼ全縁。花は複総状円錐花序につき，枝は直立する。果実は卵形で扁平，幅 4〜6 mm。壊血病に薬効ありとされる(北部軍管区司令部，1945)。国後島からの記録がないのは興味深い。

【分布】 色丹島・南(択捉島)・中・北。千島列島全体にやや普通。

【亜寒帯植物：周北極要素】 本州中部〜北海道。千島列島・サハリン中部以北・カムチャツカ半島。北半球亜寒帯域〜ヒマラヤ。[Map 657]

7. イヌタデ属
Genus *Persicaria*

1. **ウナギツカミ**(アキノウナギツカミ)

Persicaria sagittata (L.) H.Gross [EPJ 2012] [FJIIa 2006]; *Truellum sagittatum* (L.) Soják [FKI 2009]: *Truellum sieboldii* (Meissn.) Soják [FKI 2009] [VPS 2002]; *P. sieboldii* (Meissn.) Ohki; *Polygonum sieboldii* Meissn.; *Polygonum belophyllum* Litvinov [R]

湿地に生える一年草。茎に下向きの刺毛があり他物にからんで立ち上がり，葉は卵状披針形〜長披針形で先は鋭形，基部は矢じり形，裏面中脈上に下向きの刺毛。Barkalov(2009)は千島列島にウナギツカミ *T. sagittatum* とアキノウナギツカミ *T. sieboldii* が分布するとし，前者は外来種，後者は在来種としている。Yonekura(2006)は畑地型のウナギツカミと湿地型のアキノウナギツカミを区別せず，同一種とした。ここでもそれに従う。日本では在来種扱いされるが，史前帰化植物とされる(清水，2003)。ここでも在来種として扱った。

【分布】 歯舞群島・色丹島・南。

【暖温帯植物：北アメリカ・東アジア隔離要素】 九州〜北海道。千島列島南部・サハリン南部。東アジア〜ネパール・北アメリカ東部。

2. **ミゾソバ**(オオミゾソバ)

Persicaria thunbergii (Siebold et Zucc.) H. Gross [EPJ 2012] [FJIIa 2006]; *Truellum thunbergii* (Siebold et Zucc.) Soják [FKI 2009] [CFK 2004] [VPS 2002]; *Polygonum thunbergii* Siebold et Zucc.; *Persicaria hastatotriloba* Okuyama

水湿地に生える一年草。茎の下部は這い，節から根を出す。茎には下向きの刺毛があり他物にからみ，葉は卵状ほこ形で，先は鋭尖形，基部は広心形。オオミゾソバ *P. hastatotriloba* を認めることもあるがここではミゾソバに含める。
【分布】　歯舞群島・色丹島・南。
【暖温帯植物：東アジア要素】　九州〜北海道。千島列島南部・サハリン・カムチャツカ半島[K-EN]。ウスリー・朝鮮半島・中国・台湾。

3. エゾノミズタデ

Persicaria amphibia (L.) Delarbre [EPJ 2012] ["(L.) Gray", FKI 2009] [FJIIa 2006] ["(L.) Gray", CFK 2004] ["(L.) Gray", VPS 2002]; *Polygonum amphibium* L.

池沼に生える水生植物。茎の下部は横に這い地下茎となり，上部は斜上。葉は長楕円形，先は鈍形，基部は切形または浅心形。択捉島の池沼ではやや普通だった。
【分布】　南・中(ウルップ島*)・北(パラムシル島*・シュムシュ島*)。中千島にほとんどなく両側分布。
【冷温帯植物：周北極要素】　本州中部〜北海道。千島列島・サハリン・カムチャツカ半島。ウスリー・オホーツク・シベリア・モンゴル・ヨーロッパ・北アメリカ。[Map 652]

4. ミズヒキ

Persicaria filiformis (Thunb.) Nakai ex W. T.Lee [EPJ 2012] [FJIIa 2006]; *Antenoron filiforme* (Thunb.) Roberty et Vautier [FKI 2009]; *Polygonum filiforme* Thunb.

林縁ややぶに生える多年草で高さ 40〜80 cm になる。葉は長楕円形〜広楕円形，先は鋭尖形，基部は広い楔形。小さな赤い花が細長い総状花序につく。別属 *Antenoron* とすることも多い。
【分布】　南(国後島)。
【暖温帯植物：東アジア〜東南アジア要素】　琉球〜北海道。千島列島南部。朝鮮半島・中国・台湾・東南アジア。

5. ヤナギタデ

Persicaria hydropiper (L.) Delarbre [EPJ 2012] ["(L.) Spach", FKI 2009] [FJIIa 2006] ["(L.) Spach", VPS 2002]; *Polygonum hydropiper* L.

水湿地に生える高さ 30〜80 cm の一年草。葉身の先は長くとがり葉縁に細鋸歯がある。花序の苞の縁に毛がなく，花被表面に油脂状の腺点があるのがよい特徴。
【分布】　色丹島・南(択捉島が千島列島での北東限)。
【暖温帯植物：周北極要素】　小笠原・琉球〜北海道。千島列島南部・サハリン南北部。北半球冷温帯〜亜熱帯域。[Map 649]

6. イヌタデ

Persicaria longiseta (Bruijn) Kitag. [EPJ 2012] [FKI 2009] [FJIIa 2006] [VPS 2002]; *Polygonum longisetum* Bruijn

道端や原野に生える高さ 20〜50 cm の一年草。次種のハナタデに似るが，葉身は披針形〜長楕円形で鈍頭となり花がより密につく。日本でも在来種扱いされるが，史前帰化植物とされる(清水，2003)。
【分布】　色丹島・南(択捉島*が千島列島での北東限)。
【暖温帯植物：東アジア〜東南アジア要素】　琉球〜北海道。千島列島南部・サハリン中部以南。アムール・ウスリー・朝鮮半島・中国・台湾・東南〜南アジア。北アメリカに帰化。

7. ハナタデ

Persicaria posumbu (Buch.-Ham. ex D.Don) H. Gross [EPJ 2012] [FJIIa 2006]; *P. yokusaiana* (Makino) Nakai [FKI 2009]; *Polygonum yokusaianum* Makino

やや暗い道端や林縁に生える高さ 30〜60 cm の一年草。前種イヌタデに似るが，葉先がより長くとがり，花が疎らにつく。2n＝40(国後島)as *P. yokusaiana* [Probatova et al., 2007]。
【分布】　色丹島・南(国後島)。
【暖温帯植物：東アジア〜東南アジア要素】　九州〜北海道。千島列島南部。ウスリー・朝鮮半島・中国・台湾・東南〜南アジア。

8. オオイヌタデ

Persicaria lapathifolia (L.) Delarbre var. ***lapathifolia*** [EPJ 2012]; *P. lapathifolia* (L.) Gray

[FKI 2009] [FJIIa 2006] [CFK 2004] [VPS 2002]; *Polygonum lapathifolium* L.; *Persicaria tenuiflora* (C.Presl) H.Hara

道端や日あたりのよい原野などに生える大型の一年草で高さ2m近くにもなる。サナエタデによく似る基準変種。茎の節が目立って膨れ，葉の最大幅の位置がより葉身基部にある。花序は多少とも先が細くなり垂れる傾向が強い。日本では史前帰化植物とされ在来種扱いされる(清水，2003)。Barkalov(2009)はサナエタデとオオイヌタデを別種とする。

【分布】　色丹島・南・中(ウルップ島*が千島列島での北東限)。

【暖温帯植物：汎世界要素】　琉球～北海道。千島列島中部以南・サハリン・カムチャツカ半島(外来)。汎世界的に分布。[Map 651]

外1.　サナエタデ

Persicaria lapathifolia (L.) Delarbre var. ***incana*** (Roth) H.Hara [EPJ 2012] [FJIIa 2006]; *P. scabra* (Moench) Mold. [FKI 2009] [CFK 2004] [VPS 2002]; *Polygonum tomentosum* Schrank [R]

オオイヌタデの別変種とされるもの。托葉鞘の縁に毛がない点でオオイヌタデによく似るが高さ30～100 cmでより小さく，茎の節は目立って膨れず，花序はより太くて短く先は円く直立する傾向が強い。日本ではオオイヌタデと同様に史前帰化植物として在来種扱いされる(清水，2003)が，Barkalov(2009)は千島列島の外来種とする。2n＝22(国後島)as *P. scabra* [Probatova et al., 2007]。

【分布】　色丹島・南・中・北(パラムシル島)。[戦前帰化]

【暖温帯植物】　琉球～北海道(在来)。千島列島(外来)・サハリン(在来)・カムチャツカ半島(外来)。ユーラシア。[Map 651]

9.　ハルタデ

Persicaria maculosa Gray subsp. ***hirticaulis*** (Danser) S.Ekman et T.Knutsson var. ***pubescens*** (Makino) Yonek. [EPJ 2012] [FJIIa 2006]; *Persicaria extremiorientalis* (Worosch.) Tzvelev [FKI 2009] [VPS 2002]; *P. vulgaris* Webb et Moq.; *Polygonum persicaria* L. [R]

一見サナエタデやオオイヌタデに似るが，托葉鞘表面や縁に微毛がある点で区別できる。また花被片の脈の先が下方に曲がらないのもこれらとのよい区別点である。

【分布】　色丹島・南(択捉島が千島列島での北東限)。

【暖温帯植物：東アジア～東南アジア要素】　九州～北海道。千島列島南部・サハリン中部以南。ウスリー・朝鮮半島・中国・台湾・東南～南アジア，ヨーロッパ・北アメリカに帰化。[Map 650]

外2.　ヨウシュハルタデ

Persicaria maculosa Gray subsp. ***maculosa*** [EPJ 2012] [FKI 2009] [FJIIa 2006]; *P. maculata* (Rafin.) Á. et D.Löve [CFK 2004] [VPS 2002]

ヨーロッパ・西アジア原産でハルタデの基準亜種。花序がより短くて直立し，茎や花柄の毛が少なく花柄に腺毛がない。2n＝40(国後島)as *P. maculosa* [Probatova et al., 2007]。

【分布】　歯舞群島・南・中(シムシル島)。点在。[戦後帰化]

【温帯植物】　本州～北海道(まれに外来)。千島列島中部以南(外来)・サハリン(外来)・カムチャツカ半島(外来)。ヨーロッパ・西アジアに自生。[Map 650]

外3.　タニソバ

Persicaria nepalensis (Meisn.) H.Gross [EPJ 2012] [FJIIa 2006]; *Cephalophilon nepalense* (Meisn.) Tzvelev [FKI 2009] [VPS 2002]; *Polygonum nepalense* Meisn.

葉は卵形～狭卵形で，葉身の基部は柄に流れて翼状になる。Tatewaki(1957)では国後島のみの分布記録だった。日本では普通，在来種として扱われるが，Barkalov(2009)では千島列島の外来植物とする。2010年，色丹島アナマでは民家近くの攪乱地に生えており，少なくとも一部は確かに千島列島への帰化と思われる。2n＝48(国後島)as *Cephalophilon nepalense* [Probatova et al., 2007]。

【分布】　色丹島・南。[戦前帰化]

【暖温帯植物】　九州～北海道(在来)。千島列島南部(外来)・サハリン中部以南(在来)。ウスリー・朝鮮半島・中国・台湾・東南アジア・ヒマラヤ・コーカサス。

8. ミチヤナギ属
Genus *Polygonum*

1. アキノミチヤナギ

Polygonum polyneuron Franch. et Sav. [EPJ 2012] [FKI 2009] [FJIIa 2006]

荒地や海岸に生え，茎が直立する一年草。果実は3 mm以上と花被片より明らかに長く，3面はほぼ同じ広さ。Barkalov(2009)は注釈で，本種の分布は疑わしいとの意見を紹介し，さらなる検討の必要性を述べている。

【分布】　南(国後島)。まれ。

【暖温帯植物：準日本固有要素】　九州～北海道。千島列島南部。ウスリー・朝鮮半島。[Map 644]

外1a. ミチヤナギ

Polygonum aviculare L. subsp. ***aviculare*** [EPJ 2012] [FJIIa 2006]; *P. aviculare* L. [FKI 2009] [CFK 2004] [VPS 2002]

荒地に生える一年草。葉は大小の2型，花序の苞葉の縁が毛状に伸び，3稜形の果実が花被片に包まれているのはよい特徴。ここではYonekura(2006)に従い，ミチヤナギ，ハイミチヤナギ，オクミチヤナギを同一種内の3亜種と認める見解に従う。日本では史前帰化植物とされ在来種扱いされる(清水，2003)。Tatewaki(1957)では南千島のみからの記録だったので，ウルップ島やパラムシル島の集団は戦後に分布拡大したものかもしれない。

【分布】　歯舞群島・色丹島・南・中(ウルップ島)・北(パラムシル島)。ややまれ。[戦前帰化]

【暖温帯植物】　琉球～北海道(在来)。千島列島(外来)・サハリン(在来種扱い)・カムチャツカ半島(外来)。ユーラシアに広く分布。北アメリカ・アフリカ・オーストラリアに帰化。[Map 645]

外1b. ハイミチヤナギ

Polygonum aviculare L. subsp. ***depressum*** (Meisn.) Arcang. [EPJ 2012] [FJIIa 2006]; *P. arenastrum* Boreau ex Jordan [FKI 2009] [“*arenastrum* Boreau”, CFK 2004] [“*arenastrum* Boreau”, VPS 2002]; *P. calcatum* Lindm. [FKI 2009] [CFK 2004] [VPS 2002]

荒地に生え茎の下部がほふくする一年草。葉は小さく1型。花序の苞葉は全縁，花被片は果実より短く，果実の3稜のうち1面が狭い。Yonekura(2006)は，Barkalov(2009)が認めている2種，*P. arenastrum*と*P. calcatum*はどちらもハイミチヤナギの異名としている。ここでもそれに従った。2n＝20(国後島)as *P. arenastrum*［Probatova et al., 2007］。

【分布】　色丹島・南・中(オネコタン島)・北(パラムシル島)。やや普通。[戦後帰化]

【暖温帯植物】　九州～北海道(外来A3)。千島列島(外来)・サハリン南北部(在来)・カムチャツカ半島(外来)。ユーラシア原産。北アメリカ・オーストラリアに帰化。[Map 645]

外1c. オクミチヤナギ

Polygonum aviculare L. subsp. ***neglectum*** (Besser) Arcang. [EPJ 2012] [FJIIa 2006]; *P. neglectum* Besser [FKI 2009] [CFK 2004] [VPS 2002]

荒地に生える一年草。茎下部の葉が大きくやや2型。花序の苞葉の縁は鋸歯状になる。花被片は果実より短く，果実の3稜のうち1面が狭い点ではハイミチヤナギに似る。

【分布】　南・北(パラムシル島)。やや普通。[戦後帰化]

【温帯植物】　北海道(在来?)。千島列島南北部(外来)・サハリン(在来)・カムチャツカ半島(外来)。ユーラシア・北アメリカ。オーストラリアに帰化。[Map 465]

外2. ウシオミチヤナギ

Polygonum boreale (Lange) Small [FKI 2009] [CFK 2004] [VPS 2002]; *P. tatewakianum* Ko Ito var.

notoroense Ko Ito; *P. caducifolium* Worosch. [“Vorosch.”, EPJ 2012]

アキノミチヤナギに似るが，全体より小さく，葉はより広く質厚く，果実がより小さい。Yonekura(2006)によると，道東オホーツクから記録されたウシオミチヤナギ *P. tatewakianum* var. *notoroense* が *P. boreale* と同じとしながらも，さらなる検討が必要としている。

【分布】 南。やや普通。[帰化]

【冷温帯植物】 北海道東部？。千島列島南部(外来)・サハリン(在来)・カムチャツカ半島(外来)。ウスリー・オホーツク・ヨーロッパ・北アメリカ。

〈検討種〉**ポリゴヌム・リギドゥム**

Polygonum rigidum Skvortsov

Barkalov(2009)では千島列島の外来種とされ，パラムシル島，択捉島がリストされている。中国東北部から記載された種で実体がよくわからないが，ミチヤナギ *P. aviculare* の1変種とする見解もある。

〈検討種〉**リョウトウミチヤナギ**

Polygonum liaotungense Kitag.

千島に分布するかどうか確認が必要とされながらも国後島，択捉島の記録がリストされた(Barkalov, 2009)。

---

9. ギシギシ属
Genus *Rumex*

---

1. **タカネスイバ**

Rumex alpestris Jacq. subsp. ***lapponicus*** (Hiitonen) Jalas [EPJ 2012] [FJIIa 2006]; *Acetosa lapponica* (Hiitonen) Holub [FKI 2009] [CFK 2004]; *R. lapponicus* (Hiitonen) Czernov [VPS 2002]; *R. montanus* Desf.; *R. arifolius* All.; *R. alpestris* Jacq. subsp. *lapponicus* (Hiitonen) Czernov

花は総状に疎らにつき，翼状萼片の縁はほとんど全縁で中脈は膨らまない。葉の基部は広く湾入し，托葉鞘がある。2n＝14(チルポイ島，ラシュワ島)，14，15(シムシル島)as *Acetosa lapponica* [Probatova et al., 2007]。

【分布】 歯舞群島・色丹島*・南・中・北*。

【亜寒帯植物：周北極要素】 本州中部～北海道。千島列島・サハリン北部・カムチャツカ半島。ウスリー・沿海州・オホーツク・コリマ・コリャク・チュコト・北シベリア・ヨーロッパ北部。[Map 660-661]

2. **チシマギシギシ**(キョクチギシギシ)

Rumex arcticus Trautv. [FKI 2009] [CFK 2004]

茎の基部が太く高さ10 cmから時に80 cmに達する草本。葉は広長楕円形で有柄。Hultén (1968)はヌマダイオウ *R. aquaticus* L.の極地型の種とするが葉形はむしろノダイオウに近い。2n＝c.100(シュムシュ島)[Probatova et al., 2007]。

【分布】 北。

【亜寒帯植物：周北極要素】 本州・北海道にない。千島列島北部・カムチャツカ半島。オホーツク・シベリア・ヨーロッパ・アラスカ。[Map 663]

3. **ギシギシ**

Rumex japonicus Houtt. [EPJ 2012] [FKI 2009] [FJIIa 2006] [CFK 2004] [VPS 2002]; *R. regelii* F. Schmidt [FKI 2009]; *R. patientia* L. [R]

花は円錐花序に密につく。翼状萼片は低鋸歯縁で中脈はこぶ状に膨れる。なおBarkalov(2009)は *R. regelii* を国後島から報告しているが，Yonekura(2006)はギシギシの異名としておりここでも，ギシギシに含めて扱った。2n＝40(国後島) as *R. regelii* [Probatova et al., 2007]。

【分布】 歯舞群島*・色丹島・南・中(ウルップ島)。

【暖温帯植物：東アジア要素】 小笠原・琉球～北海道。千島列島中部以南・サハリン南部・カムチャツカ半島(外来)。ウスリー・朝鮮半島・中国・台湾。

4. **カラフトノダイオウ**(カラフトダイオウ)

【Plate 68-3】

Rumex gmelinii Turcz. ex Ledeb. [EPJ 2012] [FKI 2009] [FJIIa 2006] [VPS 2002]; *R. madaio* auct. non Makino [“*madajo*”, FKI 2009]

ノダイオウによく似るが茎基部の葉は卵状心形となり，葉裏脈上に毛状突起がある。Yonekura (2006)は南千島から *R. madaio* として報告されているものはカラフトノダイオウ *R. gmelinii* の翼状萼片の幅が広い型にすぎないとしており，ここではそれに従い，Barkalov(2009)がマダイオウとしたものは本種のなかに含める。また北海道からノダイオウ *R. longifolius* とエゾノギシギシ *R. obtusifolius* の交雑種として報告されているもの(滝田，2001)がこのような誤認の一原因かもしれない。北海道での分布については佐藤(1994)がある。

【分布】　歯舞群島・色丹島・南・中(ウルップ島が北東限)。

【冷温帯植物：北アジア要素】　本州中部・北海道(大雪・釧路湿原・十勝三股)［J-VU］。千島列島中部以南・サハリン南北部。アムール・ウスリー・沿海州・オホーツク・シベリア・モンゴル・朝鮮半島・中国(北東～北西部)。［cf. Map 662］

5. **コガネギシギシ**

Rumex maritimus L. var. ***ochotskius*** (Rech.f.) Kitag. [EPJ 2012] [FJIIa 2006]; *Rumex ochotskius* Rech.f. [FKI 2009] [VPS 2002]

多数の花が輪状に離れてつく。翼状萼片の縁は刺状に伸び中脈もこぶ状に膨れる。Yonekura (2006)では *R. maritimus* のなかに，ハマギシギシ var. *maritimus* とコガネギシギシ var. *ochotskius* とを認め，後者では翼状内萼片の中肋こぶ状突起は長さ1.9～2.3 mmとより長く，先は鈍端となる点で，長さ1～1.7 mmで鋭頭のハマギシギシとは区別する。千島列島南部の個体はコガネギシギシにあたるものである。2n＝40(国後島)as *R. ochotskius* ［Probatova et al., 2007］。

【分布】　歯舞群島・色丹島・南(国後島)。

【冷温帯植物：準日本固有要素】　本州北部～北海道。千島列島南部・サハリン南部。［Map 672］

外1a. **ヒナスイバ**

Rumex acetosella L. subsp. ***acetosella*** [EPJ 2012] [FJIIa 2006]; *Acetosella vulgaris* (W.D.J.Koch) Fourr. [FKI 2009] [CFK 2004]; *Rumex acetosella* L. [VPS 2002]

ユーラシア原産。次亜種ヒメスイバによく似るが，雌花の3枚の内花被片は離生し果実をゆるく包むという。

【分布】　色丹島・南・北(パラムシル島)。［帰化］

【温帯植物】　本州(外来，まれ)。千島列島南北部(外来)・サハリン(在来)・カムチャツカ半島(外来)。ユーラシア原産で現在はほぼ汎世界的。［Map 658］

外1b. **ヒメスイバ**

Rumex acetosella L. subsp. ***pyrenaicus*** (Pourr. ex Lapeyr.) Akeroyd [EPJ 2012] [FJIIa 2006]; *Acetosella angiocarpa* (Murb.) Á.Löve [FKI 2009] [CFK 2004]; *Rumex angiocarpus* Murb. [VPS 2002]

ユーラシア原産。前亜種ヒナスイバに似るが，雌花の3枚の内花被片は先端部を除いて合着し果実を硬く包む。Yonekura(2006)では日本のほとんどの個体は本亜種にあたるとしながら，北海道や北本州の個体には前亜種との中間型があると述べている。一方でBarkalov(2009)はこれら2亜種を別種とする。中千島のウルップ島，マツワ島，北千島のパラムシル島，シュムシュ島は戦前のTatewaki(1957)では記録がないので，これらの集団は戦後に分布拡大したものかもしれない。2n＝42(択捉島)as *Acetosella angiocarpa* ［Probatova et al., 2007］。

【分布】　歯舞群島・色丹島・南・中・北。［戦前帰化，一部戦後拡大］

【暖温帯植物】　琉球～北海道(外来A3)。千島列島(外来)・サハリン南北部(在来)・カムチャツカ半島(外来)。ユーラシア原産でアジア・北アメリカ・オーストラリアに帰化。［Map 659］

外2. **ナガバギシギシ**

Rumex crispus L. [EPJ 2012] [FKI 2009] [FJIIa 2006] [VPS 2002]; *R. fauriei* Rech.f. [FKI 2009]

ユーラシア原産の多年草。エゾノギシギシに似て花輪は離れてつくが，翼状萼片はほとんど全縁で中脈はこぶ状に膨れる。葉がより細く，縁は明瞭に波打つ。Barkalov(2009)が *R. fauriei* として報告したものはYonekura(2006)の見解に従い，本種に含める。
【分布】 歯舞群島・色丹島・南・中。[帰化]
【暖温帯植物】 琉球〜北海道(外来 A3)。千島列島中部以南(外来)・サハリン中部以南(外来)。ユーラシア原産。現在は汎世界的。[Map 667]

外3. *ノダイオウ*

Rumex longifolius DC. [EPJ 2012] [FKI 2009] [FJIIa 2006] [CFK 2004] [VPS 2002]

ギシギシに似て，花は円錐花序に密につくが，翼状萼片はほとんど全縁で中脈は膨れない。葉裏が無毛の点でカラフトノダイオウと区別される。日本のノダイオウは普通在来種とされ絶滅危惧種と評価されている。一方でBarkalov(2009)は千島列島の外来種と見なし，カムチャツカ半島でも外来種扱いされている(Yakubov and Chernyagina, 2004)。Tatewaki(1957)でも外来種として国後島・択捉島を記録したが，現在は中千島や北千島でも見つかっている。これら中千島や北千島の産地は戦後に分布拡大したと思われる。北海道のノダイオウの在来・外来については，再度検討の余地があるかもしれない。
【分布】 歯舞群島・色丹島*・南・中・北。点在。[戦前帰化，一部戦後拡大]
【温帯植物】 本州〜北海道(在来)[J-VU]。千島列島(外来)・サハリン(在来)・カムチャツカ半島(外来)。北半球の冷温帯域。[Map 665]

外4. エゾノギシギシ

Rumex obtusifolius L. [EPJ 2012] [FKI 2009] [FJIIa 2006] [VPS 2002]

ヨーロッパ原産。ナガバギシギシに似て花は軸に輪状に離れてつくが，翼状萼片の縁に鋭い歯牙がある。中脈は3個のうち1個がこぶ状に膨れる。2n＝40(シムシル島)[Probatova et al., 2007]。
【分布】 歯舞群島・色丹島・南・中・北。[戦前帰化]
【暖温帯植物】 九州〜北海道(外来 A3)。千島列島(外来)・サハリン南部(外来)・カムチャツカ半島(外来)。ヨーロッパ原産，現在では汎世界的に分布。[Map 670]

〈検討種〉ヌマダイオウ

Rumex aquaticus L.

Barkalov(2009)が千島列島産を報告しているが，Yonekura(2006)はこれまで本種として報告されている日本産・朝鮮半島産標本は，ノダイオウ *R. longifolius* の広葉型やカラフトノダイオウ *R. gmelinii* にすぎないとしている。

〈検討種〉ルメックス・ヒドロラパトゥム

Rumex hydrolapathum Huds.

色丹島から報告されている。ナガバギシギシに似るが，葉縁は波状に縮れず，葉の基部は長く柄に流れる。日本に似たものがなく，色丹島からの記録は検討の必要がある。

〈検討種〉ルメックス・ニッポニクス

Rumex nipponicus Franch. et Sav.

Barkalov(2009)で報告されているが，注釈では確認が必要としている。本学名はYonekura(2006)ではコギシギシ *R. dentatus* L. subsp. *kotzshianus* (Meisn.) Rech.f. の異名とされており，北海道に分布していない。

〈検討種〉ルメックス・パティエンティア

Rumex patientia L.

Barkalov(2009)で外来種として報告されている。本種は日本から報告がなく，ナガバギシギシ×ノダイオウに似た植物で中国東北部の標本がある。色丹島から報告されているが検討が必要である。

×交雑種

択捉島からの標本(TI)で，ナガバギシギシ×ノダイオウ，エゾノギシギシ×ノダイオウと思われるものがある。

AE42. モウセンゴケ科
Family DROSERACEAE

1. モウセンゴケ属
Genus *Drosera*

1. ナガバノモウセンゴケ　【Plate 68-4】

Drosera anglica Huds. [EPJ 2012] [FKI 2009] [CFK 2004] [VPS 2002] [FJIIb 2001]

ミズゴケ湿原に生える多年生の食虫植物。葉は線状倒披針形で長さ3〜4 cm，幅3〜4 mm。Tatewaki(1957)では南千島からだけの記録だったが，筆者らは中千島のラシュワ島で発見し，さらにBarkalov(2009)は北千島のパラムシル島からも報告している。ただし産地はモウセンゴケよりもずっと少ない。2n＝40(4倍体)。

【分布】　南・中(ウルップ島・ラシュワ島)・北(パラムシル島)。

【亜寒帯植物：周北極要素】　本州(尾瀬)・北海道[J-VU]。千島列島・サハリン・カムチャツカ半島。北半球冷温帯〜亜寒帯域。[Map 1000]

2. モウセンゴケ

Drosera rotundifolia L. [EPJ 2012] [FKI 2009] [CFK 2004] [VPS 2002] [FJIIb 2001]

日あたりのよい湿地に生える多年生の食虫植物。葉は倒卵状円形で長さ5〜10 mm。2倍体。2n＝20(国後島)[Probatova et al., 2007]。

【分布】　歯舞群島・色丹島・南・中・北。普通。開花：8月上旬〜下旬。

【温帯植物：周北極要素】　九州〜北海道。千島列島・サハリン・カムチャツカ半島。北半球温帯〜亜寒帯域。[Map 999]

×1. サジバモウセンゴケ

Drosera* ×*obovata Mert. et W.D.J.Koch [EPJ 2012] [FKI 2009] [FJIIb 2001]

ナガバノモウセンゴケとモウセンゴケとの自然雑種と見られるもの。日本産のサジバはヨーロッパ産のサジバに比べると，葉の幅が狭く，むしろヨーロッパ・北アメリカ産のナガバノモウセンゴケに似ているとされ，日本産のナガバノモウセンゴケはヨーロッパ産から遺伝的にやや差異が生じているのではないかとされる(Hara, 1952)。2n＝30(3倍体)。

【分布】　南(国後島・択捉島)。まれ。

AE43. ナデシコ科
Family CARYOPHYLLACEAE

1. ノミノツヅリ属
Genus *Arenaria*

1. メアカンフスマ

Arenaria merckioides Maxim. [EPJ 2012] [FKI 2009] [FJIIa 2006]

高山砂礫地に生える多年草で本州や北海道の集団では雌性花と両性花の個体がある。茎や花柄に縮毛があり，対生した葉は広卵形で質やや厚く長さ1〜1.5 cm。花は白色で径10 mm，萼片は長さ5〜6 mmで花弁も同長。択捉島の個体は，萼片長では北海道のメアカンフスマ(狭義)var. *merckioides*と本州産の変種チョウカイフスマvar. *chokaiensis* (Yatabe) Okuyamaとの中間，花弁と萼片長の比率(Sugawara and Horii, 2000)からはむしろ地理的に遠いチョウカイフスマに近い。またSAPSに保管されている標本では雌性花がなく両性花株しか確認できなかった。同じメアカンフスマ種内でも地域集団により雌性花株と両性花株の出現割合が違っている可能性がある。ここではメアカンフスマ内に変種を認める取り扱いは保留し，鳥海山，雌阿寒岳，知床，択捉島に不連続分布する種として扱った。Barkalov(2012)はSAPSの択捉島モヨロ産標本(Aizawa, Jul. 4, 1900; Yoshimura and Yokoyama, Aug. 3, 1938)を引用している。

【分布】　南(択捉島：茂世路岳と硫黄山の間)。まれ。

【亜寒帯植物：日本・千島固有要素】　本州北部(鳥海山)・北海道(知床・雌阿寒)[J-VU, as *A. merckioides* var. *chokaiensis*]。千島列島南部。

2. ミミナグサ属
Genus *Cerastium*

1. **アリューシャンミミナグサ**(新称)

Cerastium aleuticum Hultén [FKI 2009]

高さ5 cm 程度の小さい植物体で，花は単生し，萼片は長さ8 mm までででオオバナノミミナグサに近縁のわい性種と思われる。

【分布】 北。まれ。

【亜寒帯植物：北太平洋要素】 本州・北海道に分布しない。千島列島北部。アリューシャン列島。

2. **ベーリングミミナグサ**(新称)

Cerastium beeringianum Cham. et Schlecht. [FKI 2009] [CFK 2004] [VPS 2002]

前種と同様，高さ5 cm 程度の小さい植物体で，茎頂の花数は1～2個，萼片長は5～6(～7) mm で花弁は萼片の1.5～2倍長ある。

【分布】 北。まれ。

【亜寒帯植物：周北極要素】 本州・北海道に分布しない。千島列島北部・サハリン北部・カムチャツカ半島。ウスリー・オホーツク・シベリア・ヨーロッパ・北アメリカ極地方。

3. **オオバナノミミナグサ**(チシマミミナグサ，キタミミナグサ，シコタンミミナグサ，リシリミミナグサ)

Cerastium fischerianum Ser. [EPJ 2012] [FKI 2009] [FJIIa 2006] [CFK 2004] [VPS 2002]; *C. boreale* Takeda; *C. rigidulum* Takeda; *C. rishirense* Miyabe et Tatew.

沿岸地域の草原に生える多年草。オオミミナグサに似るが，茎上部の長毛がより密で腺毛が多く，萼片は長さ7～9 mm になり，花弁は萼片より長く先は2中裂する。腺毛の密度や植物サイズの変異が大きく，葉や植物体が小さくオオミミナグサとの中間体のように見えるものから，葉や植物体が大きい型まで見られる。これまでもさまざまな小種が認められてきたが，ここではこれらを含む変異の大きな1種とした。

【分布】 歯舞群島・色丹島・南・中・北。普通。

【温帯植物：北太平洋要素】 九州～北海道。千島列島・サハリン南北部・カムチャツカ半島。ウスリー・オホーツク・朝鮮半島・中国東北部・アラスカ。

4. **ケトイミミナグサ**　【Plate 30-4】

Cerastium tatewakii Miyabe

萼片の長さは5～6 mm で，オオバナノミミナグサよりもオオミミナグサに近い種類。しかし花弁の先が2裂せず全縁で，萼片より短い点でオオミミナグサからは明瞭に区別できる。1938年に宮部が新種報告したものでケトイ島南浦がホロタイプ標本の産地。Barkalov(2009)は本種を?*C. tatewakianus* Miyabe として，オオミミナグサのシノニムとしている。

【分布】 中(ウルップ島・ケトイ島)。まれ。

【亜寒帯植物：千島固有要素】 本州・北海道に分布しない。千島列島中部。

外1a. **オオミミナグサ**

Cerastium fontanum Baumg. subsp. ***vulgare*** (Hartm.) Greuter et Burdet var. ***vulgare*** (Hartm.) M.B.Wyse Jacks. [EPJ 2012]; *C. holosteoides* Fries p.p. [FKI 2009] [CFK 2004] [VPS 2002]

オオバナノミミナグサに似る種。茎上部の毛はより疎らで腺毛も通常は少なく，萼片の長さは5～6(～7) mm で，花弁の先が2裂する。Barkalov(2009)では本種を千島列島の外来種として扱い，ここでもそれに従う。

【分布】 南・中・北。点在。[帰化]

【冷温帯植物】 北海道(在来)。千島列島(外来)・サハリン(外来)・カムチャツカ半島(外来)。ヨーロッパ・アジア・北アメリカに広く分布。[Map 747]

外1b. **ミミナグサ**

Cerastium fontanum Baumg. subsp. ***vulgare*** (Hartm.) Greuter et Burdet var. ***angustifolium*** (Franch.) H.Hara [EPJ 2012]; *C. holosteoides* Fries p.p. [FKI 2009] [CFK 2004] [VPS 2002]

オオミミナグサに似る南方系の別変種。萼片の長さは4〜5 mm。日本ではミミナグサを史前帰化植物とする(清水, 2003)。
【分布】 歯舞群島・色丹島・南。点在。[帰化]
【暖温帯植物】 九州〜北海道(史前帰化：在来扱い)。千島列島南部(外来)・サハリン(外来)。朝鮮半島・中国・インド。[Map 747]

3. ナデシコ属
Genus *Dianthus*

1. エゾカワラナデシコ(タカネナデシコ)

Dianthus superbus L. [FKI 2009] [VPS 2002]; *D. superbus* L. var. *superbus* [EPJ 2012] [FJIIa 2006]; *D. superbus* L. var. *speciosus* Rchb. [FJIIa 2006]

北海道のものは花弁の色，植物体サイズ，生育地などを加味してエゾカワラナデシコ var. *superbus* とタカネナデシコ var. *speciosus* Reichb. の2変種に分けられることが多い(Akiyama, 2006a)が，北海道北部や東部ではこれら2変種に識別するのは難しいのでここでは，和名エゾカワラナデシコをこれら2変種を含む広い意味で使う。
【分布】 歯舞群島・色丹島・南・中(ウルップ島・チルポイ島が北東限)。
【温帯植物：周北極要素】 九州〜北海道。千島列島中部以南・サハリン。ユーラシア北部。[Map 807]
＊Hultén and Fries(1986)で，アムールナデシコ *Dianthus repens* Willd. の分布点がウルップ島に打たれているが，確定的な証拠はないようである(Barkalov, 2009)。

4. ハマハコベ属
Genus *Honkenya*

1. ハマハコベ　【Plate 20-6】

Honkenya peploides (L.) Ehrh. var. ***major*** Hook. [EPJ 2012] [FJIIa 2006]: *Honckenia oblongifolia* Torr. et Gray [FKI 2009] [CFK 2004] [VPS 2002]; *H. peploides* Ehrh. subsp. *major* Hultén; *H. peploides* (L.) Ehrh. [R]; *Ammodenia peploides* (L.) Rupr. [R]

海岸の砂浜や礫浜に生える雄性両全性異株の多年草でしばしば大きな株をつくる。千島列島海岸域では重要な食用野草の1つとされる(北部軍管区司令部, 1945)。ヨーロッパ産の基準変種 var. *peploides* は植物体がより小さく，葉の幅が広いとされる(Akiyama, 2006a)。
【分布】 歯舞群島・色丹島・南・中・北。千島列島全体に普通。
【温帯植物：北太平洋要素】 本州〜北海道。千島列島・サハリン・カムチャツカ半島。ウスリー・オホーツク・朝鮮半島・北アメリカ太平洋側。[Map 721]

5. タカネツメクサ属
Genus *Minuartia*

1. エゾタカネツメクサ　【Plate 43-3】

Minuartia arctica (Steven ex Ser.) Ashers et Graebn. ["(Steven ex Ser.) Graebn.", EPJ 2012] ["(Steven ex Ser.) Graebn.", CFK 2004] ["(Steven ex Ser.) Graebn.", VPS 2002]; *Minuartia barkalovii* N.S.Pavlova [FKI 2009]; *Arenaria arctica* Steven ex Ser. [FJIIa 2006]

高山砂礫地に生える多年草。萼片の先が円い。Tatewaki(1957)ではリストされなかったが，Pavlova(1996)は択捉島産に基づいて *M. arctica* とは葉がより長く種子も大きい点で異なる独立種 *M. barkalovii* を報告し，Barkalov(2009)もこれを採用している。しかし，北海道産のエゾタカネツメクサでも葉長は変化し，Barkalov も北海道産のエゾタカネツメクサに *M. barkalovii* の同定ラベルを残しており，北海道のエゾタカネツメクサと択捉島の *M. barkalovii* とは同一分類群と考える。そこで次に *M. arctica* との違いがあるかどうかが問題となるが，現時点では明瞭な差異を見出せないので，変異を含んだ *M. arctica* の一部と解釈する。
【分布】 南(択捉島西単冠山)。まれ。
【亜寒帯植物：周北極要素】 本州中部・北海道(大雪，夕張，利尻・礼文)[J-CR]。千島列島南部・サハリン中部以北・カムチャツカ半島。アムール・ウスリー・アルダン・オホーツク・コリマ・コリャク・チュコト・シベリア・朝鮮半島・モンゴル・ヨーロッパ。

2. アライトミヤマツメクサ　【Plate 43-4】

Minuartia macrocarpa (Pursh) Ostenf. subsp. ***kurilensis*** (Ikonn. et Barkalov) N.S.Pavlova in Pl. Vasc. Orient. Extr. Soviet. 8: 37 (1996); *M. kurilensis* Ikonn. et Barkalov [FKI 2009]

高山砂礫地に生える多年草。葉に縁毛と葉鞘があり，萼片の先はとがる。Barkalov(2009)は北方種*M. macrocarpa*とは区別して独立種*M. kurilensis*とするが，Pavlova(1996)は*M. macrocarpa*の1亜種としており，ここでもその見解に従った。Tatewaki(1957)ではアライト島産に変種var. *minutiflora* Hulténをあてている。北海道大雪山固有のエゾミヤマツメクサ*M. macrocarpa* var. *yezoalpina* H.Haraに近いが，萼片がより短く5 mm長，葉がより短く広く長さ3～5 mm×幅1.2～1.4 mmで，花柄の上部にしばしば葉状の小苞がある点で違う。

【分布】 中・北。

【亜寒帯植物：周北極／千島固有要素】 本州・北海道にない。千島列島中部以北。種としては本州・北海道(大雪山)・カムチャツカ半島・アムール・ウスリー・チュコト・シベリア・朝鮮半島・ヨーロッパ・北アメリカ。

6. オオヤマフスマ属
Genus *Moehringia*

1. オオヤマフスマ

Moehringia lateriflora (L.) Fenzl [FKI 2009] [FJIIa 2006] [CFK 2004] [VPS 2002]; *Arenaria lateriflora* L. [EPJ 2012]

沿岸地の草原や疎林の下に生える繊細な多年草。対生する葉は長楕円形。雌性花と両性花の株があるという。筆者らは，Barkalov(2009)では記録されていなかったブラットチルポイ島から本種の証拠標本を採集している。2n＝48(チルポイ島)［Probatova et al., 2007］

【分布】 歯舞群島・色丹島・南・中・北。千島列島全体に普通。

【温帯植物：周北極要素】 九州～北海道。千島列島・サハリン・カムチャツカ半島。北半球温帯域。［Map 714］

7. ツメクサ属
Genus *Sagina*

1. ツメクサ

Sagina japonica (Sw.) Ohwi [EPJ 2012] [FKI 2009] [FJIIa 2006]

葉は長さ7～18 mm。小花柄上部は花後に曲がらず，萼の長さ・幅ともに1.5～2 mm。小花柄や萼片に腺毛がある。

【分布】 色丹島・南。

【暖温帯植物：東アジア～中国・ヒマラヤ要素】 日本全体。千島列島南部。朝鮮半島・中国・インド・ヒマラヤ・チベット。［Map 761］

2. ハマツメクサ(エゾハマツメクサ，チシマハマツメクサ)

Sagina maxima A. Gray [EPJ 2012] [FKI 2009] [FJIIa 2006] [CFK 2004] [VPS 2002]; *S. crassicaulis* S. Watson; *S. maxima* A.Gray f. *crassicaulis* (S. Watson) M. Mizush.

葉は長さ6～15 mm。小花柄上部は花後に曲がらず，花はこの仲間では大きく萼は長さ2～3.5 mm，幅2.5～3.5 mm，萼片は5個。小花柄が無毛の品種エゾハマツメクサf. *crassicaulis* (S. Watson) M.Mizush.が多いが，時に有毛なもの，中間的なものがある(Barkalov, 2009)。筆者らは，Barkalov(2009)が記録していない，ブラットチルポイ島・マツワ島・パラムシル島から証拠標本を採集している。2n＝18-22(ブラットチルポイ島)，22(歯舞群島)as *S. crassicaulis*［Probatova et al., 2007］

【分布】 歯舞群島・色丹島・南・中・北。普通。

【暖温帯植物：東北アジア～東アジア要素】 小笠原・琉球～北海道。千島列島・サハリン・カムチャツカ半島。ウスリー・朝鮮半島・中国。

3. チシマツメクサ　【Plate 68-5】

Sagina saginoides (L.) H.Karst. [EPJ 2012] [FKI 2009] [FJIIa 2006] [CFK 2004] [VPS 2002]; *S. linnaei*

C.Presl

葉は長さ3～8 mmとハマツメクサよりも小型。小花柄上部は花後に曲がり，萼は長さ幅ともに1.5～2 mmと小さく，萼片は5(～4)個。萼片の縁は緑白色で果実にゆるくつき，花弁は萼片より短い。

【分布】　色丹島・南・中・北。

【亜寒帯植物：周北極要素】　本州中部・北海道[J-CR]。千島列島・サハリン南北部・カムチャツカ半島。シベリア。オホーツク・シベリア・ヨーロッパ・北アメリカ。［Map 761］

4.　ヒメツメクサ

Sagina intermedia Fenzl [FKI 2009] [CFK 2004]

チシマツメクサによく似た北方系の小型の種類で，葉は長さ3～5 mm。萼片の形はより幅広く卵形気味になり，縁や先端がしばしば赤味がかり果実にぴったりつき，花弁は萼片と同長。

【分布】　中・北。

【亜寒帯植物：周北極要素】　本州・北海道に分布しない。千島列島中部以北・カムチャツカ半島。オホーツク・コリマ・シベリア・ヨーロッパ・北アメリカ。

外1.　アライトツメクサ(アライドツメクサ)

【Plate 68-6】

Sagina procumbens L. [EPJ 2012] [FKI 2009] [FJIIa 2006] [CFK 2004] [VPS 2002]

葉は長さ2～3(～7) mmと小さくチシマツメクサに似るが，花は4数性で，花弁が小さいか欠落する。Tatewaki(1957)ではアライト島のみだったがBarkalov(2009)では各所から報告され，和名には「アライト」とあるが，千島列島に分布するものは在来種ではなく外来と考えられる。北海道には外来種として最近よく見られ，札幌など都会の歩道敷石の隙間などによく生える。2n＝22(シムシル島)[Probatova et al., 2007]

【分布】　色丹島・南・中・北。［戦後帰化］

【冷温帯植物】　本州北部～北海道(外来B)。千島列島(外来)・サハリン中部(外来，まれ)・カムチャツカ半島(外来)。北半球に広く帰化。［Map 762］

8.　サボンソウ属
Genus *Saponaria*

外1.　サボンソウ

Saponaria officinalis L.

Fukuda, Taran et al.(2014)で千島列島から新帰化報告した。択捉島紗那の町の裸地に生えていた。Hultén and Fries(1986)では東アジアに分布点がないので，第二次世界大戦後急速に広がったものと思われる。

【分布】　南(択捉島：紗那)。まれ。［戦後栽培逸出］

【温帯植物】　日本全体(外来B)。千島列島南部(外来)。ヨーロッパ原産。［Map 802］

9.　マンテマ属
Genus *Silene*

1.　ナンバンハコベ

Silene baccifera (L.) Roth var. ***japonica*** (Miq.) H.Ohashi et H.Nakai [EPJ 2012]; *Cucubalus baccifer* L. var. *japonicus* Miq. [FJIIa 2006]; *C. japonicus* (Miq.) Worosch. [FKI 2009] [VPS 2002]

山野に生える多年草。多くの枝を分け横に広がる。葉は広披針形～卵形，花は多少とも下を向き，萼は広鐘形，後に半球形に膨らみ，花弁は5個で爪部が長く舷部は2裂する。基準変種はヨーロッパ～西シベリア，ヒマラヤに分布し，これに比べて変種ナンバンハコベの種子は一般により小さく円い傾向があるという(Hara, 1952)。

【分布】　色丹島・南。まれ。

【暖温帯植物：東アジア要素】　九州～北海道。千島列島南部・サハリン中部以南。アムール・ウスリー・朝鮮半島・中国。［Map 798］

2.　カラフトマンテマ(チシママンテマ)

【Plate 69-1】

Silene repens Patrin [EPJ 2012] [FKI 2009] [FJIIa 2006] [CFK 2004] [VPS 2002]; *S. repens* Patrin ex Persoon

茎に短毛があり，葉の幅は2～8 mm。花は枝の先端に数個つく。花弁の先は2中裂する。全体に毛が多く，葉の幅が5～15 mmと広いものを特にチシママンテマ var. *latifolia* Turcz. とすることがあるが，ここでは明瞭な分類群とは認めない。
【分布】 色丹島・南・北(アライト島)。両側分布。
【亜寒帯植物：周北極要素】 北海道[J-EN]。千島列島南北部・サハリン・カムチャツカ半島。アムール・ウスリー・オホーツク・シベリア・朝鮮半島・中国北部～東北部・チベット・モンゴル・中央アジア・ヨーロッパ。[Map 790]

3. タカネマンテマ(チシマタカネマンテマ)

【Plate 69-2】

Silene uralensis (Rupr.) Bocquet [EPJ 2012]; *Gastrolychnis apetala* (Farr.) Czer. [FKI 2009]; *S. wahlbergella* Chowdhuri [FJIIa 2006]; *Melandrium apetalum* (L.) Fenzl

茎はやや株状で高さ10～20 cm，軟毛がある。葉は細い倒披針形で先は鋭形，長さ3～8 cm，幅2～10 mm。花は茎頂に1個つき，初め下向き，後に上を向く。萼は長さ12～15 mm，花弁は淡紅色～白色で長さ2～3 mmと極く小さい。北千島—本州中部山岳不連続分布となる。
【分布】 北(パラムシル島加熊別三戸山)。まれ。
【亜寒帯植物：周北極要素】 本州中部(赤石山脈)[J-CR]，北海道にない。千島列島北部・カムチャツカ半島。ユーラシア・北アメリカの周北極地域に広く分布する。[Map 785]

外1. マツヨイセンノウ(ヒロハノマンテマ)

Silene alba (Mill.) E.H.L.Krause [FJIIa 2006]; *Melandrium album* (Mill.) Garcke [FKI 2009] [VPS 2002]; *Silene latifolia* Poir. subsp. *alba* (Mill.) Greuter et Brudet [EPJ 2012]

ヨーロッパ原産の外来植物で雌雄異株。全草に開出短毛と腺毛を密生。Tatewaki(1957)にはリストされていない。最近のカムチャツカ半島の標本がある。2n＝24(国後島)as *Melandrium album* [Probatova et al., 2007]
【分布】 南・北(パラムシル島)。[戦後帰化]
【暖温帯植物】 九州～北海道(外来A3)。千島列島南北部(外来)・サハリン(外来)・カムチャツカ半島(外来)。ヨーロッパ原産。[Map 793]

外2. ツキミセンノウ

Silene noctiflora L. [EPJ 2012] [VPS 2002]; *Elisanthe noctiflora* (L.) Willk. [FKI 2009]; *Melandrium noctiflorum* (L.) Fries

マツヨイセンノウによく似た外来植物。全草に開出する腺毛があり粘つき花は両性で集散状につく。Tatewaki(1957)がすでに色丹島・国後島から外来植物として報告している。
【分布】 色丹島，南(国後島)。まれ。[戦前帰化]
【温帯植物】 四国～北海道(外来B)。千島列島南部(外来)・サハリン(外来)。ヨーロッパ原産。[Map 794]

外3. シラタマソウ

Silene vulgaris (Moench) Garcke [EPJ 2012] [FJIIa 2006] [CFK 2004]; *Oberna behen* (L.) Ikonn. [FKI 2009] [VPS 2002]; *S. cucubalus* Wibel [R]

地中海原産の外来植物。全草無毛でやや粉白色。Tatewaki(1957)ではリストされなかったので戦後帰化と思われる。Alexeeva et al.(1983)が *S. cucubalus* の学名で色丹島から記録しているがBarkalov(2009)は採用していないので，ここでも取り上げない。
【分布】 歯舞群島・南・北(パラムシル島)。まれ。[戦後帰化]
【温帯植物】 本州～北海道(外来B)。千島列島南北部(外来)・サハリン(外来)・カムチャツカ半島(外来)。ヨーロッパ原産。[Map 788]

---

10. オオツメクサ属
Genus *Spergula*

外1. ノハラツメクサ(オオツメクサ)

Spergula arvensis L. [EPJ 2012] [FKI 2009] [FJIIa 2006] [CFK 2004] [VPS 2002]

ユーラシア原産で，道端や荒地に生える一年草。葉は糸状で10枚内外が仮輪生する。花は白色。北海道では種子表面に乳頭状突起のある基準変種ノハラツメクサ var. *arvensis* がほとんど(cf. 清水，

2003)だが，サハリンや千島列島では種子に突起のない変種オオツメクサ var. *sativa* (Boenn.) Mert. et W.D.J.Koch が多い。Barkalov(2012)によると突起のある基準変種ノハラツメクサも色丹島，国後島，択捉島で時に見られるという。本書では2変種を含む意味で和名ノハラツメクサを用いる。中千島のウルップ島や北千島のパラムシル島はTatewaki(1957)では記録がなかったので，戦後に分布拡大したものと思われる。

【分布】　色丹島・南・中(ウルップ島)・北(パラムシル島)。[戦前帰化，中・北は戦後拡大]

【暖温帯植物】　九州〜北海道(外来 A3)。千島列島(外来)・サハリン(外来)・カムチャツカ半島(外来)。ウスリー・オホーツク・シベリア・ヨーロッパ・北アメリカ・南アメリカ。[Map 770]

11. ウシオツメクサ属
Genus *Spergularia*

1. ウシオツメクサ

Spergularia marina (L.) Griseb. [EPJ 2012] [FJIIa 2006]; *S. salina* J. et C.Presl [FKI 2009] [VPS 2002]

海岸や荒地に生える一年草。托葉は白膜質で基部合着し全縁。花は白色〜微紅色。*S. salina* は花柄や萼片に腺毛があることが多いが，時に無毛でこのようなものでは *S. marina* と区別できない。

【分布】　色丹島・南(国後島)。

【暖温帯植物：周北極要素】　九州〜北海道。千島列島南部・サハリン。北半球温帯域。[Map 772]

外1. ウスベニツメクサ

Spergularia rubra (L.) J. et C.Presl [EPJ 2012] [FKI 2009] [FJIIa 2006] [CFK 2004] [VPS 2002]

海岸や道端に生えるヨーロッパ原産の一年草。托葉は合着せず先端が裂け，花は淡紅色。Tatewaki(1957)ではリストされていないが，Alexeeva et al.(1983)，Alexeeva(1983)で色丹島・国後島から報告され，Barkalov(2009)では各所から報告されているので，戦後急速に広がったものと思われる。

【分布】　色丹島・南・中・北。[戦後帰化]

【暖温帯植物】　九州〜北海道(外来 B)。千島列島(外来)・サハリン南北部(外来)・カムチャツカ半島(外来)。北半球温帯域に広く帰化。[Map 774]

12. ハコベ属
Genus *Stellaria*

1. ノミノフスマ

Stellaria alsine Grimm var. ***undulata*** (Thunb.) Ohwi [FJIIa 2006]; *S. undulata* Thunb. [FKI 2009]; *S. uliginosa* Murray var. *undulata* (Thunb.) Fenzl [EPJ 2012]; *S. uliginosa* Murray [CFK 2004]; *S. alsine* Grimm [R]

カンチヤチハコベに似るが，葉は長楕円形で幅2〜5 mm，果実が下向きになるのがよい特徴。上方の花は微小な膜質の苞腋につく。花弁は萼片よりやや長く，萼片は長さ2.5〜3.5 mm。基準変種はヨーロッパや北アメリカ東部に分布し，これに比べて変種ノミノフスマは萼片より長くなる大きな花弁をもつことで特徴づけられる(Hara, 1952)。Tatewaki(1957)では外来種として扱い，択捉島が北東限としていた。Barkalov(2009)は外来種とせず，日本でも通常は在来種とされる。北千島パラムシル島はBarkalov(2009)では疑問符つきの文献記録しかないので，本書の分布表ではパラムシル島の記録は採用していない。

【分布】　色丹島・南・中(ウルップ島*)・北(シュムシュ島)。

【暖温帯植物：東アジア要素】　九州〜北海道。千島列島・カムチャツカ半島。朝鮮半島・中国・東ネパール。[Map 728]

2. カンチヤチハコベ 【Plate 69-3】

Stellaria calycantha (Ledeb.) Bong. [EPJ 2012] [FKI 2009] [FJIIa 2006] [CFK 2004] [VPS 2002]

葉は長楕円形で質薄く，幅4〜6 mm。萼片は長さ約3 mm，花弁は通常欠落するが，あっても萼片よりずっと短いのはよい特徴。ノミノフスマに似るが果実は下向きにならず，花は葉腋につく傾向が強い。

【分布】　南(国後島)・中・北。色丹島，択捉島からは記録がない。
【亜寒帯植物：周北極要素】　本州中部(高山帯)・北海道(大雪山系)[J-CR]。千島列島・サハリン・カムチャツカ半島。北半球北部。［Map 735］

3. **チシマハコベ**　【Plate 69-4】

Stellaria crassifolia Ehrh. [FKI 2009] [CFK 2004]

エゾハコベやカンチヤチハコベに似る多年草。葉の幅は2～4 mm。萼片は鋭頭で長さ2～4 mmで，花弁はそれよりも長い。果実は萼片より長く，種子表面はしわ状。
【分布】　中(ラシュワ島以北)・北。
【亜寒帯植物：周北極植物】　本州・北海道に分布しない。千島列島中部以北・カムチャツカ半島。オホーツク・シベリア・ヨーロッパ・北アメリカ。［Map 736］

4. **エゾハコベ**

Stellaria humifusa Rottb. [EPJ 2012] [FKI 2009] [FJIIa 2006] [CFK 2004] [VPS 2002]

沿岸地の湿草原に生える多年草。茎は無毛で稜がない。葉は線状長楕円形で幅3 mm前後。花は葉腋に単生し，萼片は鋭頭で長さ4～4.5 mmで，花弁はほぼ同長。果実と萼片は同じ位の長さで，種子は平滑。
【分布】　色丹島・南・中(ラシュワ島*)・北(パラムシル島*)。ややまれ。
【冷温帯植物：周北極要素】　北海道(根室支庁)[J-EN]。千島列島・サハリン・カムチャツカ半島。北半球北方地域。［Map 737］

5. **シラオイハコベ**(エゾフスマ)

Stellaria fenzlii Regel [EPJ 2012] [FKI 2009] [FJIIa 2006] [CFK 2004] [VPS 2002]

葉はやや硬く，縁と裏面主脈上に柔毛があり，小花柄が長い。花弁は2.5 mm長の萼片より短く，時に欠く。2n＝26, 52(国後島)[Probatova et al., 2007]
【分布】　色丹島・南・中・北。やや普通。
【冷温帯植物：東北アジア要素】　本州中部～北海道。千島列島・サハリン・カムチャツカ半島。アムール・ウスリー・オホーツク。

6. **ナガバツメクサ**(カラフトノミノフスマ)

Stellaria longifolia Muehl. ex Willd. [EPJ 2012] [FKI 2009] [CFK 2004] [VPS 2002]; *S. longifolia* Muehl. ex Willd. var. *legitima* Regel [FJIIa 2006]; *S. mosquensis* M.Bieb.

湿生の草原や林の縁に生える。茎の4稜上に低い凸点。葉は線形で幅0.8～2.5 mm。花は集散花序に頂生し，萼片は長さ2.5～3 mm。
【分布】　歯舞群島・色丹島・南。
【冷温帯植物：周北極要素】　本州北部～北海道。千島列島南部・サハリン・カムチャツカ半島。北半球北方地域。［Map 734］

7. **エゾオオヤマハコベ**　【Plate 26-7】

Stellaria radians L. [EPJ 2012] [FJIIa 2006] [CFK 2004]; *Fimbripetalum radians* (L.) Ikonn. [FKI 2009] [VPS 2002]

湿草原に生えるやや大型の多年草。茎葉に絹毛，花は大きく花弁は多裂する。萼片は長さ6～9 mmあり有毛。千島列島南部では高さ50 cmほどになるが，北部では高さ20～30 cmと小さくなる。色丹島とウルップ島から記録がない。
【分布】　歯舞群島・南・中(ウシシル島)・北。やや普通。両側分布的。
【冷温帯植物：東北アジア要素】　本州中部～北海道。千島列島・サハリン・カムチャツカ半島。ウスリー・オホーツク・東シベリア・モンゴル。

8. **シコタンハコベ**　【Plate 2-2, 69-5】

Stellaria ruscifolia Pall. ex Schltdl. ["Willd. ex Schltdl.", EPJ 2012] [FKI 2009] [FJIIa 2006] [CFK 2004] [VPS 2002]

沿岸の岩場や草原に生える多年草。全草無毛で葉はやや厚く緑白色，花は単生で大きく萼片は長さ5～7 mm。2n＝26(エカルマ島)[Probatova et al., 2007]
【分布】　色丹島，南・中・北。普通。
【亜寒帯植物：北太平洋要素】　本州中部・北海道

[J-VU]。千島列島・サハリン・カムチャツカ半島。アムール・オホーツク・東シベリア・アリューシャン列島・アラスカ。

9. **ステラリア・エシュショルツィアナ**

Stellaria eschscholtziana Fenzl [FKI 2009] [CFK 2004]; *S. ruscifolia* Pall. ex Schltdl. var. *eschscholtziana* (Fenzl) Hultén

全体の形はシコタンハコベに似るが，植物体全体に短い白縮毛が密にある。シコタンハコベの変種とする見解もある。Verkholat et al.(2005)がパラムシル島の標本を確認した。

【分布】 北。

【亜寒帯植物：東北アジア要素】 本州・北海道に分布しない。千島列島北部・カムチャツカ半島。東シベリア。

外1. **カラフトホソバハコベ**

Stellaria graminea L. [EPJ 2012] [FKI 2009] [FJIIa 2006] [CFK 2004] [VPS 2002]

ヨーロッパ原産の多年草。葉は線形で幅1～2 mm，花は茎頂に大きな花序を形成してナガバツメクサに似るが，萼片の長さは3.5 mm位あり縁に細毛がある。北海道には戦後帰化し比較的広く点在する。

【分布】 南。まれ ［戦後帰化］

【冷温帯植物】 北海道(外来A3)。千島列島南部(外来)・サハリン(外来)・カムチャツカ半島(外来)。ヨーロッパ原産。［Map 731］

外2. **ハコベ(コハコベ)**

Stellaria media (L.) Vill. [EPJ 2012] [FKI 2009] [FJIIa 2006] [CFK 2004] [VPS 2002]

茎に軟毛の条があり，茎下部の葉は有柄。花柄や萼片に軟毛がある。植物体の大きさにはかなり変異がある。日本では史前帰化植物とされ在来種扱いされる(清水，2003)が，Barkalov(2009)は千島列島の外来種と見なす。2n＝42(パラムシル島，シュムシュ島)［Probatova et al., 2007］

【分布】 歯舞群島・色丹島・南・中・北。［戦前帰化］

【暖温帯植物】 九州～北海道(史前帰化植物：在来種扱いA3)。千島列島(外来)・サハリン(外来)・カムチャツカ半島(外来)。汎世界的に分布。

AE44. ヒユ科
Family AMARANTHACEAE

1. ヒユ属
Genus *Amaranthus*

外1. **アメリカビユ(イヌヒメシロビユ)**

Amaranthus blitoides S.Watson [EPJ 2012] [FKI 2009]; *A. graecizans* L. [FJIIa 2006]

北アメリカ原産の一年草。Tatewaki(1957)ではリストされなかったが，Barkalov(2009)で初めて報告されたので千島列島には戦後帰化したと思われる。日本では帰化植物として本州にまれに見られるのみ。

【分布】 南(択捉島)。まれ ［戦後帰化］

【温帯植物】 本州(外来)。千島列島南部(外来)。北アメリカ原産で現在は世界中に広く帰化。

2. ハマアカザ属
Genus *Atriplex*

1. **ハマアカザ**

Atriplex subcordata Kitag. [EPJ 2012] [FKI 2009] [FJIIa 2006] [VPS 2002]

海岸の砂地に生える一年草。下部の葉は三角状披針形で縁に不ぞろいの歯牙があり，特に最下部両側の歯が大きくなり基部はほこ形となる。1個体に雄花と雌花が混じり，密に穂状につく。雌花には花被片がなく1対の苞があり，果時に大きくなって長さは通常5～10 mmになり果実を包む。Tatewaki(1957)では*A. patula*としていたもので，北千島から記録がなかったが，Verkholat et al.(2005)でパラムシル島からの標本が確認された。北千島パラムシル島のものは戦後に帰化したものかもしれない。筆者らは，Barkalov(2009)で記録されていないチルポイ島・シュムシュ島でも証拠標本を採集している。Yakubov(2007) で *A. subcordata* とされる写真(No.139)は明らかにハマアカザではない。Yakubov(2010) の *A. gmelinii* の写真と取り違えた可能性がある。
【分布】 歯舞群島・色丹島・南・中・北。
【温帯植物：東北アジア要素】 本州〜北海道。千島列島・サハリン。ウスリー。

2. **ホソバハマアカザ**(ホソバノハマアカザ)

Atriplex patens (Litv.) Iljin [EPJ 2012] [FKI 2009] [VPS 2002]; *A. littoralis* L. [FJIIa 2006]

海岸の砂地に生える高さ 20〜100 cm の一年草。下部の葉は披針形〜線形で疎らに鋸歯が入る。花は輪状に隔離し，全体に長い穂状につく。Barkalov(2009)が記録していない産地として，筆者はウルップ島の戦前標本を確認している。時に葉の幅が 1 cm 以上になり，茎上部の葉に大きな左右の歯牙が入り，ホソバハマアカザとハマアカザの中間型を思わせるものがある。
【分布】 歯舞群島・色丹島・南・中(シムシル島が北東限)。
【温帯植物：周北極要素】 九州〜北海道。千島列島中部以南・サハリン。ウスリー・オホーツク・シベリア・ヨーロッパ・朝鮮半島・中国。

3. **キタホソバハマアカザ**(新称)

Atriplex gmelinii C.A.Mey. ex Bongard ["C. A. Mey.", FKI 2009] ["C. A. Mey.", CFK 2004] [FNA4 2003]

ホソバハマアカザに似るが植物体は 5〜30 cm と小さく，葉は完全に全縁で花は短い穂状となる北方系の種。学名 *A. gmelini* はこれまで日本のホソバハマアカザにあてられていた学名だが，不適当で，本種にあてるべきだという(Clemants, 2006)。Yakubov(2010) において *A. gmelinii* とされる写真(p.132)はハマアカザと思われる。
【分布】 北(パラムシル島)。
【冷温帯植物：北太平洋要素】 本州・北海道にない。千島列島北部・カムチャツカ半島(外来)。オホーツク・アラスカ・北アメリカ北部。

3. アカザ属
Genus *Chenopodium*

外 1. **シロザ**

Chenopodium album L. [EPJ 2012] [FKI 2009] [FJIIa 2006] [CFK 2004] [VPS 2002]

葉は三角状卵形〜長卵形。花は通常両性で 5 枚の花被片をもち，花序は複穂状〜円錐状。日本では在来種とされ(清水，2003)，北海道では外来植物とされる(五十嵐，2001)。Brakalov(2009)も千島列島の外来植物と見なしている。Tatewaki(1957)は外来植物として，南千島とウシシル島から記録し，Barkalov(2009)はさらにウルップ島と北千島からも報告した。ここでは変種アカザ var. *centrorubrum* Makino を特に分けてはいない。
【分布】 歯舞群島・色丹島・南・中・北。点在。[戦前帰化・北千島は戦後拡大]
【暖温帯植物】 九州〜北海道(在来，北海道では外来ともされる B)。千島列島(外来)・サハリン(在来)・カムチャツカ半島(外来)。汎世界的。[cf. Map 688]

外 2. **コアカザ**

Chenopodium ficifolium Sm. [EPJ 2012]

日本では史前帰化植物として在来種扱いされる(清水，2003)一年草。シロザに似るが，葉は三角状長楕円形，基部で浅く 3 裂し，縁には不規則な波状歯がある。花期が 5〜6 月と早い。Tatewaki(1957)や Barkalov(2009)では記録されていないが，Fukuda, Taran et al.(2014)で初報告した。戦後帰化と思われる。
【分布】 南(択捉島)。まれ。[戦後帰化]
【暖温帯植物】 九州〜北海道(在来種扱い，北海道では外来 B)。千島列島南部(外来)。ユーラシアに広く分布。

外 3. **ウラジロアカザ**

Chenopodium glaucum L. [EPJ 2012] [FKI 2009] [FJIIa 2006] [CFK 2004] [VPS 2002]

中央アジア原産と思われる外来種。葉は卵状長楕円形で下面が粉白色。Barkalov et al.(2009)が色丹島のノトロ湾から報告した。Tatewaki(1957)で国後島から本種として報告されていた標本はシロザの誤同定とされる(Barkalov, 2009)。
【分布】 色丹島。まれ。[戦後帰化]
【暖温帯植物】 九州〜北海道(外来B)。千島列島南部(外来)・サハリン(在来)・カムチャツカ半島(外来)。汎世界的。[Map 678]

外4. ウスバアカザ

Chenopodium hybridum L. [EPJ 2012] [FKI 2009] [FJIIa 2006]

Tatewaki(1957)では千島列島から報告がないが, Barkalov(2009)が色丹島から外来植物として報告した。
【分布】 色丹島。まれ。[戦後帰化]
【温帯植物】 本州〜北海道(外来B)。千島列島南部(外来)。アムール・ウスリー・ヨーロッパ・アジア北部・北アメリカ。[Map 681]

4. アッケシソウ属
Genus *Salicornia*

1. アッケシソウ 【Plate 4-2】

Salicornia europaea L. [EPJ 2012] [FJIIa 2006] [VPS 2002]; *S. perennans* Willd. [FKI 2009]

沿岸地域の塩湿地に生える葉が退化した多肉質の一年草。北半球温帯に広く分布し, 2倍体と4倍体からなる複合種と考えられている(Clemants, 2006)。ここでは広域分布する多型の種*S. europaea*として認めるが, Barkalov(2009)は*S. perennans*にあてている。日本では現在四国と北海道に隔離分布しており, 最近の遺伝子研究では四国集団は北海道集団よりも朝鮮半島集団に近いことが示されている(星野ほか, 2010)。KYOに色丹島デバリ〜ノトロの標本(1931年8月7日, 大井610)がある。
【分布】 色丹島・南(国後島ケラムイ岬など)。まれ。
【温帯植物:周北極要素】 四国・本州北部・北海道[J-VU]。千島列島南部・サハリン北部。北半球の温帯域。[Map 702]

5. オカヒジキ属
Genus *Salsola*

1. オカヒジキ 【Plate 70-1】

Salsola komarovii Iljin [EPJ 2012] [FKI 2009] [FJIIa 2006] [CFK 2004] [VPS 2002]

海岸砂浜の最前線に生える多肉質の一年草。葉は円柱形で先は刺状。南千島では最近海岸砂浜に侵入しているオニハマダイコンとの競合が懸念される。
【分布】 歯舞群島・色丹島・南。普通。
【温帯植物:東北アジア要素】 本州〜北海道。千島列島南部・サハリン・カムチャツカ半島。ウスリー・朝鮮半島・中国(北部〜北東部)。

AE45. ヌマハコベ科
Family MONTIACEAE

1. ヌマハコベ属
Genus *Montia*

1. ヌマハコベ

Montia fontana L. [EPJ 2012] [FKI 2009] [FJIIa 2006] [CFK 2004] [VPS 2002]

湿原のミズゴケ内や小流ぞいの湿った岩上などに生える小型の一年草。花は径3 mm, 萼片2, 花弁5, 雄しべ3, 花柱3本。2n＝20(シャシコタン島)[Probatova et al., 2007]。
【分布】 色丹島・南・中・北。千島列島全体に点在。
【冷温帯植物:汎世界要素】 本州中部〜北海道[J-VU]。千島列島・サハリン北部・カムチャツカ半島。ユーラシア・北アメリカ・アフリカ・ニュージーランド。[Map 707]

AE46. ミズキ科
Family CORNACEAE

1. サンシュユ属
Genus *Cornus*

1. ゴゼンタチバナ

Cornus canadensis L. [EPJ 2012]; *Chamaepericlymenum canadense* (L.) Asch. et Graebn. [FKI 2009] [CFK 2004] [VPS 2002] [FJIIc 1999]

林縁やササ群落縁に生える多年草。茎の先に6枚の葉が偽輪生状につく。

【分布】 色丹島・南・中・北。千島列島全体に点在するが，次種よりも少ない。開花：6月中旬～7月下旬。

【温帯植物：周北極要素】 四国～北海道。千島列島・サハリン・カムチャツカ半島。ウスリー・オホーツク・東シベリア・朝鮮半島・中国・北アメリカ。

2. エゾゴゼンタチバナ

Cornus suecica L. [EPJ 2012]; *Chamaepericlymenum suecicum* (L.) Asch. et Graebn. [FKI 2009] [CFK 2004] [VPS 2002] [FJIIc 1999]

湿生の草原に生える多年草。葉は茎上に何対か対生につき，輪生状にならない。

【分布】 歯舞群島・色丹島・南・中・北。千島列島全体に普通で，ゴゼンタチバナよりも多い。開花：6月上旬～7月上旬。

【冷温帯植物：周北極要素】 北海道(東部)[J-NT]。千島列島・サハリン・カムチャツカ半島。ユーラシア北部・北アメリカ。[Map 1380]

3. ミズキ

Cornus controversa Hemsl. ex Prain [EPJ 2012]; *Bothrocaryum controversum* (Hemsl. ex Prain) Pojark. [FKI 2009]; *Swida controversa* (Hemsl. ex Prain) Soják [FJIIc 1999]

低地に生える落葉性の小高木。

【分布】 南(国後島)。まれ。開花：6月下旬～7月中旬。

【暖温帯植物：東アジア要素】 九州～北海道。千島列島南部[S-V(2)]。朝鮮半島・中国・台湾。

AE47. アジサイ科
Family HYDRANGEACEAE

1. アジサイ属
Genus *Hydrangea*

1. ノリウツギ

Hydrangea paniculata Siebold [EPJ 2012] [FKI 2009] [VPS 2002] [FJIIb 2001]; *H. paniculata* Siebold et Zucc. [J]

日あたりのよい林縁や草原などに生える落葉低木。葉は対生で装飾花のある大きな円錐花序をつける。時に装飾花がない品種ヒダカノリウツギ f. *debilis* (Nakai) Sugim. や花序の軸が伸びずに花序が扁平気味となる変種アジサイノリウツギ var. *intermedia* Boiss. が見られる。特に色丹島では後者の型が多かったが，これは開花期前の低温などに対する生理反応にすぎず，分類群として認めることはできないかもしれない。2n＝72(国後島)[Probatova et al., 2007]。

【分布】 歯舞群島・色丹島・南(択捉島が北東限)。やや普通。開花：8月上旬～9月下旬。

【暖温帯植物：東アジア要素】 九州～北海道。千島列島南部・サハリン南部。台湾・中国(中部・南部)。

2. ツルアジサイ(ゴトウヅル)　【Plate 4-6】

Hydrangea petiolaris Siebold et Zucc. [EPJ 2012] [FKI 2009] [VPS 2002] [FJIIb 2001]

つる性の落葉木本。葉は対生で葉柄は葉身長に匹敵するほど長く，葉身基部は時に心形となる。装飾花のある散房状集散花序をつける。これまで択捉島が北東限だったがBarkalov(2009)がウルップ島からも報告した。2n＝36(国後島)[Probatova et al., 2007]。

【分布】 色丹島・南・中(ウルップ島が北東限。択捉島中部ではやや普通)。開花：7月中旬～8月中旬。
【暖温帯植物：準日本固有要素】　九州～北海道。千島列島中部以南・サハリン中部以南[S-R(3)]。朝鮮半島南部。

2. イワガラミ属
Genus *Schizophragma*

1. **イワガラミ**

Schizophragma hydrangeoides Siebold et Zucc. [EPJ 2012] [FKI 2009] [FJIIb 2001]

つる性の落葉木本。別属のツルアジサイに似るが，装飾花の花弁様萼片が1個(ツルアジサイでは4個内外)，葉縁の鋸歯はあらく鋭頭～鋭尖頭(ツルアジサイの鋸歯は小さくて多数，イワガラミほどとがらない)，葉裏はより白っぽい点で葉のみでも区別できる。2n＝28(国後島)[Probatova et al., 2007]。
【分布】　南(国後島：古釜布の標本がSAPSにある)。まれ。開花：8月中旬～下旬。
【暖温帯植物：準日本固有要素】　九州～北海道(道東ではやや局所的)。千島列島南部[S-E(1)]。朝鮮半島(ウツリョウ島)。

AE48. ツリフネソウ科
Family BALSAMINACEAE

1. ツリフネソウ属
Genus *Impatiens*

1. **キツリフネ**

Impatiens noli-tangere L. [EPJ 2012] [FKI 2009] [CFK 2004] [VPS 2002] [FJIIc 1999]

山地の小川ぞいの湿地などに生える高さ40～80 cmの多年草。葉縁に鈍鋸歯があり淡黄色の花。
【分布】　色丹島・南・中(ウルップ島)。やや普通。
【温帯植物：周北極要素】　九州～北海道。千島列島中部以南・サハリン・カムチャツカ半島。シベリア・朝鮮半島・中国・ヨーロッパ・北アメリカ。[Map 1293]

2. **ツリフネソウ**

Impatiens textori Miq. [EPJ 2012] [FKI 2009] [FJIIc 1999]

キツリフネに似るが，葉縁に鋭鋸歯があり紅紫色の花。千島列島においてはキツリフネに比べると分布は局限されており，この点は北海道での出現状況と同じである。
【分布】　南(国後島)。ややまれ。
【暖温帯植物：東アジア要素】　九州～北海道。千島列島南部。朝鮮半島・中国東北部。

外1. **オニツリフネソウ**(ロイルツリフネソウ)

Impatiens glandulifera Royle [FKI 2009] [VPS 2002]

Tatewaki(1957)ではリストされず，Barkalov(2009)で報告された。2010年には色丹島アナマ市街に広がっているのを確認した。サハリンに多く，北海道でも広がりつつある。
【分布】　色丹島，南(国後島：古釜布市内など)。[戦後帰化]
【冷温帯植物】　北海道(外来A3)。千島列島南部(外来)・サハリン南部(外来)・カムチャツカ半島(外来)。ヒマラヤ原産でヨーロッパや北アメリカに帰化する。

AE49. ハナシノブ科
Family POLEMONIACEAE

1. クサキョウチクトウ属
Genus *Phlox*

外1. **クサキョウチクトウ**

Phlox paniculata L. [EPJ 2012]

住宅地の空き地に生える外来草本。
【分布】　色丹島(アナマ)。まれ。[戦後栽培逸出]
【温帯植物】　日本(外来)。千島列島南部(外来)・カムチャツカ半島(外来)。

2. ハナシノブ属
Genus *Polemonium*

千島列島は，2つの近縁種(周北極ツンドラ種の *P. acutiflorum* と周北極亜寒帯種の *P. caeruleum*)の移行地帯にあたり，どちらの種と関連づけるのか難しい。ここではIto(1983)や米倉(2012)の考えに従って整理した。

1. **ヒメハナシノブ** 【Plate 70-2】

Polemonium boreale Adams [FKI 2009] [CFK 2004]; *P. hultenii* H.Hara

シベリア～北アメリカ西部の高緯度周北極地域の草原に生える多年草。高さ30 cmまでの小さな植物体。羽状複葉は長さ2～3 cmと小さく鈍頭の小葉も長さ2～4 mmと小さく有毛。茎上部も毛が多い。花弁は円頭。Barkalov(2009)が北千島以外にもオネコタン島から報告した。TNSにパラムシル島の標本がある。

【分布】 中(オネコタン島)・北。やや普通。

【亜寒帯植物：周北極要素】 本州・北海道にない。千島列島中部以北・カムチャツカ半島。オホーツク・コリマ・コリャク・チュコト・シベリア・モンゴル・ヨーロッパ・アラスカ・北アメリカの周北極地域。〔Map 1532〕

2a. **キョクチハナシノブ** 【Plate 26-6, 70-3】

Polemonium caeruleum L. subsp. ***campanulatum*** Th.Fr.; *P. acutiflorum* Willd. ex Roem. et Schult. [FKI 2009] [CFK 2004] [VPS 2002]; *P. campanulatum* (Th.Fr.) Lindb.f. [FKI 2009] [CFK 2004] [VPS 2002]

ユーラシアから北アメリカ西部の周北極地域の草原に生える多年草。羽状複葉は小さく，小葉は鋭頭で両面は無毛。花弁は鋭頭。Barkalov(2009)は *P. acutiflorum* と *P. campanulatum* の2種を挙げているが区別は難しく，ここでは広域分布する *P. caeruleum* の下に合一した。

【分布】 中(オネコタン島)・北。やや普通。

【亜寒帯植物：周北極要素】 本州・北海道にない。千島列島中部以北・サハリン・カムチャツカ半島。アムール・沿海州・アルダン・オホーツク・コリマ・コリャク・チュコト・シベリア・ヨーロッパ・アラスカ・北アメリカ西部の周北極地域。種としては東アジア地域も含む。〔Map 1531〕

2b. **クシロハナシノブ**

Polemonium caeruleum L. subsp. ***laxiflorum*** (Regel) Koji Ito var. ***paludosum*** (Koji Ito) T. Yamaz. [EPJ 2012]; *P. caeruleum* L. subsp. *campanulatum* Th.Fr. var. *paludosum* (Koji Ito) T.Yamaz. [FJIIIa 1993]; *P. schizanthum* Klok. [FKI 2009]

沿岸地域の湿原に生える多年草。上記キョクチハナシノブと同一の種だが，それとは葉にやや毛があり，小葉の幅が狭く，花弁の先がより鈍頭である点で区別できる。南千島のものは道東のクシロハナシノブと連続する集団と思われる。

【分布】 色丹島・南(国後島)。まれ。

【亜寒帯植物：周北極要素】 北海道東部[J-VU]。千島列島南部・サハリン。〔Map 1530〕

AE50. サクラソウ科
Family PRIMULACEAE

1. トチナイソウ属
Genus *Androsace*

1. **トチナイソウ**(宮部・川上，1901)(チシマコザクラ) 【Plate 70-4】

Androsace chamaejasme Host subsp. ***capitata*** (Willd. ex Roem. et Schult.) Korobkov [EPJ 2012] [CFK 2004]; *A. capitata* Willd. ex Roem. et Schult. [FKI 2009] [VPS 2002]; *A. chamaejasme* Host subsp. *lehmanniana* (Spreng.) Hultén [FJIIIa 1993]; *A. lehmanniana* Spreng.; *A. chamaejasme* Host var. *paramushirensis* Kudô [J]

和名に「チシマコザクラ」もあるが，バラ科木本のチシマザクラと混同されるので使わないほうがよい。

【分布】 色丹島・南(択捉島)・中(ウルップ島)・北。

両側分布。
【亜寒帯植物：周北極要素】　本州北部〜北海道［J-EN, as *A. chamaejasme* ssp. *lehmanniana*］。千島列島・サハリン北部・カムチャツカ半島。ウラル〜東シベリア・アラスカ・カナダ。

外1. **サカコザクラ**　【Plate 71-1】

Androsace filiformis Retz. [EPJ 2012] [FKI 2009] [CFK 2004] [VPS 2002]

町近くの湿った道路縁に生える外来種。葉柄と葉身が明瞭。類縁種の *A. septentrionalis* ではこれが不明瞭。日本では青森や釧路から記録がある。和名のサカは中国の地名「沙河」から。
【分布】　中(ウルップ島*)・北(パラムシル島, シュムシュ島*)。両側分布。［帰化］
【冷温帯植物】　本州・北海道(外来B)。千島列島中部以北(外来)・サハリン(外来)・カムチャツカ半島(在来)。中国東北部・朝鮮半島に多い。［Map 1473］

2. サクラソウモドキ属
Genus *Cortusa*

1. **サクラソウモドキ**

Cortusa matthioli L. subsp. ***pekinensis*** (V.A. Richt.) Kitag. var. ***sachalinensis*** (Losinsk.) T. Yamaz. [EPJ 2012] ["*matthiolii*", FJIIIa 1993]; *C. sachalinensis* Losinsk. [FKI 2009] [VPS 2002]; *C. matthiolii* L. var. *yezoensis* (Miyabe et Tatew.) H. Hara; *C. pekinensis* (V.A.Richt.) Kom. et Aliss. [R]

北海道には点在し，特に礼文島の亜高山草原に多い。花がないとエゾオオサクラソウに誤認されることがあるが，サクラソウモドキでは花序基部の苞葉に明瞭な歯牙があることが果実期のよい区別点である。Tatewaki(1957)は千島列島からは本種をリストしなかったが，Alexeeva et al.(1983)が色丹島から記録しBarkalov(2009)もリストしている。筆者らはいまだ証拠標本が確認できておらず，また本種は道東の釧路支庁・根室支庁になく，やや疑問が残る。
【分布】　色丹島。まれ。
【冷温帯植物：周北極／準北海道固有要素】　北海道[J-EN]。千島列島南部・サハリン。種としてはヨーロッパ〜東アジアに広く分布。［Map 1474］

3. オカトラノオ属
Genus *Lysimachia*

1. **ツマトリソウ**(コツマトリソウ)

Lysimachia europaea (L.) U.Manns et Anderb. [EPJ 2012]; *Trientalis europaea* L. [FKI 2009] [VPS 2002] [FJIIIa 1993]; *T. europaea* L. subsp. *arctica* Hultén [CFK 2004]

やや湿った林内や湿原などに生える多年草。湿原に生える小型のものをコツマトリソウ var. *arctica* として分ける考えもあるが，千島列島全体では明瞭に2分類群に分けることはできない。カムチャツカ半島からはコツマトリソウのみが報告されている。2n＝c.90(チルポイ島)as *T. arctica*［Probatova et al., 2007］。
【分布】　色丹島・南・中・北。千島列島全体に普通。
【冷温帯植物：周北極要素】　四国〜北海道。千島列島・サハリン・カムチャツカ半島。旧大陸の冷温帯〜亜寒帯。［Map 1480］

2. **ウミミドリ**(シオハコベ，シオマツバ)

Lysimachia maritima (L.) Galasso, Banfi et Soldano; *L, maritima* (L.) Galasso, Banfi et Soldano var. *obtusifolia* (Fernald) Yonek. [EPJ 2012]; *Glaux maritima* L. [FKI 2009] [VPS 2002]; *G. maritima* L. var. *obtusifolia* Fernald [FJIIIa 1993]

海岸の塩湿地に生える多年草。葉の裏面基部の茎への付着部に横稜線があり，茎基部の葉が落ちた後も明瞭に残るのが特徴。しばしば主茎基部の葉腋から側茎が出，側茎の葉は主茎の葉よりも小さい。本種のヨーロッパ産，中国産，日本産などの標本を比較すると，地域ごとの葉形の変異は大きいが，ヨーロッパ産と日本産との間に明瞭な差は見出せないので，ここでは同一種とする見解に従った。TIに歯舞群島水晶島の標本(K. Kondo, 1929年8月24日)がある。

【分布】 歯舞群島・色丹島・南(択捉島が千島列島での北東限)。
【冷温帯植物：周北極要素】 本州北部〜北海道。千島列島南部・サハリン。ユーラシアから北アメリカに広く分布。[Map 1481]

3. ヤナギトラノオ

Lysimachia thyrsiflora L. [EPJ 2012]; *Naumburgia thyrsiflora* (L.) Rchb. [FKI 2009] [CFK 2004] [VPS 2002] [FJIIIa 1993]

湿原に生える多年草。本種の分布西南限地域が滋賀県から報告され，氷期の遺存分布と見なされている(藤井ほか，1999)。TIに歯舞群島志発島標本(S. Saito 2980，1925年8月)がある。2n＝40(国後島)[Probatova et al., 2007]。
【分布】 歯舞群島・色丹島・南・中(ウルップ島)・北(パラムシル島)。両側分布。
【冷温帯植物：周北極要素】 本州中部〜北海道。千島列島・サハリン・カムチャツカ半島。北半球冷温帯に広く分布。[Map 1479]

4. クサレダマ

Lysimachia vulgaris L. subsp. ***davurica*** (Ledeb.) Tatew. [EPJ 2012]; *L. vulgaris* L. var. *davurica* (Ledeb.) R.Kunth [FJIIIa 1993]; *L. davurica* Ledeb. [FKI 2009] [VPS 2002]

やや湿った日あたりのよい草原に生える多年草。
【分布】 歯舞群島・色丹島・南(国後島東沸湿原にまれ)。
【暖温帯植物：東アジア要素】 九州〜北海道。千島列島南部・サハリン中部以南。アムール・東シベリア・朝鮮半島・中国。[Map 1477]

4. サクラソウ属
Genus *Primula*

1. エゾコザクラ 【Plate 22-2】

Primula cuneifolia Ledeb. [EPJ 2012] [FKI 2009] [CFK 2004] [VPS 2002] [FJIIIa 1993]

多年生草本。Fujii et al.(1999)によると本州中部山岳の集団は氷河期の古い時代に南下・孤立化したもので，山頂ごとに異なる遺伝子型が見られる。花には典型的なピンとスラムの2型の他に，雄しべと雌しべの位置がほぼ同じホモスタイリーがあり，この型は中千島に多く出現する。Alexeeva et al.(1983)では色丹島からも報告しているが，Tatewaki(1957)，Barkalov(2009)ともに色丹島をリストしないので，ここでも色丹島はリストしない。時にシロバナエゾコザクラ f. *leucahntha* H.Haraがある(パラムシル島)。2n＝22(シムシル島，ケトイ島，シャシコタン島)[Probatova et al., 2007]。
【分布】 南・中・北。千島列島全体に普通。
【亜寒帯植物：北太平洋要素】 本州中部〜北海道。千島列島・サハリン中部以北・カムチャツカ半島。東シベリア・アリューシャン列島。

2. クリンソウ 【Plate 46-3】

Primula japonica A.Gray [EPJ 2012] [FKI 2009] [FJIIIa 1993]

低地の川ぞいや湿った草地に生える多年草。Tatewaki(1957)ではリストされず，Alexeeva (1983)で国後島から報告された。VLAで国後島産標本(Pobedimova and Konovalova, Jun. 23, 1959)を確認した。北海道東部ではしばしば栽培逸出・残存と思われる株もあるので，南千島が自生かどうかさらに検討が必要と思う。KYO，TI，TNSには千島産標本がない。
【分布】 色丹島・南(国後島)。まれ。
【温帯植物：日本・千島固有要素】 四国〜北海道。千島列島南部。

3a. ユキワリコザクラ 【Plate 9-7】

Primula modesta Bisset et S.Moore var. ***fauriei*** (Franch.) Takeda [FJIIIa 1993]; *P. farinosa* L. subsp. *modesta* (Bisset et S.Moore) Pax var. *fauriei* (Franch.) Miyabe [EPJ 2012]; *P. fauriei* Franch. [FKI 2009]

海岸近く〜平地の草原や岩塊地に生える多年草。レブンコザクラに似るが，葉柄がより明瞭。色丹島の亜高山草原に普通だった。道東の沿岸部草原から連続する分布。TIに歯舞群島勇留島標本(K.

Kondo, 1929年8月24日)がある。白花個体はシロバナユキワリコザクラ f. *albiflora* Tatew. とされる。2n=18(国後島, シムシル島)as *P. fauriei*〔Probatova et al., 2007〕。

【分布】 歯舞群島・色丹島・南・中(ラシュワ島が北東限)。

【冷温帯植物:日本・千島固有要素】 本州北部〜北海道。千島列島中部以南。〔cf. Map 1468〕

3b. **レブンコザクラ**

Primula modesta Bisset et S.Moore var. ***matsumurae*** (Petitm.) Takeda [FJIIIa 1993]; *P. farinosa* L. subsp. *modesta* (Bisset et S.Moore) Pax var. *matsumurae* (Petitm.) T.Yamaz. [EPJ 2012]; *P. farinosa* auct. non L. [FKI 2009]

葉身は葉柄に流れ, 葉身と葉柄との区別がつきにくい。Barkalov(2009)はカラフトユキワリソウ *P. farinosa* を択捉島から報告したが, 本種である。同時にシュムシュ島を文献記録として挙げているが, 疑問であり, ここではこの記録は採用しない。レブンコザクラは道東知床半島にも産し, これの延長と見られる。なお *P. modesta* を *P. farinosa* から区別するのに萼裂片の特徴が使われる(Yamazaki, 1993b)が, カムチャツカ半島産の *P. farinosa* を見ると裂片がとがり深めに切れ込む個体もあり, *P. modesta* から明瞭に分けるのは難しいと思う。しかし一方で, 米倉(2012)に従うと, 亜種・変種を含む長い学名(4名)になってしまい2名法の長所が失われてしまう。*P. farinosa*−*modesta* 群全体の分類が確定するまで, ここでは暫定的に *P. modesta* を生かしておく。なお, 日本とその近隣における広義のユキワリソウの種内分類群と地理分布について山崎(2003)のまとめがあり, レブンコザクラの択捉島分布も明記されている。

【分布】 南(択捉島)。

【亜寒帯植物:日本・千島固有要素】 北海道〔J-VU〕。千島列島南部。〔cf. Map 1468〕

4. **ラシュワコザクラ** 【Plate 71-2】

Primula nutans Georgi [FKI 2009] [CFK 2004]; *P. sibirica* Jacq.

おもに北極域に生育する繊細な一年草。葉は広楕円形で円頭, 葉柄は明瞭で葉身より長い。花序基部の苞葉基部が下向きに耳状に張り出し, 花は1〜4個つき花冠裂片先はV字形に凹む。Alexeeva et al.(1983)で色丹島から記録されるが, Barkalov(2009)はこれを採用せず, 本書でも色丹島は分布として取り上げない。確実な産地はラシュワ島のみである。

【分布】 中(ウシシル島*・ラシュワ島)。

【亜寒帯植物:周北極要素】 本州・北海道にない。千島列島中部・カムチャツカ半島。中国東北部・カラコルム・アフガニスタン・ネパール・北ヨーロッパ。〔Map 1471〕

5. **エンドウコザクラ** 【Plate 71-3】

Primula tschuktschorum Kjellm. [FKI 2009] [CFK 2004]; *P. exima* Greene

花冠裂片の先が凹まない点で他のサクラソウ属の種から分けられる。植物体サイズの変異が大きい。葉身は倒披針形で全縁か不明の歯があり葉柄に長く流れる。花は花序あたり(2〜)3〜5(〜8)個つく。

【分布】 中(オネコタン島)・北。

【亜寒帯植物:北太平洋要素】 本州・北海道にない。千島列島中部以北・カムチャツカ半島〔K-EN〕。北アメリカ

AE51. イワウメ科
Family DIAPAENSIACEAE

1. イワウメ属
Genus *Diapensia*

1. **イワウメ**

Diapensia lapponica L. subsp. ***obovata*** (F. Schmidt) Hultén [EPJ 2012]; *D. lapponica* L. var. *obovata* F.Schmidt [FJIIIa 1993]; *D. obovata* (F. Schmidt) Nakai [FKI 2009] [CFK 2004] [VPS 2002]

岩地にマット状に密に生えるわい性の常緑小低

木。葉は革質へら状で長さ6～15 mm，幅3～5 mm。花柄の先に1個の花をつける。白色帯黄色の花は径1 cmほど。広域分布する基本種のうち，東アジア～北アメリカ北西部のものを亜種ランク subsp. *ovotata* として分けている(Hara, 1956)が，変種ランクで分けたり，特に種内分類群を認めない考えもある。

【分布】　色丹島・南・中・北。普通。

【亜寒帯植物：周北極／東北アジア要素】　本州中部～北海道。千島列島・サハリン・カムチャツカ半島。ウスリー・東シベリア・朝鮮半島(済州島)。種としてはユーラシア～北アメリカの周北極地域～中緯度の高山帯に分布。〔Map 1435〕

AE52. マタタビ科
Family ACTINIDIACEAE

1. マタタビ属
Genus *Actinidia*

1. **サルナシ**(コクワ)

Actinidia arguta (Siebold et Zucc.) Planch. ex Miq. [EPJ 2012] [FKI 2009] [FJIIa 2006] [VPS 2002]

低地の広葉樹～針広混交林に生える落葉・つる性の木本。葉がやや厚く表面に光沢があり，変色しない。枝を縦切りすると髄に薄板状のひだがある。国後島ではミヤママタタビより少ない。

【分布】　南(国後島：二木城～古釜布など)。まれ。開花：7月中旬～8月上旬。

【暖温帯植物：東アジア要素】　九州～北海道。千島列島南部・サハリン南部[S-V(2)]。ウスリー・朝鮮半島・中国東北部。

2. **ミヤママタタビ**

Actinidia kolomikta (Maxim. et Rupr.) Maxim. [EPJ 2012] [“(Maxim.) Maxim.”, FKI 2009] [FJIIa 2006] [“(Maxim.) Maxim.”, VPS 2002]

低地～山地の広葉樹～針広混交林に生える落葉・つる性の木本。葉はやや質薄く，表面は光沢なく，一部が白色～赤色に変色する。枝の髄にひだがある。

【分布】　歯舞群島・色丹島・南。普通。開花：7月上旬～8月上旬。

【冷温帯植物：東北アジア要素】　本州中部～北海道。千島列島南部・サハリン中部以南。アムール・中国東北部。

〈検討種〉**マタタビ**

Actinidia polygama (Siebold et Zucc.) Planch. ex Maxim.

落葉・つる性の木本。葉の質はやや薄く，ミヤママタタビに似るが葉身基部は心形にならず先が長くとがることが多い，葉色は白色にのみ変色，枝の髄は薄板状でなく中実。Tatewaki(1957)は国後島をリストし，Barkalov(2009)は文献記録のみとしてリストした。しかしSAPSでは証拠標本が確認できず，VLAにも標本はない。またマタタビは道東ではまれでサハリンにも分布しないことから，千島列島での自生は疑わしいように思う。ここでは検討種としてのみ残した。

AE53. ツツジ科
Family ERICACEAE

従来認められていたイチヤクソウ科，シャクジョウソウ科，ガンコウラン科は，近年の分子系統解析によりツツジ科のなかに含められる(Kron et al., 2002; Stevens et al., 2004; Kron and Luteyn, 2005)。サハリン，千島列島の狭義のツツジ科植物の地理分布についてはTakahashi(2006)を参考にした。

1. ヒメシャクナゲ属
Genus *Andromeda*

1. **ヒメシャクナゲ**

Andromeda polifolia L. [EPJ 2012] [FKI 2009] [CFK 2004] [VPS 2002] [FJIIIa 1993]

ミズゴケ湿原に生える高さ10～30 cmの落葉小低木。葉は広線形～狭長楕円形，葉縁は裏面にまくれ，裏面は白色がかる。枝の先に下向きのピンク色のつぼ形の花が2〜6個散形花序につく。
【分布】　色丹島・南・中・北。やや普通。開花：6月上旬〜7月上旬。
【亜寒帯植物：周北極要素】　本州中部〜北海道。千島列島・サハリン・カムチャツカ半島。北半球の周北極地域〜冷温帯域に広く分布。［Map 1456］

2. コメバツガザクラ属
Genus *Arcterica*

1. コメバツガザクラ

Arcterica nana (Maxim.) Makino [EPJ 2012] [FKI 2009] [CFK 2004] [FJIIIa 1993]

高山岩礫地に生える高さ5〜15 cmの小低木。茎下部は地面を這い，上部は立ち上がる。3枚の葉が輪生するのがよい特徴。白色の花冠はつぼ形，花は枝先に3個ずつ輪生する。サハリンに分布しないため，S-K indexは－1.00(Takahashi, 2006)となる。
【分布】　色丹島・南・中・北。やや普通。
【亜寒帯植物：東北アジア要素】　本州〜北海道。千島列島・カムチャツカ半島。

3. ウラシマツツジ属
Genus *Arctous*

1. ウラシマツツジ

Arctous alpina (L.) Nied. [FKI 2009] [CFK 2004] [VPS 2002]; *A. alpinus* (L.) Nied. var. *japonicus* (Nakai) Ohwi [EPJ 2012] ["*japonicus* (Nakai) Takeda", FJIIIa 1993]; *Arctostaphylos alpina* (L.) Spreng.

落葉性の小低木だが茎は高さ5 cmほどしか立ち上がらず，倒卵形の葉を多数つける。葉の細脈が表面で凹み，裏面で凸出して明らかな網目模様を示す。花冠は黄白色のつぼ形で，赤から黒色に熟す液果をつけ，秋の紅葉が目立つ。東北アジアのものは変種var. *japonica* (Nakai) Takedaや亜種subsp. *japonica* (Nakai) Tatew.とされることもあるが，連続しており区別しがたい。属名*Arctous*は女性形なので種形容語は*alpinus*ではなく*alpina*になる。
【分布】　色丹島・南・中・北。やや普通。
【亜寒帯植物：周北極要素】　本州中部〜北海道。千島列島・サハリン・カムチャツカ半島。シベリア・朝鮮半島・ヨーロッパ・アラスカ・北アメリカの周北極地域〜中緯度の高山地域まで分布。［Map 1455］

4. チシマツガザクラ属
Genus *Bryanthus*

1. チシマツガザクラ

Bryanthus gmelinii D.Don [EPJ 2012] [FKI 2009] [CFK 2004] [FJIIIa 1993]

岩礫地に生え，ほふくしてマット状に広がるわい性の常緑小低木。葉は線形で厚く長さ3〜4 mm，幅1 mm。花茎に2〜10個の淡紅色の小さな花を総状花序につける。花は4数性で花冠は基部まで4裂し，雄しべは8本で目立つ。コメバツガザクラと同様，サハリンに分布しないためS-K indexは－1.00(Takahashi, 2006)。
【分布】　南・中・北。やや普通。
【亜寒帯植物：東北アジア要素】　本州北部(早池峰山)〜北海道[J-VU]。千島列島・カムチャツカ半島。

5. イワヒゲ属
Genus *Cassiope*

1. イワヒゲ　【Plate 15-2】

Cassiope lycopodioides (Pall.) D.Don [EPJ 2012] [FKI 2009] [CFK 2004] [VPS 2002] [FJIIIa 1993]

岩場の裂け目などに生える常緑小低木。葉は鱗片状で十字対生して茎に密着。長さ2〜3 cmの細長い花柄の先に白色鐘形の花を1個つける。色丹島ではまれで，ノトロ山からのBarkalovの2007年の採集標本(VLA)がある。S-K indexは－0.81(Takahshi, 2006)なのでサハリンに比べると千島列島の標本数が圧倒的に多い。類縁種であるカラフトイワヒゲ*Cassiope tetragona* (L.) D.Donがカムチャツカ半島に産するものの，北千島からは見つかっていない。

【分布】 色丹島・南・中・北。普通。
【亜寒帯植物：北太平洋要素】 本州〜北海道。千島列島・サハリン中部以北・カムチャツカ半島。アリューシャン列島・アラスカ・カナダ。

6. ヤチツツジ属
Genus *Chamaedaphne*

1. ヤチツツジ(ホロムイツツジ)

Chamaedaphne calyculata (L.) Moench [EPJ 2012] [FKI 2009] [CFK 2004] [VPS 2002] [FJIIIa 1993]

高層湿原の周辺や泥炭地に生える常緑低木で高さ0.3〜1 m。葉は革質，両面に円形の鱗状毛を密生。花冠はつぼ状筒形で白色。南千島から報告されているが，国後島は文献記録のみで，色丹島の記録もある(Alexeeva et al., 1983)がBarkalov(2009)はこれを採用していない。このため歯舞群島水晶島以外は確かな記録がない。ヤチヤナギと同様に氷河期にサハリンルートで北海道東部まで移動してきた北方種が南千島に遺存したものと推定される(高橋，2004)。
【分布】 歯舞群島(水晶島)・南(国後島*)。まれ。
【亜寒帯植物：周北極要素】 北海道(中部〜東部)[J-EN]。千島列島南部・サハリン・カムチャツカ半島。ウスリー・アルダン・オホーツク・シベリア・朝鮮半島・ヨーロッパ・北アメリカ。[Map 1457]

7. ウメガサソウ属
Genus *Chimaphila*

1. ウメガサソウ

Chimaphila japonica Miq. [EPJ 2012] [FKI 2009] [VPS 2002] [FJIIIa 1993]

やや暗い落葉樹林〜針葉樹林の下生えの少ない林床に生える常緑の小低木で，高さは5〜10 cm。葉はやや革質で長楕円形〜披針形，表面は暗緑色で脈がやや白色を帯びる。花は5枚の花弁が離生し下向きにつく。
【分布】 南(択捉島が北東限：中部で見たが多くはない)。開花：7月下旬〜8月中旬。
【温帯植物：東アジア要素】 九州〜北海道。千島列島南部・サハリン中部以南。朝鮮半島・中国・台湾。

8. ホツツジ属
Genus *Elliottia*

1. ミヤマホツツジ

Elliottia bracteata (Maxim.) Hook.f. [EPJ 2012]; *Botryostege bracteata* (Maxim.) Stapf. [FKI 2009]; *Cladothamnus bracteatus* (Maxim.) T.Yamaz. [FJIIIa 1993]; *Tripetaleia bracteata* Maxim.

高さ30〜50 cmの落葉小低木。枝先に3〜20個の花が疎らに総状花序につく。緑白色で赤みを帯びた3枚の花弁が反り返るのはよい特徴。雄しべ6本，雌しべの花柱が弓状に曲がる。Tatewaki(1957)では択捉島が北東限とされていたがBarkalov(2009)はウルップ島からも記録した。国後島の標本は日本にない。
【分布】 南(国後島*・択捉島)・中(ウルップ島が北東限)。
【温帯植物：日本・千島固有要素】 本州中部〜北海道。千島列島中部以南[S-V(2)]。

9. ガンコウラン属
Genus *Empetrum*

1. ガンコウラン 【Plate 18-7】

Empetrum nigrum L. var. ***japonicum*** K.Koch [EPJ 2012] [FJIIIa 1993]; *E. nigrum* L. subsp. *japonicum* (Good) Hultén; *E. albidum* V.Vassil. + *E. androgynum* V.Vassil. + *E. sibiricum* V.Vassil. + *E. stenopetalum* V.Vassil. [FKI 2009]; *E. albidum* V.Vassil. + *E. sibiricum* V.Vassil. + *E. stenopetalum* V.Vassil. + *E. subholarcticum* V.Vassil. [VPS 2002]; *E. nigrum* L. [CFK 2004]; *E. asiaticum* Nakai [R]; *E. kurilense* V.Vassil. [R]

ミズゴケ湿原や火山地などに生える常緑のわい性小低木。茎は細く枝分かれしマット状に広がる。葉は革質線形で長さ4〜7 mm，幅0.7〜1 mm。黒色の液質状石果をつける。ここではユーラシア～北アメリカの周北極地域～高山地域に広域分布する*E. nigrum*の東アジアにおける変種として扱う。ロシアでは多数の小種に細分されており，日本側とは種認識が一致しない。ロシアでは，両性花株に*E. androgynum*をあて，単性花からなる雌雄異株のものには3種を認め，そのうち若い枝に短腺毛があるものを*E. stenopetalum*，若い枝に腺毛以外の単毛があるもののうち，葉が4～5(6) mm長と短いものを*E. sibiricum*，葉が(5) 6～9 mmとより長いものが*E. albidum*とする(Tzvelev, 1991b)。ここではBarkalov(2009)が千島列島で認めたこれら4種をまとめてガンコウラン1種として扱ったが，日本産種についてはこのようなロシア側の目で再検証する必要があるかもしれない。サハリンではさらに*E. subholarcticum* V.Vassil.が報告されている。2n＝26(シュムシュ島) as *E. sibiricum* [Probatova et al., 2007]。

【分布】 歯舞群島・色丹島・南・中・北。やや普通。開花：4月中旬～5月中旬。

【亜寒帯植物：周北極／東北アジア要素】 本州中部～北海道。千島列島・サハリン・カムチャツカ半島。東シベリア・朝鮮半島・中国東北部。[Map 1463-1464]

10. ハナヒリノキ属
Genus *Eubotryoides*

1. ハナヒリノキ 【Plate 3-2】

Eubotryoides grayana (Maxim.) H.Hara [EPJ 2012] [FKI 2009]; *Leucothoe grayana* Maxim. [FJIIIa 1993]

高さ0.5～1.3 mになる落葉低木。葉は紙質で楕円形～長楕円形，縁に不揃いの毛をもつ微小な鋸歯がある。長さ5～15 cmの総状花序に緑白色つぼ形の花を多数つける。色丹島の亜高山草原に生える低木は葉が青白くエゾウラジロハナヒリノキ var. *glabra* (Komatsu ex Nakai) H.Hara (＝var. *yesoensis* Tatewaki nom. nud.)の型だった。日本の多くの文献では本種はサハリンに分布しないことになっており Smirnov(2002)でもリストされていないが，SAPSに戦前のサハリン南東部産標本がある。ただS-K indexは－0.85なので，サハリン産標本に比べると千島列島産標本が圧倒的に多い(Takahashi, 2006)。日本側の標本では択捉島が分布の北東限だったが，Barkalov(2009)はシムシル島からも報告している。

【分布】 色丹島・南・中(シムシル島)。色丹島・国後島ではやや普通。

【温帯植物：準日本固有要素】 本州～北海道。千島列島中部以南・サハリン南東部(まれ)。

11. シラタマノキ属
Genus *Gaultheria*

1. シラタマノキ

Gaultheria miqueliana Takeda [FKI 2009] [VPS 2002] [FJIIIa 1993]; *G. pyroloides* Hook.f. et Thomson ex Miq. [EPJ 2012]

火山活動の影響のあるような酸性の乾いた岩礫地に生える，高さ10～20 cmの常緑小低木。葉は革質楕円形で鋸歯がある。2～6個の白色つぼ形の花が総状花序につく。サロメチール臭の白い液質の果実(液質部分は萼筒部分が肥厚したもの)が特徴。Tatewaki(1957)では千島列島における北東限は中千島のケトイ島だったが，その後分布記録が追加され，Barkalov(2009)によると確実な北東限はシャシコタン島。Barkalov(2012)ではSAPSの標本が引用されている。このなかにはパラムシル島産標本(N.Hashimoto, 1908, SAPS 44135)があるが，標本ラベルに舘脇による追記として「橋本氏に拠れば，橋本氏はパラムシロ島に採集なさざる由，故に本標品は引用せず(M. Tatewaki, VI. 18, 1931)」とある。このため現在までパラムシル島からの確実な標本は確認されていない。本州から北海道・千島列島中部までは比較的まとまった分布だが，サハリン北部とアリューシャン列島は分布中心からやや離れた分布であり，鳥などによる長距離散布かもしれない。2n＝22(シャシコタン島) [Probatova et al., 2007]。

【分布】 南・中(シャシコタン島が千島列島での北東限)。

【冷温帯植物：東北アジア要素】 本州～北海道。

千島列島中部以南・サハリン北部[S-R(3)]。アリューシャン列島。

12. ジムカデ属
Genus *Harrimanella*

1. ジムカデ

Harrimanella stelleriana (Pall.) Coville [EPJ 2012] [FKI 2009] [CFK 2004] [FJIIIa 1993]

岩礫地に生え，茎は細く長く這う常緑小低木。葉は線形～狭長楕円形で長さ2～3 mm，裏面の中脈が著しく隆起。枝先に白色広鐘形の花を1個つけ，花柄は太く短い。S-K indexは−1.00 (Takahashi, 2006)でサハリンに分布せず，ユーラシア東端から北アメリカを結ぶ，北太平洋に分布する種。

【分布】 南(択捉島)・中・北。千島列島全体に点在。

【亜寒帯植物：北太平洋要素】 本州中部・北海道。千島列島・カムチャツカ半島。アリューシャン列島・アラスカ・北アメリカ。

13. シャクジョウソウ属
Genus *Hypopitys*

1. シャクジョウソウ

Hypopitys monotropa Crantz [EPJ 2012] [VPS 2002]; *Monotropa hypopitys* L. [FKI 2009] ["*hypopithys*", FJIIIa 1993]; *Monotropa hypopithys* L. var. *japonica* Franch. et Sav. [J]

厚い腐葉層のある落葉樹林に生える，高さ10～20 cmの全体淡黄褐色の無葉緑草本。総状花序に4～8個の花がつく。北半球の温帯域に広く分布する(Wallace, 1975)が，花粉粒の開口部数で，ユーラシアと北アメリカの間に差がある(Takahashi, 1987)。従来アキノギンリョウソウ属*Monotropa*に入れられていたが，分子系統解析の結果，シャクジョウソウとアキノギンリョウソウとは単系統とならない(Cullings, 1994; Tsukaya et al., 2008)ので別属にするのがよい。Alexeeva et al.(1983)は色丹島から記録しているが，Barkalov (2009)はこれを採用していないので，ここでも色丹島の記録は除く。

【分布】 南・中(ウルップ島)。点在。

【暖温帯植物：周北極要素】 九州～北海道。千島列島中部以南・サハリン。ウスリー・南シベリア・朝鮮半島・中国・台湾・ヒマラヤ・ヨーロッパ・北アメリカ。[Map 1444]

14. ミネズオウ属
Genus *Loiseleuria*

1. ミネズオウ

Loiseleuria procumbens (L.) Desv. [EPJ 2012] [FKI 2009] [CFK 2004] [VPS 2002] [FJIIIa 1993]

シベリアに空白地域があるがユーラシア～北アメリカの周北極地域～高山地域に広く見られる広域分布種。高山岩礫地に生える，茎が地上を這いマット状に広がる常緑性小低木。葉は対生し革質，狭長楕円形で長さ6～10 mm，幅2～3 mm。縁は裏面にまくれ，裏面は中脈を除いて密毛がある。花冠は白色で赤みを帯び鐘形で5中裂し上向きにつく。

【分布】 色丹島・南・中・北。千島列島全体にやや普通。

【亜寒帯植物：周北極要素】 本州中部～北海道。千島列島・サハリン中部以北・カムチャツカ半島。北半球亜寒帯域。[Map 1452]

15. ヨウラクツツジ属
Genus *Menziesia*

*mat*Kと*trn*Kの遺伝子研究によると，ヨウラクツツジ属はツツジ属のなかに含まれ(Kurashige et al., 2011)，ツツジ属の下に組み換えられた学名も用意されている(Craven, 2011)。しかしツツジ属は大きなグループであり，節間の類縁関係の解明とともに将来ツツジ属が複数属に細分化される可能性もある。ヨウラクツツジ属は形態的にもまとまっているので，ここでは独立属として維持する。

1. コヨウラクツツジ

Menziesia pentandra Maxim. [FKI 2009] [VPS 2002] [FJIIIa 1993]; *Rhododendron pentandrum* (Maxim.) Craven [EPJ 2012]

やや暗い林縁などに生え，高さ1～2 mになる落葉低木。葉は長楕円形，表面と縁にあらい毛が散生。花冠は赤褐色でゆがんだつぼ形。分布北東限にあたる択捉島の中部ではそれほど多くなかった。2n＝26(国後島)［Probatova et al., 2007］。

【分布】 色丹島・南。やや普通。開花：5月中旬～6月下旬。

【温帯植物：準日本固有要素】 九州～北海道。千島列島南部・サハリン南部。

16. イチゲイチヤクソウ属
Genus *Moneses*

1. イチゲイチヤクソウ

Moneses uniflora (L.) A.Gray [EPJ 2012] [FKI 2009] [VPS 2002] [FJIIIa 1993]

暗い針葉樹林の林床コケ内にまれに生える小型の常緑多年草。葉は卵円形～円形で長さ1～2 cm。花は下向きに1個つき，広鐘形で5枚の離生する花弁からなる。花柱が長く伸びる点を除けばウメガサソウ属に似る。Alexeeva et al.(1983)は色丹島から記録しているが，Tatewaki(1957)，Barkalov(2009)ともにこの記録を引用しないので，ここでも採用しない。

【分布】 北。まれ。

【冷温帯植物：周北極要素】 北海道(道央～道北に数か所しか知られていない)［J-CR］。千島列島北部・サハリン中部以北・カムチャツカ半島。朝鮮半島・中国・台湾，北半球冷温帯～亜寒帯。［Map 1442］

17. ギンリョウソウ属
Genus *Monotropastrum*

1. ギンリョウソウ

Monotropastrum humile (D.Don) H.Hara [EPJ 2012] [FKI 2009] [FJIIIa 1993]; *M. globosum* H.Andres ex H.Hara

厚い腐葉層のある落葉樹林に生える高さ8～20 cmの全体白色の無葉緑草本。茎頂に下向きの花を1個つける。従来ロシア側は南千島からアキノギンリョウソウ *Monotropa uniflora* L. を報告していた(cf. Khokhryakov and Mazurenko, 1991)が，これはギンリョウソウであることが明らかにされた(Barkalov, 2009 ; Barkalov and Takahashi, 2009)。ギンリョウソウの果実は横向き液質で裂けないが，アキノギンリョウソウの果実は乾燥した上向きの蒴果で裂開する。アキノギンリョウソウは千島列島に分布しない。カムチャツカ半島のレッドデータブック(Chernyagina et al., 2007)でアキノギンリョウソウが報告されているが，これも写真から判断するとギンリョウソウである。

【分布】 色丹島・南(択捉島が千島列島での北東限)。

【暖温帯植物：東アジア～中国・ヒマラヤ要素】 九州～北海道。千島列島南部・サハリン・カムチャツカ半島［K-EN as "*Monotropa uniflora*"］。ウスリー・朝鮮半島・中国・台湾・ヒマラヤ。

18. コイチヤクソウ属
Genus *Orthilia*

1. コイチヤクソウ　【Plate 71-4】

Orthilia secunda (L.) House [EPJ 2012] [FKI 2009] [CFK 2004] [VPS 2002] [FJIIIa 1993]; *Pyrola secunda* L.; *Ramischia secunda* (L.) Gracke [R]

やや暗い林縁に生える高さ10 cmほどの多年草。枝先の総状花序の片側に多数の花がつく。花は緑白色で鐘形，5枚の花弁は離生し放射相称。北半球温帯に広域分布する種で，日本では東北地方中南部で分布が欠落する(高橋，1991)。パラムシル島からは最近，Verkholat et al.(2005)が報告した。

【分布】 色丹島・南・中(ウルップ島)・北(パラムシル島)。両側分布。

【冷温帯植物：周北極要素】 本州中部・青森～北海道(東北地方中南部欠落分布)。千島列島・サハリン・カムチャツカ半島［K-EN, as *O. obtusata*］。ウスリー・朝鮮半島・中国など，北半球冷温帯～亜寒

帯。[Map 1441]

19. ツガザクラ属
Genus *Phyllodoce*

1. アオノツガザクラ 【Plate 24-4】

Phyllodoce aleutica (Spreng.) A.Heller [EPJ 2012] [FKI 2009] [CFK 2004] [FJIIIa 1993]

雪渓のわきなどの草原や岩場に生え，高さ10〜30 cm になる常緑の小低木。若い枝に細毛のみがあり線形の葉は長さ0.5〜1.5 cm 長。花冠はつぼ形で黄緑色，花冠外面に腺毛はない。Hultén(1968)や山崎(1981)，Yamazaki(1993a)ではサハリンに分布するとされるが，最近のロシア側文献ではサハリンから確認されず(cf. Takahashi, 2006)，本書でもサハリン分布はないとした。このためS-K index は−1.00となり，種としての分布はイワヒゲ，ジムカデに似た北太平洋分布を示す。

【分布】　南・中・北。やや普通。

【亜寒帯植物：北太平洋要素】　本州中部〜北海道。千島列島・カムチャツカ半島。アリューシャン列島・アラスカ・カナダ。

2. エゾノツガザクラ

Phyllodoce caerulea (L.) Bab. [EPJ 2012] [FKI 2009] [CFK 2004] [VPS 2002] [FJIIIa 1993]

若い枝に細毛と腺毛があり葉は前種よりやや短い傾向があり約1 cm 長。花冠は長めのつぼ形で紅紫色，花冠外面に腺毛がある。千島での確実な産地は国後島とパラムシル島であり，アオノツガザクラが列島全体にあるのに対して本種の分布は限られており好対照。S-K index は+0.67で，標本量は千島よりもサハリンに偏っている(Takahashi, 2006)。国後島爺々岳頂上付近ではアオノツガザクラとエゾノツガザクラの交雑が普通である(Barkalov, 2009)という。アオノツガザクラ同様に本種も色丹島から記録がないのは興味深い。

【分布】　南(国後島・択捉島*)・中(ウルップ島*・シムシル島*)・北(パラムシル島)。両側分布。

【亜寒帯植物：周北極要素】　本州北部〜北海道。千島列島・サハリン・カムチャツカ半島。北半球亜寒帯に広く分布。[Map 1453]

20. イチヤクソウ属
Genus *Pyrola*

1. コバノイチヤクソウ

Pyrola alpina Andres [EPJ 2012] [FKI 2009] [FJIIIa 1993]

10〜20 cm の高さの花茎に疎らに3〜5花を総状花序につける常緑多年草。花は左右相称。花茎の基部に1〜2個の当年葉をつけるのはよい特徴。北アメリカの *P. elliptica* が対応種である。

【分布】　南(択捉島が北東限)。まれ。

【冷温帯植物：日本・千島固有要素】　本州中部〜北海道。千島列島南部。

2. ベニバナイチヤクソウ

Pyrola incarnata (DC.) Freyn [FKI 2009] [CFK 2004]; *P. asarifolia* Michx. subsp. *incarnata* (DC.) Haber et Hideki Takah. [FJIIIa 1993]; *P. asarifolia* Michx. subsp. *incarnata* (DC.) A.E.Murray [EPJ 2012]; *P. incarnata* Fisch.; *P. rotundirolia* L. [VPS 2002]

ダケカンバ林の林床などに生え，地下茎で増えて群落となる常緑多年草。10〜25 cm の高さの花茎にピンク色の7〜15花をやや密な総状花序につける。花は左右相称。花茎の基部には白緑色の膜状鱗片がある。北アメリカの *P. asarifolia* の亜種とする考え(Haber and Takahashi, 1988；米倉，2012)もあるが，最近の分子系統解析ではむしろヨーロッパ産の *P. rotundifolia* に近い(Liu et al., 2010)。ここでは暫定的に独立種として扱っておく。Barkalov(2009)では千島列島内での北東限としてウルップ島の記録を挙げているが，筆者らはさらにブラットチルポイ島で確認したので，ここが新たな分布北東限となる。

【分布】　南・中(ブラットチルポイ島が千島列島での北東限)。点在。

【冷温帯植物：東北アジア要素】　本州中部〜北海道。千島列島中部以南・サハリン中部以北・カムチャツカ半島。ウスリー・東シベリア・朝鮮半島・中国東北部。

3. マルバノイチヤクソウ

Pyrola nephrophylla (Andres) Andres [EPJ 2012] [EKI 2009] [FJIIIa 1993]

ベニバナイチヤクソウに似る常緑多年草。花は白色で，葉は長さよりも幅が広い点で明瞭に区別できる。北海道での分布は比較的まれ(高橋，1991)で太平洋側に点在するが，最近根室半島の草原でも確認されたので南千島の分布につながる。

【分布】　色丹島・南(国後島が北東限)。まれ。

【暖温帯植物：日本・千島固有要素】　九州～北海道。千島列島南部。

4. カラフトイチヤクソウ

Pyrola faurieana Andres [EPJ 2012] [FJIIIa 1993]; *P. minor* L. [FKI 2009, p.p.]; *P. minor* L. subsp. *faurieana* (Andres) Worosch. [CFK 2004]

ガンコウランなどのほふくしたパッチ状ブッシュのなかに埋もれて生える常緑多年草。花は放射相称で葯は約2mm，花柱は2.5～4mm。エゾイチヤクソウ *P. minor* はこれと似ているが，葯がより小さく開口部が大きく，生える立地はダケカンバ林などの林縁。Haber and Takahashi(1993)では片親が次種エゾイチヤクソウである交雑起源種と考えられ，最近の分子系統解析でもこれは支持されている(Liu et al., 2010)。Barkalov(2009)は本種をエゾイチヤクソウ *P. minor* の異名としているが，少なくとも日本～千島列島においてはカラフトイチヤクソウとエゾイチヤクソウは明瞭に分けることができる。

【分布】　南・中・北(シュムシュ島)。点在。

【亜寒帯植物：東北アジア要素】　本州北部～北海道[J-VU]。千島列島・サハリン・カムチャツカ半島。［Map 1436］

5. エゾイチヤクソウ

Pyrola minor L. [EPJ 2012] [FKI 2009, p. p.] [CFK 2004] [VPS 2002] [FJIIIa 1993]

カラフトイチヤクソウに似て花は放射相称だが，葯は1mmと短く開口部がより大きく，花柱は開花期に短く長さ1～2mmで子房程度の長さしかない。日本ではカラフトイチヤクソウが高山帯に時々生え，エゾイチヤクソウは亜高山帯に極くまれに生える。ユーラシア産のエゾイチヤクソウは北アメリカ産に比べると萼片がより小さく，葯と花柱がより長く，花数がより多い傾向があるが，種内分類群としては分けられていない(Takahashi and Haber, 1992)。

【分布】　南・中・北。点在。

【冷温帯植物：周北極要素】　本州中部・北海道[J-EN]。千島列島・サハリン・カムチャツカ半島。ウスリー・朝鮮半島・中国，北半球冷温帯～亜寒帯に広域分布。［Map 1436］

6. イチヤクソウ

Pyrola japonica Klenze ex Alefeld [EPJ 2012] [FKI 2009] [FJIIIa 1993]; *P. japonica* Klenze ex Alefeld var. *subaphylla* (Maxim.) Andres; *P. subaphylla* Maxim. [R]

やや暗い落葉樹～針葉樹林に生える常緑多年草。高さ15～30cmの花茎に白色で時に赤色を帯びる5～12花がやや疎らな総状花序につく。花は左右相称。花茎基部の鱗片は中肋が凸出し時に普通葉になる。ジンヨウイチヤクソウとともにクレードを形成し，上述の種群とは属内で別の節とされる(Liu et al., 2010)。日本全体に分布し，さらに対馬，隠岐，佐渡などの周辺島にも広く見られる(高橋，1991)。サハリンには分布しない。

【分布】　南(国後島・択捉島*)。点在。

【暖温帯植物：東アジア要素】　九州～北海道。千島列島南部。朝鮮半島・中国東北部。［Map 1439］

7. ジンヨウイチヤクソウ

Pyrola renifolia Maxim. [EPJ 2012] [FKI 2009] [VPS 2002] [FJIIIa 1993]

常緑針葉樹林，時に腐植の多い落葉樹林に，細い地下茎を伸ばして群生する多年草。葉は腎状円形で基部が心形。表面暗緑色でしばしば脈にそって白斑が入り，色合いはイチヤクソウに似る。6～15cmの花茎を伸ばし，2～6個の白い花を疎らな総状花序につける。花は左右相称。花序の冬芽は裸芽状である。日本では別属のコイチヤクソウ *Orthilia secunda* と同様に東北地方の中部・南部で分布がないか少なくなり，「東北地方中南部欠落分布」を示す(高橋，1991)。
【分布】　南(択捉島が北東限)。点在。開花：6月中旬〜7月中旬。
【冷温帯植物：東北アジア要素】　本州中部・東北北部〜北海道(東北地方中南部欠落分布)。千島列島南部・サハリン。朝鮮半島・中国東北部。[Map 1438]

21. ツツジ属
Genus *Rhododendron*

1. キバナシャクナゲ

Rhododendron aureum Georgi [EPJ 2012] [FKI 2009] [CFK 2004] [VPS 2002] [FJIIIa 1993]

高山草原に生え，高さ0.2〜1 mになる常緑低木。葉は革質楕円形で長さ2〜5 cm，幅1〜2 cm。枝先に2〜7個の淡黄色の花をつける。2n＝26(ウルップ島)[Probatova et al., 2007]。
【分布】　色丹島・南・中・北。千島列島全体に普通。
【亜寒帯植物：東北アジア要素】　本州中部・北海道。千島列島・サハリン・カムチャツカ半島。ウスリー・オホーツク・東シベリア・モンゴル・中国東北部。

2. ハクサンシャクナゲ

Rhododendron brachycarpum D.Don ex G. Don [EPJ 2012] [“D.Don ex G.Don fil.”, FKI 2009] [FJIIIa 1993]

高さ1〜2 mになる常緑低木。葉は革質で長楕円形〜狭長楕円形，長さ6〜13 cm，幅2.5〜4.5 cm。枝先に5〜15個の赤色を帯びた白色花をつける。Barkalov(2012)で，国後島(東沸村古釜布湿地)・択捉島(内保湾とペレタラベツ硫黄山)のSAPSとVLAの標本が引用されており，自生地は限られている。サハリンには分布せず，サハリン地区(ロシア側の行政区分でサハリン＋千島列島を指す)のRDBでリストされている(Eremin et al., 2005)。
【分布】　南。まれ。
【暖温帯植物：準日本固有要素】　四国〜北海道。千島列島南部[S-V(2)]。朝鮮半島北部。

3. コメツツジ

Rhododendron tschonoskii Maxim. [EPJ 2012] [FKI 2009] [FJIIIa 1993]

茎がよく分枝して広がり高さ1 mほどになる半落葉低木。葉の両面に白色長毛がやや密生。白色の花冠はやや肉質でろうと形，径8 mmで4〜5中裂する。
【分布】　南(国後島)。点在。
【暖温帯植物：準日本固有要素】　九州〜北海道。千島列島南部[S-V(2)]。朝鮮半島南部。

4. カラフトイソツツジ(エゾイソツツジ)

【Plate 12-7】

Rhododendron groenlandicum (Oeder) K. Kron et Judd subsp. ***diversipilosum*** (Nakai) Yonek. var. ***diversipilosum*** (Nakai) Yonek. [EPJ 2012]; *Ledum palustre* L. subsp. *diversipilosum* (Nakai) H.Hara [FJIIIa 1993]; *L. palustre* L. [CFK 2004]; *L. hypoleucum* Kom.＋*L. palustriforme* A.Khokhr. et Mazurenko [FKI 2009]; *L. hypoleucum* Kom.＋*L. maximum* (Nakai) A.Khokhr. et Mazurenko＋*L. palustre* L.＋*L. palustriforme* A.Khokhr. et Mazurenko＋*L. subulatum* A. Khokhr. et Mazurenko [VPS 2002] *L. macrophyllum* Tolm. [R]

イソツツジ類(従来*Ledum*とされていたもの)は種分類が混乱している。一般にロシア側は小種に分ける立場で，Khokhryakov and Mazurenko(1991)は極東ロシアに6種，Smirnov(2002)もサハリンに6種を認めている。Barkalov(2009)は千島列島のイソツツジ類として3種を挙げ，カラフトイソツツジ，ヒメイソツツジにあたるもの以外に*Ledum palustriforme* Khokhr. et Maz.が歯舞群島，色丹島，国後島に産するとする。この種はKhokhryakov and Mazurenko(1991)によりサハリンから新種記載されたもので，ヒメイソツツジに似るものの葉が長さ2～3 cm，幅5 mmとより幅広く，花序や花がより大きいとされる。本書では*L. palustriforme*はカラフトイソツツジの狭葉型と考えこのなかに含めた。このように定義したカラフトイソツツジは葉の長さ2～8 cm，幅5～20 mmのものとした。

【分布】　歯舞群島・南・中・北(パラムシル島)。点在。開花：6月中旬～7月下旬。両側分布的。

【冷温帯植物：周北極／東北アジア要素】　北海道。千島列島・サハリン・カムチャツカ半島。東シベリア・朝鮮半島。［Map 1451］

5. ヒメイソツツジ

Rhododendron tomentosum (Stokes) Harmaja var. ***decumbens*** (Aiton) Elven et D.F.Murray [EPJ 2012]; *Ledum decumbens* (Aiton) Lodd. ex Steud. [FKI 2009] [VPS 2002]; *Ledum palustre* L. subsp. *decumbens* (Aiton) Hultén [CFK 2004]; *L. palustre* L. subsp. *palustre* var. *decumbens* Aiton [FJIIIa 1993]

カラフトイソツツジに似るがより小型の北方種で，葉は長さ8～20 cm，幅1～3 mm。Verkholat et al.(2005)で北千島の標本が確認されている。千島列島では不連続な分布となっている。

【分布】　中(ウルップ島)・北。まれ。両側分布的。

【亜寒帯植物：周北極要素】　北海道。千島列島中部以北・サハリン・カムチャツカ半島。シベリア・朝鮮半島・アラスカ・カナダ・グリーンランド。［Map 1451］

22. エゾツツジ属
Genus *Therorhodion*

1. エゾツツジ　【Plate 16-5, 18-6】

Therorhodion camtschaticum (Pall.) Small [EPJ 2012] [FJIIIa 1993]; *Rhododendron camtschaticum* Pall. [“*kamtschaticum*”, FKI 2009] [CFK 2004] [VPS 2002]

岩礫地に生え茎は地を這い，上部が斜上して高さ10～30 cmになる落葉小低木。当年枝の先に花序を伸ばし，濃紅色の花を1～3個つける。一見ツツジ属*Rhododendron*と変わりがないように見えるが，各花に葉状の苞1個と倒披針形の小苞2個とがあり，別属とされる。栄養茎の葉縁が腺毛になり花冠表面が無毛で花冠裂片が全縁のものを変種アラゲエゾツツジ var. *pumilum* (E.A.Busch) T.Yamaz.(＝subsp. *glandulosum* (Standl.) Hultén)とし，パラムシル島やウルップ島で見られる。時に白花品種シロバナエゾツツジ f. *albiflorum* (Koidz.) Tatew. がある。

【分布】　色丹島・南・中・北。普通。

【亜寒帯植物：北太平洋要素】　本州北部～北海道。千島列島・サハリン・カムチャツカ半島。オホーツク海沿岸・アリューシャン列島・アラスカ。

23. スノキ属
Genus *Vaccinium*

1. オオバスノキ(スノキ)

Vaccinium smallii A.Gray [EPJ 2012] [FKI 2009] [VPS 2002] [FJIIIa 1993]

高さ1 mほどになる落葉低木。花冠は鐘形。葉芽と花芽は別で，花芽が開いて1～4花からなる総状花序が出る。萼筒や果実は角ばらず，果実は黒熟する。

【分布】　色丹島・南(択捉島が北東限)。開花：6月下旬～7月下旬。

【温帯植物：準日本固有要素】　九州～北海道。千島列島南部・サハリン。

2. カクミノスノキ(ウスノキ)

Vaccinium hirtum Thunb. [EPJ 2012] [FKI 2009] [FJIIIa 1993]; *V. yatabei* auct. non Makino [VPS 2002]

高さ1 mほどになる落葉低木で，オオバスノキによく似る。萼筒や果実が角ばり，果実は赤熟する。サハリン地区のRDB(Eremin et al., 2005)ではヒメウスノキ *V. yatabei* の名で，E(1)としているが写真からはカクミノスノキであり，Takahashi(2006)でもロシア側でいう *V. yatabei* はカクミノスノキだろうとした。Barkalov(2009)は *V. yatabei* は誤認とし千島列島にカクミノスノキを認め，Barkalov(2012)で正式にロシアのフロラからヒメウスノキを削除した。Alexeeva et al.(1983)で色丹島からカクミノスノキを記録しているがBarkalov(2009)はこれをリストしない。ここでもこれに従い色丹島の記録は採用しない。
【分布】 南。まれ。
【温帯植物：準日本固有要素】 四国〜北海道。千島列島南部・サハリン南部[S-E(1)]。

3a. ヒメクロマメノキ

Vaccinium uliginosum L. var. ***alpinum*** Begelow [EPJ 2012] [FJIIIa 1993]; *V. uliginosum* L. [FKI 2009] [CFK 2004] [VPS 2002]

湿原や適湿の草原に生える高さ10〜20 cmの小低木。花冠は鐘形で葉芽と花芽が別になる点ではオオバスノキに似るが，葯の背面に2個の刺状突起がある点でクロウスゴに近い。クロウスゴとは，若枝はやや角ばるもののクロウスゴほどに稜とならないことで区別できる。果実はクロウスゴに似て黒紫色に熟して表面に白粉がある。北半球に分布する広義のクロマメノキの葉緑体DNAの*trnL-trnF*と*trnS-trnG*の塩基配列データの解析により本州・北海道・カムチャツカ半島の遺伝子型はベーリング海近隣でも見られることが明らかにされた(Hirao et al., 2011)。
【分布】 歯舞群島・色丹島・南・中・北。千島列島全体に普通。
【冷温帯植物：周北極要素】 本州中部〜北海道。千島列島・サハリン・カムチャツカ半島。アラスカ・北アメリカ。種としては北半球周北極地域に広域分布。［Map 1461］

3b. アレチクロマメノキ(新称)

Vaccinium uliginosum L. var. ***vulcanorum*** (Kom.) Jurtzev; *V. vulcanorum* Kom. [FKI 2009] [CFK 2004]

ヒメクロマメノキによく似るが，ほふく性でマット状の生育形となり，葉はより円みがあり，果実もより球形となる。火山砂礫地に適応した生態型だと思われ，ヒメクロマメノキと同様にクロマメノキ(ブルーベリー)*V. uliginosum*の1変種と見なす。
【分布】 北(パラムシル島)。
【亜寒帯植物：周北極／東北アジア要素】 本州・北海道にない。千島列島北部・カムチャツカ半島。アムール・オホーツク・コリマ・チュコト。種としての分布は前変種と同様。［Map 1461］

4. クロウスゴ 【Plate 71-5】

Vaccinium ovalifolium Sm. [EPJ 2012] [FKI 2009] [FJIIIa 1993]; *V. axillare* Nakai [VPS 2002]

高さ0.5〜1.2 mになる落葉低木。若枝に著しい稜があるのはよい特徴。花冠はつぼ形。葉芽と花芽の区別がなく，芽が展開してできた新枝の基部に1個の花がつく。果実は黒紫色に熟し，表面に白粉を帯びる。山崎(1989)，Yamazaki(1993a)は北海道利尻島のものとサハリン産のものを別変種オククロウスゴ var. *sachalinense* T.Yamaz. とするが，ここでは種内分類群を特に認めない。山崎(1989)ではクロウスゴはカムチャツカ半島に分布することになっているが，ロシア側文献ではカムチャツカ半島から記録がない(Yakubov and Chernyagina, 2004)。ここでもこれに従い，カムチャツカ半島分布を認めていない。ウルップ島とパラムシル島の間に地理分布の大きなギャップがあり，千島列島において典型的な両側分布を示す。
【分布】 歯舞群島・南・中(ウルップ島)・北(パラムシル島，アライト島*)。点在。両側分布。
【冷温帯植物：北太平洋要素】 本州中部〜北海道。千島列島・サハリン。ロシア極東？・アリューシャン列島・アラスカ・北アメリカ。

5. イワツツジ

Vaccinium praestans Lamb. [EPJ 2012] [FKI 2009] [CFK 2004] [VPS 2002] [FJIIIa 1993]

山地の岩塊地などに生える落葉性の小低木。茎は細長く地中を這い，上部は直立するも高さ5 cm程度。茎の先に2〜4枚つく葉は広卵形〜広楕円形，長さ3〜6 cm，幅2〜5 cm。花は枝先に葉のかげに隠れて1〜3個つく。白色で赤みを帯びる花冠は筒状鐘形。果実は鮮赤色に熟す。ラシュワ島の文献記録があるがケトイ島が千島列島での分布北東限か(Barkalov, 2009)。北千島にないがカムチャツカ半島にはあるので，千島列島における両側分布の1型とも見られる。2n＝24(国後島)［Probatova et al., 2007］。
【分布】 歯舞群島・色丹島・南・中。両側分布の一型。開花：6月上旬〜7月下旬。
【冷温帯植物：東北アジア要素】 本州中部〜北海道。千島列島中部以南・サハリン・カムチャツカ半島。アムール・ウスリー。

6. **コケモモ**

Vaccinium vitis-idaea L. [EPJ 2012] [FKI 2009] [CFK 2004] [VPS 2002] [FJIIIa 1993]; *Rhodococcum vitis-idaea* (L.) Avrorin [R]

湿原や草原に生える高さ5〜15 cmの小低木。葉身は革質で長楕円形，円頭で長さ8〜25 mm，幅5〜12 mm。枝先に3〜8花からなる短い総状花序をつくり，花冠は白色で赤みを帯びて鐘形，先は4裂する。サハリン・千島列島地域では，カラフトイソツツジと同様にツツジ科中最多数の標本(調査した標本は307点)がとられ，しかもサハリンにも千島列島にも偏らず(S-K indexが−0.01)両地域でまんべんなく採集され，この地域のツツジ科における普通種の代表格といえる(Takahashi, 2006)。2n＝24(シュムシュ島)［Probatova et al., 2007］。
【分布】 歯舞群島・色丹島・南・中・北。極く普通。開花：6月下旬〜7月下旬。
【冷温帯植物：周北極要素】 九州〜北海道。千島列島・サハリン・カムチャツカ半島。北半球亜寒帯に広域分布。［Map 1460］

7. **ツルコケモモ**

Vaccinium oxycoccos L. [EPJ 2012] [“*oxycoccus*”, FJIIIa 1993]; *Oxycoccus palustris* Pers. [FKI 2009] [CFK 2004] [VPS 2002]

ミズゴケ湿原に生える常緑小低木。茎は細くて這い，葉は革質で卵状長楕円形〜狭卵形，長さ5〜15 mm，幅2〜5 mm。密に短毛が生えた細長い花柄の先に下向きの1花をつける。花冠は淡紅色で深く4裂し背面に反り返る。
【分布】 歯舞群島・色丹島・南・中・北。やや普通でヒメツルコケモモより多い。開花：6月下旬〜8月上旬。
【亜寒帯植物：周北極要素】 本州中部〜北海道。千島列島・サハリン・カムチャツカ半島。北半球亜寒帯〜冷温帯に広く分布するが，チュコト―アラスカ周辺で欠落する(Hultén and Fries, 1986)。［Map 1458］

8. **ヒメツルコケモモ**

Vaccinium microcarpum (Turcz. ex Rupr.) Schmalh. [EPJ 2012] [FJIIIa 1993]; *Oxycoccus microcarpus* Turcz. ex Rupr. [FKI 2009] [VPS 2002]

ミズゴケ湿原に生える常緑小低木でツルコケモモによく似るが，花柄は無毛。葉もやや小さく長さ2〜5 mm，幅1.5〜2.5 mm。
【分布】 歯舞群島・色丹島・南・中・北。点在。
【亜寒帯植物：周北極要素】 本州中部・北海道［J-VU］。千島列島・サハリン・カムチャツカ半島。北半球亜寒帯〜冷温帯に広域分布。［Map 1459］

AE54. アカネ科
Family RUBIACEAE

1. ヤエムグラ属
Genus *Galium*

1. **エゾキヌタソウ**

Galium boreale L. [FKI 2009] [CFK 2004] [VPS 2002] [FJIIIa 1993]; *G. boreale* L. var. *kamtschaticum* (Maxim.) Maxim. ex Herder [EPJ 2012]

茎はやや硬く直立して疎らに短毛が生える多年草。高さ30〜70 cmになる。3本の葉脈が目立つ被針形〜線状被針形の葉が茎節に4枚つき地下茎は台紙を赤く染める。花は枝先に多数つき円錐状花序となる。択捉島から記録がないようなのは興味深い。
【分布】 歯舞群島・色丹島・南(国後島)・中(ウルップ島)・北。やや普通。両側分布的。
【冷温帯植物：周北極要素】 北海道［J-VU］。千島列島・サハリン・カムチャツカ半島。北半球温帯域。［Map 1515］

2. **エゾノヨツバムグラ**（オオバノヨツバムグラ）

Galium kamtschaticum Steller ex Roem. et Schult. [EPJ 2012] [“Steller ex Schult. et Schult.f.”, FKI 2009] [“Steller ex Schult. et Schult.f.”, CFK 2004] [“Steller ex Schult. et Schult.f.”, VPS 2002] [FJIIIa 1993]

茎は直立して無毛，高さ10〜40 cmの多年草。葉が茎節に4枚つく。ここでは和名エゾノヨツバムグラを，オオバノヨツバムグラ var. *acutifolium* H.Hara（葉は楕円形〜長楕円形で長さ2〜5 cm）と狭義のエゾノヨツバムグラ var. *kamtschaticum*（葉は広楕円形〜倒卵形で長さ0.8〜2 cm）を含む広い意味で使う。地下茎部分が台紙を赤く染める。

【分布】 色丹島・南・中・北。やや普通。

【温帯植物：北太平洋要素】 九州〜北海道。千島列島・サハリン・カムチャツカ半島。ウスリー・朝鮮半島北部・アラスカ・北アメリカ。〔Map 1522〕

3. **ミヤマキヌタソウ**

Galium nakaii Kudô ex H.Hara [EPJ 2012] [FKI 2009] [FJIIIa 1993]

茎は直立して無毛または上向きの短毛が疎らに生え高さ15〜30 cmになる多年草。葉は卵形〜広披針形で，茎節に4枚つき，鋭頭〜鋭尖頭で3脈が目立つ。SAPSに国後島北東部アトイヤの標本(Nagai and Shimamura, Aug. 3, 1929)がある(cf. Barkalov, 2012)。

【分布】 南（国後島）。まれ。

【冷温帯植物：日本・千島固有要素】 本州北部〜北海道。千島列島南部。

4. **ホソバノヨツバムグラ**

Galium trifidum L. [FKI 2009] [CFK 2004] [VPS 2002]; *G. trifidum* L. subsp. *columbianum* (Rydb.) Hultén [EPJ 2012]; *G. trifidum* L. var. *brevipedunculatum* Regel [FJIIIa 1993]

湿原や湿性のやぶに生えるひ弱な多年草。斜上して高さ20〜50 cm。茎には極く少数の下向きの刺があり，狭長楕円形〜倒披針形の葉が茎節に4(〜5)枚つく。花冠は3〜4裂で果実が無毛なのはよい特徴。

【分布】 歯舞群島・色丹島・南・中・北。千島列島全体に普通。

【温帯植物：北太平洋要素】 九州〜北海道。千島列島・サハリン・カムチャツカ半島。朝鮮半島・中国（北部〜北東部〜中部）・アリューシャン列島・アラスカ・北アメリカ北西部。〔Map 1524〕

5. **オオバノヤエムグラ**

Galium pseudoasprellum Makino [EPJ 2012] [FKI 2009] [“*pseudo-asprellum*”, FJIIIa 1993]

茎に下向きの刺が疎らに生え枝分かれしてつる状に伸びて他物にからまり長さ1 mにもなる多年草。葉は倒披針形〜倒披針状長楕円形で，茎節に4〜6枚つき，大きさは不ぞろい。SAPSに色丹島の標本がある（色丹島又古丹，A and H. Kimura, Aug. 12, 1933）。

【分布】 色丹島・南（国後島）。点在。

【暖温帯植物：東アジア要素】 九州〜北海道。千島列島南部。朝鮮半島・中国東北部。

＊エゾムグラ　*G. davuricum Turcz.* ex Ledb. は，茎が横に広がって斜上し長さ20〜40 cmになる多年草。茎に下向きの刺が疎らに生える。葉は倒披針形で先がとがり茎節に通常6枚つく。花は少なく花序の枝は長くて細い。本種はAlexeeva(1983)により国後島から報告されたが，Barkalov(2009)はこの記録はオオバノヤエムグラであるとしている。本書でもこれに従い，エゾムグラは千島列島の自生種としてはリストしない。

6. **オククルマムグラ**

Galium trifloriforme Kom. [EPJ 2012] [FJIIIa 1993]; *G. japonicum* Makino; *G. triflorum* Michx. p.p. [FKI 2009] [VPS 2002]

直立し高さ20〜50 cmになる多年草。茎に下向きの刺状毛が疎らに生える。葉は長楕円形で，およそ6枚が茎節につき，先が刺状にとがる。ヤツガタケムグラ *G. triflorum* によく似るが，他物によりかからず自立し，果序がより大きい。地下茎が台紙を赤く染める。Barkalov(2009)はヤツガタケムグラ *G. triflorum* として各所から報告し，

オククルマムグラ *G. trifloriforme* を異名としており，両種が混同されている可能性がある。ほとんどはオククルマムグラと思われる。
【分布】 色丹島・南・中(オネコタン島が北東限)。
【暖温帯植物：東アジア要素】 九州〜北海道。千島列島中部以南・サハリン。朝鮮半島・中国。［Map 1525］

7. ヤツガタケムグラ

Galium triflorum Michx. [EPJ 2012] [FKI 2009] [CFK 2004] [VPS 2002] [FJIIIa 1993]

オククルマムグラの項に記した違いがあり，他物によりかかり，果序がより小さい。TNS に色丹島とアライト島からのヤツガタケムグラ標本がある。
【分布】 色丹島・北(アライト島)。まれ。両側分布。
【冷温帯植物：周北極要素】 本州中部・北海道［J-CR］。千島列島南北部・サハリン・カムチャツカ半島。ヨーロッパ・北アメリカ。［Map 1525］

8. クルマバソウ

Galium odoratum (L.) Scop. [EPJ 2012] [FKI 2009] [VPS 2002]; *Asperula odorata* L. [FJIIIa 1993]

茎は直立して枝分かれせず無毛，高さ20〜30 cm になる多年草。茎節に狭長楕円形〜倒披針形の葉が6〜10枚つく。乾燥標本はクマリンのよい香りがする。従来は別属の *Asperula* とされていた。
【分布】 色丹島・南・中(ウルップ島)。
【冷温帯植物：周北極要素】 本州〜北海道。千島列島中部以南・サハリン。シベリア・ヨーロッパ・アフリカ北部。［Map 1518］

9. エゾノカワラマツバ(エゾカワラマツバ)

Galium verum L. var. ***trachycarpum*** DC. [EPJ 2012] [FJIIIa 1993]; *G. ruthenicum* Willd. [FKI 2009] [VPS 2002]

沿岸の台地上広葉草原などに生え，茎に刺はないが有毛で硬く直立し，高さ30〜80 cm になる多年草。葉は線形で8〜10枚が茎節に輪生する。黄色い花が枝先に多数つく。果実は有毛。国後島，択捉島では普通。オネコタン島が文献記録として報告されている(Barkalov, 2009)が，以下の外来種である可能性もありここでは採用しない。
【分布】 歯舞群島・色丹島・南・中(ウルップ島が北東限)。やや普通。
【温帯植物：周北極要素】 本州〜北海道。千島列島中部以南・サハリン。ヨーロッパ〜シベリア。種としてはユーラシアに広く分布し北アメリカに帰化。［Map 1529］

外1. トゲナシムグラ(カスミムグラ)

Galium mollugo L. [EPJ 2012] [FKI 2009]

エゾノカワラマツバに似て初め直立するが後にややつる状になる多年草。茎には刺も毛もない。葉は楕円形〜倒広披針形で茎節に7〜8枚輪生する。従来記録がなかったが Barkalov et al.(2009) が国後島古釜布から報告し，筆者らも2012年に国後島東沸湖近くの車道縁のやぶで確認した。国後島では増え始めている可能性がある。
【分布】 南(国後島)。点在。［戦後帰化］
【温帯植物】 北海道(外来 A3)。千島列島南部(外来)。ヨーロッパ原産。［Map 1517］

外2. ガリウム・ウリギノースム

Galium uliginosum L. [FKI 2009]

植物体全体はホソバノヨヨツバムグラに似て果実も無毛だが，葉は(5〜)6枚が茎節につく。北海道にも帰化している可能性があるが，五十嵐(2001)，清水(2003)では記録されていない。
【分布】 中(ウルップ島)・北(パラムシル島)。まれ。［戦後帰化］
【冷温帯植物】 本州・北海道にない。千島列島中部以北(外来)。自然分布はヨーロッパ〜シベリア(Hultén and Fries, 1986)。［Map 1527］

外3. ヤエムグラ

Galium spurium L. var. ***echinospermon*** (Waltr.) Hayek [EPJ 2012]; *G. vaillantii* DC. [FKI 2009] [CFK 2004] [VPS 2002]

荒地のやぶに生える一(〜越)年草で，茎はよく分枝して下向きの刺があり他物に引っかかって斜上，長さ60～90 cmになる。葉は線形～線状倒披針形で6～8枚が茎節に輪生し，果実は有毛。日本では史前帰化植物とされ在来種扱いされる(清水，2003)。Tatewaki(1957)にないので，戦後の帰化と考える。ロシア極東では*G. vaillantii*が有毛果実，*G. spurium*が無毛果実としている(Petelin, 1991)ので，*G. vaillantii*はヤエムグラにあてた。

【分布】　南(国後島)。まれ。[戦後帰化]

【暖温帯植物】　琉球～北海道(在来)。千島列島南部(外来)・サハリン(外来)・カムチャツカ半島(外来)。ユーラシア・アフリカ・北アメリカの温帯～亜熱帯に分布。北アメリカは一部帰化とされる。[Map 1528]

2. ツルアリドオシ属
Genus *Mitchella*

1. ツルアリドオシ

Mitchella undulata Siebold et Zucc. [EPJ 2012] [FKI 2009] [FJIIIa 1993]

茎は無毛で枝分かれして地上を這い長さ10～40 cm。対生する葉は深緑色で厚く光沢があり，卵形。枝先の短い花柄の先に花を2個つける。花冠は狭いろうと形で白色，先は4裂して開く。色丹島・国後島になく，択捉島に不連続に分布するのは興味深い。Tatewaki(1957)では分布は択捉島だけだったが，Barkalov(2009)がウルップ島からも報告した。

【分布】　南(択捉島)・中(ウルップ島)。まれ。

【温帯植物：準日本固有要素】　九州～北海道。千島列島中部以南[S-E(1)]。朝鮮半島南部。

3. アカネ属
Genus *Rubia*

1. アカネムグラ

Rubia jesoënsis (Miq.) Miyabe et T.Miyake [EPJ 2012] [FKI 2009] [VPS 2002] [FJIIIa 1993] ["*yezoensis*", R]

沿海地の湿原のやぶなどに生える多年草。直立して高さ20～60 cm，茎の稜に小さな下向きの刺が疎らにつく。葉は被針形で先はとがり4枚が輪生。上部の葉腋に白色の花が疎らについた集散花序をつける。子房は無毛で液果は黒熟。地下茎は標本台紙を赤く染める。シムシル島が北東限だったが，Verkholat et al.(2005)が北千島のパラムシル島，シュムシュ島からも報告したが，カムチャツカ半島からは報告がない。

【分布】　歯舞群島・色丹島・南・中・北。

【冷温帯植物：東北アジア要素】　本州中部～北海道。千島列島・サハリン。ウスリー。

AE55. リンドウ科
Family GENTIANACEAE

1. リンドウ属
Genus *Gentiana*

1. ヨコヤマリンドウ

Gentiana glauca Pall. [EPJ 2012] [FKI 2009] [CFK 2004] [VPS 2002] [FJIIIa 1993]

高山帯の岩礫地に生え，高さ5～10 cmの多年草。葉は楕円形～長楕円形で長さ8～15 mmで粉白を帯びる。花は少数個が茎頂につき花冠は暗紫色で長さ約2 cm，花冠裂片は平開しない。

【分布】　中(ウルップ島*)・北(パラムシル島・シュムシュ島*)。

【亜寒帯植物：北太平洋要素】　北海道(大雪山)[J-NT]。千島列島中部以北・サハリン北部・カムチャツカ半島。アムール・ウスリー・オホーツク～チュコト・コマンダー諸島・東シベリア・北アメリカ北西部。

2. リシリリンドウ

Gentiana jamesii Hemsl. [EPJ 2012] [FKI 2009] [VPS 2002] [FJIIIa 1993]; *G. nipponica* auct. non Maxim. [FKI 2009] [CFK 2004]; ?*G. kurilensis* Grossh.

高さ5～10 cmの多年草。花色は青緑色。花冠裂片間にある副片はミヤマリンドウのように平開せず，内部をふさぐようにつく。日本では従来，千島列島の個体はリシリリンドウとしてきたが，Barkalov(2009)は択捉島産をリシリリンドウとしながら，それ以外はミヤマリンドウ *G. nipponica* Maxim.とし，千島列島産個体はミヤマリンドウ *G. nipponica* ともリシリリンドウ *G. jamesii* とも違い，*G. kurilensis* Grossh.とした方がよいかもしれないとも述べている。ここでは従来通り千島列島産個体をリシリリンドウとして暫定的に処理するが，今後の検討が必要である。
【分布】 南・中・北。列島全体に点在。
【亜寒帯植物：東北アジア要素】 北海道[J-VU]。千島列島・サハリン北部(まれ)・カムチャツカ半島[K-CR]。朝鮮半島北部。

3. エゾリンドウ

Gentiana triflora Pall. var. ***japonica*** (Kusn.) H. Hara [EPJ 2012] [FJIIIa 1993]; *G. axillariflora* H.Lév. et Vaniot [FKI 2009] [VPS 2002]; *G. triflora* Pall. [VPS 2002]

茎は太くて直立し高さ30～80 cmの多年草。対生する葉は被針形で長さ6～10 cm，裏は粉白を帯びる。花冠は青紫色で長さ3～5 cm。
【分布】 歯舞群島・色丹島・南(国後島)。やや普通。
【冷温帯植物：準日本固有要素】 本州中部～北海道。千島列島南部・サハリン。

4. フデリンドウ

Gentiana zollingeri Fawc. [EPJ 2012] ["Fawsett", FKI 2009] [VPS 2002] [FJIIIa 1993]

高さ5～10 cmになる越年草。早春に開花し，花冠は青紫色で長さ2～2.5 cm。
【分布】 色丹島・南(択捉島が北東限)。点在。
【暖温帯植物：東アジア要素】 九州～北海道。千島列島南部・サハリン。朝鮮半島・中国(北部～中部～東北部)。

2. チシマリンドウ属
Genus *Gentianella*

1. チシマリンドウ 【Plate 26-5】

Gentianella auriculata (Pall.) J.M.Gillett [EPJ 2012] [FKI 2009] [CFK 2004] [VPS 2002] [FJIIIa 1993]; *Gentiana auriculata* Pall. [R]

花冠裂片間に副片はなく，花冠喉部に先が細裂した内片がある。花色は青味の強い紫色。白花品種シロバナチシマリンドウ f. *albiflora* Satake がケトイ島，ラシュワ島，マツワ島，パラムシル島にある。
【分布】 歯舞群島・色丹島*・南・中・北。普通。
【亜寒帯植物：東北アジア要素】 北海道[J-NT]。千島列島・サハリン・カムチャツカ半島。ウスリー・オホーツク・アリューシャン列島(西側のみ)。

3. ハナイカリ属
Genus *Halenia*

1. ハナイカリ

Halenia corniculata (L.) Cornaz [EPJ 2012] [FKI 2009] [CFK 2004] [VPS 2002] [FJIIIa 1993]

乾性の草原に生える一(～越)年草。茎は高さ20～60 cmでやや分枝，葉は長楕円形で長さ2～6 cm，幅1～2.5 cm。花冠は淡黄色で，鐘形で4裂し，背面基部に長さ3～7 mmの距があるのが特徴。
【分布】 歯舞群島・色丹島・南・中・北。千島列島全体に普通。
【温帯植物：周北極要素】 九州～北海道。千島列島・サハリン・カムチャツカ半島。シベリア・モンゴル・朝鮮半島・中国・ヨーロッパ。

4. ホソバノツルリンドウ属
Genus *Pterygocalyx*

1. ホソバノツルリンドウ

Pterygocalyx volubilis Maxim. [EPJ 2012] ["*Pterigocalyx*", FKI 2009] [FJIIIa 1993]; *Crawfurdia* *volubilis* (Maxim.) Makino [VPS 2002]

ツルリンドウに似るが，葉は線状披針形～広披針形で先が長くとがり，長さ2～5 cm，幅5～10 mm。花は4数性で果実は液果でなく蒴果になる。Tatewaki(1957)では報告されていなかったが，Barkalov(2009)により報告された。

【分布】 南(択捉島)。まれ。

【温帯植物：東アジア要素】 四国～北海道[J-VU]。千島列島南部・サハリン南部。ウスリー・アムール・朝鮮半島北部・中国(北部～西部～東北部)・台湾。

5. センブリ属
Genus *Swertia*

1. ミヤマアケボノソウ

Swertia perennis L. subsp. ***cuspidata*** (Maxim.) H.Hara [EPJ 2012] [FJIIIa 1993]; *S. stenopetala* (Regel et Til.) Pissjauk. [FKI 2009] [VPS 2002]

岩礫地に生え高さ10～30 cmになる多年草。花は5数性で花冠裂片は披針形で先は尾状にとがり，暗紫色，基部に2個の蜜腺溝がある。ヨーロッパ産の基準亜種からは，根生葉がより大きく幅広く，花冠裂片がより大きくとがることから区別される(Hara, 1956)。

【分布】 中(ウルップ島)。まれ。

【亜寒帯植物：周北極／東北アジア要素】 本州中部～北海道(大雪・日高・夕張山系)。千島列島中部・サハリン北部。アルダン・オホーツク。種としてはシベリア・カムチャツカ半島産のsubsp. *obtusata*(=*S. obtusata*)やヨーロッパ・北アメリカ産のsubsp. *perennis*を含む。[Map 1509]

2. チシマセンブリ

Swertia tetrapetala Pall. [EPJ 2012] [FJIIIa 1993]; *Ophelia tetrapetala* (Pall.) Grossh. [FKI 2009] [CFK 2004]

沿岸地域の草原に生える，高さ10～30 cmの一(～越)年草。花は4数性で花冠裂片は淡紫色で暗紫色の斑点があり密腺溝が1個。花にはさまざまな変異があり，白花品種シロバナチシマセンブリ f. *albiflora* Tatew.が色丹島，シムシル島，ケトイ島，パラムシル島にある。また筆者らは色丹島斜古丹山の中腹で花冠裂片に斑点のない品種ホシナシチシマセンブリ f. *impunctata* Hiroyuki Sato et Hideki Takah.を報告した(Sato and Takahashi, 2014)。なお通常日本側文献ではサハリンに分布するとされるが，ロシア側文献(Kharkevicz, 1995; Smirnov, 2002; Barkalov and Taran, 2004)にはサハリン分布は記されていない。

【分布】 歯舞群島・色丹島・南・中・北。普通。

【冷温帯植物：東北アジア要素】 本州中部～北海道。千島列島・カムチャツカ半島。ウスリー・オホーツク。

6. ツルリンドウ属
Genus *Tripterospermum*

1. ツルリンドウ 【Plate 11-4, 72-1】

Tripterospermum japonicum (Siebold et Zucc.) Maxim. [EPJ 2012] [FJIIIa 1993]; *T. trinervium* (Thunb.) H.Ohashi et H.Nakai ["(Thunb. ex Murray) H.Ohashi et H.Nakai", FKI 2009]; *Crawfurdia japonica* Siebold et Zucc. [VPS 2002]

茎はつるになって伸びる多年草。葉は三角状披針形で長さ3～5 cm，3脈が目立つ。花は5数性，有柄で紅紫色の液果となる。ウルップ島が北東限で，さらに択捉島，色丹島から報告があるにもかかわらず，国後島からの記録がないのは興味深い。

【分布】 色丹島・南(択捉島)・中(ウルップ島)。点在。

【暖温帯植物：東アジア要素】 九州～北海道。千島列島中部以南・サハリン南部。朝鮮半島・中国。

AE56. キョウチクトウ科
Family APOCYNACEAE

1. イケマ属
Genus *Cynanchum*

1. イケマ 【Plate 72-2】

Cynanchum caudatum (Miq.) Maxim. [EPJ 2012] [FKI 2009] [VPS 2002] [FJIIIa 1993]

太い根茎のあるつる性の多年草。茎を切ると白い乳液が出る。対生する葉は卵形で基部深い心形で長さ 5～15 cm，幅 4～10 cm。白色の花が散形花序につく。色丹島やサハリンに分布するので，次種のガガイモよりも分布範囲は北方域へ広がっている。色丹島では穴澗のやぶ縁で確認した。

【分布】 色丹島・南(国後島)。まれ。

【暖温帯植物：東アジア要素】 九州～北海道。千島列島南部・サハリン南部。中国。

2. ガガイモ属
Genus *Metaplexis*

1. ガガイモ

Metaplexis japonica (Thunb.) Makino [EPJ 2012] [FKI 2009] [FJIIIa 1993]

つる性の多年草。茎に細軟毛があり，切ると白い乳液が出る。対生する葉は長卵状心形で長さ 5～10 cm，幅 3～6 cm。淡紫色で密毛のある花冠の花が短い総状花序につく。SAPS に国後島の戦前標本が1枚あるが，色丹島からの報告はない。

【分布】 南(国後島)。まれ。

【暖温帯植物：東アジア要素】 九州～北海道。千島列島南部。朝鮮半島・中国(北部～北東部～中部)。

AE57. ムラサキ科
Family BORAGINACEAE

1. アロカリア属
Genus *Allocarya*

1. アロカリア・オリエンタリス 【Plate 72-3】

Allocarya orientalis (L.) Brand. [FKI 2009] [CFK 2004]; *Plagiobothrys orientalis* (L.) Johnston

湿地に生え，茎の下部がほふくする一年草。葉は線状披針形扁平で長さ 2～5 cm，幅 1～5 mm。茎下部では対生するが上部では互生。花冠は直径 2 mm と小さく白色。

【分布】 北。点在。

【亜寒帯植物：北太平洋要素】 本州・北海道にない。千島列島北部・カムチャツカ半島。コマンダー諸島・アリューシャン列島・アラスカ。

2. ルリヂシャ属
Genus *Borago*

外1. ルリヂシャ(ボリジ)

Borago officinalis L. [EPJ 2012] [FKI 2009] [CFK 2004] [VPS 2002]

ハーブとして栽培され，時に残存，逸出する。2012 年に国後島古釜布市内で植えられているのを見た。国後島からは Alexeeva(1983)の記録がある。

【分布】 南(国後島・択捉島)。ややまれ。[戦後栽培逸出]

【温帯植物】 本州(外来)。千島列島南部(外来)・サハリン南部(外来)・カムチャツカ半島(外来)。地中海沿岸原産，北アメリカにも帰化。

3. オオルリソウ属
Genus *Cynoglossum*

1. オニルリソウ

Cynoglossum asperrimum Nakai [EPJ 2012] [FKI 2009] [FJIIIa 1993]

高さ60～120 cmになる越年草。全体にあらい開出毛がある。葉は長楕円状披針形で，淡青紫色で径3 mmの花が長い総状花序につく。分果にかぎ状の毛。国後島からはAlexeeva(1983)で記録されBarkalov(2009)では外来種とされるが，北海道ではやや攪乱された林内ややぶなどに点在する在来種なので，ここでも在来種として扱った。文献記録だけなので現地での確認が必要である。
【分布】　南(国後島*)。まれ。
【暖温帯植物：東アジア要素】　九州～北海道。千島列島南部。朝鮮半島。

〈検討種〉**シベナガムラサキ**

Echium vulgare L.

Fukuda, Taran, et al.(2014)が外来植物として国後島古釜布市内から報告した。栽培逸出状態だったというが一時帰化と思われるので，ここでは検討種としてリストする。

4. ミヤマムラサキ属
Genus *Eritrichium*

1. **エリトリキウム・ウィロッスム**

Eritrichium villosum (Ledeb.) Bunge [FKI 2009] [CFK 2004]

ツンドラ草原に生え，高さ25 cmになる多年草。エゾルリムラサキに似た北方系の種類で植物体は軟毛で覆われる。果柄は長さ1～3 mm，萼は長さ2.5 mmまで。Barkalov(2009)では文献記録のみで極くまれとされるが，カムチャツカ半島には多いとされる(Yakubov, 2010)ので分布の可能性はあると思い，残した。
【分布】　北(シュムシュ島*)。極くまれ。
【亜寒帯植物：周北極要素】　本州・北海道にない。千島列島北部・カムチャツカ半島。オホーツク・シベリア・モンゴル・ヨーロッパ・北アメリカ。
[Map 1563]

5. ハマベンケイソウ属
Genus *Mertensia*

1. **ハマベンケイソウ**

Mertensia maritima (L.) Gray subsp. ***asiatica*** Takeda [EPJ 2012] [FJIIIa 1993]; *M. maritima* (L.) Gray [FKI 2009] [CFK 2004] [VPS 2002]; *M. asiatica* Macbr. [R]; *M. simplicissima* (Ledeb.) G.Don [R]

海岸砂礫地に生えるやや多肉で茎葉が青白色の多年草。茎は倒れて分枝し大株になる。青紫色で鐘形の花が下向きに咲く。ヨーロッパや北アメリカの基準亜種とは，花冠がより大きく花柱がより長く，花糸が短く幅広く，葉がより円いといった特徴で区別される(Hara, 1956)。
【分布】　歯舞群島・色丹島・南・中・北。千島列島全体に普通。
【冷温帯植物：周北極／東北アジア要素】　本州中部～北海道。千島列島・サハリン・カムチャツカ半島。ウスリー・沿海州～チュコト・コマンダー諸島・朝鮮半島北部・アリューシャン列島。種としてはヨーロッパ～北アメリカ北部に広域分布するが，シベリアに欠落する(Hultén and Fries, 1986)。
[Map 1550]

2. **チシマルリソウ**(エゾルリソウ)

Mertensia pterocarpa (Turcz.) Tatew. et Ohwi [EPJ 2012] [FKI 2009] [FJIIIa 1993]

亜高山広葉草原に局所的に生え，全体やや青白色を帯び高さ20～40 cmの多年草。茎生葉は卵形で7～9脈が目立つ。花は青紫色で鐘形下向きで長さ10～12 mm。萼片の形や萼片上の毛の疎密でエゾルリソウ var. *yezoensis* Tatew. et Ohwiとチシマルリソウ(狭義)var. *pterocarpa*に分ける見解があるが，北海道内の個体でもチシマルリソウと区別しがたいものがあり，北海道と千島列島で地理的に分化した2変種とするのは難しい(Fukuda and Takahashi, 2002)。ここではエゾルリソウも含めた広義の1種として扱う。通常，花筒内は無毛だが，まれに有毛の個体があり，品種ポロスルリソウ f. *yoshimurae* Tomoko Fukuda et Hideki Takah.と呼ばれる(福田・高橋，2002)。Tatewaki(1957)ではウルップ島が分布北東限とされていたが，Barkalov (2009)がそれより北の諸島から報告している。
【分布】 色丹島・南・中・北。点在。
【亜寒帯植物：北海道・千島固有要素】 北海道［J-CR］。千島列島。

3. **タカオカソウ**(宮部・川上，1901) 【Plate 22-5】

Mertensia pubescens (Roem. et Schult.) DC. [FKI 2009] [CFK 2004] [VPS 2002]; *M. kamczatica* (Turcz.) DC. [R]

チシマルリソウの近縁種。植物体がより小形で，花冠の幅が広く，葉の表面，花序，萼など全体に細縮毛が多い(清水，1982)。和名は北海道庁高岡直吉参事官への献名。
【分布】 中・北。点在。
【亜寒帯植物：東北アジア要素】 本州・北海道にない。千島列島中部以北・サハリン北部・カムチャツカ半島。オホーツク・コリマ・東シベリア。

6. ワスレナグサ属
Genus *Myosotis*

1. **ナヨナヨワスレナグサ**

Myosotis caespitosa Schultz [“*cespitosa*”, FKI 2009] [“*cespitosa*”, CFK 2004] [“*cespitosa*”, VPS 2002]; *M. laxa* Lehm. subsp. *caespitosa* (Schultz) Hyl. ex Nordh.

草原から岩礫地，道路縁などに生え，高さ40 cmまでになる多年草。茎は細く他物にもたれかかり，葉は披針形で，柔毛に覆われるためやや灰色がかる。花冠は青色で直径3～6 mmほど，茎頂の長い花序につく。北方地域に分布するワスレナグサ類は種を広くとるか狭くとるかで異論がある。Hultén and Fries(1986)は*M. cespitosa*を北米産*M. laxa* Lehm.のユーラシア産亜種としているが，ここではロシア側の見解に従いユーラシアから北アメリカまで広域分布する種とした。日本では本州の一部に野生化しているという(角野，2014)。2n＝48(択捉島)［Probatova et al., 2007］。
【分布】 南。まれ。
【冷温帯植物：周北極要素】 本州(外来)，北海道にない。千島列島南部・サハリン中部以北・カムチャツカ半島。アムール・ウスリー・シベリア・ヨーロッパ・北アメリカ。［Map 1560］

2. **エゾムラサキ**

Myosotis sylvatica Ehrh. ex Hoffm. [“*sylvatica* Hoffm.”, EPJ 2012] [FKI 2009] [VPS 2002] [FJIIIa 1993]; *M. sachalinensis* M.Pop [R]

山地の湿った所に生え，高さ20～40 cmになる多年草。植物体に開出するあらい毛があり，茎生葉は倒披針形で鈍頭，上部のものはやや茎を抱く。花冠は淡青紫色で径6～8 mm。萼は5深裂してかぎ状の毛がある。Verkholat et al.(2005)がパラムシル島初記録としてセベロクリリスクから報告した。
【分布】 歯舞群島・色丹島・南(国後島)・北(パラムシル島)。両側分布。
【冷温帯植物：周北極要素】 本州中部～北海道。千島列島南北部・サハリン。シベリア・ヨーロッパ・朝鮮半島・中国(北部～西部～北東部)の温帯域に広く分布。［Map 1557］

7. ヒレハリソウ属
Genus *Symphytum*

外1. **コンフリー**

Symphytum ×uplandicum Nyman [EPJ 2012]

薬用などに栽培され逸出する外来多年草。国後島古釜布や択捉島紗那の住居わきなどで見られた(Fukuda, Taran, et al., 2014)。
【分布】 南。点在。［戦後帰化］
【温帯植物】 九州～北海道(外来A3)。千島列島南部(外来)。ヨーロッパ原産で北アメリカなど世界各地に帰化。［cf. Map 1546-1547］

AE58. ヒルガオ科
Family CONVOLVULACEAE

1. ヒルガオ属
Genus *Calystegia*

1. **ヒロハヒルガオ**

Calystegia sepium (L.) R.Br. subsp. ***spectabilis*** Brummitt [EPJ 2012]; *C. sepium* R.Br. [FJIIIa 1993]; *C. japonica* Choisy [“Chosy”, FKI 2009]

山野に生えるつる性の多年草。葉は三角状ほこ形で鋭頭，花冠は淡紅色～ほとんど白色，長さ5～6 cm，苞は鈍頭～鋭頭。Tatewaki(1957)によるシムシル島産標本はソバカズラの誤同定であるとされるので，ここではシムシル島の記録は削除した。2n＝22(国後島)as *C. japonica* [Probatova et al., 2007]。

【分布】 南。まれ。

【温帯植物：周北極要素】 本州中部～北海道。千島列島南部。世界の温帯域。［Map 1537］

2. **ハマヒルガオ**

Calystegia soldanella (L.) Roem. et Schult. [“(L.) R. Br.”, EPJ 2012] [FKI 2009] [“(L.) R. Br.”, VPS 2002] [FJIIIa 1993]

海岸砂浜に生える多年草。茎は無毛で地上を這う。葉は無毛でやや厚く光沢があり，腎心形，凹頭～円頭。花冠は淡紅色で径4～5 cm。2n＝22(国後島)[Probatova et al., 2007]。

【分布】 色丹島・南・中(ウルップ島)。やや点在。

【暖温帯植物：周北極要素】 琉球～北海道。千島列島中部以南・サハリン南部。世界の温帯域。［Map 1536］

2. セイヨウヒルガオ属
Genus *Convolvulus*

外1. **セイヨウヒルガオ**

Convolvulus arvensis L. [EPJ 2012] [VPS 2002]

攪乱された空き地など。筆者らは2012年に国後島紗那の空き地で確認した(Fukuda, Taran, et al., 2014)。Hultén and Fries(1986)の分布図には北海道・千島に分布点がないので，最近の移入と思われる。

【分布】 南・中(ウルップ島)・北(パラムシル島)。まれ。［戦後帰化］

【暖温帯植物】 琉球～北海道(外来A3)。千島列島(外来)・サハリン南北部(外来)・カムチャツカ半島(外来)。ヨーロッパ原産。［Map 1538］

AE59. ナス科
Family SOLANACEAE

1. ナス属
Genus *Solanum*

1. **オオマルバノホロシ**

Solanum megacarpum Koidz. [EPJ 2012] [FKI 2009] [VPS 2002] [FJIIIa 1993]

湿原周辺の荒地に生える多年草。茎の下部は地上部を這い，葉は卵形～狭卵形，長さ4～9 cm，幅2～4 cm。花は疎らに分枝する集散花序につく。花冠は紫色，5片に深裂し，片は背面に反り返る。液果は楕円形で赤熟する。周北極分布する多型の *S. dulcamara* L.の東北アジア対応種とされる(Hultén and Fries, 1986)。

【分布】 色丹島・南(国後島・択捉島)。点在。

【冷温帯植物：周北極／東北アジア要素】 本州中部～北海道。千島列島南部・サハリン南北部。ウスリー。［Map 1624］

外1. **イヌホオズキ**

Solanum nigrum L. [EPJ 2012] [FKI 2009] [VPS 2002] [FJIIIa 1993]

住居近くの畑や道端，空き地などに生える一年草。本種は日本では史前帰化植物で在来種扱いされ(清水，2003)，千島列島でも在来種とされていた(Tatewaki, 1957)が，Barkalov(2009)は千島列島の外来種とした。ここでもこれに従っている。Tatewaki(1957)では択捉島が種分布の北東限だったが，さらにBarkalov(2009)はウルップ島もリストした。
【分布】 色丹島・南・中(ウルップ島)。点在。[戦前帰化]
【暖温帯植物】 琉球～北海道(在来，北海道では外来A3)。千島列島中部以南(外来)・サハリン南部(在来)。世界の温帯～熱帯に広域分布。[Map 1622]

AE60. モクセイ科
Family OLEACEAE

1. トネリコ属
Genus *Fraxinus*

1. アオダモ

Fraxinus lanuginosa Koidz. [EPJ 2012] [FKI 2009] [FJIIIa 1993]; *F. lanuginosa* Koidz. var. *serrata* (Nakai) H.Hara; *F. sieboldiana* Blume [R]

山地に生える雌雄異株の落葉高木。葉は奇数羽状複葉で小葉は1～3対。サハリン地区のRDB (Eremin et al., 2005)ではV(2)ランクとされる。SAPSには戦前の国後島泊産標本がある。
【分布】 南(国後島南西部)。まれ。
【暖温帯植物：準日本固有要素】 九州～北海道。千島列島南部[S-V(2)]。朝鮮半島。

2. ヤチダモ

Fraxinus mandshurica Rupr. [EPJ 2012] [FKI 2009] [VPS 2002] [FJIIIa 1993]; *F. mandshurica* Rupr. var. *japonica* Maxim.

山あいの湿地に生える雌雄異株の落葉高木。葉は奇数羽状複葉で小葉は3～5対，小葉の基部～中軸あたりに茶褐色の縮毛があるのはよい特徴。SAPSには国後島二木城産の戦前標本が1枚あるのみで，KYO，TIに千島産標本はなかった。ただし一般に高木の採集は難しいため，高木種の標本点数は必ずしも実際の個体数を反映してはいない。
【分布】 南(国後島)。ややまれ。
【冷温帯植物：東アジア要素】 本州中部～北海道。千島列島南部・サハリン。アムール・ウスリー・朝鮮半島・中国(北部～北東部)。

2. イボタノキ属
Genus *Ligustrum*

1. ミヤマイボタ

Ligustrum tschonoskii Decne. [EPJ 2012] [FJIIIa 1993]; *L. yezoense* Nakai [FKI 2009] [VPS 2002]

山地に生え，よく分枝して高さ1～3 mになる落葉低木。枝先に総状の円錐花序をつくり，花冠は白色で長いろうと形，先は4裂。SAPSには戦前の2枚の標本しかなく，国後島産の標本は葉裏に毛がなくエゾイボタ型 f. *glabrescens* (Koidz.) Murata，択捉島産の標本は葉裏に毛があり狭義のミヤマイボタ型 f. *tschonoskii* であるが，どちらにも花がついていない。KYO，TIには千島列島産の標本がない。
【分布】 南。まれ。
【暖温帯植物：準日本固有要素】 九州～北海道。千島列島南部・サハリン中部以南。

3. ハシドイ属
Genus *Syringa*

1. ハシドイ

Syringa reticulata (Bl.) H.Hara [EPJ 2012] [FJIIIa 1993]; *Ligustrina reticulata* (Bl.) Nedoluzhko [FKI 2009]; *Ligustrina japonica* (Maxim.) V.Vassil [R]

山地に生え，高さ6～7 mになる落葉小高木。葉は広卵形～卵形で全縁。花冠は白色で4裂し，多数の花が円錐花序に密につく。サハリンには分布しない。KYO，TI，TNSには千島列島産標本がなかった。
【分布】 色丹島・南(国後島・択捉島*)。点在。
【暖温帯植物：準日本固有要素】 九州～北海道。千島列島南部[S-V(2)]。朝鮮半島。

AE61. オオバコ科
Family PLANTAGINACEAE

1. アワゴケ属
Genus *Callitriche*

1. チシマミズハコベ

Callitriche hermaphroditica L. [EPJ 2012] [FKI 2009] [VPS 2002] [FJIIIa 1993]

湖沼や川に生育する沈水植物。茎は15〜50 cm長で盛んに分枝，葉は対生で無柄，暗緑色で半透明，線形〜狭被針形で長さ8〜12 mm，先端は凹形。葉腋につく果実は円形軍配状で，果実の周囲全体に狭い翼がある。Tatewaki(1957)では千島列島から記録されなかったが，Barkalov(2009)によりリストされた。

【分布】 南(択捉島)・北(シュムシュ島)。まれ。両側分布。

【冷温帯植物：周北極要素】 本州中部・北海道[J-VU]。千島列島南北部・サハリン・カムチャツカ半島。シベリア・中国東北部・ヨーロッパ・北アメリカ・南アメリカ・グリーンランド。[Map 1568]

2. ミズハコベ

Callitriche palustris L. [EPJ 2012] [FKI 2009] [VPS 2002] [FJIIIa 1993]; *C. verna* L. [R]

チシマミズハコベに似る沈水植物。葉は緑白色で沈水葉は線形で先端は凹形だが，普通卵形の浮葉をともなう。果実はやや縦長の倒卵状楕円形で翼が不明。

【分布】 色丹島・南・中・北。点在。

【暖温帯植物：周北極要素】 琉球〜北海道。千島列島・サハリン・カムチャツカ半島。北半球温帯域に広域分布。[Map 1571]

2. ジギタリス属
Genus *Digitalis*

外1. ジギタリス(キツネノテブクロ)

Digitalis purpurea L. [EPJ 2012] [FKI 2009] [VPS 2002]

園芸・薬用に栽培されるが時に逸出する。清水(2003)では取り扱われず，本州では逸出の例があまりないようだが，北海道ではしばしば逸出する。2n＝48(国後島)，56(国後島)[Probatova et al., 2007]。

【分布】 南(国後島・択捉島)。まれ。[栽培逸出]

【温帯植物】 北海道(逸出 A3)。千島列島南部(逸出)・サハリン(栽培)。西・南ヨーロッパ原産。

3. スギナモ属
Genus *Hippuris*

1. スギナモ　【Plate 72-4】

Hippuris vulgaris L. [EPJ 2012] [FKI 2009] [CFK 2004] [VPS 2002] [FJIIc 1999]; *H. lanceolata* Retz. [FKI 2009]

湖沼に生える多年生の水草。茎の下部は沈水状態で線形の葉が6〜12枚輪生し，茎の上部は抽水状態となる。花は気中葉の葉腋に単生し花弁はない。Barkalov(2009)は択捉島，パラムシル島から*H. lanceolata*を挙げており，スギナモとヒロハスギナモ*H. tetraphylla*の交雑種とする。しかし実態が明らかでないので，ここでは普通種のスギナモに含めて処理する。カムチャツカ半島からは類縁種のヒロハスギナモ*H. tetraphylla* L.が報告されており，北海道でも記録されているが，これまで千島列島からはヒロハスギナモの記録がない。

【分布】 歯舞群島・色丹島・南・中・北。やや普通。

【冷温帯植物：周北極要素】 本州中部〜北海道。千島列島・サハリン・カムチャツカ半島。ユーラシア・北アメリカの寒帯〜温帯に広域分布。[Map 1376]

4. ウルップソウ属
Genus *Lagotis*

1. ウルップソウ　【Plate 2-5, 73-1】

Lagotis glauca Gaertn. [EPJ 2012] [FKI 2009] [CFK 2004] [FJIIIa 1993]

湿った砂礫地に生える多年草。葉はやや肉質で表面に光沢があり，卵円形～腎形で長さ5～10 cm，幅5～13 cm。多数の花が密生する太い穂状花序をつくる。花冠は青紫色で筒状，先は2裂して2唇形，下唇は2～3裂する。サハリンには，北方系の別種*L. minor* (Willd.) Standl.が北部シュミット半島に分布し，ウルップソウの記録は検討が必要とされるものの分布しないとされる(Smirnov, 2002)。千島列島では特に色丹島のマスバ山や又古丹山にはよい群落がある。礼文島－色丹島の類似性を示唆する例である。
【分布】　色丹島・南・中・北。点在。
【亜寒帯植物：北太平洋要素】　本州中部・北海道(礼文島)[J-NT]。千島列島・カムチャツカ半島。オホーツク・アリューシャン列島・アラスカ。

5. キタミソウ属
Genus *Limosella*

1. キタミソウ　【Plate 73-2】

Limosella aquatica L. [EPJ 2012] [FKI 2009] [CFK 2004] [VPS 2002] [FJIIIa 1993]

泥湿地に小株状に生える小さな多年草。葉は狭長楕円形で基部は次第に葉柄に移行し，柄を含めて全体で長さ1.5～5 cm。花は小さく長さ2.5 mm。花冠は白色で鐘形，先は5裂。
【分布】　南(択捉島)・中(ウルップ島)・北。点在。
【温帯植物：周北極要素】　九州～北海道[J-VU]。千島列島・サハリン南部・カムチャツカ半島。北半球の亜寒帯～温帯に広域分布。[Map 1626]

6. ウンラン属
Genus *Linaria*

1. ウンラン

Linaria japonica Miq. [EPJ 2012] [FKI 2009] [VPS 2002] [FJIIIa 1993]

海岸の砂地に生える多年草。茎は分枝してほふく，長さ20～40 cm，葉は肉質で緑白色，楕円形～楕円状披針形。黄白色の花を枝先の短い総状花序につける。
【分布】　歯舞群島・色丹島・南・中(ウルップ島)。やや普通。
【冷温帯植物：東北アジア要素】　本州中部～北海道。千島列島中部以南・サハリン。ウスリー・朝鮮半島北部。

外1. ホソバウンラン

Linaria vulgaris Mill. [EPJ 2012] ["*vulgaris* L.", FKI 2009] [CFK 2004] ["*vulgaris* L.", VPS 2002]

攪乱地に生え，茎は直立して高さ30～100 cmになる外来の多年草。葉は線形で枝先に総状花序をつける。Barkalov(2009)では歯舞群島だけだったが，色丹島とパラムシル島にも帰化している。個体により葉の幅に変異がある。
【分布】　歯舞群島・色丹島・北(パラムシル島)。まれ。[帰化]
【冷温帯植物】　本州～北海道(外来A3)。千島列島南北部(外来)・サハリン(外来)・カムチャツカ半島(外来)。ヨーロッパ～アジアに自生。[Map 1636]

7. イワブクロ属
Genus *Pennellianthus*

1. イワブクロ(タルマイソウ)
【Plate 20-1, 20-2, 20-3, 20-6】

Pennellianthus frutescens (Lamb.) Crosswh. [EPJ 2012] [FKI 2009] [CFK 2004] [VPS 2002]; *Penstemon frutescens* Lamb. [FJIIIa 1993]; *Pentastemon frutescens* Lamb. [R]

火山灰砂礫地に生え，根茎は地中を這って株をつくり高さ5～20 cmになる多年草。対生する葉は肉質で卵状長楕円形，縁に毛がある。茎の先に5～15花をやや密につける。花冠は淡紅紫色，長さ2～2.5 cmの筒形で外面に毛がある。DNA分子系統研究により，*Penstemon*属から除かれた(Wolfe et al., 2002)。火山活動のない歯舞群島・色丹島には欠落する。白花品種シロバナイワブクロ forma *albiflorus* (Hayashi) Crosswh.が時に見られる。
【分布】　南・中・北。点在。
【冷温帯植物：北太平洋要素】　本州北部～北海道。千島列島・サハリン中部・カムチャツカ半島。東シベリア・アリューシャン列島。

8. オオバコ属
Genus *Plantago*

1. **オオバコ**

Plantago asiatica L. [EPJ 2012] [FKI 2009] [CFK 2004] [FJIIIa 1993]; *P. major* L. var. *asiatica* (L.) Decne.; *P. cornuti* Gouan [VPS 2002]

日あたりのよい荒地に生える多年草。根生葉は10枚くらい，葉身はやや質薄く卵形で長さ3～15 cm，幅1～10 cm。花茎は高さ10～50 cm，穂状花序は細く3～30 cm長。葯は長さ1.5～1.7 mm。種子は1果内に4～6個。セイヨウオオバコ *P. major* をユーラシア全体に広く分布する種と定義して，東アジアのオオバコをその変種 var. *asiatica* とする考えもある。実際にはオオバコ *P. asiatica*，トウオオバコ *P. japonica*，セイヨウオオバコ *P. major* の3分類群は定量的な形質の傾向の差でしか分けられず，同一種の変種くらいの差にすぎないと思われるが，ここでは暫定的に3種としてリストする。

【分布】 歯舞群島・色丹島・南・中・北。普通。
【暖温帯植物：東アジア～東南アジア要素】 琉球～北海道。千島列島・サハリン・カムチャツカ半島。朝鮮半島・中国・台湾・インドシナ・マレーシア。

2. **トウオオバコ**(イソオオバコ)

Plantago japonica Franch. et Sav. [EPJ 2012] [FKI 2009] [CFK 2004] [VPS 2002]; *P. major* L. var. *japonica* (Franch. et Sav.) Miyabe [FJIIIa 1993]; *P. togashii* Miyabe et Tatew. [R]

沿岸地に生える多年草で，オオバコに似るが葉身・花序ともに大型で葉の質もより厚い。葉身は長さ7～25 cm，幅5～20 cm。花茎は高さ50～100 cm，穂状花序は長さ20～60 cm。葯は長さ0.8～1.1 mm。種子は1果内に6～14個。セイヨウオオバコ *P. major* の海岸型の変種とも見られる。

【分布】 歯舞群島・色丹島・南(国後島)。まれ。
【温帯植物：東北アジア～準日本固有要素】 九州～北海道。千島列島南部・サハリン南部・カムチャツカ半島(外来)。ウスリー・朝鮮半島南部。[Map 1725]

3. **エゾオオバコ**

Plantago camtschatica Cham. ex Link [EPJ 2012] [“*camtschatica* Link”, FKI 2009] [“*camtschatica* Link”, CFK 2004] [“*camtschatica* Link”, VPS 2002] [FJIIIa 1993]

海岸砂地に生える多年草。葉は長楕円形，白色の軟毛が密生。花茎は高さ15～30 cm，種子は1果内に4個。2n＝12(ウシシル島，ウルップ島) [Probatova et al., 2007]。

【分布】 歯舞群島・色丹島・南・中・北。やや普通。
【温帯植物：東北アジア要素】 九州～北海道。千島列島・サハリン・カムチャツカ半島。ウスリー・朝鮮半島。

外1. **セイヨウオオバコ**

Plantago major L. [EPJ 2012] [FKI 2009] [CFK 2004] [VPS 2002]; *P.major L* var. *major* [FJIIIa 1993]

トウオオバコによく似る外来種で，葯は長さ0.8～1.1 mm。果実の上ぶたが低い円錐形(トウでは半球形)，種子は1果内に8～16個。種子は長さ1.4～2.0 mm 表面の縞状の凹凸が明らか(トウでは1.0～1.4 mm，縞は薄い)。

【分布】 南・中(ウルップ島)・北。まれ。[戦前帰化]
【温帯植物】 日本(外来B)。千島列島(外来)・サハリン(外来)・カムチャツカ半島(外来)。ヨーロッパ原産で世界各地に帰化。[Map 1725]

外2. **ヘラオオバコ**

Plantago lanceolata L. [EPJ 2012] [FKI 2009] [CFK 2004] [VPS 2002] [FJIIIa 1993]

撹乱地に生える外来多年草。葉は披針形で先がとがる。Tatewaki(1957)にはリストされていないので，千島列島には戦後帰化と考えられる。

【分布】 南(国後島・択捉島紗那市内)。ややまれ。[戦後帰化]

【暖温帯植物】 九州～北海道(外来 A2)。千島列島南部(外来)・サハリン南北部(外来)・カムチャツカ半島(外来)。ヨーロッパ原産で世界各地に帰化。[Map 1724]

外3. **シロバナオオバコ**

Plantago media L. [FKI 2009] [CFK 2004] [VPS 2002]

雄しべが花外に出て目立つ外来種。

【分布】 色丹島*・南(国後島)。まれ。[栽培逸出？]

【温帯植物】 本州・北海道には外来記録なし。千島列島南部(外来)・サハリン南北部(外来)・カムチャツカ半島(外来)。ヨーロッパ原産で，ロシア極東で外来記録がある。[Map 1727]

9. クワガタソウ属
Genus *Veronica*

1. ***エゾノカワヂシャ***

Veronica americana (Raf.) Schwein. ex Benth. [EPJ 2012] [FKI 2009] [VPS 2002] [“*americana* Schwein. ex Benth.”, FJIIIa 1993] [“*americana* Schwein. ex Benth.”, CFK 2004]

湿地に生える多年草。全体無毛で，対生する葉は長楕円形～長楕円状披針形，長さ2～7 cm，幅1～2.5 cm，基部円形で2～7 mmの柄。長さ5～13 cmの花序に疎らに花をつけ，花冠は青紫色で皿状に広く開き径6 mm。2n＝36(国後島，ウルップ島)[Probatova et al., 2007]。

【分布】 色丹島・南・中・北。やや普通。

【冷温帯植物：北太平洋要素】 本州北部～北海道。千島列島・サハリン・カムチャツカ半島。オホーツク・アリューシャン列島・アラスカ・北アメリカ。[Map 1649]

2. ***チシマヒメクワガタ***(エゾヒメクワガタ)　【Plate 73-3】

Veronica stelleri Pall. ex Link [FKI 2009] [CFK 2004] [VPS 2002] [FJIIIa 1993]

高さ10 cmほどの多年草で全体にやや密に白毛が生える。葉は対生し，卵形で長さ1.5～3 cm，柄がない。数個の淡青紫色の花をつけ，花冠は径1～1.2 cm。本種内に花柱が5～6 mmと長いエゾヒメクワガタ var. *longistyla* Kitag. と花柱が3～4 mmと短く茎上部の軟毛が密なチシマヒメクワガタ var. *stelleri* の2変種を認めることがある。しかし千島列島内での変異についてはまだ十分に解明されていないので，ここでは種内分類群を認めずに処理した。色丹島から記録がないのは興味深い。2n＝18(シャシコタン島) as *V. stelleri* [Probatova et al., 2007]。

【分布】 南・中・北。やや普通。

【亜寒帯植物：北太平洋要素】 北海道[J-VU, as *V. stelleri* var. *longistyla*]。千島列島・サハリン中部以北・カムチャツカ半島。朝鮮半島北部・アリューシャン列島・アラスカ。

3. ***シュムシュクワガタ***　【Plate 22-4, 73-4】

Veronica grandiflora Gaertn. [FKI 2009] [CFK 2004]

チシマヒメクワガタに似るが，植物体は粗長毛に覆われ，花もより大きく濃青紫色である。カムチャツカ半島から南下してきた種と考えられ，中千島シャシコタン島が千島列島での分布南西限と思われる。

【分布】 中・北。やや普通。

【亜寒帯植物：東北アジア要素】 本州・北海道にない。千島列島中部以北・カムチャツカ半島。コマンダー諸島。

4. ***キクバクワガタ***

Veronica schmidtiana Regel subsp. ***schmidtiana*** [EPJ 2012] [VPS 2002]; *Pseudolysimachion schmidtianum* (Regel) T.Yamaz. [FKI 2009] [FJIIIa 1993]

岩礫地に生え，高さ10～25 cmになる多年草。葉の切れ込み具合や毛の密度にかなりの変化があり，Yamazaki(1993d)は種内に2亜種4変種を認めている。Tatewaki(1957)は色丹島・国後島から記録したが，さらにBarkalov(2009)は択捉島もリストした。

【分布】 色丹島・南。点在。
【温帯植物：準日本固有要素】 本州〜北海道。千島列島南部・サハリン。

5. テングクワガタ

Veronica serpyllifolia L. subsp. ***humifusa*** (Dicks.) Syme [EPJ 2012] [FJIIIa 1993]; *V. serpyllifolia* L. p.p. [FKI 2009]; *V. humifusa* Dicks. [CFK 2004] [VPS 2002]; *V. tenella* All.

茎の高さ10〜20 cmになる多年草。Yamazaki (1993d) は本種内にテングクワガタ subsp. *humifusa* とコテングクワガタ subsp. *serpyllifolia* の2亜種を認め，前者は自生種，後者は外来種とする。テングクワガタは外来亜種のコテングクワガタに似るが，花軸や花柄に腺毛が混じり，花は大きく径約4 mmで果実も大きく径約4 mm。
【分布】 色丹島・南（国後島）・中・北。
【温帯植物：周北極要素】 本州（中部）・北海道。千島列島・サハリン・カムチャツカ半島。ユーラシア〜北アメリカに不連続分布。［Map 1640-1641］

外1. コテングクワガタ

Veronica serpyllifolia L. subsp. ***serpyllifolia*** [EPJ 2012] [FJIIIa 1993]; *V. serpyllifolia* L. p.p. [FKI 2009]; *V. serpyllifolia* L. [VPS 2002]

ヨーロッパ原産で草地などに生える外来草本。テングクワガタの基準亜種。Barkalov (2009) によるテングクワガタの中・北千島の記録には戦後帰化のコテングクワガタが含まれている可能性がある。2n＝14（国後島，シムシル島）as *V. serpyllifolia* ［Probatova et al., 2007］。
【分布】 中（シムシル島）・北。［戦後帰化］
【温帯植物】 本州〜北海道（外来）。千島列島中部以北（外来）・サハリン（外来）・カムチャツカ半島（外来）。ユーラシアに広域分布，北アメリカに帰化。［Map 1640-1641］

外2. ホソバカワヂシャ

Veronica scutellata L. [EPJ 2012] [FKI 2009] [VPS 2002]

ヨーロッパ原産の外来種。エゾノカワヂシャに似るが，葉が線形で狭い。サハリンにも帰化している。2n＝18（国後島）［Probatova et al., 2007］。
【分布】 南（国後島・択捉島）。まれ。［戦前帰化？］
【冷温帯植物】 本州・北海道から帰化記録はない。千島列島南部（外来）・サハリン北部（外来）。ヨーロッパ〜北アメリカに分布し，各所に帰化。［Map 1648］

外3. カラフトヒヨクソウ

Veronica chamaedrys L. [EPJ 2012] [FKI 2009] [VPS 2002]

ユーラシア原産の外来植物。2009年に国後島北東部の音根別川河口で採集された標本がある。ソ連時代に栽培されたものの逸出だろう。和名からはサハリンの自生植物のように思われるが，Smirnov (2002) ではサハリンでも外来種とされる。
【分布】 南。まれ。［戦後栽培逸出］
【冷温帯植物】 本州（外来B）・北海道（外来）。千島列島南部（外来）・サハリン（外来）・カムチャツカ半島（外来）。ヨーロッパを中心としたユーラシアに分布し北アメリカなどに帰化。［Map 1646］

外4. オオイヌノフグリ

Veronica persica Poir. [EPJ 2012] [FKI 2009] [VPS 2002] [FJIIIa 1993]

ヨーロッパ原産の外来植物。Tatewaki (1957) にはリストされず，Alexeeva (1983) で初めて記録された外来植物。
【分布】 南・中（ウルップ島*）。まれ。［帰化］
【温帯植物】 本州・北海道（外来B）。千島列島中部以南（外来）・サハリン南部（外来）。ヨーロッパ原産。［Map 1660］

AE62. ゴマノハグサ科
Family SCROPHULARIACEAE

1. ゴマノハグサ属
Genus *Scrophularia*

1. エゾヒナノウスツボ

Scrophularia alata A.Gray [EPJ 2012]; *S. grayana* Maxim. ex Kom. [FKI 2009] [VPS 2002] [FJIIIa 1993]

海岸近くの岩場に生える多年草。茎は太く4稜があり稜上に翼がある。葉は対生し葉身はやや肉質で広卵形，花は円錐形の花序に疎らにつく。花冠はつぼ形で2唇形となる。

2n＝18-20（択捉島）as *S. grayana* [Probatova et al., 2007]。

【分布】　歯舞群島・色丹島・南。やや普通。
【温帯植物：準日本固有要素】　本州中部～北海道。千島列島南部・サハリン南部。

AE63. シソ科
Family LAMIACEAE（LABIATAE）

1. カワミドリ属
Genus *Agastache*

1. カワミドリ

Agastache rugosa (Fisch. et C.A.Mey.) Kuntze [EPJ 2012] [FKI 2009] [FJIIIa 1993]

高さ40～100 cmになる多年草。全体に強い香気があり，対生する葉は広卵形～卵心形，長さ5～10 cm，幅3～7 cm。花穂は多数の花が集まって長さ5～15 cm，萼は紅紫色で花冠はピンク色。Tatewaki（1957）ではリストされなかったが，Alexeeva（1983）が国後島から記録した。

【分布】　南（国後島）。まれ。
【暖温帯植物：東アジア～東南アジア要素】　九州～北海道。千島列島南部[S-V(2)]。ウスリー・朝鮮半島・中国（北部～北東部～中部）・台湾・ベトナム。

2. キランソウ属
Genus *Ajuga*

1. ツルカコソウ（シコタンツルカコソウ）

【Plate 29-3, 73-5】

Ajuga shikotanensis Miyabe et Tatew. [EPJ 2012] [FKI 2009] [FJIIIa 1993]

丘陵地の草原に生える，高さ10～30 cmの多年草。花後に花茎の基部から葉をつけた走出枝を出す。花冠は淡紫色，上唇は極く小さく，下唇は3裂して開出。本州で時に採られているが北海道からは記録がない希少種。2010年の調査では色丹島で見つけられなかった。KYOに色丹島の標本がある。

【分布】　南（色丹島）。まれ。
【温帯植物：日本・千島固有要素】　本州[J-VU]。千島列島南部[S-I(4)]。

3. クルマバナ属
Genus *Clinopodium*

1a. クルマバナ

Clinopodium chinense (Benth.) Kuntze subsp. ***grandiflorum*** (Maxim.) H.Hara [EPJ 2012]; *C. chinense* (Benth.) Kuntze [FKI 2009] [VPS 2002]; *C. chinense* (Benth.) Kuntze var. *parviflorum* (Kudô) H.Hara [FJIIIa 1993]

山野の草地に生える高さ20～80 cmの多年草。花序の小苞は線形で小花柄より長く目立つ。萼は紅紫色を帯び開出毛があり，花冠は紅紫色。茎や葉の毛の密度・有無に変異があり，以下の変種が一般に認められるが，中間型もあり難しい。種内変異の研究が必要である。

【分布】　歯舞群島・色丹島・南。やや普通。
【暖温帯植物：東アジア要素】　九州～北海道。千島列島南部・サハリン。朝鮮半島。[Map 1609]

1b. ヤマクルマバナ（クナシリクルマバナ）

【Plate 42-1】

Clinopodium chinense (Benth.) Kuntze subsp. ***glabrescens*** (Nakai) H.Hara [EPJ 2012]; *C. kunashirense* Prob. [FKI 2009]; *C. chinense* (Benth.) Kuntze var. *shibetchense* (Lev.) Koidz. [FJIIIa 1993]

上記亜種と別の，日陰型の亜種とされるもの。萼は紅紫色を帯びることがなく，毛が多く時に腺毛が混じる。花冠は淡紅紫色を帯びた白色。また葉の質薄く幅広く鈍頭の傾向がある。国後島からProbatova(1995)が新種報告したクナシリクルマバナ *C. kunashirense* は本変種と思われる。2n＝30(国後島)as *C. kunashirense*［Probatova et al., 2007］。

【分布】　南(国後島)。やや普通。

【暖温帯植物：準日本固有要素】　九州～北海道。千島列島南部・サハリン南部。朝鮮半島。［Map 1609］

2.　ミヤマトウバナ

Clinopodium sachalinense (F.Schmidt) Koidz. [FKI 2009] [VPS 2002]; *C. micranthum* (Regel) H. Hara var. *sachalinense* (F. Schmidt) T.Yamaz. et Murata [EPJ 2012] [FJIIIa 1993]

やや暗い林内に生える高さ30～70 cmの多年草。花序の小苞は小花柄より短い。萼には疎らに短毛がある。Barkalov(2009)が択捉島から報告した。

【分布】　歯舞群島・色丹島・南(国後島・択捉島)。やや普通。

【冷温帯植物：準日本固有要素】　本州中部～北海道。千島列島南部・サハリン南部。

4.　ムシャリンドウ属
Genus *Dracocephalum*

1.　ムシャリンドウ

Dracocephalum argunense Fisch. ex Link [EPJ 2012] [FJIIIa 1993]; *D. charkeviczii* Prob. [FKI 2009]

日あたりのよい草地に生える多年草。高さ15～50 cmになり葉は広線形で長さ2～6 cm，幅2～5 mm，厚くて縁はやや裏に巻く。花は青紫色で長さ3～3.5 cm，茎頂に短い穂をつくる。

【分布】　色丹島・南(国後島)。まれ。

【冷温帯植物：北アジア要素】　本州中部～北海道［J-VU］。千島列島南部。東シベリア・朝鮮半島・中国(北部～東北部)・モンゴル。［Map 1605］

5.　ナギナタコウジュ属
Genus *Elsholtzia*

外1.　ナギナタコウジュ

Elsholtzia ciliata (Thunb.) Hyl. [EPJ 2012] [FKI 2009] [CFK 2004] [VPS 2002] [FJIIIa 1993]; *E. patrinii* (Lepech.) Garcke [R]; *E. patrini* Garcke

高さ10～50 cmの一年草で全体に香気がある。花が穂の一方に偏ってつき花穂全体がなぎなた状になるのがよい特徴。シソ科植物は，千島列島においてはおもに南部に分布するが，本種は不連続分布をしてオネコタン島から記録されているのが興味深い。日本では普通，在来種として扱われるが，ロシア側では千島列島とカムチャツカ半島産は外来種とされている。Tatewaki(1957)は色丹島・国後島から記録し，Barkalov(2009)はさらに択捉島・オネコタン島を加えたので，後者2島へは戦後になって分布拡大したものかもしれない。

【分布】　色丹島・南・中(オネコタン島)。まれ。［戦前帰化・一部戦後拡大］

【暖温帯植物】　九州～北海道(在来)。千島列島中部以南(外来)・サハリン南北部(在来)・カムチャツカ半島(外来)。朝鮮半島・中国(北部～北東部～南部)・台湾・インドシナ・インド・チベット・ヒマラヤ・アフガニスタン・西アジア・ヨーロッパ。

〈検討種〉エルショルツィア・プセウドクリスタータ

Elsholtzia pseudocristata H.Lév. et Vaniot

Probatova(1995)はナギナタコウジュ侵入後のここ30年ほどにロシア極東に急速に分布を広げた外来種とした。ナギナタコウジュと本種は同所的に生えないという。Barkalov(2009)も本種を色丹島・国後島・択捉島から記録している。一方で中国のフロラでは本種はナギナタコウジュのシノニムとされ(Li and Hedge, 1994)，検討の余地があるように思う。

これまで本州・北海道からの記録はない。

6. チシマオドリコソウ属
Genus *Galeopsis*

外1. チシマオドリコソウ

Galeopsis bifida Boenn. [EPJ 2012] [FKI 2009] [CFK 2004] [VPS 2002] [FJIIIa 1993]

やや攪乱されたやぶなどに生える高さ25〜50 cmの外来一年草。茎には下向きの長剛毛が目立つ。花冠は紅紫色で長さ約1.5 cm。Tatewaki (1957)では南千島からしか記録されなかった。ウルップ島では河口にあったのでこれは最近の帰化と思われる。中千島や北千島の一部は戦後帰化と思われる。ロシア側では千島列島とカムチャツカ半島産は外来種とされる。タヌキジソとは花の3裂した下唇の中央裂片の先がくぼむ点で区別される。

【分布】　色丹島・南・中(ウルップ島)・北(パラムシル島)。やや普通。[戦前帰化・一部戦後拡大]

【温帯植物】　四国〜北海道(一部自生の遺存か，外来A3)。千島列島(外来)・サハリン(在来)・カムチャツカ半島(外来)。北半球温帯域。[Map 1587]

外2. ガレオプシス・ラダヌム

Galeopsis ladanum L. [FKI 2009] [CFK 2004] [VPS 2002]

チシマオドリコソウに比べるとより葉が狭く花がより大きい。

【分布】　南(択捉島)。まれ。[戦後帰化]

【温帯植物】　本州・北海道からは報告がない。千島列島南部(外来)・サハリン中部以北(外来)・カムチャツカ半島(外来)。ヨーロッパ原産。[Map 1583]

外3. タヌキジソ

Galeopsis tetrahit L. [FKI 2009] [CFK 2004]

Barkalov et al.(2009)が色丹島マスバ湾から報告した。ヨーロッパ原産だが，各所に帰化しているとされる。チシマオドリコソウとの差異については検討が必要である(cf. 清水，2003)。

【分布】　色丹島。まれ。[戦後帰化]

【温帯植物】　日本では実態が不明(清水，2003)。千島列島南部(外来)・カムチャツカ半島(外来)。ヨーロッパ原産。[Map 1586]

7. オドリコソウ属
Genus *Lamium*

1. オドリコソウ

Lamium album L. var. ***barbatum*** (Siebold et Zucc.) Franch. et Sav. [EPJ 2012] [FJIIIa 1993]; *L. barbatum* Siebold et Zucc. [FKI 2009] [CFK 2004] [VPS 2002]

やぶや道路縁に生える多年草。葉は卵状三角形〜広卵形，長さ5〜10 cm，幅3〜6 cm。花は上部の葉腋につき白色〜微紅色，長さ3〜3.5 cm。カムチャツカ半島産は外来種とされる(Yakubov and Chernyagina, 2004)。

【分布】　南(国後島)。点在。

【温帯植物：周北極／東アジア〜東北アジア要素】　九州〜北海道。千島列島南部・サハリン・カムチャツカ半島(外来)。アムール・ウスリー・朝鮮半島・中国(北部〜北東部〜中部)・モンゴル。種としてはヨーロッパからアジアまでユーラシア大陸に広く分布する。[Map 1589]

外1. ホトケノザ

Lamium amplexicaule L. [EPJ 2012] [FKI 2009] [FJIIIa 1993]

日本の史前帰化植物とされ在来種扱いされる(清水，2003)。Tatewaki(1957)で択捉島から記録されているので，南千島には少なくとも戦前には帰化していた。

【分布】　色丹島*・南(国後島・択捉島)。[戦前帰化]

【暖温帯植物】　琉球〜北海道(在来，二次外来？ B)。千島列島南部(外来)。ユーラシアの温帯域に広く分布。[Map 1593]

8. シロネ属
Genus *Lycopus*

1. シロネ

Lycopus lucidus Turcz. ex Benth. [EPJ 2012] [FKI 2009] [FJIIIa 1993]

湿地に生え高さ80～120 cmになる大形の多年草。葉は狭長楕円形～線状披針形で鋭鋸歯があり，萼裂片の先は針状にとがる。

【分布】 歯舞群島・南(国後島)。やや普通。

【暖温帯植物：東アジア要素】 九州～北海道。千島列島南部・サハリン南部(極くまれ)。アムール・ウスリー・朝鮮半島・中国東北部・台湾。

2. エゾシロネ

Lycopus uniflorus Michx. [EPJ 2012] [FKI 2009] [CFK 2004] [VPS 2002] [FJIIIa 1993]

湿原に生え，高さ20～40 cmの多年草。葉は菱状卵形で鈍頭～鋭頭，縁にはやや鈍頭の鋸歯が疎ら。萼裂片は短く鈍頭。

【分布】 歯舞群島・色丹島・南。やや普通。

【温帯植物：周北極要素】 九州～北海道。千島列島南部・サハリン・カムチャツカ半島。アムール・ウスリー・朝鮮半島・中国東北部・アラスカ・北アメリカ(北東部・北西部)。

3. コシロネ(チシマシロネ)　【Plate 43-2】

Lycopus cavaleriei H.Lév. [EPJ 2012]; *L. ramossimus* (Makino) Makino [FJIIIa 1993]; *L. kurilensis* Prob. [FKI 2009]

高さ20～80 cmになり茎は分枝せず直立する多年草。エゾシロネに似て葉の鋸歯はやや鈍頭だが，萼裂片は鋭尖頭。Tatewaki(1957)ではリストされなかった。Alexeeva(1983)は国後島からヒメシロネ *L. maackianus* を記録し，ロシア側ではヒメシロネとの比較で1995年にこれをチシマシロネ *L. kurilensis* として新種報告した(Probatova, 1995)。しかしVLAでタイプ標本を確認したところコシロネそのものであることがわかった。

【分布】 南(国後島)。まれ。

【暖温帯植物：東アジア要素】 九州～北海道。千島列島南部。朝鮮半島・中国(北部～北東部～中部)。

9. ハッカ属
Genus *Mentha*

1. ハッカ

Mentha arvensis L. subsp. ***piperascens*** (Malinv.) H.Hara [FJIIIa 1993]; *M. arvensis* L. var. *piperascens* Malinv. [J]; *M. canadensis* L. [EPJ 2012] [FKI 2009] [VPS 2002]

湿った草地に生える多年草。全草に芳香があり茎葉に軟毛がある。花は上部の葉腋に球状に集まり極く薄い淡紅色。ここではヨウシュハッカ *M. arvensis* の亜種とする考えを採用したが，ヨウシュハッカの変種としたり別種の *M. canadensis* とする考えもある。ヨウシュハッカよりも葉がやや長く，萼裂片がより鋭くとがるとされる。Tatewaki(1957)ではウルップ島が分布の北東限だったが，Barkalov(2009)がパラムシル島もリストした。ただ隣接するカムチャツカ半島からは自生として基準種ヨウシュハッカ *M. arvenssis* L.が報告されている(Yakubov and Chernyagina, 2004)ので，さらに比較検討が必要である。

【分布】 歯舞群島・色丹島・南(択捉島中部では普通)・中(ウルップ島)・北(パラムシル島)。

【温帯植物：周北極／東アジア要素】 九州～北海道。千島列島・サハリン。シベリア南東部・朝鮮半島・中国東北部・台湾・モンゴル。種としてはユーラシア～北アメリカの温帯域に広く分布する。

[Map 1614]

外1. アメリカハッカ

Mentha ×gentilis L. [EPJ 2012]; *M. ×gracilis* Sole [J]

ヨウシュハッカとオランダハッカとの交雑種と考えられている栽培多年草で，しばしば逸出する。2012年に択捉島紗那で採集された(Fukuda, Taran et al., 2014)。

【分布】 南(択捉島)。まれ。[戦後栽培逸出]

【温帯植物】 四国～北海道(外来B)。千島列島南部(外来)。栽培品種。

10. イヌコウジュ属
Genus *Mosla*

1. **ヒメジソ**

Mosla dianthera (Buch.-Ham. ex Roxb.) Maxim. [EPJ 2012] [“(Roxb.) Maxim.”, FKI 2009] [FJIIIa 1993]

林縁や道ばたに生え，多く分枝する高さ20～60 cmの一年草。葉は卵形～広卵形で，花は白色でわずかに淡紅色を帯びる。上萼歯は鈍頭。Tatewaki(1957)では記録されていない。

【分布】　色丹島・南(国後島*・択捉島*)。ややまれ。

【暖温帯植物：アジア大陸要素】　琉球～北海道。千島列島南部。アムール・ウスリー・朝鮮半島・中国東北部・台湾・インドシナ・マレーシア・インド北部。

11. イヌハッカ属
Genus *Nepeta*

1. **ミソガワソウ**(エゾミソガワソウ)

Nepeta subsessilis Maxim. [EPJ 2012] [FJIIIa 1993]; *N. yezoensis* Franch. et Sav. [FKI 2009]

高さ50～100 cmになる多年草。葉は広卵形～広披針形で葉柄は短く2～10 mm。花は紫色で長さ2.5～3 cm。Tatewaki(1957)ではリストされなかったが，Alexeeva(1983)により国後島から記録された。

【分布】　南(国後島)。まれ。

【温帯植物：日本・千島固有要素】　四国～北海道。千島列島南部[S-E(1)]。

外1. **イヌハッカ**(チクマハッカ)

Nepeta cataria L. [EPJ 2012] [FKI 2009] [FJIIIa 1993]

葉には長い葉柄があり，花は淡紫色で長さ8～10 mm。乾燥標本の匂いがきつい。北海道にも時に帰化している。

【分布】　南(国後島)。[戦後帰化]

【温帯植物】　本州中部～北海道(外来B)。千島列島南部(外来)。ヨーロッパ・西アジア原産で薬用植物として栽培され，現在は世界の温帯に広く帰化。[Map 1602]

12. ウツボグサ属
Genus *Prunella*

1. **ウツボグサ**

Prunella vulgaris L. subsp. ***asiatica*** (Nakai) H.Hara [EPJ 2012] [FJIIIa 1993]; *P. asiatica* Nakai [FKI 2009] [CFK 2004]; *P. vulgaris* L. [CFK 2004] [VPS 2002]; *P. japonica* Makino [VPS 2002]

茎の高さ10～30 cmになる多年草。数対ある葉は1～3 cmの葉柄があり，卵状長楕円形。花は紫色で長さ1.5～2 cm，茎頂に密な花穂をつくる。中千島と北千島のものは戦後帰化と思われるが，あるいは両側分布の変形かもしれない。本東アジア亜種はヨーロッパ産基準亜種に比べると，花穂や花が大きく，全体に毛が多い点で異なる(Hara, 1956)。しかし *Prunella vulgaris* complexとしてさまざまな種内分類群や類縁種が報告されている(Hultén and Fries, 1986)。カムチャツカ半島からは *P. asiatica* と *P. vulgaris* の2種が報告され(Yakubov and Chernyagina, 2004)，サハリンからは *P. japonica* と *P. vulgaris* の2種が報告されている(Smirnov, 2002)。2n＝24，28(国後島)，28(択捉島，ウルップ島)as *P. asiatica* [Probatova et al., 2007]。

【分布】　歯舞群島・色丹島・南・中・北。点在。

【温帯植物：周北極／東アジア要素】　九州～北海道。千島列島・サハリン・カムチャツカ半島。ウスリー・朝鮮半島・中国・台湾・アリューシャン列島。種としては北半球に広域分布する。[Map 1607]

13. タツナミソウ属
Genus *Scutellaria*

1. **エゾタツナミソウ**

Scutellaria pekinensis Maxim. var. ***ussuriensis*** (Regel) Hand.-Mazz. [EPJ 2012] [FJIIIa 1993]; *S. shikokiana* auct. non Makino [FKI 2009] [VPS 2002]; *Scutellaria ussuriensis* (Regel) Kudô [R]

高さ10〜25 cmになり，茎に上向きの白毛が多い多年草。葉は卵状三角形で質薄くほとんど無毛。花は青紫色，基部で屈曲し斜上。Barkalov (2009)はミヤマナミキ *S. shikokiana* を国後島から記録しているが，北海道に分布しておらずエゾタツナミソウの誤認と思われる。
【分布】 南(国後島)。まれ。
【冷温帯植物：北アジア要素】 本州中部〜北海道。千島列島南部・サハリン南部。アムール・ウスリー・朝鮮半島北部・中国東北部・モンゴル。

2. **ナミキソウ**

Scutellaria strigillosa Hemsl. [EPJ 2012] [FKI 2009] [VPS 2002] [FJIIIa 1993]

海岸の砂地草原に生え，高さ10〜40 cmになり軟毛の多い多年草。葉は長楕円形で先は円く，花は青紫色，基部で屈曲してほぼ直立。
【分布】 歯舞群島・色丹島・南・中(ウルップ島)。やや普通。
【暖温帯植物：東アジア要素】 九州〜北海道。千島列島中部以南・サハリン。ウスリー・朝鮮半島・中国(北部〜東北部〜中部)。

3. **エゾナミキ**(エゾナミキソウ) 【Plate 74-1】

Scutellaria yezoënsis Kudô [EPJ 2012] [FKI 2009] [CFK 2004] [VPS 2002] [FJIIIa 1993]; *S. strigillosa* Hemsl. var. *yezoënsis* (Kudô) Kitam. [J]

沿岸の湿草原に生える多年草。ナミキソウより全体に大きく，茎の毛がやや少なく，葉の先がよりとがる。花は基部の屈曲が弱くやや水平方向に向く。形態的に明瞭に区別できるので独立種とすべきであるが，時に中間型がある。ナミキソウの変種とされることもある。2n＝16(国後島) [Probatova et al., 2007]。
【分布】 歯舞群島・色丹島・南・中(ウルップ島)。やや普通。
【冷温帯植物：東北アジア要素】 本州北部〜北海道[J-VU]。千島列島中部以南・サハリン・カムチャツカ半島[K-EN]。[Map 1579]

14. イヌゴマ属
Genus *Stachys*

1. **イヌゴマ**(エゾイヌゴマ，ケナシイヌゴマ)

Stachys aspera Michx. [EPJ 2012] [FKI 2009] [CFK 2004] [VPS 2002]; *S. riederi* Cham. [FJIIIa 1993]

湿地に生え，茎は直立し高さ40〜70 cmになる多年草。葉は三角状披針形で長さ4〜8 cm，花冠は淡紅色で長さ12〜15 mm。日本では茎，葉，萼などの剛毛の疎密により，ケナシイヌゴマ var. *japonica* (Miq.) Maxim.，イヌゴマ var. *hispidula* (Regel) Vorosch.，エゾイヌゴマ var. *baicalensis* の3変種に分けることが多い(米倉，2012)が，明瞭に分けることは無理なので，ここではこれらを含む意味でイヌゴマの和名を用いた。カムチャツカ半島では疑問符つきで外来種扱いされている(Yakubov and Chernyagina, 2004)。
【分布】 歯舞群島・色丹島・南。やや普通。
【暖温帯植物：東アジア要素】 琉球〜北海道。千島列島南部・サハリン・カムチャツカ半島(外来？)。東シベリア・朝鮮半島・中国。[Map 1600]

15. ニガクサ属
Genus *Teucrium*

1. **ツルニガクサ**

Teucrium viscidum Blume var. ***miquelianum*** (Maxim.) H.Hara [EPJ 2012] [FKI 2009] [FJIIIa 1993]; *T. miquelianum* (Maxim.) Kudô [R]; *T. japonicum* auct. non Houtt. [R]

高さ20〜40 cmになる多年草。地下に細長い走出枝を出す。葉は狭卵状長楕円形で質薄く，長さ4〜10 cm，幅1.5〜5 cm。淡紅色の花が長さ3〜5 cmの花序にやや一方に偏ってつく。Alexeeva(1983)ではニガクサ *T. japonicum* としてリストされるが，これもツルニガクサと思われる。サハリン地区の絶滅危惧種で国後島に分布点が1点のみ打たれている(Eremin et al., 2005)。
【分布】 南(国後島)。極くまれ。
【暖温帯植物：準日本固有要素】 九州〜北海道。千島列島南部[R-E(1), as *T. miquelianum*]。朝鮮半島。

16. イブキジャコウソウ属
Genus *Thymus*

1. イブキジャコウソウ

Thymus quinquecostatus Celak. var. ***ibukiensis*** Kudô [EPJ 2012]; *T. semiglaber* Klok. [FKI 2009]; *T. quinquecostatus* Celak. [FJIIIa 1993]; *T. serpyllum* L. subsp. *quinquecostatus* (Celak.) Kitam.; *T. japonicus* (H.Hara) Kitag. [VPS 2002]

日あたりのよい岩地に生え，マット状に広がる高さ3〜15 cmの小低木。葉に腺点があり芳香がある。紅紫色の花が枝先に短い穂状につく。長野県産のイブキジャコウソウでは，長雄ずい型(L-型)と短雄ずい型(S-型)の2型の個体があり，S-型の花では花粉が不稔であるといい，雌性両全性異株の例とされる(Nakada and Sugawara, 2011)。色丹島から記録がないのは興味深い。極東ロシアでは本属に23種が知られており(Probatova, 1995)，カムチャツカ半島からは *T. diversifolius* Klok.と *T. novograblenovii* Prob.が報告(Yakubov and Chernyagina, 2004)されており本種との異同は明らかでないが，ここでは別種と見なす。

【分布】　南(国後島)。まれ。

【温帯植物：周北極／東アジア要素】　九州〜北海道。千島列島南部・サハリン。朝鮮半島・中国(北部〜東北部)。*T. serpyllum* としてはユーラシア温帯に広域分布。[Map 1612]

AE64. ハエドクソウ科
Family PHRYMACEAE

1. ミゾホオズキ属
Genus *Mimulus*

1. ミゾホオズキ

Mimulus nepalensis Benth. [EPJ 2012] [FJIIIa 1993]; *Mimulus inflatus* (Miq.) Nakai [FKI 2009]; *M. nepalensis* Benth. var. *japonicus* Miq.

水湿地に生え，柔らかい茎が分枝し，長さ10〜30 cmに広がる多年草。葉は卵形〜楕円形で縁に少数の鋸歯があり，明らかな葉柄がある。黄色の花冠は長さ1〜1.5 cm。SAPSには国後島秩苅別産の戦前標本1枚のみ。

【分布】　南(国後島)。まれ。

【温帯植物：東アジア〜中国・ヒマラヤ要素】　九州〜北海道。千島列島南部[R-V(2)]。朝鮮半島・中国(中部〜西部)・台湾・ヒマラヤ。

2. オオバミゾホオズキ

Mimulus sessilifolius Maxim. [EPJ 2012] [FKI 2009] [VPS 2002] [FJIIIa 1993]

ミゾホオズキに似るが，茎は分枝せずに直立し高さ10〜30 cmになる多年草。葉は無柄で花冠は長さ2.5〜3 cm。ミゾホオズキに比べると少ないようである。Tatewaki(1957)で国後島がリストされているが，SAPSで証拠標本は見つけられなかった。

【分布】　南(国後島*)。まれ。

【温帯植物：準日本固有要素】　本州中部〜北海道。千島列島南部・サハリン南部。

2. ハエドクソウ属
Genus *Phryma*

1. ハエドクソウ

Phryma leptostachya L. subsp. ***asiatica*** (H.Hara) Kitam. [EPJ 2012]; *P. asiatica* (H.Hara) O. et I.Deg. [FKI 2009]; *P. leptostachya* L. var. *oblongifolia* (Koidz.) Honda [FJIIIa 1993]

やや暗い林縁ややぶに生え，高さ50〜70 cmになる多年草。対生する葉は卵円形〜長楕円形，花穂は長さ10〜20 cm，萼に1.5 mmほどの刺状突起がある。日本には千島列島産標本がない。Yamazaki(1993c)によると，北アメリカ東部の基準亜種は萼に疎毛(東アジアは無毛)があり，披針形の果実(東アジアは長楕円形)であるといい，Hara(1956)によると，花冠がより大きく，上萼片がより長いという。最近，遠藤ほか(2014)は北アメリカ東部産と東アジア産個体の花形態を詳細に比較し，両者間に顕著な形態分化を認め，東アジア産を別種 *P. oblongifolia* Koidz.としている。

【分布】 南(国後島)。極くまれ。
【暖温帯植物：北アメリカ・東アジア隔離／アジア大陸要素】 九州～北海道。千島列島南部。東シベリア・朝鮮半島・中国東北部・インドシナ・ヒマラヤ。基準亜種が北アメリカに隔離分布する。

AE65. ハマウツボ科
Family OROBANCHACEAE

1. オニク属
Genus *Boschniakia*

1. **オニク**(キムラタケ) 【Plate 22-7, 74-2】

Boschniakia rossica (Cham. et Schltdl.) B. Fedtsch. [EPJ 2012] [FKI 2009] [CFK 2004] [VPS 2002] [FJIIIa 1993]

ミヤマハンノキの根に寄生する植物。肉質円柱形の茎は直立して高さ15～30 cm，葉は鱗片葉に退化し，全長の半分ほどの長さの花穂に暗紫色の花を多数つける。中千島で見られた，べったり這ったミヤマハンノキの高さを超えて林立するオニクの姿は奇観だった。色丹島から報告がないのは興味深い。
【分布】 南・中・北。点在。
【冷温帯植物：北太平洋要素】 本州中部～北海道。千島列島・サハリン・カムチャツカ半島。東シベリア・朝鮮半島・中国東北部・アラスカ・北アメリカ北西部。〔Map 1714〕

2. ココゴメグサ属
Genus *Euphrasia*

1a. **タチコゴメグサ**

Euphrasia maximowiczii Wettst. var. ***maximowiczii*** [EPJ 2012]; *E. maximowiczii* Wettst. [FKI 2009] [CFK 2004] [VPS 2002]

日あたりのよい草地に生える一年草で茎は少数の枝を出し直立，高さ10～30 cmになる。葉は卵円形で鋸歯が鋭くとがる。花冠は白色で紫色の条がある。チシマコゴメグサとは花色で区別できるが，それ以外では葉や萼片が鋭先頭になる傾向がより強いものの，変異は広く，区別し難い。2変種があり，Yamazaki(1993d)によると，タチコゴメグサ var. *maximowiczii*では葉や萼が無毛かほぼ無毛で，白毛をもつ変種エゾコゴメグサ var. *yezoensis*と区別できるという。Verkholat et al.(2005)がパラムシル島からの初記録としてセベロクリリスクから報告している。これは比較的最近になって帰化した可能性もある。
【分布】 中・北(パラムシル島)。
【温帯植物：東北アジア要素】 九州～本州。千島列島中部以北・サハリン・カムチャツカ半島。ウスリー・オホーツク・中国・モンゴル。

1b. **エゾコゴメグサ**

Euphrasia maximowiczii Wettst. var. ***yezoensis*** H.Hara [EPJ 2012] [FJIIIa 1993]; *E. yezoensis* H.Hara [FKI 2009] [“*yesoensis*”, VPS 2002]

タチコゴメグサによく似た別変種。
【分布】 歯舞群島・色丹島・南・中(ウルップ島*)。やや普通。
【冷温帯植物：準日本固有要素】 北海道。千島列島中部以南・サハリン南部。

2. **チシマコゴメグサ**

Euphrasia mollis (Ledeb.) Wettst. [EPJ 2012] [FKI 2009] [CFK 2004] [“Ledeb. ex Wettst.”, FJIIIa 1993]

日あたりよい草地に生える，茎の高さ3～15 cmになる一年草。エゾコゴメグサによく似ており，花が淡黄色である以外は区別が難しい。Yamazaki(1993d)ではカラフトコゴメグサ *E. mollis* var. *pseudomollis*(=*E. pseudomollis*)がサハリン・南千島に分布し，チシマコゴメグサ(狭義)*E. mollis* var. *mollis*が北千島～北方に分布するとされ，チシマコゴメグサは茎上部の葉がより瓦重ね状になり，葉形は円形～卵形(カラフトは広卵形)，縁が円鋸葉～鋸歯状(カラフトではやや鋭頭の2～4対の歯)とされる。しかしロシア側では *E. pseudomollis*はエゾコゴメグサのシノニムとされ(Barkalov, 2009)，上述の特徴もエゾコゴメグサのそれに符合する。ここではロシア側の見解に従い，*E.*

pseudomollis を認めず，千島列島産の黄花のコゴメグサはすべてチシマコゴメクサ *E. mollis* として扱う。最近，北海道知床半島からも発見された（梅沢，2007）。

【分布】　色丹島*・南・中・北。やや普通。

【冷温帯植物：北太平洋要素】　北海道（知床半島）。千島列島・カムチャツカ半島。アリューシャン列島・アラスカ。

3. オドンティテス属
Genus *Odontites*

外1. オドンティテス・ウルガーリス

Odontites vulgaris Moench [FKI 2009] [CFK 2004] [VPS 2002]

高さ30 cmほどになる半寄生植物。花冠はバラ色で長さ8～10 mm。日本では記録がないが，ロシア極東で帰化記録が点在する外来植物。

【分布】　南（択捉島*）。まれ。［戦後帰化］

【冷温帯植物】　本州・北海道にない。千島列島南部（外来）・サハリン中部以南（外来）・カムチャツカ半島（外来）。

4. ハマウツボ属
Genus *Orobanche*

1. ハマウツボ　【Plate 46-1】

Orobanche coerulescens Stephan ex Willd. [EPJ 2012] ["Stephan", FKI 2009] ["Stephan", VPS 2002]

ヨモギ属植物に寄生する一年草。茎は黄褐色で太く直立して高さ10～25 cm。花冠は淡紫色で長さ2 cm。これまで千島列島から記録がなかったが，Barkalov et al.(2009)が色丹島ノトロ湾から報告した。筆者らは証拠標本をVLAで確認した。

【分布】　色丹島。まれ。

【暖温帯植物：周北極要素】　九州～北海道［J-VU］。千島列島南部・サハリン。アムール・ウスリー・シベリア・ヨーロッパ。

5. シオガマギク属
Genus *Pedicularis*

(1)茎生葉は互生し，花冠は紅～紅紫色

1. ミヤマシオガマ

Pedicularis apodochila Maxim. [EPJ 2012] [FKI 2009] [FJIIIa 1993]; *P. apodochila* Maxim. var. *austrokurilensis* Tatew. et Yoshim.

高さ7～20 cmで白毛が散生する多年草。葉は互生し細かく裂ける。花冠は紅紫色で8個前後が茎頂の短めの穂に密につく。ミヤマシオガマは知床半島にもまれに生育するので，択捉島の記録は地理的にはこれにつながる。利尻島～サハリンに分布するベニシオガマ *P. koizumiana* にも似た多年草（ただしベニシオガマは千島列島にない）。

【分布】　南（択捉島）。まれ。

【亜寒帯植物：日本・千島固有要素】　本州中部～北海道（大雪・日高・知床）。千島列島南部。

2. ヤチシオガマ（イシカワシオガマ）　【Plate 25-6】

Pedicularis sudetica Willd.; *P. sudetica* Willd. subsp. *albolabiata* Hultén [CFK 2004]; *P. albolabiata* (Hultén) Kozhevn. [FKI 2009]; *P. sudetica* Willd. subsp. *interioroides* Hultén [CFK 2004]; *P. interioroides* (Hultén) Khokhr. [FKI 2009]

湿地に生える多年草。花冠は紅紫色でミヤマシオガマに似るが，上唇の先端に2裂片が明瞭。*P. sudetica* 複合群の認識には異論がある。ロシア極東では複合群のなかに5種を認める考え（Ivanina, 1991）があり，一方 Hultén and Fries（1986）ではこれらの種を亜種に組み換え，北半球の *P. sudetica* の下に少なくとも8亜種を認める。Barkalov（2009）では千島列島から *P. albolabiata*（= *P. sudetica* subsp. *albolabiata*）と *P. interioroides*（= *P. sudetica* subsp. *interioroides*）の2種を記録したが区別し難い。種内変異（あるいは複合群内の種間関係）が十分に解明されていない現状では，両種ともに暫定的に *P. sudetica* として認めておくしかない。

【分布】　中（オネコタン島）・北。点在。

【亜寒帯植物：周北極要素】　本州・北海道にない。

千島列島中部以北・カムチャツカ半島。種としてはシベリア～北アメリカ北部まで広く分布。［Map 1697］

3. **ペディクラリス・アダンカ**　【Plate 74-3】

Pedicularis adunca M.Bieb. ex Stev. [FKI 2009] [CFK 2004] [VPS 2002]; *P. rubinskii* Kom.

全体は黄花をつけるチシマシオガマによく似て，根生葉がなく，茎細く中部でしばしば分枝するが，花がより大きく紅紫色。枝先に5個内外の花がやや密につき，苞葉は普通葉に似て縁が切れ込む。Barkalov(2009)がオネコタン島からも報告した。

【分布】　中(オネコタン島)・北。やや普通。

【亜寒帯植物：東北アジア要素】　本州・北海道にない。千島列島中部以北・サハリン中部以北・カムチャツカ半島。オホーツク・東シベリア。

4. **アイザワシオガマ**(宮部・川上，1901)【Plate 74-4】

Pedicularis lanata Willd. ex Cham. et Schltdl. subsp. ***pallasii*** (Vved.) Hultén; *P. pallasii* Vved. [FKI 2009]; *P. lanata* Willd. ex Cham. et Schltdl. [CFK 2004]

植物体の高さは10 cm以下だが花序が長く花茎全体のほとんどを占める多年草で一見してわかる。白長毛のある花序に多数の紅紫色花が密につく。葉身は長く1回羽状に深く切れ込み，葉柄も長い。東シベリアの *P. adamsii* Hultén に似た特徴的な種類。Hultén and Fries(1986)ではそれぞれを周北極種 *P. lanata* の亜種 subsp. *pallasii* と subsp. *adamsii* とする。

【分布】　中・北。点在。

【亜寒帯植物：周北極要素】　本州・北海道にない。千島列島中部以北・カムチャツカ半島。種としてはシベリア～北アメリカの周北極地域に広域分布。［Map 1688］

5. **シオガマギク**

Pedicularis resupinata L. [EPJ 2012] [FKI 2009] [CFK 2004] [VPS 2002] [FJIIIa 1993]

高さ20～60 cmになる多年草。葉は互生し，花冠は紅紫色。花序はやや長く伸び，下の花は葉腋につく。Yamazaki(1993d)は3亜種5変種を認めているが，ここではこれらを含む広い意味で使用した。千島列島にはサハリンでは見られない葉緑体ハプロタイプがあり(Fujii, 2003)，同一種内でもサハリンとは移動経路の違う集団と思われ興味深い。

【分布】　歯舞群島・色丹島・南・中・北。やや普通(ヨツバシオガマよりは分布が限られ小島にない)開花：7月中旬～9月中旬。

【温帯植物：東北アジア要素】　九州～北海道。千島列島・サハリン・カムチャツカ半島。朝鮮半島。

(2)茎生葉は互生で，花冠は黄色・白色など

6. **チシマシオガマ**　【Plate 11-7, 75-1】

Pedicularis labradorica Wirsing [FKI 2009] [CFK 2004] [VPS 2002]

茎はやや細くしばしば分枝し，葉は互生まれに偽対生。4～8個の花が水平方向を向いて車輪状につき，花冠は黄色で頂部に赤い斑。萼片は浅い。

【分布】　色丹島・南(択捉島)・中・北。やや普通。

【亜寒帯植物：周北極要素】　本州・北海道にない。千島列島・サハリン・カムチャツカ半島。シベリア～北アメリカの周北極地域に広域分布。［Map 1695］

7. **ラップランドシオガマ**(新称)

Pedicularis lapponica L. [FKI 2009] [CFK 2004] [VPS 2002]

植物体は10～20 cm，葉は互生で茎頂部に淡黄白色か白色で長さ14～16 mmの花が2～8個つく。周北極分布をする。Verkholat et al.(2005)により，パラムシル島南部のVasil'yeva半島から報告された。

【分布】　北(パラムシル島)。

【亜寒帯植物：周北極要素】　本州・北海道にない。千島列島北部・サハリン北部・カムチャツカ半島。ユーラシア～北アメリカの周北極地域に広域分布。［Map 1700］

8. **タマザキシオガマ**(パラムシルシオガマ)　【Plate 75-2】

Pedicularis capitata Adams [FKI 2009] [CFK 2004]

高さ10 cm以下と小さく，茎は細く分枝しない多年草。茎頂に35 mm長にもなり直立する大型の黄色〜バラ色の花が頭状散房花序に3個内外つく。苞葉も羽裂。SAPSには戦前のパラムシル島加熊別産標本の1枚のみであり，TNSにはパラムシル島とシュムシュ島産標本がある。

【分布】 北。まれ。

【亜寒帯植物：北太平洋要素】 本州・北海道にない。千島列島北部・カムチャツカ半島。アルダン・オホーツク・コリマ・東シベリア・北アメリカ。

9. **キバナシオガマ**(ウルップシオガマ(宮部・川上, 1901))

Pedicularis oederi Vahl [EPJ 2012] [FKI 2009] [CFK 2004] [FJIIIa 1993]; *P. versicolor* Wahlenb. [J]

茎は太く分枝せず直立して長さ10〜20 cmになる多年草。浅〜中裂する葉が互生する。10個内外の花が穂状につく。花冠は黄色で頂部に赤褐色の斑。萼片は3角形の5歯が明瞭。サハリンにないのは興味深い。2n＝16(ウルップ島)［Probatova et al., 2007］。

【分布】 南(国後島*)・中(ウルップ島)・北。やや普通。

【亜寒帯植物：周北極要素】 北海道(大雪山)［J-EN］。千島列島・カムチャツカ半島。ウスリー・アルダン・シベリア・チベット・ヒマラヤ・モンゴル・ヨーロッパ・北アメリカ。［Map 1690］

10. **ネムロシオガマ** 【Plate 12-5】

Pedicularis schistostegia Vved. [EPJ 2012] [FKI 2009] [VPS 2002] [FJIIIa 1993]; *P. venusta* Schang. var. *schmidtii* T.Ito; *P. venusta* (Bunge) Bunge [R]

海岸近くの段丘上低茎草原などに生える高さ15〜30 cmの多年草。開出する軟毛が生える。葉は細かく裂けて互生し，花冠は黄白色。2n＝16(ウルップ島)［Probatova et al., 2007］。

【分布】 色丹島・南・中・北(アライト島)。やや普通。

【冷温帯植物：準日本固有要素】 北海道北部・東部［J-VU］。千島列島・サハリン中部以南。

(3)茎生葉は輪生し，花の色は紅紫色

11. **タカネシオガマ**

Pedicularis verticillata L. [EPJ 2012] [FKI 2009] [CFK 2004] [VPS 2002] [FJIIIa 1993]

全草に多細胞の長縮毛があり4枚前後の葉が茎に輪生状につき，5〜20 cmになる多年草。紅紫色の花が輪生状につき，時に下の一輪がやや離れる。択捉島，ウルップ島からも文献記録がある(Barkalov, 2009)が，確認が必要である。

【分布】 南(択捉島*)・中(ウルップ島*)・北。まれ。

【亜寒帯植物：周北極要素】 本州中部・北海道。千島列島・サハリン北部・カムチャツカ半島。ヨーロッパ〜北アメリカ西部の周北極地域からユーラシア内陸の高山地帯まで広域分布。［Map 1692］

12. **キタヨツバシオガマ** 【Plate 20-5】

Pedicularis chamissonis Steven [EPJ 2012] [FKI 2009] [CFK 2004] [FJIIIa 1993]

葉は3〜6枚輪生し，高さ10〜35 cmになる多年草。花冠は紅紫色で長さ17〜20 mm。最近，本州中部の集団は遺伝的・形態的に区別できるとし，北方系の集団をキタヨツバシオガマ *P. chamissonis*，本州中部の集団は種ランクで区別してヨツバシオガマ *P. japonica* とする見解が示された(Fujii et al., 2013)。サハリンから報告されていない(Smirnov, 2002)のは興味深い。白花品種シロバナキタヨツバシオガマ forma *albiflora* Tatew. ex H. Hara が時にある。

【分布】 色丹島・南・中・北。普通。

【亜寒帯植物：北太平洋要素】 本州中部〜北海道。千島列島・カムチャツカ半島。アリューシャン列島。

6. キヨスミウツボ属
Genus *Phacellanthus*

1. **キヨスミウツボ**

Phacellanthus tubiflorus Siebold et Zucc. [EPJ 2012] [FKI 2009] [VPS 2002]

樹木の根に寄生する高さ5〜10 cmの草本。全体肉質で白色，花は白色で長さ2.5〜3 cm。これまで千島列島から記録がなかったが，Barkalov(2009)が国後島から報告した。
【分布】 南(国後島北部)。まれ。
【暖温帯植物：東アジア要素】 九州〜北海道。千島列島南部・サハリン南部[S-V(2)]。ウスリー・朝鮮半島・中国(中部・北部)。

7. オクエゾガラガラ属
Genus *Rhinanthus*

外1. **オクエゾガラガラ**

Rhinanthus minor L. [FKI 2009] [CFK 2004] [VPS 2002]

半寄生性の一年草。対生する葉は卵状楕円形〜線状披針形で鋭鋸歯がある。花冠は長さ13〜15 mmで，上唇の歯は1 mm以下，筒部はまっすぐ。Tatewaki(1957)ではリストされず，Alexeeva(1983)で国後島から，Alexeeva et al.(1983)で色丹島から記録された。サハリンには戦前，南千島には戦後帰化したものと思われる。Barkalov(2009)ではまれとされるが，国後島，択捉島の平地の攪乱草地にはすでにやや普通になっている。
【分布】 南。やや普通。[戦後帰化]
【冷温帯植物】 本州・北海道にない。千島列島南部(外来)・サハリン南部(外来)・カムチャツカ半島(外来)。サハリンには広く帰化している。ヨーロッパ原産の外来種。[Map 1702]

〈検討種〉**リナントゥス・エスティワリス**

Rhinanthus aestivalis (N.Zing.) Schischk. et Serg.

〈検討種〉**リナントゥス・ウェルナリス**

Rhinanthus vernalis (N.Zing.) Schischk. et Serg.

Barkalov(2009)が千島列島南部からの外来種としてオクエゾガラガラの他にこれら2種を報告している。またサハリンでも外来の*Rhinanthus*属として，これら千島列島の3種に加え*R. apterus* (Fries) Ostenfが記録されている(Barkalov and Taran, 2004)。*Rhinanthus*属は種分類の困難な属である。秋型，夏型，春型，山地型，高山型などさまざまな生態型変異が見られ，種を細分するかまとめるかの合意が得られていない(Soó and Webb, 1972)。ヨーロッパで25種を認めたSoó and Webb(1972)によれば，上記のサハリン4種のうち*R. minor*以外は*R. angustifolius* C.C. Gmel.のシノニムに落とされている。*R. angustifolius*は花冠が長さ16〜20 mmで，上唇の歯は少なくとも1 mmあり，花冠筒部多少とも曲がるとされる。しかしこれらの形質でさえ連続し，*R. minor*と*R. angustifolius*との違いさえ東北アジアにおいては安定的には見出せない。今後の課題とする。

AE66. タヌキモ科
Family LENTIBULARIACEAE

1. ムシトリスミレ属
Genus *Pinguicula*

北半球産のムシトリスミレ属18種について，核の18-26SリボソームDNAのITS領域の塩基配列による系統解析が行われた(Kondo and Shimai, 2006)。

1. **ムシトリスミレ**

Pinguicula macroceras Pall. ex Link [FKI 2009] [CFK 2004]; *P. vulgaris* L. var. *macroceras* (Pall. ex Link) Herder [EPJ 2012] [FJIIIa 1993]

湿原に生える食虫性の多年草。長楕円形の根出葉は長さ3〜5 cm，幅1〜2 cmで表面に腺毛が密生する。花は紫色で距を含めて長さ15〜25 mm。北半球広域分布種*P. vulgaris*の変種とされることもあるが，DNA解析では種レベルで異なるとされる(Kondo and Shimai, 2006)ので，ここでも独立種として扱う。色丹島からの記録がないのは，次のカラフトムシトリスミレの記録と好対照で興味深い。2n＝16(ウルップ島)[Probatova et al., 2007]。

【分布】　南・中・北。点在。
【温帯植物：周北極／北太平洋要素】　本州～北海道。千島列島・カムチャツカ半島。アジア北部・北アメリカ北西部。〔Map 1717〕

2.　カラフトムシトリスミレ

Pinguicula villosa L. [FKI 2009] [CFK 2004] [VPS 2002]

ミズゴケ湿原に生える多年草。花や葉はムシトリスミレよりもずっと小型で，花は距を含めて長さ5～8 mm。日本産のコウシンソウ *P. ramosa* Miyoshi と近縁である(Kondo and Shimai, 2006)。SAPS に色丹島色丹松原産の標本，KYO，TI に色丹島キリトオシ産の標本がある(いずれも同一地域の地名)。筆者らは2010年に周辺で探したが，ミズゴケ湿原そのものが残存的に残るのみで見つけられなかった。植生遷移により消滅した可能性がある。千島列島全体では色丹島以外から記録がなく，サハリンに自生するがここでも最近の現地確認がないようである(Smirnov, 2002)。
【分布】　色丹島。極くまれ。
【亜寒帯植物：周北極要素】　本州・北海道にない。千島列島南部・サハリン北部・カムチャツカ半島。北半球冷温帯。〔Map 1716〕

2.　タヌキモ属
Genus *Utricularia*

1.　イヌタヌキモ

Utricularia australis R.Br. [EPJ 2012] [FKI 2009]

池沼に浮遊する食虫性の多年草。茎は長さ1 m位まで，水中葉は長さ1.5～4.5 cm，細かく裂け穂虫嚢をつける。花は黄色で，距は下唇よりも短く，太くて鈍頭。本州・九州にあるタヌキモ *U.* ×*japonica* Makino はイヌタヌキモ *U. australis* R. Br. とオオタヌキモ *U. macrorhiza* Leconte の1代雑種で，栄養繁殖で広がったものと考えられている(Kameyama et al., 2005；角野，2014)。
【分布】　南(国後島・択捉島)。点在。
【温帯植物：周北極／日本・千島固有要素】　九州～北海道[J-NT]。千島列島南部。アジア・ヨーロッパ・オーストラリア・アフリカ。〔Map 1720-1721〕

2.　オオタヌキモ

Utricularia macrorhiza Leconte [EPJ 2012] [FKI 2009] [CFK 2004] [VPS 2002]

イヌタヌキモに似る水中に浮遊する食虫性の多年草。植物体は巨大になり茎は長さ2 m以上にもなる。花は黄色で，距は下唇と同じ位の長さになり，先端はやや上向きで鋭頭。シュムシュ島から *U. vulgaris* L. の名前で初報告された(Barkalov, 1980)ものは，後に本種に修正された(Barkalov, 2009)。一方，北日本でのオオタヌキモの地理分布(小宮ほか，2001；小宮，2003)では道東からも記録があるので，北千島以外にも南千島に自生の可能性がありさらなる調査が必要である。
【分布】　北(シュムシュ島)。まれ。
【冷温帯植物：周北極要素】　本州北部～北海道[J-NT]。千島列島北部・サハリン・カムチャツカ半島。アムール・ウスリー・シベリア・アルタイ・中国・モンゴル・北アメリカ。〔Map 1720〕

3.　コタヌキモ　【Plate 3-8】

Utricularia intermedia Heyne [EPJ 2012] [“Hayne”, FKI 2009] [“Hayne”, CFK 2004] [“Hayne”, VPS 2002] [FJIIIa 1993]

湖沼の浅水域に生える多年草。根を欠き，茎は20 cmまでで疎らに分枝する。ヒメタヌキモに似て葉は裂けて線形だが，裂片縁に小刺がある。花は黄色で径12～15 mm。
【分布】　色丹島・南・中(ウルップ島)・北。点在。両側分布。
【温帯植物：周北極要素】　九州～北海道。千島列島・サハリン南北部・カムチャツカ半島。ウスリー・オホーツク・シベリア・モンゴル・ヨーロッパ・北アメリカ。〔Map 1719〕

4.　ヒメタヌキモ

Utricularia minor L. [EPJ 2012] [FKI 2009] [CFK 2004] [FJIIIa 1993]; *U. multispinosa* (Miki) Miki

コタヌキモに似るが，葉は針形で分枝し全縁。

花は黄緑色で径 8 mm とやや小さい。
【分布】 色丹島・南。まれ。
【温帯植物：周北極要素】 九州〜北海道[J-NT]。千島列島南部・カムチャツカ半島。ウスリー・オホーツク・シベリア・モンゴル・ヨーロッパ・北アメリカ。[Map 1718]

AE67. モチノキ科
Family AQUIFOLIACEAE

1. モチノキ属
Genus *Ilex*

1. ハイイヌツゲ

Ilex crenata Thunb. var. ***radicans*** (Nakai) Murai [EPJ 2012] [FJIIc 1999]; *I. crenata* Thunb. [FKI 2009] [VPS 2002]; *I. crenata* Thunb. var. *paludosa* (Nakai) H.Hara; *I. crenata* Thunb. subsp. *radicans* Tatew.

茎が横に広がり高さ 0.5〜1.2 m の常緑低木。葉は革質で表面は暗緑色で光沢があり，裏面は淡緑色で腺点がある。果実は黒熟。Tatewaki(1957)では択捉島が北東限だったが，Barkalov(2009)ではウルップ島を文献記録として挙げている。
【分布】 色丹島・南・中(ウルップ島*)。点在。開花：8 月上旬〜9 月上旬。
【温帯植物：準日本固有要素】 本州〜北海道。千島列島中部以南・サハリン南部[S-R(3)]。種としては九州〜北海道・朝鮮半島にも分布。

2. ツルツゲ(エゾツルツゲ) 【Plate 75-3】

Ilex rugosa F. Schmidt [EPJ 2012] [FKI 2009] [VPS 2002] [FJIIc 1999]

暗い針葉樹林や針・広混交林の林床に生え，横に伸びて高さ 20〜50 cm になる常緑小低木。葉の表面の脈が網状に凹む。Tatewaki(1957)ではオネコタン島が北東限だったが，Barkalov(2009)はパラムシル島からも報告した。モチノキ科では，千島列島でもっとも北東まで分布を広げている。
【分布】 色丹島・南・中・北(パラムシル島)。点在。開花：6 月下旬〜7 月下旬。
【冷温帯植物：東北アジア要素】 本州中部〜北海道。千島列島・サハリン。ウスリー。

3. アカミノイヌツゲ

Ilex sugerokii Maxim. var. ***brevipedunculata*** (Maxim.) S.Y.Hu [EPJ 2012] [FJIIc 1999]; *I. sugerokii* Maxim. [FKI 2009]

ハイイヌツゲに似る高さ 2〜5 m の常緑低木。葉の下面に腺点がなく，果実は赤熟。
【分布】 南(択捉島が北東限)。ややまれ。
【温帯植物：準日本固有要素】 本州中部〜北海道。千島列島南部[S-V(2)]。台湾。

AE68. キキョウ科
Family CAMPANULACEAE

1. ツリガネニンジン属
Genus *Adenophora*

1. ツリガネニンジン(チシマシャジン)

【Plate 29-2】

Adenophora triphylla (Thunb.) A.DC. var. ***japonica*** (Regel) H.Hara [EPJ 2012] [FJIIIa 1993]; *A. triphylla* (Thunb.) A.DC. [FKI 2009] [VPS 2002]; *A. kurilensis* Nakai [J]; *A. triphylla* (Thunb.) A.DC. var. *kurilensis* (Nakai) Kitam. [J]

明るい草原に生える高さ 40〜100 cm の多年草。茎生葉は 3〜4 輪生し，卵状披針形〜長楕円形，長さ 4〜8 cm。萼裂片は線形で鋸歯がある。花冠は淡青紫色で鐘形下向き，長さ 1.5〜2 cm。シムシル島ブロトン湾の標本(M.Tatewaki and Tokunaga 11577, Aug. 13, 1928, SAPS)に基づいて，Nakai(1930)は独立種チシマシャジン *A. kurilensis* Nakai を提唱したが，現在はツリガネニンジンのなかに含められている。全体大型にならずハクサンシャジン f. *violacea* (H. Hara) T.Shimizu に近い型がある。国後島では大きい個体もあり，択捉島では普通。2n = 34(チルポイ島)[Probatova et al., 2007]。
【分布】 歯舞群島・色丹島・南・中(ラシュワ島が

北東限)。普通。開花：7月上旬～9月上旬。

【暖温帯植物：アジア大陸／東北アジア要素】 九州～北海道。千島列島中部以南・サハリン中部以南。東シベリア。種としては琉球・中国・台湾にも分布。

2. **モイワシャジン**(シコタンシャジン)

【Plate 3-9, 37-1】

Adenophora pereskiifolia (Fisch. ex Roem. et Schult.) Fisch. ex Loudon [EPJ 2012] [“(Fisch. ex Schult.) G.Don f.”, FKI 2009] [“(Fisch. ex Schult.) G. Don f.”, VPS 2002] [“(Roem. et Schult.)”, FJIIIa 1993]; *A. pereskiaefolia* Fisch.; *A. onoi* Tatew. et Kitam. [J]

沿岸の広葉草原や岩場に生える高さ30～60 cmの多年草。茎生葉は輪生～互生。萼裂片は披針形で鋸歯がない。花冠は広鐘形で長さ2 cm内外。北村(1936)が色丹島産標本に基づき，シコタンシャジン *A. onoi* Tatew. et Kitam. を新種発表したが，現在はモイワシャジンに含められている。

【分布】 色丹島・南(国後島)。点在。

【冷温帯植物：北アジア要素】 本州北部～北海道。千島列島南部・サハリン中部以南。ウスリー・東シベリア・朝鮮半島・中国東北部・モンゴル。

2. ホタルブクロ属
Genus *Campanula*

1. **チシマギキョウ** 【Plate 75-4】

Campanula chamissonis Al. Fedr. [EPJ 2012] [FKI 2009] [CFK 2004] [VPS 2002] [FJIIIa 1993]

岩礫地に生える高さ5～15 cmの多年草。花冠は青紫色鐘形で長さ3～4 cm。イワギキョウに似るが，葉縁は浅い鋸歯，萼片は全縁，花冠の縁に長毛がある。清水(1982)は「東シベリア～アルタイの *C. dasyantha* と同一種とされることもある」と述べる。白花品種シロバナチシマギキョウ f. *albiflora* (Miyabe et Tatewaki) T.Shimizu がマカンル島とパラムシル島にある。

【分布】 色丹島・南・中・北。やや普通。

【亜寒帯植物：北太平洋要素】 本州中部～北海道。千島列島・サハリン中部以北・カムチャツカ半島。アリューシャン列島。

2. **イワギキョウ**

Campanula lasiocarpa Cham. [EPJ 2012] [FKI 2009] [CFK 2004] [VPS 2002] [FJIIIa 1993]

チシマギキョウに似るが，葉縁に小さな歯牙が1～2個，萼片に刺状鋸歯があり，花冠の縁には長毛がない。2n＝34(シュムシュ島) [Probatova et al., 2007]。

【分布】 歯舞群島・色丹島・南・中・北。普通，チシマギキョウより多い。

【亜寒帯植物：北太平洋要素】 本州中部～北海道。千島列島・サハリン北部(まれ)・カムチャツカ半島。アリューシャン列島・アラスカ・北アメリカ北西部。

3. **ホソバイワギキョウ**

Campanula rotundifolia L. subsp. ***langsdorffiana*** (Fisch. ex Trautv. et C. A. Mey.) Vodop.; *C. langsdorffiana* Fisch. ex Trautv. et C. A.Mey. [FKI 2009]; *C. rotundifolia* L. var. *arctica* Lange

高さ30 cm位になる多年草。花は長さ1.5～2(～3.5) cm，幅1.5～2(～3) cm。茎の中部～上部につく葉は無柄で線形だが，基部の葉は長い葉柄があり幅広く時に円形にもなる。Barkalov(2009)における歯舞群島水晶島の分布は疑わしく栽培品などの可能性があるが，ウルップ島の分布はHultén and Fries(1986)の分布図でも示されている。基準種の *C. rotundifolia* にはイトシャジンの和名がある。

【分布】 歯舞群島・中(ウルップ島*)。まれ。

【亜寒帯植物：周北極／東北アジア要素】 本州・北海道にない。千島列島中部以南・サハリン中部以北。オホーツク・シベリア・中国東北部。種としてはユーラシア～北アメリカに広域分布。[Map 1757]

外1. **ジャイアント・ベルフラワー**

Campanula latifolia L. [FKI 2009]

ヨーロッパ原産の草本で花壇で栽培され時に逸出する。茎は直立して，高さ150 cmになる。茎生葉は無柄で卵形，長さ5 cmに2 cmの裂片が入った大きな花が茎上部の葉腋や総状花序に6〜8個つく。Tatewaki(1957)にリストされず，Alexeeva(1983)により初めて国後島から記録された。

【分布】 南(国後島)。［戦後栽培逸出］

【温帯植物】 日本での確かな帰化記録はない。千島列島南部(外来)。ヨーロッパ原産。

3. ツルニンジン属
Genus *Codonopsis*

1. ツルニンジン

Codonopsis lanceolata (Siebold et Zucc.) Trautv. [EPJ 2012] ["(Siebold et Zucc.) Benth. et Hook. f.", FKI 2009] [FJIIIa 1993]

茎がつる状に2〜3 m伸びる多年草。葉身は長楕円形〜長卵形で質薄い。花冠は広鐘形で長さ2.5〜3.5 cm，内面に紫褐色の斑点がある。Tatewaki(1957)にはリストされず，Alexeeva(1983)で国後島から記録されたが，SAPSに戦前標本があることを確認した(Kunashiri, Tomari, Aug. 21, 1936, M. Tatewaki 25622)。

【分布】 南(国後島)。まれ

【暖温帯植物：東アジア要素】 九州〜北海道。千島列島南部[S-E(2)]。アムール・ウスリー・朝鮮半島・中国(北部〜東北部〜中部)。

4. ミゾカクシ属
Genus *Lobelia*

1. サワギキョウ 【Plate 11-3】

Lobelia sessilifolia Lamb. [EPJ 2012] [FKI 2009] [CFK 2004] [VPS 2002] [FJIIIa 1993]

水湿地に生える無毛の多年草。茎は中空で高さ50〜100 cm，分枝せず，葉は多数つき披針形。濃紫色の花が密な総状花序につく。花冠は唇形で，上唇は2深裂，下唇は3浅裂。

【分布】 歯舞群島・色丹島・南・中(ウルップ島)・北(パラムシル島)。やや普通。両側分布。開花：8月中旬〜9月中旬。

【温帯植物：東アジア要素】 九州〜北海道。千島列島・サハリン・カムチャツカ半島。アムール・ウスリー・朝鮮半島・中国(北部〜東北部〜中部)・台湾。

5. タニギキョウ属
Genus *Peracarpa*

1. タニギキョウ

Peracarpa carnosa (Wall.) Hook.f. et Thomson [EPJ 2012]; *P. circaeoides* (F.Schmidt) Feer [FKI 2009] [CFK 2004] [VPS 2002]; *P. carnosa* (Wall.) Hook.f. et Thomson var. *circaeoides* (F. Schmidt ex Miq.) Makino [FJIIIa 1993]

高さ5〜15 cmの弱々しい多年草。葉は互生し卵円形で長さ10〜20 mm，花冠は白色のろうと形で長さ5〜8 mm。Tatewaki(1957)では北千島から記録がなかったが，筆者らはパラムシル島鯨湾で採集した。Barkalov(2009)はアライト島からも報告している。2n＝30(シムシル島)［Probatova et al., 2007］。

【分布】 南・中・北。やや普通

【温帯植物：中国・ヒマラヤ要素】 九州〜北海道。千島列島・サハリン・カムチャツカ半島(まれ)［K-VU］。中国・朝鮮半島(済州島)・ヒマラヤ。

AE69. ミツガシワ科
Family MENYANTHACEAE

1. ミツガシワ属
Genus *Menyanthes*

1. ミツガシワ

Menyanthes trifoliata L. [EPJ 2012] [FKI 2009] [CFK 2004] [VPS 2002] [FJIIIa 1993]

水湿地に生え，太い根茎を長く伸ばす多年草。根生葉は3出葉からなり小葉は卵状楕円形〜ひし状楕円形で葉柄は基部鞘状となる。花は総状花序につき，花冠は白色でろうと形，5中裂し，裂片内に毛。株によって短花柱花型と長花柱花型の2型がある。国後島・択捉島ではやや普通。

【分布】 歯舞群島・色丹島・南・中・北。やや普通。やや両側分布的。
【温帯植物：周北極要素】　九州〜北海道。千島列島・サハリン・カムチャツカ半島。ユーラシア〜北アメリカ北部に広域分布。［Map 1510］

2. イワイチョウ属
Genus *Nephrophyllidium*

1. イワイチョウ

Nephrophyllidium crista-galli (Menzies ex Hook.) Gilg subsp. ***japonicum*** (Franch.) Yonek. et H.Ohashi [EPJ 2012]; *Fauria crista-galli* (Menzies) Makino [FKI 2009]; *F. crista-galli* (Menzies) Makino subsp. *japonica* (Franch.) J.M. Gillett [FJIIIa 1993]

湿原に生える多年草。葉身は腎形で厚く光沢があり，長さ幅とも3〜10 cm。花は花茎の先に集散花序につき，花冠は白色ろうと形で5深裂する。ミツガシワと同様に株によって短花柱花型と長花柱花型の2型がある。従来使われていた属名*Fauria*は属名*Faurea*の後続同名となったため使えず，標記の属名が起用された(Yonekura and Ohashi, 2005)。色丹島・国後島になく，道東知床半島から択捉島・ウルップ島への不連続分布は興味深い。また種としては北千島・カムチャツカ半島・アリューシャン列島になく，北アメリカ北西部に不連続分布している。
【分布】　南(択捉島)・中(ウルップ島)。
【温帯植物：北太平洋／日本・千島固有要素】　本州中部〜北海道。千島列島中部以南[S-V(2)]。種としてはアラスカ・北アメリカ北西部にも分布。

AE70. キク科
Family ASTERACEAE（COMPOSITAE）

1. ノコギリソウ属
Genus *Achillea*

1a. シュムシュノコギリソウ　【Plate 75-5】

Achillea alpina L. subsp. ***camtschatica*** (Heimerl) Kitam. [EPJ 2012] [FJIIIb 1995]; *Ptarmica camtschatica* (Rupr. ex Heimerl) Kom. [FKI 2009] [CFK 2004] [VPS 2002]

草原に生える高さ20 cm以下と小型の多年草で，全体に長い淡褐色毛が多い。葉にも毛が密にあり，中〜深裂し，裂片の鋸歯は深く明瞭。舌状花は8〜12個で頭花の径は15 mm内外。
【分布】　歯舞群島・色丹島・南・中・北。
【冷温帯植物：東北アジア要素】　北海道。千島列島・サハリン北部・カムチャツカ半島。

1b. キタノコギリソウ(ホロマンノコギリソウ)

Achillea alpina L. subsp. ***japonica*** (Heimerl) Kitam. [EPJ 2012] [FJIIIb 1995]; *Ptarmica japonica* (Heimerl) Worosch. [FKI 2009] [VPS 2002]; *Achillea sibirica* auct.

草原に生える高さ40 cm以上になる中型の多年草で，植物体の毛はシュムシュノコギリソウに比べると少ない。葉は浅〜中裂(深裂)して変化が大きいが裂片の鋸歯は明瞭でない。舌状花は6〜8個で頭花の径は10〜15 mm。
【分布】　歯舞群島・色丹島・南。
【冷温帯植物：東北アジア要素】　本州中部〜北海道[J-VU]。千島列島南部・サハリン。

外1. ノコギリソウ

Achillea alpina L. subsp. ***alpina***; *Ptarmica alpina* (L.) DC. [FKI 2009] [VPS 2002]

上記2亜種と同じ種の*A. alpina*の基準亜種。舌状花は5〜7個で頭花の径は9 mm以下。Barkalov(2009)が外来種として報告している。
【分布】　南(国後島)。[帰化]
【温帯植物：北アジア要素】　本州〜北海道(自生)。千島列島南部(外来)・サハリン中部以北(外来)。ウスリー・オホーツク・東シベリア・中国・モンゴル。

2. エゾノコギリソウ

Achillea ptarmica L. subsp. ***macrocephala*** (Rupr.) Heimerl var. ***speciosa*** (DC.) Herder [EPJ 2012]; *A. ptarmica* L. subsp. *macrocephala* (Rupr.) Heimerl var. *macrocephala* [FJIIIb 1995]; *Ptarmica* *macrocephala* (Rupr.) Kom. [FKI 2009] ["*macrocephala* Kom.", CFK 2004] [VPS 2002]; *Ptarmica speciosa* DC. [R]

草原に生える高さ20〜80 cmの多年草。葉はほぼ全縁に見え，細鋸歯がある。総苞は幅8 mm，長さ4 mmで横幅が広い楕円形。舌状花は12〜19個ある。2n＝18(チルポイ島)as *Ptarmica macrocephala* [Probatova et al., 2007]。

【分布】 歯舞群島・色丹島・南・中・北。やや普通。

【冷温帯植物：周北極／東北アジア要素】 本州中部〜北海道。千島列島・サハリン南北部・カムチャツカ半島。東シベリア。種としてはユーラシアの亜寒帯〜温帯域に広く分布。[Map 1806]

外2. **オオバナノノコギリソウ**(八重)

Achillea ptarmica L. (double-flowered form)

栽培されている八重咲き品種が逃げ出している。2012年に国後島・択捉島で筆者らが確認した(Fukuda, Taran, et al., 2014)。

【分布】 南。ややまれ。[戦後栽培逸出]

【温帯植物】 エゾノコギリソウの基準種にあたるもので，ヨーロッパ産のものから品種改良された園芸品種。

外3. **セイヨウノコギリソウ**(広義)

Achillea millefolium L. [EPJ 2012] [FKI 2009] [CFK 2004] [VPS 2002]; *A. asiatica* Serg. [FKI 2009]; *A. nigrescens* (E.Mey.) Rydb. [FKI 2009] [CFK 2004]; *A. borealis* Bong. [R]

葉は深裂し裂片はさらに深く切れ込む。総苞は幅2〜3 mm，長さ4 mmで細長い。総苞片の縁は暗褐色の膜質となり狭い。舌状花は5個。Tatewaki(1957)ではリストされなかったが，Alexeeva(1983)で国後島から，Alexeeva et al.(1983)で色丹島から報告された。筆者らはパラムシル島の軍事基地周辺で記録した。なおBarkalov(2009)は，本種の近縁種として*A. asiatica* Serg.(総苞片の縁は明褐色の膜質部となり狭い)を色丹島，国後島〜マツワ島から，また高さ20 cm以下と小型の*A. nigrescens* (E.Mey.) Rydb. (総苞片の縁の暗褐色膜質部は広く縁毛がある)をパラムシル島，択捉島から記録しているが，どちらもセイヨウノコギリソウによく似る。ここではHultén and Fries(1986)のいう*A. millefolium* complexの概念とほぼ同じ使い方で広義に扱い，別種とはしない。2n＝36(国後島，マツワ)as *A. asiatica* [Probatova et al., 2007]。

【分布】 歯舞群島*・色丹島・南・中・北(パラムシル島)。やや普通。[戦後帰化]

【温帯植物：周北極要素】 琉球〜北海道(外来A3)。千島列島(外来)・サハリン(外来)・カムチャツカ半島(外来)。*A. millefolium* complexとしてはユーラシア〜北アメリカに広域分布する。[Map 1805]

2. ノブキ属
Genus *Adenocaulon*

1. **ノブキ**

Adenocaulon himalaicum Edgew. [EPJ 2012] [FJIIIb 1995]; *A. adhaerescens* Maxim. [FKI 2009]

やや暗い林内の道縁に生える多年草。高さ60〜100 cmになり葉は三角状心形で裏面に白綿毛が密生，葉柄に翼がある。痩果は開出して棍棒状，表面に有柄の腺体が目立つ。Tatewaki(1957)では国後島のみが産地だったが，Barkalov(2009)が択捉島からも報告した。色丹島から記録がないのは興味深い。Fukuda et al.(2002)でサハリンから初記録したが，その後の見つかる環境からサハリンでは明らかに帰化であるという。

【分布】 南。まれ。

【温帯植物：中国・ヒマラヤ要素】 九州〜北海道。千島列島南部・サハリン南部(外来)。中国・朝鮮半島・ヒマラヤ。

3. ヤマハハコ属
Genus *Anaphalis*

1. **ヤマハハコ**

Anaphalis margaritacea (L.) Benth. et Hook.f. [EPJ 2012] [FKI 2009] ["(L.) A.Gray", CFK 2004] ["(L.) A.

Gray", VPS 2002] [FJIIIb 1995]

日あたりのよい草原に生える多年草。茎は高さ30〜70 cmになり葉は披針形，やや厚く3脈があり裏面に長い綿毛を密生。多数の頭花を枝先に散房状につける。カワラハハコ型 var. *yedoensis* (Franch. et Sav.) Ohwi(茎が細く分枝する型)は択捉島に見られる。千島列島全体では葉が広い型がほとんどである。TIに歯舞群島水晶島標本(K. Kondo, 1929年8月24日)がある。2n＝28(シュムシュ島)[Probatova et al., 2007]。

【分布】 歯舞群島・色丹島・南・中・北。極く普通(小島のチリンコタン島にもある)。開花：8月上旬〜10月上旬。

【温帯植物：北アメリカ・東アジア隔離要素】 本州〜北海道。千島列島・サハリン・カムチャツカ半島。ウスリー・中国・ヒマラヤ・北アメリカ。ヨーロッパに帰化。

4. エゾノチチコグサ属
Genus *Antennaria*

1. エゾノチチコグサ 【Plate 75-6】

Antennaria dioica (L.) Gaertn. [EPJ 2012] [FKI 2009] [CFK 2004] [VPS 2002] [FJIIIb 1995]

乾草原に生える多年草。地下茎が這ってゆるいマット状に広がる。根生葉はさじ形で長さ15〜25 mm，花茎は高さ6〜25 cm。葉や花茎に白い綿毛がある。雌雄異株で頭花を花茎先に散房状につける。北千島のパラムシル島，シュムシュ島には普通にあり，南千島の択捉島にも点在するが，中千島ではマツワ島からしか知られていない。

【分布】 南(択捉島)・中(マツワ島)・北。両側分布的。

【冷温帯植物：周北極要素】 北海道[J-CR]。千島列島・サハリン・カムチャツカ半島。シベリア・モンゴル・アルメニア・ヨーロッパ。[Map 1783]

5. ゴボウ属
Genus *Arctium*

外1. ゴボウ

Arctium lappa L. [EPJ 2012] [FKI 2009] [CFK 2004] [VPS 2002]

栽培植物でしばしば野生化する二(〜多)年草。茎はよく分枝して高さ1〜1.5 mになる。葉は厚みがあり卵形〜心形，裏面に綿毛が密生。径4 cmほどの頭花は散房状に集まり，小花は紫紅色，総苞片は針状に伸び先はかぎ状に曲がり付着して動物散布される。日本人以外は食べないとされるが，ロシア極東やサハリンの人里にしばしば野生化しており，南千島には戦後のソビエト連邦時代に帰化したと思われる(Fukuda, Taran et al., 2014)。Tatewaki(1957)ではリストされず，Alexeeva(1983)で国後島から，Alexeeva et al.(1983)で色丹島から記録された。Barkalov(2009)もリストしている。択捉島紗那採集の標本(Pobedimova and Konovalova 983)はLEで確認した。

【分布】 色丹島・南。ややまれ。[戦後栽培逸出]

【温帯植物】 北海道(明治以前からの外来とされるA3)。千島列島南部(外来)・サハリン南部(外来)・カムチャツカ半島(外来)。ヨーロッパ原産。[Map 1852]

外2. ワタゲゴボウ(新称) 【Plate 3-6】

Arctium tomentosum Mill. [FKI 2009] [CFK 2004] [VPS 2002]

ゴボウによく似るが，総苞に綿毛が多い。Alexeeva et al.(1983)では色丹島から本種が報告されている。2010年に色丹島アナマの民家横の空き地に生えていたのを確認した。

【分布】 色丹島・南。[戦後栽培逸出]

【温帯植物】 本州・北海道からは記録がない。千島列島南部(外来)・サハリン南北部(外来)・カムチャツカ半島(外来)。ウスリー・シベリア・ヨーロッパ・中央アジア。イギリス原産。[Map 1854]

6. ウサギギク属
Genus *Arnica*

1. エゾウサギギク

Arnica unalaschcensis Less. [EPJ 2012] [FKI 2009] [CFK 2004] ["*unalascensis*", FJIIIb 1995]

草原に生え，高さ15〜35 cmになる多年草。茎の下部の葉は普通対生，まれに互生し，茎の先に頭花を1個つける。頭花は径4〜5.5 cmで黄色。日本国内を2変種に分け，花筒部に毛があるものをウサギギク var. *tschonoskyi* (Iljin) Kitam. et H.Hara，ないものを狭義のエゾウサギギク var. *unalaschcensis* とすることがあるが，ここでは両変種を含む意味で使う。国後島からの記録がないのは興味深い。またサハリンからも報告がない。2n＝38（択捉島，シムシル島，ウルップ島）［Probatova et al., 2007］。

【分布】　色丹島・南（択捉島）・中・北。やや普通。

【冷温帯植物：北太平洋要素】　本州中部〜北海道。千島列島・カムチャツカ半島［K-VU］。アリューシャン列島。

7. ヨモギ属
Genus *Artemisia*

(1)頭花中心部の筒状花(両性花)は不稔である。

1a.　オトコヨモギ

Artemisia japonica Thunb. subsp. ***japonica*** [EPJ 2012] [FJIIIb 1995]; *A. japonica* Thunb. [FKI 2009] [VPS 2002]

高さ40〜140 cmになる多年草。茎中部につく葉はへら状くさび形，頭花は長さ2 mm，幅1.5 mm。

【分布】　色丹島*・南（国後島・択捉島）。

【暖温帯植物：アジア大陸要素】　琉球〜北海道。千島列島南部・サハリン南部。朝鮮半島・中国・フィリピン・インド・アフガニスタン。

1b.　ハマオトコヨモギ

Artemisia japonica Thunb. subsp. ***littoricola*** (Kitam.) Kitam. [EPJ 2012] [FJIIIb 1995]; *A. littoricola* Kitam. [FKI 2009] [VPS 2002]

オトコヨモギに似る。茎中部の葉はくさび状長楕円形〜楕円形，頭花の幅は2 mmとなりより大きく，葉もより肉質でオトコヨモギの海岸型とされるが中間型があり2種に区別するのは難しく，ここでは日本の多くの見解に従い，オトコヨモギと亜種関係とした。

【分布】　歯舞群島・色丹島・南（国後島・択捉島）。

【温帯植物：準日本固有要素】　本州北部〜北海道。千島列島南部・サハリン中部以南。朝鮮半島（鬱陵島）。

2.　アライトヨモギ（エトロフヨモギ）

【Plate 28-6, 37-2, 37-3, 76-1】

Artemisia borealis Pall. [EPJ 2012] [FKI 2009] [CFK 2004] [VPS 2002]; *A. borealis* Pall. var. *ledebouri* Besser; *A. insularis* Kitam. [FJIIIb 1995]

火山砂礫地に生える多年草。一見エゾハハコヨモギにも似る。茎下部の頭花には長い柄があるが，上部にいくに従って総状につく。これまで択捉島単冠（ヒトカップ）山の固有種とされていたエトロフヨモギ *A. insularis* も本種に含んでいる（米倉，2012）。

【分布】　南（択捉島）・北（パラムシル島*・アライト島）。

【亜寒帯植物：周北極要素】　本州・北海道にない。千島列島南北部・サハリン中部以北・カムチャツカ半島。ユーラシア（ヨーロッパに少ない）〜北アメリカの極地域〜高山帯まで広域分布。［Map 1826］

(2)頭花中心部の筒花(両性花)は稔性があり種子ができる。

3.　オオヨモギ（エゾヨモギ）

Artemisia montana (Nakai) Pamp. [EPJ 2012] [FKI 2009] [VPS 2002] [FJIIIb 1995]

オオヨモギは日本では変異の大きい種としてとらえられているが，ロシアでは頭花のサイズの順にオオヨモギ，エゾオオヨモギ，チシマヨモギを認める。ここでもそれに従った。高さ1.5〜2 mに達する大型の多年草。葉は長さ20 cm，葉裂片は披針形で全縁，長さ7〜10 cm。円錐花序に多数つく頭花は狭鐘形で，長さ2.5〜3 mm，幅1.5〜1.8 mm。総苞片は3列で外側の片はとがらない。Tatewaki（1957）ではウルップ島が北東限とされていたが，Barkalov（2009）により北千島まで分布域が広がった。

【分布】　歯舞群島・色丹島・南・中・北。開花：8月下旬〜9月中旬。

【温帯植物：東北アジア要素】　本州〜北海道。千島列島・サハリン。

4. エゾオオヨモギ

Artemisia opulenta Pamp. [EPJ 2012] [FKI 2009] [CFK 2004] [VPS 2002]

オオヨモギとチシマヨモギの中間的な種。茎の高さ0.8～1.2 m，葉は10～13 cm長，7～10 cm幅。頭花は広鐘形で長さ4～5 mm，幅2.5～3 mm。

【分布】 色丹島・南・中(ウルップ島)・北(アライト島)。

【冷温帯植物：東北アジア要素】 本州・北海道からは記録がない。千島列島・サハリン・カムチャツカ半島。オホーツク。

5. チシマヨモギ(ホソバノエゾヨモギ)

Artemisia unalaskensis Rydb. [EPJ 2012] [FKI 2009] [FJIIIb 1995]; *A. gigantea* Kitam.?

茎の高さ0.5 mまでの多年草でエゾオオヨモギに似るが，葉は長さ6～9 cmとより小さく概ねより細裂し，逆に頭花は広鐘形で大きく，長さ6 mm，幅4～5 mmまでになる。総苞片は4列で外側の総苞片の先がとがる。Tatewaki(1957)ではウルップ島が南限だったか，Barkalov(2009)により歯舞群島，色丹島にまで分布地域が広がった。千島列島全体にあるが，カムチャツカ半島からは報告されていない(Yakubov and Chernyagina, 2004)。2n＝36(シャシコタン島)[Probatova et al., 2007]。

【分布】 歯舞群島・色丹島・南・中・北。

【冷温帯植物：北太平洋要素】 本州中部・北海道。千島列島。アリューシャン列島。

6. ハハコヨモギ　【Plate 28-5, 76-2】

Artemisia glomerata Ledeb. [EPJ 2012] [FKI 2009] [CFK 2004] [VPS 2002] [FJIIIb 1995]

岩礫地に生える多年草で，花茎は高さ7～15 cm。幅4～5 mmの頭花は茎先端に密散房状に集まってつく。

【分布】 中(オネコタン島)・北(パラムシル島・アライト島)。

【亜寒帯植物：北太平洋要素】 本州中部(高山：北岳に多い)[J-VU]。千島列島中部以北・サハリン北部・カムチャツカ半島。シベリア・アラスカ。

7. エゾハハコヨモギ

Artemisia furcata M.Bieb. [FKI 2009] [CFK 2004]; *A. furcata* M.Bieb. var. *pedunculosa* (Koidz.) Toyok. [EPJ 2012]; *A. trifurcata* Stephan ex Spreng. [FJIIIb 1995]

花茎は高さ12～16 cmでハハコヨモギ*A. glomerata*に似るが，幅約8 mmの頭花が総状につく。一見アライトヨモギにも似る。北海道大雪山にも生え，日本産は固有変種var. *pedunculosa* (Koidz.) Kitam.とされることもあるが，ここでは特に種内分類群を認めない。

【分布】 中(ケトイ島)・北(パラムシル島・シュムシュ島・アライト島)。

【亜寒帯植物：北太平洋要素】 北海道。千島列島中部以北・カムチャツカ半島。ウスリー・オホーツク・東シベリア・アラスカ・北アメリカ。

8. サマニヨモギ

Artemisia arctica Less. [FKI 2009] [CFK 2004] [VPS 2002]; *A. arctica* Less. subsp. *sachalinensis* (F. Schmidt) Hultén [EPJ 2012] [FJIIIb 1995]

岩礫地に生え，高さ20～50 cmになる多年草。幅10 mmと大形で半球形の頭花が総状～複総状につく。色丹島からの記録がない。2n＝18(シュムシュ島)as *A. arctica*[Probatova et al., 2007]。

【分布】 南(国後島・択捉島)・中・北。点在する。

【亜寒帯植物：北太平洋要素】 本州(岩手)・北海道。千島列島・サハリン北部・カムチャツカ半島。ウスリー・オホーツク・東シベリア・北アメリカ北西部。［Map 1823］

9. イワヨモギ　【Plate 76-3】

Artemisia iwayomogi Kitam. [FKI 2009]; *A. sarcorum* Ledeb. [EPJ 2012]; *A. gmelinii* Weber ex Stechm. [“Weber”, VPS 2002] [FJIIIb 1995]

沿岸部の草原～内陸の岩場に生える，高さ50～100 cmの小低木。頭花は円錐花序に多数つき，球形で長さ・幅とも3～3.5 mm。木質の草本であるシコタンヨモギによく似ており，標本では誤同定されていることがある。茎の中部～上部に葉がつき，葉腋から多数の花序枝を出す。イワヨモギの学名については異論があるが，ここではBarkalov(2009)に従った。色丹島には多い。
【分布】　歯舞群島・色丹島・南(国後島・択捉島*)。
【冷温帯植物：東北アジア要素】　北海道[J-VU]。千島列島南部・サハリン南北部。朝鮮半島・中国東北部。

10. シコタンヨモギ　【Plate 76-4】

Artemisia tanacetifolia L. [EPJ 2012]; *A. laciniata* Willd. [FKI 2009] [CFK 2004] [FJIIIb 1995]

沿岸部の亜高山広葉草原に生える木質の茎をもつ多年草。花茎は高さ25〜40 cm。イワヨモギによく似るが，茎の下部〜中部に葉がつき，特に下部の葉の葉柄が葉身と同じ位長い。茎や葉柄に長縮毛が多い。頭花は茎の上部にまとまり，頭花は長さ2.5〜4 mm，幅4〜6 mm。頭花のサイズはイワヨモギより一回り大きい。TIに歯舞群島水晶島標本(K. Kondo, 1929年8月24日)と勇留島標本(K. Kondo, 1929年8月24日)がある。
【分布】　歯舞群島・色丹島・南(国後島・択捉島)。
【亜寒帯植物：周北極要素】　北海道(礼文島・根室半島)[J-VU]。千島列島南部・カムチャツカ半島。シベリア・朝鮮半島北部・中国・ヒマラヤ・中央アジア・ヨーロッパ。[Map 1822]

11. ヒロハウラジロヨモギ

Artemisia koidzumii Nakai [EPJ 2012] [FKI 2009] [VPS 2002] [FJIIIb 1995]

沿岸の広葉草原などに生え，高さ35〜100 cmになる多年草。茎中部の葉は倒卵形，2〜3対羽状に中〜深裂。葉の大きさや縁の切れ込み程度に変異がある。頭花は幅4〜6 mm。TIに歯舞群島水晶島標本(K. Kondo 1223, 1929年8月24日)がある。$2n = 36$(国後島)[Probatova et al., 2007]。
【分布】　歯舞群島・色丹島・南(国後島・択捉島)・中(ウルップ島)。
【冷温帯植物：東北アジア要素】　北海道。千島列島中部以南・サハリン。ウスリー。

12. シロヨモギ　【Plate 10-6】

Artemisia stelleriana Besser [EPJ 2012] [FKI 2009] [CFK 2004] [VPS 2002] [FJIIIb 1995]

海岸近くの草原や砂浜に生える多年草。植物全体に綿毛があり白い。頭花は球形で長さ7 mm，幅8〜10 mmと大きい。
【分布】　歯舞群島・色丹島・南・中(ややまれ)・北。普通。やや両側分布的。開花：8月上旬〜9月上旬。
【冷温帯植物：東北アジア要素】　本州中部〜北海道。千島列島・サハリン・カムチャツカ半島。ウスリー・朝鮮半島北部。[Map 1820]

13. アサギリソウ

Artemisia schmidtiana Maxim. [EPJ 2012] [FKI 2009] [VPS 2002] [FJIIIb 1995]

沿岸や内陸のやや湿生の岸壁に生える多年草。葉は細裂し葉片は線形，全草銀白色の絹毛を密生し頭花がなくても容易に区別できる。Tatewaki(1957)ではウルップ島が北東限だったが，Barkalov(2009)によりシムシル島まで延びた。$2n = 18$(ウルップ島)[Probatova et al., 2007]。
【分布】　色丹島・南(国後島・択捉島)・中(ウルップ島・シムシル島)。
【温帯植物：準日本固有要素】　本州〜北海道。千島列島中部以南・サハリン。

外1. オウシュウヨモギ

Artemisia vulgaris L. [FKI 2009] [CFK 2004] [VPS 2002]

ヨーロッパ原産の種で，本州産のヨモギによく似るが花の香りが違うという。ヨモギの誤認の可能性もあるが，ここではBarkalov(2009)に従う。Tatewaki(1957)でリストされず，戦後帰化と思われる。
【分布】　南(国後島)。まれ[戦後帰化]
【温帯植物】　日本からは記録がない(?)。千島列島南部(外来)・サハリン(外来)・カムチャツカ半島(外来)。ヨーロッパ〜シベリアの温帯域に広く分布し，世界各地に帰化。[Map 1817]

外2. ヒメヨモギ

Artemisia feddei H.Lév. et Vaniot [FKI 2009]

[FJIIIb 1995]; *A. lancea* Vaniot [EPJ 2012]

やや乾いた草原に生える，高さ1〜1.2 mでよく分枝する多年草。茎中部の葉は羽状に深裂し裂片は幅3 mm以下と狭い。幅1 mmの小さい頭花を大きな円錐花序に多数つける。Tatewaki(1957)ではリストされておらず，千島列島へは戦後帰化だと思われる。

【分布】　南(国後島)。まれ[戦後帰化]

【温帯植物】　本州〜九州(自生)，北海道(外来A3)。千島列島南部(外来)。中国・朝鮮半島に自生。

8. シオン属
Genus *Aster*

1. エゾゴマナ

Aster glehnii F.Schmidt [EPJ 2012] [FKI 2009] [VPS 2002] ["*glehni*", FJIIIb 1995]

山地草原に生え，高さ1〜1.5 mになる多年草。茎生葉は長楕円形で両端がとがり短柄，長さ13〜19 cm，幅4〜6 cm。頭花は径1.5 cm，茎頂の大きな散房状花序に多数つき，舌状花は白色。

【分布】　歯舞群島・色丹島・南(国後島・択捉島)・中(ウルップ島)。

【冷温帯植物：準日本固有要素】　北海道。千島列島中部以南・サハリン。

2. シラヤマギク

Aster scaber Thunb. [EPJ 2012] [FJIIIb 1995]; *Doellingeria scabra* Nees [FKI 2009]

高さ1〜1.5 mになる多年草。根生葉は長柄があり卵心形だが花時には枯れる。茎下部の葉も卵心形で有柄。頭花は径2〜2.5 cmで舌状花は白色。

【分布】　南(国後島)。まれ。

【温帯植物：東アジア要素】　九州〜北海道。千島列島南部。朝鮮半島・中国。

3. タカスギク　【Plate 76-5】

Aster sibiricus L. [FKI 2009] [CFK 2004] [VPS 2002]

岩礫地に生える，高さ30 cmまでの多年草。茎生葉は互生，披針形で鋸歯がある。頭花は径3 cmで1〜5個つき，舌状花は青紫色，中央の筒状花はピンク状黄色。

【分布】　北。

【亜寒帯植物：周北極要素】　本州・北海道になし。千島列島北部・サハリン北部・カムチャツカ半島。ユーラシア〜北アメリカ北西部に広く分布する。[Map 1768]

外1. ユウゼンギク

Aster novi-belgii L. [FKI 2009] [VPS 2002]; *Symphyotrichum novi-belgii* (L.) G.L.Nesom [EPJ 2012]

北アメリカ原産の外来多年草で，高さ30〜70 cmになる。頭花は径2.5〜3.5 cmで多数つき，舌状花は青紫色，中心の筒状花は黄色。Tatewak(1957)ではリストされず，Alexeeva(1983)で初めて国後島から記録された。

【分布】　南(国後島)。[戦後栽培逸出]

【温帯植物】　九州〜北海道(外来A3)。千島列島南部(外来)・サハリン南部(外来)。北アメリカ原産。

9. ヒナギク属
Genus *Bellis*

外1. ヒナギク(デージー)

Bellis perennis L. [EPJ 2012] [FKI 2009] [VPS 2002]

ヨーロッパ原産の多年草。花壇に栽培され，しばしば公園の芝生などに逸出する。葉はすべて根生し，へら形で長さ8 cmほど。高さ15 cmほどの花茎の先に1個の頭花をつけ，舌状花は白色〜淡紅色，中心の筒状花は黄色。Tatewaki(1957)でリストされず，Alexeeva(1983)で国後島から，Alexeeva et al.(1983)で色丹島から記録されたが，Barkalov(2009)は色丹島の記録を採用していない。

【分布】　南(国後島・択捉島紗那市内)。[戦後栽培逸出]

【温帯植物】　本州〜北海道(外来B)。千島列島南部(外来)・サハリン南部(外来)。ヨーロッパ原産で世界各地に帰化。[Map 1766]

10. センダングサ属
Genus *Bidens*

1. エゾノタウコギ

Bidens maximowicziana Oett. [EPJ 2012] [FKI 2009]; *B. radiata* Thuill. var. *pinnatifida* (Turcz. ex DC.) Kitam. [FJIIIb 1995]; *B. radiata* Thuill. [FKI 2009] [VPS 2002]

湿草原に生える高さ 15〜70 cm の一年草。対生する葉は羽状深裂し裂片は 1〜3 対。瘦果は扁平，2 本の芒がある。タウコギによく似るが，果実本体の長さは 4.5〜5.5 mm と短い。カムチャツカ半島には類縁種 *B. kamtschatica* Vass. があり，カムチャツカ半島固有種とされる。[cf. Map 1798]

【分布】 色丹島・南。まれ。

【冷温帯植物：東北アジア要素】 北海道。千島列島南部・サハリン。アムール・朝鮮半島・中国東北部。

外 1. タウコギ

Bidens tripartita L. [EPJ 2012] [FKI 2009] [FJIIIb 1995]

エゾノタウコギによく似るが，果実本体の長さが 7〜11 mm と大きい。Tatewaki (1957) ではリストされなかったが，Alexeeva (1983) で国後島から報告された。

【分布】 南（国後島）。まれ。[戦後帰化]

【暖温帯植物】 九州〜北海道（在来）。千島列島南部（外来）。世界の温帯〜熱帯に広域分布。[Map 1799]

外 2. アメリカセンダングサ

Bidens frondosa L. [EPJ 2012] [FKI 2009] [FJIIIb 1995]

北アメリカ原産の外来一年草。羽状複葉の小葉に柄があり頭花に小型の舌状花がある。Tatewaki (1957) ではリストされなかったが，Alexeeva (1983) で国後島から報告された。

【分布】 色丹島・南（国後島）。[戦後帰化]

【暖温帯植物】 琉球〜北海道（外来 A3）。千島列島南部（外来）。北アメリカ原産で世界各地に帰化。

11. ヤブタバコ属
Genus *Carpesium*

1. ミヤマヤブタバコ

Carpesium triste Maxim. [EPJ 2012] [FKI 2009] [FJIIIb 1995]

やや暗い広葉樹林に生える高さ 40〜100 cm の多年草。茎下部に開出するあらい毛が多い。葉柄には翼があり，枝先に点頭する頭花をつけ，総苞直下に線形の苞葉を多数つける。Tatewaki (1957) では国後島がリストされているが，SAPS では証拠標本が見つからなかった。

【分布】 南（国後島）。極くまれ。

【暖温帯植物：準日本固有要素】 九州〜北海道。千島列島南部 [S-V (2)]。ウスリー。

12. ヤグルマギク属
Genus *Centaurea*

外 1. ヤグルマアザミ

Centaurea jacea L. [EPJ 2012] [FKI 2009]

ヨーロッパ原産の園芸多年草で各所に逸出する。本属はヨーロッパだけで 200 種以上があり，種同定は極めて難しい。紅紫色の頭花。Tatewaki (1957) ではリストされなかったが，Alexeeva (1983) で国後島から報告され，戦後の帰化植物と思われる。

【分布】 南（国後島・択捉島紗那）。[戦後栽培逸出]

【温帯植物】 本州〜北海道（外来 B）。千島列島南部（外来）。ヨーロッパ原産の園芸植物。[Map 1869]

外 2. ヒメタマボウキ

Centaurea scabiosa L. [FKI 2009] [CFK 2004] [VPS 2002]

ヨーロッパ原産の園芸多年草で逸出する。総苞片にある附属体の縁が糸状に深く裂けるのが特徴。

【分布】 南（択捉島）。[戦後栽培逸出]

【温帯植物】 本州・北海道からは帰化記録がない（清水，2003）。千島列島南部（外来）・サハリン中部（外来）・カムチャツカ半島（外来）。ヨーロッパ原

産。［Map 1873］

13. キク属
Genus *Chrysanthemum*

1. チシマコハマギク

Chrysanthemum arcticum L. subsp. ***yezoense*** (Maek.) H.Ohashi et Yonek. [EPJ 2012]; *Arctanthemum arcticum* (L.) Tzvelev [FKI 2009] [CFK 2004] [VPS 2002]; *Dendranthema arcticum* (L.) Tzvelev subsp. *arcticum* [FJIIIb 1995]; *D. kurilense* Tzvelev [R]; *Leucanthemum kurilense* (Tzvelev) Worosch. [R]; *Arctanthemum arcticum* (L.) Tzvelev subsp. *kurilense* (Tzvelev) Tzvelev [R]; *C. arcticum* L. var. *integrifolium* Tatew. [J]; *C. arcticum* L. var. *kurilense* Kudô [J]

海岸の岸壁や岩礫地に生える多年草。地下茎は長く這い，高さ10～50 cmになる。葉は3中裂し，頭花は白色。西川・小林(1989)は，チシマコハマギクは2n＝18で開花期は8月中旬～9月上旬，コハマギクは2n＝90で開花期は9月中旬～10月上旬であることを明らかにし，北海道へはチシマコハマギクは北から南下し，コハマギクは南から北上してきたと推測している。属名については日本側とロシア側で一致しないが，ここでは暫定的に日本側の見解をとる。Alexeeva et al.(1983)で色丹島からピレオギク *Dendranthema littorale* (F.Maek.) Tzvelevを報告しているが，北海道での分布からは考えにくいので採用しなかった。千島列島全体としてみると普通に見られるが，色丹島・国後島には多くないようである。2n＝18(エカルマ島)as *Arctanthemum arcticum* subsp. *arcticum* [Probatova et al., 2007]。

【分布】　色丹島・南・中・北。普通。

【亜寒帯植物：北太平洋要素】　北海道東部[J-VU]。千島列島・サハリン・カムチャツカ半島。ウスリー・オホーツク・コマンダー諸島・アラスカ。［Map 1815］

14. イヌヂシャ属
Genus *Cichorium*

外1. キクニガナ(チコリー)

Cichorium intybus L. [EPJ 2012] [FKI 2009] [CFK 2004] [VPS 2002]

ヨーロッパ原産の多年草で庭に栽培され，各所に逸出する。高さ20～120 cmで頭花は淡青色。Tatewaki(1957)ではリストされなかったが，Alexeeva(1983)で国後島から報告された。

【分布】　歯舞群島・南(国後島・択捉島)。まれ。［戦後栽培逸出］

【温帯植物】　九州～北海道(外来B)。千島列島南部(外来)・サハリン南北部(外来)・カムチャツカ半島(外来)。ヨーロッパ原産で世界各地に帰化。

15. アザミ属
Genus *Cirsium*

門田(2012)は根室半島のアザミ属として，エゾマミヤアザミ *C. charkeviczii* Barkalov，アッケシアザミ *C. ito-kojianum* Kadota，エゾキレハアザミ(門田新称，これまでエゾノサワアザミとされていたもの)の3分類群を挙げ，チシマアザミは根釧地方に分布しないとしている。近年多数の新種が北海道から報告され(Kadota and Miura, 2013)，以下の種認識も今後変更される可能性がある。

1. チシマアザミ　【Plate 13-5】

Cirsium kamtschaticum Ledeb. ex DC. [EPJ 2012] [FKI 2009] [“Ledeb.”, CFK 2004] [“Ledeb.”, VPS 2002] [FJIIIb 1995]; *C. weyrichii* Maxim. [R]; *C. kamtschaticum* Ledeb. ex DC. f. *elatius* Kudô [J]

草原に生え，高さ1～2 mになる大型の多年草。開花時に根生葉がなく，頭花は点頭し，総苞は幅2～3 cm。総苞片は7列。2n＝68(国後島)[Probatova et al., 2007]。白花品種シロバナチシマアザミをシムシル島で確認した。

【分布】　歯舞群島・色丹島・南・中・北。極く普通。開花：6月下旬～9月上旬。

【冷温帯植物：北太平洋要素】　北海道。千島列

島・サハリン・カムチャツカ半島。アリューシャン列島。

2. エゾノサワアザミ

Cirsium pectinellum A.Gray [EPJ 2012] [FKI 2009] [VPS 2002] [FJIIIb 1995]; *C. kamtschaticum* Ledeb. subsp. *pectinellum* (A.Gray) Kitam.

湿原に生える多年草。チシマアザミに似るが開花時に根生葉が残り，葉身はより深裂。頭花はより少数で小さい。エゾマミヤアザミにも似るが，頭花の総苞片は6〜7列。門田(2012)は，根室半島で見られ，エゾノサワアザミと誤認されているものは別種で，仮称"エゾノキレハアザミ"としている。2n＝34(国後島) [Probatova et al., 2007]。

【分布】 歯舞群島・色丹島・南(国後島・択捉島)。点在。

【冷温帯植物：準北海道固有要素】 北海道。千島列島南部・サハリン南部。

3. エゾマミヤアザミ 【Plate 41-4】

Cirsium charkeviczii Barkalov [FKI 2009]; *C. pectinellum* A.Gray var. *fallax* Nakai [EPJ 2012]

Barkalov(1992)が国後島から記載した種。エゾノサワアザミに似て湿原に生えるが，下向きの頭花は少なく2個程度つき，総苞片は8〜9列，葉はより深く櫛の歯状に全裂して葉裂片は狭く，葉柄は茎に沿下する。学名につていは門田(2012)のノートがある。

【分布】 歯舞群島・色丹島・南(国後島)。点在。開花：7月下旬〜9月上旬。

【冷温帯植物：北海道・千島固有要素】 北海道東部。千島列島南部。

4. シコタンアザミ(アッケシアザミ) 【Plate 31-1】

Cirsium shikotanense (Miyabe et Tatew.) Barkalov in Bogatov, V.V. et al., Flora Fauna North-wwest Pac. Isl.: 92 (2012); *C. pectinellum* A. Gray var. *shikotanense* Miyabe et Tatew. in Tatewaki, Rep. Veg. Isl. Shikotan: 54 (1940); *C. ito-kojianum* Kadota in Bull. Natl. Mus. Nat. Sci., Ser. B 34(1): 32 (2008)

日あたりがよい湿原縁などに生える多年草。茎には刺の多い著しい翼がある。茎葉は羽状に深く切れ込み，下部の茎葉の葉柄は長く，翼があり，総苞片は(8〜)9〜10列ある。Barkalov(2012)によると，チシマアザミとエゾマミヤアザミの交雑から生じた種とされ，丘陵地帯に生育する。北海道東部に分布するアッケシアザミは本種にあたるようである。北海道東部では内陸草原形や沿岸風衝草原形などの変異があるとされる(門田，2012)。

【分布】 色丹島。

【冷温帯植物：北海道・千島固有要素】 北海道東部。千島列島南部。

外1. エゾノキツネアザミ

Cirsium setosum (Willd.) M.Bieb. [EPJ 2012] [FKI 2009] ["(Willd.) Bess.", CFK 2004] ["(Willd.) Bess.", VPS 2002]; *Breea setosa* (M.Bieb.) Kitam. [FJIIIb 1995]

日本では普通在来種とされるが，攪乱地に生育し外来種を思わせる。高さ50〜180 cmになる多年草。多数の頭花が上向きに咲く。千島列島ではBarkalov(2009)に従い，外来種と見なす。Tatewaki(1957)では千島列島から報告されていない。

【分布】 色丹島・南(択捉島)・北(パラムシル島)。点在。[戦後帰化]

【冷温帯植物】 本州北部〜北海道(在来)。千島列島南北部(外来)・サハリン(在来)・カムチャツカ半島(外来)。シベリア・朝鮮半島・中国・ヨーロッパ東部。[Map 1862]

外2. アメリカオニアザミ 【Plate 9-1】

Cirsium vulgare (Savi) Ten. [EPJ 2012] ["*vulgare* Savy", FKI 2009] [VPS 2002]

市街地や放牧地などに侵入する2年草。高さ50〜150 cmで，茎に刺のある翼があり葉縁の鋸歯の先も鋭い刺となる。頭花は直立して咲き，総苞外片の先にも長さ1〜2 mmの刺がある。

【分布】 色丹島・南。やや点在。[戦後帰化]

【温帯植物】 四国〜北海道(外来A2)。千島列島南部(外来)・サハリン中部以南(外来)。ヨーロッパ原産で世界各地に帰化。

16. イズハハコ属
Genus *Conyza*

外1. **ヒメムカシヨモギ**

Conyza canadensis (L.) Cronquist [EPJ 2012] [FKI 2009] [VPS 2002] [FJIIIb 1995]; *Erigeron canadensis* L. [R]

攪乱地に生え，高さ1～2mになる一～越年草。茎に多数の開出毛があり，葉は線形，円錐花序に多数の小さい頭花をつける。舌状花は白色で小さい。Tatewaki(1957)では色丹島からリストされ，さらにAlexeeva(1983)により国後島からも報告された。

【分布】 色丹島・南(国後島)。まれ。[戦前帰化・一部戦後拡大]

【暖温帯植物】 琉球～北海道(外来A3)。千島列島南部(外来)・サハリン(外来)。北アメリカ原産で世界中に帰化。[Map 1775]

17. タカサゴトキンソウ属
Genus *Cotula*

外1. **ウシオシカギク**

Cotula coronopifolia L. [EPJ 2012] [FKI 2009] [VPS 2002]

南半球原産の外来一年草。海岸の塩性地に生え，高さ30cm。葉は線形で柄なく基部は鞘状。Tatewaki(1957)ではリストされなかったが，Alexeeva(1983)により，国後島から初めて記録された。

【分布】 南(国後島)。まれ。[戦後帰化]

【暖温帯植物】 琉球～本州(外来)。千島列島南部(外来)・サハリン(外来)。南半球原産。

18. フタマタタンポポ属
Genus *Crepis*

1. **フタマタタンポポ**　【Plate 9-3】

Crepis hokkaidoensis Babcock [EPJ 2012] [FKI 2009] [VPS 2002] [FJIIIb 1995]

岩礫地に生える高さ5～20cmになる多年草。全体に暗褐色の多細胞毛を密生する。根生葉は不ぞろいに羽状に裂ける。頭花は黄色で1～4個，径3.5cm。Tatewaki(1957)では択捉島が北東限だったが，Barkalov(2009)によりウルップ島からも報告された。アムール産の*C. burejensis* F. Schmidtに近いとされる(清水，1982)

【分布】 色丹島・南(択捉島)・中(ウルップ島)。

【亜寒帯植物：準北海道固有要素】 北海道[J-EN]。千島列島中部以南・サハリン中部以北。

〈検討種〉**ヤネタビラコ**

Crepis tectorum L.

Alexeeva et al.(1983)が文献引用の形で色丹島から記録したが，Barkalov(2009)はこの記録を引用していない。本種は攪乱地や裸地に生えるヨーロッパ原産の外来一年草。茎に稜があり上部でよく分枝し，淡黄色の頭花が2～10個散房状～複散房状につく，といった特徴で際立っているので同定に間違いはないと思われるが，証拠標本を見ていないのでここでは検討種としてリストしておく。おそらく工事などにともなう一時帰化であろう。道東でもしばしば見られ，サハリン北部，カムチャツカ半島でも帰化記録がある。

19. ムカシヨモギ属
Genus *Erigeron*

1a. **エゾムカシヨモギ**

Erigeron acer L. var. ***acer*** [EPJ 2012] [FJIIIb 1995]; *E. sachalinensis* Botsch. [FKI 2009] [VPS 2002]; *E. acer* L. subsp. *acer*

日あたりのよい岩礫地に生える高さ15～55cmの多年草。茎にやや密に白毛があり上部で分枝する。茎中部の葉は線状長楕円形で鈍頭，基部は無柄でやや茎を抱く。頭花は径1.5cmでゆるい散房状～円錐花序につく。次変種のムカシヨモギに比べ，総苞に長い白毛がある。

【分布】 歯舞群島・色丹島・南(ウルップ島)・中・北。やや普通。両側分布。

【温帯植物：周北極要素】 本州中部〜北海道。千島列島・サハリン。ヨーロッパ〜東北アジアに広く分布する。[Map 1770]

1b. ムカシヨモギ

Erigeron acer L. var. ***kamtschaticus*** (DC.) Herder [EPJ 2012] [FJIIIb 1995]; *E. kamtschaticus* DC. [FKI 2009] [CFK 2004] [VPS 2002]; *E. acer* L. subsp. *kamtschaticus* (Herder) H.Hara

総苞片に粉状毛はあるが白長毛がほとんどないもの。頭花下の茎にも開出毛が少なく，茎中部の葉もエゾムカシヨモギのように幅広くはならない。Hultén and Fries(1986)では北東アジアに *E. acer* subsp. *kamtschaticus* を認めながらも，カムチャツカ半島に産するのは subsp. *acer* と subsp. *politus* としており，千島列島とその周辺地域での *E. acer* 群の変異のさらなる検討が必要である。

【分布】 歯舞群島・色丹島・南・中・北。点在。

【温帯植物：東北アジア要素】 本州中部〜北海道。千島列島・サハリン・カムチャツカ半島。ウスリー・オホーツク。[Map 1771]

2. エリゲロン・ケスピタンス 【Plate 27-6】

Erigeron caespitans Kom. [FKI 2009] [CFK 2004]

全体はムカシヨモギによく似るが，総苞片に長い白縮毛がやや密にある。また頭花下の茎にも開出毛が多い。上記2変種と同様に *E. acer* 群の一員と考えられるが，ここでは Barkalov(2009)に従い，種ランクで認める。

【分布】 北。やや普通。

【亜寒帯植物：東北アジア要素】 本州・北海道にない。千島列島北部・カムチャツカ半島。オホーツク。

3. ミヤマアズマギク

Erigeron thunbergii A.Gray subsp. ***glabratus*** (A.Gray) H.Hara [EPJ 2012] [FJIIIb 1995]; *E. thunbergii* A.Gray [FKI 2009] [CFK 2004] [VPS 2002]; *Aster dubius* Onno ex Kitam. subsp. *glabratus* Kitam. et H.Hara; *Aster dubius* (Thunb.) Onno [R]

乾いた草原に生え，高さ 10〜35 cm になる多年草。花茎先に1個の頭花をつけ，花茎や総苞片の多細胞毛は長く密。頭花は径 3〜4 cm と大きく，舌状花は青紫〜赤紫色。

【分布】 色丹島・南(国後島・択捉島)・中(ウルップ島)。点在。

【冷温帯植物：東北アジア要素】 本州中部〜北海道。千島列島中部以南・サハリン・カムチャツカ半島。シベリア・朝鮮半島北部・中国東北部。

4. シコタンアズマギク 【Plate 42-2】

Erigeron schikotanensis Barkalov in Pl. Vasc. Orient. Extr. Sov. 6: 68 (1992) [EPJ 2012] [FKI 2009]

Barkalov(1992)により色丹島から記載された種。花茎の先に1個の頭花をつけ，ミヤマアズマギクに近縁な種だが，花茎や総苞片の多細胞毛が短く疎らになる点で区別できる。

【分布】 色丹島・南(国後島)・中(ウルップ島)。まれ。

【亜寒帯植物：千島固有要素】 本州・北海道にない。千島列島中部以南。

5. エリゲロン・フミリス

Erigeron humilis J.Graham [FKI 2009] [CFK 2004]

高さ 20 cm までの多年草。花茎に長腺毛が密，花茎先に1個の頭花をつけ径 1.2〜1.8 cm。舌状花は小さく長さ 7〜10 mm，幅 0.3〜0.4 mm で藤色〜白色。

【分布】 北(パラムシル島)。まれ。

【亜寒帯植物：周北極要素】 本州・北海道にない。千島列島北部・カムチャツカ半島。チュコト，アラスカ・北アメリカ北部・グリーンランドなど。[Map 1773]

6. エリゲロン・ペレグリヌス 【Plate 24-1, 76-6】

Erigeron peregrinus (Pursh) Greene [FKI 2009]

高さ 60 cm までの多年草。頭花は 1〜3 個つき，径 3〜4.5 cm。舌状花は長さ 13〜18 mm，幅 2〜2.3 mm でバラ色がかった藤色。2n＝18(パラムシル島)[Probatova et al., 2007]。

【分布】 北(パラムシル島)。まれ。
【亜寒帯植物：北太平洋要素】 本州・北海道になし。千島列島北部[S-V(2)]・カムチャツカ半島。アリューシャン列島・北アメリカ。

外1. ヒメジョオン

Erigeron annuus (L.) Pers. [EPJ 2012]; *Stenactis annuus* (L.) Cass. [FJIIIb 1995]; *Phalacroloma annuum* (L.) Domort. [FKI 2009] [VPS 2002]

北アメリカ原産の一～越年草。高さ30～120 cmで茎に疎らな開出粗毛がある。茎生葉は卵形～狭長楕円形で大きな鋸歯があり，上部の葉は無柄だが下部の葉では葉柄が長い。頭花は径2 cm，舌状花は白色～淡紅色で100個ほどある。Tatewaki(1957)ではリストされなかったが，Alexeeva(1983)で国後島から記録された。2n＝18, 27(国後島)as *Phalacroloma annuum* [Probatova et al., 2007]。
【分布】 南(国後島)。点在。[戦後帰化]
【暖温帯植物】 琉球～北海道(外来A3)。千島列島南部(外来)・サハリン南部(外来)。北アメリカ原産で世界各地に帰化。

外2. ヘラバヒメジョオン

Erigeron strigosus Muhl. ex Willd. [EPJ 2012]; *Stenactis strigosus* (Muhl.) DC. [FJIIIb 1995]; *Phalacroloma strigosum* (Muhl. ex Willd.) Tzvelev [VPS 2002]; *Phalacroloma septentrionale* (Fern. et Wieg.) Tzvelev [FKI 2009]

ヒメジョオンに似て荒地に生える一～越年草。茎生葉はへら形で普通全縁，茎下部や根生葉でも卵形にはならない。Barkalov(2009)では*P. septentrionale*をリストしているが，この種はNesom(2006)では，*E. strigosus*の1変種扱いされている。ここでは多くの日本側の扱いに従い，ヘラバヒメジョオン*E. strigosus*としてリストし，種内分類群を区別することはしない。
【分布】 色丹島・南(国後島)。ややまれ。[戦後帰化]
【暖温帯植物】 琉球～北海道(外来B)。千島列島南部(外来)・サハリン中部以南(外来)。北アメリカ原産。

20. ヒヨドリバナ属
Genus *Eupatorium*

1. ヨツバヒヨドリ

Eupatorium glehnii F.Schmidt ex Trautv. [EPJ 2012] [FKI 2009] [VPS 2002] [“*glehni*”, FJIIIb 1995]; *E. chinense* L. subsp. *sachalinense* (F.Schmidt) Kitam. [J]

日あたりのよい湿った草原に生え，高さ1 m位になる多年草。葉は3～4枚輪生して長楕円形～長楕円状披針形で長さ10～15 cm。頭花は茎頂に密散房花序につく。
【分布】 色丹島・南(国後島・択捉島)・中(ウルップ島*)。やや普通。開花：7月下旬～9月中旬。
【温帯植物：準日本固有要素】 四国～北海道。千島列島中部以南・サハリン南部。

21. コゴメギク属
Genus *Galinsoga*

外1. コゴメギク

Galinsoga parviflora Cav. [EPJ 2012] [FKI 2009] [FJIIIb 1995]

畑や路傍に生える熱帯アメリカ原産の一年草。ハキダメギク*G. quadriradiata*に似るが，茎にほとんど毛がなく舌状花に冠毛がない。Tatewaki(1957)ではリストされなかったが，Alexeeva(1983)で国後島から報告された。国後島中部の別荘地の耕作地雑草として生えていたのを2012年に確認した(Fukuda, Taran et al., 2014)。北海道でも最近の採集標本がある。
【分布】 南(国後島秩苅別)。[戦後帰化]
【温帯植物】 四国～北海道(外来B)。千島列島南部(外来)。熱帯アメリカ原産。

22. ヒメチチコグサ属
Genus *Gnaphalium*

外1. ヒメチチコグサ

Gnaphalium uliginosum L. [EPJ 2012] [FKI 2009] [CFK 2004] [VPS 2002] [FJIIIb 1995]

日本では在来種とされる(清水, 2003)が, 北海道では外来植物ともされる(五十嵐, 2001)一年草。やや湿った攪乱地に生え, 高さ15～35 cmになりよく分枝する。葉は線形で両面に白い綿毛が密生。小さい頭花が枝先にやや頭状に集まってつく。Tatewaki(1957)ではリストされなかったが, Alexeeva(1983)で国後島から, Alexeeva et al.(1983)で色丹島から報告された。千島列島の在来種ではなく, 日本やサハリンからの帰化と思われる。

【分布】 歯舞群島・色丹島・南・北。やや普通。[戦後帰化]

【冷温帯植物】 本州北部～北海道(在来?, 北海道では外来B)。千島列島(外来)・サハリン(外来)・カムチャツカ半島(在来)。シベリア・中国(北部・東北部)・朝鮮半島・ヨーロッパ・北アメリカなどの周北極地域の温帯に広く分布。[Map 1789]

外2. グナファリウム・ピルラーレ

Gnaphalium pilulare Wahlenb. [FKI 2009] [VPS 2002]

ヒメチチコグサによく似る外来草本。花柱が花被からわずかに外出し(ヒメでは目立って外出し), 痩果には多くの乳頭状突起がある(ヒメは無毛)。

【分布】 色丹島・南(国後島・択捉島)。点在。[戦後帰化]

【冷温帯植物】 本州・北海道からの記録はない。千島列島南部(外来)・サハリン(在来)。アムール・ウスリー～チュコト・ヨーロッパ～シベリア。

外3. エダウチチチコグサ

Gnaphalium sylvaticum L. [FKI 2009] [CFK 2004] [VPS 2002]; *Omalotheca sylvatica* (L.) Sch.Bip. et F.W.Schultz [EPJ 2012]

登山道や林道, 野営地などに生える外来多年草。高さ15～50 cmで茎は基部で分枝。葉生葉は密に互生し線状倒披針形, 長さ4～8 cmで表面は淡緑色, 裏面は白い綿毛が密生。葉腋に2～8個の頭花が塊まってつく。Tatewaki(1957)ではリストされなかったが, Alexeeva(1983)が国後島から, Alexeeva et al.(1983)が色丹島から報告した。北海道やサハリンでは比較的普通に見る。2010年, 色丹島ではシャコタン山の登山道で見た。

【分布】 色丹島・南・中(ウルップ島)。点在。[戦後帰化]

【温帯植物】 四国～北海道(外来B)。千島列島中部以南(外来)・サハリン(外来)・カムチャツカ半島(外来)。ヨーロッパ～北アメリカ北東部原産でユーラシア東部・カナダなどに帰化。[Map 1787]

23. ヒマワリ属
Genus *Helianthus*

外1. キクイモ

Helianthus tuberosus L. [EPJ 2012] [FKI 2009] [VPS 2002] [FJIIIb 1995]

食用・観賞用に栽培され逸出する。高さ1～3 mにもなる大型の多年草。横走する根の先に塊茎がつく。葉身は深緑色で卵状披針形。頭花は径5～10 cmと大形で, 舌状花は黄色で10～20個。Tatewaki(1957)ではリストされなかったが, Alexeeva(1983)で国後島から報告された。戦中・戦後の帰化と思われる。

【分布】 南。まれ。[戦後栽培逸出]

【暖温帯植物】 琉球～北海道(外来A3)。千島列島南部(外来)・サハリン南部(外来)・カムチャツカ半島(外来)。北アメリカ原産。

24. ヤナギタンポポ属
Genus *Hieracium*

1. ヤナギタンポポ

Hieracium umbellatum L. [EPJ 2012] [FKI 2009] [CFK 2004] [VPS 2002]; *H. umbellatum* L. var. *japonicum* H.Hara [FJIIIb 1995]

明るい草原に生え, 茎の高さ30～120 cmになる多年草。茎生葉は厚くて長楕円状披針形で縁に1～3対の疎らな突起状鋸歯がある。舌状花のみからなる黄色の頭花は径2.5～3.5 cm，5～20個くらいが散房状～円錐状につく。SAPSには戦前の中千島・北千島の標本がないので，この地域のものは戦後分布拡大したものかもしれない。

【分布】 歯舞群島・色丹島・南・中・北。普通。

【温帯植物：周北極要素】 四国～北海道。千島列島・サハリン・カムチャツカ半島。北半球温帯に広く分布。［Map 1910］

＊ヨーロッパ産の *Hieracium alpinum* L.に「チシマタンポポ」という和名がつけられ栽培されているようである(Sato et al., 2007)が，この植物は千島列島に自生せず混乱をまねく和名なので使わない方がよい。

＊ブタナ *Hypochoeris radicata* L.は北海道で極く普通の帰化植物だが，千島列島からはまだ記録がない(アキノタンポポモドキ *Leontodon* の項目参照)。

25. オグルマ属
Genus *Inula*

1. **オグルマ**

Inula britannica L. subsp. ***japonica*** (Thunb.) Kitam. [EPJ 2012] [FJIIIb 1995]; *I. japonica* Thunb. [FKI 2009]; *I. britannica* L. [CFK 2004] [VPS 2002]

茎の高さ20～60 cmの多年草。頭花は黄色で径3～4 cm。カセンソウに似るが，葉質はより柔らかく，総苞片は狭披針形。Tatewaki(1957)ではリストされなかったが，Alexeeva(1983)で国後島から，Alexeeva et al.(1983)で色丹島から報告された。しかしBarkalov(2009)は色丹島の記録を採用していない。

【分布】 南。まれ。

【暖温帯植物：周北極／東アジア要素】 九州～北海道。千島列島南部・サハリン・カムチャツカ半島(外来)。朝鮮半島・中国。基準亜種はヨーロッパ産で，種としてはヨーロッパから東アジアの温帯域に広く分布。［Map 1791］

2. **カセンソウ**

Inula salicina L. var. ***asiatica*** Kitam. [EPJ 2012] [FJIIIb 1995]; *I. salicina* L. [FKI 2009]; *I. salicina* L. subsp. *asiatica* (Kitam.) Kitag. [J]; *I. kitamurana* Tatew. [R]

茎の高さ60～80 cmの多年草。オグルマに似るが葉質はやや硬く洋紙質，総苞片の上半分が葉状に広がる。Tatewaki(1957)ではリストされなかったが，Alexeeva(1983)で国後島から，Alexeeva et al.(1983)で色丹島から報告された。Koyama(1995)では，ヨーロッパ産の基準変種var. *salicina*から，茎に毛がある点で分けている。

【分布】 色丹島・南(国後島)。

【暖温帯植物：周北極／東アジア要素】 九州～北海道。千島列島南部。シベリア・朝鮮半島・中国東北部。基準変種はヨーロッパ産，種としてはヨーロッパから東アジアの温帯に広く分布。［Map 1794］

26. ニガナ属
Genus *Ixeridium*

1a. **ハナニガナ**

Ixeridium dentatum (Thunb.) Tzvelev subsp. ***nipponicum*** (Nakai) J.H.Pak et Kawano var. ***albiflorum*** (Makino) Tzvelev [EPJ 2012]; *Ixeris dentata* (Thunb.) Nakai subsp. *nipponica* (Nakai) Kitam. var. *albiflora* (Makino) Nakai [FJIIIb 1995]; *Ixeridium dentatum* (Thunb.) Tzvelev [FKI 2009] [VPS 2002]; *Lactuca dentata* (Thunb.) Makino [R]

茎の高さ30～70 cmの多年草。茎生葉の基部は茎を抱く。舌状花は8～11個で黄色。Koyama(1995)は種内に多くの亜種・変種を認めており，千島列島のものはこのうちハナニガナにあたると思う。国後島には白花品種シロバナニガナf. *leucanthemum* (H.Hara) H.Nakai et H.Ohaashiがある。種内分類群を多数認めた結果，学名として使用するにはあまりに長く煩雑になっているので，いくつかの種に分割したほうがよいと思う。Tatewaki(1957)では択捉島が北東限だったが，実際はウルップ島が北東限である。2n＝20(国後島)

[Probatova et al., 2007]。
【分布】　色丹島・南・中(ウルップ島)。やや普通。
【暖温帯植物：東アジア要素】　九州〜北海道。千島列島中部以南・サハリン南部。朝鮮半島・中国。

1b.　**オゼニガナ**(チシマニガナ(米倉，2012))
【Plate 43-1】

Ixeridium dentatum (Thunb.) Tzvelev subsp. ***ozense*** (Sugim.) Yonek. [EPJ 2012]; *Ixerdium kurilense* Barkalov [FKI 2009]; *Ixeris dentata* (Thunb.) Nakai var. *ozensis* Sugim.

チシマニガナ *Ixeridium kurilense* は糸状のほふく茎をもち，葉は茎を抱かず基部は耳状にならず小さな細歯牙状という諸点で従来の *I. dentata* とは区別できるとして，国後島古釜布近郊の湿草原をタイプして新種記載された(Barkalov, 2009)。この植物は Alexeeva(1983)が国後島からハイニガナ *Ixeris dentata* var. *stolonifera* Kitam. の名前で報告していたものである。後に Barkalov は SAPS の標本を閲覧し，北海道産の標本に *I. kurilense* の同定を残し，北海道にも分布するとした(Barkalov, 2009)。一方，米倉は，SAPS のこの標本をオゼニガナと同定し直し，米倉(2012)では国後島産をさらにオゼニガナのなかの1品種チシマニガナ f. *kurilense* (Barkalov) Yonek. として認めた。ハイニガナは小花が5個で黄色，オゼニガナは小花が7〜8個で白色とされる。ここでは亜種オゼニガナ subsp. *ozense* としてリストする。2n＝30(国後島) as *I. kurilense* [Probatova et al., 2007]。
【分布】　南(国後島)。まれ。
【冷温帯植物：日本・千島固有要素】　本州・北海道。千島列島南部[S-E(1)]。

27. ノニガナ属
Genus *Ixeris*

1.　**ハマニガナ**(ハマイチョウ)

Ixeris repens (L.) A. Gray [EPJ 2012] [FJIIIb 1995]; *Chorisis repens* (L.) DC. [FKI 2009] [CFK 2004] [VPS 2002]; *Lactuca repens* (L.) Maxim. [R]

海岸砂浜に生える多年草。地下茎を伸ばして群生する。葉は長柄があって3〜5角状心形で3〜5裂し，径3〜5 cm。頭花は黄色で径3 cm 内外。中千島にまれで，千島列島全体では両側分布的。
【分布】　歯舞群島・色丹島・南・中・北。やや普通。
【暖温帯植物：東アジア〜東南アジア要素】　琉球〜北海道。千島列島・サハリン・カムチャツカ半島。朝鮮半島・中国・ベトナム。

28. チシャ属
Genus *Lactuca*

1.　**エゾムラサキニガナ**

Lactuca sibirica (L.) Benth. ex Maxim. [EPJ 2012] [VPS 2002] [FJIIIb 1995]; *Mulgedium sibiricum* (L.) Cass. ex Less. [FKI 2009]; *Lagedium sibiricum* (L.) Soják [CFK 2004]

高さ60〜90 cm になる多年草。頭花は舌状花のみからなり径3〜4 cm で紫色，ゆるい散房状につく。中千島になく，列島全体では両側分布を示す。歯舞群島・色丹島の標本は TI にある。
【分布】　歯舞群島・色丹島・南・北。両側分布。ややまれ。
【冷温帯植物：周北極要素】　北海道。千島列島・サハリン・カムチャツカ半島。ヨーロッパから東北アジアまでのユーラシア温帯に分布。[Map 1916]

29. センボンヤリ属
Genus *Leibnitzia*

1.　**センボンヤリ**

Leibnitzia anandria (L.) Turcz. [EPJ 2012] [FKI 2009] [VPS 2002] [FJIIIb 1995]

山地・丘陵に生える多年草。頭花には2型あり，春型では高さ10 cm 内外，頭花は縁に舌状花，中心に筒状花がある。秋型では高さ30〜60 cm になり，頭花はすべて筒状花からなる。
【分布】　色丹島・南(国後島)。まれ。
【温帯植物：北アジア要素】　本州〜北海道。千島列島南部・サハリン中部。アムール・ウスリー・

東シベリア・中国(東北部・中部)・モンゴル。

30. カワリミタンポポモドキ属
Genus *Leontodon*

外1. アキノタンポポモドキ　【Plate 16-6, 77-1】

Leontodon autumnalis L. [FKI 2009] [CFK 2004] [VPS 2002]

ブタナ *Hypochaeris radicata* L.によく似るヨーロッパ原産の外来多年草。北海道からは五十嵐(2001)に文献記録がある。Tatewaki(1957)ではリストされなかったが，Alexeeva(1983)で国後島から報告された。筆者らも千島列島全体で確認し，色丹島，国後島，択捉島では攪乱地・裸地にあり，マツワ島，パラムシル島では国境警備隊施設の周辺で見た。千島列島全体に広く帰化しており，北海道におけるブタナと同じような生態的位置を占めている。2n＝12(国後島)[Probatova et al., 2007]。

【分布】　色丹島・南・中(マツワ島)・北(パラムシル島)。やや普通。[戦後帰化]

【冷温帯植物】　北海道(文献記録のみD)。千島列島(外来)・サハリン(外来)・カムチャツカ半島(外来)。ヨーロッパ原産で北アメリカなどに帰化するが，ユーラシア東部と北アメリカ東部には記録が少ない。[Map 1883]

31. ウスユキソウ属
Genus *Leontopodium*

1. チシマウスユキソウ　【Plate 2-4, 77-2】

Leontopodium kurilense Takeda [EPJ 2012] [FKI 2009] [FJIIIb 1995]; *L. kurilensis* Takeda [R]

海岸断崖上の亜高山性広葉草原に生える多年草。高さ10～22 cm，茎生葉の基部はやや鞘状になる。茎葉には白い綿毛と短毛がある。茎の先に7～9個の頭花が密な散房花序につき，苞葉を含めた頭花部の直径は3～4.5 cmに達する。色丹島では斜古丹山やエータンノット岬などで見たが，どこも群落ということはなく散生していた。

【分布】　色丹島・南(択捉島)。

【亜寒帯植物：千島固有要素】　本州・北海道にない。千島列島南部[R-V(2)]。

32. フランスギク属
Genus *Leucanthemum*

外1. フランスギク　【Plate 8-3】

Leucanthemum vulgare Lam. [EPJ 2012] [FKI 2009] [CFK 2004] [VPS 2002]; *Chrysanthemum leucanthemum* L.

ヨーロッパ原産の園芸植物でしばしば逸出する外来多年草。高さ30～50 cm，頭花は径5 cmほどで大きく舌状花は白色，中心の筒状花は黄色。Tatewaki(1957)ではリストされなかったが，Alexeeva(1983)により国後島から報告されたので明らかに戦後帰化である。国後島や択捉島の亜高山草原ではしばしば見られ，Barkalov(2009)では色丹島からは報告されていなかったが，最近になって色丹島でも採集されている(A. Taran, Aug. 11, 2010, SAPS)。北海道でも普通に見られる外来植物である。2n＝18(国後島)[Probatova et al., 2007]。

【分布】　色丹島・南・中(ウルップ島)・北(パラムシル島)。点在。[戦後帰化]

【温帯植物】　本州～北海道(外来)。千島列島(外来)・サハリン(外来)・カムチャツカ半島(外来)。ヨーロッパ原産で世界各地の温帯地域に帰化。[Map 1813]

33. メタカラコウ属
Genus *Ligularia*

1. トウゲブキ(エゾタカラコウ)　【Plate 4-3】

Ligularia hodgsonii Hook.f. [EPJ 2012] [FKI 2009] [“Hook.”, VPS 2002] [FJIIIb 1995]; *Ligularia sibirica* auct. non Cass.

沿岸地域の広葉草原に生え，高さ30～80 cmになる多年草。根生葉は長柄があり腎形，葉柄の基部は長い鞘となる。5～9個の頭花がやや密に散房状につく。頭花は径4～5 cmで舌状花は黄色で7～12個。歯舞群島の標本が多く，色丹島の亜高山草原にも普通。

【分布】　歯舞群島・色丹島・南・中(ウルップ島)。

普通。
【冷温帯植物：準日本固有要素】　本州北部～北海道。千島列島中部以南・サハリン中部以南。［Map 1849］

34. コシカギク属
Genus *Matricaria*

外 1. **コシカギク**（オロシャギク）

Matricaria matricarioides (Less.) Ced.Porter ex Britton [EPJ 2012] [“(Less.) Ced.Porter”, FJIIIb 1995]; *Lepidotheca suaveolens* (Pursh) Nutt. [FKI 2009] [CFK 2004] [VPS 2002]; *Chamomilla suaveolens* (Pursh) Rydb.; *Matricaria discoidea* DC.

人里近くの攪乱地に生える外来一年草。高さ20～40 cmになり葉は3回羽状に深裂。頭花に舌状花がないのがよい特徴。頭花の中心の筒状花部は開花期に5～8 mm径。
【分布】　歯舞群島・色丹島・南・中・北。やや普通。［戦前帰化］
【温帯植物】　四国～北海道（外来B）。千島列島（外来）・サハリン（在来）・カムチャツカ半島（外来）。アジア東北部原産でヨーロッパや北アメリカに広く帰化。［Map 1808］

35. コウモリソウ属
Genus *Parasenecio*

1. **ミミコウモリ**

Parasenecio kamtschaticus (Maxim.) Kadota [EPJ 2012]; *Cacalia kamtschatica* (Maxim.) Kudô [FKI 2009] [CFK 2004] [VPS 2002]; *P. auriculatus* (DC.) H.Koyama var. *kamtschaticus* (Maxim.) H. Koyama [“*auriculata*”, “*kamtschatica*”, FJIIIb 1995]; *Cacalia auriculata* DC. var. *kamtschatica* (Maxim.) Koidz.

草原～林床に生え，高さ20～120 cmになる多年草。葉は腎形で葉柄基部は耳状で茎を抱く。下向きの頭花が多数，総状円錐花序につく。北海道で時に見られる変種コモチミミコウモリ var. *bulbifera* (Koidz.) Yonek. は千島列島から報告されていない。
【分布】　歯舞群島・色丹島・南・中・北。普通。開花：8月中旬～9月下旬。
【冷温帯植物：北太平洋要素】　本州北部～北海道。千島列島・サハリン・カムチャツカ半島。東シベリア・中国東北部・アリューシャン列島。

2. **ヨブスマソウ**

Parasenecio hastatus (L.) H.Koyama subsp. ***orientalis*** (Kitam.) H.Koyama [EPJ 2012] [“*hastata*”, FJIIIb 1995]; *Cacalia robusta* Tolm. [FKI 2009] [VPS 2002]; *C. hastata* L. [CFK 2004]; *C. hastata* L. subsp. *orientalis* Kitam. [J]

やや湿った草原に群生し，高さ1～2 mになる大型の多年草。葉は三角状ほこ形～三角状腎形で葉柄に翼があり基部は耳状に茎を抱く。頭花は大きな円錐花序に多数つく。Alexeeva et al.(1983)は色丹島に *C. robusta* と *C. hastata* の2種を認め，Barkalov(2009)は色丹島やウルップ島の *C. hastata* の記録は誤認だろうとし，千島列島からは *C. robusta* のみを認めている。Barkalov(1992)によると，*C. hastata*（タイプはシベリア）は，中部の茎生葉基部は耳状にならず（*C. robusta* では耳状に広がる），総苞片には密毛があり（*C. robusta* では無毛あるいは微毛），花冠は8～10 mm（*C. robusta* では6-7.5 mm），冠毛は白っぽい（*C. robusta* では褐色），といった諸点で特徴づけ2種に分けている。これに従えば，北海道のヨブスマソウはロシア側でいう *C. robusta*（タイプはサハリン）にあたるが，日本ではすでにシベリア産 *C. hastata* の亜種とする見解（北村，1938）が定着しているのでこれに従う。
【分布】　歯舞群島・色丹島・南・中（ウルップ島）。普通。開花：8月上旬～下旬。
【冷温帯植物：周北極／東北アジア要素】　本州中部～北海道。千島列島中部以南・サハリン・カムチャツカ半島。朝鮮半島。種としてはシベリア～東北アジアの温帯域に広く分布。［Map 1835］

36. フキ属
Genus *Petasites*

1. アキタブキ 【Plate 18-2】

Petasites japonicus (Siebold et Zucc.) Maxm. subsp. ***giganteus*** (G.Nicholson) Kitam. [EPJ 2012] [“japonicum”, “giganteus (F.Schmidt ex Trautv.) Kitam.”, FJIIIb 1995]; *P. japonicus* (Siebold et Zucc.) Maxim. [FKI 2009]; *P. amplus* Kitam. [VPS 2002]

適湿の路傍や山野に生え，分岐して伸びる地下茎の先に大型の葉をそう生する多年草。葉柄は2 mに，腎円形の葉身は幅1.5 mにも達する。Tatewaki(1957)を参考にすると，現在北千島に見られる集団は，戦前入植する際などにもち込まれたものが広がっているものと推察される。色丹島ではあまり群生していない。2n＝60(シムシル島) as *P. amplus*［Probatova et al., 2007］。

【分布】　歯舞群島・色丹島・南・中・北(パラムシル島)。やや普通。開花：4月上旬～5月中旬。

【温帯植物：東アジア／東北アジア要素】　本州～北海道。千島列島・サハリン。種としては琉球・朝鮮半島・中国にも分布する。

37. コウゾリナ属
Genus *Picris*

1a. コウゾリナ

Picris hieracioides L. subsp. ***japonica*** (Thunb.) Krylov [EPJ 2012] [FJIIIb 1995]; *P. japonica* Thunb. [FKI 2009] [VPS 2002]

高さ30 cm内外の多年草。先が2つに分かれた剛毛が多く，総苞は長さ7～11 mmで緑色。カンチコウゾリナ subsp. *kamtschatica* Ledeb. よりも総苞が短く緑色の点で区別されるがしばしば中間的なものがあり区別し難い個体も多い。ロシア側ではこれらを独立した2種とする。2n＝10(歯舞群島) as *P. japonica*［Probatova et al., 2007］。

【分布】　歯舞群島・色丹島・南・中(シムシル島が北東限)。普通。

【温帯植物：周北極／東北アジア要素】　九州～北海道。千島列島中部以南・サハリン。［Map 1886］

1b. カンチコウゾリナ 【Plate 77-3】

Picris hieracioides L. subsp. ***kamtschatica*** (Ledeb.) Hultén [EPJ 2012] [FJIIIb 1995]; *P. kamtschatica* Ledeb. [FKI 2009] [CFK 2004] [VPS 2002]

前亜種コウゾリナ subsp. *japonica* とよく似るが，総苞は12～13 mm長で黒緑色になるとされ，より北方型の分類群と考えられる。2n＝10(国後島) as *P. kamtschatica*［Probatova et al., 2007］。

【分布】　歯舞群島・色丹島・南・中・北。普通。

【冷温帯植物：周北極／東北アジア要素】　本州中部・北海道。千島列島・サハリン中部以北・カムチャツカ半島。シベリア。種としてはヨーロッパから東北アジアまで広く分布する。［Map 1886］

38. コウリンタンポポ属
Genus *Pilosella*

外1. コウリンタンポポ(エフデギク)

Pilosella aurantiaca (L.) F.Schultz et Sch. Bip. [EPJ 2012] [FKI 2009] [CFK 2004]; *Hieracium aurantiacum* L. [FJIIIb 1995] [VPS 2002]

明るい草地や荒地に生える外来多年草。高さ10～50 cm，全体に開出する剛毛と小さな星状毛があり花茎上部では短腺毛もある。根生葉は倒披針形～楕円状へら形で，両面に長剛毛を密生。頭花は橙赤色。Tatewaki(1957)ではリストされなかったが，その後次々と分布が広がっている。サハリンでは戦前からの帰化であり，現在は山地にまで進入して在来植生に影響を与えつつある。

【分布】　歯舞群島・南・中(シムシル島)・北(パラムシル島)。ややまれ。［戦後帰化］

【温帯植物】　四国～北海道(外来A2)。千島列島(外来)・サハリン(外来)・カムチャツカ半島(外来)。ヨーロッパ原産で東北アジアや北アメリカに帰化している。［Map 1895］

外2. ピロセラ・ブラキアータ

Pilosella brachiata (Bertol. ex Lam.) F. Schultz et Sch.Bip. [FKI 2009]; *Hieracium* × *brachiatum* Bertol. ex Lam.

【分布】　北(パラムシル島)。まれ。［戦後帰化］

【冷温帯植物】　本州・北海道からは記録がない。千島列島北部(外来)。ヨーロッパ原産。

外3. ピロセラ・フロリブンダ

Pilosella floribunda (Wimm. et Grab.) Fries [FKI 2009] [CFK 2004]; *Hieracium* ×*floribundum* Wimm. et Grab. [VPS 2002]

高さ10〜50 cmの外来多年草で，葉の表面は無毛，花は黄色。交雑種とも見なされている(cf. Barkalov, 1992)。2n＝c.36(国後島)［Probatova et al., 2007］

【分布】　南(国後島)。まれ。［戦後帰化］

【冷温帯植物】　本州・北海道からは記録がない。千島列島南部(外来)・サハリン中部以北(外来)・カムチャツカ半島(外来)。ヨーロッパ原産。

＊北海道への新しい帰化種ハイコウリンタンポポ *Pilosella officinarum* Vaill. は誤って「チシマタンポポ」の名前で販売されているケースがあるという(持田，2014)。

39. アキノノゲシ属
Genus *Pterocypsela*

1. ヤマニガナ

Pterocypsela elata (Hemsl.) C.Shih [EPJ 2012] [FKI 2009]; *Lactuca raddeana* Maxim. var. *elata* (Hemsl.) Kitam. [FJIIIb 1995]; *L. raddeana* auct. non Maxim. [VPS 2002]; *L. elata* Hemsl.

やや暗い林縁などに生え，高さ60〜150 cmになる一〜越年草。葉は矢じり形で基部は広い翼状の柄となり，頭花は黄色で径1 cm内外，狭い円錐花序に多数つく。2n＝18(国後島)［Probatova et al., 2007］。

【分布】　色丹島・南。点在。

【暖温帯植物：東南アジア要素】　九州〜北海道。千島列島南部・サハリン。台湾・中国南部・東南アジア。

外1. アキノノゲシ

Pterocypsela indica L. [EPJ 2012] ["(L.) C.Shih", FKI 2009]; *Lactuca indica* L. [FJIIIb 1995]

日あたりのよい草原に生え，高さ60〜150 cmになる一〜越年草。頭花は淡黄色で径2 cm内外，円錐花序に多数つく。日本では在来種として扱われる。

【分布】　南(国後島)。まれ。［帰化］

【暖温帯植物】　琉球〜北海道(在来)。千島列島南部(外来)。朝鮮半島・中国・東南アジア・マレーシア。

〈検討種〉チョウセンヤマニガナ

Pterocypsela raddeana (Maxim.) C.Shih

色丹島・国後島から報告されている(Barkalov, 2009)が，日本では北九州にしか分布せず南千島には考えにくいので保留しておく。ただし，日本ではヤマニガナ自体をチョウセンヤマニガナの変種とする考えもあるので，これら2種の地理形態変異についてはさらに検討の余地がある。

40. オオハンゴンソウ属
Genus *Rudbeckia*

外1. アラゲハンゴンソウ(キヌガサギク)

Rudbeckia hirta L. var. ***pulcherrima*** Farw. [EPJ 2012] [FJIIIb 1995]; *R. hirta* L. [FKI 2009]

日あたりのよい裸地や造成地に生える高さ40〜90 cmの外来多年草。茎には開出する硬い毛がありざらつく。茎生葉は互生し長楕円形，長毛が密生。頭花は径6〜10 cmと大きく舌状花は橙黄色で12〜20個，中心の筒状花は紫黒色。Tatewaki(1957)ではリストされなかったが，Alexeeva(1983)で国後島から報告された。北海道には1930年ごろから広がり始めた(清水，2003)とされる。北海道では道央から道東のおもに太平洋側に多い(五十嵐，2001)。筆者らは2012年に国後島泊近くの裸地で確認し，またラウス山の山麓では園芸品種と思われる個体も確認されている(Fukuda, Taran, et al., 2014)。

【分布】　南(国後島)。まれ。［戦後帰化］

【暖温帯植物】　九州〜北海道(外来B)。千島列島南部(外来)。北アメリカ原産。

外2. オオハンゴンソウ　【Plate 5-6】

Rudbeckia laciniata L. [EPJ 2012] [FKI 2009] [FJIIIb 1995]

園芸植物として導入されたものが逃げ出し，日あたりのよい適湿の草地に群生，高さ1〜3 mにもなる外来多年草。茎生葉は互生し羽状に5〜7裂する。頭花は径6〜10 cmと大きく，舌状花は黄色で6〜10個，中心の筒状花は緑黄色。国後島爺々岳南西山麓のオンネベツ川河口付近に群落がある。将来自然植生に影響を与える可能性があり，早めに除去すべきである。変種ハナガサギク（ヤエザキオオハンゴンソウ）var. *hortensis* Baileyが色丹島，国後島，択捉島の庭でしばしば観賞用に栽培され，一部逸出している。

【分布】　南（国後島）。まれ。［戦後栽培逸出］

【温帯植物】　九州〜北海道（外来A2）。千島列島南部（外来）。北アメリカ原産。

41. トウヒレン属
Genus *Saussurea*

1. フォーリーアザミ

Saussurea fauriei Franch. [EPJ 2012] [FKI 2009] [FJIIIb 1995]

沿岸地域の岩地に生える高さ1.5〜2 mになる高茎草本で，葉柄が翼状に茎に流れる。ナガバキタアザミよりずっと大型で葉縁の鋸歯の先はとがらず，茎の上部や葉裏に縮毛がある。50個以上もの多数の頭花が集まり大きな複散房状花序をつくる。総苞は幅3 mm，長さ8 mmとやや細長く，総苞片は4〜5列で片の先は長くとがらない。

【分布】　色丹島・南（国後島・択捉島）。まれ。

【温帯植物：北海道・千島固有要素】　北海道[J-VU]。千島列島南部。

2. ナガバキタアザミ（広義）　【Plate 3-4】

Saussurea riederi Herder [FKI 2009] [CFK 2004]; *S. riederi* Herder subsp. *yezoensis* (Maxim.) Kitam. [EPJ 2012] [FJIIIb 1995]

日あたりのよい低茎広葉草原に生える高さ30 cm位の多年草。根生葉は開花時には枯れるが茎生葉はよく発達し茎上部までサイズが小さくならずにつく。茎中部の葉はしばしば葉柄に翼状に流れ，茎基部の葉の柄が長く伸びる。総苞は筒形で長さ8〜12 mm，幅4〜6 mm，総苞片は4〜6列。総苞外片の先はしばしばのぎ状にとがる。茎の高さ，葉縁の鋸歯のとがり方，総苞外片のとがり方には変異がある。*Saussurea riederi*のタイプ産地はカムチャツカ半島で，Koyama(1995)は日本国内に2亜種（ナガバキタアザミ類subsp. *yezoensis*とヒダカトウヒレン類subsp. *kudoana*）・7変種を認めた。またBarkalov(2009)は千島列島内にこのうち3変種（チシマキタアザミvar. *riederi*，狭義のナガバキタアザミvar. *yezoensis*，エゾトウヒレンvar. *elongata*）を認め，さらにカラフトアザミ*S. sachalinensis*に似た形のものはレブントウヒレンvar. *insularis*に分類されるとした。しかし千島列島での種内変異は十分に解析されていないので，ここでは暫定的に広義の種ナガバキタアザミとして扱っておく。利尻・礼文島に固有とされる変種レブントウヒレンvar. *insularis* Tatew. et Kitam.によく似たものは筆者らも色丹島で確認した。風衝草原に適応した生態型とも思われる。

【分布】　歯舞群島・色丹島・南・中・北。普通。

【亜寒帯植物：東北アジア要素】　本州北部〜北海道。千島列島・カムチャツカ半島。

3. ウルップトウヒレン　【Plate 13-6, 35-4, 77-4】

Saussurea kurilensis Tatew. [FKI 2009]

海岸草原に生える高さ20 cmくらいの多年草。ナガバキタアザミに似るが，葉はやや硬い肉質で基部はほこ形に広がり歯牙の先が伸びる。頭花は4〜15個つき，径2.5 cm。総苞は長さ13〜16 mm，幅11〜13 mmで総苞片は4列，先が芒状に伸びる。タイプ産地はウルップ島床丹。ナガバキタアザミの極端な強光下海岸型にすぎないかもしれない。サハリンのヌプリポアザミにも似る。

【分布】　南（択捉島）・中（ウルップ島〜シムシル島まで）。点在。

【亜寒帯植物：千島固有要素】　本州・北海道にない。千島列島中部以南。

4. **タカスアザミ**

Saussurea nuda Ledeb. [FKI 2009] [CFK 2004] [VPS 2002]; *S. subsinuata* Ledeb.?

高さ50 cmになる多年草。頭花は8〜25個がつき，径約2 cm。総苞は11〜15 mm長，10〜15 mm幅，総苞片は2〜3列で狭披針形〜線形。葉身基部は葉柄に流れる傾向が強い。

【分布】 北。まれ。

【亜寒帯植物：北太平洋要素】 本州・北海道にない。千島列島北部・サハリン・カムチャツカ半島。オホーツク・東シベリア・アリューシャン列島・アラスカ。タイプ産地は北アメリカ。

5. **シュムシュトウヒレン** 【Plate 27-7, 77-5】

Saussurea oxyodonta Hultén [FKI 2009] [CFK 2004]

高さ40(〜80) cmの多年草。頭花は7〜20個つき，径約2 cm。総苞は9〜12 mm長，8〜12 mm幅，総苞片は4〜6列で披針形。少なくとも茎基部の葉は葉柄がはっきりしている。清水(1982)によると，北海道のウスユキトウヒレンに近いが，それに比べると総苞が狭く6〜7 mm幅(ウスユキでは10〜13 mm幅)しかないとされるが，ロシア側の形態記述と合わない。シュムシュトウヒレンとウスユキトウヒレンの種間関係についてはさらに検討が必要である。

【分布】 北(パラムシル島・シュムシュ島)。

【亜寒帯植物：東北アジア要素】 本州・北海道にない。千島列島北部・カムチャツカ半島。オホーツク・東シベリア。タイプ産地はカムチャツカ半島。

42. ノボロギク属
Genus *Senecio*

1. **ハンゴンソウ** 【Plate 3-3】

Senecio cannabifolius Less. [EPJ 2012] [FKI 2009] [CFK 2004] [VPS 2002] [FJIIIb 1995]; *S. cannabifolius* DC. [R]

日あたりのよい高茎草原や林縁に生え，茎は直立して高さ1〜2 mになる多年草。葉は1〜2対羽状深裂〜全裂し有柄。頭花は径2 mm，多数が大型の散房花序につく。舌状花は黄色で5〜7個。植物体のサイズや葉の裂片の幅に変異があり，植物体が小型で葉や葉裂片が狭い変種ヤチハンゴンソウ var. *paludosa* Tatew.(舘脇，1940a)や品種ヒトツバハンゴンソウ f. *integrifolius* (Koidz.) Kitag.が色丹島にある。後者は一見キオンに似るが葉の基部に2個の耳があることで区別できる。

【分布】 歯舞群島・色丹島・南・中・北。普通。開花：8月上旬〜10月上旬。

【冷温帯植物：東北アジア要素】 本州中部〜北海道。千島列島・サハリン・カムチャツカ半島。東シベリア・朝鮮半島・中国・アリューシャン列島(西部のみ)。

2. **キオン**

Senecio nemorensis L. [EPJ 2012] [FKI 2009] [VPS 2002] [FJIIIb 1995]

茎の高さ50〜100 cmになる多年草。茎生葉は互生し，縁に多数の歯牙があるが分裂せず，披針形〜長楕円形。多数の黄色の頭花が散房花序につく。Tatewaki(1957)では色丹島，国後島がリストされ，Barkalov(2009)によりウルップ島からも報告されたが，択捉島は文献記録とされる。

【分布】 歯舞群島・色丹島・南・中(ウルップ島)。点在。

【温帯植物：周北極要素】 九州〜北海道。千島列島中部以南・サハリン。ヨーロッパ〜シベリア・朝鮮半島・中国などの東北アジアに広く分布。［Map 1842］

3. **エゾオグルマ**(チシマオグルマ)

Senecio pseudoarnica Less. [EPJ 2012] [FKI 2009] [CFK 2004] [VPS 2002] [FJIIIb 1995]; *S. pseudo-arnica* Less. [R]; *S. pseudoarnica* Less. var. *kurilensis* Kudô [J]

海岸砂礫地に生える肉質の多年草。高さは普通30〜50 cmだが，草丈や葉の広さには変異がある。茎中部の葉は光沢があり倒卵状長楕円形〜長楕円形，長さ12〜15 cmで基部は次第に狭くなりやや茎を抱く。黄色い頭花は大きく径5 cm内外，

5～20個が散房状につく。2n＝40（パラムシル島）［Probatova et al., 2007］。
【分布】　歯舞群島・色丹島・南・中・北。普通。開花：8月上旬～10月上旬。
【温帯植物：北アメリカ・東アジア隔離要素】　本州北部～北海道。千島列島・サハリン・カムチャツカ半島。ウスリー・朝鮮半島・中国東北部・北アメリカ（北東部・北西部）。

外1.　ノボロギク

Senecio vulgaris L. [EPJ 2012] [FKI 2009] [CFK 2004] [VPS 2002] [FJIIIb 1995]

路傍や攪乱地に生える外来越年草。茎は柔らかく高さ20～40 cm。葉は広線形～倒披針形で縁は不規則に裂ける。筒状花のみからなる黄色い頭花が枝の先にやや塊まってつく。サハリンでは戦前標本も多い。Tatewaki（1957）でも外来植物としてリストされ，少なくとも南千島には戦前から帰化していた。一方北千島は戦後帰化と思われる。
【分布】　色丹島・南・中・北（パラムシル島）。［戦前帰化・北は戦後拡大］
【暖温帯植物】　琉球～北海道（外来A3）。千島列島（外来）・サハリン（外来）・カムチャツカ半島（外来）。ヨーロッパ原産。［Map 1848］

43.　アキノキリンソウ属
Genus *Solidago*

1.　ミヤマアキノキリンソウ（広義）（コガネギク）　【Plate 25-3】

Solidago virgaurea L. subsp. ***leiocarpa*** (Benth.) Hultén [EPJ 2012] [FJIIIb 1995]; *S. dahurica* (Kitag.) Kitag. [FKI 2009] [“*dahurica* Kitag.”, VPS 2002]; *S. paramuschirensis* Barkalov [FKI 2009] [CFK 2004] [VPS 2002]; *S. kurilensis* Juz. [R]

高さ15～60 cmになる多年草。黄色の頭花は径12～15 mm，総苞は広鐘形で幅5～9 mm，総苞片は3列で外片は2～3 mmで鋭頭。Barkalov（2009）は歯舞群島・色丹島・国後島産を*S. dahurica*（タイプ産地は中国東北・ダウリアで，日本のアキノキリンソウ型に対応）に，色丹島～アライト島までの広い地域のものを新種*S. paramuschirensis*（タイプ産地は北千島パラムシル島，日本のミヤマアキノキリンソウ型）にあてている。一方日本側では，北東アジアの集団はタイプ産地がヨーロッパである*S. virgaurea*の種内分類群とするのが主流。北東アジアの集団の地理的形態変異の定量比較が高須ほか（1980）により行われたが，カムチャツカ半島～千島列島地域に明らかな2種を認めるのは難しいように思う。ここではKoyama（1995）に従い，*S. virgaurea*の亜種として広義のミヤマアキノキリンソウ subsp. *leiocarpa*を千島列島に認め，その亜種内分類群として狭義のミヤマアキノキリンソウ var. *leiocarpa*とアキノキリンソウ var. *asiatica*を含めた。
【分布】　歯舞群島・色丹島・南・中・北。普通。開花：8月中旬～10月上旬。
【冷温帯植物：周北極／東北アジア要素】　本州中部～北海道。千島列島・サハリン・カムチャツカ半島。東シベリア。種としてはユーラシアに広く分布。［Map 1765］

2.　ソリダゴ・スピラエイフォリア

Solidago spiraeifolia Fisch. ex Herder [FKI 2009] [CFK 2004] [VPS 2002]

高さ70 cmになる多年草。ミヤマアキノキリンソウに似る北方系の種で，茎生葉は楕円状披針形，黄色の頭花はより大きく径15～20 mm，総苞も幅8～12 mmになる。2n＝18（パラムシル島）［Probatova et al., 2007］。
【分布】　北（パラムシル島・シュムシュ島）。まれ。
【亜寒帯植物：東北アジア要素】　本州・北海道にない。千島列島北部・サハリン・カムチャツカ半島。ウスリー・オホーツク・東シベリア。

外1.　オオアワダチソウ　【Plate 8-4】

Solidago gigantea Aiton subsp. ***serotina*** (Kuntze) McNeill [EPJ 2012]; *S. gigantea* Aiton var. *leiophylla* Fern. [J]

裸地に生え，地下茎で栄養繁殖して群生する高さ100～200 cmの外来多年草。従来千島列島から報告されてこなかったもので，新たな外来種として最近記録された（Fukuda, Taran et al., 2014）。択択捉島紗那集落周辺にいくつかの小群落を形成している。今後択捉島内だけでなく国後島・色丹島に拡大していく可能性もあり，早めの抜き取りが必要と思う。

【分布】　南(択捉島紗那周辺)。点在。［戦後帰化］

【暖温帯植物】　琉球〜北海道(外来 A2)。千島列島南部(外来)。北アメリカ原産。

44. ノゲシ属
Genus *Sonchus*

1. ハチジョウナ

Sonchus brachyotus DC. [EPJ 2012] [FJIIIb 1995]; *S. arenicola* Worosch. [FKI 2009] [VPS 2002]

沿岸の草原に生える高さ 30〜100 cm の多年草。茎葉ともに無毛で，葉は茎上部までつき，葉身は長楕円形で縁に浅い欠刻と細かい歯牙が多く，基部は茎を抱く。黄色の頭花は径 3〜3.5 cm，総苞には密に綿毛をかぶる。Alexeeva(1983)は国後島から，Alexeeva et al.(1983) は色丹島から，*S. arenicola* を報告しており，日本のハチジョウナにあたる。

【分布】　歯舞群島・色丹島・南(国後島・択捉島)。点在。

【暖温帯植物：東アジア要素】　九州〜北海道。千島列島南部・サハリン。アムール・アルタイ・朝鮮半島・中国。

外 1. セイヨウハチジョウナ(タイワンハチジョウナ)

Sonchus arvensis L. [FKI 2009] [CFK 2004] [VPS 2002]

茎は高さ 60 cm にまでなる外来多年草。葉は茎の下半部に集まるのが類似するハチジョウナとの違い。葉身はへら形で羽状に中裂することが多く，基部は耳状に張り出して茎を抱く。花茎や総苞外片に太い線毛がある。北海道東部には腺毛がでない外来種アレチノゲシ var. *uliginosus* Trautv. が侵入している(これに似た個体が歯舞群島から採集されている。WTU 標本)。

【分布】　歯舞群島・色丹島・南・北(パラムシル島)。まれ。［帰化］

【暖温帯植物】　琉球〜本州(外来)・北海道(var. *uliginosus* が帰化 B)。千島列島南北部(外来)・サハリン(在来)・カムチャツカ半島(外来)。アジア〜北アメリカ(外来)。ヨーロッパ原産。［Map 1887］

外 2. ノゲシ(ハルノノゲシ)

Sonchus oleraceus L. [EPJ 2012] [FKI 2009] [CFK 2004] [VPS 2002] [FJIIIb 1995]

路傍や草地に生える高さ 50〜100 cm の外来雑草。茎は柔らかくて太く，葉も柔らかく羽状に切れ込む。日本では在来種扱いされる。

【分布】　南(国後島・択捉島)。まれ。［帰化］

【温帯植物】　日本中(在来扱い)。千島列島南部(外来)・サハリン南北部(外来)・カムチャツカ半島(外来)。ヨーロッパ原産。［Map 1889］

外 3. オニノゲシ

Sonchus asper (L.) Hill [EPJ 2012] [FKI 2009] [VPS 2002] [FJIIIb 1995]

ノゲシに似る外来雑草。植物体はノゲシより大きく，葉は厚く光沢があり，縁の歯の先が刺状になる。

【分布】　色丹島・南。まれ。［戦前帰化］

【暖温帯植物】　琉球〜北海道(外来 B)。千島列島南部(外来)・サハリン(外来)。ヨーロッパ原産で，世界の温帯に外来。［Map 1888］

45. ヒメコウゾリナ属
Genus *Stenotheca*

1. ヒメコウゾリナ　【Plate 27-1, 77-6】

Stenotheca tristis (Willd. ex Spreng.) Schljakov [FKI 2009] [CFK 2004]; *Hieracium triste* Willd.

高さ 30 cm までの多年草。植物体上部に茶褐色の長縮毛が開出し，頭花は 1〜5 個つく。総苞は 9〜11 mm 長，5〜7 mm 幅，舌状花は黄色で長さ 4〜6 mm。清水(1982)では，本州産のミヤマコウゾリナ *Hieracium japonicum* Franch. et Sav. に近いが，ヒメコウゾリナは舌状花が無毛である点で違うとされる。2n＝18(ハリムコタン島)［Probatova et al., 2007]。

【分布】　中(エカルマ島以北)・北。点在。

【亜寒帯植物：北太平洋要素】　本州・北海道にない。千島列島中部以北・カムチャツカ半島。コリマ・コマンダー諸島・アリューシャン列島・アラスカ(タイプ産地：北アメリカ)。

46. ヨモギギク属
Genus *Tanacetum*

1. エゾヨモギギク(エゾノヨモギギク)

Tanacetum vulgare L. var. ***boreale*** (Fisch. ex DC.)Trautv. et C.A.Mey. [EPJ 2012]; *T. boreale* Fisch. ex DC. [FKI 2009] [CFK 2004] [VPS 2002]

沿岸地に生える，高さ60〜100 cmになる多年草。茎中部の葉はイワヨモギに似て2回羽状に深裂，頭花は筒状花のみ，黄色で径1 cm，密散房状につく。

【分布】　中(ウルップ島)。まれ。

【冷温帯植物：東北アジア要素】　北海道。千島列島中部・サハリン南北部・カムチャツカ半島。ウスリー・アルダン・シベリア。[Map 1810]

外1. ヨモギギク

Tanacetum vulgare L. var. ***vulgare*** [EPJ 2012]

裸地に生える外来多年草。エゾヨモギギクの基準変種。エゾヨモギギクに似るが，全体にくも毛が少なく，頭花も小さい。栽培されていたものの残存あるいは逸出である。2012年に択捉島別飛集落内の裸地で確認した(Fukuda, Taran et al., 2014)。

【分布】　南(択捉島別飛)。まれ。[戦後栽培逸出]

【温帯植物】　本州〜北海道(外来B)。千島列島南部(外来)・カムチャツカ半島(外来)。ユーラシア原産で北アメリカにも広く帰化。

47. タンポポ属
Genus *Taraxacum*

無配生殖をする小種(微細種)を認めるかどうかによって見解が大きく分かれる。千島列島での十分な標本がなく，分類を進めるうえでの初期段階として小種を認める立場で，Barkalov(2009)のリストをほぼそのまま再掲し，種間の違いはKitamura(1957)やTzvelev(1992)を参考にしてまとめた。以下，ほぼ千島列島を南から北へとリストした。誰もが納得できる種分類は将来の課題である。

1. エトロフタンポポ　【Plate 40-4】

Taraxacum yetrofuense Kitam. [FKI 2009]

花茎の高さ10〜30 cmの中型〜大型のタンポポ。花茎上部に白色の縮毛がある。葉は長さ10〜25 cm，幅3〜6 cmで中裂，時に深裂。総苞は長さ17 mmで緑色になる点でエゾタンポポに似るが，総苞外片は長楕円状披針形〜長楕円形で縁は短毛状の細裂，開花時に開出するためエゾタンポポとセイヨウタンポポの中間的な形態。しかし総苞外片・内片とも先の小角が明瞭。Tzvelev(1992)では *T. platycranum* Dahlstのシノニムとされたが，Barkalov(2009)は独立種として生かしている。色丹島から報告がない。

【分布】　歯舞群島・色丹島・南(国後島・択捉島)。点在。

【冷温帯植物：千島固有要素】　本州・北海道にない。千島列島南部。タイプ産地—択捉島神居古丹(KYO)。[Map 1925]

2. シコタンタンポポ　【Plate 40-2, 78-1】

Taraxacum shikotanense Kitam. [EPJ 2012] [FKI 2009] [FJIIIb 1995]

花茎の高さ10〜30 cmで頭花が幅5 cmになる大型のタンポポ。葉の長さ15〜30 cm，幅2.5〜6 cmで中〜深裂。花茎上部に茶色の長縮毛。総苞は長さ17〜20 mmで暗緑色。総苞外片は長楕円形〜卵状長楕円形で8〜13 mm長，3.5〜6 mm幅でしばしば内片の半長を超え，白い縁が明らかで上部の小角も明らか。

【分布】　歯舞群島・色丹島・南・中。やや普通。

【冷温帯植物：北海道・千島固有要素】　北海道(太平洋側)。千島列島中部以南。タイプ産地—色丹島シャコタン崎(KYO)。[Map 1925]

3. オダサムタンポポ

Taraxacum otagirianum Koidz. ex Kitam. [“*otagyrianum* Koidz.”, FKI 2009] [VPS 2002]

花茎の高さ10〜30 cmになる大型のタンポポ。葉は長さ12〜42 cm，幅2.2〜7 cmで，浅〜深裂までさまざま。花茎上部に茶・白色の長縮毛がある。総苞は長さ17〜18 mmで暗緑色。総苞外片は長楕円形〜卵形で白縁が目立つが小角は目立たない。エゾタンポポとも似る。なお和名オダサムタンポポは日本のRDBでは *T. platypecidum* としてNTとされる。

【分布】　色丹島・南(国後島)。まれ。

【冷温帯植物：東北アジア要素】　北日本？。千島列島南部・サハリン中部以北。朝鮮半島。タイプ産地—サハリンオダサム(KYO，SAPS？)。[Map 1925]

4. タラクサクム・アクリコルネ

Taraxacum acricorne Dahlst. [FKI 2009] [CFK 2004]

花茎の高さ5〜25 cmで頭花の幅3〜4 cmの小型〜中型のタンポポでカンチヒメタンポポに似る。葉は長さ5〜15 cmで幅狭く羽状中裂。総苞は長さ12〜17 mm，総苞外片は広披針形〜披針形。

【分布】　南(国後島)。まれ。

【冷温帯植物：東北アジア要素】　本州・北海道にない。千島列島南部・カムチャツカ半島。オホーツク・東シベリア。タイプ産地—カムチャツカ半島(LE)。[Map 1925]

5. エゾタンポポ

Taraxacum venustum H. Koidz. [EPJ 2012] [FJIIIb 1995]; *T. hondoense* Nakai [FKI 2009]

中型〜大型のタンポポ。花茎上部に白色の縮毛がある。総苞は長さ15〜20 mmで緑色になる点でエトロフタンポポに似るが，総苞外片は卵形〜広卵形で開花時に圧着し縁が短毛状に細裂し先に小角があるが，内片の先の小角は目立たない。Barkalov(2012)は *T. hondoense* Nakai ex H. Koidz.としてSAPS標本(国後島チャチャヌプリ，Segawa, Aug. 1929；国後島古丹消，Tatewaki, Aug. 20, 1936)を引用している。

【分布】　南(国後島)。まれ。

【温帯植物：日本・千島固有要素】　本州〜北海道。千島列島南部。タイプ産地—北海道旭川。

6. チャチャダケタンポポ

Taraxacum vulcanorum H.Koidz. [FKI 2009]

花茎の高さ12〜13 cm，頭花は幅3.3 cmのやや小型のタンポポ。葉は長さ4.5〜9.5 cm，幅1.4〜2 cmで羽状中裂。総苞は長さ16〜17 mm，幅20〜25 mm。総苞外片は長楕円形で長さ9〜10 mm，幅3 mm，しばしば内片の半長以上になり，白い縁取りはなく先端にしばしば小角がない。

【分布】　南(国後島・択捉島)。まれ。

【冷温帯植物：千島固有要素】　本州・北海道にない。千島列島南部[S-V(2)]。タイプ産地—南千島国後島爺々岳(KYO)。[Map 1925]

7. タラクサクム・ロンギコルネ

Taraxacum longicorne Dahlst. [FKI 2009] [CFK 2004] [VPS 2002]

シコタンタンポポに似る中型〜大型のタンポポ。葉は長さ10〜25 cm。総苞は長さ15〜22 mmで暗緑色。総苞外片は披針状卵形〜披針形。

【分布】　南(択捉島)。まれ。

【冷温帯植物：北アジア要素】　本州・北海道にない。千島列島南部・サハリン・カムチャツカ半島。東シベリア・モンゴル。[Map 1925]

8. ノタサンタンポポ

Taraxacum miyakei Kitam. [FKI 2009] [VPS 2002]

花茎の高さ10〜25 cmの中型のタンポポ。葉は長さ10〜16 cm，幅2〜2.8 cmで羽状浅裂する。総苞は長さ14〜15 mm，総苞外片は長楕円状披針形〜長楕円形で先の小角は1.5〜3 mm長で目立ち，白縁も明瞭。内片は長楕円状披針形で小角は小さい。カンチヒメタンポポやシムシルタンポポに似る。

【分布】　南(択捉島)。まれ。

【冷温帯植物：東北アジア要素】　本州・北海道にない。千島列島南部・サハリン南北部。タイプ産

地—サハリン野田山(KYO)。[Map 1925]

9. **カンチヒメタンポポ**(クモマタンポポ，マルバタンポポ，カンチタンポポ)

Taraxacum ceratophorum (Ledeb.) DC. [EPJ 2012] [FKI 2009] [CFK 2004] [VPS 2002]; *T. chamissonis* Greene; *T. yamamotoi* Koidz.; *T. frigicolum* H. Koidz.

花茎の高さ7～30 cmになる小型～中型のタンポポ。葉は長さ5～17 cm，幅1.6～3.2 cmで，浅く切れ込み，花茎上部に茶色の長縮毛が密。総苞は15～18 mm長。総苞外片は長楕円形～披針形で，内片の半長まで，先は尾状。外片・内片ともに小角が明瞭。

【分布】 南(択捉島)・中・北。やや普通。

【亜寒帯植物：周北極要素】 本州・北海道。千島列島・サハリン中部以北・カムチャツカ半島。ヨーロッパ・シベリア・北アメリカ。タイプ産地—カムチャツカ半島(LE)。[Map 1925]

10. **シムシルタンポポ**(シムシタンポポ)

【Plate 36-3】

Taraxacum shimushirense Tatew. et Kitam. [FKI 2009]

葉は長さ8～11 cm，幅2.3～3 cmで粗牙歯～羽状浅裂する小型～中型のタンポポ。総苞は長さ18～20 mm，幅30～35 mm。総苞外片は広長楕円形で，長さ8～9 mm，幅4～4.5 mm，シュムシュタンポポと同様に内片の1/3長と短い。縁に狭い白縁と縁毛があり，小角が目立つ。内片は長さ15～17 mmで白縁と小角がある。Tzvelev (1992)ではカンチヒメタンポポ *T. ceratophorum* のシノニムとされているが，Barkalov (2009)は独立種として生かしている。シムシル島の固有種と考えられていたが，Barkalov (2009)により中千島の数島からも報告された。

【分布】 中。点在。

【亜寒帯植物：千島固有要素】 本州・北海道にない。千島列島中部。タイプ産地—中千島シムシル島ナカドマリ。[Map 1925]

11. **アライトタンポポ**(キタチシマタンポポ)

【Plate 36-2, 78-2】

Taraxacum perlatescens Dahlst. [FKI 2009] [CFK 2004]; *T. kudoanum* Tatew. et Kitam.

花茎の高さ10～20 cmで，頭花は大型で幅5～5.5 cmになる全体中型～大型のタンポポ。葉は長さ10～21 cm，幅2～7 cmで中裂する。総苞は長さ17～19 mm，総苞外片は卵状～卵状長楕円形，長さ8～11 mm，幅5～6.5 mmで内片の半長まで，白縁は大変広く縁毛があり，先の小角は1～2 mm長で目立つ。シコタンタンポポやケトイタンポポに似る。

【分布】 中(ウシシル島以北)・北。点在。

【亜寒帯植物：東北アジア要素】 本州・北海道にない。千島列島中部以北・カムチャツカ半島。タイプ産地—カムチャツカ半島(S)。[Map 1925]

12. **ケトイタンポポ**　【Plate 36-1】

Taraxacum ketoiense Tatew. et Kitam. [“*ketojense*”, FKI 2009]

花茎の高さ10～20 cmで，頭花の幅4～4.5 cmになる中型～大型のタンポポ。葉の長さ17～19 cm，幅3～4 cmで中裂する。総苞は長さ18～22 mm，幅30～40 mm。総苞外片は広披針形～広楕円形，長さ9～10 mm，幅5～6 mmで内片の半長まで。アライトタンポポに似るが，外片の先が急にとがり白縁が狭い。縁は時に不整の微歯牙があり先の小角は小さい。内片は16～19 mm長，白縁がありやはり小角は小さい。ケトイ島の固有種と考えられていたが，中千島・北千島の数島からも報告されている(Barkalov, 2009)。

【分布】 中・北。ややまれ。

【亜寒帯植物：千島固有要素】 本州・北海道にない。千島列島中部以北。タイプ産地—中千島ケトイ島コンブザキ(KYO)。[Map 1925]

13. **タラクサクム・マクロケラス**

Taraxacum macroceras Dahlst. [FKI 2009] [CFK 2004]

花茎の高さ7～25 cmの小型～中型のタンポポ。葉は長さ10～20 cm，総苞は長さ14～20 mm，総苞外片は披針状卵形〜広披針形。シュムシュタンポポに似る。
【分布】 北(パラムシル島・シュムシュ島)。まれ。
【亜寒帯植物：周北極要素】 本州・北海道にない。千島列島北部・カムチャツカ半島。オホーツク・東シベリア・ヨーロッパ・北アメリカ。タイプ産地—レナ川。[Map 1925]

14. シュムシュタンポポ 【Plate 40-3】

Taraxacum shumushuense Kitam. [FKI 2009]

花茎の高さ5〜20 cmの小型〜中型のタンポポ。葉は長さ5〜20 cmで羽状浅裂する。花茎上部に茶色の縮毛あり。総苞は長さ15〜16 mmで，総苞外片は広卵形で長さ5〜6 mm，幅3〜4.5 mm，シムシルタンポポと同様，内片の1/3長と短い。白縁があり有毛，先が長く狭まり小角があり，ゆるく反転することがある。内片の小角は小さいかない。シュムシュ島の固有種と考えられていたが，Barkalov(2009)によりアライト島，パラムシル島からも報告された。
【分布】 北。点在。
【亜寒帯植物：千島固有要素】 本州・北海道にない。千島列島北部。タイプ産地—北千島シュムシュ島白岩(KYO)。[Map 1925]

15. コタンポポ 【Plate 40-1, 78-3】

Taraxacum kojimae Kitam. [FKI 2009]

花茎の高さが8 cmほどの小型のタンポポでカンチヒメタンポポ *T. ceratophorum* を全体小型にしたような印象。葉は長さ5 cm，幅1 cmほどで浅〜中裂，花茎上部に茶色の縮毛。総苞は長さ12 mm，幅18 mm。総苞外片は披針形で長さ6 mm，幅2 mmで白縁はやや不明でカンチヒメタンポポに似るが，先は鈍端。小角は短く開出。内片は10 mm長で小角は小さいかない。
【分布】 北(パラムシル島・アライト島)。点在。
【亜寒帯植物：千島固有要素】 本州・北海道にない。千島列島北部。タイプ産地—北千島パラムシル島(KYO)。[Map 1925]

16. カムチャツカタンポポ

Taraxacum kamtschaticum Dahlst. [FKI 2009] [CFK 2004]

花茎の高さ5〜15 cmの小型のタンポポ。葉の長さ4〜10 cm，総苞は長さ7〜12 mmと小さく，総苞外片は披針状卵形〜広披針形。
【分布】 北(シュムシュ島)。まれ。
【亜寒帯植物：周北極〜北太平洋要素】 本州・北海道にない。千島列島北部・カムチャツカ半島。チュコト・北アメリカ。タイプ産地—カムチャツカ半島(LE)。[Map 1922]

外1. セイヨウタンポポ

Taraxacum officinale Weber ex F. H. Wigg. [EPJ 2012] [FKI 2009] [CFK 2004] [VPS 2002]

葉は羽状浅裂〜深裂。総苞は緑色，総苞外片は下向きに強く反り返るのがよい特徴。そう果はわら色。Tatewaki(1957)ではリストされなかったがおそらくセイヨウタンポポは戦前から帰化していたと思われる。その後Alexeeva(1983)で国後島から，Alexeeva et al.(1983)で色丹島から報告された。
【分布】 歯舞群島・色丹島・南・中・北。点在。[？戦前帰化]
【温帯植物】 琉球〜北海道(外来A2)。千島列島(外来)・サハリン(外来)・カムチャツカ半島(外来)。ヨーロッパ原産で各所に帰化。

外2. アカミタンポポ(キレハアカミタンポポ，マメタンポポ)

Taraxacum laevigatum (Willd.) DC. [EPJ 2012]; *T. proximum* (Dahlst.) Dahlst. [FKI 2009] [CFK 2004] [VPS 2002]; *T. erythrospermum* Andrz.; *T. kimuranum* Kitam.

葉は羽状に深裂。セイヨウタンポポに似て総苞外片は下向きに強く反り返るが，そう果は暗赤色。
【分布】 色丹島*・南(国後島)・中(マツワ島)・北(パラムシル島)。まれ。[戦前帰化]
【温帯植物】 琉球〜北海道(外来A3)。千島列島(外来)・サハリン南部(外来)・カムチャツカ半島(外来)。ヨーロッパ原産。[Map 1919]

外3. **カイゲンタンポポ**

Taraxacum heterolepis Nakai et Koidz. ex Kitag. [FKI 2009] ["Nakai et Koidz. et Kitag.", CFK 2004] [VPS 2002]

花茎の高さ8〜25 cmで葉は長さ8〜20 cm，幅1.2〜1.4 cmの小型〜中型の外来タンポポ。葉は羽状に中〜深裂し，花茎上部に白綿毛がある。総苞は長さ12〜14 mmで緑色。総苞外片は披針形で開出〜下向きとなり，先が赤みを帯びる。内片先に小角がある。Verkholat et al.(2005)がパラムシル島からも報告した。エトロフタンポポとの異同が課題である。

【分布】 南・北(パラムシル島)。まれ。[帰化]

【冷温帯植物】 本州・北海道にない。千島列島南北部(外来)・サハリン中部以南(外来)・カムチャツカ半島(外来)。ウスリー・ダウリア。タイプ産地—中国東北部。[Map 1925]

48. オカオグルマ属
Genus *Tephroseris*

1. **ミヤマオグルマ**

Tephroseris kawakamii (Makino) Holub [EPJ 2012] [FKI 2009] [VPS 2002]; *Senecio kawakamii* Makino [FJIIIb 1995]

高山岩礫地に生え，高さ15〜30 cmになる多年草。開花時には茎・葉にクモの巣状の白毛がある。黄色の頭花は3〜7個，やや散状につき，径2〜3 cm。TIに大野笑三氏標本，KYOに大井次三郎氏標本がある。

【分布】 色丹島(ウマノセ)。まれ。

【亜寒帯植物：東北アジア〜準北海道固有要素】 北海道。千島列島南部・サハリン。ウスリー。タイプ産地：利尻島。

49. シカギク属
Genus *Tripleurospermum*

1. **シカギク** 【Plate 1-2】

Tripleurospermum tetragonospermum (F. Schmidt) Pobed. [EPJ 2012] [FKI 2009] [CFK 2004] [VPS 2002]; *Matricaria tetragonosperma* (F. Schmidt) H.Hara et Kitam. [FJIIIb 1995]; *M. ambigua* Maxim.

河口や沿岸の砂地に生え，茎の高さ15〜50 cmになる一年草。葉は3回羽状に全裂。頭花には白い舌状花があり径3.5〜4 cm，総苞片は4列で縁は褐色，中心の筒状花部は開花期に0.8〜1.5 cm径。イヌカミツレに似るが，葉裂片の幅は1 mm内外とより広い。歯舞群島の標本は多い。2n=18(パラムシル島)[Probatova et al., 2007]。

【分布】 歯舞群島・色丹島・南・中・北。やや普通

【冷温帯植物：東北アジア要素】 北海道。千島列島・サハリン・カムチャツカ半島。シベリア・中国東北部。[Map 1809]

外1. **イヌカミツレ**

Tripleuorospermum maritimum (L.) Sch.Bip. subsp. ***inodorum*** (L.) Applequist [EPJ 2012]; *Tripleurospermum perforatum* (Mérat) M.Lainz [FKI 2009] [CFK 2004] [VPS 2002]; *Matricaria inodora* L.; *Tripleurospermum inodorum* (L.) Sch.Bip.

茎の高さ30〜60 cmになる一〜二年草。葉は2〜3回羽状深裂，頭花には白い舌状花があり，シカギクに似るが頭花は径2〜3.5 cm，総苞片は2〜3列で縁は白色半透明状，葉裂片は0.3〜0.6 mm幅と狭い。Tatewaki(1957)ではリストされなかったが，Alexeeva(1983)で国後島から，Alexeeva et al.(1983)で色丹島から記録された。

【分布】 歯舞群島・色丹島・南(国後島)・中(ウルップ島)。まれ。[帰化]

【暖温帯植物】 琉球〜北海道(外来 A3)。千島列島中部以南(外来)・サハリン(外来)・カムチャツカ半島(外来)。ヨーロッパ原産。

50. ウラギク属
Genus *Tripolium*

1. **ウラギク(ハマシオン)**

Tripolium pannonicum (Jacq.) Schur [EPJ 2012] ["(Jacq.) Dobrocz.", FKI 2009]; *Aster tripolium* L.

[FJIIIb 1995]; *A. tripolium* L. var. *integrifolius* Miyabe et Kudô

海岸の塩湿地に生え，高さ25～55 cmになる越年草。葉は披針形で肉質，無毛。径2 cmの頭花を多数，ゆるい散房状につける。

【分布】 色丹島・南(国後島)。まれ。

【温帯植物：周北極要素】 九州～北海道[J-NT]。千島列島南部・サハリン。アジア・ヨーロッパ・アフリカ北部に広域分布。[Map 1769]

51. オナモミ属
Genus *Xanthium*

外1. **オナモミ**

Xanthium strumarium L. subsp. ***sibiricum*** (Patrin ex Widder) Greuter [EPJ 2012]; *X. sibiricum* Patrin ex Widder [FKI 2009] ["Patrin ex Widd.", VPS 2002]; *X. strumarium* L. [FJIIIb 1995]

高さ20～100 cmになる一年草。葉は卵状三角形で長柄がある。葉身両面に剛毛がありざらつく。成熟した雌総苞がいが状になる。日本では古い時代の史前帰化植物とされ在来種扱いされる。

【分布】 南。まれ。[帰化]

【暖温帯植物】 琉球～北海道(在来)[J-VU]。千島列島南部(外来)・サハリン中部以南(在来)。朝鮮半島・中国・台湾・ユーラシア大陸。北アメリカに帰化。

AE71. レンプクソウ科
Family ADOXACEAE

1. レンプクソウ属
Genus *Adoxa*

1a. **レンプクソウ**

Adoxa moschatellina L. var. ***moschatellina*** [EPJ 2012]; *A. moschatellina* L. [FKI 2009] [VPS 2002] [FJIIIa 1993]

やや暗い林縁などに生える全体柔らかく高さ8～15 cmの多年草。根生葉は2回3出複葉で小葉は羽状に中裂，茎生葉は1対で，3裂する。黄緑色の小さな花が5個頭状に集まる。

【分布】 歯舞群島・色丹島・南(国後島)。ややまれ。

【温帯植物：周北極要素】 本州～北海道。千島列島南部・サハリン中部以南。北半球温帯に広く分布。[Map 1737]

1b. **シマレンプクソウ**

Adoxa moschatellina L. var. ***insularis*** (Nepomn.) S.Y.Li et Z.H.Ning [EPJ 2012]; *A. insularis* Nepomn. [FKI 2009] [VPS 2002]

Nepomnyashshaya(1988)によると，頂生花の花冠裂片の先は鈍頭でなく鋭頭となり，裂片の脈は枝分かれしないかほとんどせず，裂片基部の腺細胞がより少なく7～10個程度という特徴でレンプクソウから区別できる種だという。ここでは変種扱いとするが，日本国内のレンプクソウを詳細に検討してみる必要がある。

【分布】 南(国後島)。まれ。

【冷温帯植物：千島・サハリン固有要素】 本州・北海道にない？ 千島列島南部・サハリン南北部。

AE72. スイカズラ科
Family CAPRIFOLIACEAE

1. リンネソウ属
Genus *Linnaea*

1. **リンネソウ** 【Plate 15-1】

Linnaea borealis L. [EPJ 2012] [FKI 2009] [CFK 2004] [VPS 2002] [FJIIIa1993]

径1 mmの茎が分枝し長く這い，対生する葉は卵円形で基部広い楔形となる。高さ5～7 cmの花柄を立ち上げ，先は2分枝して2個の花をつける。花は下向き鐘状。Alexeeva et al.(1983)で色丹島から記録されているが，Tatewaki(1957)では記録がなく，Barkalov(2009)も色丹島の記録を採用していないので，ここでも色丹島は産地として取り上げない。

【分布】　南・中・北。やや普通。
【亜寒帯植物：周北極要素】　本州中部～北海道。千島列島・サハリン・カムチャツカ半島。ウスリー・オホーツク・シベリア・モンゴル・ヨーロッパ・朝鮮半島・中国北部・アリューシャン列島・アラスカ・北アメリカ。〔Map 1733〕

2. スイカズラ属
Genus *Lonicera*

1. ケヨノミ

Lonicera caerulea L. subsp. ***edulis*** (Regel) Hultén [EPJ 2012] ["(Turcz.) Hultén", FJIIIa 1993]; *L. caerulea* L. [FKI 2009] [CFK 2004] [VPS 2002]; *L. edulis* Turcz. ex Freyn [R]; *L. kamtschatica* Pojark. [R]

沿岸の湿性草原などに生える高さ1m以下の落葉低木。枝に長毛と細毛が混生，花冠は黄白色，液果は楕円形青黒色で白粉を帯びる。2n＝36（国後島，オネコタン島）as *L. caerulea*〔Probatova et al., 2007〕。
【分布】　歯舞群島・色丹島・南・中・北。普通。
【冷温帯植物：北アジア要素】　本州北部～北海道。千島列島・サハリン・カムチャツカ半島。東シベリア・朝鮮半島北部・中国北部・内モンゴル・チベット。

2. チシマヒョウタンボク

Lonicera chamissoi Bunge [EPJ 2012] ["Bunge ex P.Kir.", FKI 2009] ["Bunge ex P.Kir.", CFK 2004] ["Bunge ex P.Kir.", VPS 2002] [FJIIIa 1993]

高さ1m以下の高山生の落葉低木。枝や葉は無毛。葉は楕円形で両端とも円い。花冠は暗紅紫色で液果は球状で2個が合着。北千島にはないが，カムチャツカ半島に再び現れるので両側分布の1変型である。
【分布】　色丹島・南・中（シムシル島が千島列島での北東限）。やや普通。
【冷温帯植物：東北アジア要素】　本州中部・北海道[J-VU]。千島列島・サハリン・カムチャツカ半島。アムール・オホーツク。

3. エゾヒョウタンボク

Lonicera alpigena L. subsp. ***glehnii*** (F. Schmidt) H.Hara [EPJ 2012] ["(F.Schmidt) Nakai", FJIIIa 1993]; *L. glehnii* F.Schmidt [FKI 2009] [VPS 2002]

高さ2～3mの落葉低木。葉は卵形～長楕円形，縁に長粗毛が目立つ。花は淡緑黄色で時に紅褐色を帯びる。Tatewaki（1957）では国後島のみだったが，Barkalov（2009）は択捉島からも報告した。
【分布】　色丹島*・南。ややまれ。
【冷温帯植物：準日本固有要素】　本州北部～北海道[J-VU]。千島列島南部・サハリン。

4. ネムロブシダマ

Lonicera chrysantha Turcz. ex Ledeb. var. ***crassipes*** Nakai [EPJ 2012] [FJIIIa 1993]; *L. chrysantha* Turcz. ex Ledeb. [FKI 2009] [VPS 2002]

高さ2～3mになる落葉低木。若い枝や花柄に長い立毛と腺毛がある。葉は披針形～卵形で両端に向かって細まり，葉柄に長い毛がある。花は白黄色。液果2個は離生する。
【分布】　南（国後島）。まれ。
【冷温帯植物：北アジア要素】　北海道[J-VU]。千島列島南部・サハリン。アムール・ウスリー・朝鮮半島・中国北部・内モンゴル。

5. ベニバナヒョウタンボク

Lonicera sachalinensis (F.Schmidt) Nakai [EPJ 2012] [FKI 2009] [VPS 2002]; *L. maximowiczii* (Rupr. ex Maxim.) Rupr. ex Maxim. var. *sachalinensis* F.Schmidt [FJIIIa 1993]

高さ2～3mになる落葉低木。葉は卵形～長楕円形，縁と裏面にやや長い毛が散生し，葉柄は無毛。花は紫紅色。Tatewaki（1957）では国後島からリストされなかったが，Alexeeva（1983）で国後島からも記録された。
【分布】　歯舞群島・色丹島・南。点在。
【冷温帯植物：準北海道固有要素】　北海道（北部・東部）[J-VU]。千島列島南部・サハリン。

3. ウコンウツギ属
Genus *Macrodiervilla*

1. ウコンウツギ 【Plate 22-1】

Macrodiervilla middendorffiana (Carrière) Nakai [EPJ 2012]; *Weigela middendorffiana* (Carrière) K.Koch [FJIIIa 1993] [“C.Koch”, FKI 2009] [“C.Koch”, VPS 2002]; *Diervilla middendorffiana* Carrière [R]

高さ1.5 mまでの落葉低木。葉は長楕円形で長さ3.5〜11.5 cm，幅1.5〜5 cm。花冠は淡黄色でやや唇形，長さ3〜4 cm。分布の北東限にあたるオネコタン島では雪が吹き溜まるような渓谷ぞいの岩地に見られた。

【分布】 色丹島・南・中(オネコタン島が北東限)。

【冷温帯植物：東北アジア要素】 本州北部〜北海道。千島列島中部以南・サハリン。アムール・ウスリー・オホーツク。

4. オミナエシ属
Genus *Patrinia*

1. オミナエシ

Patrinia scabiosifolia Fisch. ex Trevir. [EPJ 2012] [“Fisch. ex Link”, FKI 2009] [“Fisch. ex Link”, VPS 2002] [FJIIIa 1993]

日あたりよい草原に生える高さ60〜100 cmになる多年草。対生する葉は頭大羽状に深裂。多数の黄色い小花が集散花序につく。果実に翼は発達しない。色丹島の低茎広葉草原ではやや普通だった。

【分布】 歯舞群島・色丹島・南・中(ウルップ島*)。点在。

【暖温帯植物：東アジア要素】 九州〜北海道。千島列島中部以南・サハリン南部。東シベリア・朝鮮半島・中国。

2. マルバキンレイカ

Patrinia gibbosa Maxim. [EPJ 2012] [FKI 2009] [FJIIIa 1993]

やや暗い山地に生える高さ30〜70 cmの多年草。葉は広卵形で羽状に浅裂。多数の黄色い小花が集散花序につき，花冠に小さな距がある。果実に翼が発達する。SAPSには国後島泊山産の戦前標本がある。

【分布】 南(国後島)。

【温帯植物：日本・千島固有要素】 本州〜北海道。千島列島南部。

3. チシマキンレイカ(タカネオミナエシ)

Patrinia sibirica (L.) Juss. [EPJ 2012] [FKI 2009] [VPS 2002] [FJIIIa 1993]

岩礫地に生える高さ7〜15 cmとより小さな多年草。多数の黄色い小花が集散花序につき，花冠に距がなく，果実に翼が発達する。

【分布】 色丹島・南・中(ウルップ島)。

【冷温帯植物：北アジア要素】 北海道[J-EN]。千島列島中部以南・サハリン。ウスリー・オホーツク・東シベリア・モンゴル。タイプ産地：シベリア。

5. ニワトコ属
Genus *Sambucus*

1. エゾニワトコ

Sambucus racemosa L. subsp. ***kamtschatica*** (E.L.Wolf) Hultén [EPJ 2012] [FJIIIa 1993]; *S. miquelii* (Nakai) Kom. [FKI 2009] [VPS 2002]; *S. kamtschatica* E.L.Wolf [CFK 2004]; *S. sieboldiana* (Miq.) Schwer. [R]; *S. sieboldiana* (Miq.) Schwer. var. *miquelii* (Nakai) H.Hara [R]

やや開けた草原などに生える高さ5 m位までの落葉低木。対生する葉は奇数羽状複葉になる。多数の小さな花が密に円錐花序につく。Yakubov and Chernyagina(2004)はカムチャツカ半島産を*S. kamtschatica* E.L.Wolfとし，Barkalov(2009)は千島列島中・南部産を*S. miquelii* (Nakai) Kom.とし，別種としている。日本ではカムチャツカ半島産・千島列島(中〜南部)産をユーラシア産*S. racemosa*の亜種subsp. *kamtschatica*と見なし，本州中部〜北海道と同じエゾニワトコとしている。Tatewaki(1957)では択捉島が地理分布の北東限だったが，ウルップ島までである。
【分布】 歯舞群島・色丹島・南・中(ウルップ島)。やや普通。開花：6月上旬～7月上旬。
【冷温帯植物：周北極／東北アジア要素】 本州中部～北海道。千島列島中部以南・サハリン・カムチャツカ半島。朝鮮半島・中国東北部。種としてはユーラシア～北アメリカ北部の温帯域に広く分布する。[Map 1736]

6. カノコソウ属
Genus *Valeriana*

1. カノコソウ

Valeriana fauriei Briq. [EPJ 2012] [FKI 2009] [FJIIIa 1993]; *V. coreana* Briq. [VPS 2002]

高さ40～80 cmになる多年草。下部の葉には長柄があり羽状に全裂，裂片は卵状長楕円形。淡紅色で小さな花が密な集散花序につく。SAPSには国後島秩苅別産の戦前標本がある。
【分布】 南(国後島)。まれ。
【暖温帯植物：東アジア要素】 九州～北海道。千島列島南部・サハリン中部以北。朝鮮半島・中国。[Map 1743]

7. ガマズミ属
Genus *Viburnum*

1. オオカメノキ

Viburnum furcatum Blume ex Maxim. [EPJ 2012] [FKI 2009] [VPS 2002] [FJIIIa 1993]

高さ2～5 m位の落葉小高木。葉は円形～広卵形，基部は明らかな心形，長さ幅ともに6～20 cmになる。花序は散形状で不稔の周辺花をもつ。Tatewaki(1957)では択捉島が地理分布の北東限だったが，Barkalov(2009)ではウルップ島の文献記録がある。
【分布】 色丹島*・南・中(ウルップ島*)。点在。
【暖温帯植物：東アジア～準日本固有要素】 九州～北海道。千島列島中部以南・サハリン南部。朝鮮半島南部・台湾。

2. カンボク

Viburnum opulus L. var. ***sargentii*** (Koehne) Takeda [EPJ 2012]; *V. sargentii* Koehne [FKI 2009] [VPS 2002]; *V. opulus* L. var. *calvescens* (Rehder) H. Hara [FJIIIa 1993]

高さ2～5 mの落葉小高木。葉は広卵形でなかほどまで3裂し，長さ幅とも4～12 cm。花序周辺に大きな不稔の花がある。東アジア産の変種は，厚くコルク質の樹皮，紫色の葯，しばしば葉の中裂片が伸び全体厚く大きい葉，といった特徴でヨーロッパ産の基準変種から区別される(Hara, 1956)。
【分布】 歯舞群島・色丹島・南。点在。
【温帯植物：周北極／北アジア要素】 本州～北海道。千島列島南部・サハリン。アムール・ウスリー・朝鮮半島・中国(北部・東北部・中部)・内モンゴル。種としてはユーラシアに広く分布。[Map 1734]

3. ミヤマガマズミ

Viburnum wrightii Miq. [EPJ 2012] [FKI 2009] [VPS 2002] [FJIIIa 1993]

高さ2～4 mの落葉低木。葉は倒卵形～広倒卵形，長さ6～14 cm，幅4～9 cm。花序に不稔の周辺花がない。Tatewaki(1957)では択捉島が北東限だったが，Barkalov(2009)がウルップ島からも報告した。
【分布】 色丹島・南・中(ウルップ島)。点在。
【温帯植物：東アジア要素】 九州～北海道。千島列島中部以南・サハリン南部[S-R(3)]。朝鮮半島。

AE73. ウコギ科
Family ARALIACEAE

1. タラノキ属
Genus *Aralia*

1. ウド(カラフトウド) 【Plate 9-6】

Aralia cordata Thunb. [EPJ 2012] [FKI 2009] [VPS 2002] [FJIIc 1999]

高さ1〜1.5 mになり，時に枝を分ける大型の多年草。茎は太く短毛があり，葉は広くて大きい2回羽状複葉となり水平に広がる。散形花序が複総状に集まり大きな花序をつくる。Ohba(1999a)によると，千島列島に産するのは，萼筒が有毛の変種カラフトウド var. *sachalinensis* (Regel) Nakaiであるという。ここではこれも含めた広義の種として扱う。サハリン地区のRDBでリストされているが，国後島南部や択捉島中部ではやや普通であった。2n＝24(択捉島)[Probatova et al., 2007]。

【分布】　色丹島・南・中(ウルップ島)。やや普通。開花：8月上旬〜中旬。

【暖温帯植物：東アジア要素】　九州〜北海道。千島列島中部以南・サハリン[S-I(4)]。朝鮮半島・中国。

2.　タラノキ

Aralia elata (Miq.) Seem. [EPJ 2012] [FKI 2009] [VPS 2002] [FJIIc 1999]

高さ2〜5 mの落葉低木で茎はあまり分枝しない。葉は2回羽状複葉で大きく，茎葉に細長い刺がある。枝先に長さ30〜50 cmにもなる大きな花序の枝を伸ばし，花序軸や花柄には褐色の縮毛が密生。ウドとともにサハリン地区のRDBにリストされるが，国後島，択捉島ではウドよりもずっと少ない。

【分布】　色丹島・南。ややまれ。開花：8月下旬〜9月下旬。

【暖温帯植物：東アジア要素】　九州〜北海道。千島列島南部・サハリン南部[S-R(3)]。アムール・ウスリー・朝鮮半島・中国東北部。

2.　ハリギリ属
Genus *Kalopanax*

1.　ハリギリ(センノキ)

Kalopanax septemlobus (Thunb.) Koidz. [EPJ 2012] [FKI 2009] [VPS 2002] [FJIIc 1999]; *K. pictus* (Thunb.) Nakai

高さ10〜20 mにもなる落葉高木。茎には太く鋭い刺がある。2〜4枚の葉が枝先に集まって互生し，葉身は円形で5〜9中裂，径10〜25 cm。枝先に多数の花序をつけた枝を出す。果実は径5 mmで黒色。ウドやタラノキと同様にサハリン地区のRDBにリストされ，択捉島中部では多くなかった。色丹島は文献記録のみで再確認が必要。

【分布】　色丹島*・南(択捉島が北東限)。開花：8月中旬〜9月中旬。

【暖温帯植物：東アジア要素】　九州〜北海道。千島列島南部・サハリン南部[S-R(3)]。ウスリー・朝鮮半島・中国。

AE74.　セリ科
Family APIACEAE(UMBELLIFERAE)

千島列島・サハリンのセリ科植物の地理分布と種認識についてはTakahashi(2009)を参考にした。

1.　エゾボウフウ属
Genus *Aegopodium*

1.　エゾボウフウ

Aegopodium alpestre Ledeb. [EPJ 2012] [FKI 2009] [VPS 2002] [FJIIc 1999]

林縁や草原に生える高さ40 cmほどの多年草。一見シラネニンジンに似るが，通常，萼歯片はなく総苞片・小総苞片がない(あっても総苞片1枚)。2n＝66(国後島)[Probatova et al., 2007]。

【分布】　色丹島・南(択捉島が北東限)。

【冷温帯植物：北アジア要素】　本州中部〜北海道。千島列島南部・サハリン。ウスリー・オホーツク・シベリア・朝鮮半島北部・中国・アルタイ・モンゴル。

外1.　イワミツバ

Aegopodium podagraria L. [EPJ 2012]

高さ40〜80 cmのヨーロッパ原産の外来多年草。葉は1〜2回3出複葉。しばしば小葉が不完全に裂けるのが特徴。札幌周辺では栽培逸出し，暗い林内にも侵入して地下茎で旺盛に繁殖して群落を形成し，林床植生に大きな影響を与えつつある。北海道のブルーリストではA2ランクとされる。国後島古釜布市内で栽培残存状態のものを確認した。まだ完全な野生化とまではいかないが，注意を喚起するためここではあえて千島列島の外来種としてリストした(Fukuda, Taran et al., 2014)。Barkalov(2009)ではリストされていない。カムチャツカ半島には2000年代から帰化しているという(Chernyagina et al., 2014)。
【分布】　南(国後島古釜布市内)。極くまれ。[戦後帰化]
【温帯植物】　本州〜北海道(外来A2)。千島列島南部(外来)・カムチャツカ半島(外来)。ヨーロッパ原産で北アメリカ東部などに帰化。[Map 1395]

2. シシウド属
Genus *Angelica*

1. エゾノシシウド

Angelica gmelinii (DC.) M.Pimenov [FKI 2009] [CFK 2004] [VPS 2002]; *Coelopleurum gmelinii* (DC.) Ledeb. [EPJ 2012] [FJIIc 1999]; *C. lucidum* Fernald var. *gmelinii* H.Hara

海岸地域に生える高さ1〜1.5 mの多年草。葉は1〜2回3出羽状複葉で小葉は卵形〜円形でアマニュウに似るが，葉の質厚く表面の脈はしわとなる。2n＝22(シュムシュ島)[Probatova et al., 2007]。
【分布】　歯舞群島・色丹島・南・中・北。普通。
【冷温帯植物：北太平洋要素】　北海道。千島列島・サハリン・カムチャツカ半島。ウスリー・オホーツク・アリューシャン列島・北アメリカ北西部。

2. オオバセンキュウ　【Plate 6-6】

Angelica genuflexa Nutt. ex Torr. et A.Gray [“*genuflexa* Nutt.”, EPJ 2012] [FKI 2009] [CFK 2004] [VPS 2002] [FJIIc 1999]; *A. refracta* F.Schmidt

林縁や川の縁などの湿地に生え高さ0.6〜1 mになる多年草。上部の葉が下に屈曲する傾向がある。エゾノヨロイグサに似るが，花序には総苞片はなく糸状の小総苞片がある。ウルップ島より北の中千島では点在し，千島列島全体として見るとやや両側分布的な産状である。
【分布】　歯舞群島・色丹島・南・中・北。やや普通。両側分布的。
【冷温帯植物：北アメリカ・東アジア隔離要素】　本州中部〜北海道。千島列島・サハリン・カムチャツカ半島。北アメリカ北西部。

3. エゾノヨロイグサ

Angelica sachalinensis Maxim. [EPJ 2012] [FKI 2009] [VPS 2002]; *A. anomala* Ave-Lall. subsp. *sachalinensis* (Maxim.) H.Ohba [FJIIc 1999]; *A. amurensis* Schischk. [R]

明るい草原に生え高さ1〜2 mになる多年草。上部で枝を張り，葉柄基部が袋状に膨らむ。オオバセンキュウに似るが，葉はより厚く裏面が帯白色になり，小総苞片のないのがよい区別点。果実の長さは約5 mm。
【分布】　歯舞群島・色丹島・南(択捉島が北東限)。
【温帯植物：東北アジア要素】　本州〜北海道。千島列島南部・サハリン南北部。東シベリア・朝鮮半島・中国(北部〜北東部)。

4. エゾニュウ

Angelica ursina (Rupr.) Maxim. [EPJ 2012] [FKI 2009] [CFK 2004] [VPS 2002] [FJIIc 1999]

明るい草原に生える高さ2〜3 mの壮大な多年草。エゾノヨロイグサに似て小総苞片はないが，茎はより太く，花序群の上面は半球状になり，果実の長さは約1 cm。SAPSには標本がない。中・北千島にないにもかかわらずカムチャツカ半島にあり，両側分布パターンの変型である。
【分布】　南(国後島)。やや普通。
【冷温帯植物：東北アジア要素】　本州中部〜北海道。千島列島南部・サハリン・カムチャツカ半島。東シベリア。

〈検討種〉アマニュウ

Angelica edulis Miyabe ex Y.Yabe

Barkalov(2009)でリストされている。本種は山地や草原に生え高さ1〜2 mになる多年草。1〜2回3出羽状複葉の小葉は広卵形。Kharkevicz et al.(1987)で択捉島に記録があり，この標本は内保湾カムイコタン(Lesozavodska)で1961年にVoroshilovがとったロゼット葉のみの標本(MHA)という，いわくつきのもの(Barkalov, 2009)であり，日本には千島列島の証拠標本がない。Takahashi(2009)が指摘したように本種は道東にはまれあるいはないこと，Barkalov(2009)で「多分栽培」とされることなどから，自生なのか野生化しているのかも含め現状を調査する必要があり，ここでは検討種と見なした。サハリン南部でも極めてまれのようである(Takahashi, 2009)。

3. シャク属
Genus *Anthriscus*

1. シャク

Anthriscus sylvestris (L.) Hoffm. [EPJ 2012] [FKI 2009] [VPS 2002] [FJIIc 1999]; *A. aemula* (Woronow) Schischk. [J]

低地や川ぞいの草地に生える高さ80〜140 cmの多年草。葉は2回3出羽状複葉で，小葉は細裂する。披針形の小総苞片が下向きにつくのはよい特徴。ウルップ島より北の中千島には分布せず，千島列島においては明らかな両側分布を示す。

【分布】　歯舞群島・色丹島・南・中(ウルップ島)・北。やや普通。両側分布。開花：6月上旬〜7月下旬。

【暖温帯要素：周北極要素】　九州〜北海道。千島列島・サハリン・カムチャツカ半島。シベリア・コーカサス・朝鮮半島・中国・東ヨーロッパ。[Map 1388]

4. ホタルサイコ属
Genus *Bupleurum*

1. ホタルサイコ(エゾホタルサイコ，コガネサイコ)　【Plate 38-1】

Bupleurum longiradiatum Turcz. [EPJ 2012] [FKI 2009] [VPS 2002] [FJIIc 1999]; *B. sachalinense* F. Schmidt [R]; *B. longiradiatum* Turcz. subsp. *sachalinense* (F.Schmidt) Kitag. var. *shikotanense* (M.Hiroe) Ohwi

茎は上部が枝分かれし，高さ50〜150 cmの多年草。葉は卵形〜長楕円形，茎生葉は長く基部は広がって茎を抱く。日本では小果柄や小総苞片の長さに基づいて種内に複数分類群を認め，それに従えばホタルサイコ subsp. *sachalinense* var. *elatius* Kitag., エゾホタルサイコ subsp. *sachaliense* var. *sachalinense* (F. Schmidt) Kitag., コガネサイコ subsp. *sachalinense* var. *shikotanense* (Hiroe) Ohwi にあたる型が見られるものの，中間型が多い。ここでは種内分類群を認めず広義の種ホタルサイコのみを認めた。

【分布】　歯舞群島・色丹島・南(択捉島が北東限)。

【温帯植物：東北アジア要素】　九州〜北海道。千島列島南部・サハリン。アムール・ウスリー・東シベリア・朝鮮半島・中国東北部。

2. レブンサイコ

Bupleurum ajanense (Regel) Krasnob. ex T. Yamaz. [EPJ 2012] [“(Regel) T.Yamaz.”, FKI 2009]; *B. triradiatum* auct. non Adams ex Hoffm. [VPS 2002] [FJIIc 1999]

高山帯岩礫地に生える高さ5〜15 cmの多年草。根生葉はへら形で基部細まる。花序の総苞片や小総苞片は発達して目立つ。レブンサイコの学名・著者名・分布については山崎(1995)，Ohashi (1996)に従った。ここではカムチャツカ半島産は別種の *B. arcticum* (Regel) Kos.-Polj. と見なした。

【分布】　色丹島・南(国後島)。

【亜寒帯植物：東北アジア要素】　本州北部〜北海道[J-EN]。千島列島南部・サハリン。アムール・ウスリー・オホーツク。

5. ヒメウイキョウ属
Genus *Carum*

外1. キャラウェイ

Carum carvi L. [FKI 2009] [CFK 2004] [VPS 2002]

栽培される多年草。時に逸出・残存する。

【分布】　南・中・北(シュムシュ島)。まれ。[栽培残存]

【温帯植物】　日本ではまれに栽培されるが外来植

物扱いされない。千島列島(外来)・サハリン中部以北(外来)・カムチャツカ半島(外来)。

6. ドクゼリ属
Genus *Cicuta*

1. ドクゼリ

Cicuta virosa L. [EPJ 2012] [FKI 2009] [CFK 2004] [VPS 2002] [FJIIc 1999]

河畔や沼沢地に生え，太い地下茎があり高さ1mになる多年草。葉は2～3回羽状複葉で，小葉は長楕円状披針形，標本にするとオオバセンキュウにも似るが，小総苞片がより幅広く，萼歯が明瞭。2n＝22(国後島)[Probatova et al., 2007]。

【分布】 歯舞群島・色丹島・南。中・北千島には分布しないがカムチャツカ半島にあるので，両側分布の変形。

【温帯植物：周北極要素】 九州～北海道。千島列島南部・サハリン・カムチャツカ半島。ユーラシア温帯に広く分布。[Map 1412]

7. ミヤマセンキュウ属
Genus *Conioselinum*

1. カラフトニンジン 【Plate 78-4】

Conioselinum chinense (L.) Britton, Sterns et Poggenb. [EPJ 2012] ["Britton, Poggenb. et Sterns", FKI 2009] ["Britton, Poggenb. et Sternb.", CFK 2004] [VPS 2002]; *C. kamtschaticum* Rupr. [FJIIc 1999]

沿岸地域の草原に生える高さ20～80cmの多年草。根に実母散の匂いがある。ミヤマセンキュウに比べて，葉が厚く葉先は鈍頭～鋭頭だが，北海道東部～千島列島南部には葉質が薄く先がとがり気味になる中間型があり標本ではミヤマセンキュウと区別しがたくなる。

【分布】 歯舞群島・色丹島・南・中・北。普通。

【冷温帯植物：北太平洋要素】 本州北部～北海道。千島列島・サハリン・カムチャツカ半島[K-VU]。アリューシャン列島・アラスカ・北アメリカ。[Map 1419]

2. ミヤマセンキュウ 【Plate 78-5】

Conioselinum filicinum (H.Wolff) H.Hara [EPJ 2012] ["H.Hara", FKI 2009] [FJIIc 1999]; *C. univittatum* Turcz.

林縁や草原に生える高さ40～80cmの多年草。カラフトニンジンに似るが，通常は葉の質が薄く葉先は鋭尖状に伸び，北海道では立地が違うので区別できる。しかし上述したように北海道東部～千島列島中南部に中間型があり，標本では区別しがたい場合がある。Barkalov(2012)では，SAPSの国後島，択捉島，ウルップ島の標本を引用している。

【分布】 南・中(ウルップ島が北東限)。ややまれ。

【冷温帯植物：日本・千島固有要素】 本州中部～北海道。千島列島中部以南。

8. ドクニンジン属
Genus *Conium*

外1. ドクニンジン

Conium maculatum L. [EPJ 2012] [VPS 2002]

高さ2mにもなる外来越年草。葉の切れ込みはシャクに似るが，茎に暗紫色の斑紋が目立つ。

【分布】 南(国後島)。まれ。[戦後帰化]

【温帯植物】 北海道(外来A3)。千島列島南部(外来)・サハリン中部(外来)。ヨーロッパ原産で世界の温帯域に広く外来。

9. ミツバ属
Genus *Cryptotaenia*

1. ミツバ

Cryptotaenia japonica Hassk. [FKI 2009] [VPS 2002] [FJIIc 1999]; *C. canadensis* (L.) DC. subsp. *japonica* (Hassk.) Hnad.-Mazz. [EPJ 2012]

低地の林縁や林道ぞいに生える高さ30～90cmの多年草。葉は3出葉で小葉は卵形で柄がない。*Cryptotaenia canadensis*が北アメリカにおける対応種とされる(Hara, 1952)。2n＝20(国後島)[Probatova et al., 2007]。

【分布】 南(国後島・択捉島*)。まれ。

【暖温帯植物：東アジア要素】　九州〜北海道。千島列島南部・サハリン南部。朝鮮半島・中国。

10. ニンジン属
Genus *Daucus*

外1. ノラニンジン

Daucus carota L. subsp. ***carota*** [EPJ 2012]

筆者らは2012年に択捉島紗那市内の道路縁の攪乱地で確認した(Fukuda, Taran et al., 2014)。Barkalov(2009)ではリスとされておらず，最近帰化したとみられる。サハリンでは栽培種としてのみリストされており外来種とはみなされていない(Smirnov, 2002)。

【分布】　南(択捉島)。[戦後帰化]

【暖温帯植物】　日本(外来A3)。千島列島南部(外来)。西アジア〜地中海原産。

11. ハマボウフウ属
Genus *Glehnia*

1. ハマボウフウ　【Plate 8-1】

Glehnia littoralis F.Schmidt ex Miq. [EPJ 2012] [FKI 2009] [VPS 2002] ["F.Schmidt", FJIIc 1999]

海岸砂浜に生える高さ5〜40 cmの多年草。葉は厚く小葉や裂片は広くて先が円い。果実は広楕円形で多肉，毛があり目立つ。国後島，択捉島では多い。SAPSに北千島シュムシュ島産の虫害を受けた断片的な標本があるが確定できないのでここでは保留する。

【分布】　歯舞群島・色丹島・南・中・北。

【暖温帯植物：北アメリカ・東アジア隔離要素】琉球〜北海道。千島列島・サハリン。アムール・ウスリー・朝鮮半島・中国・北アメリカ北西部。

12. ハナウド属
Genus *Heracleum*

1. オオハナウド

Heracleum lanatum Michx. [EPJ 2012] [FKI 2009] [CFK 2004] [VPS 2002]; *H. sphondylium* L. subsp. *montanum* (Schleich. ex Gaudin) Briq. [FJIIc 1999]; *H. dulce* Fisch. [J]

やや暗い山地に生える高さ1.5〜2 mの多年草。茎葉に毛があり，節に密毛。葉は3〜5小葉からなる羽状複葉，小葉は卵形〜広卵形。

【分布】　歯舞群島・色丹島，南・中・北。普通。開花：7月上旬〜8月中旬。

【温帯植物：周北極〜北太平洋要素】　本州〜北海道。千島列島・サハリン・カムチャツカ半島。ウスリー・オホーツク・アリューシャン列島・アラスカ・北アメリカ。

13. チドメグサ属
Genus *Hydrocotyle*

1. オオチドメ

Hydrocotyle ramiflora Maxim. [EPJ 2012] [FKI 2009] [FJIIc 1999]

居住地周辺や温泉周辺の草地に生える多年草。主茎は地面を這い，節から斜上する枝を出す。葉は単葉で縁は浅く切れ込み，花柄は葉よりも長く伸び出る。Tatewaki(1957)ではリストされなかったが，Alexeeva(1983)で記録されている。色丹島にはないようであり，筆者らは国後島セオイ川の監視小屋前の草地で見た。帰化した可能性もある。2n＝24(国後島)[Probatova et al., 2007]。

【分布】　南。まれ。

【暖温帯植物：東アジア要素】　九州〜北海道。千島列島南部。朝鮮半島。

14. マルバトウキ属
Genus *Ligusticum*

1. シラネニンジン(チシマニンジン)

Ligusticum ajanense (Regel et Tiling) Koso-Pol. [FC14 2005]; *Tilingia ajanensis* Regel [EPJ 2012] ["Regel et Til.", FKI 2009] ["Regel et Til.", CFK 2004] ["Regel et Til.", VPS 2002] [FJIIc 1999]; *Cnidium ajanense* (Regel et Tiling) Drude [R]

高山〜亜高山草原に生える高さ10〜30 cmの多年草。2〜3回羽状複葉になるが葉裂片の切れ込み程度はいろいろ。小総苞片が長く，萼歯片が三角形で目立つ。大型になるとイブキゼリモドキ *Tilingia holopetala* (Maxim.) Kitag. に似るが，イブキゼリモドキはこれまで千島列島から報告されていない。日本ではシラネニンジン属 *Tilingia* とされることが多かったが，Yamazaki(2001)によるとマルバトウキ属 *Ligusticum* と大きな違いが見出せないとしている。ここでもそれに従い，また最近の中国のフロラとも合わせて同一属とした。

【分布】　色丹島・南・中・北。普通。

【冷温帯植物：東北アジア要素】　本州中部〜北海道。千島列島・サハリン・カムチャツカ半島。ウスリー・オホーツク・東シベリア。

2.　**マルバトウキ**

Ligusticum scoticum L. [EPJ 2012] [FKI 2009] [CFK 2004] [VPS 2002]; *L. hultenii* Fernald [FJIIc 1999]

海岸地域に生える高さ30〜100 cmになる多年草。葉は質やや厚く2回3出複葉となり，小葉は9個で卵形〜円形。複散形花序は密に花をつけ，細い総苞片，小総苞片をつけ，萼歯片は不明。2n＝22(ウルップ島)as *L. hultenii* [Probatova et al., 2007]。

【分布】　歯舞群島・色丹島・南・中・北。普通。開花：6月下旬〜7月下旬。

【冷温帯植物：周北極要素】　本州北部〜北海道。千島列島・サハリン・カムチャツカ半島。ウスリー・オホーツク・ヨーロッパ・アラスカ・北アメリカ。［Map 1417］

15. セリ属
Genus *Oenanthe*

1.　**セリ**

Oenanthe javanica (Blume) DC. [EPJ 2012] [FKI 2009] [VPS 2002] [FJIIc 1999]

水湿地に生える高さ20〜80 cmの多年草。葉は1〜2回3出複葉で小葉は卵形，ドクゼリに似るが，全体より小型。特に複散形花序は小型で開花時に葉より上にはあまり突き出ない。択捉島中部紗那の道路縁の水湿地では普通だった。2n＝22(国後島)［Probatova et al., 2007］。

【分布】　色丹島・南。まれ。

【暖温帯植物：汎世界要素】　琉球〜北海道。千島列島南部・サハリン中部以南。ウスリー・中国・台湾・マレーシア・インド・オーストラリア。

16. ヤブニンジン属
Genus *Osmorhiza*

1.　**ヤブニンジン**

Osmorhiza aristata (Thunb.) Rydb. [EPJ 2012] [“(Thunb.) Makino et Yabe”, FKI 2009] [VPS 2002] [FJIIc 1999]; *Uraspermum aristatum* (Thub.) Kuntze [R]

低地のやや暗い高茎草地〜林内に生える高さ30〜80 cmの多年草。全体に白い軟毛がある。葉はニンジンに似て細かく切れ込み，細長い棍棒状で剛毛のある果実がよい特徴。SAPSには国後島二木城山道でとられた1枚の標本しかない。2n＝22(国後島)［Probatova et al., 2007］。

【分布】　南。まれ。

【温帯植物：アジア大陸要素】　九州〜北海道。千島列島南部・サハリン中部以南。アムール・ウスリー・シベリア・中国・朝鮮半島・カフカス・インド。

17. ハクサンボウフウ属
Genus *Peucedanum*

1.　**カワラボウフウ**

Peucedanum terebinthaceum (Fisch.) Fisch. ex Turcz. [FJIIc 1999]; *P. deltoideum* Makino ex K.Yabe; *Kitagawia terebinthacea* (Fisch. ex Trevir.) Pimenov [EPJ 2012] [“(Fisch. ex Spreng.) Pimenov”, FKI 2009] [“(Fisch. ex Spreng.) Pimenov”, VPS 2002]

日あたりのよい山地岩礫地に生える高さ30〜90 cmの多年草。葉は2回羽状複葉で小葉や裂片は鋭く切れ込む。果実は広楕円形で隆条は目立たない。

【分布】　色丹島・南(国後島)。まれ。

【温帯植物：東アジア要素】　九州〜北海道。千島列島南部・サハリン中部以北。アムール・ウスリー・東シベリア・中国・朝鮮半島。

＊本州〜北海道の高山帯に生えるハクサンボウフウ *Peucedanum multivittatum* Maxim. は千島列島・サハリンに分布しない。

18. オオカサモチ属
Genus *Pleurospermum*

1. オオカサモチ

Pleurospermum uralense Hoffm. [EPJ 2012] [FKI 2009] [CFK 2004] [VPS 2002]; *P. austriacum* Hoffm. subsp. *uralense* (Hoffm.) Sommier [FJIIc 1999]; *P. camtschaticum* Hoffm.

明るい草原に生える茎が太く高さ1〜1.5 mになる多年草。上部で枝が対生〜輪生する。葉は大きく1〜3回3出複葉，小葉や最終裂片は深く切れ込む。複散形花序は大きく，総苞片・小総苞片ともに羽状に切れ込む。

【分布】　歯舞群島・色丹島・南・中・北。点在。開花：6月下旬〜7月下旬。

【冷温帯植物：北アジア要素】　本州中部〜北海道。千島列島・サハリン・カムチャツカ半島。ウスリー・シベリア・朝鮮半島・中国東北部・モンゴル。［Map 1407］

19. ウマノミツバ属
Genus *Sanicula*

1. ウマノミツバ　【Plate 6-4】

Sanicula chinensis Bunge [EPJ 2012] [FKI 2009] [FJIIc 1999]

海岸〜低地の草地や川ぞい，混交林などに生える高さ30〜120 cmの多年草。葉は3全裂し，側小葉はさらに2深裂。果実は卵形でかぎ状の刺毛を密生。2n＝16（国後島）［Probatova et al., 2007］。

【分布】　南（国後島）。点在。

【暖温帯植物：東アジア要素】　九州〜北海道。千島列島南部・サハリン。ウスリー・朝鮮半島・中国。［Map 1383］

20. ムカゴニンジン属
Genus *Sium*

1. トウヌマゼリ

Sium suave Walter [EPJ 2012] ["Watt.", FKI 2009] [CFK 2004] [VPS 2002] [FJIIc 1999]

湿地に生える，高さ60〜100 cmの多年草。葉は単羽状複葉で小葉は7〜17個あり，小葉は線状披針形。花序の総苞片や小総苞片は広線形で，萼歯片は狭三角形。従来北海道・カムチャツカ半島にはあるが千島列島からの記録がなかった。しかしBarkalov（2009）が国後島から報告した。2n＝12, 18（国後島）［Probatova et al., 2007］。

【分布】　南（国後島）。まれ。

【温帯植物：周北極要素】　本州・北海道［J-VU, as *S. suave* var. *nipponicum*］。千島列島南部・サハリン・カムチャツカ半島。北半球に広く分布。

21. ヅーエソウ属
Genus *Sphallerocarpus*

1. ヅーエソウ

Sphallerocarpus gracilis (Besser ex Trevir.) Koso-Pol. [FKI 2009] [CFK 2004] [VPS 2002]; *Chaerophyllum gracile* Besser ex Trevir.; *S. cyminum* (Fisch.) Besser ex DC.

草原に生え高さ1 mに達するが，根は細く一年草という（Pimenov, 1987）。全体シャクによく似るが，花弁の先が凹む。サハリンではまれ（Smirnov, 2002），カムチャツカ半島では外来とされ（Yakubov and Chernyagina, 2004），シャクとの差異も含め検討が必要な種である。

【分布】　南（国後島・択捉島）。まれ。

【冷温帯植物：東北アジア要素】　本州・北海道にない。千島列島南部・サハリン中部以南・カムチャツカ半島（外来）。ウスリー・オホーツク・東シベリア・モンゴル。

22. ヤブジラミ属
Genus *Torilis*

1. ヤブジラミ

Torilis japonica (Houtt.) DC. [EPJ 2012] [FKI 2009] [FJIIc 1999]

林内に生える高さ30～70 cmの多年草。葉は1～2回3出羽状複葉で，羽片は細かく切れ込む。果実は卵状長楕円形で，先がかぎ状に曲がる剛刺毛を密につけるのはよい特徴。日本には千島列島産標本がない。

【分布】　色丹島*・南(国後島)。まれ。

【温帯植物：周北極要素】　九州～北海道。千島列島南部。ユーラシア温帯に広く分布。南アジアや北アメリカに帰化。[Map 1433]

〈検討種〉イブキボウフウ

Seseli libanotis (L.) K. Koch subsp. ***japonica*** (H.Boiss.) H.Hara [FJIIc 1999]; *Libanotis ugoensis* (Koidz.) Kitag. var. *kurilensis* (Takeda) T.Yamaz. [EPJ 2012]; *Seseli seseloides* (Turcz.) M.Hiroe [FKI 2009]; *Seseli libanotis* (L.) K.Koch var. *kurilensis* Takeda

本種の千島列島における報告としては，Takeda(1914)が色丹島アナマからイブキボウフウの1新変種var. *kurilensis*として記録したのが最初のようである。最近でも日本側ではイブキボウフウ *S. libanotis* subsp. *japonica*として南千島を分布に含めて(Ohba, 1999b)おり，Barkalov(2009)も色丹島・国後島から*Seseli seseloides* (Turcz) Hiroeの学名でイブキボウフウをリストしている。しかしイブキボウフウは北海道では南部～中央部に見られるものの東部では見られないので，南千島での本種の報告には疑問が残る。イブキボウフウは果実がない状態ではしばしばカワラボウフウと誤認されやすい。ただカワラボウフウでは茎生葉の葉柄は細いが鞘状によく発達する点でイブキボウフウと区別できる。このような点から見ると，日本に保管されている南千島の標本はカワラボウフウであり，確実にイブキボウフウと同定できる標本はない。ここでは検討種としてリストしておく。

第4章
千島列島の植物分類地理

チシマザサ　*Sasa kurilensis* / ウルップ島 / 酒井得子

1. 種数と多様性

Miyabe(1890)からTatewaki(1957)を経てBarkalov(2000, 2009)に至るまでの，千島列島全体の維管束植物の報告種数の変遷を図4-1に示した。報告種数は1890年から2000年まで直線的に伸びてきたが，2000年以降は千島列島全体としての報告種数はほとんど変わっていない。Tatewaki(1957)からBarkalov(2000)の間では400種近くが追加されたが，これは調査が進展したのとともに，前者で28種だった外来植物が後者では173種にも及んだためで，千島列島の全維管束植物種数の直線的な増加のおおよそ4割近くは戦後の外来植物の侵入に起因している。現在，千島列島全体の維管束植物種数は，Barkalov(2009)によれば在来種が1,200種前後，外来種が200種前後で合わせて1,400種前後と推定されている。ただ種の範囲づけが日ロ間で異なる例が多い(高橋，1994)こともあり，本書での記録種数はこれよりむしろ減少している。ここでは在来種として1,127種類(1,095種，12亜種，11変種，1品種，9雑種)，外来種として192種類をリストし，合わせて1,319種類とした。減少した約80種類分は近縁分類群に統合されたり，分類学的な検討が不十分なため「検討種」としていったんリストからはずしたりしたものである。ただ本章では，ロシア国内のサハリンやカムチャツカとの比較のため，暫定的にBarkalov(2000, 2009)の数値を使って比較検討した。

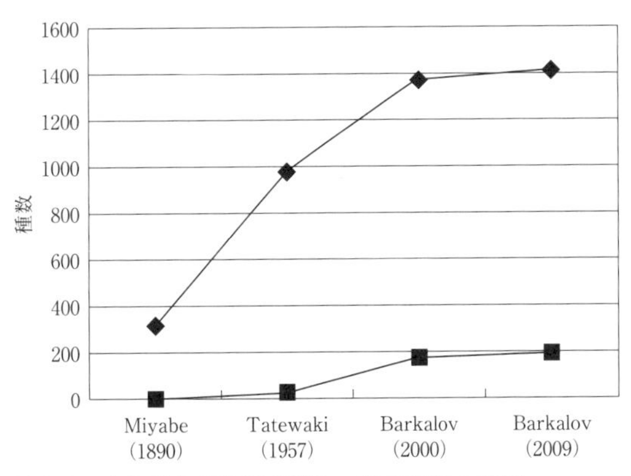

図4-1 千島列島産維管束植物の報告種数の変遷。
◆：全種数，■：外来種数

Tatewaki(1957)で報告された主要12島の維管束植物の在来・外来を含めた全種数を，Barkalov(2009)の報告種数と比較したのが図4-2である。国後島で300種以上，択捉島で200種以上の追加がされたほか，ウルップ島やパラムシル島，シュムシュ島などで100種以上の追加がされた。これは北千島と南千島がアプローチしやすく調査が進展したことに加え，上述したようにこの地域での活発な人間活動により多数の外来植物が侵入したことを反映している。一方でウシシル島を除くシムシル島，ケトイ島，ラシュワ島，マツワ島の中千島の各島や北千島のアライト島での追加種数は少ない。これらの島は面積が限られるため，調査が比較的行き届いておりすでに報告種数が実際の数に近づいていること，また無人島のため外来植物の侵入が少ないことを反映していると思われる。

Barkalov(2000)の北限種数の各島比較からは，択捉島が分布北限になっている種が261種と一番多く，はからずも択捉島－ウルップ島間の「宮部線」の重要性を示している。一方，ウルップ島が分布北限の種は112種とこれに比べればずっと少ないが，次のシムシル島の分布北限種が9種しか見られないことから，温帯植物の最後の分布境界線がウルップ島とシムシル島間(ブッソル線)に見られる，との解釈(Barkalov, 2000)が成り立つ。

これは北海道～シムシル島の間に4段のフロラ(植物相)の滝(北海道～国後島，国後島～択捉島，択捉島～ウルップ島，ウルップ島～シムシル島)が連続するというイメージでとらえられる(図4-3)。この4段のなかでは，北海道と国後島間の段差が一番大きいが，次に択捉島とウルップ島間の「宮部線」で最も大きな段差が見られ，そして最後の段差がウルップ島とシムシル島間の「ブッソル線」であり，シムシル島からオネコタン島までの島ごとの種数は島サイズに応じた変動はあるもののあまり大きな変化はない(図4-3)。

図4-4はBarkalov(2009)で示された歯舞群島の

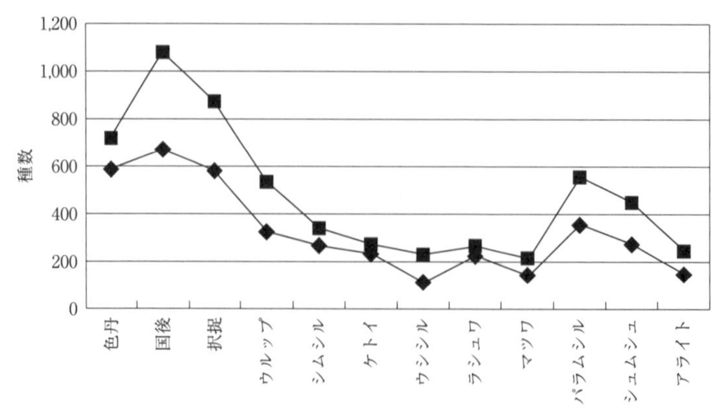

図4-2　千島列島の主要12島における維管束植物の全種数(外来種を含む)。◆Tatewaki(1957)と■Barkalov(2009)の比較

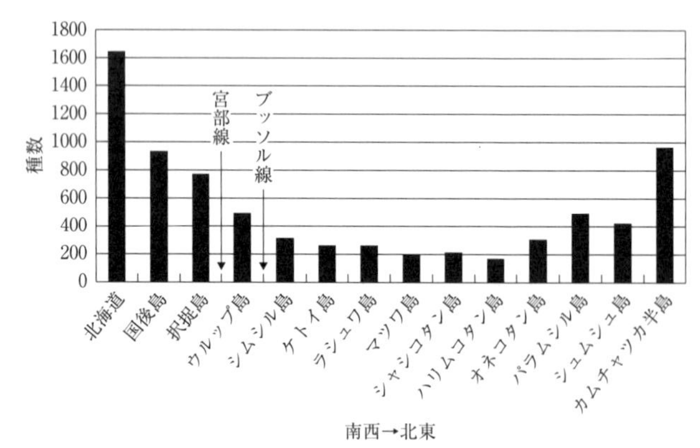

図4-3　北海道，大千島列島，カムチャツカ半島の在来維管束植物種数(Barkalov, 2009より作図)

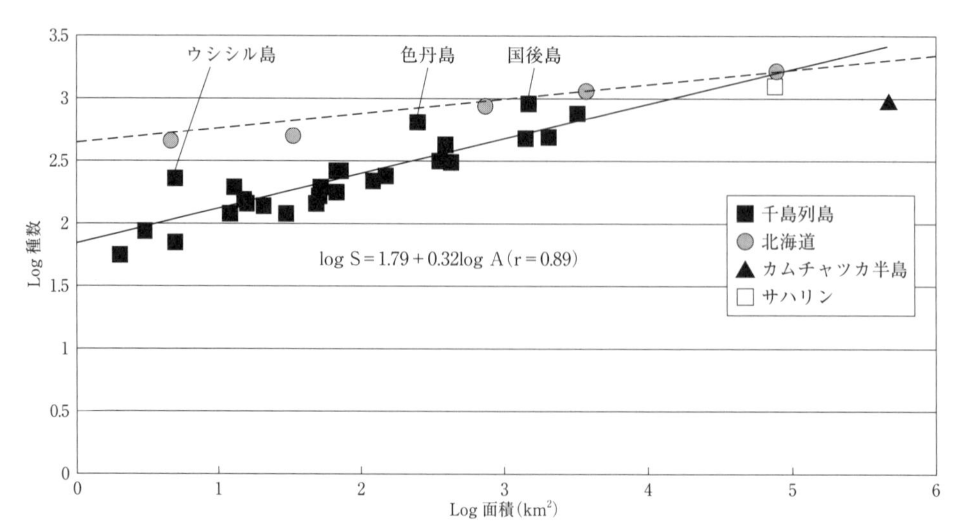

図4-4　千島列島とその周辺地域での在来維管束植物の種数(S)－面積(A)関係(両対数グラフ)。千島列島は歯舞群島の各島も含む26島のデータ(Barkalov, 2009)に基づく。北海道の5点は大きい面積から伊藤(1981)，原(1979)，堀江・土蔵(2014)，村野(1994)，高橋・佐藤(2001)。カムチャツカ半島はYakubov and Chernyagina(2004)，サハリンはSmirnov(2002)のデータ

各島を含む千島列島26島の在来維管束植物種数データをもとに，島ごとの種数－面積関係を両対数グラフで示したものである。種数－面積関係については当初注目された(ピアンカ，1980)ものの，最近ではその意義は相対的に小さくなっていると評価される(Whittaker, 1998)が，千島列島においてはこの関係からいくつかのことが明らかになる。まず種数－面積の対数値間に直線関係を想定すると，千島列島の値は相関係数0.89でほぼ直線関係にのる。千島列島において面積の割に種数が平均より多い島(直線より上に位置する点)として目立つのは，ウシシル島，色丹島，国後島である(図4-4)。色丹島・国後島が面積の割に種数が多いのは，もちろん種供給源の北海道に近いためと思われる。ウシシル島については，植生や地形の異なる北島と南島が砂州でつながっているため面積あたりの種数が過大評価されているためだろう。本来は北島と南島の2島のデータに分けて計算すべきである。千島列島では各島の面積と植物種数はかなりよく相関しているが，この相関をもって島の面積が植物種数の決定要因だとはいいきれない。(1)面積の大きな島が種供給源にあたる北海道あるいはカムチャツカ半島に近い位置を占めていること，(2)同じ小面積の島でも，南千島の歯舞群島は低標高で非火山島であり，中千島ではより標高の高い火山起源の島である，などの背景がこの結果に影響を与えている可能性がある。今後，島の面積，北海道・カムチャツカからの距離，標高，火山活動の履歴など複数の要因を総合した議論が必要である。

さてカムチャツカ半島のプロットは千島列島の回帰直線より下に位置するので，千島列島の平均からするとカムチャツカ半島は大きな面積の割には維管束植物種数がかなり貧弱なことがわかる。一方で，北海道やサハリンは千島列島の回帰直線の近傍に位置するので，北海道・サハリン・千島列島は，維管束植物の種数－面積関係からは共通性の高い地域と考えられる。さらに北海道内での小地域データ(原，1979；伊藤，1981；村野，1994；高橋・佐藤，2001；堀江・土蔵，2014)を加えることにより，北海道内の種数－面積関係をとらえることもできる(図4-4)。これによると北海道内の種数－面積関係は千島列島よりY軸切片値は高いが勾配はより緩くなる。つまり単位面積($10^0=1\ km^2$)あたりの種数は北海道が千島列島より多いが，面積の増加にともなう植物種数の増加率は北海道内部より千島列島の島間での方が大きいことを示す。千島列島にそっての地形，立地環境や気候の島間の置き代わりが，北海道内の陸続きの地域間での置き代わりよりも大きいことを示唆する。また，千島列島内では，色丹島，国後島，択捉島の南千島3島が北海道内の種数－面積関係により近い位置にあり，北海道フロラの影響がより強いことも示唆される。

2. 分類群構成と生育形

2-1. 千島列島と近隣地域との比較

千島列島の在来(外来種を除いた)維管束植物の大分類群構成(胞子植物と種子植物，胞子植物群内の4亜群，種子植物内の裸子植物と被子植物，被子植物内の単子葉類と双子葉類)を近隣の北海道，カムチャツカ半島と比較した(表4-1)。

各植物群の値を比較すると千島列島は北海道とカムチャツカ半島の値のおおよそ中間に位置することがわかる。たとえば在来維管束植物の種数は北海道の1,658種から千島列島の1,218種を経て，カムチャツカ半島の960種へと減少する。これは北半球において温量指数の高い低緯度から温量指数の低い高緯度へと向かう場合，隣接する地域間では普通に見られる現象だろう。特にシダ植物係数(正宗，1956)を見ると興味深い。北海道～カムチャツカ半島の間では，種子植物の減少程度に比べてシダ亜群の種数減少程度がより大きいため，シダ植物係数は北海道，千島列島，カムチャツカ

表 4-1　千島列島・北海道・カムチャツカの面積・標高と在来維管束植物の種数と分類群構成

	千島列島[1]	北海道[2]	カムチャツカ半島[3]
面積(km^2)	15,600	78,400	472,000
最高標高(m)	2,339	2,290	4,750
維管束植物全体	1,218	1,658	960
胞子植物	82	114	58
ヒカゲノカズラ亜群	17	21	14
マツバラン亜群	1	0	0
トクサ亜群	7	8	8
シダ亜群	57	85	36
種子植物	1,136	1,544	902
裸子植物	9	12	12
被子植物単子葉類	415	508	322
被子植物双子葉類	712	1,024	568
シダ植物係数[4]	1.25	1.38	1.00

[1]Barkalov(2009), [2]伊藤(1981)；伊藤・日野間(1985), [3]Yakubov and Chernyagina(2004), [4]シダ亜群種数×25/種子植物種数

半島の順に減少している。シダ植物の分布中心が暖温帯地域であることを如実に示している。

これら3地域における優占科の比較も興味深い(表4-2)。いずれの地域でも種数のベスト3はカヤツリグサ科 Cyperaceae，イネ科 Poaceae，キク科 Asteraceae で共通しており冷温帯の特徴をよく示しているが，千島列島においてはカヤツリグサ科，イネ科，キク科の順であるのに対し，北海道ではカヤツリグサ科，キク科，イネ科の順，カムチャツカ半島ではイネ科，カヤツリグサ科，キク科の順となり一致しない。3科のなかではカヤツリグサ科とキク科の種数が3地域間で大きく変動している。また千島列島で10位以内の科のうち，8位のイグサ科(Juncaceae)が北海道，カムチャツカ半島両地域で10位以内に入っていないのは注目される。イグサ科は相対的に千島列島で種多様性が高いことを示している。北海道〜千島列島〜カムチャツカ半島の順で，どの科においても種数は漸次減少する傾向があるが，特に北海道で種数10位のシソ科(Lamiaceae)の種数が，千島列島からカムチャツカ半島へと極端に減少しており，ラン科 Orchidaceae，タデ科 Polygonaceae，セリ科 Apiaceae などと同様にシソ科が暖温帯性の科であることの反映と思われる。

世界における種子植物の3大科は，ラン科，キク科，マメ科 Fabaceae であり，これらはいずれも目立つ花を持つため，フロラ調査の際に見落とされにくい植物群である。またキク科は乾燥草原に適応した種類が多く，ラン科は湿性の林床や湿原に適応した種類が多い。このためある地域のフロラの完成度にかかわらず，キク科/ラン科種数比の高さは対象地域の乾燥度ないし大陸度を示す簡便な指標になる(高橋, 1994b, 1996c)。表4-2では，千島列島の値はむしろ北海道に近く，一方でカムチャツカの値は大変高くなっている。これは基本的に千島列島や北海道が海洋性気候に支配されているのに対し，カムチャツカ半島がより大陸性気候に支配され乾燥度が高いことを示唆している。

なお，千島列島内での科構成は一様でなく，南千島と中千島の間に明瞭な差があることが示されている(Shmidt, 1975)。

2-2. 生 育 形

ササ属は東アジア区を特徴づけるイネ科で，常緑広葉をつけ木質の茎(稈)を持つ植物群である。ササ属では種の範囲づけに異論があり大方が合意できる種分類が困難な状態だが，これまで東アジア区の北限はササ属の分布北限とほぼ一致すると

表 4-2 千島列島・北海道・カムチャツカ半島における在来維管束植物の優占科の種数と(順位)。本書の科はAPG体系によっているが，本表では3地域間での比較を容易にするために旧来の科の取り扱いを踏襲している。

科	名	千島列島[1]	北海道[2]	カムチャツカ半島[3]
カヤツリグサ科	Cyperaceae	136(1)	162(1)	113(2)
イネ科	Poaceae	122(2)	119(3)	116(1)
キク科	Asteraceae	91(3)	123(2)	87(3)
バラ科	Rosaceae	54(4)	78(4)	39(5)
キンポウゲ科	Ranunculaceae	46(5)	66(5)	47(4)
ラン科	Orchidaceae	43(6)	66(5)	20
ツツジ科	Ericaceae	41(7)	41(8)	28(9)
イグサ科	Juncaceae	32(8)	32	25
タデ科	Polygonaceae	30(9)	42(7)	14
ナデシコ科	Caryophyllaceae	26(10)	41(8)	36(6)
マメ科	Fabaceae	26(10)	37(10)	23
ゴマノハグサ科	Scrophulariaceae	26(10)	33	26(10)
セリ科	Apiaceae	26(10)	37(10)	14
シソ科	Lamiaceae	20	37(10)	8
アブラナ科	Brassicaceae	23	33	35(7)
ヤナギ科	Salicaceae	25	25	29(8)
キク科＋ラン科	Asteraceae＋Orchidaceae	134	189	107
キク科／ラン科	Asteraceae/Orchidaceae	2.12	1.86	4.35

[1]Barkalov(2009)，[2]伊藤(1981)：伊藤・日野間(1985)ほか，
[3]Yakubov and Chernyagina(2004)

いわれている。千島列島からはミヤコザサ節1種，チマキザサ節5種，チシマザサ節2種が記録されているが，ほとんどの種は宮部線以南にしか分布しない。しかしチシマザサのみはケトイ島まで北進している(Appendix 3)。この点で少なくとも千島列島においては，東アジア区の北限(宮部線ないしブッソル線)とチシマザサの分布北限とは一致していない。チシマザサはウルップ島からケトイ島までの間では，チルポイ島，ブラットチルポイ島から記録がない。これら両島の面積は小さく，生育できる立地環境が限定的なためと解される。チシマザサが自生するケトイ島は，ナナカマド，イチイなど温帯木本の北限地にもなっており，温帯樹林を温存できる立地環境がケトイ島にある程度の面積確保されているのであろう。中千島において，チシマザサはダケカンバ林の林床植生となるのが一般的であるため，ケトイ島においてある程度密生したダケカンバ林が成立していることも，チシマザサの生育に好都合だったと思われる。

木本性のつる植物の存在もしばしば東アジア区の北限を考える場合に考慮の対象となる。千島列島での木本性つる植物としては，チョウセンゴミシ，マタタビ，ミヤママタタビ，サルナシ，ツルアジサイ，イワガラミ，オニツルウメモドキ，ツタウルシ，ヤマブドウが挙げられる。これらのうち，択捉島とウルップ島の間の宮部線を越えて記録があるのは，ツルアジサイ(ウルップ島)，ツタウルシ(ウルップ島)のみであり，さらにウルップ島のツルアジサイは文献記録のみ(Barkalov, 2009)なので，再検討が必要である。このように一般につる植物という生育形の地理分布においては，宮部線がよく対応しており，現在の気候環境要因でほぼ説明できると思われる。なお国後島での自生地の観察では，ツタウルシは森林帯でなくとも海岸地域の向陽岩崖地などが生育可能な局所的立地環境になっていた。

常緑広葉低木の生育形(ツツジ科植物は除く)は，温帯多雪気候に適応したものと推定される。このため特に知床半島と国後島のフロラの共通性を考えるうえで注目すべき植物群である。千島列島では，エゾユズリハ(国後島・択捉島)，ツルシキミ(国後島・択捉島・ウルップ島)，ハイイヌツゲ(色丹

島・国後島・択捉島・ウルップ島*），ツルツゲ(色丹島～パラムシル島)，アカミノイヌツゲ(国後島・択捉島)がこれにあたり，やはり宮部線に対応する種類が多いがウルップ島以北まで分布が伸びるケースも散見される。特にツルツゲは中千島・北千島まで点在するが，これは茎が上方向に生育せずほふく的な生育形をとるため，局所的な多雪環境で生育できる例と思われる。

3. 北方系と南方系の分布境界線

これまで舘脇(1934, 1947)，Tatewaki(1957)の意見に従い，千島列島における北方系の植物地理区(周北区)と温帯系の植物地理区(東アジア区)との境界は，択捉島とウルップ島との間の「宮部線」に置くのが日本では通例だった。舘脇(1934)によれば(図4-5A)，「宮部線」で南千島区と北千島区に分け，南千島区はさらに国後小区と択捉・色丹小区の2小区に，北千島区はまずシャシコタン島以北を北千島亜区，南を中千島亜区とする。北千島亜区はさらにシャシコタン・オネコタン小区とパラムシル・シュムシュ小区とに2分，中千島亜区はウルップ小区とシムシル・マツワ小区とに2分した。一方Barkalov(2000)は，第二次大戦後のロシア側の成果を付け加え千島列島に135科550属1,367種を認め，科・属・種レベルでの北限を島間で比較し，ウルップ島とシムシル島の間のブッソル海峡に大きなギャップを認め(図4-5B)，ウルップ島以南を東アジア区，シムシル島以北を周北区とした(本書ではこの境界線を「ブッソル線」と仮称する)。東アジア区はさらに色丹・歯舞区，択捉・国後区，ウルップ区に3分し，周北区はライコケ島以南の中千島区とシャシコタン以北の北千島区とに2分した。

現在のおもに大気候環境に影響を受ける植生分布と，地史に影響を受ける植物区系とはしばしば一致せず(村田，1977)，植物生態地理学(ecological plant geography)と植物区系地理学(floristic plant geography)とに分けて考えるのが一般的である(Daubenmire, 1978)。実際，Barkalov(2000)は，「宮部線」は植生分布の境界(“geobotanical subdivision”)と解釈し，「ブッソル線」を植物区系の境界(“floristic subdivision”)としている。ただ特定種が特定の群落・植生にのみ見られる現象は普通にあるので，現在の環境を反映した植生分布が地史的な

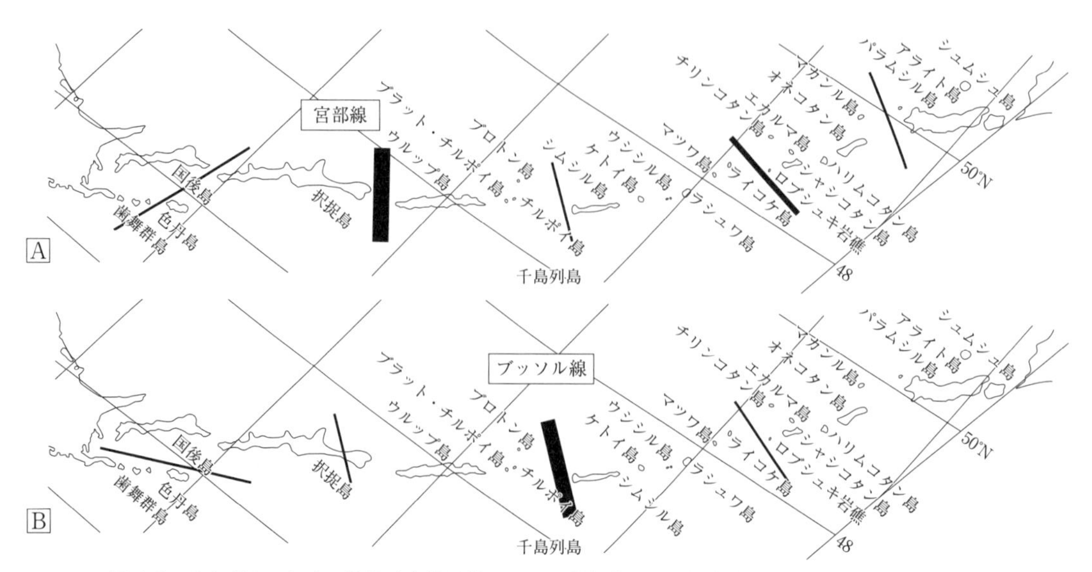

図4-5　千島列島における植物分布境界線の2つの考え方。A：舘脇(1934)，B：Barkalov(2000)

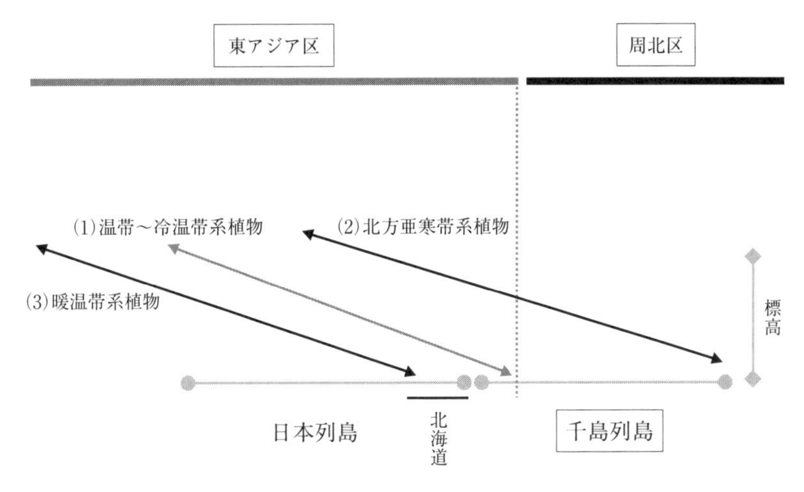

図 4-6　日本列島・千島列島周辺の植物地理区と3つの植物分布要素。東アジア区と周北区の境界は温帯～冷温帯植物の北限地と一致し，北方亜寒帯系植物は日本列島の本州中部山岳が南限となる。暖温帯系植物の北限は北海道南部(黒松内低地帯ないし石狩低地帯)にまで達している。

植物区系に大きな影響を与えていることも間違いない。

地史的な積み重ねにより形成された現在のフロラが現実の地表面に生育・展開しており，その多くは現在の環境の影響を受けた立地の上に現出している。しかし植物の地理分布には偶然性あるいは履歴性(たまたまの種子分散など)も大きな影響を与えており，その結果現在の地理分布や植生を現在の環境条件・立地環境のみで説明することはできない。

さて，現在の北海道フロラを構成している植物群は，日本列島に移動してきた推定年代から，大きく以下の3つの植物要素にまとめられる。これらは古い方から(1)第三紀の温帯～冷温帯系植物，(2)第四紀氷河期の北方亜寒帯系植物，(3)第四紀後氷期の暖温帯系植物である。これら日本列島周辺の3植物要素と標高，植物地理区との対応関係をまとめたのが図4-6である。東アジア区の北限は，おもに第三紀に日本列島に移動してきた温帯～冷温帯系植物群の分布北限によって決まっていると思われる。一方で第四紀氷河期に南進してきた亜寒帯系植物群の南限は本州中部山岳地帯まで伸びているため，東アジア区と周北区との境界には直接関与しない。また第四紀後氷期に北海道に北進してきた暖温帯系植物群の北限は多くの場合道南の黒松内低地帯あるいは石狩低地帯であるため，これも東アジア区の北限には直接関係しない。

4. 北方系植物の移動経路 —— サハリンルートとの比較

日本の植物相が形成されるにあたって，サハリンと千島列島は特に北方系植物の移動において重要な役割を果たした。

舘脇(1947)は宮部線を解説した論文中で，これら2つのルートについて言及し，宮部金吾はサハリンルートを，武田久吉は千島ルートを重視したとし，さらにサハリン・千島ルートばかりでなく，「大陸との直接関係をより深く考慮してよいのではないか」とも述べている。さらに，「過去に於ける移動過程を仮説するのも非常に興味があるけれども，現在如何なる役をなしているかこれを検討することも重要なる問題である。」としている。

これは最近大きな問題になりつつある外来植物の移動経路という点からも興味深い指摘である。

さて，サハリンルートを利用したのはシベリアやアムール・沿海州からのおもに大陸気候に適応した植物群であり，千島ルートはおもに新大陸・カムチャツカからの北太平洋沿岸地域に分布する海洋性の植物群によって利用された，と推察される。千島列島が色丹島を除けば，おもに第三紀の活発な火山活動が見られる地域であるのに対して，サハリンには中生代までの古い地質が広く分布し，石灰岩などの特殊岩地域を含むのも対照的である(表4-3)。

ここではサハリンルートと千島ルートを裸子植物群，セリ科植物，ツツジ科植物で比較したS-Kインデックスの例を挙げる(高橋，2012b)。

標本が多数とられている植物種は，もともとその地域で個体数が多いものではないだろうか。もちろん水生植物，大型の植物，刺のある植物などの採集は敬遠されがちなので，それ以外の植物種に比べて標本点数が少ない傾向はあるだろう。しかし同じような形態や生活形をもつ植物分類群のなかで見れば，植物個体が多い植物種はより採集されやすいだろう。このため，ある地域から採集された植物標本点数は，該当地域でのその植物の

表4-3　サハリンと千島の比較

地　域	氷河期の移動ルート	地　質 気　候	植物種
サハリン	アムール・沿海州地域と北海道を結ぶ 幅広い陸橋	古い地質・特殊岩 大陸性気候	面積の割に少ない種数 固有属あり
千島	カムチャツカ半島と北海道を結ぶ 海峡で所々分断	新しい地質・活発な火山活動 海洋性気候	面積の割に多い種数 固有属がない

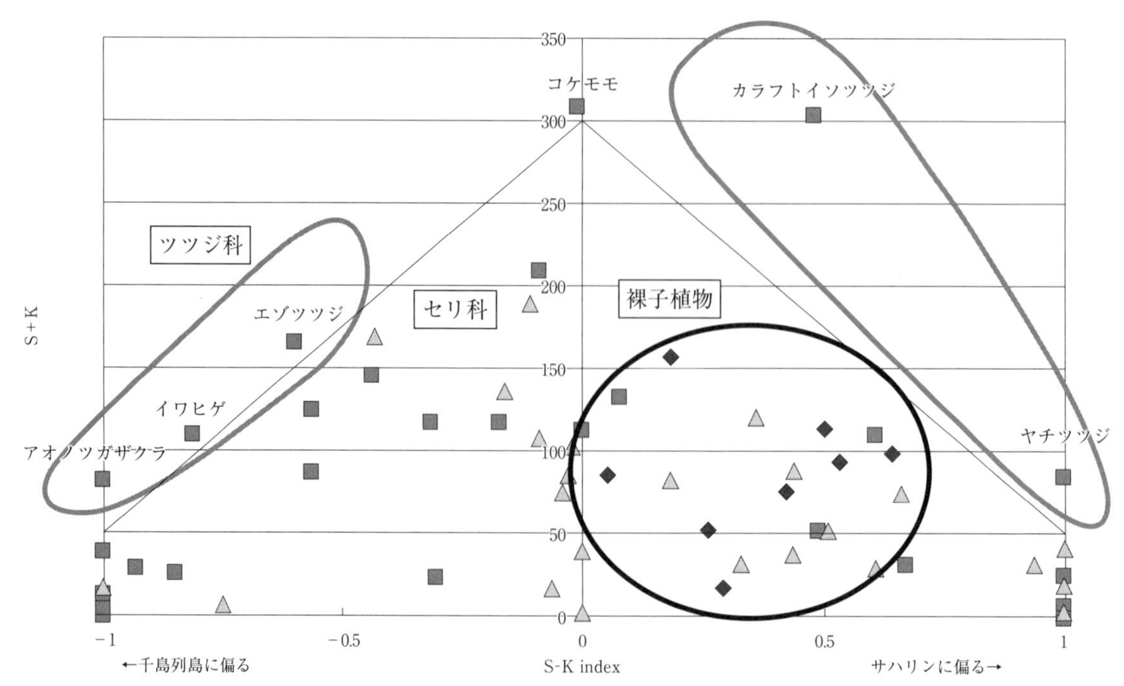

図4-7　千島・サハリン地域におけるS-K index(高橋，2012bを一部改変)。◆裸子植物群，△セリ科植物，■ツツジ科植物

個体数の多さ(生育量)を間接的に示す指標になりうると考えた。このようにして北方系植物の移動ルートである千島列島の標本点数をサハリンのそれと比較したのが図 4-7 である。ここでは裸子植物群 8 種(高橋, 2003；Takahashi, 2004), セリ科植物 27 種(Takahashi, 2009), ツツジ科植物 31 種(Takahashi, 2006)の計 3 植物群 66 種の標本点数(日本の主要植物標本庫調査に基づき，重複標本は 1 点と数える)を比較した。横軸の S-K index は S－K/S＋K の値で，ここで S はサハリン産標本点数，K は千島列島産標本点数であり，値が＋ならばサハリンに，－ならば千島列島に相対的に分布が偏っていることを示す。＋1 ならサハリンでしか採集されていない種を，－1 なら千島列島でしか採集されていないことを示す。縦軸は S＋K の値で，サハリン産標本と千島列島産標本の総点数である。たとえばツツジ科のコケモモは合計標本 300 点以上と最も多く，しかも S-K index はほぼ 0 でサハリンにも千島列島にも偏りなく同じ位の量が出現していることを示す。コケモモを頂点とした三角形の斜辺よりも上にある植物種は一方の地域(移動ルート)に，量的に多く出現していることを示す。つまり，ツツジ科のアオノツガザクラ，イワヒゲ，エゾツツジは千島列島に，カラフトイソツツジとヤチツツジはサハリンに相対的に多く出現している，という具合である。アオノツガザクラは S-K index が－1 だから，千島列島にしか見られずサハリンには分布していない。しかもこの S-K index の値にしては S＋K の量が多いことから，アオノツガザクラは千島列島を経由して日本列島に移動してきたと考えられる。一方，ヤチツツジは S-K index が＋1.0 だから，サハリンにしか見られず千島列島の標本はない(ただし，日本には千島列島産標本がないが，ロシア側では歯舞群島から報告があり，国後島から記録のみがある)。やはり S＋K 値も大きいことから，ヤチツツジはサハリンを経由して日本列島に移動してきたのだろう(高橋, 2004)。また裸子植物群の種類の多くが S-K index がプラスの値，つまりサハリンルートに偏っていることもわかる。このように現在の地理分布パターンを 2 ルート間で定量比較することで，地史的な 2 ルートの「過去の役割分担」を推測することができる。

5. 地理分布パターン

5-1. 分布型・分布要素

植物種が持つ地理分布パターンを「○○型」「○○要素」といったカテゴリーで区別することがよく行われる。日本では一般に高山植物の分布型を議論する際に使われてきた(清水, 1982, 1983；佐藤, 2007b)。

本書ではまず，気候帯に対応した植物カテゴリーとして亜寒帯植物，冷温帯植物，暖温帯植物の大きく 3 つに分け，後 2 者に細分できないときに温帯植物という表現を使った。これは植物種の生育特性を日本列島周辺の南北にそった温度要因と対応させて判定したもので，緯度方向での分布パターンを表現するものである。現在の環境要因をより大きく反映した植物カテゴリーともいえるだろう。

一方，おもに経度方向(東西方向)での分布の連続性を考慮して分布型を分類したのが以下の植物要素である。おもに清水(1982, 1983)を参考にしながら，汎世界要素(南半球にも分布するもの)，周北極要素(ユーラシアのみと，ユーラシア＋北アメリカ分布を含む)，北太平洋要素，東北アジア要素，北アジア要素，東アジア要素，中国・ヒマラヤ要素，アジア大陸要素，北アメリカ・東アジア隔離要素，東南アジア要素，固有要素などに分けた。これらの分布パターンは現在の環境要因というよりもむしろ過去の地史を色濃く反映していると推定される。このためこれらの分布要素と，すでに第 3 章 3 で述べた日本列島に移動してきた推定年代から認めた3つのグループとを対応させることができる。たとえば北アメリカ・東アジア隔離要素は(1)第三紀の温帯～冷温帯系植物に対応し，新生代第三紀の温暖な時代にユーラシアから北アメリカに広域分布していた植物がその後の寒冷化により2地域に分断されてできた分布パターンと見られる(Li, 1952；Hara, 1952, 1956)。そして周北極要素，北太平洋要素，東北アジア要素の植物は(2)第四紀氷河期の北方亜寒帯系植物に対応しており，新生代第四紀更新世の氷期に北方地域から南下してきた植物が何回かの南下・北上を経て現在の分布パターンを確立したと見られる(植田・藤井，2000)。さらに，東アジア要素は(3)後氷期の暖温帯系植物にあたり，最も新しい時代の新生代第四紀完新世(後氷期)である温暖期に本州から北海道・千島列島に北上してきた植物の現在の分布パターンと思われる。

このようなさまざまな地理分布パターンを持つ植物種は，千島列島内の北東－南西軸にそって見ると，いくつかの地理分布パターンに分けることができる。

(1)千島列島南部分布：本州からの暖温帯系植物の北東限分布，あるいはサハリンルートで南下した北方系植物の遺存分布である。例：ゼンマイ，トラノオシダ，トドマツ，ミクリ，キツネノボタン，ハリギリなど多数。

(2)千島列島中部分布：北太平洋系の植物分布，アリューシャン列島との共通性がある。例：イシノナズナ，ラシュワコザクラなど少数。

(3)千島列島北部分布：カムチャツカ半島と共通性のある北方系植物分布。例：チシマサカネラン，パラムシロスゲ，ヒゲハリスゲ，チシマヒメカラマツ，キョクチハナシノブ，ヤチシオガマなど。このなかには北海道に分布がなく，千島列島北部と本州中部山岳に不連続分布するようなクモマキンポウゲ，タカネマンテマ，ダケスゲなどが含まれる。

(4)千島列島両側分布。南千島と北千島に分布するが中千島に欠落する型。(2)の型の裏返しの関係。コウボウ，オニイチゴツナギ，アカミノルイヨウショウマ，ハナタネツケバナ，トチナイソウなど。

(5)千島列島全域分布。列島全域に普通あるいは断続的に分布。ヒカゲノカズラ，スギナ，クルマユリ，テンキグサ，チシマネコノメ，ミヤマハンノキ，タカネナナカマド，ヨツバシオガマなど多数。

種の地理分布のうち特に緯度方向に着目して植物カテゴリーに分ければ現在の温度環境を反映した種特性が見え，経度方向を中心とした分布のつながりに着目して植物要素に分ければ地史的な違いが見えてくる。これらを千島列島内の北東－南西軸での地理分布パターンと対比・重ね合わせることで，植物種の地理分布を決めている環境要因と地史要因との実際をある程度推定できると期待される。

コラム5　北を見る目・南を見る目

「南から北を見る目」においては，北方植物は珍しい存在であり希少価値が高い。一方，「北から南を見る目」においては，南方植物はエキゾチックな希少植物として映る。本州人が北海道を見る目は「北を見る目」であり，シベリアやサハリンに住むロシア人が北海道を見る目は「南を見る目」なのである。

北海道で見られる北方植物・高山植物を珍重する考えは，本州人の「北を見る目」の発想ではないだろうか。この20年来のシベリア・サハリン・千島列島での植物調査を通してこのように考えるようになった。北海道よりも北方に住む人々から「南を見る目」では，北海道は南方植物の北限地である。豊富なつる植物が茂り，ブナやハルニレなどの広葉樹の巨木が林立し，カエデ属やモクレン属の木本が生育する魅力的な地なのである。

我々北海道に住む人間は，もっと南方植物に関心を払うべきではないだろうか。ヒメアオキやキブシ，ハナイカダなどの低木類や南方系のラン科植物，クマガイソウやエビネなど魅力的な植物が道南には多数ある。北海道の絶滅危惧種というとどうしても北方植物(高山植物)偏重となり，南方植物は軽視されがちである，と考えるのは私が少しロシア化したせいなのだろうか。

(高橋(2012a)『北から来た植物』の一部を改編)

5-2. 欠落分布とスポット分布

欠落分布の典型は，当該地域に立地環境がない場合である。水生植物が生育できる湖沼や池塘がない場合は一目瞭然である。しかし一般的にはある地域に，ある植物が分布していないことを証明するのは難しいので，欠落分布については議論がされないことが多い。それでも千島列島で有名な例としてはハイマツの欠落分布がある。ハイマツは北東ユーラシアの固有種で，しばしば山岳上部に群落を構成するので注目される。千島列島では爆発的な噴火からの植生回復の時間が短い島(アライト島，マツワ島)やサイズの小さい島で見られない。これは種子分散や定着のチャンスが限られているためとされる。色丹島にハイマツがないのはミヤマビャクシンなどのわい性低木との生態的な競争，種供給源からの距離などが働いているとされる。

千島列島において局所的に分布が見られる「スポット分布」の極端な例は地熱，硫気孔原に限って見られる植物であろう。特に国後島の地熱地帯で最近見つかったマツバランは特筆される。現在までのところ本種の北限は宮城県であり，暖温帯系植物の長距離散布の最たるものである。今後，北海道の地熱地帯でも見つかる可能性がある。

6. 植物の移動と種分化の実験場

6-1. 普通種と固有種

歯舞群島からアライト島までの主要21島すべてから記録のある植物を「千島列島の普通種」と見なすと，13種がリストできる。生活形や立地植生からまとめると以下のようになる。(1)シダ植物：シラネワラビ，(2)低木：ミヤマハンノキ，タカネナナカマド，(3)海岸植物：ハマハコベ，トモシリソウ，オオバナミミナグサ，マルバトウキ，ネムロスゲ，(4)沿岸～台地上草原(一部林まで)：ヤマハハコ，チシマアザミ，チシマフウロ，コケモモ，マイヅルソウ。これらのほとんどは北海道東部でも海岸～低地草原の普通植物であるが，トモシリソウは日本では道東地域海崖のみに見られる希少種である点で特筆される。以上には含まれていないが，チシマコハマギクもこれに似た例である。またミヤマハンノキとタカネナナカマドといった低木が千島列島全体の普通種であるのも注目される。

一方，千島列島の固有種(千島列島以外では見られない種)候補として26種を挙げ(表4-4)，種分類について表中にコメントした。この結果，確実性の高い千島列島固有種は14種(内タンポポ属6種，それ以外8種)となった。千島列島においては，特にタンポポ属で多数の固有種が報告されているが，属自体の種分類に問題もあり今後の課題としたい。この結果，タンポポ属以外の異論がなく確実と考えられる千島列島の固有種はカワカミモメンヅル，シコタンアズマギク，チシマウスユキソウ，ウルップオウギ，クナシリオヤマノエンドウ，チシマヒナゲシ，カタオカソウ，ウルップトウヒレンの8種となり，その地理分布を見ると(図4-8)特に択捉島を中心とした南千島から中千島南部あたりに分布中心があるものが多い。ここは千島列島における温帯植物の北東限地帯でもあり，ある程度の集団の孤立があり，またある程度のサイズの島が集まってもいる。これらの地理的・地形的要因が千島列島固有種の分化に有利に働いたに違いない。

6-2. 分子系統地理研究

千島列島における植物の移動と種分化の歴史を解明するにあたっては興味深い遺伝子研究がされている。シオガマギク(Fujii, 2003)とエゾコザクラ(Fujii et al., 1999)の例を見よう。

シオガマギクでは，サハリンルートと千島ルー

表 4-4　千島列島の固有植物種。Barkalov(2009)で挙げられた千島列島固有植物 25 種にチシマヒナゲシを加えた。本書で固有種と認めたものは学名を太字立字体で示す。交雑個体，既報種に含まれると考えられるもので固有種として認めるのが難しいものは普通字の斜字体で表している。

学　名	和　名	科　名	自生する島名	分類学上の課題と本書での処置
Aconogonon pseudoajanense Barkalov et Vyschin	ヒメイワタデモドキ	タデ科	択捉島	ヒメイワタデとオンタデの交雑種(邑田・米倉，2012)
Astragalus kawakamii Matsum.	カワカミモメンヅル	マメ科	択捉島	リシリオウギに近縁の固有種
Betula paramushirensis Barkalov	パラムシルカンバ	カバノキ科	パラムシル島	ダケカンバとヒヒメカンバの交雑起源の分類群
Carex chishimana Ohwi	ベットブスゲ	カヤツリグサ科	シュムシュ島・パラムシル島・マツワ島	タカネヤガミスゲとの比較が必要な種
Carex ushishirensis Ohwi	ウシシルスゲ	カヤツリグサ科	パラムシル島・ラシュワ島・ウシシル島	タカネヤガミスゲとの比較が必要な種
Clinopodium kunashirense Prob.	“クナシリクルマバナ”	シソ科	国後島	日本のヤマクルマバナにあたる
Erigeron schikotanensis Barkalov	シコタンアズマギク	キク科	ウルップ島・国後島・色丹島	ミヤマアズマギクに近縁の固有種
Glyceria voroschilovii Tzvelev		イネ科	択捉島	ドジョウツナギとカラフトドジョウツナギないしミヤマドジョウツナギとの交雑起源の可能性のある種類
Hedysarum nonnae Roskov		マメ科	アライト島～択捉島の各島	カラフトゲンゲの北方型，属全体の検討が必要
Leontopodium kurilense Takeda	チシマウスユキソウ	キク科	択捉島・色丹島	オオヒラウスユキソウに似る固有種
Lycopus kurilensis Prob.	“チシマシロネ”	シソ科	国後島	日本のコシロネにあたる
Minuartia kurilensis Ikonn. et Barkalov	“チシマミヤマツメクサ”	ナデシコ科	アライト島・パラムシル島・オネコタン島・マツワ島	日本のエゾミヤマツメクサとの比較が必要
Oxytropis itoana Tatew.	ウルップオウギ	マメ科	ウルップ島・択捉島	リシリゲンゲに近縁の固有種
Oxytropis kunashiriensis Kitam.	クナシリオヤマノエンドウ	マメ科	国後島	オヤマノエンドウ属の固有種
Oxytropis retusa Matsum.	コダマソウ	マメ科	パラムシル島～択捉島の各島	ヒダカミナマノエンドウと同一種とした，比較が必要
Papaver miyabeanum Tatew.	チシマヒナゲシ	ケシ科	マツワ島，シムシル島，ブラットチルポイ島，ウルップ島，択捉島	リシリヒナゲシに近縁の固有種
Poa ketoiensis Tatew. et Ohwi	ケトイイチゴツナギ	イネ科	ラシュワ島・ウシシル島・ケトイ島	カラフトイチゴツナギやイブキソモソモとの比較が必要
Pulsatilla taraoi (Makino) Takeda ex Zāmelis. et Paegle	カタオカソウ	キンポウゲ科	ケトイ島・シムシル島・チルポイ島・ブラットチルポイ島・ウルップ島・択捉島・色丹島	ツクモグサに類縁のある固有種
Salix ketoiensis Kimura	ケトイヤナギ	ヤナギ科	ラシュワ島・ケトイ島・シムシル島・チルポイ島・ウルップ島	タカネイワヤナギとミネヤナギの交雑種とされる
Saussurea kurilensis Tatew.	ウルップトウヒレン	キク科	シムシル島・チルポイ島・ブラットチルポイ島・ウルップ島・択捉島	ナガバキタアザミに近縁の固有種
Taraxacum ketoiense Tatew. et Kitam.	ケトイタンポポ	キク科	アライト島・シュムシュ島・パラムシル島・ハリムコタン島・ライコケ島・マツワ島・ケトイ島・ウルップ島	暫定的に固有種として扱う
Taraxacum kojimae Kitam.	コタンポポ	キク科	アライト島・パラムシル島	カンチヒメタンポポに似るが，暫定的に固有種として扱う
Taraxacum shimushirense Tatew. et Kitam.	シムシルタンポポ	キク科	マツワ島・ウシシル島・ケトイ島・シムシル島・ブラットチルポイ島・ウルップ島	暫定的に固有種として扱う
Taraxacum shumushuense Kitam.	シュムシュタンポポ	キク科	アライト島・シュムシュ島・パラムシル島	暫定的に固有種として扱う
Taraxacum vulcanorum H. Koidz.	チャチャダケタンポポ	キク科	択捉島・国後島	暫定的に固有種として扱う
Taraxacum yetrofuense Kitam.	エトロフタンポポ	キク科	択捉島・国後島・歯舞群島：志発島・勇留島	暫定的に固有種として扱う

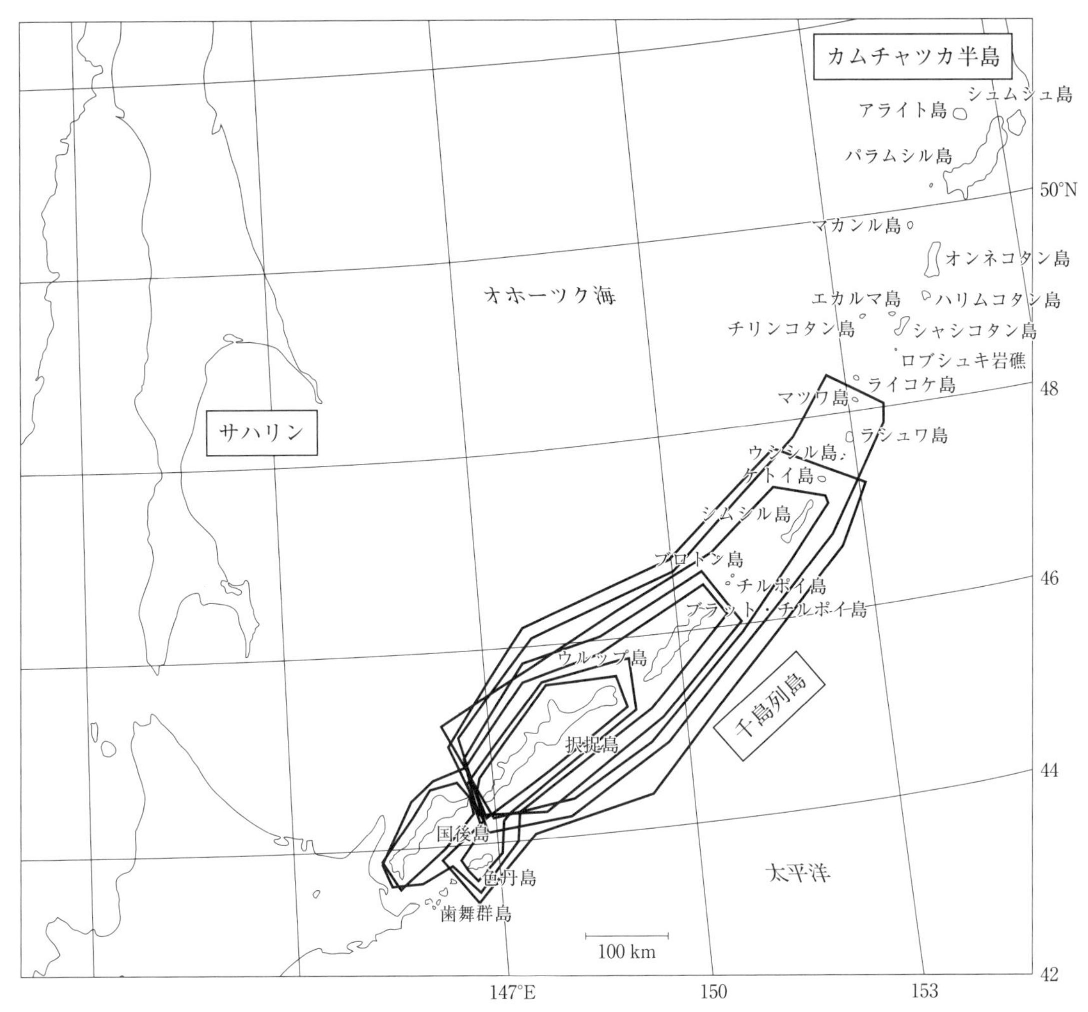

図 4-8　タンポポ属を除く千島列島固有 8 種の地理分布

トとで，異なる葉緑体 DNA ハプロタイプが見られる(図 4-9)。サハリンで多く見られる A 型は日本全域，朝鮮半島でも見られることからより古い時代に日本列島に移動してきた集団の可能性がある。一方，千島列島で解析された個体はすべて D 型であり，この型は千島列島～北海道にかけてのみ見られ，北海道より南や朝鮮半島，サハリンでは見られない。比較的最近になって分布を広げた可能性がある。

Fujii et al.(1999)は日本とその周辺のエゾコザクラの葉緑体 DNA ハプロタイプを調べた(図 4-10)。このうち，千島列島とその周辺地域の結果のみを取り出すと大変興味深い。北千島のシュムシュ島の試料は B 型であり，カムチャツカ半島のペトロパブロフスク・カムチャツキーや北海道の利尻島・ラウス岳の試料と同じ型になった。つまりハプロタイプの B 型の分布は千島列島における断続性分布(舘脇，1947)，両側分布(bilateral distribution; Takahashi et al., 1997)に近いことを示している。一方，中千島のオネコタン島，ハリムコタン島，ウシシル島の試料はすべて A 型となり，地理的にはより離れたアリューシャン列島ウナラスカ島の型と一致した(図 4-10)。エゾコザクラのハプロタイプ A 型はイシノナズナやラシュワコザクラと同様に「千島列島中部分布」をしていたのである。

イシノナズナに見られるように(Takahashi et al., 2000)，中千島の海鳥営巣地周辺に集中して見られる植物が，北千島・カムチャツカ半島や南千島

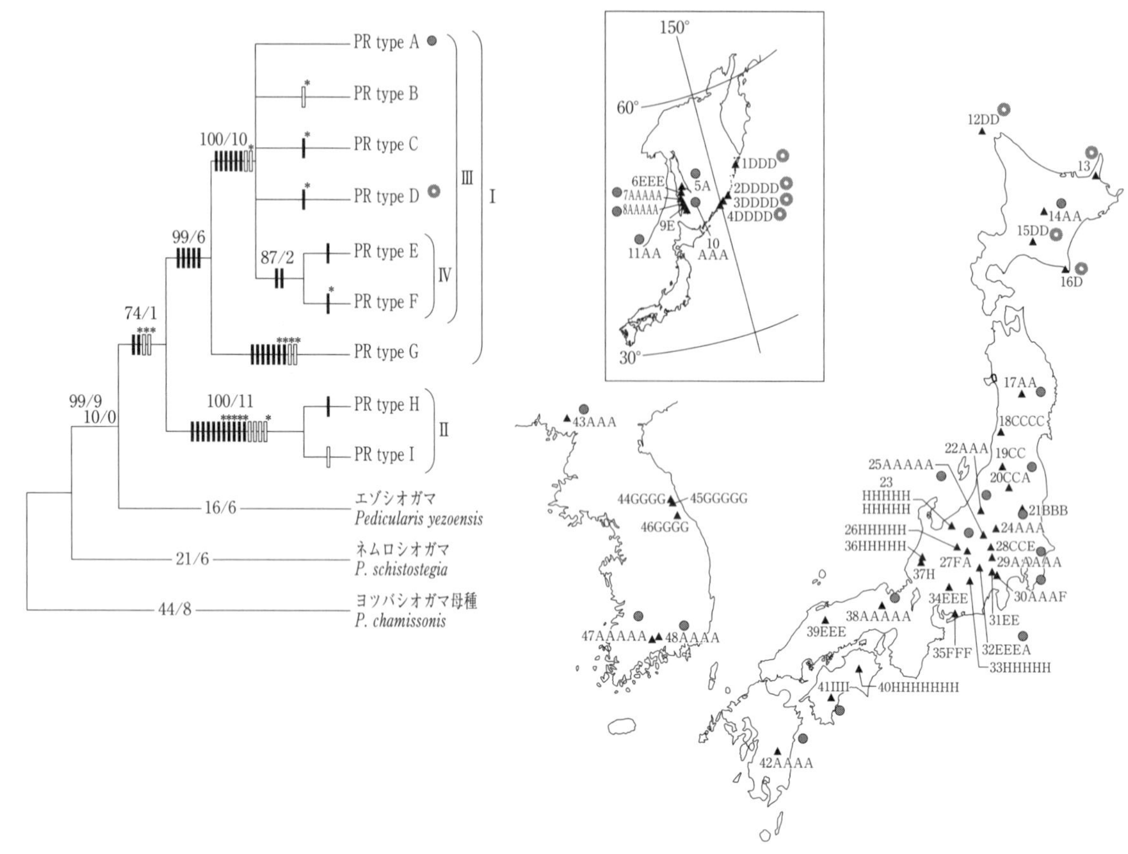

図 4-9　シオガマギク(広義)地域個体群の葉緑体 DNA による系統地理(Fujii, 2003 を一部改変)

では少ないか欠落し，かえってアリューシャン列島に多いことは興味深い。しかしエゾコザクラ集団の北千島と北海道間(B 型)，中千島とアリューシャン列島間(A 型)に見られる葉緑体ハプロタイプの一致が，過去の長距離移動によるものなのか時間差をもって南下してきたことによるものなのかは，さらに多くの地点(特に南千島やサハリン)での解析結果を加える必要があるだろう。また別の種で共通するパターンが見られるかどうかの検討も必要となってくる。いずれにしても千島列島にそった遺伝的種内変異の解析研究は，列島の植物地理史を解明するうえで重要な視点を与えてくれるだろう。

6-3. 交雑と種子分散

被子植物の進化において交雑が果たした役割は大きいが，自然交雑個体と考えられる例が千島列島ではしばしば報告されている。ヤナギ属やイネ科で特に多い。筆者らが確認した例では，セリ科のミヤマセンキュウとカラフトニンジンの例がある。北海道では山地帯にミヤマセンキュウが，沿海地域にカラフトニンジンが自生するため，自生地が違いまた形態も明確に差があり同定に困ることはほとんどない。しかし，知床半島と南千島では両種の中間型が見られることがしばしばある。これは分布の北東限地帯において両種の分布生態域である山地と海岸とが隣接するようになるため，交雑が生じた結果と考えられる。このように本来山地と海岸とで種分化した種類が島嶼系において再び出会い，遺伝子の交換が起きていると考えられる。

千島列島においては海峡が植物移動のバリアーとして一定程度働いたとされるが，一方で風や海

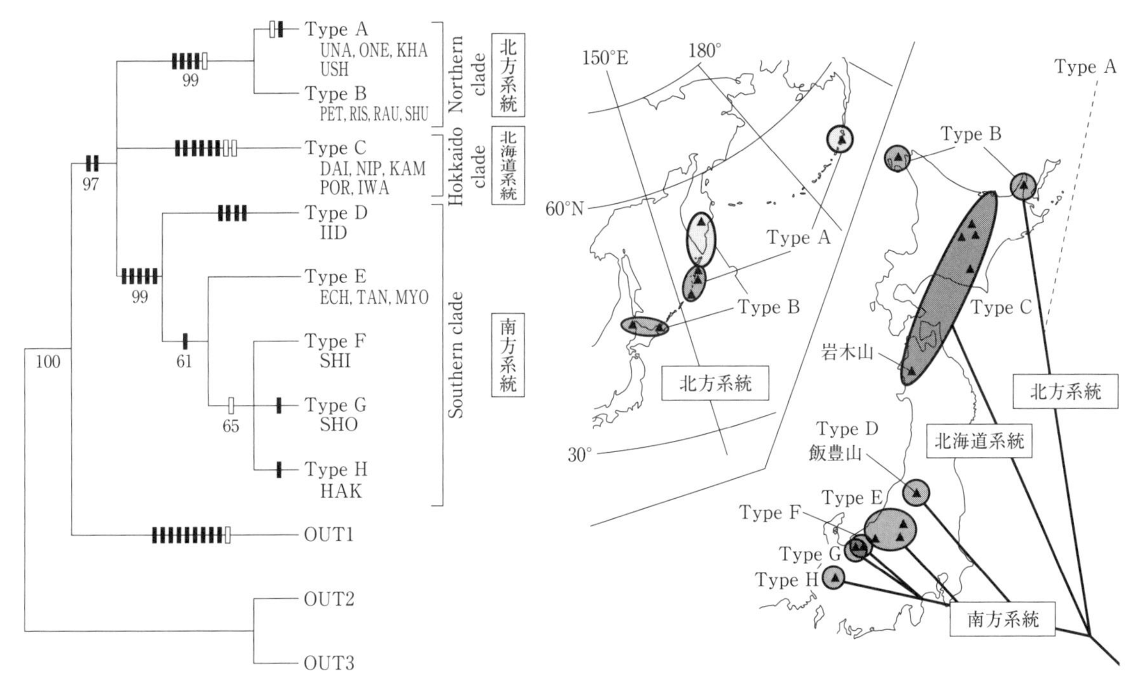

図 4-10 エゾコザクラ地域個体群の葉緑体 DNA による系統地理(Fujii et al., 1999；植田・藤井，2000 を一部改変)

鳥による種子分散と考えられる例も多くある。

千島列島において新たに形成された火山礫地に最初に侵入してくる植物は木本としてはヤナギ属の低木のようである。アライト島の山岳中腹の礫地ではヨモギ属も顕著であった。これより千島列島での島間の植物移動には風散布種子が一定程度寄与した可能性がある。またタカネナナカマドの千島列島における普遍性を考慮すると鳥散布種子の寄与も十分に考えられる。これまでのところこれらは定性的な推定にすぎず，さらに定量的な比較研究が必要である。

島を舞台とした生物学は多くの研究者の注目を引いてきた(Carlquist, 1974; Grant, 1998; Stuessy and Ono, 1998; Whittaker, 1998)が，その固有性の高さから海洋島を研究対象とすることが多かった。この点で大陸縁に存在し，種供給源となる北海道とカムチャツカ半島をつなぐ千島列島を対象とした交雑や種子分散の研究はこれから発展する可能性がある。

7. 千島列島の保全植物学 ── 絶滅危惧種と外来種

南千島の自然保護・学術調査・環境啓発活動を行う「国立クリリスキー自然保護区(Kurilsky Zapovednik)」(ロシア連邦の機関)が 1984 年に設立されている(Reserve “Kurilsky”, 2001)。現在，国後島北部の爺々岳周辺と南部の泊山周辺が自然保護区に指定されており，各々の周辺陸地・海域に緩衝地帯が設けられている。歯舞群島の陸域・海域(1 マイル)は禁猟区に指定され，色丹島も陸域の南側ほぼ半分と海域(1 マイル)全体が禁猟区となっている。一方，択捉島には南部に地域レベルの禁猟区が設けられているものの，国後島・色丹島・歯舞群島ほどには組織的な自然保護活動は行われていないようである(高橋ほか，2013)。中千島・北千島に関しては，現在パラムシル島のセベロクリリスク以外には定住地がないようであり，事実上人間による自然生態系へのインパクトはない。

7-1. 絶滅危惧種

日本の絶滅危惧種については，環境省によりレッドリストが公表されており(環境省，2012)，ロシア側でも極東地域に関するレッドリストやレッドデータブックがまとめられている(カムチャツカ：Chernyagina et al., 2007；プリモルスキー：Kozhevnikov et al., 2008；サハリン地区：Eremin et al., 2005)。このうちEremin et al.(2005)が扱うサハリン地区にはサハリンと千島列島が含まれており，維管束植物，蘚苔類，海藻類，地衣類，キノコ類をリストしている。このうち維管束植物だけを取り出して見ると，カテゴリーE(1)として34種，カテゴリーV(2)として86種，カテゴリーR(3)として57種，カテゴリーI(4)として4種となっている。さらにサハリンだけに分布する種を除くと，千島列島の絶滅危惧種としては，E(1)が31種，V(2)が57種，R(3)が41種(アズマツメクサとホソバノツルリンドウが千島列島に分布なしとされているが，実際にはある)，I(4)が3種と，計132種がリストされている(Appendix 4)。

このなかには，日本では本州～北海道の普通種で千島列島南部まで分布する温帯種の分布北東限集団がしばしば取り上げられており，北海道では普通なエゾユズリハ(E(1))，ホオノキ(E(1))，ハウチワカエデ(E(1))，カシワ(V(2))，ヤマグワ(V(2))，タラノキ(R(3))，キハダ(R(3))などの樹種，アカソ(E(1))，ホウチャクソウ(V(2))，カワラスゲ(V(2))，カタクリ(V(2))，ミヤマエンレイソウ(R(3))，ウド(I(4))などの草本種，イワガラミ(E(1))，コクワ(V(2))，アマチャヅル(V(2))，ノブドウ(V(2))，ツルアジサイ(R(3))などのつる植物，クジャクシダ(R(3))，イワガネゼンマイ(R(3))，コタニワタリ(R(3))，シシガシラ(R(3))などのシダ植物がリストされているのには驚かされる。しかし「絶滅危惧種」とは極めて地域的な概念でもあるので，本州の普通種が北海道の絶滅危惧種になることがあるのと同様，北海道の普通種が千島列島の絶滅危惧種になるのはあたり前のことでもある。

もちろん日本でも絶滅危惧種に指定されているムセンスゲ，キバナノアツモリソウ，ベニバナヤマシャクヤクなどが千島列島で同様に指定されている例もあるが，日本と千島列島で同じように絶滅危惧種に指定されている例はむしろ稀であり，また北海道での絶滅危惧種が千島列島では普通種である例もキヨシソウ(日本でCR)，シコタンハコベ(日本ではVU)などがある。

このように同じ絶滅危惧種において，ロシアでの評価と日本での評価とが一致しないのはやむをえない。地域レベルでのレッドリストやレッドデータブックは生物学的な絶滅可能性を評価するものだが，行政区域で区切られたなかでの保全施策のため，という行政的な側面を色濃くもっている。地域レベルのレッドリストやレッドデータブックが扱うのは，生物分類群単位での絶滅可能性評価ではなく，あくまで調査範囲(評価区域)内での対象種の絶滅可能性評価でしかない。地域間

コラム6　オニハマダイコンの侵入

北海道各地の砂浜に急速にオニハマダイコンが広がっている。原産地は北米東部といわれるが，海流による種子分散が疑われ，北米西部，オーストラリアを経由して，東アジア各地そして日本に広がっている。この多肉質のアブラナ科の1～2年草は，その絶妙なネーミングとすさまじい繁殖力で，現代の「北方四島」(南千島)の砂浜を象徴する外来種となっている。

私は礼文島北部の船泊の砂浜でオニハマダイコンの大群落を見て驚いたことがあるが，礼文島での発見と同じくして，北海道のオホーツク海側の各所から発見が相次いだ。このため2009年からの北方四島調査においてもその存在を気にしていた。日本海側から宗谷海峡を東進した対馬海流は北海道東部のオホーツク海側を南下し，ついには南千島に到達するだろうと睨んでいたのである。初めて見たのは，2010年の色丹島調査の折である。ただこのときは開花初期の1株だったので確信がもてなかった。ところが2012年には国後島や択捉島の海岸砂浜各所で群落を確認した。おそらく国後島には2000年代に侵入し，この10年ほどで南千島の海岸砂浜に急速に広がっていると推測される。生態的な影響はまだはっきりしないが，砂浜の景観がすっかり変わってしまうのには恐ろしさを感じる。北方四島と北海道との生態系の連続性を実感させる事例でもある。今後ともオニハマダイコンの動向からは目が離せない。

での評価の違いを回避しようとするならば，全地球レベルで評価するしかない。

7-2. 外 来 種

千島列島のフロラ・生態系の保全という観点からは，絶滅危惧植物(レッドリスト植物)の保全問題とともに，外来植物(ブルーリスト植物)問題の現状把握が必要である(Appendix 5)。特に島生態系は移入生物に対して脆弱であることはよく知られている。ロシア側では日本ほど外来種問題の緊急性が認識されていないので，なおさら問題点の指摘が必要と考えられる。

すでに述べたように，Tatewaki(1957) と Barkalov(2009)のリストを比較すると，戦後になって急速に多数の外来植物種が千島列島に侵入している。概数では千島列島全体では維管束植物が約 1,400 種，うち外来種は約 200 種(帰化率 14%)と見積もられる(表 4-5)。この値は近隣のサハリンやカムチャツカ半島とほぼ同程度であり，北海道の帰化率(外来種数／全種数)27%に比べれば半分程度と少ない。しかし北海道においては外来植物調査がかなり綿密に行われていること，日本の各県の平均の帰化率が約 10%であること(清水, 2003)を考慮するとそれほど安心できる状態ではない。特に定住者がいる国後島，択捉島，パラムシル島，色丹島などでは帰化率が 10%以上になっている(図 4-11)。一方で定住者のいない中千島では一般に帰化率が低く，特に帰化率が 1%前後と自然生態系が良好に維持されている島(チルポイ，ウシシル，ラシュワ，シャシコタン，ハリムコタン，マカンル)の存在は特筆に値する。しかしウルップ島，マツワ島，シムシル島など一時定住(戦後のソビエト連邦国境警備隊駐屯など)があった島ではその影響が残っており，帰化率は 5%以上となっている。

特に南千島の歯舞群島，色丹島，国後島，択捉島の間で外来種の分布パターンを比較すると興味深い。たとえば，歯舞群島には 39 種の外来種が分布するが，すべて北海道にも分布する種類であ

表 4-5 千島列島とその周辺地域における維管束植物の在来種と外来種(概数)の比較(千島列島は Barkalov(2009)，サハリンは Smirnov(2002)，北海道は伊藤(1981)，北海道(2010)，カムチャツカは Yakubov and Chernyagina(2004)による)

地　域	面積(km^2)	最高標高(m)	在来種数	外来種数	外来種数／全種数(%)
千島列島	15,600	2,339	1,200	200	14
サハリン	76,400	1,609	1,200	200	14
北海道	78,400	2,290	1,600	600	27
カムチャツカ	472,000	4,750	990	180	15

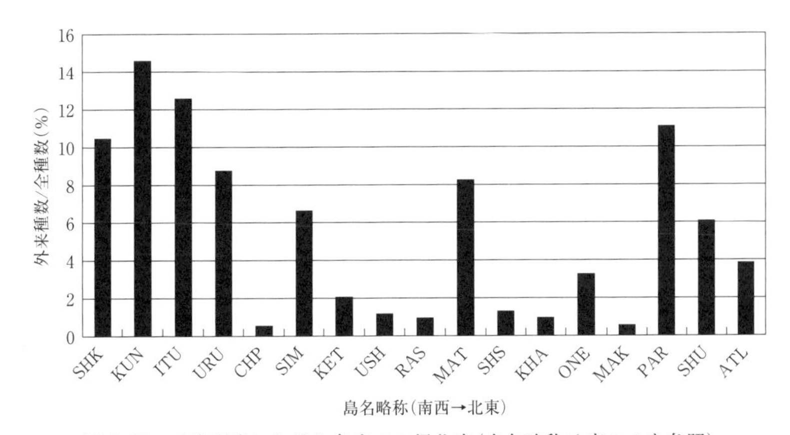

図 4-11 千島列島における各島での帰化率(島名略称は表 1-1 を参照)

る。このうち4種はサハリンには分布せず，6種はカムチャツカ半島に分布していない。さらに国後島と択捉島の外来種は好対照をなしている（表4-6）。国後島で見られる外来種144種のうち北海道でも見られる種類は118種（82%）だが，サハリンで見られる種は111種（77%）とより少なくなっている。一方，択捉島の外来種110種のうち北海道で見られるのは84種（76%）であるのに対しサハリンで見られる種類はより多く97種（88%）に上る。国後島の物流は，サハリンよりも北海道との間において密で，択捉島ではこの逆になっていることを示しているのかもしれない。実際，択捉島ではロシアの水産会社ギドロストロイによる経済活動が活発でインフラ整備が急ピッチで進んでいる。これにともなう物流はサハリンや大陸からのものと推察される。

2013年時点では南千島において以下のような外来植物問題があった。(1)国後島の古釜布町や択捉島の紗那町周辺では，庭で栽培されている園芸種の逸出やインフラ整備にともなう外来種の移入が認められた。(2)国後島の爺々岳山麓で群生が確認されたオオハンゴンソウ，択捉島紗那町周辺でしばしば群落を形成していたオオアワダチソウは，いずれも地下茎による栄養繁殖で密な群落を形成する高茎広葉多年草であり，将来，在来植生に大きな影響を与える可能性があり，早めの駆除が必要である。(3)択捉島中部などの海岸台地上の亜高山性広葉草原（お花畑）にフランスギクがしばしば侵入している。すでに自然景観に溶け込んでおり，どのように処置するか課題がある。(4)国後島・択捉島のおもにオホーツク海側の海岸砂浜に北アメリカ原産のオニハマダイコンが侵入している（図4-12）。これは人為的な持ち込みではなく，既に北海道・サハリン南部に侵入していた集団からの海流による種子の自然散布と推定されるが，在来の海岸植生を大きく変容させる可能

表4-6　南千島で見られる外来植物の北海道／サハリン／カムチャツカにおける分布パターン

島	外来種総数	北海道分布種	サハリン分布種	カムチャツカ分布種	3地域以外の分布種
歯舞群島	39	39（100%）	35（90%）	33（85%）	0（0%）
色丹島	79	69（87%）	72（91%）	59（75%）	1（1%）
国後島	144	118（82%）	111（77%）	81（56%）	8（6%）
択捉島	110	84（76%）	97（88%）	77（70%）	5（5%）

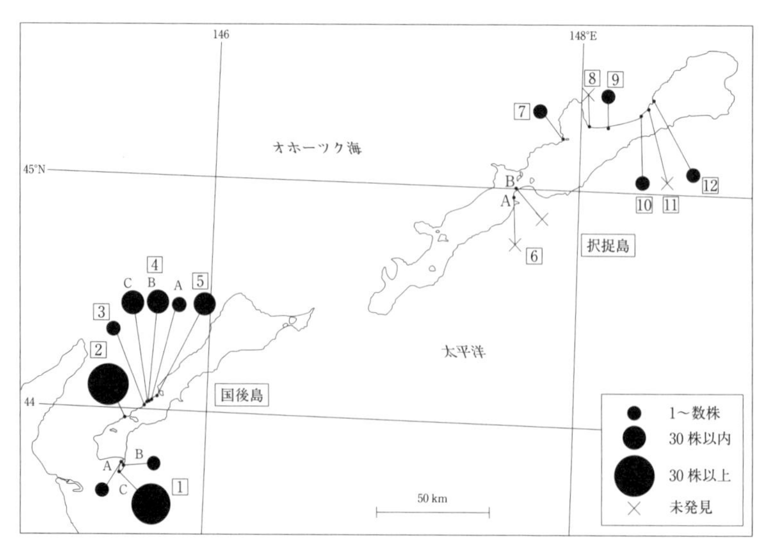

図4-12　国後島・択捉島における外来種オニハマダイコンの分布と確認された株数（Fukuda et al., 2013を一部改変）

性があり，駆除するべきと考える。

住居や基地の跡地，攪乱地，町村地域にある程度の外来種が侵入することはそれほど問題としないが，在来の植生や生態系に急激で大きな影響をもたらす可能性のあるオオハンゴンソウ，オオアワダチソウ，オニハマダイコンについてはモニタリング調査とともに駆除作業が必要である。

オオマルバノホロシ　*Solanum megacarpum* / 色丹島 / 酒井得子

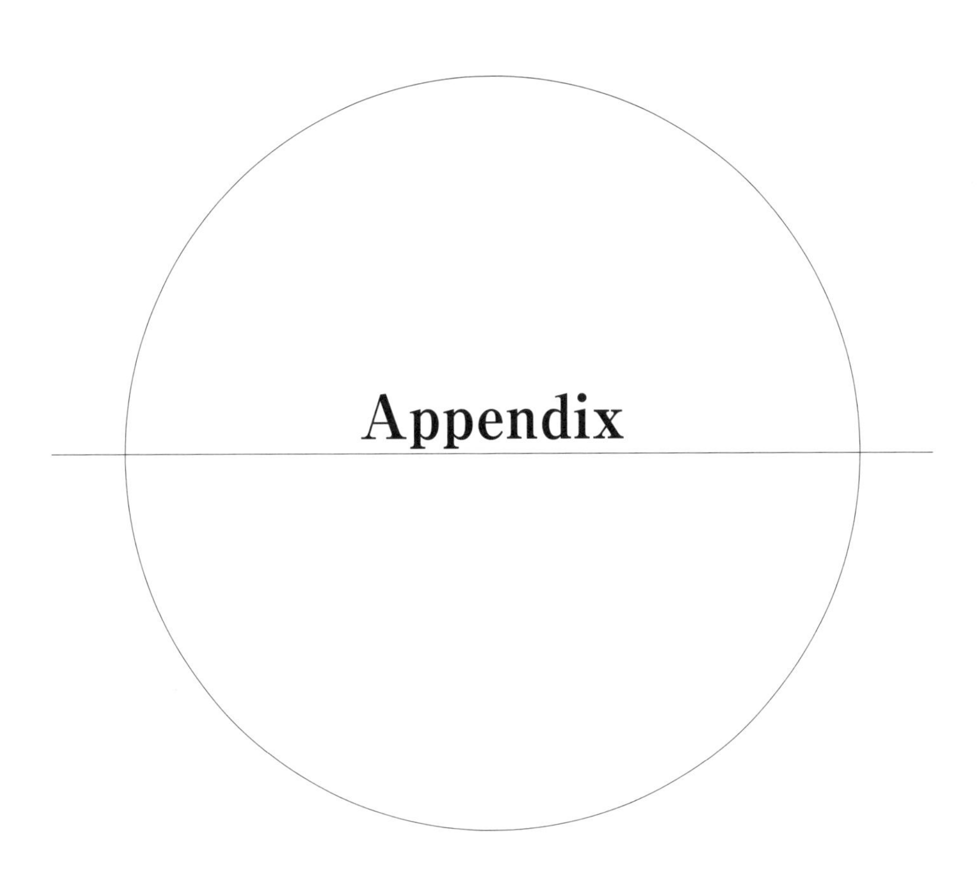

Appendix

トラノシダ　*Asplenium incisum* / 色丹島 / 北口澪子

Appendix 1　千島列島での植物標本採集者記録

年代順にリストし，同じ年に採集されている場合は採集者名のアルファベット順とする。標本庫略称がない場合は，採集記録のみで標本が確認できていないもの。高橋(1996a)を再編したがロシア側の記録は主要なもののみを示す。

年　月	採集者名	標本庫(略称)	島　名	備　考
1737～40	Steller, G.W. and Krascheninnikov, S.P.		シュムシュ島，パラムシル島	
1788	Merk, K.H.		北千島	
1803～6	Langsdorff G. H. von	LE	北千島	
1815～18	Chamisso, L. K. A. von	LE	北千島	
1833	Baron Wrangell		ウルップ島	
1844	Vosnesenski		シュムシュ島，パラムシル島，ウルップ島など	
1849～50	Orloff			
[1875]	**樺太・千島交換条約(全千島が日本の領土となる)**			
1878(？)	Milne, J.		シュムシュ島	
1884	Akakabe, J.　赤壁二郎		シュムシュ島	
1884.7.27～30	Miyabe, K.　宮部金吾	SAPS!, TI!	択捉島，色丹島	
1884	Nomura, N.　野村尚文		シュムシュ島	(函館博物館)
1889	Faurie, U.　フォーリー	KYO	国後島	
1890	Fujimura, S.　藤村信吉	SAPS!	択捉島	(水産学者)
1890	Ishikawa, T.　石川貞治	SAPS!, TI!	択捉島	(地質学者)
1890	Jimbo, K.　神保子虎	SAPS!	国後島	(地質学者，ジンボソウ)
1890	Kambe, M.　神戸？又吉	SAPS!, TI!	択捉島	
1890.8	Mayr, D.	KYO!, TI!	択捉島	
1890	Yokoyama, S.　横山壮次郎		シュムシュ島，パラムシル島，択捉島，色丹島	(地質学者，ヨコヤマリンドウ)
1891	Faurie, U.　フォーリー	KYO!	択捉島，色丹島	
1891	Fujimura, S.　藤村信吉	SAPS!, TI!	ウルップ島	(水産学者)
1891	Jimbo, K.　神保子虎	SAPS!, TI!	ウルップ島，択捉島	
1891.7～8	Kambe, M.　神戸？又吉	SAPS!	択捉島	
1891	Uchida, K.　内田瀞	SAPS!, TI!	ウルップ島	(北海道庁，キヨシソウ)
1891	Yokoyama, S.　横山壮次郎	SAPS!, TI!	国後島	
1892	Faurie, U.　フォーリー	KYO!	択捉島，国後島	
1892	Tarao, C.　多羅尾忠郎	SAPS!	シュムシュ島，パラムシル島，チルポイ島，ウルップ島	(片岡利和侍従一行，タラオアカバナ，カタオカソウ)
1893	Kodama, I.　児玉亥八	SAPS!	シュムシュ島，パラムシル島，ラシュワ島，シムシル島，ウルップ島	(水産学者，コダマソウ)
1893	Yendo(Endo), C.　遠藤千尋	SAPS!	国後島	
1893	Yokoyama, S.　横山壮次郎	SAPS!	シュムシュ島，パラムシル島，択捉島	
1894	Ishikawa, T.　石川貞治	SAPS!	シュムシュ島，シャシコタン島，ウルップ島，択捉島，国後島，色丹島	
1894	Yendo(Endo), C.　遠藤千尋	SAPS!	国後島	
1895	Kitahara, T.　北原多作	SAPS!, TI!	チルポイ島，ウルップ島，色丹島	(水産学者)
1895	Koda, S.　幸田成延	SAPS!	択捉島	

年　月	採集者名	標本庫(略称)	島　名	備　考
1895	Seki, S.　関誠一	SAPS!	シュムシュ島	(報効義会員，セキソウ=ハナタネツケバナ)
1895	Tanaka, H.　田中平太郎	SAPS	国後島	
1895	Tanaka, Y?.　田中譲(壌？)	SAPS!	択捉島	
1897	Fujimura, S.　藤村信吉		択捉島	
1897	Gunji, S.　郡司成忠	SAPS!	シュムシュ島	(大尉，グンジソウ，グンジマツモ)
1897	Koda, S.　幸田成延		択捉島	
1897	マイル		択捉島	
1897	Tanaka, Y. and Igarashi, S.　田中譲・五十嵐修治		択捉島	(林業調査)
1898	Gunji, S.　郡司成忠	SAPS!	シュムシュ島	
1898	Kawakami, T.　川上滝弥	SAPS!	ウルップ島，択捉島，色丹島	(カワカミモメンヅル)
1900	Tochinai, M. and Aizawa, M.　栃内壬五郎・相沢元次郎	SAPS!	シュムシュ島，パラムシル島，択捉島，色丹島	(北海道庁参事官高岡直吉氏千島巡行，トチナイソウ，アイザワソウ，アイザワシオガマ，コウノソウ，タカオカソウ)
1903.7	Yendo(Endo), K.　遠藤吉三郎	SAPS!, TI!, TNS!	シュムシュ島	(海藻学者，エンドウザクラ)
1904	Kato, Y.　加藤洋	SAPS!	パラムシル島	
1906	Miura, K.　三浦慶太郎？	SAPS!	ウルップ島，択捉島，色丹島	
1909.9	Arai, M.　荒井茂平治	SAPS, TI, TNS!	色丹島	
1909.7	Takeda, H.　武田久吉	SAPS!, TNS!	色丹島	
1910	Arai, M.　荒井茂平治	SAPS!	択捉島，色丹島	
1910	Sakurai, T.　桜井		パラムシル島	
1910	Tanaka, G. and Miyabe, K.　田中・宮部憲次	SAPS!	択捉島，色丹島	
1911	Arai, M.　荒井茂平治	SAPS!	色丹島	
1911	Matsubara, T.　松原太郎	SAPS!	パラムシル島	(林学者)
1912	Funayama, Y.　船山美雄	SAPS!	択捉島	
1912	Hoshi, D.　星大吉		パラムシル島	
1915	Kajiyama, Y.　梶山英二		パラムシル島	(水産学者)
1915～1917	Matsubara, T.　松原太郎	SAPS!	パラムシル島	
1919	Tokugawa Marquis and Yemoto, Y.　徳川義親・江本義数		シュムシュ島，パラムシル島	
1920	Endo, S.	TUS!	色丹島	
1920.6～8	Kudo, Y.　工藤佑舜	KYO!, SAPS!, TUS!	パラムシル島	
1921～1934	Ono, S.(S. T. Ōno)　大野笑三	KYO!, SAPS!, TI!, TNS!	色丹島	
1923	Ishikawa, H.　石川博見	SAPS!	国後島	
1923	Numajiri, K.　沼尻好	TNS!	択捉島，色丹島	
1923.8	Ohwi, J.　大井次三郎	TNS!	国後島	
1923.7～8	Tatewaki, M.　館脇操	SAPS!	国後島	
1923	Watanabe, N.	TNS!	国後島	
1923	Yasuhara, Y.	KYO!	パラムシル島	
1924	Abe, A.	TNS!	択捉島，色丹島	
1925	Saito, S.	TI!	色丹島	
1926	Doi, K.　土井九作	SAPS!	シュムシュ島	

年　　月	採集者名	標本庫(略称)	島　　名	備　　考
1926.7～8	Ito, S. and Komori, G.　伊藤秀五郎・小森五作	SAPS!	アライト島	
1926	Numajiri, K.　沼尻好	KYO!, TNS!	パラムシル島	
1926	Cap. Taketomi	SAPS!	択捉島	
1927	Kondo, K.　近藤金良(金吾？)	TI!, TNS!	択捉島，色丹島	
1927	Numajiri, K.　沼尻好	TNS!	色丹島	
1927.8～9	Tatewaki, M.　舘脇操	SAPS!, TI!	ウルップ島，択捉島，色丹島	
1927	Cap. Uzawa	SAPS!	マツワ島，シムシル島	
1927	Yoshimura, B.　吉村文五郎	SAPS!	択捉島	
1928	Doi, K.　土井九作		シュムシュ島，パラムシル島	
1928	Hayakawa, Y.	SAPS	ウルップ島	
1928	Hitomi, N.	SAPS!	ラシュワ島	
1928	Itagaki, S.	SAPS!	ウルップ島	
1928	Nishida, T.　西田藤次郎	SAPS!	ケトイ島	
1928	Numajiri, K.　沼尻好	TNS!	色丹島	
1928.8	Saito, S.	TI!, TNS!	択捉島	
1928.8～9	Tatewaki, M. and Tokunaga, Y.　舘脇操・徳永	SAPS!, TI!	オネコタン島，マカンル島，エカルマ島，ライコケ島，マツワ島，ラシュワ島，ウシシル島，ケトイ島，シムシル島，ウルップ島，色丹島	
1928	Yumita, C.	SAPS!	シムシル島	
1929	Bergman, S.	S	パラムシル島，アライト島，択捉島	
1929	Itagaki, S.	SAPS	ケトイ島	
1929	Kamio, S.	SAPS!	マカンル島	
1929	Koidzumi, H.　小泉秀雄	TNS!	国後島	
1929.7～8	Kondo, K.　近藤金良(金吾？)	TI!, TNS!	国後島，色丹島，歯舞群島	
1929	Nagai, M. and Shimamura, M.　永井政次・島村光太郎	SAPS!	国後島	
1929	Ohtani, H.　大谷広直	SAPS!	国後島	
1929.7～8	Okada, Y.　岡田喜一	TNS!	国後島	(オカダゲンゲ)
1929	Segawa, K.	SAPS!	国後島	
1929	Shitomi, N.　志富	SAPS	ラシュワ島	
1929.7～9	Tatewaki, M. and Takahashi, K.　舘脇操・高橋喜久司	SAPS!, TI!	ラシュワ島，ウシシル島，ケトイ島，シムシル島，ウルップ島	
1930	Bergman, S.	S	ウルップ島	
1930	Hayakawa, Y.	SAPS	ウルップ島	
1930.8	Koidzumi, H.　小泉秀雄	TNS!	択捉島，色丹島	
1930.7	Matsumura, Y.　松村義敏	KYO!	国後島	
1930.5～6	Tatewaki, M.　舘脇操	SAPS!, TI!, TNS!	パラムシル島，アライト島，オネコタン島，ハリムコタン島，シャシコタン島，マツワ島，ウシシル島，シムシル島，ウルップ島，色丹島	
1931	Murata, G.　村田吾一	KYO!	国後島	
1931.6～9	Ohwi, J.　大井次三郎	KYO!, SAPS!, TI!, TNS!	国後島，色丹島	

年　月	採集者名	標本庫(略称)	島　名	備　考
1931	Okada, Y.　岡田喜一	SAPS!, TNS!	シュムシュ島，パラムシル島，アライト島	(大阪毎日・東京日日新聞社後援，北千島学術調査隊)
1932.7～8	Koidzumi, H.　小泉秀雄	TNS!	シュムシュ島，パラムシル島，アライト島	
1932.8	Kojima, K.　児島勘次	KYO!, TNS!	シュムシュ島，パラムシル島	
1932	Miki, S.　三木茂	KYO	国後島	
1932	Miyazi, D.　宮地伝三郎	KYO!	択捉島	
1932	Nagai, M.　永井政次		パラムシル島	
1932	Nakamura　中村廉次技師ら		北千島	(北海道庁，北千島調査)
1932	Numajiri, K.　沼尻好	TNS!	パラムシル島	
1932	Cap. Obama	SAPS!	パラムシル島	
1932	Ohashi, T.　大橋達夫	KYO!, TNS!	シュムシュ島，パラムシル島，アライト島	(三高山岳部)
1932	Shimotomai, T.		ウルップ島	
1933	Kimura, A.　木村有香	KYO!, SAPS!, TUS	色丹島	
1933	Koriba, M. and Yoshii, R.　郡場正之・吉井良三	KYO!	択捉島，国後島	
1933	Tanaka, A.　田中		択捉島，国後島	
1933	Yoshii, R.　吉井良三	KYO!	択捉島	
1934	Kishikawa, K.　岸川敬太郎	KYO!, SAPS!	シュムシュ島，パラムシル島	
1934	Nagai, M.　永井政次	SAPS!	択捉島	
1934.8	Ohwi, J. and Yoshii, R.　大井次三郎・吉井良三	KYO!, SAPS!, TI!, TNS!	シュムシュ島，パラムシル島，アライト島	(田中阿歌麿子爵北千島探検隊，アカマロソウ)
1934.6～7	Tatewaki, M.　舘脇操	KYO!, SAPS!	色丹島	
1935	Mori	SAPS!	国後島	
1935	Muraoka	KYO!	国後島	
1935	Shirahama, K. and Takahashi, Y.　白浜賢一・高橋善夫	SAPS!	国後島	
1935	Tannno, K.　丹野亀助	SAPS!	択捉島	
1936.8	Tatewaki, M.　舘脇操	SAPS!	国後島	(久松侍従，ヒサマツチドリ)
1937	Yoshimura, B.　吉村文五郎	SAPS!	択捉島	
1938	Tannno, K.　丹野亀助	SAPS!	択捉島	
1938	Yoshimura, B. and Yokoyama, H.　吉村文五郎・横山春夫	SAPS!	択捉島	
1939	Ito, K.	SAPS!	国後島	
1939	Tanaka, I., Nakano, Hara, Ishida and Ohtani　田中・中野・原・石田・大谷	SAPS!	択捉島，国後島	(千島調査所標本)
1939	Yoshimura, B.　吉村文五郎	SAPS!	択捉島	
1940	Maekawa, T.	TI!, TNS	シュムシュ島	
1940	Suzuki, C.　鈴木長治	TUS!	シュムシュ島	
1940	Takahashi, Suzuki and Yamamoto　高橋・鈴木・山本	SAPS!	択捉島	(千島調査所標本)
1940.8	Tatewaki, M.　舘脇操	SAPS	択捉島	
1941.6～8	Tatewaki, M.　舘脇操	SAPS!	シュムシュ島，パラムシル島，アライト島	(総合北方文化研究会，千島学術調査研究隊)
1943	Akiyama, S. and Hara, H.　秋山茂雄・原秀雄	KANA!	シュムシュ島，パラムシル島	
1944	Watanabe, K.	TI!	ウルップ島	

年 月	採集者名	標本庫(略称)	島 名	備 考
1944	Yoshino, H. 吉野博吉		シュムシュ島，パラムシル島，オネコタン島	
1944～45	Fujita, K.[1)]	TNS!	シュムシュ島，パラムシル島	
[1945]	**日本無条件降伏(ソ連の千島列島占領)**			
1946.7～8	Vorobiev, D.P.	VLA!	ウルップ島，択捉島	
1955	Mishin, I.P.	LE!	シュムシュ島	
1959	Pobedimova, E. and Konovalova, G.	LE!, VLA!	択捉島，国後島	
1960	Bytovskyi, B.G. and Chernyaeva, A.M.		択捉島，国後島，歯舞群島	
1960	Niretch	LE	国後島	
1961～69	Alexeeva, L.M. and Egorova, E.M.	LE!	国後島	
1962	Chernyaeva, A.M.	LE!	オネコタン島	
1962	Egorova, E.M.	LE!	シュムシュ島，パラムシル島，シャシコタン島，択捉島	
1963	Egorova, E.M.	LE!	国後島，色丹島	
1964	Egorova, E.M.	LE!	ウルップ島	
1964	Illegible	VLA!	パラムシル島	
1965	Egorova, E.M.	LE!	択捉島，国後島	
1967	Egorova, E.M.	LE!	シュムシュ島，パラムシル島，色丹島	
1968	Bytovskyi, B.G., Vasilyev, N.G. and Rozenberg, B.A.		歯舞群島	
1968	Pavlova, N.S.	VLA!	シュムシュ島，色丹島	
1972	Syerbyuk, V.	VLA!	マツワ島	
1972～79	Alexeeva, L.M.	VLA!	国後島	
1975	Voroshilov, V.N.	VLA!	国後島	
1978	Barkalov, V.Yu. and Naumenko, V.I.	VLA!, LE, MHA	シュムシュ島，パラムシル島	
1979	Barkalov, V.Yu. and Naumenko, V.I.	VLA!, LE, MHA	シュムシュ島，パラムシル島	
1981	Barkalov, V.Yu.	VLA!, LE, MHA	パラムシル島，アライト島，オネコタン島	
1982	Barkalov, V.Yu.	VLA!	ウルップ島，択捉島	
1983	Barkalov, V.Yu.	VLA!	国後島	
1985	Barkalov, V.Yu.	VLA!, LE, MHA	国後島	
1987	Probatova, N.S.	VLA!	国後島	
1988	Barkalov, V.Yu., Vyschin, I.B. and Jacubov, V.V.	VLA!, LE!	択捉島	
1995	Takahashi, H., Gage, S., Zhuravlev, Yu.N. and Ilushko, M. 高橋英樹	SAPS!, TUS, VLA, WTU	ラシュワ島，ウシシル島，ケトイ島，シムシル島，チルポイ島，ブロトン島，ウルップ島，択捉島，国後島	IKIP (International Kuril Island Project)
1996	Takahashi, H., Gage, S., Semsrott, B., Zhuravlev, Yu.N. and Ilushko, M. 高橋英樹	SAPS!, TUS, VLA, WTU	パラムシル島，オネコタン島，ハリムコタン島，シャシコタン島，エカルマ島，チリンコタン島，ライコケ島，マツワ島，ウルップ島，択捉島，国後島	IKIP

年　月	採集者名	標本庫(略称)	島　名	備　考
1997	Takahashi, H., Gage, S., Semsrott, B., Zhuravlev, Yu.N. and Ilushko, M.　高橋英樹	SAPS!, VLA, WTU	シュムシュ島，パラムシル島，アライト島，シリンキ島，マカンル島，ロブシュキ岩礁，ウシシル島，ブラットチルポイ島，択捉島，国後島	IKIP
1998	Gage, S., Joneson, S.L, Zhuravlev, Yu.N., Barkalov, V.Yu. and Eremenko, N.A.	VLA, WTU	択捉島，国後島，色丹島，歯舞群島	IKP
1999	Gage, S., Joneson, S.L., Zhuravlev, Yu.N. and Barkalov, V.Yu.	VLA!, WTU	シュムシュ島，パラムシル島，アライト島，オネコタン島，シャシコタン島，エカルマ島，マツワ島，ラシュワ島，ウシシル島，ケトイ島，シムシル島，チルポイ島，択捉島，国後島	IKIP
2000	Takahashi, H., Gage, S., Joneson, S.L., Zhuravlev, Yu.N. and Barkalov, V.Yu.　高橋英樹	SAPS!, VLA!, WTU	シュムシュ島，パラムシル島，オネコタン島，ハリムコタン島，ライコケ島，マツワ島，ウシシル島，シムシル島，チルポイ島，ブラットチルポイ島，ウルップ島	IKIP
2001	Barkalov, V.Yu.	VLA!	マツワ島	
2001	Eremenko, N.A.		歯舞群島	
2002	Eremenko, N.A., Azuma, T. et al.　東隆行	SAPT!	択捉島，歯舞群島	
2005	Eremenko, N.A.		歯舞群島	
2006	Barkalov, V.Yu.	VLA!	国後島	
2007	Barkalov, V.Yu.	VLA!	択捉島，色丹島	
2009	Takahashi, H.　高橋英樹	SAPS!	国後島	(南千島現状調査)
2010	Barkalov, V.Yu.	VLA!	色丹島	
2010	Takahashi, H., Fukuda, T. and Sato, H.　高橋英樹・福田知子・佐藤広行	SAPS!	色丹島	(南千島現状調査)
2012	Takahashi, H., Fukuda, T., Sato, H. and Kato, Y.　高橋英樹・福田知子・佐藤広行・加藤ゆき恵	SAPS!	択捉島，国後島	(南千島現状調査)

[1] シュムシュ島とパラムシル島とが連記されており，どちらの産かがわからない標本が多い。

[標本庫略称]KANA：金沢大学植物標本庫，LE：レニングラードコマロフ植物学研究所，MHA：モスクワメイン植物園植物標本庫，S：スウェーデン自然史博物館，SAPS：北海道大学総合博物館，SAPT：北海道大学植物園，TI：東京大学研究博物館・植物園，TNS：国立科学博物館，TUS：東北大学植物園，VLA：ウラジオストク生物学土壌学研究所，WTU：ワシントン大学植物標本庫

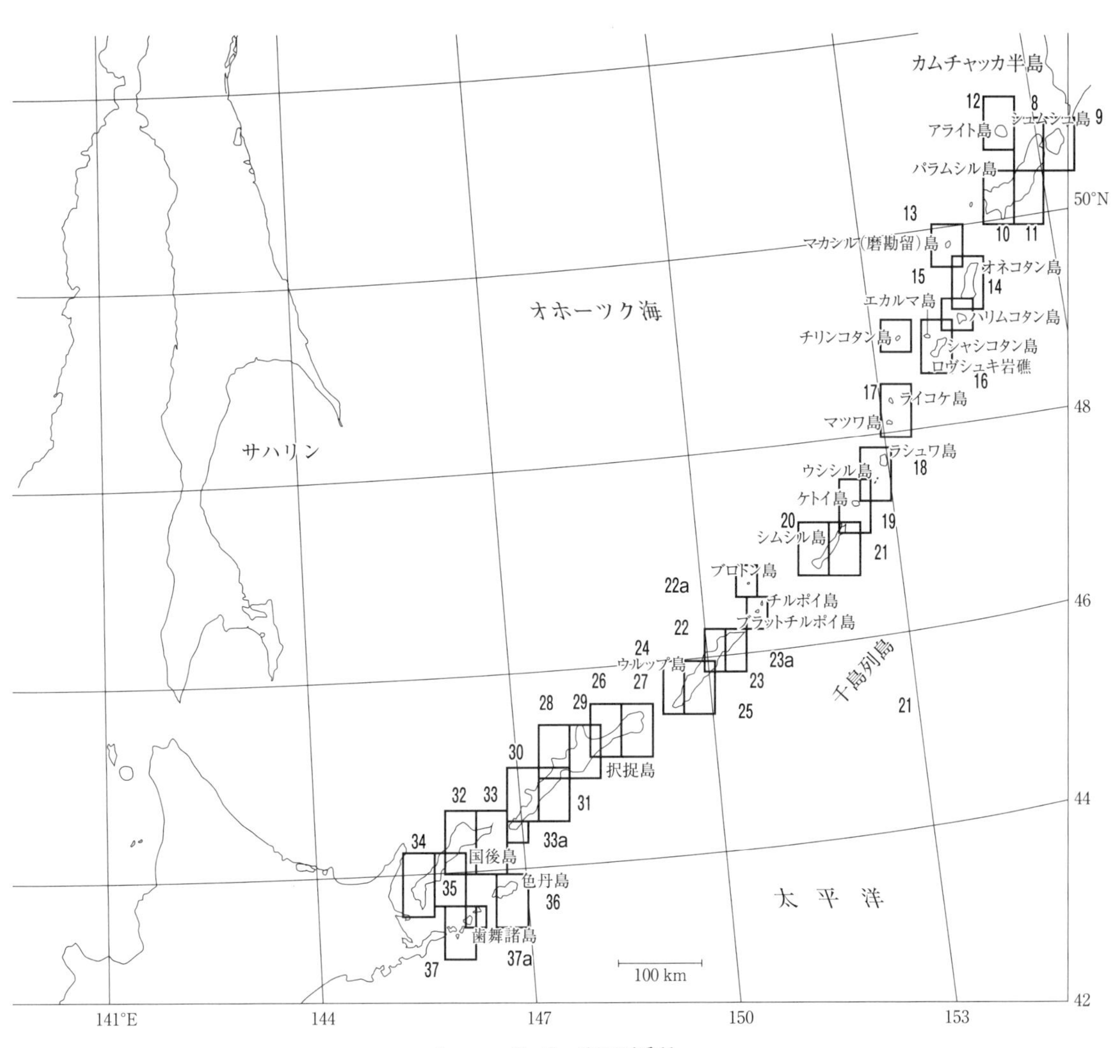

Appendix 2　地図頁番号

Appendix 2 千島列島植物採集地名日ロ対照表

地名(アルファベット)	地　　名	島　　名	地図頁番号[1]	ロシア地名[2]	備　　考[3]
Aburako-wan	アブラコ湾	色丹島	36	NF	
Afunruimoi	アフンルイモイ	ウルップ島	–	NF	
Aimi-zaki	相見崎	色丹島	36	Inlet opposite to o. Griga	
Ainu-wan	アイヌ湾	マツワ島	17	bukh. Aynu	拝み小屋式猟舎
Aka-dake	赤岳	パラムシル島	10	g. Arkhangel'skogo (1463 m)	
Anama	穴間	ウルップ島	23	Around o-va. Bliznetsy	同音異所 1
Anama	穴澗	色丹島	36	Krabozavodskoye	同音異所 2
Araito-yama	アライト山	アライト島	12	vlk. Alaid (2339 m)	
Arakawa	荒川	パラムシル島	8	sar. Shumnaya	
Arimoe	有萌	択捉島	29	Rybaki	
Ashizaki	芦崎	ケトイ島	19	m. Okruglyy	
Atenkeshi(-gyojō)	阿天消(漁場)	パラムシル島	10	NE of m. Shelekhova [Krasheninnikova]	
Atenma	阿天満	パラムシル島		NF	
Atoiya-misaki	安渡移矢岬	国後島	33	m. Lovtsova	
Atoiya-yama	アトイヤ山	択捉島	27	NW peak of g. Kamuy	
Atosanupuri→Atosa-yama	アトサヌプリ	択捉島			
Atosato-yama→Atosa-yama	アトサト山	択捉島			
Atosa-yama[-dake]	阿登佐山【岳】	択捉島	30	vlk. Atsonupuri (1205 m)	
Banjō-jima[-iwa]	磐城島【岩】(盤城島)	マツワ島	17	o. Toporkovyy	
Banjō(-zaki)	磐城(崎)	パラムシル島	8	m. Savushkin	
Benzaitomari (=Benzaizaki)	弁財泊(=弁財崎)	択捉島	27	m. Medvezhiy	
Berutarubetsu(-wan)	ベルタルベツ(湾)	択捉島	33a	N of m. Gnevnyy	
Berutarube-yama	ベルタルベ山	択捉島	33a	vlk Berutarube (1220m)	
Betsutobu→Bettobu	ベツトブ(別飛)	シュムシュ島			
Bettobu-gawa	別飛川	シュムシュ島	9	A downstream of oz. Bol'shoye	
Bettobu(-gyojō)	別飛(漁場)	シュムシュ島	9	Around river mouth of oz. Bol'shoye.	同名異所 1
Bettobu[bi]	別飛	択捉島	29	Reydovo	同名異所 2
Bettobu[bi]-numa	別飛沼	シュムシュ島	9	oz. Bol'shoye	同名異所 1
Bettobu[bi]-numa	別飛沼	パラムシル島	10	oz. Pernatoye	同名異所 2
Bettoga	米戸賀	国後島	34	2 km N of obryv Fedyashin	
Bira(-gyojō)	ビラ(漁場)	択捉島	26	Belyye skaly	
Boat Harbor→Kobune(-wan)	ボート・ハーバー	ウルップ島			
Broton-wan	武魯頓湾	シムシル島	21	bukh. Broutona	湾奥猟舎
Broton-zaki	武魯頓崎	シムシル島	21	?Around bukh. Broutona	
Chacha-nupuri→Chacha-dake	チャチャヌプリ	国後島			
Chacha-dake	爺々岳，チャチャダケ	国後島	33	vlk. Tyatya (1819 m)	
Chiboi	チボイ，坪井	色丹島	36	SW of m. Krab	
Chibukaribetsu	秩苅別	国後島	34	Tret'yakovo	
Chifunbetsu	チフンベツ	国後島	33	2 km W of sk. Roshcha	
Chikappunai	近布内	国後島	35	Otradnoye	

地名(アルファベット)	地　名	島　名	地図頁番号[1)]	ロシア地名[2)]	備　考[3)]
Chikura-dake	千倉岳	パラムシル島	10	vlk. Chikurachki (1816 m)	
Chinomichi→Chinominochi	チノミチ(乳呑地)	国後島			
Chinominochi	乳呑ノ路	国後島	32	ur. Tyatino	
Chioki-kaigan	地置海岸	パラムシル島		NF	
Chipoi→Chiboi	チポイ	色丹島			
Chirippu-yama	散布山	択捉島	29	vlk. Bogdan Khmelnitskiy (1585 m)	
Chitose-wan[-ura]	千歳湾【浦】	パラムシル島	10	p-ov Vasil'yeva	
Chōtō-zan	長頭山	ラシュワ島	18	g. Serp (495 m)	
Daiba-hama[-saki]	台場浜【崎】	ウルップ島	25	m. Zhdi	
Debari	デバリ	色丹島	36	3 km NW of m. Voloshina	
Desaki-yama	出崎山	色丹島	36	2 km W mt. of m. Kray Sveta	
Ebikarausu-yama	エビカラウス山	国後島	32	g. Gerasimova (841 m)	
Eitan'not-misaki	エイタンノット岬	色丹島	36	m Kray Sveta	
Furebetsu	振別	択捉島	28	N sar of m. Khattsio	
Furukamappu	古釜布	国後島	35	Yuzhno-Kuril'sk	
Fuyō-zan	芙蓉山	マツワ島	17	vlk. Sarycheva (1446 m)	マツワ富士
Gunji-gaoka	郡司ヶ丘	シュムシュ島	9	S hill of Baykovo	
Guya	具谷，グヤ	択捉島	31	Around m. Otlivnyy	
Hakuen-zan	白煙山	パラムシル島	10	vlk. Karpinskogo (1345 m)	
Hamanaka-gawa	濱中川	パラムシル島	8	r. Medvezh'ya	
Harumukotan-byochi	春牟古丹錨地	ハリムコタン島	15	bukh. Severgina	
Harumukotan-dake	春牟古丹岳	ハリムコタン島	15	vlk. Severgina	
Hatchasu	ハッチャス	国後島	24	Grozovoye	
Hatchō-wan[-ko]	八丁湾【港】	ウルップ島	25	bukh. Lugobaya	
Hayakawa	ハヤカワ	ウルップ島	25	NF	near Onsen-zaki
Higashibiroku-ko	東ビロク湖	国後島	33	oz. Krugloye	
Higashi-ura	東浦	ラシュワ島	18	Prob. bukh. Nepristurnaya	
Hirata-zaki	平田崎	パラムシル島	8	m. Zemleproknodets	
Hitokappu-yama	単冠山	択捉島	31	E mountains of g. Stokap	
Hokutō-zaki[-misaki]	北東崎【岬】	マツワ島	17	3 km SE of m. Lisiy	
Horobetsu	幌別	色丹島	36	g. Gorobets	Horobetsu－Okkaibetsu
Horosu→Porosu	ホロス	択捉島			
Hōrai-ko	蓬莱湖	オネコタン島	14	oz. Chernoye	
Hyakuike-gahara	百池ヶ原	シュムシュ島	9	Upper stream of r. Bolotinka	
Ichibishinai Io-zan	イチビシナイ硫黄山	国後島	34	SW mountain of oz. Goryacheye	
Ichibishinai-ko	一菱内湖	国後島	34	oz. Goryacheye	
Ichimonzi-dake[-rei]	一文字岳【嶺】	パラムシル島	8	g. Vetrenaya	
Ichinowatari(-wan)	一ノ渡(湾)	アライト島	12	A part of bukh. Alaidskaya	
Iema	家間	ウルップ島	24	Mouth of r. Kama	
Inemoshiri	イネモシリ	色丹島	36	bukh. Dimitrova	
Iō-dake[yama]	硫黄岳【山】	択捉島	27	vlk. Kudryavyy (986 m)	同名異所 1
Iō-yama	硫黄山	パラムシル島	8	vlk. Ebeko (1156 m)	同名異所 2
Iō-zan	硫黄山	国後島		NF	同名異所 3
Iriribushi	入里節	択捉島	31	Iodnyyy	
Ishikuzure-hama(dai)	イシクズレハマ(ダイ)	ケトイ島	19	bukh. Izhnaya	
Isozaki	イソザキ	ケトイ島	19	1 km E of m. Okruglyy	

地名(アルファベット)	地　名	島　名	地図頁番号[1)]	ロシア地名[2)]	備　考[3)]
Iwaki→Banjō-jima	イワキ(磐城)	マツワ島			
Iwayadomari	岩屋泊	ウルップ島	23	Cherepakha	
Jyōga-misaki[-saki]	城ヶ岬【崎】	シュムシュ島	9	m. Nord	
Kabuto-zaki	兜崎	ケトイ島	19	m. Storozheva	
Kagenoma	蔭ノ澗	シュムシュ島	9	Inlet SW of bukh. Babushkina	同名異所 1
Kagenoma	蔭ノ澗	色丹島	36	NW inlet of bukh. Malokuril'-skaya	同名異所 2 Shakotan-Kagenoma
Kaikaramui	カイカラムイ	国後島	34・35	NF, around g. Mechnikova	
Kakumabetsu(-wan)	加熊別(湾)	パラムシル島	11	bukh. Shelekhova	
Kamogawa	鴨川	パラムシル島	8	r. Kokhmayuri	
Kamoshima	鴨島	色丹島	36	Island of bukh. Dimitrova	
Kamui-dake	神威岳	択捉島	27	g. Kamuy (1322 m)	
Kamuikotan	神居古丹	択捉島	30	Lesozavodskiy	
Kanmuri-dake	冠岳	パラムシル島	10	g. Lomonosova (1681 m)	
Karan-zaki	伽藍崎	ウルップ島	25	m. Etolina	
Kashiwabara-wan	柏原湾	パラムシル島	8	Bay of Severo-Kuril'sk	
Kataoka	片岡	シュムシュ島	9	Baykovo	
Kataoka-wan	片岡湾	シュムシュ島	9	Bay of Baykovo	
Kekkyo-wan	ケッキョワン	色丹島	36	A bay 3 km E of g. Tomari	
Keramui-misaki	ケラムイ岬	国後島	34	m. Veslo	
Ketoi-dake	計吐夷岳	ケトイ島	19	vlk. Ketoy (1166 m)	
Ketoi-ko	ケトイ湖	ケトイ島	19	oz. Malakhitovoye	
Kimon-tō	キモン沼	択捉島	29	oz. Kasatka	
Kinakai-zaki	キナカイ崎	国後島	32	m. Remontnyy	
Kiridōshi→Kiritōshi	キリドウシ	色丹島			
Kiritōshi	切通，キリトウシ	色丹島	36	W of bukh. Tserkovnaya	Notoro-Kiridoshi
Kita-jima	北島	ウシシル北島	18	O. Ryponkicha	
Kitaura	北浦	アライト島	12	bukhta Severnaya	
Kitaura-zaki	北浦崎	アライト島	12	m Pravyy	
Kobune(-wan)	小舟(湾)	ウルップ島	22	bukh. Negodnaya	
Kodaki-gawa	コダキ川	ケトイ島	19	A stream of bukh. Izhnaya	
Kojima	小島	色丹島	36	o. Ayvazovskogo	Notoro-Kojima
Kokutan-zaki[-misaki]	国端崎【岬】	シュムシュ島	9	m. Kurbatova	
Konbuusu	コンブウス	色丹島	36	NE of m. Voloshina	
Koseki-gawa	古関川	シュムシュ島	9	r. Koshkina	
Kotankeshi	古丹消	国後島	34	bukh. Alekhina	
Kotomari(-zaki)	小泊(崎)	シュムシュ島	9	m. Pochtareva	
Koto[do]mari	小泊	ラシュワ島	18	A NW part of m. Yuzhnyy	南角近く
Kurappu-misaki	クラップ岬	色丹島	36	m. Krab	
Kujira-hama	鯨浜	パラムシル島	10	bukh. Krasheninnikova	
Kujira-wan	鯨湾	パラムシル島	10	bukh. Krasheninnikova	
Kurappu-zaki	倶楽部崎	パラムシル島	10	m. Vasil'yeva	
Kureta-wan	暮田湾	ウシシル南島	18	bukh. Kraternaya	
Kuroishi-dake	黒石岳	オネコタン島	14	g. Krenitsyna	
Kyōzuka-gyojō	経塚漁場	パラムシル島	10	bukh. Krasheninnikova	
Kyōzuka-yama	経塚山	パラムシル島	10	Near mouth of r. Krasheninnikova	
Magarikawa(-gyojō)	マガリカワ(漁場)	パラムシル島	11	Mouth of r. Neuderzhimaya	
Makuyomai(-gyojō)	マクヨマイ(漁場)	択捉島	26	r. Chistaya	同名異所 1
Makuyomai(-gyojō)	マクヨマイ(漁場)	択捉島	27	r. Utinaya	同名異所 2
Maruyama	丸山(南浦)	アライト島	12	g. Osobaya	
Masuba	マスバ	色丹島	36	bukh. Zvezdnaya	

地名(アルファベット)	地　　名	島　　名	地図頁番号[1)]	ロシア地名[2)]	備　　考[3)]
Masuba-yama	マスバ山	色丹島	36	g. Ploskaya (363 m)	
Matakotan	又古丹	色丹島	36	S of m. Trezubets	
Matakotan-yama	又古丹山	色丹島	36	g. Otradnaya (347 m)	
Matsugahama	松ガ浜	色丹島	36	bukh. Tserkovnaya	
Megane	眼鏡	ウルップ島	–	NF (N side, Matsudaira 1895)	
Midori-ko	緑湖	シムシル島	20	oz. Biryuzovoye	
Miharashidai	見晴台	マツワ島	17	NW terrace of m. Orlova	
Mikasa	ミカサ	ラシュワ島	18	Not determined	
Minami→Minami-ura	ミナミ	ケトイ島			
Minamibettobu-gawa	南別飛川	シュムシュ島	9	r. Vesennaya	
Minamibettobu-numa	南別飛沼	シュムシュ島	9	Prob. W part of oz. Bol'shoye	
Minamichirippu→Chirippu-yama	ミナミチリップ(南散布)	択捉島			
Minamidai	南台	ケトイ島	19	Probably S terrace	
Minami-jima	南島	ウシシル南島	18	o. Yankicha	
Minamikado	南角	ラシュワ島	18	m. Yuzhnyy	
Minamishiroi-gawa	南白イ川	択捉島	29	r. Yuzh. Chirip	
Minami-ura	南浦	アライト島	12	bukh. Troyka	同音異所 1
Minami-ura[-wan]	三並浦【湾】	ケトイ島	19	bukh. Izhnaya	同音異所 2 越年舎
Mishima(-wan)	見嶋(湾)	ウルップ島	22	Novokuril'skaya bukhta	越年舎
Moe[i]keshi-wan	萌消湾	択捉島	30	Zaliv L'vinaya Past'	
Moyoro-dake[-yama]	茂世路嶽【山】	択捉島	27	g. Medvezh'ya (1124 m)	
Moyoro-gawa	茂寄川	パラムシル島	10	r. Fussa	同音異所 1
Moyoro-gawa	茂世路川	択捉島	27	r. Medvezh'ya	同音異所 2
Moyoro-wan	茂寄湾	パラムシル島	10	bukh. Moyora	同音異所 1
Moyoro(-wan)	茂世路(湾)	択捉島	27	bukh. Medvezh'ya	同音異所 2
Murakami-dake	村上岳	パラムシル島	10	2 km N mountain of g. Lomonosova	
Murakami-misaki[-zaki]	村上岬【崎】	シュムシュ島	9	m. Chakonchi	
Murakami-wan	村上湾	パラムシル島	8	Bay of ur. Putyatino	
Musashi-wan	武蔵湾	パラムシル島	10	zaliv Vasil'yeva	
Nagaiwa-saki	長岩崎	パラムシル島	8	m. Fersmana	
Nagasaki	長崎	シュムシュ島	9	1 km SW of Baykovo	
Naibo-numa	内保沼	択捉島	30	oz. Dobroye	
Naibo(-wan)	内保(湾)	択捉島	30	zaliv Dobroye Nachalo	
Naiho→Naibo	ナイホ	択捉島			
Nakadomari	ナカドマリ	ラシュワ島	18	bukh. Malen'kaya	同名異所 1
Nakadomari(-ura)	中泊(浦)	シムシル島	21	bukh. Nakatomari	同名異所 2
Nakadomari(-wan)	中泊(湾)	マツワ島	17	Bay at 2 km S of bukh. Dvoynaya	同名異所 3
Nakagawa(-wan)	中川(湾)	シュムシュ島	9	bukh. Babushkina	
Nakano-dake	中ノ岳	パラムシル島	10	3 km N mountain of g. Lomonosova	
Nakanokotan	中ノ古丹	国後島	35	2 km S of m. Glaya Vershina	
Namikawa(-zaki)	波川(崎)	アライト島	12	m. Sordityy	
Narusawa-gawa	成澤川	パラムシル島	11	E branch of r. Tukharka	
Nayoka	ナヨカ	択捉島	29	Kitovyy, 2 km NE of Kuril'sk	
Neko-dake[-yama]	猫岳【山】	パラムシル島	10	SW mountain (1486 m) of vlk. Tatarinova	
Nemo-gawa	根茂川	オネコタン島	14	A river of bukh. Nemo	
Nemo-yama	根茂山	オネコタン島	14	vlk. Nemo (1019 m)	

地名(アルファベット)	地　名	島　名	地図頁番号[1]	ロシア地名[2]	備　考[3]
Nemo(-wan)	根茂(湾)	オネコタン島	14	bukh. Nemo	
Nihon-iwa	二本岩	国後島	34	m. Znamenka	
Niikai	ニイカイ	択捉島		NF	
Nikishiro-sandō	ニキシロ山道	国後島	35	A road between Yuzhno-Kuril'sk and Lagunnoye	
Nikishoro[shiro](-ko)	二木城湖	国後島	35	oz. Lagunnoye	
Nishibiroku-ko	西ビロク湖	国後島	33	oz. Dlinnoye	
Nishikawa	西川	パラムシル島	10	r. Shimoyur	Nishikawa-Atenkeshi
Nishikawa-dake	西川岳	パラムシル島	10	Moutain (417 m) between r. Shimoyur and r. Tayna	
Nishiura	西浦	ハリムコタン島	15	Probably a bay at W side	同名異所 1
Nishiura	西浦	ケトイ島	19	bukh. Diany	同名異所 2
Noda-wan	ノダワン	パラムシル島		NF	
Notoro	ノトロ	色丹島	36	2 km E of m. Smelyy	Pondebari-Notoro
Notoro-yama	能登呂山	色丹島	36	g. Notoro (357 m)	
Numajiri(-gawa)	沼尻(川)	シュムシュ島	9	r. Bolotinka	
Odaibake	オダイバケ	国後島	32	between r. Tyatina and r. Saratovskaya	
Odatomi	オダトミ	色丹島	36	A village at bukh. Snezhkova	
Okkaibetsu(-yama)→Masuba-yama	オッカイベツ山	色丹島			
Onnebetsu(-gawa)	恩根別(川)	択捉島	31	r. Khvoynaya	同音異所 1
Onnebetsu-gawa	音根別川	国後島	32	r. Tyatina	同音異所 2
Onsen-wan	温泉湾	ウシシル南島	18	A part of bukh. Kraternaya	
Onsen-zaki	温泉崎	ウルップ島	25	m. Klyuchevoy	
Ōnuma	大沼	ラシュワ島	18	oz. Tikhoye	
Ōsaki	大崎	色丹島	36	m. Uglovoy	
Ōtani-gawa	大谷川	パラムシル島	10	r. Krasheninnikova	
Otmai→Otomae	オットマイ	パラムシル島			
Otoimamoi (=Tsurigane-wan)	乙今萌	ウルップ島	22	Zal Natalii	
Otoimamoibet→Otoimamoi	オトイマモイベツ	ウルップ島			
Otoimaushi	乙今牛	択捉島	26	bukh. Dobrynina	
Otomae[mai](-wan)	乙前(湾)	パラムシル島	11	zal. Tukharka	
Ōtomari	大泊	オネコタン島	14	bukh. Mussel'	
Otome-wan	乙女湾	シャシコタン島	16	bukh. Zakatnaya	
Ottomoi→Otomae	オットモイ	パラムシル島			
Ōyachi	大谷地	国後島	35	NW mire of Yuzhno-Kuril'sk	
Ōyachi	大谷地	択捉島	?27	Mire at Mt. Kamui or Mt. Moyoro?	カムイ岳の大ヤチ，モヨロ山道の大ヤチ
Peretarabets(-wan)→Berutarubetsu	ペレタラベツ(湾)	択捉島			
Peretarabetsu Volcano→Berutarube-yama	ペレタラベツ山	択捉島			
Pirikamoe[i]	ピリカモエ【イ】	ウルップ島	25	Between m. Predchuvstiviya and m. Nschast'ya	

地名(アルファベット)	地　名	島　名	地図頁番号[1)]	ロシア地名[2)]	備　考[3)]
Pondebari	ポンデバリ	色丹島	36	3 km E of m. Smelyy	Pondebari–Notoro
Ponmasuba	ポンマスバ	色丹島	36	between bukh. Zvezdnaya and m. Uglovoy	
Pontō	ポントウ	国後島	34	small lake by oz. Goryacheye	
Poropetto→Horobetsu	ポロペット	色丹島			
Porosu	ポロス	択捉島	26	bukh. Parusnaya	駅逓所
Raisha	来【莱】謝	パラムシル島	10	ur. Brynkhanovo	
Rakkibetsu-dake	ラッキベツ嶽	択捉島	27	g. Demon (1205 m)	
Rakkibetsu(-misaki)	ラッキベツ(岬)	択捉島	27	m. Il'ya Muromets	
Rakko-iwa	ラッコ岩	択捉島	28	Chertova skala	
Rawako-jima→Rakko-iwa	ラッコ島(臘虎島)	択捉島			
Rausu-dake[-yama]	ラウス岳【山】	国後島	34	NE peak (887 m) of g. Mechnikova	
Rausu-numa	ラウス沼	択捉島	28	oz. Kuybyshevskoye	
Rebausu(-gyojo)	レバウス(漁場)	国後島	32	r. Zalivnoy	
Rebun'iso	礼文磯	国後島	33	A beach at sk. Roshcha	
Rōsoku-iwa	蝋燭岩	国後島	32	m. Sukacheva	
Rubetsu	留別，ルベツ	択捉島	28	Pioner	
Rubetsu-numa	留別沼	択捉島	28	oz. Maloye	
Rucharu-gen'ya	留茶留原野	択捉島	26	Vetrovoy Peresheyek	
Ruesan(-gyojō)	塁山(漁場)	パラムシル島	8	ur. Rifovoye	
Rurui-dake[-yama]	ルルイ岳【山】	国後島	32	g. Ruruy (1485 m)	
Rurui-misaki	ルルイ岬	国後島	32	m. Dokuchaeva	
Rurui-zaki→Rurui-misaki	ルルイ崎	国後島			
Ruyobetsu	ルヨベツ	国後島	32	m. Medved'	
Ruyobetsu-misaki	留夜別岬	国後島	32	m. Rogacheva	
Sainokawara(-ban'ya)	賽ノ河原(番屋)	国後島	33	m. Rubezhnyy	
Sakichi-zaki(-misaki)	佐吉崎(岬)	アライト島	12	W edge of bukh. Trayka	
Sanku	3区(大曲周辺)	択捉島	29	per. Upornyy	駅逓所
Sannohe-yama	三戸山	パラムシル島		Mountain (345 m) S of m. Shelekhova	
Sashiusu(-hana)	指臼(鼻)	択捉島	29	m. Rogatyy	
Sashiusu-yama	指臼山	択捉島	29	vlk. Baranskogo	
Sekine-zaki	関根崎	アライト島	12	m. Lava	
Seoi(-gawa)	セオイ(川)	国後島	32	r. Saratovskaya	
Seseki	セセキ	国後島	32	2 km W of m. Medved'	同音異所1
Seseki	瀬石	国後島	35	m. Goryachiy, 6 km SW of Yuzhno-Kuril'skiy	同音異所2
Seseki(-onsen)	瀬石(温泉)	択捉島	29	Goryachiye Klyuchi	同音異所3
Shakaga-dake	釈迦ヶ岳	パラムシル島	10	SW mountain of g. Lomonosova	
Shakotan(-hama)	斜古丹(浜)	色丹島	36	Malokuril'skoye	
Shakotan-yama	斜古丹山	色丹島	36	g. Shikotan (405 m)	
Shakotan-zaki	斜古丹崎	色丹島	36	m. Shikotan	
Shamanbe	紗万部	択捉島	29	bukh. Konsernaya	
Shana	紗那，シャナ	択捉島	29	Kuril'sk	
Shana-ko→Shana-numa	シャナ湖(紗那湖)	択捉島			
Shana-numa	紗那沼	択捉島	29	oz. Labedinoye	
Shibetoro[ru]	蘂取	択捉島	27	Slavnoe	シベトロ・モヨロ山道
Shibotsu-tō	志発島	歯舞群島	37	O. Zelenyy	

地名(アルファベット)	地名	島名	地図頁番号[1)]	ロシア地名[2)]	備考[3)]
Shikotan-yama→Shakotan-yama	シコタン山	色丹島			
Shimanobori	島登	国後島	34	"Stolbovskyy", 1 km SW of m. Stolbchatyy	
Shimidzu-gawa	清水川	ケトイ島	19	A stream of E part	猟舎
Shimushir(-wan)	新知(湾)	シムシル島	20	zaliv Mil'na	越年舎
Shiomi-gawa	潮見川	シュムシュ島	9	River at reyd Bol'shoy	
Shiomi-wan	汐見湾(汐見台)	パラムシル島	10	W part of Zaliv Vasil'yeva	
Shiomi-zaki	潮見崎	シュムシュ島	9	reyd Bol'shoy	
Shiraiwa	白岩	シュムシュ島	9	kekur Odinets	
Shirakawa(-gyojō)	白川(漁場)	パラムシル島	8	Mouth of r. Gorshkova	
Shiranuka(-domari)	白糠泊	国後島	33	4 km NW of m. Spokoynyy	駅逓所
Shiribachi→Suribachi	シリバチ	パラムシル島			
Shirinki-tō	志林規島	パラムシル島属島	12	O. Antsiferova	
Shiriyajiri-dake[-yama]	後鏃岳【山】	パラムシル島	10	vlk. Fussa (1772 m)	
Shōjin-gawa	精進川	国後島	35	r. Lesnaya	
Sokiya	曽木谷，ソキヤ	択捉島	26	razv. of bukh. Sof'a	駅逓所
Sonraku-wan	村落湾	ラシュワ島	18	Bay at S of skaly Arch	
Suebettobi-numa	末別飛沼	パラムシル島	10	oz. Zerkal'noye	
Suisan-wan	水産湾	ウルップ島	25	bukh. Zatish'ye	
Suishō-tō	水晶島	歯舞群島	37	O. Tanfilyeva	
Suribachi(-yama)	摺鉢(山)	パラムシル島	11	Mountain at bukh. Okeanskaya	同名異所 1
Suribachi-yama	摺鉢山	ウルップ島	25	2 k SE peak (561 m) of m. Galin	同名異所 2
Suribachi-yama	摺鉢山	国後島	32	g. Dobraya (485 m)	同名異所 3
Suribachi(-wan)	擂鉢(湾)	パラムシル島	11	bukh. Okeanskaya	
Taketomi-yama	武富山	アライト島	12	vlk. Taketomi	
Takinosawa	滝ノ沢	シュムシュ島	–	NF	
Tanimusho[shi]	タニムショ【シ】	択捉島	29	S razv. Of m. Chirip	Bettobi-Tanimushi
Tannemoe[i]	丹根萌	択捉島	30	Berezovka	
Taraku-tō	多楽島	歯舞群島	37	O. Polonskogo	
Teinei→Ten'nei	テイネイ	択捉島			
Tenjin-iwa→Tenjin-yama	天神岩	シュムシュ島			
Tenjin-yama	天神山	シュムシュ島	9	g. Ushokova (150 m)	
Ten'nei	天寧，テンネイ	択捉島	31	Burevestnik	
Tobiishi-zaki	トビイシ崎	ラシュワ島	18	NF	
Todo-zaki	海馬崎	アライト島	12	m. Kudryavtseva	同音異所 1
Todo-zaki	遠吠崎	ケトイ島	19	m. Monolitnyy	同音異所 2
Tōhutsu-ko	東沸湖	国後島	34	oz. Peschanoye	
Tōhutsu(-mura)	東沸(村)	国後島	34	Sernovodsk	
Tokotan-ko	床丹湖	ウルップ島	25	oz. Tokotan	
Tokotan(-wan)	床丹(湾)	ウルップ島	25	reyd Otkrytyy	越年舎
Tōkyō-wan	東京湾	アライト島	12	bukh. Alaidskaya	
Tōmai	トウマイ	択捉島	29	g. Buda	Shana-Tomai
Tomari-gawa	泊川	ウルップ島	25	r. Sestritsa	
Tomari(-mura)	泊(村)	国後島	34	Golovnino	
Tomari-yama	泊山	国後島	34	vlk. Golovnina (541 m)	同名異所 1
Tomari-yama	泊山	色丹島	36	g. Tomari (356 m)	同名異所 2
Tomari-zaki	泊崎	パラムシル島	8	ur. Rifovoye	
Tori-saki	鳥崎	チリンコタン島	15	m. Ptichiy	

地名(アルファベット)	地　名	島　名	地図頁番号[1]	ロシア地名[2]	備　考[3]
Torishima-retsugan	鳥島列岩	パラムシル島属島	9	O-va Ptich'i [Brat'ya]	
Tōro	塘路	択捉島	26	bukh. Tornaya	
Tōro-numa	トウロ沼	択捉島	26	oz. Sopochnoye	
Toshimoe[moi]	年萌	択捉島	29	E of Zal. Kasatka	Toshimoe–Guya
Toshimoe-ko	年萌湖	択捉島	29	oz. Blagodatnoyo	
Toshiruri	トシルリ	択捉島	26	Sentyabr'skiy	
Tsukase-gawa	塚瀬川	パラムシル島	10	NE river of r. Krasheninnikova	
Tsurigane-wan	鐘湾	ウルップ島	22	Zal Natalii	
Uennai	植内	国後島	34	1 km E of Golovnino	同名異所 1
Uennai	植内	国後島	35	1 km W of m. Petrova	同名異所 2
Umanose	馬の背	色丹島	36	2 km SE ridge of g. Shikotan	
Urafuto-yama	裏太山	パラムシル島	8	Mountain between m. Levashova and ur. Rifovoye	
Wan'oku	湾奥(猟舎)	シムシル島	21	bukh. Broutona	
Yaitaikotan	ヤイタイコタン	国後島	34	2 km E of m. Stolbchatyy, "13 km village"	
Yake-dake[-yama]	焼岳【山】	パラムシル島	10	S mountain (1263 m) of g. Arkhangel'skogo	
Yamagoshi-zaki	山越崎	シムシル島	21	m. Kosyakova	
Yamato-wan	大和湾(大和台)	パラムシル島	11	A bay E of zal. Tukharka	同名異所 1
Yamato-wan	大和湾	マツワ島	17	bukh. Dvoynaya	同名異所 2 越年舎
Yanke(-tō)	ヤンケ	択捉島	29	4 km N of Kitovyy	
Yarakaraushi	ヤラカラウシ	択捉島	30	m. Izosimovskiy	
Yokonemoshiri→Aimi-zaki	ヨコネモシリ	色丹島			
Yoroigawa	ヨロイガワ	ウルップ島	–	NF	
Yoshino-hama	吉野濱	ウルップ島	23	bukh. Navidimka	
Yotsuiwahana	四岩鼻	パラムシル島	8	m. Antsiferova	同音異所 1
Yotsuiwa(-hana)	四ッ岩(鼻)	ラシュワ島	18	2 km SE of m. Severnyy	同音異所 2
Yurui	ユルイ	色丹島	36	A village at bukh. Dimitrova	Inemoshiri–Yurui
Yuru-tō	勇留島	歯舞群島	37	O. Iuriy	
Yūsen-ko	幽仙湖	オネコタン島	14	Ozero Kol'tsevoye	
Zaimoku-iwa	材木岩	国後島	34	m. Stolbchatyy	
Zenbekotan	善平古丹	国後島	34	Pattusovo	

[1] Atlas of Sakhalin Region, part II, Kuril Islands (1994) のページ数。
[2] 地名の特定には『千島列島地図集成』(2001) と適宜他文献を参照しながら調べた。特定できなかった地名はNF(Not Found)とした。
[3] 同じ名前・音で別地名の場合，宿泊所がある場合，ラベルでよく見られる地名間の表記などを追記した。

Appendix 3 千島列島産維管束植物分布表

和名	学名	Hon	Hok	Sak	Hab	SHK	KUN	ITU	URU	BCH	CHP	SIM	KET	Ush	RAS	MAT	RAI	SHS	EKA	KHA	ONE	MAK	PAR	SHU	ATL	Kam
〈シダ類〉	〈FERNS ANS FERN ALLIES〉																									
ヒカゲノカズラ科	F1. LYCOPODIACEAE																									
チシマヒカゲノカズラ	*Diphasiastrum alpinum*	+	+	+	·	·	·	○	·	·	·	●	·	●	◎	●	●	●	·	○	●	·	●	●	○	+
タカネヒカゲノカズラ	*Diphasiastrum sitchense*	+	+	·	·	·	○	◎	○	·	○	●	◎	△	●	·	·	●	·	·	○	·	●	○	◎	+
アスヒカズラ	*Diphasiastrum complanatum*	+	+	+	·	◎	●	◎	●	·	○	◎	◎	·	·	◎	○	○	·	○	●	·	●	◎	·	+
コスギラン	*Huperzia selago*	+	+	+	·	◎	◎	◎	◎	●	○	●	◎	●	●	○	○	◎	○	◎	●	·	◎	●	◎	+
ヒメスギラン	*Huperzia miyoshiana*	+	+	+	·	◎	◎	●	◎	○	○	●	·	●	·	·	·	·	·	·	●	·	△	●	·	+
トウゲシバ	*Huperzia serrata*	+	+	+	·	△	●	◎	○	·	·	·	·	·	·	·	·	·	·	·	·	·	·	·	·	·
ヒカゲノカズラ	*Lycopodium clavatum*	+	+	+	○	●	●	●	●	·	●	●	●	●	●	○	●	●	●	●	●	●	●	●	○	+
スギカズラ	*Lycopodium annotinum*	+	+	+	·	◎	◎	●	●	○	●	◎	●	○	●	○	·	◎	·	◎	●	◎	●	●	·	+
マンネンスギ	*Lycopodium obscurum*	+	+	+	·	◎	●	●	●	·	●	●	◎	○	◎	·	·	●	·	○	○	·	◎	○	·	+
イワヒバ科	F2. SELAGINELLACEAE																									
エゾノヒメクラマゴケ	*Selaginella helvetica*	+	+	·	·	◎	◎	◎	◎	○	○	·	·	·	·	·	·	·	·	·	·	·	·	·	·	·
コケスギラン	*Selaginella selaginoides*	+	+	·	·	·	·	○	●	○	○	◎	◎	·	●	·	·	·	·	●	●	·	●	●	·	+
ヒモカズラ	*Selaginella shakotanensis*	+	+	+	·	◎	○	○	·	·	·	·	·	·	·	·	·	·	·	·	·	·	·	·	·	·
ミズニラ科	F3. ISOËTACEAE																									
ヒメミズニラ	*Isoëtes asiatica*	+	+	+	·	·	●	◎	·	·	·	·	·	·	·	·	·	·	·	·	○	·	●	○	·	+
ハナヤスリ科	F4. OPHIOGLOSSACEAE																									
ヒメハナワラビ	*Botrychium lunaria*	+	+	+	·	○	◎	◎	◎	●	·	●	·	△	◎	●	·	·	·	○	●	·	●	●	◎	+
タカネハナワラビ	*Botrychium boreale*	·	+	+	·	·	·	·	·	·	·	·	·	·	·	·	·	·	·	·	○	·	●	●	○	+
ミヤマハナワラビ	*Botrychium lanceolatum*	+	+	+	·	·	○	○	○	·	·	◎	·	·	·	·	·	●	·	·	○	○	●	●	◎	+
エゾフユノハナワラビ	*Botrychium multifidum* var. *robustum*	+	+	+	○	◎	◎	●	◎	●	·	●	·	·	·	·	○	·	·	●	○	·	●	●	○	+
ハマハナヤスリ	*Ophioglossum thermale*	+	+	·	·	·	●	·	·	·	·	·	·	·	·	·	·	·	·	·	·	·	·	·	·	+
ヒロハハナヤスリ	*Ophioglossum vulgatum*	+	+	+	·	◎	·	·	·	·	·	·	·	·	·	·	·	·	·	·	·	·	·	·	·	+
マツバラン科	F5. PSILOTACEAE																									
マツバラン	*Psilotum nudum*	+	·	·	·	·	○	·	·	·	·	·	·	·	·	·	·	·	·	·	·	·	·	·	·	·
トクサ科	F6. EQUISETACEAE																									
スギナ	*Equisetum arvense*	+	+	+	○	◎	●	●	●	·	·	●	●	○	●	●	·	●	◎	●	●	●	●	●	●	+
ヤチスギナ	*Equisetum pratense*	+	+	+	·	◎	●	○	△	·	·	·	·	△	△	·	·	·	·	·	·	·	·	◎	·	+
フサスギナ	*Equisetum sylvaticum*	·	+	+	·	△	·	·	·	·	·	·	·	·	·	·	·	·	·	·	·	·	◎	●	·	+
ミズドクサ	*Equisetum fluviatile*	+	+	+	·	△	●	●	○	·	·	·	·	·	·	·	·	·	·	·	·	·	●	●	·	+
イヌスギナ	*Equisetum palustre*	+	+	+	△	○	●	●	●	·	·	○	△	△	◎	△	·	·	·	·	△	●	●	○	·	+
トクサ	*Equisetum hyemale*	+	+	+	○	◎	●	●	●	·	·	●	●	△	●	◎	·	·	·	·	·	●	●	●	·	+
チシマヒメドクサ	*Equisetum variegatum*	·	+	+	·	·	·	◎	●	·	·	·	·	·	·	·	·	·	·	·	·	·	●	·	·	+
ゼンマイ科	F7. OSMUNDACEAE																									
ゼンマイ	*Osmunda japonica*	+	+	+	·	·	○	○	·	·	·	·	·	·	·	·	·	·	·	·	·	·	·	·	·	·
ヤマドリゼンマイ	*Osmundastrum cinnamomeum* var. *fokiense*	+	+	+	·	◎	●	◎	○	·	·	·	·	·	·	·	·	·	·	·	·	·	·	·	·	+
コケシノブ科	F8. HYMENOPHYLLACEAE																									
コケシノブ	*Hymenophyllum wrightii*	+	+	+	△	○	○	○	·	·	·	·	·	·	·	·	·	·	·	·	·	·	·	·	·	·
ヒメハイホラゴケ	*Vandenboschia nipponica*	+	+	·	·	·	·	◎	·	·	·	·	·	·	·	·	·	·	·	·	·	·	·	·	·	·
キジノオシダ科	F9. PLAGIOGYRIACEAE																									
ヤマソテツ	*Plagiogyria matsumurana*	+	+	·	·	·	·	●	○	·	·	·	·	·	·	·	·	·	·	·	·	·	·	·	·	·
コバノイシカグマ科	F10. DENNSTAEDTIACEAE																									
ワラビ	*Pteridium aquilinum* ssp. *japonicum*	+	+	+	○	◎	●	◎	△	·	·	·	·	·	·	·	·	·	·	·	·	·	·	·	·	+
イノモトソウ科	F11. PTERIDACEAE																									
クジャクシダ	*Adiantum pedatum*	+	+	+	·	○	○	·	·	·	·	·	·	·	·	·	·	·	·	·	·	·	·	·	·	·
イワガネゼンマイ	*Coniogramme intermedia*	+	+	+	·	○	◎	△	·	·	·	·	·	·	·	·	·	·	·	·	·	·	·	·	·	·
リシリシノブ	*Cryptogramma crispa*	+	+	+	·	●	○	·	·	·	·	·	·	·	·	·	·	·	·	·	·	·	·	·	·	+
チャセンシダ科	F12. ASPLENIACEAE																									
トラノオシダ	*Asplenium incisum*	+	+	+	·	◎	◎	◎	·	·	·	·	·	·	·	·	·	·	·	·	·	·	·	·	·	+
コタニワタリ	*Asplenium scolopendrium*	+	+	+	·	·	◎	·	·	·	·	·	·	·	·	·	·	·	·	·	·	·	·	·	·	·
ヒメシダ科	F13. THELYPTERIDACEAE																									
ニッコウシダ	*Thelypteris nipponica*	+	+	+	·	·	●	△	·	·	·	·	·	·	·	·	·	·	·	·	·	·	·	·	·	+
ヒメシダ	*Thelypteris palustris*	+	+	+	○	◎	◎	·	○	○	·	○	·	·	·	·	·	·	·	·	·	·	·	·	·	+
ミヤマワラビ	*Thelypteris phegopteris*	+	+	+	·	◎	●	●	●	·	·	●	◎	·	·	·	·	·	·	·	·	·	●	●	○	+
オオバショリマ	*Thelypteris quelpaertensis*	+	+	·	·	◎	◎	◎	●	·	·	○	●	·	●	·	·	●	·	●	●	●	●	●	○	+
イワデンダ科	F14. WOODSIACEAE																									

和名	学名	Hon	Hok	Sak	Hab	SHK	KUN	ITU	URU	BCH	CHP	SIM	KET	Ush	RAS	MAT	RAI	SHS	EKA	KHA	ONE	MAK	PAR	SHU	ATL	Kam
ミヤマメシダ	*Athyrium melanolepis*	+	+	+	○	◎	●	●	◎	·	·	○	◎	△	●	●	·	●	·	●	●	●	●	●	●	+
エゾメシダ	*Athyrium sinense*	+	+	+	○	·	●	△	·	·	·	·	·	·	·	·	·	·	·	·	·	·	·	·	·	·
オクヤマワラビ	*Athyrium alpestre*	+	+	+	·	·	·	·	·	·	·	·	·	·	·	·	·	·	·	·	·	·	●	○	○	+
ヤマイヌワラビ	*Athyrium vidalii*	+	+	·	·	·	○	○	·	·	·	·	·	·	·	·	·	·	·	·	·	·	·	·	·	·
ヘビノネゴザ	*Athyrium yokoscense*	+	+	·	·	●	◎	·	·	·	·	·	·	·	·	·	·	·	·	·	·	·	·	·	·	·
ミヤマヘビノネゴザ	*Athyrium rupestre*	+	+	+	·	◎	○	·	·	·	·	·	·	·	·	·	·	·	·	·	·	·	·	·	·	·
イワイヌワラビ	*Athyrium nikkoense*	+	+	·	·	○	○	·	·	·	·	·	·	·	·	·	·	·	·	·	·	·	·	·	·	·
ナヨシダ	*Cystopteris fragilis*	+	+	+	·	◎	◎	◎	●	·	·	◎	◎	○	·	·	·	○	·	·	·	·	●	●	●	+
ホソバシケシダ	*Deparia conilii*	+	+	·	·	·	○	·	·	·	·	·	·	·	·	·	·	·	·	·	·	·	·	·	·	·
オオメシダ	*Deparia pterorachis*	+	+	+	·	◎	◎	●	●	·	·	·	·	·	·	·	·	·	·	·	·	·	○	·	·	+
ミヤマシケシダ	*Deparia pycnosora*	+	+	+	·	○	◎	●	●	·	·	·	·	·	·	·	·	·	·	·	○	·	·	·	·	·
ウサギシダ	*Gymnocarpium dryopteris*	+	+	+	·	·	○	△	○	·	·	·	·	·	·	·	·	○	·	·	△	·	○	△	○	+
イワデンダ	*Woodsia polystichoides*	+	+	+	·	◎	◎	◎	◎	·	·	·	·	·	·	·	·	·	·	·	·	·	·	·	·	·
シシガシラ科	**F15. BLECHNACEAE**																									
シシガシラ	*Blechnum niponicum*	+	+	·	·	○	◎	●	·	·	·	·	·	·	·	·	·	·	·	·	·	·	·	·	·	·
コウヤワラビ科	**F16. ONOCLEACEAE**																									
クサソテツ	*Matteuccia struthiopteris*	+	+	+	○	◎	●	◎	·	·	·	·	·	·	·	·	·	·	·	·	·	·	·	·	·	+
コウヤワラビ	*Onoclea sensibilis* var. *interrupta*	+	+	+	○	◎	●	·	·	·	·	·	·	·	·	·	·	·	·	·	·	·	·	·	·	·
イヌガンソク	*Pentarhizidium orientale*	+	+	·	·	·	◎	·	·	·	·	·	·	·	·	·	·	·	·	·	·	·	·	·	·	·
オシダ科	**F17. DRYOPTERIDACEAE**																									
ホソバナライシダ	*Arachniodes borealis*	+	+	+	·	·	●	·	·	·	·	·	·	·	·	·	·	·	·	·	·	·	·	·	·	·
シノブカグマ	*Arachniodes mutica*	+	+	+	·	·	○	●	○	·	·	·	·	·	·	·	·	·	·	·	·	·	·	·	·	·
シラネワラビ	*Dryopteris expansa*	+	+	+	·	◎	●	●	●	●	○	●	●	●	●	●	○	●	●	●	●	●	●	●	●	+
オシダ	*Dryopteris crassirhizoma*	+	+	+	·	◎	●	◎	·	·	·	·	·	·	·	·	·	·	·	·	·	·	·	·	·	·
ニオイシダ	*Dryopteris fragrans*	+	+	+	·	△	◎	◎	○	·	·	·	·	·	·	·	·	·	·	·	·	·	·	·	·	+
ミヤマベニシダ	*Dryopteris monticola*	+	+	·	·	△	○	·	·	·	·	·	·	·	·	·	·	·	·	·	·	·	·	·	·	·
ホソイノデ	*Polystichum braunii*	+	+	+	·	◎	◎	◎	●	·	·	●	●	●	●	●	·	◎	○	·	●	●	○	◎	◎	+
ヒイラギデンダ	*Polystichum lonchitis*	+	·	+	·	·	·	·	·	·	·	·	·	·	·	·	·	·	·	·	·	·	◎	△	·	+
カラクサイノデ	*Polystichum microchlamys*	+	+	·	·	·	○	◎	●	·	·	○	◎	○	·	·	·	·	·	·	·	·	●	○	·	+
ジュウモンジシダ	*Polystichum tripteron*	+	+	+	·	○	◎	○	·	·	·	·	·	·	·	·	·	·	·	·	·	·	·	·	·	·
ウラボシ科	**F18. POLYPODIACEAE**																									
ミヤマノキシノブ(広義)	*Lepisorus ussuriensis* s.l	+	+	+	·	●	◎	·	·	·	·	·	·	·	·	·	·	·	·	·	·	·	·	·	·	·
オシャグジデンダ	*Polypodium fauriei*	+	+	+	·	●	◎	·	·	·	·	·	·	·	·	·	·	·	·	·	·	·	·	·	·	·
エゾデンダ	*Polypodium sibiricum*	+	+	+	·	·	○	○	○	·	·	·	·	·	·	·	·	·	·	·	·	·	·	·	·	+
オオエゾデンダ	*Polypodium vulgare*	+	+	+	·	◎	◎	◎	◎	·	·	·	·	·	·	·	·	·	·	·	·	·	·	·	·	·
〈裸子植物〉	**〈GYMNOSPERMS〉**																									
マツ科	**G1. PINACEAE**																									
トドマツ	*Abies sachalinensis*	·	+	+	·	◎	●	●	·	·	·	·	·	·	·	·	·	·	·	·	·	·	·	·	·	+
グイマツ	*Larix gmelinii*	·	·	+	·	●	·	●	·	·	·	·	·	·	·	·	·	·	·	·	·	·	·	·	·	+
外)カラマツ	(*Larix kaempferi*)	+	(+)	(+)	·	(○)	(○)	·	·	·	·	·	·	·	·	·	·	·	·	·	·	·	·	·	·	·
アカエゾマツ	*Picea glehnii*	·	+	+	·	◎	●	○	·	·	·	·	·	·	·	·	·	·	·	·	·	·	·	·	·	·
エゾマツ	*Picea jezoensis*	·	+	+	·	●	●	●	·	·	·	·	·	·	·	·	·	·	·	·	·	·	·	·	·	+
ハイマツ	*Pinus pumila*	+	+	+	·	·	●	●	●	○	·	●	●	△	●	·	·	●	·	○	●	●	●	●	·	+
ヒノキ科	**G2. CUPRESSACEAE**																									
ミヤマビャクシン	*Juniperus chinensis* var. *sargentii*	+	+	+	·	●	◎	◎	·	·	·	·	·	·	·	·	·	·	·	·	·	·	·	·	·	·
リシリビャクシン	*Juniperus communis* var. *montana*	·	+	+	·	●	◎	◎	●	·	·	·	◎	·	·	·	·	·	·	·	·	·	·	·	·	+
イチイ科	**G3. TAXACEAE**																									
イチイ	*Taxus cuspidata*	+	+	+	·	◎	●	●	●	·	·	●	◎	·	◎	·	·	·	·	·	·	·	·	·	·	·
〈被子植物－基底群〉	**〈ANGIOSPERMS-BASAL GROUP〉**																									
スイレン科	**AB1. NYMPHAEACEAE**																									
ネムロコウホネ	*Nuphar pumila*	+	+	+	○	○	●	◎	·	·	·	·	·	·	·	·	·	·	·	·	·	·	·	·	·	+
ヒツジグサ	*Nymphaea tetragona*	+	+	+	·	·	◎	·	·	·	·	·	·	·	·	·	·	·	·	·	·	·	·	·	·	+
マツブサ科	**AB2. SCHISANDRACEAE**																									
チョウセンゴミシ	*Schisandra chinensis*	+	+	+	·	◎	◎	◎	·	·	·	·	·	·	·	·	·	·	·	·	·	·	·	·	·	·
センリョウ科	**AB3. CHLORANTHACEAE**																									
ヒトリシズカ	*Chloranthus quadrifolius*	+	+	+	○	◎	◎	·	·	·	·	·	·	·	·	·	·	·	·	·	·	·	·	·	·	·
フタリシズカ	*Chloranthus serratus*	+	+	·	·	·	◎	·	·	·	·	·	·	·	·	·	·	·	·	·	·	·	·	·	·	·
ウマノスズクサ科	**AB4. ARISTOLOCHIACEAE**																									
オクエゾサイシン	*Asarum heterotropoides*	+	+	+	·	◎	◎	●	○	·	·	·	·	·	·	·	·	·	·	·	·	·	·	·	·	·
モクレン科	**AB5. MAGNOLIACEAE**																									
ホオノキ	*Magnolia hypoleuca*	+	+	·	·	·	●	·	·	·	·	·	·	·	·	·	·	·	·	·	·	·	·	·	·	·
〈被子植物－単子葉類〉	**〈ANGIOSPERMS-MONOCOTS〉**																									
ショウブ科	**AM1. ACORACEAE**																									
外)ショウブ	(*Acorus calamus*)	+	+	+	·	·	(○)	·	·	·	·	·	·	·	·	·	·	·	·	·	·	·	·	·	·	·

和　名	学　名	*Hon*	*Hok*	*Sak*	Hab	SHK	KUN	ITU	URU	BCH	CHP	SIM	KET	Ush	RAS	MAT	RAI	SHS	EKA	KHA	ONE	MAK	PAR	SHU	ATL	*Kam*
サトイモ科	**AM2. ARACEAE**																									
コウライテンナンショウ	*Arisaema peninsulae*	+	+	·	○	●	◎	◎	·	·	·	·	·	·	·	·	·	·	·	·	·	·	·	·	·	·
ヒメカイウ	*Calla palustris*	+	+	+	○	·	○	·	·	·	·	·	·	·	·	·	·	·	·	·	·	·	·	·	·	+
キタグニコウキクサ	*Lemna turionifera*	+	+	+	·	·	·	△	·	·	·	·	·	·	·	·	·	·	·	·	·	·	·	·	·	+
ヒンジモ	*Lemna trisulca*	+	+	+	○	·	◎	●	·	·	·	·	·	·	·	·	·	·	·	·	·	·	·	·	·	+
ミズバショウ	*Lysichiton camtschatcensis*	+	+	+	○	○	◎	●	●	·	·	◎	·	·	·	·	·	·	·	·	○	·	●	●	·	+
ウキクサ	*Spirodela polyrhiza*	+	+	+	·	·	○	·	·	·	·	·	·	·	·	·	·	·	·	·	·	·	·	·	·	+
ザゼンソウ	*Symplocarpus renifolius*	+	+	+	○	◎	○	◎	·	·	·	·	·	·	·	·	·	·	·	·	·	·	·	·	·	·
チシマゼキショウ科	**AM3. TOFIELDIACEAE**																									
チシマゼキショウ	*Tofieldia coccinea*	+	+	+	·	●	◎	◎	●	●	·	●	◎	○	◎	◎	·	○	◎	·	●	◎	●	●	◎	+
ヒメイワショウブ	*Tofieldia okuboi*	+	+	·	·	·	·	●	·	·	·	·	·	·	·	·	·	·	·	·	·	·	·	·	·	·
オモダカ科	**AM4. ALISMATACEAE**																									
ヘラオモダカ	*Alisma canaliculatum*	+	+	·	·	·	○	·	·	·	·	·	·	·	·	·	·	·	·	·	·	·	·	·	·	·
外)サジオモダカ	(*Alisma plantago-aquatica* var. *orientale*)	+	+	(+)	·	(○)	(○)	·	·	·	·	·	·	·	·	·	·	·	·	·	·	·	·	·	·	+
ホロムイソウ科	**AM5. SCHEUCHZERIACEAE**																									
ホロムイソウ	*Scheuchzeria palustris*	+	+	+	·	·	◎	○	·	·	·	·	·	·	·	·	·	·	·	·	·	·	·	·	·	+
シバナ科	**AM6. JUNCAGINACEAE**																									
オオシバナ	*Triglochin maritima*	+	+	+	·	●	●	○	○	·	·	·	·	·	·	·	·	·	·	·	·	·	·	○	·	+
ホソバノシバナ	*Triglochin palustris*	+	+	+	·	◎	●	●	●	·	·	◎	◎	·	·	·	·	·	·	·	○	·	●	●	·	+
アマモ科	**AM7. ZOSTERACEAE**																									
スガモ	*Phyllospadix iwatensis*	+	+	+	○	○	●	◎	●	·	·	●	·	·	·	·	·	·	·	·	·	·	·	·	·	·
コアマモ	*Zostera japonica*	+	+	+	·	△	●	·	·	·	·	·	·	·	·	·	·	·	·	·	·	·	·	·	·	+
アマモ	*Zostera marina*	+	+	+	·	△	●	◎	·	·	·	·	·	·	·	·	·	·	·	·	·	·	·	·	·	+
スゲアマモ	*Zostera caespitosa*	+	+	·	△	·	·	·	·	·	·	·	·	·	·	·	·	·	·	·	·	·	·	·	·	·
オオアマモ	*Zostera asiatica*	·	+	+	·	◎	●	◎	·	·	·	·	·	·	·	·	·	·	·	·	·	·	·	·	·	·
ヒルムシロ科	**AM8. POTAMOGETONACEAE**																									
ヒルムシロ	*Potamogeton distinctus*	+	+	+	·	◎	○	◎	·	○	·	·	·	·	○	·	·	·	·	·	○	·	◎	·	·	+
フトヒルムシロ	*Potamogeton fryeri*	+	+	+	·	·	◎	●	●	·	·	·	·	·	·	·	·	·	·	·	○	●	·	●	·	+
オヒルムシロ	*Potamogeton natans*	+	+	+	·	◎	◎	●	●	·	·	◎	◎	·	◎	·	·	○	·	·	◎	·	●	●	·	+
エゾヒルムシロ	*Potamogeton gramineus*	+	+	+	·	◎	●	●	○	·	·	·	·	·	·	·	·	·	·	·	·	·	●	●	·	+
ヒロハノエビモ	*Potamogeton perfoliatus*	+	+	+	○	△	●	●	◎	·	·	·	·	·	·	·	·	·	·	·	·	·	●	●	·	+
ナガバエビモ	*Potamogeton praelongus*	·	+	·	·	△	△	●	·	·	·	·	·	·	·	·	·	·	·	·	·	·	●	·	·	+
ホソバヒルムシロ	*Potamogeton alpinus*	+	+	+	·	·	·	·	◎	·	·	·	·	·	·	·	·	·	·	·	·	·	●	○	·	+
センニンモ	*Potamogeton maackianus*	+	+	+	·	·	○	●	◎	·	·	·	·	·	·	·	·	·	·	·	·	·	●	●	·	+
イトモ	*Potamogeton berchtoldii*	+	+	+	·	◎	◎	●	·	·	·	·	·	·	·	·	·	·	·	·	·	·	○	●	·	+
エゾヤナギモ	*Potamogeton compressus*	+	+	+	·	·	●	●	·	·	·	·	·	·	·	·	·	·	·	·	·	·	·	·	·	+
リュウノヒゲモ	*Potamogeton pectinatus*	+	+	+	·	·	·	△	·	·	·	·	·	·	·	·	·	·	·	·	○	·	·	·	·	+
イトクズモ	*Zannichellia palustris*	+	+	+	·	·	·	·	·	·	·	·	·	·	·	·	·	·	·	·	·	·	·	○	·	+
カワツルモ科	**AM9. RUPPIACEAE**																									
ヤハズカワツルモ	*Ruppia occidentalis*	·	+	+	·	·	·	·	·	·	·	·	·	·	·	·	·	·	·	·	·	·	·	·	●	+
キンコウカ科	**AM10. NARTHECIACEAE**																									
ノギラン	*Aletris luteoviridis*	+	+	·	·	·	◎	◎	·	·	·	·	·	·	·	·	·	·	·	·	·	·	·	·	·	·
ヤマノイモ科	**AM11. DIOSCOREACEAE**																									
ヤマノイモ	*Dioscorea japonica*	+	+	·	·	·	○	·	·	·	·	·	·	·	·	·	·	·	·	·	·	·	·	·	·	·
シュロソウ科	**AM12. MELANTHIACEAE**																									
クルマバツクバネソウ	*Paris verticillata*	+	+	+	·	·	◎	·	·	·	·	·	·	·	·	·	·	·	·	·	·	·	·	·	·	·
エンレイソウ	*Trillium apetalon*	+	+	+	·	·	◎	●	●	·	·	△	·	·	○	·	·	·	·	·	·	·	·	·	·	·
オオバナノエンレイソウ	*Trillium camschatcense*	+	+	+	○	◎	◎	◎	●	·	·	●	●	●	●	◎	·	●	○	◎	●	·	●	●	·	+
ミヤマエンレイソウ	*Trillium tschonoskii*	+	+	+	·	·	○	○	·	·	·	·	·	·	·	·	·	·	·	·	·	·	·	·	·	·
バイケイソウ	*Veratrum oxysepalum*	+	+	+	○	◎	◎	◎	●	●	●	△	·	·	◎	◎	·	·	·	·	●	·	●	●	◎	+
イヌサフラン科	**AM13. COLCHICACEAE**																									
ホウチャクソウ	*Disporum sessile*	+	+	+	·	·	○	·	·	·	·	·	·	·	·	·	·	·	·	·	·	·	·	·	·	·
チゴユリ	*Disporum smilacinum*	+	+	·	·	·	○	◎	◎	·	·	·	·	·	·	·	·	·	·	·	·	·	·	·	·	·
ユリ科	**AM14. LILIACEAE**																									
オオウバユリ	*Cardiocrinum cordatum* var. *glehnii*	+	+	+	·	·	●	◎	·	·	·	·	·	·	·	·	·	·	·	·	·	·	·	·	·	·
ツバメオモト	*Clintonia udensis*	+	+	+	·	○	◎	●	○	·	·	·	·	·	·	·	·	·	·	·	·	·	·	·	·	·
カタクリ	*Erythronium japonicum*	+	+	+	·	·	◎	·	△	·	·	·	·	·	·	·	·	·	·	·	·	·	·	·	·	·
クロユリ	*Fritillaria camschatcensis*	+	+	+	○	◎	◎	◎	●	●	○	◎	◎	◎	●	◎	·	◎	○	●	○	·	●	●	◎	+
キバナノアマナ	*Gagea nakaiana*	+	+	+	○	◎	◎	◎	◎	·	·	◎	◎	△	◎	·	·	◎	·	·	·	·	○	◎	·	+
エゾヒメアマナ	*Gagea vaginata*	·	+	·	·	◎	△	·	·	·	·	·	·	·	·	·	·	·	·	·	·	·	·	·	·	·
チシマアマナ	*Gagea serotina*	+	+	+	·	◎	·	●	●	○	●	●	◎	◎	●	·	·	●	·	○	●	○	◎	◎	◎	+
ホソバノアマナ	*Gagea triflora*	+	+	+	·	·	·	·	△	·	·	·	·	·	·	·	·	·	·	·	·	·	○	◎	·	+
エゾスカシユリ	*Lilium pensylvanicum*	+	+	+	·	◎	◎	●	◎	·	·	·	·	·	·	·	·	·	·	·	·	·	·	·	·	+
クルマユリ	*Lilium debile*	+	+	+	○	◎	●	●	●	●	●	●	●	●	●	◎	·	●	○	●	●	●	●	●	◎	+

和名	学名	Hon	Hok	Sak	Hab	SHK	KUN	ITU	URU	BCH	CHP	SIM	KET	Ush	RAS	MAT	RAI	SHS	EKA	KHA	ONE	MAK	PAR	SHU	ATL	Kam
外)オニユリ	(*Lilium lancifolium*)	(+)	(+)	(+)	·	·	(○)	(○)	·	·	·	·	·	·	·	·	·	·	·	·	·	·	·	·	·	·
オオバタケシマラン	*Streptopus amplexifolius* var. *papillatus*	+	+	+	·	·	○	●	●	●	·	●	△	●	●	●	·	●	○	○	○	·	●	○	○	+
ヒメタケシマラン	*Streptopus streptopoides* ssp. *streptopoides*	+	+	+	·	·	○	·	·	·	·	○	·	·	·	·	·	·	·	·	·	·	·	·	·	·
ラン科	**AM15. ORCHIDACEAE**																									
コアニチドリ	*Amitostigma kinoshitae*	+	+	·	·	·	◎	·	·	·	·	·	·	·	·	·	·	·	·	·	·	·	·	·	·	·
ギンラン	*Cephalanthera erecta*	+	+	·	·	·	·	○	·	·	·	·	·	·	·	·	·	·	·	·	·	·	·	·	·	·
ササバギンラン	*Cephalanthera longibracteata*	+	+	·	·	◎	◎	○	·	·	·	·	·	·	·	·	·	·	·	·	·	·	·	·	·	·
チシマサカネラン	*Corallorhiza trifida*	·	·	+	·	·	·	·	·	·	·	·	·	·	·	·	·	·	·	·	·	·	○	◎	·	+
サイハイラン	*Cremastra appendiculata* var. *variabilis*	+	+	·	·	·	◎	·	·	·	·	·	·	·	·	·	·	·	·	·	·	·	·	·	·	·
アツモリソウ	*Cypripedium macranthos*	+	+	+	·	◎	◎	◎	◎	●	·	◎	◎	·	·	·	·	·	·	·	·	◎	·	◎	·	+
キバナノアツモリソウ	*Cypripedium yatabeanum*	+	+	·	·	·	◎	○	●	·	·	◎	◎	△	◎	·	·	·	·	·	○	·	◎	○	·	+
ハクサンチドリ	*Dactylorhiza aristata*	+	+	+	○	◎	◎	●	●	●	●	●	●	●	●	●	·	●	●	○	●	◎	●	●	◎	+
アオチドリ	*Dactylorhiza viridis*	+	+	+	·	◎	·	◎	●	·	●	●	◎	△	●	·	·	○	·	·	·	·	●	○	·	+
イチヨウラン	*Dactylostalix ringens*	+	+	+	·	◎	○	◎	·	·	·	·	·	·	·	·	·	·	·	·	·	·	·	·	·	·
サワラン	*Eleorchis japonica*	+	+	·	·	·	◎	·	·	·	·	·	·	·	·	·	·	·	·	·	·	·	·	·	·	·
コイチヨウラン	*Ephippianthus schmidtii*	+	+	·	·	●	◎	◎	●	●	·	·	○	·	○	·	·	·	·	·	·	·	·	·	·	·
エゾスズラン	*Epipachis papillosa*	+	+	+	·	○	●	◎	·	·	·	·	·	·	·	·	·	·	·	·	·	·	·	·	·	+
オニノヤガラ	*Gastrodia elata*	+	+	+	·	·	○	○	·	·	·	·	·	·	·	·	·	·	·	·	·	·	·	·	·	·
アケボノシュスラン	*Goodyera foliosa* var. *laevis*	+	+	·	·	·	·	◎	○	·	·	·	·	·	·	·	·	·	·	·	·	·	·	·	·	·
ヒメミヤマウズラ	*Goodyera repens*	+	+	+	·	○	◎	○	·	·	·	·	·	·	·	·	·	·	·	·	·	·	·	·	·	+
ミヤマウズラ	*Goodyera schlechtendaliana*	+	+	·	·	·	·	◎	·	·	·	·	·	·	·	·	·	·	·	·	·	·	·	·	·	·
テガタチドリ	*Gymnadenia conopsea*	+	+	+	◎	◎	◎	●	●	·	·	·	·	·	·	·	·	·	·	·	·	·	·	·	·	·
ヒメミズトンボ	*Habenaria linearifolia* var. *brachycentra*	+	+	·	·	·	◎	·	·	·	·	·	·	·	·	·	·	·	·	·	·	·	·	·	·	·
タカネトンボ	*Limnorchis chorisiana*	+	+	·	○	◎	●	●	●	●	●	●	●	◎	●	●	·	●	◎	●	●	·	●	○	○	+
シロウマチドリ	*Limnorchis convallariifolia*	+	+	+	·	△	○	◎	●	●	●	●	●	●	●	◎	·	·	◎	●	·	◎	●	●	·	+
クモキリソウ	*Liparis kumokiri*	+	+	·	·	·	○	·	·	·	·	·	·	·	·	·	·	·	·	·	·	·	·	·	·	·
ホザキイチヨウラン	*Malaxis monophyllos*	+	+	+	·	◎	○	◎	●	●	●	●	·	●	◎	△	·	○	○	·	·	·	●	○	·	+
ヤチラン	*Malaxis paludosa*	+	+	·	·	·	○	·	·	·	·	·	·	·	·	·	·	·	·	·	·	·	○	·	·	+
アリドオシラン	*Myrmechis japonica*	+	+	·	·	·	◎	◎	·	·	·	·	·	·	·	·	·	·	·	·	·	·	·	·	·	·
ノビネチドリ	*Neolindleya camtschatica*	+	+	+	·	·	◎	●	●	·	·	◎	◎	○	·	·	●	·	·	·	·	·	○	●	○	+
コフタバラン	*Neottia cordata*	+	+	+	·	◎	◎	◎	●	○	●	◎	◎	△	◎	◎	·	·	·	·	●	·	●	◎	○	+
ミヤマフタバラン	*Neottia nipponica*	+	+	·	·	◎	◎	◎	●	·	●	○	◎	·	●	·	·	○	·	·	·	·	·	·	·	·
タカネフタバラン	*Neottia puberula*	+	+	+	·	◎	○	◎	·	○	·	·	·	·	·	·	·	·	·	·	·	·	·	·	·	·
ヒメムヨウラン	*Neottia acuminata*	+	+	+	·	·	○	·	·	·	·	·	·	·	·	·	·	·	·	·	·	·	·	·	·	+
エゾサカネラン	*Neottia nidus-avis*	+	+	+	·	◎	○	·	·	·	·	·	·	·	·	·	·	·	·	·	·	·	·	·	·	·
ミヤマモジズリ	*Neottianthe cucullata*	+	+	+	·	○	○	·	·	·	·	·	·	·	·	·	·	·	·	·	·	·	·	·	·	·
コケイラン	*Oreorchis patens*	+	+	+	·	○	◎	◎	●	·	·	·	·	·	·	·	·	·	·	·	·	·	·	·	·	+
ヒロハトンボソウ	*Platanthera fuscescens*	+	+	+	·	·	·	◎	·	·	·	·	·	·	·	·	·	·	·	·	·	·	·	·	·	·
ミズチドリ	*Platanthera hologlottis*	+	+	·	○	·	◎	·	·	·	·	·	·	·	·	·	·	·	·	·	·	·	·	·	·	·
エゾチドリ	*Platanthera metabifolia*	·	+	·	·	◎	◎	◎	●	·	·	·	·	·	·	·	·	·	·	·	·	·	·	·	·	·
オオヤマサギソウ	*Platanthera sachalinensis*	+	+	+	·	◎	◎	●	●	·	·	·	·	·	·	·	·	·	·	·	·	·	·	·	·	·
タカネサギソウ	*Platanthera mandarinorum* ssp. *maximowicziana*	+	+	·	·	◎	·	○	○	○	○	·	·	·	·	·	·	·	·	·	·	·	·	·	·	·
オオキソチドリ	*Platanthera ophrydioides* var. *ophrydioides*	+	+	+	·	◎	◎	◎	○	●	·	·	·	·	·	·	·	·	·	·	·	·	·	·	·	·
ホソバノキソチドリ	*Platanthera tipuloides*	+	+	+	·	◎	◎	◎	●	●	●	●	◎	△	◎	·	·	●	◎	●	●	●	●	○	·	+
トキソウ	*Pogonia japonica*	+	+	·	·	◎	◎	·	·	·	·	·	·	·	·	·	·	·	·	·	·	·	·	·	·	·
ネジバナ	*Spiranthes sinensis* var. *amoena*	+	+	+	○	◎	●	●	●	·	·	·	·	·	·	·	·	·	·	·	·	·	·	·	·	+
アヤメ科	**AM16. IRIDACEAE**																									
ノハナショウブ	*Iris ensata* var. *spontanea*	+	+	·	△	◎	●	◎	·	·	·	·	·	·	·	·	·	·	·	·	·	·	·	·	·	·
カキツバタ	*Iris laevigata*	+	+	+	△	△	◎	·	·	·	·	·	·	·	·	·	·	·	·	·	·	·	·	·	·	·
アヤメ	*Iris sanguinea*	+	+	+	·	·	○	·	·	·	·	·	·	·	·	·	·	·	·	·	·	·	·	·	·	·
ヒオウギアヤメ	*Iris setosa*	+	+	+	○	◎	●	◎	●	·	●	●	●	△	●	◎	·	●	·	●	●	●	●	●	◎	+
外)キショウブ	(*Iris pseudacorus*)	(+)	(+)	(+)	(○)	·	(○)	·	·	·	·	·	·	·	·	·	·	·	·	·	·	·	·	·	·	·
外)シシリンキウム・セプテントリオナーレ	(*Sisyrinchium septentrionale*)	·	·	·	·	·	(○)	·	·	·	·	·	·	·	·	·	·	·	·	·	·	·	·	·	·	·
ススキノキ科	**AM17. XANTHORRHOEACEAE**																									
ゼンテイカ	*Hemerocallis dumortieri* var. *esculenta*	+	+	+	○	◎	◎	●	●	·	·	·	·	·	·	·	·	·	·	·	·	·	·	·	·	·
エゾキスゲ	*Hemerocallis lilioasphodelus* var. *yezoensis*	·	+	·	·	·	◎	·	·	·	·	·	·	·	·	·	·	·	·	·	·	·	·	·	·	·
ヒガンバナ科	**AM18. AMARYLLIDACEAE**																									
エゾネギ(広義)	*Allium schoenoprasum*	+	+	+	·	○	○	·	·	·	·	·	·	·	·	·	·	·	·	·	·	·	·	○	·	+
ミヤマラッキョウ	*Allium splendens* var. *splendens*	+	+	+	·	△	◎	◎	●	·	·	·	·	·	·	·	·	·	·	·	·	·	·	·	·	·
チシマラッキョウ	*Allium splendens* var. *kurilense*	·	·	+	·	·	·	·	○	·	·	·	·	·	·	·	·	·	·	·	·	·	●	●	◎	+
ギョウジャニンニク	*Allium victorialis* ssp. *platyphyllum*	+	+	+	○	◎	●	●	●	●	●	●	◎	○	●	◎	·	●	·	·	○	○	●	◎	·	+
外)クチベニズイセン	(*Narcissus poeticus*)	(+)	(+)	·	(○)	(○)	(○)	·	·	·	·	·	·	·	·	·	·	·	·	·	·	·	·	·	·	(+)
外)ラッパズイセン	(*Narcissus pseudonarcissus*)	(+)	(+)	·	(○)	(○)	(○)	·	·	·	·	·	·	·	·	·	·	·	·	·	·	·	·	·	·	·

和　名	学　名	Hon	Hok	Sak	Hab	SHK	KUN	ITU	URU	BCH	CHP	SIM	KET	Ush	RAS	MAT	RAI	SHS	EKA	KHA	ONE	MAK	PAR	SHU	ATL	Kam
キジカクシ科	**AM19. ASPARAGACEAE**																									
キジカクシ	*Asparagus schoberioides*	+	+	+	·	·	◎	·	·	·	·	·	·	·	·	·	·	·	·	·	·	·	·	·	·	·
スズラン	*Convallaria majalis* var. *manshurica*	+	+	+	○	◎	◎	◎	·	·	·	·	·	·	·	·	·	·	·	·	·	·	·	·	·	·
タチギボウシ	*Hosta sieboldii* var. *rectifolia*	+	+	+	○	△	●	●	●	·	·	·	·	·	·	·	·	·	·	·	·	·	·	·	·	·
マイヅルソウ	*Maianthemum dilatatum*	+	+	+	◎	◎	●	●	●	●	●	●	●	●	●	●	○	○	●	●	●	●	●	●	◎	+
ヒメイズイ	*Polygonatum humile*	+	+	+	·	◎	◎	●	◎	·	·	·	·	·	·	·	·	·	·	·	·	·	·	·	·	·
オオアマドコロ	*Polygonatum odoratum* var. *maximowiczii*	+	+	+	·	·	●	●	○	·	·	·	·	·	·	·	·	·	·	·	·	·	·	·	·	·
ツユクサ科	**AM20. COMMELINACEAE**																									
外)ツユクサ	(*Commelina communis*)	+	+	+	·	(◎)	(◎)	(○)	(○)	·	·	·	·	·	·	·	·	·	·	·	·	·	·	·	·	(+)
ガマ科	**AM21. TYPHACEAE**																									
ミクリ	*Sparganium erectum* var. *coreanum*	+	+	+	·	·	○	●	·	·	·	·	·	·	·	·	·	·	·	·	·	·	·	·	·	·
エゾミクリ	*Sparganium emersum*	+	+	+	·	·	●	○	·	·	·	·	·	·	·	·	·	·	·	·	·	·	·	·	·	+
タマミクリ	*Sparganium glomeratum*	+	+	+	·	○	◎	●	◎	·	·	·	·	·	·	·	·	·	·	·	·	·	·	·	·	+
ホソバウキミクリ	*Sparganium angustifolium*	·	+	+	·	·	·	◎	·	·	·	·	·	·	·	·	·	·	·	·	·	·	●	·	·	+
チシマミクリ	*Sparganium hyperboreum*	·	+	+	·	·	·	◎	●	·	·	·	◎	△	◎	·	·	●	·	·	◎	●	●	●	·	+
ウキミクリ	*Sparganium gramineum*	+	+	+	·	·	·	◎	·	·	·	·	·	·	·	·	·	·	·	·	·	·	·	·	·	+
ガマ	*Typha latifolia*	+	+	+	○	○	●	●	·	·	·	·	·	·	·	·	·	·	·	·	·	·	·	·	·	+
ホシクサ科	**AM22. ERIOCAULACEAE**																									
クロイヌノヒゲ	*Eriocaulon atrum*	+	+	+	·	△	○	○	·	·	·	·	·	·	·	·	·	·	·	·	·	·	·	·	·	+
カラフトホシクサ	*Eriocaulon sachalinense*	·	+	+	·	●	○	·	·	·	·	·	·	·	·	·	·	·	·	·	·	·	·	·	·	·
イグサ科	**AM23. JUNCACEAE**																									
ミヤマイ	*Juncus beringensis*	+	+	·	·	·	·	●	●	·	·	·	·	·	○	·	·	·	·	·	·	·	●	◎	○	+
イ	*Juncus decipiens*	+	+	+	○	●	●	●	·	·	·	·	·	·	·	·	·	·	·	·	·	·	·	·	·	·
エゾホソイ	*Juncus filiformis*	+	+	+	◎	·	●	●	◎	·	·	●	●	·	◎	·	·	●	·	●	●	·	●	●	·	+
ハマイ	*Juncus haenkei*	+	+	+	◎	◎	●	●	●	·	·	●	●	●	●	●	●	○	●	●	●	●	●	●	●	+
イヌイ	*Juncus fauriei*	+	+	+	○	◎	◎	◎	·	·	·	·	·	·	·	·	·	·	·	·	·	·	·	·	·	·
ドロイ	*Juncus gracillimus*	+	+	+	◎	◎	●	◎	·	·	·	·	·	·	·	·	·	·	·	·	·	·	·	·	·	·
外)ヒメコウガイゼキショウ	(*Juncus bufonius*)	+	+	+	(◎)	(◎)	(◎)	(●)	(●)	·	·	(○)	·	·	·	·	·	·	·	·	·	(●)	(●)	(○)	(◎)	+
外)クサイ	(*Juncus tenuis*)	+	+	·	(○)	(●)	(●)	(○)	·	·	·	·	·	·	·	·	·	·	·	·	·	·	(○)	(○)	·	·
タチコウガイゼキショウ	*Juncus krameri*	+	+	·	·	◎	◎	◎	●	·	·	·	·	·	·	·	·	·	·	·	·	·	·	·	·	·
クナシリコウガイ	*Juncus articulatus*	·	·	+	○	○	○	○	·	·	·	·	·	·	·	·	·	·	·	·	·	·	○	·	○	+
アオコウガイゼキショウ	*Juncus papillosus*	+	+	+	○	○	○	○	·	·	·	·	·	·	·	·	·	·	·	·	·	·	·	·	·	·
ハリコウガイゼキショウ	*Juncus wallichianus*	+	+	·	·	·	●	·	·	·	·	·	·	·	·	·	·	·	·	·	·	·	·	·	·	·
コウガイゼキショウ	*Juncus prismatocarpus* ssp. *leschenaultii*	+	+	·	·	·	○	·	·	·	·	·	·	·	·	·	·	·	·	·	·	·	·	·	·	+
ホソコウガイゼキショウ	*Juncus fauriensis*	+	+	·	·	·	○	◎	◎	·	·	·	·	·	·	·	·	·	·	·	·	·	·	·	·	·
ミヤマホソコウガイゼキショウ	*Juncus kamschatcensis*	+	+	+	·	◎	◎	●	●	·	·	●	◎	·	◎	·	·	○	·	◎	○	·	●	●	·	+
ミクリゼキショウ	*Juncus ensifolius*	+	+	·	·	·	◎	◎	●	·	·	●	·	·	·	·	·	·	·	·	·	·	·	·	·	·
外)ユンクス・ノデュロースス	(*Juncus nodulosus*)	·	·	+	·	·	(◎)	(○)	·	·	·	·	·	·	·	·	·	·	·	·	·	·	·	·	·	·
クロコウガイゼキショウ	*Juncus castaneus*	·	+	·	·	·	○	·	·	·	·	·	·	·	○	●	·	·	·	·	○	·	●	●	○	+
セキショウイ	*Juncus covillei* var. *covillei*	+	+	·	○	◎	●	●	●	·	·	○	·	·	○	·	·	·	·	·	·	·	◎	○	·	·
ヒメタカネイ	*Juncus biglumis*	·	·	·	·	·	·	·	·	·	·	·	·	·	·	·	·	·	·	·	○	·	○	◎	·	+
タカネイ	*Juncus triglumis*	+	+	·	·	·	·	·	·	·	·	·	·	·	·	·	·	·	·	·	○	·	●	●	·	+
ヤチイ	*Juncus stygius*	·	·	·	·	·	◎	·	·	·	·	·	·	·	·	·	·	·	·	·	·	·	·	·	·	+
エゾノミクリゼキショウ	*Juncus mertensianus*	+	+	·	·	·	·	●	·	·	·	·	·	·	·	·	·	·	·	·	·	·	·	·	·	·
ジンボソウ	*Luzula jimboi* ssp. *jimboi*	+	+	+	·	◎	◎	●	●	·	·	●	◎	●	●	◎	·	○	◎	●	●	●	●	●	◎	+
コゴメヌカボシ	*Luzula piperi*	·	+	·	·	·	·	·	·	·	·	·	·	·	·	·	·	○	◎	·	·	·	●	○	○	+
セイタカコゴメヌカボシ	*Luzula parviflora*	·	·	·	·	·	·	△	◎	·	·	●	●	·	●	●	·	●	○	○	·	●	○	·	·	+
スズメノヤリ	*Luzula capitata*	+	+	+	○	◎	●	●	●	○	●	●	○	○	·	·	·	○	●	·	·	·	●	○	○	+
クモマスズメノヒエ	*Luzula arcuata* ssp. *unalaschkensis*	+	+	+	·	·	○	◎	·	·	·	◎	◎	◎	◎	◎	●	○	●	●	◎	·	◎	●	○	+
ツンドラスズメノヒエ	*Luzula tundricola*	·	·	·	·	·	·	·	·	·	·	·	·	○	◎	·	·	·	·	·	○	◎	○	·	·	+
ヤマスズメノヒエ	*Luzula multiflora*	+	+	·	·	◎	◎	●	◎	·	·	●	·	·	·	·	·	·	·	·	·	·	·	·	·	·
チシマスズメノヒエ	*Luzula kjellmanniana*	·	+	+	·	·	·	·	●	●	●	●	●	●	●	●	●	●	◎	●	●	●	●	●	◎	+
ルズラ・コバヤシイ	*Luzula kobayasii*	·	·	·	·	·	·	·	·	·	·	·	◎	·	·	·	·	·	·	·	·	·	○	○	·	·
オカスズメノヒエ	*Luzula pallidula*	+	+	+	·	○	○	○	○	·	·	·	·	·	·	·	·	·	·	·	·	·	·	·	·	·
タカネスズメノヒエ	*Luzula oligantha*	+	+	+	·	·	◎	●	○	○	·	◎	◎	○	◎	△	·	△	◎	●	●	◎	●	●	○	+
カヤツリグサ科	**AM24. CYPERACEAE**																									
カンチスゲ節	1. *Carex* sect. *Dioicae*																									
カンチスゲ	*Carex gynocrates*	+	+	+	·	◎	◎	◎	◎	·	·	◎	△	△	◎	·	·	●	·	·	○	·	●	●	·	+
キンスゲ節	2. *Carex* sect. *Callistachys*																									
コキンスゲ	*Carex micropoda*	·	·	+	·	·	·	●	·	·	·	·	◎	·	◎	◎	·	·	·	·	○	·	◎	◎	·	+
イトキンスゲ節	3. *Carex* sect. *Circinatae*																									
イトキンスゲ	*Carex hakkodensis*	+	+	·	·	·	○	◎	●	●	●	●	◎	△	◎	◎	·	●	●	●	●	●	●	●	○	+
タカネハリスゲ節	4. *Carex* sect. *Leucoglochin*																									
タカネハリスゲ	*Carex pauciflora*	+	+	+	·	◎	◎	◎	●	·	·	◎	◎	△	◎	·	·	·	·	·	○	·	◎	◎	·	+

和　名	学　名	Hon	Hok	Sak	Hab	SHK	KUN	ITU	URU	BCH	CHP	SIM	KET	Ush	RAS	MAT	RAI	SHS	EKA	KHA	ONE	MAK	PAR	SHU	ATL	Kam
ハリスゲ節	**5. *Carex* sect. *Rarae***																									
ミチノクハリスゲ	*Carex capillacea* var. *sachalinensis*	・	＋	＋	○	◎	◎	◎	○	・	・	・	・	・	・	・	・	・	・	・	・	・	◎	○	・	＋
エゾハリスゲ	*Carex uda*	＋	＋	＋	・	・	△	・	・	・	・	・	・	・	・	・	・	・	・	・	・	・	・	・	・	・
コウボウムギ節	**6. *Carex* sect. *Macrocephalae***																									
エゾノコウボウムギ	*Carex macrocephala*	・	＋	＋	○	●	●	●	●	・	●	○	・	・	・	・	・	・	・	・	・	・	・	○	・	＋
クロカワズスゲ節	**7. *Carex* sect. *Foetidae***																									
クロカワズスゲ	*Carex arenicola*	＋	＋	＋	・	○	◎	●	・	・	・	・	・	・	・	・	・	・	・	・	・	・	・	・	・	・
ウスイロスゲ節	**8. *Carex* sect. *Holarrhenae***																									
ウスイロスゲ	*Carex pallida*	＋	＋	＋	・	◎	△	・	・	・	・	・	・	・	・	・	・	・	・	・	・	・	・	・	・	＋
ツルスゲ	*Carex pseudocuraica*	＋	＋	＋	・	◎	◎	◎	・	・	・	・	・	・	・	・	・	・	・	・	・	・	・	・	・	・
クリイロスゲ節	**9. *Carex* Sect. *Paniculatae***																									
クリイロスゲ	*Carex diandra*	＋	＋	＋	・	◎	◎	△	・	・	・	・	・	・	・	・	・	・	・	・	・	・	・	・	・	＋
ミノボロスゲ節	**10. *Carex* sect. *Multiflorae***																									
オオカワズスゲ	*Carex stipata*	＋	＋	＋	・	・	○	△	・	・	・	・	・	・	・	・	・	・	・	・	・	・	・	・	・	・
ミノボロスゲ	*Carex nubigena* ssp. *albata*	＋	＋	・	・	・	・	○	・	・	・	・	・	・	・	・	・	・	・	・	○	・	●	・	・	・
カワズスゲ節	**11. *Carex* sect. *Stellulatae***																									
キタノカワズスゲ	*Carex echinata*	・	＋	＋	・	◎	◎	◎	・	・	・	●	・	・	・	・	・	・	・	・	○	・	●	○	・	＋
ヤチカワズスゲ	*Carex omiana*	＋	＋	・	・	・	●	◎	・	・	・	・	・	・	・	・	・	・	・	・	・	・	・	・	・	・
ヤガミスゲ節	**12. *Carex* sect. *Ovales***																									
パラムシロスゲ	*Carex pyrophila*	・	・	・	・	・	・	・	・	・	・	・	・	・	・	・	・	・	・	・	・	・	●	・	○	＋
外)クシロヤガミスゲ	(*Carex crawfordii*)	・	(＋)	・	・	・	(○)	・	(○)	・	・	・	・	・	・	・	・	・	・	・	・	・	・	・	・	・
ホソスゲ節	**13. *Carex* sect. *Dispermae***																									
ホソスゲ	*Carex disperma*	・	＋	＋	・	・	○	・	・	・	・	・	・	・	・	・	・	・	・	・	・	・	・	・	・	＋
ハクサンスゲ節	**14. *Carex* sect. *Glareosae***																									
イッポンスゲ	*Carex tenuiflora*	＋	＋	＋	・	◎	・	・	・	・	・	・	・	・	・	・	・	・	・	・	・	・	・	○	・	＋
ヒロハイッポンスゲ	*Carex pseudololiacea*	＋	＋	＋	・	・	◎	○	○	・	○	◎	●	●	・	・	・	●	・	・	・	・	・	・	・	・
ヒメカワズスゲ	*Carex brunnescens*	＋	＋	＋	・	・	・	◎	・	・	・	・	・	・	・	・	・	・	・	・	○	・	◎	・	・	＋
ハクサンスゲ	*Carex canescens*	＋	＋	＋	・	△	◎	◎	・	・	・	・	・	・	・	・	・	・	・	・	●	・	●	●	・	＋
カレックス・ラッポニカ	*Carex lapponica*	・	・	＋	・	・	○	・	・	・	・	・	・	・	・	・	・	・	・	・	・	・	・	・	・	＋
カレックス・ボナンゼンシス	*Carex bonanzensis*	・	・	＋	・	・	○	・	・	・	・	・	・	・	・	・	・	・	・	・	・	・	・	・	・	・
タカネヤガミスゲ	*Carex lachenalii*	＋	＋	＋	・	・	・	・	・	・	・	・	・	△	△	△	・	・	・	・	・	・	●	◎	・	＋
ススヤスゲ	*Carex glareosa*	・	・	＋	・	・	・	・	・	・	・	・	・	・	・	・	・	・	・	・	・	・	○	・	・	＋
ベットブスゲ	*Carex chishimana*	・	・	・	・	・	・	・	・	・	・	・	・	・	・	◎	・	・	・	・	・	・	◎	△	・	・
ウシシルスゲ	*Carex ushishirensis*	・	・	・	・	・	・	・	・	・	・	・	・	◎	◎	・	・	・	・	・	・	・	○	・	・	・
ナガミノオゼヌマスゲ	*Carex diastena*	・	・	＋	・	・	・	・	・	・	・	・	・	・	・	・	・	・	・	・	・	・	・	○	・	＋
ホソバオゼヌマスゲ	*Carex nemurensis*	＋	＋	＋	・	◎	◎	◎	●	・	・	・	・	・	・	・	・	・	・	・	・	・	◎	◎	・	＋
ヒロハオゼヌマスゲ	*Carex traiziscana*	＋	＋	＋	・	・	◎	○	・	・	・	・	・	・	・	・	・	・	・	・	・	・	・	○	・	・
アゼスゲ節	**15. *Carex* sect. *Acutae***																									
サドスゲ	*Carex sadoensis*	＋	＋	＋	・	・	◎	○	・	・	・	・	・	・	・	・	・	・	・	・	・	・	・	・	・	・
アゼスゲ	*Carex thunbergii*	＋	＋	＋	・	△	●	●	●	・	・	○	・	△	●	・	・	・	・	●	●	・	●	●	・	＋
ヒメウシオスゲ	*Carex subspathacea*	＋	＋	＋	・	◎	○	○	・	・	・	・	・	・	・	・	・	・	・	○	・	・	・	・	・	＋
カブスゲ	*Carex cespitosa*	・	＋	＋	○	◎	・	・	○	・	・	・	○	・	・	・	・	・	・	・	・	・	・	・	・	・
シュミットスゲ	*Carex schmidtii*	・	＋	＋	△	◎	・	・	・	・	・	・	・	・	・	・	・	・	・	・	・	・	・	・	・	＋
オハグロスゲ	*Carex bigelowii*	・	＋	・	・	・	・	・	・	・	・	・	△	△	・	・	・	△	・	・	○	・	◎	○	・	＋
ヒメアゼスゲ	*Carex eleusinoides*	・	＋	＋	・	○	・	△	・	・	・	・	・	・	・	・	・	・	・	・	○	・	◎	○	・	＋
トマリスゲ	*Carex middendorffii*	＋	＋	＋	・	◎	●	○	○	・	・	△	△	△	△	・	・	○	・	・	○	・	◎	◎	・	＋
ヤラメスゲ	*Carex lyngbyei*	＋	＋	＋	○	◎	●	●	●	・	・	●	●	●	◎	●	・	○	・	○	●	●	●	●	○	＋
カワラスゲ	*Carex incisa*	＋	＋	・	・	△	○	・	・	・	・	・	・	・	・	・	・	・	・	・	・	・	・	・	・	・
アズマナルコ	*Carex shimidzensis*	＋	＋	・	・	・	○	●	・	・	・	・	・	・	・	・	・	・	・	・	・	・	・	・	・	・
ゴウソ	*Carex maximowiczii*	＋	＋	・	・	・	○	・	○	・	・	・	・	・	・	・	・	・	・	・	・	・	・	・	・	・
クロアゼスゲ	*Carex hindsii*	・	・	・	・	・	・	・	・	・	・	・	○	・	・	・	・	・	・	・	○	○	○	○	・	＋
×)ノトロスゲ	*Carex* ×*kurilensis*	・	・	・	・	◎	・	・	・	・	・	・	・	・	・	・	・	・	・	・	・	・	・	・	・	・
×)キリガミネスゲ	*Carex* ×*leiogona*	＋	＋	＋	・	・	△	・	・	・	・	・	・	・	・	・	・	・	・	・	・	・	○	△	・	・
タヌキラン節	**16. *Carex* sect. *Podogynae***																									
コタヌキラン	*Carex doenitzii*	＋	＋	・	・	・	○	・	・	・	・	・	・	・	・	・	・	・	・	・	・	・	・	・	・	・
クロボスゲ節	**17. *Carex* sect. *Atratae***																									
ヒラギシスゲ	*Carex augustinowiczii*	＋	＋	＋	・	○	◎	◎	◎	・	・	●	・	△	◎	・	・	●	・	・	○	・	◎	○	・	＋
タルマイスゲ	*Carex buxbaumii*	＋	＋	＋	・	◎	・	○	・	・	・	・	・	・	・	・	・	・	・	・	・	・	・	・	・	・
ミヤマクロスゲ	*Carex flavocuspis*	＋	＋	＋	・	△	◎	◎	◎	○	●	◎	◎	◎	◎	◎	・	●	●	●	●	・	●	●	◎	＋
ネムロスゲ	*Carex gmelinii*	＋	＋	＋	○	◎	●	●	●	●	●	●	◎	●	●	◎	◎	○	◎	●	●	○	●	●	○	＋
キンチャクスゲ	*Carex mertensii* var. *urostachys*	＋	＋	・	・	・	○	・	△	・	・	・	・	・	・	・	・	・	・	・	・	・	・	・	・	・
リシリスゲ	*Carex scita* var. *riishirensis*	・	＋	＋	・	●	○	◎	◎	◎	・	◎	◎	・	◎	●	・	●	○	○	●	・	●	◎	○	＋
シコタンスゲ	*Carex scita* var. *scabrinervia*	・	＋	＋	○	◎	○	◎	●	●	●	●	●	○	●	●	・	●	●	●	●	・	・	●	・	・
ラウススゲ	*Carex stylosa*	・	＋	＋	・	・	・	◎	◎	・	・	○	◎	●	・	・	・	○	・	●	●	●	●	◎	・	＋

和　名	学　名	*Hon*	*Hok*	*Sak*	Hab	SHK	KUN	ITU	URU	BCH	CHP	SIM	KET	Ush	RAS	MAT	RAI	SHS	EKA	KHA	ONE	MAK	PAR	SHU	ATL	*Kam*
タカネナルコ節	18. *Carex* sect. *Fuliginosae*																									
ヒメタヌキラン	*Carex misandra*	·	·	·	·	·	·	○	·	·	·	·	·	·	·	·	·	·	·	·	·	·	○	○	·	+
ミヤマジュズスゲ節	19. *Carex* sect. *Mundae*																									
ミヤマジュズスゲ	*Carex dissitiflora*	+	+	·	·	◎	○	○	·	·	·	·	·	·	·	·	·	·	·	·	·	·	·	·	·	·
ヒエスゲ節	20. *Carex* sect. *Rhomboidales*																									
ヒロバスゲ	*Carex insaniae*	+	+	·	·	·	◎	·	·	·	·	·	·	·	·	·	·	·	·	·	·	·	·	·	·	·
ヒエスゲ	*Carex longirostrata*	+	+	+	·	◎	○	◎	◎	·	·	·	·	·	·	·	·	·	·	·	·	·	·	·	·	·
ヌカスゲ節	21. *Carex* sect. *Mitratae*																									
チャシバスゲ	*Carex caryophyllea* var. *microtricha*	+	+	+	·	◎	◎	●	●	○	○	◎	○	·	○	·	·	○	·	○	●	·	●	●	○	+
オクノカンスゲ	*Carex foliosissima*	+	+	+	·	·	○	·	·	·	·	·	·	·	·	·	·	·	·	·	·	·	·	·	·	·
ハガクレスゲ	*Carex jacens*	+	+	·	·	△	○	●	○	○	·	·	○	·	·	·	·	·	·	·	·	·	·	·	·	·
シバスゲ	*Carex nervata*	+	+	·	·	◎	·	△	·	·	·	·	·	·	·	·	·	·	·	·	·	·	·	·	·	·
カミカワスゲ	*Carex sabynensis*	+	+	+	○	◎	○	△	·	·	·	·	·	·	·	·	·	·	·	·	·	·	·	·	·	·
サハリンイトスゲ	*Carex sachalinensis*	+	+	+	·	◎	○	●	◎	·	·	·	·	·	·	·	·	·	·	·	·	·	·	·	·	·
ミヤケスゲ	*Carex subumbellata*	+	+	+	·	△	○	○	·	·	·	·	·	·	·	·	·	·	·	·	·	·	·	·	·	·
ヒメスゲ節	22. *Carex* sect. *Acrocystis*																									
ヒメスゲ	*Carex oxyandra*	+	+	+	·	·	◎	◎	○	·	·	◎	◎	·	·	·	·	·	·	○	●	·	○	·	·	+
ヌイオスゲ	*Carex vanheurckii*	+	+	+	·	◎	○	●	·	·	·	◎	◎	·	◎	·	·	●	·	·	●	·	◎	●	·	+
ヒカゲスゲ節	23. *Carex* sect. *Digitatae*																									
ホソバヒカゲスゲ	*Carex humilis* var. *nana*	+	+	·	·	◎	○	○	·	·	·	·	·	·	·	·	·	·	·	·	·	·	·	·	·	·
イトヒカゲスゲ	*Carex humilis* var. *callitrichos*	+	+	·	·	·	○	·	·	·	·	·	·	·	·	·	·	·	·	·	·	·	·	·	·	·
イワカンスゲ節	24. *Carex* sect. *Ferrugineae*																									
ショウジョウスゲ	*Carex blepharicarpa*	+	+	+	·	◎	○	◎	○	·	·	·	·	·	·	·	·	·	·	·	·	·	·	·	·	·
タイセツイワスゲ	*Carex stenantha* var. *taisetsuensis*	·	+	+	·	◎	○	◎	△	·	●	●	·	·	●	·	·	○	·	●	○	·	◎	●	·	+
ヤチスゲ節	25. *Carex* sect. *Limosae*																									
イトナルコスゲ	*Carex laxa*	+	+	+	·	◎	◎	△	·	·	·	·	·	·	·	·	·	·	·	·	·	·	◎	◎	·	+
ヤチスゲ	*Carex limosa*	+	+	+	△	◎	◎	●	●	·	·	·	◎	△	◎	·	·	·	·	·	·	·	●	○	·	+
ダケスゲ	*Carex paupercula*	+	·	·	·	·	·	·	·	·	·	·	·	·	·	·	·	·	·	·	·	·	◎	·	·	+
ムセンスゲ	*Carex livida*	·	+	·	·	·	◎	◎	·	·	·	·	◎	·	·	·	·	·	·	·	○	·	●	◎	·	+
チシマスゲ	*Carex rariflora*	·	·	+	·	·	·	·	·	·	·	◎	◎	●	◎	◎	·	●	·	●	◎	·	◎	●	·	+
ヒメシラスゲ節	26. *Carex* sect. *Molliculae*																									
エナシヒゴクサ	*Carex aphanolepis*	+	+	·	·	·	○	·	·	·	·	·	·	·	·	·	·	·	·	·	·	·	·	·	·	·
シラスゲ	*Carex doniana*	+	+	·	·	·	○	·	·	·	·	·	·	·	·	·	·	·	·	·	·	·	·	·	·	·
ヒゴクサ	*Carex japonica*	+	+	+	·	·	○	·	·	·	·	·	·	·	·	·	·	·	·	·	·	·	·	·	·	·
ヒメシラスゲ	*Carex mollicula*	+	+	+	·	◎	◎	◎	·	·	·	·	·	·	·	·	·	·	·	·	·	·	·	·	·	·
オニナルコ節	27. *Carex* sect. *Vesicariae*																									
ホロムイクグ	*Carex oligosperma* ssp. *tsuishikarensis*	+	+	·	·	·	○	●	◎	·	·	·	·	·	·	·	·	·	·	·	·	·	·	·	·	·
オニナルコスゲ	*Carex vesicaria*	+	+	+	·	◎	◎	◎	◎	·	·	·	◎	·	·	·	·	·	·	·	○	·	◎	○	△	+
コヌマスゲ	*Carex rotundata*	·	+	+	·	·	·	·	·	·	·	◎	·	·	·	·	·	·	·	·	·	·	●	○	·	+
チシマナルコスゲ	*Carex saxatilis*	·	·	·	·	·	·	·	·	·	·	△	○	△	○	·	·	·	·	·	○	·	○	○	○	+
オオカサスゲ	*Carex rhynchophysa*	+	+	+	○	◎	◎	●	●	·	·	·	○	·	·	·	·	·	·	○	○	·	●	●	·	+
カラフトカサスゲ	*Carex rostrata*	·	+	+	·	◎	·	·	·	·	·	·	·	·	·	·	·	·	·	·	·	·	○	·	·	+
ミヤマシラスゲ節	28. *Carex* sect. *Confertiflorae*																									
カサスゲ	*Carex dispalata*	+	+	+	·	◎	○	·	·	·	·	·	·	·	·	·	·	·	·	·	·	·	·	·	·	·
エゾサワスゲ節	29. *Carex* sect. *Ceratocystis*																									
エゾサワスゲ	*Carex viridula*	+	+	+	○	◎	◎	◎	◎	·	·	·	·	·	·	·	·	·	·	·	·	·	○	○	·	+
タカネシバスゲ節	30. *Carex* sect. *Capillares*																									
タカネシバスゲ	*Carex capillaris*	+	+	+	·	·	·	·	·	·	·	·	·	·	·	·	·	·	·	·	·	·	◎	△	·	+
ヒメオノエスゲ	*Carex williamsii*	·	·	·	·	·	·	·	·	·	·	·	·	·	·	·	·	·	·	·	·	·	○	·	·	+
オノエスゲ	*Carex tenuiformis*	+	+	+	·	◎	○	◎	△	·	·	·	·	·	·	·	·	·	·	·	·	·	·	·	·	·
タマツリスゲ節	31. *Carex* sect. *Depauperatae*																									
サッポロスゲ	*Carex pilosa*	+	+	+	·	·	◎	△	·	·	·	·	·	·	·	·	·	·	·	·	·	·	·	·	·	·
グレーンスゲ	*Carex parciflora*	+	+	+	·	·	◎	○	·	·	·	·	·	·	·	·	·	·	·	·	·	·	·	·	·	·
サヤスゲ	*Carex vaginata*	+	+	+	·	◎	○	◎	●	·	○	●	●	◎	●	·	·	●	·	●	○	◎	◎	●	·	+
ミタケスゲ節	32. *Carex* sect. *Rostrales*																									
ミタケスゲ	*Carex michauxiana* ssp. *asiatica*	+	+	·	·	·	◎	●	●	·	·	◎	·	·	◎	·	·	·	·	·	○	·	●	·	·	+
シオクグ節	33. *Carex* sect. *Paludosae*																									
コウボウシバ	*Carex pumila*	+	+	+	○	◎	◎	●	●	·	·	○	·	·	·	·	·	·	·	·	·	·	·	·	·	·
ビロードスゲ節	34. *Carex* sect. *Lasiocarpae*																									
アカンカサスゲ	*Carex sordida*	·	+	+	·	△	△	·	·	·	·	·	·	·	·	·	·	·	·	·	·	·	·	·	·	+
ムジナスゲの基準変種	*Carex lasiocarpa* var. *lasiocarpa*	·	·	+	·	·	·	·	·	·	·	·	·	·	·	·	·	·	·	·	·	·	○	·	·	+
ムジナスゲ	*Carex lasiocarpa* var. *occultans*	+	+	+	○	◎	●	●	·	·	·	·	·	·	·	·	·	·	·	·	·	·	·	·	·	·
タマガヤツリ	*Cyperus difformis*	+	+	·	·	·	○	·	·	·	·	·	·	·	·	·	·	·	·	·	·	·	·	·	·	·
ヌマガヤツリ	*Cyperus glomeratus*	+	+	·	·	·	○	·	·	·	·	·	·	·	·	·	·	·	·	·	·	·	·	·	·	·

和　　名	学　　名	*Hon*	*Hok*	*Sak*	Hab	SHK	KUN	ITU	URU	BCH	CHP	SIM	KET	Ush	RAS	MAT	RAI	SHS	EKA	KHA	ONE	MAK	PAR	SHU	ATL	*Kam*
マツバイ	*Eleocharis acicularis*	+	+	+	·	·	◎	·	·	·	·	·	·	·	·	·	·	·	·	·	·	·	·	·	·	+
ハリイ	*Eleocharis pellucida*	+	+	·	·	·	○	·	·	·	·	·	·	·	·	·	·	·	·	·	·	·	·	·	·	·
シロミノハリイ	*Eleocharis margaritacea*	+	+	·	·	·	◎	◎	·	·	·	·	·	·	·	·	·	·	·	·	·	·	·	·	·	+
シカクイ	*Eleocharis wichurae*	+	+	·	○	○	◎	△	·	·	·	·	·	·	·	·	·	·	·	·	·	·	·	·	·	+
エレオカリス・クインクエフロラ	*Eleocharis quinqueflora*	·	·	·	·	·	·	·	·	·	·	·	·	·	·	·	·	·	·	·	·	·	○	○	·	+
クロハリイ	*Eleocharis kamtschatica*	+	+	+	○	●	●	◎	◎	·	·	·	·	·	·	·	·	·	·	·	·	·	·	○	·	+
オオヌマハリイ	*Eleocharis mamillata* var. *cyclocarpa*	+	+	+	·	·	○	○	·	·	·	·	·	·	·	·	·	·	·	·	·	·	·	·	·	·
クロヌマハリイ	*Eleocharis palustris*	+	+	+	○	◎	●	●	●	·	·	●	●	△	●	○	·	○	·	●	◎	●	●	●	●	+
シュムシュワタスゲ	*Eriophorum angustifolium*	·	·	·	·	·	·	△	△	·	·	○	◎	△	◎	·	·	●	·	○	●	·	●	●	·	+
サギスゲ	*Eriophorum gracile*	+	+	+	○	◎	●	●	◎	·	·	·	·	·	·	·	·	·	·	·	·	·	·	·	·	+
エゾワタスゲ	*Eriophorum scheuchzeri*	·	+	+	·	·	·	·	·	·	·	·	○	·	·	·	·	·	·	·	·	·	○	○	·	+
ワタスゲ	*Eriophorum vaginatum*	+	+	+	○	◎	●	◎	●	·	·	·	◎	·	·	·	·	·	·	·	·	◎	△	△	·	+
アゼテンツキ	*Fimbristylis squarrosa*	+	+	·	·	·	○	·	·	·	·	·	·	·	·	·	·	·	·	·	·	·	·	·	·	·
ヤマイ	*Fimbristylis subbispicata*	+	+	·	·	·	○	·	·	·	·	·	·	·	·	·	·	·	·	·	·	·	·	·	·	·
ヒゲハリスゲ	*Kobresia myosuroides*	+	+	·	·	·	·	·	·	·	·	·	·	·	·	·	·	·	·	·	·	·	●	·	·	+
ミカヅキグサ	*Rhynchospora alba*	+	+	+	·	◎	●	◎	△	·	·	·	·	·	·	·	·	·	·	·	·	·	·	·	·	+
フトイ	*Schoenoplectus tabernaemontani*	+	+	·	○	◎	●	●	·	·	·	·	·	·	·	·	·	·	·	·	·	·	·	·	○	+
タカネクロスゲ	*Scirpus maximowiczii*	+	+	+	·	·	·	◎	◎	·	·	·	·	·	·	·	·	·	·	·	·	·	·	·	·	·
クロアブラガヤ	*Scirpus sylvaticus* var. *maximowiczii*	+	+	+	·	·	○	·	·	·	·	·	·	·	·	·	·	·	·	·	·	·	·	·	·	·
ツルアブラガヤ	*Scirpus radicans*	+	+	+	·	·	△	·	·	·	·	·	·	·	·	·	·	·	·	·	·	·	·	·	·	·
エゾアブラガヤ	*Scirpus lushanensis*	+	+	·	·	○	●	●	·	·	·	·	·	·	·	·	·	·	·	·	·	·	·	·	·	·
ヒメワタスゲ	*Trichophorum alpinum*	+	+	+	·	◎	○	◎	◎	·	·	·	·	·	·	·	·	·	·	·	·	·	●	○	·	+
ミネハリイ	*Trichophorum cespitosum*	+	+	+	·	·	·	◎	◎	○	·	◎	◎	△	◎	·	·	●	·	·	●	·	●	●	·	+
イネ科	**AM25. POACEAE**																									
外)コヌカグサ	(*Agrostis gigantea*)	(+)	(+)	(+)	(○)	(●)	(●)	(●)	(●)	·	·	·	·	·	·	(○)	·	·	·	·	·	·	(●)	(○)	·	(+)
外)ハイコヌカグサ	(*Agrostis stolonifera*)	(+)	(+)	(+)	(○)	(△)	(●)	(◎)	(○)	·	·	·	·	·	·	·	·	·	·	·	·	·	(○)	·	·	(+)
外)イトコヌカグサ	(*Agrostis capillaris*)	(+)	(+)	(+)	(○)	·	(○)	(○)	(○)	·	·	·	·	·	·	·	·	·	·	·	·	·	(○)	·	·	(+)
ヤマヌカボ	*Agrostis clavata*	+	+	+	○	○	●	●	●	·	●	●	●	·	●	●	·	○	·	●	●	●	●	○	◎	+
エゾヌカボ	*Agrostis scabra*	+	+	+	○	◎	◎	●	◎	·	·	○	·	△	△	·	·	·	·	·	·	·	○	△	·	+
アラスカヌカボ	*Agrostis alaskana*	·	·	·	·	·	·	·	·	·	·	○	·	·	·	·	·	·	·	·	·	○	○	○	·	+
ホザキヌカボ	*Agrostis exarata*	·	·	·	·	·	·	◎	●	·	·	●	◎	·	·	·	·	·	·	·	●	·	●	·	○	+
ミヤマヌカボ	*Agrostis flaccida*	+	+	+	○	●	○	●	●	●	●	●	●	△	●	●	●	●	●	●	●	○	●	●	●	+
コミヤマヌカボ	*Agrostis mertensii*	+	+	·	·	·	○	○	·	·	·	●	●	○	·	○	·	○	●	●	○	·	○	●	·	+
スズメノテッポウ	*Alopecurus aequalis*	+	+	+	·	○	○	◎	●	·	·	·	●	·	·	·	·	·	·	·	●	·	●	○	·	+
チシマヤリクサの基準亜種	*Alopecurus alpinus* ssp. *alpinus*	·	·	·	·	·	·	·	·	·	·	·	·	○	·	·	·	·	·	·	·	·	○	·	·	+
チシマヤリクサ	*Alopecurus alpinus* ssp. *stejnegeri*	·	·	·	·	·	·	·	·	·	·	·	·	·	·	·	·	·	·	·	·	·	◎	·	·	+
外)アロペキュルス・アルンディナケウス	(*Alopecurus arundinaceus*)	·	·	·	·	·	·	·	(○)	·	·	·	·	·	·	·	·	·	·	·	·	·	·	·	·	·
外)アロペキュルス・ゲニキュラトゥス	(*Alopecurus geniculatus*)	·	·	(+)	·	·	(○)	(○)	(○)	·	·	·	·	·	·	·	·	·	·	·	·	·	(○)	·	·	(+)
ミヤマハルガヤ	*Anthoxanthum odoratum* ssp. *nipponicum*	+	+	·	·	·	·	○	·	·	·	·	·	·	·	·	·	·	·	·	·	·	·	·	·	·
外)ハルガヤ	(*Anthoxanthum odoratum* ssp. *odoratum*)	(+)	(+)	(+)	·	·	(●)	·	·	·	·	·	·	·	·	·	·	·	·	·	·	·	·	·	·	·
外)ケナシハルガヤ	(*Anthoxanthum odoratum* ssp. *glabrescens*)	(+)	(+)	(+)	·	·	(●)	(●)	·	·	·	·	·	·	·	·	·	·	·	·	·	·	(●)	·	·	·
トダシバ	*Arundinella hirta*	+	+	·	·	●	·	·	·	·	·	·	·	·	·	·	·	·	·	·	·	·	·	·	·	·
外)カラスムギ	(*Avena fatua*)	+	(+)	(+)	·	·	(○)	(○)	·	·	·	·	·	·	·	·	·	·	·	·	·	·	·	·	·	(+)
外)マカラスムギ	(*Avena sativa*)	(+)	(+)	(+)	·	·	(○)	·	·	·	·	·	·	·	·	·	·	·	·	·	·	·	(○)	·	·	·
カズノコグサ	*Beckmannia syzigachne*	+	+	+	○	●	◎	●	●	·	·	·	·	·	·	·	·	·	·	·	·	·	·	·	·	+
ヤマカモジグサ	*Brachypodium sylvaticum*	+	+	+	·	●	●	●	·	·	·	·	·	·	·	·	·	·	·	·	·	·	·	·	·	·
クシロチャヒキ	*Bromus canadensis*	·	+	+	·	◎	◎	◎	·	·	·	·	·	·	·	·	·	·	·	·	·	·	·	·	·	+
キツネガヤ	*Bromus remotiflorus*	+	+	·	·	·	○	·	·	·	·	·	·	·	·	·	·	·	·	·	·	·	·	·	·	·
チシマチャヒキ	*Bromus arcticus*	·	·	+	·	·	·	·	·	·	·	·	·	·	·	·	·	·	·	·	·	·	◎	△	·	+
外)コスズメノチャヒキ	(*Bromus inermis*)	(+)	(+)	(+)	·	·	(○)	(●)	·	·	·	·	·	·	·	·	·	·	·	·	·	·	(●)	·	·	(+)
ホガエリガヤ	*Brylkinia caudata*	+	+	+	·	○	◎	·	·	·	·	·	·	·	·	·	·	·	·	·	·	·	·	·	·	·
イトノガリヤス	*Calamagrostis deschampsioides*	·	·	+	·	·	·	·	·	·	·	·	·	·	·	·	·	·	·	·	·	·	○	◎	·	+
ヤマアワ	*Calamagrostis epigeios*	+	+	+	○	●	●		·	·	·	·	·	·	·	·	·	·	·	·	·	·	·	·	·	·
ヒメノガリヤス	*Calamagrostis hakonensis*	+	+	·	○	●	●	●	·	·	·	·	·	·	·	·	·	·	·	·	·	·	·	·	·	·
チシマガリヤス	*Calamagrostis stricta* ssp. *inexpansa*	+	+	+	◎	●	●	●	●	·	·	◎	◎	·	△	◎	·	·	·	○	○	·	●	●	·	+
イワノガリヤス複合群	*Calamagrostis angustifolia–purpurea* complex	+	+	+	○	●	●	●	●	●	●	●	●	●	●	●	○	●	●	●	●	●	●	●	●	+
タカネノガリヤス	*Calamagrostis sachalinensis*	+	+	+	·	●	◎	●	●	·	·	◎	◎	·	·	·	·	·	·	·	○	·	○	·	·	+
ミヤマノガリヤス	*Calamagrostis sesquiflora*	+	+	+	·	·	○	◎	●	●	●	●	●	●	●	●	●	○	●	●	●	●	●	●	○	+
外)クシガヤ	(*Cynosurus cristatus*)	(+)	(+)	·	·	·	(○)	·	·	·	·	·	·	·	·	·	·	·	·	·	·	·	·	·	·	·
外)カモガヤ	(*Dactylis glomerata*)	(+)	(+)	(+)	(○)	(△)	(●)	(●)	(○)	·	·	·	·	·	·	·	·	·	·	·	·	·	(○)	·	·	(+)
ヒロハノコメススキ複合群	*Deschampsia cespitosa* complex	+	+	+	·	◎	◎	●	●	·	○	●	◎	●	●	●	·	○	·	●	●	○	●	●	·	+
コメススキ	*Deschampsia flexuosa*	+	+	+	·	◎	◎	◎	●	·	●	●	●	●	●	◎	·	●	●	●	●	●	●	●	○	+

和　名	学　名	*Hon*	*Hok*	*Sak*	Hab	SHK	KUN	ITU	URU	BCH	CHP	SIM	KET	Ush	RAS	MAT	RAI	SHS	EKA	KHA	ONE	MAK	PAR	SHU	ATL	*Kam*
外)メヒシバ	(*Digitaria ciliaris*)	+	+	·	·	·	(○)	·	·	·	·	·	·	·	·	·	·	·	·	·	·	·	·	·	·	·
外)キタメヒシバ	(*Digitaria ischaemum*)	(+)	(+)	·	·	·	(○)	·	·	·	·	·	·	·	·	·	·	·	·	·	·	·	·	·	·	(+)
外)イヌビエ(広義)	(*Echinochloa crus-galli* s.l.)	+	+	+	·	·	(○)	·	·	·	·	·	·	·	·	·	·	·	·	·	·	·	·	·	·	(+)
ハマムギ(広義)	*Elymus dahuricus* s.l.	+	+	+	○	●	●	◎	·	·	·	·	·	·	·	·	·	·	·	·	·	·	·	·	·	·
エゾカモジグサ	*Elymus pendulinus* var. *yezoense*	+	+	+	·	○	○	·	·	·	·	·	·	·	·	·	·	·	·	·	·	·	·	·	·	·
カモジグサ	*Elymus tsukushiensis* var. *transiens*	+	+	·	·	·	○	·	·	·	·	·	·	·	·	·	·	·	·	·	·	·	·	·	·	·
外)エリムス・ノウァエアングリアエ	(*Elymus novae-angliae*)	·	·	·	·	·	·	(○)	·	·	·	·	·	·	·	·	·	·	·	·	·	·	·	·	·	(+)
外)シバムギ	(*Elytrigia repens*)	(+)	(+)	+	(○)	(●)	(○)	(●)	(●)	·	·	·	·	·	·	·	·	·	·	·	·	·	(○)	(○)	·	(+)
アルタイウシノケグサ	*Festuca altaica*	·	·	·	·	·	·	·	·	·	·	·	·	·	·	·	·	·	·	·	·	·	○	·	·	+
フェストゥカ・ブレビッシマ	*Festuca brevissima*	·	·	·	·	·	·	·	·	·	·	·	·	·	·	·	·	·	·	·	·	·	○	·	·	+
オオトボシガラ	*Festuca extremiorientalis*	+	+	+	○	●	○	·	·	·	·	·	·	·	·	·	·	·	·	·	·	·	·	·	·	·
ヤマオオウシノケグサ	*Festuca hondoensis*	+	+	·	·	○	·	·	·	·	·	·	·	·	·	·	·	·	·	·	·	·	·	·	·	·
ウシノケグサ(広義)	*Festuca ovina* s.l.	+	+	+	○	●	●	◎	△	·	·	·	·	·	·	·	·	·	·	·	·	·	·	·	·	·
オオウシノケグサ	*Festuca rubra*	+	+	+	○	◎	◎	●	●	●	●	●	●	●	●	●	●	●	●	●	●	●	●	●	◎	+
外)ヒロハノウシノケグサ	(*Festuca pratensis*)	(+)	(+)	(+)	(○)	·	(○)	(●)	(○)	·	·	·	(△)	·	·	·	·	·	·	·	·	·	(○)	·	·	(+)
外)オニウシノケグサ	(*Festuca arundinacea*)	(+)	(+)	·	·	·	(○)	·	·	·	·	·	·	·	·	·	·	·	·	·	·	·	·	·	·	·
カラフトドジョウツナギ	*Glyceria lithuanica*	+	+	+	·	◎	◎	●	·	·	·	△	△	·	·	·	·	·	·	·	·	·	◎	○	·	+
ミヤマドジョウツナギ	*Glyceria alnasteretum*	+	+	+	·	·	●	◎	●	·	·	◎	◎	·	○	·	·	○	·	●	○	○	●	·	·	+
ヒメウキガヤ	*Glyceria depauperata*	+	+	·	·	·	○	○	·	·	·	·	·	·	·	·	·	·	·	·	·	·	·	·	·	·
ドジョウツナギ	*Glyceria ischyroneura*	+	+	·	·	·	●	●	·	·	·	·	·	·	·	·	·	·	·	·	·	·	·	·	·	·
ミヤマコウボウ	*Hierochloë alpina*	+	+	+	·	·	·	·	·	·	·	◎	◎	·	·	·	·	·	·	·	●	·	◎	○	·	+
コウボウ	*Hierochloë odorata* var. *pubescens*	+	+	+	○	◎	◎	●	●	·	·	·	·	·	·	·	·	·	·	·	·	·	●	○	·	+
ヒエロクロエ・パウキフロラ	*Hierochloë pauciflora*	·	·	+	·	·	·	·	·	·	·	·	·	·	·	·	·	·	·	·	·	·	◎	◎	·	+
外)シラゲガヤ	(*Holcus lanatus*)	(+)	(+)	·	(○)	·	(○)	·	(○)	·	·	·	·	·	·	·	·	·	·	·	·	·	·	·	·	·
チシマムギクサ	*Hordeum brachyantherum*	(+)	·	·	·	·	·	◎	●	·	·	·	·	·	·	·	·	·	·	·	·	·	◎	·	·	(+)
外)ホソノゲムギ	(*Hordeum jubatum*)	(+)	(+)	(+)	(○)	(○)	·	(○)	·	·	·	·	·	·	·	·	·	·	·	·	·	·	·	·	·	(+)
テンキグサ	*Leymus mollis*	+	+	+	◎	●	●	●	●	●	●	◎	●	●	●	●	●	○	●	●	●	●	●	●	●	+
ワタゲテンキグサ	*Leymus villosissimus*	·	·	·	·	·	·	·	·	·	·	●	·	·	·	·	·	·	·	·	·	·	·	·	○	+
外)ホソムギ	(*Lolium perenne*)	(+)	(+)	(+)	·	·	·	(●)	·	·	·	·	·	·	·	·	·	·	·	·	·	·	(○)	·	·	(+)
外)ドクムギ	(*Lolium temulentum*)	(+)	(+)	(+)	·	·	·	(○)	(○)	·	·	·	·	·	·	·	·	·	·	·	·	·	·	·	·	·
コメガヤ	*Melica nutans*	+	+	+	·	○	○	·	·	·	·	·	·	·	·	·	·	·	·	·	·	·	·	·	·	+
イブキヌカボ	*Milium effusum*	+	+	+	·	○	◎	◎	◎	·	·	·	△	·	·	·	·	·	·	·	·	·	·	·	·	+
ススキ	*Miscanthus sinensis*	+	+	+	○	●	●	●	◎	·	·	·	·	·	·	·	·	·	·	·	·	·	·	·	·	·
ヌマガヤ	*Moliniopsis japonica*	+	+	+	○	·	◎	○	·	·	·	·	·	·	·	·	·	·	·	·	·	·	·	·	·	·
ミヤマネズミガヤ	*Muhlenbergia curviaristata* var. *nipponica*	+	+	·	·	○	○	·	·	·	·	·	·	·	·	·	·	·	·	·	·	·	·	·	·	·
タツノヒゲ	*Neomolinia japonica*	+	+	·	·	·	○	·	·	·	·	·	·	·	·	·	·	·	·	·	·	·	·	·	·	·
ヌカキビ	*Panicum bisulcatum*	+	+	·	·	·	○	·	·	·	·	·	·	·	·	·	·	·	·	·	·	·	·	·	·	·
クサヨシ	*Phalaris arundinacea*	+	+	+	○	◎	◎	●	●	·	·	△	·	·	·	·	·	◎	·	·	·	●	●	○	·	+
ミヤマアワガエリ	*Phleum alpinum*	+	+	·	·	·	·	△	○	·	·	○	·	△	◎	●	·	○	○	·	●	●	●	●	○	+
外)オオアワガエリ	(*Phleum pratense*)	(+)	(+)	(+)	(○)	(●)	(●)	(●)	(○)	·	·	(●)	(●)	·	·	(●)	·	(○)	·	·	(○)	(○)	(○)	(○)	·	(+)
ヨシ	*Phragmites australis*	+	+	+	◎	◎	◎	◎	○	·	·	·	·	·	·	·	·	·	·	·	·	·	·	·	·	+
ツルヨシ	*Phragmites japonicus*	+	+	·	○	·	○	◎	·	·	·	·	·	·	·	·	·	·	·	·	·	·	·	·	·	·
キョクチソモソモ	*Poa arctica*	·	·	·	·	·	·	·	·	·	·	○	◎	◎	◎	○	·	·	·	●	○	·	●	◎	·	+
ムラサキソモソモ	*Poa malacantha*	·	·	+	·	·	·	●	○	●	·	·	·	●	·	·	●	●	·	·	●	·	●	●	●	+
キタチシマソモソモ	*Poa platyantha*	·	·	·	·	·	·	·	·	·	·	·	·	·	·	·	·	·	·	·	·	·	◎	·	·	+
ポア・スブラナータ	*Poa sublanata*	·	·	·	·	·	·	·	·	·	·	·	·	·	·	·	·	·	·	·	○	·	·	○	○	+
ポア・ネオサハリネンシス	*Poa neosachalinensis*	·	·	+	·	○	○	○	·	·	·	·	·	·	·	·	·	·	·	·	·	·	·	·	·	·
カラフトイチゴツナギ複合群	*Poa macrocalyx* complex	·	+	+	○	●	◎	●	●	●	●	◎	●	●	●	●	●	●	●	●	●	●	●	●	◎	+
ポア・トゥルネリ	*Poa turneri*	·	·	·	·	·	·	○	·	·	○	◎	◎	◎	◎	◎	·	●	○	●	○	·	◎	◎	◎	·
ケトイイチゴツナギ	*Poa ketoiensis*	·	·	·	·	·	·	·	·	·	·	·	◎	○	○	·	·	·	·	·	·	·	·	·	·	·
外)ナガハグサ複合群	(*Poa pratensis* complex)	(+)	(+)	+	(○)	(◎)	(●)	(●)	(●)	·	·	(●)	(△)	·	(△)	(●)	·	·	·	·	(○)	·	(●)	·	(△)	(+)
ヒナソモソモ	*Poa shumushuensis*	·	·	+	·	·	·	·	·	·	·	·	·	·	·	·	·	·	·	·	·	·	○	◎	·	+
イブキソモソモ	*Poa radula*	+	+	+	·	◎	◎	◎	●	●	·	○	◎	●	◎	◎	·	·	·	·	·	·	△	·	△	+
ヤマミゾイチゴツナギ	*Poa hisauchii*	+	+	·	·	·	○	·	·	·	·	·	·	·	·	·	·	·	·	·	·	·	·	·	·	·
外)スズメノカタビラ	(*Poa annua*)	+	+	+	(○)	(○)	(●)	(◎)	(●)	·	·	(●)	(◎)	·	·	(●)	·	(●)	·	·	(○)	·	(●)	(○)	(○)	(+)
ユキワリソモソモ	*Poa paucispicula*	·	·	·	·	·	·	·	·	·	·	·	·	·	·	·	·	·	·	·	·	·	○	·	△	+
ポア・クロノケンシス	*Poa kronokensis*	·	·	+	·	·	·	·	·	·	·	·	·	·	·	·	·	·	·	·	·	·	○	·	·	·
外)オオスズメノカタビラ	(*Poa trivialis*)	(+)	(+)	(+)	·	(○)	(○)	(△)	·	·	·	·	·	·	·	·	·	·	·	·	·	·	·	·	·	(+)
タチイチゴツナギ	*Poa nemoralis*	+	+	+	·	◎	○	○	·	·	·	·	·	·	·	·	·	·	·	·	·	·	◎	·	·	+
ヌマイチゴツナギ	*Poa palustris*	+	+	+	○	○	○	●	●	○	·	○	·	○	·	●	·	·	·	·	·	·	○	○	○	+
外)コイチゴツナギ	(*Poa compressa*)	(+)	(+)	(+)	·	·	·	(○)	·	·	·	·	·	·	·	·	·	·	·	·	·	·	·	·	·	(+)
オニイチゴツナギ	*Poa eminens*	·	+	+	○	○	○	○	△	●	·	·	·	·	·	·	·	·	·	·	●	●	●	●	·	+
チシマドジョウツナギ	*Puccinellia kurilensis*	+	+	+	○	●	○	○	○	·	·	·	·	·	·	·	·	·	·	·	○	·	○	△	○	+
タチドジョウツナギ	*Puccinellia nipponica*	+	·	·	·	○	·	·	·	·	·	·	·	·	·	·	·	·	·	·	·	·	·	·	·	·

和　名	学　名	*Hon*	*Hok*	*Sak*	Hab	SHK	KUN	ITU	URU	BCH	CHP	SIM	KET	Ush	RAS	MAT	RAI	SHS	EKA	KHA	ONE	MAK	PAR	SHU	ATL	*Kam*
外)アレチタチドジョウツナギ	(*Puccinellia distans*)	(+)	·	(+)	·	·	·	·	·	·	·	·	·	·	·	·	·	·	·	·	·	·	·	(○)	·	(+)
ミヤコザサ節	**Sasa sect. Crassinodi**																									
センダイザサ	*Sasa chartacea*	+	+	·	·	·	◎	·	·	·	·	·	·	·	·	·	·	·	·	·	·	·	·	·	·	·
チマキザサ節	**Sasa sect. Sasa**																									
オオバザサ	*Sasa megalophylla*	+	+	+	·	·	○	◎	·	·	·	·	·	·	·	·	·	·	·	·	·	·	·	·	·	·
チマキザサ	*Sasa palmata* var. *palmata*	+	+	+	·	○	○	○	·	·	·	·	·	·	·	·	·	·	·	·	·	·	·	·	·	·
ルベシベザサ	*Sasa palmata* var. *niijimae*	+	+	+	·	·	○	○	·	·	·	·	·	·	·	·	·	·	·	·	·	·	·	·	·	·
クマイザサ	*Sasa senanensis*	+	+	+	○	●	◎	◎	·	·	·	·	·	·	·	·	·	·	·	·	·	·	·	·	·	·
チュウゴクザサ	*Sasa veitchii* var. *tyugokensis*	+	+	+	·	△	△	·	·	·	·	·	·	·	·	·	·	·	·	·	·	·	·	·	·	·
シコタンザサ	*Sasa yahikoensis* var. *depauperata*	+	+	·	○	◎	◎	·	·	·	·	·	·	·	·	·	·	·	·	·	·	·	·	·	·	·
オゼザサ	*Sasa yahikoensis* var. *oseana*	+	+	+	·	·	○	·	·	·	·	·	·	·	·	·	·	·	·	·	·	·	·	·	·	·
チシマザサ節	**Sssa sect. Machrochlamys**																									
チシマザサ	*Sasa kurilensis*	+	+	+	△	●	◎	◎	●	·	·	●	●	·	·	·	·	·	·	·	·	·	·	·	·	·
エゾミヤマザサ	*Sasa tatewakiana*	+	+	+	·	·	○	·	·	·	·	·	·	·	·	·	·	·	·	·	·	·	·	·	·	·
フォーリーガヤ	*Schizachne purpurascens* ssp. *callosa*	+	+	+	·	◎	·	·	·	·	·	·	·	·	·	·	·	·	·	·	·	·	·	·	·	·
エノコログサ	*Setaria viridis* var. *minor*	+	+	+	·	·	○	·	·	·	·	·	·	·	·	·	·	·	·	·	·	·	·	·	·	·
ハマエノコロ	*Setaria viridis* var. *pachystachys*	+	+	+	·	·	○	·	·	·	·	·	·	·	·	·	·	·	·	·	·	·	·	·	·	·
外)アキノエノコログサ	(*Setaria faberi*)	+	+	+	·	·	(○)	·	·	·	·	·	·	·	·	·	·	·	·	·	·	·	·	·	·	·
外)キンエノコロ	(*Setaria pumila*)	+	+	+	·	·	(○)	·	·	·	·	·	·	·	·	·	·	·	·	·	·	·	·	·	·	(+)
ハネガヤ	*Stipa pekinensis*	+	+	+	○	●	○	◎	·	·	·	·	·	·	·	·	·	·	·	·	·	·	·	·	·	·
ホソバドジョウツナギ	*Torreyochloa natans*	+	+	+	·	·	○	○	·	·	·	·	·	·	·	·	·	·	·	·	·	·	·	·	·	+
チシマカニツリ	*Trisetum sibiricum*	+	+	+	○	●	◎	○	·	·	·	●	●	△	●	●	·	●	·	●	●	●	●	●	●	+
リシリカニツリ	*Trisetum spicatum* ssp. *alascanum*	+	+	+	·	·	·	◎	◎	·	·	●	●	△	●	○	·	●	·	●	●	●	●	●	○	+
タカネコメススキ	*Vahlodea flexuosa*	·	+	·	·	·	·	·	·	·	·	○	◎	●	◎	◎	·	○	·	●	●	·	◎	●	·	+
マツモ科	**AM26. CERATOPHYLLACEAE**																									
マツモ	*Ceratophyllum demersum*	+	+	+	·	·	·	△	·	·	·	·	·	·	·	·	·	·	·	·	·	·	·	·	·	+
〈被子植物ー真正双子葉類〉	**〈ANGIOSPERMS-EUDICOTS〉**																									
ケシ科	**AE1. PAPAVERACEAE**																									
クサノオウ	*Chelidonium majus* ssp. *asiaticum*	+	+	+	·	○	◎	·	·	·	·	·	·	·	·	·	·	·	·	·	·	·	·	·	·	(+)
エゾエンゴサク	*Corydalis fumariifolia* ssp. *azurea*	+	+	+	○	◎	○	○	◎	○	○	○	○	·	○	·	·	·	·	·	·	·	○	◎	·	+
チドリケマン	*Corydalis kushiroensis*	·	+	+	·	·	△	·	·	·	·	·	·	·	·	·	·	·	·	·	·	·	·	·	·	·
エゾキケマン	*Corydalis speciosa*	+	+	+	·	△	◎	·	·	·	·	·	·	·	·	·	·	·	·	·	·	·	·	·	·	·
コマクサ	*Dicentra peregrina*	+	+	+	·	·	◎	◎	·	·	·	·	·	·	·	·	·	·	·	·	·	·	·	·	·	+
アライトヒナゲシ	*Papaver alboroseum*	·	·	·	·	·	·	·	·	·	·	·	·	·	·	·	·	·	·	·	○	·	●	·	●	+
チシマヒナゲシ	*Papaver miyabeanum*	·	·	·	·	·	·	◎	○	●	·	●	·	·	·	○	·	·	·	·	·	·	·	·	·	·
パパヴェル・ミクロカルプム	*Papaver microcarpum*	·	·	·	·	·	·	·	·	·	·	·	·	·	·	·	·	·	·	·	·	·	●	·	·	+
外)ケシ	(*Papaver sonniferum*)	·	·	(+)	·	·	(○)	·	·	·	·	·	·	·	·	·	·	·	·	·	·	·	·	·	·	(+)
メギ科	**AE2. BERBERIDACEAE**																									
ルイヨウボタン	*Caulophyllum robustum*	+	+	+	·	·	○	·	·	·	·	·	·	·	·	·	·	·	·	·	·	·	·	·	·	·
サンカヨウ	*Diphylleia grayi*	+	+	+	·	·	●	△	·	·	·	·	·	·	·	·	·	·	·	·	·	·	·	·	·	·
キンポウゲ科	**AE3. RANUNCULACEAE**																									
オオチシマトリカブト	*Aconitum maximum* ssp. *maximum*	·	·	·	○	·	●	●	●	●	●	●	◎	●	●	●	·	●	●	●	●	●	●	●	◎	+
シコタントリカブト	*Aconitum maximum* ssp. *kurilense*	·	·	·	◎	◎	·	●	·	·	·	·	·	·	·	·	·	·	·	·	·	·	·	·	·	·
カラフトブシ	*Aconitum sachalinense* ssp. *sachalinense*	·	+	+	◎	·	·	·	·	·	·	·	·	·	·	·	·	·	·	·	·	·	·	·	·	·
アカミノルイヨウショウマ	*Actaea erythrocarpa*	+	+	+	·	◎	◎	◎	△	·	·	·	·	·	·	·	·	·	·	·	○	·	○	○	·	+
キタミフクジュソウ	*Adonis amurensis* var. *amurensis*	·	+	+	·	○	○	·	·	·	·	·	·	·	·	·	·	·	·	·	·	·	·	·	·	·
フクジュソウ	*Adonis amurensis* var. *ramosa*	+	+	·	·	·	○	·	·	·	·	·	·	·	·	·	·	·	·	·	·	·	·	·	·	·
ヒメイチゲ	*Anemone debilis*	+	+	+	○	◎	◎	●	◎	·	·	·	·	·	·	·	·	·	·	·	·	·	·	·	·	+
エゾイチゲ	*Anemone soyensis*	·	+	+	·	·	·	○	·	·	·	·	·	·	·	·	·	·	·	·	·	·	·	·	·	·
フタマタイチゲ	*Anemone dichotoma*	·	+	+	◎	·	◎	◎	·	·	·	·	·	·	·	·	·	·	·	·	·	·	·	·	·	+
ニリンソウ	*Anemone flaccida*	+	+	+	·	·	○	·	·	·	·	·	·	·	·	·	·	·	·	·	·	·	·	·	·	·
チシマハクサンイチゲ	*Anemone narcissiflora* ssp. *villosissima*	·	·	+	△	◎	◎	◎	●	●	●	●	●	·	●	◎	·	●	◎	○	◎	●	●	●	◎	+
ミヤマオダマキ	*Aquilegia flabellata* var. *pumila*	+	+	+	·	◎	◎	◎	●	·	·	·	·	·	·	·	·	·	·	·	·	·	·	·	·	·
エゾノリュウキンカ	*Caltha fistulosa*	+	+	+	·	◎	○	·	·	·	·	·	·	·	·	·	·	·	·	·	·	·	·	·	·	+
エンコウソウ	*Caltha palustris* var. *enkoso*	+	+	+	·	△	○	·	·	·	·	·	·	·	·	·	·	·	·	·	·	·	·	·	·	·
チシマエンコウソウ	*Caltha palustris* var. *sibirica*	·	·	+	·	○	●	◎	○	·	·	·	○	·	·	·	·	○	·	·	○	·	●	●	○	+
サラシナショウマ	*Cimicifuga simplex*	+	+	+	◎	●	●	●	●	·	·	·	·	·	·	·	·	·	·	·	·	·	●	·	·	+
クロバナハンショウヅル	*Clematis fusca*	+	+	+	·	●	◎	△		·	·	·	·	·	·	·	·	·	·	·	·	·	·	·	·	+
ミヤマハンショウヅル	*Clematis ochotensis*	+	+	+	·	△	○	●	○	·	·	·	·	·	·	·	·	·	·	·	·	·	·	·	○	+
ミツバオウレン	*Coptis trifolia*	+	+	+	·	◎	●	◎	●	·	○	●	●	●	●	·	·	●	·	◎	●	●	◎	●	·	+
チシマヒエンソウ	*Delphinium brachycentrum*	·	·	·	·	·	·	·	·	·	·	·	·	·	·	·	·	·	·	·	·	·	●	●	○	+
カタオカソウ	*Pulsatilla taraoi*	·	·	·	·	●	·	◎	●	◎	●	◎	◎	·	·	·	·	·	·	·	·	·	·	·	·	·
バイカモ	*Ranunculus nipponicus* var. *submersus*	+	+	+	·	·	◎	●	◎	·	·	·	·	·	·	·	·	·	·	·	○	·	·	○	·	+

和　名	学　名	Hon	Hok	Sak	Hab	SHK	KUN	ITU	URU	BCH	CHP	SIM	KET	Ush	RAS	MAT	RAI	SHS	EKA	KHA	ONE	MAK	PAR	SHU	ATL	Kam
ラヌンクルス・エラディカートゥス	*Ranunculus eradicatus*	·	·	+	○	·	·	○	○	·	·	·	·	·	·	·	·	·	·	·	·	·	●	●	·	+
チトセバイカモ	*Ranunculus yezoensis*	+	+	+	·	·	◎	●	·	·	·	·	·	·	·	·	·	·	·	·	·	·	◎	·	·	·
オオチシマヒキノカサ	*Ranunculus altaicus* ssp. *sulphureus*	·	·	+	·	·	·	·	·	·	·	·	·	·	·	·	·	·	·	·	·	·	○	○	·	+
チシマヒキノカサ	*Ranunculus nivalis*	·	·	·	·	·	·	·	·	·	·	·	·	·	·	·	·	·	·	·	·	·	◎	●	·	+
チシマキンポウゲ	*Ranunculus monophyllus*	·	·	+	·	·	·	·	·	·	·	·	·	·	·	·	·	·	·	·	·	·	△	◎	·	+
シコタンキンポウゲ	*Ranunculus grandis* var. *austrokurilensis*	+	+	·	○	◎	●	●	●	●	·	●	·	●	●	·	·	·	·	·	○	·	●	●	◎	+
ハイヒキノカサ	*Ranunculus hyperboreus*	·	·	+	·	·	·	·	·	·	·	·	·	·	·	·	·	·	·	·	●	·	◎	◎	○	+
カラフトキンポウゲ	*Ranunculus pallasii*	·	·	+	·	·	·	·	·	·	·	·	·	·	·	·	·	·	·	·	·	·	●	·	·	+
クモマキンポウゲ	*Ranunculus pygmaeus*	+	·	+	·	·	·	·	·	·	·	·	·	·	·	·	·	·	·	·	·	·	◎	◎	·	+
オオクモマキンポウゲ	*Ranunculus eschscholtzii*	·	·	·	·	·	·	·	·	·	·	·	·	·	·	·	·	·	·	·	·	·	○	·	·	+
ハイキンポウゲ	*Ranunculus repens*	+	+	+	◎	◎	●	●	●	·	·	●	·	○	·	○	·	●	·	·	●	·	●	●	○	+
イトキンポウゲ	*Ranunculus reptans*	+	+	+	·	◎	◎	●	·	·	·	·	·	·	·	·	·	·	·	●	○	·	●	●	·	+
キツネノボタン	*Ranunculus silerifolius*	+	+	·	○	●	◎	●	·	·	·	·	·	·	·	·	·	·	·	·	·	·	·	·	·	·
外)タガラシ	(*Ranunculus sceleratus*)	+	+	(+)	·	·	(○)	·	·	·	·	·	·	·	·	·	·	·	·	·	·	·	·	·	·	(+)
外)セイヨウキンポウゲ	(*Ranunculus acris* ssp. *acris*)	(+)	(+)	(+)	·	(○)	(○)	·	·	·	·	·	·	·	·	·	·	·	·	·	·	·	·	·	·	(+)
チシマヒメカラマツ	*Thalictrum alpinum*	+	·	+	·	·	·	·	·	·	·	·	·	·	·	·	·	·	·	·	·	·	◎	◎	·	+
チャボカラマツ	*Thalictrum foetidum* var. *glabrescens*	+	+	·	△	○	○	△	·	·	·	·	·	·	·	·	·	·	·	·	·	·	·	·	·	·
アキカラマツ	*Thalictrum minus* var. *hypoleucum*	+	+	+	○	◎	●	●	●	○	·	●	◎	○	◎	○	·	○	·	·	●	·	●	●	◎	+
エゾカラマツ	*Thalictrum sachalinense*	·	+	+	○	◎	○	○	·	·	·	·	·	·	·	·	·	·	·	·	·	·	·	·	·	·
オクモミジカラマツ	*Trautvetteria carolinensis* var. *borealis*	+	+	+	·	○	○	◎	●	·	·	·	·	·	·	·	·	·	·	·	·	·	·	·	·	·
チシマノキンバイソウ	*Trollius riederianus*	·	+	·	·	◎	◎	●	●	●	●	●	◎	●	◎	·	·	·	◎	●	●	◎	●	◎	○	+
ボタン科	**AE4. PAEONIACEAE**																									
ベニバナヤマシャクヤク	*Paeonia obovata*	+	+	+	·	◎	○	○	·	·	·	·	·	·	·	·	·	·	·	·	·	·	·	·	·	·
カツラ科	**AE5. CERCIDIPHYLLACEAE**																									
カツラ	*Cercidiphyllum japonicum*	+	+	·	·	·	△	·	·	·	·	·	·	·	·	·	·	·	·	·	·	·	·	·	·	·
ユズリハ科	**AE6. DAPHNIPHYLLACEAE**																									
エゾユズリハ	*Daphniphyllum macropodum* ssp. *humile*	+	+	·	·	·	●	○	·	·	·	·	·	·	·	·	·	·	·	·	·	·	·	·	·	·
スグリ科	**AE7. GROSSULACEAE**																									
エゾスグリ	*Ribes latifolium*	·	+	+	·	◎	◎	◎	·	·	·	·	·	·	·	·	·	·	·	·	·	·	·	·	·	·
トガスグリ	*Ribes sachalinense*	+	+	+	·	·	◎	○	·	·	·	·	·	·	·	·	·	·	·	·	·	·	·	·	·	·
外)マルスグリ	(*Ribes uva-crispa*)	·	(+)	·	·	(△)	(○)	(○)	·	·	·	·	·	·	·	·	·	·	·	·	·	·	·	·	·	·
ユキノシタ科	**AE8. SAXIFRAGACEAE**																									
トリアシショウマ	*Astilbe thunbergii* var. *congesta*	+	+	·	·	·	○	·	·	·	·	·	·	·	·	·	·	·	·	·	·	·	·	·	·	·
エゾネコノメソウ	*Chrysosplenium alternifolium* var. *sibiricum*	·	+	+	○	·	◎	·	·	·	·	·	·	·	·	·	·	·	·	·	·	·	·	·	·	+
ツルネコノメソウ	*Chrysosplenium flagelliferum*	+	+	+	·	·	◎	·	●	·	·	·	·	·	·	·	·	·	·	·	·	·	·	·	·	·
ネコノメソウ	*Chrysosplenium grayanum*	+	+	+	·	·	○	◎	·	·	·	·	·	·	·	·	·	·	·	·	·	·	·	·	·	·
チシマネコノメソウ	*Chrysosplenium kamtschaticum*	+	+	+	·	◎	◎	◎	●	●	·	●	●	◎	●	●	·	●	○	●	●	●	●	●	◎	+
マルバネコノメソウ	*Chrysosplenium ramosum*	+	+	·	·	·	○	·	·	·	·	·	·	·	·	·	·	·	·	·	·	·	·	·	·	·
チャボシコタンソウ	*Saxifraga bronchialis* ssp. *cherlerioides*	·	+	+	·	·	·	·	●	·	·	·	·	·	·	·	·	△	·	·	○	●	●	◎	◎	+
シコタンソウ	*Saxifraga bronchialis* ssp. *funstonii*	+	+	+	·	●	○	◎	·	·	·	·	·	·	·	·	·	△	·	·	○	·	◎	△	◎	+
チシマクモマグサ	*Saxifraga merkii*	+	+	·	·	·	·	◎	◎	·	·	◎	◎	·	·	●	●	○	◎	●	●	·	●	○	◎	+
キヨシソウ	*Saxifraga bracteata*	·	+	+	○	●	·	◎	●	·	·	●	●	●	●	●	●	●	◎	●	●	◎	●	●	◎	+
ヒメキヨシソウ	*Saxifraga rivularis*	·	·	+	·	·	·	·	·	·	·	·	·	·	·	·	·	·	·	·	·	·	◎	△	○	+
ダイモンジソウ	*Saxifraga fortunei* var. *alpina*	+	+	·	·	●	◎	◎	·	·	·	·	·	·	·	·	·	·	·	·	·	·	·	·	·	·
チシマクロクモソウ	*Saxifraga fusca* var. *kurilensis*	·	+	·	·	○	●	●	●	●	·	●	△	·	·	·	·	·	·	·	·	·	·	·	·	·
ヒメチシマイワブキ	*Saxifraga nelsoniana* var. *porsildiana*	·	·	·	·	·	·	·	·	·	·	·	·	·	·	·	·	·	●	·	●	·	◎	●	·	+
チシマイワブキ	*Saxifraga nelsoniana* var. *reniformis*	·	+	+	·	·	○	◎	○	·	·	●	●	●	●	●	·	●	◎	●	●	○	●	●	◎	+
ムラサキクロクモソウ	*Saxifraga purpurascens*	·	·	+	·	·	·	·	·	·	·	·	·	·	·	·	·	·	·	·	○	·	●	△	△	+
ヤマハナソウ	*Saxifraga sachalinensis*	·	+	+	○	◎	○	·	·	·	·	·	·	·	·	·	·	·	·	·	·	·	·	·	·	·
ベンケイソウ科	**AE9. CRASSULACEAE**																									
ムラサキベンケイソウ	*Hylotelephium pallescens*	·	+	+	○	○	◎	◎	·	·	·	·	·	·	·	·	·	·	·	·	·	·	·	·	·	+
ミツバベンケイソウ	*Hylotelephium verticillatum*	+	+	+	○	◎	◎	·	·	·	·	·	·	·	·	·	·	·	·	·	·	·	·	·	·	+
アオノイワレンゲ	*Orostachys malacophylla* var. *aggregata*	+	+	+	·	·	○	·	·	·	·	·	·	·	·	·	·	·	·	·	·	·	·	·	·	·
ホソバノキリンソウ	*Phedimus aizoon* var. *aizoon*	+	+	+	·	◎	◎	●	·	·	·	·	·	·	·	·	·	·	·	·	·	·	·	·	·	·
エゾノキリンソウ	*Phedimus kamtschaticus*	·	+	+	○	●	●	◎	·	·	·	·	·	·	·	·	·	·	·	·	·	·	·	·	·	+
ホソバイワベンケイ	*Rhodiola ishidae*	+	+	·	·	·	○	○	·	·	·	·	·	·	·	·	·	·	·	·	·	·	·	·	·	·
イワベンケイ	*Rhodiola rosea*	+	+	+	◎	●	●	●	●	●	●	●	●	●	●	●	○	●	●	●	○	○	·	·	·	+
ムラサキイワベンケイ	*Rhodiola integrifolia*	·	·	·	·	·	·	·	·	·	·	○	·	·	·	·	·	○	◎	·	●	○	●	●	◎	+
アズマツメクサ	*Tillaea aquatica*	+	+	+	·	○	·	·	·	·	·	·	·	·	·	·	·	·	·	·	·	·	●	·	·	·
アリノトウグサ科	**AE10. HALORAGINACEAE**																									
ホザキノフサモ	*Myriophyllum spicatum*	+	+	+	·	◎	●	●	◎	·	·	·	·	·	·	·	·	·	·	·	·	·	●	·	·	·
シベリアホザキノフサモ	*Myriophyllum sibiricum*	·	·	+	·	·	·	·	·	·	·	·	·	·	·	·	·	·	·	·	·	·	○	·	·	+
ブドウ科	**AE11. VITACEAE**																									

和　名	学　名	Hon	Hok	Sak	Hab	SHK	KUN	ITU	URU	BCH	CHP	SIM	KET	Ush	RAS	MAT	RAI	SHS	EKA	KHA	ONE	MAK	PAR	SHU	ATL	Kam
ノブドウ	*Ampelopsis glandulosa* var. *heterophylla*	+	+	+	·	○	○	·	·	·	·	·	·	·	·	·	·	·	·	·	·	·	·	·	·	·
ヤマブドウ	*Vitis coignetiae*	+	+	+	○	●	●	◎	·	·	·	·	·	·	·	·	·	·	·	·	·	·	·	·	·	·
マメ科	**AE12. FABACEAE**																									
ヤブマメ	*Amphicarpaea bracteata* ssp. *edgeworthii*	+	+	·	·	·	○	·	·	·	·	·	·	·	·	·	·	·	·	·	·	·	·	·	·	·
ヒメモメンヅル	*Astragalus alpinus*	·	·	·	·	·	·	·	·	·	·	·	·	·	·	●	·	·	◎	·	·	·	●	·	·	+
リシリオウギ	*Astragalus frigidus* ssp. *parviflorus*	+	+	+	·	·	·	·	·	·	·	·	·	△	●	●	·	○	·	·	·	·	●	○	·	+
カワカミモメンヅル	*Astragalus kawakamii*	·	·	·	·	·	·	◎	·	·	·	·	·	·	·	·	·	·	·	·	·	·	·	·	·	·
エゾモメンヅル	*Astragalus japonicus*	·	+	·	·	·	◎	●	◎	·	·	○	·	·	·	·	·	·	·	·	·	·	·	·	·	·
外)ムラサキヒメモメンヅル	(*Astragalus danicus*)	·	·	·	·	·	·	·	·	·	·	·	·	·	·	·	·	·	·	·	·	·	(○)	·	·	(+)
カラフトゲンゲ	*Hedysarum hedysaroides*	·	+	+	·	●	○	·	·	·	·	·	·	·	·	·	·	·	·	·	·	·	·	·	·	+
チシマゲンゲ	*Hedysarum hedysaroides* f. *neglectum*	·	+	·	·	◎	◎	●	●	●	●	●	◎	·	·	·	·	●	◎	●	●	○	◎	●	●	·
ハマエンドウ	*Lathyrus japonicus*	+	+	+	◎	◎	●	●	●	·	●	●	●	△	●	●	·	●	·	●	●	○	●	●	●	+
エゾノレンリソウ	*Lathyrus palustris* var. *pilosus*	+	+	+	◎	◎	●	●	●	·	·	◎	△	△	△	△	·	·	·	·	●	·	●	◎	△	+
コエンドウ	*Lathyrus humilis*	·	·	+	·	·	○	·	·	·	·	·	·	·	·	·	·	·	·	·	·	·	·	·	·	·
外)キバナノレンリソウ	(*Lathyrus pratensis*)	(+)	(+)	(+)	·	·	(○)	(○)	·	·	·	·	·	·	·	·	·	·	·	·	·	·	·	·	·	(+)
ヤマハギ	*Lespedeza bicolor*	+	+	+	◎	●	●	◎	·	·	·	○	·	·	·	·	·	·	·	·	·	·	·	·	·	·
外)チシマハウチワマメ	(*Lupinus nootkatensis*)	·	·	(+)	·	(●)	(◎)	(○)	·	·	·	·	·	·	·	·	·	·	·	·	·	·	·	·	·	·
外)シュッコンルピナス	(*Lupinus polyphyllus*)	·	(+)	·	·	·	·	(●)	·	·	·	·	·	·	·	·	·	·	·	·	·	·	·	·	·	(+)
イヌエンジュ	*Maackia amurensis*	+	+	(+)	·	△	·	·	·	·	·	·	·	·	·	·	·	·	·	·	·	·	·	·	·	·
外)シナガワハギ	(*Melilotus officinalis* ssp. *suaveolens*)	(+)	(+)	(+)	·	·	·	(●)	·	·	·	·	·	·	·	·	·	·	·	·	·	·	·	·	·	(+)
ウルップオウギ	*Oxytropis itoana*	·	·	·	·	·	·	●	●	·	·	·	·	·	·	·	·	·	·	·	·	·	·	·	·	·
クナシリオヤマノエンドウ	*Oxytropis kunashiriensis*	·	·	·	·	·	◎	·	·	·	·	·	·	·	·	·	·	·	·	·	·	·	·	·	·	·
コウノソウ	*Oxytropis pumilio*	·	·	·	·	·	·	·	·	·	·	·	·	·	·	·	·	·	○	·	◎	·	◎	◎	●	+
ヒダカゲンゲ	*Oxytropis revoluta*	·	+	·	·	·	·	·	·	·	·	·	·	·	·	·	·	·	·	·	·	·	●	◎	●	+
オキシトロピス・エグゼルタ	*Oxytropis exserta*	·	·	·	·	·	·	·	·	·	·	·	·	·	·	·	·	·	·	·	·	·	○	·	·	+
ヒダカミヤマノエンドウ	*Oxytropis retusa*	·	+	·	·	●	·	○	●	●	●	●	●	△	◎	●	·	●	●	●	●	·	●	·	·	+
外)ハリエンジュ	(*Robinia pseudoacacia*)	(+)	(+)	(+)	·	·	(○)	(○)	·	·	·	·	·	·	·	·	·	·	·	·	·	·	·	·	·	·
センダイハギ	*Thermopsis lupinoides*	+	+	+	○	◎	●	●	●	·	●	●	△	·	·	·	·	·	·	·	○	·	●	●	○	+
シャジクソウ	*Trifolium lupinaster*	+	+	+	·	●	◎	●	●	●	●	·	·	·	·	·	·	·	·	·	·	·	·	·	·	·
外)タチオランダンゲ	(*Trifolium hybridum*)	(+)	(+)	(+)	(○)	(○)	(○)	(●)	(○)	·	·	·	·	·	·	·	·	·	·	·	·	·	(●)	(●)	·	(+)
外)ムラサキツメクサ	(*Trifolium pratense*)	(+)	(+)	(+)	(○)	(●)	(●)	(●)	(●)	·	·	(◎)	·	·	·	·	·	·	·	·	·	·	(●)	·	·	(+)
外)シロツメクサ	(*Trifolium repens*)	(+)	(+)	(+)	(○)	(○)	(●)	(●)	(●)	·	·	(●)	·	(○)	(△)	(●)	·	·	·	·	(●)	·	(●)	(●)	·	(+)
外)クスダマツメクサ	(*Trifolium campestre*)	(+)	(+)	·	·	·	·	(●)	·	·	·	·	·	·	·	·	·	·	·	·	·	·	·	·	·	·
ツルフジバカマ	*Vicia amoena*	+	+	+	·	·	△	△	·	·	·	·	·	·	·	·	·	·	·	·	·	·	●	·	·	·
クサフジ	*Vicia cracca*	+	+	+	◎	●	●	●	○	·	·	·	·	·	·	·	·	·	·	·	·	·	·	·	·	(+)
ヒロハクサフジ	*Vicia japonica*	+	+	+	·	○	◎	●	·	·	·	·	·	·	·	·	·	·	·	·	·	·	·	·	·	·
ヨツバハギ	*Vicia nipponica*	+	+	·	·	·	△	○	·	·	·	·	·	·	·	·	·	·	·	·	·	·	·	·	·	·
ナンテンハギ	*Vicia unijuga*	+	+	+	○	△	●	●	●	·	·	·	·	·	·	·	·	·	·	·	·	·	·	·	·	·
バラ科	**AE13. ROSACEAE**																									
キンミズヒキ	*Agrimonia pilosa* var. *japonica*	+	+	+	○	●	●	●	·	·	·	·	·	·	·	·	·	·	·	·	·	·	·	·	·	·
外)アルケミラ・ミカンス	(*Alchemilla micans*)	·	·	·	·	·	·	(●)	·	·	·	·	·	·	·	·	·	·	·	·	·	·	(●)	(●)	·	·
アズキナシ	*Aria alnifolia*	+	+	·	·	·	◎	◎	·	·	·	·	·	·	·	·	·	·	·	·	·	·	·	·	·	·
ヤマブキショウマ	*Aruncus dioicus* var. *kamtschaticus*	+	+	+	◎	◎	●	●	●	●	·	●	○	△	●	●	·	●	●	●	●	○	●	●	●	+
ミヤマザクラ	*Cerasus maximowiczii*	+	+	+	·	◎	●	●	○	·	·	·	·	·	·	·	·	·	·	·	·	·	·	·	·	·
チシマザクラ	*Cerasus nipponica* var. *kurilensis*	+	+	+	·	·	◎	●	◎	·	·	·	·	·	·	·	·	·	·	·	·	·	·	·	·	·
オオヤマザクラ	*Cerasus sargentii*	+	+	+	·	·	◎	◎	·	·	·	·	·	·	·	·	·	·	·	·	·	·	·	·	·	·
クロバナロウゲ	*Comarum palustre*	+	+	+	○	·	●	●	●	·	·	·	◎	△	◎	◎	·	·	·	·	○	●	●	●	·	+
クロミサンザシ	*Crataegus chlorosarca*	+	+	+	·	·	○	·	·	·	·	·	·	·	·	·	·	·	·	·	·	·	·	·	·	+
キンロバイ	*Dasiphora fruticosa*	+	+	+	·	●	○	◎	·	·	·	·	·	·	·	·	·	·	·	·	△	·	◎	●	·	+
チョウノスケソウ	*Dryas octopetala* var. *asiatica*	+	+	+	·	◎	·	○	·	·	·	·	·	·	·	·	·	·	·	·	·	·	·	·	·	+
オニシモツケ	*Filipendula camtschatica*	+	+	+	○	◎	●	●	●	●	·	◎	●	●	●	●	·	○	·	●	●	●	●	●	●	+
エゾノシモツケソウ	*Filipendula glaberrima*	·	+	·	◎	·	○	·	·	·	·	·	·	·	·	·	·	·	·	·	·	·	·	·	·	·
ノウゴウイチゴ	*Fragaria iinumae*	+	+	+	·	·	·	◎	·	·	·	·	·	·	·	·	·	·	·	·	·	·	·	·	·	·
エゾノクサイチゴ	*Fragaria yezoensis*	+	+	+	○	◎	○	●	●	·	·	●	·	·	·	●	·	●	·	●	·	·	○	·	·	·
オオダイコンソウ	*Geum aleppicum*	+	+	+	○	◎	●	●	○	·	·	●	·	·	·	·	·	·	·	·	·	·	●	●	·	(+)
カラフトダイコンソウ	*Geum macrophyllum* var. *sachalinense*	+	+	+	○	●	●	●	●	·	·	·	·	●	●	·	·	●	·	·	●	·	●	●	◎	+
ミヤマダイコンソウ	*Geum calthifolium*	+	+	·	·	●	◎	◎	●	●	●	●	●	●	●	●	·	●	◎	●	●	●	●	●	◎	+
コキンバイ	*Geum ternatum*	+	+	+	·	·	○	·	·	·	·	·	·	·	·	·	·	·	·	·	·	·	·	·	·	·
エゾノコリンゴ	*Malus baccata* var. *mandshurica*	+	+	+	·	·	◎	◎	·	·	·	·	·	·	·	·	·	·	·	·	·	·	·	·	·	·
外)ズミ	(*Malus toringo*)	+	+	·	·	·	(○)	·	·	·	·	·	·	·	·	·	·	·	·	·	·	·	·	·	·	·
シウリザクラ	*Padus ssiori*	+	+	+	·	○	●	●	△	·	·	·	·	·	·	·	·	·	·	·	·	·	·	·	·	·
エゾツルキンバイ	*Potentilla anserina* ssp. *pacifica*	+	+	+	◎	◎	●	◎	●	·	·	·	·	·	·	·	·	·	·	●	◎	·	●	●	○	+
ミツモトソウ	*Potentilla cryptotaeniae*	+	+	·	·	·	○	·	·	·	·	·	·	·	·	·	·	·	·	·	·	·	·	·	·	·
イワキンバイ	*Potentilla ancistrifolia* var. *dickinsii*	+	+	·	·	●	△	·	·	·	·	·	·	·	·	·	·	·	·	·	·	·	·	·	·	·

和　名	学　名	*Hon*	*Hok*	*Sak*	Hab	SHK	KUN	ITU	URU	BCH	CHP	SIM	KET	Ush	RAS	MAT	RAI	SHS	EKA	KHA	ONE	MAK	PAR	SHU	ATL	*Kam*
キジムシロ	*Potentilla fragarioides* var. *major*	+	+	+	·	·	○	●	·	·	·	·	·	·	·	·	·	·	·	·	·	·	·	·	·	·
ツルキジムシロ	*Potentilla stolonifera*	+	+	+	○	◎	●	●	●	·	·	●	◎	·	·	·	·	·	·	·	·	·	●	●	●	+
ミヤマキンバイ	*Potentilla matsumurae*	+	+	+	○	◎	○	◎	○	·	·	○	·	·	○	·	·	·	·	·	○	·	·	·	·	·
チシマキンバイ	*Potentilla fragiformis* ssp. *megalantha*	·	+	+	◎	◎	●	●	●	●	●	●	◎	●	●	·	●	○	·	●	●	◎	◎	●	●	+
ウラジロキンバイ	*Potentilla nivea*	+	+	+	·	◎	·	·	·	·	·	·	·	·	·	·	·	·	·	·	·	·	·	·	·	+
アライトキンバイ	*Potentilla vulcanicola*	·	·	+	·	·	·	·	·	·	·	·	·	·	·	·	·	·	·	·	·	·	○	○	◎	+
外)エゾノミツモトソウ	(*Potentilla norvegica*)	(+)	(+)	(+)	·	(○)	(●)	(○)	(○)	·	·	·	·	·	·	·	·	·	·	·	(○)	·	(○)	·	·	(+)
外)ポテンティラ・インテルメディア	(*Potentilla intermedia*)	·	·	·	·	·	(○)	·	·	·	·	·	·	·	·	·	·	·	·	·	·	·	·	·	·	·
オオタカネバラ	*Rosa acicularis*	+	+	+	·	△	○	△	○	·	·	·	·	·	·	·	·	·	·	·	·	·	·	·	·	+
カラフトイバラ	*Rosa amblyotis*	+	+	+	·	◎	◎	●	·	·	·	·	·	·	·	·	·	·	·	·	·	·	○	·	·	+
ハマナス	*Rosa rugosa*	+	+	+	○	◎	●	●	●	●	●	●	◎	○	●	●	·	·	·	·	●	·	●	●	●	+
キタホロムイイチゴ	*Rubus chamaemorus* var. *chamaemorus*	·	·	+	·	·	·	·	●	·	·	◎	◎	●	●	◎	·	·	·	●	○	●	●	●	·	+
ホロムイイチゴ	*Rubus chamaemorus* var. *pseudochamaemorus*	+	+	+	·	·	○	·	·	·	·	·	·	·	·	·	·	·	·	·	·	·	·	·	·	·
チシマイチゴ	*Rubus arcticus*	·	+	+	·	◎	○	△	·	·	·	·	·	●	●	◎	·	●	·	●	◎	●	●	●	◎	+
ルブス・ステラートゥス	*Rubus stellatus*	·	·	·	·	·	·	·	·	·	·	·	·	·	·	·	·	·	·	·	·	·	○	○	·	·
エゾイチゴ	*Rubus idaeus*	+	+	+	○	◎	●	●	●	·	·	·	·	·	·	·	·	·	·	·	·	●	○	○	·	+
クロイチゴ	*Rubus mesogaeus*	+	+	·	△	△	○	○	·	·	·	·	·	·	·	·	·	·	·	·	·	·	·	·	·	·
ナワシロイチゴ	*Rubus parvifolius*	+	+	·	·	·	◎	·	·	·	·	·	·	·	·	·	·	·	·	·	·	·	·	·	·	·
コガネイチゴ	*Rubus pedatus*	+	+	+	·	·	◎	◎	·	·	·	·	·	·	·	·	·	·	·	·	·	·	·	·	·	·
ヒメゴヨウイチゴ	*Rubus pseudojaponicus*	+	+	·	·	·	●	·	·	·	·	·	·	·	·	·	·	·	·	·	·	·	·	·	·	·
タカネトウウチソウ	*Sanguisorba stipulata*	+	+	+	·	○	◎	◎	●	·	·	●	·	·	·	·	·	○	·	·	○	·	○	○	·	·
ナガボノワレモコウ	*Sanguisorba tenuifolia*	+	+	+	◎	◎	●	●	●	●	●	●	·	△	●	·	·	●	·	●	○	·	●	●	○	+
ワレモコウ	*Sanguisorba officinalis*	+	+	·	·	·	·	·	·	·	·	·	·	·	·	○	·	·	·	·	·	·	○	·	·	+
タテヤマキンバイ	*Sibbaldia procumbens*	+	+	+	·	·	·	·	·	·	·	·	·	·	·	·	·	·	·	·	·	·	●	●	○	+
メアカンキンバイ	*Sibbaldiopsis miyabei*	·	+	·	·	·	●	●	○	·	●	◎	◎	·	·	·	·	·	○	·	·	·	·	·	·	·
チングルマ	*Sieversia pentapetala*	+	+	+	·	◎	◎	◎	●	·	○	●	◎	·	●	·	·	●	·	·	●	·	●	●	·	+
ホザキナナカマド	*Sorbaria sorbifolia* var. *stellipila*	+	+	+	○	◎	◎	·	·	·	·	·	·	·	·	·	·	·	·	·	·	·	·	·	·	+
ナナカマド	*Sorbus commixta*	+	+	+	·	◎	●	●	●	·	·	·	◎	·	·	·	·	·	·	·	·	·	·	·	·	·
タカネナナカマド	*Sorbus sambucifolia*	+	+	+	○	◎	●	●	●	●	●	●	●	●	●	●	●	●	●	●	●	●	●	●	○	+
マルバシモツケ	*Spiraea betulifolia* var. *betulifolia*	+	+	+	○	◎	●	●	●	·	·	·	·	·	·	·	·	·	·	·	·	·	○	·	·	·
エゾノマルバシモツケ	*Spiraea betulifolia* var. *aemiliana*	·	+	+	○	○	●	●	●	·	·	·	·	·	·	·	·	·	·	·	·	·	○	○	·	+
エゾシモツケ	*Spiraea media* var. *sericea*	+	+	+	·	●	·	·	·	·	·	·	·	·	·	·	·	·	·	·	·	·	·	·	·	+
ホザキシモツケ	*Spiraea salicifolia*	+	+	+	○	◎	○	·	○	·	·	·	·	·	·	·	·	·	·	·	·	·	·	·	·	+
グミ科	**AE14. ELAEAGNACEAE**																									
外)トウグミ	(*Elaeagnus multiflora* var. *hortensis*)	+	+	(+)	·	·	(○)	·	·	·	·	·	·	·	·	·	·	·	·	·	·	·	·	·	·	·
ニレ科	**AE15. ULMACEAE**																									
ハルニレ	*Ulmus davidiana* var. *japonica*	+	+	+	·	·	◎	○	·	·	·	·	·	·	·	·	·	·	·	·	·	·	·	·	·	·
オヒョウ	*Ulmus laciniata*	+	+	+	·	△	◎	·	·	·	·	·	·	·	·	·	·	·	·	·	·	·	·	·	·	·
アサ科	**AE16. CANNABACEAE**																									
カラハナソウ	*Humulus lupulus* var. *cordifolius*	+	+	(+)	·	·	●	·	·	·	·	·	·	·	·	·	·	·	·	·	·	·	·	·	·	·
クワ科	**AE17. MORACEAE**																									
ヤマグワ	*Morus australis*	+	+	·	·	●	◎	·	·	·	·	·	·	·	·	·	·	·	·	·	·	·	·	·	·	·
イラクサ科	**AE18. URTICACEAE**																									
アカソ	*Boehmeria silvestrii*	+	+	·	·	·	○	·	·	·	·	·	·	·	·	·	·	·	·	·	·	·	·	·	·	·
ムカゴイラクサ	*Laportea bulbifera*	+	+	·	·	·	○	○	·	·	·	·	·	·	·	·	·	·	·	·	·	·	·	·	·	·
ミズ	*Pilea hamaoi*	+	+	·	·	·	○	·	·	·	·	·	·	·	·	·	·	·	·	·	·	·	·	·	·	·
アオミズ	*Pilea pumila*	+	+	·	·	·	○	·	·	·	·	·	·	·	·	·	·	·	·	·	·	·	·	·	·	·
エゾイラクサ	*Urtica platyphylla*	+	+	+	○	◎	●	●	●	·	·	◎	◎	●	●	◎	·	●	·	●	●	●	●	●	●	+
ブナ科	**AE19. FAGACEAE**																									
ミズナラ	*Quercus crispula*	+	+	+	·	·	●	●	·	·	·	·	·	·	·	·	·	·	·	·	·	·	·	·	·	·
カシワ	*Quercus dentata*	+	+	·	·	·	◎	·	·	·	·	·	·	·	·	·	·	·	·	·	·	·	·	·	·	·
ヤマモモ科	**AE20. MYRICACEAE**																									
ヤチヤナギ	*Myrica gale* var. *tomentosa*	+	+	+	○	·	●	◎	·	·	·	·	·	·	·	·	·	·	·	·	·	·	·	·	·	+
クルミ科	**AE21. JUGLANDACEAE**																									
オニグルミ	*Juglans mandshurica* var. *sachalinensis*	+	+	+	·	·	○	●	·	·	·	·	·	·	·	·	·	·	·	·	·	·	·	·	·	·
カバノキ科	**AE22. BETULACEAE**																									
ハンノキ	*Alnus japonica*	+	+	+	·	·	●	·	·	·	·	·	·	·	·	·	·	·	·	·	·	·	·	·	·	·
ヤマハンノキ	*Alnus hirsuta*	+	+	+	○	◎	●	●	·	·	·	·	·	·	·	·	·	·	·	·	·	·	·	·	·	+
ミヤマハンノキ	*Alnus viridis* ssp. *maximowiczii*	+	+	+	○	◎	●	●	●	●	●	●	●	○	●	●	●	●	●	●	●	●	●	●	●	+
×)ウスゲヒロハハンノキ	*Alnus* ×*mayrii*	+	+	·	·	·	◎	·	·	·	·	·	·	·	·	·	·	·	·	·	·	·	·	·	·	·
ウダイカンバ	*Betula maximowicziana*	+	+	·	·	·	◎	·	·	·	·	·	·	·	·	·	·	·	·	·	·	·	·	·	·	·
シラカンバ	*Betula platyphylla*	+	+	+	·	◎	●	◎	·	·	·	·	·	·	·	·	·	·	·	·	·	·	·	·	·	+
ダケカンバ	*Betula ermanii*	+	+	+	·	●	●	●	●	·	·	●	●	△	◎	·	·	·	·	·	·	·	·	·	·	+
ヒメカンバ	*Betula exilis*	·	·	+	·	·	·	·	○	·	·	·	·	·	·	·	·	·	·	·	·	·	●	◎	◎	+

和　名	学　名	Hon	Hok	Sak	Hab	SHK	KUN	ITU	URU	BCH	CHP	SIM	KET	Ush	RAS	MAT	RAI	SHS	EKA	KHA	ONE	MAK	PAR	SHU	ATL	Kam
パラムシルカンバ	*Betula paramushirensis*	·	·	·	·	·	·	·	·	·	·	·	·	·	·	·	·	·	·	·	·	·	●	·	·	·
×)オクエゾシラカンバ	*Betula ×avatshensis*	+	+	+	·	·	·	◎	·	·	·	·	·	·	·	·	·	·	·	·	·	·	·	·	·	·
ウリ科	**AE23. CUCURBITACEAE**																									
アマチャヅル	*Gynostemma pentaphyllum*	+	+	·	·	·	◎	·	·	·	·	·	·	·	·	·	·	·	·	·	·	·	·	·	·	·
ミヤマニガウリ	*Schizopepon bryoniifolius*	+	+	+	·	◎	◎	●	·	·	·	·	·	·	·	·	·	·	·	·	·	·	·	·	·	·
ニシキギ科	**AE24. CELASTRACEAE**																									
オニツルウメモドキ	*Celastrus orbiculatus* var. *strigillosus*	+	+	+	○	○	●	◎	·	·	·	·	·	·	·	·	·	·	·	·	·	·	·	·	·	·
コマユミ	*Euonymus alatus* var. *alatus* f. *striatus*	+	+	+	·	·	○	●	○	·	·	·	·	·	·	·	·	·	·	·	·	·	·	·	·	·
ヒロハツリバナ	*Euonymus macropterus*	+	+	+	·	◎	●	●	●	·	·	·	·	·	·	·	·	·	·	·	·	·	·	·	·	·
ツリバナ	*Euonymus oxyphyllus*	+	+	·	·	·	○	·	·	·	·	·	·	·	·	·	·	·	·	·	·	·	·	·	·	·
オオツリバナ	*Euonymus planipes*	+	+	+	·	·	○	◎	·	·	·	·	·	·	·	·	·	·	·	·	·	·	·	·	·	·
クロツリバナ	*Euonymus tricarpus*	+	+	+	·	·	◎	◎	○	·	·	·	·	·	·	·	·	·	·	·	·	·	·	·	·	·
マユミ	*Euonymus sieboldianus*	+	+	+	·	·	◎	○	·	·	·	·	·	·	·	·	·	·	·	·	·	·	·	·	·	·
ウメバチソウ	*Parnassia palustris*	+	+	+	○	◎	●	●	●	○	●	●	◎	○	●	·	·	○	◎	○	●	●	●	●	◎	+
カタバミ科	**AE25. OXALIDACEAE**																									
コミヤマカタバミ	*Oxalis acetosella*	+	+	+	·	◎	◎	●	●	·	·	●	○	·	●	·	·	●	·	●	●	·	○	◎	·	+
外)カタバミ	(*Oxalis corniculata*)	+	+	·	·	·	(○)	·	·	·	·	·	·	·	·	·	·	·	·	·	·	·	·	·	·	·
外)オッタチカタバミ	(*Oxalis dillenii*)	(+)	(+)	(+)	·	(●)	·	(●)	·	·	·	·	·	·	·	·	·	·	·	·	·	·	·	·	·	·
トウダイグサ科	**AE26. EUPHORBIACEAE**																									
外)エノキグサ	(*Acalypha australis*)	+	+	·	·	·	(○)	·	·	·	·	·	·	·	·	·	·	·	·	·	·	·	·	·	·	·
ヒメナツトウダイ	*Euphorbia tsukamotoi*	+	+	+	·	○	○	·	·	·	·	·	·	·	·	·	·	·	·	·	·	·	·	·	·	·
ヤナギ科	**AE27. SALICACEAE**																									
ドロヤナギ	*Populus suaveolens*	+	+	+	·	·	◎	●	·	·	·	·	·	·	·	·	·	·	·	·	·	·	·	·	·	+
エゾヤマナラシ	*Populus tremula* var. *davidiana*	·	+	+	○	△	○	◎	·	·	·	·	·	·	·	·	·	·	·	·	·	·	·	·	·	+
ヤマナラシ	*Populus tremula* var. *sieboldii*	+	+	·	·	◎	●	◎	·	·	·	·	·	·	·	·	·	·	·	·	·	·	·	·	·	·
オオバヤナギ	*Salix cardiophylla*	+	+	+	·	·	●	·	·	·	·	·	·	·	·	·	·	·	·	·	·	·	·	·	·	·
バッコヤナギ	*Salix caprea*	+	+	+	○	●	●	●	●	·	·	·	·	·	·	·	·	·	·	·	·	·	·	·	·	+
カワヤナギ	*Salix miyabeana* ssp. *gymnolepis*	+	+	·	○	·	·	·	·	·	·	·	·	·	·	·	·	·	·	·	·	·	·	·	·	·
オノエヤナギ	*Salix udensis*	+	+	+	○	◎	●	●	◎	·	·	○	·	·	·	·	·	·	·	·	·	·	◎	◎	◎	+
エゾノキヌヤナギ	*Salix schwerinii*	+	+	+	○	·	◎	·	·	·	·	·	·	·	·	·	·	·	·	·	·	·	·	·	·	+
テリハヤナギ	*Salix pseudopentandra*	·	·	+	·	·	·	●	·	·	·	·	·	·	·	·	·	·	·	·	·	·	·	·	·	+
サリックス・プルクラ・パラレリネルウィス	*Salix pulchra* ssp. *parallelinervis*	·	·	·	·	·	·	·	·	·	·	·	·	·	·	·	·	·	·	·	·	·	●	◎	·	+
ネコヤナギ	*Salix gracilistyla*	+	+	·	·	·	●	·	·	·	·	·	·	·	·	·	·	·	·	·	·	·	·	·	·	·
イヌコリヤナギ	*Salix integra*	+	+	·	·	·	○	◎	·	·	·	·	·	·	·	·	·	·	·	·	·	·	·	·	·	·
外)コリヤナギ	(*Salix koriyanagi*)	(+)	(+)	·	·	·	(○)	·	·	·	·	·	·	·	·	·	·	·	·	·	·	·	·	·	·	·
ミネヤナギ	*Salix reinii*	+	+	+	·	◎	◎	●	◎	○	●	●	◎	·	·	·	·	·	·	·	·	·	·	·	·	·
タライカヤナギ	*Salix taraikensis*	·	+	+	·	◎	◎	◎	·	·	·	·	·	·	·	·	·	·	·	·	·	·	·	·	·	·
キツネヤナギ	*Salix vulpina*	+	+	·	·	◎	◎	◎	○	·	·	·	·	·	·	·	·	·	·	·	·	·	·	·	·	·
タカネイワヤナギ(広義)	*Salix nakamurana* s.l.	·	+	·	·	○	·	○	●	●	●	●	●	●	●	●	●	●	○	○	●	●	◎	◎	◎	+
ミヤマヤチヤナギ	*Salix fuscescens*	·	+	+	△	◎	·	·	·	·	·	·	·	·	·	·	·	·	·	·	·	·	◎	◎	·	+
サリックス・アークティカ・クラッシユリス	*Salix arctica* ssp. *crassijulis*	·	·	+	·	·	·	·	·	·	·	·	·	·	·	·	·	·	·	○	●	·	●	●	◎	+
チシママメヤナギ	*Salix polaris*	·	·	·	·	·	·	·	·	·	·	·	·	·	·	·	·	·	·	·	·	·	◎	◎	·	+
チシマイワヤナギ	*Salix chamissonis*	·	·	·	·	·	·	·	·	·	·	·	·	·	·	·	·	·	·	·	●	·	◎	○	·	+
×)ケトイヤナギ	*Salix ×ketoiensis*	·	·	·	·	·	·	·	◎	·	○	○	◎	·	○	·	·	·	·	·	·	·	·	·	·	·
×)トヨハラヤナギ	*Salix ×koidzumii*	·	·	·	·	·	·	◎	·	·	·	·	·	·	·	·	·	·	·	·	·	·	·	·	·	·
×)サリックス・クドイ	*Salix ×kudoi*	·	·	·	·	·	·	·	·	·	·	·	·	·	·	·	·	·	·	·	·	·	○	·	·	·
スミレ科	**AE28. VIOLACEAE**																									
エゾノアオイスミレ	*Viola collina*	+	+	+	·	◎	○	◎	·	·	·	·	·	·	·	·	·	·	·	·	·	·	·	·	·	·
タニマスミレ	*Viola epipsiloides*	·	+	+	·	·	·	·	·	·	·	·	·	·	△	◎	·	·	·	●	○	●	●	●	○	+
チシマウスバスミレ	*Viola hultenii*	+	+	·	·	◎	○	○	·	·	·	◎	·	·	·	·	·	·	·	●	●	·	●	◎	·	+
スミレ	*Viola mandshurica*	+	+	·	·	◎	●	·	·	·	·	·	·	·	·	·	·	·	·	·	·	·	·	·	·	·
シロスミレ	*Viola patrinii*	+	+	+	○	◎	◎	○	·	·	·	·	·	·	·	·	·	·	·	·	·	·	·	·	·	·
ミヤマスミレ	*Viola selkirkii*	+	+	+	·	◎	◎	●	●	●	·	●	◎	△	◎	●	·	●	◎	●	●	●	●	●	◎	+
エゾノタチツボスミレ	*Viola acuminata*	+	+	+	·	◎	◎	◎	○	·	·	·	·	·	·	·	·	·	·	·	·	·	·	·	·	·
アイヌタチツボスミレ	*Viola sacchalinensis*	+	+	+	○	◎	○	◎	●	·	·	●	◎	·	○	◎	○	·	·	·	●	·	●	●	●	+
タチツボスミレ	*Viola grypoceras*	+	+	·	·	·	○	◎	·	·	·	·	·	·	·	·	·	·	·	·	·	·	·	·	·	·
オオタチツボスミレ	*Viola kusanoana*	+	+	+	·	△	○	○	·	·	·	·	·	·	·	·	·	·	·	·	·	·	·	·	·	·
オオバタチツボスミレ	*Viola langsdorfii* ssp. *sachalinensis*	+	+	+	·	○	◎	◎	●	●	·	●	●	△	●	●	●	●	◎	●	●	●	●	●	·	+
タカネタチツボスミレ	*Viola langsdorfii* ssp. *langsdorfii*	·	+	·	·	○	○	◎	○	○	○	○	○	·	○	○	○	●	●	●	●	●	●	○	○	+
ツボスミレ	*Viola verecunda*	+	+	+	·	◎	●	●	·	·	·	·	·	·	·	·	·	·	·	·	·	·	·	·	·	·
キバナノコマノツメ	*Viola biflora*	+	+	+	·	◎	◎	○	●	●	○	●	●	○	●	·	·	○	·	●	●	○	●	●	○	+
オオタカネスミレ	*Viola biflora* var. *vegeta*	·	·	·	·	·	◎	◎	●	·	●	●	◎	·	◎	·	·	·	·	·	◎	·	·	·	◎	·

和　名	学　名	*Hon*	*Hok*	*Sak*	Hab	SHK	KUN	ITU	URU	BCH	CHP	SIM	KET	Ush	RAS	MAT	RAI	SHS	EKA	KHA	ONE	MAK	PAR	SHU	ATL	*Kam*
エゾタカネスミレ	*Viola crassa* ssp. *borealis*	+	+	+	·	○	◎	◎	●	○	·	◎	○	○	◎	·	·	○	·	·	◎	·	◎	◎	○	+
シレトコスミレ	*Viola kitamiana*	·	+	·	·	·	·	●	·	·	·	·	·	·	·	·	·	·	·	·	·	·	·	·	·	·
外)サンシキスミレ	(*Viola tricolor*)	(+)	(+)	(+)	·	·	(△)	·	·	·	·	·	·	·	·	·	·	·	·	·	·	·	·	·	·	(+)
オトギリソウ科	**AE29. HYPERICACEAE**																									
トモエソウ	*Hypericum ascyron*	+	+	+	○	◎	◎	△	·	·	·	·	·	·	·	·	·	·	·	·	·	·	·	·	·	+
オトギリソウ	*Hypericum erectum*	+	+	+	◎	◎	◎	●	○	·	·	·	·	·	·	·	·	·	·	·	·	·	·	·	·	·
ハイオトギリ	*Hypericum kamtschaticum*	·	+	·	○	◎	◎	●	●	●	·	●	●	●	●	●	·	●	●	●	●	●	●	●	◎	+
エゾオトギリ	*Hypericum yezoense*	+	+	+	·	◎	◎	○	·	·	·	·	·	·	·	·	·	·	·	·	·	·	·	·	·	·
コケオトギリ	*Hypericum laxum*	+	+	·	·	◎	·	·	·	·	·	·	·	·	·	·	·	·	·	·	·	·	·	·	·	·
外)セイヨウオトギリ	(*Hypericum perforatum*)	(+)	(+)	(+)	·	(●)	·	(●)	·	·	·	·	·	·	·	·	·	·	·	·	·	·	·	·	·	·
ミズオトギリ	*Triadenum japonicum*	+	+	·	·	·	◎	·	·	·	·	·	·	·	·	·	·	·	·	·	·	·	·	·	·	·
フウロソウ科	**AE30. GERANIACEAE**																									
外)オランダフウロ	(*Erodium cicutarium*)	(+)	(+)	·	·	·	(○)	·	·	·	·	·	·	·	·	·	·	·	·	·	·	·	·	·	·	(+)
チシマフウロ	*Geranium erianthum*	+	+	+	◎	◎	●	●	●	●	●	●	●	●	●	●	●	○	●	●	●	○	●	●	●	+
エゾフウロ	*Geranium yesoense*	+	+	(+)	○	●	●	●	●	·	·	◎	·	·	·	·	·	·	·	·	·	·	·	·	·	·
ゲンノショウコ	*Geranium nepalense*	+	+	·	·	●	●	·	·	·	·	·	·	·	·	·	·	·	·	·	·	·	·	·	·	·
外)イチゲフウロ	(*Geranium sibiricum*)	+	+	+	(○)	(◎)	(●)	(●)	·	·	·	·	·	·	·	·	·	·	·	·	·	·	(○)	·	·	(+)
ミソハギ科	**AE31. LYTHRACEAE**																									
エゾミソハギ	*Lythrum salicaria*	+	+	+	○	◎	●	◎	·	·	·	·	·	·	·	·	·	·	·	·	·	·	·	·	·	·
アカバナ科	**AE32. ONAGRACEAE**																									
ヤナギラン	*Chamaenerion angustifolium*	+	+	+	○	◎	◎	●	◎	·	·	·	·	·	·	·	·	◎	·	·	○	·	●	◎	◎	+
ヒメヤナギラン	*Chamaenerion latifolium*	+	·	·	·	·	·	·	△	·	·	·	·	·	·	·	·	·	·	·	·	·	●	△	·	+
ミヤマタニタデ	*Circaea alpina*	+	+	+	◎	◎	●	●	◎	·	·	●	●	●	●	●	·	●	·	●	◎	●	●	●	●	+
ウシタキソウ	*Circaea cordata*	+	+	·	·	·	●	·	·	·	·	·	·	·	·	·	·	·	·	·	·	·	·	·	·	·
ミズタマソウ	*Circaea mollis*	+	+	·	·	·	●	·	·	·	·	·	·	·	·	·	·	·	·	·	·	·	·	·	·	·
エゾアカバナ	*Epilobium montanum*	+	+	+	·	○	○	◎	·	·	·	·	·	·	·	·	·	·	·	·	·	·	·	·	·	·
ケゴンアカバナ	*Epilobium amurense* ssp. *amurense*	+	+	+	○	●	◎	◎	●	·	·	●	△	·	·	○	·	·	·	·	·	·	·	·	·	·
イワアカバナ	*Epilobium amurense* ssp. *cephalostigma*	+	+	+	·	◎	◎	◎	·	·	·	·	·	·	·	·	·	·	·	·	·	·	·	·	·	·
エダウチアカバナ	*Epilobium fastigiatoramosum*	·	+	·	·	△	·	·	·	·	·	·	·	·	·	·	·	·	·	·	·	·	·	·	·	·
ホソバアカバナ	*Epilobium palustre*	+	+	+	·	◎	◎	◎	○	·	·	◎	·	△	△	·	·	·	·	·	◎	●	●	●	·	+
アカバナ	*Epilobium pyrricholophum*	+	+	·	·	○	○	◎	·	·	·	·	·	·	·	·	·	·	·	·	·	·	·	·	·	·
カラフトアカバナ	*Epilobium ciliatum*	+	+	+	○	◎	◎	●	●	·	·	●	●	△	◎	○	·	○	·	○	◎	●	●	●	●	+
ヒメアカバナ	*Epilobium fauriei*	+	+	·	·	○	◎	◎	●	·	·	●	·	·	·	·	·	·	·	·	·	·	·	·	·	+
アシボソアカバナ	*Epilobium anagallidifolium*	+	+	+	·	·	○	○	△	·	·	○	○	·	·	·	○	○	·	○	○	·	●	●	○	+
ミヤマアカバナ	*Epilobium hornemannii* ssp. *hornemannii*	+	+	+	·	·	○	○	○	○	·	○	◎	○	○	○	○	○	○	○	○	○	●	○	○	+
タラオアカバナ	*Epilobium hornemannii* ssp. *behringianum*	·	·	·	·	·	·	◎	●	·	·	●	●	●	●	●	●	●	◎	●	●	●	●	●	●	+
外)メマツヨイグサ	(*Oenothera biennis*)	(+)	(+)	(+)	(○)	(○)	(●)	(●)	·	·	·	·	·	·	·	·	·	·	·	·	·	·	·	·	·	(+)
外)オオマツヨイグサ	(*Oenothera glazioviana*)	(+)	(+)	·	·	·	(○)	·	·	·	·	·	·	·	·	·	·	·	·	·	·	·	·	·	·	·
外)ノハラマツヨイグサ	(*Oenothera villosa*)	(+)	·	·	·	·	(●)	(△)	·	·	·	·	·	·	·	·	·	·	·	·	·	·	·	·	·	·
ウルシ科	**AE33. ANACARDIACEAE**																									
ツタウルシ	*Toxicodendron orientale*	+	+	+	·	●	●	●	○	·	·	·	·	·	·	·	·	·	·	·	·	·	·	·	·	·
ヤマウルシ	*Toxicodendron trichocarpum*	+	+	·	○	○	●	●	·	·	·	·	·	·	·	·	·	·	·	·	·	·	·	·	·	·
ムクロジ科	**AE34. SAPINDACEAE**																									
カラコギカエデ	*Acer ginnala*	+	+	·	·	·	○	·	·	·	·	·	·	·	·	·	·	·	·	·	·	·	·	·	·	·
ハウチワカエデ	*Acer japonicum*	+	+	·	·	·	○	·	·	·	·	·	·	·	·	·	·	·	·	·	·	·	·	·	·	·
アカイタヤ	*Acer pictum* ssp. *mayrii*	+	+	·	·	○	●	·	·	·	·	·	·	·	·	·	·	·	·	·	·	·	·	·	·	·
エゾイタヤ	*Acer pictum* ssp. *mono*	+	+	+	·	◎	●	●	○	·	·	·	·	·	·	·	·	·	·	·	·	·	·	·	·	·
ミネカエデ	*Acer tschonoskii*	+	+	·	·	·	·	●	·	·	·	·	·	·	·	·	·	·	·	·	·	·	·	·	·	·
オガラバナ	*Acer ukurunduense*	+	+	+	·	◎	●	●	●	·	·	·	·	·	·	·	·	·	·	·	·	·	·	·	·	·
ミカン科	**AE35. RUTACEAE**																									
キハダ	*Phellodendron amurense*	+	+	+	·	◎	●	◎	·	·	·	·	·	·	·	·	·	·	·	·	·	·	·	·	·	·
ツルシキミ	*Skimmia japonica* var. *intermedia*	+	+	+	·	·	◎	●	◎	·	·	·	·	·	·	·	·	·	·	·	·	·	·	·	·	·
アオイ科	**AE36. MALVACEAE**																									
外)ジャコウアオイ	(*Malva moschata*)	(+)	(+)	(+)	·	·	(○)	·	·	·	·	·	·	·	·	·	·	·	·	·	·	·	·	·	·	·
オオバボダイジュ	*Tilia maximowicziana*	+	+	(+)	·	·	○	·	·	·	·	·	·	·	·	·	·	·	·	·	·	·	·	·	·	·
ジンチョウゲ科	**AE37. THYMELAEACEAE**																									
ナニワズ	*Daphne jezoensis*	+	+	+	·	○	◎	○	·	·	·	·	·	·	·	·	·	·	·	·	·	·	·	·	·	·
アブラナ科	**AE38. BRASSICACEAE**																									
ミヤマハタザオ	*Arabidopsis kamtschatica* ssp. *kamtschatica*	+	+	+	·	◎	△	◎	●	○	·	●	●	△	●	●	●	●	◎	●	●	●	●	●	●	+
ノーザーン・ロッククレス	*Arabidopsis lyrata* ssp. *petraea*	·	·	+	·	·	·	·	·	·	·	·	·	·	·	·	·	·	·	·	·	·	○	·	·	+
エゾノイワハタザオ	*Arabis serrata* var. *glauca*	+	+	·	○	◎	◎	◎	●	●	○	●	●	●	●	●	·	·	·	○	●	·	●	·	·	·
ハマハタザオ	*Arabis stelleri*	+	+	+	○	◎	●	●	●	·	·	●	·	○	●	·	·	◎	○	·	●	○	●	●	●	+
外)ヤマハタザオ	(*Arabis hirsuta*)	+	+	+	·	·	(◎)	(◎)	(◎)	·	·	·	·	·	·	·	·	·	·	·	·	·	(○)	(◎)	·	+
外)セイヨウワサビ	(*Armoracia rusticana*)	(+)	(+)	(+)	·	(○)	(○)	(○)	·	·	·	·	·	·	·	·	·	·	·	·	·	·	·	·	·	(+)

和　名	学　名	*Hon*	*Hok*	*Sak*	Hab	SHK	KUN	ITU	URU	BCH	CHP	SIM	KET	Ush	RAS	MAT	RAI	SHS	EKA	KHA	ONE	MAK	PAR	SHU	ATL	*Kam*
ヤマガラシ	*Barbarea orthoceras*	+	+	+	◎	◎	●	●	●	○	·	●	●	○	◎	●	·	●	◎	●	●	●	●	●	●	+
外)カラシナ	(*Brassica juncea*)	(+)	(+)	(+)	·	(○)	(○)	(○)	(○)	·	·	·	·	·	·	·	·	·	·	·	·	·	(○)	(△)	·	·
外)アブラナ	(*Brassica rapa* var. *oleifera*)	(+)	(+)	(+)	·	·	(○)	(○)	·	·	·	·	·	·	·	·	·	·	·	·	·	·	(○)	·	·	·
外)セイヨウアブラナ	(*Brassica napus*)	(+)	(+)	(+)	·	·	·	(●)	·	·	·	·	·	·	·	·	·	·	·	·	·	·	·	·	·	(+)
外)オニハマダイコン	(*Cakile edentula*)	(+)	(+)	(+)	·	(●)	(●)	(●)	·	·	·	·	·	·	·	·	·	·	·	·	·	·	·	·	·	·
外)ナズナ	(*Capsella bursa-pastoris*)	+	+	+	(○)	(●)	(●)	(●)	(○)	·	·	(○)	·	·	·	(●)	·	·	·	·	·	·	(○)	·	·	(+)
サジナズナ	*Cardamine bellidifolia*	·	·	+	·	·	·	·	·	·	·	·	·	·	·	·	·	·	·	·	·	·	○	·	·	+
ジャニンジン	*Cardamine impatiens*	+	+	+	·	◎	○	·	·	·	·	·	·	·	·	·	·	·	·	·	·	·	·	·	·	·
コンロンソウ	*Cardamine leucantha*	+	+	+	·	·	●	·	·	·	·	·	·	·	·	·	·	·	·	·	·	·	·	·	·	·
ハナタネツケバナ	*Cardamine pratensis*	·	+	+	·	·	◎	◎	·	·	·	·	·	·	·	·	·	·	·	·	·	·	●	●	·	+
エゾノジャニンジン	*Cardamine schinziana*	·	+	·	·	·	●	·	·	·	·	·	·	·	·	·	·	·	·	·	·	·	·	·	·	·
オオバタネツケバナ	*Cardamine regeliana*	+	+	+	○	◎	◎	●	●	○	·	●	△	○	△	●	·	○	○	○	○	●	●	●	○	+
チシマタネツケバナ	*Cardamine umbellata*	·	·	·	·	·	●	●	●	●	·	●	●	●	●	●	·	●	◎	●	●	●	●	●	○	+
アイヌワサビ	*Cardamine vallida*	·	+	+	·	○	○	◎	·	·	·	·	·	·	·	·	·	·	·	·	·	·	·	·	·	·
エゾハタザオ	*Catolobus pendulus*	+	+	+	·	·	◎	·	·	·	·	·	·	·	·	·	·	·	·	·	·	·	·	·	·	(+)
トモシリソウ	*Cochlearia officinalis* ssp. *oblongifolia*	·	+	+	○	◎	◎	◎	●	●	●	●	●	●	●	●	●	○	◎	●	●	○	●	●	●	+
エゾイヌナズナ	*Draba borealis*	+	+	+	○	◎	●	●	●	○	●	●	△	△	◎	●	○	◎	·	○	◎	◎	●	●	◎	+
イシノナズナ	*Draba grandis*	·	·	·	·	·	·	○	○	·	·	·	◎	◎	◎	◎	●	·	·	◎	○	·	·	·	·	+
外)エゾスズシロ	(*Erysimum cheiranthoides*)	(+)	(+)	+	·	·	·	(●)	·	·	·	·	·	·	·	·	·	·	·	·	·	·	·	·	·	+
外)ユークリディウム・シリアクム	(*Euclidium syriacum*)	·	·	·	·	·	(○)	·	·	·	·	·	·	·	·	·	·	·	·	·	·	·	·	·	·	·
外)ワサビ	(*Eutrema japonicum*)	+	+	+	·	·	(△)	·	·	·	·	·	·	·	·	·	·	·	·	·	·	·	·	·	·	·
外)ハナスズシロ	(*Hesperis matronalis*)	·	(+)	·	·	·	·	(○)	·	·	·	·	·	·	·	·	·	·	·	·	·	·	·	·	·	(+)
ハマタイセイ	*Isatis tinctoria*	+	+	+	·	◎	·	·	·	·	·	·	·	·	·	·	·	·	·	·	·	·	·	·	·	·
グンジソウ	*Parrya nudicaulis*	·	·	·	·	·	·	·	△	·	·	·	·	·	·	·	·	·	·	·	·	·	◎	◎	○	+
外)セイヨウノダイコン	(*Raphanus raphanistrum*)	(+)	(+)	(+)	·	·	(○)	(●)	(○)	·	·	·	·	·	·	·	·	·	·	·	·	·	·	·	·	(+)
スカシタゴボウ	*Rorippa palustris*	+	+	+	◎	·	◎	●	●	·	·	●	·	·	·	●	·	○	○	○	●	·	●	●	●	+
外)カキネガラシ	(*Sisymbrium officinale*)	(+)	(+)	(+)	·	(◎)	(◎)	(○)	·	·	·	·	·	·	·	·	·	·	·	·	·	·	·	·	·	·
ハリナズナ	*Subularia aquatica*	+	·	+	·	·	·	·	·	·	·	·	·	·	·	·	·	·	·	·	·	·	◎	○	·	+
外)グンバイナズナ	(*Thlaspi arvense*)	(+)	(+)	(+)	·	·	(△)	·	·	·	·	·	·	·	·	·	·	·	·	·	·	·	·	·	·	(+)
外)ハタザオ	(*Turritis glabra*)	+	+	(+)	·	(◎)	(◎)	(◎)	·	·	·	·	·	·	·	·	·	·	·	·	·	·	·	·	·	·
ビャクダン科	**AE39. SANTALACEAE**																									
カマヤリソウ	*Thesium refractum*	+	+	+	·	◎	◎	◎	·	·	·	·	·	·	·	·	·	·	·	·	·	·	·	·	·	·
イソマツ科	**AE40. PLUMBAGINACEAE**																									
チシマハマカンザシ	*Armeria maritima*	·	·	+	·	·	·	·	·	·	·	·	·	·	·	·	·	·	·	·	·	·	◎	●	·	+
タデ科	**AE41. POLYGONACEAE**																									
ヒメイワタデ	*Aconogonon ajanense*	·	+	+	·	◎	○	◎	·	·	·	·	·	·	·	·	·	·	·	·	·	·	·	·	·	·
オンタデ	*Aconogonon weyrichii* var. *alpinum*	+	+	·	·	◎	◎	●	●	●	●	●	◎	·	◎	·	·	○	·	·	·	·	·	·	·	(+)
ウラジロタデ	*Aconogonon weyrichii* var. *weyrichii*	+	+	+	·	·	●	·	·	·	·	·	·	·	·	·	·	·	·	·	·	·	·	·	·	+
外)シベリアイワタデ	(*Aconogonon divaricatum*)	·	·	(+)	·	·	(○)	·	·	·	·	·	·	·	·	·	·	·	·	·	·	·	·	·	·	(+)
×)ヒメイワタデモドキ	*Aconogonon* ×*pseudoajanense*	·	·	·	·	·	·	●	·	·	·	·	·	·	·	·	·	·	·	·	·	·	·	·	·	·
ムカゴトラノオ	*Bistorta vivipara*	+	+	+	·	●	◎	●	●	●	●	●	●	●	●	●	·	●	◎	●	●	●	●	●	◎	+
外)ダッタンソバ	(*Fagopyrum tataricum*)	(+)	(+)	+	·	(△)	·	·	·	·	·	·	·	·	·	·	·	·	·	·	·	·	·	·	·	(+)
オオイタドリ	*Fallopia sachalinensis*	+	+	+	·	◎	●	◎	○	·	·	·	·	·	·	·	·	·	·	·	·	·	·	·	·	(+)
外)ソバカズラ	(*Fallopia convolvulus*)	(+)	(+)	+	·	(○)	(◎)	(◎)	·	·	·	(◎)	·	·	·	·	·	·	·	·	·	·	·	·	·	(+)
外)ツルタデ	(*Fallopia dumetorum*)	(+)	(+)	+	·	(◎)	(△)	·	·	·	·	·	·	·	·	·	·	·	·	·	·	·	·	·	·	·
外)イタドリ	(*Fallopia japonica*)	+	(+)	·	·	·	(○)	·	·	·	·	·	·	·	·	·	·	·	·	·	·	·	·	·	·	·
チシマミチヤナギ	*Koenigia islandica*	·	·	·	·	·	·	·	·	·	·	·	·	·	·	·	·	·	·	·	○	·	◎	●	·	+
ジンヨウスイバ	*Oxyria digyna*	+	+	+	·	○	·	◎	◎	○	·	●	◎	●	●	●	●	◎	●	●	●	·	●	●	◎	+
ウナギツカミ	*Persicaria sagittata*	+	+	+	○	◎	◎	○	·	·	·	·	·	·	·	·	·	·	·	·	·	·	·	·	·	·
ミゾソバ	*Persicaria thunbergii*	+	+	+	○	●	●	●	·	·	·	·	·	·	·	·	·	·	·	·	·	·	·	·	·	+
エゾノミズタデ	*Persicaria amphibia*	+	+	+	·	·	●	●	△	·	·	·	·	·	·	·	·	·	·	·	·	·	△	△	·	+
ミズヒキ	*Persicaria filiformis*	+	+	·	·	·	◎	·	·	·	·	·	·	·	·	·	·	·	·	·	·	·	·	·	·	·
ヤナギタデ	*Persicaria hydropiper*	+	+	+	·	●	◎	●	·	·	·	·	·	·	·	·	·	·	·	·	·	·	·	·	·	·
イヌタデ	*Persicaria longiseta*	+	+	+	·	◎	◎	△	·	·	·	·	·	·	·	·	·	·	·	·	·	·	·	·	·	·
ハナタデ	*Persicaria posumbu*	+	+	·	·	○	●	·	·	·	·	·	·	·	·	·	·	·	·	·	·	·	·	·	·	·
オオイヌタデ	*Persicaria lapathifolia* var. *lapathifolia*	+	+	+	·	○	△	○	△	·	·	·	·	·	·	·	·	·	·	·	·	·	·	·	·	(+)
外)サナエタデ	(*Persicaria lapathifolia* var. *incana*)	+	+	+	(○)	(○)	(●)	(○)	(○)	·	(○)	·	·	·	·	·	·	·	·	·	·	·	(○)	·	·	(+)
ハルタデ	*Persicaria maculosa* ssp. *hirticaulis* var. *pubescens*	+	+	+	·	◎	○	○	·	·	·	·	·	·	·	·	·	·	·	·	·	·	·	·	·	·
外)ヨウシュハルタデ	(*Persicaria maculosa* ssp. *maculosa*)	(+)	(+)	(+)	(○)	·	(○)	(○)	·	·	·	(○)	·	·	·	·	·	·	·	·	·	·	·	·	·	(+)
外)タニソバ	(*Persicaria nepalensis*)	+	+	+	·	(●)	(●)	(○)	·	·	·	·	·	·	·	·	·	·	·	·	·	·	·	·	·	·
アキノミチヤナギ	*Polygonum polyneuron*	+	+	·	·	·	○	·	·	·	·	·	·	·	·	·	·	·	·	·	·	·	·	·	·	·
外)ミチヤナギ	(*Polygonum aviculare* ssp. *aviculare*)	+	+	+	(○)	(○)	(○)	(○)	(○)	·	·	·	·	·	·	·	·	·	·	·	·	·	(○)	·	·	(+)
外)ハイミチヤナギ	(*Polygonum aviculare* ssp. *depressum*)	(+)	(+)	+	·	(○)	(○)	(○)	·	·	·	·	·	·	·	·	·	·	·	·	(○)	·	(○)	·	·	(+)
外)オクミチヤナギ	(*Polygonum avicularre* ssp. *neglectum*)	·	(+)	+	·	·	(●)	(●)	·	·	·	·	·	·	·	·	·	·	·	·	·	·	(○)	·	·	(+)

和　名	学　名	Hon	Hok	Sak	Hab	SHK	KUN	ITU	URU	BCH	CHP	SIM	KET	Ush	RAS	MAT	RAI	SHS	EKA	KHA	ONE	MAK	PAR	SHU	ATL	Kam
外)ウシオミチヤナギ	(*Polygonum boreale*)	·	+	+	·	·	(○)	(○)	·	·	·	·	·	·	·	·	·	·	·	·	·	·	·	·	·	(+)
タカネスイバ	*Rumex alpestris* ssp. *lapponicus*	+	+	+	○	△	●	◎	●	●	●	●	●	●	●	●	·	·	·	·	·	·	△	△	·	+
チシマギシギシ	*Rumex arcticus*	·	·	·	·	·	·	·	·	·	·	·	·	·	·	·	·	·	·	·	·	·	◎	◎	·	+
ギシギシ	*Rumex japonicus*	+	+	+	△	◎	◎	●	◎	·	·	·	·	·	·	·	·	·	·	·	·	·	·	·	·	(+)
カラフトノダイオウ	*Rumex gmelinii*	+	+	+	○	●	◎	◎	●	·	·	·	·	·	·	·	·	·	·	·	·	·	·	·	·	·
コガネギシギシ	*Rumex maritimus* var. *ochotskius*	+	+	+	○	◎	○	·	·	·	·	·	·	·	·	·	·	·	·	·	·	·	·	·	·	·
外)ヒナスイバ	(*Rumex acetosella* ssp. *acetosella*)	(+)	·	+	·	(○)	(○)	(○)	·	·	·	·	·	·	·	·	·	·	·	·	·	·	(○)	·	·	(+)
外)ヒメスイバ	(*Rumex acetosella* ssp. *pyrenaicus*)	(+)	(+)	+	(○)	(◎)	(●)	(●)	(●)	·	·	(●)	·	·	·	(●)	·	(●)	·	(●)	(●)	·	(●)	(●)	(○)	(+)
外)ナガバギシギシ	(*Rumex crispus*)	(+)	(+)	(+)	(◎)	(○)	(◎)	(○)	(○)	·	·	(○)	·	·	·	(◎)	·	·	·	·	·	·	·	·	·	·
外)ノダイオウ	(*Rumex longifolius*)	+	+	+	(○)	(△)	(●)	(●)	(●)	·	·	(●)	·	·	·	(●)	·	·	·	·	·	·	(●)	(●)	·	(+)
外)エゾノギシギシ	(*Rumex obtusifolius*)	(+)	(+)	(+)	(○)	(●)	(●)	(●)	(○)	·	·	(●)	·	·	·	·	·	·	·	·	·	·	(●)	(△)	·	(+)
モウセンゴケ科	**AE42. DROSERACEAE**																									
ナガバノモウセンゴケ	*Drosera anglica*	+	+	+	·	·	◎	●	○	·	·	·	·	·	●	·	·	·	·	·	·	·	○	·	·	+
モウセンゴケ	*Drosera rotundifolia*	+	+	+	○	◎	●	●	●	·	·	◎	◎	△	●	·	·	●	·	◎	○	●	●	●	○	+
×)サジバモウセンゴケ	*Drosera* ×*obovata*	+	+	·	·	·	◎	◎	·	·	·	·	·	·	·	·	·	·	·	·	·	·	·	·	·	+
ナデシコ科	**AE43. CARYOPHYLLACEAE**																									
メアカンフスマ	*Arenaria merckioides*	+	+	·	·	·	·	◎	·	·	·	·	·	·	·	·	·	·	·	·	·	·	·	·	·	·
アリューシャンミミナグサ	*Cerastium aleuticum*	·	·	·	·	·	·	·	·	·	·	·	·	·	·	·	·	·	·	·	·	·	○	○	·	·
ベーリングミミナグサ	*Cerastium beeringianum*	·	·	+	·	·	·	·	·	·	·	·	·	·	·	·	·	·	·	·	·	·	○	◎	·	+
オオバナノミミナグサ	*Cerastium fischerianum*	+	+	+	◎	◎	◎	●	●	●	●	●	●	●	●	●	·	●	◎	●	●	●	●	●	◎	+
ケトイミミナグサ	*Cerastium tatewakii*	·	·	·	·	·	·	·	◎	·	·	·	◎	·	·	·	·	·	·	·	·	·	·	·	·	·
外)オオミミナグサ	(*Cerastium fontanum* ssp. *vulgare* var. *vulgare*)	·	+	(+)	·	·	(●)	(●)	(○)	·	·	(●)	(○)	(△)	·	(●)	·	(●)	·	(●)	(○)	·	(●)	(●)	(○)	(+)
外)ミミナグサ	(*Cerastium fontanum* ssp. *vulgare* var. *angustifolium*)	+	+	(+)	(○)	(◎)	(○)	(◎)	·	·	·	·	·	·	·	·	·	·	·	·	·	·	·	·	·	·
エゾカワラナデシコ	*Dianthus superbus*	+	+	+	○	●	●	●	●	·	○	·	·	·	·	·	·	·	·	·	·	·	·	·	·	·
ハマハコベ	*Honkenya peploides* var. *major*	+	+	+	◎	●	●	●	●	●	●	●	●	●	●	●	○	●	●	●	●	●	●	●	●	+
エゾタカネツメクサ	*Minuartia arctica*	+	+	+	·	·	·	●	·	·	·	·	·	·	·	·	·	·	·	·	·	·	·	·	·	+
アライトミヤマツメクサ	*Minuartia macrocarpa* ssp. *kurilensis*	·	+	·	·	·	·	·	·	·	·	·	·	·	·	○	·	○	·	·	◎	·	●	·	◎	·
オオヤマフスマ	*Moehringia lateriflora*	+	+	+	○	◎	●	◎	●	●	·	●	●	●	●	●	●	●	●	●	●	●	●	●	◎	+
ツメクサ	*Sagina japonica*	+	+	·	·	◎	○	◎	·	·	·	·	·	·	·	·	·	·	·	·	·	·	·	·	·	·
ハマツメクサ	*Sagina maxima*	+	+	+	◎	●	●	●	●	●	·	·	◎	●	●	●	·	●	◎	●	●	·	●	○	○	+
チシマツメクサ	*Sagina saginoides*	+	+	+	·	○	△	○	●	·	·	●	◎	◎	○	●	·	○	◎	·	●	◎	●	●	○	+
ヒメツメクサ	*Sagina intermedia*	·	·	·	·	·	·	·	·	·	·	·	·	·	○	·	·	·	·	·	○	·	○	○	◎	+
外)アライトツメクサ	(*Sagina procumbens*)	(+)	(+)	(+)	·	(○)	(○)	(●)	(○)	·	·	(●)	·	·	·	·	·	·	·	·	·	·	(○)	(●)	(○)	(+)
外)サボンソウ	(*Saponaria officinalis*)	(+)	(+)	·	·	·	·	(●)	·	·	·	·	·	·	·	·	·	·	·	·	·	·	·	·	·	·
ナンバンハコベ	*Silene baccifera* var. *japonica*	+	+	+	·	○	○	△	·	·	·	·	·	·	·	·	·	·	·	·	·	·	·	·	·	·
カラフトマンテマ	*Silene repens*	·	+	+	·	◎	◎	●	·	·	·	·	·	·	·	·	·	·	·	·	·	·	·	·	●	+
タカネマンテマ	*Silene uralensis*	+	·	·	·	·	·	·	·	·	·	·	·	·	·	·	·	·	·	·	·	·	◎	·	·	+
外)マツヨイセンノウ	(*Silene alba*)	(+)	(+)	(+)	·	·	(○)	(○)	·	·	·	·	·	·	·	·	·	·	·	·	·	·	(○)	·	·	(+)
外)ツキミセンノウ	(*Silene noctiflora*)	(+)	(+)	(+)	·	(◎)	(○)	·	·	·	·	·	·	·	·	·	·	·	·	·	·	·	·	·	·	·
外)シラタマソウ	(*Silene vulgaris*)	(+)	(+)	(+)	(○)	·	(○)	(●)	·	·	·	·	·	·	·	·	·	·	·	·	·	·	(○)	·	·	(+)
外)ノハラツメクサ	(*Spergula arvensis*)	(+)	(+)	(+)	·	(○)	(●)	(●)	(●)	·	·	·	·	·	·	·	·	·	·	·	·	·	(○)	·	·	(+)
ウシオツメクサ	*Spergularia marina*	+	+	+	·	◎	●	·	·	·	·	·	·	·	·	·	·	·	·	·	·	·	·	·	·	·
外)ウスベニツメクサ	(*Spergularia rubra*)	(+)	(+)	(+)	·	(●)	(○)	(●)	(●)	·	·	(●)	·	·	·	(○)	·	·	·	·	·	·	(●)	(△)	(○)	(+)
ノミノフスマ	*Stellaria alsine* var. *undulata*	+	+	·	·	○	◎	●	△	·	·	·	·	·	·	·	·	·	·	·	·	·	·	○	·	+
カンチヤチハコベ	*Stellaria calycantha*	+	+	+	·	·	○	·	·	·	·	●	◎	●	◎	◎	●	●	·	●	●	●	●	●	○	+
チシマハコベ	*Stellaria crassifolia*	·	·	·	·	·	·	·	·	·	·	·	·	·	◎	·	·	○	·	·	●	·	●	●	·	+
エゾハコベ	*Stellaria humifusa*	·	+	+	·	●	●	·	·	·	·	·	·	·	△	·	·	·	·	·	·	·	△	·	·	+
シラオイハコベ	*Stellaria fenzlii*	+	+	+	·	◎	◎	●	●	·	○	●	●	●	●	●	●	●	·	●	●	●	●	●	●	+
ナガバツメクサ	*Stellaria longifolia*	+	+	+	○	◎	◎	△	·	·	·	·	·	·	·	·	·	·	·	·	·	·	·	·	·	+
エゾオオヤマハコベ	*Stellaria radians*	+	+	+	○	·	●	◎	·	·	·	·	·	○	·	·	·	·	·	·	·	·	○	◎	○	+
シコタンハコベ	*Stellaria ruscifolia*	+	+	+	·	●	●	●	●	●	●	●	●	●	●	●	●	●	●	○	●	●	◎	◎	●	+
ステラリア・エシュショルツィアーナ	*Stellaria eschscholtziana*	·	·	·	·	·	·	·	·	·	·	·	·	·	·	·	·	·	·	·	·	·	○	△	·	+
外)カラフトホソバハコベ	(*Stellaria graminea*)	·	(+)	(+)	·	·	(○)	(●)	·	·	·	·	·	·	·	·	·	·	·	·	·	·	·	·	·	(+)
外)ハコベ	(*Stellaria media*)	+	+	(+)	(○)	(◎)	(●)	(●)	(●)	·	·	(●)	(◎)	·	·	(●)	·	(●)	·	·	(○)	·	(●)	(◎)	·	(+)
ヒユ科	**AE44. AMARANTHACEAE**																									
外)アメリカビユ	(*Amaranthus blitoides*)	(+)	·	·	·	·	·	(○)	·	·	·	·	·	·	·	·	·	·	·	·	·	·	·	·	·	·
ハマアカザ	*Atriplex subcordata*	+	+	+	◎	◎	●	●	●	·	●	●	·	·	·	·	·	·	·	·	·	·	●	●	·	·
ホソバハマアカザ	*Atriplex patens*	+	+	(+)	○	●	●	◎	◎	·	·	○	·	·	·	·	·	·	·	·	·	·	·	·	·	·
キタホソバハマアカザ	*Atriplex gmelinii*	·	·	·	·	·	·	·	·	·	·	·	·	·	·	·	·	·	·	·	·	·	○	·	·	(+)
外)シロザ	(*Chenopodium album*)	+	+	+	(○)	(◎)	(●)	(●)	(●)	·	·	·	·	(○)	·	·	·	·	·	·	·	·	(○)	·	(○)	(+)
外)コアカザ	(*Chenopodium ficifolium*)	+	(+)	·	·	·	·	(●)	·	·	·	·	·	·	·	·	·	·	·	·	·	·	·	·	·	·
外)ウラジロアカザ	(*Chenopodium glaucum*)	(+)	(+)	+	·	(●)	·	·	·	·	·	·	·	·	·	·	·	·	·	·	·	·	·	·	·	(+)
外)ウスバアカザ	(*Chenopodium hybridum*)	(+)	(+)	·	·	(○)	·	·	·	·	·	·	·	·	·	·	·	·	·	·	·	·	·	·	·	·
アッケシソウ	*Salicornia europaea*	+	+	+	·	◎	●	·	·	·	·	·	·	·	·	·	·	·	·	·	·	·	·	·	·	·

和　名	学　名	Hon	Hok	Sak	Hab	SHK	KUN	ITU	URU	BCH	CHP	SIM	KET	Ush	RAS	MAT	RAI	SHS	EKA	KHA	ONE	MAK	PAR	SHU	ATL	Kam
オカヒジキ	*Salsola komarovii*	+	+	+	○	●	●	●	·	·	·	·	·	·	·	·	·	·	·	·	·	·	·	·	·	+
ヌマハコベ科	**AE45. MONTIACEAE**																									
ヌマハコベ	*Montia fontana*	+	+	+	·	○	◎	●	●	·	·	●	●	◎	●	●	·	●	◎	●	●	●	●	●	○	+
ミズキ科	**AE46. CORNACEAE**																									
ゴゼンタチバナ	*Cornus canadensis*	+	+	+	·	◎	●	●	●	·	·	○	◎	·	·	·	·	●	·	·	●	○	●	◎	·	+
エゾゴゼンタチバナ	*Cornus suecica*	·	+	+	◎	●	●	●	●	○	●	●	●	●	●	●	●	●	·	●	●	●	●	●	◎	+
ミズキ	*Cornus controversa*	+	+	·	·	·	◎	·	·	·	·	·	·	·	·	·	·	·	·	·	·	·	·	·	·	·
アジサイ科	**AE47. HYDRANGEACEAE**																									
ノリウツギ	*Hydrangea paniculata*	+	+	+	○	●	●	○	·	·	·	·	·	·	·	·	·	·	·	·	·	·	·	·	·	·
ツルアジサイ	*Hydrangea petiolaris*	+	+	+	·	◎	●	●	△	·	·	·	·	·	·	·	·	·	·	·	·	·	·	·	·	·
イワガラミ	*Schizophragma hydrangeoides*	+	+	·	·	·	◎	·	·	·	·	·	·	·	·	·	·	·	·	·	·	·	·	·	·	·
ツリフネソウ科	**AE48. BALSAMINACEAE**																									
キツリフネ	*Impatiens noli-tangere*	+	+	+	·	◎	●	●	◎	·	·	·	·	·	·	·	·	·	·	·	·	·	·	·	·	+
ツリフネソウ	*Impatiens textori*	+	+	·	·	·	◎	·	·	·	·	·	·	·	·	·	·	·	·	·	·	·	·	·	·	·
外)オニツリフネソウ	(*Impatiens glandulifera*)	·	(+)	(+)	·	(●)	(●)	·	·	·	·	·	·	·	·	·	·	·	·	·	·	·	·	·	·	(+)
ハナシノブ科	**AE49. POLEMONIACEAE**																									
外)クサキョウチクトウ	(*Phlox paniculata*)	·	(+)	·	·	(●)	·	·	·	·	·	·	·	·	·	·	·	·	·	·	·	·	·	·	·	(+)
ヒメハナシノブ	*Polemonium boreale*	·	·	·	·	·	·	·	·	·	·	·	·	·	·	·	·	·	·	·	○	·	●	◎	·	+
キョクチハナシノブ	*Polemonium caeruleum* ssp. *campanulatum*	·	·	+	·	·	·	·	·	·	·	·	·	·	·	·	·	·	·	·	○	·	●	●	·	+
クシロハナシノブ	*Polemonium caeruleum* ssp. *laxiflorum* var. *paludosum*	·	+	+	·	◎	○	·	·	·	·	·	·	·	·	·	·	·	·	·	·	·	·	·	·	·
サクラソウ科	**AE50. PRIMULACEAE**																									
トチナイソウ	*Androsace chamaejasme* ssp. *capitata*	+	+	+	·	◎	·	◎	●	·	·	·	·	·	·	·	·	·	·	·	·	·	◎	○	·	+
外)サカコザクラ	(*Androsace filiformis*)	(+)	(+)	(+)	·	·	·	·	(△)	·	·	·	·	·	·	·	·	·	·	·	·	·	(●)	(△)	·	+
サクラソウモドキ	*Cortusa matthioli* ssp. *pekinensis* var. *sachalinensis*	·	+	+	·	○	·	·	·	·	·	·	·	·	·	·	·	·	·	·	·	·	·	·	·	·
ツマトリソウ	*Lysimachia europaea*	+	+	+	·	◎	●	●	◎	●	●	●	●	●	●	●	●	●	●	●	●	●	●	●	◎	+
ウミミドリ	*Lysimachia maritima*	+	+	+	◎	◎	●	◎	·	·	·	·	·	·	·	·	·	·	·	·	·	·	·	·	·	·
ヤナギトラノオ	*Lysimachia thyrsiflora*	+	+	+	◎	◎	◎	●	●	·	·	·	·	·	·	·	·	·	·	·	·	·	●	·	·	+
クサレダマ	*Lysimachia vulgaris* ssp. *davurica*	+	+	+	○	●	●	·	·	·	·	·	·	·	·	·	·	·	·	·	·	·	·	·	·	·
エゾコザクラ	*Primula cuneifolia*	+	+	+	·	·	◎	◎	●	○	○	●	●	●	●	◎	·	○	○	●	●	●	●	●	◎	+
クリンソウ	*Primula japonica*	+	+	·	·	○	●	·	·	·	·	·	·	·	·	·	·	·	·	·	·	·	·	·	·	·
ユキワリコザクラ	*Primula modesta* var. *fauriei*	+	+	·	◎	●	◎	●	●	●	·	●	·	·	◎	·	·	·	·	·	·	·	·	·	·	·
レブンコザクラ	*Primula modesta* var. *matsumurae*	·	+	·	·	·	·	●	·	·	·	·	·	·	·	·	·	·	·	·	·	·	·	·	·	·
ラシュワコザクラ	*Primula nutans*	·	·	·	·	·	·	·	·	·	·	·	·	△	◎	·	·	·	·	·	·	·	·	·	·	+
エンドウコザクラ	*Primula tschuktschorum*	·	·	·	·	·	·	·	·	·	·	·	·	·	·	·	·	·	·	·	○	·	●	●	·	+
イワウメ科	**AE51. DIAPENSIACEAE**																									
イワウメ	*Diapensia lapponica* ssp. *obovata*	+	+	+	·	●	◎	◎	●	○	●	◎	◎	●	◎	·	·	◎	◎	·	●	●	◎	●	·	+
マタタビ科	**AE52. ACTINIDIACEAE**																									
サルナシ	*Actinidia arguta*	+	+	+	·	·	●	·	·	·	·	·	·	·	·	·	·	·	·	·	·	·	·	·	·	·
ミヤママタタビ	*Actinidia kolomikta*	+	+	+	○	●	●	◎	·	·	·	·	·	·	·	·	·	·	·	·	·	·	·	·	·	·
ツツジ科	**AE53. ERICACEAE**																									
ヒメシャクナゲ	*Andromeda polifolia*	+	+	+	·	◎	●	◎	●	·	·	◎	◎	△	●	·	·	●	·	·	○	·	●	●	·	+
コメバツガザクラ	*Arcterica nana*	+	+	·	·	○	◎	◎	◎	○	○	●	●	○	●	◎	·	◎	●	●	●	◎	○	●	○	+
ウラシマツツジ	*Arctous alpina*	+	+	+	·	●	△	◎	●	○	●	●	●	◎	●	●	·	●	·	●	●	●	●	●	·	+
チシマツガザクラ	*Bryanthus gmelinii*	+	+	·	·	·	◎	◎	○	·	·	◎	◎	·	●	·	·	●	·	●	●	●	◎	●	·	+
イワヒゲ	*Cassiope lycopodioides*	+	+	+	·	○	◎	◎	●	●	●	●	●	◎	●	◎	●	●	●	◎	●	●	◎	◎	◎	+
ヤチツツジ	*Chamaedaphne calyculata*	·	+	+	○	·	△	·	·	·	·	·	·	·	·	·	·	·	·	·	·	·	·	·	·	+
ウメガサソウ	*Chimaphila japonica*	+	+	+	·	·	○	●	·	·	·	·	·	·	·	·	·	·	·	·	·	·	·	·	·	·
ミヤマホツツジ	*Elliottia bracteata*	+	+	·	·	·	△	◎	●	·	·	·	·	·	·	·	·	·	·	·	·	·	·	·	·	·
ガンコウラン	*Empetrum nigrum* var. *japonicum*	+	+	+	○	◎	●	●	●	●	●	●	●	●	●	●	●	●	●	●	●	●	●	●	◎	+
ハナヒリノキ	*Eubotryoides grayana*	+	+	·	·	●	●	○	·	·	·	○	·	·	·	·	·	·	·	·	·	·	·	·	·	·
シラタマノキ	*Gaultheria miqueliana*	+	+	+	·	·	◎	●	●	·	●	◎	◎	·	●	●	·	●	·	·	·	·	·	·	·	·
ジムカデ	*Harrimanella stelleriana*	+	+	·	·	·	·	◎	·	·	·	·	◎	△	◎	·	·	·	·	·	○	·	●	○	·	+
シャクジョウソウ	*Hypopitys monotropa*	+	+	+	·	·	○	◎	○	·	·	·	·	·	·	·	·	·	·	·	·	·	·	·	·	·
ミネズオウ	*Loiseleuria procumbens*	+	+	+	·	○	◎	●	◎	○	○	◎	◎	●	●	◎	○	○	○	◎	●	◎	●	●	·	+
コヨウラクツツジ	*Menziesia pentandra*	+	+	+	·	◎	◎	●	·	·	·	·	·	·	·	·	·	·	·	·	·	·	·	·	·	·
イチゲイチヤクソウ	*Moneses uniflora*	·	+	+	·	·	·	·	·	·	·	·	·	·	·	·	·	·	·	·	·	·	○	◎	·	+
ギンリョウソウ	*Monotropastrum humile*	+	+	+	·	◎	●	○	·	·	·	·	·	·	·	·	·	·	·	·	·	·	·	·	·	+
コイチヤクソウ	*Orthilia secunda*	+	+	+	·	○	○	●	○	·	·	·	·	·	·	·	·	·	·	·	·	·	○	·	·	+
アオノツガザクラ	*Phyllodoce aleutica*	+	+	·	·	·	◎	◎	◎	·	●	●	◎	△	●	●	·	●	○	●	●	●	●	●	◎	+
エゾノツガザクラ	*Phyllodoce caerulea*	+	+	+	·	·	◎	△	△	·	·	△	·	·	·	·	·	·	·	·	·	·	○	·	·	+
コバノイチヤクソウ	*Pyrola alpina*	+	+	·	·	·	◎	◎	·	·	·	·	·	·	·	·	·	·	·	·	·	·	·	·	·	·
ベニバナイチヤクソウ	*Pyrola incarnata*	+	+	+	·	·	◎	●	△	●	·	·	·	·	·	·	·	·	·	·	·	·	·	·	·	+
マルバノイチヤクソウ	*Pyrola nephrophylla*	+	+	·	·	◎	○	·	·	·	·	·	·	·	·	·	·	·	·	·	·	·	·	·	·	·
カラフトイチヤクソウ	*Pyrola faurieana*	+	+	+	·	·	◎	◎	●	·	·	●	·	·	●	·	·	·	·	·	·	·	·	◎	·	+

和　名	学　名	Hon	Hok	Sak	Hab	SHK	KUN	ITU	URU	BCH	CHP	SIM	KET	Ush	RAS	MAT	RAI	SHS	EKA	KHA	ONE	MAK	PAR	SHU	ATL	Kam
エゾイチヤクソウ	Pyrola minor	+	+	+	·	·	○	◎	●	·	·	●	·	△	○	●	●	·	·	·	○	·	●	●	·	+
イチヤクソウ	Pyrola japonica	+	+	·	·	·	◎	△	·	·	·	·	·	·	·	·	·	·	·	·	·	·	·	·	·	·
ジンヨウイチヤクソウ	Pyrola renifolia	+	+	+	·	·	○	●	·	·	·	·	·	·	·	·	·	·	·	·	·	·	·	·	·	·
キバナシャクナゲ	Rhododendron aureum	+	+	+	·	●	◎	◎	●	●	●	●	●	●	●	●	·	●	·	●	●	●	●	●	◎	+
ハクサンシャクナゲ	Rhododendron brachycarpum	+	+	·	·	·	◎	◎	·	·	·	·	·	·	·	·	·	·	·	·	·	·	·	·	·	·
コメツツジ	Rhododendron tschonoskii	+	+	·	·	·	◎	·	·	·	·	·	·	·	·	·	·	·	·	·	·	·	·	·	·	·
カラフトイソツツジ	Rhododendron groenlandicum ssp. diversipilosum var. diversipilosum	+	+	+	○	◎	●	●	●	·	●	·	·	·	·	·	·	·	·	·	·	·	◎	·	·	+
ヒメイソツツジ	Rhododendron tomentosum var. decumbens	·	+	+	·	·	·	·	◎	·	·	·	·	·	·	·	·	·	·	·	·	·	●	◎	·	+
エゾツツジ	Therorhodion camtschaticum	+	+	+	·	◎	◎	●	●	●	●	●	●	●	●	●	●	●	●	●	●	●	●	●	◎	+
オオバスノキ	Vaccinium smallii	+	+	+	·	○	◎	●	·	·	·	·	·	·	·	·	·	·	·	·	·	·	·	·	·	·
カクミノスノキ	Vaccinium hirtum	+	+	+	·	·	○	○	·	·	·	·	·	·	·	·	·	·	·	·	·	·	·	·	·	·
ヒメクロマメノキ	Vaccinium uliginosum var. alpinum	+	+	+	○	◎	◎	◎	●	○	●	●	●	●	●	●	○	●	◎	●	●	●	●	●	◎	+
アレチクロマメノキ	Vaccinium uliginosum var. vulcanorum	·	·	·	·	·	·	·	·	·	·	·	·	·	·	·	·	·	·	·	·	·	○	·	·	+
クロウスゴ	Vaccinium ovalifolium	+	+	+	○	·	○	●	◎	·	·	·	·	·	·	·	·	·	·	·	·	·	◎	·	△	·
イワツツジ	Vaccinium praestans	+	+	+	○	◎	◎	●	◎	·	·	●	◎	·	△	·	·	·	·	·	·	·	·	·	·	+
コケモモ	Vaccinium vitis-idaea	+	+	+	○	◎	●	●	●	●	●	●	●	●	●	●	●	●	◎	●	●	●	●	●	◎	+
ツルコケモモ	Vaccinium oxycoccos	+	+	+	○	◎	●	◎	●	·	·	◎	◎	△	●	·	·	●	·	·	○	·	●	●	·	+
ヒメツルコケモモ	Vaccinium microcarpum	+	+	+	○	◎	○	△	◎	·	·	◎	◎	·	·	·	·	·	·	·	△	○	●	○	·	+
アカネ科	**AE54. RUBIACEAE**																									
エゾキヌタソウ	Galium boreale	·	+	+	○	◎	◎	·	○	·	·	·	·	·	·	·	·	·	·	·	·	·	◎	○	◎	+
エゾノヨツバムグラ	Galium kamtschaticum	+	+	+	·	◎	◎	●	●	○	·	●	●	△	●	●	·	●	·	●	●	●	◎	●	○	+
ミヤマキヌタソウ	Galium nakaii	+	+	·	·	·	◎	·	·	·	·	·	·	·	·	·	·	·	·	·	·	·	·	·	·	·
ホソバノヨツバムグラ	Galium trifidum	+	+	+	○	◎	●	●	●	·	·	○	●	◎	◎	●	·	·	·	●	●	●	●	●	○	+
オオバノヤエムグラ	Galium pseudoasprellum	·	·	·	·	○	○	·	·	·	·	·	·	·	·	·	·	·	·	·	·	·	·	·	·	·
オククルマムグラ	Galium trifloriforme	+	+	+	·	◎	◎	●	●	·	·	●	·	·	●	·	·	·	·	·	●	·	·	·	·	·
ヤツガタケムグラ	Galium triflorum	+	+	+	·	○	·	·	·	·	·	·	·	·	·	·	·	·	·	·	·	·	·	·	○	+
クルマバソウ	Galium odoratum	+	+	+	·	◎	◎	●	○	·	·	·	·	·	·	·	·	·	·	·	·	·	·	·	·	·
エゾノカワラマツバ	Galium verum var. trachycarpum	+	+	+	○	◎	●	●	●	·	·	·	·	·	·	·	·	·	·	·	·	·	·	·	·	·
外)トゲナシムグラ	(Galium mollugo)	(+)	(+)	·	·	·	(●)	·	·	·	·	·	·	·	·	·	·	·	·	·	·	·	·	·	·	·
外)ガリウム・ウリギノースム	(Galium uliginosum)	·	·	·	·	·	·	·	(○)	·	·	·	·	·	·	·	·	·	·	·	·	·	(○)	·	·	·
外)ヤエムグラ	(Galium spurium var. echinospermon)	+	+	(+)	·	·	(○)	·	·	·	·	·	·	·	·	·	·	·	·	·	·	·	·	·	·	(+)
ツルアリドオシ	Mitchella undulata	+	+	·	·	·	·	◎	○	·	·	·	·	·	·	·	·	·	·	·	·	·	·	·	·	·
アカネムグラ	Rubia jesoënsis	+	+	+	○	◎	●	●	◎	·	·	◎	·	·	·	·	·	·	·	·	·	·	○	○	·	·
リンドウ科	**AE55. GENTIANACEAE**																									
ヨコヤマリンドウ	Gentiana glauca	·	+	+	·	·	·	·	△	·	·	·	·	·	·	·	·	·	·	·	·	·	○	△	·	+
リシリリンドウ	Gentiana jamesii	·	+	+	·	·	·	◎	●	·	·	◎	◎	△	●	·	·	●	·	◎	●	·	●	●	·	+
エゾリンドウ	Gentiana triflora var. japonica	+	+	+	○	●	●	·	·	·	·	·	·	·	·	·	·	·	·	·	·	·	·	·	·	·
フデリンドウ	Gentiana zollingeri	+	+	+	·	◎	○	◎	·	·	·	·	·	·	·	·	·	·	·	·	·	·	·	·	·	·
チシマリンドウ	Gentianella auriculata	·	+	+	○	△	△	●	●	●	●	●	◎	●	●	●	●	●	●	●	●	●	●	●	◎	+
ハナイカリ	Halenia corniculata	+	+	+	○	◎	●	●	●	·	·	●	●	△	●	●	·	●	●	●	●	●	●	●	◎	+
ホソバノツルリンドウ	Pterygocalyx volubilis	+	+	+	·	·	·	○	·	·	·	·	·	·	·	·	·	·	·	·	·	·	·	·	·	·
ミヤマアケボノソウ	Swertia perennis ssp. cuspidata	+	+	+	·	·	·	·	●	·	·	·	·	·	·	·	·	·	·	·	·	·	·	·	·	·
チシマセンブリ	Swertia tetrapetala	+	+	·	○	●	◎	●	●	●	●	●	●	○	●	●	·	●	●	●	●	●	●	●	◎	+
ツルリンドウ	Tripterospermum japonicum	+	+	+	·	○	·	●	●	·	·	·	·	·	·	·	·	·	·	·	·	·	·	·	·	·
キョウチクトウ科	**AE56. APOCYNACEAE**																									
イケマ	Cynanchum caudatum	+	+	+	·	◎	◎	·	·	·	·	·	·	·	·	·	·	·	·	·	·	·	·	·	·	·
ガガイモ	Metaplexis japonica	+	+	·	·	·	◎	·	·	·	·	·	·	·	·	·	·	·	·	·	·	·	·	·	·	·
ムラサキ科	**AE57. BORAGINACEAE**																									
アロカリア・オリエンタリス	Allocarya orientalis	·	·	·	·	·	·	·	·	·	·	·	·	·	·	·	·	·	·	·	·	·	●	●	·	+
外)ルリヂシャ	(Borago officinalis)	(+)	(+)	(+)	·	·	(○)	(○)	·	·	·	·	·	·	·	·	·	·	·	·	·	·	·	·	·	(+)
オニルリソウ	Cynoglossum asperrimum	+	+	·	·	·	△	·	·	·	·	·	·	·	·	·	·	·	·	·	·	·	·	·	·	·
エリトリキウム・ウィロッスム	Eritrichium villosum	·	·	·	·	·	·	·	·	·	·	·	·	·	·	·	·	·	·	·	·	·	·	△	·	+
ハマベンケイソウ	Mertensia maritima ssp. asiatica	+	+	+	○	◎	●	●	●	●	●	●	●	●	●	●	·	●	·	●	●	●	●	●	●	+
チシマルリソウ	Mertensia pterocarpa	·	+	·	·	●	◎	●	●	·	●	·	·	·	·	·	·	○	·	·	△	·	○	○	·	·
タカオカソウ	Mertensia pubescens	·	·	+	·	·	·	·	·	·	·	·	·	·	·	·	·	△	·	·	◎	·	◎	◎	○	+
ナヨナヨワスレナグサ	Myosotis caespitosa	·	·	+	·	·	○	○	·	·	·	·	·	·	·	·	·	·	·	·	·	·	·	·	·	+
エゾムラサキ	Myosotis sylvatica	+	+	+	○	◎	◎	·	·	·	·	·	·	·	·	·	·	·	·	·	·	·	○	·	·	·
外)コンフリー	(Symphytum × uplandicum)	(+)	(+)	·	·	·	(○)	(●)	·	·	·	·	·	·	·	·	·	·	·	·	·	·	·	·	·	·
ヒルガオ科	**AE58. CONVOLVULACEAE**																									
ヒロハヒルガオ	Calystegia sepium ssp. spectabilis	+	+	·	·	·	◎	◎	·	·	·	·	·	·	·	·	·	·	·	·	·	·	·	·	·	·
ハマヒルガオ	Calystegia soldanella	+	+	+	·	○	◎	●	◎	·	·	·	·	·	·	·	·	·	·	·	·	·	·	·	·	·
外)セイヨウヒルガオ	(Convolvulus arvensis)	(+)	(+)	(+)	·	·	(○)	(●)	(○)	·	·	·	·	·	·	·	·	·	·	·	·	·	(○)	·	·	(+)
ナス科	**AE59. SOLANACEAE**																									
オオマルバノホロシ	Solanum megacarpum	+	+	+	·	◎	◎	◎	·	·	·	·	·	·	·	·	·	·	·	·	·	·	·	·	·	·

和　　名	学　　名	*Hon*	*Hok*	*Sak*	Hab	SHK	KUN	ITU	URU	BCH	CHP	SIM	KET	Ush	RAS	MAT	RAI	SHS	EKA	KHA	ONE	MAK	PAR	SHU	ATL	*Kam*
外)イヌホオズキ	(*Solanum nigrum*)	+	+	+	・	(◎)	(◎)	(●)	(○)	・	・	・	・	・	・	・	・	・	・	・	・	・	・	・	・	・
モクセイ科	AE60. OLEACEAE																									
アオダモ	*Fraxinus lanuginosa*	+	+	・	・	・	◎	・	・	・	・	・	・	・	・	・	・	・	・	・	・	・	・	・	・	・
ヤチダモ	*Fraxinus mandshurica*	+	+	+	・	・	◎	・	・	・	・	・	・	・	・	・	・	・	・	・	・	・	・	・	・	・
ミヤマイボタ	*Ligustrum tschonoskii*	+	+	+	・	・	◎	◎	・	・	・	・	・	・	・	・	・	・	・	・	・	・	・	・	・	・
ハシドイ	*Syringa reticulata*	+	+	・	・	◎	◎	△	・	・	・	・	・	・	・	・	・	・	・	・	・	・	・	・	・	・
オオバコ科	AE61. PLANTAGINACEAE																									
チシマミズハコベ	*Callitriche hermaphroditica*	+	+	+	・	・	・	●	・	・	・	・	・	・	・	・	・	・	・	・	・	・	・	○	・	+
ミズハコベ	*Callitriche palustris*	+	+	+	・	○	◎	◎	・	○	・	・	・	・	・	◎	・	・	・	・	・	●	●	○	・	+
外)ジギタリス	(*Digitalis purpurea*)	(+)	(+)	(+)	・	・	(○)	(○)	・	・	・	・	・	・	・	・	・	・	・	・	・	・	・	・	・	・
スギナモ	*Hippuris vulgaris*	+	+	+	○	◎	●	●	●	・	・	◎	●	△	◎	●	・	・	・	●	○	●	●	●	・	+
ウルップソウ	*Lagotis glauca*	+	+	・	・	●	・	○	●	●	●	◎	◎	△	●	・	・	△	・	・	●	・	◎	○	○	+
キタミソウ	*Limosella aquatica*	+	+	+	・	・	・	◎	◎	・	・	・	・	・	・	・	・	・	・	・	・	・	○	○	・	+
ウンラン	*Linaria japonica*	+	+	+	○	◎	●	◎	●	・	・	・	・	・	・	・	・	・	・	・	・	・	・	・	・	・
外)ホソバウンラン	(*Linaria vulgaris*)	(+)	(+)	(+)	(○)	(●)	・	・	・	・	・	・	・	・	・	・	・	・	・	・	・	・	(●)	・	・	(+)
イワブクロ	*Pennellianthus frutescens*	+	+	+	・	・	◎	◎	◎	○	●	●	◎	○	・	●	●	○	○	●	●	・	●	○	●	+
オオバコ	*Plantago asiatica*	+	+	+	○	●	●	●	●	●	・	●	・	・	・	●	・	・	・	・	●	○	●	●	・	+
トウオオバコ	*Plantago japonica*	+	+	+	○	●	○	・	・	・	・	・	・	・	・	・	・	・	・	・	・	・	・	・	・	(+)
エゾオオバコ	*Plantago camtschatica*	+	+	+	◎	●	●	●	●	●	・	●	△	●	●	●	・	○	・	・	○	●	●	◎	◎	+
外)セイヨウオオバコ	(*Plantago major*)	(+)	(+)	(+)	・	・	(●)	(●)	(○)	・	・	・	・	・	・	・	・	・	・	・	・	・	(○)	(○)	(○)	(+)
外)ヘラオオバコ	(*Plantago lanceolata*)	(+)	(+)	(+)	・	・	(○)	(●)	・	・	・	・	・	・	・	・	・	・	・	・	・	・	・	・	・	(+)
外)シロバナオオバコ	(*Plantago media*)	・	・	(+)	・	(△)	(○)	・	・	・	・	・	・	・	・	・	・	・	・	・	・	・	・	・	・	(+)
エゾノカワヂシャ	*Veronica americana*	+	+	+	・	○	●	●	●	・	・	●	●	△	◎	●	・	○	◎	●	●	●	●	●	○	+
チシマヒメクワガタ	*Veronica stelleri*	・	+	+	・	・	◎	◎	●	○	●	●	●	●	●	●	●	●	●	●	●	●	●	●	●	+
シュムシュクワガタ	*Veronica grandiflora*	・	・	・	・	・	・	・	・	・	・	・	・	・	・	・	・	○	○	・	●	・	◎	◎	◎	+
キクバクワガタ	*Veronica schmidtiana* ssp. *schmidtiana*	+	+	+	・	●	◎	●	・	・	・	・	・	・	・	・	・	・	・	・	・	・	・	・	・	・
テングクワガタ	*Veronica serpyllifolia* ssp. *humifusa*	+	+	+	・	◎	○	・	◎	・	・	○	・	・	・	○	・	・	・	・	・	・	○	○	○	+
外)コテングクワガタ	(*Veronica serpyllifolia* ssp. *serpyllifolia*)	(+)	(+)	(+)	・	・	・	・	・	・	・	(●)	・	・	・	・	・	・	・	・	・	・	(●)	(●)	・	(+)
外)ホソバカワヂシャ	(*Veronica scutellata*)	・	・	(+)	・	・	(○)	(○)	・	・	・	・	・	・	・	・	・	・	・	・	・	・	・	・	・	・
外)カラフトヒヨクソウ	(*Veronica chamaedrys*)	(+)	(+)	(+)	・	・	(●)	(○)	・	・	・	・	・	・	・	・	・	・	・	・	・	・	・	・	・	(+)
外)オオイヌノフグリ	(*Veronica persica*)	(+)	(+)	(+)	・	・	(○)	(○)	(△)	・	・	・	・	・	・	・	・	・	・	・	・	・	・	・	・	・
ゴマノハグサ科	AE62. SCROPHULARIACEAE																									
エゾヒナノウスツボ	*Scrophularia alata*	+	+	+	○	◎	◎	●	・	・	・	・	・	・	・	・	・	・	・	・	・	・	・	・	・	・
シソ科	AE63. LAMIACEAE																									
カワミドリ	*Agastache rugosa*	+	+	・	・	・	○	・	・	・	・	・	・	・	・	・	・	・	・	・	・	・	・	・	・	・
ツルカコソウ	*Ajuga shikotanensis*	+	・	・	・	◎	・	・	・	・	・	・	・	・	・	・	・	・	・	・	・	・	・	・	・	・
クルマバナ	*Clinopodium chinense* ssp. *grandiflorum*	+	+	+	○	●	●	◎	・	・	・	・	・	・	・	・	・	・	・	・	・	・	・	・	・	・
ヤマクルマバナ	*Clinopodium chinense* ssp. *glabrescens*	+	+	+	・	・	●	・	・	・	・	・	・	・	・	・	・	・	・	・	・	・	・	・	・	・
ミヤマトウバナ	*Clinopodium sachalinense*	+	+	+	○	○	◎	●	・	・	・	・	・	・	・	・	・	・	・	・	・	・	・	・	・	・
ムシャリンドウ	*Dracocephalum argunense*	+	+	・	・	◎	◎	・	・	・	・	・	・	・	・	・	・	・	・	・	・	・	・	・	・	・
外)ナギナタコウジュ	(*Elsholtzia ciliata*)	+	+	+	・	(◎)	(◎)	(●)	・	・	・	・	・	・	・	・	・	・	・	・	(○)	・	・	・	・	(+)
外)チシマオドリコソウ	(*Galeopsis bifida*)	(+)	(+)	+	・	(●)	(●)	(●)	(●)	・	・	・	・	・	・	・	・	・	・	・	・	・	(○)	・	・	(+)
外)ガレオプシス・ラダヌム	(*Galeopsis ladanum*)	・	・	(+)	・	・	・	(○)	・	・	・	・	・	・	・	・	・	・	・	・	・	・	・	・	・	(+)
外)タヌキジソ	(*Galeopsis tetrahit*)	・	・	・	・	(●)	・	・	・	・	・	・	・	・	・	・	・	・	・	・	・	・	・	・	・	(+)
オドリコソウ	*Lamium album* var. *barbatum*	+	+	+	・	・	◎	・	・	・	・	・	・	・	・	・	・	・	・	・	・	・	・	・	・	(+)
外)ホトケノザ	(*Lamium amplexicaule*)	+	(+)	・	・	(△)	(○)	(◎)	・	・	・	・	・	・	・	・	・	・	・	・	・	・	・	・	・	・
シロネ	*Lycopus lucidus*	+	+	+	○	・	◎	・	・	・	・	・	・	・	・	・	・	・	・	・	・	・	・	・	・	・
エゾシロネ	*Lycopus uniflorus*	+	+	+	○	○	●	●	・	・	・	・	・	・	・	・	・	・	・	・	・	・	・	・	・	+
コシロネ	*Lycopus cavaleriei*	+	+	・	・	・	●	・	・	・	・	・	・	・	・	・	・	・	・	・	・	・	・	・	・	・
ハッカ	*Mentha arvensis* ssp. *piperascens*	+	+	+	○	●	●	●	◎	・	・	・	・	・	・	・	・	・	・	・	・	・	○	・	・	・
外)アメリカハッカ	(*Mentha* × *gentilis*)	(+)	(+)	・	・	・	・	(●)	・	・	・	・	・	・	・	・	・	・	・	・	・	・	・	・	・	・
ヒメジソ	*Mosla dianthera*	+	+	・	・	○	△	△	・	・	・	・	・	・	・	・	・	・	・	・	・	・	・	・	・	・
ミソガワソウ	*Nepeta subsessilis*	+	+	・	・	・	○	・	・	・	・	・	・	・	・	・	・	・	・	・	・	・	・	・	・	・
外)イヌハッカ	(*Nepeta cataria*)	(+)	(+)	・	・	・	(○)	・	・	・	・	・	・	・	・	・	・	・	・	・	・	・	・	・	・	・
ウツボグサ	*Prunella vulgaris* ssp. *asiatica*	+	+	+	○	●	●	●	●	・	・	・	・	・	・	●	・	・	・	・	・	・	◎	●	・	+
エゾタツナミソウ	*Scutellaria pekinensis* var. *ussuriensis*	+	+	+	・	・	◎	・	・	・	・	・	・	・	・	・	・	・	・	・	・	・	・	・	・	・
ナミキソウ	*Scutellaria strigillosa*	+	+	+	○	◎	●	●	◎	・	・	・	・	・	・	・	・	・	・	・	・	・	・	・	・	・
エゾナミキ	*Scutellaria yezoënsis*	+	+	+	○	◎	●	●	○	・	・	・	・	・	・	・	・	・	・	・	・	・	・	・	・	+
イヌゴマ	*Stachys aspera*	+	+	+	○	●	●	●	・	・	・	・	・	・	・	・	・	・	・	・	・	・	・	・	・	(+)
ツルニガクサ	*Teucrium viscidum* var. *miquelianum*	+	+	・	・	・	◎	・	・	・	・	・	・	・	・	・	・	・	・	・	・	・	・	・	・	・
イブキジャコウソウ	*Thymus quinquecostatus* var. *ibukiensis*	+	+	+	・	・	◎	・	・	・	・	・	・	・	・	・	・	・	・	・	・	・	・	・	・	・
ハエドクソウ科	AE64. PHRYMACEAE																									
ミゾホオズキ	*Mimulus nepalensis*	+	+	・	・	・	◎	・	・	・	・	・	・	・	・	・	・	・	・	・	・	・	・	・	・	・
オオバミゾホオズキ	*Mimulus sessilifolius*	+	+	+	・	・	△	・	・	・	・	・	・	・	・	・	・	・	・	・	・	・	・	・	・	・

和　名	学　名	Hon	Hok	Sak	Hab	SHK	KUN	ITU	URU	BCH	CHP	SIM	KET	Ush	RAS	MAT	RAI	SHS	EKA	KHA	ONE	MAK	PAR	SHU	ATL	Kam
ハエドクソウ	*Phryma leptostachya* ssp. *asiatica*	+	+	·	·	·	○	·	·	·	·	·	·	·	·	·	·	·	·	·	·	·	·	·	·	·
ハマウツボ科	**AE65. OROBANCHACEAE**																									
オニク	*Boschniakia rossica*	+	+	+	·	·	○	◎	◎	·	·	○	◎	△	●	·	·	△	·	◎	○	●	◎	○	·	+
タチコゴメグサ	*Euphrasia maximowiczii* var. *maximowiczii*	+	·	+	·	·	·	·	·	·	·	●	·	·	·	●	·	·	·	·	·	·	●	·	·	+
エゾコゴメグサ	*Euphrasia maximowiczii* var. *yezoensis*	·	+	+	○	●	●	●	△	·	·	·	·	·	·	·	·	·	·	·	·	·	·	·	·	·
チシマコゴメグサ	*Euphrasia mollis*	·	+	·	·	△	△	●	●	●	●	●	◎	●	●	●	●	●	●	●	●	●	●	●	◎	+
外)オドンティテス・ウルガーリス	(*Odonites vulgaris*)	·	·	(+)	·	·	·	(△)	·	·	·	·	·	·	·	·	·	·	·	·	·	·	·	·	·	(+)
ハマウツボ	*Orobanche coerulescens*	+	+	+	·	●	·	·	·	·	·	·	·	·	·	·	·	·	·	·	·	·	·	·	·	·
ミヤマシオガマ	*Pedicularis apodochila*	+	+	·	·	·	·	○	·	·	·	·	·	·	·	·	·	·	·	·	·	·	·	·	·	·
ヤチシオガマ	*Pedicularis sudetica*	·	·	·	·	·	·	·	·	·	·	·	·	·	·	·	·	·	·	·	○	·	●	◎	·	+
ペディクラリス・アダンカ	*Pedicularis adunca*	·	·	+	·	·	·	·	·	·	·	·	·	·	·	·	·	·	·	·	○	·	●	◎	·	+
アイザワシオガマ	*Pedicularis lanata* ssp. *pallasii*	·	·	·	·	·	·	·	·	·	·	·	·	·	·	·	·	○	·	·	●	●	●	●	·	+
シオガマギク	*Pedicularis resupinata*	+	+	+	○	●	●	●	●	●	●	●	◎	△	●	△	·	●	·	·	●	·	●	●	◎	+
チシマシオガマ	*Pedicularis labradorica*	·	·	+	·	◎	·	◎	●	●	·	◎	◎	●	●	△	·	●	·	●	●	●	●	●	△	+
ラップランドシオガマ	*Pedicularis lapponica*	·	·	+	·	·	·	·	·	·	·	·	·	·	·	·	·	·	·	·	·	·	○	·	·	+
タマザキシオガマ	*Pedicularis capitata*	·	·	·	·	·	·	·	·	·	·	·	·	·	·	·	·	·	·	·	·	·	◎	◎	·	+
キバナシオガマ	*Pedicularis oederi*	·	+	·	·	·	△	·	◎	·	·	·	·	·	·	·	·	·	·	·	·	·	◎	◎	·	+
ネムロシオガマ	*Pedicularis schistostegia*	·	+	+	·	◎	◎	●	●	●	·	·	·	·	·	·	·	·	·	·	·	·	·	·	◎	·
タカネシオガマ	*Pedicularis verticillata*	+	+	+	·	·	·	△	△	·	·	·	·	·	·	·	·	·	·	·	·	·	○	○	·	+
キタヨツバシオガマ	*Pedicularis chamissonis*	+	+	·	·	◎	◎	●	●	●	●	●	●	●	●	●	●	●	●	●	●	●	●	●	●	+
キヨスミウツボ	*Phacellanthus tubiflorus*	+	+	+	·	·	○	·	·	·	·	·	·	·	·	·	·	·	·	·	·	·	·	·	·	·
外)オクエゾガラガラ	(*Rhinanthus minor*)	·	·	(+)	·	·	(●)	(●)	·	·	·	·	·	·	·	·	·	·	·	·	·	·	·	·	·	(+)
タヌキモ科	**AE66. LENTIBULARIACEAE**																									
ムシトリスミレ	*Pinguicula macroceras*	+	+	·	·	·	○	◎	●	○	·	●	◎	●	●	·	·	●	·	●	●	◎	●	●	◎	+
カラフトムシトリスミレ	*Pinguicula villosa*	·	·	+	·	◎	·	·	·	·	·	·	·	·	·	·	·	·	·	·	·	·	·	·	·	+
イヌタヌキモ	*Utricularia australis*	+	+	·	·	·	●	◎	·	·	·	·	·	·	·	·	·	·	·	·	·	·	·	·	·	·
オオタヌキモ	*Utricularia macrorhiza*	+	+	+	·	·	·	·	·	·	·	·	·	·	·	·	·	·	·	·	·	·	·	○	·	+
コタヌキモ	*Utricularia intermedia*	+	+	+	·	○	◎	●	○	·	·	·	·	·	·	·	·	·	·	·	·	·	●	△	·	+
ヒメタヌキモ	*Utricularia minor*	+	+	·	·	◎	◎	○	·	·	·	·	·	·	·	·	·	·	·	·	·	·	·	·	·	+
モチノキ科	**AE67. AQUIFOLIACEAE**																									
ハイイヌツゲ	*Ilex crenata* var. *radicans*	+	+	+	·	◎	◎	◎	△	·	·	·	·	·	·	·	·	·	·	·	·	·	·	·	·	·
ツルツゲ	*Ilex rugosa*	+	+	+	·	◎	◎	●	●	·	·	◎	◎	△	◎	·	·	○	·	·	●	·	○	·	·	·
アカミノイヌツゲ	*Ilex sugerokii* var. *brevipedunculata*	+	+	·	·	·	◎	◎	·	·	·	·	·	·	·	·	·	·	·	·	·	·	·	·	·	·
キキョウ科	**AE68. CAMPANULACEAE**																									
ツリガネニンジン	*Adenophora triphylla* var. *japonica*	+	+	+	○	●	●	●	●	●	●	◎	·	·	◎	·	·	·	·	·	·	·	·	·	·	·
モイワシャジン	*Adenophora pereskiifolia*	+	+	+	·	●	◎	·	·	·	·	·	·	·	·	·	·	·	·	·	·	·	·	·	·	·
チシマギキョウ	*Campanula chamissonis*	+	+	+	·	◎	◎	◎	●	○	●	●	◎	△	●	·	·	●	·	○	●	○	●	●	◎	+
イワギキョウ	*Campanula lasiocarpa*	+	+	+	○	○	◎	●	○	·	●	●	●	●	●	●	●	●	●	●	●	●	◎	●	●	+
ホソバイワギキョウ	*Campanula rotundifolia* ssp. *langsdorffiana*	·	·	·	○	·	·	·	△	·	·	·	·	·	·	·	·	·	·	·	·	·	·	·	·	·
外)ジャイアント・ベルフラワー	(*Campanula latifolia*)	·	·	·	·	·	(○)	·	·	·	·	·	·	·	·	·	·	·	·	·	·	·	·	·	·	·
ツルニンジン	*Codonopsis lanceolata*	+	+	·	·	·	◎	·	·	·	·	·	·	·	·	·	·	·	·	·	·	·	·	·	·	·
サワギキョウ	*Lobelia sessilifolia*	+	+	+	○	◎	●	●	●	·	·	·	·	·	·	·	·	·	·	·	·	·	●	·	·	+
タニギキョウ	*Peracarpa carnosa*	+	+	+	·	·	◎	◎	●	●	○	●	●	△	◎	●	○	●	○	○	·	·	●	·	○	+
ミツガシワ科	**AE69. MENYANTHACEAE**																									
ミツガシワ	*Menyanthes trifoliata*	+	+	+	○	◎	●	●	●	·	·	◎	◎	△	◎	·	·	·	·	·	·	·	●	●	·	+
イワイチョウ	*Nephrophyllidium crista-galli* ssp. *japonicum*	+	+	·	·	·	·	◎	○	·	·	·	·	·	·	·	·	·	·	·	·	·	·	·	·	·
キク科	**AE70. ASTERACEAE**																									
シュムシュノコギリソウ	*Achillea alpina* ssp. *camtschatica*	·	+	+	◎	●	●	●	·	●	·	●	●	●	●	●	●	●	·	●	●	●	●	●	●	+
キタノコギリソウ	*Achillea alpina* ssp. *japonica*	+	+	+	○	◎	●	◎	·	·	·	·	·	·	·	·	·	·	·	·	·	·	·	·	·	·
外)ノコギリソウ	(*Achillea alpina* ssp. *alpina*)	+	+	+	·	·	(●)	·	·	·	·	·	·	·	·	·	·	·	·	·	·	·	·	·	·	·
エゾノコギリソウ	*Achillea ptarmica* ssp. *macrocephala* var. *speciosa*	+	+	+	◎	◎	●	●	●	●	●	●	●	○	●	●	·	○	◎	·	●	·	●	●	◎	+
外)オオバナノコギリソウ	(*Achillea ptarmica*)	·	·	·	·	·	(○)	(●)	·	·	·	·	·	·	·	·	·	·	·	·	·	·	·	·	·	·
外)セイヨウノコギリソウ	(*Achillea millefolium*)	(+)	(+)	(+)	(△)	(○)	(●)	(●)	(○)	·	·	·	·	·	·	(○)	·	·	·	·	·	·	(●)	·	·	(+)
ノブキ	*Adenocaulon himalaicum*	+	+	(+)	·	·	◎	○	·	·	·	·	·	·	·	·	·	·	·	·	·	·	·	·	·	·
ヤマハハコ	*Anaphalis margaritacea*	+	+	+	●	◎	●	●	●	●	●	●	●	●	●	●	●	●	●	●	●	●	●	●	●	+
エゾノチチコグサ	*Antennaria dioica*	·	+	+	·	·	·	◎	·	·	·	·	·	·	·	○	·	·	·	·	·	·	●	●	◎	+
外)ゴボウ	(*Arctium lappa*)	(+)	(+)	(+)	·	(○)	(○)	(●)	·	·	·	·	·	·	·	·	·	·	·	·	·	·	·	·	·	(+)
外)ワタゲゴボウ	(*Arctium tomentosum*)	·	·	(+)	·	(●)	(●)	(●)	·	·	·	·	·	·	·	·	·	·	·	·	·	·	·	·	·	(+)
エゾウサギギク	*Arnica unalaschcensis*	+	+	·	·	◎	·	◎	●	●	●	●	◎	●	●	·	·	○	·	○	●	○	●	○	○	+
オトコヨモギ	*Artemisia japonica* ssp. *japonica*	+	+	+	·	△	●	○	·	·	·	·	·	·	·	·	·	·	·	·	·	·	·	·	·	·
ハマオトコヨモギ	*Artemisia japonica* ssp. *littoricola*	+	+	+	○	●	●	◎	·	·	·	·	·	·	·	·	·	·	·	·	·	·	·	·	·	·
アライトヨモギ	*Artemisia borealis*	·	·	+	·	·	·	◎	·	·	·	·	·	·	·	·	·	·	·	·	·	·	△	·	●	+
オオヨモギ	*Artemisia montana*	+	+	+	○	○	●	●	○	·	·	○	·	·	·	·	·	·	·	·	·	·	○	○	·	·
エゾオオヨモギ	*Artemisia opulenta*	·	·	+	·	○	○	●	○	·	·	·	·	·	·	·	·	·	·	·	·	·	·	·	○	+

和　名	学　名	*Hon*	*Hok*	*Sak*	Hab	SHK	KUN	ITU	URU	BCH	CHP	SIM	KET	Ush	RAS	MAT	RAI	SHS	EKA	KHA	ONE	MAK	PAR	SHU	ATL	*Kam*
チシマヨモギ	*Artemisia unalaskensis*	+	+	·	○	○	○	●	●	●	○	●	●	●	●	◎	◎	●	●	●	●	●	●	○	○	·
ハハコヨモギ	*Artemisia glomerata*	+	·	+	·	·	·	·	·	·	·	·	·	·	·	·	·	·	·	·	◎	·	●	·	●	+
エゾハハコヨモギ	*Artemisia furcata*	·	+	·	·	·	·	·	·	·	·	·	○	·	·	·	·	·	·	·	·	·	●	○	○	+
サマニヨモギ	*Artemisia arctica*	+	+	+	·	·	○	◎	●	·	·	●	·	·	·	·	·	·	·	·	○	·	●	●	○	+
イワヨモギ	*Artemisia iwayomogi*	+	+	+	○	◎	◎	△	·	·	·	·	·	·	·	·	·	·	·	·	·	·	·	·	·	·
シコタンヨモギ	*Artemisia tanacetifolia*	·	+	·	●	●	◎	◎	·	·	·	·	·	·	·	·	·	·	·	·	·	·	·	·	·	+
ヒロハウラジロヨモギ	*Artemisia koidzumii*	·	+	+	●	◎	●	●	●	·	·	·	·	·	·	·	·	·	·	·	·	·	·	·	·	·
シロヨモギ	*Artemisia stelleriana*	+	+	+	●	◎	●	●	●	·	◎	◎	·	·	·	·	·	·	·	·	○	·	●	●	◎	+
アサギリソウ	*Artemisia schmidtiana*	+	+	+	·	●	◎	●	●	·	·	○	·	·	·	·	·	·	·	·	·	·	·	·	·	·
外)オウシュウヨモギ	(*Artemisia vulgaris*)	·	·	(+)	·	·	(○)	·	·	·	·	·	·	·	·	·	·	·	·	·	·	·	·	·	·	(+)
外)ヒメヨモギ	(*Artemisia feddei*)	+	(+)	·	·	·	(○)	·	·	·	·	·	·	·	·	·	·	·	·	·	·	·	·	·	·	·
エゾゴマナ	*Aster glehnii*	+	+	+	○	◎	●	●	●	·	·	·	·	·	·	·	·	·	·	·	·	·	·	·	·	·
シラヤマギク	*Aster scaber*	+	+	·	·	·	○	·	·	·	·	·	·	·	·	·	·	·	·	·	·	·	·	·	·	·
タカスギク	*Aster sibiricus*	·	·	+	·	·	·	·	·	·	·	·	·	·	·	·	·	·	·	·	·	·	◎	○	●	+
外)ユウゼンギク	(*Aster novi-belgii*)	(+)	(+)	(+)	·	·	(○)	·	·	·	·	·	·	·	·	·	·	·	·	·	·	·	·	·	·	·
外)ヒナギク	(*Bellis perennis*)	(+)	(+)	(+)	·	·	(○)	(●)	·	·	·	·	·	·	·	·	·	·	·	·	·	·	·	·	·	·
エゾノタウコギ	*Bidens maximowicziana*	·	+	+	·	◎	◎	●	·	·	·	·	·	·	·	·	·	·	·	·	·	·	·	·	·	·
外)タウコギ	(*Bidens tripartita*)	+	+	·	·	·	(○)	·	·	·	·	·	·	·	·	·	·	·	·	·	·	·	·	·	·	·
外)アメリカセンダングサ	(*Bidens frondosa*)	(+)	(+)	·	·	(○)	(○)	·	·	·	·	·	·	·	·	·	·	·	·	·	·	·	·	·	·	·
ミヤマヤブタバコ	*Carpesium triste*	+	+	·	·	·	○	·	·	·	·	·	·	·	·	·	·	·	·	·	·	·	·	·	·	·
外)ヤグルマアザミ	(*Centaurea jacea*)	(+)	(+)	·	·	·	(○)	(●)	·	·	·	·	·	·	·	·	·	·	·	·	·	·	·	·	·	·
外)ヒメタマボウキ	(*Centaurea scabiosa*)	·	·	(+)	·	·	·	(●)	·	·	·	·	·	·	·	·	·	·	·	·	·	·	·	·	·	(+)
チシマコハマギク	*Chrysanthemum arcticum* ssp. *yezoense*	·	+	+	·	◎	◎	●	●	●	●	●	●	●	●	●	●	●	◎	●	●	●	●	●	◎	+
外)キクニガナ	(*Cichorium intybus*)	(+)	(+)	(+)	(○)	·	(○)	(○)	·	·	·	·	·	·	·	·	·	·	·	·	·	·	·	·	·	(+)
チシマアザミ	*Cirsium kamtschaticum*	·	+	+	○	◎	●	●	●	●	●	●	●	●	●	●	●	●	●	●	●	●	●	●	●	+
エゾノサワアザミ	*Cirsium pectinellum*	·	+	+	◎	○	◎	○	·	·	·	·	·	·	·	·	·	·	·	·	·	·	·	·	·	·
エゾマミヤアザミ	*Cirsium charkeviczii*	·	+	·	○	○	●	·	·	·	·	·	·	·	·	·	·	·	·	·	·	·	·	·	·	·
シコタンアザミ	*Cirsium shikotanense*	·	+	·	·	○	·	·	·	·	·	·	·	·	·	·	·	·	·	·	·	·	·	·	·	·
外)エゾノキツネアザミ	(*Cirsium setosum*)	+	+	+	·	(○)	·	(●)	·	·	·	·	·	·	·	·	·	·	·	·	·	·	(○)	·	·	(+)
外)アメリカオニアザミ	(*Cirsium vulgare*)	(+)	(+)	(+)	·	(○)	(●)	(●)	·	·	·	·	·	·	·	·	·	·	·	·	·	·	·	·	·	·
外)ヒメムカシヨモギ	(*Conyza canadensis*)	(+)	(+)	(+)	·	(◎)	(○)	·	·	·	·	·	·	·	·	·	·	·	·	·	·	·	·	·	·	·
外)ウシオシカギク	(*Cotula coronopifolia*)	(+)	·	(+)	·	·	(○)	·	·	·	·	·	·	·	·	·	·	·	·	·	·	·	·	·	·	·
フタマタタンポポ	*Crepis hokkaidoensis*	·	+	+	·	◎	·	◎	○	·	·	·	·	·	·	·	·	·	·	·	·	·	·	·	·	·
エゾムカシヨモギ	*Erigeron acer* var. *acer*	+	+	+	◎	○	○	○	○	·	·	·	·	·	·	·	·	·	·	·	·	·	○	△	○	·
ムカシヨモギ	*Erigeron acer* var. *kamtschaticus*	+	+	+	○	●	◎	◎	●	·	·	●	·	·	·	·	·	·	·	·	·	·	●	●	◎	+
エリゲロン・ケスピタンス	*Erigeron caesitans*	·	·	·	·	·	·	·	·	·	·	·	·	·	·	·	·	·	·	·	·	·	○	○	○	+
ミヤマアズマギク	*Erigeron thunbergii* ssp. *glabratus*	+	+	+	·	◎	◎	◎	◎	·	·	·	·	·	·	·	·	·	·	·	·	·	·	·	·	+
シコタンアズマギク	*Erigeron schikotanensis*	·	·	·	·	●	○	·	○	·	·	·	·	·	·	·	·	·	·	·	·	·	·	·	·	·
エリゲロン・フミリス	*Erigeron humilis*	·	·	·	·	·	·	·	·	·	·	·	·	·	·	·	·	·	·	·	·	·	●	·	·	+
エリゲロン・ペレグリヌス	*Erigeron peregrinus*	·	·	·	·	·	·	·	·	·	·	·	·	·	·	·	·	·	·	·	·	·	●	·	·	+
外)ヒメジョオン	(*Erigeron annuus*)	(+)	(+)	(+)	·	·	(●)	·	·	·	·	·	·	·	·	·	·	·	·	·	·	·	·	·	·	·
外)ヘラバヒメジョオン	(*Erigeron strigosus*)	(+)	(+)	(+)	·	(●)	(●)	·	·	·	·	·	·	·	·	·	·	·	·	·	·	·	·	·	·	·
ヨツバヒヨドリ	*Eupatorium glehnii*	+	+	+	·	◎	●	◎	△	·	·	·	·	·	·	·	·	·	·	·	·	·	·	·	·	·
外)コゴメギク	(*Galinsoga parviflora*)	(+)	·	·	·	·	(○)	·	·	·	·	·	·	·	·	·	·	·	·	·	·	·	·	·	·	·
外)ヒメチチコグサ	(*Gnaphalium uliginosum*)	+	+	(+)	(○)	(○)	(●)	(●)	·	·	·	·	·	·	·	·	·	·	·	·	·	·	(○)	(○)	·	(+)
外)グナファリウム・ピルラーレ	(*Gnaphalium pilulare*)	·	·	+	·	(○)	(○)	(○)	·	·	·	·	·	·	·	·	·	·	·	·	·	·	·	·	·	·
外)エダウチチチコグサ	(*Gnaphalium sylvaticum*)	(+)	(+)	(+)	·	(●)	(○)	(●)	(○)	·	·	·	·	·	·	·	·	·	·	·	·	·	·	·	·	(+)
外)キクイモ	(*Helianthus tuberosus*)	(+)	(+)	(+)	·	·	(○)	(○)	·	·	·	·	·	·	·	·	·	·	·	·	·	·	·	·	·	(+)
ヤナギタンポポ	*Hieracium umbellatum*	+	+	+	◎	◎	●	●	●	·	·	○	·	·	·	·	·	·	·	·	·	·	○	·	○	+
オグルマ	*Inula britannica* ssp. *japonica*	+	+	+	·	·	○	○	·	·	·	·	·	·	·	·	·	·	·	·	·	·	·	·	·	(+)
カセンソウ	*Inula salicina* var. *asiatica*	+	+	·	·	○	○	·	·	·	·	·	·	·	·	·	·	·	·	·	·	·	·	·	·	·
ハナニガナ	*Ixeridium dentatum* ssp. *nipponicum* var. *albiflorum*	+	+	+	·	◎	●	●	●	·	·	·	·	·	·	·	·	·	·	·	·	·	·	·	·	·
オゼニガナ	*Ixeridium dentatum* ssp. *ozense*	+	+	·	·	·	●	·	·	·	·	·	·	·	·	·	·	·	·	·	·	·	·	·	·	·
ハマニガナ	*Ixeris repens*	+	+	+	●	●	●	●	●	·	●	○	·	·	·	·	·	·	·	·	·	·	○	●	◎	+
エゾムラサキニガナ	*Lactuca sibirica*	·	+	+	◎	◎	◎	△	·	·	·	·	·	·	·	·	·	·	·	·	·	·	○	○	·	+
センボンヤリ	*Leibnitzia anandria*	+	+	+	·	◎	◎	·	·	·	·	·	·	·	·	·	·	·	·	·	·	·	·	·	·	·
外)アキノタンポポモドキ	(*Leontodon autumnalis*)	·	(△)	(+)	·	(●)	(●)	(●)	·	·	·	·	·	·	·	(●)	·	·	·	·	·	·	(●)	·	·	(+)
チシマウスユキソウ	*Leontopodium kurilense*	·	·	·	·	●	·	◎	·	·	·	·	·	·	·	·	·	·	·	·	·	·	·	·	·	·
外)フランスギク	(*Leucanthemum vulgare*)	(+)	(+)	(+)	·	(●)	(●)	(●)	(○)	·	·	·	·	·	·	·	·	·	·	·	·	·	(●)	·	·	(+)
トウゲブキ	*Ligularia hodgsonii*	+	+	+	●	●	●	●	●	·	·	·	·	·	·	·	·	·	·	·	·	·	·	·	·	·
外)コシカギク	(*Matricaria matricarioides*)	(+)	(+)	(+)	(●)	(●)	(●)	(●)	(●)	·	·	(●)	·	·	(○)	(●)	·	·	·	·	(○)	·	(●)	(●)	·	(+)
ミミコウモリ	*Parasenecio kamtschaticus*	+	+	+	◎	●	●	●	●	●	●	○	●	●	●	●	·	○	●	·	●	·	●	●	○	+
ヨブスマソウ	*Parasenecio hastatus* ssp. *orientalis*	+	+	+	◎	●	●	●	●	·	·	·	·	·	·	·	·	·	·	·	·	·	·	·	·	+
アキタブキ	*Petasites japonicus* ssp. *giganteus*	+	+	+	●	○	●	●	●	●	●	●	●	●	●	●	·	●	·	●	●	·	●	·	·	·

和　名	学　名	Hon	Hok	Sak	Hab	SHK	KUN	ITU	URU	BCH	CHP	SIM	KET	Ush	RAS	MAT	RAI	SHS	EKA	KHA	ONE	MAK	PAR	SHU	ATL	Kam
コウゾリナ	*Picris hieracioides* ssp. *japonica*	+	+	+	○	○	○	●	○	・	・	○	・	・	・	・	・	・	・	・	・	・	・	・	・	・
カンチコウゾリナ	*Picris hieracioides* ssp. *kamtschatica*	+	+	+	◎	●	●	◎	●	●	・	●	●	○	●	●	・	○	・	●	◎	●	●	●	●	+
外)コウリンタンポポ	(*Pilosella aurantiaca*)	(+)	(+)	(+)	(○)	・	(○)	(●)	・	・	・	(○)	・	・	・	・	・	・	・	・	・	・	(●)	・	・	(+)
外)ピロセラ・ブラキアータ	(*Pilosella brachiata*)	・	・	・	・	・	・	・	・	・	・	・	・	・	・	・	・	・	・	・	・	・	(○)	・	・	・
外)ピロセラ・フロリブンダ	(*Pilosella floribunda*)	・	・	(+)	・	・	(○)	・	・	・	・	・	・	・	・	・	・	・	・	・	・	・	・	・	・	(+)
ヤマニガナ	*Pterocypsela elata*	+	+	+	・	○	●	◎	・	・	・	・	・	・	・	・	・	・	・	・	・	・	・	・	・	・
外)アキノノゲシ	(*Pterocypsela indica*)	+	+	・	・	・	(○)	・	・	・	・	・	・	・	・	・	・	・	・	・	・	・	・	・	・	・
外)アラゲハンゴンソウ	(*Rudbeckia hirta* var. *pulcherrima*)	(+)	(+)	・	・	・	(●)	・	・	・	・	・	・	・	・	・	・	・	・	・	・	・	・	・	・	・
外)オオハンゴンソウ	(*Rudbeckia laciniata*)	(+)	(+)	・	・	・	(●)	・	・	・	・	・	・	・	・	・	・	・	・	・	・	・	・	・	・	・
フォーリーアザミ	*Saussurea fauriei*	・	+	・	・	◎	◎	○	・	・	・	・	・	・	・	・	・	・	・	・	・	・	・	・	・	・
ナガバキタアザミ	*Saussurea riederi*	+	+	・	◎	●	●	●	●	●	●	●	●	○	●	●	・	●	○	●	●	●	●	●	◎	+
ウルップトウヒレン	*Saussurea kurilensis*	・	・	・	・	・	・	○	◎	●	●	●	・	・	・	・	・	・	・	・	・	・	・	・	・	・
タカスアザミ	*Saussurea nuda*	・	・	+	・	・	・	・	・	・	・	・	・	・	・	・	・	・	・	・	・	・	●	◎	△	+
シュムシュトウヒレン	*Saussurea oxyodonta*	・	・	・	・	・	・	・	・	・	・	・	・	・	・	・	・	・	・	・	・	・	●	●	・	+
ハンゴンソウ	*Senecio cannabifolius*	+	+	+	●	●	●	●	●	・	・	●	●	●	●	●	・	◎	●	●	●	●	●	●	●	+
キオン	*Senecio nemorensis*	+	+	+	●	●	●	△	○	・	・	・	・	・	・	・	・	・	・	・	・	・	・	・	・	・
エゾオグルマ	*Senecio pseudoarnica*	+	+	+	●	●	●	●	●	・	●	◎	●	●	●	●	・	●	・	●	●	●	●	●	●	+
外)ノボロギク	(*Senecio vulgaris*)	(+)	(+)	(+)	・	(●)	(○)	(●)	(●)	・	・	(●)	・	・	・	・	・	・	・	・	・	・	(○)	・	・	(+)
ミヤマアキノキリンソウ(広義)	*Solidago virgaurea* ssp. *leiocarpa*	+	+	+	●	○	●	●	●	●	●	●	●	●	●	●	・	●	●	●	●	○	●	●	○	+
ソリダゴ・スピラエイフォリア	*Solidago spiraeifolia*	・	・	+	・	・	・	・	・	・	・	・	・	・	・	・	・	・	・	・	・	・	○	○	・	+
外)オオアワダチソウ	(*Solidago gigantea* ssp. *serotina*)	(+)	(+)	・	・	・	・	(●)	・	・	・	・	・	・	・	・	・	・	・	・	・	・	・	・	・	・
ハチジョウナ	*Sonchus brachyotus*	+	+	+	●	◎	●	●	・	・	・	・	・	・	・	・	・	・	・	・	・	・	・	・	・	・
外)セイヨウハチジョウナ	(*Sonchus arvensis*)	(+)	(+)	+	(○)	(○)	(○)	(○)	・	・	・	・	・	・	・	・	・	・	・	・	・	・	(○)	・	・	(+)
外)ノゲシ	(*Sonchus oleraceus*)	+	+	(+)	・	・	(●)	(●)	・	・	・	・	・	・	・	・	・	・	・	・	・	・	・	・	・	(+)
外)オニノゲシ	(*Sonchus asper*)	(+)	(+)	(+)	・	(◎)	(◎)	(◎)	・	・	・	・	・	・	・	・	・	・	・	・	・	・	・	・	・	・
ヒメコウゾリナ	*Stenotheca tristis*	・	・	・	・	・	・	・	・	・	・	・	・	・	・	・	・	・	◎	●	○	・	●	●	○	+
エゾヨモギギク	*Tanacetum vulgare* var. *boreale*	・	+	+	・	・	・	・	○	・	・	・	・	・	・	・	・	・	・	・	・	・	・	・	・	+
外)ヨモギギク	(*Tanacetum vulgare* var. *vulgare*)	(+)	(+)	・	・	・	・	(●)	・	・	・	・	・	・	・	・	・	・	・	・	・	・	・	・	・	(+)
エトロフタンポポ	*Taraxacum yetrofuense*	・	・	・	●	◎	◎	●	●	・	・	・	・	・	・	・	・	・	・	・	・	・	・	・	・	・
シコタンタンポポ	*Taraxacum shikotanense*	・	+	・	○	◎	◎	●	●	●	●	●	●	●	●	●	●	●	●	●	●	●	・	・	・	・
オダサムタンポポ	*Taraxacum otagirianum*	・	・	+	・	○	○	・	・	・	・	・	・	・	・	・	・	・	・	・	・	・	・	・	・	・
タラクサクム・アクリコルネ	*Taracaxum acricorne*	・	・	・	・	・	○	・	・	・	・	・	・	・	・	・	・	・	・	・	・	・	・	・	・	+
エゾタンポポ	*Taraxacum venustum*	+	+	・	・	・	◎	・	・	・	・	・	・	・	・	・	・	・	・	・	・	・	・	・	・	・
チャチャダケタンポポ	*Taraxacum vulcanorum*	・	・	・	・	・	○	○	・	・	・	・	・	・	・	・	・	・	・	・	・	・	・	・	・	・
タラクサクム・ロンギコルネ	*Taraxacum longicorne*	・	・	+	・	・	・	○	・	・	・	・	・	・	・	・	・	・	・	・	・	・	・	・	・	+
ノタサンタンポポ	*Taraxacum miyakei*	・	・	+	・	・	・	○	・	・	・	・	・	・	・	・	・	・	・	・	・	・	・	・	・	・
カンチヒメタンポポ	*Taraxacum ceratophorum*	・	・	+	・	・	・	○	●	・	・	○	△	○	○	○	○	○	・	○	○	・	●	◎	○	+
シムシルタンポポ	*Taraxacum shimushirense*	・	・	・	・	・	・	・	●	○	●	◎	○	◎	・	◎	・	・	・	・	・	・	・	・	・	・
アライトタンポポ	*Taraxacum perlatescens*	・	・	・	・	・	・	・	・	・	・	・	・	○	・	○	・	○	○	○	◎	○	●	●	●	+
ケトイタンポポ	*Taraxacum ketoiense*	・	・	・	・	・	・	・	○	・	○	・	○	・	・	○	○	・	・	○	・	・	●	●	○	・
タラクサクム・マクロケラス	*Taraxacum macroceras*	・	・	・	・	・	・	・	・	・	・	・	・	・	・	・	・	・	・	・	・	・	○	○	・	+
シュムシュタンポポ	*Taraxacum shumushuense*	・	・	・	・	・	・	・	・	・	・	・	・	・	・	・	・	・	・	・	・	・	○	◎	◎	・
コタンポポ	*Taraxacum kojimae*	・	・	・	・	・	・	・	・	・	・	・	・	・	・	・	・	・	・	・	・	・	◎	・	○	・
カムチャツカタンポポ	*Taraxacum kamtschaticum*	・	・	・	・	・	・	・	・	・	・	・	・	・	・	・	・	・	・	・	・	・	・	○	・	+
外)セイヨウタンポポ	(*Taraxacum officinale*)	(+)	(+)	(+)	(○)	(○)	(●)	(●)	(◎)	・	・	(●)	・	・	・	(●)	・	・	・	・	・	・	(●)	(○)	・	(+)
外)アカミタンポポ	(*Taraxacum laevigatum*)	(+)	(+)	(+)	・	(△)	(◎)	・	・	・	・	・	・	・	・	(○)	・	・	・	・	・	・	(○)	・	・	(+)
外)カイゲンタンポポ	(*Taraxacum heterolepis*)	・	・	(+)	・	・	(○)	(○)	・	・	・	・	・	・	・	・	・	・	・	・	・	・	(○)	・	・	(+)
ミヤマオグルマ	*Tephroseris kawakamii*	・	+	・	・	◎	・	・	・	・	・	・	・	・	・	・	・	・	・	・	・	・	・	・	・	・
シカギク	*Tripleurospermum tetragonospermum*	・	+	+	●	●	●	●	●	・	・	●	・	・	・	・	・	・	・	・	●	・	●	△	・	+
外)イヌカミツレ	(*Tripleurospermum maritimum* ssp. *inodorum*)	(+)	(+)	(+)	(○)	(○)	(○)	・	(○)	・	・	・	・	・	・	・	・	・	・	・	・	・	・	・	・	(+)
ウラギク	*Tripolium pannonicum*	+	+	+	・	◎	○	・	・	・	・	・	・	・	・	・	・	・	・	・	・	・	・	・	・	・
外)オナモミ	(*Xanthium strumarium* ssp. *sibiricum*)	+	+	+	・	・	(△)	(○)	・	・	・	・	・	・	・	・	・	・	・	・	・	・	・	・	・	・
レンプクソウ科	**AE71. ADOXACEAE**																									
レンプクソウ	*Adoxa moschatellina* var. *moschatellina*	+	+	+	○	◎	◎	・	・	・	・	・	・	・	・	・	・	・	・	・	・	・	・	・	・	・
シマレンプクソウ	*Adoxa moschatellina* var. *insularis*	・	・	+	・	・	○	・	・	・	・	・	・	・	・	・	・	・	・	・	・	・	・	・	・	・
スイカズラ科	**AE72. CAPRIFOLIACEAE**																									
リンネソウ	*Linnaea borealis*	+	+	+	・	・	◎	●	●	・	●	●	●	●	●	●	・	●	◎	●	●	●	●	●	・	+
ケヨノミ	*Lonicera caerulea* ssp. *edulis*	+	+	+	○	◎	●	●	●	○	●	●	●	●	●	●	・	●	●	●	●	●	●	●	◎	+
チシマヒョウタンボク	*Lonicera chamissoi*	+	+	+	・	○	◎	◎	●	・	・	●	・	・	・	・	・	・	・	・	・	・	・	・	・	+
エゾヒョウタンボク	*Lonicera alpigena* ssp. *glehnii*	+	+	+	・	△	◎	○	・	・	・	・	・	・	・	・	・	・	・	・	・	・	・	・	・	・
ネムロブシダマ	*Lonicera chrysantha* var. *crassipes*	・	+	+	・	・	◎	・	・	・	・	・	・	・	・	・	・	・	・	・	・	・	・	・	・	・
ベニバナヒョウタンボク	*Lonicera sachalinensis*	・	+	+	○	◎	◎	●	・	・	・	・	・	・	・	・	・	・	・	・	・	・	・	・	・	・
ウコンウツギ	*Macrodiervilla middendorffiana*	+	+	+	・	◎	◎	●	●	○	・	●	・	○	◎	◎	・	・	・	・	●	・	・	・	・	・
オミナエシ	*Patrinia scabiosifolia*	+	+	+	○	●	◎	◎	△	・	・	・	・	・	・	・	・	・	・	・	・	・	・	・	・	・

和　名	学　名	*Hon*	*Hok*	*Sak*	Hab	SHK	KUN	ITU	URU	BCH	CHP	SIM	KET	Ush	RAS	MAT	RAI	SHS	EKA	KHA	ONE	MAK	PAR	SHU	ATL	*Kam*
マルバキンレイカ	*Patrinia gibbosa*	+	+	·	·	·	◎	·	·	·	·	·	·	·	·	·	·	·	·	·	·	·	·	·	·	·
チシマキンレイカ	*Patrinia sibirica*	·	+	+	·	◎	○	◎	◎	·	·	·	·	·	·	·	·	·	·	·	·	·	·	·	·	·
エゾニワトコ	*Sambucus racemosa* ssp. *kamtschaica*	+	+	+	○	●	●	●	●	·	·	·	·	·	·	·	·	·	·	·	·	·	·	·	·	+
カノコソウ	*Valeriana fauriei*	+	+	+	·	·	◎	·	·	·	·	·	·	·	·	·	·	·	·	·	·	·	·	·	·	·
オオカメノキ	*Viburnum furcatum*	+	+	+	·	△	◎	○	△	·	·	·	·	·	·	·	·	·	·	·	·	·	·	·	·	·
カンボク	*Viburnum opulus* var. *sargentii*	+	+	+	○	◎	◎	●	·	·	·	·	·	·	·	·	·	·	·	·	·	·	·	·	·	·
ミヤマガマズミ	*Viburnum wrightii*	+	+	+	·	○	◎	◎	○	·	·	·	·	·	·	·	·	·	·	·	·	·	·	·	·	·
ウコギ科	**AE73. ARALIACEAE**																									
ウド	*Aralia cordata*	+	+	+	·	○	◎	●	◎	·	·	·	·	·	·	·	·	·	·	·	·	·	·	·	·	·
タラノキ	*Aralia elata*	+	+	+	·	◎	●	△	·	·	·	·	·	·	·	·	·	·	·	·	·	·	·	·	·	·
ハリギリ	*Kalopanax septemlobus*	+	+	+	·	△	◎	●	·	·	·	·	·	·	·	·	·	·	·	·	·	·	·	·	·	·
セリ科	**AE74. APIACEAE**																									
エゾボウフウ	*Aegopodium alpestre*	+	+	+	·	◎	●	●	·	·	·	·	·	·	·	·	·	·	·	·	·	·	·	·	·	·
外)イワミツバ	(*Aegopodium podagraria*)	(+)	(+)	·	·	·	(○)	·	·	·	·	·	·	·	·	·	·	·	·	·	·	·	·	·	·	(+)
エゾノシシウド	*Angelica gmelinii*	+	+	+	○	◎	●	●	●	●	●	○	◎	●	●	○	●	◎	●	●	●	·	●	●	●	+
オオバセンキュウ	*Angelica genuflexa*	+	+	+	○	●	●	●	●	·	·	·	·	△	○	·	·	·	·	·	○	·	●	●	○	+
エゾノヨロイグサ	*Angelica sachalinensis*	+	+	+	○	●	●	◎	·	·	·	·	·	·	·	·	·	·	·	·	·	·	·	·	·	·
エゾニュウ	*Angelica ursina*	+	+	+	·	·	●	·	·	·	·	·	·	·	·	·	·	·	·	·	·	·	·	·	·	+
シャク	*Anthriscus sylvestris*	+	+	+	○	△	◎	●	●	·	·	·	·	·	·	·	·	·	·	·	·	·	●	●	●	+
ホタルサイコ	*Bupleurum longiradiatum*	+	+	+	○	●	●	○	·	·	·	·	·	·	·	·	·	·	·	·	·	·	·	·	·	·
レブンサイコ	*Bupleurum ajanense*	+	+	+	·	●	○	·	·	·	·	·	·	·	·	·	·	·	·	·	·	·	·	·	·	·
外)キャラウェイ	(*Carum carvi*)	·	·	(+)	·	·	(○)	(○)	·	·	·	(○)	·	·	·	(○)	·	·	·	·	·	·	·	(○)	·	(+)
ドクゼリ	*Cicuta virosa*	+	+	+	○	○	●	●	·	·	·	·	·	·	·	·	·	·	·	·	·	·	·	·	·	+
カラフトニンジン	*Conioselinum chinense*	+	+	+	○	◎	●	●	●	●	●	◎	●	●	●	●	●	◎	●	·	○	○	·	·	●	+
ミヤマセンキュウ	*Conioselinum filicinum*	+	+	·	·	·	○	●	●	·	·	·	·	·	·	·	·	·	·	·	·	·	·	·	·	·
外)ドクニンジン	(*Conium maculatum*)	(+)	(+)	(+)	·	·	(○)	·	·	·	·	·	·	·	·	·	·	·	·	·	·	·	·	·	·	·
ミツバ	*Cryptotaenia japonica*	+	+	+	·	·	●	△	·	·	·	·	·	·	·	·	·	·	·	·	·	·	·	·	·	·
外)ノラニンジン	(*Daucus carota* ssp. *carota*)	(+)	(+)	·	·	·	·	(●)	·	·	·	·	·	·	·	·	·	·	·	·	·	·	·	·	·	·
ハマボウフウ	*Glehnia littoralis*	+	+	+	○	●	●	●	●	·	●	◎	·	·	·	·	·	·	·	·	·	·	·	○	○	·
オオハナウド	*Heracleum lanatum*	+	+	+	○	○	●	●	●	●	●	○	●	●	●	●	●	○	●	●	○	·	●	●	◎	+
オオチドメ	*Hydrocotyle ramiflora*	+	+	·	·	·	●	○	·	·	·	·	·	·	·	·	·	·	·	·	·	·	·	·	·	·
シラネニンジン	*Ligustichum ajanense*	+	+	+	·	◎	●	●	●	●	●	●	●	○	●	●	·	●	●	●	●	●	●	◎	◎	+
マルバトウキ	*Ligusticum scoticum*	+	+	+	○	◎	●	●	●	●	●	●	●	●	●	●	●	●	○	●	●	●	●	●	●	+
セリ	*Oenanthe javanica*	+	+	+	·	○	◎	●	·	·	·	·	·	·	·	·	·	·	·	·	·	·	·	·	·	·
ヤブニンジン	*Osmorhiza aristata*	+	+	+	·	·	●	○	·	·	·	·	·	·	·	·	·	·	·	·	·	·	·	·	·	·
カワラボウフウ	*Peucedanum terebinthaceum*	+	+	+	·	○	○	·	·	·	·	·	·	·	·	·	·	·	·	·	·	·	·	·	·	·
オオカサモチ	*Pleurospermum uralense*	+	+	+	○	●	●	●	●	●	●	●	◎	△	●	○	·	·	○	·	·	·	●	●	·	+
ウマノミツバ	*Sanicula chinensis*	+	+	+	·	·	●	·	·	·	·	·	·	·	·	·	·	·	·	·	·	·	·	·	·	·
トウヌマゼリ	*Sium suave*	+	+	+	·	·	○	·	·	·	·	·	·	·	·	·	·	·	·	·	·	·	·	·	·	+
ゾーエソウ	*Sphallerocarpus gracilis*	·	·	+	·	·	○	○	·	·	·	·	·	·	·	·	·	·	·	·	·	·	·	·	·	(+)
ヤブジラミ	*Torilis japonica*	+	+	·	·	△	○	·	·	·	·	·	·	·	·	·	·	·	·	·	·	·	·	·	·	·

●：戦後標本が確認されているもの，◎：戦前標本のみが確認されているもの，○：信頼できる文献記録があるもの，△：文献記録はあるが再検討が必要なもの，・：標本も文献記録もないもの

●◎は標本あるいは証拠写真の形でSAPSに保管されている。ただし，一部はKYO，TI，TNS，VLA，WTUの標本庫で確認したのみの標本が含まれている。

外)ではじまる種は千島列島の外来種，×)ではじまる種は交雑種。分布記号がカッコでとじられているものは，該当地域の外来種であることを示す。

Hon：本州，*Hok*：北海道，*Sak*：サハリン，千島列島　Hab：歯舞群島，SHK：色丹島，KUN：国後島，ITU：択捉島，URU：ウルップ島，BCH：ブラット・チルポイ島，CHP：チルポイ島，SIM：シムシル島，KET：ケトイ島，Ush：ウシシル島北島・南島，RAS：ラシュワ島，MAT：マツワ島，RAI：ライコケ島，SHS：シャシコタン島，EKA：エカルマ島，KHA：ハリムコタン島，ONE：オネコタン島，MAK：マカンルシ島，PAR：パラムシル島，SHU：シュムシュ島，ATL：アライト島，*Kam*：カムチャツカ半島

Appendix 4 ロシア側の見解による千島列島の絶滅危惧維管束植物リスト

サハリン地区 RDB(Eremin et al., 2005)より千島列島産植物を抜き出して作成。

カテゴリー[1]	和　名	種　名[2]	科　名[3]	分　布[4]
E(1)	チシマニガナ	*Ixeridium kurilense*	ASTERACEAE	国後島
E(1)	ウダイカンバ	*Betula maximowicziana*	BETULACEAE	国後島
E(1)	ツルニンジン	*Codonopsis lanceolata*	CAMPANULACEAE	国後島
E(1)	フタリシズカ	*Chloranthus serratus*	CHLORANTHACEAE	国後島
E(1)	ホソバイワベンケイ	*Rhodiola ishidae*	CRASSULACEAE	色丹島・国後島・択捉島
E(1)	エゾユズリハ	*Daphniphyllum humile*	DAPHNIPHYLLACEAE	国後島・択捉島
E(1)	ホソバナライシダ	*Leptorumohra miqueliana*	DRYOPTERIDACEAE	国後島・サハリン
E(1)	カクミノスノキ	*Vaccinium yatabei*	ERICACEAE	択捉島・サハリン
E(1)	イワガラミ	*Schizophragma hydrangeoides*	HYDRANGEACEAE	国後島
E(1)	ヒメハイホラゴケ	*Lacosteopsis orientalis*	HYMENOPHYLLACEAE	択捉島
E(1)	ノハナショウブ	*Iris ensata*	IRIDACEAE	歯舞群島・国後島・サハリン
E(1)	アヤメ	*Iris sanguinea*	IRIDACEAE	国後島・サハリン
E(1)	ミソガワソウ	*Nepeta yezoensis*	LAMIACEAE	国後島
E(1)	ツルニガクサ	*Teucrium miquelianum*	LAMIACEAE	国後島
E(1)	ホオノキ	*Magnolia hypoleuca*	MAGNOLIACEAE	国後島
E(1)	オオバボダイジュ	*Tilia maximowicziana*	MALVACEAE	国後島
E(1)	ヒロハハナヤスリ	*Ophioglossum alascanum*	OPHIOGLOSSACEAE	色丹島・サハリン
E(1)	コアニチドリ	*Amitostigma kinoshitae*	ORCHIDACEAE	国後島
E(1)	ギンラン	*Cephalanthera erecta*	ORCHIDACEAE	択捉島
E(1)	イチヨウラン	*Dactylostalix ringens*	ORCHIDACEAE	色丹島・国後島・択捉島・サハリン
E(1)	オニノヤガラ	*Gastrodia elata*	ORCHIDACEAE	国後島・択捉島・サハリン
E(1)	アリドオシラン	*Myrmechis japonica*	ORCHIDACEAE	国後島・択捉島
E(1)	ゼンマイ	*Osmunda japonica*	OSMUNDACEAE	国後島・択捉島・サハリン
E(1)	ヤマソテツ	*Plagiogyria matsumureana*	PLAGIOGYRIACEAE	択捉島・ウルップ島
E(1)	キツネガヤ	*Stenofestuca pauciflora*	POACEAE	国後島
E(1)	アズキナシ	*Micromeles alnifolia*	ROSACEAE	国後島・択捉島・サハリン
E(1)	ツルアリドオシ	*Mitchella undulata*	RUBIACEAE	択捉島・ウルップ島
E(1)	ハウチワカエデ	*Acer japonicum*	SAPINDACEAE	国後島
E(1)	トリアシショウマ	*Astilbe thunbergii*	SAXIFRAGACEAE	国後島
E(1)	アカソ	*Boehmeria tricuspis*	URTICACEAE	国後島
E(1)	ホソバシケシダ	*Athyriopsis japonica*	WOODSIACEAE	国後島
V(2)	コクワ	*Actinidia arguta*	ACTINIDIACEAE	国後島・サハリン
V(2)	アカミノイヌツゲ	*Ilex sugerokii*	AQUIFOLIACEAE	国後島・択捉島
V(2)	ミヤマヤブタバコ	*Carpesium triste*	ASTERACEAE	国後島
V(2)	ムカシヨモギ属の1種	*Erigeron peregrinus*	ASTERACEAE	パラムシル島
V(2)	チシマウスユキソウ	*Leontopodium kurilense*	ASTERACEAE	色丹島・択捉島
V(2)	チャチャダケタンポポ	*Taraxacum vulcanorum*	ASTERACEAE	国後島・択捉島
V(2)	ホウチャクソウ	*Disporum sessile*	COLCHICACEAE	国後島・サハリン
V(2)	チゴユリ	*Disporum smilacinum*	COLCHICACEAE	択捉島・ウルップ島・サハリン
V(2)	ミズキ	*Bothrocaryum controversum*	CORNACEAE	国後島
V(2)	イワベンケイ	*Rhodiola rosea*	CRASSULACEAE	色丹島・択捉島・ウルップ島・ウシシル島・サハリン
V(2)	アマチャヅル	*Gynostemma pentaphyllum*	CUCURBITACEAE	国後島
V(2)	カワラスゲ	*Carex incisa*	CYPERACEAE	国後島
V(2)	ヒロバスゲ	*Carex insaniae*	CYPERACEAE	国後島
V(2)	ヒゴクサ	*Carex japonica*	CYPERACEAE	国後島・サハリン
V(2)	イトナルコスゲ	*Carex laxa*	CYPERACEAE	択捉島・シュムシュ島
V(2)	ナガイモ	*Dioscorea batatas*	DIOSCOREACEAE	国後島

カテゴリー[1)]	和　名	種　名[2)]	科　名[3)]	分　布[4)]
V(2)	シノブカグマ	*Arachniodes mutica*	DRYOPTERIDACEAE	国後島・択捉島・ウルップ島・サハリン
V(2)	ミヤマホツツジ	*Botryostege bracteata*	ERICACEAE	国後島・択捉島・ウルップ島
V(2)	ハクサンシャクナゲ	*Rhododendron brachycarpum*	ERICACEAE	国後島・択捉島
V(2)	コメツツジ	*Rhododendron tschonoskii*	ERICACEAE	国後島
V(2)	カワカミモメンヅル	*Astragalus kawakamii*	FABACEAE	ウルップ島(千島固有)
V(2)	ウルップオウギ	*Oxytropis itoana*	FABACEAE	択捉島・ウルップ島(千島固有)
V(2)	カシワ	*Quercus dentata*	FAGACEAE	国後島
V(2)	コケシノブ	*Mecodium wrightii*	HYMENOPHYLLACEAE	歯舞群島・色丹島・国後島・択捉島・サハリン
V(2)	ヒメミズニラ	*Isoëtes asiatica*	ISOETACEAE	択捉島・サハリン
V(2)	オニグルミ	*Juglans ailanthifolia*	JUGLANDACEAE	国後島・サハリン
V(2)	カワミドリ	*Agastache rugosa*	LAMIACEAE	国後島
V(2)	カタクリ	*Erythronium japonicum*	LILIACEAE	国後島・ウルップ島・サハリン
V(2)	イワイチョウ	*Fauria crista-galli*	MENYANTHACEAE	択捉島・ウルップ島
V(2)	ヤマグワ	*Morus bombycis*	MORACEAE	色丹島・国後島
V(2)	ノギラン	*Metanarthecium luteoviride*	NARTHECIACEAE	国後島・択捉島
V(2)	アオダモ	*Fraxinus lanuginosa*	OLEACEAE	国後島
V(2)	ハシドイ	*Ligustrina japonica*	OLEACEAE	色丹島・国後島
V(2)	イヌガンソク	*Matteuccia orientalis*	ONOCLEACEAE	国後島
V(2)	ササバギンラン	*Cephalanthera longibracteata*	ORCHIDACEAE	国後島
V(2)	サワラン	*Eleorchis japonica*	ORCHIDACEAE	国後島
V(2)	アケボノシュスラン	*Goodyera maximowicziana*	ORCHIDACEAE	択捉島・ウルップ島
V(2)	ミヤマウズラ	*Goodyera schlechtendaliana*	ORCHIDACEAE	択捉島
V(2)	ヒメミズトンボ	*Habenaria yezoensis*	ORCHIDACEAE	国後島
V(2)	ヤチラン	*Hammarbya paludosa*	ORCHIDACEAE	色丹島・国後島・択捉島・ウルップ島・ウシシル島・ラシュワ島・パラムシル島
V(2)	クモキリソウ	*Liparis kumokiri*	ORCHIDACEAE	国後島・サハリン
V(2)	タカネサギソウ	*Platanthera maximowicziana*	ORCHIDACEAE	色丹島・択捉島・ウルップ島・ブラットチルポイ島・チルポイ島
V(2)	オオキソチドリ	*Platanthera ophrydioides*	ORCHIDACEAE	色丹島・国後島・択捉島・サハリン
V(2)	ヒロハトンボソウ	*Tulotis fuscescens*	ORCHIDACEAE	択捉島・サハリン
V(2)	キヨスミウツボ	*Phacellanthus tubiflorus*	OROBANCHACEAE	国後島・サハリン
V(2)	ベニバナヤマシャクヤク	*Paeonia oreogeton*	PAEONIACEAE	色丹島・択捉島・サハリン
V(2)	ミゾホオズキ	*Mimulus inflatus*	PHRYMACEAE	国後島
V(2)	アカエゾマツ	*Picea glehnii*	PINACEAE	色丹島・国後島・択捉島・サハリン
V(2)	ミヤマノキシノブ	*Pleopeltis ussuriensis*	POLYPODIACEAE	国後島・サハリン
V(2)	オシャグジデンダ	*Polypodium fauriei*	POLYPODIACEAE	色丹島・国後島・サハリン
V(2)	フクジュソウ	*Adonis ramosa*	RANUNCULACEAE	国後島
V(2)	イワキンバイ	*Potentilla dickinsii*	ROSACEAE	色丹島・国後島・サハリン
V(2)	ヒメゴヨウイチゴ	*Rubus pseudojaponicus*	ROSACEAE	国後島・サハリン
V(2)	ヒメイワショウブ	*Tofieldia okuboi*	TOFIELDIACEAE	択捉島
V(2)	ノブドウ	*Ampelopsis heterophylla*	VITACEAE	国後島・サハリン
V(2)	?ヒロハイヌワラビ	*Athyrium wardii*	WOODSIACEAE	国後島・択捉島
V(2)	エゾキスゲ	*Hemerocallis yezoensis*	XANTHORRHOEACEAE	国後島
R(3)	ミヤマガマズミ	*Viburnum wrightii*	ADOXACEAE	国後島・択捉島・ウルップ島・サハリン
R(3)	ハイイヌツゲ	*Ilex crenata*	AQUIFOLIACEAE	色丹島・国後島・択捉島・ウルップ島・サハリン
R(3)	コウライテンナンショウ	*Arisaema japonicum*	ARACEAE	歯舞群島・色丹島・国後島
R(3)	タラノキ	*Aralia elata*	ARALIACEAE	色丹島・国後島・択捉島・サハリン
R(3)	ハリギリ	*Kalopanax septemlobus*	ARALIACEAE	色丹島・国後島・択捉島・サハリン
R(3)	コタニワタリ	*Phyllitis japonica*	ASPLENIACEAE	国後島・サハリン
R(3)	サンカヨウ	*Diphylleia grayi*	BERBERIDACEAE	国後島・択捉島・サハリン
R(3)	シシガシラ	*Blechnum niponicum*	BLECHNACEAE	国後島・択捉島
R(3)	アズマツメクサ[*)]	*Tillaea aquatica*	CRASSULACEAE	色丹島・択捉島・サハリン

カテゴリー[1]	和　名	種　名[2]	科　名[3]	分　布[4]
R(3)	ミヤマビャクシン	*Juniperus sargentii*	CUPRESSACEAE	色丹島・国後島・択捉島・サハリン
R(3)	ムセンスゲ	*Carex livida*	CYPERACEAE	択捉島・オネコタン島・パラムシル島・シュムシュ島・サハリン
R(3)	シロミノハリイ	*Eleocharis margaritacea*	CYPERACEAE	国後島・択捉島
R(3)	ヒイラギデンダ*)	*Polystichum lonchitis*	DRYOPTERIDACEAE	パラムシル島・サハリン
R(3)	シラタマノキ	*Gaultheria miqueliana*	ERICACEAE	国後島・択捉島・ウルップ島・チルポイ島・シムシル島・ケトイ島・シャシコタン島・サハリン
R(3)	ホソバノツルリンドウ*)	*Pterygocalyx volubilis*	GENTIANACEAE	択捉島・サハリン
R(3)	ツルアジサイ	*Hydrangea petiolaris*	HYDRANGEACEAE	色丹島・国後島・択捉島・ウルップ島・サハリン
R(3)	オオウバユリ	*Cardiocrinum glehnii*	LILIACEAE	国後島・択捉島・サハリン
R(3)	オニユリ	*Lilium lancifolium*	LILIACEAE	国後島・サハリン
R(3)	ミヤマエンレイソウ	*Trillium tschonoskii*	MELANTHIACEAE	国後島・択捉島・サハリン
R(3)	ネムロコウホネ	*Nuphar pumila*	NYMPHAEACEAE	歯舞群島・色丹島・国後島・サハリン
R(3)	ヒツジグサ	*Nymphaea tetragona*	NYMPHAEACEAE	国後島・サハリン
R(3)	サイハイラン	*Cremastra variabilis*	ORCHIDACEAE	国後島・サハリン
R(3)	アツモリソウ	*Cypripedium macranthos*	ORCHIDACEAE	色丹島・国後島・択捉島・ウルップ島・シムシル島・ケトイ島・シュムシュ島・サハリン
R(3)	キバナノアツモリソウ	*Cypripedium yatabeanum*	ORCHIDACEAE	国後島・択捉島・シムシル島・ケトイ島・ウシシル島・ラシュワ島・オネコタン島・パラムシル島・シュムシュ島
R(3)	コイチヨウラン	*Ephippianthus sachalinensis*	ORCHIDACEAE	色丹島・国後島・択捉島・ウルップ島・ラシュワ島・サハリン
R(3)	ミヤマモジズリ	*Neottianthe cucullata*	ORCHIDACEAE	色丹島・国後島・サハリン
R(3)	ノビネチドリ	*Platanthera camtschatica*	ORCHIDACEAE	色丹島・国後島・択捉島・ウルップ島・シムシル島・ケトイ島・パラムシル島・シュムシュ島・サハリン
R(3)	タカネトンボ	*Platanthera chorisiana*	ORCHIDACEAE	択捉島・チルポイ島・ケトイ島・ラシュワ島・マツワ島・シャシコタン島・ハリムコタン島・オネコタン島・パラムシル島・シュムシュ島
R(3)	トキソウ	*Pogonia japonica*	ORCHIDACEAE	色丹島・国後島
R(3)	ベニバナヤマシャクヤク	*Paeonia obovata*	PAEONIACEAE	色丹島・国後島・択捉島・サハリン
R(3)	ヤマオオウシノケグサ	*Festuca hondoensis*	POACEAE	色丹島
R(3)	イブキソモソモ	*Poa radula*	POACEAE	色丹島・国後島・択捉島・ウルップ島・サハリン
R(3)	ヒナソモソモ	*Poa shumushuensis*	POACEAE	パラムシル島・シュムシュ島・サハリン
R(3)	クジャクシダ	*Adiantum pedatum*	PTERIDACEAE	国後島・サハリン
R(3)	イワガネゼンマイ	*Coniogramme intermedia*	PTERIDACEAE	国後島・サハリン
R(3)	リシリシノブ	*Cryptogramma crispa*	PTERIDACEAE	色丹島・国後島・サハリン
R(3)	オオヤマザクラ	*Cerasus sargentii*	ROSACEAE	国後島・択捉島・サハリン
R(3)	シウリザクラ	*Padus ssiori*	ROSACEAE	色丹島・国後島・択捉島・サハリン
R(3)	キハダ	*Phellodendron sachalinense*	RUTACEAE	色丹島・国後島・択捉島・サハリン
R(3)	イチイ	*Taxus cuspidata*	TAXACEAE	色丹島・国後島・択捉島・ウルップ島・ケトイ島・サハリン
R(3)	ナニワズ	*Daphne jezoensis*	THYMELAEACEAE	色丹島・国後島・択捉島・サハリン
I(4)	ウド	*Aralia cordata*	ARALIACEAE	色丹島・国後島・択捉島・ウルップ島・サハリン
I(4)	ツルカコソウ	*Ajuga shikotanensis*	LAMIACEAE	色丹島
I(4)	ホガエリガヤ	*Brylkinia caudata*	POACEAE	色丹島・国後島・サハリン

[1][2][4]Eremin et al.(2005)による。ただし，綴りの誤りは訂正した。
[3]米倉(2012)による。
＊)Eremin et al.(2005)では千島列島に分布点がない。

Appendix 5　千島列島の外来維管束植物リスト

Appendix 3から外来植物のみを抽出し千島列島での分布をより簡略化して作成。

和　名	学　名	本州	北海道	サハリン	歯舞群島	色丹島	国後島	択捉島	ウルップ島	ブラットチルポイ～マカンル島	北千島	カムチャツカ半島
〈裸子植物〉	〈GYMNOSPERMS〉											
マツ科	G1. PINACEAE											
カラマツ	(*Larix kaempferi*)	+	(+)	(+)	·	(○)	(○)	·	·	·	·	·
〈被子植物－単子葉類〉		〈ANGIOSPERMS- MONOCOTYLEDONS〉										
ショウブ科	AM1. ACORACEAE											
ショウブ	(*Acorus calamus*)	+	+	+	·	·	(○)	·	·	·	·	·
オモダカ科	AM4. ALISMATACEAE											
サジオモダカ	(*Alisma plantago-aquatica* var. *orientale*)	+	+	+	·	(○)	(○)	·	·	·	·	+
ユリ科	AM14. LILIACEAE											
オニユリ	(*Lilium lancifolium*)	(+)	(+)	(+)	·	·	(○)	(○)	·	·	·	·
アヤメ科	AM16. IRIDACEAE											
ショウブ	(*Iris pseudacorus*)	(+)	(+)	(+)	(○)	·	(○)	·	·	·	·	·
シシリンキウム・セプテントリオナーレ	(*Sisyrinchium septentrionale*)	·	·	·	·	·	(○)	·	·	·	·	·
ヒガンバナ科	AM18. AMARYLLIDACEAE											
クチベニズイセン	(*Narcissus poeticus*)	(+)	(+)	·	(○)	(○)	(○)	·	·	·	·	(+)
ラッパズイセン	(*Narcissus pseudonarcissus*)	(+)	(+)	·	(○)	(○)	(○)	·	·	·	·	·
ツユクサ科	AM20. COMMELINACEAE											
ツユクサ	(*Commelina communis*)	+	+	+	·	(◎)	(◎)	(○)	(○)	·	·	(+)
イグサ科	AM23. JUNCACEAE											
ヒメコウガイゼキショウ	(*Juncus bufonius*)	+	+	+	(◎)	(◎)	(◎)	(●)	(●)	(●)	(●)	+
クサイ	(*Juncus tenuis*)	+	+	·	(○)	(●)	(●)	(○)	·	·	(○)	·
ユンクス・ノデュロースス	(*Juncus nodulosus*)	·	·	·	·	·	(○)	(○)	·	·	·	·
カヤツリグサ科	AM24. CYPERACEAE											
クシロヤガミスゲ	(*Carex crawfordii*)	·	(+)	(+)	·	·	(○)	·	(○)	·	·	·
イネ科	AM25. POACEAE											
コヌカグサ	(*Agrostis gigantea*)	(+)	(+)	(+)	(○)	(●)	(●)	(●)	(●)	(○)	(●)	(+)
ハイコヌカグサ	(*Agrostis stolonifera*)	(+)	(+)	(+)	(○)	(△)	(●)	(◎)	(○)	·	(○)	(+)
イトコヌカグサ	(*Agrostis capillaris*)	(+)	(+)	(+)	(○)	·	(○)	(○)	(○)	·	(○)	(+)
アロペキュルス・アルンディナケウス	(*Alopecurus arundinaceus*)	·	·	·	·	·	·	·	(○)	·	·	·
アロペキュルス・ゲニキュラートゥス	(*Alopecurus geniculatus*)	·	·	(+)	·	·	(○)	(○)	(○)	·	(○)	(+)
ハルガヤ	(*Anthoxanthum odoratum* subsp. *odoratum*)	(+)	(+)	(+)	·	·	(●)	·	·	·	·	·
ケナシハルガヤ	(*Anthoxanthum odoratum* subsp. *glabrescens*)	(+)	(+)	(+)	·	·	(●)	(●)	·	·	(●)	·
カラスムギ	(*Avena fatua*)	+	(+)	(+)	·	·	(●)	(○)	·	·	·	(+)
マカラスムギ	(*Avena sativa*)	(+)	(+)	(+)	·	·	(○)	·	·	·	(○)	·
コスズメノチャヒキ	(*Bromus inermis*)	(+)	(+)	(+)	·	·	(○)	(●)	·	·	(●)	(+)
クシガヤ	(*Cynosurus cristatus*)	(+)	(+)	·	·	·	(○)	·	·	·	·	·
カモガヤ	(*Dactylis glomerata*)	(+)	(+)	(+)	(○)	(△)	(●)	(●)	(○)	·	(○)	(+)
メヒシバ	(*Digitaria ciliaris*)	+	+	·	·	·	(○)	·	·	·	·	·
キタメヒシバ	(*Digitaria ischaemum*)	(+)	(+)	·	·	·	(○)	·	·	·	·	(+)
イヌビエ	(*Echinochloa crus-galli* s.l.)	+	+	+	·	·	(○)	·	·	·	·	(+)
エリムス・ノウァエアングリアエ	(*Elymus novae-angliae*)	·	·	·	·	·	·	(○)	·	·	·	(+)
シバムギ	(*Elytrigia repens*)	(+)	(+)	+	(○)	(●)	(○)	(●)	(●)	·	(○)	(+)

和　名	学　名	本州	北海道	サハリン	歯舞群島	色丹島	国後島	択捉島	ウルップ島	ブラットチルポイ～マカンル島	北千島	カムチャツカ半島
ヒロハノウシノケグサ	(*Festuca pratensis*)	(+)	(+)	(+)	(○)	·	(○)	(●)	(○)	(△)	(○)	(+)
オニウシノケグサ	(*Festuca arundinacea*)	(+)	(+)	·	·	·	(○)	·	·	·	·	·
シラゲガヤ	(*Holcus lanatus*)	(+)	(+)	·	(○)	·	(○)	·	(○)	·	·	·
ホソノゲムギ	(*Hordeum jubatum*)	(+)	(+)	(+)	(○)	(○)	·	(○)	·	·	·	(+)
ホソムギ	(*Lolium perenne*)	(+)	(+)	(+)	·	·	·	(●)	·	·	(○)	(+)
ドクムギ	(*Lolium temulentum*)	(+)	(+)	·	·	·	·	(○)	(○)	·	·	·
オオアワガエリ	(*Phleum pratense*)	(+)	(+)	(+)	(○)	(●)	(●)	(●)	(○)	(●)	(○)	(+)
ナガハグサ複合群	(*Poa pratensis* complex)	(+)	(+)	+	(○)	(◎)	(●)	(●)	(●)	(●)	(●)	(+)
スズメノカタビラ	(*Poa annua*)	+	+	+	(○)	(○)	(●)	(◎)	(●)	(●)	(●)	(+)
オオスズメノカタビラ	(*Poa trivialis*)	(+)	(+)	(+)	·	(○)	(○)	(△)	·	·	·	(+)
コイチゴツナギ	(*Poa compressa*)	(+)	(+)	(+)	·	·	·	(○)	·	·	·	(+)
アレチタチドジョウツナギ	(*Puccinellia distans*)	(+)	·	(+)	·	·	·	·	·	·	(○)	(+)
アキノエノコログサ	(*Setaria faberi*)	+	+	+	·	·	(○)	·	·	·	·	·
キンエノコロ	(*Setaria pumila*)	+	+	+	·	·	(○)	·	·	·	·	(+)
〈被子植物－真双子葉類〉	〈ANGIOSPERMS- EUDICOTS〉											
ケシ科	AE1. PAPAVERACEAE											
ケシ	(*Papaver sonniferum*)	·	·	(+)	·	·	(○)	·	·	·	·	(+)
キンポウゲ科	AE3. RANUNCULACEAE											
タガラシ	(*Ranunculus sceleratus*)	+	+	(+)	·	·	(○)	·	·	·	·	(+)
セイヨウキンポウゲ	(*Ranunculus acris* ssp. *acris*)	·	(+)	(+)	·	(○)	(○)	·	·	·	·	(+)
スグリ科	AE7. GROSSULACEAE											
マルスグリ	(*Ribes uva-crispa*)	·	(+)	·	·	(△)	(○)	(○)	·	·	·	·
マメ科	AE12. FABACEAE											
ムラサキヒメモメンヅル	(*Astragalus danicus*)	·	·	·	·	·	·	·	·	·	(○)	(+)
キバナノレンリソウ	(*Lathyrus pratensis*)	(+)	(+)	(+)	·	·	(○)	(○)	·	·	·	(+)
チシマハウチワマメ	(*Lupinus nootkatensis*)	·	·	(+)	·	(●)	(◎)	(○)	·	·	·	·
シュッコンルピナス	(*Lupinus polyphyllus*)	·	(+)	·	·	·	·	(●)	·	·	·	(+)
シナガワハギ	(*Melilotus officinalis* ssp. *suaveolens*)	(+)	(+)	(+)	·	·	·	(●)	·	·	·	(+)
ハリエンジュ	(*Robinia pseudoacacia*)	(+)	(+)	(+)	·	·	(○)	(○)	·	·	·	·
タチオランダンゲ	(*Trifolium hybridum*)	(+)	(+)	(+)	(○)	(○)	(○)	(●)	(○)	·	(●)	(+)
ムラサキツメクサ	(*Trifolium pratense*)	(+)	(+)	(+)	(○)	(●)	(●)	(●)	(●)	(◎)	(●)	(+)
シロツメクサ	(*Trifolium repens*)	(+)	(+)	(+)	(○)	(○)	(●)	(●)	(●)	(●)	(●)	(+)
クスダマツメクサ	(*Trifolium campestre*)	(+)	(+)	·	·	·	·	(●)	·	·	·	·
バラ科	AE13. ROSACEAE											
アルケミラ・ミカンス	(*Alchemilla micans*)	·	·	·	·	·	·	(●)	·	·	(●)	·
ズミ	(*Malus toringo*)	+	+	·	·	·	(○)	·	·	·	·	·
エゾノミツモトソウ	(*Potentilla norvegica*)	(+)	(+)	(+)	·	(○)	(●)	(○)	(○)	(○)	(○)	(+)
ポテンティラ・インテルメディア	(*Potentilla intermedia*)	·	·	·	·	·	(○)	·	·	·	·	·
グミ科	AE14. ELAEAGNACEAE											
トウグミ	(*Elaeagnus multiflora* var. *hortensis*)	+	+	(+)	·	·	(○)	·	·	·	·	·
カタバミ科	AE25. OXALIDACEAE											
カタバミ	(*Oxalis corniculata*)	+	+	·	·	·	(○)	·	·	·	·	·
オッタチカタバミ	(*Oxalis dillenii*)	(+)	(+)	(+)	·	(●)	·	(●)	·	·	·	·
トウダイグサ科	AE26. EUPHORBIACEAE											
エノキグサ	(*Acalypha australis*)	+	+	·	·	·	(○)	·	·	·	·	·
ヤナギ科	AE27. SALICACEAE											
コリヤナギ	(*Salix koriyanagi*)	(+)	(+)	·	·	·	(○)	·	·	·	·	·
スミレ科	AE28. VIOLACEAE											
サンシキスミレ	(*Viola tricolor*)	(+)	(+)	(+)	·	·	(△)	·	·	·	·	(+)
オトギリソウ科	AE29. HYPERICACEAE											
セイヨウオトギリ	(*Hypericum perforatum*)	(+)	(+)	(+)	·	●	·	●	·	·	·	·

和　名	学　名	本州	北海道	サハリン	歯舞群島	色丹島	国後島	択捉島	ウルップ島	ブラットチルポイ～マカンル島	北千島	カムチャツカ半島
フウロソウ科	AE30. GERANIACEAE											
オランダフウロ	(*Erodium cicutarium*)	(+)	(+)	·	·	·	(○)	·	·	·	·	(+)
イチゲフウロ	(*Geranium sibiricum*)	+	+	+	(○)	(◎)	(●)	(●)	·	·	(○)	(+)
アカバナ科	AE32. ONAGRACEAE											
メマツヨイグサ	(*Oenothera biennis*)	(+)	(+)	(+)	(○)	(○)	(●)	(●)	·	·	·	(+)
オオマツヨイグサ	(*Oenothera glazioviana*)	(+)	(+)	·	·	·	(○)	·	·	·	·	·
ノハラマツヨイグサ	(*Oenothera villosa*)	(+)	·	·	·	·	(●)	(△)	·	·	·	·
アオイ科	AE36. MALVACEAE											
ジャコウアオイ	(*Malva moschata*)	(+)	(+)	(+)	·	·	(○)	·	·	·	·	·
アブラナ科	AE38. BRASSICACEAE											
ヤマハタザオ	(*Arabis hirsuta*)	+	+	+	·	·	(◎)	(◎)	(◎)	·	(◎)	+
セイヨウワサビ	(*Armoracia rusticana*)	(+)	(+)	(+)	·	(○)	(○)	(○)	·	·	·	(+)
カラシナ	(*Brassica juncea*)	(+)	(+)	(+)	·	(○)	(○)	(○)	(○)	·	(○)	·
アブラナ	(*Brassica rapa* var. *oleifera*)	(+)	(+)	·	·	·	(○)	(○)	·	·	·	·
セイヨウアブラナ	(*Brassica napus*)	(+)	(+)	(+)	·	·	·	(●)	·	·	·	(+)
オニハマダイコン	(*Cakile edentula*)	(+)	(+)	(+)	·	(●)	(●)	(●)	·	·	·	·
ナズナ	(*Capsella bursa-pastoris*)	+	+	+	(○)	(●)	(●)	(●)	(○)	(●)	(○)	(+)
エゾスズシロ	(*Erysimum cheiranthoides*)	(+)	(+)	+	·	·	·	(●)	·	·	·	+
ユークリディウム・シリアクム	(*Euclidium syriacum*)	·	·	·	·	·	(○)	·	·	·	·	·
ワサビ	(*Eutrema japonicum*)	+	+	+	·	·	(△)	·	·	·	·	·
ハナスズシロ	(*Hesperis matronalis*)	·	(+)	·	·	·	·	(○)	·	·	·	(+)
セイヨウノダイコン	(*Raphanus raphanistrum*)	(+)	(+)	(+)	·	·	(○)	(●)	(○)	·	·	(+)
カキネガラシ	(*Sisymbrium officinale*)	(+)	(+)	(+)	·	(◎)	(○)	(○)	·	·	·	·
グンバイナズナ	(*Thlaspi arvense*)	(+)	(+)	(+)	·	·	(△)	·	·	·	·	(+)
ハタザオ	(*Turritis glabra*)	+	+	(+)	·	(○)	(○)	(○)	·	·	·	·
タデ科	AE41. POLYGONACEAE											
シベリアイワタデ	(*Aconogonon divaricatum*)	·	·	(+)	·	·	(○)	·	·	·	·	(+)
ダッタンソバ	(*Fagopyrum tataricum*)	(+)	(+)	+	·	(△)	·	·	·	·	·	(+)
ソバカズラ	(*Fallopia convolvulus*)	(+)	(+)	+	·	(◎)	(○)	(○)	·	(○)	·	(+)
ツルタデ	(*Fallopia dumetorum*)	(+)	(+)	+	·	(◎)	(△)	·	·	·	·	·
イタドリ	(*Fallopia japonica*)	+	(+)	·	·	·	(○)	·	·	·	·	·
サナエタデ	(*Persicaria lapathifolia* var. *incana*)	+	+	+	(○)	(○)	(●)	(○)	(○)	(○)	(○)	(+)
ヨウシュハルタデ	(*Persicaria maculosa* ssp. *maculosa*)	(+)	(+)	(+)	(○)	·	(○)	(○)	·	(○)	·	(+)
タニソバ	(*Persicaria nepalensis*)	+	+	+	·	(●)	(●)	(○)	·	·	·	·
ミチヤナギ	(*Polygonum aviculare* ssp. *aviculare*)	+	+	+	(○)	(○)	(○)	(○)	(○)	·	(○)	(+)
ハイミチヤナギ	(*Polygonum aviculare* ssp. *depressum*)	(+)	(+)	+	·	(△)	(○)	(○)	·	(○)	(○)	(+)
オクミチヤナギ	(*Polygonum avicularre* ssp. *neglectum*)	·	(+)	+	·	(○)	(●)	(●)	·	·	(○)	(+)
ウシオミチヤナギ	(*Polygonum boreale*)	·	+	+	·	·	(○)	(○)	·	·	·	(+)
ヒナスイバ	(*Rumex acetosella* ssp. *acetosella*)	(+)	·	+	·	(○)	(○)	(○)	·	·	(○)	(+)
ヒメスイバ	(*Rumex acetosella* ssp. *pyrenaicus*)	(+)	(+)	+	(○)	(◎)	(●)	(●)	(○)	(○)	(◎)	(+)
ナガバギシギシ	(*Rumex crispus*)	(+)	(+)	(+)	(◎)	(○)	(○)	(○)	(○)	(○)	·	·
ノダイオウ	(*Rumex longifolius*)	+	+	+	(○)	(△)	(●)	(●)	(●)	(●)	(●)	(+)
エゾノギシギシ	(*Rumex obtusifolius*)	(+)	(+)	(+)	(○)	(●)	(●)	(●)	(○)	(●)	(●)	(+)
ナデシコ科	AE43. CARYOPHYLLACEAE											
オオミミナグサ	(*Cerastium fontanum* ssp. *vulgare* var. *vulgare*)	·	+	(+)	·	·	(●)	(●)	(○)	(●)	(●)	(+)
ミミナグサ	(*Cerastium fontanum* ssp. *vulgare* var. *angustifolium*)	+	+	(+)	(○)	(◎)	(○)	(◎)	·	·	·	·
アライトツメクサ	(*Sagina procumbens*)	(+)	(+)	(+)	·	(○)	(○)	(●)	(○)	(●)	(●)	(+)
サボンソウ	(*Saponaria officinalis*)	(+)	(+)	·	·	·	·	(●)	·	·	·	·

和　名	学　名	本州	北海道	サハリン	歯舞群島	色丹島	国後島	択捉島	ウルップ島	ブラットチルポイ～マカンル島	北千島	カムチャツカ半島
マツヨイセンノウ	(*Silene alba*)	(+)	(+)	+	・	・	(○)	(○)	・	・	(○)	(+)
ツキミセンノウ	(*Silene noctiflora*)	(+)	(+)	(+)	・	(○)	(○)	・	・	・	・	・
シラタマソウ	(*Silene vulgaris*)	(+)	(+)	+	(○)	・	(○)	(●)	・	・	(○)	(+)
ノハラツメクサ	(*Spergula arvensis*)	(+)	(+)	(+)	・	(○)	(●)	(●)	(●)	・	(○)	(+)
ウスベニツメクサ	(*Spergularia rubra*)	(+)	(+)	(+)	・	(●)	(○)	(●)	(●)	(●)	(●)	(+)
カラフトホソバハコベ	(*Stellaria graminea*)	・	(+)	(+)	・	・	(○)	(●)	・	・	・	(+)
ハコベ	(*Stellaria media*)	+	+	(+)	(○)	◎	(●)	(●)	(●)	(●)	(●)	(+)
ヒユ科	AE44. AMARANTHACEAE											
アメリカビユ	(*Amaranthus blitoides*)	(+)	・	・	・	・	・	(○)	・	・	・	・
シロザ	(*Chenopodium album*)	+	+	+	(○)	(◎)	(●)	(●)	(●)	(○)	(○)	(+)
コアカザ	(*Chenopodium ficifolium*)	+	(+)	・	・	・	・	(●)	・	・	・	・
ウラジロアカザ	(*Chenopodium glaucum*)	(+)	(+)	+	・	(●)	・	・	・	・	・	(+)
ウスバアカザ	(*Chenopodium hybridum*)	(+)	(+)	・	・	(○)	・	・	・	・	・	・
ツリフネソウ科	AE48. BALSAMINACEAE											
オニツリフネソウ	(*Impatiens glandulifera*)	・	(+)	(+)	・	(●)	(●)	・	・	・	・	(+)
ハナシノブ科	AE49. POLEMONIACEAE											
クサキョウチクトウ	(*Phlox paniculata*)	・	(+)	・	・	(●)	・	・	・	・	・	(+)
サクラソウ科	AE50. PRIMULACEAE											
サカコザクラ	(*Androsace filiformis*)	(+)	(+)	(+)	・	・	・	・	(△)	・	(●)	+
アカネ科	AE54. RUBIACEAE											
トゲナシムグラ	(*Galium mollugo*)	(+)	(+)	(+)	・	・	(●)	・	・	・	・	・
ガリウム・ウリギノースム	(*Galium spurium* var. *echinospermon*)	・	・	・	・	・	・	・	(○)	・	(○)	・
ヤエムグラ	(*Galium vaillantii*)	+	+	(+)	・	・	(○)	・	・	・	・	(+)
ムラサキ科	AE57. BORAGINACEAE											
ルリヂシャ	(*Borago officinalis*)	(+)	(+)	(+)	・	・	(○)	(○)	・	・	・	(+)
コンフリー	(*Symphytum* × *uplandicum*)	(+)	(+)	・	・	・	(○)	(●)	・	・	・	・
ヒルガオ科	AE58. CONVOLVULACEAE											
セイヨウヒルガオ	(*Convolvulus arvensis*)	(+)	(+)	(+)	・	・	(○)	(●)	(○)	・	・	(+)
ナス科	AE59. SOLANACEAE											
イヌホオズキ	(*Solanum nigrum*)	+	+	+	・	(◎)	(◎)	(●)	(○)	・	・	・
オオバコ科	AE61. PLANTAGINACEAE											
ジギタリス	(*Digitalis purpurea*)	(+)	(+)	(+)	・	・	(○)	(○)	・	・	・	・
ホソバウンラン	(*Linaria vulgaris*)	(+)	(+)	(+)	(○)	(●)	・	・	・	・	(●)	(+)
セイヨウオオバコ	(*Plantago major*)	(+)	(+)	(+)	・	・	(●)	(●)	(○)	・	(○)	(+)
ヘラオオバコ	(*Plantago lanceolata*)	(+)	(+)	(+)	・	・	(○)	(●)	・	・	・	(+)
シロバナオオバコ	(*Plantago media*)	・	・	(+)	・	(△)	(○)	・	・	・	・	(+)
コテングクワガタ	(*Veronica serpyllifolia* ssp. *serpyllifolia*)	(+)	(+)	(+)	・	・	・	・	・	(●)	(●)	(+)
ホソバカワヂシャ	(*Veronica scutellata*)	・	・	(+)	・	・	(○)	(○)	・	・	・	・
カラフトヒヨクソウ	(*Veronica chamaedrys*)	(+)	(+)	(+)	・	・	(●)	(○)	・	・	・	(+)
オオイヌノフグリ	(*Veronica persica*)	(+)	(+)	(+)	・	・	(○)	(○)	(△)	・	・	・
シソ科	AE63. LAMIACEAE											
ナギナタコウジュ	(*Elsholtzia ciliata*)	+	+	+	・	(◎)	(◎)	(●)	・	(○)	・	(+)
チシマオドリコソウ	(*Galeopsis bifida*)	(+)	(+)	+	・	(●)	(●)	(●)	(●)	・	(○)	(+)
ガレオプシス・ラダヌム	(*Galeopsis ladanum*)	・	・	(+)	・	・	・	(○)	・	・	・	(+)
タヌキジソ	(*Galeopsis tetrahit*)	・	・	・	・	(○)	・	・	・	・	・	(+)
ホトケノザ	(*Lamium amplexicaule*)	+	(+)	・	・	(△)	(○)	(◎)	・	・	・	・
アメリカハッカ	(*Mentha* × *gentilis*)	(+)	(+)	・	・	・	・	(●)	・	・	・	・
イヌハッカ	(*Nepeta cataria*)	(+)	(+)	・	・	・	(○)	・	・	・	・	・
ハマウツボ科	AE65. OROBANCHACEAE											
オドンティテス・ウルガーリス	(*Odonites vulgaris*)	・	・	(+)	・	・	・	(△)	・	・	・	(+)
オクエゾガラガラ	(*Rhinanthus minor*)	・	・	(+)	・	・	(●)	(●)	・	・	・	(+)
キキョウ科	AE68. CAMPANULACEAE											
ジャイアント・ベルフラワー	(*Campanula latifolia*)	・	・	・	・	・	(○)	・	・	・	・	・

和名	学名	本州	北海道	サハリン	歯舞群島	色丹島	国後島	択捉島	ウルップ島	ブラットチルポイ～マカンル島	北千島	カムチャツカ半島
キク科	AE70. ASTERACEAE											
ノコギリソウ	(*Achillea alpina* ssp. *alpina*)	+	+	+	·	·	(●)	·	·	·	·	·
オオバナノコギリソウ	(*Achillea ptarmica*)	·	·	·	·	·	(○)	(●)	·	·	·	·
セイヨウノコギリソウ	(*Achillea millefolium*)	(+)	(+)	(+)	(△)	(○)	(●)	(●)	(○)	(○)	(●)	(+)
ゴボウ	(*Arctium lappa*)	(+)	(+)	(+)	·	(△)	(○)	(●)	·	·	·	(+)
ワタゲゴボウ	(*Arctium tomentosum*)	·	·	(+)	·	(●)	(●)	(●)	·	·	·	(+)
オウシュウヨモギ	(*Artemisia vulgaris*)	·	·	(+)	·	·	(○)	·	·	·	·	(+)
ヒメヨモギ	(*Artemisia feddei*)	+	(+)	·	·	·	(○)	·	·	·	·	·
ユウゼンギク	(*Aster novi-belgii*)	(+)	(+)	(+)	·	·	(○)	·	·	·	·	·
ヒナギク	(*Bellis perennis*)	(+)	(+)	(+)	·	·	(○)	(●)	·	·	·	·
タウコギ	(*Bidens tripartita*)	+	+	·	·	·	(○)	·	·	·	·	·
アメリカセンダングサ	(*Bidens frondosa*)	(+)	(+)	·	·	(○)	(○)	·	·	·	·	·
ヤグルマアザミ	(*Centaurea jacea*)	(+)	(+)	·	·	·	(○)	(●)	·	·	·	·
ヒメタマボウキ	(*Centaurea scabiosa*)	·	·	(+)	·	·	·	(●)	·	·	·	(+)
キクニガナ	(*Cichorium intybus*)	(+)	(+)	(+)	(○)	·	(○)	(○)	·	·	·	(+)
エゾノキツネアザミ	(*Cirsium setosum*)	+	+	+	·	(○)	·	(●)	·	·	(○)	(+)
アメリカオニアザミ	(*Cirsium vulgare*)	(+)	(+)	(+)	·	(○)	(●)	(●)	·	·	·	·
ヒメムカシヨモギ	(*Conyza canadensis*)	(+)	(+)	(+)	·	(◎)	(○)	·	·	·	·	·
ウシオシカギク	(*Cotula coronopifolia*)	(+)	·	(+)	·	·	(○)	·	·	·	·	·
ヒメジョオン	(*Erigeron annuus*)	(+)	(+)	(+)	·	·	(●)	·	·	·	·	·
ヘラバヒメジョオン	(*Erigeron strigosus*)	(+)	(+)	(+)	·	(●)	(●)	·	·	·	·	·
コゴメギク	(*Galinsoga parviflora*)	(+)	·	·	·	·	(○)	·	·	·	·	·
ヒメチチコグサ	(*Gnaphalium uliginosum*)	+	+	(+)	(○)	(○)	(●)	(●)	·	·	(○)	(+)
グナファリウム・ピルラーレ	(*Gnaphalium pilulare*)	·	·	+	·	(○)	(○)	(○)	·	·	·	·
エダウチチチコグサ	(*Gnaphalium sylvaticum*)	(+)	(+)	(+)	·	(●)	(○)	(●)	(○)	·	·	(+)
キクイモ	(*Helianthus tuberosus*)	(+)	(+)	(+)	·	·	(○)	(○)	·	·	·	(+)
アキノタンポポモドキ	(*Leontodon autumnalis*)	·	(△)	(+)	·	(●)	(●)	(●)	·	(●)	(●)	(+)
フランスギク	(*Leucanthemum vulgare*)	(+)	(+)	(+)	·	(●)	(●)	(●)	(○)	·	(●)	(+)
コシカギク	(*Matricaria matricarioides*)	(+)	(+)	(+)	(●)	(●)	(●)	(●)	(●)	(●)	(●)	(+)
コウリンタンポポ	(*Pilosella aurantiaca*)	(+)	(+)	(+)	(○)	·	(○)	(●)	·	(○)	(●)	(+)
ピロセラ・ブラキアータ	(*Pilosella brachiata*)	·	·	·	·	·	·	·	·	·	(○)	·
ピロセラ・フロリブンダ	(*Pilosella floribunda*)	·	·	·	·	·	(○)	·	·	·	·	(+)
アキノノゲシ	(*Pterocypsela indica*)	+	+	·	·	·	(○)	·	·	·	·	·
アラゲハンゴンソウ	(*Rudbeckia hirta* var. *pulcherrima*)	(+)	(+)	·	·	·	(●)	·	·	·	·	·
オオハンゴンソウ	(*Rudbeckia laciniata*)	(+)	(+)	·	·	·	(●)	·	·	·	·	·
ノボロギク	(*Senecio vulgaris*)	(+)	(+)	(+)	·	(●)	(○)	(●)	(●)	(●)	(○)	(+)
オオアワダチソウ	(*Solidago gigantea* subsp. *serotina*)	(+)	(+)	·	·	·	·	(●)	·	·	·	·
セイヨウハチジョウナ	(*Sonchus arvensis*)	(+)	(+)	+	(○)	(○)	(○)	(○)	·	·	(○)	(+)
ノゲシ	(*Sonchus oleraceus*)	+	+	(+)	·	·	(●)	(●)	·	·	·	(+)
オニノゲシ	(*Sonchus asper*)	(+)	(+)	(+)	·	(◎)	(◎)	(◎)	·	·	·	·
ヨモギギク	(*Tanacetum vulgare* var. *vulgare*)	(+)	(+)	·	·	·	·	(●)	·	·	·	(+)
セイヨウタンポポ	(*Taraxacum officinale*)	(+)	(+)	(+)	(○)	(○)	(●)	(●)	(◎)	(●)	(●)	(+)
アカミタンポポ	(*Taraxacum laevigatum*)	(+)	(+)	·	·	(△)	(◎)	·	·	(○)	(○)	(+)
カイゲンタンポポ	(*Taraxacum heterolepis*)	·	·	·	·	·	(○)	(○)	·	·	(○)	(+)
イヌカミツレ	(*Tripleurospermum maritimum* ssp. *inodorum*)	(+)	(+)	(+)	(○)	(○)	(○)	·	(○)	·	·	(+)
オナモミ	(*Xanthium strumarium* ssp. *sibiricum*)	+	+	+	·	·	(△)	(○)	·	·	·	·

和　名	学　名	本州	北海道	サハリン	歯舞群島	色丹島	国後島	択捉島	ウルップ島	ブラットチルポイ～マカンル島	北千島	カムチャツカ半島
セリ科	AE74. APIACEAE											
イワミツバ	(*Aegopodium podagraria*)	(+)	(+)	·	·	·	(○)	·	·	·	·	(+)
キャラウェイ	(*Carum carvi*)	·	·	(+)	·	·	(○)	(○)	·	(○)	(○)	(+)
ドクニンジン	(*Conium maculatum*)	(+)	(+)	(+)	·	·	(○)	·	·	·	·	·
ノラニンジン	(*Daucus carota* ssp. *carota*)	(+)	(+)	·	·	·	·	(●)	·	·	·	·

(　)付きの分布記号は当該地域で外来種と考えられているもの，(　)のない分布記号は当該地域で在来種と考えられているもの
●：戦後標本が確認されているもの，◎：戦前標本のみが確認されているもの，○：信頼できる文献があるもの，△：文献記録はあるが再検討が必要なもの，・：標本も文献記録もないもの。千島列島以外では，＋：分布するもの，・：分布しないもの

Appendix 6　Plate データ一覧

【写真撮影データ】

Plate 1

1：2010年8月27日，2：2010年8月25日，3：2010年8月23日，4：2010年8月23日，5：2010年8月23日，
6：2010年8月24日，7：2010年8月28日，8：2010年8月25日

Plate 2

1：2010年8月25日，2：2010年8月27日，3：2010年8月28日，4：2010年8月27日，5：2010年8月26日，
6：2010年8月25日

Plate 3

1：2010年8月26日，2：2010年8月25日，3：2010年8月27日，4：2010年8月23日，5：2010年8月23日，
6：2010年8月29日，7：2010年8月23日，8：photo by Dr. V.Yu. Barkalov，9：2010年8月22日

Plate 4

1：2012年8月21日，2：2012年8月21日，3：2012年8月21日，4：2012年8月20日，5：2012年8月19日，
6：2012年8月22日，7：2012年8月18日，8：2012年8月18日

Plate 5

1：2012年8月19日，2：2012年8月19日，3：2012年8月22日，4：2009年10月24日，5：2009年10月23日，
6：photo by Dr. V.Yu. Barkalov

Plate 6

1：2009年10月25日，2：2012年8月18日，3：2009年10月24日，4：2009年10月25日，5：2009年10月28日，
6：2012年8月18日，7：2012年8月19日

Plate 7

1：2012年8月27日，2：2012年8月29日，3：2012年8月29日，4：2012年8月29日，5：2012年9月5日，
6：1996年8月22日，7：2012年9月2日

Plate 8

1：2012年8月29日，2：2012年8月26日，3：2012年8月30日，4：2012年9月8日，5：2012年9月2日，
6：2012年9月4日

Plate 9

1：2012年8月26日，2：2012年9月5日，3：photo by Dr. V.Yu. Barkalov，4：2012年9月1日，
5：2012年8月30日，6：2012年8月28日，7：2012年9月1日，8：2012年8月28日

Plate 10

1：1995年8月6日，2：1995年8月6日，3：2000年8月9日，4：2000年8月9日，5：1996年8月20日，
6：1995年8月4日，7：2000年8月7日，8：1996年8月20日

Plate 11

1：1995年8月5日，2：2000年8月7日，3：2000年8月8日，4：1996年8月20日，5：1996年8月20日，
6：2000年8月8日，7：1995年8月5日

Plate 12

1：1997年8月20日，2：2000年8月5日，3：2000年8月6日，4：2000年8月5日，5：2000年8月4日，
6：2000年8月3日，7：2000年8月6日

Plate 13

1：2000年8月2日，2：2000年8月2日，3：1995年8月19日，4：2000年8月2日，5：1995年8月22日，
6：2000年8月2日，7：2000年8月2日

Plate 14

1：1997年8月1日，2：1995年8月14日，3：1997年8月1日，4：1997年8月1日，5：1997年8月1日

Plate 15

1：1997年8月1日，2：1997年8月1日，3：1997年8月1日，4：1997年8月2日，5：1997年8月2日，
6：1997年8月2日

Plate 16

1：1995年8月12日，2：2000年8月1日，3：1996年8月14日，4：2000年7月31日，5：2000年7月31日，
6：1996年8月14日，7：2000年7月31日，8：2000年7月31日

Plate 17

1：1996年8月13日，2：2000年7月30日，3：1996年8月13日，4：2000年7月30日，5：1997年8月3日
photo by Y. Kuwahara

Plate 18

1：2000年7月29日，2：1996年8月11日，3：2000年7月29日，4：2000年7月29日，5：1996年8月10日，6：2000年7月29日，7：2000年7月29日

Plate 19

1：1996年8月10日，2：1996年8月10日，3：2000年7月28日，4：2000年7月28日，5：2000年7月28日，6：2000年7月28日

Plate 20

1：2000年7月28日，2：1996年8月8日，3：2000年7月28日，4：2000年7月28日，5：2000年7月28日，6：1996年8月8日

Plate 21

1：2000年7月27日，2：1996年8月4日，3：1996年8月4日，4：2000年7月27日，5：2000年7月27日，6：1996年8月7日，7：1996年8月7日

Plate 22

1：2000年7月27日，2：2000年7月27日，3：2000年7月27日，4：2000年7月27日，5：2000年7月27日，6：1997年8月18日，7：1997年8月18日

Plate 23

1：2000年7月23日，2：1997年8月15日，3：2000年7月23日，4：1996年8月1日，5：1996年8月3日，6：1997年8月16日，7：1997年8月17日，8：1997年8月11日

Plate 24

1：1997年8月16日，2：1997年8月16日，3：1997年8月16日，4：1997年8月14日，5：1997年8月16日 photo by Y. Kuwahara，6：1996年8月3日，7：1996年8月3日，8：1997年8月16日

Plate 25

1：1996年8月1日，2：1997年8月16日，3：1996年8月1日，4：1997年8月16日，5：1996年8月1日，6：2000年7月25日，7：2000年7月25日

Plate 26

1：1997年8月8日，2：2000年7月24日，3：1997年8月9日，4：1997年8月8日，5：1997年8月9日，6：1997年8月8日，7：1997年8月9日

Plate 27

1：1997年8月8日，2：1997年8月9日，3：1997年8月8日，4：1997年8月8日，5：1997年8月8日，6：1997年8月9日，7：1997年8月8日

Plate 28

1：1997年8月12日，2：2000年7月23日，3：1997年8月12日，4：1997年8月12日，5：1997年8月12日，6：1997年8月12日，7：1997年8月12日，8：1997年8月12日

【標本ラベルデータ】

Plate 29

1：*Aconitum kurilense* Takeda (Isl. Shikotan, Anama. M. Arai s.n. Sep. 2, 1910, SAPS)
2：*Adenophora kurilensis* Nakai (Isl. Simushir, Broton Bay. M. Tatewaki & Y. Tokunaga 11577. Aug. 13, 1928, SAPS)
3：*Ajuga shikotanensis* Miyabe et Tatew. (Isl. Shikotan, foot of Mt. Masuba. M. Tatewaki s.n. Jun. 24, 1934, SAPS)
4：*Amitostigma hisamatsui* Miyabe et Tatew. (Isl. Kunashir, Tomari. M. Tatewaki 25373. Aug. 17, 1936, SAPS)

Plate 30

1：*Astragalus kawakamii* Matsum. (Isl. Iturup, Bettobi. T. Kawakami 12. Aug. 6, 1898, SAPS)
2：*Astragalus kurilensis* Matsum. (Isl. Urup, Perikamoi. K. Uchida s.n. Jun. 30, 1891, SAPS)
3：*Bromus paramhushirensis* Kudô (Isl. Paramushir, Shiribachi. Y. Kudo 4889. Jun. 27, 1920, SAPS)
4：*Cerastium tatewakii* Miyabe (Isl. Ketoi, Minamiura. M. Tatewaki & K. Takahashi 15791. Jul. 28, 1929, SAPS)

Plate 31

1：*Cirsium pectinellum* A.Gray var. *shikotanense* Miyabe et Tatew. (Isl. Shikotan, Syakotan, Kagenoma. A. & H. Kimura s.n. Aug. 6, 1933, SAPS)
2：*Deschampsia paramushirensis* Honda (Isl. Paramushir, Kamogawa. Y. Kudo 5272. Jul. 14, 1920, SAPS)
3：*Juncus tatewakii* Satake (Isl. Kunashir, Lake Ichibishinai, Ponto. M. Tatewaki 25464. Aug. 20, 1936, SAPS)
4：*Luzula jimboi* Miyabe et Kudô (Isl. Iturup, Shibetoro. K. Jimbo s.n. Jun. 13, 1891, SAPS)

Plate 32

1：*Oxytropis itoana* Tatew. (Isl. Urup, Mishima. M. Tatewaki & K. Takahashi s.n. Jul. 24, 1929, SAPS)
2：*Oxytropis retusa* Matsum. (Isl. Rasshua. I. Kodama s.n. Jul., 1893, SAPS)
3：*Papaver miyabeanum* Tatew. (Isl. Simushir, Broton-zaki. M. Tatewaki & Y. Tokunaga 11569. Aug. 13, 1928, SAPS)
4：*Poa ketoiensis* Tatew. et Ohwi (Isl. Ketoi, Ishikuzurehama. M. Tatewaki & K. Takahashi s.n. Aug. 17, 1929, SAPS)

Plate 33

1：*Prunus ceraseidos* Maxim. var. *kurilensis* Miyabe (Isl. Iturup, Rubetsu. K. Miyabe s.n. Jul. 28, 1884, SAPS)

2：*Salix paramushirensis* Kudô (Isl. Paramushir, Nodawan. Y. Kudo 4865. Jun. 26, 1920, SAPS)
3：*Salix aquilonia* Kimura ♂ (Isl. Rasshua, Sonrakuwan. M. Tatewaki & K. Takahashi 15258. Aug. 8, 1929, SAPS)
4：*Salix aquilonia* Kimura ♀ (Isl. Ketoi, Ashizaki. M. Tatewaki & K. Takahashi 15601. Aug. 26, 1929, SAPS)

Plate 34

1：*Salix ketoiensis* Kimura ♂ (Isl. Ketoi, Kodakigawa. M. Tatewaki & K. Takahashi 15236. Aug. 14, 1929, SAPS)
2：*Salix ketoiensis* Kimura ♀ (Isl. Ketoi, Kodakigawa. M. Tatewaki & K. Takahashi 15230. Aug. 14, 1929, SAPS)
3：*Salix phanerodictya* Kimura (Isl. Simushir, Lake Midori. M. Tatewaki & Y. Tokunaga 11954. Aug. 18, 1928, SAPS)
4：*Salix pulchroides* Kimura (Isl. Paramushir, Murakamiwan. Y. Kudo 4984. Ju. 4, 1920, SAPS)

Plate 35

1：*Salix rashuwensis* Kimura (Isl. Rasshua, Onuma. M. Tatewaki & K. Takahashi 15154. Aug. 5, 1929, SAPS)
2：*Salix subreniformis* Kimura (Isl. Rasshua, Nakadomari. M. Tatewaki & K. Takahashi 14946. Aug. 3, 1929, SAPS)
3：*Sasa depauperata* (Takeda) Nakai (Isl. Shikotan, Kompu-usu. M. Arai s.n. Aug. 27, 1909, SAPS)
4：*Saussurea kurilensis* Tatew. (Isl. Urup, Tokotan. M. Tatewaki 11395. Aug. 2, 1928, SAPS)

Plate 36

1：*Taraxacum ketoiense* Tatew. et Kitam. (Isl. Ketoi, Kombuzaki. M. Tatewaki & K. Takahashi 15597. Aug. 26, 1929, SAPS)
2：*Taraxacum kudoanum* Tatew. et Kitam. (Isl. Paramushir, Murakamiwan. Y. Kudo 4960. Jul. 4, 1920, SAPS)
3：*Taraxacum shimushirense* Tatew. et Kitam. (Isl. Simushir, Nakadomari. M. Tatewaki & Y. Tokunaga 11993. Aug. 18, 1928, SAPS)
4：*Viola crassa* Makino var. *vegeta* Nakai (Isl. Iturup, Sokiya — Porosu. Ken. Miyabe & G. Tanaka s.n. Jul. 21, 1910, SAPS)

Plate 37

1：*Adenophora onoi* Tatew. et Kitam. (Isl. Shikotan, Shakotanzaki. J. Ohwi s.n. Aug. 31, 1931, KYO)
2：*Artemisia insularis* Kitam. (1) (Isl. Iturup, Mt. Hitokappu. R. Yoshii & M. Koriba s.n. Aug. 14, 1933, KYO)
3：*Artemisia insularis* Kitam. (2) (Isl. Iturup, Mt. Hitokappu. R. Yoshii & M. Koriba s.n. Aug. 14, 1933, KYO)
4：*Bromus yezoensis* Ohwi (Isl. Shikotan, Umanose. J. Ohwi s.n. Aug. 30, 1931, KYO)

Plate 38

1：*Bupleurum shikotanense* M.Hiroe (Isl. Shikotan, Shikotan — Kagenoma. J. Ohwi s.n. Aug. 31, 1931, KYO)
2：*Carex chishimana* Ohwi (Isl. Paramushir, Raisha. J. Ohwi & R. Yoshii 6060. Aug. 6, 1934, KYO)
3：*Carex kurilensis* Ohwi (Isl. Shikotan, Notoro. J. Ohwi 813. Aug. 11, 1931, KYO)
4：*Carex ushishirensis* Ohwi (Isl. Ushishir, Kitajima. M. Tatewaki & K. Takahashi 15918. Sep. 14, 1929, KYO)

Plate 39

1：*Oxytropis kunashirensis* Kitam. (Isl. Kunashir. Muraoka s.n. 1935, KYO)
2：*Poa shumushuensis* Ohwi (1) (Isl. Shumshu, Tenjin-yama, J. Ohwi & R. Yoshii 5658. Jul. 28, 1934, KYO)
3：*Poa shumushuensis* Ohwi (2) (上記図一部拡大，KYO)
4：*Saxifraga fusca* Maxim. var. *kurilensis* Ohwi (Isl. Shikotan, Umanose. J. Ohwi s.n. Aug. 30, 1931, KYO)

Plate 40

1：*Taraxacum kojimae* Kitam. (Is. Paramushir, Mt. Yake-dake. K. Kojima 1609. Aug. 4, 1932, KYO)
2：*Taraxacum shikotanense* Koidz. et Kitam. (Isl. Shikotan, Shakotanzaki. J. Ohwi 73. Jul. 20, 1931, KYO)
3：*Taraxacum shumushuense* Kitam. (Isl. Shumshu, Shiraiwa. T. Ohashi 1. Aug. 28, 1932, KYO)
4：*Taraxacum yetrofuense* Kitam. (Isl. Iturup, Furebetsu. M. Tatewaki 31255. Aug. 19, 1940, KYO)

Plate 41

1：*Aconogonon pseudoajanense* Barkalov et Vyschin (holo- Isl. Iturup, Mt. Atsonupuri. V.Yu. Barkalov & I.B. Vyschin s.n. Aug. 12, 1988, VLA)
2：*Betula paramushirensis* Barkalov (iso- Isl. Paramushir, River Savushkina. V.Yu. Barkalov s.n. Aug. 27, 1979, VLA)
3：*Brachypodium sylvaticum* (Huds.) P.Beauv. subsp. *kurilense* Prob. (iso- Isl. Iturup, Kuril'sk. N. Probatova s.n. Sep. 3, 1968, VLA)
4：*Cirsium charkeviczii* Barkalov (holo- Isl. Kunashir, Yuzhno-Kuril'sk. V.Yu. Barkalov s.n. Aug. 25, 1985, VLA)

Plate 42

1：*Clinopodium kunashirense* Prob. (holo- Isl. Kunashir, Stolbchatyy cape. N. Provbatova & V. Seledets 6730. Aug. 12, 1987, VLA)
2：*Erigeron schikotanensis* Barkalov (iso- Isl. Shikotan, Malokuril'skaya Bay. Aug. [Jul. on label] 11, 1959, VLA)
3：*Hedysarum sachalinense* B.Fedtsch. subsp. *austrokurilensis* N.S.Pavlova (iso- Isl. Shikotan, Krabozabodskoye, Gorobets Bay. N.S. Pavlova s.n. Aug. 25, 1968, VLA)
4：*Hedysarum sachalinense* B.Fedtsch. subsp. *confertum* N.S.Pavlova (iso- Isl. Shumshu, Babushkino pen. N.S. Pavlova s.n. Jul. 31, 1968, VLA)

Plate 43

1：*Ixeridium kurilense* Barkalov (holo- Isl. Kunashir. Yuzhno-Kuril'sk. V.Yu. Barkalov s.n. Aug. 8, 1983, VLA)

2：*Lycopus kurilensis* Prob. (holo- Isl. Kunashir, Lagunnoye. N.S. Probatova et al. s.n. Jul. 31, 1987, VLA)

3：*Minuartia barkalovii* N.S. Pavlova (holo- Isl. Iturup, volcano Stokap. V.Yu. Barkalov et al. s.n. Jul. 20-24, 1988, VLA)

4：*Minuartia kurilensis* Ikonn. et Barkalov (type- Isl. Paramushir, Shelekhova Bay, Mt. Kamenik. V.Yu. Barkalov s.n. Aug. 17, 1979, VLA)

Plate 44

1：*Viola bezdelevae* Worosch. (topo- Isl Iturup. V.Yu. Barkalov et al. s.n. Aug. 20-24, 1988, VLA)

2：*Viola vorobievii* Bezdeleva（全体），3：*Viola vorobievii* Bezdeleva（一部拡大），4：*Viola vorobievii* Bezdeleva（ラベル拡大：holo- Isl. Kunashir, volcano Mendeleeva. O.A. Nepomnyashaya s.n. Jul. 7, 1983, VLA）

Plate 45

1：*Circaea cordata* Royle (Isl. Kunashir, Alekhino. Aug., 1968, VLA)

2：*Circaea mollis* Siebold et Zucc. (Isl. Kunashir, Mendeleyevo. L. M. Alexeeva s.n. Aug. 25, 1972, VLA)

3：*Euclidium syriacum* (L.) R.Br. (Isl. Kunashir, Yuzhno-Kuril'sk. V.Yu. Barkalov s.n. Aug. 9, 1983, VLA)

4：*Gymnostemma pentaphyllum* (Thunb.) Makino (Isl. Kunashir. Aug. 19, 1989, VLA)

Plate 46

1：*Orobanche coerulescens* Stephan ex Willd. (Isl. Shikotan, Del'fin Bay. V.Yu. Barkalov s.n. Aug. 31, 2007, VLA)

2：*Papaver microcarpum* DC. (Isl. Paramushir. Aug. 12, 1964, VLA)

3：*Primula japonica* A.Gray (Isl. Kunashir. E. Pobedimova & G. Konovalova s.n. Jun. 23, 1959, VLA)

4：*Tilia maximowicziana* Shiras. var. *yesoana* (Nakai) Tatew. (Isl. Kunashir, Yuzhno-Kuril'sk. Jul. 24, 1982, VLA)

引用文献

[1]“Charkevicz”と綴られることがあるが，本書ではKharkeviczに統一した.
[2]“Tsvelev”と綴られることがあるが，本書ではTzvelevに統一した.

【和文文献(あいうえお順)】

秋月俊幸. 2014. 千島列島をめぐる日本とロシア. 北海道大学出版会，札幌.
秋山茂雄. 1955. 極東亜産スゲ属植物. 北海道大学，札幌.
朝日新聞北海道支社報道部・爺々岳日ロ共同調査事務局(編). 1999. 北方4島・国後島「爺々岳」専門家交流実施報告書. 朝日新聞北海道支社報道部・爺々岳日ロ共同調査事務局，札幌.
阿部幹雄. 1992. 北千島冒険紀行. 山と渓谷社，東京.
五十嵐博. 1996. 北海道におけるオオバキスミレ類の分布(予報). 北方山草会会報 (14)：27-35.
五十嵐博. 2001. 北海道帰化植物便覧— 2000年版. 北海道野生植物研究所，札幌.
五十嵐博. 2004. 北海道におけるヒメドクサとチシマヒメドクサの分布. 植物研究雑誌 **79**：334-338.
いがりまさし. 2004. 山渓ハンディ図鑑6 増補改訂 日本のスミレ. 山と渓谷社，東京.
石川幸男・佐藤謙. 2007. 知床半島の森林植生. 斜里町立知床博物館(編)，知床の植物Ⅱ. pp.76-112. 北海道新聞社，札幌.
伊藤浩司. 1967. 北海道におけるコウホネ類の分布. 植物研究雑誌 **42**：242-243.
伊藤浩司. 1981. 北海道の高山植物と山草. 誠文堂新光社，東京.
伊藤浩司・新宮弘子. 1982-83. 新しいササの見方 -1-，-2-，-3-. 北方林業 **34**：320-334，**35**：17-20，54-57.
伊藤浩司・日野間彰. 1985. 環境調査・アセスメントのための北海道高等植物目録Ⅰ. たくぎん総合研究所，札幌.
伊藤栄. 1968. オオバタチツボスミレに関する考察. 国立科博研報 **11**：333-340(＋3 plates).
伊藤誠哉. 1941-42. 千島植物研究総説(1)-(8). 植物及動物 **9**：339-347，435-440，547-550；**10**：29-32，131-136，241-246，355-360，469-476.
伊藤元己・田村実・戸部博・永益英敏・藤井伸二・米倉浩司. 2012. APG Ⅲ分類体系. 戸部博・田村実(編)，新しい植物分類学Ⅰ. pp.230-238. 講談社，東京.
井上幸三. 1986. 夜沼とほか二つの湖沼の水草について. 岩手植物の会会報(23)：1-4.
岩槻邦男. 1992. 日本の野生植物シダ. 平凡社，東京.
ヴィソーコフ，M.S. 2001. サハリンの歴史—サハリンとクリル諸島の先史から現代まで(板橋政樹訳). 北海道撮影社，札幌.
植田邦彦・藤井紀行. 2000. 高山植物のたどった道：系統地理学への招待. 工藤岳(編著)，高山植物の自然史. pp.3-20. 北海道大学図書刊行会，札幌.
宇津徳治・石川俊夫・勝井義雄. 1973. 千島列島. 上田誠也・杉村新(編)，世界の変動帯. pp.260-270. 岩波書店，東京.
梅沢俊. 2007. 新北海道の花. 北海道大学出版会，札幌.
梅沢俊. 2009. 新版北海道の高山植物. 北海道新聞社，札幌.
大井次三郎. 1932-33. 千島色丹島植物小誌 Ⅰ-Ⅲ. 植物分類地理 **1**：34-55，111-131；**2**：263-287.
大井次三郎. 1934. 莎草植物雑記5. 植物分類地理 **3**：198-199.
大井次三郎. 1935. 北千島ノすげ類. 植物研究雑誌 **11**：404-410.
大井次三郎. 1941. 日本の禾本科植物第一. 植物分類地理 **10**：94-135.
大井次三郎. 1951. 日本及びその附近よりの新しい植物(1). 植物研究雑誌 **26**：229-236.
大井次三郎. 1982. イネ科. 日本の野生植物草本 Ⅰ：85-126. 平凡社，東京.
大井次三郎・北川政夫. 1983. 新日本植物誌顕花篇. 至文堂，東京.
大井次三郎・吉井良三. 1934. 珍奇植物 *Subularia aquatica* L.(アカマロソウ). 植物分類地理 **3**：200.
大島慶一郎. 2013. オホーツク海の循環と温暖化・流出油. 桜井泰徳・大島慶一郎・大泰司紀之(編著)，オホーツクの生態系とその保全. pp.3-18. 北海道大学出版会，札幌.
大野笑三(編). 1940. 南千島色丹島誌. アチックミューゼアム彙報　第47. [日本常民文化研究所. 1973. 日本常民生活資料叢書　第7巻. 三一書房，東京]
大場達之・宮田昌彦. 2007. 日本海草図譜. 北海道大学出版会，札幌.
大場秀章. 1982. ユキノシタ科. 佐竹義輔・大井次三郎・北村四郎・亘理俊次・冨成忠夫(編)，日本の野生植物 Ⅱ：pp.153-172. 平凡社，東京.
大場秀章・秋山忍. 2012. カツラの学名 *Cercidiphyllum japonicum* の著者とそのタイプ. 植物研究雑誌 **87**：354-357.
沖津進. 2002. 北方植生の生態学. 古今書院，東京.
長田武正. 1979. 原色日本帰化植物図鑑. 保育社，大阪.
長田武正. 1989. 日本イネ科植物図譜. 平凡社，東京.

帯広営林局(編)．1959．千島森林誌．帯広営林局，帯広．
外務省．2009．われらの北方領土2008年版．外務省，東京．
勝山輝男．1995．日本新産のスゲ属植物ラウススゲ．植物研究雑誌 **70**：233．
勝山輝男．2005．ネイチャーガイド日本のスゲ．文一総合出版，東京．
加藤ゆき恵．2011．北海道におけるムセンスゲ *Carex livida* (Wahlenb.) Willd. の初発見地の検討と秋山茂雄博士による大雪山調査の足跡．莎草研究 (16)：1-22．
門田裕一．2003．北海道のトリカブト属植物(キンポウゲ科)について．北方山草 (20)：9-25．
門田裕一．2012．北海道植物ノート(3)：根室半島のアザミたち．北方山草 (29)：69-78．
角野康郎．1994．日本水草図鑑．文一総合出版，東京．
角野康郎．2014．日本の水草．文一総合出版，東京．
環境省．2012．植物(1)維管束植物環境省第4次レッドリスト(2012)．環境省自然環境局野生生物課，東京．
神田房行・冨士田裕子・辻井達一．1992．ハナタネツケバナの分布．植物研究雑誌 **67**：48-49．
川上瀧彌．1901-02．択捉島ノ森林樹種及其分布．植物学雑誌 **15**：185-187，214-220，240-246，261-269，**16**：23-28，111-120，183-186．
北村四郎．1936．邦産ツリガネニンジンの数種に就いて．植物分類地理 **5**：204-210．
北村四郎．1938．本邦産カウモリサウ属の分類及び分布．植物分類地理 **7**：236-251．
倉田悟・中池敏之．1987．マツバラン．日本のシダ植物図鑑 分布・生態・分類 **5**．pp.2-7．東京大学出版会，東京．
小泉秀雄・横内斎．1956．千島エトロフ島植物調査紀行(一)，(二)，(三)，(四)．樹氷 **6**(1)：18-31，**6**(2)：34-47，**6**(3)：28-37，**6**(4)：32-41．
小泉秀雄・横内斎．1958．北千島植物採集行(1)，(2)，(3)，(4)，(5)．樹氷 **8**(2)：22-35，**8**(3)：8-16，**8**(4)：8-15，**8**(5)：60-66，**8**(6)：8-15．
国土地理院．1991．30万分1集成図北方四島．国土地理院，東京．
小宮定志．2003．北海道における食虫植物の現状と新産種．北方山草 (20)：37-45．
小宮定志・外山雅寛・沖田貞敏・柴田千晶．2001．北日本に分布するオオタヌキモ．植物研究雑誌 **76**：120-122．
佐藤謙．1987．北海道植物分布ノート．植物研究雑誌 **62**：63-64．
佐藤謙．1994．北海道植物分布ノート．植物研究雑誌 **69**：239-240．
佐藤謙．1999．国後島・羅臼山の植生．NC HOKKAIDO(北海道自然保護協会会報) (108)：4-5．
佐藤謙．2005．知床の植物「概説」．知床町立知床博物館(編)，知床の植物Ⅰ．pp.144-173．斜里町教育委員会，斜里．
佐藤謙．2007a．知床半島と国後島の海岸植物．斜里町立知床博物館(編)，知床の植物Ⅱ．pp.46-53．北海道新聞社，札幌．
佐藤謙．2007b．北海道高山植生誌．北海道大学出版会，札幌．
佐藤謙・高橋伸幸．1994．日本新産コヌマスゲについて．植物研究雑誌 **69**：235-238．
清水建美．1982．原色日本高山植物図鑑(Ⅰ)．保育社，大阪．
清水建美．1983．原色日本高山植物図鑑(Ⅱ)．保育社，大阪．
清水建美．2003．日本の帰化植物．平凡社，東京．
清水建美・門田裕一・木原浩．2014．山渓ハンディ図鑑8 高山に咲く花 増補改訂新版．山と渓谷社，東京．
清水敏一．2004．大雪山の父・小泉秀雄．北海道出版企画センター，札幌．
菅原繁蔵．1937．樺太植物誌第1巻(はなやすり科～かやつりぐさ科)．[国書刊行会．1975．復刻版]
菅原繁蔵．1939．樺太植物誌第2巻(てんなんせう科～もくれん科)．[国書刊行会．1975．復刻版]
鈴木貞雄．1996．日本タケ科植物図鑑．聚海書林，船橋．
須田裕．2001．邦産フクジュソウ属植物の分化．岩手大学教育学部学会報告書 (16)：13-20．
瀬戸口浩彰．2012．琉球列島における植物の由来と多様性の形成．植田邦彦(編著)，植物地理の自然史．pp.21-77．北海道大学出版会，札幌．
髙岡直吉．1901．北千島調査報文．北海道庁，札幌．[北海道出版企画センター．1975]
高倉新一郎．1960．千島概史．南方同胞援護会，東京．
高須英樹・林一彦・河野昭一．1980．北東アジア地域におけるアキノキリンソウ(広義)の変異と地理的分布．植物地理・分類研究 **28**：53-62．
髙橋秀男．1974．日本産高山植物ノート(3) 日本産キバナノコマノツメとタカネスミレについて．神奈川県立博物館研究報告 (7)：1-21(14 plates)．
髙橋英樹．1991．日本産イチヤクソウ類の分布と東北地方中南部欠落分布．植物分類地理 **42**：23-43．
髙橋英樹．1994a．「北方領土」の植物．週刊朝日百科植物の世界 **2**．pp.94-96．朝日新聞社，東京．
髙橋英樹．1994b．ヤクート(サハ)の植物地理．日本植物分類学会報 **10**：21-33．
髙橋英樹．1996a．千島列島の植物地理資料．植物分類地理 **47**：271-283．
髙橋英樹．1996b．1995年中部千島植物調査．北方山草 (14)：9-15．
髙橋英樹．1996c．礼文島の植物分類地理．プランタ (46)：12-16．
髙橋英樹．1998．1996年の国際千島列島調査．北方山草 (15)：1-6．
髙橋英樹．1999．1997年の国際千島列島調査．北方山草 (16)：10-16．

高橋英樹．2001．千島列島の自然と「高山植物」．モーリー（4）：18-21．
高橋英樹．2002．千島列島の植物地理．分類 **2**：9-18．
高橋英樹．2003．北海道大学に収蔵されている千島列島産裸子植物標本目録—標本庫から見えるもの．北方山草（20）：27-36．
高橋英樹．2004．ヤチヤナギとヤチツツジはサハリンを南下した？．北方山草（21）：13-18．
高橋英樹．2005．北方系植物の移動経路—サハリン／千島ルート．分類 **5**(2)：89-97．
高橋英樹．2008．サンクトペテルブルグの日本産エンレイソウ—コジマエンレイソウ標本．北方山草（25）：57-64．
高橋英樹．2011．はるか色丹島から望む，礼文の植物．モーリー（24）：13-15．
高橋英樹．2012a．北から来た植物．モーリー（26）：22-25．
高橋英樹．2012b．千島列島のフロラ研究と植物標本．戸部博・田村実(編著)，新しい植物分類学Ⅰ．pp.184-188．講談社，東京．
高橋英樹．2013．千島列島のスミレ．北方山草（30）：5-14．
高橋英樹・阿部剛史・村上麻季．2004．サハリン・千島植物標本データベース—タイプ標本集 1．北海道大学総合博物館，札幌．
高橋英樹・阿部剛史・加藤ゆき恵・小林孝人・佐藤広行・野別貴博・福田知子(編)．2013．北方四島調査報告．北海道大学総合博物館，札幌．
高橋英樹・加藤ゆき恵．2007．北大研究者による千島列島植物学研究の系譜．高橋英樹・加藤ゆき恵・松田由香(編)．北大千島研究の系譜—千島列島の過去・現在・未来．pp.37-53．北海道大学総合博物館，札幌．
高橋英樹・粟原康裕．1998．北千島アトラソワ(アライト)島のカワツルモ属植物．植物分類地理 **49**：193-204．
高橋英樹・粟原康裕・大原昌宏．1998．北千島パラムシル島でアカマロソウ再発見．水草研究会報（65）：8-9．
高橋英樹・佐藤利幸．2001．北海道大学農学部附属牧場の維管束植物相．北大牧場研究報告 **18**：33-122．
高橋英樹・山崎真実・佐々木純一．2005．オゼコウホネ(スイレン科)の 1 新品種．植物研究雑誌 **80**：48-51．
高橋亮平・松枝大治・小俣友輝．2007．千島(クリル)の地質と地下資源—北大研究者による過去の調査・研究の経緯と現代の資源探査．高橋英樹・加藤ゆき恵・松田由香(編)．北大千島研究の系譜—千島列島の過去・現在・未来．pp.11-29．北海道大学総合博物館，札幌．
高宮正之．1999．ミズニラ属の自然誌と分類．植物分類地理 **50**：101-138．
滝田謙譲．2001．北海道植物図譜．自費出版，釧路．
立石庸一．1984．日本のミヤマハンショウヅル類．国立科博専報（17）：91-99．
舘脇操．1931a．千島列島に於ける森林群落生態と樹種の分布に就きて．札幌農林学会報 **23**：27-59．
舘脇操．1931b．北海の珍草いしのなづな．植物研究雑誌 **7**：255-256．
舘脇操．1934．千島列島の植物．中村廉次(編)，千島概況．pp.100-119．北海道庁，札幌．[国書刊行会．1977．千島概史(改題・復刻版)]
舘脇操．1937．千島国後島の森林植物．北海道林業会報 **35**：12-17．
舘脇操．1939．千島列島に於ける植物群落．植物及動物 **7**：1983-2000．
舘脇操．1940a．色丹島植物調査報告．北海道庁拓殖部．札幌．
舘脇操．1940b．色丹島の植物．大野笑三(編)，南千島色丹島誌．pp.81-112(図版 10)．アチックミューゼアム彙報　第 47．[日本常民文化研究所．1973．日本常民生活資料叢書　第 7 巻．三一書房，東京]
舘脇操．1941．択捉島中部の植物群落(Ⅰ-Ⅱ)．北海道林業会報 **39**：9-22，157-173．
舘脇操．1947．宮部線に就て．寒地農学 **1**：377-416．
舘脇操．1957．色丹島の樹木界．樹氷 **7**(1)：8-25．
舘脇操．1971．北方植物の旅．朝日新聞社，東京．
舘脇操・赤木馨．1944．幌筵海峡北帯の植物．総合北方文化研究会(編)，千島学術調査研究隊報告書第 1 輯．pp.13-51．[国書刊行会．1977．千島博物誌(改題復刻版)]
舘脇操・平野孝二．1936．南千島国後島に於ける湿原と砂丘上のアカエゾマツ林．生態学研究 **2**：105-113．
舘脇操・吉村文五郎．1941．南千島択捉島の森林植物．生態学研究 **7**：1-7．
多羅尾忠郎．1893．千島探検実紀(＋気象観測表)．[国書刊行会．1974．復刻版]
豊国秀夫．1987．植物学ラテン語辞典．至文堂，東京．
永井政次．1934．千島の海藻．北海道庁(編)，千島概況．pp.120-140．札幌．
中島睦子．2012．日本ラン科植物図譜．文一総合出版，東京．
鳴橋直弘・瀬尾陸奥．1996．バラ科キンミズヒキ属の新変種ダルマキンミズヒキ．植物地理・分類研究 **44**：82-84．
鳴橋直弘・広田菜穂美・大西真都香・岩坪美兼・堀井雄治郎．2001．日本産ワレモコウ属の花の比較形態．植物地理・分類研究 **49**：137-148．
西川恒彦・小林秀雄．1989．チシマコハマギクの染色体数と地理的分布．植物研究雑誌 **64**：77-84．
浜栄助．1975．原色日本のスミレ．誠文堂新光社，東京．
濱谷稔夫．1989．ジンチョウゲ科．佐竹義輔・原寛・亘理俊次・冨成忠夫(編)，日本の野生植物木本Ⅱ．pp.76-82．平凡社，東京．
林一彦．1990．日本の自生ユリ．Ⅳ．スカシユリとエゾスカシユリにおける種子の発芽様式の分化．植物地理・分類研究

38：9-16.
原寛．1942．邦産あかばな属ノ分類．植物研究雑誌 **18**：173-186，229-249.
原松次．1979．北海道いぶり地方植物目録．文化女子大学室蘭短期大学研究紀要（3）：1-56.
ピアンカ，E.R. 1980．伊藤嘉昭・山村則男・嶋田正和(訳)．進化生態学．蒼樹書房，東京.
福田知子・高橋英樹．2002．チシマルリソウ(ムラサキ科)の花筒内有毛の一品種．植物研究雑誌 **77**：167-168.
藤井伸二・永益英敏・栗林実．1999．近畿地方新産のヤナギトラノオとその分布．植物分類地理 **50**：142-145.
藤井伸二・西川博章・栗林実．2007．近畿地方新産のツルスゲとその分布および生態．分類 **7**：43-49.
ベルクマン，S. 1961．加納一郎(訳)．千島紀行．時事新書，東京.
北部軍管区司令部(編)・舘脇操(解説)．1945．千島列島植物図鑑.
星野卓二・正木智美・中村松寿・市原和政・池田博・狩山俊吾・榎本敬・任炯卓．2010．瀬戸内地方に隔離分布する絶滅危惧種アッケシソウの起源．植物研究雑誌 **85**：180-185.
星野卓二・正木智美・西本眞理子．2011．日本カヤツリグサ科植物図譜．平凡社，東京.
北海道．2010．北海道の外来種リスト―北海道ブルーリスト 2010．(http://bluelist.ies.hro.or.jp)
北海道庁(編)．1901．北千島調査報文(北海道庁参事官高岡直吉復命書)．北海道庁，札幌．［北海道出版企画センター．1975．復刻版］
北海道庁(編)．1934．千島概況．北海道庁，札幌.
堀田満．1974．植物の分布と分化．三省堂，東京.
堀江健二・土蔵寛二．2014．旭川市維管束植物―標本を基にした目録―．旭川市公園緑地協会，旭川.
正宗厳敬．1956．植物地理学新考．北隆館，東京.
松平斎．1895．北原多作氏採集ノ千島植物目録．植物学雑誌 **9**：466-471.
松村義敏．1934．国後島，古釜布附近ノ植物ニツイテ．植物研究雑誌 **9**：466-471.
三木茂．1933．エトロフ島湖沼産水湿地植物．陸水学雑誌 **3**：10-15.
三木茂．1934．千島のヒルムシロ(*Potamogeton*)属に就いて．陸水学雑誌 **3**：112-123.
宮澤誠治・高橋英樹．2007．北海道産スゲ属植物の地理分布パターン解析への試み．北方山草（24）：71-76.
宮部金吾．1893．千島占守島，波羅茂知島，得撫島，ブラットチエルポエフ島植物調．多羅尾忠郎(著)，千島探検実紀．pp.105-115．北海道庁，札幌.
宮部金吾．1935．北海道のフロラに就て．日本学術協会報告 **10**：897-906.
宮部金吾・川上瀧彌．1901．北千島植物．高岡直吉(編)，北千島調査報文．pp.71-88.
宮部金吾博士記念出版刊行会(編)．1953．宮部金吾．宮部金吾博士記念出版刊行会，札幌.
村田源．1977．植物地理的に見た日本のフロラと植生帯．植物分類地理 **28**：65-83.
邑田仁．2011．日本のテンナンショウ．北隆館，東京.
村野紀雄．1994．野幌森林公園地域における高等植物出現種について．北海道環境科学研究センター所報（21）：1-34.
持田誠．2014．十勝におけるハイコウリンタンポポ *Pilosella officinarum* の現状．帯広百年記念館紀要（32）：31-35.
矢部吉禎・遠藤吉三郎．1904．千島占守島ノ植物．植物学雑誌 **18**：167-198.
山崎敬．1981．ツツジ科．佐竹義輔・大井次三郎・北村四郎・亘理俊次・冨成忠夫．1981．日本の野生植物草本Ⅲ．pp.8-14．平凡社，東京.
山崎敬．1989．ツツジ科．佐竹義輔・原寛・亘理俊次・冨成忠夫(編)，日本の野生植物木本Ⅱ．pp.122-156．平凡社，東京.
山崎敬．1995．レブンサイコについて．植物研究雑誌 **70**：341-343.
山崎敬．1999．アカミノイヌツゲ千島に分布．植物研究雑誌 **74**：125.
山崎敬．2003．ユキワリソウ(サクラソウ科)の種内変異．植物研究雑誌 **78**：295-299.
山崎真実・丸山まさみ．2013．ウキミクリの北海道大雪山系南東地域における新産地と国内の分布．分類 **13**：123-128.
米倉浩司．2012．日本維管束植物目録．北隆館，東京.
米倉浩司．2013．維管束植物分類表．北隆館，東京.

【欧・露文文献(ABC 順)】

Adjie, B., Takamiya, M., Ohta, M., Ohsawa, T.A. and Watano, Y. 2008. Molecular phylogeny of the lady fern genus *Athyrium* in Japan based on chloroplast *rbcL* and *trnL-trnF* sequences. Acta Phytotax. Geobot. **59**: 79-95.
Aizawa, M., Yoshimaru, H., Saito, H., Katsuki, T. Kawahara, T., Kitamura, K., Shi, R. and Kaji, M. 2007. Phytogeography of a northeast Asian spruce, *Picea jezoensis*, inferred from genetic variation observed in organelle DNA markers. Molec. Ecol. **16**: 3393-3405.
Akimoto, J., Fukuhara, T. and Kikuzawa, K. 1999. Sex ratios and genetic variation in a functionally androdioecious species, *Schizopepon bryoniaefolius* (Cucurbitaceae). Amer. J. Bot. **86**: 880-886.
Akiyama, Shigeo 1932. Conspectus Caricum Japonicarum. Journ. Fac. Sci. Hokkaido Imp. Univ., ser. V, **2**: 1-266.
Akiyama, S. 2001a. *Parnassia*. *In*: Iwatsuki, K., Boufford, D.E. and Ohba, H. (eds.), Flora of Japan **IIb**. pp.38-39. Kodansha, Tokyo.
Akiyama, S. 2001b. Geraniaceae. *In*: Iwatsuki, K., Boufford, D.E. and Ohba, H. (eds.), Flora of Japan **IIb**. pp.287-293.

Kodansha, Tokyo.

Akiyama, S. 2006a. Caryopyllaceae. *In*: Iwatsuki, K., Boufford, D.E. and Ohba, H. (eds.), Flora of Japan **IIa**. pp.183–210. Kodansha, Tokyo.

Akiyama, S. 2006b. Papaveraceae. *In*: Iwatsuki, K., Boufford, D.E. and Ohba, H. (eds.), Flora of Japan **IIa**. pp.444–452. Kodansha, Tokyo.

Akiyama, S., Gornall, R.J. and Ohba, H. 2012. Asiatic species of the genus *Micranthes* Haw. (Saxifragaceae). J. Jpn. Bot. **87**: 236–240.

Akiyama, S., Ohba, H. and Tabuchi, S. 1999. Violaceae. *In*: Iwatsuki, K., Boufford, D.E. and H.Ohba (eds.), Flora of Japan **IIc**. pp.161–190. Kodansha, Tokyo.

Alexeeva, L.M. 1983. Flora of the Kunashir Island, Vascular Plants. 129 pp.Vladivostok. (In Russian)

Alexeeva, L.M., N.D. Tuezova and Chernyaeva, A.M. 1983. Flora of the Island of Shikotan (Annotation List). 74 pp. Saka KNII DVNTS SSSR. Novoaleksandrovsk. (In Russian)

Anonymous. 2006. *Lysichiton americanus*. Bulletin OEPP **36**: 7–9.

Atlas of Sakhalin Region. 1994. Part II: Kuril Islands. Topographic map scale 1:200.000. VTU GSH, Yuzhno-Sakhalinsk.

Averyanov, L.V. 1999. Genus *Cypripedium* (Orchidaceae) in the Russia. Turczaninowia **2**(2): 5–40. (In Russian)

Barkalov, V.Yu. 1980. New species of vascular plants from the Kuril Islands. Bot. Zhurn. **65**: 1802–1808. (In Russian)

Barkalov, V.Yu. 1981. New and rare species of vascular plants from the islands of Shumshu and Paramushir. Bull. Main Bot. Gard. **120**: 37–41. (In Russian)

Barkalov, V.Yu. 1984. New and rare species of vascular plants from the Kurile Islands. Bot. Zhurn. **69**: 1685–1690. (In Russian)

Barkalov, V.Yu. 1987. *Boehmeria tricuspis* (Urticaceae), a new species for the USSR flora from the Kuril Islands. Bot. Zhurn. **72**: 1548–1550. (In Russian)

Barkalov, V.Yu. 1988. The vascular plants of the high mountains of the Kuril Islands. *In*: The World of Plants of High Mountain Ecosystems. pp.159–177. (In Russian)

Barkalov, V.Yu. 1992. Asteraceae (excl. *Artemisia* and *Taraxacum*). *In*: Kharkevicz, S.S., Czerepanova, S.K., Kozhevnikov, A.E., Probatova, N.S. and Tzvelev, N.N. (eds.), Vascular Plants of the Soviet Far East, vol.**6**. pp.9–415. Nauka, Saint Petersburg. (In Russian)

Barkalov, V.Yu. 1998. The vascular flora of Kurilsky nature reserve (Sakhalin region). *In*: Flora of Protected Territories of the Russian Far East: Magadansky, Bureyinsky and Kurilsky Nature Reserves. pp.71–113. Dalnauka, Vladivostok. (In Russian)

Barkalov, V.Yu. 2000. Phytogeography of the Kurile Islands. Nat. Hist. Res., Special Issue **7**: 1–14.

Barkalov, V.Yu. 2002. Outline of vegetation. *In*: Storozhenko, S.Y. (ed.): Flora and Fauna of Kuril Island (Materials of International Kuril Island Project). pp.33–66. Dalnauka, Vladivostok. (In Russian)

Barkalov, V.Yu. 2009. Flora of the Kuril Islands. Dalnauka, Vladivostok. (In Russian with English summary)

Barkalov, V.Yu. 2012. Notes on vascular plants species of Sakhalin and Kuril Islands based on materials of the Hokkaido University herbaria- SAPS, SAPT (Japan). *In*: Bogatov, V.V., Barkalov, V.Yu., Lelej, A.S., Makarchenko, E.A. and Storozhenko, S.Yu. (eds.), Flora and Fauna of North-West Pacific Islands (Materials of International Kuril Island and International Sakhalin Island Projects). pp.79–102. Dalnauka, Vladivostok. (In Russian with English summary)

Barkalov, V.Yu. and Eremenko, N.A. 2003. Flora of the "Kurilskii" Nature Reserve and the "Little Kurils" Preserve (Sakhalin Oblast). Dalnauka, Vladivostok. (In Russian with English summary)

Barkalov, V.Yu. and Takahashi, H. 2009. Subfamily Monotropoideae (Ericaceae) in the Russian Far East: taxonomy and distribution. Bot. Zhurn. **94**: 877–884. (In Russian with English summary)

Barkalov, V.Yu. and Taran, A.A. 2004. A checklist of vascular plants of Sakhalin Island. *In*: Bogatov, V.V., Barkalov, V.Yu., Lelej, A.S., Makarchenko, E.A. and Storozhenko, S.Yu. (eds.), Flora and Fauna of Sakhalin Island (Materials of International Sakhalin Island Project), Part 1. pp.39–66. (In Russian with English summary)

Barkalov, V.Yu. and Vyschin, I.B. 1989. The new species of the genus *Agonogonon* (Polygonaceae) from the south ot the Soviet Far East. Bot. Zhurn. **74**: 1182–1183. (In Russian)

Barkalov, V.Yu., Yakubov, V.V. and Taran, A.A. 2009. Floristic records in Sakhalin and the Kuril Islands. Bot. Zhurn. **94**: 1715–1725. (In Russian with English summary)

Bennert, H.W., Horn, K., Kauth, M., Fuchs, J., Jakobsen, I.S.B., Øllgaard, B., Schnittler, M., Steinberg, M. and Viane, R. 2011. Flow cytometry confirms reticulate evolution and reveals triploidy in Central European *Diphasiastrum* taxa (Lycopodiaceae, Lycophyta). Ann. Bot. **108**: 867–876.

Berkutenko, A.N. 1988. Brassicaceae. *In*: Kharkevicz, S.S., Czerepanova, S.K., Kozhevnikov, A.E., Probatova, N.S. and Tzvelev, N.N. (eds.) Vascular Plants of the Soviet Far East, vol.**3**. pp.38–115. Nauka, Leningrad. (In Russian)

Berkutenko, A.N. 1995. Detective story about one Linnean species of Cruciferae. Linzer Biol. Beitr. **27**: 1115–1122.

Bogatov, V.V., Barkalov, V.Yu., Lelej, A.S., Makarchenko, E.A. and Storozhenko, S.Yu. 2012. Flora and Fauna of North-West Pacific Islands (Materials of International Kuril Island and International Sakhalin Island Projects). Dalnauka,

Vladivostok. (In Russian with English summary)

Brooks, R.E. and Clemants, S.E. 2000. Juncaceae Jussieu. *In*: Flora of North America Editorial Committee (ed.), Flora of North America vol.**22**. pp.211-267. Oxford University Press, New York.

Brouillet, L. and Elvander, P.E. 2009. *Micranthes*. *In*: Flora of North America Editorial Committee (ed.), Flora of North America vol.**8** (Magnoliophyta: Paeoniaceae to Ericaceae). pp.49-70. Oxford University Press, New York.

Carlquist, S. 1974. Island Biology. Columbia University Press, New York.

Chernyaeva, A.M. 1976. Flora of the Onekotan Island. Bull. Main. Bot. Gard. **87**: 21-29. (In Russian)

Chernyaeva, A.M. 1977. Flora of the Zelenyi Island (Little Curiles). Bot. Zhurn. **62**: 1672-1682. (In Russian)

Chernyagina, O.A., Rybak, V.I., Moiseyev, R.S., Yakubov, V.V. and Gropyanov, Ye.V. (eds.) 2007. Red Data Book of Kamchatka vol.**2**. Plants, mushrooms and thermophilic microorganisms. Kamchatsky Pechatny Dvor Publishing House, Petropavlovsk-Kamchatsky.(In Russian)

Chernyagina, O.A., Strecker, L. and Deviastova, E.A. 2014. Adventive species of the flora of the Kamchatka peninsula. Proceedings of XIV International Scientific Conference, Petropavlovsk-mamchatsky: 113-121. (In Russian with English summary)

Chiapella, J. and Probatova, N.S. 2003. The *Deschampsia cespitosa* complex (Poaceae: Aveneae) with special reference to Russia. Bot. J. Linn. Soc. **142**: 213-228.

Clemants, S.E. 2006. Chenopodiaceae. *In*: Iwatsuki, K., Boufford, D.E. and H.Ohba (eds.), Flora of Japan **IIa**. pp.212-221. Kodansha, Tokyo.

Compton, J.A., Culham, A. and Jury, S.L. 1998. Reclassification of *Actaea* to include *Cimicifuga* and *Souliea* (Ranunculaceae): phylogeny inferred from morphology, nrDNA ITS, and cpDNA *trn*L-F sequence variation. Taxon **47**: 593-634.

Craven, L.A. 2011. *Diplarche* and *Menziesia* transferred to *Rhododendron* (Ericaceae). Blumea **56**: 33-35.

Cribb, P. 1997. The Genus Cypripedium. Timber Press, Portland.

Cullings, K. 1994. Molecular phylogeny of the Monotropoideae (Ericaceae) with a note on the placement of the Pyroloideae. J. Evol. Biol. **7**: 501-516.

Czerepanov, S.K. 1995. Vascular Plants of Russia and Adjacent States (The Former USSR). Cambridge University Press, Cambridge.

Daubenmire, R. 1978. Plant Geography. Academic Press, New York.

Des Marais, D.L., Smith, A.R., Britton, D.M. and Pryer K.M. 2003. Phylogenetic relationships and evolution of extant horsetails, *Equisetum*, based on chloroplast DNA sequence data (*rbcL* and *trn L-F*). Int. J. Plant Sci. **164**: 737-751.

Egorova, E.M. 1964. Flora of the Shiashkotan Island. Bull. Main Bot. Gard. **54**: 114-120. (In Russian)

Egorova, T.V. 1999. The Sedges (Carex L.) of Russia and adjacent states (within the limits of the former USSR). St.-Peterburg State Chemical-Pharmaceutical Academy, St.-Petersburg.

Endo, Y., Miyauchi, T. and Sannohe, T. 2014. Morphological differences in flowers between eastern Asian and eastern North American *Phryma* (Phrymaceae). J. Jpn. Bot. **89**: 394-408.

Eremenko, N.A. and Barkalov, V.Yu. 2009. Seasonal Development of Plants of the Southern Kuril Islands. Dalnauka, Vladivostok. (In Russian with English summary)

Eremin, V.M., Barkalov, V.Yu., Bulakh, V.M., Yevseyeva, N.V., Kozhevnikov, A.E., Taran, A.A., Chabanenko, S.I. and Cherdantseva, V.Y. 2005. Red Book of Sakhalin District, Plants. Sakhalin Book Publishing Company, Yuzhno-Sakhalinsk.(In Russian)

Eriksson, T., Hibbs, M.S., Yoder, A.D., Delwiche, C.F. and Donoghue, M.J. 2003. The phylogeny of Rosoideae (Rosaceae) based on sequences of the internal transcribed spacers (ITS) of nuclear ribosomal DNA and the TRNL/F region of chloroplast DNA. Int. J. Plant Sci. **164**: 197-211.

Flora of North America Editorial Committee (ed.). 2007. Flora of North America vol.**24** (Magnoliophyta: Commelinidae (in part): Poaceae, part 1). Oxford University Press, New York.

Fujii, N. 2003. Chloroplast DNA phylogeography of *Pedicularis resupinata* (Scrophulariaceae) in Japan. Acta Phytotax. Geobot. **54**: 163-175.

Fujii, N., Ueda, K., Watano, Y. and Shimizu, T. 1999. Further analysis of intraspecific sequence variation of chloroplast DNA in *Primula cuneifolia* Ledeb. (Primulaceae): Implications for biogeography of the Japanese alpine flora. J. Plant Res. **112**: 87-95.

Fujii, N., Ueda, K. Watano, Y. and Shimizu, T. 2013. Taxonomic revival of *Pedicularis japonica* from *P. chamissonis* (Orobanchaceae). Acta Phytotax. Geobot. **63**: 87-97.

Fukuda, T., Kato, Y., Sato, H., Taran, A.A., Barkalov, V.Yu. and Takahshi, H. 2013. Naturalization of *Cakile edentula* (Bigelow) Hook. (Brassicaceae) on the beaches of Kunashiri and Etorofu- a first report from the Kuril Islands. J. Jpn. Bot. **88**: 124-128.

Fukuda, T., Loguntsev, A., Bobrov, I., Antipin, M. Taran, A., Takahshi, H. and Ikeda, H. 2014. Cytology of *Micranthes fusca* (Saxifragaceae) and its related species. J. Jpn. Bot. **89**: 111-117.

Fukuda, T. and Takahashi, H. 2002. Morphological variability of *Mertensia pterocarpa* (Turcz.) Tatew. & Ohwi (Boraginaceae) in Hokkaido and the southern Kurils. Acta Phytotax. Geobot. **53**: 133–141.

Fukuda, T., Taran, A.A., Sato, H., Kato, Y. and Takahashi, H. 2014. Alien plants collected or confirmed on the islands of Shikotan, Kunashir and Iturup on the 2009–2012 botanical expeditions. *In* Takahashi, H., Fukuda, T. and Kato, Y. (eds.): Biodiversity and Biogeography of the Kuril Islands and Sakhalin **4**. pp.8–26. The Hokkaido University Museum, Sapporo.

Fukuda, T., Taran, A.A. and Takahashi, H. 2002. *Adenocaulon himalaicum* Edgew. (Asteraceae), a new record from Sakhalin Island. J. Jpn. Bot. **77**: 312–313.

Fukuhara, T. 1991. *Corydalis kushiroensis*, a new species of *Corydalis* (Papaveraceae; Fumarioideae) from Hokkaido (northern Japan). Acta Phytotax. Geobot. **42**: 107–112.

Fukuhara, T. and Akimoto, J. 1999. Floral morphology and vasculature of *Schizopepon bryoniaefolius* (Cucurbitaceae). Acta Phytotax. Geobot. **50**: 59–73.

Gage, S., Joneson, S.L., Barkalov, V.Yu., Eremenko, N.A. and Takahashi, H. 2006. A newly compiled checklist of the vascular plants of the Habomais, the Little Kurils. *In* Takahashi, H. and M. Ohara (eds.): Biodiversity and Biogeography of the Kuril Islands and Sakhalin **2**. pp.67–91. The Hokkaido University Museum, Sapporo.

Gastony, G.J. and Ungerer, M.C. 1997. Molecular systematics and a revised taxonomy of the Onocleoid ferns (Dryopteridaceae: Onocleeae). Amer. J. Bot. **84**: 840–849.

Gorshkov, G.S. 1970. Volcanism and the Upper Mantle-Investigations in the Kurile Island Arc. [Monographs in Geoscience, translated from Russian by Thornton, C.P.]. Plenum Press, New York.

Grant, P.R. 1998. Evolution on Islands. Oxford University Press, Oxford.

Guillon, J.-M. 2004. Phylogeny of horsetails (*Equisetum*) based on the chloroplast rps4 gene and adjacent noncoding sequences. Syst. Bot. **29**: 251–259.

Haber, E. and Takahashi, H. 1988. A comparative study of the North American *Pyrola asarifolia* and its Asian vicariad, *P. incarnata* (Ericaceae). Bot. Mag. Tokyo **101**: 483–495.

Haber, E. and Takahashi, H. 1993. Taxonomic status of the east Asian *Pyrola faurieana* (Ericaceae). J. Jpn. Bot. **68**: 8–22.

Hämet-Ahti, L. 1973. Notes on the *Luzula arcuata* and *L. parviflora* groups in eastern Asia and Alaska. Ann. Bot. Fennici **10**: 123–130.

Hara, H. 1938. Observationes ad Plantas Asiae Orientalis (XV). J. Jpn. Bot. **14**: 49–56.

Hara, H. 1952. Contributions to the study of variations in the Japanese plants closely related to those of Europe or North America. Part 1. Journ. Fac. Sci. Univ. Tokyo, III. **6**: 29–96.

Hara, H. 1956. Contributions to the study of variations in the Japanese plants closely related to those of Europe or North America. Part 2. Journ. Fac. Sci. Univ. Tokyo, III. **6**: 343–391.

Haufler, C.H., Windham, M.D., Lang, F.A. and Whitmore, S.A. 1993. *Polypodium*. *In*: Flora of North America Editorial Committee (ed.), Flora of North America vol.**2**. pp.312–330. Oxford University Press, New York.

Hauk, W.D., Kennedy, L. and Hawke, H.M. 2012. A phylogenetic investigation of *Botrychium* s.s. (Ophioglossaceae): evidence from three plastid DNA sequence datasets. Syst. Bot. **37**: 320–330.

Hirahara, T., Katsuyama, T. and Hoshino, T. 2007. Suprageneric phylogeny of Japanese Cyperaceae based on DNA sequences from chloroplast *ndhF* and 5.8S nuclear ribosomal DNA. Acta Phytotax. Geobot. **58**: 57–68.

Hirao, A.S., Sato, T. and Kudo, G. 2011. Beringia, the phylogeographic origin of a circumpolar plant, *Vaccinium uliginosum*, in the Japanese archipelago. Acta Phytotax. Geobot. **61**: 155–160.

Hirata, S. and Sugawara, T. 2001. Dimorphic nature in stigma-anther separation of *Prunus nipponica* (Rosaceae). Acta Phytotax. Geobot. **52**: 115–124.

Hultén, E. 1968. Flora of Alaska and Neighboring Territories. Stanford University Press, Stanford.

Hultén, E. and Fries, M. 1986. Atlas of North European Vascular Plants. Koeltz Scientific Books, Königstein.

Ikeda, H., Senni, K., Fujii, N. and Setoguchi, H. 2006. Refugia of *Potentilla matsumurae* (Rosaceae) located at high mountains in the Japanese archipelago. Mol. Ecol. **15**: 3731–3740.

Ikeda, H., Senni, K., Fujii, N. and Setoguchi, H. 2008. Post-glacial range fragmentation is responsible for the current distribution of *Potentilla matsumurae* Th.Wolf (Rosaceae) in the Japanese archipelago. J. Biogeogr. **35**: 791–800.

Iketani, H. and Ohashi, H. 2001. *Crataegus*. *In*: Iwatsuki, K., Boufford, D.E. and H.Ohba (eds.), Flora of Japan **IIb**. pp.112. Kodansha, Tokyo.

Ishii, J. and Kadono, Y. 2001. Classification of two *Phragmites* species, *P. australis* and *P. japonica*, in the Lake Biwa-Yodo River system, Japan. Acta Phytotax. Geobot. **51**: 187–201.

Ivanina, L.I. 1991. Scrophulariaceae. *In*: Kharkevicz, S.S., Czerepanova, S.K., Kozhevnikov, A.E., Probatova, N.S. and Tzvelev, N.N. (eds.), Vascular Plants of the Soviet Far East, vol.**5**. pp.287–371. Nauka, Petropolis. (In Russian)

Iwatsuki, K. 1995. Lycopodiaceae. *In*: Iwatsuki, K., Yamazaki, T., Boufford, D.E. and Ohba, H. (eds.), Flora of Japan **I**. pp.4–11. Kodansha, Tokyo.

Iwatsuki, K., Boufford, D.E. and Ohba, H. (eds.) 1999. Flora of Japan **IIc**. Kodansha, Tokyo.

Iwatsuki, K., Boufford, D.E. and Ohba, H. (eds.) 2001. Flora of Japan **IIb**. Kodansha, Tokyo.
Iwatsuki, K., Boufford, D.E. and Ohba, H. (eds.) 2006. Flora of Japan **IIa**. Kodansha, Tokyo.
Iwatsuki, K., Yamazaki, T., Boufford, D.E. and Ohba, H. (eds.) 1993. Flora of Japan **IIIa**. Kodansha, Tokyo.
Iwatsuki, K., Yamazaki, T., Boufford, D.E. and Ohba, H. (eds.) 1995a. Flora of Japan **I**. Kodansha, Tokyo.
Iwatsuki, K., Yamazaki, T., Boufford, D.E. and Ohba, H. (eds.) 1995b. Flora of Japan **IIIb**. Kodansha, Tokyo.
Kadota, Y. 1987. A Revision of *Aconitum* Subgenus *Aconitum* (ranunculaceae) of East Asia. Sanwa Shoyaku Co., Ltd., Utsunomiya.
Kadota, Y. 1990. Taxonomical notes on the alpine species of *Ranunculus* in Japan. Bull. Natn. Sci. Mus., Ser. B **16**(2): 73-92.
Kadota, Y. 2006a. Ranunculaceae (excl. *Caltha* and *Adonis*). *In*: Iwatsuki, K., Boufford, D.E. and Ohba, H. (eds.), Flora of Japan **IIa**. pp.258-341. Kodansha, Tokyo.
Kadota, Y. 2006b. Paeoniaceae. *In*: Iwatsuki, K., Boufford, D.E. and Ohba, H. (eds.), Flora of Japan **IIa**. pp.388-389. Kodansha, Tokyo.
Kadota, Y. and Miura, N. 2013. Taxonomic studies of *Cirsium* (Asteraceae) in Japan XXIV. Five new species from Hokkaido, northern Japan. Bull. Nat. Mus. Nature Sci. Ser. B (Bot.) **39** (3): 107-129.
Kameyama, Y., Toyama, M. and Ohara, M. 2005. Hybrid origins and F_1 dominance in the free-floating, sterile bladderwort, *Utricularia australis* f. *australis* (Lentibulariaceae). Amer. J. Bot. **92**: 469-476.
Kaneko, S. Nakagoshi, N. and Isagi, Y. 2008. Origin of the endangered tetraploid *Adonis ramosa* (Ranunculaceae) assessed with chloroplast and nuclear DNA sequence data. Acta Phytotax. Geobot. **59**: 165-174.
Kaplan, Z. 2001. Taxonomy and nomenclatural notes on *Luzula* subg. *Pterodes*. Preslia **73**: 59-71.
Kato, Y. and Fujita, H. 2011. Vegetation and microtopography of *Carex livida*-growing mires near Lake Rausu, Shiretoko peninsula, eastern Hokkaido, Japan. Veg. Sci. **28**: 65-82.
Kato, Y. and Fukuda, T. 2014. Flora list of Stolbovskyy (Shimanobori) Nature Observation Road, Kunashir Island. *In*: Takahashi, H., Fukuda, T. and Kato, Y. (eds.), Biodiversity and Biogeography of the Kuril Islands and Sakhalin **4**. pp.27-30.
Kawano, S., Ihara, M. and Suzuki, M. 1968. Biosystematic studies on *Maianthemum* (Liliaceae- Polygonatae) IV. Variation in gross morphology of *M. kamtschaticum*. Bot. Mag. Tokyo **81**: 473-490.
Ker Gawler, J.B. 1804. *Lilium pensylvanicum*. Curtis's Bot. Mag. **22**: tab. 872.
Kharkevicz, S.S.[1] 1995. Gentianaceae. *In*: Kharkevicz, S.S., Czerepanova, S.K., Kozhevnikov, A.E., Probatova, N.S. and Tzvelev, N.N. (eds.) Vascular Plants of the Soviet Far East vol.**7**. pp.253-278. Nauka, Saint Petersburg. (In Russian)
Kharkevicz, S.S., Czerepanova, S.K., Kozhevnikov, A.E., Probatova, N.S. and Tzvelev, N.N. (eds.) 1985. Vascular Plants of the Soviet Far East, vol.**1**. Nauka, Leningrad. (In Russian) [English translation, 2003, Science Publishers Inc., Enfield.]
Kharkevicz, S.S., Czerepanova, S.K., Kozhevnikov, A.E., Probatova, N.S. and Tzvelev, N.N. (eds.) 1987. Vascular Plants of the Soviet Far East, vol.**2**. Nauka, Leningrad. (In Russian)
Kharkevicz, S.S., Czerepanova, S.K., Kozhevnikov, A.E., Probatova, N.S. and Tzvelev, N.N. (eds.) 1988. Vascular Plants of the Soviet Far East, vol.**3**. Nauka, Leningrad. (In Russian)
Kharkevicz, S.S., Czerepanova, S.K., Kozhevnikov, A.E., Probatova, N.S. and Tzvelev, N.N. (eds.) 1989. Vascular Plants of the Soviet Far East, vol.**4**. Nauka, Leningrad. (In Russian)
Kharkevicz, S.S., Czerepanova, S.K., Kozhevnikov, A.E., Probatova, N.S. and Tzvelev, N.N. (eds.) 1991. Vascular Plants of the Soviet Far East, vol.**5**. Nauka, Petropolis. (In Russian)
Kharkevicz, S.S., Czerepanova, S.K., Kozhevnikov, A.E., Probatova, N.S. and Tzvelev, N.N. (eds.) 1992. Vascular Plants of the Soviet Far East, vol.**6**. Nauka, Saint Petersburg. (In Russian)
Kharkevicz, S.S., Czerepanova, S.K., Kozhevnikov, A.E., Probatova, N.S. and Tzvelev, N.N. (eds.) 1995. Vascular Plants of the Soviet Far East, vol.**7**. Nauka, Saint Petersburg. (In Russian)
Kharkevicz, S.S., Czerepanova, S.K., Kozhevnikov, A.E., Probatova, N.S. and Tzvelev, N.N. (eds.) 1996. Vascular Plants of the Soviet Far East, vol.**8**. Nauka, Saint Petersburg. (In Russian)
Khokhryakov, A.P. and Mazurenko, M.T. 1991. Ericaceae. *In*: Kharkevicz, S.S., Czerepanova, S.K., Kozhevnikov, A.E., Probatova, N.S. and Tzvelev, N.N. (eds.), Vascular Plants of the Soviet Far East, vol.**5**. pp.119-166. Nauka, Petropolis. (In Russian)
Kholina, A.B., Koren, O.G. and Zhuravlev, Yu.N. 2000. Allozyme variation in *Oxytropis retusa* Matsum. from the Kuril Archipelago. Nat. Hist. Res. Special Issue **7**: 15-20.
Kita, Y. Ueda, K. and Kadota, Y. 1995. Molecular phylogeny and evolution of the Asian *Aconitum* subgenus *Aconitum* (Ranunculaceae). J. Plant Res. **108**: 429-442.
Kitamura, S. 1941. Expositiones plantarum novarum orientali-Asiaticarum 6. Acta Phytotax. Geobot. **10**: 172-192.
Kolbek, J., Šrůtek, M. and Box, E.O. 2003. Forest Vegetation of Northeast Asia. Kluwer Academic Publishers, Dordrecht.
Kondo, K. and Shimai, H. 2006. Phylogenetic analysis of the northern *Pinguicula* (Lentibulariacae) based on internal

transcribed spacer (ITS) sequences. Acta Phytotax. Geobot. **57**: 155-164.
Koropachinskiy, I.Yu. 1989. Pinaceae. *In*: Kharkevicz, S.S., Czerepanova, S.K., Kozhevnikov, A.E., Probatova, N.S. and Tzvelev, N.N. (eds.), Vascular Plants of the Soviet Far East, vol.**4**. pp.9-20. Nauka, Leningrad. (In Russian)
Koyama, H. 1995. Asteraceae. *In*: Iwatsuki, K., Yamazaki, T., Boufford, D.E. and Ohba, H. (eds.), Flora of Japan **IIIb**. pp.1-170. Kodansha, Tokyo.
Kozhevnikov, A.E., Nedolyzhko, V.A., Barkalov, V.Yu., Bilach, E.M., Vasilyeva, L.N., Zhiravlev, Yu.N., Manko, Yu.I., Probatova, N.S., Yakubov, V.V. and Versenev., Yu.I. (eds.) 2008. Red Data Book Primorsky Krai Plants, Rare and Endangered Species of Plants and Fungi, Official edition. Vladivostok. (In Russian)
Krestov, P.V. 2003. Forest vegetation of easternmost Russia (Russian Far East). *In*: Kolbek, J., Srůtek, M. and Box, E. O. (eds.), Forest Vegetation of Northeast Asia. pp.93-180. Kluwer Academic Publishers, Dordrecht.
Kron, K.A., Judd, W.S., Stevens, P.F., Crayn, D.M., Anderberg, A.A., Gadek, P.A., Quinn, C.J. and Luteyn, J.L. 2002. Phylogenetic classification of Ericaceae: molecular and morphological evidence. Bot. Rev. **68**: 335-423.
Kron, K.A. and Luteyn, J. 2005. Origins and biogeographic patterns in Ericaceae: New insights from recent phylogenetic analyses. *In*: Friis, Ib. and Balslev, H. (eds.), Plant Diversity and Complexity Patterns- Local, Regional and Global Dimensions. Biologiske Skrifter **55**. pp.479-500. Reg. Dan. Ac. Sci. Lett., Copenhagen.
Kryvolutskaja, G.O. 1973. Entomofauna of the Kuril Islands. Nauka, Leningrad. (In Russian)
Kudo, Y. 1922. Flora of the Island of Paramushir. J. Coll. Agr. Hokkaido Imp. Univ. **11**: 23-183.
Kurashige, Y., Etoh, J.-I., Handa, T., Takayanagi, K. and Yukawa, T. 2011. Sectional relationships in the genus *Rhododendron* (Ericaceae): evidence from *mat*K and *trn*K intron sequences. Plant Syst. Evol. **228**: 1-14.
Kurosawa, S. 1979. Notes on chromosome numbers of Spermatophytes (2). J. Jpn. Bot. **54**: 155-160 (plate III).
Kurosawa, T. 1999. *Euphorbia*. *In*: Iwatsuki, K., T., Boufford, D.E. and Ohba, H. (eds.), Flora of Japan IIc. pp.22-30. Kodansha, Tokyo.
Landolt, E. 1986. The family of Lemnaceae- a monographic study. Veröffentlichungen des Geobotanishcen Institutes ETH, Zürich.
Les, D.H., Schneider, E.L., Padget, D.J., Soltis, P.S., Soltis, D.E. and Zanis, M. 1999. Phylogeny, classification and floral evolution of water lilies (Nymphaeaceae; Nymphaeales): a synthesis of non-molecular, *rbcL*, *matK*, and 18S rDNA data. Syst. Bot. **24**: 28-46.
Li, H.L. 1952. Floristic relationships between eastern Asia and eastern North America. Trans. Amer. Phil. Soc., N.S. **42**: 371-429.
Li, H.W. and Hedge, I.C. 1994. Lamiaceae. *In*: Wu, Z. and Raven, P.H. (eds.), Flora of China vol.17. pp.50-299. Science Press, Beijing.
Liang, S. and Soukup, V.G. 2000. *Paris*. *In*: Wu, Z. and Raven, P.H. (eds.), Flora of China vol.**24**. pp.88-95. Science Press, Beijing.
Lievens, A.W. and Hoch, P.C. 1999. *Epilobium*. *In*: Iwatsuki, K., Boufford, D.E. and H.Ohba (eds.), Flora of Japan **IIc**. pp.241-246. Kodansha, Tokyo.
Liu, Z.W., Zhou, J., Liu, E.D. and Peng, H. 2010. A molecular phylogeny and a new classification of *Pyrola* (Pyroleae, Ericaceae). Taxon **59**: 1690-1700.
Luferov, A.H. 1995. Ranunculaceae (excl. *Anemone*, *Anemonidium*, *Anemonastrum*, *Arsenjevia*, *Anemonoides* and *Pulsatilla*). *In*: Kharkevicz, S.S., Czerepanova, S.K., Kozhevnikov, A.E., Probatova, N.S. and Tzvelev, N.N. (eds.), Vascular Plants of the Soviet Far East vol.**7**. pp.9-145. Nauka, Saint Petersburg. (In Russian)
Matsumura, J. 1901. On some new species of Leguminosae from the Islands of Yezo. Bot. Mag. Tokyo **15**: 115-117.
Metzgar, J.S., Alverson, E.R., Chen, S., Voganov, A.V. and Iskert-Bond, S.M. 2013. Diversification and reticulation in the circumboreal fern genus *Cryptogramma*. Mol. Phylog. Evol. **67**: 589-599.
Miller, A.J., Young, D.A. and Wen, J. 2001. Phylogeny and biogeography of *Rhus* (Anacardiaceae) based on its sequence data. Int. J. Plant Sci. **162**: 1401-1407.
Miyabe, K. 1890. The flora of the Kurile Islands. Mem. Boston Soc. Nat. Hist. **4**: 203-275.
Miyabe, K. and Kudo, Y. 1930. Flora of Hokkaido and Saghalien, part 2. J. Fac. Agr. Hokkaido Imp. Univ. **26**: 81-277.
Miyabe, K. and Kudo, Y. 1932. Flora of Hokkaido and Saghalien, part 3. J. Fac. Agr. Hokkaido Imp. Univ. **26**: 279-387.
Miyabe, K. and Tatewaki, M. 1937. Contributions to the flora of northern Japan IX. Trans. Sapporo Nat. Hist. Soc. **15**: 41-51.
Miyabe, K. and Tatewaki, M. 1938a. Contributions to the flora of northern Japan X. Trans. Sapporo Nat. Hist. Soc. **15**: 128-139.
Miyabe, K. and Tatewaki, M. 1938b. Contributions to the flora of northern Japan XI. Trans. Sapporo Nat. Hist. Soc. **15**: 203-211.
Miyabe, K. and Tatewaki, M. 1939. Contributions to the flora of northern Japan XII. Trans. Sapporo Nat. Hist. Soc. **16**: 1-8.
Miyabe, K. and Tatewaki, M. 1941. Contributions to the flora of northern Japan XIV. Trans. Sapporo Nat. Hist. Soc. **17**:

49-55.

Murata, J. 1999. Thymelaeaceae. *In*: Iwatsuki, K., Boufford, D.E. and Ohba, H. (eds.), Flora of Japan **IIc**. pp.146-151. Kodansha, Tokyo.

Nakada, M. and Sugawara, T. 2011. Floral dimorphism and gynodioecy in *Thymus quinquecostatus* (Lamiaceae). Acta Phytotax. Geobot. **62**: 25-34.

Nakai, H. and Ohashi, H. 1995. Who is the correct author of *Cimicifuga simplex*(Ranunculaceae)? J. Jpn. Bot. **70**: 243-244.

Nakai, T. 1922. Violae novae Japonicae. Bot. Mag. Tokyo **36**: 29-39.

Nakai, T. 1928. Violae ad Floram Japonicam Novae. Bot. Mag. Tokyo **42**: 556-566.

Nakai, T. 1930. Notulae ad Plantas Japoniae & Koreae XXXVIII. Bot. Mag. Tokyo **44**: 7-40.

Nakamura, T. and Awaji, T. 2004. Tidally induced diapycnal mixing in the Kuril Straits and its role in water transformation and transport: A three-dimensional nonhydrostatic model experiment. Jour. Geophys. Res. 109, C09S07, doi:10.1029/2003JC001850.

Naruhashi, N. 2001a. *Rubus*. *In*: Iwatsuki, K., Boufford, D.E. and H.Ohba (eds.), Flora of Japan **IIb**. pp.145-169. Kodansha, Tokyo.

Naruhashi, N. 2001b. *Potentilla*. *In*: Iwatsuki, K., Boufford, D.E. and H.Ohba (eds.), Flora of Japan **IIb**. pp.193-206. Kodansha, Tokyo.

Naruhashi, N. and Iwata, T. 1988. Taxonomic reevaluation of *Fragaria nipponica* Makino and allied species. J. Phytogeogr. & Taxon. **36**: 59-64.

Nedoluzhko, V.A. 1989. Rutaceae. *In*: Kharkevicz, S.S., Czerepanova, S.K., Kozhevnikov, A.E., Probatova, N.S. and Tzvelev, N.N. (eds.), Vascular Plants of the Soviet Far East, vol. vol.**4**. pp.339-343. Nauka, Leningrad. (In Russian)

Nedoluzhko, V.A. 1995. Thymelaeaceae. *In*: Kharkevicz, S.S., Czerepanova, S.K., Kozhevnikov, A.E., Probatova, N.S. and Tzvelev, N.N. (eds.), Vascular Plants of the Soviet Far East, vol.**7**. pp.712-714. Nauka, Saint Petersburg. (In Russian)

Nemoto, T., Yokoyama, J., Fukuda, T., Iokawa, Y. and Ohashi, H. 2010. Phylogeny of *Lespedeza* (Leguminosae) based on chroloplast *trn*L-*trn*F sequences. J. Jpn. Bot. **85**: 213-229.

Nepomnyashshaya, O.A. 1988. Adoxaceae. *In*: Kharkevicz, S.S., Czerepanova, S.K., Kozhevnikov, A.E., Probatova, N.S. and Tzvelev, N.N. (eds.), Vascular Plants of the Soviet Far East, vol.**3**. pp.159-163. (In Russian)

Nesom, G.L. 2006. *Erigeron*. *In*: Flora of North America Editorial Committee (ed.), Flora of North America vol.**20** (Magnoliophyta: Asteridae, part 7: Asteraceae, part 2). Oxford University Press, New York.

Nie, Z.L., Sun, H., Li, H. and Wen, J. 2006. Intercontinental biogeography of subfamily Orontioideae (*Symplocarpus*, *Lysichiton*, and *Orontium*) of Araceae in eastern Asia and North America. Mol. Phylogenet. Evol. **40**: 155-165.

Nishikawa, T. 2008. Chromosome Atlas of Flowering Plants in Japan. National Museum of Nature and Science Monographs **37**, Tokyo.

Nishikawa, T. and Kadota, Y. 2006. *Adonis*. *In*: Iwatsuki, K., Boufford, D.E. and Ohba, H. (eds.), Flora of Japan **IIa**. pp.287-288. Kodansha, Tokyo.

Noshiro, S. 1999. Celastraceae. *In*: Iwatsuki, K., Boufford, D.E. and Ohba, H. (eds.), Flora of Japan **IIc**. pp.93-103. Kodansha, Tokyo.

Novikov, V.S. 1985. Juncaceae. *In*: Kharkevicz, S.S., Czerepanova, S.K., Kozhevnikov, A.E., Probatova, N.S. and Tzvelev, N.N. (eds.), Vascular Plants of the Soviet Far East, vol.**1**. pp.57-88.(In Russian)

Ohashi, H. 1996. Comments on effective publication and correct author of *Bupleurum ajanense* (Umbelliferae). J. Jpn. Bot. **71**: 231-233.

Ohashi, H. 2001a. Leguminosae. *In*: Iwatsuki, K., Boufford, D.E. and Ohba, H. (eds.), Flora of Japan **IIb**. pp.213-279. Kodansha, Tokyo.

Ohashi, H. 2001b. Salicaceae of Japan. Sci. Rep. Tohoku Univ. ser. 4, Biol. **40**: 269-396.

Ohashi, H. 2006. *Salix*. *In*: Iwatsuki, K., Boufford, D.E. and Ohba, H. (eds.), Flora of Japan **IIa**. pp.7-25. Kodansha, Tokyo.

Ohashi, H. and Iketani, H. 1993. New combinations of Asiatic *Aria* (Rosaceae- Maloideae- Sorbeae). J. Jpn. Bot. **68**: 355-361.

Ohashi, H. and Murata, J. 1980. Taxonomy of the Japanese *Arisaema* (Araceae). J. Fac. Sci. Univ. Tokyo III. **12**: 281-336.

Ohba, H. 1999a. Araliaceae. *In*: Iwatsuki, K., Boufford, D.E. and Ohba, H. (eds.), Flora of Japan **IIc**. pp.259-267. Kodansha, Tokyo.

Ohba, H. 1999b. Umbelliferae. *In*: Iwatsuki, K., Boufford, D.E. and Ohba, H. (eds.), Flora of Japan **IIc**. pp.268-303. Kodansha, Tokyo.

Ohba, H. 2001. *Rosa*. *In*: Iwatsuki, K., Boufford, D.E. and Ohba, H. (eds.) 2001. Flora of Japan **IIb**. pp.169-177. Kodansha, Tokyo.

Ohba, H. and Akiyama, S. 2014. The identity of *Chloranthus japonicus* Siebold (Chloranthaceae). J. Jpn. Bot. **89**: 236-242.

Ohshima, K.I., Wakatsuchi, M., Fukamachi, Y. and Mizuta, G. 2002. Near-surface circuration and tidal currents of the Okhotsk Sea observed with the satellite-tracked drifters. J. Geophys. Res. 107: 3195, doi:10.1029/2001JC001005.

Ohwi, J. 1933. Symbolae ad Floram Asiae Orientalis 7. Acta Phytotax. Geobot. **2**: 25-36.

Ohwi, J. 1935. Symbolae ad Floram Asiae Orientalis, 12. Acta Phytotax. Geobot. **4**: 58-70.

Okitsu, S., Minami, Y. and Grishin, S.Yu. 2001. Ecological notes on the heath community on Mt. Ebeko, Paramushir Island, northern Kuriles. Mem. Natl. Inst. Polar Res. Spec. Issue **54**: 479-486.

Paclt, J. 1998. Proposal to amend the gender of *Nuphar*, nom. cons. (Nymphaeaceae), to neuter. Taxon **47**: 167-169.

Pavlova, N.S. 1989. Fabaceae. *In*: Kharkevicz, S.S., Czerepanova, S. K., Kozhevnikov, A. E., Probatova, N. S. and Tzvelev, N. N. (eds.), Vascular Plants of the Soviet Far East, vol.**4**. pp.191-339. Nauka, Leningrad. (In Russian)

Pavlova, N.S. 1996. Caryophyllaceae (Paranychioideae and Alsinoideae). *In*: Kharkevicz, S.S., Czerepanova, S.K., Kozhevnikov, A.E., Probatova, N.S. and Tzvelev, N.N. (eds.), Vascular Plants of the Soviet Far East, vol.**8**. pp.28-94. Nauka, Saint Petersburg. (In Russian)

Petelin, D.A. 1991. Rubiaceae. *In*: Kharkevicz, S.S., Czerepanova, S.K., Kozhevnikov, A.E., Probatova, N.S. and Tzvelev, N.N. (eds.), Vascular Plants of the Soviet Far East, vol.**5**. pp.212-234. Nauka, Petropolis. (In Russian)

Peterson, A., Lecichev, I.G. and Peterson, J. 2008. Systematics of *Gagea* and *Lloydia* (Liliaceae) and infragenetic classification of *Gagea* based on molecular and morphological data. Mol. Phyl. Evol. **46**: 446-465.

Pietsch, T.W., Bogatov, V.V., Amaoka, K., Zhuravlev, Yu.N., Barkalov, V.Yu., Gage, S., Takahashi, H., Lelej, A.S., Storozhenko, S.Y., Minakawa, N., Bennett, D.J., Anderson, T.R., Ohara, M., Prozorova, L.A., Kuwahara, Y., Kholin, S.K., Yabe, M., Stevenson, D.E. and MacDonald, E.L. 2003. Biodiversity and biogeography of the islands of the Kuril Archipelago. J. Biogeogr. **30**: 1297-1310.

Pimenov, M.G. 1987. Apiaceae. *In*: Kharkevicz, S.S., Czerepanova, S.K., Kozhevnikov, A.E., Probatova, N.S. and Tzvelev, N.N. (eds.), Vascular Plants of the Soviet Far East, vol.**2**. pp.203-277. Nauka, Leningrad. (In Russian)

Popov, M.G. 1937. Papaveraceae. *In*: V.L. Komarov (ed.), Flora of the USSR **VII**. pp.573-717. [English edition in 1985, Koeltz Sci. Books, Koenigstein.]

Popov, M.G. 1970. The sedges of Sakhalin and Kuril Islands. Nauka, Moscow. (In Russian)

Potter, D., Eriksson, T., Evans, R.C., Oh, S., Smedmark, J.E.E., Morgan, D.R., Kerr, M., Robertson, K.R., Arsenault, M., Dickinson, T.A. and Campbell, C.S. 2007. Phylogeny and classification of Rosaceae. Pl. Syst. Evol. **266**: 5-43.

Probatova, N.S. 1985. Poaceae. *In*: Kharkevicz, S.S., Czerepanova, S.K., Kozhevnikov, A.E., Probatova, N.S. and Tzvelev, N.N. (eds.). Vascular Plants of the Soviet Far East, vol.**1**. pp.89-382. Nauka, Leningrad. (In Russian) [English translation, 2003. Science Publishers Inc., Enfield.]

Probatova, N.S. 1995. Lamiaceae (excl. *Leonurus* and *Stachys*). *In*: Kharkevicz, S.S., Czerepanova, S.K., Kozhevnikov, A.E., Probatova, N.S. and Tzvelev, N.N. (eds.), Vascular Plants of the Soviet Far East, vol.**7**. pp.294-379. Nauka, Saint Petersburg. (In Russian)

Probatova, N.S., Barkalov, V.Yu. and Rudyka, E.G. 2007. Caryology of the Flora of Sakhalin and the Kurile Islands. Dalnauka, Vladivostok. (In Russian with English introduction and conclusion)

Probatova, N.S., Bezdeleva, T.A. and Rudyka, E.G. 2001. Chromosome numbers, taxonomy and distribution of violets (*Viola*, Violaceae) of the Russian Far East. Komarov's Lectures **48**: 85-124. (In Russian)

Probatova, N.S., Kozhevnikov, A.E., Barkalov, V.Yu., Pavlova, N.S., Kozhevnikova, Z.V., Bezdeleva, T.A., Baykov, K.S., Berkutenko, A.N., Goncharova, S.B., Grigoryeva, O.V., Ivanenko, Yu.A., Luferov, A.N., Nedoluzhko, V.A., Pimenov, M.G., Skvortsov, V.E., Tzvelev, N.N., Tsyrenova, D.Yu., Chubarj, E.A. and Pshennikova, L.M. 2006. Flora of the Russian Far East, Addenda and Corrigenda to Vascular Plants of the Soviet Far East Vol. 1-8 (1985-1996). Dalnauka, Vladivostok. (In Russian)

Qian, H., Krestov, P., Fu, P.Y., Wang, Q.L., Song, J.S. and Chourmouzis, C. 2003. Phytogeography of northeast Asia. *In*: Kolbek, J., Šrůtek, M. and Box, E.O. (eds.), Forest Vegetation Northeast Asia, pp.51-91. Kluwer Academic Publishers, Dordrecht.

Reserve "Kurilsky" (ed.) 2001. Kurilsky Zapovednik. Sakhalin Book Publishing House, Yuzhno-Sakhalinsk.

Sahashi, N. 1978. Morphological and taxonomical studies on Ophioglossaceales in Japabn and the adjacent regions (1) *Botrychium boreale* from Hokkaido. J. Jpn. Bot. **53**: 51-60.

Samejima, J. and Samejima, K. 1962. Studies on the eastern Asiatic *Trillium* (Liliaceae). Acta Hort. Gotoburgensis **25**: 157-257 (with eight plates).

Sato. H., Kato, Y., Fukuda, T. and Takahashi, H. 2014. Plant list of Poaceae collected on Kunashir and Iturup Islands on a botanical expedition in 2012. *In*: Takahashi, H., Fukuda, T. and Kato, Y. (eds.), Biodiversity and Biogeography of the Kurils Islands and Sakhalin vol.**4**. pp.35-41. The Hokkaido University Museum, Sapporo.

Sato, H. and Takahashi, H. 2014. A new form of *Swertia tetrapetala* (Gentianaceae) found in Shikotan, Kuril Islands. J. Phytogeogr. Taxon. **61**: 103-105.

Sato, K., Yamazaki, T. and Iwatsubo, Y. 2007. Karyotypes of tetraploid *Hieracium alpinum* (Asteraceae). J. Jpn. Bot. **82**: 305-309.

Sato, T. and Takahashi, H. 1996. A quantitative comparison of distribution patterns in two species of *Gymnocarpium* from local to global scaling. Acta Phytotax. Geobot. **47**: 31-40.

Sennikov, A.N. 2011. *Chamerion* or *Chamaenerion* (Onagraceae)? The old story in new words. Taxon **60**: 1485–1488.
Shaulo, D.N. 2000. Huperziaceae. *In*: Krasnoborov, I.M. et al. (eds.), Flora of Siberia **1**. pp.26–27. Science Publishers, Inc., Enfield. [Translation of Flora Sibiri, vol.**1**, 1988]
Shimizu, K.K., Fujii, S., Marhold, K., Watanabe, K. and Kudoh, H. 2005. *Arabidopsis kamchatica* (Fisch. ex DC.) K.Shimizu & Kudoh and *A. kamtschatica* subsp. *kawasakiana* (Makino) K. Shimizu & Kudoh, new combinations. Acta Phytotax. Geobot. **56**: 163–172.
Shmidt, V.M. 1975. The comparison of systematic structures of flora of Hokkaido, Sakhalin, Kamchatka, Kuril, Commander and Aleutian Islands. Bot. Zhurn. **60**: 1225–1236. (In Russia with English summary)
Smedmark, J.E.E. 2006. Recircumscription of *Geum* (Colurieae; Rosaceae). Bot. Jahrb. Syst. **126**: 409–417.
Smirnov, A.A. 2002. Distribution of Vascular Plants in Sakhalin. Institute of Marine Geology & Geophysics, Yuznho-Sakhalinsk.(In Russian)
Soó, R. de and Webb, D.A. 1972. *Rhinanthus*. *In*: Tutin, T.G., Heywood, V.H., Burges, N.A., Moore, D.M., Valentine, D.H., Walters, S.M. and Webb, D.A. (eds.), Flora Europaea vol.**3** (Diapensiaceae to Myoporaceae). pp.276–280. Cambridge University Press, Cambridge.
Stephan, J.J. 1974. The Kuril Islands. Claredon Press, Oxford.
Stevens, P.F., Luteyn, J., Oliver, E.G.H., Bell, T.L., Brown, E.A., Crowden, R.K., George, A.S., Jordan, G.J., Ladd, P., Lemson, K., McLean, C.B., Menadue, Y., Pate, J.S., Stace, H.M. and Weiller, C.M. 2004. Ericaceae. *In* Kubitzki, K. (ed.): The Families and Genera of Vascular Plants **6**. pp.145–194. Springer, Berlin.
Storozhenko, S.Yu., Bogatov, V.V. and Lelej, A.S. 2002. Flora and Fauna of Kuril Islands (Materials of International Kuril Island Project). Dalnauka, Vladivostok.(In Russian)
Stuessy, T.F. and Ono, M. 1998. Evolution and Speciation of Island Plants. Cambridge University Press, Cambridge.
Sugawara, T. and Horii, Y. 2000. Morphological and cytological variation and infraspecific taxa in *Arenaria merckioides* (Caryophyllaceae). Acta Phytotax. Geobot. **51**: 139–146.
Swab, J.C. 2000. *Luzula*. *In*: Flora of North America Editorial Committee (ed.), Flora of North America vol. **22**. pp. 255–267. Oxford University Press, New York.
Takahashi, H. 1987. Pollen morphology and its taxonomic significance of the Monotropoideae (Ericaceae). Bot. Mag. Tokyo **100**: 385–405.
Takahashi, H. 2004. Distribution patterns of gymnosperms in Sakhalin and a comparison with those in the Kurils: newly proposed S-K index. *In* Takahashi, H. and Ohara, M. (eds.): Biodiversity and Biogeography of the Kuril Islands and Sakhalin **1**. pp.3–13. The Hokkaido University Museum, Sapporo.
Takahashi, H. 2006. Geographical distribution patterns of the Ericaceae in Sakhalin and the Kurils. *In* Takahashi, H. and Ohara, M. (eds.): Biodiversity and Biogeography of the Kuril Islands and Sakhalin **2**. pp.1–39. The Hokkaido University Museum, Sapporo.
Takahashi, H. 2009. Geographical distribution patterns of the Apiaceae in Sakhalin and the Kuril Islands. *In* Takahashi, H. and Ohara, M. (eds.): Biodiversity and Biogeography of the Kuril Islands and Sakhalin **3**. pp.1–34. The Hokkaido University Museum, Sapporo.
Takahashi, H., Barkalov, V.Yu., Gage, S., Joneson, S., Ilushko, M. and Zhuravlev, Yu.N. 2002. A floristid study of the vascular plants of Raikoke, Kuril Islands. Acta Phytotax. Geobot. **53**: 17–33.
Takahashi, H., Barkalov, V.Yu., Gage, S., Semsrott, B., Ilushko, M. and Zhuravlev, Yu.N. 1999. A preliminary checklist of the vascular plants of Chirinkotan, Kuril Islands. J. Phytogeogr. Taxon. **47**: 131–137.
Takahashi, H., Barkalov, V.Yu., Gage, S., Semsrott, B., Ilushko, M. and Zhuravlev, Yu.N. 2006. A floristic study of the vascular plants of Kharimkotan, Kuril Islands. *In* Takahashi, H. and Ohara, M. (eds.): Biodiversity and Biogeography of the Kuril Islands and Sakhalin **2**. pp.41–66. The Hokkaido University Museum, Sapporo.
Takahashi, H., Barkalov, V.Yu., Gage, S. and Zhuravlev, Yu.N. 1997. A preliminary study of the flora of Chirpoi, Kuril Islands. Acta Phytotax. Geobot. **48**: 31–42.
Takahashi, H. and Fukuda, T. 2014. Vascular plants collected at Tornaya Bay, Iturup Island in 2012. *In*: Takahashi, H., Fukuda, T. and Kato, Y. (eds.), Biodiversity and Biogeography of the Kuril Islands and Sakhalin 4. pp.58–63.
Takahashi, H., Fukuda, T. and Kato, Y. (eds.). 2014. Biodiversity and Biogeography of the Kuril Islands and Sakhalin vol.4. The Hokkaido University Museum, Sapporo.
Takahashi, H. and Haber, E. 1992. Morphological variability of *Pyrola minor* in Sweden, Japan and North America. J. Fac. Agr. Hokkaido Univ. **65**: 275–287.
Takahashi, H., Kuwahara, Y., Gage, S., Semsrott, B. and Barkalov, V.Yu. 2000. Distribution and habitat of *Draba grandis* Langsd. (Brassicaceae) in the Kurils. J. Phytogeogr. Taxon. **48**: 59–62.
Takahashi, H., Sato, H., Kato, Y. and Fukuda, T. 2014a. Vascular plants collected in Peschanoye mire (Tofutsu-sitsugen), Kunashir Island in 2012. *In*: Takahashi, H., Fukuda, T. and Kato, Y. (eds.), Biodiversity and Biogeography of the Kuril Islands and Sakhalin **4**. pp.47–52.
Takahashi, H., Sato, H., Kato, Y. and Fukuda, T. 2014b. Vascular plants collected on the Veslovskiy Peninsula, Kunashir

Island in 2012. *In*: Takahashi, H., Fukuda, T. and Kato, Y. (eds.), Biodiversity and Biogeography of the Kuril Islands and Sakhalin **4**. pp.53-57.

Takahashi, M. and Sohma, K. 1982. Pollen morphology of the genus *Clintonia* (Liliaceae). Sci. Rep. Tohoku Univ., 4th ser., Biol. **38**: 157-164.

Takamiya, M., Watanabe, M. and Ono, K. 1997. Biosystematic studies on the genus *Isoetes* (Isoetaceae) in Japan. IV. Morphology and anatomy of sporophytes, phytogeography and taxonomy. Acta Phytotax. Geobot. **48**: 89-122.

Takeda, H. 1914. The flora of the Island of Shikotan. Linn. J. Bot. **42**: 435-510.

Takhtajan, A. 1986. Floristic Regions of the World. University of California Press, Berkeley.

Tamura, M.N. 2008. Biosystematic studies on the genus *Polygonatum* (Asparagaceae) V. Taxonomic revision of species in Japan. Acta Phytotax. Geobot. **59**: 15-29.

Tamura, M.N., Azuma, H., Yamashita, J. Fuse, S. and Ishii, T. 2010. Biosystematic studies on the family Tofieldiaceae II. Phylogeny of species of *Tofieldia* and *Triantha* inferred from plastid and nuclear DNA sequences. Acta Phytotax. Geobot. **60**: 131-140.

Tamura, N.M., Lee, N.S., Katsuyama, T. and Fuse, S. 2013. Biosystematic studies on the family Tofieldiaceae IV. Taxonomy of *Tofieldia coccinea* in Japan and Korea including a new variety. Acta Phytotax. Geobot. **64**: 29-40.

Tateishi, Y. 2006. *Pilea*. *In*: Iwatsuki, K., Boufford, D.E. and Ohba, H. (eds.) 2006. Flora of Japan **IIa**. pp.82-88. Kodansha, Tokyo.

Tatewaki, M. 1927. On the plants collected in the Island of Alaid by Hidegoro Ito and Gosaku Komori. Trans. Sapporo Nat. Hist. Soc. **9**: 151-192.

Tatewaki, M. 1928. On the plant-communities in the middle part of the island of Urup in the Kuriles. Bot. Mag. (Tokyo) **42**: 426-436.

Tatewaki, M. 1929. The plant-communities in the Island of Matsuwa in the middle Kuriles. Trans. Sapporo Nat. Hist. Soc. **11**: 25-30.

Tatewaki, M. 1931. The primary survey of the vegetation of the middle Kuriles. J. Fac. Agr. Hokkaido Imp. Univ. **29**: 127-190 (with 10 plates).

Tatewaki, M. 1932. The phytogeographyb of the middle Kuriles. J. Fac. Agr. Hokkaido Imp. Univ. **29**: 191-363.

Tatewaki, M. 1934. Vascular plants of the northern Kuriles. Bull. Biogeogr. Soc. Jap. **4**: 257-334.

Tatewaki, M. 1957. Geobotanical studies on the Kurile Islands. Acta Hort. Gotob. **21**: 43-123.

Tatewaki, M. 1963. Phytogeography of the islands of the north Pacific Ocean. *In*: Pacific Basin Biogeography. pp.23-28. Bishop Museum Press, Hawaii.

Tomilov, G.M. 2003. International Kuril Island Project (IKIP), Physical Characteristics of the Islands of the Kuril Archipelago (http://www.burkemuseum.org/static/okhotskia/ikip/Info/physical.html) accessed on 11 October 2013.

Tsukaya, H., Yokoyama, J., Imaichi, R. and Ohba, H. 2008. Taxonomic status of *Monotropastrum humile*, with special reference to *M. humile* var. *glaberrimum* (Ericaceae, Monotropoideae). J. Plant Res. **121**: 271-278.

Tsutsumi, C., Yukawa, T. and Kato, M. 2008a. *Liparis purpureovittata* (Orchidaceae)- a new species from Japan. Acta Phytotax. Geobot. **59**: 73-77.

Tsutsumi, C., Yukawa, T., Lee, N.S., Lee, C.S. and Kato, M. 2008b. A new species of *Liparis* from Japan and Korea. Acta Phytotax. Geobot. **59**: 211-218.

Tzvelev, N.N.[2)] 1965. De genre *Calamagrostis* Adans. in URSS notulae systematicae. Novosti Sist. Vyssh. Rast.: 5-50. Nauka, Moscow. (In Russian)

Tzvelev, N.N. 1984. Grasses of the Soviet Union. Part 1 & 2. Russian Translations Series 8. A.A. Balkema, Rotterdam.

Tzvelev, N.N. 1987. Potamogetonaceae. *In*: Kharkevicz, S.S., Czerepanova, S.K., Kozhevnikov, A.E., Probatova, N.S. and Tzvelev, N.N. (eds.), Vascular Plants of the Soviet Far East vol.**2**. pp.317-335. Nauka, Petropolis. (In Russian)

Tzvelev, N.N. 1991a. Polypodiophyta. *In*: Kharkevicz, S.S., Czerepanova, S.K., Kozhevnikov, A.E., Probatova, N.S. and Tzvelev, N.N. (eds.), Vascular Plants of the Soviet Far East vol.**5**. pp.9-94. Nauka, Petropolis. (In Russian)

Tzvelev, N.N. 1991b. Empetraceae. *In*: Kharkevicz, S.S., Czerepanova, S.K., Kozhevnikov, A.E., Probatova, N.S. and Tzvelev, N.N. (eds.), Vascular Plants of the Soviet Far East vol.**5**. pp.166-170. Nauka, Petropolis. (In Russian)

Tzvelev, N.N. 1992. *Taraxacum*. *In*: Kharkevicz, S.S., Czerepanova, S.K., Kozhevnikov, A.E., Probatova, N.S. and Tzvelev, N.N. (eds.), Vascular Plants of the Soviet Far East, vol.**6**. pp.356-409. Nauka, Saint Petersburg. (In Russian)

Tzvelev, N.N. 1995. Haloragaceae. *In*: Kharkevicz, S.S., Czerepanova, S.K., Kozhevnikov, A.E., Probatova, N.S. and Tzvelev, N.N. (eds.), Vascular Plants of the Soviet Far East, vol. **7**. pp.245-247. Nauka, Saint Petersburg. (In Russian)

Tzvelev, N.N. 2006. The synopsis of the genus *Glyceria* (Poaceae). Bot. Zhurn. **91**(2): 255-276. (In Russian with English summary)

Utech, F.H. 2002. *Clintonia*. *In*: Flora of North America Editorial Committee (ed.), Flora of North America vol.**26**. pp.151-53. Oxford University Press, New York.

Vakhrameeva, M.G., Tatarenko, I.V., Varlygina, T.I., Torosyan, G.K. and Zagulskii, M.N. 2008. Orchids of Russia and Adjacent Countries. A.R.G. Gantner Verlag, Ruggell.

Valdespino, I.A. 1993. Selaginellaceae. *In*: Flora of North America Editorial Committee (ed.), Flora of North America vol. **2**. pp.38-63. Oxford University Press, New York.
Verkholat, V.P., Barkalov, V.Yu. and Grishin, S.Yu. 2005. Floristic records on Paramushir Island (northern Kuriles). Bot. Zhurn. **90**: 73-79. (In Russian with English summary)
Vorobiev, D.P. 1956. Material on the flora of the Kurile Islands. Trans. Far East Branch Acad. Sci. USSR. Ser. Bot. **3**(5): 3-79. (In Russian)
Vorobiev, D.P. 1963. Vegetation of the Kurile Islands. Acad. Sci. USSR Publishing House, Moscow. (In Russian)
Vorobiev, D.P., Woroshilov, V.N., Gurzenkov, N.N., Doronina, J.A., Egorova, E.M., Neczaeva, T.I., Probatova, N.S., Tolmatchev, A.I. and Czernjaeva, A.M. 1974. Key for the Vascula Plants of Sakhalin and Kurile Islands. Nauka, Leningrad.(In Russian)
Voroschilov, V.N. 1985. A list of the vascular plants of the Soviet Far East. *In*: Skvortzov, A.K. (ed.), Floristic Investigations in Different Regions of the USSR. pp.139-200. Nauka, Moscow. (In Russian)
Wagner Jr., W.H. and Beitel, J.M. 1993. Lycopodiaceae. *In*: Flora of North America Editorial Committee (ed.), Flora of North America vol.**2**. pp.18-37. Oxford University Press, New York.
Wallace, G.D. 1975. Studies of the Motoropoideae (Ericaceae): taxonomy and distribution. Wasmann J. Biol. **33**: 1-88.
Warwick, S.I., Al-Shehbaz, I.A. and Sauder, C.A. 2006. Phylogenetic position of *Arabis arenicola* and generic limits of *Aphragmus* and *Eutrema* (Brassicaceae) based on sequences of nuclear ribosomal DNA. Can. J. Bot. **84**: 269-281.
Whittaker, R.J. 1998. Island Biogeography. Oxford University Press, Oxford.
Wolfe, A.D., Datwyler, S.L. and Rendle, C.P. 2002. A phylogenetic and biogeographic analysis of the Cheloneae (Scrophulariaceae) based on ITS and *matk* sequence data. Syst. Bot. **27**: 138-148.
Yakubov, V.V. 1996. Rosoideae, Rosaceae (excl. *Agrimonia*, *Alchemilla* and *Filipendula*). *In*: Kharkevicz, S.S., Czerepanova, S.K., Kozhevnikov, A.E., Probatova, N.S. and Tzvelev, N.N. (eds.) 1996. Vascular Plants of the Soviet Far East, vol.**8**. pp.155-246. Nauka, Saint Petersburg. (In Russian)
Yakubov, V.V. 2007. Plants of Kamchatka (The Field Guide). Moscow.
Yakubov, V.V. 2010. Illustrated Flora of the Kronotsky Reserve (Kamchatka): Vascular Plants. Inst. Biology and Soil Science, Valdivostok. (In Russian)
Yakubov, V.V. and Chernyagina, O.A. 2004. Catalog of Flora of Kamchatka (Vascular Plants). Petropavlosk-Kamchatsky. (In Russian)
Yamagishi, M., Yoshida, E., Aikoh, T., Kondo, T. and Takahashi, H. 2010. A cultivated poppy (*Papaver* sp.) invades wild habitats of *Papaver fauriei* in the mountain area of Rishiri Island, Japan. Landscape Ecol. Eng. **6**: 155-159.
Yamaji, H., Nakamura, T., Yokoyama, J., Kondo, K., Morota, T., Takeda, S., Sasaki, H. and Maki, M. 2007a. Morphological comparison of *Asarum* sect. Asiasarum (Aristolochiaceae) in Japan with special reference to multivariate analyses of flowers. J. Jpn. Bot. **82**: 57-78.
Yamaji, H., Nakamura, T., Yokoyama, J., Kondo, K., Morota, T., Takeda, S., Sasaki, H. and Maki, M. 2007b. A taxonomic study of *Asarum* sect. Asiasarum (Aristolochiaceae) in Japan. J. Jpn. Bot. **82**: 79-105.
Yamaji, H., Sakakibara, I., Kondo, K., Shiba, M., Miki, E., Inagaki, N., Terabayashi, S., Takeda, S. and Aburada, M. 2005. Phytogeographic analyses of variation in *Cimicifuga simplex* (Ranunculaceae) based on internal transcribed spacer (ITS) sequences of nuclear ribosomal DNA. J. Jpn. Bot. **80**: 109-120.
Yamazaki, M., Sato, H., Kato, Y., Fukuda, T. and Takahashi, H. 2014. Aquatic plants collected in Kunashir and Iturup Islands, in 2012. *In*: Takahashi, H., Fukuda, T. and Kato, Y. (eds.), Biodiversity and Biogeography of the Kuril Islands and Sakhalin **4**. pp.42-46.
Yamazaki, T. 1993a. Ericaceae. *In*: Iwatsuki, K., Yamazaki, T., Boufford, D. E. and Ohba, H. (eds.), Flora of Japan **IIIa**. pp.6-63. Kodansha, Tokyo.
Yamazaki, T. 1993b. Primulaceae. *In*: Iwatsuki, K., Yamazaki, T., Boufford, D. E. and Ohba, H. (eds.), Flora of Japan **IIIa**. pp.79-95. Kodansha, Tokyo.
Yamazaki, T. 1993c. Phrymaceae. *In*: Iwatsuki, K., Yamazaki, T., Boufford, D. E. and Ohba, H. (eds.), Flora of Japan **IIIa**. p. 322. Kodansha, Tokyo.
Yamazaki, T. 1993d. Scrophulariaceae. *In*: Iwatsuki, K., Yamazaki, T., Boufford, D. E. and Ohba, H. (eds.), Flora of Japan **IIIa**. pp.326-374. Kodansha, Tokyo.
Yamazaki, T. 2001. Umbelliferae in Japan II. J. Jpn. Bot. **76**: 275-287.
Yano, O. and Hoshino, T. 2006. Phylogenetic relationships and chromosomal evolution of Japanese *Fimbristylis* (Cyperaceae) using nrDNA ITS and ETS 1f sequence data. Acta Phytotax. Geobot. **57**: 205-217.
Yi, T., Miller, A.J. and Wen, J. 2004. Phylogenetic and biogeographic diversification of *Rhus* (Anacardiaceae) in the northern hemisphere. Mol. Phylogenet. Evol. **33**: 861-879.
Yonekura, K. 2006. Polygonaceae. *In*: Iwatsuki, K., T., Boufford, D. E. and Ohba, H. (eds.), Flora of Japan **IIa**. pp.122-174. Kodansha, Tokyo.
Yonekura, K. and Ohashi, H. 2005. A new name of the east Asian plant of *Nephrophyllidium crista-galli*

(Menyanthaceae). J. Jpn. Bot. **80**: 186–187.

Zarrei, M., Wilkin, P., Fay, M.F., Ingrouille, M.J., Zarre, S. and Chase, M.W. 2009. Molecular systematics of *Gagea* and *Lloydia* (Liliaceae; Liliales): implications of analyses of nuclear ribosomal and plastid DNA sequences for infrageneric classification. Ann. Bot. **104**: 125–142.

Zenkevitch, I. 1963. Biology of the Sea of the U.S.S.R. George Allen & Unwin Ltd., London.

Zhang, L.B. and Zhang, L. 2012. The inclusion of *Acrophorus*, *Diacalpe*, *Nothoperanema*, and *Peranema* in *Dryopteris*: The molecular phylogeny, systematics, and nomenclature of *Dryopteris* subg. *Nothoperanema* (Dryopteridaceae). Taxon **61**: 1199–1216.

Zhuravlev, Yu.N. 2001. Kuril Diary. Dalnauka, Vladivostok. (In Russian)

Zhuravlev, Yu.N., Voronkova, N.M., Barkalov, V.Yu. and Voronkov, A.A. 2004. Medicinal Plants of the Kurile Islands. Dalnauka, Vladivostok. (In Russian with English summary)

Ziman, S.N., Ehrendorffer, F., Kadota, Y., Keener, C.S., Tsarenko, O.N., Bulakh, E. and Dutton, B.E. 2005. A taxonomic revision of *Anemone* L., section Omalocarpus DC. sensu lato (Ranunculacee): Part I. J. Jpn. Bot. **80**: 282–302.

ベニバナイチヤクソウ　*Pyrola incarnata* / 択捉島 / 北口澪子

おわりに

1995年から参加した，日米ロ3か国による国際千島列島調査International Kuril Island Project (IKIP)が，本書をまとめるきっかけである。もう20年経ってしまった。その後IKIPには1996, 1997, 2000年と計4回参加し，千島列島中部・北部の島に上陸することができた。島のフロラとともに米ロの研究者との交流も懐かしい思い出である(Zhuravlev, 2001)。しかし，千島列島南部にあたる「北方四島」には上陸できなかった。幸いなことにビザなし交流の枠組みの専門家交流として，IKIP終了からほぼ10年を経た2009年に国後島，2010年に色丹島，2012年に国後島・択捉島を訪れることができた。いずれも限られた条件での調査だったが，これにより歯舞群島を除く千島列島の南から北までの大まかな全体像を得ることができた。結局18年かけて，7回千島列島に足を踏み入れた。戦前9回千島列島調査に入られた舘脇先生には及ばないが，同じように千島列島の魅力に引かれ，通ってしまった。北海道大学植物標本庫の先達である宮部先生，舘脇先生の研究成果に立脚し，ロシアのバルカロフV.Yu.Barkalov氏の成果を私なりに日本側の見解と対応させ，整理したのが本書である。未だ道半ばなのは明らかで，本書において多くの「検討種」が見られることに如実に表れている。

本研究においては，戦前の日本人研究者・民間人などにより千島列島で採集された多くの千島列島産植物標本を基礎とした。これらは北海道大学総合博物館(SAPS)に多いが，国立科学博物館(TNS)，東京大学(TI)，京都大学(KYO)でも調査した。各研究機関の標本管理者である門田裕一，秋山忍，邑田仁，大井・東馬哲雄，池田博，清水晶子，永益英敏の各氏にお礼申し上げる。

以上に，筆者らによるIKIPでの1995～1997年，2000年の中千島・北千島調査標本を追加した。IKIPを主導した尼岡邦夫北海道大学名誉教授(BSAR-401)，テオドール・ピーチ ワシントン大学教授(DEB-9400821, DEB-9505031)，ウラジオストク生物学土壌学研究所のビクター・ボガトフ博士に感謝する。IKIP調査では特に桒原康裕氏に水生植物の採集でお世話になった。さらに，ワシントン大学(WTU)，レニングラードコマロフ植物学研究所(LE)，ウラジオストク生物学土壌学研究所(VLA)の各標本庫も利用させてもらった。そして2009～2012年の科学研究費「南千島における絶滅危惧種・外来生物種の現状調査」(No. 21405009)での補助にも感謝する。この調査では大泰司紀之北海道大学名誉教授，サハリン植物園のタラン博士とチャバネンコ博士に協力頂いたほか，国立科学博物館の福田知子，釧路市立博物館の加藤ゆき恵，北海道大学大学院農学院の佐藤広行の各氏に野外調査で協力頂いた。特に福田氏にはロシア語の通訳・翻訳でもお世話になった。

また本書における線画は札幌市在住の植物画家酒井得子さん，新岡幸子さん，北口澪子さんによるもので，植物標本からおこして頂いた。また扉裏の千島列島の島々のカラー地形図は，2007年の北大総合博物館企画展示の際に，田中眞理・山本佳奈・古田未央ら各氏に作製して頂いた。記して感謝する。

本書の刊行にあたっては，北海道大学出版会の成田和男・添田之美両氏に終始お世話になった。厚くお礼申し上げる。また独立行政法人日本学術振興会より「平成 26 年度科学研究費助成事業(科学研究費補助金)(研究成果公開促進費「学術図書」)」の交付を受けた。

最後に本書を編集するうえで種々教示頂いた，盟友ウラジオストクのバルカロフ博士に感謝する。

2014 年 12 月 25 日

高橋英樹

事項(人名・地名を含む)索引

＊斜体数字は plate 頁を，立体数字は本文頁を示す

[ア]
相澤元次郎　49
秋勇留島　36
アライト島　*28*,58,59
アライト山　58
阿頼度山　18

[ウ]
ウシシル北島　*15*
ウシシル島　47
ウシシル南島　*14*,*15*
内田瀞　49
ウルップ島　*10*,*11*,42

[エ]
エカルマ島　*18*,51,52
択捉島　*7*,*8*,*9*,41

[オ]
オネコタン島　*21*,*22*,54

[カ]
外来種　385
片岡利和　49

[キ]
キク科／ラン科種数比　372

[ク]
工藤祐舜　27
国後島　*4*,*5*,*6*,39
クルーゼンシュテルン海峡　13,14
郡司成忠　49

[ケ]
欠落分布　378
ケトイ島　*13*,45,46

[コ]
交雑　382
河野常吉　49
固有種　379

[サ]
サハリンルート　375

[シ]
色丹島　*1*,*2*,*3*,37,38
シダ植物係数　371,372
志発島　37
シムシル島　*13*,44,45
シャシコタン島　*18*,51,52
周北区　10,375
種子分散　382
種数　369
シュミット線　9,11
シュムシュ島　*26*,*27*,57,58
小千島列島　13
植物学名　59
シリンキ島　*23*,56

[ス]
水晶島　36
スポット分布　378

[セ]
絶滅危惧種　384

[タ]
大千島列島　9
高岡直吉　49
武田久吉　27
舘脇操　28
多様性　369
多羅尾忠郎　49
多楽島　37

[チ]
千島ルート　375
千島列島　9
爺々岳　18,39
チリンコタン島　*19*,53
チルポイ島　*12*,43

[ト]
栃内壬五郎　49

[ハ]
歯舞群島　35
パラムシル島　*23*,*24*,*25*,56,57
ハリムコタン島　*19*,*20*,53
ハルカリモシリ島　36

[ヒ]
東アジア区　10,372,375

[フ]
普通種　379

ブッソル海峡　13,14
ブッソル線　31,369,374
ブラットチルポイ島　*12*,43
ブロトン島　*12*,44
分子系統地理研究　379

[マ]
マカンル島　*22*,55
マツワ島　*16*,49,50

[ミ]
宮部金吾　25,28
宮部線　9,11,31,369,374

[モ]
萌茂尻島　36

[ユ]
勇留島　36

[ラ]
ライコケ島　*17*,51
ラシュワ島　*16*,48

[リ]
両側分布　378,381

[ロ]
ロブシュキ岩礁　*17*

[S]
S-K インデックス　376

和名索引

＊斜体数字は plate 頁を，立体数字は本文頁を示す

[ア]
アイザワシオガマ　*74*,319,426
アイザワソウ　202
アイヌガラシ　252
アイヌタチツボスミレ　234,419
アイヌミヤコザサ　171
アイヌワサビ　252,421
アオコウガイゼキショウ　117,410
アオスゲ　136
アオダモ　304,425,431
アオチドリ　102,409
アオノイワレンゲ　195,416
アオノツガザクラ　*24*,289,423
アオミズ　220,418
アカイタヤ　246,420
アカエゾマツ　*6*,82,407,431
アカソ　219,418,430
アカツメクサ　204
アカネムグラ　297,424
アカバナ　243,420
アカマロソウ　255
アカミタンポポ　353,428,437
アカミノイヌツゲ　323,426,430
アカミノエンレイソウ　*11*,95
アカミノルイヨウショウマ　180,415
アカンカサスゲ　143,412
アカンスゲ　143
アキカラマツ　188,416
アキグミ　218
アキタブキ　*18*,344,427
アキノウナギツカミ　259
アキノエノコログサ　174,415,434
アキノキリンソウ　348
アキノギンリョウソウ　287,288
アキノタンポポモドキ　*16*,*77*,342,427,437
アキノノゲシ　345,428,437
アキノミチヤナギ　262,421
アキメヒシバ　157
アクリスキンポウゲ　187
アケボノシュスラン　103,409,431
アサ　219
アサギリソウ　331,427
アサツキ　110
アジサイノリウツギ　277
アシボソアカバナ　243,420
アズキナシ　206,417,430
アスヒカズラ　65,406
アズマツメクサ　196,416,431
アズマナルコ　132,411
アゼスゲ　130,131,411
アゼテンツキ　146,413
アッケシアザミ　335
アッケシソウ　*4*,276,422
アツモリソウ　*27*,101,409,432
アティリウム・キクロソルム　76
アブラナ　250,421,435
アマチャヅル　*45*,223,419,430
アマニュウ　360
アマモ　92,408
アメリカオニアザミ　*9*,335,427,437
アメリカセンダングサ　333,427,437
アメリカハッカ　313,425,436
アメリカビユ　274,422,436
アメリカミズバショウ　89
アヤメ　109,409,430
アライトキンバイ　212,418
アライトタンポポ　*78*,352,428
アライトツメクサ　*68*,270,422,435
アライドツメクサ　270
アライトヒナゲシ　*28*,*56*,178,415
アライトミヤマツメクサ　269,422
アライトヨモギ　*28*,*76*,329,330,426
アラゲエゾツツジ　292
アラゲハンゴンソウ　345,428,437
アラスカヌカボ　149,413
アリドオシラン　105,409,430
アリューシャンミミナグサ　267,422
アルケミラ・ミカンス　206,417,434
アルタイウシノケグサ　159,414
アレチクロマメノキ　293,424
アレチタチドジョウツナギ　171,415,434
アレチノゲシ　349
アロカリア・オリエンタリス　*72*,300,424
アロペキュルス・アルンディナケウス　150,413,433
アロペキュルス・ゲニキュラートゥス　150,413,433

[イ]
イ　115,410
イグサ　115
イケマ　*72*,300,424
イシカワシオガマ　318
イシノナズナ　*17*,*67*,253,421
イソオオバコ　307
イタドリ　259,421,435
イタヤカエデ　246
イチイ　84,407,432
イチゲイチヤクソウ　288,423
イチゲフウロ　239,420,435

イチゲフクジュソウ　180
イチヤクソウ　290,424
イチヨウラン　102,409,430
イッポンスゲ　127,411
イトキンスゲ　124,410
イトキンポウゲ　*24*,186,416
イトクズモ　94,408
イトコヌカグサ　148,413,433
イトナルコスゲ　137,412,430
イトノガリヤス　153,413
イトヒカゲスゲ　137,412
イトモ　93,408
イヌイ　116,410
イヌイワデンダ　77
イヌエンジュ　201,417
イヌカミツレ　354,428,437
イヌガンソク　78,407,431
イヌゴマ　315,425
イヌコリヤナギ　229,419
イヌスギナ　70,71,406
イヌタデ　260,421
イヌタヌキモ　322
イヌハッカ　314,425,436
イヌビエ　158,414,433
イヌヒメシロビユ　274
イヌホオズキ　303,425,436
イブキジャコウソウ　316,425
イブキゼリモドキ　364
イブキソモソモ　169,414,432
イブキヌカボ　164,414
イブキボウフウ　366
イワアカバナ　242,420
イワイチョウ　326,426,431
イワイヌワラビ　75,407
イワウサギシダ　77
イワウメ　282,423
イワカゲワラビ　79
イワガネゼンマイ　73,406,432
イワガラミ　278,423,430
イワギキョウ　324,426
イワキンバイ　210,211,417,431
イワツツジ　293,424
イワデンダ　77,407
イワノガリヤス　413
イワノガリヤス複合群　154
イワヒゲ　*15*,284,423
イワブクロ　*20*,306,425
イワベンケイ　196,416,430
イワミツバ　359,429,438
イワヨモギ　*76*,330,427

[ウ]
ウキクサ　89,408
ウキミクリ　114,410
ウコンウツギ　*22*,357,428
ウサギギク　329
ウサギシダ　77,407
ウシオシカギク　336,427,437
ウシオスゲ　130
ウシオツメクサ　272,422
ウシオミチヤナギ　262,422,435
ウシシルスゲ　*38*,129,380,411
ウシタキソウ　*45*,241,420
ウシノケグサ　159,414
ウスイロスゲ　125,411
ウスゲヒロハハンノキ　222,418
ウスノキ　292
ウスバアカザ　276,422,436
ウスバスミレ　233
ウスベニツメクサ　272,422,436
ウスユキトウヒレン　347
ウスリーノキシノブ　80
ウダイカンバ　222,247,418,430
ウチワマンネンスギ　67
ウッズィア・スプインテルメディア　77
ウツボグサ　314,425
ウド　*9*,358,359,429,432
ウナギツカミ　259,421
ウマノミツバ　*6*,365,429
ウミミドリ　280,423
ウメガサソウ　285,423
ウメバチソウ　225,419
ウラギク　354,428
ウラゲカラフトザサ　172
ウラシマツツジ　284,423
ウラジロアカザ　275,422,436
ウラジロエゾイチゴ　214
ウラジロキンバイ　212,418
ウラジロタデ　257,421
ウリュウコウホネ　85
ウルップオウギ　*32*,*60*,202,380,417,431
ウルップシオガマ　320
ウルップソウ　*2*,*73*,305,425
ウルップトウヒレン　*13*,*35*,*77*,346,380,428
ウンラン　306,425

[エ]
エゾアオイスミレ　233
エゾアカバナ　241,243,420
エゾアブラガヤ　147,413
エゾイソツツジ　291
エゾイタヤ　*66*,246,420
エゾイチゲ　181,415
エゾイチゴ　214,418
エゾイチヤクソウ　290,424
エゾイヌゴマ　315
エゾイヌナズナ　253,421
エゾイボタ　304
エゾイラクサ　*62*,220,418
エゾウサギギク　328,426
エゾウメバチソウ　225
エゾウラジロハナヒリノキ　286
エゾエンゴサク　177,415
エゾオオサクラソウ　280

エゾオオバコ　307,425
エゾオオヤマハコベ　*26*,273,422
エゾオオヨモギ　330,426
エゾオグルマ　347,428
エゾオトギリ　238,420
エゾオヤマノエンドウ　202
エゾカモジグサ　158,414
エゾカラマツ　188,416
エゾカワズスゲ　125
エゾカワラナデシコ　268,422
エゾカワラマツバ　296
エゾカンゾウ　110
エゾキイチゴ　214
エゾキケマン　177,415
エゾキスゲ　110,409,431
エゾキヌタソウ　294,424
エゾキレハアザミ　334
エゾクサイチゴ　209
エゾクロクモソウ　194
エゾクロユリ　98
エゾコウキクサ　88
エゾコゴメグサ　317,426
エゾコザクラ　*22*,281,383,423
エゾゴゼンタチバナ　277,423
エゾゴマナ　332,427
エゾサカネラン　107,409
エゾサワスゲ　140,412
エゾサンザシ　207
エゾシモツケ　217,418
エゾシロネ　313,425
エゾスカシユリ　99,408
エゾスグリ　190,416
エゾスズシロ　253,421,435
エゾスズラン　103,409
エゾタカネスミレ　237,420
エゾタカネツメクサ　268,422
エゾタカネヤナギ　230
エゾタカラコウ　342
エゾタチカタバミ　226
エゾタツナミソウ　314,425
エゾタヌキラン　133
エゾタンポポ　350,428
エゾチドリ　107,409
エゾツツジ　*16*,292,424
エゾツルキンバイ　211,417
エゾツルツゲ　323
エゾデンダ　81,407
エゾトウヒレン　346
エゾナミキ　*74*,315,425
エゾナミキソウ　315
エゾニュウ　360,429
エゾニワトコ　357,429
エゾヌカボ　149,413
エゾネギ　110,409
エゾネコノメソウ　191,416
エゾノアオイスミレ　233,419
エゾノイワハタザオ　248,420
エゾノウワミズザクラ　210
エゾノカワヂシャ　308,309,425
エゾノカワヤナギ　228
エゾノカワラマツバ　296,424
エゾノギシギシ　264,265,422,435
エゾノキツネアザミ　335,427,437
エゾノキヌヤナギ　228,419
エゾノキリンソウ　196,416
エゾノクサイチゴ　209,417
エゾノコウボウムギ　*8*,125,411
エゾノコギリソウ　326,426
エゾノコリンゴ　210,417
エゾノサワアザミ　335,427
エゾノシシウド　360,429
エゾノシモツケソウ　208,417
エゾノジャニンジン　251,421
エゾノタウコギ　333,427
エゾノタチツボスミレ　234,419
エゾノチチコグサ　*75*,328,426
エゾノツガザクラ　289,423
エゾノハクサンイチゲ　181
エゾノヒメクラマゴケ　67,406
エゾノヒモカズラ　67
エゾノマルバシモツケ　217,418
エゾノミクリゼキショウ　119,120,410
エゾノミズタデ　260,421
エゾノミツモトソウ　212,418,434
エゾノヨツバムグラ　295,424
エゾノヨモギギク　350
エゾノヨロイグサ　360,429
エゾノリュウキンカ　182,415
エゾノレンリソウ　200,417
エゾハコベ　273,422
エゾハタザオ　252,421
エゾハハコヨモギ　330,427
エゾハマツメクサ　269
エゾハリスゲ　125,411
エゾヒナノウスツボ　310,425
エゾヒメアマナ　98,408
エゾヒメクワガタ　308
エゾヒョウタンボク　356,428
エゾヒルムシロ　93,408
エゾヒロハクサフジ　205
エゾフウロ　*64*,239,420
エゾフスマ　273
エゾフユノハナワラビ　69,406
エゾボウフウ　359,429
エゾホザキナナカマド　216
エゾホソイ　116,410
エゾホタルサイコ　361
エゾマツ　*4*,*6*,82,407
エゾマミヤアザミ　*41*,335,427
エゾミクリ　113,410
エゾミズタマソウ　241
エゾミソガワソウ　314
エゾミソハギ　*65*,240,420
エゾミヤマザサ　173,415

エゾミヤマソモソモ　167
エゾミヤマツメクサ　269
エゾミヤマハンショウヅル　183
エゾミヤマヤナギ　229
エゾムカシヨモギ　336,427
エゾムグラ　295
エゾムラサキ　302,424
エゾムラサキニガナ　341,427
エゾメシダ　75,407
エゾモメンヅル　*9*,*60*,199,417
エゾヤナギモ　94,408
エゾヤマザクラ　207
エゾヤマナラシ　227,419
エゾユズリハ　*6*,189,416,430
エゾヨモギ　329
エゾヨモギギク　350,428
エゾリンドウ　298,424
エゾルリソウ　301
エゾルリムラサキ　301
エゾワサビ　252
エゾワタスゲ　145,413
エダウチアカバナ　242,420
エダウチチゴユリ　97
エダウチチチコグサ　339,427,437
エダウチフクジュソウ　180
エトロフソウ　114
エトロフタンポポ　*40*,350,354,380,428
エトロフハンノキ　221
エトロフヤナギ　228
エトロフヨモギ　*37*,329
エナシヒゴクサ　138,412
エノキグサ　226,419,434
エノコログサ　174,415
エフデギク　344
エリゲロン・ケスピタンス　*27*,337,427
エリゲロン・フミリス　337,427
エリゲロン・ペレグリヌス　*24*,*76*,338,427
エリトリキウム・ウィロッスム　301,424
エリムス・ノウァエアングリアエ　158,414,433
エルショルツィア・プセウドクリスタータ　311
エレオカリス・クインクエフロラ　144,413
エンコウソウ　182,415
エンドウコザクラ　*71*,282,423
エンレイソウ　95,408

[オ]

オウシュウヨモギ　331,427,437
オオアゼスゲ　130
オオアマドコロ　113,410
オオアマモ　92,408
オオアワガエリ　165,414,434
オオアワダチソウ　*8*,348,428,437
オオイタドリ　257,258,421
オオイヌタデ　260,421
オオイヌノフグリ　309,425,436
オオウシノケグサ　160,414
オオウバユリ　97,408,432
オオエゾデンダ　*48*,81,407
オオカサスゲ　140,412
オオカサモチ　365,429
オオカメノキ　358,429
オオカワズスゲ　126,411
オオキソチドリ　108,409,431
オオクマザサ　171
オオクモマキンポウゲ　186,416
オオシコタンザサ　172
オオシバナ　*4*,91,408
オオスズメノカタビラ　170,414,434
オオスズメノテッポウ　150
オオダイコンソウ　209,417
オオタカネイバラ　213
オオタカネスミレ　*36*,236,419
オオタカネバラ　213,418
オオタチツボスミレ　235,419
オオタヌキモ　322,426
オオチシマアカバナ　243
オオチシマトリカブト　*24*,*57*,179,415
オオチシマナルコ　140
オオチシマヒキノカサ　185,416
オオチドメ　363,429
オオツメクサ　271
オオツリバナ　224,419
オオトボシガラ　159,414
オオヌマハリイ　144,413
オオバキスミレ　237
オオバコ　307,425
オオバザサ　172,415
オオバショリマ　*48*,74,406
オオバスノキ　292,424
オオバセンキュウ　*6*,360,429
オオバタケシマラン　100,409
オオバタチツボスミレ　235,419
オオバタネツケバナ　251,421
オオハナウド　363,429
オオバナノエンレイソウ　96,408
オオバナノコギリソウ　426,437
オオバナノノコギリソウ　327
オオバナノミミナグサ　267,268,422
オオバノヤエムグラ　295,424
オオバノヨツバムグラ　295
オオバボダイジュ　189,247,420,430
オオバミゾホオズキ　316,425
オオバミヤマハンノキ　222
オオバヤナギ　*5*,227,419
オオハンゴンソウ　*5*,346,428,437
オオフガクスズムシ　104
オオホソバオンタデ　257
オオマツヨイグサ　244,420,435
オオマルバノホロシ　303,424
オオミゾソバ　259
オオミミナグサ　267,422,435
オオメシダ　76,407
オオヤチマメヤナギ　231
オオヤマサギソウ　107,409

オオヤマザクラ　207,417,432
オオヤマフスマ　269,422
オオヨモギ　329,426
オカスズメノヒエ　122,410
オカダゲンゲ　202
オカヒジキ　*70*,276,423
オガラバナ　246,420
オキシトロピス・エグゼルタ　202,417
オクエゾガラガラ　321,426,436
オクエゾカンバ　223
オクエゾサイシン　86,407
オクエゾシラカンバ　223,419
オククルマムグラ　295,424
オクネコノメソウ　192
オクノカンスゲ　135,412
オクミチヤナギ　262,421,435
オクモミジカラマツ　188,416
オクヤマザサ　173
オクヤマシダ　79,407
オクヤマワラビ　75,407
オグルマ　340,427
オシダ　79,407
オシャグジデンダ　80,407,431
オゼコウホネ　85
オゼザサ　172,415
オゼニガナ　341,427
オゼノサワトンボ　104
オダサムタンポポ　351,428
オダマキ　182
オーチャード　156
オッタチカタバミ　226,419,434
オトギリソウ　238,420
オトコヨモギ　329,426
オートムギ　151
オドリコソウ　312,425
オドンティテス・ウルガーリス　318,426,436
オナモミ　355,428,437
オニアゼスゲ　132
オニイチゴツナギ　*56*,170,414
オニウシノケグサ　160,414,434
オニク　*22*,*74*,317,426
オニグルミ　221,418,431
オニコメススキ群　157
オニシモツケ　208,417
オニツリフネソウ　278,423,436
オニツルウメモドキ　*63*,224,419
オニナルコスゲ　139,412
オニノゲシ　349,428,437
オニノヤガラ　103,409,430
オニハマダイコン　*2*,*5*,*6*,250,276,384,386,421,435
オニユリ　99,409,432,433
オニルリソウ　300,424
オノエスゲ　141,412
オノエヤナギ　228,232,419
オハグロスゲ　131,411
オヒョウ　218,418
オヒルムシロ　92,408
オミナエシ　357,428
オランダガラシ　252
オランダハッカ　313
オランダフウロ　239,420,435
オロシャギク　343
オンタデ　*13*,257,421

[カ]

カイゲンタンポポ　354,428,437
ガガイモ　300,424
カキツバタ　109,409
カキネガラシ　255,421,435
カクミノスノキ　292,424,430
カサスゲ　140,412
カシワ　220,418,431
カズノコグサ　151,413
カスミムグラ　296
カセンソウ　340,427
カタオカソウ　*2*,*12*,*58*,184,380,415
カタクリ　98,408,431
カタバミ　226,419,434
カツラ　189,201,247,416
カノコソウ　358,429
カブ　250
カブスゲ　130,411
ガマ　115,410
カマヤリソウ　256,421
カミカワスゲ　135,412
カムチャツカタンポポ　353,428
カモガヤ　156,413,433
カモジグサ　158,414
カラクサイノデ　80,407
カラコギカエデ　245,420
カラシナ　249,421,435
カラスムギ　151,413,433
カラハナソウ　218,418
カラフトアカバナ　*65*,243,420
カラフトアザミ　346
カラフトイソツツジ　*12*,291,424
カラフトイチゴツナギ　167,414
カラフトイチゴツナギ複合群　167
カラフトイチヤクソウ　290,423
カラフトイバラ　213,418
カラフトイワスゲ　124
カラフトイワヒゲ　284
カラフトウド　358
カラフトウラジロキンバイ　212
カラフトカサスゲ　140,412
カラフトキンポウゲ　186,416
カラフトゲンゲ　*3*,199,417
カラフトコゴメグサ　317
カラフトセンカソウ　181
カラフトダイオウ　263
カラフトダイコンソウ　209,417
カラフトタカネスミレ　237
カラフトドジョウツナギ　160,175,414
カラフトナニワズ　248

カラフトニンジン　*78*,362,429
カラフトネコノメソウ　191
カラフトノダイオウ　*68*,263,265,422
カラフトノミノフスマ　273
カラフトヒナゲシ　178
カラフトヒヨクソウ　309,425,436
カラフトブシ　180,415
カラフトホシクサ　115,410
カラフトホソバハコベ　274,422,436
カラフトマンテマ　*69*,270,422
カラフトムシトリスミレ　322,426
カラフトモメンヅル　199
カラフトユキザサ　112
カラフトユキワリソウ　282
カラマツ　82,407,433
ガリウム・ウリギノースム　296,424,436
ガレオプシス・ラダヌム　312,425,436
カレックス・ボナンゼンシス　128,411
カレックス・ラッポニカ　128,411
カワカミモメンヅル　*30*,*59*,198,380,417,431
カワシロナナカマド　206
カワミドリ　310,425,431
カワヤナギ　228,419
カワラスゲ　132,411,430
カワラハハコ　328
カワラボウフウ　364,366,429
ガンコウラン　*18*,285,423
カンチコウゾリナ　*77*,344,428
カンチスゲ　123,410
カンチスズメノヒエ　121
カンチタンポポ　352
カンチヒメタンポポ　351,352,353,428
カンチヤチハコベ　*69*,272,422
カントウマムシグサ　88
カントウマユミ　225
カンボク　358,429

[キ]
キオン　347,428
キクイモ　339,427,437
キクニガナ　334,427,437
キクバクワガタ　308,425
キジカクシ　111,410
ギシギシ　263,422
キジムシロ　211,418
キショウブ　109,409
キタグニコウキクサ　88,408
キタダケヤナギラン　240
キタチシマスゲ　133
キタチシマソモソモ　166,414
キタチシマタンポポ　*36*,352
キタノカワズスゲ　126,411
キタノコギリソウ　326,426
キタノミヤマシダ　76
キタホソバハマアカザ　275,422
キタホロムイイチゴ　*62*,213,418
キタミソウ　*73*,306,425
キタミフクジュソウ　180,415
キタミミナグサ　267
キタメヒシバ　157,414,433
キタヨツバシオガマ　*20*,320,426
キツネガヤ　152,413,430
キツネノテブクロ　305
キツネノボタン　187,416
キツネヤナギ　230,419
キツリフネ　278,423
キヌガサギク　345
キハダ　*66*,246,420,432
キバナシオガマ　320,426
キバナシャクナゲ　291,424
キバナノアツモリソウ　101,409,432
キバナノアマナ　98,408
キバナノコマノツメ　235,236,419
キバナノレンリソウ　200,417,434
キムラタケ　317
キャベツ　250
キャラウェイ　361,429,438
キャラボク　84
ギョウジャニンニク　111,409
キョクチエンゴサク　177
キョクチギシギシ　263
キョクチソモソモ　166,167,414
キョクチハナシノブ　*26*,*70*,279,423
キヨシソウ　*59*,193,416
キヨスミウツボ　321,426,431
キリガミネスゲ　132,411
キレハアカミタンポポ　353
キンエノコロ　174,415,434
キンギョモ　176
キンスゲ　124
キンチャクスゲ　133,411
キンミズヒキ　205,417
ギンラン　100,409,430
ギンリョウソウ　288,423
キンロバイ　*1*,*61*,83,208,417

[ク]
グイマツ　*1*,*2*,*8*,*49*,81,407
クサイ　117,410,433
クサキョウチクトウ　278,423,436
クサソテツ　77,407
クサノオウ　176,415
クサフジ　205,417
クサヨシ　165,414
クサレダマ　281,423
クシガヤ　156,413,433
クジャクシダ　73,406,432
クシロチャヒキ　*37*,152,413
クシロハナシノブ　279,423
クシロホシクサ　115
クシロヤガミスゲ　127,411,433
クスダマツメクサ　204,417,434
グーズベリー　190
クチベニズイセン　111,409,433

クナシリオヤマノエンドウ　*39*,202,380,417
クナシリクルマバナ　*42*,310,380
クナシリコウガイ　*31*,117,410
クナシリトリカブト　179
グナファリウム・ピルラーレ　339,427,437
クマイザサ　172,415
クマザサ　172
クモキリソウ　104,409,431
クモマキンポウゲ　*58*,186,416
クモマグサ　192
クモマスズメノヒエ　121,410
クモマタンポポ　352
クリイロスゲ　*53*,126,411
グリケリア・ウォロシロウィイ　161
クリンソウ　*46*,281,423
クルマバソウ　296,424
クルマバツクバネソウ　95,408
クルマバナ　310,425
クルマユリ　*18*,*50*,99,408
グレーンスゲ　142,412
クロアゼスゲ　131,132,411
クロアブラガヤ　147,413
クロイチゴ　214,418
クロイヌノヒゲ　115,410
クロウスゴ　*71*,293,424
クロカワズスゲ　125,411
クロコウガイゼキショウ　119,410
クロツリバナ　225,419
クロヌマハリイ　145,413
クロバナハンショウヅル　183,415
クロバナロウゲ　207,417
クロハリイ　144,413
クロマメノキ　293
クロミサンザシ　207,417
クロミノオオバナエンレイソウ　96
クロユリ　*14*,*50*,98,408
グンジソウ　*67*,254,421
グンバイナズナ　255,421,435

[ケ]

ケウスバスミレ　233
ケオオバタチツボスミレ　235
ケゴンアカバナ　241,420
ケシ　178,415,434
ケショウヤナギ　229
ケトイイチゴツナギ　*32*,168,380,414
ケトイタンポポ　*36*,352,380,428
ケトイミミナグサ　*30*,267,422
ケトイヤナギ　*34*,232,380,419
ケナシイヌゴマ　315
ケナシイワアカバナ　242
ケナシハルガヤ　151,413,433
ケハマエンドウ　200
ケヤキ　218
ケヤマハンノキ　221
ケヤリスゲ　142
ケヨノミ　356,428
ケンタッキー・ブルーグラス　168
ゲンノショウコ　239,420

[コ]

コアカザ　275,422,436
コアゼスゲ　131
コアニチドリ　100,409,430
コアマモ　91,408
コイチゴツナギ　170,414,434
コイチヤクソウ　*71*,288,423
コイチヨウラン　102,409,432
コウガイゼキショウ　118,410
コウシンソウ　322
ゴウソ　132,411
コウゾリナ　344,428
コウノソウ　*28*,*60*,202,417
コウボウ　161,414
コウボウシバ　142,412
コウボウの近似種　162
コウホネ　85
コウメバチソウ　225
コウヤワラビ　78,407
コウライテンナンショウ　87,408,431
コウライヤワラスゲ　143
コウリンタンポポ　344,428,437
コエンドウ　200,417
コガネイチゴ　214,418
コガネギク　348
コガネギシギシ　264,422
コガネサイコ　*38*,361
コキンスゲ　*53*,124,410
コキンバイ　210,417
コクワ　283,430
コケイラン　107,409
コケオトギリ　238,420
コケシノブ　72,406,431
コケスギラン　*47*,67,406
コケスミレ　236
コケモモ　294,424
コゴメギク　338,427,437
コゴメヌカボシ　*52*,120,410
コゴメバオトギリ　238
コシカギク　343,427,437
コジマエンレイソウ　95
コシロネ　313,425
コスギラン　65,66,67,406
コスズメノチャヒキ　153,413,433
ゴゼンタチバナ　277,423
コタニワタリ　74,406,431
コタヌキモ　*3*,322,426
コタヌキラン　133,411
コダマソウ　*32*,203,380
コタンポポ　*40*,*78*,353,380,428
コツマトリソウ　280
コテングクワガタ　309,425,436
ゴトウヅル　277
コヌカグサ　148,413,433

コヌマスゲ　139,412
コバギボウシ　112
コハコベ　274
コバノイチヤクソウ　289,423
コハマギク　334
コフタバラン　105,409
ゴボウ　328,426,437
コマクサ　*56*,178,415
コマユミ　224,419
コミヤマカタバミ　225,419
コミヤマヌカボ　149,413
コメガヤ　163,414
コメススキ　157,413
コメツツジ　291,424,431
コメツブツメクサ　204
コメバツガザクラ　284,423
コモチミミコウモリ　343
ゴヨウマツ　83
コヨウラクツツジ　288,423
コリヤナギ　229,419,434
コンフリー　302,424,436
コンロンソウ　251,421

[サ]
サイハイラン　101,409,432
サカコザクラ　*71*,280,423,436
サカネラン　106
サギスゲ　145,413
サクラソウモドキ　280,423
ササ・スピキュローサ　173
ササバギンラン　101,409,431
サジオモダカ　90,408,433
サジガラシ　251
サジナズナ　251,421
サジバモウセンゴケ　266,422
ザゼンソウ　89,408
サッポロスゲ　141,412
サドスゲ　130,411
サナエタデ　261,421,435
サハリンイトスゲ　136,412
サボンソウ　270,422,435
サマニヨモギ　330,427
サヤスゲ　*54*,142,412
サラシナショウマ　182
サリックス・アークティカ・クラッシユリス
　26,231,419
サリックス・クドイ　232,419
サリックス・プルクラ・パラレリネルウィス
　64,229,419
サルナシ　283,423
サワギキョウ　*11*,325,426
サワラン　102,409,431
サンカヨウ　179,415,431
サンシキスミレ　237,420,434

[シ]
シウリザクラ　210,417,432
シオガマギク　319,382,426
シオハコベ　280
シオマツバ　280
シカギク　*1*,354,428
シカクイ　144,413
ジギタリス　305,425,436
シコタンアカバナ　241
シコタンアザミ　*31*,335,427
シコタンアズマギク　*42*,337,380,427
シコタンキンポウゲ　*25*,*58*,185,187,416
シコタンザサ　*35*,172,415
シコタンシャジン　*37*,324
シコタンスゲ　134,411
シコタンソウ　192,416
シコタンタンポポ　*40*,*78*,350,351,428
シコタンツルカコソウ　310
シコタントリカブト　*29*,*57*,180,415
シコタンハコベ　*2*,*69*,273,422
シコタンマツ　81
シコタンミミナグサ　267
シコタンヤナギ　229
シコタンヨモギ　*76*,331,427
シシガシラ　72,77,407,431
シシリンキウム・セプテントリオナーレ　109,409,433
シテンクモキリ　104
シナガワハギ　201,417,434
シナノザサ　172
シノブカグマ　*48*,78,407,431
シバスゲ　135,412
シバナ　91
シバムギ　159,414,433
シベナガムラサキ　301
シベリアイワタデ　257,421,435
シベリアエンコウソウ　182
シベリアホザキノフサモ　197,416
シマレンプクソウ　355,428
ジムカデ　287,423
シムシタンポポ　352
シムシルタンポポ　*36*,352,380,428
シムシルヤナギ　*34*,230
ジャイアント・ベルフラワー　324,426,436
シャク　361,365,429
シャクジョウソウ　287,423
ジャコウアオイ　247,420,435
シャジクソウ　204,417
ジャニンジン　251,421
ジュウモンジシダ　80,407
シュッコンルピナス　201,417,434
シュミットスゲ　131,411
シュムシュクワガタ　*22*,*73*,308,425
シュムシュタンポポ　*40*,353,380,428
シュムシュトウヒレン　*27*,*77*,347,428
シュムシュノコギリソウ　*75*,326,426
シュムシュワタスゲ　*55*,145,413
ショウジョウスゲ　137,412
ショウブ　87,407,433
シラオイハコベ　273,422

シラカンバ 222,418
シラゲガヤ 162,414,434
シラスゲ 138,412
シラタマソウ 271,422,436
シラタマノキ 286,423,432
シラネニンジン 359,363,429
シラネワラビ 75,78,79,407
シラヤマギク 332,427
シリヤジリスゲ 132
シレトコスグリ 190
シレトコスミレ 237,420
シレトコトリカブト 180
シレトコブシ 180
シロイヌナズナ 253
シロウマアカバナ 244
シロウマアサツキ 110
シロウマチドリ *25*,*51*,104,409
シロザ 275,422,436
シロスミレ 233,419
シロツメクサ *16*,204,417,434
シロネ 313,425
シロバナアカツメクサ 204
シロバナイヌナズナ 253
シロバナイワブクロ *20*,306
シロバナエゾコザクラ 281
シロバナエゾツツジ *18*,292
シロバナエゾフウロ 239
シロバナエンレイソウ 96
シロバナオオバコ 308,425,436
シロバナキタヨツバシオガマ *20*,320
シロバナスミレ 233
シロバナチシマアザミ *13*
シロバナチシマギキョウ 324
シロバナチシマゲンゲ *11*
シロバナチシマセンブリ 299
シロバナチシマリンドウ 298
シロバナニガナ 340
シロバナノヘビイチゴ 209
シロバナハマフウロ 239
シロバナヒオウギアヤメ 109
シロバナユキワリコザクラ 282
シロミノハリイ 144,413,432
シロヨモギ *10*,331,427
ジンボソウ *31*,120,410
ジンヨウイチヤクソウ 290,424
ジンヨウスイバ *27*,*68*,259,421
ジンヨウチシマヤナギ *35*,230

[ス]

スカシタゴボウ 255,421
スカシユリ 99
スガモ *50*,91,408
スギ 84
スギカズラ 66,406
スギナ 70,406
スギナモ *72*,305,425
スゲアマモ 92,408
ススキ 164,414
スズタケ 173
スズメノカタビラ 169,414,434
スズメノテッポウ 149,413
スズメノヤリ 121,410
ススヤスゲ 129,411
スズラン 111,410
ステラリア・エシュショルツィアナ 274,422
スノキ 292
ズミ 210,417,434
スミレ 233,419

[セ]

セイタカコゴメヌカボシ *52*,120,410
セイヨウアブラナ 250,421,435
セイヨウオオバコ 307,425,436
セイヨウオトギリ 238,420,434
セイヨウキンポウゲ 187,416,434
セイヨウクサノオウ 176
セイヨウタンポポ 350,353,428,437
セイヨウネズ 84
セイヨウノコギリソウ 327,426,437
セイヨウノダイコン 254,421,435
セイヨウハチジョウナ 349,428,437
セイヨウハナダイコン 254
セイヨウヒルガオ 303,424,436
セイヨウワサビ 249,420,435
セキショウイ 119,120,410
セキソウ 251
セリ 364,429
センカソウ 181
センダイザサ 171,415
センダイハギ 203,417
ゼンテイカ 110,409
センニンモ 93,408
センノキ 359
センボンヤリ 341,427
ゼンマイ 71,406,430

[ソ]

ソウウンザサ 172
ソバ 258
ソバカズラ 258,303,421,435
ソリダゴ・スピラエイフォリア 348,428

[タ]

タイセツイワスゲ 137,412
ダイモンジソウ *2*,193,416
タイワンハチジョウナ 349
タウコギ 333,427,437
タカオカソウ *22*,302,424
タカスアザミ 347,428
タカスギク *76*,332,427
タカネイ 119,410
タカネイワヤナギ *26*,*64*,230,231,232,419
タカネオミナエシ 357
タカネキンポウゲ 185

タカネクロスゲ　147,413
タカネコメススキ　156,175,415
タカネサギソウ　107,409,431
タカネザクラ　207
タカネシオガマ　320,426
タカネシバスゲ　141,412
タカネスイバ　263,422
タカネスギカズラ　66
タカネスズメノヒエ　122,410
タカネスミレ　236
タカネタチツボスミレ　*64*,235,419
タカネトウウチソウ　215,418
タカネトンボ　104,409,432
タカネナデシコ　268
タカネナナカマド　*15*,216,418
タカネノガリヤス　155,413
タカネハナワラビ　*47*,68,406
タカネハリスゲ　124,410
タカネヒカゲノカズラ　65,406
タカネヒメスゲ　143
タカネフタバラン　106,409
タカネマンテマ　*69*,271,422
タカネヤガミスゲ　128,411
タガラシ　187,416,434
ダケカンバ　222,418
ダケスゲ　137,412
タチイチゴツナギ　170,414
タチオランダゲンゲ　204,417,434
タチギボウシ　*11*,112,410
タチコウガイゼキショウ　117,410
タチコゴメグサ　317,426
タチツボスミレ　234,419
タチドジョウツナギ　171,414
タチマンネンスギ　67
タチヤナギ　228
ダッタンソバ　258,421,435
タツノヒゲ　164,414
タテヤマキンバイ　216,418
タニギキョウ　325,426
タニソバ　261,421,435
タニマスミレ　233,419
タヌキジソ　312,425,436
タヌキモ　322,426
タマガヤツリ　143,412
タマザキシオガマ　*75*,319,426
タマミクリ　*9*,113,410
タライカヤナギ　230,419
タラオアカバナ　242,244,420
タラクサクム・アクリコルネ　351,428
タラクサクム・マクロケラス　352,428
タラクサクム・ロンギコルネ　351,428
タラノキ　359,429,431
タルマイスゲ　133,411
タルマイソウ　306
ダルマキンミズヒキ　206

[チ]

チクマハッカ　314
チゴユリ　97,408,430
チコリー　334
チシマアオチドリ　102
チシマアカバナ　244
チシマアザミ　334,335,427
チシマアシボソスゲ　133
チシマアマナ　99,408
チシマイチゲ　181
チシマイチゴ　*25*,*62*,214,418
チシマイチゴツナギ　169
チシマイトイ　119
チシマイトキンポウゲ　186
チシマイワブキ　*22*,193,194,416
チシマイワヤナギ　*34*,232,419
チシマウスバスミレ　233,419
チシマウスユキソウ　*2*,*77*,342,380,427,430
チシマエンコウソウ　182,415
チシマエンレイソウ　*18*,96
チシマオウギ　*30*,199
チシマオグルマ　347
チシマオドリコソウ　312,425,436
チシマオノエヤナギ　*33*,228
チシマカニツリ　*56*,175,415
チシマガリヤス　*55*,154,413
チシマギキョウ　*75*,324,426
チシマギシギシ　263,422
チシマキスミレ　235
チシマキタアザミ　346
チシマキャラボク　84
チシマキンバイ　212,418
チシマキンポウゲ　185,416
チシマキンレイカ　357,429
チシマクモマグサ　*20*,192,416
チシマクルマユリ　99
チシマクロクモソウ　*9*,*39*,193,194,416
チシマゲンゲ　*60*,200,417
チシマコゴメグサ　317,426
チシマコザクラ　279
チシマコハマギク　334,427
チシマサカネラン　101,409
チシマザクラ　*33*,207,279,417
チシマザサ　173,415
チシマシオガマ　*11*,*75*,319,426
チシマシャジン　*29*,323
チシマシロネ　*43*,313,380
チシマスギラン　65,66
チシマスゲ　*54*,138,412
チシマスズメノヒエ　*52*,121,122,410
チシマゼキショウ　*24*,89,408
チシマセンブリ　299,424
チシマタカネマンテマ　271
チシマタカネヤナギ　232
チシマタヌキラン　134
チシマタネツケバナ　*15*,*66*,252,421
チシマタンポポ　345

チシマチャヒキ　*30*,152
チシマツガザクラ　284,423
チシマツメクサ　*68*,269,422
チシマドジョウツナギ　171,414
チシマトリカブト　179
チシマナルコスゲ　140,412
チシマニガナ　*43*,341,430
チシマニンジン　363
チシマネコノメソウ　191,416
チシマノキンバイソウ　*14*,*59*,188,416
チシマハウチワマメ　201,417,434
チシマハクサンイチゲ　*25*,*57*,181,415
チシマハコベ　*69*,273,422
チシマハマカンザシ　*27*,*67*,256,421
チシマハマツメクサ　269
チシマヒエンソウ　*27*,*57*,184,415
チシマヒカゲノカズラ　*47*,65,406
チシマヒキノカサ　*58*,185,416
チシマヒナゲシ　*13*,*32*,*57*,178,380,415
チシマヒメイワタデ　256
チシマヒメカラマツ　*58*,187,416
チシマヒメクワガタ　*73*,308,425
チシマヒメドクサ　71,406
チシマヒョウタンボク　356,428
チシマフウロ　239,420
チシマホソコウガイゼキショウ　118
チシマママツバイ　144
チシマママメヤナギ　232,419
チシマママンテマ　270
チシマミクリ　*51*,114,410
チシマミズトンボ　104
チシマミズハコベ　305,425
チシマミチヤナギ　*68*,259,421
チシマミミナグサ　267
チシマミヤマクロスゲ　133
チシマミヤマツメクサ　380
チシマムギクサ　162,414
チシマヤナギ　*33*,230
チシマヤマブキショウマ　206
チシマヤリクサ　150,413
チシマヨモギ　330,427
チシマラッキョウ　111,409
チシマリンドウ　*26*,298,424
チシマルリソウ　301,424
チシマワレモコウ　215
チトセバイカモ　184,416
チドリケマン　177,415
チマキザサ　172,415
チモシー　165
チャシバスゲ　135,412
チャチャダケタンポポ　351,380,428,430
チャボカラマツ　187,416
チャボシコタンソウ　192,416
チャボヤマハギ　201
チュウゴクザサ　172,415
チョウカイフスマ　266
チョウセンゴミシ　*49*,85,407
チョウセンナニワズ　248
チョウセンヤマナラシ　227
チョウセンヤマニガナ　345
チョウノスケソウ　208,417
チングルマ　216,418

[ツ]
ヅーエソウ　365,429
ツキミセンノウ　271,422,436
ツクモグサ　184
ツタウルシ　*4*,245,420
ツバメオモト　97,408
ツボスミレ　236,419
ツマトリソウ　280,423
ツメクサ　269,422
ツユクサ　113,410,433
ツリガネニンジン　323,426
ツリバナ　224,419
ツリフネソウ　278,423
ツルアジサイ　*4*,277,423,432
ツルアブラガヤ　147,413
ツルアリドオシ　297,424,430
ツルウメモドキ　85,224
ツルカコソウ　*29*,*73*,310,425,432
ツルカワズスゲ　125
ツルキジムシロ　211,418
ツルコケモモ　294,424
ツルシキミ　*9*,247,420
ツルスゲ　*53*,125,411
ツルタデ　258,421,435
ツルツゲ　*75*,323,426
ツルニガクサ　315,425,430
ツルニンジン　325,426,430
ツルネコノメソウ　191,416
ツルフジバカマ　205,417
ツルミヤマシキミ　247
ツルヨシ　165,414
ツルリンドウ　*11*,*72*,299,424
ツンドラスズメノヒエ　121,410

[テ]
テガタチドリ　*11*,*51*,104,409
デージー　332
テリハヤナギ　228,419
テンキグサ　162,414
テングクワガタ　309,425

[ト]
ドイツスズラン　112
トウオオバコ　307,425
トウグミ　217,418,434
トウゲシバ　*6*,66,406
トウゲブキ　*4*,342,427
トウヌマゼリ　365,429
トガスグリ　190,416
トカチスグリ　190
トキソウ　102,108,409,432

トクサ　71,406
ドクゼリ　362,429
ドクニンジン　362,429,438
ドクムギ　163,414,434
トゲナシムグラ　296,424,436
トゲホザキノフサモ　197
ドジョウツナギ　161,414
トダシバ　151,413
トチナイソウ　*70*,279,423
トドマツ　*1*,*4*,81,407
トマリスゲ　131,411
トモエソウ　237,420
トモシリソウ　*67*,252,421
トヨハラヤナギ　232,419
トラキチラン　103
トラノオシダ　73,76,406
トリアシショウマ　190,206,416,430
トール・フェスク　160
ドロイ　116,410
ドロノキ　226
ドロヤナギ　226,419

[ナ]
ナガイモ　95,430
ナガバエビモ　93,94,408
ナガバギシギシ　264,422,435
ナガバキタアザミ　*3*,346,428
ナガハグサ　167,168,414,434
ナガハグサ複合群　168
ナガバシラネワラビ　79
ナガバツメクサ　273,422
ナガバノモウセンゴケ　*68*,266,422
ナガボノシロワレモコウ　215
ナガボノワレモコウ　215,418
ナガミノオゼヌマスゲ　129,411
ナガミノツルケマン　177
ナギナタコウジュ　311,425,436
ナズナ　250,421,435
ナタネ　250
ナツグミ　218
ナナカマド　206,216,418
ナナカンバ　223
ナニワズ　247,420,432
ナミキソウ　315,425
ナヨシダ　76,407
ナヨナヨワスレナグサ　302,424
ナライシダ　78
ナワシロイチゴ　214,418
ナンゴクミネカエデ　246
ナンテンハギ　205,417
ナンバンハコベ　270,422
ナンブソモソモ　167

[ニ]
ニオイシダ　79,407
ニガクサ　315
ニガソバ　258
ニシキギ　224
ニセアカシア　203
ニッコウシダ　74,406
ニョイスミレ　236
ニリンソウ　181,415

[ヌ]
ヌイオスゲ　136,412
ヌカキビ　164,414
ヌカボシソウ　120
ヌマイチゴツナギ　170,414
ヌマガヤ　164,414
ヌマガヤツリ　143,412
ヌマダイオウ　263,265
ヌマハコベ　276,423
ヌマハリイ　144

[ネ]
ネコノメソウ　191,416
ネコヤナギ　229,419
ネジバナ　108,409
ネマガリダケ　173
ネムロコウホネ　85,407,432
ネムロシオガマ　*12*,320,426
ネムロスゲ　*53*,133,411
ネムロブシダマ　356,428

[ノ]
ノイバラ　213
ノウゴウイチゴ　209,417
ノキシノブ　80
ノギラン　93,408,431
ノゲシ　349,428,437
ノゲシバムギ　159
ノコギリソウ　326,426,437
ノーザーン・ロッククレス　248,420
ノジスミレ　234
ノダイオウ　263,265,422,435
ノタサンタンポポ　351,428
ノトロスゲ　*38*,132,411
ノハナショウブ　109,409,430
ノハラスズメノテッポウ　150
ノハラツメクサ　271,422,436
ノハラマツヨイグサ　245,420,435
ノビネチドリ　105,409,432
ノブキ　327,426
ノブドウ　197,417,431
ノボロギク　348,428,437
ノミノフスマ　272,422
ノラニンジン　363,429,438
ノリウツギ　277,423
ノルゲスゲ　129

[ハ]
ハイイヌツゲ　323,426,431
ハイイロヤナギ　229
ハイオトギリ　238,420

バイカモ 184
ハイキンポウゲ 186,416
バイケイソウ 96,408
ハイコウリンタンポポ 345
ハイコヌカグサ 148,413,433
ハイニガナ 341
ハイヒキノカサ *58*,186,416
ハイビャクシン 83
ハイマツ *4*,*8*,*10*,83,407
ハイミチヤナギ 262,421,435
ハイヤナギ 230
ハウチワカエデ 245,247,420,430
ハエドクソウ 316,426
ハガクレスゲ 135,412
ハキダメギク 338
ハクサイ 250
ハクサンイチゲ 181
ハクサンシャクナゲ 291,424,431
ハクサンシャジン 323
ハクサンスゲ 128,411
ハクサンチドリ 102,409
ハクサンハタザオ 248
ハクサンボウフウ 365
ハコベ 274,422,436
ハシドイ 304,425,431
ハタザオ 256,421,435
ハチジョウナ 349,428
ハッカ 313,425
バッコヤナギ 227,229,232,419
ハナイカリ 298,424
ハナガサギク 346
ハナスズシロ 254,421,435
ハナタデ 260,421
ハナタネツケバナ *66*,251,421
ハナニガナ 340,427
ハナヒリノキ *3*,286,423
ハナマガリスゲ 141
ハネガヤ 174,415
パパウェル・ミクロカルプム *46*,178,415
ハハコヨモギ *28*,*76*,330,427
ハマアカザ 274,422
ハマイ *52*,116,410
ハマイチョウ 341
ハマウツボ *46*,318,426
ハマエノコロ 174,415
ハマエンドウ 200,417
ハマオトコヨモギ 329,426
ハマカキネガラシ 255
ハマカンザシ 256
ハマギシギシ 264
ハマシオン 354
ハマタイセイ 254,421
ハマツメクサ 269,422
ハマナシ 213
ハマナス 213,418
ハマニガナ 341,427
ハマニンニク 162
ハマハコベ *20*,*224*,268,422
ハマハタザオ 248,420
ハマハナヤスリ 69,406
ハマヒルガオ 303,424
ハマフウロ 239
ハマベンケイソウ 301,424
ハマボウフウ *8*,363,429
ハマムギ 158,414
パラムシルカンバ *41*,*223*,380,419
パラムシルコメススキ *31*,156
パラムシルシオガマ 319
パラムシロスゲ 127,411
ハリイ 144,413
ハリエンジュ 203,417,434
ハリガネスゲ 124
ハリギリ 359,429,431
ハリコウガイゼキショウ 117,410
ハリナズナ *24*,*67*,255,421
ハルガヤ 151,413,433
ハルタデ 261,421
ハルニレ 218,418
ハルノノゲシ 349
ハンゴンソウ *3*,347,428
ハンノキ *4*,221,418

[ヒ]
ヒイラギシダ 79
ヒイラギデンダ 79,407,432
ヒエスゲ 135,412
ヒエロクロエ・パウキフロラ 161,414
ヒオウギアヤメ *51*,109,409
ヒカゲノカズラ 66,406
ヒゲハリスゲ 146,413
ヒゴクサ 138,412,430
ヒサマツチドリ *29*,100
ヒダカゲンゲ *61*,202,417
ヒダカノリウツギ 277
ヒダカミネヤナギ 230,231
ヒダカミヤマノエンドウ *3*,*61*,203,417
ヒツジグサ 85,407,432
ヒトツバハンゴンソウ 347
ヒトフサニワゼキショウ 110
ヒトリシズカ 86,407
ヒナガリヤス 153
ヒナギク 332,427,437
ヒナスイバ 264,422,435
ヒナソモソモ *39*,168,414,432
ヒナミクリ 114
ヒメアカバナ *65*,243,420
ヒメアゼスゲ 131,411
ヒメアマナ 98
ヒメイ 115
ヒメイズイ 112,410
ヒメイソツツジ 292,424
ヒメイチゲ 181,415
ヒメイワショウブ 90,408,431
ヒメイワタデ 256,257,421

ヒメイワタデモドキ *41*,257,380,421
ヒメウキガヤ 160,414
ヒメウシオスゲ 130,411
ヒメエゾネギ 110
ヒメオニナルコ 139
ヒメオノエスゲ 141,412
ヒメカイウ 88,408
ヒメカラフトイチゴツナギ 167
ヒメカラマツ 187
ヒメカワズスゲ 128,411
ヒメカンバ *24*,*63*,223,418
ヒメキヨシソウ 193,416
ヒメクロマメノキ 293,424
ヒメコウガイゼキショウ 116,410,433
ヒメコウゾリナ *27*,*77*,349,428
ヒメゴヨウイチゴ 215,418,431
ヒメジソ 314,425
ヒメシダ 74,406
ヒメシャクナゲ 283,423
ヒメジョオン 338,427,437
ヒメシラスゲ 139,412
ヒメシロネ 313
ヒメスイバ 264,422
ヒメスギラン 66,406
ヒメスゲ 136,412
ヒメタカネイ 119,410
ヒメタケシマラン 100,409
ヒメタヌキモ 322,426
ヒメタヌキラン *54*,134,412
ヒメタマボウキ 333,427,437
ヒメチシマイワブキ 194,416
ヒメチシマヤナギ 230
ヒメチチコグサ 339,427,437
ヒメツメクサ 270,422
ヒメツルコケモモ 294,424
ヒメドクサ 71
ヒメナツトウダイ 226,419
ヒメノガリヤス 154,413
ヒメハイホラゴケ 72,406,430
ヒメハナシノブ *70*,279,423
ヒメハナワラビ *25*,68,406
ヒメハリイ 144
ヒメミコシガヤ 126
ヒメミズトンボ 104,409,431
ヒメミズニラ 68,406,431
ヒメミヤマウズラ 103,409
ヒメムカシヨモギ 336,427,437
ヒメムヨウラン 106,409
ヒメモメンヅル *16*,*59*,198,417
ヒメヤナギラン 240,420
ヒメヨモギ 331,427,437
ヒメワタスゲ *55*,147,413
ヒモカズラ 67,406
ビャクシン 83
ヒライ 116
ヒラギシスゲ 133,411
ヒルムシロ 92,408
ピレオギク 334
ピロセラ・ブラキアータ 344,428,437
ピロセラ・フロリブンダ 345,428,437
ヒロハイッポンスゲ 128,411
ヒロハイヌワラビ 76,431
ヒロハウラジロヨモギ 331,427
ヒロハオゼヌマスゲ 130,411
ヒロハクサフジ 205,417
ヒロハスギナモ 305
ヒロバスゲ 135,412,430
ヒロハツリバナ 224,419
ヒロハトンボソウ 107,409,431
ヒロハノウシノケグサ 160,414,434
ヒロハノエビモ 93,94,408
ヒロハノキハダ 246
ヒロハノコメススキ 413
ヒロハノコメススキ群 156
ヒロハノコメススキ複合群 156
ヒロハノマンテマ 271
ヒロハハコヤナギ 227
ヒロハハナヤスリ 69,406,430
ヒロハヒメイチゲ 181
ヒロハヒルガオ 303,424
ヒロハヤナギアカバナ 242
ヒンジモ 88,408

[フ]
フウロケマン 177
フェストゥカ・ブレビッシマ 159,414
フォーリーアザミ 346,428
フォーリーガヤ 173,415
フクジュソウ 180,415,431
フサスギナ *47*,70,406
フサモ 197
ブタナ 342
フタバハギ 205
フタマタイチゲ 181,415
フタマタタンポポ *9*,336,427
フタリシズカ 86,407,430
フデリンドウ 298,424
フトイ 146,413
フトヒルムシロ *50*,92,408
フランスギク *8*,342,427,437
ブルーベリー 293
ブロムス・アークティクス 413

[ヘ]
ベットブスゲ *38*,129,380,411
ペディクラリス・アダンカ *74*,319,426
ベニシオガマ 318
ベニバナイチヤクソウ 289,423
ベニバナコンロンソウ 252
ベニバナヒョウタンボク 356,428
ベニバナヤマシャクヤク 189,416,431,432
ヘビノネゴザ 75,407
ヘラオオバコ 307,425,436
ヘラオモダカ 90,408

ヘラバヒメジョオン　338,427,437
ベーリングヒロハノコメススキ群　157
ベーリングミミナグサ　267,422
ベンケイソウ　195

[ホ]

ポア・アルピゲナ　168
ポア・クロノケンシス　169,414
ポア・スブラナータ　167,414
ポア・トゥリウィアリフォルミス　167
ポア・トゥルネリ　167,414
ポア・ネオサハリネンシス　167,414
ホウチャクソウ　97,408,430
ホオノキ　*49*,86,407,430
ホガエリガヤ　153,413,432
ホザキイチヨウラン　105,409
ホザキシモツケ　217,418
ホザキナナカマド　216,418
ホザキヌカボ　149,413
ホザキノフサモ　197,416
ホシナシチシマセンブリ　299
ホース・ラディッシュ　249
ホソイノデ　79,80,407
ホソコウガイゼキショウ　118,410
ホソスゲ　127,411
ホソノゲムギ　162,414,434
ホソバアカバナ　*65*,242,420
ホソバイワギキョウ　324,426
ホソバイワベンケイ　196,416,430
ホソバウキミクリ　*51*,114,410
ホソバウンラン　306,425,436
ホソバオゼヌマスゲ　129,411
ホソバオンタデ　256
ホソバカワヂシャ　309,425,436
ホソバシケシダ　76,407,430
ホソバテンナンショウ　88
ホソバドジョウツナギ　174,415
ホソバナソモソモ　167
ホソバナライシダ　78,407,430
ホソバノアマナ　99,408
ホソバノエゾヨモギ　330
ホソバノキソチドリ　108,409
ホソバノキリンソウ　196,416
ホソバノシバナ　91,408
ホソバノツルリンドウ　298,424,432
ホソバノナガハグサ　168
ホソバノハマアカザ　275
ホソバノヨツバムグラ　295,424
ホソバハマアカザ　275,422
ホソバヒカゲスゲ　136,412
ホソバヒルムシロ　93,408
ホソバリュウノヒゲモ　94
ホソムギ　163,414,434
ポタモゲトン・リチャードソニイ　94
ホタルサイコ　361,429
ホップ　218
ポテンティラ・インテルメディア　212,418,434
ホトケノザ　312,425,436
ポリゴヌム・リギドゥム　263
ボリジ　300
ポロスルリソウ　301
ホロマンノコギリソウ　326
ホロムイイチゴ　213,418
ホロムイクグ　139,412
ホロムイコウガイ　118
ホロムイスゲ　131
ホロムイソウ　90,408
ホロムイツツジ　285
ホンドミヤマネズ　84

[マ]

マイヅルソウ　112,410
マカラスムギ　151,413,433
マダイオウ　264
マタタビ　283
マツダザサ　173
マツバイ　144,413
マツバラン　69,406
マツマエスゲ　135
マツモ　176,415
マツヨイセンノウ　271,422,436
マツワゲンゲ　198
マムシグサ　87
マメカンバ　223
マメタンポポ　353
マユミ　225,419
マルスグリ　190,416,434
マルバギシギシ　259
マルバキンレイカ　357,429
マルバケスミレ　233
マルバシモツケ　217,418
マルバタンポポ　352
マルバトウキ　364,429
マルバネコノメソウ　191,416
マルバノイチヤクソウ　290,423
マルバノバッコヤナギ　227
マルミノシバナ　91
マルミノダケカンバ　223
マンシュウヤマシャクヤク　189
マンセンカラマツ　188
マンネンスギ　67,406

[ミ]

ミガエリスゲ　124
ミカヅキグサ　146,413
ミクリ　113,410
ミクリゼキショウ　118,410
ミズ　219,418
ミズオトギリ　238,420
ミズキ　277,423,430
ミズタマソウ　*45*,241,420
ミズチドリ　104,107,409
ミズドクサ　70,406
ミズナラ　*63*,220,418

ミズハコベ 197,305,425
ミズバショウ 88,408
ミズヒキ 260,421
ミゾイチゴツナギ 169
ミソガワソウ 314,425,430
ミゾソバ 259,421
ミゾホオズキ 316,425,431
ミタケスゲ *54*,142,412
ミチノクハリスゲ 124,411
ミチヤナギ 259,262,421,435
ミツガシワ 325,426
ミツバ 362,429
ミツバオウレン 183,415
ミツバベンケイソウ 195,416
ミツモトソウ 211,212,417
ミネカエデ 246,420
ミネズオウ 287,423
ミネハリイ 147,413
ミネヤナギ 229,419
ミノゴメ 151
ミノボロスゲ 126,411
ミミコウモリ 343,427
ミミナグサ 267,422,435
ミモチスギナ 70
ミヤケスゲ 136,412
ミヤマアカバナ 242,244,420
ミヤマアキノキリンソウ *25*,348,428
ミヤマアケボノソウ 299,424
ミヤマアズマギク 337,427
ミヤマアワガエリ *55*,165,414
ミヤマイ 115,410
ミヤマイチゴツナギ 166
ミヤマイボタ 304,425
ミヤマイワデンダ 77
ミヤマウズラ 103,409,431
ミヤマエンレイソウ 96,408,432
ミヤマオグルマ 354,428
ミヤマオダマキ 182,415
ミヤマガマズミ 358,429,431
ミヤマキヌタソウ 295,424
ミヤマキンバイ 211,418
ミヤマキンポウゲ 185,187
ミヤマクロスゲ 133,411
ミヤマクロユリ 98
ミヤマコウゾリナ 349
ミヤマコウボウ 161,414
ミヤマサギスゲ 147
ミヤマザクラ 207,417
ミヤマザサ 173
ミヤマシオガマ 318,426
ミヤマシケシダ 76,407
ミヤマジュズスゲ 134,412
ミヤマスミレ 234,419
ミヤマセンキュウ *78*,362,429
ミヤマダイコンソウ *61*,210,417
ミヤマタニタデ 241,420
ミヤマトウバナ 311,425
ミヤマドジョウツナギ 160,414
ミヤマナミキ 315
ミヤマニガウリ *63*,223,419
ミヤマヌカボ 149,413
ミヤマヌカボシソウ 120
ミヤマネズ 84
ミヤマネズミガヤ 164,414
ミヤマノガリヤス *55*,155,413
ミヤマノキシノブ *3*,80,407,431
ミヤマハタザオ 248,420
ミヤマハナワラビ *47*,69,406
ミヤマハルガヤ 150,413
ミヤマハンショウヅル 183,415
ミヤマハンノキ *16*,*17*,*21*,*22*,*24*,*28*,222,317,418
ミヤマヒカゲノカズラ 65
ミヤマビャクシン *1*,*49*,83,407,432
ミヤマフタバラン 106,409
ミヤマベニシダ 79,407
ミヤマヘビノネゴザ 75,407
ミヤマホソコウガイゼキショウ 118,410
ミヤマホツツジ 285,423,431
ミヤマママタタビ 283,423
ミヤマメシダ 75,407
ミヤマモジズリ 106,409,432
ミヤマヤチヤナギ *64*,231,232,419
ミヤマヤブタバコ 333,427,430
ミヤマラッキョウ 110,409
ミヤマリンドウ 298
ミヤマワラビ 74,406

[ム]

ムカゴイラクサ 219,418
ムカゴトラノオ 258,421
ムカシヨモギ 337,427,430
ムシトリスミレ 321,426
ムジナスゲ 143,412
ムジナスゲの基準変種 143
ムシャリンドウ 311,425
ムセンスゲ *54*,138,412,432
ムラサキイワベンケイ 196,416
ムラサキクロクモソウ 194,416
ムラサキソモソモ *55*,166,414
ムラサキツメクサ 204,417,434
ムラサキヒメモメンヅル 199,417,434
ムラサキベンケイソウ 195,416

[メ]

メアカンキンバイ 216,418
メアカンフスマ 266,422
メドウ・フェスク 160
メハルガヤ 151
メヒシバ 157,414,433
メマツヨイグサ 244,420,435

[モ]

モイワシャジン *3*,324,426
モイワボダイジュ *46*,247

モウセンゴケ　266,422
モリイチゴ　209

[ヤ]
ヤエザキオオハンゴンソウ　346
ヤエムグラ　296,424,436
ヤグルマアザミ　333,427,437
ヤチイ　119,410
ヤチイチゴ　213
ヤチカワズスゲ　127,411
ヤチシオガマ　*25*,318,426
ヤチスギナ　70,406
ヤチスゲ　*54*,137,412
ヤチダモ　304,425
ヤチツツジ　285,423
ヤチハンゴンソウ　347
ヤチマメヤナギ　231
ヤチヤナギ　*63*,221,285,418
ヤチラン　105,409,431
ヤツガタケムグラ　296,424
ヤナギアカバナ　242
ヤナギタデ　260,421
ヤナギタンポポ　339,427
ヤナギトラノオ　281,423
ヤナギラン　*65*,240,420
ヤネタビラコ　336
ヤハズカワツルモ　*50*,93,408
ヤヒコザサ　172
ヤブジラミ　366,429
ヤブニンジン　364,429
ヤブマメ　198,417
ヤマアワ　153,413
ヤマイ　146,413
ヤマイヌワラビ　75,407
ヤマウルシ　*66*,245,420
ヤマオオウシノケグサ　159,414,432
ヤマカモジグサ　152,413
ヤマガラシ　249,421
ヤマクルマバナ　310,425
ヤマグワ　*62*,219,418,431
ヤマサギソウ　107
ヤマシャクヤク　189
ヤマスズメノヒエ　121,410
ヤマソテツ　72,77,406,430
ヤマタネツケバナ　251
ヤマドリゼンマイ　71,406
ヤマナラシ　227,419
ヤマニガナ　345,428
ヤマヌカボ　148,413
ヤマネコノメソウ　191
ヤマノイモ　95,408
ヤマハギ　200,417
ヤマハタザオ　249,420,435
ヤマハナソウ　195,416
ヤマハハコ　327,426
ヤマハマナス　213
ヤマハンノキ　221,418
ヤマブキショウマ　206,417
ヤマブドウ　197,417
ヤマミゾイチゴツナギ　169,414
ヤマムギ　158
ヤラメスゲ　*53*,131,411

[ユ]
ユウゼンギク　332,427,437
ユウバリチドリ　104
ユキイロハマエンドウ　200
ユキワリガヤ　175
ユキワリコザクラ　*9*,281,423
ユキワリソモソモ　169,414
ユークリディウム・シリアクム　*45*,253,421,435
ユモトクマイザサ　172
ユンクス・ノデュロースス　118,410,433

[ヨ]
ヨウシュハッカ　313
ヨウシュハルタデ　261,421,435
ヨコヤマリンドウ　297,424
ヨシ　165,414
ヨツバシオガマ　320
ヨツバハギ　205,417
ヨツバヒヨドリ　338,427
ヨブスマソウ　343,427
ヨモギギク　350,428,437

[ラ]
ライグラス　163
ラウススゲ　134,411
ラシュワコザクラ　*71*,282,423
ラシュワヤナギ　*35*,232
ラッパズイセン　111,409,433
ラップランドシオガマ　319,426
ラヌンクルス・エラディカートゥス　184,416
ラヌンクルス・ノウス　187

[リ]
リシリオウギ　*16*,*59*,198,417
リシリカニツリ　*56*,175,415
リシリシノブ　*48*,73,406,432
リシリスゲ　133,411
リシリヒナゲシ　178
リシリビャクシン　*10*,*49*,83,407
リシリミミナグサ　267
リシリリンドウ　297,424
リナントゥス・ウェルナリス　321
リナントゥス・エスティワリス　321
リュウノヒゲモ　94,408
リョウトウミチヤナギ　263
リンネソウ　*15*,355,428

[ル]
ルイヨウショウマ　180
ルイヨウボタン　179,415
ルエサンスゲ　139

ルズラ・コバヤシイ　122,410
ルブス・ステラートゥス　214,418
ルベシベザサ　172,415
ルメックス・ニッポニクス　265
ルメックス・パティエンティア　265
ルメックス・ヒドロラパトゥム　265
ルリヂシャ　300,424,436

[レ]
レッド・トップ　148
レブンコザクラ　282,423
レブンサイコ　361,429
レブンスゲ　141
レブンソウ　203
レブントウヒレン　346
レンプクソウ　355,428

[ロ]
ロイルツリフネソウ　278

[ワ]
ワサビ　253,421,435
ワタゲゴボウ　*3*,328,426,437
ワタゲテンキグサ　163,414
ワタスゲ　145,413
ワラビ　72,406
ワレモコウ　215,418

学名索引

＊斜体数字は plate 頁を，立体数字は本文頁を示す

[A]

Abies mayriana (Miyabe et Kudô) Miyabe et Kudô 81
Abies sachalinensis (F.Schmidt) Mast. 81,407
Acalypha australis L. 226,419,434
Acer ginnala Maxim. 245,420
Acer ginnala Maxim. var. *aidzuense* (Franch.) K.Ogata 245
Acer japonicum Thunb. 245,420,430
Acer mayrii Schwer. p.p. 246
Acer mono Maxim. var. *glabrum* (H.Lév. et Vaniot) H. Hara 246
Acer mono Maxim. var. *mayrii* (Schwer.) Sugimoto 246
Acer pictum Thunb. subsp. *mayrii* (Schwer.) H.Ohashi 246,420
Acer pictum Thunb. subsp. *mono* (Maxim.) H.Ohashi *66*,246,420
Acer tschonoskii Maxim. 246,420
Acer ukurunduense Trautv. et C.A.Mey. 246,420
Acetosa lapponica (Hiitonen) Holub 263
Acetosella angiocarpa (Murb.) Á.Löve 264
Acetosella vulgaris (W.D.J.Koch) Fourr. 264
Achillea alpina L. subsp. *alpina* 326,426,437
Achillea alpina L. subsp. *camtschatica* (Heimerl) Kitam. *75*,326,426
Achillea alpina L. subsp. *japonica* (Heimerl) Kitam. 326,426
Achillea asiatica Serg. 327
Achillea borealis Bong. 327
Achillea millefolium L. 327,426,437
Achillea nigrescens (E.Mey.) Rydb. 327
Achillea ptarmica L. 327,426,437
Achillea ptarmica L. subsp. *macrocephala* (Rupr.) Heimerl var. *macrocephala* 326
Achillea ptarmica L. subsp. *macrocephala* (Rupr.) Heimerl var. *speciosa* (DC.) Herder 326,426
Achillea sibirica auct. 326
Achnatherum extremiorientale (H.Hara) Keng ex Tzvelev 174
Achnatherum pekinense (Hance) Ohwi 174
Aconitum fischeri Rchb. p.p. 179
Aconitum kunasirense Nakai 179
Aconitum kurilense Takeda *29*,180
Aconitum maximum Pall. ex DC. 179
Aconitum maximum Pall. ex DC. subsp. *kurilense* (Takeda) Kadota *57*,180,415
Aconitum maximum Pall. ex DC. subsp. *maximum* *57*,179,415
Aconitum maximum Pall. ex DC. var. *kunasilense* (Nakai) Tamura et Namba 179
Aconitum misaoanum Tamura et Namba 180
Aconitum neokurilense Worosch. 180
Aconitum sachalinense F.Schmidt subsp. *sachalinense* 180,415
Aconogonon ×*pseudoajanense* Barkaov et Vyschin 257,421
Aconogonon ajanense (Regel et Tiling) H.Hara 256,421
Aconogonon divaricatum (L.) Nakai ex Mori 257,421,435
Aconogonon pseudoajanense Barkalov et Vyschin *41*,380
Aconogonon savatieri (Nakai) Tzvelev 257
Aconogonon weyrichii (F.Schmidt) H.Hara 257
Aconogonon weyrichii (F.Schmidt) H.Hara var. *alpinum* (Maxim.) H.Hara 257,421
Aconogonon weyrichii (F.Schmidt) H.Hara var. *weyrichii* 257,421
Acorus calamus L. 87,407,433
Actaea erythrocarpa Fisch. ex Freyn 180,415
Actaea simplex Fisch. et C.A.Mey. 183
Actinidia arguta (Siebold et Zucc.) Planch. ex Miq. 283,423,430
Actinidia kolomikta (Maxim. et Rupr.) Maxim. 283,423
Actinidia polygama (Siebold et Zucc.) Planch. ex Maxim. 283
Adenocaulon adhaerescens Maxim. 327
Adenocaulon himalaicum Edgew. 327,426
Adenophora kurilensis Nakai *29*,323
Adenophora onoi Tatew. et Kitam. *37*,324
Adenophora pereskiaefolia Fisch. 324
Adenophora pereskiifolia (Fisch. ex Roem. et Schult.) Fisch. ex Loudon 324,426
Adenophora triphylla (Thunb.) A.DC. 323
Adenophora triphylla (Thunb.) A.DC. var. *japonica* (Regel) H.Hara 323,426
Adenophora triphylla (Thunb.) A.DC. var. *kurilensis* (Nakai) Kitam. 323
Adiantum pedatum L. 73,406,432
Adonis amurensis Regel et Radde 180
Adonis amurensis Regel et Radde var. *amurensis* 180,415
Adonis amurensis Regel et Radde var. *ramosa* (Franch.) Makino 180,415
Adonis ramosa Franch. 180,431
Adoxa insularis Nepomn. 355
Adoxa moschatellina L. var. *insularis* (Nepomn.) S.Y.Li et Z.H.Ning 355,428

Adoxa moschatellina L. var. *moschatellina* 355,428
Aegopodium alpestre Ledeb. 359,429
Aegopodium podagraria L. 359,429,438
Agastache rugosa (Fisch. et C.A.Mey.) Kuntze 310,425,431
Agrimonia japonica (Miq.) Koidz. 206
Agrimonia pilosa Ledeb. 205
Agrimonia pilosa Ledeb. var. *japonica* (Miq.) Nakai 205,417
Agrimonia striata Michx. subsp. *viscidula* (Bunge) Rumjantsev 205
Agrimonia viscidula Bunge 205
Agropyron repens (L.) P.Beauv. 159
Agrostis alaskana Hultén 149,413
Agrostis borealis Hartm. 149
Agrostis capillaris L. 148,413,433
Agrostis clavata Trin. 148,413
Agrostis diluta Kurezenko 148
Agrostis exarata Trin. 149,413
Agrostis flaccida Hack. 149,413
Agrostis gigantea Roth 148,413,433
Agrostis hiemalis B.S. et P. 149
Agrostis macrothyrsa Hack. 148
Agrostis mertensii Trin. 149,413
Agrostis palustris Huds. 148
Agrostis scabra Willd. 149,413
Agrostis stolonifera L. 148,413,433
Agrostis tenuis Sibth. 148
Aizopsis aizoon (L.) Grulich 196
Aizopsis kurilensis (Worosch.) S.Gontch. 196
Ajuga shikotanensis Miyabe et Tatew. *29*,*73*,310,425,432
Alchemilla gracilis Opiz 206
Alchemilla micans Buser 206,417,434
Aletris luteoviridis (Maxim.) Franch. 94,408
Alisma canaliculatum A.Braun et C.D.Bouché 90,408
Alisma orientale (Sam.) Juz. 90
Alisma plantago-aquatica L. 90
Alisma plantago-aquatica L. var. *orientale* Sam. 90,408,433
Allium ochotense Prokh. 111
Allium schoenoprasum L. 110,409
Allium splendens Willd. ex Schult. et Schult.f. var. *kurilense* Kitam. 111,409
Allium splendens Willd. ex Schult. et Schult.f. var. *splendens* 110,409
Allium strictum Schrad. 111
Allium victorialis L. subsp. *platyphyllum* Hultén 111,409
Allocarya orientalis (L.) Brand. *72*,300,424
Alnus × *mayrii* Callier 222,418
Alnus fruticosa Pall. 222
Alnus hirsuta (Spach) Turcz. ex Rupr. 221,418
Alnus hirsuta Turcz. 221
Alnus japonica (Thunb.) Steud. 221,418
Alnus maximowiczii Callier ex C.K.Schneid. 222
Alnus viridis (Chaix) Lam. et DC. subsp. *maximowiczii* (Callier ex C.K.Schneid.) H.Ohba 222,418
Alopecurus aequalis Sobol. 149,413
Alopecurus alpinus Sm. 150
Alopecurus alpinus Sm. subsp. *alpinus* 150,413
Alopecurus alpinus Sm. subsp. *stejnegeri* (Vasey) Hultén 150,413
Alopecurus arundinaceus Poir. 150,413,433
Alopecurus geniculatus L. 150,413,433
Alopecurus stejnegeri Vasey 150
Amaranthus blitoides S.Watson 274,422,436
Amaranthus graecizans L. 274
Amitostigma hisamatsui Miyabe et Tatew. *29*,100
Amitostigma kinoshitae (Makino) Schltr. 100,409,430
Amitostigma kinoshitae (Makino) Schltr. var. *hisamatsui* Miyabe et Tatew. 100
Ammodenia peploides (L.) Rupr. 268
Ampelopsis brevipedunculata (Maxim.) Trautv. 197
Ampelopsis brevipedunculata (Maxim.) Trautv. var. *heterophylla* (Thunb.) H.Hara 197
Ampelopsis glandulosa (Wall.) Momiy. var. *heterophylla* (Thunb.) Momiy. 197,417
Ampelopsis heterophylla (Thunb.) Siebold et Zucc. 197,431
Amphicarpaea bracteata (L.) Fernald subsp. *edgeworthii* (Benth.) H.Ohashi 198,417
Amphicarpaea bracteata (L.) Fernald subsp. *edgeworthii* (Benth.) H.Ohashi var. *japonica* (Oliver) H.Ohashi 198
Amphicarpaea edgeworthii Benth. var. *japonica* Oliver 198
Amphicarpaea japonica (Oliver) B.Fedtsch. 198
Anaphalis margaritacea (L.) Benth. et Hook.f. 327,426
Andromeda polifolia L. 283,423
Androsace capitata Willd. ex Roem. et Schult. 279
Androsace chamaejasme Host subsp. *capitata* (Willd. ex Roem. et Schult.) Korobkov *70*,279,423
Androsace chamaejasme Host subsp. *lehmanniana* (Spreng.) Hultén 279
Androsace chamaejasme Host var. *paramushirensis* Kudô 279
Androsace filiformis Retz. *71*,280,423,436
Androsace lehmanniana Spreng. 279
Anemonastrum sibiricum auct. non (L.) Holub 181
Anemonastrum villosissimum (DC.) Holub 181
Anemone debilis Fisch. ex Turcz. 181,415
Anemone dichotoma L. 181,415
Anemone flaccida F.Schmidt 181,415
Anemone narcissiflora L. subsp. *villosissima* (DC.) Hultén *57*,181,415
Anemone soyensis H.Boissieu 181,415
Anemone villosissima (DC.) Juz. 181
Anemone yezoensis Koidz. 181
Anemonidium dichotomum (L.) Holub 181
Anemonoides debilis (Fisch. ex Turcz.) Holub 181
Anemonoides sciaphila (M.Pop) Starodub. 181
Angelica amurensis Schischk. 360

Angelica anomala Ave-Lall. subsp. *sachalinensis* (Maxim.) H.Ohba 360
Angelica edulis Miyabe ex Y.Yabe 360
Angelica genuflexa Nutt. ex Torr. et A.Gray 360,429
Angelica gmelinii (DC.) M.Pimenov 360,429
Angelica refracta F.Schmidt 360
Angelica sachalinensis Maxim. 360,429
Angelica ursina (Rupr.) Maxim. 360,429
Antennaria dioica (L.) Gaertn. *75*,328,426
Antenoron filiforme (Thunb.) Roberty et Vautier 260
Anthoxanthum monticola (Bigel.) Veldkamp subsp. *alpinum* (Sw.) Soreng 161
Anthoxanthum nipponicum Honda 150
Anthoxanthum nitens (Weber) Y.Schouten et Veldkamp var. *sachalinensis* (Printz) Yonek. 161
Anthoxanthum odoratum L. 151
Anthoxanthum odoratum L. subsp. *alpinum* (Á. et D.Löve) Hultén 151
Anthoxanthum odoratum L. subsp. *glabrescens* (Celak.) Asch. et Graebn. 151,413,433
Anthoxanthum odoratum L. subsp. *nipponicum* (Honda) Tzvelev 150,413
Anthoxanthum odoratum L. subsp. *odoratum* 151,413,433
Anthriscus aemula (Woronow) Schischk. 361
Anthriscus sylvestris (L.) Hoffm. 361,429
Aquilegia flabellata Siebold et Zucc. 182
Aquilegia flabellata Siebold et Zucc. var. *pumila* (Huth) Kudô 182,415
Arabidopsis kamchatica (DC.) K.Shimizu et Kudoh subsp. *kamchatica* 248,420
Arabidopsis lyrata (L.) O'Kane et Al-Shehbaz subsp. *kamchatica* (Fisch. ex DC.) O'Kane et Al-Shehbaz 248
Arabidopsis lyrata (L.) O'Kane et Al-Shehbaz subsp. *petraea* (L.) O'Kane et Al-Shehbaz 248,420
Arabis glabra (L.) Bernh. 256
Arabis glauca H.Boissieu 248
Arabis hirsuta (L.) Scop. 249,420,435
Arabis hirsuta (L.) Scop. subsp. *stelleri* (DC.) Hultén 249
Arabis kamchatica (Fisch.) Ledeb. 248
Arabis lyrata L. var. *kamchatica* Fisch. ex DC. 248
Arabis pendula L. 252
Arabis serrata Franch. et Sav. 248
Arabis serrata Franch. et Sav. var. *glauca* (H.Boissieu) Ohwi 248,420
Arabis stelleri DC. 248,420
Arabis stelleri DC. subsp. *japonica* (A.Gray) Worosch. 249
Arabis stelleri DC. var. *japonica* (A.Gray) F.Schmidt 248
Arachniodes borealis Seriz. 78,407
Arachniodes mutica (Franch. et Sav.) Ohwi *48*,78,407,431
Aralia cordata Thunb. 358,429,432
Aralia elata (Miq.) Seem. 359,429,431
Arctanthemum arcticum (L.) Tzvelev 334
Arctanthemum arcticum (L.) Tzvelev subsp. *kurilense* (Tzvelev) Tzvelev 334
Arcterica nana (Maxim.) Makino 284,423
Arctium lappa L. 328,426,437
Arctium tomentosum Mill. 328,426,437
Arctopoa eminens (J.Presl) Prob. 170
Arctostaphylos alpina (L.) Spreng. 284
Arctous alpina (L.) Nied. 284,423
Arctous alpinus (L.) Nied. var. *japonicus* (Nakai) Ohwi 284
Arenaria arctica Steven ex Ser. 268
Arenaria lateriflora L. 269
Arenaria merckioides Maxim. 266,422
Aria alnifolia (Siebold et Zucc.) Decne. 206,417
Arisaema japonicum Blume 87,431
Arisaema peninsulae Nakai 87,408
Armeria maritima (Mill.) Willd. *67*,256,421
Armeria maritima (Mill.) Willd. subsp. *arctica* Hultén 256
Armeria scabra Pall. ex Roem. et Schult. 256
Armoracia rusticana P.Gaertn., B.Mey. et Scherb. 249,420,435
Arnica unalaschcensis Less. 328,426
Arsenjevia flaccida (F.Schmidt) Starodub. 181
Artemisia arctica Less. 330,427
Artemisia arctica Less. subsp. *sachalinensis* (F.Schmidt) Hultén 330
Artemisia borealis Pall. *76*,329,426
Artemisia borealis Pall. var. *ledebouri* Besser 329
Artemisia feddei H.Lév. et Vaniot 331,427,437
Artemisia furcata M.Bieb. 330,427
Artemisia furcata M.Bieb. var. *pedunculosa* (Koidz.) Toyok. 330
Artemisia gigantea Kitam. 330
Artemisia glomerata Ledeb. *76*,330,427
Artemisia gmelinii Weber ex Stechm. 330
Artemisia insularis Kitam. *37*,329
Artemisia iwayomogi Kitam. *76*,330,427
Artemisia japonica Thunb. subsp. *japonica* 329,426
Artemisia japonica Thunb. subsp. *littoricola* (Kitam.) Kitam. 329,426
Artemisia koidzumii Nakai 331,427
Artemisia laciniata Willd. 331
Artemisia lancea Vaniot 332
Artemisia littoricola Kitam. 329
Artemisia montana (Nakai) Pamp. 329,426
Artemisia opulenta Pamp. 330,426
Artemisia sarcorum Ledeb. 330
Artemisia schmidtiana Maxim. 331,427
Artemisia stelleriana Besser 331,427
Artemisia tanacetifolia L. *76*,331,427
Artemisia trifurcata Stephan ex Spreng. 330
Artemisia unalaskensis Rydb. 330,427
Artemisia vulgaris L. 331,427,437
Aruncus dioicus (Walter) Fernald 206

Aruncus dioicus (Walter) Fernald var. *kamtschaticus* (Maxim.) H.Hara 206,417
Aruncus dioicus (Walter) Fernald var. *tenuifolius* (Nakai ex H.Hara) H.Hara 206
Aruncus kamtschaticus (Maxim.) Rydb. 206
Arundinella hirta (Thunb.) Tanaka 151,413
Asarum heterotropoides F.Schmidt 86,407
Asiasarum hetertropoides (F.Schmidt) F.Maek. 86
Asparagus schoberioides Kunth 111,410
Asperula odorata L. 296
Asplenium incisum Thunb. 73,406
Asplenium scolopendrium L. 74,406
Aster dubius (Thunb.) Onno 337
Aster dubius Onno ex Kitam. subsp. *glabratus* Kitam. et H.Hara 337
Aster glehnii F.Schmidt 332,427
Aster novi-belgii L. 332,427,437
Aster scaber Thunb. 332,427
Aster sibiricus L. *76*,332,427
Aster tripolium L. 354
Aster tripolium L. var. *integrifolius* Miyabe et Kudô 355
Astilbe odontophylla Miq. var. *odontophylla* 190
Astilbe thunbegii (Siebold et Zucc.) Miq. var. *congesta* H.Boiss. 190,416
Astilbe thunbergii (Siebold et Zucc.) Miq. 190,430
Astragalus alpinus L. *59*,198,417
Astragalus danicus Retz. 199,417,434
Astragalus frigidus (L.) A.Gray 198
Astragalus frigidus (L.) A.Gray subsp. *parviflorus* (Turcz.) Hultén *59*,198,417
Astragalus japonicus H.Boissieu *60*,199,417
Astragalus kawakamii Matsum. *30*,*59*,198,380,417,431
Astragalus kurilensis Matsum. *30*,199
Athyriopsis japonica (Thunb.) Ching 76,430
Athyrium alpestre (Hoppe) Clairv. 75,407
Athyrium americanum (Butt.) Maxon 75
Athyrium brevifrons Nakai ex Kitag. 75
Athyrium cyclosorum (Rupr.) Maxon 76
Athyrium fauriei (H.Christ) Makino 75
Athyrium filix-femina (L.) Roth 75
Athyrium melanolepis (Franch. et Sav.) H.Christ 75,407
Athyrium nikkoense Makino 75,407
Athyrium pterorachis H.Christ 76
Athyrium pycnosorum H.Christ 76
Athyrium rupestre Kodama 75,407
Athyrium sinense Rupr. 75,407
Athyrium vidalii (Franch. et Sav.) Nakai 75,407
Athyrium wardii (Hook.) Makino 76,431
Athyrium yokoscense (Franch. et Sav.) H.Christ 75,407
Atragene ochotensis Pall. 183
Atriplex gmelinii C.A.Mey. ex Bongard 275,422
Atriplex littoralis L. 275
Atriplex patens (Litv.) Iljin 275,422
Atriplex subcordata Kitag. 274,422
Avena fatua L. 151,413,433
Avena sativa L. 151,413,433
Avenella flexuosa (L.) Drejer 157

[B]

Baeothryon alpinum (L.) T.V.Egorova 147
Baeothryon caespitosum (L.) A.Dietr. 147
Barbarea orthoceras Ledeb. 249,421
Batrachium eradicatum (Laest.) Fries 184
Batrachium kauffmannii (Clerc) V.I.Krecz. 184
Batrachium nipponicum (Makino) Kitam. var. *major* (H.Hara) Kitam. 184
Batrachium trichophyllum (Chaix) Bosch 184
Batrachium yezoense (Nakai) Kitam. 185
Beckmannia syzigachne (Steud.) Fernald 151,413
Bellis perennis L. 332,427,437
Betula ×*avatshensis* Kom. 223,419
Betula ermanii Cham. 222,418
Betula exilis Sukaczev *63*,223,419
Betula maximowicziana Regel 222,418,430
Betula nana L. subsp. *exilis* (Sukaczev) Hultén 223
Betula paramushirensis Barkalov *41*,223,380,419
Betula platyphylla Sukaczev 222,418
Betula platyphylla Sukaczev var. *japonica* (Miq.) H.Hara 222
Betula tauschii (Regel) Koidz. 222
Bidens frondosa L. 333,427,437
Bidens maximowicziana Oett. 333,427
Bidens radiata Thuill. 333
Bidens radiata Thuill. var. *pinnatifida* (Turcz. ex DC.) Kitam. 333
Bidens tripartita L. 333,427,437
Bistorta vivipara (L.) Delarbre 258,421
Blechnum niponicum (Kunze) Makino 77,407,431
Boehmeria silvestrii (Pamp.) W.T.Wang 219,418
Boehmeria tricuspis (Hance) Makino 219,430
Borago officinalis L. 300,424,436
Boschniakia rossica (Cham. et Schltdl.) B.Fedtsch. *74*,317,426
Bothrocaryum controversum (Hemsl. ex Prain) Pojark. 277,430
Botrychium boreale (Franch.) Milde *47*,68,406
Botrychium lanceolatum (S.G.Gmel.) Ångstr. *47*,69,406
Botrychium lunaria (L.) Sw. 68,406
Botrychium multifidum (S.G.Gmel.) Rupr. var. *robustum* (Rupr. ex Milde) C.Chr. 69,406
Botrychium robustum (Rupr.) Underw. 69
Botryostege bracteata (Maxim.) Stapf. 285,431
Brachypodium kurilense (Prob.) Prob. 152
Brachypodium sylvaticum (Huds.) P.Beauv. 152,413
Brachypodium sylvaticum (Huds.) P.Beauv. subsp. *kurilense* Prob. *41*,152
Brassica campestris L. 250
Brassica juncea (L.) Czern. 249,421,435
Brassica napus L. 250,421,435
Brassica rapa L. var. *oleifera* DC. 250,421,435

Breea setosa (M.Bieb.) Kitam. 335
Bromopsis arctica (Shear) Holub 152
Bromopsis canadensis (Michx.) Holub 152
Bromopsis inermis (Leyss.) Holub 153
Bromopsis pumpelliana (Scribn.) Holub 152
Bromus arcticus Shear 152,413
Bromus canadensis (Michx.) Holub 152,413
Bromus ciliatus L. 152
Bromus inermis Leyss. 153,413,433
Bromus paramushirensis Kudô *30*,152
Bromus pauciflorus (Thunb.) Hack. 152
Bromus remotiflorus (Steud.) Ohwi 152,413
Bromus yezoensis Ohwi *37*,152
Bryanthus gmelinii D.Don 284,423
Brylkinia caudata (Munro ex A.Gray) F.Schmidt 153,413,432
Brylkinia schmidtii Ohwi 153
Bupleurum ajanense (Regel) Krasnob. ex T.Yamaz. 361,429
Bupleurum longiradiatum Turcz. 361,429
Bupleurum longiradiatum Turcz. subsp. *sachalinense* (F.Schmidt) Kitag. var. *shikotanense* (M.Hiroe) Ohwi 361
Bupleurum sachalinense F.Schmidt 361
Bupleurum shikotanense M.Hiroe *38*
Bupleurum triradiatum auct. non Adams ex Hoffm. 361

[C]
Cacalia auriculata DC. var. *kamtschatica* (Maxim.) Koidz. 343
Cacalia hastata L. 343
Cacalia hastata L. subsp. *orientalis* Kitam. 343
Cacalia kamtschatica (Maxim.) Kudô 343
Cacalia robusta Tolm. 343
Cakile edentula (Bigelow) Hook. 250,421,435
Calamagrostis angustifolia Kom. 154
Calamagrostis angustifolia Kom. subsp. *tenuis* (V.Vassil.) Tzvel. 154
Calamagrostis angustifolia Kom.－*purpurea* (Trin.) Trin. complex 154,413
Calamagrostis barbata V.Vassil. 154
Calamagrostis deschampsioides Trin. 153,413
Calamagrostis epigeios (L.) Roth 153,413
Calamagrostis extremiorientalis (Tzvelev) Prob. 153
Calamagrostis hakonensis Franch. et Sav. 154,413
Calamagrostis inexpansa A.Gray 154
Calamagrostis litwinowii Kom. 155
Calamagrostis neglecta (Ehrh.) Gaertn., Mey. et Scherb. 154
Calamagrostis neglecta (Ehrh.) Gaertn., Mey. et Scherb. var. *aculeolata* (Hack.) Miyabe et Kudô 154
Calamagrostis purpurea (Trin.) Trin. 154
Calamagrostis purpurea (Trin.) Trin. subsp. *langsdorfii* (Link) Tzvelev 154
Calamagrostis sachalinensis F.Schmidt 155,413
Calamagrostis sachalinensis F.Schmidt subsp. *litwinowii* (Kom.) Prob. 155
Calamagrostis sesquiflora (Trin.) Tzvelev *55*,155,413
Calamagrostis stricta (Timm) Koeler subsp. *inexpansa* (A.Gray) C.W.Greene *55*,154,413
Calamagrostis tenuis V.Vassil. 154
Calamagrostis tolmatschewii Prob. 154
Calamagrostis urelytra Hack. 155
Calla palustris L. 88,408
Callitriche hermaphroditica L. 305,425
Callitriche palustris L. 305,425
Callitriche verna L. 305
Caltha fistulosa Schipcz. 182,415
Caltha membranacea (Turcz.) Schipcz. 182
Caltha palustris L. 182
Caltha palustris L. var. *barthei* Hance 182
Caltha palustris L. var. *enkoso* H.Hara 182,415
Caltha palustris L. var. *sibirica* Regel 182,415
Calystegia japonica Choisy 303
Calystegia sepium (L.) R.Br. subsp. *spectabilis* Brummitt 303,424
Calystegia sepium R.Br. 303
Calystegia soldanella (L.) Roem. et Schult. 303,424
Campanula chamissonis Al.Fedr. *75*,324,426
Campanula langsdorffiana Fisch. ex Trautv. et C.A.Mey. 324
Campanula lasiocarpa Cham. 324,426
Campanula latifolia L. 324,426,436
Campanula rotundifolia L. subsp. *landsdorffiana* (Fisch. ex Trautv. et C.A.Mey.) Vodop. 324,426
Campanula rotundifolia L. var. *arctica* Lange 324
Capsella bursa-pastoris (L.) Medik. 250,421,435
Cardamine bellidifolia L. 251,421
Cardamine impatiens L. 251,421
Cardamine leucantha (Tausch) O.E.Schulz 251,421
Cardamine macrophylla Willd. 252
Cardamine pratensis L. *66*,251,421
Cardamine pratensis L. var. *kurilensis* Kudô 251
Cardamine regeliana Miq. 251,421
Cardamine schinziana O.E.Schulz 251,421
Cardamine scutata Thunb. 251
Cardamine scutata Thunb. subsp. *regeliana* (Miq.) H.Hara 251
Cardamine umbellata Greene *66*,252,421
Cardamine vallida (Takeda) Nakai 252,421
Cardamine yezoensis auct. non Maxim. 252
Cardaminopsis lyrata (L.) Hiitonen 248
Cardaminopsis petraea (L.) Hiitonen 248
Cardiocrinum cordatum (Thunb.) Makino 97
Cardiocrinum cordatum (Thunb.) Makino var. *glehnii* (F.Schmidt) H.Hara 97,408
Cardiocrinum glehnii (F.Schmidt) Makino 97,432
Carex ×*kurilensis* Ohwi 132,411
Carex ×*leiogona* Franch. 132,411
Carex accrescens Ohwi 125
Carex albata Boott ex Franch. et Sav. 126

Carex alopeculoides D.Don ex Tilloch et Taylor var. *chlorostacya* C.B.Clarke 138
Carex angustior Mackenz. 126
Carex aomorensis Franch. 124
Carex aphanolepis Franch. et Sav. 138,412
Carex appendiculata (Trautv. et C.A.Mey.) Kük. 130
Carex arenicola F.Schmidt 125,411
Carex atherodes auct. non Spreng. 143
Carex augustinowiczii Meinsh. ex Korsh. 133,411
Carex basilata Ohwi 126
Carex bigelowii Torr. ex Schwein. 131,411
Carex bipartia All. 128
Carex blepharicarpa Franch. 137,412
Carex bonanzensis Britt. 128,411
Carex brunnescens (Pers.) Poir. 128,411
Carex buxbaumii Wahlenb. 133,411
Carex callitrichos V.I.Krecz. 137
Carex campylorhina V.I.Krecz. 141
Carex canescens L. 128,411
Carex capillacea Boot. subsp. *aomorensis* (Franch.) T.V.Egorova 124
Carex capillacea Boot. var. *sachalinensis* (F.Schmidt) Ohwi 124,411
Carex capillaris L. 141,412
Carex capillaris L. subsp. *chlorostachys* (Steven) Á.Löve, D.Löve et Raymond 141
Carex caryophyllea Latour. var. *microtricha* (Franch.) Kük. 135,412
Carex cespitosa L. 130,411
Carex chishimana Ohwi *38*,129,380,411
Carex cinerea Pollich 128
Carex concolor R.Br. 131
Carex crawfordii Fernald 127,411,433
Carex cryptocarpa C.A.Mey. 131
Carex curta Good. 128
Carex diandra Schrank *53*,126,411
Carex diastena V.I.Krecz. 129,411
Carex dispalata Boott 140,412
Carex disperma Dewey 127,411
Carex dissitiflora Franch. 134,412
Carex doenitzii Boeck. 132,411
Carex dolichocarpa C.A.Mey. ex V.I.Krecz. 142
Carex dominii Lev. 129
Carex doniana Spreng. 138,412
Carex drymophila Turcz. var. *akanensis* (Franch.) Kük. 143
Carex echinata Murray 126,411
Carex eleusinoides Turcz. ex Kunth 131,411
Carex falcata Turcz. 142
Carex flavocuspis Franch. et Sav. 133,411
Carex flavocuspis Franch. et Sav. subsp. *krascheninnikovii* (Kom. ex V.I.Krecz.) T.V.Egorova 133
Carex foliosissima F.Schmidt 135,412
Carex fujitae Kudô 138
Carex fuscidula V.I.Krecz. ex T.V.Egorova 141
Carex geantha Ohwi 135
Carex glareosa Wahlenb. 129,411
Carex gmelinii Hook. et Arn. *53*,133,411
Carex gynocrates Wormsk. ex Drej. 123,410
Carex hakkodensis Franch. 124,410
Carex hindsii C.B.Clarke ex Kük. 132,411
Carex humilis Leyss. var. *callitrichos* (V.I.Krecz.) Ohwi 137,412
Carex humilis Leyss. var. *nana* (H.Lév. et Vaniot) Ohwi 136,412
Carex incisa Boott 132,411,430
Carex insaniae Koidz. 135,412,430
Carex jacens C.B.Clarke 135,412
Carex japonica Thunb. 138,412,430
Carex kamtschatica Gorodk. 134
Carex kelloggii auct. non Boott 132
Carex koidzumii Honda 143
Carex koraginensis Meinsh. 134
Carex krascheninnikovii Kom. ex V.I.Krecz. 133
Carex ktausipali Meinsh. 137
Carex kurilensis Ohwi *38*
Carex lachenalii Schkuhr 128,411
Carex laevissima Nakai 126
Carex lapponica Lang 128,411
Carex lasiocarpa Ehrh. subsp. *occultans* (Franch.) Hultén 143
Carex lasiocarpa Ehrh. var. *lasiocarpa* 143,412
Carex lasiocarpa Ehrh. var. *occultans* (Franch.) Kük. 143,412
Carex laxa Wahlenb. 137,412,430
Carex ledebouriana auct. non C.A.Mey. ex Trev. 141
Carex ledebouriana C.A.Mey. ex Trev. subsp. *tenuiformis* (H.Lév. et Vaniot) T.V.Egorova 141
Carex limosa L. *54*,137,412
Carex livida (Wahlenb.) Willd. *54*,138,412,432
Carex longirostrata C.A.Mey. 135,412
Carex lyngbyei Hornem. *53*,131,411
Carex lyngbyei Hornem. subsp. *cryptocarpa* (C.A.Mey.) Hultén 131
Carex lyngbyei Hornem. var. *prionocarpa* (Franch.) Kük. 131
Carex macloviana auct. non d'Urv. 127
Carex macrocephala Willd. ex Spreng. 125,411
Carex macrochaeta C.A.Mey. 133
Carex macrochaeta C.A.Mey. var. *paramushirensis* Kudô 133
Carex magellanica Lam. subsp. *irrigua* (Wahlenb.) Hiitonen 137
Carex maximowiczii Miq. 132,411
Carex mertensii Presc. ex Bong. 133
Carex mertensii Presc. var. *urostachys* (Franch.) Kük. 133,411
Carex michauxiana Boeck. subsp. *asiatica* Hultén *54*,142,412
Carex michauxiana Boeck. var. *asiatica* (Hultén) Ohwi 142
Carex micropoda C.A.Mey. *53*,124,410
Carex microtricha Franch. 135
Carex middendorffii F.Schmidt 131,411

Carex middendorffii F.Schmidt var. *kirigaminensis* (Ohwi) Ohwi 132
Carex misandra R.Br. *54*,134,412
Carex mollicula Boott 139,412
Carex monile Tuckerm. 139
Carex nanella Ohwi 136
Carex nemurensis Franch. 129,411
Carex nervata Franch. et Sav. 135,412
Carex nesophila Holm. 133
Carex nubigena D.Don ex Tilloch et Taylor subsp. *albata* (Boott ex Franch. et Sav.) T.Koyama 126,411
Carex oederi Retz. var. *viridula* Kük. 140
Carex oligosperma Michx. 139
Carex oligosperma Michx. subsp. *tsuishikarensis* (Koidz. et Ohwi) T.Koyama et Calder 139,412
Carex omiana Franch. et Sav. 127,411
Carex ovalis auct. non Good. 127
Carex oxyandra (Franch. et Sav.) Kudô 136,412
Carex oxyandra (Franch. et Sav.) Kudô var. *pauzhetica* (A.E.Kozhevn.) A.E.Kozhevn. 136
Carex pachystachya auct. non Cham. ex Steud. 127
Carex pallida C.A.Mey. 125,411
Carex pansa L. 125
Carex parciflora Boott 142,412
Carex pauciflora Lightf. 124,410
Carex paupercula Michx. 137,412
Carex physocarpa C.Presl 140
Carex pilosa Scop. 141,412
Carex pluriflora Hultén 138
Carex prionocarpa Franch. 131
Carex pseudocuraica F.Schmidt *53*,125,411
Carex pseudololiacea F.Schmidt 128,411
Carex pumila Thunb. 142,412
Carex pyrenaica Wahlenb. subsp. *micropoda* (C.A.Mey.) Hultén 124
Carex pyrophila Gand. 127,411
Carex rariflora (Wahlenb.) Smith *54*,138,412
Carex rariflora (Wahlenb.) Smith subsp. *pluriflora* (Hultén) T.V.Egorova 138
Carex recticulmis Franch. et Sav. 135
Carex rhynchophysa C.A.Mey. 140,412
Carex riishirensis Franch. 134
Carex rostrata Stokes 140,412
Carex rotundata Wahlenb. 139,412
Carex ruesanensis Kudô 139
Carex sabynensis Less. ex Kunth 135,412
Carex sachalinensis F.Schmidt 136,412
Carex sadoensis Franch. 130,411
Carex saxatilis L. 140,412
Carex saxatilis L. var. *laxa* (Trautv.) Kalela 140
Carex scabrinervia Franch. 134
Carex schmidtii Meinsh. 131,411
Carex scita Maxim. var. *koraginensis* (Meinsh.) Kük. 134
Carex scita Maxim. var. *obtusisquama* Ohwi 134
Carex scita Maxim. var. *riishirensis* Kük. 134,411
Carex scita Maxim. var. *scabrinervia* (Franch.) Kük. 134,411
Carex sedakowii auct. non C.A.Mey. ex Meinsh. 141
Carex shimidzensis Franch. 132,411
Carex sordida Heurck ex Müll.Arg. 143,412
Carex stans Drej. 131
Carex stenantha Franch. et Sav. var. *taisetsuensis* Akiyama 137,412
Carex stipata Muhl. ex Willd. 126,411
Carex stylosa C.A.Mey. 134,411
Carex subspathacea Wormsk. 130,411
Carex subumbellata Meinsh. 136,412
Carex tarumensis Franch. 133
Carex tenuiflora Wahlenb. 127,411
Carex tenuiformis H.Lév. et Vaniot 141,412
Carex tenuiseta auct. non Franch. 134
Carex thunbergii Steud. 130,411
Carex thunbergii Steud. var. *appendiculata* (Trautv. et C.A.Mey.) Ohwi 130
Carex traiziscana F.Schmidt 130,411
Carex tripartita auct. non All. 128
Carex tsuishikarensis Koidz. et Ohwi 139
Carex uda Maxim. 125,411
Carex umbrosa Host. subsp. *pseudosabynensis* T.V.Egorova 136
Carex urostachys Franch. 133
Carex ushishirensis Ohwi *38*,129,380,411
Carex vaginata Tausch *54*,142,412
Carex vanheurckii Müll.Arg. 136,412
Carex verna Chaix var. *microtricha* (Franch.) Ohwi 135
Carex vesicaria L. 139,412
Carex vesicaria L. var. *dichroa* Andersson 139
Carex vesicata Meinsh. 139
Carex viridula Michx. 140,412
Carex williamsii Britt. 141,412
Carpesium triste Maxim. 333,427,430
Carum carvi L. 361,429,438
Cassiope lycopodioides (Pall.) D.Don 284,423
Catolobus pendulus (L.) Al-Shehbaz 252,421
Caulophyllum robustum Maxim. 179,415
Celastrus orbiculatus Thunb. var. *strigillosus* (Nakai) Makino *63*,224,419
Celastrus strigillosus Nakai 224
Centaurea jacea L. 333,427,437
Centaurea scabiosa L. 333,427,437
Cephalanthera erecta (Thunb.) Blume 100,409,430
Cephalanthera longibracteata Blume 101,409,431
Cephalophilon nepalense (Meisn.) Tzvelev 261
Cerastium aleuticum Hultén 267,422
Cerastium beeringianum Cham. et Schlecht. 267,422
Cerastium boreale Takeda 267
Cerastium fischerianum Ser. 267,422
Cerastium fontanum Baumg. subsp. *vulgare* (Hartm.) Greuter et Burdet var. *vulgare* (Hartm.) M.B.Wyse Jacks. 267,422,435

Cerastium fontanum Baumg. subsp. *vulgare* (Hartm.) Greuter et Burdet var. *angustifolium* (Franch.) H. Hara 267,422,435
Cerastium holosteoides Fries p.p. 267
Cerastium rigidulum Takeda 267
Cerastium rishirense Miyabe et Tatew. 267
Cerastium tatewakii Miyabe *30*,267,422
Cerasus kurilensis (Miyabe) Czerep. 207
Cerasus maximowiczii (Rupr). Kom. 207,417
Cerasus nipponica (Matsum.) Nedoluzhko 207
Cerasus nipponica (Matsum.) Ohle ex H.Ohba var. *kurilensis* (Miyabe) H.Ohba 207,417
Cerasus sachalinensis (F.Schmidt) Kom. 207
Cerasus sargentii (Rehder) H.Ohba 207,417,432
Ceratophyllum demersum L. 176,415
Cercidiphyllum japonicum Siebold et Zucc. ex Miq. 189,416
Chaerophyllum gracile Besser ex Trevir. 365
Chamaedaphne calyculata (L.) Moench 285,423
Chamaenerion angustifolium (L.) Scop. *65*,240,420
Chamaenerion latifolium (L.) Sweet 240,420
Chamaepericlymenum canadense (L.) Asch. et Graebn. 277
Chamaepericlymenum suecicum (L.) Asch. et Graebn. 277
Chamerion angustifolium (L.) Holub 240
Chamerion latifolium (L.) Holub 240
Chamomilla suaveolens (Pursh) Rydb. 343
Chelidonium asiaticum (H.Hara) Krachulkova 176
Chelidonium majus L. 176
Chelidonium majus L. subsp. *asiaticum* H.Hara 176,415
Chelidonium majus L. var. *asiaticum* (H.Hara) Ohwi 176
Chenopodium album L. 275,422,436
Chenopodium ficifolium Sm. 275,422,436
Chenopodium glaucum L. 275,422,436
Chenopodium hybridum L. 276,422,436
Chimaphila japonica Miq. 285,423
Chloranthus quadrifolius (A.Gray) H.Ohba et S.Akiyama 86,407
Chloranthus serratus (Thunb.) Roem. et Schult. 86,407,430
Chorisis repens (L.) DC. 341
Chrysanthemum arcticum L. subsp. *yezoense* (Maek.) H.Ohashi et Yonek. 334,427
Chrysanthemum arcticum L. var. *integrifolium* Tatew. 334
Chrysanthemum arcticum L. var. *kurilense* Kudô 334
Chrysanthemum leucanthemum L. 342
Chrysocyathus amurensis (Regel et Radde) Holub 180
Chrysocyathus ramosus (Franch.) Holub 180
Chrysosplenium alternifolium L. subsp. *sibiricum* (Ser. ex DC.) Hultén 191
Chrysosplenium alternifolium L. var. *sibiricum* Ser. ex DC. 191,416
Chrysosplenium flagelliferum F.Schmidt 191,416
Chrysosplenium grayanum Maxim. 191,416
Chrysosplenium kamtschaticum Fisch. ex Ser. 191,416
Chrysosplenium ramosum Maxim. 191,416
Chrysosplenium rimosum Kom. 192
Chrysosplenium sibiricum (Ser. ex DC.) Khokhr. 191
Cichorium intybus L. 334,427,437
Cicuta virosa L. 362,429
Cimicifuga simplex (DC.) Wormsk. ex Turcz. 182,415
Circaea alpina L. 241,420
Circaea cordata Royle *45*,241,420
Circaea mollis Siebold et Zucc. *45*,241,420
Cirsium charkeviczii Barkalov *41*,335,427
Cirsium ito-kojianum Kadota 335
Cirsium kamtschaticum Ledeb. ex DC. 334,427
Cirsium kamtschaticum Ledeb. ex DC. f. *elatius* Kudô 334
Cirsium kamtschaticum Ledeb. subsp. *pectinellum* (A.Gray) Kitam. 335
Cirsium pectinellum A.Gray 335,427
Cirsium pectinellum A.Gray var. *fallax* Nakai 335
Cirsium pectinellum A.Gray var. *shikotanense* Miyabe et Tatew. *31*,335
Cirsium setosum (Willd.) M.Bieb. 335,427,437
Cirsium shikotanense (Miyabe et Tatew.) Barkalov 335,427
Cirsium vulgare (Savi) Ten. 335,427,437
Cirsium weyrichii Maxim. 334
Cladothamnus bracteatus (Maxim.) T.Yamaz. 285
Clematis alpina (L.) Mill. subsp. *ochotensis* (Pall.) Kuntze var. *ochotensis* (Pall.) S.Watson 183
Clematis fusca Turcz. 183,415
Clematis ochotensis (Pall.) Poir. 183,415
Clinopodium chinense (Benth.) Kuntze 310
Clinopodium chinense (Benth.) Kuntze subsp. *glabrescens* (Nakai) H.Hara 311,425
Clinopodium chinense (Benth.) Kuntze subsp. *grandiflorum* (Maxim.) H.Hara 310,425
Clinopodium chinense (Benth.) Kuntze var. *parviflorum* (Kudô) H.Hara 310
Clinopodium chinense (Benth.) Kuntze var. *shibetchense* (Lev.) Koidz. 311
Clinopodium kunashirense Prob. *42*,311,380
Clinopodium micranthum (Regel) H.Hara var. *sachalinense* (F.Schmidt) T.Yamaz. et Murata 311
Clinopodium sachalinense (F.Schmidt) Koidz. 311,425
Clintonia udensis Trautv. et C.A.Mey. 97,408
Cnidium ajanense (Regel et Tiling) Drude 363
Cochlearia oblongifolia DC. 252
Cochlearia officinalis L. 252
Cochlearia officinalis L. subsp. *oblongifolia* (DC.) Hultén *67*,252,421
Codonopsis lanceolata (Siebold et Zucc.) Trautv. 325,426,430
Coeloglossum viride (L.) Hartm. 102
Coelopleurum gmelinii (DC.) Ledeb. 360
Coelopleurum lucidum Fernald var. *gmelinii* H.Hara 360

Comarum palustre L. 207,417
Commelina communis L. 113,410,433
Coniogramme intermedia Hieron. 73,406,432
Conioselinum chinense (L.) Britton, Sterns et Poggenb. *78*,362,429
Conioselinum filicinum (H.Wolff) H.Hara *78*,362,429
Conioselinum kamtschaticum Rupr. 362
Conioselinum univittatum Turcz. 362
Conium maculatum L. 362,429,438
Convallaria keiskei Miq. 112
Convallaria majalis L. var. *manshurica* Kom. 111,410
Convolvulus arvensis L. 303,424,436
Conyza canadensis (L.) Cronquist 336,427,437
Coptidium pallasii (Schlecht.) Á et D.Löve ex Tzvelev 186
Coptis trifolia (L.) Salisb. 183,415
Corallorhiza trifida Chatel 101,409
Cornus canadensis L. 277,423
Cornus controversa Hemsl. ex Prain 277,423
Cornus suecica L. 277,423
Cortusa matthioli L. subsp. *pekinensis* (V.A.Richt.) Kitag. var. *sachalinensis* (Losinsk.) T.Yamaz. 280,423
Cortusa matthiolii L. var. *yezoensis* (Miyabe et Tatew.) H.Hara 280
Cortusa pekinensis (V.A.Richt.) Kom. et Aliss. 280
Cortusa sachalinensis Losinsk. 280
Corydalis ambigua Cham. et Schltdl. 177
Corydalis fumariifolia Maxim. subsp. *azurea* Liden et Zetterl. 177,415
Corydalis kushiroensis Fukuhara 177,415
Corydalis ochotensis auct. non Turcz. 177
Corydalis ochotensis Turcz. var. *raddeana* auct. non (Regel) Nakai 177
Corydalis pallida (Thunb.) Pers. 177
Corydalis raddeana auct. non Regel 177
Corydalis speciosa Maxim. 177,415
Cotula coronopifolia L. 336,427,437
Crataegus chlorosarca Maxim. 207,417
Crawfurdia japonica Siebold et Zucc. 299
Crawfurdia volubilis (Maxim.) Makino 298
Cremastra appendiculata (D.Don) Makino 101
Cremastra appendiculata (D.Don) Makino var. *variabilis* (Blume) I.D.Lund 101,409
Cremastra variabilis (Blume) Nakai 101,432
Crepidomanes amabile (Nakai) K.Iwats. 72
Crepis hokkaidoensis Babcock 336,427
Crepis tectorum L. 336
Critesion brachyantherum (Nevski) Tzvelev 162
Critesion jubatum (L.) Nevski 162
Cryptogramma acrostichoides R.Br. 73
Cryptogramma crispa (L.) R.Br. ex Richardson *48*,73,406,432
Cryptomeria japonica (L.f.) D.Don 84
Cryptotaenia canadensis (L.) DC. subsp. *japonica* (Hassk.) Hnad.-Mazz. 362
Cryptotaenia japonica Hassk. 362,429
Cucubalus baccifer L. var. *japonicus* Miq. 270
Cucubalus japonicus (Miq.) Worosch. 270
Cynanchum caudatum (Miq.) Maxim. *72*,300,424
Cynoglossum asperrimum Nakai 300,424
Cynosurus cristatus L. 156,413,433
Cyperus difformis L. 143,412
Cyperus glomeratus L. 143,412
Cypripedium guttatum Sw. subsp. *yatabeanum* (Makino) Hultén 101
Cypripedium macranthos Sw. 101,409,432
Cypripedium yatabeanum Makino 101,409,432
Cystopteris filix-fragilis (L.) Bernh. 76
Cystopteris fragilis (L.) Bernh. 76,407

[D]

Dactylis glomerata L. 156,413,433
Dactylorhiza aristata (Fisch. ex Lindl.) Soó 102,409
Dactylorhiza viridis (L.) R.M.Bateman, A.M.Pridgeton et M.W.Chase 102,409
Dactylostalix ringens Rchb.f. 102,409,430
Daphne jezoensis Maxim. 247,420,432
Daphne pseudo-menzereum A.Gray subsp. *jezoensis* (Maxim.) Hamaya 247
Daphniphyllum humile Maxim. ex. Franch. et Sav. 189,430
Daphniphyllum macropodum Miq. subsp. *humile* (Maxim. ex Franch. et Sav.) Hurus. 189,416
Daphniphyllum macropodum Miq. var. *humile* (Maxim. ex Franch. et Sav.) K.Rosenthal 189
Dasiphora fruticosa (L.) Rydb. *61*,208,417
Daucus carota L. subsp. *carota* 363,429,438
Delphinium brachycentrum Ledeb. *57*,184,415
Dendranthema arcticum (L.) Tzvelev subsp. *arcticum* 334
Dendranthema kurilense Tzvelev 334
Deparia conilii (Franch. et Sav.) M.Kato 76,407
Deparia pterorachis (H.Christ) M.Kato 76,407
Deparia pycnosora (H.Christ) M.Kato 76,407
Deschampsia atropurpurea (Wahlenb.) Scheele var. *paramushirensis* Kudô 175
Deschampsia beringensis Hultén 157
Deschampsia cespitosa (L.) P.Beauv. 156
Deschampsia cespitosa (L.) P.Beauv. complex 156,413
Deschampsia cespitosa (L.) P.Beauv. subsp. *beringensis* (Hultén) W.E.Lawr. 157
Deschampsia cespitosa (L.) P.Beauv. subsp. *macrothyrsa* (Tatew. et Ohwi) Tzvelev 157
Deschampsia cespitosa (L.) P.Beauv. subsp. *orientalis* Hultén 156
Deschampsia cespitosa (L.) P.Beauv. subsp. *orientalis* Hultén var. *festucifolia* Honda 156
Deschampsia cespitosa (L.) P.Beauv. subsp. *orientalis* Hultén var. *macrothyrsa* Tatew. et Ohwi 157
Deschampsia cespitosa (L.) P.Beauv. subsp. *paramushirensis* (Honda) Tzvelev 156
Deschampsia cespitosa (L.) P.Beauv. var. *festucaefolia* Honda 156

Deschampsia cespitosa (L.) P.Beauv. var. *macrothyrsa* Tatewaki et Ohwi 157
Deschampsia flexuosa (L.) Nees 157,413
Deschampsia flexuosa (L.) Trin. 157
Deschampsia macrothyrsa (Tatew. et Ohwi) Kawano 157
Deschampsia paramushirensis Honda *31*,156
Deschampsia sukatschewii (Popl.) Roshev. 156
Dianthus superbus L. 268,422
Dianthus superbus L. var. *speciosus* Rchb. 268
Dianthus superbus L. var. *superbus* 268
Diapensia lapponica L. subsp. *obovata* (F.Schmidt) Hultén 283,423
Diapensia lapponica L. var. *obovata* F.Schmidt 283
Diapensia obovata (F.Schmidt) Nakai 283
Diarrhena japonica Franch. et Sav. 164
Dicentra peregrina (Rudolph) Makino *56*,178,415
Dicentra pusilla Siebold et Zucc. 178
Diervilla middendorffiana Carrière 357
Digitalis purpurea L. 305,425,436
Digitaria asiatica Tzvelev 157
Digitaria ciliaris (Retz.) Koeler 157,414,433
Digitaria ischaemum (Schreb.) Schreb. ex Muhl. 157,414,437
Dioscorea batatas 430
Dioscorea japonica Thunb. 95,408
Diphasiastrum alpinum (L.) Holub *47*,65,406
Diphasiastrum complanatum (L.) Holub 65,406
Diphasiastrum nikoense (Franch. et Sav.) Holub 65
Diphasiastrum sitchense (Rupr.) Holub 65,406
Diphylleia grayi F.Schmidt 179,415,431
Diplazium sibiricum (Turcz. ex Kunze) Kurata 76
Disporum sessile D.Don ex Schult. et Schult.f. 97,408,430
Disporum smilacinum A.Gray 97,408,430
Doellingeria scabra Nees 332
Draba borealis DC. 253,421
Draba grandis Langsd. ex DC. *67*,253,421
Draba grandis N.Busch 253
Draba hyperborea auct. non Desv. 253
Draba kurilensis (Turcz.) F.Schmidt 253
Dracocephalum argunense Fisch. ex Link 311,425
Dracocephalum charkeviczii Prob. 311
Drosera ×*obovata* Mert. et W.D.J.Koch 266,422
Drosera anglica Huds. *68*,266,422
Drosera rotundifolia L. 266,422
Dryas ajanensis Juz. 208
Dryas octopetala L. var. *asiatica* (Nakai) Nakai 208,417
Dryas punctata Juz. 208
Dryas tschnoskii Juz. 208
Dryopteris crassirhizoma Nakai 79,407
Dryopteris expansa (C.Presl) Fraser-Jenk. et Jermy 78,407
Dryopteris fragrans (L.) Schott 79,407
Dryopteris fragrantiformis Tzvelev 79
Dryopteris laeta (Kom.) C.Chr. 79
Dryopteris linnaeana C.Chr. 77
Dryopteris monticola (Makino) C.Chr. 79,407
Duschekia fruticosa (Rupr.) Pouzar 222
Duschekia maximowiczii (Callier ex C.K.Schneid.) Pouzar 222

[E]

Echinochloa crus-galli (L.) P.Beauv. 158
Echinochloa crus-galli (L.) P.Beauv. s.l. 158,414,433
Echinochloa occidentalis (Wiegand) Rydb. 158
Echium vulgare L. 301
Elaeagnus multiflora Thunb. 218
Elaeagnus multiflora Thunb. var. *hortensis* (Maxim.) Servett. 217,418,434
Eleocharis acicularis (L.) Roem. et Schult. 143,413
Eleocharis acicularis (L.) Roem. et Schult. var. *longiseta* Svenson 144
Eleocharis congesta D.Don 144
Eleocharis congesta D.Don var. *japonica* (Miq.) T.Koyama 144
Eleocharis intersita Zinserl. 145
Eleocharis kamtschatica (C.A.Mey.) Kom. 144,413
Eleocharis mamillata H.Lindb. var. *cyclocarpa* Kitag. 144,413
Eleocharis margaritacea (Hultén) Miyabe et Kudô 144,413,432
Eleocharis palustris (L.) Roem. et Schult. 145,413
Eleocharis pellucida J. et C.Presl 144,413
Eleocharis quinqueflora (Hartm.) O.Schwarz 144,413
Eleocharis ussuriensis Zinserl. 144
Eleocharis wichurae Boeck. 144,413
Eleocharis yokoscensis (Franch. et Sav.) Tang et Wang 144
Eleorchis japonica (A.Gray) F.Maek. 102,409,431
Elisanthe noctiflora (L.) Willk. 271
Elliottia bracteata (Maxim.) Hook.f. 285,423
Elsholtzia ciliata (Thunb.) Hyl. 311,425,436
Elsholtzia patrini Garcke 311
Elsholtzia patrinii (Lepech.) Garcke 311
Elsholtzia pseudocristata H.Lév. et Vaniot 311
Elymus arenarius L. subsp. *mollis* Hultén 163
Elymus dahuricus subsp. *pacificus* Prob. 158
Elymus dahuricus Turcz. ex Griseb. s.l. 158,414
Elymus excelsus Turcz. ex Griseb. 158
Elymus kurilensis Prob. 158
Elymus mollis Trin. 163
Elymus novae-angliae (Scribn.) Tzvelev 158,414,433
Elymus pendulinus (Nevski) Tzvelev var. *yezoense* (Honda) Tzvelev 158,414
Elymus repens (L.) Gould 159
Elymus tsukushiensis Honda 158
Elymus tsukushiensis Honda var. *transiens* (Hack.) Osada 158,414
Elymus woroschilowii Prob. 158
Elymus yezoensis (Honda) Osada 158
Elytrigia repens (L.) Desv. ex B.D.Jackson 159,414,433
Empetrum albidum V.Vassil. 285
Empetrum androgynum V.Vassil. 285

Empetrum asiaticum Nakai 285
Empetrum kurilense V.Vassil. 285
Empetrum nigrum L. 285
Empetrum nigrum L. subsp. *japonicum* (Good) Hultén 285
Empetrum nigrum L. var. *japonicum* K.Koch 285, 423
Empetrum sibiricum V.Vassil. 285
Empetrum stenopetalum V.Vassil. 285
Empetrum subholarcticum V.Vassil. 285
Ephippianthus sachalinensis Rchb.f. 102, 432
Ephippianthus schmidtii Rchb.f. 102, 409
Epilobium alpinum L. 243
Epilobium amurense Hausskn. 242
Epilobium amurense Hausskn. subsp. *amurense* 241, 420
Epilobium amurense Hausskn. subsp. *cephalostigma* (Hausskn.) C.J.Chen, Hoch et P.H.Raven 242, 420
Epilobium anagallidifolium Lam. 243, 420
Epilobium angustifolium L. 240
Epilobium cephalostigma Hausskn. 242
Epilobium ciliatum Raf. *65*, 243, 420
Epilobium dielsii H.Lév. 243
Epilobium fastigiatoramosum Nakai 242, 420
Epilobium fauriei H.Lév. *65*, 243, 420
Epilobium foucaudianum H.Lév. 244
Epilobium glandulosum Lehm. 243
Epilobium glandulosum Lehm. var. *asiaticum* H.Hara 243
Epilobium glandulosum Lehm. var. *kurilense* (Nakai) H.Hara 243
Epilobium hornemannii Rchb. 244
Epilobium hornemannii Rchb. p.p. 244
Epilobium hornemannii Rchb. subsp. *behringianum* (Hausskn.) Hoch et P.H.Raven 244, 420
Epilobium hornemannii Rchb. subsp. *hornemannii* 244, 420
Epilobium kesamitsui T.Yamaz. 240
Epilobium lactiflorum Hausskn. p.p. 244
Epilobium maximowiczii Hausskn. 243
Epilobium montanum L. 241, 420
Epilobium palustre L. *65*, 242, 420
Epilobium pyrricholophum Franch. et Sav. 243, 420
Epilobium sertulatum Hausskn. 244
Epilobium shikotanense Takdea 242
Epipactis papillosa Franch. et Sav. 103, 409
Equisetum arvense L. 70, 406
Equisetum fluviatile L. 70, 406
Equisetum hyemale L. 71, 406
Equisetum palustre L. 71, 406
Equisetum pratense Ehrh. 70, 406
Equisetum sylvaticum L. *47*, 70, 406
Equisetum variegatum Schleich. ex F.Weber et D.Mohr 71, 406
Erigeron acer L. subsp. *acer* 336
Erigeron acer L. subsp. *kamtschaticus* (Herder) H.Hara 337
Erigeron acer L. var. *acer* 336, 427
Erigeron acer L. var. *kamtschaticus* (DC.) Herder 337, 427
Erigeron annuus (L.) Pers. 338, 427, 437
Erigeron caespitans Kom. 337, 427
Erigeron canadensis L. 336
Erigeron humilis J.Graham 337, 427
Erigeron kamtschaticus DC. 337
Erigeron peregrinus (Pursh) Greene *76*, 338, 427, 430
Erigeron sachalinensis Botsch. 336
Erigeron schikotanensis Barkalov *42*, 337, 380, 427
Erigeron strigosus Muhl. ex Willd. 338, 427, 437
Erigeron thunbergii A.Gray 337
Erigeron thunbergii A.Gray subsp. *glabratus* (A.Gray) H.Hara 337, 427
Eriocaulon atrum Nakai 115, 410
Eriocaulon kushiroense Miyabe et Kudô ex Satake 115
Eriocaulon sachalinense Miyabe et Nakai 115, 410
Eriophorum alpinum L. 147
Eriophorum angustifolium Honck. *55*, 145, 413
Eriophorum angustifolium Honck. subsp. *subarcticum* (Vassil.) Hultén 145
Eriophorum angustifolium Rotb. 145
Eriophorum gracile K.Koch 145, 413
Eriophorum latifolium Hoppe 145
Eriophorum polystachion L. 145
Eriophorum scheuchzeri Hoppe 145, 413
Eriophorum scheuchzeri Hoppe var. *tenuifolium* Ohwi 145
Eriophorum vaginatum L. 145, 413
Eriophorum vaginatum L. subsp. *fauriei* (E.G.Camus) Á. et D.Löve 145
Eritrichium villosum (Ledeb.) Bunge 301, 424
Erodium cicutarium (L.) L'Hér. 239, 420, 435
Erysimum cheiranthoides L. 253, 421, 435
Erythronium japonicum Decne. 98, 408, 431
Eubotryoides grayana (Maxim.) H.Hara 286, 423
Euclidium syriacum (L.) R.Br. *45*, 253, 421, 435
Euonymus alatus (Thunb.) Siebold 224
Euonymus alatus (Thunb.) Siebold var. *alatus* f. *striatus* (Thunb.) Makino 224, 419
Euonymus hamiltonianus Wall. subsp. *sieboldianus* (Blume) H.Hara 225
Euonymus macropterus Rupr. 224, 419
Euonymus oxyphyllus Miq. 224, 419
Euonymus planipes (Koehne) Koehne 224, 419
Euonymus sachalinensis (F.Schmidt) Maxim. 225
Euonymus sachalinensis (F.Schmidt) Maxim. var. *tricarpus* (Koidz.) Kudô 225
Euonymus sieboldianus Blume 225, 419
Euonymus tricarpus Koidz. 225, 419
Eupatorium chinense L. subsp. *sachalinense* (F.Schmidt) Kitam. 338
Eupatorium glehnii F.Schmidt ex Trautv. 338, 427
Euphorbia sieboldiana auct. non Morr. et Decne. 226
Euphorbia sieboldiana Morr. et Decne. var. *montana* Tatew. 226

Euphorbia tsukamotoi Honda 226,419
Euphrasia maximowiczii Wettst. 317
Euphrasia maximowiczii Wettst. var. *maximowiczii* 317,426
Euphrasia maximowiczii Wettst. var. *yezoensis* H.Hara 317,426
Euphrasia mollis (Ledeb.) Wettst. 317,426
Euphrasia yezoensis H.Hara 317
Eutrema japonicum (Miq.) Koidz. 253,421,435

[F]
Fagopyrum tataricum (L.) Gaertn. 258,421,435
Falcata japonica (Oliver) Kom. 198
Fallopia convolvulus (L.) Á.Löve 258,421,435
Fallopia dumetorum (L.) Holub 258,421,435
Fallopia japonica (Houtt.) Ronse Decr. 259,421,435
Fallopia sachalinensis (F.Schmidt) Ronse Decr. 258,421
Fauria crista-galli (Menzies) Makino 326,431
Fauria crista-galli (Menzies) Makino subsp. *japonica* (Franch.) J.M.Gillett 326
Festuca altaica Trin. 159,414
Festuca arundinacea Schreb. 160,414,434
Festuca aucta Krecz. et Bobr. 160
Festuca brevissima Jurtz. 159,414
Festuca eriantha Honda et Tatew. 160
Festuca extremiorientalis Ohwi 159,414
Festuca hondoensis (Ohwi) Ohwi 159,414,432
Festuca jacutica Drob. 159
Festuca ovina L. s.l. 159,414
Festuca pratensis Huds. 160,414,434
Festuca rubra L. 160,414
Festuca rubra L. var. *hondoensis* Ohwi 159
Festuca vorobievii Prob. 159
Filipendula camtschatica (Pall.) Maxim. 208,417
Filipendula glaberrima Nakai 208,417
Filipendula yezoensis H.Hara 208
Fimbripetalum radians (L.) Ikonn. 273
Fimbristylis squarrosa Vahl 146,413
Fimbristylis subbispicata Nees et Meyen 146,413
Fimbristylis tristachya R.Br. var. *subbispicata* (Nees) T.Koyama 146
Fragaria iinumae Makino 209,417
Fragaria iturupensis Staudt 209
Fragaria nipponica auct. non Makino 209
Fragaria nipponica Makino var. *yezoensis* (H.Hara) Kitam. 209
Fragaria yezoensis H.Hara 209,417
Fraxinus lanuginosa Koidz. 304,425,431
Fraxinus lanuginosa Koidz. var. *serrata* (Nakai) H.Hara 304
Fraxinus mandshurica Rupr. 304,425
Fraxinus mandshurica Rupr. var. *japonica* Maxim. 304
Fraxinus sieboldiana Blume 304
Fritillaria camschatcensis (L.) Ker Gawl. *50*,98,408

[G]
Gagea lutea (L.) Ker Gawl. 98
Gagea nakaiana Kitag. 98,408
Gagea serotina (L.) Ker Gawl. 99,408
Gagea terraccianoana Pasch. 98
Gagea triflora (Ledeb.) Schult. et Schult.f. 99,408
Gagea vaginata M.Pop. ex Golosk. 98
Gagea vaginata Pascher 98,408
Galeopsis bifida Boenn. 312,425,436
Galeopsis ladanum L. 312,425,436
Galeopsis tetrahit L. 312,425,436
Galinsoga parviflora Cav. 338,427,437
Galium boreale L. 294,424
Galium boreale L. var. *kamtschaticum* (Maxim.) Maxim. ex Herder 294
Galium japonicum Makino 295
Galium kamtschaticum Steller ex Roem. et Schult. 295,424
Galium mollugo L. 296,424,436
Galium nakaii Kudô ex H.Hara 295,424
Galium odoratum (L.) Scop. 296,424
Galium pseudoasprellum Makino 295,424
Galium ruthenicum Willd. 296
Galium spurium L. var. *echinospermon* (Waltr.) Hayek 296,424,436
Galium trifidum L. 295,424
Galium trifidum L. subsp. *columbianum* (Rydb.) Hultén 295
Galium trifidum L. var. *brevipedunculatum* Regel 295
Galium trifloriforme Kom. 295,424
Galium triflorum Michx. 296,424
Galium triflorum Michx. p.p. 295
Galium uliginosum L. 296,424
Galium vaillantii DC. 296,436
Galium verum L. var. *trachycarpum* DC. 296,424
Gastrodia elata Blume 103,409,430
Gastrolychnis apetala (Farr.) Czer. 271
Gaultheria miqueliana Takeda 286,423,432
Gaultheria pyroloides Hook.f. et Thomson ex Miq. 286
Gentiana auriculata Pall. 298
Gentiana axillariflora H.Lév. et Vaniot 298
Gentiana glauca Pall. 297,424
Gentiana jamesii Hemsl. 297,424
Gentiana kurilensis Grossh. 297
Gentiana nipponica auct. non Maxim. 297
Gentiana triflora Pall. 298
Gentiana triflora Pall. var. *japonica* (Kusn.) H.Hara 298,424
Gentiana zollingeri Fawc. 298,424
Gentianella auriculata (Pall.) J.M.Gillett 298,424
Geranium erianthum DC. 239,420
Geranium nepalense Sweet 239,420
Geranium nepalense Sweet var. *thunbergii* (Siebold et Zucc. ex Lindl. et Paxton) H.Hara 239
Geranium sibiricum L. 239,420,435
Geranium sibiricum L. var. *glabrius* (H.Hara) Ohwi 240

Geranium thunbergii Siebold et Zucc. ex Lindl. et Paxton 239
Geranium yesoense Franch. et Sav. *64*,239,420
Geum aleppicum Jacq. 209,417
Geum calthifolium Menzies ex Sm. *61*,210,417
Geum calthifolium Menzies ex Sm. var. *nipponicum* (F.Bolle) Ohwi 210
Geum fauriei H.Lév. 209
Geum macrophyllum Willd. 209
Geum macrophyllum Willd. var. *sachalinense* (Koidz.) H.Hara 209,417
Geum pentapetalum (L.) Makino 216
Geum ternatum (Stephan) Smedmark 210,417
Glaux maritima L. 280
Glaux maritima L. var. *obtusifolia* Fernald 280
Glehnia littoralis F.Schmidt ex Miq. 363,429
Glyceria alnasteretum Kom. 160,414
Glyceria depauperata Ohwi 160,414
Glyceria ischyroneura Steud. 161,414
Glyceria lithuanica (Gorski) Gorski 160,414
Glyceria natans Kom. 174
Glyceria voroschilovii Tzvelev 161,380
Gnaphalium pilulare Wahlenb. 339,427,437
Gnaphalium sylvaticum L. 339,427,437
Gnaphalium uliginosum L. 339,427,437
Goodyera foliosa (Lindl.) Benth. ex C.B.Clarke var. *laevis* Finet 103,409
Goodyera maximowicziana Makino 103,431
Goodyera repens (L.) R.Br. 103,409
Goodyera schlechtendaliana Rchb.f. 103,409,431
Grossularia reclinata (L.) Miller 190
Gymnadenia camtschatica (Cham. et Schlecht.) Miyabe et Kudô 105
Gymnadenia conopsea (L.) R.Br. *51*,104,409
Gymnadenia cucullata (L.) Richard 106
Gymnadenia kinoshitae Makino 100
Gymnocarpium dryopteris (L.) Newman 77,407
Gynostemma pentaphyllum (Thunb.) Makino *45*,223,419,430

[H]

Habenaria linearifolia Maxim. var. *brachycentra* H.Hara 104,409
Habenaria yezoensis H.Hara 104,431
Habenaria yezoensis H.Hara var. *longicalcarata* Miyabe et Tatew. 104
Halenia corniculata (L.) Cornaz 298,424
Hammarbya paludosa (L.) Kuntze 105,431
Harrimanella stelleriana (Pall.) Coville 287,423
Hedysarum austrokurilense (N.S.Pavlova) N.S.Pavlova 199
Hedysarum confertum (N.S.Pavlova) N.S.Pavlova 200
Hedysarum hedysaroides (L.) Schinz et Thell. 199,417
Hedysarum hedysaroides (L.) Schinz et Thell .f. *neglectum* (Ledeb.) Ohwi *60*,199,417
Hedysarum nonnae Roskov 199,380
Hedysarum sachalinense B.Fedtsch. 199
Hedysarum sachalinense B.Fedtsch. subsp. *austrokurilensis* N.S.Pavlova *42*
Hedysarum sachalinense B.Fedtsch. subsp. *confertum* N.S.Pavlova *42*,200
Helianthus tuberosus L. 339,427,437
Hemerocallis dumortieri C.Morren var. *esculenta* (Koidz.) Kitam. 110,409
Hemerocallis esculenta Koidz. 110
Hemerocallis lilioasphodelus L. var. *yezoensis* (H.Hara) M.Hotta 110,409
Hemerocallis middendorffii Trautv. et Mey. 110
Hemerocallis yezoensis H.Hara 110,431
Heracleum dulce Fisch. 363
Heracleum lanatum Michx. 363,429
Heracleum sphondylium L. subsp. *montanum* (Schleich. ex Gaudin) Briq. 363
Hesperis matronalis L. 254,421,435
Hieracium ×*brachiatum* Bertol. ex Lam. 344
Hieracium ×*floribundum* Wimm. et Grab. 345
Hieracium aurantiacum L. 344
Hieracium triste Willd. 349
Hieracium umbellatum L. 339,427
Hieracium umbellatum L. var. *japonicum* H.Hara 339
Hierochloë alpina Roem. et Schult. 161,414
Hierochloë glabra Trin. subsp. *sachalinensis* (Printz) Tzvelev 161
Hierochloë kamtschatica (Prob.) Prob. 162
Hierochloë odorata (L.) Beauv. var. *pubescens* Krylov 161,414
Hierochloë pauciflora R.Br. 161,414
Hierochloë sachalinensis (Printz) Worosch. 161
Hippuris lanceolata Retz. 305
Hippuris vulgaris L. *72*,305,425
Holcus lanatus L. 162,414,434
Honckenia oblongifolia Torr. et Gray 268
Honkenya peploides (L.) Ehrh. 268
Honkenya peploides (L.) Ehrh. var. *major* Hook. 268,422
Honkenya peploides Ehrh. subsp. *major* Hultén 268
Hordeum boreale Scrib. et Sm. 162
Hordeum brachyantherum Nevski 162,414
Hordeum jubatum L. 162,414,434
Hosta rectifolia Nakai 112
Hosta sieboldii (Paxton) J.W.Ingram var. *rectifolia* (Nakai) H.Hara 112,410
Humulus cordifolius Miq. 218
Humulus lupulus L. var. *cordifolius* (Miq.) Maxim. ex Franch. et Sav. 218,418
Huperzia arctica (Tolm.) Sipl. 65
Huperzia chinensis (H.Christ) Czer. 66
Huperzia miyoshiana (Makino) Ching 66,406
Huperzia petrovii Sipl. 65
Huperzia selago (L.) Benth. ex Schrank et C.Mart. 65,406
Huperzia serrata (Thunb.) Trevis. 66,406
Hydrangea paniculata Siebold 277,423
Hydrangea paniculata Siebold et Zucc. 277

Hydrangea petiolaris Siebold et Zucc. 277,423,432
Hydrocotyle ramiflora Maxim. 363,429
Hylotelephium erythrostictum (Miq.) H.Ohba 195
Hylotelephium pallescens (Freyn) H.Ohba 195,416
Hylotelephium telephium (L.) H.Ohba 195
Hylotelephium triphyllum (Haw.) Holub 195
Hylotelephium verticillatum (L.) H.Ohba 195,416
Hymenophyllum wrightii Bosch 72,406
Hypericum ascyron L. 237,420
Hypericum erectum Thunb. 238,420
Hypericum gebleri Ledeb. 237
Hypericum kamtschaticum Ledeb. 238,420
Hypericum laxum (Blume) Koidz. 238,420
Hypericum paramushirense Kudô 238
Hypericum perforatum L. 237,420,434
Hypericum yezoense Maxim. 238,420
Hypopitys monotropa Crantz 287,423

[I]
Ilex crenata Thunb. 323,431
Ilex crenata Thunb. subsp. *radicans* Tatew. 323
Ilex crenata Thunb. var. *paludosa* (Nakai) H.Hara 323
Ilex crenata Thunb. var. *radicans* (Nakai) Murai 323,426
Ilex rugosa F.Schmidt *75*,323,426
Ilex sugerokii Maxim. 323,430
Ilex sugerokii Maxim. var. *brevipedunculata* (Maxim.) S.Y.Hu 323,426
Impatiens glandulifera Royle 278,423,436
Impatiens noli-tangere L. 278,423
Impatiens textori Miq. 278,423
Inula britannica L. 340
Inula britannica L. subsp. *japonica* (Thunb.) Kitam. 340,427
Inula japonica Thunb. 340
Inula kitamurana Tatew. 340
Inula salicina L. 340
Inula salicina L. subsp. *asiatica* (Kitam.) Kitag. 340
Inula salicina L. var. *asiatica* Kitam. 340,427
Iris ensata Thunb. 109,430
Iris ensata Thunb. var. *spontanea* (Makino) Nakai ex Makino et Nemoto 109,409
Iris laevigata Fisch. 109,409
Iris pseudacorus L. 109,409,433
Iris sanguinea Hornem. 109,409,430
Iris setosa Pall. ex Link *51*,109,409
Isatis tinctoria L. 254,421
Isatis tinctoria L. var. *yezoensis* Ohwi 254
Isatis yezoensis Ohwi 254
Isoëtes asiatica (Makino) Makino 68,406,431
Ixerdium kurilense Barkalov 341
Ixeridium dentatum (Thunb.) Tzvelev 340
Ixeridium dentatum (Thunb.) Tzvelev subsp. *nipponicum* (Nakai) J.H.Pak et Kawano var. *albiflorum* (Makino) Tzvelev 340,427
Ixeridium dentatum (Thunb.) Tzvelev subsp. *ozense* (Sugim.) Yonek. 341,427
Ixeridium kurilense Barkalov *43*,*430*
Ixeris dentata (Thunb.) Nakai subsp. *nipponica* (Nakai) Kitam. var. *albiflora* (Makino) Nakai 340
Ixeris dentata (Thunb.) Nakai var. *ozensis* Sugim. 341
Ixeris repens (L.) A.Gray 341,427

[J]
Juglans ailanthifolia Carrière 221,431
Juglans mandshurica Maxim. var. *sachalinensis* (Miyabe et Kudô) Kitam. 221,418
Juncus ambiguus Guss. 116
Juncus articulatus L. 117,410
Juncus articulatus L. subsp. *tatewakii* (Satake) Worosch. 117
Juncus balticus Willd. subsp. *sitchensis* Hultén 116
Juncus beringensis Buchenau 115,410
Juncus biglumis L. 119,410
Juncus bufonius L. 116,410,433
Juncus castaneus Sm. 119,410
Juncus castaneus Sm. subsp. *leucochlamys* (Zing. ex V. I.Krecz.) Hultén 119
Juncus covillei Piper var. *covillei* 119,410
Juncus decipiens (Buchenau) Nakai 115,410
Juncus effusus L. var. *decipiens* Buchenau 115
Juncus ensifolius Wikstr. 118,410
Juncus fauriei H.Lév. et Vaniot 116,410
Juncus fauriensis Buchenau 118,410
Juncus fauriensis Buchenau var. *kamschatcensis* Buchenau 118
Juncus filiformis L. 116,410
Juncus gracillimus (Buchenau) V.I.Krecz. et Gontsch. 116,410
Juncus haenkei E.Mey. *52*,116,410
Juncus kamschatcensis (Buchenau) Kudô 118,410
Juncus krameri Franch. et Sav. 117,410
Juncus leschenaultii J.Gay ex Laharpe 118
Juncus leschenaultii J.Gay ex Laharpe var. *termalis* Tatew. 118
Juncus mertensianus Bong. 120,410
Juncus nodulosus Wahlenb. 118,410,433
Juncus papillosus Franch. et Sav. 117,410
Juncus prismatocarpus R.Br. subsp. *leschenaultii* (J.Gay ex Laharpe) Kirschner 118,410
Juncus prominens (Buchenau) Miyabe et Kudô 119
Juncus stygius L. 119,410
Juncus tatewakii Satake *31*,117
Juncus tenuis Willd. 117,410,433
Juncus tokubuchii Miyabe et Kudô 118
Juncus triceps Rostk. 119
Juncus triglumis L. 119,410
Juncus wallichianus Laharpe 117,410
Juncus yokoscensis (Franch. et Sav.) Satake 116
Juniperus chinensis L. var. *sargentii* A.Henry *49*,83,407
Juniperus communis L. subsp. *nana* (Willd.) Syme var. *nana* 83
Juniperus communis L. var. *montana* Aiton *49*,83,407

Juniperus communis L. var. *saxatilis* Pall. 83
Juniperus sargentii (A.Henry) Takeda ex Koidz. 83, 432
Juniperus sibirica Burgsd. 83

[K]
Kalopanax pictus (Thunb.) Nakai 359
Kalopanax septemlobus (Thunb.) Koidz. 359, 429, 431
Kitagawia terebinthacea (Fisch. ex Trevir.) Pimenov 364
Kobresia myosuroides (Vill.) Fiori 146, 413
Koenigia islandica L. 68, 259, 421
Kreczetoviczia caespitosa (L.) Tzvelev 147

[L]
Lacosteopsis orientalis (C.Chr.) Nakaike 72, 430
Lactuca dentata (Thunb.) Makino 340
Lactuca elata Hemsl. 345
Lactuca indica L. 345
Lactuca raddeana auct. non Maxim. 345
Lactuca raddeana Maxim. var. *elata* (Hemsl.) Kitam. 345
Lactuca repens (L.) Maxim. 341
Lactuca sibirica (L.) Benth. ex Maxim. 341, 427
Lagedium sibiricum (L.) Soják 341
Lagotis glauca Gaertn. 73, 305, 425
Lamium album L. var. *barbatum* (Siebold et Zucc.) Franch. et Sav. 312, 425
Lamium amplexicaule L. 312, 425, 436
Lamium barbatum Siebold et Zucc. 312
Laportea bulbifera (Siebold et Zucc.) Wedd. 219, 418
Larix cajanderi Mayr 81
Larix gmelinii Rupr. ex Gordon *49*, 81, 407
Larix gmelinii Rupr ex Gordon var. *japonica* (Maxim. ex Regel) Pilg. 81
Larix kaempferi (Lamb.) Carrière 82, 407, 433
Larix kamtschatica (Rupr.) Carrière 81
Larix leptolepis (Siebold. et Zucc.) Gordon 82
Lathyrus humilis (Ser.) Spreng. 200, 417
Lathyrus japonicus Willd. 200, 417
Lathyrus maritimus Bigel 200
Lathyrus palustris L. subsp. *pilosus* (Cham.) Hultén 200
Lathyrus palustris L. var. *pilosus* (Cham.) Ledeb. 200, 417
Lathyrus pilosus Cham. 200
Lathyrus pratensis L. 200, 417, 434
Ledum decumbens (Aiton) Lodd. ex Steud. 292
Ledum hypoleucum Kom. 291
Ledum macrophyllum Tolm. 291
Ledum maximum (Nakai) A.Khokhr. et Mazurenko 291
Ledum palustre L. 291
Ledum palustre L. subsp. *decumbens* (Aiton) Hultén 292
Ledum palustre L. subsp. *diversipilosum* (Nakai) H.Hara 291
Ledum palustre L. subsp. *palustre* var. *decumbens* Aiton 292
Ledum palustriforme A.Khokhr. et Mazurenko 291
Ledum subulatum A.Khokhr. et Mazurenko 291
Leibnitzia anandria (L.) Turcz. 341, 427
Lemna japonica auct. non Landolt 88
Lemna trisulca L. 88, 408
Lemna turionifera Landolt 88, 408
Leontodon autumnalis L. *77*, 342, 427, 437
Leontopodium kurilense Takeda *77*, 342, 380, 427, 430
Lepidotheca suaveolens (Pursh) Nutt. 343
Lepisorus thunberigianus (Kaulf.) Ching 80
Lepisorus ussuriensis (Regel et Maack) Ching 80
Lepisorus ussuriensis (Regel et Maack) Ching s.l. 80, 407
Lepisorus ussuriensis (Regel et Maack) Ching var. *distans* (Makino) Tagawa 80
Leptorumohra miqueliana (Maxim. ex Franch. et Sav.) H.Itô 78, 430
Lerchenfeldia flexuosa (L.) Schur 157
Lespedeza bicolor Turcz. 200, 417
Leucanthemum kurilense (Tzvelev) Worosch. 334
Leucanthemum vulgare Lam. 342, 427, 437
Leucothoe grayana Maxim. 286
Leymus mollis (Trin. ex Spreng.) Pilger 162, 414
Leymus mollis (Trin. ex Spreng.) Pilger ssp. *villosissimus* (Scribn.) Á.Löve 163
Leymus villosissimus (Scribn.) Tzvelev 163, 414
Libanotis ugoensis (Koidz.) Kitag. var. *kurilensis* (Takeda) T.Yamaz. 366
Ligularia hodgsonii Hook.f. 342, 427
Ligularia sibirica auct. non Cass. 342
Ligusticum ajanense (Regel et Tiling) Koso-Pol. 363, 429
Ligusticum hultenii Fernald 364
Ligusticum scoticum L. 364, 429
Ligustrina japonica (Maxim.) V.Vassil 304, 431
Ligustrina reticulata (Bl.) Nedoluzhko 304
Ligustrum tschonoskii Decne. 304, 425
Ligustrum yezoense Nakai 304
Lilium dauricum Ker Gawl. 99
Lilium debile Kittlitz *50*, 99, 408
Lilium lancifolium Thunb. 99, 409, 432, 433
Lilium maculatum Thunb. subsp. *dauricum* (Baker) H.Hara 99
Lilium medeoloides A.Gray 99
Lilium pensylvanicum Ker Gawl. 99, 408
Limnorchis chorisiana (Cham.) J.P.Anderson 104, 409
Limnorchis convallariifolia (L.) Rydb. *51*, 104, 409
Limosella aquatica L. *73*, 306, 425
Linaria japonica Miq. 306, 425
Linaria vulgaris Mill. 306, 425, 436
Linnaea borealis L. 355, 428
Liparis kumokiri F.Maek. 104, 409, 431
Listera cordata (L.) R.Br. 105
Listera nipponica Makino 106
Listera pinetorum Lindl. 106

Listera savatieri Maxim. ex Kom. 106
Listera yatabei Makino 106
Lloydia serotina (L.) Rchb. 99
Lloydia triflora (Ledeb.) Baker 99
Lobelia sessilifolia Lamb. 325,426
Loiseleuria procumbens (L.) Desv. 287,423
Lolium perenne L. 163,414,434
Lolium temulentum L. 163,414,434
Lonicera alpigena L. subsp. *glehnii* (F.Schmidt) H.Hara 356,428
Lonicera caerulea L. 356
Lonicera caerulea L. subsp. *edulis* (Regel) Hultén 356,428
Lonicera chamissoi Bunge 356,428
Lonicera chrysantha Turcz. ex Ledeb. 356
Lonicera chrysantha Turcz. ex Ledeb. var. *crassipes* Nakai 356,428
Lonicera edulis Turcz. ex Freyn 356
Lonicera glehnii F.Schmidt 356
Lonicera kamtschatica Pojark. 356
Lonicera maximowiczii (Rupr. ex Maxim.) Rupr. ex Maxim. var. *sachalinensis* F.Schmidt 356
Lonicera sachalinensis (F.Schmidt) Nakai 356,428
Lunathyrium pterorachis (H.Christ) Kurata 76
Lunathyrium pycnosorum (H.Christ) Koidz. 76
Lupinus nootkatensis Donn 201,417,434
Lupinus polyphyllus Lindl. 201,417,434
Luzula arcuata (Wahlenb.) Sw. subsp. *unalaschkensis* (Buchenau) Hultén 121,410
Luzula camtschadalorum (Sam.) Gorodk. ex Kryl. 121
Luzula capitata (Miq.) Miq. 121
Luzula capitata (Miq.) Miq. ex Kom. 121,410
Luzula capitata (Miq.) Nakai 121
Luzula frigida Sam. var. *kurilensis* Satake 121
Luzula jimboi Miyabe et Kudô *31*
Luzula jimboi Miyabe et Kudô subsp. *jimboi* 120,410
Luzula kjellmanniana Miyabe et Kudô *52*,121,410
Luzula kobayasii Satake 122,410
Luzula multiflora (Ehrh. ex Retz.) Lej. 121,410
Luzula multiflora (Ehrh. ex Retz.) Lej. var. *kjellmanniana* (Miyabe et Kudô) Sam. 121
Luzula oligantha Sam. 122,410
Luzula pallescens (Wahlb.) Besser 122
Luzula pallidula Kirschner 122,410
Luzula parviflora (Ehrh.) Desv. *52*,120,410
Luzula piperi (Coville) M.E.Jones *52*,120,410
Luzula plumosa auct. non E.Mey. 120
Luzula rufescens Fisch. et E.Mey. var. *macrocarpa* Buchenau 120
Luzula tundricola Grodk. ex V.Vassil. 121,410
Luzula unalaschkensis (Buchenau) Satake 121
Luzula wahlenbergii Rupr. 120
Lycopodium alpinum L. 65
Lycopodium annotinum L. 66,406
Lycopodium annotinum L. subsp. *pungens* (Desv.) Hultén 66
Lycopodium chinense H.Christ 66
Lycopodium clavatum L. 66,406
Lycopodium complanatum L. 65
Lycopodium dendroideum Michx. 67
Lycopodium dubium Zoëga 66
Lycopodium juniperoideum Sw. 67
Lycopodium nikoense Franch. et Sav. 65
Lycopodium obscurum L. 67,406
Lycopodium selago L. 65
Lycopodium serratum Thunb. 66
Lycopodium sitchense Rupr. 65
Lycopodium sitchense Rupr. var. *nikoense* (Franch. et Sav.) Takeda 65
Lycopus cavaleriei H.Lév. 313,425
Lycopus kurilensis Prob. *43*,313,380
Lycopus lucidus Turcz. ex Benth. 313,425
Lycopus ramossimus (Makino) Makino 313
Lycopus uniflorus Michx. 313,425
Lysichiton camtschatcensis (L.) Schott 88,408
Lysimachia davurica Ledeb. 281
Lysimachia europaea (L.) U.Manns et Anderb. 280,423
Lysimachia maritima (L.) Galasso, Banfi et Soldano 280,423
Lysimachia thyrsiflora L. 281,423
Lysimachia vulgaris L. subsp. *davurica* (Ledeb.) Tatew. 281,423
Lysimachia vulgaris L. var. *davurica* (Ledeb.) R.Kunth 281
Lythrum salicaria L. *65*,240,420

[M]

Maackia amurensis Rupr. et Maxim. 201,417
Maackia amurensis Rupr. et Maxim. subsp. *buergeri* (Maxim.) Kitam. 201
Macrodiervilla middendorffiana (Carrière) Nakai 357,428
Magnolia hypoleuca Siebold et Zucc. *49*,86,407,430
Magnolia obovata Thunb. 86
Maianthemum dahuricum (Turcz. ex Fisch. et C.A.Mey.) LaFrankie 112
Maianthemum dilatatum (A.W.Wood) A.Nelson et J. F.Macbr. 112,410
Maianthemum kamtschaticum (Cham.) Nakai 112
Malaxis monophyllos (L.) Sw. 105,409
Malaxis paludosa (L.) Sw. 105,409
Malus baccata (L.) Borkh. var. *mandshurica* (Maxim.) C.K.Schneid. 210,417
Malus mandshurica (Maxim.) Kom. 210
Malus sachalinensis (Kom.) Juz. 210
Malus sieboldii (Regel) Rehder 210
Malus toringo (Siebold) Siebold ex de Vriese 210,417,434
Malus toringo Siebold ex de Vriese var. *incisa* Franch. et Sav. 210
Malva moschata L. 247,420,435
Matricaria discoidea DC. 343
Matricaria inodora L. 354

Matricaria matricarioides (Less.) Ced.Porter ex Britton 343,427,437
Matricaria tetragonosperma (F.Schmidt) H.Hara et Kitam. 354
Matteuccia orientalis (Hook.) Trevis. 78,431
Matteuccia struthiopteris (L.) Tod. 77,407
Mecodium wrightii (Bosch) Copel. 72,431
Melandrium album (Mill.) Garcke 271
Melandrium apetalum (L.) Fenzl 271
Melandrium noctiflorum (L.) Fries 271
Melica nutans L. 163,414
Melilotus officinalis (L.) Pall. 201
Melilotus officinalis (L.) Pall. subsp. *suaveolens* (Ledeb.) H.Ohashi 201,417,434
Melilotus suaveolens Ledeb. 201
Mentha ×gentilis L. 313,425,436
Mentha arvensis L. subsp. *piperascens* (Malinv.) H.Hara 313,425
Mentha arvensis L. var. *piperascens* Malinv. 313
Mentha canadensis L. 313
Menyanthes trifoliata L. 325,426
Menziesia pentandra Maxim. 288,423
Mertensia asiatica Macbr. 301
Mertensia maritima (L.) Gray 301
Mertensia maritima (L.) Gray subsp. *asiatica* Takeda 301,424
Mertensia pterocarpa (Turcz.) Tatew. et Ohwi 301,424
Mertensia pubescens (Roem. et Schult.) DC. 302,424
Mertensia simplicissima (Ledeb.) G.Don 301
Metanarthecium luteoviride Maxim. 94,431
Metaplexis japonica (Thunb.) Makino 300,424
Micranthes nelsoniana (D.Don) Small var. *porsildiana* (Calder et Savile) Gornall et H.Ohba 194
Micranthes nelsoniana (D.Don) Small var. *reniformis* (Ohwi) S.Akiyama et H.Ohba 194
Micranthes sachalinensis (F.Schmidt) S.Akiyama et H.Ohba 195
Micromeles alnifolia (Siebold et Zucc.) Koehne 206,430
Microstylis monophyllos (L.) Lindl. 105
Milium effusum L. 164,414
Mimulus inflatus (Miq.) Nakai 316,431
Mimulus nepalensis Benth. 316,425
Mimulus nepalensis Benth. var. *japonicus* Miq. 316
Mimulus sessilifolius Maxim. 316,425
Minuartia arctica (Steven ex Ser.) Ashers et Graebn. 268,422
Minuartia barkalovii N.S.Pavlova *43*,268
Minuartia kurilensis Ikonn. et Barkalov *43*,269,380
Minuartia macrocarpa (Pursh) Ostenf. subsp. *kurilensis* (Ikonn. et Barkalov) N.S.Pavlova 269,422
Miscanthus sinensis Andersson 164,414
Mitchella undulata Siebold et Zucc. 297,424,430
Moehringia lateriflora (L.) Fenzl 269,422
Molinia japonica Hack. 164
Moliniopsis japonica (Hack.) Hayata 164,414
Moneses uniflora (L.) A.Gray 288,423
Monotropa hypopithys L. var. *japonica* Franch. et Sav. 287
Monotropa hypopitys L. 287
Monotropastrum globosum H.Andres ex H.Hara 288
Monotropastrum humile (D.Don) H.Hara 288,423
Montia fontana L. 276,423
Morus australis Poir. *62*,219,418
Morus bombycis Koidz. 219,431
Mosla dianthera (Buch.-Ham. ex Roxb.) Maxim. 314,425
Muhlenbergia curviaristata (Ohwi) Ohwi 164
Muhlenbergia curviaristata (Ohwi) Ohwi var. *nipponica* Ohwi 164,414
Mulgedium sibiricum (L.) Cass. ex Less. 341
Myosotis caespitosa Schultz 302,424
Myosotis laxa Lehm. subsp. *caespitosa* (Schultz) Hyl. ex Nordh. 302
Myosotis sachalinensis M.Pop 302
Myosotis sylvatica Ehrh. ex Hoffm. 302,424
Myrica gale L. var. *tomentosa* C.DC. *63*,221,418
Myrica tomentosa (C.DC.) Aschers et Graebn. 221
Myriophyllum sibiricum Kom. 197,416
Myriophyllum spicatum L. 197,416
Myrmechis japonica (Rchb.f.) Rolfe 105,409,430

[N]

Narcissus poeticus L. 111,409,433
Narcissus pseudonarcissus L. 111,409,433
Naumburgia thyrsiflora (L.) Rchb. 281
Neolindleya camtschatica (Cham.) Nevski 105,409
Neomolinia japonica (Franch. et Sav.) Honda 164,414
Neottia acuminata Schltr. 106,409
Neottia asiatica Ohwi 106
Neottia cordata (L.) Rich. 105,409
Neottia nidus-avis (L.) Rich. 106,409
Neottia nidus-avis (L.) Rich. var. *mandshurica* Kom. 106
Neottia nipponica (Makino) Szlach. 106,409
Neottia papilligera Schltr. 106
Neottia puberula (Maxim.) Szlach. 106,409
Neottianthe cucullata (L.) Schltr. 106,409,432
Nepeta cataria L. 314,425,436
Nepeta subsessilis Maxim. 314,425
Nepeta yezoensis Franch. et Sav. 314,430
Nephrophyllidium crista-galli (Menzies ex Hook.) Gilg subsp. *japonicum* (Franch.) Yonek. et H.Ohashi 326,426
Nesodraba grandis (Langsd.) Greene 253
Nuphar pumila (Timm) DC. 85,407,432
Nymphaea tetragona Georgi 85,407,432

[O]

Oberna behen (L.) Ikonn. 271
Odontites vulgaris Moench 318,426,436
Oenanthe javanica (Blume) DC. 364,429
Oenothera biennis L. 244,420,435
Oenothera erythrosepala Borbas 244

Oenothera glazioviana Micheli 244,420,435
Oenothera lamarckiana Ser. 244
Oenothera muricata L. 244
Oenothera salicifolia Desf ex G.Don 245
Oenothera villosa Thunb. 245,420,435
Omalotheca sylvatica (L.) Sch.Bip. et F.W.Schultz 339
Onoclea orientalis (Hook.) Hook. 78
Onoclea sensibilis L. 78
Onoclea sensibilis L. var. *interrupta* Maxim. 78,407
Ophelia tetrapetala (Pall.) Grossh. 299
Ophioglossum alascanum E.Britt. 69,430
Ophioglossum thermale Kom. 69,406
Ophioglossum vulgatum L. 69,406
Ophioglossum vulgatum L. var. *alascanum* (E.Britt.) C. Chr. 69
Orchis aristata Fisch. ex Lindl. 102
Oreopteris quelpaertensis (H.Christ) Holub 74
Oreorchis patens (Lindl.) Lindl. 107,409
Orobanche coerulescens Stephan ex Willd. *46*,318,426
Orostachys aggregata (Makino) H.Hara 195
Orostachys malacophylla (Pall.) Fisch. var. *aggregata* (Makino) H.Ohba 195,416
Orostachys malacophyllus (Pall.) Fisch. 195
Orthilia secunda (L.) House *71*,288,423
Osmorhiza aristata (Thunb.) Rydb. 364,429
Osmunda cinnamomea L. 71
Osmunda japonica Thunb. 71,406,430
Osmundastrum asiaticum (Fern.) Tagawa 71
Osmundastrum cinnamomeum (L.) C.Presl var. *fokiense* (Copel.) Tagawa 71,406
Oxalis acetosella L. 225,419
Oxalis corniculata L. 226,419,434
Oxalis dillenii Jacq. 226,419,434
Oxycoccus microcarpus Turcz. ex Rupr. 294
Oxycoccus palustris Pers. 294
Oxyria digyna (L.) Hill *68*,259,421
Oxytropis exserta Jurtz. 202,417
Oxytropis hidakamontana Miyabe et Tatew. 203
Oxytropis itoana Tatew. *32*,*60*,202,380,417,431
Oxytropis kamtschatica auct. non Hultén 202
Oxytropis kudoana Miyabe et Tatew. 202
Oxytropis kunashiriensis Kitam. *39*,202,380,417
Oxytropis nigrescens auct. non Fisch. 202
Oxytropis pumilio (Pall.) Ledeb. *60*,202,417
Oxytropis retusa Matsum. *32*,*61*,203,380,417
Oxytropis revoluta Ledeb. *61*,202,417

[P]

Padus maximowiczii (Rupr.) Sokolov 207
Padus ssiori (F.Schmidt) C.K.Schneid. 210,417,432
Paeonia obovata Maxim. 189,416,432
Paeonia obovata Maxim. f. *oreogeton* (S.Moore) Kitag. 189
Paeonia oreogeton S.Moore 189,431
Panicum bisulcatum Thunb. 164,414
Papaver alboroseum Hultén *56*,178,415
Papaver microcarpum DC. *46*,178,415
Papaver miyabeanum Tatew. *32*,*57*,178,380,415
Papaver sonniferum L. 178,415,434
Parageum calthifolium (Menzies) Nakai et H.Hara 210
Parasenecio auriculatus (DC.) H.Koyama var. *kamtschaticus* (Maxim.) H.Koyama 343
Parasenecio hastatus (L.) H.Koyama subsp. *orientalis* (Kitam.) H.Koyama 343,427
Parasenecio kamtschaticus (Maxim.) Kadota 343,427
Parathelypteris nipponica (Franch. et Sav.) Ching 74
Paris setchuensis (Franch.) Barkalov 95
Paris verticillata M.Bieb. 95,408
Parnassia palustris L. 225,419
Parrya macrocarpa R.Br. 254
Parrya nudicaulis (L.) Boiss. 254
Parrya nudicaulis (L.) Regel *67*,254,421
Patrinia gibbosa Maxim. 357,429
Patrinia scabiosifolia Fisch. ex Trevir. 357,428
Patrinia sibirica (L.) Juss. 357,429
Pedicularis adunca M.Bieb. ex Stev. *74*,319,426
Pedicularis albolabiata (Hultén) Kozhevn. 318
Pedicularis apodochila Maxim. 318,426
Pedicularis apodochila Maxim. var. *austrokurilensis* Tatew. et Yoshim. 318
Pedicularis capitata Adams *75*,320,426
Pedicularis chamissonis Steven 320,426
Pedicularis interioroides (Hultén) Khokhr. 318
Pedicularis labradorica Wirsing *75*,319,426
Pedicularis lanata Willd. ex Cham. et Schltdl. 319
Pedicularis lanata Willd. ex Cham. et Schltdl. subsp. *pallasii* (Vved.) Hultén *74*,319,426
Pedicularis lapponica L. 319,426
Pedicularis oederi Vahl 320,426
Pedicularis pallasii Vved. 319
Pedicularis resupinata L. 319,426
Pedicularis rubinskii Kom. 319
Pedicularis schistostegia Vved. 320,426
Pedicularis sudetica Willd. 318,426
Pedicularis sudetica Willd. subsp. *albolabiata* Hultén 318
Pedicularis sudetica Willd. subsp. *interioroides* Hultén 318
Pedicularis venusta (Bunge) Bunge 320
Pedicularis venusta Schang. var. *schmidtii* T.Ito 320
Pedicularis versicolor Wahlenb. 320
Pedicularis verticillata L. 320,426
Pennellianthus frutescens (Lamb.) Crosswh. 306,425
Penstemon frutescens Lamb. 306
Pentaphylloides fruticosa (L.) O.Schwarz 208
Pentarhizidium orientale (Hook.) Hayata 78,407
Pentastemon frutescens Lamb. 306
Peracarpa carnosa (Wall.) Hook.f. et Thomson 325,426
Peracarpa carnosa (Wall.) Hook.f. et Thomson var. *circaeoides* (F.Schmidt ex Miq.) Makino 325
Peracarpa circaeoides (F.Schmidt) Feer 325
Persicaria amphibia (L.) Delarbre 260,421
Persicaria extremiorientalis (Worosch.) Tzvelev 261

Persicaria filiformis (Thunb.) Nakai ex W.T.Lee 260,421
Persicaria hastatotriloba Okuyama 259
Persicaria hydropiper (L.) Delarbre 260,421
Persicaria lapathifolia (L.) Delarbre var. *incana* (Roth) H.Hara 261,421,435
Persicaria lapathifolia (L.) Delarbre var. *lapathifolia* 260,421
Persicaria lapathifolia (L.) Gray 260
Persicaria longiseta (Bruijn) Kitag. 260,421
Persicaria maculata (Rafin.) Á et D.Löve 261
Persicaria maculosa Gray subsp. *hirticaulis* (Danser) S.Ekman et T.Knutsson var. *pubescens* (Makino) Yonek. 261,421
Persicaria maculosa Gray subsp. *maculosa* 261,421,435
Persicaria nepalensis (Meisn.) H.Gross 261,421,435
Persicaria posumbu (Buch.-Ham. ex D.Don) H.Gross 260,421
Persicaria sagittata (L.) H.Gross 259,421
Persicaria scabra (Moench) Mold. 261
Persicaria tenuiflora (C.Presl) H.Hara 261
Persicaria thunbergii (Siebold et Zucc.) H.Gross 259,421
Persicaria vulgaris Webb et Moq. 261
Persicaria yokusaiana (Makino) Nakai 260
Petasites amplus Kitam. 344
Petasites japonicus (Siebold et Zucc.) Maxim. 344
Petasites japonicus (Siebold et Zucc.) Maxm. subsp. *giganteus* (G.Nicholson) Kitam. 344,427
Peucedanum deltoideum Makino ex K.Yabe 364
Peucedanum terebinthaceum (Fisch.) Fisch. ex Turcz. 364,429
Phacellanthus tubiflorus Siebold et Zucc. 321,426,431
Phalacroloma annuum (L.) Domort. 338
Phalacroloma septentrionale (Fern. et Wieg.) Tzvelev 338
Phalacroloma strigosum (Muhl. ex Willd.) Tzvelev 338
Phalaris arundinacea L. 165,414
Phalaroides arundinacea (L.) Rausch. 165
Phedimus aizoon (L.) 't Hart var. *aizoon* 195,416
Phedimus kamtschaticus (Fisch. et C.A.Mey.) 't Hart 196,416
Phegopteris connectilis (Michx.) Watt. 74
Phellodendron amurense Rupr. *66*,246,420
Phellodendron amurense Rupr. var. *sachalinense* F. Schmidt 246
Phellodendron sachalinense (F.Schmidt) Sarg. 246,432
Phleum alpinum L. *55*,165,414
Phleum pratense L. 165,414,434
Phlox paniculata L. 278,423,436
Phragmites altissimus (Benth.) Nabille 165
Phragmites australis (Cav.) Trin. ex Steud. 165,414
Phragmites communis Trin. 165
Phragmites japonicus Steud. 165,414
Phryma asiatica (H.Hara) O. et I.Deg. 316
Phryma leptostachya L. subsp. *asiatica* (H.Hara) Kitam. 316,426
Phryma leptostachya L. var. *oblongifolia* (Koidz.) Honda 316
Phyllitis japonica Kom. 74,431
Phyllodoce aleutica (Spreng.) A.Heller 289,423
Phyllodoce caerulea (L.) Bab. 289,423
Phyllospadix iwatensis Makino *50*,91,408
Picea ajanensis (Lindl. et Gord.) Fisch. ex Carrière 82
Picea glehnii (F.Schmidt) Mast. 82,407,431
Picea jezoensis (Siebold et Zucc.) Carrière 82,407
Picris hieracioides L. subsp. *japonica* (Thunb.) Krylov 344,428
Picris hieracioides L. subsp. *kamtschatica* (Ledeb.) Hultén *77*,344,428
Picris japonica Thunb. 344
Picris kamtschatica Ledeb. 344
Pilea hamaoi Makino 219,418
Pilea mongolica Wedd. 220
Pilea pumila (L.) A.Gray 220,418
Pilosella aurantiaca (L.) F.Schultz et Sch.Bip. 344,428,437
Pilosella brachiata (Bertol. ex Lam.) F.Schultz et Sch.Bip. 344,428,437
Pilosella floribunda (Wimm. et Grab.) Fries 345,428,437
Pinguicula macroceras Pall. ex Link 321,426
Pinguicula villosa L. 322,426
Pinguicula vulgaris L. var. *macroceras* (Pall. ex Link) Herder 321
Pinus parviflora Siebold et Zucc. 83
Pinus pumila (Pall.) Regel 83,407
Plagiobothrys orientalis (L.) Johnston 300
Plagiogyria matsumureana Makino 72,406,430
Plantago asiatica L. 307,425
Plantago camtschatica Cham. ex Link 307,425
Plantago cornuti Gouan 307
Plantago japonica Franch. et Sav. 307,425
Plantago lanceolata L. 307,425,436
Plantago major L. 307,425,436
Plantago major L. var. *asiatica* (L.) Decne. 307
Plantago major L. var. *japonica* (Franch. et Sav.) Miyabe 307
Plantago major L. var. *major* 307
Plantago media L. 308,425,436
Plantago togashii Miyabe et Tatew. 307
Platanthera camtschatica (Cham. et Schlecht.) Makino 105,432
Platanthera chorisiana (Cham.) Rchb.f. 104,432
Platanthera convallariifolia Fisch. ex Lindl. 104
Platanthera ditmatriana Kom. 104
Platanthera extremiorientalis Nevski 107
Platanthera fuscescens (L.) Kraenzl. 107,409
Platanthera hologlottis Maxim. 107,409
Platanthera hyperborea auct. non (L.) Lindl. 104
Platanthera makinoi Y.Yabe 104

Platanthera mandarinorum Rchb.f. subsp. *maximowicziana* (Schltr.) K.Inoue　107,409
Platanthera mandarinorum Rchb.f. var. *maximowicziana* (Schltr.) Ohwi　107
Platanthera maximowicziana Schltr.　107,431
Platanthera metabifolia F.Maek.　107,409
Platanthera ophrydioides F.Schmidt　108,431
Platanthera ophrydioides F.Schmidt var. *ophrydioides* 108,409
Platanthera sachalinensis F.Schmidt　107,409
Platanthera tipuloides (L.f.) Lindl.　108,409
Pleopeltis ussuriensis Regel et Maack　80,431
Pleuropteropyrum ajanense (Regel et Tiling) Nakai 257
Pleuropteropyrum ajanense (Regel et Tiling) Nakai var. *divaricatum* (F.Schmidt) Miyabe　257
Pleuropteropyrum weyrichii (F.Schmidt) H.Gross var. *alpinum* (Maxim.) H.Gross　257
Pleuropteropyrum weyrichii (F.Schmidt) H.Gross var. *weyrichii*　257
Pleurospermum austriacum Hoffm. subsp. *uralense* (Hoffm.) Sommier　365
Pleurospermum camtschaticum Hoffm.　365
Pleurospermum uralense Hoffm.　365,429
Poa acroleuca auct. non Steud.　170
Poa alpigena (Blytt) Lindm.　168
Poa angustifolia L.　168
Poa annua L.　169,414,434
Poa arctica R.Br.　166,414
Poa compressa L.　170,414,434
Poa eminens J.Presl　*56*,170,414
Poa hisauchii Honda　169,414
Poa ketoiensis Tatew. et Ohwi　*32*,168,380,414
Poa kronokensis Prob.　169,414
Poa leptocoma Trin. subsp. *paucispicula* (Scribn. et Merr.) Tzvelev　169
Poa macrocalyx Trautv. et C.A.Mey. complex　167,414
Poa malacantha Kom.　*55*,166,414
Poa nemoralis L.　170,414
Poa neosachlainensis Prob.　167,414
Poa nivicola auct. non Kom.　169
Poa palustris L.　170,414
Poa paucispicula Scribn.　169,414
Poa platyantha Kom.　166,414
Poa pratensis L. complex　168,414,434
Poa pratensis L. s.str.　168
Poa pratensis L. subsp. *alpigena* (Blytt) Hiitonen　168
Poa pratensis L. subsp. *angustifolia* (L.) Lej.　168
Poa radula Franch. et Sav.　169,414,432
Poa shumushuensis Ohwi　*39*,168,414,432
Poa sublanata Reverd.　167,414
Poa tatewakiana Ohwi　167
Poa trivialiformis Kom.　167
Poa trivialis L.　170,414,434
Poa turneri Scribn.　167,414
Pogonia japonica Rchb.f.　108,409,432
Polemonium acutiflorum Willd. ex Roem. et Schult. 279
Polemonium boreale Adams　*70*,279,423
Polemonium caeruleum L. subsp. *campanulatum* Th.Fr. *70*,279,423
Polemonium caeruleum L. subsp. *campanulatum* Th.Fr. var. *paludosum* (Koji Ito) T.Yamaz.　279
Polemonium caeruleum L. subsp. *laxiflorum* (Regel) Koji Ito var. *paludosum* (Koji Ito) T.Yamaz.　279,423
Polemonium campanulatum (Th.Fr.) Lindb.f.　279
Polemonium hultenii H.Hara　279
Polemonium schizanthum Klok.　279
Polygonatum humile Fisch. ex Maxim.　112,410
Polygonatum maximowiczii F.Schmidt　113
Polygonatum odoratum (Mill.) Druce var. *maximowiczii* (F.Schmidt) Koidz.　113,410
Polygonum ajanense (Regel et Tiling) Grig.　257
Polygonum amphibium L.　260
Polygonum arenastrum Boreau ex Jordan　262
Polygonum aviculare L.　262
Polygonum aviculare L. subsp. *aviculare*　262,421,435
Polygonum aviculare L. subsp. *depressum* (Meisn.) Arcang.　262,421,435
Polygonum aviculare L. subsp. *neglectum* (Besser) Arcang.　262,421,435
Polygonum boreale (Lange) Small　262,422,435
Polygonum caducifolium Worosch.　262
Polygonum calcatum Lindm.　262
Polygonum convolvuls L.　258
Polygonum dumetorum L.　258
Polygonum filiforme Thunb.　260
Polygonum hydropiper L.　260
Polygonum lapathifolium L.　261
Polygonum liaotungense Kitag.　263
Polygonum longisetum Bruijn　260
Polygonum neglectum Besser　262
Polygonum nepalense Meisn.　261
Polygonum persicaria L.　261
Polygonum polyneuron Franch. et Sav.　262,421
Polygonum rigidum Skvortsov　263
Polygonum sachalinense F.Schmidt　258
Polygonum sachalinensis F.Schmidt　258
Polygonum tatewakianum Ko Ito var. *notoroense* Ko Ito 262
Polygonum thunbergii Siebold et Zucc.　259
Polygonum tomentosum Schrank　261
Polygonum viviparum L.　258
Polygonum weyrichii F.Schmidt var. *alpinum* Maxim. 257
Polygonum yokusaianum Makino　260
Polypodium fauriei H.Christ　80,407,431
Polypodium kamelinii Schmakov　81
Polypodium sibiricum Sipliv.　81,407
Polypodium virginianum auct. non L.　81
Polypodium vulgare L.　*48*,81,407
Polystichum braunii (Spenn.) Fée　79,407
Polystichum lonchitis (L.) Roth ex Roem.　79,407,432

Polystichum microchlamys (H.Christ) Matsum. 80,407
Polystichum tripteron (Kunze) C.Presl 80,407
Populus davidiana Dode 227
Populus jesoensis Nakai 227
Populus maximowiczii A.Henry 226
Populus sieboldii Miq. 227
Populus suaveolens Fisch. 226,419
Populus tremula L. 227
Populus tremula L. var. *davidiana* (Dode) C.K.Schneid. 227,419
Populus tremula L. var. *sieboldii* (Miq.) H.Ohashi 227,419
Potamogeton alpinus Balb. 93,408
Potamogeton alpinus Balb. subsp. *tenuifolius* (Raf.) Hultén 93
Potamogeton berchtoldii Fieber 93,408
Potamogeton compressus L. 94,408
Potamogeton distinctus A.Benn. 92,408
Potamogeton fryeri A.Benn. *50*,92,408
Potamogeton gramineus L. 93,408
Potamogeton heterophyllus Schreber 93
Potamogeton maackianus A.Benn. 93,408
Potamogeton manchuriensis (A.Benn.) A.Benn. 94
Potamogeton natans L. 92,408
Potamogeton pectinatus L. 94,408
Potamogeton perfoliatus L. 93,408
Potamogeton praelongus Wulfen 93,408
Potamogeton pusillus L. 93
Potamogeton richardsonii (A.Benn.) Rydb. 94
Potamogeton tenuifolius Raf. 93
Potentilla ancistrifolia Bunge var. *dickinsii* (Franch. et Sav.) Koidz. 211,417
Potentilla anserina L. 211
Potentilla anserina L. subsp. *egedii* (Wormsk.) Hiitonen 211
Potentilla anserina L. subsp. *pacifica* (Howell) Rousi 211,417
Potentilla cryptotaeniae Maxim. 211,417
Potentilla dickinsii Franch. et Sav. 211,431
Potentilla egedii Wormsk. 211
Potentilla egedii Wormsk. var. *grandis* (Torr. et Gray) H.Hara 211
Potentilla fragarioides L. 211
Potentilla fragarioides L. var. *major* Maxim. 211,418
Potentilla fragiformis Willd. ex D.F.K.Schltdl. 212
Potentilla fragiformis Willd. ex D.F.K.Schltdl. subsp. *megalantha* (Takeda) Hultén 212,418
Potentilla fruticosa L. 208
Potentilla intermedia L. 212,418,434
Potentilla matsumurae Th.Wolf 211,418
Potentilla megalantha Takeda 212
Potentilla miyabei Makino 216
Potentilla nivea L. 212,418
Potentilla nivea L. var. *camtschatica* Cham. et Schltdl. 212
Potentilla norvegica L. 212,418,434
Potentilla pacifica Howell 211
Potentilla palustris (L.) Scop. 207
Potentilla sprengeliana Lehm. 211
Potentilla stolonifera Lehm. ex Ledeb. 211,418
Potentilla uniflora Ledeb. 212
Potentilla vulcanicola Juz. 212,418
Primula cuneifolia Ledeb. 281,423
Primula exima Greene 282
Primula farinosa auct. non L. 282
Primula farinosa L. subsp. *modesta* (Bisset et S.Moore) Pax var. *fauriei* (Franch.) Miyabe 281
Primula farinosa L. subsp. *modesta* (Bisset et S.Moore) Pax var. *matsumurae* (Petitm.) T.Yamaz. 282
Primula fauriei Franch. 281
Primula japonica A.Gray *46*,281,423
Primula modesta Bisset et S.Moore var. *fauriei* (Franch.) Takeda 281,423
Primula modesta Bisset et S.Moore var. *matsumurae* (Petitm.) Takeda 282,423
Primula nutans Georgi *71*,282,423
Primula sibirica Jacq. 282
Primula tschuktschorum Kjellm. *71*,282,423
Prunella asiatica Nakai 314
Prunella japonica Makino 314
Prunella vulgaris L. 314
Prunella vulgaris L. subsp. *asiatica* (Nakai) H.Hara 314,425
Prunus ceraseidos Maxim. var. *kurilensis* Miyabe *33*,207
Prunus maximowiczii Rupr. 207
Prunus nipponica Matsum. var. *kurilensis* Wils. 207
Prunus sargentii Rehder 207
Prunus ssiori F.Schmidt 210
Pseudolysimachion schmidtianum (Regel) T.Yamaz. 308
Psilotum nudum (L.) P.Beauv. 69,406
Ptarmica alpina (L.) DC. 326
Ptarmica camtschatica (Rupr. ex Heimerl) Kom. 326
Ptarmica japonica (Heimerl) Worosch. 326
Ptarmica macrocephala (Rupr.) Kom. 326
Ptarmica speciosa DC. 327
Pteridium aquilinum (L.) Kuhn 72
Pteridium aquilinum (L.) Kuhn subsp. *japonicum* (Nakai) Á. et D.Löve 72,406
Pteridium aquilinum (L.) Kuhn var. *latiusculum* (Desv.) Underw. ex Hell. 72
Pteridium latiusculum (Desv.) Hieron. ex Fries 72
Pterocypsela elata (Hemsl.) C.Shih 345,428
Pterocypsela indica L. 345,428,437
Pterocypsela raddeana (Maxim.) C.Shih 345
Pterygocalyx volubilis Maxim. 298,424,432
Puccinellia distans (Jacq.) Parl. 171,415,434
Puccinellia kurilensis (Takeda) Honda 171,414
Puccinellia nipponica Ohwi 171,414
Pulsatilla taraoi (Makino) Takeda ex Zämelis et Paegle *58*,184,380,415
Pyrola alpina Andres 289,423

Pyrola asarifolia Michx. subsp. *incarnata* (DC.) A.E.Murray 289
Pyrola asarifolia Michx. subsp. *incarnata* (DC.) Haber et Hideki Takah. 289
Pyrola faurieana Andres 290,423
Pyrola incarnata (DC.) Freyn 289,423
Pyrola incarnata Fisch. 289
Pyrola japonica Klenze ex Alefeld 290,424
Pyrola japonica Klenze ex Alefeld var. *subaphylla* (Maxim.) Andres 290
Pyrola minor L. 290,424
Pyrola minor L. subsp. *faurieana* (Andres) Worosch. 290
Pyrola nephrophylla (Andres) Andres 290,423
Pyrola renifolia Maxim. 290,424
Pyrola rotundirolia L. 289
Pyrola secunda L. 288
Pyrola subaphylla Maxim. 290

[Q]
Quercus crispula Blume *63*,220,418
Quercus dentata Thunb. 220,418,431
Quercus mongolica Fisch. ex Ledeb. subsp. *crispula* (Blume) Menitsky 220

[R]
Ramischia secunda (L.) Gracke 288
Ranunculus acris L. subsp. *acris* 187,416,434
Ranunculus acris L. var. *lobata* Miyabe et Tatew. 185
Ranunculus acris L. var. *shikotanensis* Tatew. 185
Ranunculus altaicus Laxm. subsp. *sulphureus* (Solander) Kadota *58*,185,416
Ranunculus auricomus L. subsp. *sibiricus* (Glehn) Korsh. 185
Ranunculus eradicatus (Laest.) Johans. 184,416
Ranunculus eschscholtzii Schlecht. 186,416
Ranunculus grandis Honda var. *austrokurilensis* (Tatew.) H.Hara *58*,185,416
Ranunculus hultenii (Worosch.) Luferov 185
Ranunculus hyperboreus Rottb. *58*,186,416
Ranunculus monophyllus Ovcz. 185,416
Ranunculus nipponicus (Makino) Nakai var. *submersus* H.Hara 184,415
Ranunculus nivalis L. 185,416
Ranunculus novus H.Lév. et Vaniot 185,187
Ranunculus pallasii Schlecht. 186,416
Ranunculus pygmaeus Wahlenb. *58*,186,416
Ranunculus quelpaertensis (H.Lév.) Nakai 187
Ranunculus repens L. 186,416
Ranunculus reptans L. 186,416
Ranunculus sceleratus L. 187,416,434
Ranunculus silerifolius H.Lév. 187,416
Ranunculus subcorymbosum Kom. var. *austrokurilensis* (Tatew.) Tamura 185
Ranunculus subcorymbosus Kom. 185
Ranunculus sulphureus Solander 185
Ranunculus transochotensis H.Hara 185
Ranunculus trichophyllus Chaix 184
Ranunculus yezoensis Nakai 184,416
Raphanus raphanistrum L. 254,421,435
Reynoutria japonica Houtt. 259
Reynoutria sachalinensis (F.Schmidt) Nakai 258
Rhinanthus aestivalis (N.Zing.) Schischk. et Serg. 321
Rhinanthus minor L. 321,426,436
Rhinanthus vernalis (N.Zing.) Schischk. et Serg. 321
Rhodiola integrifolia Rafin. 196,416
Rhodiola ishidae (Miyabe et Kudô) H.Hara 196,416,430
Rhodiola rosea L. 196,416,430
Rhodiola sachalinensis Boriss. 196
Rhododendron aureum Georgi 291,424
Rhododendron brachycarpum D.Don ex G.Don 291,424,431
Rhododendron camtschaticum Pall. 292
Rhododendron groenlandicum (Oeder) K.Kron et Judd subsp. *diversipilosum* (Nakai) Yonek. var. *diversipilosum* (Nakai) Yonek. 291,424
Rhododendron pentandrum (Maxim.) Craven 288
Rhododendron tomentosum (Stokes) Harmaja var. *decumbens* (Aiton) Elven et D.F.Murray 292,424
Rhododendron tschonoskii Maxim. 291,424,431
Rhus ambigua Lavall. ex Dipp. 245
Rhus orientalis (Greene) Schneid. 245
Rhynchospora alba (L.) Vahl 146,413
Ribes latifolium Jancz. 190,416
Ribes sachalinense (F.Schmidt) Nakai 190,416
Ribes uva-crispa L. 190,416,434
Robinia pseudoacacia L. 203,417,434
Rorippa islandica Borbas 255
Rorippa palustris (L.) Besser 255,421
Rosa acicularis Lindl. 213,418
Rosa amblyotis C.A.Mey. 213,418
Rosa davurica Pall. var. *alpestris* (Nakai) Kitag. 213
Rosa multiflora Thunb. 213
Rosa rugosa Thunb. 213,418
Rubia jesoënsis (Miq.) Miyabe et T.Miyake 297,424
Rubus arcticus L. *62*,214,418
Rubus chamaemorus L. var. *chamaemorus* *62*,213,418
Rubus chamaemorus L. var. *pseudochamaemorus* (Tolm.) Worosch. 213,418
Rubus idaeus L. 214,418
Rubus idaeus L. subsp. *melanolasius* Focke 214
Rubus matsumuranus H.Lév. et Vaniot 214
Rubus mesogaeus Focke 214,418
Rubus parvifolius L. 214,418
Rubus pedatus Sm. 214,418
Rubus pseudocahamemorus Tolm. 213
Rubus pseudojaponicus Koidz. 215,418,431
Rubus sachalinensis H.Lév. 214
Rubus stellatus Smith 214,418
Rubus triphyllus Thunb. 214
Rudbeckia hirta L. 345
Rudbeckia hirta L. var. *pulcherrima* Farw. 345,428,437

Rudbeckia laciniata L. 346,428,437
Rumex acetosella L. 264
Rumex acetosella L. subsp. *acetosella* 264,422,435
Rumex acetosella L. subsp. *pyrenaicus* (Pourr. ex Lapeyr.) Akeroyd 264,422,435
Rumex alpestris Jacq. subsp. *lapponicus* (Hiitonen) Czernov 263
Rumex alpestris Jacq. subsp. *lapponicus* (Hiitonen) Jalas 263,422
Rumex angiocarpus Murb. 264
Rumex aquaticus L. 265
Rumex arcticus Trautv. 263,422
Rumex arifolius All. 263
Rumex crispus L. 264,422,435
Rumex fauriei Rech.f. 264
Rumex gmelinii Turcz. ex Ledeb. *68*,263,422
Rumex hydrolapathum Huds. 265
Rumex japonicus Houtt. 263,422
Rumex lapponicus (Hiitonen) Czernov 263
Rumex longifolius DC. 265,422,435
Rumex madaio auct. non Makino 263
Rumex maritimus L. var. *ochotskius* (Rech.f.) Kitag. 264,422
Rumex montanus Desf. 263
Rumex nipponicus Franch. et Sav. 265
Rumex obtusifolius L. 265,422,435
Rumex ochotskius Rech.f. 264
Rumex patientia L. 263,265
Rumex regelii F.Schmidt 263
Ruppia occidentalis S.Watson *50*,94,408

[S]
Sabina chinensis (L.) Antoine var. *sargentii* (A.Henry) W.C.Cheng et L.K.Fu 83
Sagina crassicaulis S.Watson 269
Sagina intermedia Fenzl 270,422
Sagina japonica (Sw.) Ohwi 269,422
Sagina linnaei C.Presl 269
Sagina maxima A.Gray 269,422
Sagina maxima A.Gray f. *crassicaulis* (S.Watson) M. Mizush. 269
Sagina procumbens L. *68*,270,422,435
Sagina saginoides (L.) H.Karst. *68*,269,422
Salicornia europaea L. 276,422
Salix ×*ketoiensis* Kimura 232,419
Salix ×*koidzumii* Kimura 232,419
Salix ×*kudoi* Koidz. 232,419
Salix aquilonia Kimura *33*,230
Salix arbutifolia Pall. 231
Salix arctica Pall. 231
Salix arctica Pall. subsp. *crassijulis* (Trautv.) A.K.Skvortsov 231,419
Salix bakko Kimura 227
Salix bebbiana Sarg. 229
Salix caprea L. 227,419
Salix cardiophylla Trautv. et C.A.Mey. 227,419
Salix cardiophylla Trautv. et C.A.Mey. subsp. *urbaniana* (Seemen) A.Skvorts. 227
Salix chamissonis Andersson 232,419
Salix fuscescens Andersson *64*,231,419
Salix *gilgiana* Seemen 228
Salix gracilistyla Miq. 229,419
Salix hidakamontana H.Hara 231
Salix hidewoi Koidz. 229
Salix hultenii Flod. 227
Salix hultenii Flod. var. *angustifolia* Kimura 227
Salix integra Thunb. 229,419
Salix ketoiensis Kimura *34*,380
Salix kingoi Kimura 232
Salix koriyanagi Kimura ex Goerz 229,419,434
Salix kurilensis Koidz. 231
Salix miyabeana Seemen subsp. *gilgiana* (Seemen) H. Ohashi 228
Salix miyabeana Seemen subsp. *gymnolepis* (H.Lév. et. Vaniot) H.Ohashi et Yonek. 228,419
Salix nakamurana Koidz. *64*,230,419
Salix nakamurana Koidz. subsp. *kurilensis* (Koidz.) H. Ohashi 230
Salix nakamurana Koidz. subsp. *nakamurana* 230
Salix pallasii Andersson 231
Salix paludicola Koidz. 231
Salix paramushirensis auct. non Kudo 232
Salix paramushirensis Kudô *33*
Salix paramushirensis Kudô p.p. 228
Salix pentandra L. subsp. *pseudopentandra* Flod. 228
Salix pet-susu Kimura 228
Salix phanerodictya Kimura *34*,231
Salix polaris Wahlenb. 232,419
Salix polaris Wahlenb. subsp. *pseudopolaris* (Flod.) Hultén 232
Salix poronaica Kimura 231
Salix pseudopentandra (Flod.) Flod. 228,419
Salix pseudopolaris Flod. 232
Salix pulchloides Kimura 232
Salix pulchra Cham. subsp. *parallelinervis* (Floder.) A.K.Skvortsov *64*,229,419
Salix pulchroides Kimura *34*
Salix rashuwensis Kimura *35*
Salix reinii Franch. et Sav. 229
Salix reinii Seemen 229,419
Salix sachalinensis F.Schmidt 228
Salix schwerinii E.L.Wolf 228,419
Salix schwerinii E.L.Wolf subsp. *yezoënsis* (C.K.Schneid.) Worosch. 228
Salix shikotanica Kimura 229
Salix sphenophylla A.K.Skvortsov 232
Salix subreniformis Kimura *35*,231
Salix taraikensis Kimura 230,419
Salix udensis Trautv. et C.A.Mey. 228,419
Salix udensis Trautv. et C.A.Mey. subsp. *sachalinensis* (F.Schmidt) Nedoluzhko 228
Salix urbaniana Seemen 227
Salix vulpina Andersson 230,419

Salix yezoalpina Koidz. 230
Salix yezoënsis (C.K.Schneid.) Kimura 228
Salsola komarovii Iljin *70*,276,423
Sambucus kamtschatica E.L.Wolf 357
Sambucus miquelii (Nakai) Kom. 357
Sambucus racemosa L. subsp. *kamtschatica* (E.L.Wolf) Hultén 357,429
Sambucus sieboldiana (Miq.) Schwer. 357
Sambucus sieboldiana (Miq.) Schwer. var. *miquelii* (Nakai) H.Hara 357
Sanguisorba canadensis L. subsp. *latifolia* (Hook.) Calder et R.L.Taylor var. *latifolia* Hook. 215
Sanguisorba officinalis L. 215,418
Sanguisorba sitchensis C.A.Mey. 215
Sanguisorba stipulata Raf. 215,418
Sanguisorba tenuifolia Fisch. ex Link 215,418
Sanguisorba tenuifolia Fisch. ex Link var. *alba* Trautv. et Mey. 215
Sanguisorba tenuifolia Fisch. ex Link var. *grandiflora* Maxim. 215
Sanicula chinensis Bunge 365,429
Saponaria officinalis L. 270,422,435
Sasa amphitricha Koidz. 171
Sasa chartacea (Makino) Makino et Shibata 171,415
Sasa depauperata (Takeda) Nakai *35*,172
Sasa kurilensis (Rupr.) Makino et Shibata 173,415
Sasa makinoi Nakai 172
Sasa matsudae Nakai 173
Sasa megalophylla Makino et Uchida 172,415
Sasa niijimae Tatew. ex Nakai 172
Sasa nipponica Makino et Shibata var. *depauperata* Takeda 172
Sasa oseana Makino ex Nakai 172
Sasa palmata (Lat.-Marl. ex Burb.) E.G.Camus var. *niijimae* (Tatew. ex Nakai) Sad.Suzuki 172,415
Sasa palmata (Lat.-Marl. ex Burb.) E.G.Camus var. *palmata* 172,415
Sasa rivularis Nakai 172
Sasa senanensis (Franch. et Sav.) Rehder 172,415
Sasa sendaica Makino 171
Sasa septentrionalis Makino 173
Sasa shikotanensis Nakai 172
Sasa spiculosa (F.Schmidt) Makino 173
Sasa sugawarae Nakai 172
Sasa tatewakiana Makino 173,415
Sasa tyugokensis Makino 172
Sasa veitchii (Carrière) Rehder var. *tyugokensis* (Makino) Sad.Suzuki 172,415
Sasa yahikoensis Makino var. *depauperata* (Takeda) Sad. Suzuki 172,415
Sasa yahikoensis Makino var. *oseana* (Makino) Sad.Suzuki 172,415
Saussurea fauriei Franch. 346,428
Saussurea kurilensis Tatew. *35*,*77*,346,380,428
Saussurea nuda Ledeb. 347,428
Saussurea oxyodonta Hultén *77*,347,428
Saussurea riederi Herder 346,428
Saussurea riederi Herder subsp. *yezoensis* (Maxim.) Kitam. 346
Saussurea subsinuata Ledeb. 347
Saxifraga bracteata D.Don *59*,193,416
Saxifraga bronchialis L. subsp. *cherlerioides* (D.Don) Hultén 192,416
Saxifraga bronchialis L. subsp. *funstonii* (Small) Hultén 192,416
Saxifraga cherlerioides D.Don 192
Saxifraga cherlerioides D.Don var. *rebunshirensis* (Engl. et Irmsch.) H.Hara 192
Saxifraga fortunei Hook.f. 193
Saxifraga fortunei Hook.f. var. *alpina* (Matsum. et Nakai) Nakai 193,416
Saxifraga funstonii (Small) Fedde 192
Saxifraga funstonii (Small) Hultén 192
Saxifraga funstonii (Small) Worosch. 192
Saxifraga fusca Maxim. 193
Saxifraga fusca Maxim. var. *kurilensis* Ohwi *39*,193,416
Saxifraga hyperborea R.Br. 193
Saxifraga insularis (Hultén) Sipl. 194
Saxifraga merkii Fisch. ex Sternb. 192,416
Saxifraga nelsoniana (D.Don) Small var. *insularis* (Hultén) Gornall et H.Ohba 194
Saxifraga nelsoniana auct. non D.Don 194
Saxifraga nelsoniana D.Don subsp. *insularis* (Hultén) Hultén 194
Saxifraga nelsoniana D.Don subsp. *porsildiana* (Caler et Savile) Hultén 194
Saxifraga nelsoniana D.Don var. *porsildiana* (Calder et Savier) H.Ohba 194,416
Saxifraga nelsoniana D.Don var. *reniformis* (Ohwi) H.Ohba 194,416
Saxifraga porsildiana (Calder et Savile) Jurts. et Petrovsky 194
Saxifraga punctata L. subsp. *reniformis* (Ohwi) H.Hara 194
Saxifraga purpurascens Kom. 194,416
Saxifraga rebunshirensis (Engl. et Irmsch.) Sipl. 192
Saxifraga reniformis Ohwi 194
Saxifraga rivularis L. 193,416
Saxifraga sachalinensis F.Schmidt 195,416
Saxifraga yuparensis auct. non Nosaka 192
Schedonorus arundinaceus (Schreb.) Dumort. 160
Schedonorus pratensis (Huds.) P.Beauv. 160
Scheuchzeria palustris L. 90,408
Schisandra chinensis (Turcz.) Baill. *49*,85,407
Schizachne callosa (Turcz. ex Griseb.) Ohwi 173
Schizachne purpurascens (Torr.) Swallen subsp. *callosa* (Turcz. ex Griseb.) T.Koyama et Kawano 173,415
Schizopepon bryoniifolius Maxim. *63*,223,419
Schizophragma hydrangeoides Siebold et Zucc. 278,423,430
Schoenoplectus tabernaemontani (C.C.Gmel.) Palla 146,413
Scirpus caespitosus L. 147

Scirpus hudsonianus (Michx.) Fern. 147
Scirpus lushanensis Ohwi 147,413
Scirpus maximowiczii C.B.Clarke 147,413
Scirpus orientalis Ohwi 147
Scirpus radicans Schk. 147,413
Scirpus sylvaticus L. var. *maximowiczii* Regel 147,413
Scirpus tabernaemontani C.C.Gmel. 146
Scirpus wichurae Boeck. 147
Scrophularia alata A.Gray 310,425
Scrophularia grayana Maxim. ex Kom. 310
Scutellaria pekinensis Maxim. var. *ussuriensis* (Regel) Hand.-Mazz. 314,425
Scutellaria shikokiana auct. non Makino 314
Scutellaria strigillosa Hemsl. 315,425
Scutellaria strigillosa Hemsl. var. *yezoënsis* (Kudô) Kitam. 315
Scutellaria ussuriensis (Regel) Kudô 314
Scutellaria yezoënsis Kudô *74*,315,425
Sedum aizoon L. 195
Sedum ishidae Miyabe et Kudô 196
Sedum kamtschaticum Fisch. 196
Sedum purpureum (L.) Schult. 195
Sedum rosea (L.) Scop. 196
Sedum sachalinensis (Boriss.) Worosch. 196
Sedum telephium L. var. *purpureum* L. 195
Sedum verticillatum L. 195
Selaginella helvetica (L.) Spring 67,406
Selaginella selaginoides (L.) P.Beauv. ex Schrank et C. F.P.Mart. *47*,67,406
Selaginella shakotanensis (Franch. ex Takeda) Miyabe et Kudô 67,406
Senecio cannabifolius DC. 347
Senecio cannabifolius Less. 347,428
Senecio kawakamii Makino 354
Senecio nemorensis L. 347,428
Senecio pseudo-arnica Less. 347
Senecio pseudoarnica Less. 347,428
Senecio pseudoarnica Less. var. *kurilensis* Kudô 347
Senecio vulgaris L. 348,428,437
Seseli libanotis (L.) K.Koch subsp. *japonica* (H.Boiss.) H. Hara 366
Seseli libanotis (L.) K.Koch var. *kurilensis* Takeda 366
Seseli seseloides (Turcz.) M.Hiroe 366
Setaria faberi R.A.W.Herrm. 174,415,434
Setaria glauca (L.) P.Beauv. 174
Setaria pachystachys (Franch. et Sav.) Matsum. 174
Setaria pumila (Poir.) Roem. et Schult. 174,415,434
Setaria viridis (L.) P.Beauv. 174
Setaria viridis (L.) P.Beauv. var. *minor* (Thunb.) Ohwi 174,415
Setaria viridis (L.) P.Beauv. var. *pachystachys* (Franch. et Sav.) Makino et Nemoto 174,415
Sibbaldia procumbens L. 216,418
Sibbaldiopsis miyabei (Makino) Sojak 216,418
Sieversia pentapetala (L.) Greene 216,418
Silene alba (Mill.) E.H.L.Krause 271,422,436
Silene baccifera (L.) Roth var. *japonica* (Miq.) H.Ohashi et H.Nakai 270,422
Silene cucubalus Wibel 271
Silene latifolia Poir. subsp. *alba* (Mill.) Greuter et Brudet 271
Silene noctiflora L. 271,422,436
Silene repens Patrin *69*,270,422
Silene repens Patrin ex Persoon 270
Silene uralensis (Rupr.) Bocquet 271,422
Silene vulgaris (Moench) Garcke 271,422,436
Silene wahlbergella Chowdhuri 271
Sisymbrium officinale (L.) Scop. 255,421,435
Sisyrinchium septentrionale E.P.Bicknell 109,409,433
Sium suave Walter 365,429
Skimmia japonica Thunb. var. *intermedia* Komatsu 247,420
Skimmia japonica Thunb. var. *intermedia* Komatsu f. *repens* (Nakai) H.Hara 247
Skimmia repens Nakai 247
Smilacina davurica Turcz. ex Fisch. et C.A.Mey. 112
Solanum megacarpum Koidz. 303,424
Solanum nigrum L. 303,425,436
Solidago dahurica (Kitag.) Kitag. 348
Solidago gigantea Aiton subsp. *serotina* (Kuntze) McNeill 348,428,437
Solidago gigantea Aiton var. *leiophylla* Fern. 348
Solidago kurilensis Juz. 348
Solidago paramuschirensis Barkalov 348
Solidago spiraeifolia Fisch. ex Herder 348,428
Solidago virgaurea L. subsp. *leiocarpa* (Benth.) Hultén 348,428
Sonchus arenicola Worosch. 349
Sonchus arvensis L. 349,428,437
Sonchus asper (L.) Hill 349,428,437
Sonchus brachyotus DC. 349,428
Sonchus oleraceus L. 349,428,437
Sorbaria sorbifolia (L.) A.Braun 216
Sorbaria sorbifolia (L.) A.Braun var. *stellipila* Maxim. 216,418
Sorbaria stellipila (Maxim.) Schneid. 216
Sorbus alnifolia (Siebold et Zucc.) C.Koch 206
Sorbus commixta Hedl. 216,418
Sorbus sambucifolia (Cham. et Schltdl.) M.Roem. 216,418
Sparganium angustifolium Michx. *51*,114,410
Sparganium coreanum H.Lév. 113
Sparganium emersum Rehm. 113,410
Sparganium erectum L. var. *coreanum* (H.Lév.) H.Hara 113,410
Sparganium glomeratum (Beurl. ex Laest.) L.M.Newman 113,410
Sparganium gramineum Georgi 114,410
Sparganium hyperboreum Beurl. ex Laest. *51*,114,410
Sparganium kawakamii H.Hara 114
Sparganium natans L. 114
Sparganium rothertii Tzvelev 113
Sparganium stoloniferum Buchan. 113

Spergula arvensis L. 271,422,436
Spergularia marina (L.) Griseb. 272,422
Spergularia rubra (L.) J. et C.Presl 272,422,436
Spergularia salina J. et C.Presl 272
Sphallerocarpus cyminum (Fisch.) Besser ex DC. 365
Sphallerocarpus gracilis (Besser ex Trevir.) Koso-Pol. 365,429
Spiraea beauverdiana C.K.Schdeid. 217
Spiraea betulifolia Pall. var. *aemiliana* (C.K.Schneid.) Koidz. 217,418
Spiraea betulifolia Pall. var. *betulifolia* 217,418
Spiraea media Schmidt 217
Spiraea media Schmidt var. *sericea* (Turcz.) Regel ex Maxim. 217,418
Spiraea salicifolia L. 217,418
Spiraea sericea Turcz. 217
Spiranthes amoena (M.Bieb.) Spreng. 108
Spiranthes sinensis (Pers.) Ames 108
Spiranthes sinensis (Pers.) Ames var. *amoena* (M.Bieb.) H.Hara 108,409
Spirodela polyrhiza (L.) Schleid. 89,408
Stachys aspera Michx. 315,425
Stachys riederi Cham. 315
Staurogeton trisulcus (L.) Schur 88
Stellaria alsine Grimm 272
Stellaria alsine Grimm var. *undulata* (Thunb.) Ohwi 272,422
Stellaria calycantha (Ledeb.) Bong. *69*,272,422
Stellaria crassifolia Ehrh. *69*,273,422
Stellaria eschscholtziana Fenzl 274,422
Stellaria fenzlii Regel 273,422
Stellaria graminea L. 274,422,436
Stellaria humifusa Rottb. 273,422
Stellaria longifolia Muehl. ex Willd. 273,422
Stellaria longifolia Muehl. ex Willd. var. *legitima* Regel 273
Stellaria media (L.) Vill. 274,422,436
Stellaria mosquensis M.Bieb. 273
Stellaria radians L. 273,422
Stellaria ruscifolia Pall. ex Schltdl. *69*,273,422
Stellaria ruscifolia Pall. ex Schltdl. var. *eschscholtziana* (Fenzl) Hultén 274
Stellaria uliginosa Murray 272
Stellaria uliginosa Murray var. *undulata* (Thunb.) Fenzl 272
Stellaria undulata Thunb. 272
Stenactis annuus (L.) Cass. 338
Stenactis strigosus (Muhl.) DC. 338
Stenofestuca pauciflora (Thunb.) Nakai 152,430
Stenotheca tristis (Willd. ex Spreng.) Schljakov *77*,349,428
Stipa extremiorientalis H.Hara 174
Stipa pekinensis Hance 174,415
Streptopus amplexifolius (L.) DC. 100
Streptopus amplexifolius (L.) DC. var. *papillatus* Ohwi 100,409
Streptopus streptopoides (Ledeb.) Frye et Rigg subsp. *streptopoides* 100,409
Subularia aquatica L. *67*,255,421
Swertia perennis L. subsp. *cuspidata* (Maxim.) H.Hara 299,424
Swertia stenopetala (Regel et Til.) Pissjauk. 299
Swertia tetrapetala Pall. 299,424
Swida controversa (Hemsl. ex Prain) Soják 277
Symphyotrichum novi-belgii (L.) G.L.Nesom 332
Symphytum ×*uplandicum* Nyman 302,424,436
Symplocarpus foetidus (L.) Salisb. ex Nutt. var. *latissimus* H.Hara 89
Symplocarpus renifolius Schott ex Tzvelev 89,408
Syringa reticulata (Bl.) H.Hara 304,425

[T]

Tanacetum boreale Fisch. ex DC. 350
Tanacetum vulgare L. var. *boreale* (Fisch. ex DC.) Trautv. et C.A.Mey. 350,428
Tanacetum vulgare L. var. *vulgare* 350,428,437
Taraxacum acricorne Dahlst. 351,428
Taraxacum ceratophorum (Ledeb.) DC. 352,428
Taraxacum chamissonis Greene 352
Taraxacum erythrospermum Andrz. 353
Taraxacum frigicolum H.Koidz. 352
Taraxacum heterolepis Nakai et Koidz. ex Kitag. 354,428,437
Taraxacum hondoense Nakai 351
Taraxacum kamtschaticum Dahlst. 353,428
Taraxacum ketoiense Tatew. et Kitam. *36*,352,380,428
Taraxacum kimuranum Kitam. 353
Taraxacum kojimae Kitam. *40*,*78*,353,380,428
Taraxacum kudoanum Tatew. et Kitam. *36*,352
Taraxacum laevigatum (Willd.) DC. 353,428,437
Taraxacum longicorne Dahlst. 351,428
Taraxacum macroceras Dahlst. 352,428
Taraxacum miyakei Kitam. 351,428
Taraxacum officinale Weber ex F.H.Wigg. 353,428,437
Taraxacum otagirianum Koidz. ex Kitam. 351,428
Taraxacum perlatescens Dahlst. *78*,352,428
Taraxacum proximum (Dahlst.) Dahlst. 353
Taraxacum shikotanense Kitam. *40*,*78*,350,428
Taraxacum shimushirense Tatew. et Kitam. *36*,352,380,428
Taraxacum shumushuense Kitam. *40*,353,380,428
Taraxacum venustum H.Koidz. 351,428
Taraxacum vulcanorum H.Koidz. 351,380,428,430
Taraxacum yamamotoi Koidz. 352
Taraxacum yetrofuense Kitam. *40*,350,380,428
Taxus cuspidata Siebold et Zucc. 84,407,432
Tephroseris kawakamii (Makino) Holub 354,428
Teucrium japonicum auct. non Houtt. 315
Teucrium miquelianum (Maxim.) Kudô 315,430
Teucrium viscidum Blume var. *miquelianum* (Maxim.) H.Hara 315,425

Thalictrum alpinum L. *59*,187,416
Thalictrum aquilegifolium L. var. *sibiricum* Regel et Tiling 188
Thalictrum foetidum L. var. *glabrescens* Takeda 187,416
Thalictrum kemense Fries 188
Thalictrum minus L. 188
Thalictrum minus L. var. *hypoleucum* (Siebold et Zucc.) Miq. 188,416
Thalictrum sachalinense Lecoy. 188,416
Thalictrum thunbergii DC. 188
Thalictrum yesoense Nakai 187
Thelypteris nipponica (Franch. et Sav.) Ching 74,406
Thelypteris palustris (Salisb.) Schott 74,406
Thelypteris phegopteris (L.) Sloss. ex Rydb. 74,406
Thelypteris quelpaertensis (H.Christ) Ching *48*,74,406
Thelypteris thelypteroides (Michx.) Holub 74
Thermopsis lupinoides (L.) Link 203,417
Therorhodion camtschaticum (Pall.) Small 292,424
Thesium refractum C.A.Mey. 256,421
Thlaspi arvense L. 255,421,435
Thymus japonicus (H.Hara) Kitag. 316
Thymus quinquecostatus Celak. 316
Thymus quinquecostatus Celak. var. *ibukiensis* Kudô 316,425
Thymus semiglaber Klok. 316
Thymus serpyllum L. subsp. *quinquecostatus* (Celak.) Kitam. 316
Tilia maximowicziana Shiras. 247,420,430
Tilia maximowicziana Shiras. var. *yesoana* (Nakai) Tatew. *46*,247
Tilingia ajanensis Regel 363
Tillaea aquatica L. 196,416,431
Tithymalus sieboldianus H.Hara var. *montanus* H.Hara 226
Tofieldia coccinea Richards. 89,408
Tofieldia nutans Willd. 89
Tofieldia nutans Willd. ex Schult. 89
Tofieldia okuboi Makino 90,408,431
Toisusu urbaniana (Seemen) Kimura 227
Torilis japonica (Houtt.) DC. 366,429
Torreyochloa natans (Kom.) Church 174,415
Toxicodendron orientale Greene 245,420
Toxicodendron trichocarpum (Miq.) Kuntze *66*,245,420
Trautvetteria carolinensis (Walter) Vail var. *borealis* (H.Hara) T.Shimizu 188,416
Trautvetteria carolinensis (Walter) Vail var. *japonica* (Siebold et Zucc.) Makino 188
Trautvetteria japonica Siebold et Zucc. 188
Trautvetteria palmata Fisch. et C.A.Mey. var. *palmata* 188
Triadenum japonicum (Blume) Makino 237,420
Trichomanes orientalis C.Chr. var. *abbreviatum* (H.Christ) Miyabe et Kudô 72
Trichophorum alpinum (L.) Pers. *55*,147,413
Trichophorum cespitosum (L.) Hartm. 147,413
Trientalis europaea L. 280
Trientalis europaea L. subsp. *arctica* Hultén 280
Trifolium campestre Schreb. 204,417,434
Trifolium hybridum L. 204,417,434
Trifolium lupinaster L. 204,417
Trifolium pacificum Bobr. 204
Trifolium pratense L. 204,417,434
Trifolium repens L. 204,417,434
Triglochin asiatica (Kitag.) Á. et D.Löve 91
Triglochin maritima L. 91,408
Triglochin palustris L. 91,408
Trillium apetalon Makino 95,408
Trillium camschatcense Ker Gawl. 96,408
Trillium kamschatcense Ker Gawl. 96
Trillium kamtaschaticum Pall. 96
Trillium smallii auct. non Maxim. 95
Trillium tschonoskii Maxim. 96,408,432
Tripetaleia bracteata Maxim. 285
Tripleurospermum inodorum (L.) Sch.Bip. 354
Tripleurospermum maritimum (L.) Sch.Bip. subsp. *inodorum* (L.) Applequist 354,428,437
Tripleurospermum perforatum (Mérat) M.Lainz 354
Tripleurospermum tetragonospermum (F.Schmidt) Pobed. 354,428
Tripolium pannonicum (Jacq.) Schur 354,428
Tripterospermum japonicum (Siebold et Zucc.) Maxim. *72*,299,424
Tripterospermum trinervium (Thunb.) H.Ohashi et H. Nakai 299
Trisetum alascanum Nash 175
Trisetum molle Kunth 175
Trisetum sibiricum Rupr. *56*,175,415
Trisetum sibiricum Rupr. subsp. *umbratile* (Kitag.) Tzvelev 175
Trisetum spicatum (L.) K.Richt. 175
Trisetum spicatum (L.) K.Richt. subsp. *alascanum* (Nash) Hultén *56*,175,415
Trisetum spicatum (L.) K.Richt. subsp. *molle* (Kunth) Hultén 175
Trisetum umbratile (Kitag.) Kitag. 175
Trollius riederianus Fisch. et C.A.Mey. 188,416
Truellum sagittatum (L.) Soják 259
Truellum thunbergii (Siebold et Zucc.) Soják 259
Tulotis fuscescens (L.) Czer. 107,431
Tulotis ussuriensis (Regel et Maack) H.Hara 107
Turritis glabra L. 256,421,435
Typha latifolia L. 115,410

[U]
Ulmus davidiana Planch. var. *japonica* (Rehder) Nakai 218,418
Ulmus japonica (Rehder) Sarg. 218
Ulmus laciniata (Trautv.) Mayr 218,418
Uraspermum aristatum (Thub.) Kuntze 364
Urtica platyphylla Wedd. *62*,220,418
Utricularia australis R.Br. 322,426
Utricularia intermedia Heyne 322,426

Utricularia macrorhiza Leconte 322,426
Utricularia minor L. 322,426
Utricularia multispinosa (Miki) Miki 322

[V]
Vaccinium axillare Nakai 293
Vaccinium hirtum Thunb. 292,424
Vaccinium microcarpum (Turcz. ex Rupr.) Schmalh. 294,424
Vaccinium ovalifolium Sm. *71*,293,424
Vaccinium oxycoccos L. 294,424
Vaccinium praestans Lamb. 293,424
Vaccinium smallii A.Gray 292,424
Vaccinium uliginosum L. 293
Vaccinium uliginosum L. var. *alpinum* Begelow 293,424
Vaccinium uliginosum L. var. *vulcanorum* (Kom.) Jurtzev 293,424
Vaccinium vitis-idaea L. 294,424
Vaccinium vulcanorum Kom. 293
Vaccinium yatabei 430
Vaccinium yatabei auct. non Makino 292
Vahlodea atropurpurea (Wahlenb.) Fr. ex Hartm. subsp. *paramushirensis* (Kudô) Hultén 175
Vahlodea flexuosa (Honda) Ohwi 175,415
Valeriana coreana Briq. 358
Valeriana fauriei Briq. 358,429
Vandenboschia nipponica (Nakai) Ebihara 72,406
Velarum officinale (L.) Rchb. 255
Veratrum album L. subsp. *oxysepalum* (Turcz.) Hultén 96
Veratrum grandiflorum (Maxim. ex Baker) Loes.f. 96
Veratrum oxysepalum Turcz. 96,408
Veronica americana (Raf.) Schwein. ex Benth. 308,425
Veronica chamaedrys L. 309,425,436
Veronica grandiflora Gaertn. *73*,308,425
Veronica humifusa Dicks. 309
Veronica persica Poir. 309,425,436
Veronica schmidtiana Regel subsp. *schmidtiana* 308,425
Veronica scutellata L. 309,425,436
Veronica serpyllifolia L. 309
Veronica serpyllifolia L. p.p. 309
Veronica serpyllifolia L. subsp. *humifusa* (Dicks.) Syme 309,425
Veronica serpyllifolia L. subsp. *serpyllifolia* 309,425,436
Veronica stelleri Pall. ex Link *73*,308,425
Veronica tenella All. 309
Viburnum furcatum Blume ex Maxim. 358,429
Viburnum opulus L. var. *calvescens* (Rehder) H.Hara 358
Viburnum opulus L. var. *sargentii* (Koehne) Takeda 358,429
Viburnum sargentii Koehne 358
Viburnum wrightii Miq. 358,429,431
Vicia amoena Fisch. 205,417
Vicia amoena Fisch. var. *sachalinensis* F.Schmidt 205
Vicia cracca L. 205,417
Vicia japonica A.Gray 205,417
Vicia japonica A.Gray var. *comosa* H.Boissieu 205
Vicia nipponica Matsum. 205,417
Vicia unijuga A.Braun 205,417
Viola acuminata Ledeb. 234,419
Viola bezdelevae Worosch. *44*,237
Viola biflora L. 236,419
Viola biflora L. var. *vegeta* (Nakai) Hid.Takah. 236,419
Viola blandiformis Nakai var. *pilosa* H.Hara 233
Viola collina Besser 233,419
Viola crassa Makino 237
Viola crassa Makino subsp. *borealis* Hid.Takah. 237,420
Viola crassa Makino var. *vegeta* Nakai *36*,236
Viola crassa Makino var. *shikkensis* Miyabe et Tatew. 237
Viola epipsila Ledeb. subsp. *repens* (Turcz.) W.Becker 233
Viola epipsiloides Á et D.Löve 233,419
Viola grypoceras A.Gray 234,419
Viola hultenii W.Becker 233,419
Viola kamtschadalorum W.Becker et Hultén 235
Viola kamtschadalorum W.Becker var. *pubescens* Miyabe et Tatew. 235
Viola kitamiana Nakai 237,420
Viola komarovii W.Becker 234
Viola kurilensis Nakai 235
Viola kusanoana Makino 235,419
Viola langsdorfii Fisch. ex DC. subsp. *langsdorfii* *64*,235,419
Viola langsdorfii Fisch. ex DC. subsp. *sachalinensis* W.Becker 235,419
Viola langsdorfii Fisch. ex Ging. 235
Viola mandshurica W.Becker 233,419
Viola patrinii DC. 233,419
Viola repens Turcz. ex Trautv. et C.A.Mey. 233
Viola sacchalinensis H.Boissieu 234,419
Viola selkirkii Pursh ex Goldie 234,419
Viola semilunaris W.Becker 236
Viola teshioensis Miyabe et Tatew. 233
Viola tricolor L. 237,420,434
Viola verecunda A.Gray 236,419
Viola vorobievii Bezdeleva *44*,236
Vitis coignetiae Pulliat ex Planch. 197,417

[W]
Waldsteinia ternata (Stephan) Fritsch 210
Wasabia japonica (Miq.) Matsum. 253
Weigela middendorffiana (Carrière) K.Koch 357
Woodsia polystichoides D.C.Eaton 77,407
Woodsia subintermedia Tzvel. 77

[X]
Xanthium sibiricum Patrin ex Widder 355
Xanthium strumarium L. 355

Xanthium strumarium L. subsp. *sibiricum* (Patrin ex Widder) Greuter 355,428,437
Xanthoxalis corniculata (L.) Small 226
Xanthoxalis fontana (Bunge) Holub 226

[Z]

Zannichellia palustris L. 94,408
Zannichellia repens Boenn. 94
Zelkova serrata (Thunb.) Makino 218
Zostera asitaica Miki 92,408
Zostera caespitosa Miki 92,408
Zostera japonica Asch. et Graebn. 91,408
Zostera marina L. 92,408
Zostera nana Mertens ex Roth 91
Zostera pacifica auct. non S.Watson 92

高橋 英樹(たかはし ひでき)

1953年 高崎市に生まれる
1976年 東北大学理学部卒業
1981年 東北大学大学院理学研究科博士課程修了
　　　 北海道大学農学部附属植物園助手，助教授を経て
現　在 北海道大学総合博物館教授　理学博士(東北大学)
専　門 植物分類地理学，植物形態学

主要著書
『新しい植物分類学Ｉ』(分担執筆，講談社，2012)
『クラーク博士と札幌の植物』(共編，北海道大学総合博物館，2012)
『マキシモヴィッチ・長之助・宮部』(編，北海道大学総合博物館，2010)
『北大千島研究の系譜―千島列島の過去・現在・未来』(共編，北海道大学総合博物館，2007)
『北大樺太研究の系譜―サハリンの過去・現在・未来』(共編，北海道大学総合博物館，2006)
『北大自然史タイプコレクション―128年　知の伝承』(分担執筆，21世紀COE「新自然史科学創成」/北海道大学総合博物館，2004)
『レッドデータプランツ』(分担執筆，山と渓谷社，2003)
『北海道の湿原と植物』(分担執筆，北海道大学図書刊行会，2003)
『高山植物の自然史―お花畑の生態学』(分担執筆，北海道大学図書刊行会，2000)
『花粉学事典』(分担執筆，朝倉書店，1994)
『日本の絶滅危機植物図鑑レッドデータプランツ』(分担執筆，宝島社，1994)

千島列島の植物
Plants of the Kuril Islands

2015年2月27日　第1刷発行

著　者　高橋英樹
発行者　櫻井義秀

発行所　北海道大学出版会
札幌市北区北9条西8丁目 北海道大学構内(〒060-0809)
Tel. 011(747)2308・Fax. 011(736)8605・http://www.hup.gr.jp

㈱アイワード／石田製本㈱

ISBN 978-4-8329-8216-1